U0308311

工业大麻遗传基础与综合利用

王贵江　张利国　主编

中国农业科学技术出版社

图书在版编目（CIP）数据

工业大麻遗传基础与综合利用 / 王贵江，张利国主编. --北京：中国农业科学技术出版社，2023.7

ISBN 978-7-5116-6045-9

Ⅰ.①工…　Ⅱ.①王…②张…　Ⅲ.①大麻－植物遗传学 ②大麻－综合利用　Ⅳ.①S563.3

中国版本图书馆CIP数据核字（2022）第225260号

责任编辑　李　华
责任校对　李向荣
责任印制　姜义伟　王思文

出 版 者　中国农业科学技术出版社
　　　　　北京市中关村南大街12号　　邮编：100081
电　　话　（010）82109708（编辑室）　　（010）82109702（发行部）
　　　　　（010）82109709（读者服务部）
网　　址　https：// castp.caas.cn
经 销 者　各地新华书店
印 刷 者　北京建宏印刷有限公司
开　　本　210 mm×285 mm　1/16
印　　张　50
字　　数　1514千字
版　　次　2023年7月第1版　　2023年7月第1次印刷
定　　价　198.00元

《工业大麻遗传基础与综合利用》

编委会

顾　问：杨宝峰

主　编：王贵江　张利国

副主编：王　宁　郑春英　房郁妍　张　明　郑　楠　闫博巍

　　　　郭　丽　董晓慧　冯明芳　高　勇　叶万军　陈国峰

　　　　张效霏　徐　馨　赵长江　杨慧莹

参　编：单大鹏　冯明芳　谢洪昌　叶万军　鞠世杰　刘玉涛

　　　　陈　晶　肖　晖　赵跃坤　张元野　隋　月　高　嫱

　　　　江波涛

序 言 PREFACE

工业大麻（*Cannabis sativa* L.）属桑科大麻属植物，是一种古老的栽培作物，为现代工业提供了可再生、可循环利用的新资源、新材料。目前，全球工业大麻产业发展迅速，国外工业大麻已实现全产业链发展，已广泛应用于纺织、造纸、食用油、功能保健食品、化妆品、医药、生物能源、建材、新生物复合材料等行业。工业大麻正成为全球的产业热点，各国政府均积极发布政策推动产业发展，已经有30多个国家对其进行了大面积的种植和产业开发。

在我国，工业大麻种植已有5 000多年历史，目前是全球领先的工业大麻种植、处理、加工及出口国。据统计，欧洲、中国、美国与加拿大是世界上主要的工业大麻生产地区，其中中国种植面积最大，约占全世界一半，主要分布在黑龙江、安徽、河南、山东、山西和云南等省。目前，我国工业大麻产业发展呈多元化趋势，一是纤维型工业大麻产业稳步发展。在我国工业大麻主要用于纺织原料，工业大麻纺织年加工能力为3万t。二是籽用型工业大麻产业规模较小。我国籽用工业大麻主要分布在山西、内蒙古和陕西等地，内蒙古籽用工业大麻种植面积较大。三是药用型工业大麻产业方兴未艾。从产业发展的长期趋势看，布局药用工业大麻需要着眼于大麻二酚（CBD）在医药、保健品、食品、化妆品和添加剂等领域的开发利用，市场潜力较大。

为适应工业大麻产业快速发展进程，更好地服务工业大麻产业相关科学研究，进一步做好工业大麻产业科普工作，编者根据长期科学试验获得的科研数据与资料，结合广泛收集的国内外文献，编写《工业大麻遗传基础与综合利用》一书。该书系统阐释了工业大麻从种质创新、重要性状遗传规律、栽培技术、检测和监测到全产业链产品研发等方面的发展态势及未来发展方向，对从事工业大麻种植者、初加工的科技人员、大专院校和科研院所相关专业师生、政府和企业的管理人员均具有很好的参考价值，对工业大麻科技研发方向与思路、生产实际及驱动产业发展具有较大促进作用。

2023年5月

目录 ■CONTENTS

第一章　工业大麻生物遗传学

第一节　大麻植物学、形态学和解剖学性状

大麻（*Cannabis sativa* L.）属于桑科大麻属，它又分成2个亚种——栽培大麻和野生大麻。

大麻为一年生草本植物，通常是雌雄异株，也有雌雄同株类型。大麻植株中比重最大的就是茎，其结构见图1-1。它是纤维来源，占大麻植株总干重的50%以上，叶、根和种子占其余的40%～50%。上述比例关系在很大程度上取决于栽培条件。大麻稀植田里叶和种子的比重明显提高，而在密植田里则是茎的比重提高。

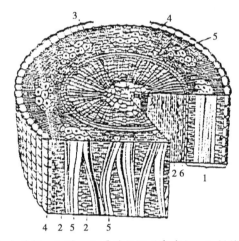

1.皮层；2.木质部；3.髓；4.覆盖组织（表皮）；5.纤维；6.形成层

图1-1　大麻茎横切面示意图

随着植株生长大麻茎出现水质化，几乎中空，到成熟期形成大量纤维，这种纤维强度高，防腐性能好。大麻纤维位于韧皮部，以韧皮纤维束的形式沿茎的形成层周边分布。大麻茎中包含的所有组织可以相对划分成2个彼此相连的区域——木质部和韧皮部。木质部占茎总重量的60%～70%，剩余部分是皮层或韧皮，纤维就在其中形成。从经济观点来看，皮层是大麻茎最有价值的部分。木质部、韧皮和最终的纤维在茎中的百分含量都在发生较大变化，这取决于品种、农业技术和生育期间的气象条件。例如水分供应充足条件下木质部发育较弱，相反，大麻生长期间土壤干旱和气温较高，木质部则比较发达，韧皮比例相应下降。

大麻生长过程中韧皮部里的单纤维（纤维细胞）靠果胶质连接成纤维束，从而形成结实的工业纤维。通过对茎进行工艺加工（枢麻、揉麻、打麻）而获得纤维。大麻茎中的韧皮束被薄壁组织彼此分开，形成断断续续的纤维层。薄壁组织越发达，纤维束排列越疏松，相反，薄壁组织不发达，纤维束就互相交叉，排列紧密。单纤维细胞横断面呈菱形，因此在大麻开花期它们互相紧贴，形成韧皮纤维束，这时的细胞间层开始木质化。

大麻茎韧皮部由表皮、厚角组织、薄壁组织、初生纤维和次生纤维构成。表皮外面覆盖角质薄层。厚角组织使植株坚韧，厚角组织紧贴着韧皮纤维，这就使植株变得更加坚韧。随着韧皮纤维数量的增加，植株抗折断能力也相应加强。

大麻茎中的单纤维和纤维束分为初生和次生两种。初生韧皮纤维由输导束构成，而次生韧皮纤

维的产生是形成层活动的结果。现有研究已确定，大麻茎的中部集中了最密集的单纤维细胞。茎的下部和上部单纤维和纤维束则明显减少。次生纤维主要集中在茎下部。次生纤维主要形成于大麻生长后期，即从雄麻盛花期到种子成熟期。针对次生纤维在茎中的绝对含量而言，稀植田要明显高于正常的密植田。

在茎全长范围内纤维和木质部的比例不同。从茎基部到顶端，纤维重量呈降低趋势，纤维占茎总重量的百分率达到一定高度之前是上升的，然后又下降。大麻初生纤维长度为8~55mm，次生纤维长度则不到4mm。

对大麻茎的解剖学研究可相当精确地判断纤维细胞和纤维束形成程度以及其质量。研究大麻茎解剖学结构的主要任务是确定促进纤维最大限度积累的条件，从而明晰保证优质纤维大量形成的栽培措施。对大麻不同品种的解剖学研究表明，大麻茎中纤维形成发生在整个生育期间水分供应状况良好的情况下，纤维是沿着茎工艺长度全长均匀形成。土壤干旱情况下大麻纤维形成很少，此种条件下纤维在大麻茎中排列疏松而且空腔较大，这说明纤维质量较差。纤维和纤维束形成的最旺盛过程发生在大麻快速生长期。大麻株高停止生长以后，纤维细胞和纤维束形成也几乎完全结束。

大麻茎中纤维细胞的形成开始于个体发育的最早阶段。雄麻始花期纤维细胞数量明显增多并形成纤维束，此时增加逐渐停止，发生较大质变，雄麻茎中纤维达到工艺成熟。在盛花期结束时雄麻单纤维强，单纤维细胞横断面呈菱形。接着，从盛花期到种子成熟，纤维的数量度最高，而雌麻的单纤维强度则是在种子完熟期最高。过早收获情况下纤维的工艺质量较差，在茎初加工过程中产生大量废麻，长麻变成短麻。到大麻纤维工艺成熟时，单纤维细胞壁足够坚固，原茎在温水泡麻过程中果胶质不易被细菌破坏，脱胶过程沿全茎均匀进行。

大麻茎中单纤维和纤维束的形成在个体发育过程中并不均衡。大麻发育初期木质部发育迅速，输导束活动较弱，这个过程一直持续到雄麻现蕾。从输导束旺盛活动的时刻起茎中纤维束开始形成。纤维的数量增加到盛花期结束。大麻在不同栽培条件下，茎中纤维形成在数量和质量两方面都有所不同。因地理和年度气象条件的不同以及栽培技术的差别，韧皮纤维的数量和质量也发生变化。对单纤维和纤维束最大限度发育及最适宜的条件是土壤水分充足（占土壤最大含水量70%~80%）、生育期气温在16~20℃、较长的日照、土壤内全素营养满足供应和及时完成全部田间农业管理措施。众所周知的是，茎中上部纤维形成数量少、质量差，而且茎下部的次生纤维数量明显增加，这个规律适用于所有的大麻品种和类型。

干旱情况下输导组织（木质部）发育旺盛，反之，土壤水分充足情况下它发育较弱，而输导束的活动较旺，这就促进茎中纤维束的快速形成。大麻茎的解剖学研究表明，雌麻的初皮层比雄麻的厚，韧皮束强度较高。雌麻茎下部的次生纤维层较厚。次生韧皮纤维细胞同初生纤维相比，体积较小而且细胞壁更薄。

密植大麻田里的麻茎较细，茎中部直径不超过5~8mm，植株不分枝或分枝较弱，花序紧凑。宽行稀植采种田的麻茎较粗（可达30mm），植株分枝多。植株分枝程度因大麻生态型的不同有很大差别。例如在欧洲，南部大麻的分枝明显强于中部和北部。

来自较细和较长茎的纤维，其质量比来自较粗和较短茎的要好。决定株高的因素是品种特点和外界条件（光照、气温、水分状况、土壤肥力等）。例如土壤肥力高时的株高达到2.5m或更高；而在土壤干旱、地势高、肥力差条件下，株高通常低于1.5m。在水气状况良好的肥沃土壤上有的品种可高达3.0m以上。

大麻根系的主体部分分布在耕层内。在地下水位较高的土壤内根系横向发育。大麻根系的发育在许多方面取决于生育期、品种特点、土壤肥力、水分和机械结构以及农业技术的方案和水平。同地上部分的植物体规模相比，根系发育还是较弱的，根系的强弱还受土壤肥力影响。不同品种和类型的根系发育程度也不一样。

　　大麻茎上叶片分布通常在下部对生、上部互生。叶片沿全茎有秩序分布的植株很少见。乌克兰大麻的叶片经常有5～7个小叶，而南方大麻品种则有7～13个小叶。叶片颜色各有不同，从浅绿到深绿色。叶片颜色深浅取决于栽培条件和品种特点。某些材料的叶柄和主脉含花色素，叶片基部着生2片线形小托叶。大麻叶片有柄和掌状深裂，小叶有3～13片（经常是5～9片），呈窄披针形或宽披针形，脉序清晰，齿缘明显。出苗几天后大麻有2片绿色子叶和一对发育不良的绿色真叶。子叶在幼苗阶段是大麻植株的营养源同时也是分化器官。同其他植物一样，随着真叶形成，子叶失去本身作用，逐渐枯萎并脱落。第一对真叶通常是单叶，有时是带3个小叶的复叶。从茎下部到中部，复叶中小叶的体积和数量增加，而从茎中部到顶端减少，在顶端叶片转变成不大的披针形单叶。大麻花属单性，很少见两性。普通的雌雄异株大麻，其雄花和雌花分别着生在不同的独立植株上（图1-2）。这两种植株在形态学构造、生理学和生物学特性以及经济学特点等方面彼此差别明显。着生雄花的植株称作雄麻，着生雌花的植株称作雌麻。雄花集中到长侧枝聚伞花序上，由单花被构成，生有5片黄绿色托叶和5个雄蕊，长形花药，细花丝固定在花托上。花药室带有纵裂，成熟时裂开散粉。花粉粒黄色、很小，直径仅30μm左右。

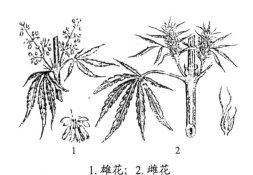

1. 雄花；2. 雌花

图1-2　大麻雄花和雌花的结构

　　大麻花絮成对地着生在叶腋里，大部分花集中在花序上部。雌花的雌蕊构造是单室卵状子房，由2个心皮组成，心皮雌花序为穗状花序。雌花小而无柄，中部着生胚珠和羽状柱头，子房基部合萼。柱头表面遍布小乳头状突起，即花粉收集器。萼状花被透明，紧贴在子房下部。整个花被包在苞片里，苞片由5片相连小叶构成，只有雌蕊柱头露在外面，苞片小叶上密集布满腺毛。雌花仅靠风传粉。

　　大麻开花持续时间很长，因类型不同持续15～40d、北方地区15～20d、中部地区20～30d、南部地区30～40d。盛花期的雄麻每天都有大量花开放，因此在空气中弥漫着大量花粉。低温天气使开花受到阻滞，导致授粉欠佳。

　　果实为两裂片型小坚果，呈圆形或卵形，果皮平滑或有棱角。果皮呈浅灰或深褐色，野生大麻果皮大部分呈黑色。无胚乳果实的外壳是坚硬角膜，由珠被构成。胚珠着生在种子中部，被深绿色薄膜包住。薄膜从外面镶嵌或不镶嵌，有蹄口（野生大麻）或无蹄口（栽培大麻）。

　　种子的构造是两片子叶、胚根和胚芽，它们彼此连接在一起，组成了一个整体——种子胚（胚里面有植物主要器官根、茎和叶的原基）。供幼苗生长的营养物质储存在子叶里。种子发芽时胚根首先发育，它撑开两裂的果皮，根尖转向地下，开始发育成主根。与此同时，胚芽也生长，开始发育成生有叶片的茎。子叶逐渐把发育着的幼芽携带到地面，而且经常带着果实角膜。子叶呈绿色，在幼苗生长初期承担叶片功能。

　　种粒大小和种子千粒重有很重要的经济和生物学意义，决定着种子的生产品质，它在很大程度受品种和栽培条件制约，变化幅度很大。野生大麻的种子千粒重2～18g，栽培大麻则为10～70g或更重。野生大麻一些品种的种子很小，例如阿富汗东部的野生大麻成熟期结很小的嵌纹状果实（种子千粒重2.1~2.7g）。这种种子的鲜明特点是种子不易散落，其原因是种子有蹄口。另外的特点是种子发芽缓慢而又不均衡。大麻种子属于容积大而重量较轻的籽粒，不同材料大麻种子容重为400~600g/dm³。大麻种子有后熟期，它在不同品种材料表现为20~30d。正常条件下大麻种子保持发芽率的时间为3~4年。要想实现这个指标，种子水分不应超过12%，仓库内气温不应剧烈波动。

第二节　生物学特性

大麻起源于低纬度地区的南方，目前已获得部分生物学证据的支持。大麻在其系统发育过程中不仅能很好适应变化的外界条件，而且能很好适应稳定起作用的外界条件。由于它在低纬度条件下起源和形成，因此它的所有类型都具备短日性的遗传特性。把大麻移种到北方和长期栽培在长日照（16~17h）条件下，逐渐形成新的生态型，即北方大麻。早就发现大麻株高和它们形成的自然地理条件之间存在确定的相关性。主要分布在靠近地中海国家的南方大麻长的最高，可达3m以上。随着向北纬度移动和在山区种植，农家品种大麻株高降低。生有总状花序最矮（50~80cm）的大麻是在俄罗斯境内形成的。中国、日本和意大利的南方高株类型大麻有强烈的分枝和松散花序。

在系统发育过程中，大麻在种粒体积、茎中纤维含量以及生育期上产生分化。黑龙江省农业科学院经济作物研究所是我国最早开展工业大麻资源研究的科研单位，其现有的资源生育期从最早熟的60~70d一直到晚熟的180d。

研究表明，大麻在其系统发育的初期是雌雄同株的，生有两性花，只是在系统发育某个早期阶段形成有单性花的个体。接着，在进化过程中出现性的进一步分化，结果产生雌雄异株大麻。雄麻和雌麻在性性状和生理特性方面相互区别。所有大麻不管是栽培的还是野生的，都能轻易进行彼此杂交并产生正常能结实的后代。大麻生态地理群依靠某些形态性状和生物学特性彼此区别，这是大麻在进化过程中分化的结果。

遗传研究表明，不同大麻类型的染色体数（$2n=20$）相同，能够轻易地和自由地相互杂交，不同大麻类型不存在基因交流受阻。生理学、生物化学和遗传学研究已证明了不同大麻类型的遗传单位。

部分大麻亚种的形成是长期自然选择和人工选择的结果，在俄罗斯形成3个生态地理群（变种）：北方大麻、俄罗斯中部大麻和南方大麻，它们在形态学和生物学的许多性状、特性上都彼此区别。除3个地理群（变种）外，还有大量过渡类型，它们构成现有生态地理类型多样性的连续链。具有综合形态学和生物学性状和拥有自己较有限分布区的这些生态地理群，本身就代表变种（Convarietas）类型。北方大麻种子发芽和出苗最快最旺盛。南方大麻出苗最慢，苗期生长也最慢。在这个特性上俄罗斯中部大麻处于中间状态。野生大麻种子发芽也很慢，通常在播种后15~20d才出苗。野生大麻苗期生长缓慢，这是它的鲜明特性。大麻出苗后根系和茎生长比较缓慢，这种状态一直持续到开始现蕾。现蕾到开花期这段时间生长旺盛。如遇外界条件的有利配合，这个时期茎的昼夜生长量达到最大值（4~6cm）。大麻快速生长期间茎中纤维大量形成，50%~60%的纤维在开始现蕾后10~20d较短时间内形成。这是大麻生活中的一个极重要时期，因为在这个时期进行的是纤维旺盛积累和生殖器官发育，也就是潜在的生物学产量。

随着花期起始，大麻生长速度渐缓，根和茎生长完全停止。雌雄异株大麻雄麻和雌麻的生殖器官长在不同的植株上。现蕾、开花和种子成熟的顺序是沿着生长点主茎由下位到上位的。首批花蕾是花序下部的花芽形成的，这个顺序同样适用于种子生理成熟，最下位花结出的种子最早成熟。次生芽形成的分枝的现蕾和开花顺序也同主茎一样。

现蕾和开花强度取决于外界条件，即气温、日照长度、土壤水分、必需营养物质供应程度，还取决于生物学特性。现蕾到开花期持续时间主要取决于温度条件。不同品种雄麻开花持续时间不同，这取决于栽培条件和品种。北方大麻花期持续时间最短，而南方大麻最长。俄罗斯中部大麻品种花期20～30d，但在始花期后12～13d时开花最旺盛。雌麻开花时间较长，而且从雌花授粉到种子成熟经历50～60d。雌麻同雄麻相比，开花较早但结束很晚。

大麻生长和发育以及产品的产量和质量主要取决于综合的外界条件，在大麻通过个别一些发育阶段时所能提供的农业栽培技术，主要取决于种麻单位的生产管理与组织水平。

大麻有雌雄异株类型和雌雄同株类型。雌雄异株大麻的雌麻和雄麻不同之处首先在于性的初生性状，即花的构造。然而，大麻植物最鲜明的表现是在同雄麻和雌麻功能分化有关的次生性性状上。例如雄麻和雌麻的显著差别有普通结构、生育期、解剖学、生理学、生物化学等性状。雌麻对不利条件作用有较高抗性是众所周知的。例如雌麻的抗霜冻能力明显好于雄麻。雌麻较抗其他不利因素，这种性能是雌雄异株大麻固有的。

苗期区别雌雄株很困难。只是在开始现蕾前雄株茎节间明显拉长而且比雌株细。只有在花芽出现之后才能把雌麻和雄麻加以区分。通常到开花时雄麻高度超过雌麻，而且是松散的长侧枝、聚伞花序，这都有利于花粉传播。

采麻田里雌麻花序紧密、多叶、茎节间短、侧枝短小、生育期比雄麻更长，可以更充分地利用营养物质和土壤水分以供形成纤维和种子。雌株和雄株数量比通常接近1：1。雌雄异株和雌雄麻不同时成熟是大麻机械收割的主要障碍。大麻作为雌雄异株植物是典型的异花授粉类型，而且授粉主要靠风。在自然条件下雌麻开花照例早于雄麻。在繁殖过程中雄麻的生物学功能归结为给雌花授粉和受精，此后便迅速结束自己的生活循环，雌麻受精之后继续生长到种子成熟。

柱头伸出冠外通常被认为雌花开始开花。授粉后（2～3昼夜）柱头变褐并枯萎。柱头呈现褐色是因为它已经发生受精的表征。即使较长时间花粉仍没有落到柱头上，柱头仍然活着，而且保持接受花粉的能力，但却明显加长达到15mm，保持浅绿或白色（有时是紫色）。没有受精的雌蕊可保持自己的生理功能15～40d。雌花保持受精能力的时间长短取决于品种的遗传特性和外界环境条件。北方大麻雌花开花后保持受精能力的时间是15～20d、俄罗斯中部大麻是30d以内、南方大麻是40d以上。室内保存条件下，花粉通常保持生活力25d。从花受精到种子成熟经历25～50d，这也取决于品种和外界条件。

雄花在早晨日出时开放持续到黄昏，但花药大量集中开裂和花粉扬出是在10—14时。雄花开放过程主要取决于外界条件。较高气温、较强日照和较低的空气湿度促使花药较快较集中开裂。气温较低时这个过程进行较慢。雄花开放机制同一定的气温紧密相关。当气温升高时，花药伸直并开裂，气流把轻花粉带到很远距离（10～12km）。

雄麻个别花序着生花达1万朵以上。每个花药开裂时扬出大量花粉粒。大麻花粉粒既小且轻，所以大麻处于花期时，中午麻田上空弥漫大量花粉。雄麻盛花期蜜蜂、熊蜂等昆虫群聚大麻田，促进雌麻更好授粉。

大麻植物生长节律和茎中纤维积累是不均衡的。同许多植物一样，大麻也有快速生长期，这期间植株各个部分（茎、叶、根）均最大限度生长，并形成茎中纤维。这期间大麻需要大量营养物质、水和其他适宜的生长条件，这对形成高产是最重要的时期。在快速生长期开始到来时必须保证给大麻提供所有必需的营养元素。大麻栽培能否取得成功，主要取决于种麻者对大麻个体发育特点是否正确掌握。

第三节　大麻同外界环境条件的关系

同其他植物一样，大麻正常生长和发育必需光、温度、营养和水这些环境因子。

一、光照

大量研究证明，植物的短日性和长日性是很稳定的遗传特性。大家都知道，光周期反应的正常过程同光合作用器官活动相互关联，改变光照条件，就能促进或阻滞植物生长。掌握植物发育特点和个体发育阶段个别时期的出现时段，就能人为调节大麻生长和发育、株高、花序体积、茎中纤维形成、根系生长、果实中油脂积累、生育期和个别发育阶段，甚至使大麻变性。

短日照条件下，大麻所有品种和变种的生长都受到抑制而且分枝增多。日照越短，生长越缓慢。在较短日照条件下，大麻所有地理性群体（栽培大麻和野生大麻）各发育阶段时期开始时间明显提前。日照越短，单一发育阶段通过越快。在短日照影响下大麻株高降低和根长减小。但是，所有这些表现都是形态学特性，不能遗传。

光成为植物生长的核心因素。因此，植物对光的需求从出苗到完成生长过程不能间断。此外，光在植物生长中具有重要的作用，它能加快或推迟个别发育阶段的时间。

在不同发育阶段大麻植株对外界因素其中包括光的需求是不一样的。结束长光照阶段之后大麻才进入现蕾期，现蕾期大麻对所有外界生活条件（温度、光、水、土壤营养）的需求都增加。即使其中一个因素缺乏或不足都导致生长过程的严重阻滞，使大麻株高受到抑制。

较短日照条件下，大麻个别发育阶段（现蕾、开花和成熟）时间明显加快。在长（16～18h）日照条件下则正相反，大麻发育受到阻滞，有利于营养生长，增加株高。

日照时间还影响到根系的体积和强度。较短日照条件下大麻根系较弱。在快速生长期（现蕾到开花）大麻茎和根系生长同时强化。雄麻根系强度明显次于雌麻。试验资料表明，大麻地上部分生长和发育的强化，导致根系生长和发育出现强化。

二、温度

在实验室条件下大麻种子可以在1～45℃温度下发芽，但在田间条件下正常发芽，土壤上层温度应不低于10℃。在适宜温度（18～25℃）和充足水分条件下，大麻播种4～5d后即可发芽。大麻幼苗能忍耐-5～-3℃短时间霜冻。已经发现，不利的温度条件对雄麻造成比雌麻更严重的伤害。而且，株高越大，受冻害越重。试验中初秋-3～-2℃霜冻（大麻收获前）使茎工艺质量大大受损，但及时播种的大麻很少因早霜或晚霜而受害。

大麻生长和发育的许多方面取决于温度条件。低气温通常阻滞大麻生长和发育，特别是在现蕾到开花期和快速生长期大麻对高气温的需求增加。生育期间气温越低，幼苗到开花这段时间越长。在土壤水分满足供应的情况下，气温达到18～25℃时大麻生长最旺盛。

三、水分

大麻很喜水，其蒸腾系数为790～1 180。不同生态群大麻材料在需水量（蒸腾系数）上区别明显。蒸腾系数南方大麻最小，而北方大麻和俄罗斯中部大麻最大，且是雄麻大于雌麻。大麻不同生育阶段的耗水量不同，现蕾到开花期耗水量多。在这段短时间内消耗全生育期所需水分总量一半以上。

目前纤维麻面积较大，因此株高、工艺长度和茎结构是最重要的有价值的经济性状，它们决定着纤维的单产和质量。麻茎和纤维产量、产品质量、长麻含量这些指标主要取决于水分供应程度。前期（出苗到开花）土壤水分充足可获高产原茎，而后期（开花到成熟）水分供应充足可获种子优质丰产。所有这些都说明，大麻整个生育期都需要土壤水。

对优质纤维丰产最有利的条件是：幼苗到现蕾期土壤最大含水量60%，现蕾到开花期土壤含水量占最大含水量70%～80%，结束开花以后大麻对土壤水分的消耗减少。

良好的土壤持水量不仅对作物生产率，而且对茎的解剖学结构、纤维结构、皮层个别组织的体积、木质部和韧皮纤维层都产生影响。水分过剩对大麻不利。种子吸胀需水不多，大约占种子重量一半。土壤水分过剩导致种子田间出苗率下降。地下水位高情况下大麻根向水性反常，停止向土壤深处生长。土壤水分过剩使大麻接触空气差，从而导致根系的死亡，结果使大麻完全停止生长过程。

四、营养物质

适宜栽培大麻的土壤应富含腐殖质、营养物质储备充足、水气状态良好。大麻吸收营养特点是由根系和地上部分发育不协调所决定的。同其他大田作物不同的是，大麻植株地上部分繁茂而根系较弱。大麻根系约为地上部分的47.6%，远低于亚麻的根系占比。

生育期间大麻生长不均衡。干物质积累是前期（幼苗到开花期）比后期（开花到成熟）强烈。许多试验都证明，所有农作物中只有马铃薯、甜菜和红麻消耗营养物质多于大麻，这说明大麻对土壤营养需求很高。

有学者指出，就大麻的生物学特性而言，栽培大麻是要求土壤多施肥的作物，农民历来把大麻安排到多施肥的园田地，最有力证明了大麻对土壤肥力的敏感性。处于可吸态营养物质很少的贫瘠土壤中，大麻的吸收能力明显弱于其他作物。为了保证高产，通常只有给大麻施用比其他农作物更多的肥料。俄罗斯中部大麻在很短时期内就积累了大部分产量，因此从幼苗阶段开始大麻的可吸态养分必须充足。南方大麻生长均衡，在较长时间内无特别变化，所以给它施肥可以在春季分几次进行。俄罗斯麻类作物研究所的工作表明，南方大麻原茎单产为14～16t/hm²时，从每公顷土壤吸收的养分，N为328～335kg、P_2O_5为124～132kg、K_2O为339～444kg有效成分。

试验证明，氮、磷、钾三要素配比明显改变大麻生长强度。例如快速生长期氮在肥料成分中起决定性作用。不同生长阶段的大麻对养分数量需求不同。例如现蕾到开花期需氮和钾更多。营养生长期间大麻对磷的吸收较均衡，而到开花以后在种子形成阶段对磷的吸收加剧。南方大麻在整个营养生长期间都能较充分地利用土壤养分。此外，南方大麻比俄罗斯中部大麻在构成单位重量干物质时能更经济地消耗土壤养分和肥料，利用率更高。

国内外工业大麻研究团队的研究表明，环境碱化对大麻根系强度和纤维产量有利。大麻能很好地吸收磷酸，而且雌麻比雄麻吸收更多，同时微量元素对大麻栽培也起重要作用。

雌麻和雄麻在营养吸收特点、生长和发育速度以及生理功能上都有区别。生育前期的生长和积累干物质速度雄麻明显快于雌麻，但此种状态只持续到开花。开花之后，雌麻则明显快过雄麻。到生育末期，雌麻重量明显大于雄麻。

雌麻的风干物质中，明显比雄麻含有更多的N、CaO和P_2O_5。雌麻大量吸收P_2O_5是因为要在种子中积累植酸钙镁。从总体上看，雄麻吸收总养分不如雌麻多。出苗后6～10d大麻生长发育依靠种子养分储备和来自土壤的较低浓度的养分。相关研究所的试验中，最高原茎产量是在出苗后6～12d施肥时得到的，而最高种子产量则是在现蕾到开花期施肥时得到的，因此应分期施肥促进大麻高产。

第四节　大麻遗传学特点

一、概述

雌雄同株大麻对大麻种植业的发展发挥突出作用。这是因为，由于雌雄异株大麻植株不同时成熟，必须进行两次收获。首先从田间手工拔除早熟的雄株，1个月之后再机械收割成熟的雌株。未及时收获的雄株导致纤维明显不一致并降低质量，更难于进行机械化收获工作。雌雄同株大麻的性型相同，纤维同时成熟，可进行一次性机械化收获。

当前雌雄同株大麻品种在欧洲大麻种植面积中占有主导地位。然而，尽管雌雄同株大麻优点不小，迄今为止尚未能解决一个育种的基本问题——如何获得雌雄同株性状遗传上稳定的大麻，为了弄清这种现象需要开展深入的理论和实践研究。现有试验表明，异株大麻是由两种遗传稳定的性类型雄麻和雌麻构成的，而同株大麻则存在遗传上不一致的多种性类型。大麻遗传多态现象的实质是，异株大麻的性别是由性染色体基因按简单隐性遗传模式控制的。雌麻是隐性基因同配生殖，而雄麻则是异配生殖，也就是基因型中含有雌性隐性基因和雄性显性基因，这决定了性类型在后代有1∶1的稳定比例。

同株大麻性类型的产生原因是雌麻或雄麻性染色体性别基因的突变，这种情况下遗传因子过渡到复等位性状态。此外，常染色体因子参与同株大麻性别决定，常染色体因子决定了植株花序中雄花和雌花的比例关系。性染色体复等位基因与不同性价的常染色体因子之间相互作用的复杂机制成为后代中雌雄同株性状不同的问题的基本原因。这种相互作用的结果使得同株大麻总是或多或少地分离出雄麻，这是复等位基因系列中的成员向显性方向永久突变产生的结果。

雌雄同株性状不稳定的另外一个原因，是同株大麻田中分离出的雄麻与同株大麻雌蕊发生异花授粉。雄性个体比同株大麻更适合于雌花的授粉和受精。雄株花粉较多而且花粉粒生活力较强，花粉管生长速度也较快。花粉落到雌花柱头上时，雄株花粉粒的花粉管同株的更快地到达胚囊并实现受精。同株大麻的雄麻在群体始花期产生副作用，当同株大麻的雌花和雄株的雄花已经开放时，同株个体的雄花开放拖后9～14d。因此，同株大麻在得不到本身花粉的时期内，如果不把雄麻及时彻底拔除，最容易受到雄麻花粉的侵害。

基因型决定大麻性别的研究结果，有可能为后代中雌雄同株性状的稳定提供最有效的依据，这种方法的基础是选择性类型、杂交和强制自交。为此，在同株大麻育种中对于进一步繁殖，最好选择同株大麻雌化雌株，因为这种雌株的雌雄同株性状最稳定。雄株在现蕾期拔除，而剩余的性类型则根据其分化情况加以拔除。

同株大麻中的雌麻是在非育成材料中发现的。通过长期育种得来的同株大麻品种实际上并无雌麻。就基因型而论同株类型中存在的少量雌麻与同株大麻中雄化雄麻更为相似，因而在选择中成功率更高。

通过杂交能创造各种类型的大麻原始材料，但是如果想要固定雌雄同株性状，则必须采用同株大麻材料之间相互杂交的方法，这种方法可在最短时间内保证得到雄株比例最小的材料。同株和异株大麻之间的杂交在任何一个组合中雄麻比例都毫无例外地高，而同株入选单株连续几代期间都保持大的雄麻比例。大麻育种中，就固定后代雌雄同株性状而言，回交杂种（异株×同株）×同株无疑是第二位的。

这些资料证明，必须高度重视同株大麻现有育成品种，并将其更广泛应用于旨在育成新品种的杂交组合。用这些老品种得到的杂种保持着雌雄同株性遗传因子的高度集中，这是在繁殖原始类型过程中，通过对同株大麻单株的多年选择才实现的。采用这种育种方法可创造大量同株大麻原始材料，并在育种实践中制定应对方案，以乙烯利化学去雄方法以及杂交中利用母本雄性不育系方法开展工作。

不含雄麻的同株大麻原始材料可用强制自交法获得，用此法能实现所需基因型的最有效选择。强制自交是指连续2～3个世代同株大麻单株的自花授粉。但是，强制自交材料自由隔离繁殖的后代中，不可能保持雌雄同株性状的稳定，原因是照样分离出雄麻。

由此可见，同株大麻性别性状的杂合状态是种群不可分离的特性。用强制自交法得到的同株大麻的纯合性程度与任何其他方法一样，取决于及时并精确进行品种提纯的程度。然而，强制自交材料的珍贵性还是显而易见的。为了保持雌雄同株性状，拔除雄株与繁殖杂种材料相比，将会节约大量的劳动。

自然条件下发现基因雄性不育材料的两种大麻类型：一种是雄花小而发育不良，花蕾逐渐脱落；另一种是雄花转化为两性花，即不育花。两种雄性不育类型的花粉均无活力，或者是根本没有花粉，而雌花发育正常，能结出种子。

雄性不育性状是按遗传单因子类型传递给后代的。已经获得的同株大麻雄性不育品系，这些品系后代稳定保持可育株和雄株不育株为1∶1的比例。雄性不育对同株大麻有重要价值，其意义在于杂交组合（同株×同株）更好地适用于固定后代的雌雄同株性状，但是这要求母本类型植株上大量雄花的去雄工作。利用雄性不育品系使去雄工作大大简化。取代雄花去雄工作的措施是拔除可育植株，保留供授粉用的雄性不育植株。异株大麻的有趣特点是表型表现和雄性不育可遗传，这同性别二态性现象有关。但是，经研究得出结论，异株大麻以及通过异株×同株大麻杂交得到的杂种，其雄性不育并无实际应用价值，因为在该种情况下母本类型杂交时，可选择较简单地拔除所有雄麻。

同株大麻雄性不育的应用，与使用乙烯利给雄花去雄具有显著区别，因为雄性不育植株肯定不能长出正常发育的雄花，用乙烯利处理过的不育植株经过一定时间也可长出正常发育的能散发大量花粉的雄花。特别是在大麻稀植条件下易出现雄花可育性的恢复，因为那时单株占有较大空间，分枝较多。在这种情况下，或者是对植株再度用乙烯利处理，其结果是单株出现畸形并明显延长营养生长时间，或者是对雄花采取人工补充去雄，也可以拔除最易恢复雄花可育性的那部分植株。

依靠杂交、强制自交和选择来创造同株大麻原始材料的传统方法已经不适宜现代育种需要。对于培育遗传上雌雄同株性状稳定的新品种工作，必须寻找新出路才能解决。当前正在开展的研究表明，通过试验获得雌雄同株性状稳定的多倍体大麻是一条实现路径。已经证实，大麻四倍体类型的特点是比二倍体的雌雄同株性状在遗传上更为稳定。但是，四倍体大麻也产生其他一些复杂问题，即必须改善四倍体的综合经济性状，以满足育种工作的现代要求，采用现代生物工程手段创造大麻优异原始材料也是可能的重要途径之一。

性遗传是大麻种植业面临的十分现实的问题。现有雌雄同株大麻品种在具备许多有益性状同时也表现出雌雄同株性状不稳定的严重缺陷，这缩短了品种在生产中的利用期限。对大麻系统性开展性遗传以及细胞学生物学研究，并在此基础上排除导致雌雄同株性状不稳定的因素，这是当前科研单位的重要任务。对大麻性的遗传控制不仅在很大程度上促进对大麻进化特点的认识，而且有助于解决迫切的实践生产问题。

雌雄同株和雌雄异株大麻类型具有性的两态现象。统计发现，雌雄同株大麻品种约有20个不同的性偏异类型。问题的复杂性在于，外界环境条件对性表现和性重新决定会产生极大影响。雌雄异株大麻性类型比例最稳定（1∶1）。但是由于各种外部原因使这个比例也能在一定范围内向某一个方向改变。这取决于光照条件、种子发芽时的土壤温度、植株营养条件等因素的综合作用。例如在短日照条件下栽培大麻，雌株明显增加，雌雄同株植株也转变成雌株。

不同化合物的作用也对大麻性分化过程产生明显影响。例如0.016%浓度的2,4-D除草剂溶液的作用导致植株雌化，而0.02%浓度的溶液则导致植株雄化。在α-萘乙酸作用下导致雄株上形成雌花。

以此为依据可以得出结论，大麻的性是受细胞质内生长素浓度水平控制的。在硫酸镁以及过氧化氢溶液内浸种导致雌性个体数量减少。赤霉素对性比例也会产生实质性影响，导致雄化。同时，也有关于大麻性类型比例受施入土壤肥料的数量和质量以及土壤水分水平影响而发生变化的报道。用γ射线处理雌雄同株和雌雄异株大麻种子，具有产生雄株数量减少的倾向，在雌雄异株品种雄株减少8%～10%，在雌雄同株品种雄株减少3%。已经确定，雄株耐放射性能力较低，而雌化植株对γ射线则不太敏感。如果说在亚致死剂量照射下具有雄性外形性状的植株存活率等于零，那么雌株和雌雄同株植株在这个剂量下却能正常生长并结出种子。

用化学诱变剂处理大麻种子也能改变性类型比例。用N-甲基-2-硝基苯胺处理的雌雄异株大麻种子，在M_1代雄株减少5%～7%，而用硫酸二甲酯处理则减少1%～5%。用0.015%浓度N-二硝基甲基脲处理雌雄同株品种种子时，雄株完全消失（对照处理的雄株占1.5%）。

乙烯亚胺对雌雄异株大麻性类型比例变化影响结果见表1-1。从表1-1数据可见种子用乙烯亚胺处理15h使雄株数量减少6.8%。

表1-1 用乙烯亚胺处理H9资源种子情况下性类型比例

处理持续时间（h）	总株数	雄株（%）	雌株（%）
6	742	46.3	53.7
没处理	840	49.5	50.5
12	829	44.2	55.8
没处理	855	49.7	50.3
15	793	42.7	57.3
没处理	909	49.5	50.5

秋水仙碱对大麻性类型比例变化会产生更实质性影响，而且如果说甲烷磺酸乙酸和γ射线以及其他外部作用因子对性决定的影响只表现在个体发生过程中，那么秋水仙碱处理产生的影响则传递给后代。所得资料表明，秋水仙碱对染色体数不成倍变化的影响引起大麻性比例的实质性改变（表1-2）。

表1-2 秋水仙碱处理过的雌雄异株大麻植株第4代性类型比例

家系号	雄株数	雌株数	雄株对雌株的比例	雌雄同株株数
891	16	36	1:2.14	0
905	23	156	1:6.78	17
906	68	160	1:2.35	36
923	20	93	1:4.55	0
939	126	382	1:3.04	0
942	72	161	1:2.23	0
944	143	214	1:1.49	0
945	35	95	1:2.71	38
946	9	41	1:4.55	17
954	3	23	1:7.68	0

不难发现，变化的发生是朝向雌株数量增加的方向，也就是进行着后代雌化的过程。某些家系的雌株数量超过80%。有趣的是，雌雄异株植株后代分离出雌雄同株植株。这在通常是极为罕见的现象。雌雄同株植株的主要类型是雄化雌麻和少量的雌化雄麻及雌雄同株雌麻。产生雌雄同株植株之

所以引人注意，是因为它的出现充分表明，秋水仙碱处理过的种子培育出的植株，其后代存在雌化过程。

性类型比例已发生变化的大部分家系，生产率在大多数情况低于或等于对照材料，但某些家系的纤维重量却超过对照材料。在生育期长度、种子千粒重和生活力方面，这些家系的植株同对照材料几乎没有差别。

雌雄异株大麻植株雌化对生产实践有一定价值。在性类型比例变化的材料基础上，有可能通过育种培育雄株数量降到最低限度的雌雄异株大麻品种。培育这样的品种将会大大简化雌雄同株大麻与作为母本成员的雌雄异株大麻杂交时得到杂种种子的过程。

人为控制大麻性类型比例的最有效化合物当属乙烯利，即2-氯乙基磷酸。已经确定，乙烯利的有效成分是乙烯，它在植物组织内积累导致异生长素的自然破坏。还有这样的观点，即异生长素通过形成的乙烯的作用参与生理过程。异生长素被认为是植物有机体雄化过程刺激剂。现有研究表明，在乙烯利作用下雌雄异株大麻和雌雄同株大麻植株都发生性改变。雄花转变成雌花或雌雄间性花，这种情况下雄花的构件部分地或全部地退化了。其结果，雌雄异株大麻的雄麻转化为雌雄同株，而雌雄同株则转化为雌。雄花性转化程度与乙烯利浓度和处理次数相关。

综上可见，大麻性别对外界因子的作用很敏感。所以自花授粉品系的后代经常出现少量不希望存在的性类型，这就使不同条件下进行研究的结果对比变得很复杂。大麻植株发育的具体条件能引起个体发育过程中的性改变。目前，已经探讨了在自花授粉情况下原始性类型的遗传规律。按照Koppe定则，自花授粉情况下后代杂合植株分离成不同性的植株，纯合植株的性则是无变异遗传。

麻类相关研究所开展的试验中对原始植株性类型的遗传检验是在田间条件下进行的。已经确定，雌雄同株植株后代不受外界影响而分离出一定数量的与原始性类型不同的植株（表1-3）。甚至在严格隔离条件下自花授粉植株第6代也分离出普通雄麻植株。这证明，雌雄同株大麻一部分植株的性是杂合的。与杂合植株异花授粉导致形成性不同的植株类似。

表1-3　自花授粉条件下一个家系范围内大麻植株性遗传

原始性类型	第6代性类型（%）				
	雌雄同株雌麻	普通雌麻	普通雄麻	雌雄同株雌化雄麻	雌雄同株雄化雌麻
盆栽试验					
雌雄同株雌麻	36.4	54.5	9.1	—	—
普通雌麻	25.0	75.0	—	—	—
雌雄同株雄化雌麻	80.0	—	20.0	—	—
田间试验					
雌雄同株雌麻	84.7	10.3	3.8	0.5	0.7
普通雌麻	25.4	72.5	1.8	—	—
雌雄同株雄化雌麻	89.5	7.0	1.2	2.3	—
雌雄同株雌化雄麻	95.4	2.3	—	—	2.3
对照（原始品种）	76.8	10.3	3.0	3.5	6.4

按照遗传规律，如果杂交时第1代的一个性缺乏或不育，那么这个性就是杂合的。目前已经检验了几个性类型的杂合性状。表1-4所列资料表明，参与杂交的所有性类型都是不同程度杂合的。如果说第1代雌雄间株，雌麻株数占29%，而雌雄同株雌化和雄化植株完全没有，那么雌化雄麻将只有2%。普通雌麻植株的特点是具有高度杂合性，在它同雌化雄麻杂交时第1代雌株数量占98%。

表1-4 雌雄同株与异株大麻Tny杂种第1代的性类型遗传

杂交组合（母本×父本）	第1代的性类型（%）					
	雌雄同株雌麻	普通雌麻	普通雄麻	雌雄同株雌化雄麻	雌雄同株雄化雌麻	雌化雄麻
Tny×雌化雄麻	—	98.0	—	—	—	2.0
Tny×雌雄同株雌化雄麻	29.0	67.0	4.0	—	—	—
Tny×雌雄同株雌麻	11.7	83.4	4.9	—	—	—
Tny×雌雄同株雄化雌麻	18.1	80.6	1.3	—	—	—

过渡到四倍体水平也不能解决大麻雌雄同株性状稳定的问题。四倍体植株染色体组数改变，也增加了性染色体数目，这在一定程度上影响到个体发育过程中的性表现。大麻四倍体植株理论上可能有以下染色体组：XXXX、XXXY、XXyy、yyyy。这些植株彼此杂交其后代将有以下染色体组比例：XXXX-5、XXXY-7、XXYY-16、xyyy-7、yyyy-5。可见，四倍体植株后代形成大量混合染色体组的植株。这些植株包括雌雄同株植株、雌株或雄株，而较少有纯雌性或纯雄性染色体组。实际在XXXX型向XXyy型植株杂交时，杂种二代得到的种群，其成员包括47.5%雌株、40.7%雄株、8%具有雌性外形的雌雄同株植株、2%具有雌性外形的雄株、1.5%具有雄性外形的雄株和0.3%具有雄性外形的雌雄同株植株。雌雄同株大麻四倍体种群的性类型如下：雌株4.4%、雌雄同株植株92.8%、具有雌性外形的雄株0.3%、具有雄性外形的雌雄同株植株和其他过渡类型2.2%、雄株0.3%。

人们通常认为，二倍体同四倍体大麻之间受精存在遗传上的障碍，然而，目前这点并没得到证实。二倍体同四倍体大麻杂交结果形成三倍体后代。二倍体雌雄异株大麻同四倍体雌雄同株大麻杂交情况下的第1代杂种后代有以下性类型比例：雌株79.4%、雄株16.8%、具有不同外形的雌雄同株植株3.8%，某些情况下产生雄株数量达到70%的三倍体混杂物。

二、大麻的细胞学特点和诱变

综上所述，在植株个体发育过程中大麻的性趋于变化，尤其是受外界环境影响较大。因此，可以利用某种外界环境因素，在一定范围内控制雌花和雄花比例以及雌株和雄株比例，甚至可以彻底抑制雄花发育。

（一）细胞学特点

对二倍体和四倍体大麻植株的研究表明，它们具有某些细胞学特点，并对这些特点进行深入细致的研究。观察发现，二倍体大麻幼苗的初生根上存在二倍体和四倍体细胞。对这些植株生长点染色体数目进行分析表明，它们全部具有二倍体的染色体组。经过精细分析后发现，皮层原细胞经常有2个核，有时甚至有3个核。但是，在研究过程中观察切片时没能发现母核收缩。这只能用无丝分裂现象加以解释。

现有研究表明，大麻的成膜体形成通常很早，在有丝分裂后期的中间或终点。在个别细胞内，不仅在有丝分裂后期，甚至在晚末期也没发现成膜体。这种异常分裂过程，结果产生了双核细胞。双核细胞发育过程中每个核都竞争细胞的中心位置。在两核贴近情况下其中一个核可能断裂，这就导致形成三核细胞。

在双核细胞顺序分裂情况下形成无成膜体的有丝分裂现象，并且这个特点不论在二倍体还是四倍体植株都能观察到。两核贴近经常以它们的合并告终，那时就产生带四倍体染色体组的细胞。有学者试图用两个相邻细胞核的合并来解释这个事实。据部分学者的研究，这是不大可能的。比较可能的是，四倍体细胞的产生是一个细胞内两个核合并的结果。对于这一点还存在其他见解，按照这种解释，四倍体细胞形成的原因是核内有丝分裂。核内有丝分裂在分化组织细胞内经常遇到，这符合作为某些组织分化必需的随体的核内有丝分裂可能性的假设。不排除大麻在形成四倍体细胞时发生核内有丝分裂，但同时也发现高等植物上罕见的特点，即细胞双核性。由此可见，四倍体细胞的产生很可能是一个细胞内两个核合并的结果。双核细胞的产生也可能是细胞内部过程的正常生理进程，出现改变或外界因素作用的结果。例如有的试验资料介绍，大麻种子用γ射线照射后，细胞内可形成几十个核。不论是二倍体还是四倍体大麻植株都存在雌雄同株植株组织的不同倍数性现象（多体性）。大麻的四倍体细胞通常出现在皮层原，而中柱原和表皮原细胞总是存在二倍体染色体组。

大麻向多倍性水平转化首先与有丝分裂时细胞分裂过程的变化有关，其结果是产生比二倍体细胞明显大的多倍体核。由于多倍体细胞内核数量增加，原生质数量也明显增加，原生质可保证核和细胞质的相应性以及细胞构造的正常功能。在测量二倍体和四倍体大麻的细胞和核时发现，它们靠体积相互区别，随着倍数性的提高，细胞和核的体积也扩大了。

当倍数超过四倍体时，细胞进一步扩大。有六倍和八倍染色体组的细胞体积长度达到50μm，核的直径有时达到30μm，这几乎是二倍体细胞核直径的2倍。同时也注意到这种情况，即在秋水仙效应有丝分裂时产生不同倍数性细胞（四倍、六倍、八倍）以及具有约140个染色体的巨细胞。

对二倍体和四倍体大麻气孔的闭合细胞的测量表明，这些细胞的气孔性状有差别。同时还确定，气孔闭合细胞的体积是很不稳定的性状，它在很大程度上取决于生长条件和取样部位（在不同层面的叶片上细胞体积变化明显），并且四倍体植株的变异系数在12%~17%，二倍体植株的变异系数在5%~9%。混倍体植株同二倍体相比气孔细胞体积变异系数更大，这同组织嵌合性有关。所以，变异系数大是植株混倍性的间接性状。

测量二倍体和四倍体大麻小孢子和统计发芽孔时发现，小孢子直径差别很大，变幅为10~20μm，取决于年份条件、营养条件和性类型。四倍体大麻花粉粒的鲜明特点是它的体积很不整齐。某些花药在有正常发育花粉粒的同时，还有小的、发育不良的、含原生质少的花粉粒和断面直径达到55μm的大花粉粒（二倍体小孢子直径24~28μm）。

在雌雄同株类型中，二倍体大麻所有花粉有3个发芽孔，在雌雄异株类型中有3~4个发芽孔。而四倍体大麻则基本上是4个发芽孔，也有相当一部分是5个发芽孔，小粒孢子则只有1~2个发芽孔。通常很大和很小的小孢子（花粉粒）其花粉管生长能力都较弱。

二倍体大麻体细胞有20个染色体。关于大麻染色体鉴定问题至今未能彻底解决。但是可以确定，雄麻有一对杂合的性染色体（x和Y），而雌麻和大多数雌雄同株大麻有同源染色体（xx）。

大麻也像其他某些作物那样可遇到多胚现象。自双胚种子长出的植株或者性别相同或者性别相反。大麻的多胚属于假型，但也不排除有真多胚。

（二）大麻化学诱变

大麻育种的重要因素是得到原始材料，因此化学诱变和辐射诱变有特别重要的意义。通过人工诱变加大变异幅度能加快育种进程，因为它能促进更有效的选择。通过化学诱变和辐射诱变能大大拓宽大麻经济性状的变异谱。

目前可通过多种方式获得人工突变。化学诱变在作物育种中应用最广，但对化学诱变剂的作用规律研究并不充分，特别是像大麻这样的作物，对不同植物基因型生物学反应的研究也不深入，这在很大程度上制约了现有化学诱变剂的利用效果。

国外相关科研人员开展旨在揭示雌雄同株和雌雄异株大麻对乙烯亚胺和甲烷硫酸乙酯作用反应的系列研究。两个大麻品种（I-6和I-1）的种子浸泡在0.1%甲烷硫酸乙酯水溶液内18h和0.05%甲烷硫酸乙酯水溶液内12h，然后用自来水冲洗。取参与试验的每个家系的一部分种子作为对照，也就是用姊妹系植株作对照，能更清晰地确定某种基因型对诱变剂作用的反应。通过研究确定，第1代植株特别是在小孢子形成期间发生形态变异，以及生殖器官功能被破坏。这些变异的频率非常高，第1代为6%～30%，第2代大约5%。

诱变剂会在第1代和第2代引起数量性状的明显变异，鉴定表明，在甲烷硫酸乙酯作用下，在第2代发现足够数量的性状体。与对照植株相比，既有好的性状也有不利的部分。第2代大多数植株的有益经济性状指标低于对照植株。纤维正向变异幅度为雄麻1.1%～21.2%，雌麻1%～14%。在雄麻和雌麻茎中纤维含量方面，也发现部分植株指标高于对照株系，雄麻最高超过2.8个百分点，雌麻最高超过3.3个百分点。

植物有机体对诱变剂作用的反应主要取决于基因型。试验资料表明，同一品种种群内基因型相似的植株对诱变剂的反应也不同，其中一些植株的生长强度明显下降，而另一些植株的强度下降并不明显。

第2代种植的是从甲烷硫酸乙酯处理的植株中选出的有益经济性状优良的品系，纤维含量为33%～36%的株数占3.5%、纤维含量为36%～39%的株数占1.5%，具有这样高纤维含量的植株第2代只发现少数几株，其原始材料的最高纤维含量是28%。第4代大多数植株的纤维含量为29.6%～31.2%，第5代为32.8%～34.4%，也就是通过两次选择使纤维含量提高4个百分点。诱变所得原始材料已经用于培育高生产率大麻新品种CO-27，见表1-5。

表1-5　雌雄同株大麻品种CO-27对比试验结果

指标	采麻采种兼顾田		采麻田	
	CO-1（对照）	CO-27	CO-1（对照）	CO-27
产量（kg原茎/hm²）	7 680	7 670	13 000	13 500
种子	1 410	1 300		
全麻	2 070	2 300	3 080	3 910
长麻	1 870	2 070	2 080	2 780
出麻率（%）				
全麻	26.90	30.00	25.04	30.98
长麻	22.40	27.45	16.07	20.89
生育期（d）	142	142		

该品种纤维生产率高的原因是茎中纤维含量高。可见，化学诱变是获得新原始材料的十分有效的方法，使用这些原始材料来培育新品种非常具有价值。

到目前为止，对大麻数量性状的研究还不充分，还没能最终揭示种子产量的遗传特点以及种子产量同其他有益经济性状和有益生物学性状之间的相关性，对这些问题的解决将促进提高育种效率，有助于培育出所需性状的高产大麻新品种。

三、大麻种子的遗传异质性

大家都知道，雌雄同株大麻同异株相比，其种子的播种品质指标较低。为此，通过研究遗传因子作用下的同株和异株大麻性类型开花和结实特性，从遗传学角度来确定产生上述现象的原因。试验利用3个大麻品种T10（异株）和H-14、H-16（同株）。千粒重和实验室发芽率按《工业大麻种子　第1部分：品种》（NY/T 3252.1—2018）（10430-63）测定。用感官法确定种子的形态学差别。对未分级和已分级种子进行分析，对未分级种子测定其质量的自然状态，对已分级种子测定其质量。

研究表明，性类型开花生物学特性对大麻种子质量有不利影响。例如异株大麻雌麻花序只有雌花，而雄麻花序上只有雄花，雌花和雄花的始花期和末花期相交汇。但此种情况下雄麻很早结束生育期并枯萎，而雌麻在雄麻枯萎还要生长相当长一段时间，因为种子形成需要灌浆，如种子一起成熟将会有较高的品质。同株大麻在同一花序上发育雌花、雄花和两性花。两性花是由雄花向雌花的过渡类型。在这种花序上发现形成两性遗传器官过程中的本质偏差，这也是形成营养不良种子的主要原因之一。

同株大麻两性花结的种子是不够播种级别使用的。例如H-14稀植（单株营养面积50cm×10cm）内平均每株结838粒种子，其中有56粒种子来自两性花（占7%）。就单株而言，这种种子的数量为5~275粒（或占1.5%~24.3%）。两性花结的种子与同株大麻某个花序上雌花结的种子以及雌麻结的种子的区别在于体积大小不一、外壳皱缩、形状变化、干枯的花药和柱头向外伸出。到成熟期可见未成熟种子（绿籽）。

对数据统计分析后证实，同株大麻两性花结的种子，其千粒重和实验室发芽率同异株大麻雌花结的以及同株大麻结的种子不同，雌花结的种子比两性花结的种子大而饱满，而且实验室发芽率更高。

同株大麻性类型雄花和雌花的始花期和末花期也与异株大麻相类似，但花期较长，持续到植株工艺成熟。后期结的种子通常不成熟，因而播种材料中绿籽数量有所增加。雌花和两性花结的异株和同株大麻种子之间的差别见表1-6。

表1-6　雌花和两性花结的异株和同株大麻种子之间的差别

品种	种子千粒重（g）		试验发芽率（%）	
	雌花结的	两性花结的	雌花结构	两性花结构
T-10	20.6	—	97.6	—
H-14	16.8	13.2	92.5	62.8
H-16	19.1	15.3	94.6	65.2

为了测定同株大麻晚结的未成熟种子比率以便与异株大麻对比，在大麻成熟期选择50株雌麻和50株同株性类型。雄麻脱下全部种子，而同株大麻则在脱粒前挑出两性花结的种子。然后计算"绿籽"占已脱粒种子总重量的比率，结果表明，雌麻"绿籽"数量占3.1%，而同株大麻则占16.5%，也就是高出5倍。雌雄同株雌化雄麻那样的性类型所结的不成熟种子特别多，因为其花序上主要形成雄花，而雌花仅在花序主轴上部及侧枝上少量出现，这些植株上不成熟种子含量可能达到100%。

这样一来，同株大麻种子的播种品质由于存在两性花的缘故而不如异株大麻。在对同株大麻播种材料机械分级时，不够级的种子基本上进入废料。如果同株和异株大麻种子分级前实验室发芽率相差8.9%~10.6%，那未分级后这个指标改为3.2%~3.7%。同株和异株大麻种子分级和不分级的差别见表1-7。

表1-7　同株和异株大麻种子分级和不分级的差别

品种	不分级种子		分级种子	
	千粒重（g）	试验发芽率（%）	千粒重（g）	试验发芽率（%）
T-10	20.8	95.2	21.6	98.3
H-14	14.3	86.3	17.5	95.1
H-16	16.6	84.6	19.3	94.6

为了改善同株大麻种子的播种品质，必须对种子进行更为精细的分级，除掉不饱满的部分，或者在育种工作中有目的地选择不含有雌雄同株雌化雄麻的品种材料，这是在实践中能够做到的。同株大麻性类型花序上存在两性花是遗传决定的性状，是自然过渡的一种表现。

四、雌雄同株大麻的四倍体类型

作物育种工作中除天然突变外，还广泛使用多倍体。目前，已经通过试验途径获得多种作物多倍体类型，并用它们培育新品种。从雌雄异株大麻四倍体已发现许多有益特性，如种粒大、雄株和雌株倾向于同时开花、出现雌雄同株类型、某些情况下还增加株高。

欧洲麻类作物研究所得到雌雄同株大麻两个四倍体类型——四倍体雌雄同株2和3号（To-2和To-3）。to-2的原始类型是hoc-1（雌雄同株），To-3的原始类型是hoc-29（雌雄同株）。从二倍体水平（$2n=20$）转变到四倍体水平（$2n=40$）是用秋水仙碱诱导而成的。为此，试验了几种用秋水仙碱处理植株的方法。其中最有效的方法是把2～3对真叶期的大麻植株地上部分在0.1%浓度的秋水仙碱溶液中浸泡24h。此种情况下四倍体类型发生量为24.1%～39%。选择四倍体是在亲代两个阶段进行的，一个是在二倍体植株生长更新后（预先选择），另一个是在大麻开花前（最终选择）。首先拔除形态性状不同于标准植株的个体，然后通过细胞学分析对剩余植株终选其多倍型。四倍体下一代选择依据综合的育种性状和典型性。

对试验得来的雌雄同株大麻四倍体类型的对比分析表明，在有价值主要经济性状方面，四倍体类型不如原始二倍体类型和标准品种突出。最大的区别是种子生产力，因为四倍体后代出现染色体数不均衡以及配子生活力低的个体。为了加快倍数性稳定过程和提高雌雄同株四倍体类型的生产力，按综合经济价值进行系统选择。例如通过选择使材料to-2的茎工艺长度、茎重和纤维重有所提高，其单株种子产量由9.2g提高到24.8g，茎中纤维含量提高24%。to-2种子千粒重平均达到25～26g，个别植株甚至达到30g以上，但原始二倍体类型只有16～17g。种子重量增加是细胞内染色体数加倍的结果。to-2茎中初生和次生纤维比例较合理，其初生纤维比例比二倍体类型高。雌雄同株大麻四倍体类型的雄株比率（普通雄麻）明显减小。

为了研究已发现的四倍体类型性性状规律是选择的结果，还是近亲繁殖的原因以及同基因型倍数性变异无关的其他原因，有学者使用相同条件播种四倍体和原始二倍体类型，对严格隔离条件下和同其他类型或品种自由授粉条件下产生的后代加以鉴定，结果表明，后代的性性状差别同雌雄同株大麻倍数性水平变异有关。

四倍体普通雄麻植株的鲜明特点是晚熟性。在普通雄麻参与授粉的株数比例减小情况下，它的晚熟性是有益的，这点已被试验数据所证实，因为普通雄麻在以后的世代中出现概率下降。此外，在四倍体水平上普通雄麻的成熟期与雌麻的成熟期相近，更有利于收获。

雌雄同株大麻品种的缺点之一是落粒程度高。研究表明，雌雄同株大麻四倍体类型种子大批成熟后过40d时，种子散落10.2%，而二倍体类型则是40.1%。四倍体类型该性状的高抗性机制是花被发育健全而且花序紧凑。

可见，由于雌雄同株大麻四倍体类型具备许多优良性状，建议用其来培育经济性状优良的新大麻品种。

第五节　大麻性遗传学

大麻性遗传学涉及的问题十分广泛，涉及的学科也很多。其遗传学问题可以划分成两大类：一是性诱发变异，它们是通过物理因素、化学物质、光周期、创伤性损伤等对植株的作用而导致；二是性自发变异，这是系统发育的结果，与遗传现象有关。

大麻性诱导研究比较充分，而大麻性自发变异研究较为薄弱，但近年来在这个领域也积累了足够多的试验资料，特别是在国外。目的在于利用这些资料加以总结和评论性分析，以期做出某些理论性和实践性结论。大麻原本是雌雄异株类型，它的性类型明确地表现为两态现象。雌雄异株大麻性变异自古以来就引起人类的关注。这是因为在生产实践中人们始终被异株大麻性类型不同时成熟和生产率低所困扰。占种群全部株数大约一半的雄麻成熟很早，只能从田间手工收割，不收割雄麻会导致纤维产量下降，而雄麻到雌麻成熟时实际上已经站立枯萎，纤维木质化，尤其使采种田大麻机械收割过程更加困难和复杂。通过改变雌雄异株大麻性类型比例使雌麻多于雄麻，可明显提高种子和纤维产量。

研究人员在20世纪20年代通过雌雄异株大麻植株成对杂交已经确定了在性性状方面雄性个体的杂合性和雌性个体的纯合性，并首次从理论上确定性类型实际分离比例为1：1。同时还揭示了雌雄异株大麻的几对异态的性染色体。

进一步研究表明，雌雄异株大麻性类型比例同理论值相差甚远。这个指标因品种、同一品种不同家系和栽培条件的不同而变化。已经得出结论：雌雄异株大麻的性不仅由性染色体的性基因所决定，而且还受其他未知遗传因子的控制。在生产规模上改变雌雄异株大麻性类型比例尚未取得实质性成功。

早在19世纪前50年就已经在雌雄异株大麻田发现雌雄同株植株，但把这种突变型的研究同生产利用目的联系起来则开始于很久以后。一直到20世纪30—40年代才培育出同时成熟的雌雄同株大麻，这开创了大麻种植业发展的新纪元。新型大麻的性类型同时成熟才可能实行产品的一次性机械收割。在培育和生产中应用雌雄同株大麻的同时，对这个类型性研究更加广泛和深入，对大麻的性多态现象已经确认无疑，同时发现，雌雄同株植株在外形、花序上雌花和雄花数量比例以及其他形态性状等方面彼此差别显著。雌雄同株大麻田间还发现两性（雌雄间性）个体。由于存在性多态现象，使大麻性分类众说不一。

人们发现，雌雄异株和雌雄同株大麻不同杂交组合后代的性类型比例显著改变。例如雌雄异株大麻雌株用作母本，雌雄同株个体用作父本情况下，杂种一代雌株数量占优势。

与此同时还发现，大麻雌雄同株性状在遗传上不稳定，不采取专门的育种和良繁措施以保持雌雄同株大麻后代的这个性状，3～4代以后就几乎完全恢复为雌雄异株类型。为揭示雌雄同株性状分离的原因，需要开展大量研究工作。在解决这个问题方面国外等学者做出了很大贡献。虽然这些学者对雌雄同株性状的遗传机制各执己见，但他们在雌雄同株性状受多种因素制约上却达成了共识。性染色体的性基因以及常染色体的遗传因子参与了雌雄同株大麻植株的性决定。

在20世纪最后20年中研究了大麻不同类型的雄性不育和雌性不育。大麻植株生殖器官的不育反映出在自然条件下性变异的细胞胚胎学和遗传学特点。雄性不育性基因的来源被首先发现，这被用来创造育种用的原始材料。

一、大麻性类型及其开花生物学

（一）大麻性类型分类

大麻通常为雌雄异株类型，但在自然条件下除了雌麻和雄麻，还发现少量雌雄同株个体。通过育种家的努力已经培育出一些雌雄同株大麻品种，生产纤维用大麻的国家，绝大部分播种面积都种植这样的品种。雌雄异株大麻有雌花，生育期长。雄麻的特点是具有圆锥形松散花序，全部着生雄花，生育期短。雌麻和雄麻个体大量的初生和次生性性状在很大程度上彼此连锁。

自古以来民间把雌雄异株大麻的雌性植株称作雌麻，把雄性植株称作雄麻。这些术语长期以来列于科技词典，因为在诸多情况下使用这些术语很方便，特别是用于性类型分类。

雌雄同株大麻的同一花序上发育雄花和雌花，与具有性二态现象的雌雄异株大麻的区别在于，雌雄同株大麻是一些植株的总体性状态称谓，这些植株在许多初生和次生性性状上彼此差别，雌雄同株大麻的本质是性多态现象。

最早研究雌雄同株大麻植株的学者指出了初生和次生性性状形成的重要特点，即雌雄同株植株形成3种类型花——雌花、雄花和两性花（雌雄间性）。此外还应指出，雌雄同株大麻中发现雌雄异株大麻所特有的初生和次生性性状之间的连锁，雄麻型的松散花序上着生雌花，而雌麻型的总状花序上着生雄花，也就是与雌雄异株大麻特有的性状相反。这些植株花序类型和生育期长度之间的相关性与雄麻和雌麻的一样。生育总状花序的个体虽然着生雄花但却成熟较晚，而生有松散花序的个体虽然着生雌花但却成熟较早。可见，大麻生育期长度这个性状不与花类型连锁，而与外形连锁，生有总状花序的植株照例晚熟，同花的性别无关，而生有松散花序的植株照例早熟。

生有总状花序和雄花的雌雄同株大麻植株被称作雌化雄麻，而生有松散花序和雌花的雌雄同株大麻植株则被称作雄化雌麻。

大麻性类型的所有分类都以两个性状为基础，主要考虑植株外形和花序上不同性别的花数量比例。文献广泛采用的分类是把所有大麻植株分成4组，即雌麻组、雄麻组、雄化雌麻组和雌化雄麻组。每组包括5种性类型，这些性类型在雌花、雄花和两性花的数量比例上相互区别。雌雄同株大麻总共分出20个性类型。

该种分类存在显而易见的缺点。首先，无法把雌化类型的雌雄同株大麻植株划分到雌麻组和雌化雄麻组，因为它们是一个连续的个体系列，个体之间在花序上雌花和雄花数量比例上彼此区别，这个系列的一端是雌麻（只有雌花的植株），而另一端是雌化雄麻（只有雄花的植株）。这正好表明了雌麻组和雄化雌麻组的性类型。其次，分类使用了大麻中属于雌雄间性的发育不正常的两性花类型，而这种异常花通常不用作类型分类的标准。

另外一种性类型分类主要具有理论意义，这种分类首先显示的概念是花类型配合及其数量比例有怎样宽广的范围。这种分类没得到实际应用。也按花序类型性状和花序上雌花、雄花、两性花的数量比例对大麻植株进行复杂的分类，共划分出22个性类型，其原理同上述分类大同小异，有着同样的缺点。

后来有学者按性性状给大麻植株分组，其中包含很大程序的简化因素。把所有植株分成雌化植株和雄化植株，并且充分参考花序上两种类型花（雌花和雄花）的数量比例，这就便于选择性类型的名称。

雌（雌化）型植株：

雌麻（普通雌麻）——只着生雌花的植株。

雌雄同株雌化雌麻——雌花多于雄花的雌雄同株植株。

雌雄同株雌化雄麻——雄花多于雌花的雌雄同株植株。

雌化雄麻——只着生雄花的植株。

雄（雄化）型植株：

雄麻（普通雄麻）——只着生雄花的植株。

雌雄同株雄化雄麻——雄花多于雌花的雌雄同株植株。

雌雄同株雄化雌麻——雌花多于雄花的雌雄同株植株。

雄化雌麻——只着生雌花的植株。

在大麻的育种工作中这种性类型分类得到全世界的广泛实际应用。在雌雄同株大麻植株中，无论雌化型还是雄化型，都有相反性别花数量比例变异的宽广范围，结果形成雌雄同株性状方面的连续植株系列——从生有多数雌花和少数雄花的个体到生有多数雄花和少数雌花的个体。

在同花序上雄花和雌花数量比例性状变异特点基础上，Sengbush及其同事把雌雄同株植株划分成5组：

几乎全是雄花，只有个别雌花。

雄花远多于雌花。

雄花和雌花数量大致相符。

雌花远多于雄花。

几乎全是雌花，只有个别雄花。

上述分类在实际应用中有些不便，原因是存在大量假定的雌雄同株样本类型，它们的性分化在整个生育期间很复杂而难以确定。此外，一些性类型没有具体名称，所以很难记忆。

在上述分类基础上，欧洲相关研究机构制定了雌雄同株大麻性类型更加完善的分类系统，把雌雄同株和雌雄异株大麻划分成12个性类型，它们彼此之间在外形以及花序上雌花和雄花数量比例上差别明显，而且有自己的具体名称。与以前分类不同的是，该方法把雌雄同株大麻的雄麻和雌麻，划分为单独的性类型，因为它们是派生的雌雄同株植株，而且与雌雄异株大麻的普通雄麻和普通雌麻相比在遗传上并不相同。

与Senghush的分类不同而根据雌雄同株植株花序上雌花和雄花数量比例性状加以简化——把雌雄同株植株的5组归纳成3组，这就更便于确定大麻性类型，而且符合其在遗传育种分类中的作用。真正意义上的雌雄同株植株在育种工作中受到充分重视和应用，与雌雄同株大麻其他性类型相比，其雌雄同株性状最稳定（Neuer and Sengbush，1943；Hoffmann，1947；Mnrajib，1986）。比如在波兰的雌雄同株大麻育种和良种繁育工作中选用"最理想的雌雄同株植株"，也就是花序上雌花和雄花数量大致相等的个体。

正如研究表明的那样，确定大麻性类型比较复杂。根据花序上雌花的数量比例来区分出雌雄同株植株并不难。但是，要把雌雄同株雌麻和雄麻与雌雄异株大麻的雌麻和雄麻加以区分则复杂得多。据观察，雌雄同株雌麻其花序较松散、种子较易散落、生育期较短。雌雄同株雄麻（特别是较晚熟的样本）同雌雄异株大麻的雄麻的区别在于雄花较小、花枝较短、茎上和雄花花被上可能有花青素颜色、植株较高、叶片的小叶较窄，也就是雌雄同株雄麻其表现型性状体现较弱，而表型性状恰是雌雄同株雄化大麻性类型的主要特征。有时雌雄同株雄化大麻普通株花序分枝末端可出现能结种子的雄花。雌雄同株雄麻早熟样本，外观上与雌雄异株大麻的雄性个体相似。把雌雄同株雄麻和雌麻的每个单株与雌雄异株大麻性类型按外观性状完全准确区分根本不可能，这说明性状从雌雄同株植株向雌雄异株植株逐渐过渡。雌雄同株和雌雄异株大麻性类型的彼此区分，不仅根据外形以及花序上雌花和雄花数量比例，而且还根据许多其他的形态性状和有价值的经济性状。

（二）大麻性类型的表型差异

雌雄同株大麻雄化性类型从经济角度看没有雌化性类型应用前景广阔。它们的主要缺点是种子极易散落。所以，育种家倾向于培育雌化类型的雌雄同株大麻品种。因此，对雌雄同株雄化大麻性生物学的研究不如雌雄同株雌化大麻深入。为了弥补这个缺欠，国外有研究所培育出雌雄同株雄化大麻品系IOCO-1M，它被用于许多试验，对大麻性类型进行对比研究，同时也对雌雄同株和雌雄异株大麻雄花和雌花的构造及其在花序上的分布进行了详细研究。资料表明，雌雄异株大麻雄花的花蕾、花被片和花药比雌雄同株雌化大麻性类型的较短、较宽，二者的花丝大致一样，雌雄异株大麻雄花花梗则明显大。

大麻雄花花被片呈现槽形。每个被片都用本身较薄和有弹性的侧边包围花药，这使花蕾带棱。雄株花蕾上的花被片通常不超过花药长度，雌雄同株雌化个体的花被片经常比花药长，其尖锐的顶部紧包花药。可以看出，该种形态性状在某种程度上抑制开花。花丝随着花开极具伸长，花被片绽开，花药分开并向下垂在长花丝上。大麻花药开始裂纹是在转向花里面的上部，沿着脊在2个部位，即成对连在一起的花药相邻2室。自由下垂花药里面的花粉在花药沿全长裂开之前就开始散出。散粉后的花药凋落到花梗同花被的连接处。花梗本身却残留在花序上并逐渐枯萎。雄化性类型的雄花外表很像雌雄异株大麻雄株的花，但它们的体积明显小而且经常有花青素颜色。在花梗长度方面处于雌化性类型和雄麻的中间位置，却明显靠近前者。

大麻雄花构造体积，实际上是随着植株生长而减小的。例如品种IOCO-6开花结束时同首批花相比，花被片长度减少46.6%、花药长度减少41.2%、花药宽度减少34.2%，品种IOCO-1（雌化植株）的这些指标相对应减少21.3%、28.1%和27.4%。雌雄同株个体的雄花构件缩小程度较低，因为到雄花谢花期植株还在继续发育以使种子形成和成熟。

大麻雌花花被是绿色的变态高出叶，上面覆盖蜡质。雌花无柄，也就是没有花梗。文献中常把大麻雌花花被错误地称作苞片。众所周知，苞片是小型高出叶，它位于花梗上。大麻雌花没有花梗，因此它也就不会有苞片。大麻所属的双子叶植物纲，如果有苞片应该是2片而不是1片。

雌花的雌蕊由子房和2个无花柱针形白色柱头构成。花期柱头从花被内伸出，当空气中有花粉时便授粉、受精，然后柱头萎蔫变成深褐色。这种状态能持续很长时间，个别情况下一直到种子成熟。柱头很小，肉眼不易看清，这给研究大麻雌花开花动态带来难度。不落花粉情况下柱头继续旺盛生长，达到较大体积，不改变最初的浅色，在这些条件下雌花较容易观察。

目前没发现雌雄同株和雌雄异株大麻雌花之间有形态学差别。雌雄异株大麻的雄花着生在花枝上，花枝位于花序中轴和花序一级侧枝的叶腋里。雄麻花序的二级侧枝即使在大麻稀植条件下也很少出现。到开花时雄花位于长而松散的花枝上并相互隔开，因此能无拘无束地张开，这就很容易释放花粉。雌雄同株雌化大麻性类型的雄花分布在很短而紧密的花枝构成的花序上。由于花相互紧密接触导致它们经常不能充分开放，因此很大数量的花粉粒不能从花药溢出。许多花没凋落就枯萎在着生部位，而在潮湿天气条件下则在花序上腐烂。雌雄同株大麻雄化性类型花序上雄花分布密度处于雌雄异株大麻和雌雄同株大麻雌化植株的中间位置。

大麻雌花也发育在花序主轴和侧枝上的叶腋里，每个叶柄基部2朵。雌麻和雌化型雌雄同株植株花序形成一级、二级、三级侧枝，节间很短，结果使雌花紧密分布。雌雄同株雄化植株和雄化雌麻基本上只形成一级侧枝，所以雌花彼此之间的空间比较大。

大麻成熟期雌花花被片枯萎，呈褐色并离开种子。雌雄同株大麻雄化性类型花被明显脱离种子甚至脱落，所以种子容易散落。雌雄同株大麻雌化性类型雌花花被片枯萎与种子脱离的过程相对较轻，减少了种子散落。种子散落最轻的性类型是雌雄异株大麻雌麻。

大麻雌雄同株植株除雄花和雌花外，还有少量两性（间性）花。两性花是雄花向雌花过渡的中间型，这种现象被称为雌雄同株大麻的个体发生雌雄间性。雌雄同株大麻个体发生雌雄间性的细胞胚胎学特点另有论述。大麻性类型最初可见的差异表现在现蕾期和始花期。在这个时期植株按花的构造和花序上花的分布以及外形加以区分。雌雄异株大麻雌性个体的特点是雌花不易看见、花序多叶、花序顶部宽阔紧密。雄麻植株叶较少，花序顶部光秃尖窄。刚开始现蕾时出现大量雄花小花蕾，小花蕾到始花期长大并松散地分布在花枝上，此时形成长花梗。

雌化的雌雄同株个体其雄花的花枝和花梗较短，因此花分布紧密。雄花的花序多叶，顶端宽阔，像雌麻一样。雌雄同株大麻雄化性类型的花序在现蕾期其雄花的叶量、花枝和花梗体积处于雌雄异株大麻雄麻和雌雄同株雌化植株之间的位置。了解现蕾期大麻植株的表型差异，才能利用这些知识及时有效地淘汰不良性类型，避免大麻植株发生不需要的授粉结实。

大麻的茎和叶 大麻茎和叶的发育在许多著作中都有论述，大麻茎在苗期柔软、多汁、圆形，继续生长之后茎变粗糙，下部由圆形过渡到六面体然后是四面体，棱角度表现不明显。大麻株高变幅巨大，这取决于样本和植株营养面积，可达到5m高。茎粗变幅也大，最粗可达5cm。雌雄异株大麻的雌麻和雄麻之间株高性状差别在现蕾期和盛花期表现最明显，雄麻株高经常超过雌麻，但也有低于雌麻的现象。

大麻叶片属掌状复叶，由叶柄和小叶构成。植株下部叶是单叶，再往上小叶数渐多，到花序下端达到最大值（9～13）。复叶中间的小叶最大。叶片在茎下部对生，而在茎上部则互生。雌雄同株雄化大麻性类型比雌雄同株雌化大麻性类型和雌雄异株大麻雌麻的植株长的更高。

现已确定，在整个生育期间不同性的大麻植株生长速率也不同。性表现型性状分化之前，所有性类型的株高大致相同，但发现雌雄同株大麻植株生长比雌雄异株大麻的雌麻和雄麻稍慢。雄花现蕾期和始花期则发生质变。雄化性类型（雌雄异株大麻雄麻和雌雄同株大麻雄化植株）生长速度明显加快，其株高超过雌化型（雌雄异株大麻雌麻和雌雄同株大麻雌化植株），这种优势保持到生育末期。品系hoco-1的植株特别高，到成熟期，这个品系雌化植株的高度达到315.4cm。与此同时，雌雄异株大麻雄麻高为274.5cm，雌麻高为266.8cm。

总体上看，与雄化型植株相比，雌雄异株和雌雄同株大麻雌化型植株趋于植株较矮、茎较粗、叶柄较长、小叶数较多、叶片面积较大。据掌握的资料，按每节叶片数性状把大麻种群分成单叶、双叶、三叶和四叶。单叶节上的叶片互生，双叶节上的叶片对生、三叶节上的叶片对生、三叶节和四叶节上的叶片轮生。

有研究表明，供试大麻种群的大部分植株具有双叶茎节，在12个供试品种中双叶茎节株数占97.69%～100%，叶节单茎株数占0～0.18%，三叶茎节株数占0～2.12%，四叶茎节株数占0～0.12%。雌雄异株大麻品种总体看来，所研究性状的变异程度高于雌雄同株大麻品种。

雌雄异株和雌雄同株大麻品种种群内生有单叶、双叶、三叶和四叶茎节的表现比率差异。通过对雌雄异株大麻T10三叶茎节原始植株的11次选择和自花授粉，得到家系10t，它有70%植株是三叶茎节、27%植株是双叶茎节、3%植株是四叶茎节。还发现，该家系双叶茎节的类型其雌麻和雄麻株数比3年平均为65.77%：34.23%，而三叶茎节类型的这个比值为50.73%：49.27%，也就是茎节三叶性状与种群内雄性个体数量增加有关。

生有双叶茎节的雌雄异株和雌雄同株大麻品种的植株，在形态学方面是不同的。把它们又分成两组：第一组只生有双叶茎节，它们茎工艺长度部分全长的茎节上只生双叶；第二组则生有双叶和单叶，它们的原始双叶茎节在茎上部（花序以下）变成单叶茎节了。只有双叶茎节和双叶、单叶并存茎节的大麻株数比例，在品种T10为65.83%：34.17，在品种hoc-9为57.41%：42.59%。生有双叶、单叶并存茎节的植株其中雄麻百分率高于只生有双叶茎节的植株。

研究表明，上述两种情况下雄麻株数增加同茎上叶片数量增加相关，生有三叶茎节和双叶、单叶茎节并存的植株，其茎上叶片数量多于只生有双叶茎节的植株。据国外资料，叶片对生过渡到茎上部叶片互生的雌雄异株大麻雄株，双叶和单叶并存茎节的个体特点是叶片逆时针配置，而雌株则是顺时针配置。雄株茎逆时针扭转，而雌株茎则顺时针扭转。

经济性状方面　现有大量资料表明，雌雄异株大麻雌麻茎重是雄麻的2～3倍，茎中纤维含量则是两种性类型大致相同或雄麻略高于雌麻。雌雄异株大麻不同品种雌麻单株平均种子重5.9～9.4g，而雌雄同株大麻品种则为4.0～5.9g。在IOCO-1品种雌雄同株大麻性类型范围内，单株平均种子重量为：雌雄同株雌麻3.6g、雌雄同株雌化雌麻2.5g、雌雄同株雌化雄麻0.8g、雌雄同株雄化植株0.5g。种子千粒重则分别为18.2g、17.7g、10.9g、14.7g。IOCO-4和IOCO-14品种雌雄同株雌化大麻性类型的纤维重量和茎中纤维含量没有一定的规律性，存在的差异不是本质上的。单株平均种子粒数随着花序上雌花数量的增加而增加。

上述规律性也被俄罗斯麻类作物研究所的试验证实。单株生产率最高的性类型是雌雄异株雌麻。雄麻的茎重和纤维重只是雌麻的一半，但其茎中纤维含量不次于雌麻。雌雄同株雌化大麻植株的所有有用经济性状都次于雌麻。雌雄同株雄化大麻性类型的茎重最大，它们的这个性状甚至超过雌麻。与此同时，品系IOCO-1M植株的种子产量也低，原因是种子散落严重。

雌雄异株和雌雄同株大麻性类型的生育期长度有本质上的差异。该性状在较大程度上取决于植株外形，在较小程度上取决于花序上雌花和雄花的数量比例。雌雄异株大麻的雄株比雌株早熟得多。其中，品种10在单株营养面积为50cm×10cm情况下，雄株比雌株早熟49d。雌雄同株大麻雄化植株比雌化植株平均早熟10d。在雌雄同株大麻雌化性类型范围内，最早熟的是雌麻和雌雄同株雌化雌麻。随着花序上雄花数量的增多，生育期也相应延长，其中雌化雄麻达到最大值。雌化型雌雄同株大麻则相反，雄麻和雌雄同株雄化雄麻最早熟。随着花序上雌花数量的增多，植株生育期略有延长。

大麻花序的紧密度同种子散落性之间表现明确的相关关系，花序越松散，种子越容易散落。还发现雌化型和雄化型雌雄同株植株花序上雄花和雌花数量比例与种子千粒重之间的相关性，花序上雌花数量越少，其种子千粒重越小。雌化型类型中雌雄异株和雌雄同株大麻的雌麻其种子千粒重最大，而雌雄同株雌化雄麻种子千粒重最小。雄化型类型中，雄化雌麻种子千粒重最大，而雌雄同株大麻性类型的确定和统计、后代选择和保持适宜的性类型、确保雄花和雌花同时开花以及人工隔离和人工辅助授粉。

性类型开花动态　雌雄异株大麻植株雄花开花顺序在竖立方向沿花序主轴从下向上。但是，首批开放的花不位于花序最下部侧枝腋里。雄花开放动态在水平方向上是从侧枝基部到顶端。但有时发现最先开的花位于侧枝或顶端。雌雄异株大麻雌麻花序上雌花开花动态与雄麻相仿。

据欧洲研究资料介绍，雌雄异株大麻中俄罗斯品种在正常播种的田间条件下同雌麻相比，雄麻早开花2~3d或同时；而南方和东方大麻品种则相反，在同样条件下雌麻比雄麻早开花10~15d。雄花在7—8时开始开放，12时大批开放。雄花开花后1昼夜开始散粉。雄花在开花后10~30d期间（取决于播种期和发育条件）逐渐枯萎。雌性个体开花持续时间为15~40d。个别雄株在生育期间能长出1万~3万朵花。盛花期的一天之中，不同品种大麻单株一个花序上可开275~500朵雄花。

在一般田间条件下，北方起源的雌雄异株大麻雄麻始花期或与雌麻同时，或比雌麻早2~4d。南方起源的类型则相反，雄麻开花比雌麻晚5~10d，雌麻比雄麻晚成熟30~60d。雌雄异株大麻雄麻早晨开花，晚上散粉，散粉后花逐渐枯萎并死亡，雌麻的花则保持接纳花粉能力14~30d。

雌雄异株大麻雄花7时开放，9—12时最旺盛。雄麻开花最旺盛时在始花后10~12d。在俄罗斯布列斯特州条件下南方类型大麻开花持续20~30d。总体上看有关雌雄异株大麻开花动态的文献资料很多，但其某些观点相互矛盾。这是因为，研究人员利用不同的大麻品种和类型材料试验，但试验处于不同的栽培条件，而有关这方面的情况又总是不具体说明。

对雌雄同株大麻开花动态的研究不如雌雄异株大麻深入。雌雄同株植株花序上雄花和雌花的花期相隔较长时间。雌雄同株雌化雌麻的雄花开花时间比雌花晚5~20d，而雌雄同株雌化雄麻则相反，雄花开花时间比雌花早10~15d。雌雄同株大麻雄化植株的雌花花期以及种子成熟期均较短。

国外麻类作物研究所研究开花动态的试验中利用了雌雄异株和雌雄同株大麻品种IOCO-6和IOCO-1。单株营养面积50cm×50cm，供试植株成熟期株高变动在244~256cm范围内，茎中部直径为10.5~12.5mm。为了研究整个生育期间大麻开花动态，个别一些植株已用编号标签进行分组和标志。选择雄花始花日期相同的不同性类型植株，使它们的开花期处于相同的天气条件。雄花数量测定通过每天统计并排除已开放花蕾的方式，雌花数量测定通过统计结实的和成熟的种子总数的方式。

雌雄异株大麻品种IOCO-6大多数雌株在该种栽培条件下开花比雄株早1~4d。但也发现两种性别植株开花始期相遇，或者是雄麻开花早于雌麻。总体上可以认为，被研究的雌雄异株大麻品种IOCO-6的雌性和雄性个体，其开花始期很接近。雄麻的末花期比雌麻早7~10d。

雌雄同株大麻花序上雄花和雌花始花期差距较大，主要取决于性类型。有极少数或少量雄花的雌雄同株雌化雌麻雌花开花较早，花期差距达到20d。生有大量雄花的雌雄同株雌化雄麻其雄花和雌花的始花期相同或雄花比雌花早几天开花。真雌雄同株雌化植株照例是雄花早开，两者花期差距常达到10~15d。雌雄同株雌化雄麻的花序上雄花早开许多天。生有极少数雄花的个体，雄花开放60d之后雌花才开放。这些植株不能结出优质种子。

有研究显示，雌雄异株和雌雄同株大麻9种性类型植株花序上雄花和雌花数量比例以及它们开花的持续时间的分析结果，雌雄异株大麻个别植株形成20 633~30 627朵雄花和5 106~5 496朵雌花，而雌雄同株大麻则分别是56~26 949朵雄花和0~4 850朵雌花。观察表明，花序上雄花的密度不论是雌雄异株还是雌雄同株，雄花开花期间要明显大于雌花，这种差异受制于相反性别花的发育特点和分布。雄花发育时间拉长，同一花枝上一朵花凋谢时其他花才开始发育。因此，在花序上不大的区域内可出现大量雄花，雌花虽然着生紧密，但随着侧枝的生长与花的空间加大，这造成在所有发育阶段（从刚能看得见柱头的小花被到包有成熟种子的大花被）形成生殖器官的条件适宜，也就是不存在一朵花被另一朵花取代的现象。还发现明显的规律，花序上雄花越多，则雌花越少而且越晚出现。

雌雄异株大麻雄花开花要比雌雄同株大麻类型旺盛得多，这从开花动态可以看出。个别一些5d内（时间以每5d为一个单位）开花数量每昼夜平均为1 297朵。雌化雄麻的特点是花期较长，平均每昼夜开花的最大数量为597朵。雌雄同株雄花也不那么旺盛。空气相对温度高和气温低会减少雄花开花数量，但不明显，这不导致生育期间开花一般特性的变化。可是，已开放的花在这种条件下不散粉。花药正常开裂所必需的空气相对湿度不高于50%~60%。气温高加剧花开裂过程，但这个因素不是决定性的。显然，在低温干燥的天气条件下大麻散粉会很强烈。

大麻个别植株雄花开放方式在一昼夜期间的变化情况试验。可知，日落后到下一天日出前这段时间（21时至翌日5时）在空气相对温度很高条件下，雄麻植株开28朵花，而雌雄同株植株则开11朵花。品种IOCO-6在9—11时开花最多，而品种IOCO-1则是在15—17时开花最多。

至于一朵花究竟含有多少花粉粒以及生育期间一株麻究竟发育多少朵雄花，经试验确定，工业大麻个体能提供大量花粉粒（万粒）；雌雄异株大麻雄麻为1 169.9~1 736.1；雌雄同株雌化雌麻为3.1~78.5。大麻形成大量花粉的能力是历史发育（系统发育）的结果。雌花针状柱头小到刚能看得见，而花粉粒则更小，所以花粉粒落到柱头上的概率很低。这种不协调被大麻植株产生巨量花粉加以弥补，而且花粉体轻，很容易被风携带。

雌雄同株大麻性类型的花粉其利用效率不如雌雄异株大麻的花粉。由于花序上雄花紧密分布，致使雌雄同株植株相当多的花粉粒不能从花药内逸出。此外，雌雄同株雌化雄麻的大量雄花晚开。这段时间内开的雌花虽能受精，但其种子却不能成熟。雌雄异株大麻雄花和雌花的花期却能相遇，雄麻和雌麻大致同时开花，雄花在花期内大量散粉然后才死亡，此后雌麻很快停止开花，但继续发育以维持种子形成和成熟。

花粉粒的形态学构造　现有关于大麻花粉形态学的文献资料内容相互矛盾。有学者指出，大麻花粉粒为球形，横断面30~35μm，表面光滑。花粉粒显示其表面有带状加厚。据介绍，大麻花粉粒直径为25.7~33.3μm，赤道上有3个孔。孔周围的外壁加厚成突起。刻纹呈粒状。

据资料介绍，大麻花粉粒有3~4孔，赤道直径23.4~25.2（28.8）μm，极轴约22.4μm长，轮廓近圆形或圆三角形，带3个突起的孔。发芽孔通道呈浅漏斗状，覆盖一层薄膜，薄膜和花粉外壁处于同一水平。印度大麻花粉粒的体积较大，有时赤道直径可达32.8μm。南非栽培的大麻其花粉粒有2~4个孔。

大麻花粉为球形，南方大粒种子类型的花粉较大而中俄罗斯类型的则较小。雌雄同株和雌雄异株大麻样本的花粉在形态上相近，但体积不同；雌雄同株植株的花粉粒小于雄麻的。大麻花粉在体积和形状上的差别，多半因为不同研究人员采用不同方法制备显微镜检测样品，花粉粒用不同的化学物质处理，这很容易导致花粉粒体积和形状的改变。另外，研究者们涉及的主要是雌雄异株大麻花粉。所以，对当前现有雌雄异株和雌雄同株大麻品种花粉的对比研究十分必要。

目前进行的花粉形态学构造研究中，花粉粒是来自花药的新鲜样本，取出后直接放到载片上而未经任何化学物质处理或用水湿润。观察表明，大麻花粉粒形状为球形，有时呈稍长的椭圆形或扁圆形，很容易压扁花粉呈浅黄色。

花粉粒表面平滑，无任何突起或增厚，但外壁却有微粒状刚能看得见的斑纹，这些斑纹像发亮的小岛，被密密麻麻分布的小点包围，这是由于花粉粒外壁构造特殊。

花粉粒上孔的数量变动在3~4孔。该性状很大程度取决于大麻植株的性别。雌雄异株大麻花粉有84%~100%是3孔，4%~14%是4孔；雌雄同株大麻花粉粒孔数变幅很大，大麻典型的3孔花粉粒占50%~80%，4孔的占13%~47%。不论是雄麻还是雌雄同株大麻性类型都遇到带1孔、2孔、5孔和6孔的极少数花粉粒。最大粒的花粉总是有数量最多的孔。有时一个花粉粒上发育4孔或5孔，它们分布在一条线上，彼此相邻。大粒花粉粒中，经常发现椭圆形和扁球形小孢子。

发芽孔在花粉粒表面的分布没有严格规律性。最常见的是孔沿赤道分布，彼此距离相等，这是3孔和大多数4孔的花粉粒所特有的。其他情况下孔在花粉粒表面的分布处于无序状态，很少有沿赤道对称的。

实验室条件下大麻新鲜花粉粒暴露在空气中，由于水分蒸发，过10~15min开始变为球形，过1h则变为不定形的有角颗粒。

试验中观察到的花粉粒直径范围在14~82μm，但其平均指标相对稳定，不同品种变动在25.7~33.3μm。总体上看，雌雄异株大麻的花粉比雌雄同株大麻的大。雌雄同株的大麻花粉经常出现体积小、发育不良和变形，因此花粉粒体积变异系数明显提高。

由此可见，大麻花粉粒表面没有任何刻纹突起，但其外壁有小粒状斑纹。孔周围的外壁加厚成脊状，在花粉粒表面显得突出。

花粉的生活力和花粉管的生长速度　在研究植物花粉时，育种家和遗传学家首先感兴趣的是像花粉粒生活力和花粉管生长速度这样一些问题。许多研究人员研究在人工培养基上选择大麻花粉粒适宜的发芽条件。相关学者认为适宜大麻花粉粒发芽的培养基是5%~15%浓度的蔗糖，并且指出对大麻花粉发芽最适宜的培养基是由3.75%浓度葡萄糖或麦芽糖以及1%浓度琼脂按3∶2比例混合而成。在培养皿里的上述培养基上面，刚收集的花粉粒，北诺夫戈罗德大麻发芽率96.2%，意大利大麻发芽率97.1%。1937年有学者研究表明，北诺夫戈罗德大麻花粉粒在15%浓度蔗糖和1%琼脂混合液中发芽率最高。Iiemkeh等（1952）发现，适宜大麻花粉粒发芽的培养基是由2.5%浓度蔗糖和0.25%浓度琼脂合成的基质。1948年有国外学者用大麻花粉发芽的培养基成分是2.5%浓度葡萄糖溶液3份加1%琼脂溶液2份，播种花粉粒3~6h后，这种培养基上有29.2%~69.4%的花粉粒发芽，花粉管的平均长度达到60~152μm。向培养基添加低浓度胡萝卜素可明显提高小孢子的生活力和花粉管的生长速度。胡萝卜素浓度高则相反，严重抑制了花粉发芽。有研究介绍，大麻花粉粒发芽率最高是在1%琼脂溶液加10%~15%蔗糖溶液，培养温度15~20℃条件下。

相关研究表明，最适宜大麻花粉发芽的培养基是10%葡萄糖溶液加0.003%硼酸溶液。雌雄异株和雌雄同株大麻雄麻花粉粒发芽率和花粉管生长速度比雌雄同株大麻性类型和雄化大麻均高，分别是56.6%~73.0%和35.0%~54.0%；111~248μm和21~48μm。

由此可见，根据上述资料，大麻花粉对培养基没有严格要求。例如雌雄异株和雌雄同株大麻花粉能在下列培养基上顺利发芽：不同浓度和容积比例的糖（葡萄糖或蔗糖）加上溶在蒸馏水内的琼脂，但最好的培养基是2.5%~5%的糖溶液加0.25%琼脂，在其上花粉粒发芽率达到100%。适宜的培养基固然重要，但远不是大麻花粉有效发芽的唯一条件。大麻花粉粒在22~24℃温度下能最大限度发芽，最好有散射光。同时，在日照下比在黑暗中好。培养皿内空气湿度高些为好，但不能使盖上水滴落到培养基上。此外，花粉管生长速度指标是，大麻栽培在空气湿度适当的天气条件下比干旱天气条件下要高；花粉粒体积中等和较大的比体积小和太大的要高；培养基单位面积上播种花粉粒密度加大时要高；雄麻比大麻其他性类型要高。

相关研究表明，周围环境综合条件对不同种植物其中包括大麻花粉发芽的影响。所有影响到花粉发芽和花粉管生长的已确定因素中，可以看清楚的只有大麻性的差别，也就是说，虽然这个问题在以前文献中并没有足够重视和论述，但它却有重要的育种和遗传意义。

放到人造培养基上之后，大麻花粉粒开始膨胀，发芽孔附近内壁松弛，伸长的花粉管穿过外壁上的发芽孔旺盛生长。虽然大麻小孢子有几个孔，但每个孔只能长出一根管，极少长出2根或3根的。花粉管从发芽孔伸出后其直径马上加大，达到5～8μm，是孔直径的2～3倍。然后随着花粉管的伸长，其直径还可以加大到12～15μm。一昼夜期间花粉管的长度超过花粉粒直径许多倍。

花粉管壁由两层皮构成，两层皮的个别部位彼此离开较大距离。花粉管尖加厚成冠状，由内壁的坚韧部分形成。随着花粉管生长可见细胞质流动，而淀粉粒和其他物质液滴或晶体的运动则更加明显。花粉管经常长得很长，有时顶端断裂，使花粉管的内容物排到周围环境。

即使从花粉粒拉伸出很长的情况下，花粉管也不会与花粉粒失去连接，因为花粉粒是花粉管营养物质的重要来源。花粉粒营养消耗尽时细胞质逐渐被压缩到中心部，并过渡到花粉管。有关花粉管生长和发育取决于花粉粒营养物质储备的问题，已被大麻花粉置于潮湿箱内干净（无培养基）载玻片上发芽的事实所证实。此种情况下，个别花粉管一昼夜长达100μm。由此可见，大麻花粉粒发芽和花粉管生长既要靠周围环境的营养元素，更要靠含在花粉粒内的营养物质。

相关研究表明，雌雄异株大麻花粉的花粉粒生活力和花粉管生长速度比雌雄同株大麻花粉要高。在培养基上一昼夜期间，雌雄异株大麻雄麻花粉粒发芽率94.5%～97.5%，花粉管长度242.6～261.5μm；同样条件下，雌雄同株植株的指标分别是85.6%～86.5%和182.5～190.0μm。

大麻花粉管在长度上极不整齐。一昼夜期间，个别花粉管可长到600～700μm，而其他的则只有50～100μm长。所有试验中花粉管性状变异系数都高，而且雌雄异株和雌雄同株大麻性类型之间也无多大差别。

研究一昼夜期间花粉粒发芽和花粉管生长动态的资料很有参考价值。为此，在人工培养基同时播种雌雄异株和雌雄同株大麻的花粉粒，过一定时间，在分析每个品种100粒基础上测定小孢子生活力及其花粉管平均长度。结果表明，首批花粉粒在播种后10～15min后即开始发芽。雌雄异株大麻品种Ixhar的花粉发芽势较高；2h内52%的花粉粒就长出花粉管。此后，花粉粒发芽速度逐渐下降，而花粉管生长速度反而加快。花粉粒发芽整齐度则是品种Ixhar好于ONHON2。两个品种花粉管生长初始速度大致相同，但4h之后培养基上的雌雄同株大麻花粉的花粉管生长强度下降，并在一昼夜期间继续保持这种强度。总体上看，花粉粒发芽和花粉管生长是品种ONHON2比品种Ixhar均衡。

从花粉粒发芽的现有资料可以得出，雌雄异株大麻花粉比雌雄同株大麻的更具竞争力；雄麻和雌雄同株植株的花粉粒同时落到雌花柱头情况下，雄麻花粉的花粉管有更多机会先达到胚囊并实现受精。

大麻生殖器官畸形　　自然条件下大麻花的发育经常失调，这种情况下发现生殖器官有多种多样的畸形变化。按本身起源，总体上可把花的畸形表现划分成有本质区别的两种类型：一是雌雄同株植株特有的个体发生雌雄间性植株；二是雌雄异株和雌雄同株大麻田出现的两性体（雌雄间性）植株。

在这方面最初研究的结果互相对立。大麻雌雄同株植株上除雄花和雌花外，还发育两性花。两性花在花序上杂乱分布，也就是呈无序状态。但是，不同性别花的出现却有规律性（有顺序的两性体），花序上首先形成雄花，然后形成两性花，最后形成雌花，还能遇到两性体植株。雌雄同株和两性体个体的两性花既有畸形的和不育的，也有可育并结出质量好的种子。

后来的研究工作表明，雌雄同株植株上的两性花并非杂乱无章分布，而是有严格规律性。花序主轴和侧枝的叶腋里最先出现雄花，随着侧枝生长雄花被两性花（间性体）取代；雌花最后出现。两性花是雌雄间性的，它们是雌雄同株植株个体发育过程中雄花向雌花转变的连续性阶段。在大麻雌雄同株植株个体发育中雄性生殖器官的雌化过程发生在从花的上部向花的基部的方向上。雄花的变化从花被片变短开始。在反常发育的下一阶段发现雄花被片向雌花被片的明显转变，这种情况的发生不仅依靠几片被片——从能一下子包容几个子房的宽大被片到体积和形状正常发育的雌花被片。不参与结合或增生过程的被片退化。由于雄花被片变短而使上部花药裸露，颜色从浅黄变成浅绿。花药的特点是大小不整齐、变形程度不同、饱满度不同。上部某些花药变尖，呈现橙黄色和褐色，这是花药准备形成柱头形增生物的性状。

不同发育程度的雌蕊顺序地出现在花药的上部、中部和下部，以及作为独立生成物出现在花的中央。上部和中部的花药形成柱头形增生物，它们呈长形向外伸出，明显超过被片长度，照例是不育的。具有生活力子房的雌蕊可以产生于花药之一的下部或者几个花药基部接合的部位。后一种情况下花丝也能接合而形成花柱。出现在花中央花丝接合处的雌蕊通常能结出正常种子。间性花被片的畸形程度取决于雄蕊的雌化程度。花药上部、中部和下部出现雌蕊的阶段，被片异常表现得最明显。当出现在花丝部位的几个雌蕊的两性花，被片虽然也像雌花那样，但它们却彼此接合。正常发育的雌花被片只有在花中央产生一个雌蕊的情况下才形成。在雄花雌化的这个阶段，花梗开始完全退化。大麻雌雄同株植株两性花同雄花和雌花的区别是生殖器官被肉眼看得见的发育偏离。花上不同数量和体积的被片、花药和雌蕊，它们的变形和无序分布，以及花蕾不能充分展开，这些都使间性花呈畸形状态。

大麻雌雄同株植株间性花在花粉发育上有本质上的偏离。雄花的花粉粒呈圆形，充满黏稠有正常结构的细胞质，能被醋酸洋红染成深红色；而间性花花粉粒的细胞质则变性，被醋酸洋红染成淡红色。还出现空的和半空的无核花粉粒。花粉变性程度随花药雌化性加剧而加强，不仅外形，而且花粉生活力下降都能证实这点。从无雌化性状花药取出的花粉在人工培养基上有34%发芽。同样条件下，有柱头状增生物的花药其花粉粒只长出少数几根花粉管。

大麻雌雄同株植株个体发育间性体雌性和雄性生殖器官发育失调导致间性花自花授粉现象消失。着生有生活力子房的两性花，花药不能散粉或根本没有花药；而花药能散粉的两性花则相反，没有生活力的子房。所以，间性花主要靠雄花散粉，两性花之间的异花授粉则少见。

雌雄同株大麻个体发育间性体外形表现不一。一些个体的两性花区域很短，勉强能看得见，只有生殖器官发育偏离的少数花表现明显。这些情况下，从雄花向雌花过渡的过程明显发生。其他植株的间性花区域则较长，占据几根花枝，表明花性别累积性影响决定所有连续阶段。总体上看，雌雄同株大麻个体发育间性体在雄化类型比雌化类型表现更明显；在雌雄同株雌化雄麻和雌雄同株雄化雄麻比雌雄同株雌化雌麻和雌雄同株雄化雌麻表现更明显；在稀植田培育的植株比密植田培育的植株表现更明显。

有时遇见的雌雄同株植株，它花序的同一分枝上性转换发生不是一次而是二次。完成第一次性转换而形成正常发育雌花之后，马上形成正常雄花，然后雄花被两性花取代，接着两性花又被雌花取代。第二次性转换后的分枝上花形成的顺序为雄花→两性花→雌花→雄花→两性花→雌花。也就是雄花和雌花之间形成两性花，而雌花和雄花之间则无两性花。

雌雄同株大麻品种IOCO-14稀植栽培时单株平均结838粒种子，其中的56粒种子出自两性花。个别单株两性花结种子数量为0~275粒。间性花区域内的种子与同一植株雌花所结种子的区别是实验室发芽率较低、种子千粒重较小、种皮变形、体积不整齐、种皮嵌纹不明显等性状。可见，两性花结的种子总体上降低了雌雄同株大麻播种材料的质量。

大麻这种植物不存在普通植物学概念上的两性体。能遇到着生两性花的个体，但这些花总是间性的。所以这些植株称为间性体较确切，而不应称作两性体，因为间性这个术语具体理解为生殖器官异常。除两性花外，间性体还形成一定数量的雄花和雌花，这些花既有正常发育的，也有不具备形成决定性状的畸形变异。前面列举的间性体花类型与雌雄同株个体的花是有区别的，间性花在花序上的分布没有规律。

雌雄异株和雌雄同株大麻田里均能发现间性类型。不同品种的选种圃里发现它们的概率为被选植株的0~0.10%。雄花蕾发育早期的间性体的外形与普通植株没差别。异常现象在较晚阶段的花形成期发现。

间性植株生殖器官肉眼可见的发育偏离在单株上表现方式不同，这是因为花畸形的特征不同。

（1）从雄花花蕾伸出雌花柱头。花上无花药，取代花药的是独立雌蕊。在花发育的较后阶段，被片增生，出现畸形。

（2）雌花花蕾膨大的原因，除其中有花药外，还形成雌蕊，雌蕊不伸向外面而是在花内扭曲。

（3）雄花花蕾不饱满，有皱褶，因为两性的生殖器官在其中处于退化状态。

（4）雄花被片短于雄蕊，花药数量减少，花药上部枯萎。被片和花药上形成柱头状增生物。

间性个体的畸形花或者完全不开，或者不同程度张开，总之是呈现畸形。它们在这种状态逐渐脱落或枯萎。间性体的生育期比普通植株长。较详细的显微镜分析表明，间性植株雄性生殖器官变形过程通过被片和雄蕊的变异以及出现独立雌蕊发生的。还发现雄花被片不同程度的连接——从基部局部连接到包括被片下部、中部和上部在内的全部连接。被片连接伴随它们的变形。雄花被片上经常出现柱头增生物。此种情况下被片顶部伸长，从绿色变成橙黄色或褐色。

间性个体雄蕊的变形过程同带有个体发育间性特征的雌雄同株两性花相类似，也就是花药的上部、中部和下部出现雌蕊状增生物。具备雌化性状的花药部分或全部退化。

大麻间性植株雄花雌化最常见的性状是在雌蕊部位产生独立雌蕊，这样的花形成1~5个雌蕊。子房上经常形成3~4个柱头，而不是正常情况下的2个。有的柱头分为两半，有的则相反，彼此连接在一起。

间性个体两性花生殖器官能育性程度，比雌雄同株个体发育间性特征的两性花低得多。虽然许多间性体形成独立雌蕊，但它们只结出少数有生活力的种子。花粉生活力不超过5%。

间性类型出现常伴有雄花异常。特别是遇到重瓣花，其被片数量为6~40，而花药数量为5~20。还有形成密聚重瓣花的情况，它由并排顺序排列的2~4个雄花组成。密聚雄花的鲜明特点是被片和花药数量变化取决于花的排列密度，花的密度越大，花上被片和花药数量越少。从总体上看，外边花的被片数达到20、花药数达到10，而最里面的花这些指标降到5和1。

重瓣花被片中间不论在花内还是在花梗本身，有时都出现无子房的柱头形增生物。还发现雄花被片组织形成的柱头形增生物。这些增生物能在被片中脉位置或沿着被片边缘生长。上述花异常对雌雄异株和雌雄同株大麻间性植株总体上是相同的，但它们表现程度不同。在雌花基础上产生的雌雄异株大麻间性体上，很大程度地表现为花的重瓣性，与此同时，花药和被片经受雌化的程度则小于雌雄同株大麻的间性个体。

雌雄异株大麻间性体在自然条件下不结有生活力的种子，而雌雄同株大麻间性体则结少量有生活力的种子，这些种子来自独立形成的雌蕊或花药下部发育的雌蕊。应着重指出的是，雌雄同株大麻间性体的种子可能由雌花结出，这种雌花有时与两性花同时出现。这些种子可能被错误地认作间性花的子房。

但是，在人工条件下，雄麻间性花可结有生活力种子，其证据是，用乙烯利处理雌雄异株大麻雄性植株以及对植株实施创伤性损伤和光周期变化都能结出这样的种子。大麻雌雄同株和间性植株的两性花共同点是，性变异总是由雄性生殖器官向雌性发展的趋向。现有一些文献资料提到花性别变异的相反过程，其可信度较差。例如对雌性生殖器官组织在显微镜研究水平上发现雄性孢原组织、花粉粒和其他雄蕊群结构的成分。然而，这些事实不能解释为雌性生殖器官向雄性转化，而看作是雄蕊群向雌蕊群转化过程中存在的雌蕊痕迹。

对大麻性类型研究从总体上显示生殖器官畸形变异的宽阔范围。与此同时揭示的大麻花发育不同程度偏离正常的情况，重复了其他植物区系代表所遇到的规律性。不能认为任何一种现象仅为大麻所特有。个体发育间性现象对这样一些雌雄同株植物是特有的，如赤杨属、蓖麻属、柳属、桦属。这证实了雌雄同株植物个体发育性转换现象的广泛分布，它说明属于不同科多种植物系统发育的共同性。形成重瓣花的类似情况出现在果树和秋水仙属、蝶形花出现在金合欢属、花药数量增加出现在杨属、花丝连接出现在防己科（Menispermaceae）的几个种、雌蕊增加出现在罂粟属。

对大麻两性花的对比分析表明，间性体雄蕊群和雌蕊群的不育程度高于雌雄同株植株。这是因为，大麻雌雄同株个体的间性现象是个体发育性转换进化上有规律的过程，而间性类型花畸形是偶然内部变异的结果，这种变异导致生殖器官发育的较深度衰退。

（三）大麻开花生物学特点的实际应用

1. 雌雄同株大麻空间隔离和品种提纯

雌雄同株大麻的缺点是，由于雌雄异株大麻雄麻的异花授粉而使之丧失雌雄同株性状。鉴于雄麻植株提供异常大量花粉的能力以及雄麻花粉比同株性类型花粉更具竞争能力，使严格的空间隔离变得十分必要。

大麻是风媒传粉的异花授粉植物。据文献资料介绍，大麻花粉可被气流带至3~15km。大麻花粉在通常条件下可保持生活力2昼夜。雌雄异株大麻花粉粒在散粉期间田间条件下保持活力不到4h，在人工培养基础上萌发86.7%~96.7%，1昼夜期间花粉管长度达218~222μm。此后这些指标逐渐下降，过2昼夜只有少数花粉粒萌发。当前，关于雌雄同株大麻和雌雄异株大麻最低限度隔离2km的建议已被广泛采用，然而，即使隔离2km，也不能保证杜绝"别家花粉授粉"。为了得到标准雌雄同株性状的大麻，要求隔离2km以上。在保证最低限度2km前提下，雌雄同株大麻地块安排还必须考虑到夏季主风方向、是否有天然屏障（森林、林带、村落）、被隔离雌雄同株大麻性类型开花生物学特点等其他因素。

除"别家花粉授粉"外，对于雌雄同株大麻来讲，其中雄麻（同雌雄异株大麻的雄麻）的固有遗传制约分离是后代雌雄同株性状丧失的根源。雌雄同株大麻田中出现的雄麻，即是"别家花粉授粉"的结果。也是由于性染色体性遗传因子自发突变，应在其开花前彻底淘汰，这是保持后代雌雄同株的重要条件。雌雄同株大麻田间即使剩下一株雄麻，也能改变后代性类别比例。

有关大麻后代雌雄同株性状不稳定程度和实施品种提纯的重要性由下列资料来证实。在实现空间隔离但未实施品种提纯的条件下，雄麻比率占1%的原始雌雄同株大麻的第一代雄麻比率占30%~40%。在实现空间隔离但未实施品种提纯的条件下培育雌雄同株大麻原种种子，其下一代雄麻比率从1.5%提高到24.8%。雌雄同株大麻即使栽培在采种田实施品种提纯条件下，雄麻比率也随繁殖次数增加而提高明显，原种田雄麻比率为1.1%时，它的第三代雄麻比率则增至16.5%。

为此，雌雄同株大麻高世代田应同雌雄同株大麻低世代田隔离。隔离距离等同于雌雄同株大麻与雌雄异株大麻的隔离指标，即不少于2km。由于雌雄同株大麻品种提纯是很重要的育种和良种繁育措施，有必要提供以下问题的理论依据：①去除雄麻作业应该持续多长时间。②拔杂次数以多少为宜。③相邻两次拔杂的间隔时间应该多长。

雌雄同株大麻实施品种提纯作业的相对持续时间，特别是拔除雄麻次数问题，在现有资料中说法不一。据研究，大麻品种提纯从雄麻进入现蕾期开始，也就是当植株性别首批性状显现时。拔杂次数为超级原种田8~10次、原种田6~7次、原种一代田5~7次。相邻两次拔杂间隔3~4d。

雌雄同株大麻实施品种提纯的持续时间为45~50d，这期间试验区拔杂10~12次，而超级原种田拔杂8次。

雌雄同株大麻超级原种田和原种田从雄麻进入现蕾期开始，实施7~8次品种提纯，相邻两次拔杂间隔时间3~4d。原种一代田和原种二代田进行3~4次品种提纯，整个雄麻拔除期长达34~50d。低温多雨天气条件下以及田间植株密度较大时拔杂持续时间延长。为了给雌雄同株大麻品种提纯的实际应用提供理论依据，开展了雌雄同株大麻性类型雄花和雌花，首先是雄花发育阶段通过动态的研究，在此基础上确定拔除雄麻持续时间、拔杂次数和拔杂间隔时间。研究使用了雌雄同株大麻推广品种HOCO-1。大麻栽培的营养面积与育种和良种繁育田相近，行距50cm、行上株距5~10cm。在雄麻首批雄花花蕾开始显现时，这种性类型的每个植株都用编号标签标识，每个标签上注明花发育阶段通过日期。与此同时，也要记载其他性类型雄花和雌花的发育阶段。

试验确定，品种HOCO-1田间雄麻花通过发育阶段需很长时间，1974年所有供试雄麻植株的现蕾期48d才通过。雄花通过发育阶段的时间明显取决于具体出现的天气条件。例如1974年5月中旬平均气温9.1℃，空气相对湿度79%，1975年则分别是20℃和42%。在1975年4月和5月特别干热的天气条件下，大麻植株开始现蕾时间比1974年正常气象条件下提前1个月。

应强调的是，在雄麻植株的整个现蕾期间，前半期现蕾株数多于后半期（表1-8）。还应注意到供试雄麻个别植株雄花现蕾持续时间不同，特别是从第一批雄花开始现蕾到少数个体开始开花这段时间变动在7~19d，这既取决于植株的遗传本性，也取决于在任何田间试验中具体发生的不同植株发育微观条件，如营养面积、种子发芽势、种子覆土深度、土壤水分和其他因素。不同因素作用的结果，使部分大麻植株生长滞后，形成毛麻。

表1-8　雌雄同株大麻品种HOCO-1雄麻雄花现蕾期动态

每5d为单位植株现蕾期开始的动态			单株现蕾期持续时间		
5d为单位的顺序号	株数		天数（d）	株数	
	1974年	1975年		1974年	1975年
1	31	32	7	4	4
2	20	41	8	11	5
3	23	30	9	31	18
4	26	15	10	39	19
5	13	12	11	28	22
6	7	6	12	11	23
7	3	1	13		21
8	1		14		10
			15		6
			16		3
			17		3
			18		2
			19		1
总株数	124	137		124	137

所得有关雄花现蕾期动态的资料可用来确定拔杂的理论间隔时间以及由此推导出的拔杂次数。正如前面所介绍的那样，品种HOCO-1所有雄株现蕾的总持续时间1974年和1975年分别为48d和45d，这就是应该拔杂的时间段。大麻单株现蕾的最短持续时间为7d，这意味着拔杂间隔时间甚至理论上都不允许超过7d。从上述指标出发，对于雌雄同株大麻品种HOCO-1而言，理论上要求实施6~7次拔杂，1974年是48÷7=6.8，1975年是45÷7=6.4。

全俄麻类作物研究所开展的有关品种HOCO-1拔除雄麻的试验，利用了理论上确定的7d拔杂间隔时间。在研究过程中发现，即使按这种方法精细作业也不能保证合乎质量的除杂，如雄麻已现蕾的植株中遇到已开花的样本。可见，拔杂的实际间隔时间应该少于理论上的7d。缩短间隔时间是被拔除雄麻构成的综合因素所决定的。拔除雄麻的质量在密植田不如稀植田好；在麻株高大时不如麻株矮时好；在多露、阵雨和有风的天气条件下不如晴爽无风天气条件好。去杂质量还受从事去杂工作人员的经验和注意力的影响。

根据研究结果和上述资料可见，俄罗斯中部雌雄同株大麻品种类型雄麻现蕾期持续时间（在此阶段应实施去杂）为45~50d。这段时间前半期适宜的拔杂间隔时间为3d，不足理论上7d的一半。因此，分离出的雄麻数量逐渐减少，在整个现蕾期的后半期拔杂间隔时间可以延长到理论上确定的7d。按此方法，整个雄麻现蕾季节要求去杂10~12次。

目前已经确定雌雄同株大麻性类型花期的相互关系。雄麻的雄花以及雄麻和雌雄同株雌化的雌花几乎同时最先开放。雌雄同株植株性类型的雄花比雄麻晚开10~14d。所以，这段时间对雌麻和雌雄同株雌化雌麻的植株是非常重要的，也就是说，如果不能及时从田间拔净雄麻，可能遭遇雄麻的花粉而降低生产力。

2. 大麻性类型的确定和统计方法

大麻遗传和育种经常涉及性类型统计。对材料评价的正确与否很重要，有时起决定性作用。

雌雄同株大麻种群成分包括的植株有雌雄异株的、雌雄同株的、早熟的、晚熟的、带松散花序的、带总状花序的、雌花和雄花具不同比例的、雌花与雄花花期相遇的和不相遇的。性类型分化发生在整个生育期间，这段时期的长短，从现蕾期（雄麻）到成熟期（雌化雄麻）因大麻样本的不同达到1~2.5个月。雌雄同株植株的雄花谢花、脱落，但着生雌花的花枝却仍旺盛发育，其上增生高出叶和坐果的花被，其结果是花序成为总状花序并在或大或小程度上遮盖雄花着生的部位。到成熟期大多数植株都变成雌麻形状了。所以，分析植株时期的延迟导致很难确定下列性类型间的差异：雄麻、雌雄同株雌化雌麻、真雌雄同株雌化植株。

以绝对数或百分率表示花数量虽然是近似的，但在大麻则是不可能办到的。因为在植株花序上着生数千朵花，这些花又不同时出现，而是在漫长的生长和发育期间分别出现。在这方面大麻植株上的雄花和雌花完全不同，因为在相同体积的花序段形成的雄花比雌花多几倍。根据雌雄同株大麻开花生物学特点，在雌雄同株植株上确定的实际上不是花序上雌花和雄花本身的数量比例，而是每种花所占花序段的体积比例，这样做既迅速又方便。

外观上确定雌雄异株大麻性类型很简单。雌麻花序总状，其上只发育雌花。雄麻植株则相反，花序松散，其上只发育雄花。雌雄异株大麻性类型统计在植株盛花期进行。为此，雌麻和雄麻按每个试验处理分期统计，然后确定它们总数，雌麻和雄麻的含量按其占个体总数百分率加以确定。

对雌雄异株大麻性类型的早期（始花期）统计和晚期（雌麻成熟期）统计效果差不多，都导致雄麻缺额。早期统计由于已分化出来的还不是全部雄麻，晚期统计由于最早熟的雄麻样本已枯萎。

雌雄同株雌化大麻性类型的完全统计按下列顺序进行。

始花期通过田间观察分出并用标签标识雄麻。该项工作还要进行2次，每次间隔4~5d。这样做的目的是可以把雄麻与着生少量雄花的雌雄同株雌化雌麻加以区分。雌雄同株雌化雌麻上的雄花短时间即凋谢，所以它可能被误认为雌麻。必须了解，雌雄同株大麻入选品种中雄麻很罕见，它们或多或少存在于杂交材料中或处于育种初期其他起源的材料中。

盛花期确定以下性类型植株数量：雌麻（带标签）、雄麻、雌雄同株雌化雌麻和真雌雄同株雌化植株。

植株成熟期雌雄同株的雌化雄麻、雌化雄麻以及雌雄同株雄化大麻个别组性类型，雌雄同株雄化大麻能构成非实质性混杂物。

最后确定试验处理范围内的总株数和确定性类型的百分率。总数还包括由于某种不得已原因而从田间被拔除的那些植株（如果能确定其性类型）。

旨在确定和统计大麻性类型的试验应在宽行法条件下栽培植株（单株营养面积不小于30cm×50cm），以保证每个供试单株表型性状的充分表现。密植田里不仅不能创造体现性类型的条件，而且发现大部分低矮植株（毛麻）死亡。

大麻性类型的确定和统计实施应在田间实施。这种田（鉴定圃或为确定和统计目的而专设的圃）不进行品种提纯（拔杂）。在选种圃不能达到客观统计性类型的目的，原因是那里实施筛选过程中，有些植株在性性状充分分化之前即已被拔除了。

前面介绍的是雌雄同株大麻性类型的完全分析。然而，由于研究的目的和任务不同，这项工作可以简化。例如在分析工作中耗费大部分时间的雌麻、雌雄同株雌化雌麻和真雌雄同株雌化植株，可以合并成一组。这些性类型遗传上彼此最接近，在选种田和采种田的选择中大致等价。如果与试验目的不冲突，还可实施简化。

3. 大麻植株人工隔离和授粉

为制定大麻植株人工隔离和授粉方法而确定下来的指标是选择最适宜的材料制造隔离器，以保证花粉不能进入而且不抑制植株生长，保持雌蕊和花粉有长时间的生活力，从而总体上最大限度提高杂种种子产量。

为在田间条件下隔离大麻植株并得到杂种种子，试验采用以下材料制造隔离器：皮革纸、描图纸、普通纸、细薄织物、胶合板、玻璃等材料，其中皮革纸较为适用。用于大麻单株的袋形隔离器的尺寸：南方类型大麻40cm×20cm，中部类型大麻30cm×15cm。

试验了用粘薄胶膜和聚乙烯薄膜制作的单株和小组隔离器以便同皮革纸隔离器对比。观察表明，供试隔离器上积聚了大量水珠，导致植株生长受抑制和感染病害，而且对两种性的生殖器官生活力起负作用。

在未得到花粉情况下，大麻雌花保持受精能力的时间是开花后10~15d。

隔离器内的雌花2个月期间不丧失受精能力。但是，隔离后25~40d内授粉对提高种子产量最有效。隔离器内给大麻授粉的最佳时期是被隔离雌株花的刷状柱头充分显露，这开始于隔离后25~30d。此种情况下杂种种子产量最高。

大麻花粉生活力在通常的田间条件下保持2昼夜时间。大麻花粉生活力持续时间当其保存在不同的实验室条件下，可延长至8~48d。

看来大麻雌花和花粉的生活力能维持足够长时间，有利于实施隔离状态下的植株杂交。但是，在隔离状态下雌麻结籽能力的较长持续时间（达2个月），在这整段时期内雌蕊都能保持生活力。花序上的雌花不同时形成，而是在长时间内陆续形成。没得到花粉情况下已出现的数量高峰期是开花期的中期。被隔离植株在这个时期授粉花序上结的种子数量最多。

正如大量观察所表明的那样，采用皮革纸隔离器在田间条件下进行大麻成对杂交的效果较差。该种方法的主要缺点是相当量的植株死亡，而且结籽率很低。例如每年隔离3 000~3 500株大麻，但只有1 000~1 200株大麻结籽，干旱年份则更少，只有700~800株大麻结籽，而且单株种子量也少。由于不良天气条件的作用，许多隔离器都失效。

为此，制定了大麻植株人工隔离和授粉的新方法。这个方法的要点是植株栽培在培养室，植株连同盆一起用皮革纸隔离器罩住。

盆内植株在始花前用隔离器罩住。此种情况下，隔离器下端固定在装花盆的小推车上，上端用绳系好拉到培养室顶的拉杆上。隔离前雌雄异株品种母本类型始花前拔除雄株，而雌株同株品种在使用雄性不育系或用乙烯利给雄花去雄情况下要拔除可育个体。

隔离20~30d后给大麻授粉，那时植株上已出现大量雌花。早晨收集花粉，那时雄花已开放但授粉过程尚未开始。把刚开一点儿和已开（但未散粉）的雄花用镊子仔细摘下，放入皮革纸小包内。装雄花的小包放置到阴凉干燥地方，敞开包口使花干燥并散出花粉。当天傍晚或翌日早晨给植株授粉。为便于给植株授粉应用保险刀在隔离器适当位置划开一条不大的缝。通过缝把包内的内容物撒到隔离器内植株的花序上，然后用一块纸把缝粘严。为防止其他花粉落入，花的收集和给试验不同处理的植株授粉分几天进行。

培养室可安排以下试验处理：①植株成对杂交。盆栽的一个或几个母本植株用一株父本授粉。授粉使用的花粉从隔离圈的植株上取得，或从栽培在与母本同一花盆的单株上取得。②同一花盆上一个家系的几个植株自由授粉。③一个花盆上单株自花授粉。培养室内大麻授粉的上述方法能显著提高杂种种子产量。培养室里原始类型成对杂交情况下单株平均结105粒种子，自花授粉单株结218粒种子。而在田间条件下，这些指标分别是15粒和3粒种子。不结籽株数比率在花盆为2.4%，在田间为38.0%。3年观察表明，在没给植株授粉的对照花盆上，植株没结籽，这证明该种方法在大麻育种和遗传学研究上使用的可靠性。

二、大麻性别遗传

（一）植物性别遗传的普通理论

植物初始遗传型性决定发生在受精过程中，合子的性取决于雌性和雄性配子遗传因子的组合。但是从受精时刻到植株出现表型性差别还要经历相当长的时间，这期间个体两性势能的下一步体现取决于对具体构成基因型环境和外界环境条件的性基因的影响特点。所以，合子的初始遗传型性决定不总是同植物性性状的表型分化相符。这样一来，对植物遗传型性决定广义理解应是，形成性差别符合受精过程中构成配子的基因综合体的资质，取决于不同的内部和外部因素的共同影响及个体发育期间基因相互作用的特性。

首批有重大价值的动物和植物遗传型性决定理论由Koppehc和P.TO开创（1967）。这些理论至今还广泛应用。在这些理论基础上又产生新概念来解释生物性差别形成的复杂现象。

1. Koppehc理论

据Koppehc观点，植物的性靠综合体AG控制，其中A是影响雄蕊群形成的因子，G是影响雌蕊群形成的因子。它们是定位于常染色体的等位基因，是靠性途径繁殖的所有植物共有的综合体。每个细胞都是两性的，也就是具备两种因子，但这两种因子是平衡的，它们发育成雄性或雌性的势能相同。由于因子AG在两性和雌雄同株植物是中性的，所以其后代是同型的。一些后代形成两性花，另一些后代则在一个个体上形成雌花和雄花。对于属于共同综合体因子的雌雄异株植物，Koppehc还把性的真实体现因子（分化因子）雌性性状的因子F和雄性性状的因子M合并。性体现因子是位于性染色体上并控制有机体两性势能的等位基因。基因体现因子完全压倒共同综合体因子，按保证后代雌性和雄性个体数量1:1比例的单因子型遗传来自行决定性。由于该种情况下雌雄异株物种的性还格外受控于性染色体，所以Koppehc的概念被称为性决定的染色体理论。

Koppehc用令人信服的以下事实（本人研究得到的以及汇总其他作者研究资料）验证自己的理

论：性染色体的揭示；同X和Y染色体有关的性状连锁现象的发现；雌雄异株物种雌性和雄性个体1：1的比例。

2. P.TO理论

按Koppehc的见解，雌雄异株植物的综合体AG因子是平衡的、中性的，只有一对定位于性染色体上的因子对性决定做出反应。而按P.TO的见解，AG因子在彼此关系中是上位的，所以共同综合体有发育个性（或雄性或雌性）的势能。雌雄异株植物的性通过常染色体的AG综合体和性染色体的基因体现因子两对因子相互作用来决定。单因子杂交类型的性性状分离由性的基因体现因子实现。雌性体现因子F定位于X染色体，而雄性体现因子M则定位于Y染色体或者常染色体。性染色体基因与共同综合体因子配合，在一个性形成同型配子基因平衡，在另一个性形成异型配子基因平衡，这导致后代按雌雄异株性状分离为1：1的比例。合子的性取决于基因数量，也就是取决于性染色体和常染色体上的基因连锁力。在对共同综合体性基因的关系上，基因体现因子在单个时是下位的，在成双时是上位的。

P.TO理论是关于性的基因平衡学说，它的概念是：植物性差别的决定是由于两个彼此竞争的基因组合的比例不同，这两个基因组由于它们的数量本性可向某个方向变迁。性决定是"弱"因子被"强"因子压倒的结果。间性体的出现说明当一个因子没强盛到足以压倒另一个因子时，遗传因子的不平衡性。所以，生有间性花的植物形成中间性性状，而且这种情况下不论是雌性的还是雄性的性器官都不能正常发育。间性现象是有机体在个体发育中基因相互作用的结果。因此，把P.TO理论称为生理学的或遗传生理学的理论。

鉴于P.TO理论不仅可以解释间性现象，而且可以解释雌雄异株植物上形成相反性别花的事实，性决定的遗传生理学概念无疑比Koppehc理论进步。

（二）大麻性遗传研究和历史观点

1. 大麻性决定的染色体理论

关于大麻性染色体的首批报告是由Crpacoyprepy和MaK（1969）发表的。他俩以及后来作者指出，大麻体细胞内含有20个染色体（$2n=20$）。日本学者（Hirata，1929）首次确定大麻存在性染色体。在雄麻上和雄性间性体上，除10个相同的二价染色体外，他还发现1个二价染色体，一个较长，另一个较短，并提出这分别是X和Y染色体。在雌性个体和雌性间性体上发现1个二价染色体，它同其他所有二价染色体的不同之处是存在外形相同的2个长形单价染色体，被认为是2个X染色体（他把出现相反性的生殖器官的雄麻或雌麻植株划归到间性体）。

Bnecnabeu（1933）在大麻雄性植株体细胞内发现1对异染色体，其中的X染色体最大，无着丝缢痕；而Y染色体体积较小但超过细胞的其他染色体，有缢痕，等臂。1937年有学者研究还发现大麻雄性个体体细胞内形态不同的染色体对。其中一个染色体较大（不是最大）、3节；另一个体积明显小、2节，稍微不等臂。他认为这两个染色体是性染色体X和Y。据Hoffmann（1947）见解，雌雄异株大麻雄性植株花粉母细胞内有1对性染色体，其中一个较大，具1～2条缢痕；另一个较小，无缢痕或具1条缢痕。

基于大麻存在性染色体的事实，把雌性植株的染色体组型看作18A+XX，而雄性植株的则是18A+XY。雌性个体产生相同的配子（卵细胞）9A+X，而雄性个体则产生两种类型数量相等的精子9A+X和9A+Y。两个相同配子在受精中配合产生雌性个体，而两个不同配子的配合则产生雄性个体。由于雄麻形成分别具X和Y染色体的等量花粉粒，所以后代中雄性和雌性植株的比例理论上应是1：1。Hirata（1927）首次用杂种学说方法表明，大麻雌性是同型配子的，而雄性是异型配子的。

研究雌雄异株大麻性类型比例的大量试验存在的实质性缺点是，研究人员局限于性类型相等的传统观点，没有对试验材料做应有的统计学分析来证明所得结论，而这些试验材料表明实际上得到的比例与理论期望的比例的符合程度。实际上在试验中经常观察到雌麻和雄麻数量比例明显趋于1:1。

FpzmKo（1995）的著作中引用了雌雄异株大麻性类型比例的资料，这些资料是不同国家大量研究人员在显著不同的大麻栽培生态条件下得到。在这些大量材料中雄麻含量占种群全部植株39.33%～48.80%。在乌克兰格鲁霍夫市对世界范围30个雌雄异株大麻品种资源进行试验后表明，总体上雄性个体占全部样本的比率，1931年为22.7%～33.7%，1932年为21.0%～60.9%。

自然条件下的雌雄异株大麻其雌株数远远超过雄株，这从以下的雌麻对雄麻比例看得很清楚：135:100（Crescini，1935），136:100（Dicrks and Sengbusch，1967），142:100（Kohler，1960）。

由此可见，在自然条件下实际得到的雌雄异株大麻性类型比例，同按性决定的染色体理论确定的理论上期望的比例不总相符。这种情况下明显表现的自然是雌性个体数量超过雄性个体的趋势。单纯根据KoppeHC等的理论不能解释这种现象，只能假定，除性染色体基因外，还有能改变后代雄麻和雌麻比例的其他因子参与性性状决定。

Hoffmann设想，按Koppehc理论期望的大麻性类型1:1的比例之所以变化，是因为形成具有雄性和雌性资质的不同数量花粉粒，以及不同性别配子的生活力不同。

Kbnkto（1937）倾向认为，雌雄异株大麻性类型1:1比例的失调与个别发育阶段植株的选择性死亡有关。例如他发现，大麻死亡总株数增加情况下雄性个体所占比率下降。还发现雄性合子经常在苗期前死亡（也就是决定雄株数量减少的种子其发芽率下降），而雌性合子主要在出苗后死亡。应着重指出，在研究雌雄异株大麻性类型比例时考虑不同性别植株存活性因素显得很重要。

雌雄异株大麻性类型比例还取决于样本的地理起源。同中俄罗斯品种相比，南方品种雌性植株占优势的趋势更加明显（Tpnko，1937）。还有学者发表过一些理由充足的反对意见来驳斥Koppehc以大麻为例的理论。许多研究人员确定，人工和自然条件下的大麻，雄麻和雌麻上出现相反性别的花和两性花，还出现雌雄同株和间性植株，并且产生的表型性状能传递给后代（Schaffner，1921；Macphcc，1924）。其中，Hirata（1927）开展以下一些独特试验，大麻雌性间性体（这里是指雌雄异株大麻雌麻由于受外伤得到的雌雄同株植株）自花授粉后第一代主要出现间性类型。雌性间性体彼此杂交得到60个纯雌性个体、222个间性体和1个雄性植株。雌性个体与雄性间性体杂交得到40个雌性、7个雄性个体和25个雄性间性体；而雄性间性体彼此杂交则得到6个雌性和2个雄性植株。已经确定，雌性间性体反复自花授粉后在后代的每一代都增加间性体数目，而雌性个体数目却减少了，这证明间性性状的遗传。雌麻性性状的这种变异与大麻性只受控于1个性染色体的概念不符。如果大麻性只受控于1个性染色体，那么在自己基因型中包含2个同型接合子性染色体XX（定位于染色体上的只有雌性因子F）的雌雄异株大麻雌性植株，就不能发育雄花。

Mpto（1948）的研究结果证实了雌雄异株大麻雌株的遗传型异质性。短日照作用对雌麻性变异施加不同的影响。一些雌性个体的性性状表现稳定，它们没出现雄花。雌麻的其他植株则发生性改变，它们出现了雄花，结果变成雌雄同株了。用已变性的雌性个体花粉给稳定的雌性植株授粉，结果产生纯雌性后代。但是，已变性植株自花授粉结果在后代产生25%左右的雌雄同株个体和75%左右的雌性个体。由此可见，雌雄异株大麻雌性植株按自己的本性既可以是同型配子的，也可以是异型配子的，但这不针对雄性和雌性，而针对雌雄同株和雌性植株，并且雌麻的杂合性程度不同。

2. HTphko理论

鉴于Koppec和P.TO理论不能解释雌雄异株大麻初生和次生性性状的遗传特点，HTphko后来设想，大麻的性如果不是受控于所有基因综合体（基因型），则受控于诸多因子。这个设想的理论依据如下。

　　众所周知大麻特有的形态学的、生理学的以及其他的次生性性状，只是固定体现在某个性上，它们的遗传因此被性所限定。由于这些性状受制于所有基因型，因此可以推测，大麻性分化机制的基础不是减数分裂过程中个别染色体的重组合，而是雌性和雄性性细胞整个染色体组的组合。雄性基因决定雄性植株特有的早熟性、外形以及雄花对雌花的形态发生显性。雌性基因组则相反，它决定雌性植株花序的类型和晚熟性以及雌花对雄花的显性，大麻雌性植株是同型配子的，它们有2个雌性基因组。雄性植株是异型配子的，具有一个雄性基因组和一个雌性基因组。雄性基因组的遗传因子对雌性基因组的遗传因子是显性的。根据基因组理论，后代性类别分离应该符合1：1比例。

　　由于同染色体数变化、染色体结构和基因结构变化，以及在减数分裂（交换）过程中与遗传信息交换有关的不同类别突变的产生，致使基因组发生变化，基因组的遗传基础更加丰富，所以雌雄异株大麻田有时出现性性状偏离的类型，并观察到同时成熟大麻和雌雄同株大麻多种多样的性类型。

　　有人推测，雌雄同株大麻雌化性类别起源于雌雄异株大麻雌麻，雄化性类别起源于雄麻，而植株外形的遗传则与花序上雄花和雌花的比例无关。

　　HTphko（1934）开展的原始雌雄同株植株（选自雌雄异株大麻田）自花授粉试验显示后代性状的高度变异。例如雌雄异株大麻原始品种Hobtcebepckar的雌雄同株类型自花授粉第一代总共产生189株，其中96株雌麻、80株雄麻和13株雌雄同株雌化类型，而在第二代则培育出总共604株，它们的性构成为雌株301、雄株242、雌化雄麻22、雄化雌麻2、雌雄同株雌化麻33、雌雄同株雄化麻1、无性麻3。根据这些结果和其他作者推测，大麻性性状由基因综合体决定（不排除复等位现象的可能性），而这个综合体的程度在不同品种、家系和植株均有差别。

　　为在雌雄异株和雌雄同株大麻性类别杂交情况下研究性性状的决定而开展了试验，根据试验结果HTphko设想，雌麻原始类型的基因型是FGa、雌化雄麻的基因型是fag，其中F是决定外形的基因综合体，Ga是趋于形成雌花的基因综合体，Ag是趋于形成雄花的基因综合体。两个亲本的外形因子相同，所以它们能在后代加以保持，而决定花类型的两种倾向相互作用导致出现花序上雄花和雌花比例不同的个体。Ga和Ag在每种具体基因型中的相互作用力不同。有理由认为，在这些现象中起明显作用的是细胞质。

　　3. Sengbusch理论

　　Sengbusch及其同事认为，雌雄同株雌化大麻的植株起源于雌麻，所以有性染色体的同型接合子组（XX），而雄化类型的植株则起源于雄麻，是异型接合子组（XY）。雌雄同株大麻外形像雌雄异株一样属单因子遗传，这被具有雌化和雄化花序的性类型实际比例所证实，这些性类型得自雌雄异株和雌雄同株大麻不同杂交处理。雌雄异株大麻雌麻与雌雄同株雌化植株杂交的第一代杂种中，所有个体应该有雌性外形。实际得到17 860个雌株、6 990个雌雄同株雌化植株和139个（0.56%）雄麻，也就是这些数据除有少量雄麻外均符合理论值。在雌雄同株雌化植株相互杂交中也预料得到100%具雌性外形的个体。试验中，除雌雄同株植株和带雌化花序的雌性性类型（总共12 886株）外，还分离出117个雄麻个体，占0.91%。该试验中雄麻的出现与按Sengbusch理论所做的假设不相吻合。用雄化麻雌雄同株类型的花粉给雌雄异株大麻雌麻授粉应能保证具雌化和雄化外形植株的株数比为1：1。所得62个具雌性外形的个体和46个具雄性外形的个体，符合用作母本类型的雌雄异株大麻性类型比例。在雌雄同株雄化麻彼此杂交的处理中，具雄化和雌化花序类型的性类型比例预料是3：1，这取决于YY合子的生活力，但实际得到1：1的比例，这是由于卵细胞致死性的缘故。据Sengbusch的见解，Y卵细胞致死现象致使到目前为止都没能培育成雄化类型大麻品种。

　　Scngbusch认为有关雌雄同株大麻外形遗传的理论是正确的。前面列举的以及其他杂交组合中出现雌雄同株大麻中的雄麻，他解释这是"别家花粉授粉"的结果，但他并不否认雄麻分离的事实是雌麻或雌雄同株植株性遗传因子突变的结果。

雌雄同株大麻雄化性类型的出现与"Locker"定位基因的突变作用有关。雌雄同株雌化大麻植株上雄花和雌花不同比例是由一个基因的许多等位基因决定的，这些等位基因实现性性状与"性别力"值的大小有关。"性别力"值高的等位基因对"性别力"值低的等位基因呈显性。雌麻由"性别力"值最高的等位基因决定。这可用以下公式化的方式加以表达：

$XXF_{50}F_{50}$（总值100）——雌麻

$XXF_{40}F_{40}$（总值80）——雌雄同株雌化雌麻

$XXF_{30}F_{30}$（总值60）——雌雄同株雌化雄麻

$XXF_{25}F_{25}$（总值50）——雌化雄麻

雌麻性状的显性不仅表现在上述那样的纯合状态，而且表现在杂合状态——$F_{50}F_{40}$、$F_{50}F_{30}$、$F_{50}F_{25}$。

按照这个理论，在雌雄异株大麻雌麻×雌化雄麻或雌雄同株雌化类型的杂交组合中，全部植株都是雌性。但在实际上，没有得到期望的单一性。Sengbusch做了雌麻与雌雄同株植株的20对杂交，得到以下结果，7个家系的全部植株都是雌性，其余家系除雌性个体外还分离出雌化麻的雌雄同株类型（2个杂种后代中雌化麻的雌雄同株类型分别占15.2%和23.7%），雄麻占1.1%~3.8%。雄麻的出现是"别家花粉授粉"的结果，而分离出雌雄同株类型则表明雌性实现的不完全显性的事实。

4. Hoffmann理论

Hoffmann理论（1947，1952）的出发点仅在雌雄异株。认为，雌雄同株大麻雌化性类别起源于雌雄异株大麻雄麻。Hoffmann指出，雌雄异株大麻雌麻与雌雄同株雌化大麻性类别杂交时例外出现雌性后代，这可能与先父遗传现象（决定雄性的花粉介入）或细胞质基因作用有关。

5. Kohler理论

据Kohler的见解，大麻的性由3种类型性染色体（X、Xm、Y）决定。这种情况下雌雄异株大麻雌麻具有XX染色体组，而雄麻则具有XY染色体组。雌麻的XX染色体含有完全的基因综合体，它保证雌性性状（雌花和总状花序）的发育并阻碍雄性外形的发育。雄麻的Y染色体含有完全的保证雄性性状（雄花和松散花序）发育的基因综合体，Y染色体的遗传因子对X染色体的遗传因子呈显性。

雌化雄麻含有同配染色体组XmXm。它们同雌麻X染色体的区别是含有不完全基因综合体，它保证雌性性状（只出现总状花序）的发育；还含有阻碍雄性外形发育的完全基因组，Kohler通过测定发现了变异的染色体Xm。用雌雄同株雌化植株花粉给雌雄异株大麻雌麻授粉情况下，后代中出现一定数量的雌化雄麻。雌雄同株植株与雌化雄麻回交后除其他性类型外，在后代中分离出大约25%的雌化雄麻。具有XXm染色体的植株或者是雌雄同株植株，或者是雌雄同株雌麻。雌化类型的雌雄同株个体其基因型能具有XX染色体组。这些染色体同雌雄异株大麻雌麻的一样，但不同点是含有2个非等位基因，常染色体基因A和B之间也不连锁，常染色体基因用自己的作用促进形成雌雄同株植株的雄花。

6. Yanxn和Xphnh理论

在分析外界因素对大麻和其他植株性再决定影响的资料基础上，Yanxn和Xphnh（1982）提出控制性出现的生态—激素—遗传概念。这种理论的实质为，受精当时由遗传因子决定的合子的性，在植株个体发育过程中能发生质的变异。性的最终表型表现不仅受制于基因型，而且受制于与外界环境条件作用和新陈代谢特性内部变异有关的控制过程。

细胞激动素和赤霉素是影响植物性形成的主导细胞激素，根通过合成细胞激动素影响雌性的表现，而叶则通过形成赤霉素影响雄性的表现。外界环境因素对植物性表现的影响与植物根和叶合成的细胞激素水平有关。例如短日照对大麻的作用导致根系发育加剧和细胞激动素含量的提高，这就加强了雌性性状的表现。长日照的作用则相反，它刺激植株地上部分的生长，提高赤霉素含量水平，因此加强了雄性性状的表现。

植物个体发育中的性再决定按以下途径发生：生态因素导致植物体内细胞性激素含量的变化，细胞激素首先与遗传器相互作用，按照这种相互作用的特性左右着性状表现。

前面列举的理论以不同方式叙述大麻性遗传控制特点，在此基础上可做出结论：性染色体基因实际参与大麻性决定，但不单单是性染色体基因。大麻个体的性取决于性染色体基因与常染色体遗传因子之间的相互作用特性。还发现，大麻个体的性也取决于细胞质以及外界环境条件的作用。当前，应该全面来说明雌雄异株和雌雄同株大麻性遗传问题。

虽然就雌雄异株大麻性性状形成开展过大量研究，但由于根据不充分而首先出现这样情况，即实际上所得到的性类型比例偏离理论期望值并出现性突变体。HTphko的基因理论在这方面显得太简单，实质上同染色体性决定概念区别不大。

雌雄同株大麻的性差异受多因子控制这点并没引起研究人员的怀疑。在这种情况下还对性多态性的遗传实质进行相互矛盾的解释。总体上看，虽然雌雄同株，大麻遗传性别决定的现有理论各有千秋，但它们的基本含义归结为，花序外形受控于性染色体，而花类型则受控于具有不同性优势的常染色体因子。我们不排斥该种观点，但我们提倡的不是前人提出的一般概念或多因子性控制的个别因素，而是性染色体和常染色体遗传因子相互作用的完整系统，这是因为雌雄同株大麻植株在外形和花序上雄花与雌花比例方面存在多态性。

在多年试验和对现有文献资料进行批评性分析基础上又提出大麻遗传型性决定的Mnrab新理论，该理论的根据基于研究性突变体的性变异特性以及大麻自交系、杂种和不同性类别种群后代的性性状遗传特点。

（三）大麻性突变和遗传控制的一般理论

大麻最著名的性突变体当属性嵌合体（体细胞突变体）和雌雄异株大麻田中出现的雌雄同株植株（基因型突变体）。大麻性嵌合体是这样一种植株，它的花序上出现不同性类型的区段。还发现以下情况：雌麻上产生雄化雌麻或雄麻的少数分枝（Tpnko，1937）。雌麻花序上长出雄麻分枝，或者相反，雄麻花序上出现雌麻分枝（Kohler，1961）。在雌雄同株大麻中发现雌雄同株雌化植株上有少数普通雄麻分枝（Tpnko，1937）和雌雄同株雄化性类型的分枝（Tpeyyxnh，1939）。

欧洲部分研究机构多年研究发现并描述雌雄异株和雌雄同株大麻的314个性嵌合体，发现比文献中描述的更加多种多样的嵌合性状表型表现。例如自然条件下的雌麻上出现雄麻的、雄化雌麻的、雄化雌麻的、雌雄同株雄化植株的少数分枝；而在雄麻上出现雌麻的、雄化雌麻的、雌雄同株雄化植株的和雌雄同株雌化植株的少数分枝；在雌雄同株雌化植株上产生雄化雌麻的、雄麻的和雌雄同株雄化植株的分枝；而在雌雄同株雄化植株上形成雌麻的和雌雄同株雌化植株的分枝。.

大麻性嵌合体出现频率很低，因研究对象的不同在0.005%～0.012%。

研究人员对大麻普通植株性因子基因型和2种类型性嵌合体进行比较研究，这2种类别性嵌合体一种是雌麻上形成的突变体雄麻；另一种是在雌雄同株雌化植株上产生的雌雄同株雄化雄麻突变体。还发现，用同一个性普通植株和突变体植株花粉给雌雄异株大麻雌麻授粉得来的杂种第一代，其性类别比例相同，这说明父本类型性性状的基因相同。这些试验部分地证实了以下情况：性遗传因子的突变是发生在雌麻—雄麻和雌雄同株雌化植株—雌雄同株雄化植株性类别变异的方向上。

按性性状对雌雄异株大麻品种植株进行的分析表明，除雌麻和雄麻外，有时还遇到具不同比例雄花和雌花的雌雄同株雌化大麻和雄化大麻的性类型。它们出现的频率取决于样本变动在0.003%～0.010%范围内。在雌雄异株大麻老品种中发现雌雄同株植株的频率高于新品种。出现在雌雄异株大麻种群内的雌雄同株性类别中没有外形性状的中间类型，在产生突变体植株的当年分化出雌化和雄化植株。外形上中间类型的出现是突变体植株进一步繁殖的结果。

为了对比品种USO-14体细胞和性细胞性突变体和性细胞性突变体的基因型，选择2个产生于雌雄同株雄化雌麻分枝的性嵌合体，以及2个在该品种田间分离出的雌雄同株雄化雌麻。第一代的后代中原始分枝和植株在性类型比例上都有相近的结果，这说明它们的基因型相同，由此可见，体细胞性突变体和性细胞性突变体对于雌雄同株大麻育种是等价的原始材料。

前面列举的文献显示的只是发现性突变体的事实，而没有提示它们出现的原因。性细胞性突变体已经用于育种实践，并在此基础上研究了性突变体理论方面的问题，这对明确大麻遗传型性决定概念起到关键性作用。

（四）雌雄异株大麻的性别遗传

从雌雄异株大麻性类别观察到初生和次生性性状（如花类别、花序外形、生育期长度等）方面的二态现象，它们的遗传与性紧密连锁。雄麻的特征是雄花、松散花序和短生育期结合起来；雌麻的特征是雌花、总状花序和长生育期结合起来。由此可见，这些性状受控于处在性染色体同源区段的遗传因子，包含在一个连锁群内，作为一个遗传单位起作用。为简化象征意义，没把决定生育期性状的基因列入基因型，这就能准确地表现决定花序外形的基因。定位于Y染色体上的是雄性基因表现因子M和决定松散型花序的基因I；定位于X染色体的是雌性基因表现因子F和控制总状花序的基因i。雄麻和雌麻二倍体细胞基因型在性染色体基因方面的代表符号是iIFM和iiFF，而单倍体细胞的基因型是iF和IM，两者在雄麻处于等量状态，而在雌麻则是iF占100%。雄性基因对雌性基因呈显性，这决定了性类型的理论期望比例为1：1，与减数分裂中性染色体的分离相符。

雌雄异株大麻性基因表现因子本身并不决定花类型，但它们对共同综合体的对立性因子起抑制作用，因此它们就是抑制基因。因子F抑制因子A和H，并与它本身的性价无关，并促进因子G的表现，其结果使植株形成雌花。因子M抑制因子G，并保证因子A的表现，这导致形成雄花。

植株个体发育中一种性向另一种性的再决定表明，在雌麻出现突变体雄麻情况下，原始隐性等位基因i和F突变成显性等位基因I和M，而当雄麻上产生雌麻情况则发生相反过程。

由于性遗传因子突变而观察到外形性状的明显变异，雌雄同株雌化植株能变成雄麻；雌雄同株雄化植株能变成雌麻；雌雄同株雌化植株能变成雌雄同株雄化植株或相反。由此可见，雌雄异株和雌雄同株大麻的性遗传因子既在正方向上也在反方向上发生突变，但突变频率主要取决于性类型。具有隐性雌化类型（雌麻和雌雄同株雌化大麻植株）的植株其突变可能性比具有显性雄化类型花序（雄麻和雌雄同株雄化大麻植株）的植株要高多倍。

关于雌雄异株大麻体细胞和性细胞性突变体的研究结果可以回答雌雄同株性类型起源这样一个有争议的问题，它们既能起源于雌麻，也能起源于雄麻，但此种情况下雌麻突变可能性比雄麻高多倍。由此可见，雌雄同株雌化和雄化类型的植株（在自然条件可能遇到它们）总体上起源于雌雄异株大麻的雌性植株。

在研究大麻性突变体基础上可确立更容易理解的情景，它能显示性遗传因子在决定雌雄同株性状方面的相互作用。许多研究人员提出并经试验证明的雌雄同株大麻植株连续系列（显示从总状花序向松散花序逐渐过渡）的事实，可以用性染色体的复等位性基因现象加以解释。例如如果说雌雄异株大麻的性由雌麻隐性等位基因iF和雄麻显性等位基因IM的配合（它们的相互作用基于IM对iF呈完全显性）来决定，那么雌雄同株大麻性性状则受控于性染色体等位性基因系列与不同性价的常染色体性因子的配合。

雌雄同株个体的雄麻起源有自己的特点，它们来自异源的性染色体组。雄麻隐性等位基因iF向i_mF_m的突变，导致它们在发生突变世代的表型表现，正是因为它们抑制了显性基因IM。这些突变的等位基因只能在后代通过外形表现自己。性性状与其产生的形态表现是由显性基因*IM*的变异而产生的突变等位基因i_mF_m来显示的。这种情况下的复等位基因现象与隐性等位基因突变相对立的特性，也就是表明雄化基因向雌化基因逐渐过渡。然而雌雄异株大麻性基因向这个方向的变异很少见，这与大麻特有的性染色体性基因突变过程的显性定向性有关。根据对性嵌合体的分析，在雄麻花序上，雌雄同株大麻突变体性类型出现的概率是1.59%，而在雌麻出现的概率则是35.03%。性染色体性基因复等位性现象导致在雌雄同株大麻上看到的外形性状的性多态性。

2对等位基因*iF*的配合产生具总状花序的普通雌麻；等位基因*iF*和*IM*配合产生具松散花序的普通雄麻；等位基因*IM*与雌雄同株性状的任何等位基因配和产生杂合雄麻。由于雌雄同株性状的不同等位基因彼此组合，以及它们与等位基因*iF*组合，形成外形方面植株的连续系列，从雌麻的总状花序到雄麻的松散花序，花序上雌花和雌花的不同比例与常染色体遗传因子综合体AG的性价有关。

大麻性多态性的原因除突变外就是交换，也就是同源性染色体的基因重组。雌雄异株和雌雄同株大麻性嵌合体是体细胞突变而不是引起体细胞交换的变异。为证明这点，可以引证下列事实：大麻个体能产生基因重组而出现的性嵌合体。例如雌雄异株大麻雌麻在遗传上是纯合的，它只含有*iF*基因。由此可见，雌麻性染色体同源区段的互换甚至在理论上也不能产生其他性类别。然而，实际上雌麻产生雄麻的、雄化雌麻的、雌化和雄化类别雌雄同株植株的分支，这只可能是基因*iF*体细胞突变的结果。总之，自然界的体细胞交换很少见，因为营养细胞内正常状态下不发生染色体接合，而染色体接合是基因重组的主要条件。

雌雄异株大麻理论上可能出现减数分裂（繁殖）交换以作为性性状组合变异的来源。通常在减数分裂过程中由雄麻的一个花粉母细胞形成4个花粉粒，其中2个具有基因组合*iF*，另外2个只有基因组合*IM*。雄麻性染色体接合过程中发生交换情况下产生染色体区段互换，其结果是1个花粉母细胞形成4个具有另外基因组合（*iF*和*IM*——没交换；*iM*和*iF*——已交换）的花粉粒。这种异质花粉给雌性植株授粉产生4种基因型：iiFF（雌麻）、iiFM（雄麻）、iiFM（雌化雄麻）和iiFF（雄化雌麻）。因此，在交换瞬间基因并没突变，而只是从一个同源染色体向另一个互换。雌化雄麻和雄化雌麻遗传上应该稳定。实际上雌化雄麻和雄化雌麻是在雌雄异株大麻田里分离出来的，但据遗传分析资料介绍，这些性类型不能发生交换，所以它们的性状不稳定。根据基因互换机制，交换型iiFM和iiFF的比例应该是1：1，但这个比例尚未经试验加以确定，因为它们出现的数量太少。更有说服力的是，雌雄异株大麻田分离出的雌化雄麻和雄化雌麻，像雌雄同株大麻其他性类型一样，是性细胞突变，性细胞突变的性别遗传决定特点已有论述。在有上述理论的同时，也存在以下复杂现象，上述性类型的产生是交换的结果，但在其他染色体上互换的基因创造了新的遗传环境，在这个环境下它们发生突变，形成一系列复等位基因。总之，雌雄同株大麻性类型形成是由于基因突变，这可用大量实际材料来说明。然而，它们通过交换的起源一说只能是理论上的判断。

这样一来，通过论述性突变问题而简短地总结了大麻遗传性决定的实质。雌雄异株大麻控制花性别、花序外形和生育期长度的基因定位于性染色体上，包含在一个连锁群内，作为1个遗传单位传递给后代。雌雄异株大麻生殖器官的发育实际上由共同综合体的常染色体性遗传因子决定，但其作用处于性染色体性基因表现因子的控制之下。雄麻的基因表现因子抑制雌性常染色体遗传因子，并刺激雄性因子的作用。在雌麻则正好相反，雌性因子抑制雄性常染色体遗传因子，而刺激雌性因子的作用。控制雌花发育、松散花序和短生育期的雄麻性基因呈显性。与此同时，控制雌花发育、总状花序和长生育期的雌麻性基因呈隐性。雌麻在性染色体性基因方面是纯合的，而雄麻则是杂合的，这决定了性类型1：1的理论比例。由于雌麻和雄麻性染色体性基因突变而出现雌雄同株大麻性类型，但在此情况下雌麻的突变可能性明显大于雄麻。

如果说雌雄异株大麻的性染色体性基因是等位基因对（由2个等位基因组成，1个是显性的，另1

个是隐性的），那么在雌雄同株大麻植株则处于复等位基因状态，显示从雌麻的隐性等位基因到雄麻的显性等位基因的逐渐过渡。过渡到新状态之后，雌雄同株大麻性染色体性基因失活，抑制因子停止对共同综合体的常染色体性遗传因子的作用，结果是性遗传因子活化并决定生殖器官的发育。花序上雌花和雄花的比例取决于雄性和雌性常染色体遗传因子的性价。性染色体的复等位性基因现象决定产生雌雄同株大麻的性多态性。性多态性表现为外形从总状花序到松散花序，生育期从长到短的连续植株系列。

上述性决定的遗传机制特点注定雌雄同株大麻性类别的不稳定性。总体上性性状的显性强化了下列方向：雌麻—雌雄同株雌化大麻性类型—雌雄同株雄化大麻性类型—雄麻。雄麻或多或少自生地出现在雌雄同株大麻任何性类型的后代中，导致雌雄同株性状的丧失。培育种群内性类型实现某种配合的雌雄同株大麻，只有在需要的方向上选择单株才有可能。

这种理论观点将被试验结果所证实，这些试验的研究对象是雌雄异株和雌雄同株大麻以及从雌雄异株和雌雄同株性类别杂交得到杂种的性性状遗传规律。

研究表明，在雌雄异株大麻一个品种范围内植株成对杂交的后代中，只有2个家系实际得到的数据性类型1∶1比例的理论界限（χ^2=4.26和8.43），其余18个家系则发现理论数据与实际数据相符。但总体上一个品种的性类型比例不超出理论期望值的范围。如果注意到下面的情况，这个特点就不难解释了：家系范围内经常是雌麻占优势；6个家系是雄麻占优势；1个家系是两种性类型相等。对品种的所有植株综合后发现，性类型比例的变化不合规律，雌麻数量明显多于雄麻，不符合1∶1的比例。

雌雄异株大麻2个品种的植株成对杂交所得的后代中也发现那样的规律性，但应指出，该种情况下雌性个体的优势比品种内性类型杂交的试验更加明显（20个家系中有18个），因此χ^2平均值也较高，为14.78。

对雌雄异株大麻品种样本性类型的统计结果表明，所有情况下按品种平均是雌麻多于雄麻。雄麻数量比率变动在43.80%~48.07%范围内。这种情况下大多数品种实际得到的性类型比例符合1∶1的理论期望值。只有2个品种的χ^2<3.84。不同地理起源的品种间也没发现差别。

大麻同一品种范围内性类型比例存在明显差异。品种T10、I8和I9各年都是雌麻多于雄麻。品种I9的这个性状特别明显，它在1980年家系范围内的雄麻数量比率变幅很大，从0.92%到62.13%。

雌雄异株大麻家系内雌麻的数量优势明显。相关试验表明，个别年份发现90%~100%的家系雌麻多于雄麻，不同年份雌雄异株大麻80%~90%的家系雌麻和雄麻的实际比例不超出1∶1的理论期望值范围，按品种计算的χ^2平均值很高，个别年份到499.87。

通过用赤霉素在雌麻上诱发雄花的方法使雌雄异株大麻品种T10的雌麻自花授粉。结果表明，原始植株的性性状发生不同变化。F_0代的18个家系中有11个家系明显出现了雌雄同株个体，其余家系的雌麻上则根本没发现雄花。性发生变化的家系中雌雄同株个体数量在家系范围内占总株数78~112株的2.06%~45.16%。雌麻性变异是由于与雌花一起出现独立雄花，而不是由于雌花转变成雄花。据观察，正如其他学者介绍的那样，通过诱导雌麻而得到的雌雄同株植株，把雌雄同株性状部分地传递给后代。

与用赤霉素处理的雌麻的区别在于，用乙烯利处理雌雄异株大麻雄麻情况下在F_0代全部雄麻无一例外地改变了性，只是程度不同而已。性性状改变的现象与雄花向雌花转变有关，也就是伴随出现间性花。通过自花授粉得到的自交系第一代分离出雄性和雌性个体，总株数125株，其中雌麻占57.60%、雄麻占42.40%。用乙烯利反复处理第一代雄麻植株以及它们进行自花授粉之后，第二代出现生有独立雄花和雌花的雌雄同株植株，共得34株，其中雌麻和雄麻各占40%，雌雄同株雄化类型占20%。

用一株雄麻给一株雌麻授粉的方法连续5代进行雌雄异株大麻近亲繁殖，研究结果表明，自交系后代中雄麻数量逐渐减少，而雌麻数量逐渐增加。从第二代开始出现雌雄同株雌化类型植株，比率占 0.68% ~ 14.83%。

一株雄麻给一株雌麻授粉所得自交系各代性性状遗传，自交系5代平均值，第一代自交系后代中，也就是在一株雄麻给几株雌麻授粉的处理中显示，25个家系中有18个家系是雌麻占优势，有6个家系是雄麻占优势，1个家系是性类型数目相等。21个家系实际得到的数字与理论期望的1∶1比例相吻合，4个家系则不吻合。总体上所有家系的χ^2值明显高于理论计算值（14.20∶3.84）。

相关事实也表明，雌麻和雄麻比例不仅取决于异型配子雄麻（XY），还取决于性染色体组被认为是同型配子（XX）的雌麻。

雌雄异株大麻已经确定的性变异和遗传特点可以解释为性染色体性基因与常染色体遗传因子之间的相互作用。雌雄异株大麻的雌株和雄株具有潜在的两性，这是由于基因型中存在共同综合体性因子AG。这通过下面两种试验可以得到明显的证实：一是雌雄异株大麻性类型近亲繁殖试验；二是对植株发育起本质影响的生理活性物质作用试验。

雌雄异株大麻植株对性状形成的遗传机制是：雌麻的雄性基因表现因子F突变成F_m状态，由于因子A体现表型性状，所以表现在雄花形成上。雌麻变异程度取决于因子A的价。雌性植株最容易发生变异，因为其基因型中包含雄性常染色体因子（AA）的价最高；容易发生变异的是中等价（Aa）；最难发生变异的是最低价（aa）。

雄麻的性变异机制类似于雌麻，但发生在相反方向上。雄性基因表现因子M突变成M_m，M_m丧失因此不能抑制雌性因子G。这样一来，G导致花序上产生雌花。雄麻向雌雄同株植株的转变能力取决于原始类型雌性常染色体因子的价（GG>Gg>gg）。

雌雄异株大麻性类型在常染色体性因子上的遗传异质性观点是Hmh等确立理论的实质因素，这与Kck（1966）的理论有所不同。按Kck的论点雌株和雄株只有1个基因型aagg，但Hmh认为大麻的雌株、雄株还有雌雄同株植株，它们的基因型含有共同综合体雄性和雌性因子AG的不同组合，这解释为，由于内部和外部因素对它们的作用而使雌麻和雄麻个别植株对性性状变异的反应范围不同。具有常染色体性因子aagg基因型的雄麻和雌麻植株最稳定地保持雌雄异株性状。

雌雄异株大麻性类型在共同综合体性因子上的遗传不一致性，不仅被Hmh等的资料所证实，而且被其他人的研究成果所证实，这些研究的内容是，在创伤性损伤、光周期、赤霉素作用下雌麻和雄麻性变异程度不同（Hirata，1927；Mcphee，1925；Храпнн，1982）。

由于生理活性物质对雌雄异株大麻植株的作用加上随后给它们自花授粉而产生的雌雄同株性状，可以传递给后代，但取决于性类型。如果说雌麻后代中雌雄同株性状在第一代就能表现，那么雄麻后代中这个性状只在给植株2次自花授粉后的第三代才表现。该事实说明，在外界因素作用下，甚至雄麻性染色体显性性基因也突变，结果形成对立性别的全价生殖器官，以显示G因子发挥作用的后果。

在几代期间，通过一株雄麻给一株雌麻授粉进行雌雄异株大麻近亲繁殖的试验中，能够观察到种群向具有不同性性状基因型（雌性、雄性和雌雄同株性）的家系分化的过程。这种情况下处于杂合状态（iIFM）的雄麻性染色体基因，逐渐过渡到雌麻的纯合状态（iiFF）。雌雄同株植株（$i_m i_m F_m F_m$）在大麻性性状纯合化过程中表现为中间类型。该试验的后代中雌性性状的强化，显然与母本植株细胞质因子的影响有关。

雌雄异株大麻明确地分化为具有总状花序（雌麻）和松散花序（雄麻）的性类别。上述性状在后代表现稳定，没发现过渡类别。但是，随着从雌雄异株植株产生雌雄同株植株，形成外形性状从总状花序到松散花序的性类型的连续系列。这种变异直接证明，雌雄异株大麻的外形性状受控于由2个等位基因（显性和隐性的）组成的性染色体性基因，所以雌雄同株性状的形成与该种基因向复等位基因状态过渡有关。

正如前面已经说明的那样，在雌雄异株大麻观察到性性状与叶片形态性状的局部连锁。由此可见，雌麻和雄麻的性不仅受控于性染色体遗传因子和AG综合体，而且受控于决定其他性状的基因。控制植株茎节上叶片数量的基因也对性决定起作用。这些资料与部分学者提出的性决定的生态—激素—遗传概念相吻合。控制叶片形成的基因增加有3叶、2叶和1叶茎叶的植株叶量。这本身就导致加剧雄性性状表现的赤霉素积累水平的提高。

雌雄异株大麻性类别比例实际测得数据与理论期望值频繁偏离的情况证明，这种现象不是偶然发生的，而是有规律可循的。上述偏离情况表明，具备雄性和雌性资格的花粉粒形成数量不同以及不同性别配子的生活力有差异（Tph，1935；Hoffmann，1947）。这些意见虽然完全合乎逻辑，但不是总能被试验所证实，因为小孢子发生、配子发生和受精的过程非常复杂，多方取决于内部和外部不同因素的影响，不可能合乎理想地形成具备两个性别资格的数量绝对相等的细胞。

按照性决定的染色体理论，雌雄异株大麻雄麻的自花授粉后代第一代应得到的性类型比例是1XX：2XY：1YY，或者是3个雄麻、1个雌麻。但是，实际上得到的后代却具aagg基因型的雄麻和雌麻植株最稳定地保持雌雄异株性，有雌性个体的明显优势，这是普通雌雄异株大麻所特有的。这些资料首先证明具YY染色体的合子没有生活力，关于这点过去也有学者强调（Hirata，1927；Sironval，1959；Kohler，1961）。鉴于此，雄性个体的数量应该是雌性的2倍，但尚未观察到这种现象。试验中实际得到的性类型比例符合雄麻Y卵细胞无生活力的情况，结果是雄麻的X卵细胞与花粉的X和Y精子配合并保证雌雄异株大麻自花授粉雄麻后代正常分离出雌性和雄性个体，这与其他研究人员的资料相吻合（Dierks and Sengbusch，1967）。

正如已经指出的那样，雌雄异株大麻性类型比例的变化取决于个体发育过程中雌性和雄性植株不同程度的死亡（Kbn，1961）。

雌雄异株大麻性类别比例理论期望值不协调的原因是性染色体性基因的交互突变。由于雌性基因的突变频率高于雄性基因，所以总体上该种现象促进雄麻数量多于雌麻。

大量试验结果表明，雌雄异株大麻雌麻数量经常多于雄麻，雌性植株数量在个别家系出现很多。特别是在雌雄异株大麻品种IOC的种群中发现1个家系，它的雌麻对雄麻比例为99.08%：0.92%。这种特殊现象无论如何都不属于性染色体和共同综合体常染色体因子AG的性决定范围。由此可见，大麻性状还受控于其他未知的遗传信息。据推测，雌麻数经常多于雄麻这个事实的大概解释是核遗传因子与母本植株细胞质遗传结果的相互作用。人们试图用试验来证实自己的推测，但由于研究方法过于复杂而没能得到期望的结果。

由此可见，性染色体的等位性基因X和Y的相互作用成为雌雄异株大麻性决定的基础，它们能保证性类型比例1：1的期望值。雌麻和雄麻的实际比例偏离理论期望值的原因是性染色体性基因突变以及它们与共同综合体因子AG和其他非等位基因的相互作用，这些非等位基因控制的不是性性状以及具不同性别和生活力的配子和合子。雌性植株对雄性植株显性的数量优势，看来是由于母本植株细胞质遗传的作用。这种现象不论是大麻还是其他植物迄今都未能研究明白。

（五）雌雄同株大麻遗传型性决定

对于雌雄同株大麻也像雌雄异株大麻那样，为了揭示性性状遗传特点而首先采用单株自花授粉的方法。自交系后代植株的高度多态性显示参与性决定的遗传因子相互作用的复杂特性。雌雄同株雌化大麻中最稳定的性类型是真雌雄同株植株，其后代中雌麻占2.79%，雄麻和雌雄同株雄化大麻性类型合计占1.38%，其余植株属于雌雄同株雌化类型，雌雄同株雌化雌麻自花授粉导致雌麻的大幅增加（达到14.13%）。雌雄同株雌化雄麻的后代产生数量最多的雌化雄麻（35.73%），也就是与雌雄同株雌化雌麻相比导致性性状向相反方向分化。雌雄同株雌化雄麻后代性性状的雄化，不仅表现在花序上雄花数量的增加上，雌雄同株雄化大麻性类型和雄麻的比率也有所提高。此外，几乎所有的雌化性类型都长出比雌雄同株雌化雌麻和真雌雄同株雌化植株后代更松散的花序。

雌雄同株雄化大麻的雌雄同株性状在真雌雄同株植株后代中也最稳定。雌雄同株雄化雌麻后代中有性性状雌化现象发生，这不仅体现在雌麻数量增加上，而且体现在大部分植株生出较紧密花序上。雌雄同株雄化雌麻后代的特点是雄麻比率较高。

试验结果表明，由于雌雄同株雌化雌麻单株继续强制自交而使后代性性状纯合化。虽然第一代的后代高度杂合，但在第二代到第三代则出现雌雄同株植株，几乎100%由雌雄同株雌化雌麻组成，也就是选作自花授粉原始植株的性类型根本没有雄麻，而雄麻是雌雄同株性状不稳定的主要根源。在同一份样本植株自由授粉的处理（栽培于隔离圃，在雄花现蕾期拔除雄麻的条件下）中，没有确定实质性变异，种群分离出雌雄同株大麻特有的全部性类型，其中包括雄麻。

但是，雌雄同株大麻性性状纯合的材料（通过单株自花授粉得来），在自交系自由繁殖情况下逐渐丧失纯合性。例如品种I14的自交材料在隔离圃繁殖2代，并没分离出任何一株雌麻和任何一株雄麻（第一代选2 752株，第二代选3 637株）。但却有出现雌雄同株雌化雄麻的倾向，而在自由繁殖的第三代则分离出0.27%雌麻和0.71%雄麻（3 006株）。

雌雄同株大麻近亲繁殖引起植物发育的不良现象。例如在品种IOC的自交系中发现株高和茎粗下降、花序紧密度和重量增加使植株易于倒伏，还发现茎顶端死亡。如果茎顶端死亡发生在植株发育的早期，则茎下部会长出侧枝，它们的高度后来与相邻未分枝植株相同。如果主生长点在晚期死亡，则茎在花序区域分枝，叶较小、叶片较窄。经常发现茎上叶片对称分布，还发现早熟和侏儒类型。

雌雄同株大麻自交系植株的特征是两种性生殖器官部分或完全不育。雌性不育个体无正常发育花被，而雌蕊或者发育不良，或者根本没有。所结种子数量和生活力均大幅度下降。部分植株在发育初期死亡。雄性不育植株的雄花花蕾较小，不能开放，逐渐脱落。

植株发育的异常现象在自交第一代和第二代特别明显，到第三代营养器官的形态异常消失，后代的许多性状好转，包括性组成、株高和茎粗、花序紧密度、植株发育阶段同时性等。但是，第三代存活株数却明显下降。所以雌雄同株大麻单株进一步强制自交能导致后代灭绝。

如果说通过大麻单株自花授粉得到的自交系后代中雌雄同株性状在真雌雄同株植株上表现最稳定，那么在从种群选出的单株后代中则看不到这个性状。特别是在雄麻比率方面，真雌雄同株雌化植株的后代与雌雄同株雌化雌麻和雌雄同株雌麻的后代无差别。雌雄同株雌化雄麻像自交系的情况那样，雄麻比率最高。类似的规律性在雄化性类型组内也有发现。

研究雌雄同株大麻20个品种性类型比例后显示，所有品种都具有性类型的表型多样性。雌雄同株大麻的主要性类型是雌雄同株雌化雌麻和真雌雄同株雌化植株。品种CKO的这个性状最突出，上述两种性类型比率占91.13%。与此同时，在雌雄同株大麻田里或多或少出现雄麻、雌雄同株雌化雄麻、雌化雄麻和雌雄同株雄化大麻植株。雌雄同株雄麻比率为0.36%~4.48%。雌雄同株大麻田里不同年份雄麻和其他不良性类型数量很大程度取决于在选种圃和采种田发现它们的时期和拔除它们的作业质量。

已经确定，雌雄同株大麻的雄麻和雌麻在遗传上不同于雌雄异株大麻的性类型。雌雄异株大麻植株杂交总是只产生雄性和雌性个体。被雌雄同株大麻IOCO-1雄麻授粉的雌雄异株大麻品种IOCO-9的雌麻，除雄株和雌株外，还分离出平均12.81%的雌雄同株个体（一个家系内的变幅为1.89%~20.89%）。2个家系没有出现雌雄同株植株，性类型比像雌雄异株大麻一样。由此可见，17株雄麻中有2个原始植株在基因型上是普通雄麻，而其余植株在性性状上是杂合的，也就是在自己基因型中含有雌雄同株和雌雄异株大麻的因子。

反交组合（雌雄同株大麻雌麻 × 雌雄异株大麻雄麻）中雌雄同株个体平均占13.35%（变幅

2.41%～32.00%）。15个家系中发现雌雄同株个体。3个家系中分离出雌麻和雄麻，其比例相当于雌雄异株大麻。这说明，3个家系的原始母本植株在基因型上与普通雌麻无任何差别。

由于雌雄异株和雌雄同株大麻8次自由异花授粉，供试品种性类型原始比例发生不同变化。品种IOCO-1雌雄同株个体数量在前4代明显减少，然后这个指标相对稳定在低水平（3.10%～4.48%）。随着雌雄同株个体比率减小，雄性和雌性植株比率逐渐增大。

此期间品种T10的性类型比例无实质性变化。雌雄同株植株比率总共才0.11%～1.31%，而雌麻和雄麻比例则处于雌雄异株大麻的一般水平。总体上在5～8代2个品种的性类型比例处于与种群平衡近似的状态。

雌雄同株大麻在隔离但不拔除性类型的条件下繁殖的试验显示，雌雄同株大麻在4代期间几乎完全恢复到雌雄异株。如果说在品种IOCO-1第一代发现0.16%雌麻和1.21%雄麻，那么在第四代则分别为48.98%和42.89%。雌雄同株大麻性类型总共为8.13%。

从总体上看，有关雌雄同株大麻性类型遗传的试验资料证实了下列理论观点：雌雄同株性状决定基于性染色体和常染色体遗传因子间的复杂相互作用。控制基因突变从iF到IM方向和它们与共同综合体常染色体因子AG相互作用的性染色体复等位性基因组的存在，被后代固定分离出具有不同花序紧密度和花序上雌花和雄花不同比例的多种性类型的倾向所直观地证实。如果不拔除雄麻和其他不良性类型，那么雌雄同株性状将很快在后代中消失。

雌雄同株大麻植株自花授粉后代中，性性状变异呈现完全相反的方向。真雌雄同株雌化个体的雌雄同株性状最稳定，它是由性价大致相同的常染色体因子A和G所决定的。雌雄同株雌化雌麻的后代中强化了雌性性状，分离出数量最多的雌麻，这是由于性染色体和常染色体的性等值遗传因子的共同相互作用的结果，也就是控制花序总状类型的等位基因和高价因子G之间相互作用的结果。雌雄同株雌化雄麻的后代则相反，强化了雄性性状。生有少量雌花的雌雄同株雌化雄麻（几乎是雌化雄麻）变异特别明显。这种情况下，除雄麻和典型的雌雄同株大麻雄化植株外，还分离出生有半雄化类型（中间型）花序的个体。所得性类型比例是雌性和雄性不等值因子相互竞争作用的结果。其中，高价的常染色体因子A对决定总状花序形成的性染色体等位基因呈部分显性。还发生雌化类型花序向雄化类型花序的受遗传制约的变异。

在雌雄同株雄化大麻的自交系后代也发现植株性差别分化的类似规律性。真雌雄同株雄化植株的雌雄同株性状之所以最稳定，是因为因子A和G处于平衡状态。雌雄同株雄化雄麻自花授粉导致后代性类型比例向雄麻方向最大限度倾斜。这是被性等值因子（也就是控制松散花序性状的等位基因和高价因子A）共同作用来促进的。雄化雌麻的后代中性性状向雄化雌麻和雌麻方向倾斜。生有少量雄花的雌雄同株雄化雌麻（几乎是雄化雌麻）个体，其后代中生有雌化和半雌化花序的性类型比例最大，这是性不等值因子相互作用的结果，在相互作用中，控制雌花形成的高价常染色体因子G对决定松散型花序的性染色体等位基因呈部分显性。还发现植株雄化外形向雌化外形的变异。Hoffmann（1947）也指出过雌雄同株大麻性染色体和常染色体性遗传因子的共同相互作用。

对于像雌化雄麻和雄化雌麻这样的雌雄同株大麻有性差别的植株，性不等值遗传因子在基因型中的配合，导致它们的遗传不亲合性，呈现表型。例如雌化雄麻能产生不完全的或完全的雄性不育，其特征是雄花不开放和凋落的性状；而雄化雌麻则能产生不完全的或完全的雌性不育，其特征是生有雌蕊退化的雌花花被。初步认为，如果给雌化雄麻和雄化雌麻的个别样本实施人工自花授粉，则能产生植株原始外形向反方向明显变异的后代。

与自交系的不同之处在于选自种群的雌麻、雌雄同株雌化雌麻和真雌雄同株雌化植株的单株后代之间，没发现性类型比例的实质差别。这种现象的原因是，自然条件下雌雄同株大麻植株的性性状决定取决于符合异花授粉特点的配子的偶然配合。雌麻、雌雄同株雌化雌麻和真雌雄同株雌化植株的雌花开花时正值能形成雄花的全部性类型大量散粉，结果保证高度的异花受精。雌雄同株雌化雄麻的雌花开放较晚，确切地说是雌雄同株雌化雌麻和真雌雄同株雌化植株已经凋谢时，雌雄同株雌化雄麻和雌化雄麻实际上在生育末期前才开花，所以在花期后半段发生近亲授粉。从种群中选出的雄化雌麻、雌雄同株雄化雌麻和真雌雄同株雄化植株的单株后代之间，性类型比例无明显差异，这体现由于交换结果配子偶然配合的特点。

如果说个体发育中雌雄同株大麻个别植株的外形性状稳定（除偶然产生性嵌合体外），那么花的性别照例变异明显。雌雄同株大麻个体发生间性现象就是这种情况广泛存在的例证。该种情况下的性交替表明，在雌雄同株植株开花的一定时期内，发生雄性因子A的抑制和雌性因子G的启动。性再决定开始转折的时刻，外在表现为间性花区域的出现。这说明相反性别常染色体因子力的不平衡状态。然后因子G全力作用，形成全价雌花。

Mhb（1993）认为，因子A和G直接或间接参与雌性和雄性植物激素的合成，但大麻雌雄同株个体在个体发育中的性交替则受基因表现因子F_m（确切地说是复等位基因）的控制，基因表现因子改变植株体内植物激素的浓度比例，因为表现因子具有抑制共同综合体一个因子和刺激其他因子的作用特性。在形成异常两性花的雌雄同株大麻间性体植株上，观察到个体整个开花期间遗传因子A和G力比例失衡。Mhb（1993）关于大麻雌雄同株性类型个体发育中花性别交替遗传机制的解释符合Bhx（1982）的试验资料，该资料的证据是，植物开花（花出现的时间和部位、花的性别交替和开花期长短）与植物激素合成密切相关。

由上述可见，后代雌雄同株性状的遗传型不稳定取决于复杂的遗传机制，经常趋于雌雄同株大麻向雌雄异株大麻的转变。雌雄同株大麻种群从真雌雄同株植株向雄麻和雌麻分化的主要动力，是性染色体和常染色体性等值遗传因子的共同相互作用。控制雄性初生和次生性状的因子共同作用，导致雄化性类型和雄麻比率的提高。决定雌性初生和次生性状的因子共同作用，则导致雌雄同株雌化雌麻和雌麻比率的提高。在雌雄同株大麻性不等值遗传单位配合的情况下，发现性染色体性基因被高价常染色体因子所抑制，其结果发生雌化性类型与雄化性类型植株外形的交互变异。出现雌麻和雄化花序向雌化花序变异的倾向作为隐性性状，明显弱于产生雄麻和雌化外形向雄化外形变异的倾向。雄麻后代可无例外地分离出任何性类型，但经常分离出的却是雌雄同株雄化雄麻和雌雄同株雌化雄麻。种群内植株外形交互变异的主要"桥梁"是雌雄同株雌化雌麻和雌雄同株雄化雌麻。雌化雄麻和雄化雌麻的性类型由于存在性别差异，不能直接体现原始外形向相反性别变异的本身遗传潜力，只有通过异花授粉才能结出种子。

（六）大麻杂种的遗传型性决定

研究雌雄异株和雌雄同株植株正反杂交所得杂种，对了解大麻性性状遗传特点有重要作用。正如试验结果表明的那样，大麻品种T10×IOCO-14杂交组合杂种第一代的后代，包括雌性植株、雌雄同株雌化雌麻和雄麻，它们在家系范围内的比例不确定，变动很大。此外，发现少量真雌雄同株雌化植株和雄化类型个体，但没发现雌雄同株雌化雄麻。总体上看性类型比例向雌性方面发展。

第一代杂种分离出生有少量雄花的雌雄同株雌化雌麻，这些雄花不能保证给植株的雌花充分授粉。然而，这样授粉所得种子的数量足够原始材料进一步繁殖之用。

如果在杂种第一代拔除雄麻，用其余的雌雄同株雌化雌麻的花粉自花授粉，则在第二代出现大麻的全部性类型。总的分离趋势是在雌性个体数量减少的同时，雌雄同株大麻性类型数量却增加。

反交组合IOCO-14×T10第一代杂种的后代也分离出上述杂交处理所出现的那些性类型，但它们的比例发生了变化，主要性类型是雄麻。雌雄同株植株出现很少，因为杂种花序上的雄花形成很少。在拔除雌雄同株植株和用雄麻的花粉给雌性个体授粉的条件下，第二代发生非实质性变异。雌性植株数量有所减少，但雌雄同株大麻性类型比率却提高。雄麻数量实际上没有变化，符合雌雄异株大麻指标。不论第一代还是第二代，雌麻与雌雄同株大麻性类型合在一起数量与雄麻数量之比，在家系范围内近似1：1，30个理论数据有28个与实际吻合，也就是$\chi^2<3.84$。雌麻和雌雄同株大麻性类型之间的比例不确定，但经常是雌性植株占优势。

IOCO-14×T10杂种性类型比例实际所得值与理论期望值相吻合的水平，因回交方向不同，大麻杂种差异明显。如果T10×IOCO-14第一代杂种用雌雄同株大麻花粉重复授粉（预先拔除杂种中的雄麻和雌雄同株植株），那么在性成分方面，回交后代向父本类型方向变异，但与父本的区别是雌性植株和雄麻的比率较高。

用T10×IOCO-14第一代杂种雌化类型的雌雄同株植株给原始母本品种T10的雌麻授粉（拔除雄麻和雄化性类型），产生较平均后代，实际上总共3种性类型（雌性个体、雌雄同株雌化雌麻和雄麻）构成，没统计极少量的雄化植株。这种情况下应注意，在该处理的雌雄同株雌化雌麻花序上还形成比T10×IOCO-14第一代杂种更少的雄花。杂种T10×IOCO-14与其他所有杂种的区别是雌雄同株植株比率最高，而雄麻比率最低。

在对比大麻不同杂种特性的情况下，特别应该标出雄麻数量指标，因为雄麻是培育雌雄同株性状稳定的雌雄同株大麻品种的主要障碍。杂种T10×IOCO-14分离出2.11%～3.41%的雄麻；杂种IOCO-14×T10分离出5.91%～18.14%的雄麻；回交杂种（T10×IOCO-14）×IOCO-14和T10×（T10×IOCO-14）分离出7.37%～19.81%的雄麻；杂种IOCO-14×T10分离出45.22%～46.08%的雄麻。由此可见，雄麻比率高是雌雄异株大麻与雌雄同株大麻杂交得到的杂种特点。

应考虑到，大麻的性受遗传因子复杂相互作用的控制，不可能准确测定杂种性类型的理论比例。从每个杂交处理都发现后代分离的本身特点以及不良性类型的出现。预测常染色体遗传因子的分离则更难。因此只能对性染色体性基因进行理论统计。

杂种后代性性状分离的理论模式是借助以孟德尔基因独立分离定律为基础来设计的。自然，这些模式并非在每种情况下都能与实际所得数据吻合，但总可以显示普通规律性以及后代性类型比例向一定方向变异的趋势。实际数据与期望值偏离程度证明了在某个杂交组合中性遗传因子表现或大或小的复杂相互作用。

按以下5种基因型比例便于检查杂种后代大麻性性状的变异情况：iiFF（雌雄异株大麻雌麻）；iiFM（雌雄异株大麻雄麻）；$i_m i_m F_m F_m$［雌雄同株植株（纯合体）占优势］；$ii_m FF_m$［雌麻和雌雄同株植株（杂合体）占优势］；$i_m IF_m M$（杂合雄麻）。

此种情况下应该记住，决定植株外形的基因i_m和定位于性染色体的基因表现因子F_m处于从$i_m F_m$到$i_m^n F_m^n$（IM）的复等位基因状态。而决定雌花和雄花形成的遗传因子AG则位于常染色体上并有不同的性价。性染色体的不同性等位基因和不同性价常染色体遗传因子的偶然配合，决定着大麻杂种植株的性多态现象。

有基因型$ii_m FF_m$和$i_m i_m F_m F_m$的植株成分中，不仅有上面涉及的性类型，而且有雌雄同株大麻的其他性类型，其中包括雄麻。在自己基因型中含有等位基因IM的合子总产生雄麻，因为它们对其他全部等位基因组成员呈显性。这样一来，用雄麻的分离就能充分准确地确定等位基因IM在供试材料上出现的频率。

T10×IOCO-14第一代杂种产生完全杂合的后代：

$$iiFF \times i_m i_m F_m F_m = 100\% \ ii_m FF_m$$

生有少量雄花的雌麻和雌雄同株植株，正如试验中显示的那样，绝大多数是杂合植株，这说明雌雄异株因子iF和雌雄同株因子$i_m F_m$的不完全显性现象。杂合雌麻的雌性基因表现因子F完全压倒因子

A。杂合雌雄同株植株的基因表现因子F部分的压倒因子A。所以，因子A体现表型。产生雄花的情况出现在基因型中包含较高性价因子A的个体上。

第一代杂种后代中出现雌性和雌雄同株植株很容易理解，它们是杂交的原始类型。但是，雄麻的分离则解释起来较复杂。雄麻的产生可解释为其效果取决于遗传环境而变化的增变基因的作用。特别是在造成雌雄异株大麻雌麻和雌雄同株植株基因型配合的新遗传环境下，增变基因强化了自己的作用，结果提高了性染色体性等位基因的突变程度。这样一来，决定雄麻形成的等位基因IM的产生频率提高了。增变基因的作用效果还在很大程度上表现在这个杂种的第二代以及回交杂种的后代中。分离出少量雄化植株是由于等位基因iF与较高度雄化的等位基因i_mF_m配合。

杂合的雌性个体和雌雄同株个体的杂交是在第二代杂种自花授粉情况下实现的。根据理论计算，第二代中雌雄同株性类型的数量有所增加：

$$ii_mFF_m \times ii_mFF_m \rightarrow 1\ iiFF : 2\ ii_mFF_m : 1\ i_mi_mF_mF_m$$

这种倾向实际上能观察到，除杂合的外，还出现雌雄同株大麻的纯合性类型。根据杂合雌麻和杂合雌雄同株雌化雌麻家系范围内的性类型比例，无法确定经过证实的差异，因为它们有相近的基因型。

杂种第二代分离出雌雄同株大麻不同性类型特别是分离出雄麻，这证明杂种植株基因型中产生一些性染色体复等位性基因，这些变异产生显性定向性。还证实，同雌雄同株大麻原始品种相比，等位基因IM在第一代杂种出现的频率较高。具备AG因子的异质配子的存在，强化了性性状的多态性。

反交组合IOCO-14 × T10杂种第一代的后代，理论上由杂合的雌株、雌雄同株植株和雄株构成：$i_mi_mF_mF_m \times iiFFM \rightarrow 1\ ii_mFF_m : 1\ i_mIF_mM$。第二代也期望产生那样的性类型分离，但性类型之间的基因型不同，除上述杂合植株外，还出现纯合的雌雄同株个体和普通雄麻：$ii_mFF_m \times i_mIF_mM \rightarrow 1\ ii_mFF_m : 1\ i_mi_mF_mF_m : 1\ iIFM : 1\ i_mIF_mM$。

根据分离的理论模式，通过试验证实，雌麻性类型+雌雄同株大麻性类型∶雄麻，无论IOCO-14 × T10杂种第一代还是第二代，都应该等于1∶1。这意味着，在理论和实际上，等位基因IM对性染色体复等位性基因组其他所有成员呈显性。

与杂交组合T10 × IOCO-14不同之处是，IOCO-14 × T10杂种第一代出现的不是普通雄麻而是杂合雄麻，其花粉携带雌雄同株大麻性类型的特征。2个交替杂交组合中雌性植株和雌雄同株植株的比例不确定，这是控制雌性和雌雄同株性性状的因子不完全显性的结果。

回交（T10 × IOCO-14）× IOCO-14杂种理论上保证后代主要由雌雄同株大麻性类型构成：$ii_mFF_m \times i_mi_mF_mF_m \rightarrow 1\ ii_mFF_m : 1\ i_mi_mF_mF_m$。大约一半后代是纯合的雌雄同株植株。这个后代中还例外地分离出雌雄同株大麻杂合的性类型。实际材料证实了雌雄同株植株的优势。

回交T10 × （T10 × IOCO-14）的杂种则相反，在理论上和实际上雌性植株都占优势，普通雌麻约占30%，还例外的有一部分杂合雌性个体：

$$iiFF \times ii_mFF_m \rightarrow 1\ iiFF : 1\ ii_mFF_m$$

两种类型回交之间雄麻比率上的差异可解释为决定不同遗传环境的增变基因其作用效果不同。雌雄同株大麻品种两次用作父本类型情况下，增变基因表现的作用比用雌雄异株大麻雌麻遗传因子两次供给杂种的情况下弱。

选择杂种T10 × IOCO-14和T10 × （T10 × IOCO-14）的雌性植株旨在得到由雌麻和雌雄同株个体组成的大麻，但没得到期望的结果，在选择的第一代就没分离出雌性植株。这证明，雌雄同株性状的遗传因子对决定雌性的因子最终处于显性状态。

可见，上述试验资料及对它们的解释表明，基于性染色体性等位基因和常染色体遗传因子相互作用的大麻植株性差别遗传决定理论，在杂种材料上得到证实。这种模式所显示的是交互杂交杂种和回交杂种的分离特点；具有花序上雄花和雌花不同比例和不同外形的性类型的存在；雄麻性状对雌麻和雌雄同株植株性状呈完全显性；增变基因的作用；那些试验处理中雄麻的分离（在这些试验中雄麻没参加杂交）；家系范围内在分离上的差异以及其他现象。

（七）雌雄异株大麻的多胚现象

形成具有1个胚的种子是被子植物特有的现象，然而也发现具有2个或多个胚的种子，该现象被称之为多胚现象。植物多胚现象的产生是雌雄配子体发育、受精和胚形成过程中出现各种反常的结果。额外胚形成属于1个或不同胚珠的不同胚囊；不正常分裂过程中的1个受精卵细胞；2个或几个偶然出现的卵细胞；受精的助细胞和反足细胞；胚囊生殖细胞（卵细胞、助细胞、反足细胞）、花粉（精子）和胚珠体细胞。珠心和珠被基础上出现无融合生殖（像单性生殖、单雄生殖、无配子生殖、半配子生殖等）。由于多胚的起源不同双生植物可以是单倍体、二倍体和多倍体的（Aph，1976；Jia，1984）。

按文献资料说法，在自然条件下雌雄异株大麻产生多胚的概率是每4 000～4 500粒种子出现1个双生株。由16粒种子产生全雌性植株4对、全雄性植株2对、1雄1雌植株10对。大多数双生植株其中一株长的高，另一株长的矮，而且发育弱。细胞学分析显示这些植株是二倍体的。还发现从胚珠2个胚囊长出的双生植株（Cop，1974）。

以家系T10为样本，对雌雄异株大麻多胚现象进行详细和大规模的研究（Mhr，1985）。大麻种子在培养皿里发芽。播种后3～4d选择双生苗并移栽到培养室里装土花盆内，植株一直培育到完熟。

家系T10的双生植株发生概率高于原始品种T10。T10的双生植株9 500粒发芽种子发现24对双生苗（0.25%），而原始品种T10 6 000粒发芽种子只发现2对双生苗（0.03%），仅占家系的0.12%。

对生有3叶茎节和2叶茎节的家系T10的双生植株进行分析后显示，双生性状与3叶茎节性状不相关。双生植株比率的增加与大麻近亲繁殖程度提高有关，近亲繁殖的原因是多次选择少量生有3叶茎节并使该性状在后代固定的个体。

雌雄异株大麻双生植株的性别由性染色体机制决定。雌麻的全部生殖细胞和营养细胞都含X染色体，而参与授精的雄麻精子则含等量的X和Y染色体，了解这点就能推测后代的性类型比例，确定双生植株产生的原因。在研究多胚现象本性中发现，双生植株这个特点在雌雄异株植株比雌雄同株和两性体植株有更明显的优势。

雌雄异株大麻单精合子双生植株（也就是来自1个受精卵细胞）是单性的，或由2个雌株构成或由2个雄株构成。异精合子双生植株由2个或多个胚囊细胞产生（例如从卵细胞、助细胞和反足细胞），既可以是单性的，也可以是不同性别的，这取决于进入胚囊的精子含有什么样的性染色体。

基于雄性和雌性配子在受精中偶然组合的理论（Jho，1967），大麻单精合子双生植株双雌麻和双雄麻的比例大约相等（1∶1），而在二精合子双生植株则是双雌株∶两性株∶双雄株=1∶2∶1。

雌雄异株大麻产生无融合生殖（有机体不来自受精过程）双生植株情况下，性类型比例则另有变化。在单性生殖和无配子生殖情况下所有植株都是雌性；在半配子生殖情况下，雌株和雄株比例为1∶1；在单雄生殖情况下只产生1个雄株，这个雄株可以由双生株构成，也可以由三生株构成（当同一个胚囊内出现另外起源的胚时）。但应注意，据文献资料介绍，被子植物门的无融合生殖型双生植株很稀少，不像来自受精过程的双生植株那样总能得到证实。在大麻尤其缺乏事实依据来证明无融合生殖情况（Aph，1976）。

对有关学者发现的123个双生植株和2个三生植株研究后显示，平均3年双生植株的性类型比例为双雌株占35.77%、一雄一雌株占37.40%、双雄株占26.83%。来自一粒种子的三生植株中，一个是三雌株，另一个是二雌一雄株。

单雌性、单雄性和两性的双生植株的性类型比例通常在二精合子起源中能发现，但实际得到的比例与理论期望值不吻合。二精合子的单雄性和单雌性双生植株数量在理论上应该大致相等，但实际上1978年单雄性双生植株比单雌性的数量多2倍，而到下一年则相反，单雌性双生植株在数量上占明显优势。这说明，雌雄异株大麻除二精合子单性双生植株外，还有单精合子双生植株。

在理论统计基础上可以大致确定二精合子和单精合子双生植株的实际比例。例如123个双生植株中理论上应该有92个二精合子双生植株，其中包括23个单雌性、23个单雄性和46个两性。其余的31个单精合子双生植株中有21个单雌性和10个单雄性。单精合子双生植株总数31个，占25.20%；而二精合子双生植株总数92个，占74.80%，即两者比例等于1：3。

单精合子双生植株的基因型相同，所以外表应该一样。但是，正如文献中提到的，这种现象很罕见。为了诊断双生植株的一致性应该用明显的遗传性状。植物、动物和人类的单精合子双生体，能对内部和外部环境条件做出不同反应，也就是产生不同的变异（Mho，1967；Iyo，1976）。

大麻双生植株在表型上具有多样表现。从77个双生植株只发现2个（双雄性），这种双生植株的2根单株的所有形态性状（株高、茎直径、茎节数、叶片配置和花序分枝特性）绝对一样。其余双生植株的外形均不一致。

大麻双生植株的突出性状首先是株高。雄性个体株高差异范围为0～119cm，雌性个体为15～98cm，两性个体为11～35cm。1980年有学者还发现更明显的对比偏差。例如在一个雄性双生植株中，其中一个单株株高是另一个单株的9.6倍（193cm对21cm）。由此可见，大麻的株高不能用作诊断双生植株起源的标准指标，因为该性状在发育条件影响下容易变异。

确定双生植株无融合生殖发育的情况是研究工作的重要步骤，这通过发现3个单倍体植株得到证实。单倍体植株占双生植株总数254的1.18%。单倍体是三生植株上的一个雌株，它虽然发育最弱，但仍结几粒小种子。三生植株上的另2个雌株是二倍体。

大麻出现概率较高的双生植株是像半配子生殖那样的无融合生殖类型。此种情况下只有1个精子进入卵细胞的细胞质但却没发生受精，形成假双核合子。卵细胞核和精子核由于独立分裂结果形成含有雄性和雌性细胞混杂物的假胚。从中可以看出，半配子生殖双生植株茎下部的共同部分就是来自1个卵细胞的2个有机体不相关发育的结果。但在第一茎节区域内已经分化成2根茎，1根是雌性，另1根是雄性，它的生殖器官外表正常。对其体细胞的显微镜分析表明，它们是单倍体的。单倍体株的出现理论上符合半配子生殖产生双生植株的情况。在普通的双生植株中未发现单倍体植株。

雌雄异株大麻多胚现象试验结果显示，二精合子生殖、单精合子生殖和无融合生殖的双生植株是在自然条件下产生的。绝大多数情况下双生植株是二倍体的，单倍体双生植株很罕见。双生植株的特性是成员的植株高度差异极大，而且该性状与性类型无关。

（八）大麻性进化的遗传观点

众所周知，变异性、遗传性和自然选择是生物进化的动力，最适应外界环境条件的类型得以生存。这些相互作用因子的综合体，决定着动物和植物的表型性状和遗传型性状（Koh，1975）。

有关被子植物性类型进化问题提出过各种理论，雌雄异株类型产生于两性体祖先；而两性体则相反，产生于雌雄异株类型。雌雄异株类型一开始就是雌雄异体的，从来不是两性体。但是，由两性体向雌雄株演变的观点得到最广泛应用和认可。雌雄同株性类型在这种情况下或者是从两性体植株向雌雄异株植株的过渡阶段，或者是雌雄同株和雌雄异株性状从两性体而来的无关平行进化（Kop，

1976）。

在初生和次生性性状方面大麻植株表现出的多样性，自然令人对它们的系统发生起源和个体发育相互联系感兴趣。有学者设想，大麻性进化不是从两性体向雌雄同株而是从雌雄同株向雌雄异株。其他人也重复这个概念，但谁也没能用实际材料证实自己的说法。

Mhr等（1982）也认为，大麻性类型进化是按上述顺序进行的，但他们得出的结论不是凭空想象的结果，而是参照被子植物性系统发生公认的原理，总结通过试验得到的大麻性遗传资料的结果。

在两性体→雌雄同株→雌雄异株方向上大麻性进化的观点被以下主要现象所证实：没有潜在两性的雌花和雄花；没有发育正常的两性同体花；雌雄异株大麻性类型具备最高度生活力；种群内存在遗传上相互制约的性类型系列，它显示从雌雄同株植株向雌雄异株植株的逐渐过渡。

根据有关资料表明，被子植物存在两种类型的雌花和雄花，一是结构上为单性，没有相反性别的残存器官；二是潜在的两性，有相反性别的残存器官。直接源自两性体的雌雄异株类型中，雄花和雌花基本上是潜在的两性花，此外还常遇到能育的两性花，但是在来自中间型雌雄同株类型的雌雄异株植株，雄花和雌花的优势结构是单性的，虽然存在能育的两性体花但却少见。

根据大量资料（Mhr，1986）等的阐述，大麻有3种类型花［两性花（间性花）、雄花、雌花］和3种性类型植株［两性的（间性的）、雌雄异株的、雌雄同株的］。雌雄异株大麻雌麻和雄麻的花在结构上仅仅是单性的，正常发育的两性花很少见。雌雄同株大麻性类型的雄花和雌花在结构上也是单性的，但它们除雌雄异花外，还形成一部分两性间性花。大麻不存在真两性体植株。大麻两性体通常是花序上发育间性花的植株。

大麻不存在潜在的两性雄花和雌花以及正常发育的两性花。由此推测，这个种的雌雄异株类型不直接起源于两性体祖先，而是经过雌雄同株类型，这是两性体植株向雌雄同株植株过渡的历史过程，然后才过渡到雌雄异株类型，这是较古老的进化过程。

大麻两性体（间性）植株、雌雄同株植株和雌雄异株植株之间的本质差别是像生活力那样的进化性状。

总体上看，栽培类型和野生类型大麻样本中很少遇到间性植株（比率为0.01%~0.10%），间性植株的生活力较低。它们的特征是畸形、雌性和雄性生殖器官不育、结实力差、种子生活力低。间性的原始性状不传递给后代。侏儒间性性状和雄性不育性遗传的事实（Mhr，1988），在该种情况下不应看成是孤立的，而应与决定植株其他性状的遗传因子的多效作用联系起来。

大麻的雌雄同株类型在自然界遇到的机会多于两性体植株。在雌雄异株大麻田雌雄同株样本出现的比率为0.005%；在阿塞拜疆野生大麻中出现的比率为8%~12%；在印度大麻中出现的雌雄同株植株占种群的大部分。

雌雄同株类型与间性个体的区别在于原始性状能够遗传并产生稳定后代，这给对雌雄异株和雌雄同株性类型的全面对比研究创造了良好前提。这些研究的结果证明，雌雄异株大麻雄性和雌性植株比雌雄同株植株更能适应外界环境条件。

大麻已经确定的开花特点显示，雌雄异株性类型比雌雄同株性类型有更强的授粉和结实能力。由于花粉在受精中竞争力特性是性遗传因子的显性，并被带进合子，所以导致后代雌雄同株性状的丢失。

雌雄同株大麻性类型与雌雄异株相比不仅单株结籽少和种子重量轻，而且种子生活力差。为了确定大麻种子生活力性状的自然状态，大麻在完熟期收获，手工脱粒，对种子随机取样以供分析。结果表明，雌雄异株大麻品种T10种子的实验室发芽率为97.6%，与此同时雌雄同株雌化大麻（品种IOCO-1）的种子为88.2%，雌雄同株雄化大麻（家系IOCO-1M）的种子为86.4%。

有充分理由确定，雌雄同株大麻种子的播种品质不如雌雄异株大麻的原因有两个，一是雌雄同株大麻植株上存在两性花，两性花结的种子不稳定；二是雄花和雌花开花时间拖长，直到植株成熟期，因此晚结的种子尚未成熟。雌雄同株大麻质量差的种子通常在种子清选过程中被排除（Mhr，1991）。列举的资料总体上清晰地显示，雌雄异株大麻的雌麻和雄麻的生活力比雌雄同株性类型和间性类型更强。

雌雄异株大麻不直接起源于两性大麻，而是通过中间型的雌雄同株类型。最令人信服的证据之一是，现阶段存在的遗传上相互制约的性类型系列的物种进化，这些性类型显示从雌雄同株植株向性别分开植株的逐渐过渡。外观上，这种过渡表现为雌雄同株大麻种群植株向具有总状花序和松散花序的相反性别性类型直接分化。雌雄同株植株的总状花序上雄花数量趋于减少，导致它们向雌性演变；雌雄同株植株的松散花序上则相反，雌花数量趋于减少，导致它们向雄性演变。上述性性状变异过程受遗传因子控制。此种情况下性分离作为显性性状在后代被固定下来（Mhr，1986）。

大麻雌雄异株性状进化的细胞遗传学方面令人产生浓厚兴趣。雌雄异株大麻基因型中存在性染色体这个事实毋庸置疑，因为它们被大量杂交试验所证实。其他问题，诸如染色体是什么样的，是异态的还是细胞学上无差别的。按照Mhr的遗传型性决定理论，雌雄异株大麻性状进化与基因突变有关，也就是与遗传性重组有关，不涉及染色体结构，这个概念与关于性染色体异态性的现有见解相悖。

部分学者（Yhb，1968；Kop，1976）把大麻归属到确有异态性染色体的种。但如果注意研究则会发现现有资料相互矛盾，这点很容易证明。按Hir（1929）的观点，大麻的X染色体较长而Y染色体较短。Bpec（1943）指出，X染色体最大，无着丝缢痕；而Y染色体体积小于X染色体但大于其他的细胞染色体，有缢痕、等臂。Heb（1937）认为，X染色体较大（但不最大），为3节，而Y染色体则是2节、不等臂。Hoffmann（1947）认为，X染色体体积较大，具1~2个缢痕，而Y染色体无缢痕或具1个缢痕。Koh（1990）指出大麻的Y染色体形状呈大圆点状。为了证明异态性染色体对的存在，经常引证Heb（1937）的资料。

众所周知，任何有机体细胞的每个染色体其外观都具备一定的具体性状，也就是有自己的个性形态学。前面引用的有关大麻性染色体的资料各执己见，无法把各种观点统一起来。鉴于上述观点的互相矛盾，Yam（1967）把大麻归属到雌雄异株种，该种不能区分异态染色体对。Mhr等（1997）也没发现体细胞的和生殖细胞的染色体对有任何具体差异。虽然发现某些不固定的差异，也应把它看作细胞学标本制备和研究的现行方法不完善所导致，而不应看作染色体存在受遗传制约的异态性的证据。

在许多雌雄异株植物中没发现性染色体异态性，但是它们雄性和雌性个体数量比例近似1：1（Westergaard，1958；Tih，1976）。该种情况下的遗传因子定位于细胞学上无差异的同源染色体对。可见，异态性染色体的出现不是雌雄异株植物性状进化的属性。大麻的性染色体究竟应该什么样的问题，有待进一步精确研究后才能回答。

综合上述材料后可以得出结论，大麻性的进化完善过程发生于从两性体到雌雄同株。这种情况下，两性体作为最古老的原始类型是历史性的发生阶段。有些学者认为把间性现象首先看作个体发育中生殖器官饰变的事实，而不看作性性状返祖表现的指标。现阶段，系统发现的雌雄异株与雌雄同株共存在的品种类型，以及发现的雌雄同株向雌雄异株过渡的中间类型，证明大麻雌雄同株类型是两性体向雌雄异株进化的中间环节，而不是雌雄同株和雌雄异株大麻由两性体无关平行进化的情况。雌雄异株大麻雌株和雄株与雌雄同株大麻的区别在于能更好地适应外界环境条件，由于雌雄异株性状的显性，能保证稳定地繁殖相似的后代。雌雄同株大麻与雌雄异株大麻混合栽培情况下不能保持竞争并在后代丧失雌雄同株性状。雌雄同株大麻性类型繁殖只有通过育种途径才有可能。所有这一切表明，雌雄异株大麻植株生活力更强，是进化上的先进物种发育类型。

（九）大麻遗传型性决定特点的实际应用

1. 选择雌雄同株大麻性类型

正如大量研究结果显示的那样，雌雄同株大麻种群是表型和遗传型不一致性类型的综合体，在强化雄性显性性状和由雌雄同株大麻向雌雄异株大麻转变的方向上固定变异。雄麻比率是表明雌雄同株性状稳定程度的主要指标。越少分离出雄麻，雌雄同株性状就越稳定。目前尚无法设想的就是培育不分离出雄麻的品种。较为迫切的任务是，培育雄麻比率低到这样程度的品种，使我们不必进行与从田间拔除雄麻有关的品种提纯，或者是在实施这项育种和良种繁育措施时显著减少手工劳动消耗。

不论原始材料的起源如何，均应列入雌雄同株大麻品种的培育方案，把正确选择植株作为育种的基础，这些植株的后代能固定雌雄同株性状。基于对雌雄同株大麻性类型表型和遗传型差异的深入分析，拟订了相关选择方案。这个方案显示，为了进一步繁殖雌雄同株大麻雌化类型，最好选择真雌雄同株雌化植株或雌雄同株雌化雄麻。为了固定雄化类型的雌雄同株性状，最好选择真雌雄同株雄化植株、雌雄同株雄化雄麻。其他所有没涉及的在雌雄同株大麻雌化和雄化范围内的性类型，都应从田间拔除，开花前拔除雄麻，其余的随着表型分化发现1株拔除1株。这样的选择不仅促进大麻雌雄同株性状在后代的固定，而且提高种群植株的种子生产率。选择"理想的雌雄同株植株"和雌雄同株雌化雄麻的合理性，从前曾有人指出过（Kan，1969；Cte，1974）。选择雌雄同株大麻雌麻所涉及的问题，就是由于发现大麻遗传型性决定特点而做出的结论。

从实际应用角度看，主要是雌化大麻有价值。大麻的雄化类型不适宜栽培，这在育种工作一开始就应加以注意。生有松散花序植株的特性是种子产量低和成熟时种子易散落。在这里把雌雄同株雄化大麻看作是研究性多态性普通概念的对象，没有它就不能理解雌雄异株和雌雄同株大麻性类型性状的有机整体以及它们的遗传性和变异性。可见，应按雌雄同株性状固定程度来判断育种工作成绩。

2. 性突变体的利用

性细胞突变体作为创造雌雄同株大麻原始材料的本源起到非常重要的作用。关于在雌雄异株大麻后代出现雌雄同株植株这件事，在19世纪初就已经人尽皆知。但是，在自然突变体基础上得到雌雄同株大麻的想法到20世纪20年代才引起研究人员的注意。为此，在雌雄异株大麻田里积极搜寻雌雄同株植株。田间调查结果显示，自发突变体是在不同育成品种和不同地理起源的种群内分离出来的。这些突变体成为大麻种植业育种新方向的起源。

Tph（1934）通过繁殖大麻雌雄同株突变体植株确定了雌雄同株性状遗传的事实。这种情况下的试验表明，原始雌雄同株植株不论在第一代还是第二代都产生性性状高度杂合的后代。所得材料已用来培育同时成熟和雌雄同株大麻类型。大麻体细胞自然突变体（性嵌合体）与性细胞突变体相比实际应用价值很小，原因是它们既罕见，种子产量也太少。

为得到雌雄同株大麻新原始材料，还采用试验性突变发生方法，通过创伤性损伤、光周期、赤霉素、乙烯利和其他因素对植株的作用，在雌雄异株大麻雌麻和雄麻诱发相反性别的花，并随后进行自花授粉或用作杂交的原始类型以便得到新育成材料的种子。

3. 同时成熟大麻的培育

通过繁殖突变的雌雄同株个体发现大麻性类型已经确定的多态性，在此基础上产生得到同时成熟大麻的想法，通过在后代固定雌雄异体植株两种可能的配合处理的方式：一是雌麻和雌化雄麻；二是雄化雌麻和雄麻，它们在组合范围内的生育期长度大致相等（Typ，1950）。观察发现第一个处理较有发展前途，因为雌化类型植株种子产量高，而且落粒性状也好于雄化性类型。同时成熟大麻已经用性类型饱和杂交方法在雌麻×雌化雄麻方向上得到。但它们没得到广泛利用，原因是雌麻×雌化雄麻的性类型杂交组合后代不稳定。田间分离出普通早熟雄麻和雌雄同株植株，还发现雌麻和雌化雄麻花期不遇，因此丧失同时成熟植株性状。在德国也由于上述原因使同时成熟大麻没能推广（Sngbusch，1952）。

同时成熟大麻是把性类型人为缩小到有限数量的雌雄同株大麻种群。从遗传型性决定理论可知，保持雌雄同株大麻纯度即使在种群范围内也很复杂，而种群内允许存在不同性类型。通过育种在后代只固定雌麻和雌化雄麻性状来保持种群则更加困难。除自然分离出的雄麻外，雌雄同株大麻其他所有性类型实际上都同时成熟。况且，同时成熟大麻有大约一半植株不结籽，从而降低种子总产量。

虽然存在上述问题，并不意味着取消培育同时成熟大麻品种。例如人们有兴趣探讨培育雌化雄麻和雄化雌麻的稳定杂交类型，它们可用作培育同时成熟大麻新类型的原始材料。

4. 雌雄同株大麻的培育

首批雌雄同株大麻品种是在同时成熟类型基础上得到的（Typ，1959）。这个育种方向以多年选择雌雄同株植株为基础，把在后代固定雌雄同株性状与现蕾期系统淘汰雄麻相结合。获得雌雄同株大麻性类型种群的工作计划规定，雌雄同株大麻雄花开放应早于雌花。雌雄同株雌化雄麻最能满足这个要求，它的雌花开放时，分离出的雄麻实际上已经凋谢。这样一来，雌雄同株雌化雄麻就摆脱了"别家花粉授粉"，在除杂工作不细致情况下后代也能比其他性类型少产生雄麻，当然，这不能当作是雌雄同株性状较高遗传稳定性的指标。过去，有学者对品种Cpe选择的结果，雄麻比率从24%降至0.9%。与此同时也得出结论，进一步降低后代雄麻数量相当困难，因此，为了提高雌雄同株性状稳定性，必须选择雌雄同株雌化雌麻（那时真雌雄同株雌化植株尚没从个别组选出来，而包括在雌雄同株雌化雌麻的成员中）。

德国研究人员在选择基础上一开始就确定雌雄同株雌化雌麻。1937—1955年选择结果培育出品种Bep，该品种雄麻比率从36%降到0.008%。该品种在雌雄同株性状稳定性方面成为当时世界第一（Ван，1956）。

雌雄同株大麻育种的下一个发展阶段是把雌雄异株样本与雌雄同株大麻在不同组合进行杂交，回交（雌雄异株大麻×雌雄同株大麻）×雌雄同株大麻杂种得到最大范围推广。这些研究成果广为人知（Iab，1972；Iep，1977）。大量研究证实，雌雄异株大麻×雌雄同株大麻第一代杂种主要性类型比例变化幅度较大，雌麻为54%~100%，雌雄同株雌化植株为0~11%，雌化雄麻为0~11%，雄麻为0~30%。性类型比例指标变幅大的原因是，取作杂交的原始类型其杂合性程度不同，在确定和统计性类型时使用不同方法，从被杂交类型拔除雄麻的精细程度不同等。

按（雌雄异株大麻×雌雄同株大麻）×雌雄同株大麻方案反复饱和杂交，结果得到性类型比例与父本相近的杂种材料，然后取它作为雌雄同株大麻新品种的始祖。利用按雌雄同株性状入选的父本品种情况下，在较短时间内即能培育出雄麻比率低的育种材料。

由于把雄性不育植株用作母本类型（Bopo，1988）和用乙烯利给母本类型植株雄花化学去雄（Opi，1985），并在当前通过雌雄同株大麻样本之间杂交来培育新材料，可能培育出的杂种其雄麻比率最低，与雌雄异株大麻×雌雄同株大麻不同杂交组合得来的杂种相比，培育花费的时间最短（Mhr，1991）。

研究证明，大麻也可采用其他有效的杂交方法旨在得到雌雄同株大麻原始材料（Mhr，1991）。例如长期以来认为，雌雄异株大麻×雌雄同株大麻第一代杂种自花授粉不可取，原因是雌雄同株植株没有花粉或花粉量很少。实际上，这个杂种除雄麻和雌麻外还分离出雌雄同株植株，能提供足够花粉。为了得到一定数量原始种子，材料的继续繁殖是十分必要的。

第一代杂种栽培在自由繁殖条件下，也就是不拔除分离出的雄麻，这可保证单株生产大量种子。在那样的育种繁殖处理，第一代杂种的后代中，雄麻比率和雌雄同株植株数量同时增加，并且在雌雄同株植株上形成比第一代数量稍多的雄花，因此提高了种群的授粉强度。从第二代开始必须精细地拔除雄麻。用这种方法在杂种（雌雄同株大麻）的基础上，培育出早熟品种OIH8。

在明确雌雄异株大麻×雌雄同株大麻第一代杂种实现自花授粉可能性之后，就能实际用它不仅作为母本，也能作为父本类型，来培育雌雄异株大麻×（雌雄异株大麻×雌雄同株大麻）回交杂种。

现已经确定，雌雄同株大麻原始材料也可在杂种雌雄同株大麻×雌雄异株大麻基础上培育。这个杂种在第一代的自花授粉，既可用分离出的雌雄同株植株的花粉，也可用杂合雄麻的花粉。雌雄异株大麻×雌雄同株大麻、雌雄同株大麻×雌雄异株大麻和雌雄异株大麻×（雌雄异株大麻×雌雄同株大麻）的杂种总体上虽然在后代雌雄同株性状固定方面的实际应用价值小于雌雄同株大麻×雌雄同株大麻和（雌雄异株大麻×雌雄同株大麻）×雌雄同株大麻的杂种，但它们也有重要的有益方面。这些杂种实际上几乎不含有像雌雄同株雌化雄麻和雌化雄麻那样的雌雄同株大麻不良性类型，这才可能在育种工作初期只选择雌雄同株雌化雌麻和真雌雄同株雌化植株。此外，它们的重要之处从广义上看，是培育育种材料旨在改善综合的有益经济性状方面以及理论研究的全新来源。

杂交结果发现，雌雄异株大麻和雌雄同株大麻杂交处理在任何情况下都表现为性性状的高度杂合性，这是由于原始类型显性和隐性因子复杂的相互作用。在杂种的新遗传环境下，提高了决定性性状的性染色体等位基因的突变频率。所以，即使最细致地拔除不良性类型，在第一代也会分离出数量可观的雄麻。在雌雄同株大麻样本杂交情况下，本身遗传值相近的性因子相互作用，由于在育种过程中多次选择雌雄同株植株而实现性因子的高度接合，结果在杂种后代保持的性性状纯合性达到与原始类型相近的水平。既然后代的雌雄同株性状纯合化是在长期育种工作中实现而且难度很大，那就必须强调珍惜雌雄同株大麻老旧品种，把它们广泛用作杂交成员，也可在其他育种方法中采用。

雌雄同株大麻单株在2~3个连续世代期间自花授粉，可产生雌雄同株性状纯合的材料，这不能通过杂交或从种群选择植株来实现（Mhr，1991）。自花授粉应选择雌雄同株雌化雌麻或真雌雄同株雌化植株。单株自花授粉的自交系第三代（或自交系）在隔离圃自由繁殖。所培育材料的稳定性保持2~3代，然后分离出少量不良性类型（其中包括雄麻），这些不良性类型应及时拔除。采用该育种方法的实际合理性明显表现在，自交系材料繁殖过程中花费在拔除雄麻上的手工劳动要少于杂种繁殖。

自交系后代性性状从纯合化到杂合化现象的科学解释为，雌雄同株大麻育种方向是坚持不懈地提高控制雌雄同株性状的隐性因子接合程度，但在这种情况下种群内固定保持杂合子的一定比率，结果使材料不能达到遗传纯度。采用单株强制自花授粉创造了本质上全新的遗传环境，在这个环境下显著提高性基因的组合变异和突变，这导致原始材料向不同基因型的分化。

对自交系可发现和淘汰不良基因型，使性性状实现相对稳定。自由繁殖自交系后代的杂合化与遗传因子从隐性基因过渡到原始显性基因有关，这是大麻种群不可剥夺的特性。

采用自交系方法有可能使雌雄同株雄化大麻向雌雄同株雌化大麻转变或者相反，这通过雌雄同株雌化雄麻和雌雄同株雄化雌麻个别个体自花授粉来实现。

得到原始雌雄同株植株的有效但鲜为人知的方法是雌雄异株大麻的近亲繁殖。在2~3个连续世代期间用1株雄麻给1株雌麻自花授粉，结果在后代产生10%具有总状花序的典型雌雄同株植株（Mhr，1986）。上述方法能使雌雄异株大麻在保持综合的有益经济性状条件下向雌雄同株大麻转化，为达到这个目的必须有的放矢地选择原始类型，使这种类型对育种家产生强大吸引力。例如采用何种方法能培育出具三叶茎节的雌雄同株大麻。在雌雄同株大麻品种种群内发现的具三叶茎节的少数植株，其原始性状在后代不能固定，而雌雄异株大麻的三叶茎节性状则能遗传。为此，雌麻单株与具三叶茎节的雌雄异株大麻家系T10雄麻单株3次杂交培育出家系Oiht。

全面分析现有理论和实践的资料后从总体上显示，虽然对性别遗传和育种的研究取得实质性成就，但雌雄同株性状在后代固定问题的解决仍然任重而道远，因为建议的培育品种方法尚未解决主导性问题——栽培雌雄同株大麻而不必拔除雄麻。为完成这个任务，必须在利用遗传性变异现代化方法基础上，继续探索优质新材料。

三、大麻基因雄性不育性

1904年Koppehc确定了香薄荷属雄性不育性状的事实，从而揭开了在这方面开展深入研究的序幕。雄性不育现象在属于广泛分类学组的多种植物上发现。它在玉米、糖甜菜、高粱、番茄等农作物上得到实际应用（Kph，1973）。

研究大麻雄性不育性有重要意义，这与该种的以下生物学特性密不可分。大麻植株在生育期间形成大量雄花，这些花在花序上出现相当长时间。把雌雄异株大麻类型用作原始材料情况下在开花前必须拔除全部雄性植株。这项作业需要进行多次，要求特别精细。在雌雄同株大麻身上事情变得格外复杂，在整个开花期间必须每天手工除掉雄花，这只能在数量有限的植株上行得通。由此可见，进行大麻杂交在任何情况下都在雄花去雄上或拔除雄株上花费大量手工劳动。

用乙烯利给雄花化学去雄的技术已在大麻得到应用（Opi，1985）。这项技术的主要缺点是，植株用乙烯利处理后过一定时间在幼芽上又形成可育雄花，对它们或者用乙烯利重复处理植株以去雄，或者手工除去这些花。

Mhr和Kat在1969年首次报道大麻雄性不育性状遗传。后来又在大麻种群中发现6个雄性不育相关基因。

（一）大麻雄性不育性的表型性状

从大麻品种Oiни2、IOCO-1、Oih5、IOCO-14（以上为雌雄同株大麻）和T10（雌雄异株大麻）在不同年份的自然条件下发现原始雄性不育类型。通过这些植株后代自花授粉得到包括IOCO-14-6在内的6个雄性不育系。

IOCO-14-6以外的其他5个不育系的特性与雄性不育表型性状相同。不育植株与可育植株的区别在于，植株达到一定生长发育阶段时，上面的雄花以花蕾形态逐渐凋落。落蕾性随植株生长而加剧，而且在干热天气比湿冷天气严重。脱落的花蕾呈绿色或干枯，干枯的花蕾呈灰色和褐色。一部分干枯花蕾残留在花序上直到生长末期。

研究表明，大麻所有家系的雄性不育植株其雄花构件的体积比可育植株的小得多，但这些最明显的差异表现在家系T10-5。生有较小花蕾的家系（IOCO-3和T10-5）其植株清晰显现不育形态是在盛蕾期和始花期；家系IOCO-2和IOCO-21在盛蕾期；家系Oih5-4在可育个体雄花谢花期。不育植株少量雄花在湿冷天气能张开一点儿或完全张开，开放花与可育植株不同的是花被片薄而苍白；花药空或半空、有皱褶、不散粉。

雄性不育系IOCO-3的特征是植株低矮的一些性状，植株上部特别是花序生长受抑制。这样的个体其茎直径对株高之比值略高，而节间缩短。表现低矮性状的植株着浓绿色，叶片也比普通可育植株的大。

大麻的5个雄性不育系（除ЮCO-14外）的雌花发育正常，是可育的。

雄性不育系IOCO-14-6的表型性状与其他雄性不育源有本质区别。上述5个雄性不育系的雄花发育没表现出与生殖器官性变异有关的任何异常，但雄性不育系IOCO-14-6则是间性类型的雌雄同株大麻雄性不育性，雄花转变成两性花，在两性花上两个性的生殖器官照例不育，而雌花则发育正常，能结出全价种子（Mhr，1988）。

雄性不育IOCO-14的植株现蕾期的雄花花蕾生长缓慢，在全花序上长的都一样，既小又表现大小一致，着绿色。接着从花蕾伸出柱头，雄花花被片加大，逐渐变为畸形，无序张开或脱落。花序上生有间性花的区域呈现畸形性状，这种性状到植株成熟时表现更为明显。

显然，花间性程度因天气条件而变化。在高温干旱年份雌蕊发育较弱，柱头不伸出花蕾，花能以花蕾形态脱落。相反，湿冷的天气条件促进形成雌蕊，雌蕊的柱头从花蕾向外伸出明显超过被片长度，雌蕊逐渐干枯。这种情况下花较牢固地留在花序上直到植株成熟。所有6个雄性不育系植株的共同特征是生育期比可育个体略长。

（二）大麻雄性不育性的细胞胚胎学特点

1. 正常发育雄花的细胞胚胎学

大麻不育植株的雄花与正常发育雄花的区别不仅在外表，还发生深刻的内部改造，这最终导致产生不育花粉甚至根本无花粉。但是，大麻雄性不育植株生殖器官异常的特征应看作是形成正常发育雄花的合乎逻辑阶段（Mnranb，1974）。

大麻可育植株的雄花一开始胚组织呈小突起状。花原基周边出现增生物，这些增生物后来发育成花被片。对着花被片在花原基的中心部也形成相似的增生物，它们进一步分化成花药和花丝。在雄花发育的初期，花被片和雄蕊平行发育。后来花被片超过雄蕊的发育速度，顶端合拢形成闭合的花蕾。

雄蕊原基横断面上一开始呈半圆形，但其顶端很快变平坦而基部稍微加粗。接着几乎同时形成4条花药裂纹，把花药分隔成4个花药室，花药纵断面呈4裂轮廓，花药形成后才发育花丝。

花药的外形变异与雄蕊原基胚组织的内部改造密不可分。大麻幼小花药发育一开始由分生细胞构成，被表皮覆盖。花药初始分化过程中在离表面不远的4个角部分出4组细胞，由这些细胞形成花药室的初生孢原组织。初生孢原组织通过分裂形成周壁层和次生孢原组织。细胞周壁层由于继续分裂而形成2个新层，一个是贴向表皮和发育成药室内壁的外层；另一个是与孢原组织毗邻的内层。3层花药阶段持续时间不长，因为内层很快分裂形成2个中间层和1个绒毡层。由此可见，大麻花药壁完全形成后由表皮、药室内壁、2个中间层和1个绒毡层5层构成。

形成花药壁层的时期细胞切向分裂，所以花药主要在宽度上生长。接着在各层观察到细胞垂周分裂，这促进花药的长度增加。形成花药壁层情况下发现大量有丝分裂像，并且这些分裂照例即使在一个层范围内也是异步的。

形成花药壁层同时发生孢原组织细胞的繁殖和改造。在产生花药内壁的时期发现少数孢原组织细胞分裂像。接着分裂加剧，在花药壁形成结束时分裂达到最高强度。全部5层花药壁形成之后，孢原组织细胞分裂速度明显变缓，然后停止分裂过程。孢原细胞过渡到深度有丝分裂休眠状态，变成花粉母细胞。与花药壁表皮层形成和孢原组织发育平行发生的还有药壁组织分化。这种情况下在花药原基中心，分生组织细胞形成输导组织和专化组织，它们的细胞在纵向逐渐拉长，把花药分成2个花粉囊。药隔输导系统是花丝和花梗输导系统的继续。

花梗输导系统是维管束环，每根维管束由1~10根管组成。维管束沿周边分布，主要呈现无序状态，它们的对称分布很少见。花梗维管束环在上部分成10根输导束，它们进入每根花丝和每片被片。被片的中心输导束分支成较小的侧输导束，呈网状脉序状态。

大麻可育植株的花药壁层在花发育过程中发生明显变化，它的开始是花粉母细胞减数分裂前期。这些变化的特征在花药壁不同层与花粉发育不同阶段紧密相连。

幼花药表皮层细胞与其他层的细胞无明显差异。接着在表皮细胞专化过程中向花药内壁细胞垂直拉长，这确保花药壁的物理学强度。这样的表皮细胞单核，在垂周方向分裂。核比较小，带1个或2个核仁。细胞质着色性差，其特征是存在圆液泡。表皮细胞膜表面加厚并覆盖角质层。在发育的最后阶段表皮变成含细胞质残余和大多数情况下无核的细胞。

直接贴近表皮的花药内壁，在发育一开始像表皮一样由方形细胞构成，这种细胞充满稠密细胞质，细胞质内含液泡和中央核。在花粉母细胞第一次有丝分裂阶段，花药内壁细胞稍微拉长，其中较小的液泡逐渐融合成大液泡。细胞质区域沿着细胞产生紧贴向细胞壁的核。这个时期，细胞膜附近出现大量能强烈着色的椭圆形质体粒，结果在花药内壁细胞里细胞质非常显眼，核被拉长，着色性差，失去本身外形。

花药内壁细胞发育得特别肥厚，用来形成裂缝，使成熟花粉通过裂缝从花药逸出扩散到空气中去。花药壁的中间层一开始由方形细胞构成。细胞内含物强烈着色，这说明细胞加强功能化。后来，2个中间层随着绒毡层和花粉内壁的形成而逐渐被破坏。绒毡层是花粉壁的最里层，它直接贴向花药室的内容物。在形成孢原组织阶段绒毡层的幼细胞有1个圆形核。

绒毡层细胞内发生初生核的2次顺序分裂。核分裂情况下隔膜经常不相连，导致出现双核和多核细胞。完成第二次分裂后绒毡层细胞核体积增大，细胞质严重液泡化，形成多倍体核。核的多倍化过程体现为2个或多个核融合为1个大核。核融合经常伴随出现核伸长和表面不平整以及形成哑铃形核。

大麻绒毡层属于分泌型，也就是它的细胞不溶解但很容易沿花药室中心方向伸长，它们分泌特殊液体（分泌物），这是供花粉母细胞和花粉粒营养的产物。随着花粉发育，绒毡层细胞逐渐被破坏。

小孢子发生过程中每个花粉母细胞通过2次减数分裂形成4个单倍体细胞（四分体）。四分体分解为单个小孢子，小孢子核接着分裂，形成营养细胞和生殖细胞。成熟花粉粒具双核。可育大麻植株的小孢子发生总体上正常进行，但也发现比率不高的花粉母细胞产生不同偏离，如花粉母细胞死亡，分裂中期和后期的纺锤体界限内染色体脱离，在后期形成染色体桥，末期形成小核，细胞分裂不同期性等。雌雄同株大麻植株的上述细胞分裂失调程度比雌雄异株大麻个体严重。

花粉母细胞分裂很早就开始于花药的中部，然后扩展到它的下端和上端。但是，花粉母细胞的发育期没发现沿花药长度拖长。例如花药室中部的花粉母细胞处于中期I，而基部和上部的则处于前期I。还发现花粉母细胞相应处于后期I和中期I、四分体和后期Ⅱ，也就是花药中部细胞分裂处于前一期。

正如研究结果显示的那样，大麻雄性不育系雄花发育出现本质上的偏离。这种情况下异常现象产生在花形成的不同阶段，有不同的特征，这取决于雄性不育源。

2. 花药壁层发育反常

小孢子研究显示，不同大麻家系雄性不育植株与可育植株的区别在于花药壁层形成的实质性反常（Foh，1975）。大麻家系不育的雄花上，像表皮和药室内壁那样的层其细胞退化过程比可育花的更明显。细胞壁变薄，细胞质和核被破坏。药室内壁细胞的纤维化加厚表现较弱，这首先阻碍了裂缝形成，影响花粉从花药逸出。与此同时，花药的中间层根本不退化，像正常发育雄花一样。不育花药的内中间层保持到花发育结束，内中间层的细胞含流态细胞质，核看不清楚。外中间层细胞退化程度较低，只有一部分内容物损失，细胞基本上保持原状。雄性不育植株的花，其花药中间层退化过程的弱化原因是，花药壁的相邻层（花药内壁和绒毡层）正常功能失调。

家系Fayxobcka不育花绒毡层细胞核分裂不活跃，使绒毡层组织的形成晚于可育花，还发现各种类型的绒毡层异常。

（1）绒毡层细胞衰亡。绒毡层细胞异常开始于它们发育的单核阶段，具体表现是核体积缩小，颜色发暗。原生质失去颗粒性变成同质体，收缩和变暗，结果使细胞完全丧失生命力。在这种形状和体积下细胞不发生实质性变化。绒毡层细胞的衰亡过程通常开始于药隔（花药内部）并向外扩展。还观察到这样情况，当位于药隔附近的绒毡层细胞衰亡时，花药外部绒毡层细胞开始进行第一次，接着进行第二次核分裂，这证实细胞衰亡过程沿绒毡层缓慢扩展的事实。绒毡层衰亡还扩展到花药室内容物。花粉在花粉母细胞阶段就中止自身发育。

（2）形成周质型绒毡层。这种情况下绒毡层细胞溶解，变成既无细胞又无核的松散暗色物质。形成的同质体逐渐进入花药室腔，占据单核花粉粒之间的空间。花粉粒在液泡形成早期退化，并且花粉破坏过程开始于绒毡层，接着向花药室中心扩展，结果花药变空。

（3）绒毡层细胞肥大。绒毡层细胞里的液泡清晰可见，细胞本身在径向明显加大，围绕发育花粉的花药室形成完整环。这样的绒毡层到最后都保持分泌型，也就是它的细胞不被破坏。形成不育花粉粒时绒毡层细胞含有流态细胞质和不大的核。不育花粉退化。

（4）混合型绒毡层发育异常。花药里经常同时出现上述3种类型绒毡层发育失调，并且该性状的多态性既是不同花固有的特点，也是同一花药不同室甚至同一花药室不同部位的固有特点。除了被破坏的绒毡层细胞和无生活力暗色细胞，还发现花药室腔内个别细胞的局部凸起。花药室内含物的退化在它的所有发育阶段都能发现，从花粉母细胞开始到单核花粉粒为止。在绒毡层发育混合型异常的花药里，照例含有退化的不定形物质和数量比例不同的不育花粉粒。花药室内含物和绒毡层退化之后，由表皮层、花药内壁和2个中间层构成的4层花药壁降解并畸变。

在家系IOCO-I3的不育花上，花药壁层形成的被破坏与家系Fayxobcka相比尚在较早阶段就开始了。特别是绒毡层的形成被阻挡了。看到的只是绒毡层的个别组分，它们没分化为专化组织，也没有分泌特性。中间层退化程度比家系Fayxobcka程度深，处于沿细胞周边延伸的状态，内含细胞质和核。花药内壁根本不形成纤维加厚。

孢原组织细胞体积小，它们的分裂过程缓慢。结果在不育花花药形成比可育花花药更少量的孢原细胞和花粉母细胞。花药室内含物在孢原组织和花粉母细胞形成阶段就退化了，结果使花药不含花粉。

家系Ohomhar-2的不育雄花上没发现幼花药形成反常。在花发育的较晚阶段能发现某些差异。这些差异的实质在于花药壁中间层退化受阻以及表皮和花药内壁细胞生命力的一定程度弱化。与绒毡层发育相比，孢原组织和花粉母细胞发育滞后不明显。绒毡层形成出现以下失调。

（1）绒毡层细胞弱度肥大。此种情况下，绒毡层组织细胞虽不活跃但却均衡地向花药室中心部延伸，稍微挤压花粉母细胞和四分体。绒毡层细胞的细胞质内形成大液泡，液泡化过程在由四分体产生小孢子之后加剧。液泡把绒毡层细胞内含物排挤到贴近中间层的膜上，核和液泡都处于反常状态。细胞弱度肥大的绒毡层长时间保持分泌特性。结果是花粉发育达到了形成单细胞花粉粒的阶段，而花粉粒却没有退化。

（2）绒毡层细胞衰亡。绒毡层退化开始于发育的单核阶段。花药室在花粉母细胞阶段被破坏，家系Ohomhar-2在绒毡层形成中的这种类型破坏很少见。

家系Ohomhar-5雄性不育系花药壁层发育失调与其他家系相比显得最轻，主要归纳成以下2种绒毡层反常。

（1）绒毡层细胞肥大和周质化配合。花粉母细胞发育阶段的花药室绒毡层细胞里先形成小的液泡，然后又形成大液泡。细胞径向增大，深入花药室腔。在单核花粉形成期绒毡层细胞内膜溶解，位于绒毡层的花粉粒与其细胞内含物紧密接触。大部分花粉粒在花药室中部集结，与花药壁不接触。绒毡层组织内含物被花粉缓慢利用。绒毡层发育结束时它的细胞完全被破坏，形成周质体。不育花粉没退化，但它形成时明显反常。

（2）绒毡层细胞肥大和退化结合。绒毡层总体上保持分泌特性。但在绒毡层细胞肥大和退化结合时发现绒毡层组织不明显的肥大。没发现小孢子与绒毡层的活跃接触。绒毡层细胞内形成的液泡把内含物挤压向细胞膜。核缩小、拉长并被破坏。细胞质离开细胞膜，数量也明显减少。绒毡层细胞变成半空，但其膜却看得一清二楚。花粉在单核期结束自己的发育，并未退化。

3. 减数分裂发育反常

从大麻雄性不育植株还发现减数分裂失调，这虽与可育个体的情况相同，但前者这种反常的比率明显高（Foqa，1976；Foh，1980）。最常遇到的减数分裂失调包括中期和后期分裂纺锤体范围内的染色体脱离，在后期染色体滞后，形成后期染色体桥和在末期形成小核。减数分裂反常性状及它们的表现程度，在不育植株的不同花有所不同。绒毡层组织衰亡情况下发现减数分裂反常，因此花药变空。在绒毡层肥大（这经常发生）情况下，小孢子发生的实质变化发生于单核花粉粒阶段。与可育植株相比，雄性不育植株花药内减数分裂波的方向变化更明显。可育类型减数分裂开始于花药中部然后向两个对立端扩展，而不育类型的减数分裂则开始于花药基部然后向顶端扩展。

家系IOCO-I3雄性不育植株减数分裂反常频率为13.28%。绝大多数异常细胞的特征是在减数分裂中期和后期的分裂纺锤体范围内染色体脱离（占6.77%）；在减数分裂后期染色体滞后的细胞数量占1.97%；形成后期染色体桥的数量占2.83%；在末期形成小核的数量占1.72%。这个家系的花粉发育不早于四分体形成，花粉母细胞在发育早期退化，因此花粉总是空的。

家系Ohomhar-21的雄性不育植株花粉母细胞发育最初在外观上进展正常，但在减数分裂较后时期发现分裂纺锤体范围内的染色体脱离以及染色体桥和小核的形成，失调总数占9.96%，而可育类型失调总数为2.70%。雄性不育类型的雄性配子体退化开始于减数分裂后期，与花粉粒液泡化过程失调有关。

从家系Ohomhar-5花粉不育类型发现的减数分裂通过失调数量最少，核分裂异常数只占2.32%。花粉粒形成进行到液泡化正常过程完成和核准备有丝分裂，但是，花粒的核不分裂，它被破坏了。结果是花药或者含有空花粉粒，或者细胞质数量不多。

所有供试家系的大麻雄性不育植株与可育类型相比，通过减数分裂的不同期性程度有所提高。例如家系IOCO-I3的可育花花粉母细胞在强烈分裂时期，2 073个被分析细胞有28.22%处于前期Ⅱ，22.09%处于中期，37.82%处于后期Ⅱ，11.87%处于末期Ⅱ。

由此可见，基因雄性不育大麻植株在减数分裂发育中存在实质性异常。这种情况下发现不育源之间存在某些特殊差异，并且花粉母细胞核分裂失调特性在许多方面取决于花药壁绒毡层的发育状态。绒毡层细胞失调越严重，减数分裂过程反常频率越高。

4. 花粉粒发育反常

对大麻雄性不育类型花粉的研究给予高度重视，因为育种家了解用作雄性不育源的花粉粒的不育程度很重要。已经确定，被研究的大麻雄性不育系其花粉或者没有，或者花粒百分之百无生活力（Mnt，1969）。雄性不育源之间大麻花的花粉数量有实质性差别。正如已经发现的那样，家系IOCO-I3不育雄花总体上不含花粉。家系Fay10的雄性不育个体单花平均产生超过3.0万粒花粉粒，而可育个体则超过44.0万粒。不育个体的许多花根本不含花粉。家系Ohomhar-2I1不育花所含花粉粒数，大约占正常发育花所含花粉粒数的一半。家系Ohom-5不育植株和可育植株花药所含花粉粒数量差异不显著。

家系Ohom-2的不育花粉粒小于可育花粉粒，而且大小比较均匀。花粉粒细胞质退化程度不同具体表现为：被具核深色细胞质充满；半空无核或有退化的核；全空。膜能分清外壁和内壁，孢子也能看清，但它们的发育比可育花粉弱，特别是近似于孢子的突起物较矮。外壁变形不明显，花粉粒表面有轻微凹陷。

上述花粉粒不育类型是家系Ohom-2I1的典型特征，占被分析植株的95%。此外，还发现花粉粒体积极不整齐的个体，大花粉粒直径比小花粉粒大4~6倍。花粉粒形状或圆或扁。多数花粉是空的，少数花粉粒有少量内含物，这些内含物沿全细胞分散或集中到细胞的某个部位，不含核。

家系Ohom-5J不育和可育花粉粒的平均体积大约相同。花粉粒或者完全中空，或者有少量细胞质。细胞质浓缩到细胞中部或者处于细胞不确定的位置。内含物残余中有大粒子。核格外少见并且发育不正常。内壁特别是外壁发育很弱，近似于核的突起物几乎完全没有。外壁明显变形，其上形成大量凹陷和褶皱。

家系Ohom-5不育类型花粉的形态学性状比家系Ohom-2I1更稳定。只在Ohom-5的1个植株上发现有别于Ohom-2-I1的花粉。这些花粉粒的体积不均匀，外壁变形程度明显轻。某些大粒花粉虽然不充满细胞质，但存在形态上近于正常的原始核。

对大麻植株花粉粒中孢子数量性状的分析发现一定规律性。不育花与可育花相比，1个花粉粒上孢子孔的平均数总是较少。这证明，内壁和外壁发育的各种失调导致孢子形成的严重反常，以致孢子经常不形成。例如家系Ohom-5的不育植株有83％的无孢子花粉粒，结果使1个花粉粒的平均孢子数只有0.48，而可育花粉则为3。

从上可见，所有被研究的大麻雄性不育源根本不含可育花粉，因此可以用于杂交旨在培育纯杂种材料。

5. 雄花输导系统发育反常

雄花不育过程涉及所有生殖器官成员，其中包括输导系统。研究表明，不同家系的大麻不育雄花，其输导系统发育反常大约一样。花梗、花丝、花被片和药隔的输导束出现小面积断裂，与可育花相比导管数量少、直径小。

不育植株花梗横断面输导束导管沿圆周的排列比可育植株杂乱。经常发现导管一个一个地无序分布。在花丝、花被片和药隔的输导系统导管布置方面，没确定不育植株和可育植株间的差异，某些导管卷绕在一起。

不育花花梗、花丝、花被片特别是药隔的输导束和主要薄壁组织细胞明显不充实，原生质体退化。这些细胞的膜较薄，发育也较弱，导致它们变形。不育花药隔细胞的膜变形和原生质体退化，导致药隔本身形状变化。可育植株的药隔呈四边菱形或相似形状，而不育植株的药隔形状则不固定，有时畸形。

大麻雄性不育类型花被片中心输导束的分枝不如可育类型的发达。雄花构件输导束导管以及输导系统薄壁组织细胞的木质化是雄性不育性状的特征。不育个体经常比可育植株导管壁木质化程度高，但在某些情况下看不出差异，或者相反，后者木质化程度高于前者。雄性不育系之间在雄花构件输导系统上的明显差异尚未发现。

6. 雄性不育植株两性花发育反常

雄性不育系IOCO-14生殖器官发育反常的特性与传统不育家系完全不同，这受制于个体发育中性性状再决定现象（Boponha，1953）。家系IOCO-14最典型的生殖器官发育反常是着生雄花花蕾，它上面取代花药而发育一些不育和畸形的雌蕊。雄花花被片逐渐转变成雌花花被片。

与此同时还发现其他异常现象，已经确定的是花的重瓣现象。正常情况下雄花形成5个花被片，而重瓣花花被片数量则为6～10个。除正常发育的花被片外，还发现畸形花被片。重瓣花花被片排列1～3层。正常发育的花被片既产生于外层，也产生于里层，而畸形花被片总是产生于里层。雄花花被片中间出现雌花花被片、少数不育的雌蕊和花药。

重瓣花还产生在雌花基部，此种情况下形成2～4个雌花花被片（正常时应该是1个）。这些花被片从一个部位长出，彼此紧密依靠，所以外观上有时不能发现重瓣现象。这些花经常包含2～3个心花。心花的花被片之间有时形成少数不育雌蕊和花药。总体上看雌性和雄性生殖器官无序排列。到植株成熟时雌花花被片增生和变形，呈现畸形性状，雌花不结种子。

株系IOCO-14之所以令人颇感兴趣是因为从科学角度看，大多数间性花的雌性生殖器官产生发育不良的不育雌蕊。花的中心部在1个共同雌蕊柄上出现2～5个连生具子房状增生物，每个增生物又生出1～4个柱头。从有些花可清楚看出从雄花花被片形成不育雌蕊的过程。此种情况下边缘花被片卷成卷，呈现橙黄色。卷绕程度不同，从轻微卷绕到完全卷绕，并形成带柱头的子房形增生物。已经确定，花被片卷绕程度取决于它们在花上的排列位置。位于花正中心的花被片有发育较好的雌蕊形增生物，而远离花中心的花被片卷绕过程表现的明显弱。花被片在卷绕过程中明显加厚而且分层。花被片的外层较薄，里层肥厚。还可发现，变形花被片之一的顶端是柱头状增生物，它与已经形成的子房形增生物连生，并排排列。已经确定的花被片转变情况是，当其上部形成柱头形增生物时，其基部就形成具3个长柱头形增生物的子房。

雌性生殖器官还由花药形成，它们有时在家系IOCO-14上。柱头形增生物出现在花药的上部和中部。花药中部甚至能出现具1个柱头形增生物的发育不良的子房。有时在雌性生殖器官的构造中不产生完整花药，只是花药的2个室，其余2个室则不明显。这种情况下花药形成过程有时演变到具子房和柱头的发育不良雌蕊的形成。总体上看间性花花药不是空的，就是内含不育花粉。

由此可见，大麻雄性不育系IOCO-14两性花的生殖器官表现畸形且无生活力。总之，小孢子研究表明，大麻基因雄性不育性的起源不同。一种情况是雄花发育失调与性的再决定无关。异常毫无例外地涉及雄花的全部构件（花梗、花丝、花被片、花药壁、花药隔、花粉母细胞和花粉粒），并且这些异常刚刚能看得见，但却逐渐加剧，到花粉形成时达到最大反常。另一种情况是大麻雄性不育，导致雄性生殖器官向雌性的转变（家系IOCO-14）。雄性生殖器官形成反常达到显著程度，除个别情况外，花药根本不形成，取代花药而产生了不育雌蕊。

（三）大麻雄性不育性状遗传

1.雌雄同株大麻雄性不育性状的单基因遗传

为了揭示植物某种性状的遗传类型，要求分析第一代和第二代杂种以及测交杂种，来确定被研究性状的显性或隐性以及参与性状决定的基因数量。被1个基因控制的隐性性状在第一代照例不显现，而在第二代具显性性状和隐性性状植株的比例为3：1。自测杂种后代表明，这个比例等于1：1。具隐性性状的植株由于它们自花授粉的结果，在第三代和以后世代产生的后代只具隐性性状。正交和反交能回答决定性状的遗传因子定位于何种细胞结构的问题。如果被研究性状不仅按母系而且按父系遗传，那么它们就被核基因控制；如果性状只按母系遗传，那么它们就被细胞质因子控制。

遗传学分析的经典方法在以前应用并非偶然。这样做的目的在于弄清它们适用于研究植物（其中包括大麻）雄性不育性状的变异，原因即在于雄性生殖器官的不育性，雄性不育类型不产生可育花粉。所以，雌雄同株大麻作为父本类型代替纯合雄性不育植株参与反交，利用了可育的杂合个体。在测交中不育植株只能用作母本类型而不适宜用作父本类型。雄性不育植株不能自花授粉，肯定也不能产生百分之百不育的后代。在基因雄性不育源中，后代不育植株数量不超过群体株数的一半。

鉴于前面研究的雄性不育性特点，下面将介绍对大麻基因雄性不育性状遗传的研究结果（Mnta，1976）。

雌雄同株大麻所有家系的雄性不育性状都受隐性基因ms控制。不育植株的基因型是msms，可育杂合的基因型是Msms，可育显性的基因型是MsMs。

植株正反交显示，第一代的所有后代都是可育的，但基因型分离特性不同，这取决于杂交方向，与雄性不育性状遗传研究的上述特点有关，在反交组合中把具基因型Msms而不是msms的植株用作父本类型。正交第一代所有植株的基因型都是杂合的，而反交试验处理则发现分离出显性纯合子和杂合子，比例为1：1。

msms×MsMs—100%Msms

MsMs×Msms—1MsMs：1Msms

杂种第二代的后代中2个杂交组合都出现不育植株。由此可见，雄性不育性状被核基因控制而不是被细胞质因子控制。正交处理中理论期望的基因型分离比例为1显性纯合子：2杂合子：1隐性纯合子，而表现型分离比例为3可育植株：1不育植株：Msms×Msms—1MsMs：2Msms：1msms。

从家系IOCO-1I3实际得到的试验数据与理论期望值完全相符合（$\chi^2 \leqslant 3.84$），其余4个家系其中的多数家系也出现这样的相符合。

反交组合在杂种一代植株自由异花授粉情况下，具Msms个体第二代理论上分离的基因型比例为3显性纯合子：4杂合子：1隐性纯合子，而表现型分离比例为7可育植株：1不育植株。与此同时，具

MsMs植株分离的基因型比例为3显性纯合子∶1杂合子，而按表现型则是所有植株均为可育。总体上对于该杂交组合而论，第二代按基因型分离为9显性纯合子∶6杂合子∶1隐性纯合子，或者可育植株对不育植株比例应该是15∶1。

Msms×MsMs+Msms—3MsMs∶41Msms∶lmsms

MsMs×MsMs+Msms—3MsMs∶1Msms

MsMs+Msms×MsMs+Msms—9MsMs∶6Msms∶lmsms

第一代单株自花授粉情况下，具Msms的原始个体在第二代分离的可育和不育类型比例3∶1，而具MsMs的原始植株只产生普通可育个体。

Msms×Msms—1MsMs∶2Msms∶lmsms

MsMs×MsMs—100%MsMs

由此可见，反交杂种第二代无论在植株自由繁殖情况下还是在第二代单株自花授粉情况下，应该有一半家系只分离出不育类型。

实际得到的数据证实了理论计算。一半家系只产生可育植株，而家系的第二代分离出的可育和雄性不育植株比例为7∶1，适合度很高，24个家系中有21个家系的比例符合理论值，只有3个家系的统计值略高。

测交还证明了雌雄同株大麻家系雄性不育性状的单基因遗传，50个家系中有48个家系的$\chi^2 \leqslant 3.84$。

由此可见，雌雄同株大麻5个家系的雄性不育性状受1个隐性基因ms控制。由所得数据偏离理论期望值的情况可见，由于隐性基因ms对其他非等位基因的抑制作用，使雄性不育植株数量略少于可育植株。

2. 雌雄异株大麻雄性不育性状的遗传

雌雄异株大麻有别于雌雄同株大麻的特点是，它实际上不可能使种群分为具可育的、杂合的和不育的基因型的植株。由此可见，不可能通过采用一般的杂交方案来确定该性状的遗传类型。这受到雌麻和雄麻雌雄异体性的制约。雄麻不育个体无论如何也不能用作母本类型，因为其本性不结种子，同时也无法用作父本类型，因为它们的花粉无生活力。雌麻虽能结籽，但却没有雄花雄性可育性和不育性的表型性状。

由于前面描述的雌雄异株大麻特征，为了在后代保持雄性不育材料，实践中选择雌麻植株的条件是它的雄性不育性状的基因型是未知的。此种情况下选择雌性植株不是从任何家系，而是从能分离出不育雄麻的家系。用这种方法得到雌雄异株大麻雄性不育系Tiy10。已经确定，大多数家系的不育雄麻向来不分离，其余家系的可育类型与不育类型之比处于15∶1到85∶1范围内。

3. 雌雄异株大麻和雌雄同株大麻杂交所得杂种雄性不育性状遗传

为了进一步研究雌雄异株大麻雄性不育性的遗传特点，对雌雄同株大麻雄性不育系正反交以及与雌雄异株大麻司可育类型杂交所得后代进行遗传学分析，该雌雄同株大麻的雄性不育性状遗传类型已知是单因子遗传。研究结果显示，杂种雄性不育性状的分离特性在许多方面取决于杂交方向。用雌雄异株大麻可育品种雄麻花粉给雌雄同株大麻雄性不育植株授粉情况下，发现雄性不育性状遗传的单因子类型，这与雌雄同株大麻样本相互杂交所得杂种的遗传类型相似。特别是杂交组合绝大多数（53个家系中的48个）家系第二代分离出的可育和不育个体实际比例与理论期望值（3∶1）相符合。用第一代杂种雄性不育性状杂合的雄麻花粉给雌雄同株大麻雄性不育植株授粉所得测交杂种后代中，这个比例等于1∶1，并且上述3∶1和1∶1的比例不仅在雄性个体和雌雄同株个体上的个别情况下表现，而且在形成雄花的所有性类型上总能表现。

由此可见，带基因型Itl5111S的雌雄同株大麻植株与带基因型MsMs的雌雄异株。大麻雄麻杂交所得杂种，其基因雄性不育性是单因子遗传，也就是与原始雌雄同株类型一样。形成雄花的所有大麻个体的雄性不育性状表现事实证明，基因*ms*与控制植株性差异的遗传因子不连锁。

（四）大麻基因雄性不育性的基因多效作用

1. 植株生长和发育的衰退现象

已经发现，大麻雄性不育性基因不仅控制败育花粉的形成，而且对其他性状的形成起作用（Mnta，1975）。例如雌雄同株大麻家系Ohom-2I1、IOCO-1I2、IOCO-1I3、Ohomhar-5I3和Tiyxo10J与可育株相比，发现雄性不育植株生长和发育的衰退。此种情况下发现以下相互联系：雄花形成失调开始的越早，植株的生长和发育衰退程度越重。家系IOCO-1I3的雄性不育性基因引起的多效作用最有害，这个家系的不育植株在3对真叶期生长就开始落后，接着生长差距继续扩大，到生育末期生长落后达到最大值。其余家系植株生长和发育衰退现象表现较弱。

雌雄同株雄性不育植株在生殖器官形成期生长和发育速度下降导致花序长度的明显缩短，这首先引起性类型比例与可育类型不同的变化。雌雄同株植株花序上雄花位于侧枝下部，而雌花位于侧枝上部。花序上雄花与雌花的数量比例取决于植株基因型中综合体AG的雄性和雌性遗传因子的平衡状况。在不育类型这个平衡局部失调。基因*ms*的多效作用引起的花序生长和发育衰退，随着植株增长而加剧，这是由于因子G在很大程度上被因子A压倒的缘故。雄性不育个体的雌花或者少量出现，或者根本不出现。基因*ms*的这种作用导致雌雄同株大麻雄性不育植株中，雌雄同株雌化雄麻数量多于雌雄同株雌化雌麻和真雌雄同株植株。

2. 矮化植株

家系IOCO-1I3雄性不育性状与植株矮化性之间的相互联系证明了基因*ms*的多效作用。这种现象之所以引人注意，是因为它显示与大麻性性状形成有关的一系列有趣方面（Mnta，1977）。

已经确定，大麻雄性不育系IOCO-1I3分离出早熟的和晚熟的矮株，它们按相对性状彼此区分。3对真叶期前的早熟矮株外形在发育上与普通植株并无差别，但在平均高度上稍低。早熟矮株很快通过现蕾和开花期，此时的株高增长量比较大，接着生长和发育速度就明显下降。

早熟矮株开花期的茎较细、光滑、节间长、浅绿色。叶片不大、浅绿色、叶柄长而细。花序的鲜明特征是雄化性状，具体表现在与植株雌化类型相比花在细长侧枝上的较松散分布和花青素颜色。早熟矮株在谢花期末时茎开始逐渐加粗，花序下部的叶腋里生出侧枝。花序上部经常枯萎，下部叶片脱落，侧枝沿茎全长明显增多，植株呈现复壮状态。此种情况下雄化性状消失，花序变成雌化（总状）类型。茎第一节间以下的粗度几乎不亚于正常发育的植株。茎第一节间以上的直径则明显减小。茎上在侧枝和叶柄着生部位形成树瘤状增生物，侧枝上可出现严重退化的或完全不育的生殖器官。由于复壮，矮株生育期后半段的发育时期拖长了。然而，即使在这种情况下，它们仍比家系普通植株早熟1个月。

雌化雄麻和矮株中的雌雄同株大麻，其雄花外观上近似正常，花药开裂并散粉，但花药中的花粉几乎全部不育。花粉粒中空或含有少量细胞质，壁变形，外壁上有清晰的孔纹状隆起。雌雄同株个体的雌花未见形态结构的明显反常，它们很快枯萎，形成类似种子的增生物。

早熟矮株间性体表明两性花雄性和雌性生殖器官发育失调的不同程度。它们总体上代表本章第一节描述的所有可能出现的异常现象。至于柱头体积明显增大、柱头接合以及两裂这些变异则属于特殊的反常现象。有时柱头呈浅红色。有些个体花序和侧枝顶端出现少量雄花蕾，它们通常不开放，着花青素颜色，被一组雌花包围，这些雌花的总体结构形成25个不育的大体积柱头。

早熟无性矮株的花根本没发育，这些植株与其他矮株相比最矮、发育不良。晚熟矮株的雄花发育中出现雄花发育不良或根本无花被片；看得见的花药一开始呈绿色，后来随着发育逐渐变黄，能开裂并正常散粉这些反常现象。显微镜研究表明，晚熟矮株的花粉基本不育，其不育性状与早熟矮株相似。雌花小，柱头变形，枯萎得更快些。

早熟矮株结出少量饱满和有生活力的种子，其余的大部分种子只有种皮。早熟矮株的种子比较大、色浅、表面不平整（粗糙有痕），还发现种子相互接合在一起的情况。田间发芽率很低（8.5%），这种情况下的相当一部分植株在发育早期死亡（31.6%）。与早熟矮株相比，晚熟矮株形成较多量的饱满种子，种子体积小、色深、表皮基本平滑。种子田间发芽率较高（35.4%），发育过程中植株较少死亡（9.6%）。

对早熟矮株后代性状的研究显示，这些性状是由隐性突变决定的。决定矮生性状的因子用字母n表示（英文nanus意为矮生的）。株高方面正常发育植株的基因型为NN，矮株基因型为nn，杂合植株基因型为Nn。

雄性不育系IOCO-1I3后代在隔离圃繁殖情况下头4代出现矮株。第二代分离出的矮株最多，总株数11 801中有710矮株，占6.0%，此后矮株出现频率明显下降，到第五代则完全消失。第五代与矮株同时消失的还有雄性不育性状，证明这两个性状相互连锁。

大麻突变植株的选择性死亡被供试家系单独分析的结果所证实。很显然，死亡植株比率是从最小值到最大值按次序排列的。还清楚地看出，成熟的矮株数量与死亡株数之间存在相关关系，死亡植株比率越高，突变类型比例越低。例如矮株死亡20.49%时突变类型占11.31%，矮株死亡55.31%时突变类型占2.50%。由此可见，总株数取决于矮株的成活率。

矮株自花授粉试验确定，自交第一代出现隐性基因完全纯合的后代，即全部植株都矮生。第二代发生分离，在成熟期出现40.68%矮株、46.61%高株和12.71%死亡株。到第三代根本没有矮株。矮株的死亡起因于矮生因子的亚致死作用。矮株所结种子的田间发芽率在第一到第三代为5.23%~9.77%。此外，有8.76%~31.25%的矮株在生育早期死亡。这种情况下每个自交世代植株发育退化明显加剧，死亡株数也增加，还出现无性矮株。

所得资料总体上能得出以下结论：早熟矮生性状属隐性，该性状无论家系作母本还是作父本均能传递给后代，这说明1个基因轻度参与矮生性状的决定。这可能是基因突变，也可能是染色体突变。在植株发育不同阶段，矮生性状与致死性状连锁。

大麻晚熟矮株自花授粉第一代的全部植株株高正常，第二代的839株供试植株中有825株正常发育个体和14株晚熟矮株。统计显示，晚熟矮株种子的田间发芽率和生育期植株成活率高于早熟矮株，这说明基因相互作用在决定矮株晚熟性上比决定矮株早熟性上更复杂。

（五）大麻基因雄性不育性的实际应用

就探索大麻雄性不育性的实际应用而言，研究雄性不育系可贵经济性状具有重要意义。研究结果显示这些家系生产率不同，它取决于雄性不育性基因与决定生产率因素的遗传因子之间相互作用的特性。雄花花蕾发育不良的家系Ohom-2I1、IOCO-1I3、Ohom-5表现植株生长和发育退化。茎高度和直径的降低导致原茎和种子减产。雄性不育植株的茎中纤维含量略高，这是由于大麻众所周知特点所致：在同一样本范围内，粗茎的纤维含量低于细茎。种子生产率的差异则不显著。雄性不育性的间性类型（家系IOCO-14），其基因ms对重要经济性状的形成不起作用。反之，使其生产率超过原始品种。

被研究的雄性不育系在决定它们实际应用可贵程度的其他性状上有差异。雌雄同株大麻家系Ohom-2I1、IOCO-1I3、Ohom-5的不育类型，形成体积中等的雄花花蕾，它们与普通的雄花花蕾不易区分，这就使杂交圃现蕾期在田间确定和拔除可育植株的工作复杂化。家系IOCO-1I3、Ohom-10的雄花花蕾较小，这就便于在现蕾期轻易区分不育植株和可育植株。但是，正如雄性不育系IOCO-1I3

多年自花授粉试验显示的那样，家系内不育个体数量逐代减少，到第五代几乎不出现不育植株了。此外，这个家系的生产率最低。雄性不育间性类型的植株在现蕾期很容易与可育植株加以区别，雄性不育性状在家系多年繁殖过程中稳定地传递给后代。

由此可见，雌雄同株大麻（家系IOCO-14）雄性不育间性类型是供实际应用最适合的来源。在这个家系基础上得到大量杂种，它们对于培育雌雄同株大麻品种以及研究杂种后代生物学性状和经济性状遗传特点十分珍贵。

雌雄同株大麻的基因雄性不育性用于两个方向的育种，一是培育普通的可育品种；二是培育新的雄性不育系。两种情况下育种的首要环节是不育与可育大麻原始类型的杂交。雄性不育系用于杂交主要采取以下方式：在1个隔离圃内播种雄性不育系和父本可育类型的种子，父本的选择应针对育种家培育原始材料所规定的目标；采用宽行法播种，行距50cm，行上株距5～10cm；供杂交的原始类型小区交替布置，小区面积5～10行，这样能使父本类型兼顾到圃的两面；开花前拔除母本类型中的可育植株，只留不育植株。

可育个体现蕾期花序上形成体积不等的雄花花蕾（从很小到很大并准备开放），而雄性不育植株的雄花花蕾则是因家系不同体积小或中等，重要的一点是在全花序范围内花蕾分布均匀。雄性不育间性类型的雄花花蕾能从外面包围雌蕊的柱头。拔除可育植株的工作每隔2～3d进行一次，至于进行几次要看现蕾期植株发育的整齐程度。为了减少拔杂次数，应淘汰低矮植株（毛麻）和晚熟类型。通常可育植株现蕾要早几天。所以，在拔杂的头几天内不育植株尚未显露。剩余的雄性不育植株用父本可育样本授粉。母本类型的原种植株选来留种，母本类型用来得到第一代杂种。

不论从母本材料得到普通可育品种还是新的雄性不育系，第一代杂种都应栽培在选种类型的隔离圃内而不必开展任何特殊作业，因为第一代的全部植株都可育。大麻成熟期选择优良单株供进一步繁殖使用。

为培育可育品种，第二代杂种栽培在隔离圃内。圃内分离出的雄性不育类型植株约占25%，这些植株不应选作进一步繁殖之用。为此，最好随出现随拔除雄性不育植株，因为在大麻成熟期雄性不育植株有时不能与可育植株区分开来。到家系第三代，可育植株分离出少量雄性不育个体，以后这种类型植株不再出现，可以不再进行拔除可育植株的工作了，因为在几代期间它们已经被淘汰干净了。在不育基础上培育雌雄同株大麻可育品种所耗费的时间，与通过两种可育样本杂交来得到后代所耗费的时间基本相同。

在大麻天然基因雄性不育源基础上，可培育具备可贵综合经济性状的新雄性不育系，旨在把它们引入育种过程来培育有前途品种。该种情况下原始雄性不育和可育类型的杂交以及第一代杂种的繁殖都按上述程序进行，但是从第二代开始为了进一步繁殖，选择的应是不育植株而不是可育植株。为此在大麻开花期给雄性不育类型拴标签，按标签在收获期选择原种植株。在第三代和以后世代中，入选雄性不育植株的后代分离出可育和不育个体的比例为1:1。这样一来，所得材料就能用作杂交的母本类型，不再耗费手工劳动去给雄花去雄。用这种方法培育新雄性不育系需要4年时间，但从第三年开始首批雄性不育植株就能派上用场。

把雌雄同株大麻基因雄性不育植株用作杂交母本类型，与采用乙烯利给可育植株雄花去雄的差别在于雄性不育植株照例不产生正常发育的雄花，而用乙烯利处理的植株过一定时间仍能长出正常发育的雄花而且强烈散粉。在稀植条件下大麻植株高大繁茂，分枝旺盛，恢复到可育花的可能性特别大。此种情况下，或者用乙烯利反复处理植株，导致植株畸形和明显延长生育期；或者给雄花进行人工补充去雄，以及干脆拔除恢复可育花危险性最大的那部分植株。通常情况下，雌化雄麻和雌雄同株雌化雄麻属于这类危险植株之列。

从所得研究成果可见，雌雄异株大麻的基因雄性不育性实际用途不大，因为开花前从母本类型连续拔除全部雄麻植株要比发现和淘汰可育样本简单得多，剩余的全是雄性不育植株。这种方法与利用雄性不育植株相比，耗费劳动少，需要时间也短。

大麻性问题是研究大麻生物学复杂的和迫切的问题之一，因为它涉及大麻种植业研究理论和实践生产问题。对阐述大麻植株表型差异研究结果的关注并非偶然，大麻性类型现有多样性这个问题，长时间以来没能弄清。许多看起来简单的现象并未加以研究而且争议很大。显然，没有大麻性多态性特点的知识就不能提高大麻育种和良种繁育工作的效果。现在可以断定，由于开展更深入的研究，已能足够充分理解被性性状遗传控制复杂机制所决定的植株表型变异性的生物学实质。已经发现大麻性类型在以下方面的显著差异：外形；雄花和雌花构造及其在花序上的分布特性；两性（间性）花生殖器官畸形；花粉粒的形态学结构；花粉生活力和花粉管生长速度；一昼夜和整个生育期间植株开花动态。已经确定雌雄异株和雌雄同株大麻性性状的个体发育学和系统发生学相互联系。所得资料不仅增长知识，而且有实际意义。在此基础上确定大麻性类型分类并对以下有关育种和良种繁育的重要方法规定提供理论依据、确定、统计和合理选择性类型；雌雄同株大麻的品种提纯；植株的人工隔离和杂交。

解决大麻性问题在不同时间产生两个主要的实践方向：一是提高雌雄异株大麻田间雌性植株的比率旨在提高纤维和种子产量；二是培育能保证一次性机械化收获产品的雌雄同株大麻。

就雌雄异株大麻性类型比例变异开展大量研究。虽然这些研究没得到所期望的实际结果，但是却得出很珍贵的科学结论：雄性和雌性性状不仅由性染色体机制来决定，而且取决于定位在常染色体上的遗传因子的作用。这被以下例子所证实：雌雄异株大麻田里分离出雌雄同株大麻和性嵌合体，以及存在非性性状之间的相互联系和雄麻与雌麻的比例关系。在田间雌性个体比雄性个体经常占有数量优势，在个别家系达到异常指标，这就意味着，在雌雄异株大麻性决定中，染色体外的细胞遗传结构显然在参与。

对于解决雌雄异株大麻性问题而言，未来最有价值的是研究细胞质在性性状遗传中的作用，因为这个研究方向直接与探索种群中雌性植株比率提高的实际方法有关。重要的任务中包括揭示植株形态学和生理学性状与性类型比例性状之间连锁的情况。现有的结论是，雌雄异株大麻性类型比例受不同性别配子和合子的不同程度生活力制约是有限的，而且有时不能被试验证实，因此有必要进行深入探索。

培育雌雄同株大麻是大麻种植业发展中的重要成果。只有研究雌雄同株大麻性多态性，才有可能确定在决定雌雄异株和雌雄同株植株初生和次生性性状差异中显性和隐性因子相互作用的完整体系。生产中应用雌雄同株大麻能实现产品的机械化收获，这实质上提高了作物栽培的效益。与此同时研究表明，雌雄同株性状在后代表现不稳定，这种不稳定性受制于性染色体复等位基因组与不同价雄性和雌性常染色体遗传因子的相互作用。雌雄同株植株性性状群体变异的自发过程经常定向于分离出雄麻，也就是雌雄同株大麻向雌雄异株大麻的转变是隐性基因为显性基因的结果。

旨在揭示获得具备具体雌雄同株性状原始材料方法而开展的大麻遗传学研究，并没得到完全令人满意的结果。但是，这些研究还是确定了性性状的遗传特点，不掌握这些特点就不能完善雌雄同株大麻育种工作。为了培育雌雄同株大麻新原始材料，可以利用雌雄异株大麻种群分离出的雌雄同株植株，也可利用通过雌雄异株大麻性类型以及杂种强制自交方法得到的雌雄同株植株。性性状最纯的雌雄同株大麻原始材料可以通过雌雄同株大麻单株强制自交方法和雌雄同株大麻样本之间杂交方法得到。雌雄异株大麻与雌雄同株大麻杂交得到的杂种是不整齐的材料，还需大量工作来稳定雌雄同株性状。为使雌雄同株性状在后代得以固定，建议选择真雌雄同株雌化植株、雌雄同株雌化雌麻和雌雄同株大麻雌麻。

用于培育雌雄同株大麻原始材料的自交、杂交和选择的方法在目前已经充分研究过，有充足的根据证实。依靠这些方法不能得到雌雄同株性状稳定程度达到不必拔除雄麻的雌雄同株大麻。为实现这个目标，必须在利用现代遗传性变异方法基础上，进一步探索优质新原始材料的培育措施。为此，应重视采用诱变方法获得大麻新样本。有关雌雄同株四倍体大麻的现有资料可以作为有益的例子，这种大麻比普通二倍体大麻的雄麻比率低得多（Cnopehko，1979；Mepoahb，1987）。根据该项指标，期望四倍体大麻在采种田栽培中不进行品种提纯，只要它们在重要经济性状上没有严重缺点（晚熟、单产低、种子生活力低）就有可能应用。由此产生一个科学问题：在细胞中加倍的染色体数性状稳定遗传条件下，必须改善雌雄同株四倍体大麻的重要综合经济性状。迫切的任务是培育雌雄同株大麻单倍体类型，旨在探索后代性性状纯合化的途径。当前还应重视研究在雌雄异株大麻田里发现雌化雄麻和雄化雌麻的交换型，以便在它们基础上得到遗传上稳定的同时成熟大麻的样本。

在大麻基因雄性不育性方面首先应该研究新问题。雄性不育性与植株性性状之间的相互联系的研究应予以特别重视，这个问题在其他作物也很少全面研究。

已经发现大麻雄性不育性的表现型：在表现型的一株上雄花花蕾在一定的形成阶段停止生长和发育，逐渐枯萎和脱落；而在另一株的雄花花蕾上取代花药而形成不育雌蕊，也就是形成两性（间性）花。由此可见，雄性不育性不同类型的出现提醒人们，在探索新雄性不育源时必须关注生殖器官发育中的任何反常，因为它们可能是遗传的性状。

雌雄同株大麻的基因雄性不育性状按单因子类型传递给后代，对它们的研究没有任何方法上的困难。对于雌雄异株大麻该性状遗传即使是由1个基因控制，实际研究时也很复杂。这与雌麻和雄麻植株雌雄异体特点有关。在大麻中发现基因雄性不育性状与植株矮生性状连锁的现象。这种独一无二的情况为更详细地研究矮生本性以及它们的性多态现象提供了可能性。

已知的大麻雄性不育性基因在对植株表型性状形成的作用特性上不是唯一的。雄花花蕾发育不良，最终出现雄性不育性，对植株生长和发育总体上起反作用，导致经济性状指标的下降；而决定雄性不育性间性类型的基因则不起反作用，雄性不育个体的生产率甚至超过可育类型，这对育种会起到正面作用。

细胞胚胎学研究表明，发育上的严重失调不仅是花的形态学性状上的，而且是生殖器官内部结构上的，特别是花药壁层和花粉母细胞的反常，结果使花药或者根本不形成花粉，或者完全不育。

在雌雄同株大麻实际应用基因雄性不育性的好处是显而易见的。这首先是因为，在大麻育种中雌雄同株植株与雌雄同株植株的杂交组合从雌雄同株性状在后代固定角度是最好的。此种情况下的雄性不育性可摆脱因耗费于排除母本植株雄花上的大量人工劳动。与此同时深感寻找细胞质不育源是十分必要的，采用它能解决杂种繁育的实际问题。在雌雄异株大麻育种中利用基因雄性不育性并不合理，因为在该种情况下杂交时，从母本类型中在现蕾期很容易拔除雄麻，比采用雄性不育植株更适宜。

参考文献

ANDRÉASSON S, ALLEBECK P, RYDBERG U, 1989. Schizophrenia in users and nonusers of cannabis: a longitudinal study in Stockholm County [J]. Acta Psychiatrica Scandinavica, 79（5）: 505-510.

ARSENEAULT L, CANNON M, WITTON J, et al., 2004. Causal association between cannabis and psychosis: examination of the evidence [J]. The British Journal of Psychiatry, 184（2）: 110-117.

BAKER P B, GOUGH T A, TAYLOR B J, 1980. Illicitly imported Cannabis products: some physical and chemical features indicative of their origin [J]. Bulletin on Narcotics, 32（2）: 31-40.

BAKER P B, GOUGH T A, TAYLOR B J, 1982. The physical and chemical features of cannabis plants grown in the United Kingdom of Great Britain and Northern Ireland from seeds of known origin $\triangle'$-tetrahydrocannabinol [J]. Bulletin on Narcotics, 34（1）：27-36.

BERCHT C A L, LOUSBERG R J J, KÜPPERS F J E M, et al., 1973. Cannabicitran：a new naturally occurring tetracyclic diether from lebanese *Cannabis sativa* [J]. Journal of Chromatography A, 81（1）：163-166.

BULL J, 1971. Cerebral atrophy in young cannabis smokers [J]. The Lancet, 2（7736）：1219-1224.

BURSTEIN S H, HUNTER S A, LATHAM V, et al. 1986. Prostaglandin and cannabis-XVI：antagonism of $\triangle'$-tetrahydrocannabinol action by its metabolites [J]. Biochemical Pharmacology, 35（15）：2553-2558.

BURSTEIN S, HUNTER S A, OZMAN K, et al., 1984. Prostaglandins and cannabis-XⅢ：cannabinoid-induced elevation of lipoxygenase products in mouse peritoneal macrophages[J]. Biochemical Pharmacology, 33（16）：2653-2656.

CALABRIA B, DEGENHARDT L, BRIEGLEB C, et al., 2010. Systematic review of prospective studies investigating "remission" from amphetamine, cannabis, cocaine or opioid dependence [J]. Addictive Behaviors, 35（8）：741-749.

CANNON M, ARSENEAULT L, POULTON R, et al., 2003. Cannabis use in adolescence and risk for adult psychosis：longitudinal prospective study [J]. Schizophrenia Research, 60（1）：35.

CO B T, GOODWIN D W, GADO M, et al., 1977. Absence of cerebral atrophy in chronic cannabis users by computerized transaxial tomography [J]. Jama the Journal of the American Medical Association, 237（12）：1229-1230.

CRONQUIST S A, 1976. A practical and natural taxonomy for cannabis [J]. Taxon, 25（4）：405-435.

DENNIS M, TITUS J C, DIAMOND G, et al., 2015. The Cannabis Youth Treatment（CYT）experiment：rationale, study design and analysis plans [J]. Addiction, 97（s1）：16-34.

DIXIT V P, SHARMA V N, LOHIYA N K, 1974. The effect of chronically administered cannabis extract on the testicular function of mice [J]. European Journal of Pharmacology, 26（1）：111-114.

FORMUKONG E A, EVANS A T, EVANS F J, 1988. Analgesic and antiinflammatory activity of constituents of *Cannabis sativa* L. [J]. Inflammation, 12（4）：361-371.

FRIED P A, 1976. Short and long-term effects of pre-natal cannabis inhalation upon rat offspring [J]. Psychopharmacology, 50（3）：285-291.

HECHT F, BEALS R, LEES M, et al., 1968. Lysergic-acid-diethylamide and cannabis as possible teratogens in man [J]. Lancet, 292（7577）：1087.

HOLLISTER L E, 1986. Health aspects of cannabis [J]. Journal of Ethnopharmacology, 19（1）：341-342.

IVERSEN L, 1972. Cannabis and the brain [J]. Journal of the Irish Medical Association, 65（Pt 6）：493.

KENDLER K S, JACOBSON K C, PRESCOTT C A, et al., 2003. Specificity of genetic and environmental risk factors for use and abuse/dependence of cannabis, cocaine, hallucinogens, sedatives, stimulants, and opiates in male twins [J]. American Journal of Psychiatry, 160（4）：687-695.

LYNSKEY M T, HEATH A C, BUCHOLZ K K, et al., 2003. Escalation of drug use in early-onset cannabis users vs co-twin controls [J]. Jama, 289（4）: 427-433.

MACAVOY M G, MARKS D F, 1975. Divided attention performance of cannabis users and non-users following cannabis and alcohol [J]. Psychopharmacology, 44（2）: 147-152.

MACLEOD J, OAKES R, COPELLO A, et al., 2004. Psychological and social sequelae of cannabis and other illicit drug use by young people: a systematic review of longitudinal, general population studies [J]. The Lancet, 363（9421）: 1579-1588.

MARTIN G W, WILKINSON D A, KAPUR B M, 1988. Validation of self-reported cannabis use by urine analysis [J]. Addictive Behaviors, 13（2）: 147-150.

MECHOULAM R, MCCALLUM N K, BURSTEIN S, 1976. Recent advances in the chemistry and biochemistry of cannabis [J]. Chemical Reviews, 76（1）: 366-367.

MEHNDIRATTA S S, WIG N N, 1975. Psychosocial effects of long-term cannabis use in India. A study of fifty heavy users and controls [J]. Drug and Alcohol Dependence, 1（1）: 71-81.

MEIER M H, CASPI A, AMBLER A, et al., 2012. Persistent cannabis users show neuropsychological decline from childhood to midlife [J]. Proceedings of the National Academy of Sciences, 109（40）: E2657-2664.

MICHAEL, BINDER, STIG, 1974. Zur identifikation potentieller metabolite von cannabis-inhaltstoffen: kernresonanz-und massenspektroskopische untersuchungen an seitenkettenhydroxylierten cannabinoiden [J]. Helvetica Chimica Acta, 57（6）: 1626-1641.

MILLER L L, BRANCONNIER R J, 1983. Cannabis: effects on memory and the cholinergic limbic system [J]. Psychological Bulletin, 93（3）: 441-456.

NEGRETE J C, KNAPP W P, DOUGLAS D E, et al., 1986. Cannabis affects the severity of schizophrenic symptoms: results of a clinical survey [J]. Psychological Medicine, 16（3）: 515-520.

SARBJIT S, MENDHIRATTA, 1988. Cannabis and cognitive functions: a re-evaluation study [J]. Addiction, 83（7）: 749-753.

SCHWARTZ R H, GRUENEWALD P J, KLITZNER M, et al., 1989. Short-term memory impairment in cannabis-dependent adolescents[J]. American Journal of Diseases of Children, 143（10）: 1214-1219.

SETHI B B, TRIVEDI J K, KUMAR P, et al., 1986. Antianxiety effect of cannabis: involvement of central benzodiazepine receptors [J]. Biological Psychiatry, 21（1）: 3-10.

STEFANIS N C, DELESPAUL P H, HENQUET C, et al., 2015. Early adolescent cannabis exposure and positive and negative dimensions of psychosis [J]. Addiction, 99（10）: 1333-1341.

STIGLICK A, KALANT H, 1982. Learning impairment in the radial-arm maze following prolonged cannabis treatment in rats [J]. Psychopharmacology, 77（2）: 117-123.

TAYLOR B J, NEAL J D, GOUGH T A, 1982. The physical and chemical features of cannabis plants grown in the United Kingdom of Great Britain and Northern Ireland from seeds of known origin [J]. Bulletin on Narcotics, 34（1）: 27-36.

THACORE V R, SHUKLA S R P, 1976. Cannabis psychosis and paranoid schizophrenia [J]. Archives of General Psychiatry, 33（3）: 383-386.

THOMAS H, 2018. Psychiatric symptoms in cannabis users [J]. The British Journal of Psychiatry, 163（2）: 141.

TOUW M, 1981. The religious and medicinal uses of cannabis in China, India and Tibet [J]. Journal of Psychoactive Drugs, 13（1）: 23-34.

TURNER C E, ELSOHLY M A, BOEREN E G, 1980. Constituents of *Cannabis sativa* L. XVⅡ. A review of the natural constituents [J]. Journal of Natural Products, 43（2）：169-234.

UNGERLEIDER J T, 1982. Cannabis and cancer chemotherapy [J] Cancer, 50（4）：636-645.

VARMA V K, MALHOTRA A K, DANG R, et al., 1988. Cannabis and cognitive functions：a prospective study [J]. Drug and Alcohol Dependence, 21（2）：147-152.

VEEN N D, SELTEN J P, INGEBORG V D T, et al., 2004. Cannabis use and age at onset of schizophrenia [J]. The American Journal of Psychiatry, 161（3）：501-506.

第二章 世界工业大麻产业发展概况与发展方向

一、国内外种植情况

中欧、东欧、西欧、南美、北美以及亚洲许多国家具有连续种植汉麻的历史。北美和西欧大部分国家在20世纪40年代，尤其是70年代以后对汉麻的种植进行严格的控制，基本处于禁止状态。1992年欧盟通过立法允许种植四氢大麻酚（THC）含量低于0.3%的汉麻，并给予种植补贴。1993年国际"汉麻墙"倒塌，随之包括世界主要工业国家在内的29个国家开始发展汉麻产业。截至1998年，欧盟所有成员国都对汉麻的种植进行了解禁。2017年，全世界汉麻种植区域主要分布在东亚、南美、中东欧、西欧的法国和西班牙以及北美的加拿大等国家和地区，种植面积约12万hm²。

据2018年《中国农业统计年鉴》和联合国粮农组织的统计数字显示，中国已是汉麻种植面积最大的国家，种植面积占全世界一半左右，主要作纺织原料。北起黑龙江省，南达云南省都有汉麻种植。主要分布在黑龙江、安徽、河南、山东、山西、云南等地。20世纪80年代初形成高峰，全国总面积达到200万亩[*]，90年代受政策影响，面积在36万亩左右，2005年缩减到15万亩左右，麻皮产量达到2.6万t。近年来，随着汉麻纤维产品国内外强势走俏，汉麻种植开始复苏，2015年全国种植总面积约2.75万hm²，其中籽用1.2万hm²。黑龙江种植面积0.7万hm²、云南0.7万hm²、安徽0.45万hm²、广西0.45万hm²、山西0.33万hm²、辽宁0.05万hm²、吉林0.03万hm²、山东0.03万hm²。2016年全国的汉麻种植已达60多万亩。2017年仅黑龙江种植面积就达46万亩，占全国50%以上，主要分布在青冈、肇州、孙吴、讷河等地，上升势头明显，未来预期面积可达300万亩以上。

二、国内外产业发展情况

俄罗斯、乌克兰、德国等国家使用大麻纤维，主要用于造纸、制造工艺产品、绝缘材料、船舶用索具、绳索、钢缆芯、编织品以及工艺布匹等。波兰、匈牙利、罗马尼亚，具有悠久的汉麻种植历史，其主要用于生产汉麻纤维板。法国种植面积仅次于中国，是欧洲第一大种植国，面积占欧洲的40%，但其主要用途是造纸和籽用，以籽用大麻为主的国家还包括加拿大、韩国、意大利、塞尔维亚等。荷兰是工业大麻花叶机械化收获、加工设备研发和综合利用等方面领先国家，曾培育出世界上第一个官方登记的药用大麻品种。美国汉麻主要用于医药，截至2021年，美国已有37个州和华盛顿特区实现了医用大麻合法化，合法汉麻已成为美国增长最快的行业之一。美国庞大出口商机促使以色列逐步开放汉麻产业，以色列的医用汉麻使用患者大幅增长，至2015年已经增长至2.3万人，目前产业已达数千万美元规模。波兰与匈牙利、罗马尼亚一样，具有悠久的汉麻种植历史，其主要用于纺织品和建材用汉麻纤维板。法国主用用途是籽用（图2-1、图2-2）。

目前，汉麻在中国主要用于纺织，全国汉麻纺织年加工能力为3万t。黑龙江省亚麻、汉麻加工设备兼容，可以借助亚麻企业的设备快速发展汉麻，投资少、见效快。自黑龙江省肇融亚麻纺织有限公司利用温水沤制的汉麻纤维，成功纺出10.5Nm和24Nm湿纺汉麻纱，克山金鼎亚麻纺织有限责任公司建成12 000锭湿纺汉麻纱生产线和150台高档剑杆织机生产线以来，黑龙江汉麻纺织产能得到快速提升，现有25家原料加工企业、30多条生产线，汉麻初加工产业在黑龙江已初具规模。2017年龙头企业浙江金达集团投资建设2.5万锭产能纺纱厂，有力地拉动了汉麻纺织产业的发展。

---

[*] 1亩≈667m²，1hm²=15亩，全书同。

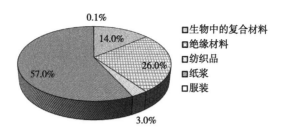

图2-1 欧洲仅有0.1%的工业大麻长纤维用于服装纺织

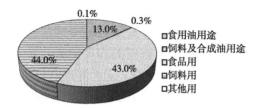

图2-2 欧洲大麻籽实以食品（43%）和饲料（44%）为主

在纺织业的引领下，黑龙江省汉麻原料生产发展迅速，2017年种植面积已达46万亩，已成为我国汉麻纤维最重要的生产基地。黑龙江省作为全国最主要的汉麻纤维原料供应基地，80%纤维原料销售给山西绿洲纺织有限责任公司、沈阳北江麻业发展有限公司、浙江金达集团等企业，其产品大部分为军需和民用，部分产品远销美、欧、澳、日、韩等国家和地区。

在多用途上，2011年解放军总后勤部军需装备研究所拟建设汉麻秆芯多利用加工厂，但是至今国内秆芯粉的加工和利用还是处于初级阶段，市场容量很有限。在汉麻生物制药方面，黑龙江省只有黑龙江汉正公司、格林赫斯等一两家制药公司提取大麻二酚（CBD）制药，其他项目还在酝酿阶段，主要包括青冈黑龙江康源生物科技有限公司和哈尔滨利民汉麻植物科技公司的CBD提取项目。在汉麻籽功能食品方面，黑龙江省甚至我国都处在研发阶段，距离产业化尚有距离，其他利用方向多数还处在筹划当中。

三、国内外主要科研机构与研究概况

国外汉麻科研机构主要有乌克兰农业科学院韧皮纤维研究所（前全苏韧皮纤维科学技术研究院）主要从事汉麻育种、良种繁育、栽培、植保、收获等种植技术；收获设备、加工技术及汉麻产品标准化研究开发工作，培育出品性优良的雌雄同株Zolo-13、USO-11、USO-13、USO-14、USO-31等汉麻品种。匈牙利农业大学农作物品种试验研究所从事汉麻育种、良种繁育、植物保护、汉麻化学脱叶、干燥技术研究。意大利工业作物研究所从事汉麻育种和栽培技术研究。波兰天然纤维及药用植物研究所主要从事汉麻、亚麻等育种、栽培、植保、加工等技术研究，已培育出多个雌雄同株优良汉麻品种，并已经开发出利用汉麻改善重金属污染土壤的方法。

中国种植汉麻历史悠久，有相对优良的汉麻种质资源，具有较好的研究基础。国内的主要汉麻科研机构有云南省农业科学院经济作物研究所、安徽省六安市农业科学研究院、山西省农业科学院经济作物研究所等。黑龙江省是全国重要的汉麻纤维原料基地，现从事汉麻研究的科研单位有黑龙江省农业科学院经济作物研究所、黑龙江省农业科学院大庆分院、黑龙江省科学院大庆分院、齐齐哈尔大学4家单位。研究领域涉及汉麻种质资源收集、纤用汉麻育种、栽培和机械化生产、纺织及药用等技术的研究。

在多用途开发利用方面，汉麻是一种全产业链作物，我国在汉麻的保健功能产品开发，药用价值利用，麻屑制品在建筑业、汽车制造业、装饰材料业的应用，造纸业，生物农药等领域研发上才刚刚起步。国外在这些领域研究深入，已经形成了一定的市场规模，其产品渗透到人们生活的方方面面，形成了一个大产业，可使附加产值提高20～30倍。近年来，汉麻产品的深度开发已得到许多国家和企业的高度重视，成为当前汉麻的一个重要发展方向。

目前，国内科研机构在汉麻多用途利用方面处于初级阶段，云南省农业科学院经济作物研究所选育的云麻7号，CBD含量在0.8%，已在云南、安徽等地生产中应用。哈尔滨医科大学在汉麻酚类物质提取利用上开展了部分工作，但面临提取成本高、功能鉴定尚需时日等问题。解放军总后勤部军需装备研究所在芯秆加工利用上开展了相关工作，但需要解决芯秆利用与韧皮脱胶相矛盾的问题。

四、市场情况

我国于2000年开始开发汉麻纺织利用工作，2017年以来黑龙江省种植面积全国第一，占全国总面积一半以上。2013年至今汉麻市场已连续3年走好，农民种麻积极性高，短期内汉麻面积和产量呈上升趋势，解决了麻纺厂原料短缺问题，同时也迎来了汉麻产业发展的高潮。碳粉、大麻二酚（CBD）的提取、多功能产品利用等产业的开发，拉长了产业链，必将进一步促进产业的发展。黑龙江省麻屑大部分用于制碳，CBD的提取多处在项目论证阶段。目前云南、安徽已经建立了几家CBD提取工厂，CBD年产量在2t以上，出口美国、加拿大、日本等国家。未来3年，产量将提升到15t以上。

黑龙江省现有国营和个体麻纺厂10余家，纺锭23万枚，年需纤维10万t，如全部改用汉麻纤维为原料，需种植纤维汉麻70万亩。目前，汉麻纺织年加工能力为3万t。2017年大麻纤维及短纤维出口累计34.356t，同比上升9.76%。大麻纱180.715t，同比增长7.97%。大麻织物2 114 734m，同比增长5.4%。

汉麻纺织未来的市场规模主要取决于汉麻的生产成本控制和可纺织性的提高。由于汉麻纤维的优良特性和穿着的舒适感，企业家们预计，如果种植规范、管理得当使得生产成本减低、可纺性增加，未来的种植面积将会大规模超过亚麻的历史最高水平，甚至占据棉花的一部分市场份额。

多功能产品开发利用在我国还处于初级阶段，亟待开发。黑龙江省麻屑大部分用于制碳，与欧洲主要在建材方面的应用相比，经济效益较低。CBD的提取还在项目论证阶段，一旦机遇成熟将快速建厂投产，目前云南、安徽已经建立了几家CBD提取工厂，收购麻农的麻叶作生产原料，但云南、安徽汉麻种植面积有限，花叶原料不能满足厂家生产需求，市场潜力大。

五、黑龙江省工业大麻产业发展现状与发展趋势

1. 种植方面

黑龙江是全国工业大麻种植面积、纤维产量及出口量第一大省，也是我国工业大麻品种认定第一大省，种植面积占全国50%以上，主要分布在黑河、绥化、齐齐哈尔、大庆等地，年产纤维3万t左右，目前已经认定品种23个，占全国已认定品种50%以上。其中，纤维、籽用品种21个，药用品种2个。2019年受作物补贴政策和粮食作物价格上扬的影响，纤维工业大麻种植面积没有大幅增长，种植面积20万亩左右，比较效益有限，尤其对第一、第二积温带的种植影响较大，只有北部、东部种植区效益较好。药用工业大麻虽受市场追捧，但受种子数量和政策影响的制约，种植面积在1.3万亩左右。

2. 加工方面

黑龙江省工业大麻企业由2017年3家上升至2019年43家，尤其是工业大麻CBD加工企业增长较快，2021年已注册的CBD提取加工企业37家，纤维与食品加工企业6家。纤维加工正在实现全产业

链布局，2018年工业大麻纺纱600t，占全国的95%，2022年约1 500t，全部用于出口。2018年仅有两家企业具备CBD提取能力，但受原料来源限制，还没有形成生产规模。由于黑龙江省具有地域、耕地、资源优势，目前加拿大冠军公司等世界药用工业大麻龙头企业有将种植、加工基地逐渐转入黑龙江省的意愿，黑龙江省工业大麻产业发展将迎来良好的发展机遇。

六、国内外工业大麻产业科技水平与管理政策差距

1. 品种方面

黑龙江省原茎产量8～9t，国外可达13～15t；黑龙江省品种出麻率18%，国外可达25%；黑龙江省品种CBD含量最高不超过2%，国外可达到15%以上。

2. 栽培技术与生产标准方面

与国外相比，国内缺乏配套的种植、密度、肥料、病虫草害防治等高产栽培技术和原料加工标准。

3. 配套机械方面

与国外相比，黑龙江省乃至我国在播种、翻麻、捆麻、收获等环节缺少专门机械。

4. 综合利用方面

国外工业大麻综合利用水平较高，纤维加工、麻屑综合利用、综合开发、食品、医用、保健品、食品添加等深加工领域和高附加值产品得到全面开发，我国目前还没有实现这样的格局，正处于科技研发完善阶段。

5. 政策法规方面

国际上，2017年12月17日世界卫生组织正式承认CBD的药用价值，并建议将CBD作为非受控物质列入国际清单，在26届麻醉品高级别会议上，正式讨论放开CBD管控等问题，如将表决议案中有关THC的内容删除，预计短期内有望在世界范围内解禁CBD。目前已经有40多个国家放开CBD生产和销售。然而，目前黑龙江省在禁毒条例中对工业大麻仅有框架性规定，对以提取CBD为目标的种植和加工缺乏实施细则，极大制约了药用工业大麻产业发展。

七、黑龙江省发展工业大麻产业的优势与科学判断

黑龙江省发展工业大麻具有种植、产业、科技、法律保障、品牌与地理标志和民间组织优势。

1. 种植优势

工业大麻在黑龙江省种植历史悠久，农民种植接受程度高。黑龙江省地理气候有利于工业大麻纤维、油脂与CBD的形成，可生产世界上麻率高、品质最佳的纤维，地处世界上种植药用工业大麻的黄金纬度（北纬45°～50°），而且土地平整连片，适宜大规模集约化、机械化、标准化种植，有利于工业大麻种植先进技术推广和节本增效。目前种植规模居全国首位，面积占全国50%以上。

2. 产业优势

黑龙江省拥有全球最大的工业大麻纺织厂（黑龙江金达麻业有限公司）和先进的纺织设备，有以工业大麻综合开发为主的天之草绿色农业科技（北京）有限公司，以生产CBD为主的哈药集团孙吴大麻二酚提取有限公司和肇东福和药业等，以生产板材和纸浆为主的河南禾利达生态板业有限公司、青岛一宇集团有限公司、牡丹江恒丰纸业股份有限公司、河南信阳机械制造有限公司4家企业及从事种植和初加工的专业合作社40余家，工业大麻脱胶企业3家，基本形成了全产业链集聚和种、加、销（出口）一条龙产业链条。

3. 科技优势

在科技力量上，黑龙江省拥有专门从事工业大麻研究的科研单位2家、大学1家，在工业大麻种

质资源收集与鉴定、新品种选育、高产高效栽培、病虫草害防治、工业大麻播种和加工及收获机械制造、纺织工艺等领域都开展了深入研究并取得一定成果。纺纱技术领先国外20年以上。拥有国内外工业大麻资源500余份，认定符合国家标准纤维用、籽用、药用品种23个。已解决了生产中化学除草和病虫害防治等瓶颈问题。研发了雨露沤制和先进脱胶技术，可提供优质、绿色工业大麻雨露纤维，可纺高支纱，生产高档服装。在协同创新上，黑龙江省农业科学院与以色列拉菲尔院士中心、美国俄勒冈大学、加拿大冠军成长公司合作，引进一批高CBD资源、特色品系和关键技术。共同组建"国际汉麻创新中心"，以成果入股方式与全球最大的纤维加工企业浙江金达集团合作并在青冈县建立纤维汉麻生产基地；与哈药集团、孙吴县合作共建药用汉麻生产基地，推动汉麻产业快速发展。

4. 法律保障优势

随着2017年5月1日《黑龙江省禁毒条例》的实施，黑龙江省成为全国工业大麻第一个通过立法的省份，标志着黑龙江省工业大麻产业发展走上了健康轨道，为工业大麻发展提供了法律保障。

5. 品牌与地理标志优势

黑龙江省拥有全国唯一的中国工业大麻之乡，中国工业大麻产业示范县，中国工业大麻谷网站等品牌，孙吴汉麻已入选国家地理标志保护产品，青冈县也正在申请。因此黑龙江将以品牌和地标优势促进产业发展。

6. 民间组织优势

黑龙江省已经成立了黑龙江省汉麻产业技术创新战略联盟，孙吴县、青冈县成立了工业大麻协会等民间团体。目前黑龙江省汉麻产业技术创新战略联盟正在申请成为国家汉麻产业联盟，已经得到农业农村部等相关部门的支持。这些民间组织对整合相关科技资源，深化产学研合作机制，聚集创新要素，持续解决产业共性、关键性、前沿性技术难题，为工业大麻资源的高效利用和产业技术水平的整体提升搭建技术支撑平台，必将引领工业大麻产业持续、快速、健康发展。

八、工业大麻产业的发展潜力

1. 工业用途广泛，医疗价值高

工业大麻用途广泛，可用于药品、纺织品、食品、化妆品、造纸等领域，产品可涉及14个行业数千种产品。工业大麻纤维可以用来生产服装、箱包、纺织品、绝缘材料；茎秆可替代木材造纸、制造建筑材料；籽可作为食品和饲料，大麻籽油除食用外也可以用来生产涂料、清漆、润滑剂等；CBD用途广泛、医疗价值高，不仅可以普遍用于营养品、保健品、护肤品、普通饮料和功能性饮料之中，官方给出的主要功效是可以保护大脑和中枢神经系统，有助于消化，也可用于减轻疼痛、减缓焦虑和压力，同时预防癌症扩散。科学研究也证实工业大麻，更准确地说应该是从大麻花叶中提取的CBD油，的确具有美容功效。

2. 产业链长，附加值高

工业大麻的多种用途决定了其具有较长的产业链和较高的附加值。随着大麻素在食品、化妆品、医疗等多个领域的价值被挖掘，越来越多的国家宣布工业大麻（或者医疗用大麻）合法。截至2019年，全球范围内超过50个国家将医用大麻或CBD合法化。合法化进程的不断深入，有效地促进了大麻素行业的高速增长。根据欧睿国际的数据，2018年全球大麻合法市场约120亿美元；至2025年，合法产品市场规模将达到1660亿美元，CBD需求提升，未来两年增速有望超过80%。

3. 黑龙江省药用工业大麻产业的发展潜力大

我国自6000年前已开始工业大麻的种植，目前是全球领先的工业大麻种植、处理、加工及出口国。近年来，中国占据大约全球工业大麻种植面积的一半以及全球600余项工业大麻相关专利的一半。据国家统计局公布的数据，2017年，国内工业大麻产值约为75亿元，其中纺织纤维占76%，食品占7%，而高附加值的CBD仅占5%，CBD产业存在巨大发展空间。

黑龙江省汉麻产业3年专项行动规划指出，依托黑龙江省工业大麻种植资源和科研技术力量，抓住市场发展机遇，加快挖掘和培育工业大麻产业新经济增长点，通过协同科技创新，将黑龙江省打造成国内甚至全球最大的汉麻产业基地，形成省内1万t花叶深加工能力。到2019年4月，黑龙江省已注册的CBD提取加工企业37家，加工能力正在形成。按照干花叶CBD含量1%，提取率80%计算，可生产CBD 80t，按照每千克5 000美元的市场价格计算，产值约30亿元人民币。随着药用工业大麻基础研究方面的进步，未来黑龙江省药用工业大麻产值将会加速提升，花叶总产量将以20%递增，且育成3%含量的高CBD品种，5年后产值将达到220亿元人民币以上。如果黑龙江省出台相关鼓励政策，CBD产业规模将远超上述指标。

九、未来发展趋势

我国麻类纺织业有很大的发展前景。随着人民生活水平由温饱型向小康型的迈进，对纺织品的需求由保暖为主向以追求时尚和表现个性为主转变，对纺织品的数量、品种、档次和质量要求越来越高。国内装饰用、产业用纺织品的供需矛盾将日益突出。同时，我国仍具备汉麻产业的劳动力和资源的比较优势，为我国汉麻产业的发展提供了有利的客观环境。从国际环境看，世界纺织品生产与供应中心已东移亚洲，过去垄断世界纺织品出口的西方发达国家已成为纺织品的主销市场。世界纺织品贸易迅速向成品化、高质量、时尚化转变，从而改变了国际纺织品市场的商品构成。2017年在法国和意大利两个国家分别召开的顶级纱线展会，中国企业共拿到了500t大麻纱的初步订单，这两个展览被誉为国际纱线市场的风向标，未来大麻纱线市场将会与亚麻类似，形成国外带动国内的发展趋势。未来5～10年内，汉麻产品的消费将大幅度增长。

在多用途利用方面，碳粉、CBD的提取、多功能产品利用等产业的开发，拉长了产业链。例如在CBD利用方面，全球大麻CBD的主要市场是美国，据Arcview市场研究公司与BDS Analytics合作发布的报告显示，合法大麻的经济总产值从2017年的160亿美元增长到2021年的400亿美元。报告认为，美国2021年的合法大麻消费支出为208亿美元，将产生396亿美元的总体经济影响，创造40万个就业机会和40多亿美元的税收，将会有效带动全球药用工业大麻的种植和加工。但是，多功能产品开发利用在我国还处于初级阶段，亟待开发。汉麻的多用途决定了汉麻具有较高的经济价值。全球每年的汉麻产品销售额将会达到千亿美元规模，产品市场发展潜力巨大。

汉麻未来科研方向主要集中在多用途开发方面，包括专用品种选育，生物脱胶、秆芯加工、精油提取等基础关键技术的研发等，可提高产品的附加值和经济效益，增加行业的抗风险能力。目前，在黑龙江省筹建汉麻花叶提取药用原料加工基地，进行药品生产，其效益和规模可与纺织相提并论，并可率先占领国内市场，将成为黑龙江省汉麻产业的又一个经济增长点。汉麻籽保健产品的开发，国外早已形成市场，国内正在研发；麻屑等副产品在国外都已被充分利用，利用汉麻麻屑生产汽车内装饰板、居家装饰材料、提炼高级碳粉、生产工艺品等，用短纤维生产高档纸，用根叶等生产化工产品、化妆品、有机抑菌杀虫剂等。这些环保型汉麻副产品研发成功并投产也将成为一个新兴的支柱产业。

十、发展汉麻产业的建议

为把这一产业做大做强，借鉴国外经验，从国际角度应重点做好5件事。

1. 把汉麻产业作为推进农业供给侧结构性改革的重要产业来抓

汉麻产业链条长，市场潜力大，发展前景广阔，黑龙江省又是全国汉麻种植的适宜区，有良好的发展基础，应发挥优势，把汉麻产业作为推进农业供给侧结构性改革的重要产业来抓，重点要在

"四个一"上下功夫。一是明确一个部门专门抓。把汉麻产业作为新的经济增长点，由黑龙江省农业农村厅牵头抓，黑龙江省农业科学院、黑龙江省科学院参与，强化力量，抓好汉麻产业的发展。在此基础上，建立汉麻产业联盟，推动汉麻产业集群化、集团化发展。二是作为一个作物促调整。汉麻是经济作物，高产高效。引导齐齐哈尔、大庆、黑河、绥化等汉麻种植优势地区，特别是孙吴、青冈、望奎、克山等县（市），大力发展汉麻种植，增加农民收入。三是制定一个规划做引领。编制《全省汉麻产业发展规划》，认真分析全省汉麻产业发展基础和面临的形势，明确发展目标、区域布局和具体措施，引领汉麻产业健康、快速发展。四是出台一个标准严管理。为规范汉麻种植、确保加工产品质量，对标国际最高标准、最好水平，组织专家和企业制定《汉麻雨露沤制标准》《汉麻原茎标准》《汉麻纱线标准》等汉麻行业标准和《黑龙江省药用汉麻生产技术规程》，使汉麻种植、沤制、加工、产品销售有据可依，使从事汉麻产业的科研人员和企业有章可循、有法可依。同时，加强监督管理，打击非法经营汉麻种子和非法种植行为。

2. 强化汉麻产业科技创新

汉麻产业要发展，必须插上科技的翅膀。要强化汉麻产业科技创新，建立汉麻产业研发中心，整合黑龙江省现有汉麻产业研究人才，系统开展育种、耕作栽培、植保、生物脱胶、收获加工机械、初加工工艺等实用技术研究，着力在3个方面搞突破。一是在汉麻育种上搞突破。大力发展药用、食用汉麻品种，及时推动汉麻产业提档升级。组织黑龙江省农业科学院、黑龙江省科学院、大型种子经销商和汉麻生产加工企业采取育种科研单位+种植合作社+汉麻生产加工企业模式，从国内外引进、创制种质资源，聚合优异基因，创制优质、高产育种新材料，强化种子开发，建立繁育基地，着力培育适合黑龙江省不同区域种植的纤维用、油用、药用汉麻优质专用品种，实现种子育、繁、种一体化。重点围绕培育低THC高CBD药用型、高纤维纤用型、高油高蛋白籽用型品种进行创新。二是在农机装备上搞突破。组织省级农科院、省级农机研究院、省级农机企业以及联合中国农机设计院等开展联合攻关，系统研制适合黑龙江省汉麻种植加工的农机装备，努力在耕种收各个环节实现全程机械化，特别是在汉麻分段收获、翻麻、捆麻机械、农业生产和加工机械方面实现一个新的飞跃，全面提高效率，降低成本。三是在产品开发上搞突破。组织省级农科院等科研机构、涉麻高校以及汉麻生产加工企业加大汉麻籽、花、叶、茎、芯等的综合开发力度，深度开发精深加工产品，延长产业链，提升价值链，形成生产、加工、销售、服务的完整产业链。

3. 做大做强汉麻加工业

依托黑龙江省汉麻资源优势，深度开发"原字号"，抓好"农头工尾"，着力弥补深加工能力不足问题。一要壮大龙头企业规模。要把引进战略投资与扩大现有企业规模结合起来，支持龙头企业通过资本运营、上市融资、品牌联盟，组建企业集团。要引进国外先进技术和管理经验，实行基地建设、科研开发、生产加工、营销服务全程一体化经营，培育一批拥有自主知识产权和国际竞争力的大型农产品加工龙头企业。二要延伸产业链条。支持汉麻纤维向精深加工方向延伸，努力开发汉麻纺织服装、食品、药品、保健品等终端产品，在纤维加工、秆芯利用、籽花叶深度开发上下功夫，促进汉麻秆芯综合利用，逐步形成汉麻全产业链开发格局，提高种植业的综合效益。支持有条件的地区建立加工园区，培育壮大产业集群。三要强化市场培育和营销。要灵活运用多种市场培育方式。在国内市场需求培育上，要加强宣传和引导，增进消费者对工业汉麻产业产品的认识、了解，增强国内消费者购买汉麻产品的主动性和自觉性。在国外市场需求培育和拓展上，以技术创新提高汉麻产品核心竞争力为首要方向，以产品质量的提升来增强国外消费者对中国汉麻产业产品的认可度和选择力。实施品牌战略，着力打造一批具有较高知名度、美誉度和较强影响力、竞争力的汉麻品牌。吸引社会资本参与汉麻产业开发，组建社会化公共服务平台，加快构建农资配送、田间管理、仓储运输、市场营销等公益性服务与经营性服务相结合、专项服务与综合服务相协调的新型农业社会化服务体系，提升汉麻产业发展的组织化程度。

4.加大政策支持力度

强化政策创设，通过政策倾斜加快汉麻产业的发展。一是建立汉麻产业发展基金。建议黑龙江省财政拿出一块资金作为汉麻产业发展基金，专门用于支持汉麻育种、种植、加工、销售各环节的发展，发挥政府财政资金的杠杆作用，带动企业和社会资本参与汉麻产业发展，把汉麻产业做大做强。特别要支持发展汉麻合作社，采取"企业+合作社+农户"的模式，发展订单生产，实行种植、加工、营销一体化生产、专业化经营。同时，总结推广金融支农"政银担""银行贷款+风险补偿"等模式，积极发展普惠金融，开展各类融资对接活动，解决融资信息不对称问题。二是创新汉麻农业保险。把汉麻种植作为农业保险的补贴品种，有效降低汉麻种植风险。三是给予汉麻种植轮作补贴。把汉麻纳入轮作补贴范围，调动广大农民种植汉麻的积极性。四是把汉麻机械纳入农机购置补贴目录。对购买汉麻机械的给予政策补贴，加快机器换人步伐，加快汉麻生产机械研发和产业化，降低生产成本，提高市场竞争力。

5.加强国际交流与合作

引进消化吸收国外汉麻产业先进的科学技术，包括优质的种质资源、先进的育种技术、栽培技术、病害防治技术以及机械化技术，快速提升我国汉麻产业技术水平，加快黑龙江省汉麻生产与国际接轨的步伐。建议适当时机组团赴美国、加拿大等北美汉麻产业发展比较快的国家考察学习，进一步借鉴经验，完善思路，加快汉麻产业发展。

第三章　工业大麻分子生物学

第一节　分子标记技术

遗传标记是表示遗传变异的有效手段，主要有形态标记、细胞学标记、生化标记、分子标记4种类型。分子标记是DNA水平遗传变异的反映，与前3种标记相比，分子标记有以下优点：一是以DNA为研究对象，取材范围广泛，在物种的各个组织、器官和发育的不同阶段均能检测，不受环境和季节的限制，与目的基因的表达与否及性状优劣无关；二是大多数分子标记为共显性标记，能鉴别出纯合与杂合基因型；三是标记数量丰富，能够覆盖整个基因组，标记灵敏度高，检测效率较高；四是分子标记多态性高，遗传变异在自然界中广泛存在着，因此无须对遗传材料进行特殊处理，方便快捷。

一、限制性片段长度多态性

（一）RFLP技术的原理及优缺点

限制性片段长度多态性（Restriction fragment length polymorphism，RFLP），该技术是Botstein等1980年最早被应用于遗传研究的分子标记，既能检测基因组DNA，又能够检测核糖体DNA以及叶绿体DNA，结果较稳定，而且是共显性表达。RFLP的原理是检测DNA在限制性内切酶酶切后形成的特异DNA片段的大小，由于酶切位点间的突变、重组、插入或缺失引起了不同基因型之间的DNA序列存在差异，从而产生了限制性片段的长度差异。对DNA进行RFLP分析，酶解后产生的片段量多而复杂，在凝胶电泳谱上连续分布成片而不能分辨，因此，需要先制备一系列单拷贝或低拷贝的DNA探针，将探针与DNA片段杂交，并利用放射自显影在感光底片上成像，可以显示出不同材料对该探针杂交结合的RFLP情况。RFLP标记具有共显性、数量多、稳定性高、重复性好等优点，但是也存在使用同位素、多态性低、技术较复杂、周期长、成本高、所需设备较多等局限性，因此其应用受到了一定程度的限制。

（二）RFLP技术的应用

王雪松等（2006）通过建立PCR-RFLP指纹图谱的方法鉴定西洋参和人参，结果发现经酶切后的西洋参显示出80bp和42bp两条基因片段，而人参只显示122bp的单一片段，通过此方法可快速有效鉴定出人参和西洋参。赵仲麟等（2004）利用RFLP标记对川贝母真伪性进行相对定量分析研究，结果表明含量超过10%的真品川贝母都能被稳定检测出来，且通过优化后的方法能相对定量地检测出掺假量。杜明凤等（2012）利用RFLP标记分析研究淫羊藿属植物的遗传多样性，表明淫羊藿属植物的细胞质基因组之间存在微弱遗传差异，且其遗传关系与地理分布关系密切。张琼琼等（2007）基于末端限制性酶切片段长度多态性（T-RFLP）技术对不同水位梯度植物的根际细菌群落多样性特征进行分析，研究结果显示，随着水位梯度的加深，植物根际细菌群落多样性呈减少趋势，不同生态型植物根际泌氧能力降低，进而抑制根际好氧细菌的生存。到目前为止，没有工业大麻关于RFLP技术应用的报道。

二、随机扩增多态性DNA

（一）RAPD技术的原理及优缺点

随机扩增多态性DNA（Random amplified polymorphic DNA，RAPD），该技术是一种基于聚合

酶链式反应（Polymerase chain reaction，PCR）技术开发的分子标记技术。RAPD以一系列人工合成的、随机寡核苷酸序列为引物（8~10bp），通过PCR技术对所研究的目的基因组DNA进行体外扩增，扩增产物通过琼脂糖或聚丙烯酰胺凝胶电泳分离，由溴化乙锭（EB）染色或银染，在紫外透射仪上检测扩增DNA片段的多态性。由于不同基因型的DNA与引物具有不同的结合位点，因而获得差异扩增产物。RAPD标记具有检测灵敏度高、简便、快速、DNA用量少的优点，可以对无任何背景资料的检测模板进行分析。但由于RAPD引物较短，环境及试验条件很容易影响PCR扩增结果的稳定性和重复性，其重现性较差，另外，RAPD是一个显性标记，不能鉴别杂合子和纯合子，也限制了RAPD技术的应用。

（二）RAPD技术的应用

关于RAPD技术用于大麻性别标记的研究较多，为工业大麻雌雄植株鉴定提供理论依据。大多数研究都是从随机引物中扩增得到的RAPD分子标记雄性特异带，通过克隆和序列分析转化为重复性和特异性更好的特征序列扩增区域（Sequence characterized amplified regions，SCAR）分子标记。例如李仕金等（2018）从200条随机引物中筛选出能在大麻雌雄株间产生差异的RAPD引物，结果显示，引物S208扩增得到的一条与大麻雄性相关的大小为429bp的DNA分子标记特异性条带最明显，且稳定性高。根据测序结果，合成了两条SCAR标记引物，该SCAR标记不仅可以对已知性别的花期的大麻雌雄植株进行准确鉴定，还可以对未知性别的幼苗期的大麻雌雄植株进行鉴定。姜颖（2019）利用42条RAPD随机扩增引物分析工业大麻品种"火麻一号"组成的雄性或雌性DNA池（DNA pool），结果显示，引物OPV-08扩增得到一条大小为869bp与工业大麻雄性相关的特异条带。根据测序结果，合成了两条SCAR标记引物，该SCAR标记不仅可以对工业大麻雌雄异株材料花期已知性别的雌雄植株进行准确鉴定，还可以对幼苗期未知性别的大麻雌雄植株进行鉴定，也可对雌雄同株材料可能出现的雄化进行早期鉴定。这不仅为工业大麻早期性别鉴定提供基础，且为减少雌雄同株材料的雄化提供支撑。

通过RAPD方法也可以对大麻进行遗传多样性的分析，为野生大麻的利用和工业大麻品种改良提供参考依据。张利国（2018）采用RAPD技术对27个大麻品种进行了分类研究。从300个10bp随机引物中筛选出34个扩增效果较好的引物进行扩增，共产生261条带，其中233条为多态性带，占89.27%，根据扩增结果构建反映品种间亲缘关系的UPGMA聚类图，27个品种可划分为三大类。汤志成等（2010）以中国12份野生大麻种质及4个对照栽培品种为研究对象，通过田间栽培试验，调查叶长、叶宽和叶柄等11个表型性状，并采用CTAB法提取大麻基因组DNA，分析了其表型性状及RAPD标记位点的多态性，应用Farthest neighbor和UPGMA方法分别构建了表型及RAPD聚类图。结果表明，野生大麻表型变异非常丰富，11个表型在不同种质资源间的差异性均达到了极显著水平，其中变异最大的为千粒重，变异最小的为有效分枝数；14条RAPD引物共扩增出106条带，其中79条为多态性条带，多态性比率为74.52%。基于RAPD聚类分析，16份大麻种质资源同样分为3个类群，总体上呈现地域性分布，但野生大麻和栽培大麻并未区分开，云南、新疆的种质资源聚为一类，东北、华北的种质资源聚为一类，西藏种质资源单独聚为一类。研究表明，我国野生大麻种质资源具有复杂的遗传多样性，应该结合表型和遗传位点综合分析。

三、扩增片段长度多态性

（一）AFLP技术的原理及优缺点

扩增片段长度多态性（Amplified fragment length polymorphism，AFLP），该技术是荷兰科学家Zabeau和Vos（1993）发明的以RFLP和PCR相结合的一种DNA分子标记技术。AFLP技术的原理是对基因组DNA进行限制性酶切片段的选择性扩增。具体过程是将基因组DNA进行限制性内切酶酶切，将酶切片段与接头（Adapter）连接，形成带接头的特异片段，通过接头序列与PCR引物的识别，扩增出特异性片段，最终利用聚丙烯酰胺凝胶电泳进行分离，银染或放射自显影进行检测（图3-1）。它结合了RFLP和RAPD技术的优点，既有RFLP的可靠性，也具有RAPD的简便性，DNA用量少，可以在不需要预先知道DNA序列信息的情况下，短时间内获得大量的信息，所以AFLP被认为是一种十分理想的、高效的分子标记技术。其缺点是成本高，对DNA模板的质量要求高，操作也较复杂。

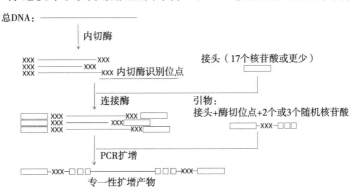

图3-1　AFLP标记开发原理（http://baike.bbioo.com）

AFLP分子标记技术的优势，一是无Southern杂交过程，流程简洁，容易实现程度较高的自动及标准化。二是克服了RAPD不稳定及RFLP检测位点较少的不足，科学性及重复性好，分辨率高且假阳性低。三是可以在较少的基因组且其基因组序列所含信息未知的前提下获取较为详细且准确的检测结果。四是可以检测低丰度表达的mRNA，准确反映基因间表达量的差异。五是每个酶切片段经电泳过程可获得50～100个遗传标记，即使所用材料遗传信息近似，仍能显示多态性，其多态性的优势使其成为指纹图谱技术的常用技术。六是具有孟德尔方式遗传的共显性。AFLP分子标记技术在微生物、植物的遗传多样性研究中得到广泛的应用，在生物的亲缘关系鉴定、连锁分析、基因定位及基因作图等专业领域发挥着重要的作用。

（二）AFLP技术的类型

1. 单酶切AFLP（SE-AFLP）

采用单限制性酶对基因组DNA或cDNA进行消化连接，再进行选择性扩增，扩增产物在琼脂糖凝胶电泳后分离检测，快速而且重复性好。

2. 二次消化AFLP（SD-AFLP）

首先采用单一限制性内切酶如Mse I消化基因组DNA或cDNA并连接接头，再用无选择性碱基AFLP引物进行扩增，扩增产物再经对甲基化敏感的内切酶如Pst I进行二次消化，再连接接头，然后用带有选择性碱基的AFLP引物进行第二次扩增，也能够得到很好的扩增效果。

3. 三酶切AFLP（TE-AFLP）

与传统AFLP相似，但TE-AFLP是采用两种低频切点内切酶和1种高频切点内切酶混合酶切，产生6种具有不同黏性末端的限制性片段，只用低频切点酶切割片段产生的黏性末端连接人工接头，再用带有1～2个选择性碱基的引物进行PCR扩增。因此，只有既能与接头黏性末端配对又能与引物的选择性核苷酸配对的限制性片段才能得到扩增。TE-AFLP保留和发展了常规AFLP的优点，克服了常规AFLP的缺点，具有可靠、经济、快速和方便的特点。

4. 互补DNA-AFLP（cDNA-AFLP）

将AFLP技术应用mRNA表达差异分析，发展一种mRNA指纹图谱技术，即cDNA-AFLP技术。原理是将分离纯化的mRNA反转录成cDNA第一链，再以第一链为模板合成双链cDNA，然后以此双链cDNA为模板进行酶切连接、预扩和选扩，最后找到差异表达的片段。该方法比较灵敏和可靠，较多应用于基因的差异表达分析以及差异表达基因的克隆，但该法又有不易分离到全长序列等特点。

（三）AFLP对大麻品种鉴定及遗传多样性的研究

随着技术的不断完善和发展，AFLP技术已广泛应用于植物种质鉴定、遗传多态性检测等方面的研究。AFLP标记多态性强，利用放射性标记在变性的聚丙烯酰胺凝胶上电泳可检测到50～100个扩增片段。

Shannon（2009）利用AFLP分子标记检测3个纤维大麻品种和一个毒品大麻品种间的遗传差异。通过10对引物共扩增出1 206条带，并且其中88%具有多态性。18条特异带可用来区别纤维大麻和毒品大麻。通过试验得出了3点结论，一是建立了栽培品种的共同特异序列，并可用来与毒品大麻相区别。二是能够通过AFLP分子标记来判断缴获的大麻品种的来源及产地。三是能从合法栽培的大麻中鉴定出潜在的、非法种植的大麻。这种遗传标记方法已经在加拿大、欧洲被用于法政检测。

郭佳等（2010）利用多态性好的AFLP引物标记对大麻品种进行筛选。选用55对引物组合对12个大麻地方品种进行初筛，选出5对多态性好的引物组合进行了遗传多样性研究。每对AFLP引物组合扩增出47～76条带，共获得285条带，其中多态性条带为99条以及10条品种特异带，说明AFLP对大麻具有很高的分辨率。胡尊红等（2012）对13个不同来源的大麻群体进行遗传多样性分析，结果显示，云南地区的大麻群体具有最高的遗传多样性水平，其次为黑龙江群体。各群体间的遗传一致度在0.655 6～0.925 8，其中四川群体和广西群体间具有最高的遗传一致度，云南群体与贵州群体和四川群体间遗传一致度分别为0.919 6、0.917 3。所有群体中甘肃群体和山西群体遗传一致度最低为0.655 6，说明大麻种内具有较大的遗传变异。这些研究表明利用AFLP对大麻品种进行鉴定及遗传多样性分析是可行的，为今后深入地研究大麻植物遗传奠定了良好的基础。

（四）AFLP对大麻性别连锁标记分离的研究

通过分子标记技术比较大麻雌雄基因组差异可以获得雌雄单性性别形成的有效信息，其中AFLP标记由于多态性稳定性好也广泛用于大麻雌雄异株植物性别相关的研究。

利用AFLP分子标记，将8个*EcoR* Ⅰ-NNN和8个*Mse* Ⅰ-NNN组成64对引物，对大麻10个品种混合组成的雌性、雄性植株基因池进行筛选，并将筛选到的引物在此10个品种中进行验证，引物E-ACT/M-CTA在10个品种的雄株中均扩增出1条特异条带，雌株中均没有此带，对此引物扩增得到的特异性条带回收、克隆、测序，获得1条大小为348bp的雄性特异性条带，得到的序列进行Gen Bank序列比对，数据库中没有与此特异条带同源的序列。该条特异条带可作为分子遗传标记用于大麻早期性别鉴定的参考。

为建立一种大麻早期性别筛选及鉴定方法，利用AFLP标记技术，筛选了64对*EcoR* Ⅰ-NNN/*Mse* Ⅰ-NNN引物组合，对11个不同大麻品种雌、雄植株的混合DNA池进行了性别连锁特异性条带的筛选。结果表明，6对引物组合表现出多态性，其中，*EcoR* Ⅰ-ACA/*Mse* Ⅰ-CTG在雄性DNA池中扩增出1条特异条带，经各品种单株DNA验证，该条带只在雄性单株稳定出现，回收、克隆、测序后获得1条可用于大麻早期田间性别鉴定的734bp雄性特异条带。

四、序列相关扩增多态性

（一）SRAP技术的原理及优缺点

序列相关扩增多态性（Sequence related amplified polymorphism，SRAP），该技术是基于PCR技

术的分子标记，它操作简便迅速，成本低，可靠性好，重复性高，既克服了RAPD重复性差的缺点，又克服了AFLP技术复杂、成本昂贵的缺点。它是美国加州大学Li与Quiros博士在2001年开发出来的一种新的标记，主要通过检测基因的开放读码框（ORFs）从而产生中度数量的共显性标记。SRAP使用一对独特的引物对开放读码框进行扩增，是一种无须任何序列信息即可以直接PCR扩增的新型分子标记。该分子标记通过独特的引物组合对ORFs进行扩增，正向引物含17个碱基，针对基因中富含GC的外显子扩增。反向引物为18个碱基，针对富含AT的启动子、间隔序列、内含子进行扩增，扩增具有一定的选择性。由于启动子、间隔序列及内含子在不同物种甚至不同个体间差异很大，因而与正向引物搭配扩增出基于外显子和内含子的SRAP多态性标记。

（二）SRAP技术的应用

现在SRAP标记已用于图谱构建、比较基因组学和遗传多样性分析。王晓敏等（2007）应用金针菇（*Flammulina filiformis*）的两个菌株，黄色金针菇Y1701和白色金针菇W3082为作图亲本，采用分子标记以构建高密度的金针菇分子遗传连锁图谱。通过F_1代产生的71个单孢为遗传连锁图谱作图群体，应用SRAP、ISSR和TRAP标记引物，利用PCR对得到的作图群体进行多态性分析，构建了一张拥有11个连锁群以及125个标记位点，总长度860.3cM的遗传连锁图谱。连锁群平均长度为78.21cM，最长的连锁群为132.9cM，最短的连锁群为16.3cM。多态性标记间最大遗传距离为38.4cM，最小距离为0.5cM，连锁图中出现了6个大于20cM的间隙，标记密度6.88cM，是迄今金针菇遗传连锁图谱相关研究中密度最高的。本研究所获得的高密度遗传连锁图谱有助于金针菇QTL定位、分子辅助育种和基因定位的研究。

王晶等（2012）利用24组SRAP分子标记对山西省13个主要采集地的16份山丹种质进行基因型鉴定与遗传多样性分析。SRAP分子标记聚类结果表明，16份山丹种质被分为两大类群，第一类群共13份样品，第二类群共3个样品，第一类群13份山丹种质又可分为4个亚群。研究表明，山西省境内不同花色间的山丹种质遗传差异性更大，同一花色内山丹种质遗传相似度与地理分布、生境条件紧密相关。本研究开发的24组SRAP分子标记可以有效区分山西省境内山丹种质。通过对山西省境内山丹种质进行遗传多样性分析，为山丹的种质资源鉴定与保护、育种应用和分子机理研究提供技术支撑和理论基础。目前为止，关于SRAP分子标记在工业大麻领域的应用还未见报道。

五、简单重复序列

（一）SSR技术的原理及优缺点

简单重复序列（Simple sequence repeat，SSR），即微卫星DNA，在真核生物基因组中普遍存在的一种由1~6个核苷酸为单元的串联重复DNA序列，其中主要以2~3个核苷酸为重复单位，如（AC）n、（GA）n、（GAA）n、（TAG）n等，长度一般在1 000bp以内重复次数一般为10~50次。SSR标记的基本原理为：微卫星串联重复序列两端存在保守的序列，根据这些序列设计特异引物，通过PCR扩增和电泳检测后，呈现出扩增片段长度多态性。获得保守序列的途径有两种：一是通过NCBI（National center of biotechnology information）等数据库进行搜索；二是通过构建SSR富集DNA文库，经测序后获得，或者直接使用下一代测序技术（Next-generation sequencing，NGS）对基因组、转录组、cDNA文库等测序后获得。对于测序已完成的物种，可以根据基因组序列，方便快捷地在目标区域设计引物。

SSR标记为共显性遗传，具有稳定性好、多等位基因、多态性高、数量丰富、基因组覆盖度高和操作简单快捷等优点。SSR标记具有的特点：一是随机、均匀、覆盖性高；二是两侧顺序常较保守；

三是多数简单重复序列无功能作用，其数量变化率较大，导致不同品种之间位点变异较为广泛，其多态性高于RAPD及RFLP分子标记法；四是具有孟德尔遗传方式的共显性特点，在杂合子和纯合子的鉴定方面发挥着重要的作用；五是对DNA质量要求不高。SSR标记被广泛地应用于各种生物的遗传作图和种质鉴定。但是SSR标记也有一些缺陷，主要指SSR的引物开发代价较高，需要消耗大量的人力、物力和财力。

（二）SSR技术的应用

表达序列标签（Expressed sequence tag，EST）是开发SSR标记的重要资源。信朋飞等（2015）从NCBI大麻EST数据库中检索到1 114个SSR，分布于989条EST序列中，占EST总数的7.66%。其中三、六核苷酸重复基元类型居多，分别占EST-SSR总数的39.84%和34.56%，统计得到三核苷酸重复类型47种，六核苷酸重复类型113种。利用部分EST-SSR序列设计49对SSR引物，其中40对引物有扩增产物，占所设计引物总数的81.63%。进一步用这些引物对24个大麻品种进行多态性检测，29对引物显示多态性，占可扩增引物的72.5%。利用部分引物构建了24份供试材料的SSR指纹图谱。此研究结果证明了基于大麻EST信息建立SSR标记是一种有效而又可行的方法，并且为这些品种的真伪鉴定和保护提供科学依据。

六、简单重复序列间区

（一）ISSR技术的原理及优缺点

简单重复序列间区（Inter-simple sequence repeat，ISSR），该分子标记技术利用锚定的简单重复序列为引物，获得大量的微卫星间区的变异。ISSR分子标记技术是Zietkeiwitcz等在1994年提出的，是基于简单重复序列发展起来的分子标记技术，此技术结合了SSR和RAPD分子标记技术的优点，操作简单，具有丰富的多态性、可靠性、可重复性强，引物设计简单，快捷，成本低等优点。缺点是低重现性和有限的引物数量，其为显性标记，不能区分显性纯合与显性杂合。现已广泛应用于种质资源遗传多样性分析、亲缘关系、品种鉴定、品种选育、基因作图、指纹图谱建立等。

（二）ISSR技术的应用

2002年，Mareshige利用ISSR技术对用高压液相色谱（HPLC）无法区别的大麻材料做序列分析。通过PCR扩增所产生多态性带型结果的分析说明，通过ISSR技术不但能得到利用HPLC技术所得到的结果，还能做到HPLC技术无法完成的工作（即HPLC技术能区别出THC含量差别的大麻样品，但无法区别出其THC含量相似、CBD相差较大的大麻样品）。证实了ISSR分子标记技术可用于多个大麻品种间遗传距离的分析和亲缘关系的鉴定，同时也为ISSR分子标记技术在大麻毒品物证检测上的应用提供了有力的证据。

张利国等（2010）为探寻出更适宜大麻的ISSR反应体系，用以研究大麻的遗传多样性，利用梯度试验对dNTP、Taq DNA聚合酶和引物的浓度，预变性时间和退火温度5个因素进行优化，从而建立了适合大麻的ISSR-PCR反应体系。在稳定的ISSR-PCR扩增条件下，使用50个大麻ISSR引物对代表性的大麻材料进行PCR扩增，筛选出14个适合大麻的ISSR引物；同时，为优化大麻染色体的制片质量，对大麻染色体制片过程中的变温预处理、低温提高中期分裂相及解离等具体技术与方法进行了试验，为大麻遗传多样性的多层次化分析提供试验基础。

七、单核苷酸多态性

（一）SNP技术的原理及优缺点

单核苷酸多态性（Single nucleotide polymorphism，SNP），该技术是由于单个核苷酸的变异所产生的DNA序列多态性。SNP被誉为继RFLP、SSR之后的第三代分子标记，最早由Lander于1996年提出，主要是指在基因组水平上由单碱基的转换、颠换、插入及缺失所引起的DNA序列多态性。根据单碱基变异所在的位置，可以人为地将SNP划分为两种：一是分布在基因编码区（Coding region）的cSNP，其数量较少，但可能导致功能性突变；二是遍布于整个基因组的大量单碱基变异。SNP标记具有遗传稳定性高、位点丰富且分布广泛、富有代表性、二态性和等位基因性、检测快速、易实现自动化分析的特点。在分子遗传学、药物遗传学、法医学以及疾病的诊断和治疗等方面发挥着重要作用。但是，由于费用较贵，SNP的应用受到一定的限制。

（二）SNP技术的应用

目前，医学基因组公司已通过测序得到大麻的约1.31×10^{11}个原始碱基对，其完整序列的破译指日可待。虽然通过测序获得大量SNP位点已在许多农作物中广泛运用，但对大麻的此项研究主要集中在毒品大麻滥用与基因关系的一些SNP位点方面，对大麻育种及毒源鉴定甚少。运用SNP技术对大麻四氢大麻酚酸（Tetrahydrocannabinolic acid，THCA）合成基因进行分析，成功对94份大麻样本（其中包括10份未知样本）进行药用型和非药用型的鉴别区分，在完全能区分两者的情况下，也可与其他物种相区分。当前对毒品犯罪中毒品原植物的溯源一直是打击毒品犯罪的关键性环节，而SNP技术所具有的基因定位功能使得追溯毒源成为可能。同时基于SNP的高度多态性，也为大麻克隆植株的鉴定区分指明新的方向。因此，可以设想，如果今后能通过测序技术研究得到可以把不同地域、不同品种的大麻鉴别开来的SNP位点，建立全球大麻数据信息共享，那么追溯毒源将不再是问题。

陈璇等（2016）为揭示中国野生型大麻和栽培型大麻基因组之间的差异，通过全基因组重测序技术对一种野生型大麻（ym606）和一种栽培型大麻（ym224-B）进行全基因组重测序，测序深度$10 \times$，通过与参考基因组（Cansat3_genome）进行比对，共检测到2 264 150个单核苷酸多态性位点（SNPs），研究结果能在一定程度上反映中国野生大麻和栽培大麻在基因组水平的差异，可为下一步构建野生型和栽培型大麻遗传分离群体及开发重要性状分子标记提供理论基础和参考。

第二节　工业大麻种质资源的遗传多样性

一、研究工业大麻种质资源的遗传多样性的重要性

大麻是一种古老的栽培作物，具有重要的工业、农用及药用价值，特别在纺织业和造纸业上，具有其他作物不可替代的独特优势。

但随着大麻引种交流的逐年增多，分布的日益广泛，造成大麻的名称混乱，即使同种大麻在不同区域的长期繁衍也会朝不同方向进化，我国经过几千年的人工栽培，形成了许多地方品种，同种异名或同名异种的现象时有发生，各地有些大麻种子虽然品种名称相同，但田间表现迥然不同，这使得大麻在种子产销、品种保护等方面缺少判定依据。目前北方麻区种植南方品种会获得较高麻率（但不结实），由于一些地方大麻种子的生产管理混乱，使每年北方因为种植了假冒的大麻品种造成了相当严重的减产。同时，在育种上也造成了资源的反复重引，给育种工作带来了极大的不便，浪费了宝贵的

时间与财力，并且由于大麻是雌雄异株作物，资源极容易混杂，而且至今未能建立起有效的鉴别方法和标准。这样给大麻的种质划分、扩大栽培等方面带来不便，所以，获得一个有效的方法来鉴定大麻品种，以及建立分子水平上的品种基因文库显得十分重要。

此外，由于大麻遗传基础研究薄弱，国内优质、高产、多抗的优良大麻品种比较缺乏，严重地制约了我国大麻产业的发展。因此，加强国内外大麻遗传资源研究，从分子水平和细胞水平对大麻遗传多样性做出评价，是加速培育国产优良大麻品种的当务之急。

综合利用细胞遗传学和分子标记技术来研究大麻遗传多样性，从分子和细胞两方面提供资源的遗传标记，并分析其种间差异，两方面互相依托、互相印证，有效地克服单一方法存在的局限，从各自的角度提供种间分化信息，为进一步研究大麻遗传多样性和种群关系提供依据，同时也为品种引进、杂交育种、种质资源保护等提供指导，潜在经济效益显著。

二、国内外发展情况

近年来，随着现代生物技术的迅速发展，对植物类别的研究已从形态学深入到细胞和分子水平，使得这一领域的研究工作取得了长足的进步，但对大麻来说，多年来国内外对大麻的研究工作主要集中在引种、栽培、区划及少量品种选育等方面，在大麻遗传多样性及育种的基础研究上比较薄弱。

已报道的大麻遗传多样性研究，主要是基于形态学进行的，如云南大学杨永红（2004）等对27地县的大麻进行形态分类学研究。但是，形态性状大多易受生理因素和发育阶段等环境因素的影响，有些性状要到个体成熟时才能表现出来，可用作遗传标记的形态性状相当有限。作为研究基础，目前只有黑龙江省农业科学院张利国课题组进行过少量大麻资源的遗传多样性分析，应用效果有限，目前系统的对国内主要大麻资源进行遗传多样性的研究还未见报道。

ISSR是内部简单重复序列多态性标记，由于该技术操作简单快速，成本低廉，可以在没有任何分子生物学研究基础的前提下进行多态性分析，具有较好的稳定性和多态性。针对目前大麻遗传学研究基础薄弱，相关的SSR引物并未开发的现状，所以ISSR标记技术是从分子水平研究大麻分化较合适的方法。

20世纪，细胞学技术有了发展，使观察染色体的形态结构更为方便。Belling（1982）创立的染色体压片技术，成为植物染色体研究中最广泛采用的常规技术，推动了染色体的广泛研究，染色体组分析工作迅速发展。

除染色体数目外，有学者发现染色体形态、大小以及不同类型染色体的数量和位置，也具有很高的分类价值。Herskowitz（1998）认为，核型是中期染色体或染色体类型按顺序的排列表达，因此核型分析的内容就是确定染色体数目和分析染色体各项形态参数。染色体组型分析以及染色体分带技术能够对物种的亲缘关系、起源演化和遗传多样性等提供染色体水平上的遗传标记。细胞学家据此认识到染色体结构重排的重要性，并根据这样的变化解释核型差异，而染色体显带技术的问世，使染色体研究深入了一大步，揭示了许多按常规技术不能显示的种间差异，更能显示种内的染色体分化。

三、目前取得的主要研究进展

（一）工业大麻染色体标记分析

155个大麻地方品种的染色体组成有5种，核型类型包括1B、2B和2A共3种，染色体条数均为20条，它们的染色体组主要是由中部及近中部着丝粒染色体构成，但是染色体的构成有差异，155种大麻的不对称系数分布在51.27%～63.02%，染色体长度比也有区别（图3-2）。

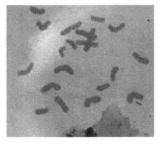

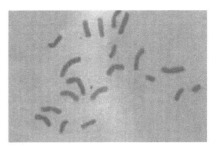

1B（例图为勃力） 2A（例图为昌图） 2B（例图为重庆）

1B 染色体排列

2A 染色体排列

2B 染色体排列

1B 染色体模式 2A 染色体模式 2B 染色体模式

图3-2 155种大麻染色体核型

（二）ISSR分析

23个引物（表3-1）共扩增出337条带，其中单态带56条、多态带281条，多态位点比率为83.38%，说明可以通过ISSR技术来分析大麻的遗传差异。大麻的多态位点比率较高，这与大麻的生态环境、分布密不可分，155个大麻地方品种几乎分布全国，所以具有丰富的遗传多样性。各个引物检测到的ISSR位点在3～16个（图3-3），可见，由于大麻是异花授粉作物，其异质性程度较高。

表3-1 适宜大麻的23条ISSR引物

序列号	引物序列（5′-3′）	序列号	引物序列（5′-3′）
804	TAT ATA TAT ATA TAT AA	852	TCT CTC TCT CTC TCT CRA
808	AGA GAG AGA GAG AGA GC	857	ACA CAC ACA CAC ACA CYG
812	GAG AGA GAG AGA GAG AA	859	TGT GTG TGT GTG TGT GRC
817	CAC ACA CAC ACA CAC AA	867	GGC GGC GGC GGC GGC GGC
819	GTG TGT GTG TGT GTG TA	869	GTT GTT GTT GTT GTT GTT
824	TCT CTC TCT CTC TCT CG	872	GAT AGA TAG ATA GAT A
827	ACA CAC ACA CAC ACA CG	873	GAC AGA CAG ACA GAC A
834	AGA GAG AGA GAG AGA GYT	880	GGA GAG GAG AGG AGA

（续表）

序列号	引物序列（5′-3′）	序列号	引物序列（5′-3′）
837	TAT ATA TAT ATA TAT ART	885	BHB GAG AGA GAG AGA GA
840	GAG AGA GAG AGA GAG AYT	889	DBD ACA CAC ACA CAC A
841	GAG AGA GAG AGA GAG AYC	892	TAG ATC TGA TAT CTG AAT TCC C
848	CAC ACA CAC ACA CAC ARG		

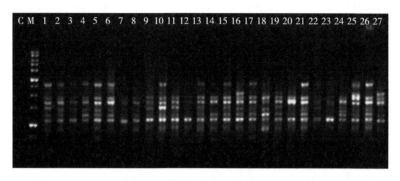

图3-3　ISSR引物U848对部分大麻品种基因组DNA的扩增图谱

（三）聚类分析

根据155个大麻品种（表3-2）间的遗传距离，经UPGMA聚类分析（图3-4），可以清楚地看出各个品种之间的亲缘关系，当遗传距离为0.318时，155个大麻地方品种分为七大类（A～G类，即图3-4中1～7类），可以看作是遗传距离较远的品种，适合进行杂交育种等工作。A～G类分别包含33种、26种、12种、24种、14种、36种、10种大麻地方品种。

表3-2　155个大麻地方品种名录与标记信息

编号	分类	种质名称	主要分布地区	染色体长度比	核型不对称系数（%）
001	A	沧源	云南	2.12	57.97
002	A	耿马	云南	2.31	57.90
003	A	临沧	云南	2.79	56.11
004	A	镇康	云南	2.45	56.75
005	A	云县	云南	1.86	59.25
006	A	楚雄	云南	2.32	54.52
007	A	弥渡	云南	2.66	56.32
008	A	姚县	云南	2.99	58.12
009	A	武定	云南	3.06	56.20
010	A	祥云	云南	1.91	56.64
011	A	元谋	云南	2.03	60.27
012	A	大姚	云南	2.05	56.75
013	A	大理	云南	2.31	61.11
014	A	云龙	云南	1.79	59.54
015	A	永人	云南	2.93	56.13
016	A	碧江	云南	3.47	59.45
017	A	丽江	云南	2.34	56.11

（续表）

编号	分类	种质名称	主要分布地区	染色体长度比	核型不对称系数（%）
018	A	彝良	云南	2.69	56.23
019	A	中甸	云南	1.69	58.14
020	A	元谋-2	云南	2.65	55.25
021	A	元谋-3	云南	2.83	57.23
022	A	永源-1	云南	3.06	61.12
023	A	重庆	四川	2.03	55.12
024	A	温江	四川	3.47	55.44
025	A	金瓜花	四川	2.23	54.69
026	A	笕桥	浙江	2.45	55.41
027	A	桐乡	浙江	3.43	54.69
028	A	嘉兴	浙江	2.31	55.44
029	A	平湖	浙江	2.79	54.69
030	A	湖州	浙江	3.45	61.12
031	A	淮阴	江苏	3.06	59.25
032	A	睢宁	江苏	2.45	55.41
033	A	宿迁	江苏	1.86	54.69
034	B	术阳	江苏	2.03	54.52
035	B	灌县	四川	1.91	53.95
036	B	火麻	安徽	2.45	55.97
037	B	寒麻	安徽	2.12	56.12
038	B	叶集	安徽	2.32	57.97
039	B	信阳	河南	2.16	57.90
040	B	汝南	河南	1.78	54.20
041	B	线麻	河南	2.33	56.64
042	B	遂平	河南	2.05	56.32
043	B	上蔡	河南	2.31	58.12
044	B	方城	河南	2.43	56.74
045	B	西陕	河南	1.84	56.67
046	B	项城	河南	2.3	54.88
047	B	滦川	河南	2.64	55.52
048	B	郯城	山东	2.97	58.02
049	B	苍山	山东	3.04	53.29
050	B	滕县	山东	1.89	55.09
051	B	平邑	山东	2.01	56.89
052	B	莒县	山东	2.03	54.97
053	B	莱芜	山东	2.29	55.41
054	B	肥城	山东	1.77	59.04
055	B	邢台	河北	2.91	55.52
056	B	平山	河北	3.45	59.88
057	B	大白皮	河北	2.32	58.31
058	B	阳原	河北	2.67	54.90

（续表）

编号	分类	种质名称	主要分布地区	染色体长度比	核型不对称系数（%）
059	B	宣化	河北	1.67	58.22
060	C	阳城	山西	2.63	54.88
061	C	新绛	山西	2.81	55.00
062	C	沁源	山西	3.04	56.91
063	C	榆社	山西	2.01	54.02
064	C	黄璋麻	山西	3.45	56.00
065	C	和顺	山西	2.21	59.89
066	C	方山	山西	2.43	53.89
067	C	定襄	山西	3.41	54.21
068	C	原平	山西	2.29	53.46
069	C	朔原	山西	2.77	54.18
070	C	河曲	山西	3.43	53.46
071	C	广灵	山西	3.04	54.21
072	D	商县	陕西	2.43	53.46
073	D	宝鸡	陕西	1.84	59.89
074	D	陇县	陕西	2.01	58.02
075	D	蒲城	陕西	1.89	54.18
076	D	彬县	陕西	2.43	53.46
077	D	韩城	陕西	2.1	53.29
078	D	黄龙	陕西	2.3	52.72
079	D	富县	陕西	2.14	54.74
080	D	志丹	陕西	2.43	56.74
081	D	定边	陕西	1.84	56.67
082	D	神木	陕西	2.3	54.88
083	D	武都	甘肃	2.64	55.52
084	D	康县	甘肃	2.97	58.02
085	D	舟曲	甘肃	3.04	53.29
086	D	武山	甘肃	1.89	55.09
087	D	清水	甘肃	2.01	56.89
088	D	陇西	甘肃	2.03	54.97
089	D	康乐	甘肃	2.29	55.41
090	D	华亭	甘肃	1.77	59.04
091	D	靖远	甘肃	2.91	55.52
092	D	环县	甘肃	3.45	59.88
093	D	古浪	甘肃	2.32	58.31
094	D	酒泉	甘肃	2.67	54.90
095	D	敦煌	甘肃	1.67	58.22
096	E	泾源	宁夏	2.63	54.88
097	E	固源	宁夏	2.81	55.00
098	E	中宁	宁夏	3.04	56.91

（续表）

编号	分类	种质名称	主要分布地区	染色体长度比	核型不对称系数（%）
099	E	中卫	宁夏	2.01	54.02
100	E	盐池	宁夏	3.45	56.00
101	E	昊中	宁夏	2.21	59.89
102	E	永宁	宁夏	2.43	53.89
103	E	平罗	宁夏	3.41	54.21
104	E	西宁	青海	2.29	53.46
105	E	湟中	青海	2.77	54.18
106	E	互助	青海	3.43	53.46
107	E	马耆	新疆	3.04	54.21
108	E	哈密	新疆	2.43	53.46
109	E	奇台	新疆	1.84	59.89
110	F	霍城	新疆	2.01	58.02
111	F	清源	辽宁	1.89	54.18
112	F	彰武	辽宁	2.43	53.46
113	F	西丰	辽宁	2.1	53.29
114	F	昌图	辽宁	2.3	52.72
115	F	通化	吉林	2.14	54.74
116	F	临江	吉林	2.43	56.74
117	F	榆树	吉林	1.84	56.67
118	F	扶余	吉林	2.3	54.88
119	F	洮安	吉林	2.64	55.52
120	F	东宁	黑龙江	2.97	58.02
121	F	五常	黑龙江	3.04	53.29
122	F	鸡西	黑龙江	1.89	55.09
123	F	林口	黑龙江	2.01	56.89
124	F	阿城	黑龙江	2.03	54.97
125	F	勃利	黑龙江	2.29	55.41
126	F	同株基	黑龙江	1.77	59.04
127	F	通河	黑龙江	2.91	55.52
128	F	望奎	黑龙江	3.45	59.88
129	F	明水	黑龙江	2.32	58.31
130	F	拜泉	黑龙江	2.67	54.90
131	F	依安	黑龙江	1.67	58.22
132	F	克山	黑龙江	2.63	54.88
133	F	北安	黑龙江	2.81	55.00
134	F	讷河	黑龙江	3.04	56.91
135	F	嫩江	黑龙江	2.01	54.02
136	F	孙吴	黑龙江	3.45	56.00
137	F	黑河	黑龙江	2.21	59.89
138	F	Юco-31	黑龙江	2.43	53.89

（续表）

编号	分类	种质名称	主要分布地区	染色体长度比	核型不对称系数（%）
139	F	Юсо-11	黑龙江	3.41	54.21
140	F	Венико	黑龙江	2.29	53.46
141	F	виалоб	黑龙江	2.77	54.18
142	F	K6	黑龙江	3.43	53.46
143	F	K12	黑龙江	3.04	54.21
144	F	梁山	山东	2.43	53.46
145	F	元谋-1	云南	1.84	59.89
146	G	永源-2	云南	2.01	58.02
147	G	天水	甘肃	1.89	54.18
148	G	大连	辽宁	2.43	53.46
149	G	灵丘	山西	2.1	53.29
150	G	昌图	辽宁	2.3	52.72
151	G	托克托	内蒙古	2.14	54.74
152	G	丘北	云南	2.43	56.74
153	G	沈阳	辽宁	1.84	56.67
154	G	新源野生	新疆	2.3	54.88
155	G	元谋-4	云南	2.64	55.52

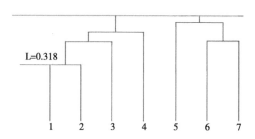

图3-4　155个大麻品种基于ISSR数据的UPGMA聚类（在遗传距离为0.318时，分为七大类）

四、研究对工业大麻遗传标记学科的主要意义

（一）155个大麻地方品种的细胞学特征与分子标记

研究完成了155个大麻地方品种的核型标记，结果表明大麻染色体组成有5种，核型类型包括1B、2B和2A共3种，而以往的研究受研究材料数量的局限先后发现大麻存在1B和2A两种核型（Suwei et al., 1999；Xin et al., 2008）。

Stebbins（1971）把核型从对称至不对称分为1A至4C共12个类别，认为植物中核型进化的主要趋势是不对称的不断增强，就是说，随着植物不断进化，染色体变得越来越不对称。根据这一观点，大麻各个地方品种都属于相对比较原始的类型，从染色体长度比、核型不对称系数等数据考虑，相对而言五常大麻是这27种大麻种较为进化的类型，昌图、宝鸡等地方品种属于相对原始的类型。

完成了155个大麻地方品种的ISSR分析，其中单态带56条、多态带281条，可以作为种质鉴定的依据，根据各品种间的遗传距离，经UPGMA聚类分析，可以清楚地看出各个品种之间的亲缘关系。当遗传距离为0.318时，155个大麻地方品种分为7类，与细胞学染色体标记的结果基本一致，较全面地给出了种间分化的信息。

（二）大麻的遗传分布

大麻的分布总体呈现出一定的地域性，又有一定的混杂性，这有可能是种质资源交流后适应当地环境的结果。染色体标记与ISSR标记两种研究结果基本一致，供试材料都表现出比较丰富的遗传多样性，说明两种分析手段都适用于分析大麻的遗传多样性，个别地方品种比如桐乡大麻、叶集大麻ISSR聚类结果与核型分析结果不一致，分析其原因，虽然核型分析指标在种内相当稳定，但其却难以反映那些进化中变异活跃的片段，可以说分子标记反映的是微观的、量化的过程，细胞学标记给出的是累加的、阶段性的结果。

（三）研究的指导意义

迄今为止，任何一种检测遗传多样性的方法都存在各自的优点和局限，任何一种方法都能从各自的角度提供有价值的信息，只有综合运用各种方法才能有助于认识遗传多样性及其生物学意义。染色体核型分析与ISSR标记两种研究手段互为补充，从分子和细胞两方面分析其种间差异，两方面互相依托、互相印证，有效地克服单一方法存在的局限，从各自的角度提供种间分化信息。研究结果为品种的辨别与引进、种质资源保护、杂交育种等提供依据，提高育种效率，有效地降低育种成本。

（四）未来研究方向

大麻是雌雄异株作物，各地品种交流又逐渐增加，品种极容易混杂，保持品种纯度工作量大，由于时间限制，目前只鉴定了155份材料，现在资源库里剩余的其他地方品种都有必要进行细胞学与分子生物学的检验，排除遗传上相同的资源，减少田间工作量，节约育种成本，提高育种效率。此外，由于工作量限制，未对供试材料进行两两杂交，以杂交亲和性的程度和杂交结实率高低及后代的育性鉴定亲缘关系，便于更好地选配杂交亲本。

第三节　高通量测序技术

一、测序技术的发展历史

众所周知，生物的遗传信息是由DNA序列决定的，4种碱基A、T、C、G的排列方式决定了生物的形态、生长发育、疾病等种种特征。DNA序列的异常也将引起各种各样的疾病。那么某一物种的DNA序列究竟是什么，如何得到该物种完整的DNA序列，如何破解"生命密码"，成为20世纪70年代生命科学研究领域的热门课题。

（一）第一代测序技术

在1977年，Sanger测定了第一个基因组序列——噬菌体X174，全长5 375个碱基。自此，人类获得了窥探生命遗传差异本质的能力，并以此为开端步入基因组学时代。研究人员在Sanger法的多年实践之中不断对其进行改进。在2001年，完成的首个人类基因组计划（Human genome project，HGP）以改进了的Sanger法为其测序基础，使用能在DNA模板链上互补掺入却不能延伸的4种双脱氧核苷三磷酸（ddNTP）与正常的4种脱氧核苷三磷酸（dNTP）竞争，合成的互补链可以在任意位置终止，进而获得长短不一的反应产物，通过电泳分离，从4条泳道上的条带顺序可以读出DNA的序列（图3-5）。这一技术可以对样品直接进行测序，不需提前了解其遗传背景，有较高的准确性，因此快速成为当时最常用的基因测序技术，并命名为"桑格-库森法"（Sanger-Coulson method），也成为第一代测序技术，它的出现标志着生命科学的研究进入了基因组时代。

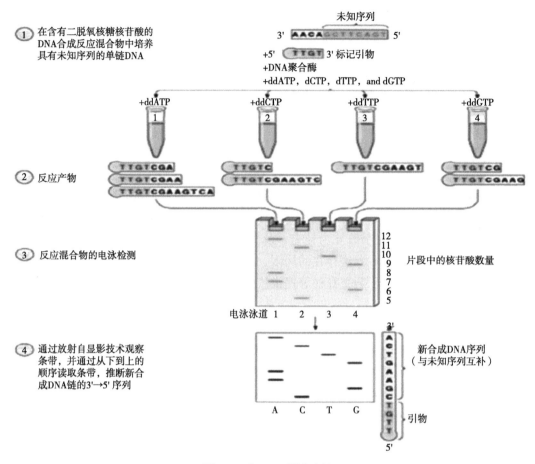

图3-5 Sanger测序方法

（二）第二代测序技术

随着科技的发展，到21世纪初，"桑格-库森法"的第一代测序技术已不能满足科研人员的要求，科研人员需要一种通量更大、速度更快、成本更低、灵敏度更高、准确度更高的新的测序技术，来满足日益增长的科研需求，第二代测序技术应运而生。

1. 第二代测序技术的基本原理

边合成边测序（或边连接边测序）（Sequencing by synthesis，SBL）的原理。在Sanger等测序方法的基础上，通过技术创新，用不同颜色的荧光标记4种不同的dNTP，当DNA聚合酶合成互补链时，每添加一种dNTP就会释放出不同的荧光，根据捕捉的荧光信号并经过特定的计算机软件处理，从而获得待测DNA的序列信息。该方法带来了革命性的改变，具有高通量、高效率、低成本等特点，其中尤以高通量特点最为显著，因此产生一个新的科技名词"高通量测序"，该技术的诞生对基因组学的研究具有划时代的意义。

2. 第二代测序技术的平台

纵观测序技术的发展历史，继第一代测序技术之后，美国应用生物系统公司（ABI）、罗氏（Roche）公司和Illumina公司相继研发出与第一代截然不同的测序技术，并利用各自独特的测序技术推出了Solid、454和Solexa 3种测序平台，也是第二代测序中最主流的3种测序平台。这些不同的测序平台都具有高通量、高效率、低成本等特点，故被通称为"高通量测序"，开创了第二代测序技术。这3个技术平台各有优点，454的测序片段比较长，高质量的读长（Read）能达到400bp；Solexa测序性价比最高，不仅机器的售价比其他两种低，而且运行成本也低，在数据量相同的情况下，成本只有454测序的1/10；Solid测序的准确度高，原始碱基数据的准确度大于99.94%，而在15X覆盖率时的准确度可以达到99.999%，是目前第二代测序技术中准确度最高的。

3. 第二代测序技术的操作流程

（1）测序文库的构建。首先准备基因组（虽然测序公司要求样品量要达到200ng，但是基因组分析系统所需的样品量可低至100ng，能应用在很多样品有限的试验中），然后将DNA随机片段化成几百碱基或更短的小片段，并在两头加上特定的接头（Adaptor）。如果是转录组测序，则文库的构建要相对麻烦些，RNA片段化之后需反转成cDNA，然后加上接头，或者先将RNA反转成cDNA，然后再片段化并加上接头。片段的大小（Insert size）对后面的数据分析有影响，可根据需要来选择。对于基因组测序来说，通常会选择几种不同的片段太小，以便在组装的时候获得更多的信息。

（2）锚定桥接。Solexa测序的反应在叫做flow cell的玻璃管中进行，flow cell又被细分成8个通道（Lane），每个Lane的内表面有无数的被固定的单链接头。上述步骤得到的带接头的DNA片段变性成单链后与测序通道上的接头引物结合形成桥状结构，以供后续的预扩增使用。

（3）预扩增。添加未标记的dNTP和普通Taq酶进行固相桥式PCR扩增，单链桥型待测片段被扩增成为双链桥型片段。通过变性，释放出互补的单链，锚定到附近的固相表面。通过不断循环，将会在Flow cell的固相表面上获得上百万条成簇分布的双链待测片段。

（4）单碱基延伸测序。在测序的flow cell中加入4种荧光标记的dNTP、DNA聚合酶以及接头引物进行扩增，在每一个测序簇延伸互补链时，每加入一个被荧光标记的dNTP就能释放出相对应的荧光，测序仪通过捕获荧光信号，并通过计算机软件将光信号转化为测序峰，从而获得待测片段的序列信息。从荧光信号获取待测片段的序列信息的过程叫做碱基判读技术（Base calling），Illumina公司Base calling所用的软件是Illumina's genome analyzer sequencing control software and pipeline analysis software。读长会受到多个引起信号衰减的因素所影响，如荧光标记的不完全切割。随着读长的增加，错误率也会随之上升。

（5）数据分析。这一步严格来讲不能算作测序操作流程的一部分，但是只有通过这一步前面的工作才显得有意义。测序得到的原始数据是长度只有几十个碱基的序列，要通过生物信息学工具将这些短的序列组装成长的序列重叠（Contigs）甚至是整个基因组的框架，或者把这些序列比对到已有的基因组或者相近物种基因组序列上，并进一步分析得到有生物学意义的结果。

（三）第三代测序技术

"高通量测序"的定义是"能一次并行对几十万到几百万条DNA分子进行序列测定的技术"。那么，只要检测的DNA分子量超过几十万，都可以是高通量测序，因此高通量测序包含第二代测序和第三代测序。

近年来，为了更精确、更有效地挖掘DNA的序列信息，研究人员研发出一个新的测序技术，即单分子测序。即通过现代光学、高分子、纳米技术等手段来区分碱基信号差异的原理，以达到直接读取序列信息的目的，第三代测序设备在DNA序列片段读长上优于第二代设备，但在准确度上较第二代设备差，未来随着技术的改善，第三代测序设备将更为稳定和成熟。基于单分子水平的边合成边测序，具有超长读长、不需要模板扩增、运行时间短、直接检测表观修饰位点等特点，弥补了第二代测序读长短、易受GC（鸟嘌呤和胞嘧啶）含量影响等局限性。所以该技术刚出现，就受到广大科研人员的热烈欢迎，并视此技术为第三代测序。

1. 第三代测序技术的原理

Helicos公司的Heliscope单分子测序仪、Pacific Biosciences的SMRT技术和Oxford Nanopore Technologies的纳米孔单分子技术，被认为是第三代测序技术。与前两代技术相比，它们最大的特点是单分子测序，其中，Heliscope技术和SMRT技术利用荧光信号进行测序，而纳米孔单分子测序技术利用不同碱基产生的电信号进行测序。

PacBio SMRT技术应用了边合成边测序的思想，并以SMRT芯片为测序载体，芯片上有很多小孔，每个孔中均有DNA聚合酶。测序基本原理是：DNA聚合酶和模板结合，4色荧光标记4种碱基（即是dNTP），在碱基配对阶段，不同碱基的加入，会发出不同光，根据光的波长与峰值可判断进入的碱基类型。DNA聚合酶是实现超长读长的关键之一，读长主要跟酶的活性保持有关，它主要受激光对其造成的损伤所影响。另外，可以通过检测相邻两个碱基之间的测序时间，来检测一些碱基修饰情况，即如果碱基存在修饰，则通过聚合酶时的速度会减慢，相邻两峰之间的距离增大，可以通过这个来检测甲基化等信息。SMRT技术的测序速度很快，每秒约数个dNTP。

2. 第三代测序技术的优点

（1）第三代基因测序读长较长，如Pacific Biosciences公司的PacBio RS Ⅱ的平均读长达到10kb，可以减少生物信息学中的拼接成本，也节省了内存和计算时间。

（2）直接对原始DNA样本进行测序，从作用原理上避免了PCR扩增带来的出错。

（3）拓展了测序技术的应用领域，第二代测序技术大部分应用基于DNA，第三代测序还有两个应用是第二代测序所不具备的：第一个是直接测RNA的序列，RNA的直接测序，将大大降低体外逆转录产生的系统误差。第二个是直接测甲基化的DNA序列。实际上DNA聚合酶复制A、T、C、G的速度是不一样的。正常的C或者甲基化的C为模板，DNA聚合酶停顿的时间不同，根据这个不同的时间，可以判断模板的C是否甲基化。

（4）第三代测序在ctDNA、单细胞测序中具有很大的优势。ctDNA含量非常低，第三代测序技术灵敏度高，能够对1ng以下做到监测；在单细胞级别，第二代测序要把DNA提取出来打碎测序，第三代测序直接对原始DNA测序，细胞裂解原位测序，是第三代测序的杀手应用。

3. 第三代测序技术的缺点

（1）总体上单读长的错误率依然偏高，成为限制其商业应用开展的重要原因；第三代基因测序技术目前的错误率在15%～40%，极大地高于第二代测序技术（NGS）的错误率（低于1%）。不过好在第三代的错误是完全随机发生的，可以靠覆盖度来纠错（但这要增加测序成本）。

（2）第三代测序技术依赖DNA聚合酶的活性。

（3）成本较高，第二代Illumina的测序成本是每100万个碱基0.05～0.15美元，第三代测序成本是每100万个碱基0.33～1.00美元。

（4）生物信息学分析软件也不够丰富。

虽然测序技术已发展到第三代，但并不意味着第一代和第二代测序技术已被淘汰，相反，每一代的测序技术都有其特点，现在依然在其各自领域发挥着重要作用（表3-3），比如用于亲子鉴定的3130仪器，就是基于第一代测序技术原理；第二代测序技术以其高通量、低成本的特点，仍然活跃在各类DNA、RNA测序以及各种表观修饰的研究中；第三代测序技术则凭借其当仁不让的读长优势，在基因组测序、全长转录本测序中独占鳌头。

表3-3　第一、二、三代测序技术参数比较

测序技术	典型测序平台	测序原理	读长	通量	准确率	优点	缺点
第一代测序	ABI/LIFE3730；ABI/LIFE3500	Sanger双脱氧终止法；毛细管电泳法	400～900bp	0.2Mb/run	>99%	读长较长，准确率高	通量小，测序成本较高

（续表）

测序技术	典型测序平台	测序原理	读长	通量	准确率	优点	缺点
第二代测序	Illumina HiSeq	边合成边测序法；可逆链终止法	50～150bp（×2）	750～1 500Gb/run	>99%	通量高，单位测序成本低	读长较短，样本制备较烦琐
	Life Tech Solid	连接测序法	50bp	30～50Gb/run	>99%		
	Roche 454	焦磷酸测序法	200～600bp	0.45Gb/run	>99%		
第三代测序	PacBio RS	DNA单分子测序；纳米孔测序	1 000～10 000bp	0.5～9Gb/run	<90%	读长较长，样本制备较简单	准确率较低
	Oxford Nanopore MinION	纳米孔测序	平均读长5 400bp	30～400bp/s	<90%		

二、高通量测序技术的种类

全基因组测序（Whole genome sequencing，WGS）：利用高通量测序技术，检测并获得细胞或组织中全部染色体中DNA的序列。用于研究未知基因组的序列、不同个体基因组的差异等。

外显子测序（Whole exon sequencing）：利用序列捕获技术捕获并富集细胞或组织基因组中所有外显子区域DNA，经高通量测序技术得到其所有的序列。用于研究已知基因的单核苷酸多态性位点、插入缺失位点等，不适合用于研究基因组结构的变异。

mRNA测序（mRNA sequencing，mRNA-seq）：从细胞或组织中提取其所有的信使RNA（mRNA），通过高通量测序技术得到其所有的序列。用于研究某特定状态下的细胞或组织中的转录组变化，比如差异基因表达分析、可变剪切分析等。

微RNA测序（micro RNA sequencing，miRNA-seq）：从细胞或组织中提取其所有的微RNA（micro RNA），通过高通量测序技术得到其所有的序列。用于研究某特定状态下的细胞或组织中的微RNA的差异表达、寻找其作用的靶点mRNA，以及发现新的微RNA等。

从头测序（De novo sequencing）：不需要任何已有的序列资料对某个物种进行的测序。利用生物信息学分析方法对序列进行拼接、组装，从而获得该物种的基因组图谱。应用于从头分析未知物种的基因组序列、基因组成、进化特点等。

基因组重测序（Genome re-sequencing）：对基因组序列已知的物种进行不同个体的基因组测序。用于分析不同个体间基因组的差异，如发现单核苷酸多态性位点、插入缺失位点、结构变异位点和拷贝数变异位点等。

单细胞测序（Single cell sequencing）：利用单细胞基因组扩增技术，通过高通量测序技术，得到单个细胞中所有的基因组、转录组等序列的技术。能够揭示该细胞内整体水平的基因表达状态和基因结构信息，准确反映细胞间的异质性，深入理解其基因型和表型之间的相互关系。

染色质免疫沉淀测序（Chromatin immunoprecipitation sequencing，ChIP-seq）：一类将染色质免疫沉淀（chromatin immunoprecipitation，ChIP）与高通量测序相结合，用以高效地在全基因组范围内研究细胞或组织中蛋白质和DNA相互作用的技术。可用于检测转录因子结合位点、组蛋白特异性修饰位点等。

RNA免疫沉淀测序（RNA immunoprecipitation sequencing，RIP-seq）：一类将免疫沉淀与高通量测序相结合，用以高效地在全基因组范围内研究细胞或组织中蛋白质和RNA相互作用的技术。可用于发现转录后调控网络、miRNA调节靶点等。

环状染色质构象捕获（Circular chromosome conformation capture，4C）：又称"芯片染色质构象捕获"（Chromosome conformation capture-on-chip）。基于染色体构象捕获（chromosome conformation capture，3C）发展而来。染色体构象捕获（3C）是一种检测DNA间是否存在相互作用的技术，用以分析染色质的空间构象。4C是将3C和芯片技术相结合，在全基因组范围内研究DNA间相互作用的技术。

3C碳拷贝（3C-carbon copy，5C）：基于染色体构象捕获（3C）工作原理，结合连接介导的扩增（Ligation-mediated amplification，LMA），实现大通量检测DNA间相互作用的技术。

高通量染色质构象捕获（Hi-C）：染色体构象捕获（3C）和高通量测序技术相结合的用以高通量检测DNA间相互作用的技术。是目前对测序量要求最高的一种技术。

RNA纯化染色质分离高通量测序（Chromatin isolation by RNA purification，CHIRP-seq）：一种在全基因组水平上检测与RNA绑定的DNA和蛋白的高通量测序方法。

紫外交联免疫沉淀结合高通量测序（Crosslinking-immunprecipitation and high-throughput sequencing，CLIP-seq）：利用高通量测序技术，在全基因组水平上检测细胞或组织中RNA分子与RNA结合蛋白相互作用的技术。

亚硫酸氢盐测序（Bisulfite sequencing，BS-seq）：利用高通量测序技术，检测细胞或组织中全部染色体DNA上甲基化修饰情况的技术。通过分析不同样品之间的甲基化差异，可研究DNA甲基化水平对基因表达的调控。

三、高通量测序技术的应用

高通量测序的出现使我们对基因的认识进入了一个全新的时代。高通量测序技术的应用十分广泛，例如从头测序（De novo）、基因组的重测序、差异基因的选择、表观遗传学中的应用等，凡是与基因测序有关的试验几乎都可以用到此技术。

（一）高通量测序在转座子中的应用

不同物种的基因组大小不尽相同，其原因就是染色体的多倍化以及转座子等重复序列的扩增。转座子是一段可以移动的DNA片段，是遗传变异的重要来源。因此，对转座子的分析有助于我们更好地了解基因组的结构。通过高通量测序，我们可以估算转座子含量、转座子的靶点偏好性及分布，揭示转座子的多态性及群体频率，鉴定稀有的转座子拷贝，探索转座子的水平转移等。

Tenaillon等在2011年利用Solexa测序技术对玉米自交系B73和繁茂玉米进行测序，并分别估算了其转座子的含量，证实了转座子确实是影响不同物种基因组差异的主要因素。之后对其他2个玉米品系进行测序，发现76%的基因序列差异是由转座子扩增引起的。由此可见，转座子对基因组大小有很大的影响。不同类型的转座子其转座机制也不同，了解转座子的整合位点有助于了解其机制。Linheiro等（2015）在166个果蝇品系的试验中，利用高通量测序技术共检测到非参考的转座子插入位点8 000个，并分析了转座子的靶点偏好性。结果表明，同一分支的转座子家族通常具有相似的TSD和TSM。这些结果为分析已知的转座子家族提供重要的特征信息。通过研究人类的转座子，新插入的转座子更倾向于某个群体或某个种族。高通量测序技术相对于传统Sanger技术而言，其对转座子的水平转移、稀有转座子的鉴定等方面具有更高的特异性和灵敏性，这有利于更好地了解转座子及其机制。

（二）高通量测序在全基因组重测序中的应用

通过全基因组重测序可以快速地找到如单核苷酸多态性（Single nucleotide polymorphism，SNP）和插入缺失标记（Insertion-deletion，In Del）等遗传差异，从而用于物种的进化分析或是关键基因的筛选鉴定。近年来随着测序技术的不断发展和多个物种全基因组的成功测序，重测序也越来越广泛地应用于物种进化研究和育种研究领域。如张彦威等（2013）对大豆品种齐黄34进行全基因组重测序，共检测到1 519 494个SNP位点，357 549个小片段In Del位点，4 506个结构变异。Lam等（2014）对31份大豆包括野生种和栽培种进行基因组重测序，共获得205 614个SNP位点，并发现在野生大豆中等位基因多态性水平要明显高于栽培大豆。Van Bakel等（2019）采用第二代测序技术对一种药物型大麻（Purple Kush）进行了全基因组测序，组装出787Mb的基因组（除去基因组上空缺值，共含534Mb碱基）。大麻基因组的成功测序有力地推进了大麻基因组学的研究进程。全基因组重测序能使科研人员快速进行资源普查筛选，有助于差异基因及候选基因的预测和筛选。

（三）高通量测序在转录组测序中的应用

利用高通量测序技术对转录本进行检测（即RNA-seq），就是把mRNA逆转录成cDNA，利用高通量测序技术对其进行检测，从而得到mRNA在样本中的含量。RNA-seq有以下几个优势：其测得的结果是数字化的表达信号，且信噪比高；灵敏度高，分辨率高；无须预先设计特异性探针即可直接进行转录组分析，这对生物学的研究具有重要的意义。

随着分子标记技术的快速发展，转录组测序数据也可作为标记开发的重要来源，为牧草开展种质资源遗传多样性评价、遗传变异分析、居群结构研究和育种提供有效工具。郑玉莹等（2018）综述了基于转录组测序的牧草分子标记如EST-SSR和SNP的开发及应用现状，以期为牧草分子标记开发提供重要参考。大量的转录组测序数据的获得为多种途径的后续研究奠定了基础。基于转录组测序数据可以确定测序物种的候选基因，Hu等利用RNA-seq分析确定了狗牙根编码TFs的候选基因，该基因可以调控木质素的合成，促进细胞壁松弛，并参与了促进根在盐环境下生长的植物激素信号的调控。马进等（2016）分析了紫花苜蓿根系转录组，紫花苜蓿基因表达谱随着盐胁迫的浓度不同而发生变化，在此基础上对耐盐相关的基因进行选择，为研究紫花苜蓿耐盐分子机制奠定了基础。

第四节　基因编辑技术

基因编辑技术就是对含有遗传信息的基因序列进行插入、删除、替换等修改的一种技术。基因序列改变有可能对蛋白质的表达造成影响，并且蛋白质的一个重要功能是调节生命活动，所以基因序列的改变甚至会影响整个生命体的生理生化活动。

基因编辑（Gene editing），又称基因组编辑（Genome editing）或基因组工程（Genome engineering），是一种新兴的比较精确的能对生物体基因组特定目标基因进行修饰的一种基因工程技术或过程。早期的基因工程技术只能将外源或内源遗传物质随机插入宿主基因组，基因编辑则能定点编辑想要编辑的基因。

相较于传统的转基因技术而言，基因编辑不仅能够对目标基因进行精确编辑，而且受体生物基因组中无外源DNA片段的引入，不存在食品安全风险，可直接应用于生产，已被大量应用于植物基因组功能和作物遗传改良等相关研究。基因编辑以其能够高效率地进行定点基因组编辑，在基因研究、基因治疗和遗传改良等方面展示出了巨大的潜力。

一、基因编辑技术的类型及作用原理

基因编辑技术是修饰特定基因的新型分子工具，包括锌指核酸酶（Zinc finger nucleases，ZFNs）法、转录激活类效应因子（Transcription activator-like effector nucleases，TALENs）法和成

簇规律间隔短回文重复序列核酸酶（Clustered regularly interspaced short palindromic repeat-associated cas，CRISPR/Cas）法。基因编辑技术可以用来标记任何感兴趣的基因位点，删除或者修饰特定基因序列，分析由基因编辑产生的突变表型则可以探索相关基因元件的功能。

新型基因编辑技术主要的原理基础是利用核酸酶特异性切割DNA形成双链缺口（Double stranded break，DSB），然后进行修复，从而达到修改基因片段的目的。修复缺口的机制有两种，一种是内源性的非同源末端连接（Non-homologous end-joining，NHEJ），这是细胞自身的随机修复机制，易出现碱基的错配和丢失。另一种是同源重组修复（Homology-directed repair，HDR），即在有同源片段的条件下，外源的目的基因能通过同源重组整合入靶基因，降低了错误率。其中ZFN和TALEN对靶DNA的识别利用DNA-蛋白质识别原理，而CRISPR/Cas9利用RNA-DNA识别原理。

（一）ZFNs法基因编辑技术

1. 锌指蛋白与ZFNs法基因编辑

第一代基因编辑技术是1996年出现的ZFN，用于动物基因的研究是从2002年ZFN成功用于果蝇基因组编辑时开始的，并在2003年开始了对人类细胞的基因编辑。

锌指蛋白（Zinc finger protein，ZFP）是在真核生物中分布最广的一类蛋白质，研究表明，人类基因组可能有近1%的序列编码含锌指结构的蛋白。锌指蛋白是一系列含手指状结构域的转录因子，在基因表达调控、细胞分化、胚胎发育、增强植物抗逆性等方面发挥着重要的作用。近年来已成功设计出特异性锌指蛋白元件，用于调节疾病相关基因的表达，为疾病的基因治疗提供了有用的手段，有着广阔的应用前景。

锌指核酸酶由锌指蛋白和限制性内切酶（Fok I）两部分融合而成。其中ZFP的功能是识别特异的DNA序列，而Fok I则行使切割功能域的功能。1983年，Klug等（1983）率先在非洲爪蟾卵母细胞的转录因子ⅢA中发现重复锌指结构域，并将其命名为锌指（ZF）基序。ZFP由ZFs串联而成，每个ZF由30个氨基酸残基组成，这些氨基酸构成的两串α螺旋组氨酸配体和两串β折叠半胱氨酸配体，围绕中央锌离子形成一个独立的四面体结构。每个ZF通常可以识别3bp或4bp DNA序列，锌离子起着稳定Cys2His2 ZF折叠结构的作用。

已经发现，锌指蛋白有3种与DNA靶向联合的结构形式：小鼠体内3指的锌指蛋白268（Zinc finger protein 268，Zif 268）、果蝇体内2指的锌指轨迹蛋白（Tramtrak，TTK）以及人类体内5指的神经肿瘤胶质相关致癌基因家族锌指蛋白（Glioma-associated oncogene family zinc finger，GLI）。

ZFN是通过设计锌指结构域以及多个锌指蛋白的不同连接顺序实现特异性结合靶标基因和限制性核酸内切酶Fok I进行定点切割的技术（图3-6A）。值得注意的是，Fok I核酸酶需要形成二聚体才可切割DNA产生DSB，为避免Fok I自身二聚化，将Fok I设计为异源二聚体，这样的设计也增强了ZFN的结合特异性。目前ZFN可以通过HDR或NHEJ来修饰体细胞和多功能干细胞的基因组，该技术靶向结合效率高，但是蛋白设计复杂，费时费力，并且无法实现对任意靶基因的结合，也无法实现高通量的基因编辑。

2. ZFNs法基因编辑技术的应用

2005年，Sangamo生物公司运用ZFNs第一次成功标记人类细胞内源性基因，即在伴X染色体重度免疫缺陷症患者体内标记突变的*IL-2Rγ*基因。近年来，ZFNs法基因编辑技术被用于研究病毒—宿主相互作用，以及预防和治疗HIV-1感染。HIV和其他慢性病毒的感染过程具有隐伏性质，治疗这方面疾病需要一种生命周期长、可自我更新并具有多品系的造血干细胞，这类干细胞可以把耐感染的基因修饰细胞重新注入宿主体内。然而，分子合成的ZFNs并不总是可以产生高度特异的ZFNs产物。其缺陷在于细胞内标记基因常常会呈现毒理效应，且实施过程耗时。

（二）TALENs法基因编辑技术

1. TALENs的结构与作用机制

第二代基因编辑技术是2010年出现的TALEN技术，通过2009年发现的TALE蛋白识别靶标序列，与ZFN类似，同样利用限制性核酸内切酶Fok I进行基因编辑（图3-6B）。将DNA识别域TALEs和催化域Fok I核酸酶进行人工偶联，创造出了TALENs法基因编辑技术。TALE蛋白由33～35个氨基酸的重复单元组成，通过位于12位和13位的两个可变氨基酸残基识别并结合DNA序列，这两个位点的氨基酸残基称为重复可变的双氨基酸残基（Repeat variable di-residue，RVD），每个重复单元能特异性识别一个碱基对，它们决定了序列识别的特异性，其余的大部分重复单元相对保守。标记DNA的氨基酸重复单元和核苷酸序列呈一一对应的关系，独立单元不受相邻单元的影响。Fok I核酸酶可催化一条DNA链断裂。然而，当两个TALENs接到一段DNA侧翼时，Fok I域便发生二聚化，从而使双链DNA断裂。

TALENs的唯一靶向限制是对N端结构有5′ T的要求，因此，通过构建不同的RVD和改变TALE的连接顺序，理论上可以是使用TALENs的范围非常广泛。

TALENs具有巨大应用价值，但它所带来的毒副作用也不可忽略。与ZFNs相比，TALENs的毒性低，TALENs毒性较ZFNs略小，转染后5d表达TALENs的细胞平均80%可以存活，而表达ZFNs的细胞平均只有50%存活率。毒副作用发生是因为TALENs与靶序列没有完全配对，导致基因组中不同位点的非特异性切割，这可能抑制重要的基因，从而扰乱基因组的稳定或引起细胞坏死。专性异源二聚体Fok I核酸酶替代常用内切酶Fok I也许可以减轻毒理效应。TALENs蛋白设计相对简单，但是重复序列更多，工作量巨大，此外，TALENs的体积比ZFNs更大，这使得某些病毒传递系统的包装较困难，也无法用于高通量的编辑。

2. TALENs法基因编辑技术的应用

TALENs法基因编辑技术主要用途在于制造基因敲除的动物模型。TALENs在2011年开始用于人类细胞的基因编辑，目前可在人类多功能干细胞和体细胞中有效诱导NHEJ和HDR。该技术可直接在受精卵打靶目的基因，帮助研究者在两个月内获得纯合子敲除小鼠。最近一项特别的研究实现了三基因在小鼠体内同时打靶，研究者将*Agouti*，*miR-205*和*Arf*特异的TALENs混合体系注射进250颗受精卵，分散输送到10只代孕小鼠体内，获得43只幼崽，鼠尾基因鉴定得到*Agouti*、*miR-205*和*Arf*突变的分别有25只、36只和24只，其中*Arf*突变小鼠均可检测得到其他两种突变基因。证明TALENs可以同时打靶3个基因，高效繁殖出三基因突变的小鼠。TALENs还可对人体细胞、胚胎干细胞或人体内诱导的多能干细胞系内基因位点进行打靶，形成包括敲除突变、敲入错义突变以及功能性移码突变在内的一系列突变。突变效率随细胞系和基因位点的变化而异。

TALENs曾被用于人K562细胞内敲除*CCR5*基因，修饰效率范围为5%～27%。此外，TALENs具有良好的临床治疗潜力，白介素2受体γ（Interleukin 2 receptor gamma，IL2RG）转座子突变可导致严重的伴X染色体免疫缺陷症，TALE-mediated修正IL2RG转座子的效率可达76%。

（三）CRISPR/Cas法基因编辑技术

1. CRISPR/Cas系统的分类及作用机制

根据标志基因的不同，CRISPR/Cas系统可分成3型。所有CRISPR/Cas系统均具有Cas1和Cas2基因。Cas1是金属依赖性酶，可以用序列非特异的方式切割双链和单链DNA，有些Cas1也能切割RNAs；许多Cas2蛋白是呈类铁氧还蛋白折叠状的RNA酶（RNases），而嗜碱芽孢杆菌来源的Cas2是一种金属依赖的双链DNA酶（DNase）。

Ⅰ型CRISPR/Cas系统：该型系统具有抗病毒的CRISPR相关复合物和Cas3。Cascade募集Cas3核酸酶降解靶序列。

Ⅱ型CRISPR/Cas系统：核糖核酸导向（RNA-guided）核苷酸内切酶Cas9出现后，人类构建的Ⅱ型CRISPR/Cas系统是各型CRISPR/Cas系统中最简单的一种。

Ⅲ型CRISPR/Cas系统：Ⅲ型CRISPR/Cas系统是所有各型CRISPR/Cas系统中最复杂的一种。Cas10基因编码蛋白和重复相关神秘蛋白（Repeat associated mysterious proteins，RAMP）组块Csm或Cmr共同形成Cas10-Csm或Cas10-Cmr靶向复合物。

从2012年CRISPR/Cas9的体外重构到2013年实现对人类细胞的基因编辑，第三代基因编辑技术CRISPR/Cas9并启了基因编辑技术领域的新篇章。CRISPR/Cas9系统建立在以非编码RNA为导向的Cas9核酸酶基础之上。Cas9核酸酶来源于细菌和古生菌。最初在1987年，日本科学家在研究细菌DNA结构时，发现大肠杆菌DNA中存在一段重复结构，之后的时间里有人也发现了这些重复结构，并且在2002年将这些重复结构命名为CRISPR序列。这段序列的功能探索持续了20年，直到2007年首次证实了该序列的功能是用于细菌免疫病毒感染。当细菌首次感染病毒时，会将病毒DNA切下来一小段，并且插进自身基因中，为了标记这段插入的序列，前后会加一段重复序列结构，这是第一阶段适应期。当细菌再次遇到病毒侵袭时，CRISPR基因指导Cas9蛋白的表达和sgRNA的组装，sgRNA由经转录和剪切后成熟的CRISPR RNA（crRNA）和反转录式crRNA（Trans-activating crRNA，tracrRNA）组成，用于识别病毒，这是第二阶段表达期。如果和之前记录的病毒DNA一样，Cas9蛋白在sgRNA的引导下结合靶标DNA，并且进行所需要的切割，这是第三阶段干扰期。

Cas9技术实现了特定位点的DNA切割，以较小的脱靶效率在基因组中任何部分（例如编码区、启动子或者增强子）引入随机突变或靶突变。CRISPR/Cas9系统中，两个非编码RNA（CRISPR RNA，crRNA）和（Trans-activating crRNA，tracrRNA）发生表达，指导优化的哺乳动物Cas蛋白切割含间隔序列前体旁基序（Protospacer adjacent motif，PAM）的靶向DNA双链。一些基因工程体系中，crRNA和tracrRNA可形成一个共同的转录子——单导向RNA（Single guide RNA，sgRNA）。靶序列以5′-NGG靠近PAM序列后，Cas9蛋白、tracrRNA和sgRNA表达形成复合物，结合靶序列并断裂DNA双链。DNA双链断裂对细胞有潜在致死性，存在两类修复机制：高效诱导非同源性末端连接（Non-homologous end-joining，NHEJ）作用下的突变和同源重组修复（Homology-directed repair，HDR）。

简而言之，CRISPR/Cas9技术通过sgRNA与靶标DNA中相对保守的PAM序列的上游基因互补配对，再经Cas9蛋白对靶标基因进行切割（图3-6C），这种特异性的天然获得性免疫机理，称为CRISPR防御系统。后来研究者意识到改造这个系统的sgRNA，使其与目标片段匹配，就可以精确地针对所有DNA。匹配完成后Cas9剪下DNA形成双链断裂（DBS），为避免NHEJ出现基因变异，可使用外源DNA模板进行HDR，对靶标基因进行目的修饰，从而实现精准基因编辑。而且人工改造过的CRISPR系统可以同时针对多个靶向基因，这在研究复杂的人类疾病上是一个巨大的进步。与ZFN和个YALEN相比，CRISPR/Cas9设计简便、成本低、效率高，可用于高通量的基因编辑，但是依旧存在脱靶问题。

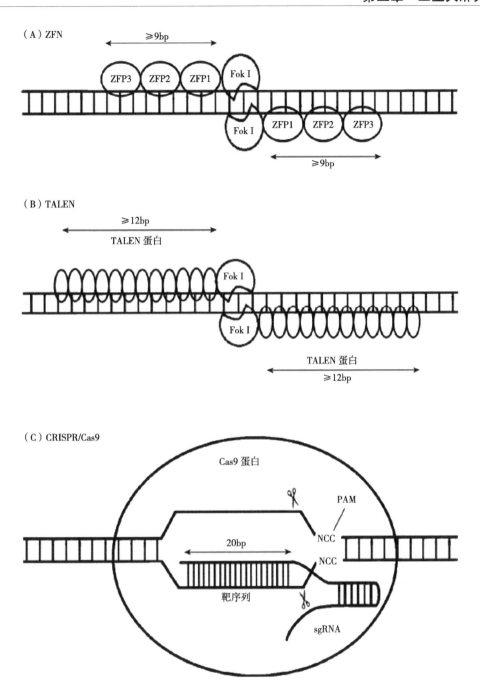

（A）ZFN

（B）TALEN

（C）CRISPR/Cas9

图3-6　ZFN、TALEN及CRISPR/Cas9基因编辑技术

2. CRISPR/Cas法基因编辑技术的应用

基因编辑技术通过基因敲除、插入及基因替换等手段，实现对目标基因的定向编辑并获得相应的突变体。近年来，基因编辑技术已经在模式植物拟南芥中得到深入的研究。除此之外，基因编辑技术在大田作物、药用植物中的应用也日趋广泛，其相关研究成果也越来越多。

随着CRISPR/Cas9基因编辑技术研究热潮的兴起，该技术也成功用于大田作物中。利用CRISPR/Cas技术对水稻中乙酰乳酸合成酶基因（*ALS*）、乙烯反应因子基因（*OsERF922*）、5-烯醇丙酮莽草酸-3-磷酸合成酶基因（*OsEPSPS*）的靶向修饰，分别获得了除草剂、稻瘟病和草甘膦抗性的水稻品种。利用CRISPR/Cas9对水稻中编码甜菜碱醛脱氢酶的香味控制基因（*Badh2*）和编码吲哚乙酸葡萄糖水解酶的千粒重控制基因（*tgw6*）进行编辑，获得的后代水稻突变体的香味和千粒重都分别得到了显著增加。利用CRISPR/Cas9基因编辑技术获得了玉米乙烯反应负调控基因（*ARGOS8*）突变体，其抗旱性得到了显著增强，在干旱条件下改善了玉米籽粒的产量。

药用植物种类很多，根据第三次全国重要资源普查结果，我国药用植物有11 146种，仅有200多种实现了人工栽培。受限于基因组信息的匮乏，目前在药用植物中应用基因编辑技术的报道较少。CRISPR/Cas9基因编辑技术在铁皮石斛（*Dendrobium officinale*）、丹参（*Salvia miltiorrhiza*）、罂粟（*Papaver somniferum*）等药用植物中都有应用，通过该技术对基因功能、次生代谢途径关键酶基因和分子遗传进一步研究，有利于加快药用植物的分子育种进程。

二、基因编辑在药用植物中的应用前景展望

当前，植物药在保护公众健康方面发挥着越来越重要的作用，尤其是在治疗一些疑难病、慢性病等方面，与化学药相比优势更为明显。然而，中药材生产中面临着各种问题，如部分名贵的野生药用植物濒临灭绝，栽培的药用植物产量和品质不稳定、抗病虫性降低，有些药效成分在药用植物中的含量很低，绝大多数药用植物对除草剂敏感，杂草防除困难等。高效的基因编辑修饰技术将在中药材产量、品质和抗性机制研究和中药材生产质量控制过程中发挥重要的作用。近年来，随着高通量测序技术的发展，越来越多的药用植物基因组序列信息获得了解析，功能基因组学和植物分子生物技术的发展为基因编辑技术在药用植物中的应用提供了充分的技术支持。基因编辑技术有望在以下几个方面促进药用植物的基础研究和生产应用。

1. 改善中药材的品质

中药材的品质包括外在品质、内在品质和加工品质等。品质性状的遗传受基因控制与环境条件影响；而药用植物药用部位发挥药效的物质基础为中药材含有的化学成分，化学成分的种类和含量决定了中药材的品质。中药材的化学成分复杂多样，主要有糖类、苷类、醌类化合物、苯丙素类化合物、黄酮类化合物、萜类和挥发油、生物碱、甾体类化合物、氨基酸等。中药材含有丰富的药效物质，同时，部分药材还含有一定的毒性成分，如生物碱类的麻黄碱、乌头碱、阿托品等；苷类成分强心苷、皂苷类、苦杏仁苷等。改善药用植物的品质，一方面可通过基因编辑技术敲除抑制合成药效成分的基因来提高药效成分的含量，从而降低药用植物中有效成分的提取成本；另一方面则通过敲除合成毒性成分的基因降低有毒成分的含量，从而降低药材的不良反应。由于基因编辑技术仅修饰特定的基因，并不会导入外源基因片段，环境安全风险低，因此具备改善中药材品质的生产应用价值。

2. 解析药用植物药效成分合成的代谢通路

药用植物中的活性成分主要由植物次生代谢途径合成，其中经乙酸—丙二酸途径（AA-MA途径）生成脂肪酸类、酚类、醌类等化合物；萜类、甾体类化合物经甲戊二羟酸途径（MVA途径）合成；经莽草酸途径合成具有C6-C3和C6-C1基本结构的苯丙素类化合物；大多数的生物碱是由氨基酸途径合成；还可以通过以上复合途径合成次生代谢产物。通过代谢组学中的核磁共振（NMR）、质谱（MS）、色谱（HPLC、GC）及色谱质谱联用等技术手段对药用植物代谢物进行定性和定量分析，进一步结合基因组学和蛋白质组学阐明药用植物的次生代谢合成网络途径及关键酶的调控机制，明确药用植物次生代谢产物的合成积累规律和关键环节。药用植物药用部位药效成分的合成主要受其合成通路中的催化酶基因和转录因子调控，可利用基因编辑技术实现催化酶基因和转录因子的过量表达或敲除，通过检测代谢产物和目标成分的含量，进而明确药效成分合成的分子调控机制。

3. 提高药用植物产量

药用植物药用部位的产量组成包括生物产量和经济产量，生物产量主要是药用植物光合作用所形成的全部干物质产量；经济产量是指药用部位的产量。利用基因编辑技术提高药用植物产量可以从两个方面展开，一是光合作用过程中将光能转化为有机物中稳定的化学能所涉及的两个反应阶段均需

要一定酶的参与，通过基因编辑技术对光合作用过程中催化酶基因进行敲除或过表达，对基因的功能进行研究，进一步调控基因的表达，从而提高光合作用产物。二是利用基因编辑技术对控制不同药用部位的基因进行编辑，进一步获得药用部位产量高的药用植物。因此，在锁定药用植物药用部位产量控制关键功能基因的情况下，可利用基因编辑技术调控该基因的表达，从而实现药用部位增产的目的。

4. 提高药用植物抗病虫性

病虫害是影响药用植物安全、优质生产的主要因素，选育抗病虫药用植物品种，提高药用植物抗病虫特性是防治病虫害，促进药用植物可持续发展最经济、有效、安全的方法。根据其他植物领域中通过基因编辑获得抗病虫品种的研究成果，可以设计靶向敲除药用植物中病虫害易感性基因的CRISPR/Cas9基因编辑系统，或参考其他植物中已研究出的相关抗病虫基因并在药用植物基因组中比对获得抗性同源基因，进一步对该同源基因进行编辑，也可以尝试将其他植物中已报道的抗病虫基因，通过构建CRISPR表达载体转入药用植物中，从而提高药用植物的抗病虫性。

5. 提高药用植物除草剂抗性

在药用植物农业生产中普遍存在杂草危害严重的现象，人工除草成本很高。利用除草剂对不同植物类型的选择性防除，很多大田作物都实现了专用型除草剂的生产和应用。而大多数药用植物对除草剂非常敏感，喷施除草剂会对药用植物产生严重的药害作用，导致药用植物种子的发芽率降低、叶片卷曲和发黄，甚至导致药用植物萎蔫死亡，致使中药材农业生产上谈"除草剂"而色变。Keller等（2014）研究表明，植物可通过自身基因的修饰获得对特定种类除草剂的抗性，如乙酰乳酸合酶基因（*ALS*）（对支链氨基酸的合成具有重要作用），对其单个氨基酸进行定向突变以降低植物对磺酰脲类除草剂的敏感性；5′-烯醇丙酮酰莽草酸-3-磷酸合酶基因（*EPSPS*）的突变体可以获得草甘膦抗性。另外，通过基因编辑技术将除草剂解毒酶导入植物中，以降低除草剂对植物的伤害，从而获得除草剂抗性。此外，相关研究还有报道出抗除草剂的其他潜在基因，如原卟啉原氧化酶（PPO）、α-微管蛋白等，可以进一步地研究明确其作用，为提高药用植物对除草剂的抗性奠定基础。

6. 加速药用植物的驯化

药用植物有10 000多种，然而，到目前为止绝大多数药用植物均以野生资源为主。野生药用植物存在分布分散、生境破坏严重、产量稳定性差等缺点，制约了植物药的持续供应和可持续发展。加速药用植物的驯化，有利于变野生药用植物为家种，保护濒危药用植物，保证中药材的永续利用。此外，加速药用植物野生种质资源的驯化，能够进一步对药用植物进行统一化栽培管理。利用传统的栽培和育种技术驯化野生植物，周期十分漫长，获得理想的栽培性状常常需要数年甚至数十年，而近年来起来的基因编辑技术为快速驯化野生药用植物提供了可能。

参考文献

陈其军，韩玉珍，傅永福，等，2001. 大麻性别的RAPD和SCAR分子标记[J]. 植物生理学报，27（2）：173-178.

陈璇，郭蓉，王璐，等，2018. 基于全基因组重测序的野生型大麻和栽培型大麻的多态性SNP分析[J]. 分子植物育种，16（3）：893-897.

杜明凤，李明军，陈庆富，2012. 淫羊藿属植物 PCR-RFLP 遗传多样性研究[J]. 中草药，43（3）：562-567.

郭佳，裴黎，彭建雄，等，2008. 应用AFLP 检测大麻遗传多样性[J]. 中国法医学，24（5）：330-332.

郭丽，张海军，王明泽，等，2015. 大麻雄性基因连锁AFLP分子标记的筛选及鉴定[J]. 中国麻业科学，37（1）：5-8.

胡尊红，郭鸿彦，胡学礼，等，2012. 大麻品种遗传多样性的AFLP分析[J]. 植物遗传资源学报，13（4）：555-561.

李仕金，辛培尧，郭鸿彦，等，2012. 大麻雄性相关RAPD和SCAR标记的研究[J]. 广东农业科学，39（24）：151-154.

刘昆昂，马宏，刘萌，等，2021. 采用rDNA-ITS和SRAP综合分析黑木耳栽培种的遗传多样性[J]. 分子植物育种，19（24）：8223-8232.

刘耀，熊莹喆，蔡镇泽，等，2019. 基因编辑技术的发展与挑战[J]. 生物工程学报，35（8）：1401-1410.

吕佳淑，赵立宁，臧巩固，等，2010. 大麻性别相关AFLP分子标记筛选[J]. 湖南农业大学学报（自然科学版），36（2）：123-127.

马建强，2013. 茶树高密度遗传图谱构建及重要性状QTL定位[D]. 北京：中国农业科学院.

马进，郑钢，2016. 利用转录组测序技术鉴定紫花苜蓿根系盐胁迫应答基因[J]. 核农学报，30（8）：1470-1479.

任梦云，陈彦君，张盾，等，2017. ISSR标记技术在药用植物资源中的研究进展及应用[J]. 生物技术通报，33（4）：63-69.

尚晓星，张安世，刘莹，等，2020. 玫瑰香系葡萄种质资源SRAP遗传多样性分析及指纹图谱构建[J]. 分子植物育种，18（6）：1916-1922.

邵高能，谢黎虹，焦桂爱，等，2017. 利用CRISPR/cas9技术编辑水稻香味基因Badh2[J]. 中国水稻科学，31（2）：216-222.

汤志成，陈璇，张庆滢，等，2013. 野生大麻种质资源表型及其RAPD遗传多样性分析[J]. 西部林业科学，42（3）：61-66.

王海，2017. 高通量测序技术新名词的理解和辨析[J]. 中国科技术语，19（4）：51-54.

王加峰，郑才敏，刘维，等，2016. 基于CRISPR/Cas9技术的水稻千粒重基因tgw6突变体的创建[J]. 作物学报，42（8）：1160-1167.

王晶，李建，史根生，等，2020. 利用SRAP分子标记研究山西省野生山丹的遗传多样性[J]. 山西农业大学学报（自然科学版），40（6）：46-53.

王晓敏，吕瑞娜，李长田，2020. 应用SRAP、ISSR和TRAP标记构建金针菇分子遗传连锁图谱[J]. 分子植物育种，18（13）：4377-4383.

王兴春，杨致荣，王敏，等，2012. 高通量测序技术及其应用[J]. 中国生物工程杂志（1）：109-114.

王雪松，周雨晴，李丹，等，2018. 基于PCR-RFLP的西洋参和人参指纹特征鉴定[J]. 北华大学学报（自然科学版），19（1）：49-52.

信朋飞，臧巩固，赵立宁，等，2014. 大麻SSR标记的开发及指纹图谱的构建[J]. 中国麻业科学，36（4）：174-182.

张利国，张效霏，常缨，等，2014. 大麻ISSR反应体系的优化与引物的初步筛选[J]. 中国农学通报，30（12）：105-109.

张利国，张效霏，房郁妍，等，2014. 大麻ISSR引物的筛选与细胞学制片技术的优化[J]. 江苏农业科学，42（4）：30-32.

张利国，2008. 27种大麻资源的RAPD聚类分析[J]. 黑龙江农业科学（2）：14-16.

张琼琼，黄兴如，郭逍宇，2016. 基于T-RFLP技术的不同水位梯度植物根际细菌群落多样性特征分析[J]. 生态学报，36（14）：4518-4530.

张彦威，李伟，张礼凤，等，2016. 基于重测序的大豆新品种齐黄 34 的全基因组变异挖掘[J]. 中国油料作物学报，38（2）：150-158.

赵仲麟，常志远，袁超，等，2018. PCR-RFLP 定量检测川贝母真伪的研究[J]. 河南农业大学学报，52（2）：249-253.

郑玉莹，谢文刚，2020. 基于转录组测序的牧草分子标记开发研究进展[J]. 中国草地学报，42（1）：154-162.

左鑫，李欣容，李铭铭，等，2020. 基因编辑技术及其在药用植物中的应用展望[J]. 中国现代中药，22（12）：2108-2114，2121.

BOTSTEIN D R, WHITE R L, SKOLNICK M H, et al., 1980. Construction of a genetic linkage map in man using restriction fragment length polymorphisms [J]. The American Journal of Human Genetics, 32（3）：314-331.

DEVEY M E, BELL J C, SMITH D N, et al., 1996. A genetic linkage map for *Pinus radiata* based on RFLP, RAPD, and microsatellite markers [J]. Theoretical and applied Genetics, 92（6）：673-679.

HU L X, LI H Y, CHEN L, et al., 2015. RNA-seq for gene identification and transcript profiling in relation to root growth of bermudagrass（*Cynodon dactylon*）under salinity stress [J]. BMC Genomics, 16：575.

JOEL P M, DAVID J S, 2010. Engineered zinc finger proteins：methods and protocols [M]. Germany：Humana Press：5-6.

JIANG K B, XIE H, LIU T Y, et al., 2020. Genetic diversity and population structure in *Castanopsis fissa* revealed by analyses of sequence-related amplified polymorphism（SRAP）markers [J]. Tree Genetics & Genomes, 16（4）：27-31.

KLUG A, SCHWABE J W, 1995. Protein motifs 5. Zink finger [J]. FASEB Journal, 9（8）：597-604.

LAM H M, XU X, LIU X, et al., 2010. Resequencing of 31 wild and cultivated soybean genomes identifies patterns of genetic diversity and selection [J]. Nature Genetics, 42（12）：1053-1059.

LANDER E S, 1996. The new genomics：global views of biology[J]. Science, 274（5287）：536-539.

LI C, QI R, SINGLETERRY R, et al., 2014. Simultaneous gene editing by injection of mRNAs encoding transcription activator-like effector nucleases into mouse zygotes [J]. Molecular Cell Biology, 34（9）：1649-1658.

LI G, QUIROS C F, 2001. Sequence-related amplified polymorphism（SRAP），a new marker system based on a simple PCR reaction：its application to mapping and gene tagging in *Brassica* [J]. Theoretical and Applied Genetics, 103：455-461.

LI J, MENG X, ZONG Y, et al., 2016. Gene replacements and insertions in rice by intron targeting using CRISPR-Cas9 [J]. Nature Plants, 2（10）：16139.

LINHEIRO R S, BERGMAN C M, 2012. Whole genome resequencing reveals natural target site preferences of transposable elements in *Drosophila melanogaster* [J]. PLoS One, 7（2）：e30008.

MANDOLINO G, CARBONI A, FORAPANI S, et al., 1999. Identification of DNA markers linked to the male sex in dioecious hemp（*Cannabis sativa* L.）[J]. Theoretical and Applied Genetics, 98（1）：86-92.

MARESHIGE K, OSAMU L, YUKIKO M, et al., 2002. DNA fingerprinting of *Cannabis sativa* using inter-simple sequence repeat（ISSR）amplification [J]. Planta Medica, 68（1）：60-63.

MARINA B, MARY G, GOLIC K G, et al., 2002. Targeted chromosomal cleavage and mutagenesis in Drosophila using zinc-finger nucleases [J]. Genetics, 161（3）: 1169-1675.

MATSUBARA Y, CHIBA T, KASHIMADA K, et al., 2014. Transcription activator-like effector nuclease mediated transduction of exogenous gene into IL2RG locus [J]. Scientific Report, 4: 5043.

ROGER B, EDUARDO P, EVA R M, et al., 2014. Zinc finger endonuclease targeting PSIP1 inhibits HIV-1 integration [J]. Antimicrobial agents and chemotherapy, 58（8）: 4318-4327.

SAKAMOTO K, SHIMOMOMURA K, KOMEDA Y, et al., 1995. A male-associated DNA sequence in a dioecious plant, *Cannabis sativa* L. [J]. Plant and Cell Physiology, 36（8）: 1549-1554.

SCOTT J N, KUPINSKI A P, BOYES J, 2014. Targeted genome regulation and modification using transcription activator-like effectors [J]. FEBS Journal, 281（20）: 4583-4597.

SUN Y, ZHANG X, WU C, et al., 2016. Engineering herbicide-resistant rice plants through CRISPR/Cas9-mediated homologous recombination of acetolactate synthase [J]. Molecular Plant, 9（4）: 628-631.

TENAILLON M I, HUFFORD M B, GAUT B S, et al., 2011. Genome size and transposable element content as determined by high throughput sequencing in maize and *Zea luxurians* [J]. Genome Biology and Erolution（3）: 219-229.

VAN BAKEL H, STOUT J M, COTE A G, et al., 2011. The draft genome and transcriptome of *Cannabis sativa* [J]. Genome Biology, 12（10）: 102.

VARSHNEY R K, GRANER A, SORRELLS M E, 2005. Genic microsatellite markers in plants: features and pplications [J]. Trends in Biotechnology, 23（1）: 48-55.

VERWEIJ K J H, VINKHUYZEN A A E, BENYAMIN B, et al., 2013. The genetic aetiology of cannabis use initiation: a meta-analysis of genome-wide association studies and a SNP-based heritability estimation [J]. Addiction Biology, 18（5）: 846-850.

WANG F, WANG C, LIU P, et al., 2016. Enhanced rice blast resistance by CRISPR/Cas9-targeted mutagenesis of the ERF transcription factor gene *OsERF922*[J]. PLoS One, 11（4）: e0154027.

ZALAPA J E, CUEVAS H, ZHU H, et al., 2012. Using next-generation sequencing approaches to isolate simple sequence repeat（SSR）loci in the plant sciences [J]. American Journal of Botany, 99（2）: 193-208.

ZIETKIEWICZ E, RAFALSKI A, LABUDA D, 1994. Genome fingerprinting by simple sequence repeat（SSR）anchored polymerase chain reaction amplification [J]. Genomics, 20（2）: 176-183.

第四章 工业大麻育种技术

第一节 工业大麻育种研究概况

一、工业大麻的起源与发展

大麻起源于中国及东南亚国家。许多古代文献和考古资料证实我国是世界种植大麻最早的国家，种麻历史可追溯到公元前5150—前2960年，至今7 000多年，公元前4500—前3500年已经开始利用大麻织布。公元前2100—1400年印度最早利用大麻做麻醉剂。大麻由伊斯兰国家从中国引种并在世界各地普遍种植。大麻用来制作航海用的绳索强韧耐用，使得大麻在全世界范围内引种和种植快速发展起来。约公元前1500年色雷斯人及西西亚人使用过大麻，并且由西西亚人将大麻带到欧洲。De Candolle在1886年指出，欧洲最早有大麻记载是在公元前270年，但直到16世纪时欧洲才广泛栽培大麻。俄罗斯9世纪开始有大麻栽培，17世纪早期，英国进口的大麻主要来自俄罗斯。1545年，西班牙人将大麻带到西半球，首先在智利开始种植大麻。1645年清教徒将大麻引种到美国新英格兰地区，首次在马萨诸塞州和康涅狄格州引种种植。美国革命前，大麻又被引种到弗吉尼亚州和和宾夕法尼亚州。第一次世界大战时期，对大麻的需求增加，美国其他一些州，如威斯康星、加利福尼亚、俄亥俄州、北达科他、明尼苏达州等地均种植过大麻。

大麻在医药和作为兴奋剂上也较早就有应用，医用大麻开始约公元前2737年，远远滞后于应用纤维的历史。许多国家包括中国把大麻广泛用于制药，甚至专门培育药用大麻品种。印度和土耳其等国培育出高毒性大麻变种用以生产麻醉品和药用大麻油。药用大麻的潜在医疗价值也使其成为许多复杂科学和法律的研究对象，同时也出现许多关于大麻作为医药负面作用的报道，警告人们不要滥用大麻。公元1000年阿拉伯人Ibn Wahshiyah所著的《关于毒品》中第一次记载了关于大麻药品的副作用。1621年，Robert Burton在《忧郁的解剖》一书中提到医用大麻可以引起人们的情绪混乱，这种新的观点导致了对大麻的研究此起彼伏，一直持续到20世纪80年代。

由于大麻中含有致幻成瘾的毒性成分四氢大麻酚（THC），千百年来被人类用作毒品使用，19世纪末20世纪初，世界各地开始控制大麻的种植和使用，特别是1970年以后对大麻的种植进行严格的控制，基本处于禁止状态。联合国1961年《麻醉品单一公约》首次将大麻列入国际控制毒品行列，并在1971年《精神药物公约》和1988年《联合国禁止非法贩运麻醉药品和精神药物公约》中均将毒品大麻列为受控毒品管制。但在1961年《麻醉品单一公约》中明确规定，该公约不适用于专供工业用途（纤维和种子）或园艺用途而种植的大麻植物。随着大麻综合利用价值的开发，各国陆续解除大麻的禁令，工业大麻产业迅速发展起来。20世纪80年代初期法国开始种植大麻，1986年西班牙开始种植大麻，1992年欧盟通过立法允许种植THC含量低于0.3%的工业大麻，并给予种植补贴。到1998年，欧盟所有成员国都对大麻的种植实行了解禁。为防止大麻滥用，许多国家和地区根据大麻植株中THC含量（多指大麻雌株顶部花穗中的含量）进行划分，近年来各国普遍采用欧盟（农业）委员会制定的统一标准，根据四氢大麻酚含量将大麻分为3类，即工业大麻(THC<0.3%)、娱乐型大麻（THC>0.5%）和中间型大麻（0.3%≤THC≤0.5%）。其中，工业大麻THC含量低于0.3%，不具备毒品利用价值，可以进行种植和利用。大麻在工业、食品、药品、纺织、建筑等领域具有极高的利用价值，因此工业大麻近年来受到国际社会广泛关注。

2005年全世界大麻收获面积为77 229hm^2，其中纤维收获面积52 436hm^2。世界大麻主产国有中国、法国、西班牙、俄罗斯、朝鲜、德国、加拿大、智利等。1996—2007年欧洲种植大麻1.4万~4.0万hm²，平均2.2万hm²，其他国家种植大麻5万~6万hm²，我国3万~5万hm²，占世界大麻种植总面积的1/3~1/2。2008年，全世界大麻纤维收获面积57 429hm²，种子收获面积26 213hm²。相关数据显示，2019年全球大麻籽产量达14.7万t，大麻纤维产量超5.6万t（图4-1），朝鲜、韩国、意大利、塞尔维亚等国以生产大麻纤维为主，保加利亚、土耳其、匈牙利等国则以生产大麻种子为主，大多数国家纤维和种子并收。

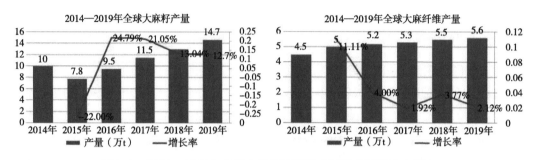

图4-1 2014—2019年全球大麻产量情况（纤维产量不含中国）

数据来源：联合国粮食及农业组织（FAO）。

目前根据利用目的和作用的不同，世界各国主要将大麻法令划分为娱乐用和医用两类，对工业大麻种植也有相应规定。针对娱乐用和医用大麻，加拿大通过《大麻法》后均为合法，中国、日本等国则全部视为非法，有的国家既有合法部分，又有非法部分，单独针对工业大麻种植合法化也有相应的法令。截至2019年，全球范围内超过50个国家将医用大麻或CBD合法化，娱乐用大麻合法化国家11个，其中乌拉圭和加拿大为大麻全面合法化，工业大麻种植合法化国家31个（表4-1）。

表4-1 世界各国大麻合法化情况

合法分类	国家
娱乐大麻合法	加拿大、乌拉圭、安提瓜、巴布达、阿根廷、斯洛文尼亚、瑞士、爱沙尼亚、意大利、秘鲁、卢森堡
医用大麻全部合法	阿根廷、澳大利亚、奥地利、智利、哥伦比亚、克罗地亚、捷克、丹麦、爱沙尼亚、芬兰、格鲁吉亚、德国、希腊、爱尔兰、意大利、以色列、牙买加、卢森堡、北马其顿、马耳他、墨西哥、荷兰、挪威、秘鲁、波兰、葡萄牙、圣马力诺、南非、瑞士、土耳其、瓦努阿图、津巴布韦
医用大麻部分合法	比利时、塞浦路斯、法国、新西兰、罗马尼亚、西班牙、斯诺文尼亚、斯里兰卡、英国
工业大麻种植合法	荷兰、德国、加拿大、英国、奥地利、澳大利亚、丹麦、葡萄牙、瑞士、西班牙、意大利、波兰、法国、芬兰、瑞典、匈牙利、智利、罗马尼亚、印度、俄罗斯、埃及、中国（部分省份）、韩国、日本、斯洛文尼亚、泰国、土耳其、乌克兰、新西兰、美国、尼泊尔
大麻全面合法	乌拉圭、加拿大

中国是世界上最大的工业大麻生产和出口国，以纤维麻为主，工业大麻种植占全世界的60%，产量占全球工业大麻原麻总产量的25%，提供了全球近1/3的工业大麻产量。种植工业大麻的主要产物为其纤维、种子和花叶，可广泛用于纺织、造纸、食品、工业配件、个人护理品以及萃取大麻油CBD等产品。在中国有20多个省（市）都有大麻种植历史，大麻种植面积和产量与世界大麻的发展基本一致，20世纪80年代初大麻收获面积曾经达到1.64万hm²，总产量达到5万t，之后呈下降趋势。进入21世纪，大麻播种面积保持在1.2万hm²左右，总产量3万~4万t。近年来，随着人们对大麻多用途综合开发利用研究的不断深入，大麻产业越来越受到重视，种植面积不断增大，2011—2018年，我国工业大麻播种面积由4 500hm²增加至18 560hm²，产量由1.34万t提升至10.52万t，并培育出了诸多工业大麻优良新品种，大麻产业发展迅速。目前我国的大麻生产种植主要分布在黑龙江、云南、安徽、山西等地，内蒙古、甘肃、山东、河南等地也有大麻种植。

二、国外工业大麻育种概况

国外对大麻新品种培育的研究开始较早，早在20世纪初期就有相关研究报道。1960年以前，世界各国主要采用单株选择和集团选择在内的系统选育法，育种的主要目标是考虑纤维的产量、品质和生育期。苏联采用单株选育的方法育成Gluon1、Mnocuous2、Poltava4等优异大麻品种，并且利用地理上相隔较远的大麻类型进行选择，采用连续谱系选择的方法，鉴定单株的纤维含量、纤维产量、种子产量以及其他性状，在种子繁殖的较晚阶段采用集团选择法选育出高产、早熟品种USO-6。早在1927年Dewey对中国性状不一的各个地方品种进行简单的选种，分成很多不同类型，并培育出优异的大麻品种KymIngton。1970年以后大麻育种开始进入以杂交育种为主的阶段，育成了不少便于机械收割的低毒高纤雌雄同株大麻品种，苏联育成了USO-14、USO-31、德涅泊罗夫等品种。通过集团选择和系统选育而成的大麻品种，在不同环境条件下或不同世代，其性别表现不稳定。通过雌雄同株和雌雄异株类型杂交，可以产生具有多数雌性基因型的群体，由此使纤维品质较为均匀一致，还可产生杂种优势。第一次在大麻品种间的杂交很可能是Dewey于1927年在Symington品种和Ferrara品种之间进行的，这两个品种从地理起源和选育情况来说都是截然不同的，而且它们的F_1后代具有极佳的特性，尤其是纤维含量和纤维质量。

20世纪70年代后期是全世界工业大麻新品种培育研究的一个重要阶段，之后的10年里大麻育种研究处于一个相对稳定的阶段，1996年以后工业大麻育种研究明显增多，特别是近10年来，全球对大麻药用价值的开发利用，大麻产业发展对种植品种方面提出了新的要求，工业大麻的新品种选育成为新的研究热点。单从全球大麻新品种培育方面发表的论文数量上看，美国居首位，其次是意大利和英国，俄罗斯位居第四，这些国家在新品种培育研究方面的实力较强。此外，日本、荷兰、乌克兰、波兰、德国、匈牙利、印度、加拿大等国家在新品种培育方面的研究也较多。自20世纪80年代以来，工业大麻的研究逐渐受到世界各国的重视，随着技术的进步和信息渠道的多样化，各国之间的科学技术合作也日益密切。乌克兰农业科学院韧皮纤维研究所对大麻新品种培育研究起步较早，研究所涉及范围也较广泛，在大麻的经济性状、化学成分遗传性、性别遗传性、雌雄同株和雌雄异株大麻品种遗传特征及新品种选育上做了大量研究工作，培育出了许多适合机械化收获的低毒雌雄同株大麻品种。美国的密西西比大学对大麻的研究侧重大麻体外传播、基因标记等技术方面；印第安纳大学侧重大麻腺毛与大麻化学成分方面的研究；俄亥俄州立大学侧重光周期与大麻性别表达的影响研究。荷兰莱顿大学侧重大麻的细胞悬浮培养液及表型分析研究。英国斯特拉斯克莱德大学侧重大麻rDNA基因间隔序列分析的研究。Sakamoto et al.（1995）测定了与大麻雄性有关的DNA序列，为后来的克隆大麻雄性基因奠定了基础。九州大学药科系Taura et al.（1995）从生物化学角度研究了Δ'-THCA（Δ'-THCAQ为Δ'-THC合成的前体），并分离纯化Δ'-THCA合成酶，测出了Δ'-THCA合成酶N端氨基酸序列，为利用基因工程技术控制大麻THC含量研究奠定理论基础。波兰天然纤维与药用植物研究所侧重大麻的体外组织培养研究。印度德里大学在大麻性别逆转方面做了大量研究工作。

大麻多为雌雄异株的异花授粉作物，同一群体内不同个体间表现多样，遗传基础复杂，优良性状不稳定，在不同地理、生态环境条件下驯化产生了各种不同品种类型。大麻育种工作是一个较漫长的研究历程，由于种种原因使得该领域的研究比较缓慢，育种工作明显滞后于现代生产的需要。前期工作重点主要集中在大麻种质资源的收集、整理和保存方面，中后期开展了全方位的研究工作，更新了育种手段，利用先进的育种技术，多种育种方法相结合，培育出了适合生产需求的不同用途的诸多优良大麻新品种。

三、国内工业大麻育种概况

我国工业大麻育种研究起步较晚，并且随着国内外工业大麻产业的发展出现过几次波动。我国种植大麻历史悠久，各地在一定的生态环境中形成的优异地方农家品种一度在大麻种植中占主导地位，这些地方品种在主要农艺性状和经济性状上具有品种群体内的相对一致性，但个体间存在着一定的生物学性状差异。20世纪70年代以前，我国对大麻育种工作的研究，在工业大麻种质资源搜集、整理、鉴定及品种选育上做了大量的工作，共搜集我国大麻农家品种材料218份，其中多数为当时各地的优异主栽品种。辽宁省棉麻科学研究所开展大麻育种研究，通过杂交育种方法，选育出822、812、333等优良品系。山东省泰安市农业科学研究所通过杂交育种育成杂系-2品系。云南省丽江市农业科学研究所通过品种筛选，选出雌雄同株大麻。安徽省六安市农业科学研究所开展花药培养研究工作，成功获得大麻再生植株。20世纪90年代，国内工业大麻育种研究几乎处于停滞阶段，随着工业大麻产业发展，国内对大麻的经济价值有了进一步的认知，大麻的良种培育和种植在国内逐渐受到重视。国内工业大麻育种研究取得突飞猛进的进展，多家科研机构针对当地生态环境特点和产业发展需求，培育出许多优异工业大麻新品种，目前我国通过登记的大麻品种有40个，主要是在黑龙江、云南、山西、安徽等地大麻主产区的科研院所。

黑龙江省农业科学院大庆分院、黑龙江省农业科学院经济作物研究所、黑龙江省科学院大庆分院等科研单位具有多年大麻研究基础，拥有丰富的大麻品种资源，2004年以来逐渐加大工业大麻育种研究力度，通过对外技术交流合作、品种引进及资源收集，丰富了工业大麻的育种材料，提高了大麻育种技术，分别育成了庆大麻1号、庆大麻2号、龙大麻5号、火麻1号等不同用途的优良大麻新品种20个，在生产上得到大面积的推广应用。近几年来随着大麻药用价值的开发利用，在高CBD大麻品种选育和品种雌化技术上做了大量研究。同时为了满足机械化生产需求，加强对国外雌雄同株大麻品种资源的搜集引进工作，通过现代育种技术进行改良，培育出适宜当地生态条件栽培的雌雄同株大麻品种。

第二节　工业大麻种质资源

大麻的遗传资源又称种质资源，我国俗称品种资源，是大麻育种的物质基础。大麻育种的进展和突破无不与优异遗传资源的发现和正确利用有关。随着大麻生产和育种的发展，育种家对遗传资源的要求日趋多样化，如提高对病虫害的抗性，特别是对新生物型的抗性；增强对逆境，包括不良土壤和气候因素的耐性；对新发展麻区的适应性；提高纤维品质，提高CBD等药用成分含量及花叶产量；进一步提高单位面积产量潜力等，这些都需要有相应和适用的遗传资源。掌握充足的遗传资源是保证大麻育种和生产持续发展的重要条件。大麻种质资源包括当地和外来的地方品种、野生资源、选育品种、品系、遗传材料等。在遗传多样性保护方面，收集和保存本地材料，包括本国、本省、本地区的材料，应放在首位。在为育种服务方面，针对近期和中期育种目标，大麻种质资源工作包括收集、保存、评价、创新和利用等环节。收集和保存是利用的基础，评价是利用的依据，创新是开拓新种质或创造更便于利用的原始材料。大麻种质资源又是研究大麻起源、进化和分类不可缺少的材料。

一、大麻的植物学分类

大麻属（*Cannabis* L.）在恩格勒系统中属于桑科（Moraceae）大麻亚科（Cannabioidae）。1925

年Rend将其大麻提升为桑科，包括大麻属（*Cannabis* L.）和葎草属（*Humulus* L.）。对大麻的生物学分类研究最早的是瑞典植物学家林奈（Carl Linne），1753年在《*Species Plantarum*》中首次提出了大麻属*Cannabis sativa* L.。1783年，拉马克（Monet de Lamarck）在《植物大百科全书》中提出了大麻的另一个种印度大麻（*Cannabis indica* L.），明显区别于*C.sativa* L.。1924年Janischevsky在俄罗斯大麻资源中发现了大麻的的第三个种*C.ruderalis* janisch.，和前两个种在果实上有明显的不同。Schultes根据前人的研究成果则将大麻分成3个种。

C.sativa：植株较高（1.5～5.5m），分枝松散。坚果光滑，外壳通常没有大理石般的纹理，坚果紧紧地附着在茎上，坚果基部没有明显的种阜。

C.indica：植物较矮（1.2m以下），分枝紧密。坚果的外壳有大理石般的纹理，有明显的脱离层，成熟时脱落。植物分枝密集，大致呈圆锥形，坚果基部脱离层呈现不太明显的种阜。

C.ruderalis：植物没有分枝或分枝较少，成熟时高0.3～0.6m。在坚果的基部，脱离层形成一个明显的种阜。

在以上3种命名系统中，*C.sativa*是变化最多的分类，包括了大多数的纤维用、籽用和药用变种。20世纪以来，*C.indica*大麻种代表印度的药用型大麻，但从外表上不能将*C.indica*与*C.sativa*中的药用型变种区分开来。多年来对大麻的分类多是根据大麻的株高、分枝、瘦果形状以及叶片形状等形态学性状进行的，对典型的*indica*、*sativa*及野生大麻做出了明确的区分，但由于这些性状的连续变化和很强的可塑性（尤其是株高和分枝程度），因此不可能进行非常准确的判定，许多种群在形式上都是介于两者之间而未命名的。这种形态分类是一种仅仅根据纯自然的标准来区分大麻种群，而并没有考虑人类对大麻的选择和应用。

目前大麻的植物学分类明确大麻只有一个属，即大麻属，大麻属只包含大麻的一个种。我国在大麻生物学分类上也做了大量的研究，杨永红等（2004）对我国6省27个产地的大麻果实进行归类研究，得出大麻只有一个种*C.sativa* L.的结论，下分*C.sativa* f. *sativa*变种和*C.sativa* f. *indica*（Lam）变种，前者是栽培种，后者是野生种。栽培大麻较易萌发，播种后一周即开始萌发，并且长势均匀。野生大麻播种后约两周才开始萌发，而且长势参差不齐。野生大麻的花被色素块深、大、散布，栽培大麻的花被上的色素块色浅、均匀，花被顶端边缘不明显。

二、大麻品种类型划分

大麻用途广泛，可以根据不同的分类标准和角度进行类型划分，划分的结果也不同，同一个品种可从不同的角度进行分类。目前对大麻品种类型的划分主要有以下几种。

按栽培目的划分，可分为纤维用型、籽用型（油用型）和药用型。纤维用型大麻主要用于纺织、造纸、复合材料加工等，又可分为纺织纤用型、造纸纤用型（全秆或皮秆分离）和复合纤用型（纤维板材等复合材料）。大麻纤维具有透气透湿、凉爽快干、抑菌防腐、保健卫生、吸波消音和防紫外线等独特功能，是高档纺织原料，利用麻纤维和脱麻后的大麻茎秆可以加工成新型的复合环保材料。籽用型是以收获种子为目的，大麻籽最有价值的两大类成分分别是油脂和蛋白质，因此还可分为食品、保健品、药用等类型。药用型大麻花穗中富含四氢大麻酚（THC）、大麻二酚（CBD）等具有药用价值的大麻酚类成分，可做麻醉剂，也可用于治疗风湿、癫痫、哮喘等疾病，近年来大麻药用开发利用越来越受到重视。东欧种植的大麻多为纤用型。亚洲大麻多为药用型，有印度大麻、中国大麻和日本大麻等。中国东北、东部和中部种植的大麻多为纤用型，西部和西南部有纤用型、油纤兼用型和药用型栽培。

按照成熟期分类，大麻可分为早熟、中熟、晚熟等类型。早熟型：生育期短，一般100～139d，株高较矮，一般2～3m。分枝较少，株型紧凑，节和叶片少。皮薄，纤维细软，干茎出麻率高，纤维品质优。中熟型：生育期140～189d，株高3m左右，分枝中等。晚熟型：生育期194d以上，株高3～5m，叶片较大，皮厚，产量高，纤维相对粗硬。大麻的生育期长短是以相同的地区和播种期而言的，因为大麻是短日照植物，对日长比较敏感，同一个品种同时在不同的纬度下种植，其生育期不一样，纬度越高，生育期越长，纬度相差到2°以上就有明显的差异。同一品种在同一个地区的生育期长短又与播种期有关，在同一季节播种早和晚，其种子成熟期基本一致。所以，播种越早，生育期越长。此外，生育期有的长短还与氮肥的施用量有关，多施氮肥会延长生育期。

按品种群体中植株的性别类型分类，可分为雌雄异株品种、雌雄同株品种和单性别品种。我国栽培的品种基本上是雌雄异株品种，其优点是生物量大、产量高、抗逆性强；缺点是雌雄株成熟期不一致，作为纤维用栽培时，难以分别收获，统一收获又有品质上的差异，作为籽秆兼用型栽培时需分别收获，只靠人工收获，费工费时。雌雄同株品种的雌雄花在同一植株上，其优点是便于机械化收获，在欧洲、北美的一些国家，特别是平原地区种植较受欢迎；缺点是由于该品种类型是在人工选择压力下形成的，生物量相对较小，产量低，抗逆性差。单性别品种是只有雌株或只有雄株的品种，近几年药用大麻生产中应用较多，由于大麻二酚等药用成分在雌株花叶中含量较高，全雌品种能够大幅度提高整体花叶产量。

苏联根据普通大麻的引种地区和栽培区划，分东亚型大麻（中国大麻、日本大麻、滨海大麻）和欧洲型大麻（北俄罗斯大麻、中俄罗斯大麻、南方大麻）。

按产区也有将大麻分为中国种、日本种和朝鲜种3类。中国种以长江流域划分，长江下游种：株高3～5m，枝端下垂，籽粒小，色暗；中部种：长江中游宜昌一带栽培；北部种：有绿麻和油麻，分枝极少，百日可熟；西北种：籽粒大，纤维含量少，品质差。

按地理生态条件分类，我国以长江为界，将大麻分为南方型和北方型。南方型大麻比北方型植株健壮高大，茎比较粗糙，茎叶浓绿，短日性较强，开花期较晚，前期生长缓慢，生长期长，皮厚，品质较差。北方型大麻相对植株较小，茎秆粗细均匀，生育期较短，纤维品质好。

也有按照含毒量分类（化学型）的。大麻叶片和花穗中含有多种大麻酚类化合物，其中能产生依赖性和致幻作用的活性成分是四氢大麻酚（THC），根据雌株花穗中四氢大麻酚含量分为药用型、中间型和纤维型3种品种类型。药用型：开花期雌株花穗中四氢大麻酚（THC）含量>0.5%，可作为毒品利用，一般株型相对较小，分枝多；中间型：THC界于0.3%～0.5%。纤维型：又称工业大麻，THC<0.3%，不具备毒品利用价值，此划分的药用型主要是针对作为毒品利用而言，即娱乐型大麻。

日本根据植株色泽将大麻分为赤木型（成熟茎紫色）、青木型（成熟茎绿色）、白木型（成熟茎黄绿色）。赤木型苗期下胚轴深紫色，茎有棱角，稍端部紫色，叶浓绿，晚熟，纤维粗硬，褐色，韧性大；青木型品种幼苗胚轴呈紫色或淡紫色，有光泽，淡绿，茎叶淡绿，早熟，纤维白色细软，出麻率低；白木型苗期下胚轴淡绿色，茎淡绿色，成熟期茎黄绿色，叶片绿色，多中熟，出麻率高。

我国黑龙江省农业科学院对11个大麻主产省（区）的240个地方品种进行系统观察和研究，以原产地大麻的种粒大小为主，结合叶形和生育期等性状，将我国大麻分为小粒种、中粒种和大粒种3类，共计12个类型。

三、大麻种质资源收集、保存与利用

大麻种质资源作为生物资源的重要组成部分，是培育新品种的物质基础。大麻是从野生大麻进化而来的一年生草本植物，世界范围内大麻分布广泛，种质资源极为丰富。

2007年，俄罗斯联邦粮食和农业植物遗传资源的第二次调查报告中，Genesys共收集到大麻种质资源1 520份，其中有代表性的是俄罗斯瓦维洛夫植物科学研究所和乌克兰农业科学院麻类研究所，俄罗斯瓦维洛夫植物科学研究所拥有世界最大的种质资源库，收集保存的大麻种质资源数量491份，主要来源于欧洲地区和中国的地方品种，其中来自俄罗斯的有122份、乌克兰103份、德国77份、中国42份等其他国家和地区的大麻资源。该研究所还对种质资源的农艺性状进行了系统鉴定，其中雌雄异株类型有376份，雌雄同株类型有94份，野生类型有21份。乌克兰农业科学院麻类研究所收集大麻种质资源454份，1992年开始筹建麻类作物国家基因库，于1994年对283份大麻样品（其中211份两性样品、72份单性样品）进行了系统研究，鉴定出低纤维含量种质资源226个，中纤维含量种质资源47个，高纤维含量种质资源10个，按照THC含量划分，鉴定出含量极低（≤0.05%）的种质资源6份，低毒（0.05%～0.30%）种质资源60份，高含量（≥0.30%）的种质资源217份。

我国是大麻的起源地和遗传变异中心之一，由于野生产地的生态条件不同，经人工的长期栽培和选择，逐步形成了各地的地理性品种或变种，品种资源极为丰富。主要分布在云南、黑龙江、广西、安徽、山西、山东、河南、河北、吉林、辽宁、内蒙古、甘肃和新疆等地。按照我国农作物种质资源分类方法，大麻种质资源可分为野生资源、地方品种、选育品种、品系和遗传材料等。"七五"期间由黑龙江省农业科学院主持，安徽六安、山东泰安等地联合开展的大麻种质资源繁种入库和主要性状鉴定，搜集到17省的134份种质资源，目前拥有大麻种质资源共500余份。云南省农业科学院自1989年起收集、鉴定和保存了来自国内外的大麻种质资源460份。

对品种资源的收集和利用是工业大麻种质资源有效利用的重要途径。品种资源的收集是大麻育种工作的重要基础。大麻种质资源的收集方法主要包括直接考察收集、征集、交换和转引4种方法。直接考察收集是指到野外实地考察收集，多用于收集野生近缘种、原始栽培类型与地方品种，直接考察收集是获取种质资源的最基本的途径，常用的方法为有计划地组织到国内外的考察收集。收集样本时，要详细记录品种或类型名称，产地的自然、耕作、栽培条件，样本的来源（如荒野、农田、农村庭院、乡镇集市等），主要形态特征、生物学特性和经济性状、群众反映及采集的地点、时间等。资源征集是指通过通信方式向外地或外国有偿或无偿索求所需要的种质资源，征集是获取种质资源花费最少、见效最快的途径。资源交换是指育种工作者彼此互通各自所需的种质资源。转引一般指通过第三者获取所需要的种质资源。根据国情和大麻产业发展需求不同，各国乃至各地收集大麻种质资源的途径和侧重点也各有差异。我国的大麻种质资源十分丰富，相当一段时间内主要着重于收集和整理本国的大麻种质资源，同时也注意发展对外的种质交换，近年来在花叶用大麻种质资源的国外收集引进方面做了大量工作，进一步丰富了我国大麻种质资源。

收集到的大麻种质资源，应及时进行整理。应将样本对照现场记录，进行初步整理、归类，将同种异名者合并，以减少重复；将同名异种者予以订正，进行科学的登记和编号。此外，要对收集的资源进行简单的分类，确定每份材料所属的植物分类学地位和生态类型，以便对收集材料的亲缘关系、适应性和基本生育特性等有整体的认识和了解，为资源的保存和进一步研究应用提供依据。

保存种质资源的目的是为了维持样本的一定数量与保持各样本的生活力及原有的遗传变异性。作物种质资源的保存主要采用原生境保存和非原生境保存相结合的办法，我国大麻种质资源保存通常采用非原生境保存，即将种质保存于其原生态生长地以外的地方，如低温种质库的种子保存、田间种质库的植株保存，以及试管苗种质库的组织培养物保存等。我国已经建立起由国家库、地方库以及专类种质资源库构成的，比较完善的作物种质资源保存体系，建有完整的麻类种质资源库，拥有完备的麻类种质资源中长期保存设施、良好的网络通信条件和足量的种质实物，具备开放共享的良好条件，保存大麻种质资源400余份。

田间种质库的植株保存即在田间建立种质资源圃进行材料繁殖保存，大麻是雌雄异株植物，品种间极易杂交和混杂，种质资源的保存比较困难。在保存时必须注意防止生物混杂和机械混杂。要有妥善的保存和隔离措施。大麻花粉传播距离较远，利用空间隔离需要保证隔离距离在2km以上。

第三节 大麻育种途径与方法

一、大麻育种目标

育种目标是指在一定的自然、栽培和经济条件下，计划选育的新品种应具备的优良特征特性，也就是对育成品种在生物学和经济学性状上的具体要求。育种目标是育种工作者根据生产需求、种质的状况及技术改进的特点来制定的。工业大麻的育种目标随大麻产业发展对其用途的开发上发生的变化而不断改变，20世纪60—70年代，大麻的育种目标主要是纤维的高产和优质。近年来国内受四氢大麻酚（THC）监管的限制，低THC含量特性是工业大麻育种的首选目标，在此前提下选育专用型和兼用型大麻品种，同时注重产量、品质、抗性、适宜机械化收获等综合性状，特别是高大麻二酚（CBD）、大麻萜酚（CBG）等药用大麻品种的选育。

（一）低毒

低毒（低THC）是工业大麻育种目标的首要条件，我国工业大麻种植和应用要求四氢大麻酚（THC）含量必须低于0.3%。大麻中THC含量主要受遗传基因控制，环境条件及栽培技术措施也对其含量有一定的影响。育种工作中首先要选择THC含量小的大麻资源材料作为亲本，然后对后代进行严格选择，对THC含量高的单株进行淘汰。大麻为雌雄异株的异花授粉作物，在品种群体中一般是异质结合体，高THC含量群体中可能出现低含量的植株，单株选择是有效的。高毒与低毒品种之间进行杂交，后代的THC含量一般界于双亲之间，通过杂交与连续回交可转移低含毒的特性。人工诱变可使四氢大麻酚合成途径中的某些关键酶基因发生变异，通过花药培养等生物技术及经过4~5代的连续选择，可使其含毒量及经济性状得到纯合稳定，从而获得达到所需的某些特性的新品种。

（二）高产

大麻的栽培用途不同，产量构成也不一样。纤维用大麻高产的主要因素是单位面积上有效株数、株高、茎粗和出麻率。因此育种材料的选择应侧重适于密植栽培、生长旺盛、植株高大、茎秆上下粗细均匀、分枝少、麻皮厚等性状的选择，雌雄异株品种还要兼顾雌雄株成熟期的时间间隔，以熟期接近为好。籽用型大麻产量的高低主要取决于植株大小、分枝多少、种子产量和含油率的高低，因此应选育植株高大、分枝较多、结籽多、含油率高的大麻品种。药用型品种主要是利用大麻花叶提取药用成分，因此应选育药用成分含量高、花叶产量高的品种。

（三）优质

近年来大麻纤维用于纺织的比重不断加大，对大麻纤维品质的要求越来越高。选种时必须提高纤维强力、细度、色泽和柔软度等品质指标。多数晚熟品种纤维产量高、品质稍差，早熟品种纤维产量低，但品质好。雄株纤维品质好于雌株。育种时要求将各方优点集中到一起，并克服各方缺点，或通过选育雌雄同株大麻，使纤维品质好，且均匀一致。

（四）抗性强

大麻生产追求高产的同时，更要注重稳产，稳产是一个优良品种对当地生态条件和耕作措施适应能力的综合表现。因此，选育出来的新品种应该对外界不良条件有较强的抵抗力，如抗寒、抗旱、抗盐碱、抗倒伏、抗病虫害、耐瘠薄等。我国北方多数大麻产区春季风大、干旱，所以需要选育抗倒和抗旱的品种，有的产区大麻收获后还需复种，需要早种早收，因此选育出来的新品种就应具有耐寒、适于早播和早熟的特性。

（五）生育期适宜

选育出来的新品种，在当地不仅要纤维高产，也应获得成熟的种子，有利于自繁自用。新品种还应适应当地的耕作制度，达到普遍增产。东北地区针对收割后鲜茎雨露沤制，在熟期上应选育适当早熟品种。籽用和药用品种可适当选择晚熟品种。

（六）专用型品种的选育

根据当前大麻产业发展对专用型品种的需求，在低THC含量的前提下，选育有针对性的专用型大麻品种，如纤维用品种要求原茎产量高、麻皮产量高、出麻率高、纤维柔软、色白、有光泽；造纸专用型品种，要求全秆产量高，纤维素含量高，纸浆得率高；油用型品种要求籽产量高，含油量高（32%以上）；食品专用型要求籽产量高，蛋白质和油含量高；药用型品种则要求花叶产量高，大麻二酚（CBD）等药用成分含量高。

二、大麻引种

引种是农作物育种最经济有效的途径之一，具有简便易行、见效快的优点。根据本地区的自然条件和生产发展需求，引进外地或国外的优良品种或育种材料，经试种试验在生产上推广或用作杂交亲本。大麻引种应按照品种的生态类型进行，从地理纬度、自然气候特点、栽培技术水平基本相同的地方引种效果较好。

在我国最初的大麻育种研究中，在引种方面做了大量研究工作，提出"南麻北植"理论，在生产中起到了较好的增产效果。南麻北植是将低纬度麻区种植的晚熟优良的麻种种子，引种到较高纬度的麻区做纤维栽培的一种增产措施。大麻是短日照植物，由营养生长向生殖生长发育期间，对光照反应敏感，由低纬度较短光照时数的地区向高纬度地区引种，抑制大麻植株的生殖发育，促进了植株的营养生长，表现为植株高大，产量增加。因此在我国南方的大麻向北方引种，光照时数延长，营养生长时期延长，延迟开花成熟。但大麻引种是有一定范围的，云南省和安徽省的大麻品种引种到黑龙江省麻区种植，生育期延长，但不能开花结实，云南省的大麻品种甚至纤维达不到完全成熟，而把山西省、河北省、辽宁省等地的大麻引种到黑龙江省，会表现出较好的纤维增产效果。黑龙江省高纬度麻区纤维大麻种植，一般采用低1～2个纬度地区繁殖的种子种植。

南麻北植的植株，常表现为不开花结实，或开花而不结实，或仅收到少量不饱满的种子，必须年年调种。为此要做好供种与需种地区的种源计划安排，供种单位也要建立良种繁育体系。在我国东西相互引种，在海拔相同或相差不大的地区之间引种，由于日照和温度条件相同或接近，容易引种成功，海拔高度相差较大的地区引种，不容易成功。

引入的大麻品种，要在引入地做适应性观察、产量试验、栽培试验，掌握引入品种的生育期、产量性状、抗逆性、适应性等，并且和当地品种比较，同时掌握引入品种的栽培特点。引种工作一定要克服盲目性，充分借鉴以往经验，提前制定规范的引种计划。引种时以引入的品种数量多一些，每种的种子量少一些为宜。不宜在未经试验之前大批量引种直接投入生产应用。引种必须严格遵守植物检疫制度，按照植保检疫程序办理，防止外来病、虫、杂草从外地或国外传入。

三、大麻系统选择育种

系统选择育种即在现有的品种群体中选择优良的自然变异，通过比较鉴定而培育出的新品种，其实质是优中选优。该法操作简单、见效快。

（一）单株选择法

大麻雌雄异株，遗传结构较为复杂，一个品种群体内的遗传异质性较大。同一品种内有些单株个体性状表现优良。根据育种目标，第一年在选种田雌株开花前，去除不良雄株，选留少数优良雄株授粉。在种子乳熟期进行田间初选，选择优良雄株500～1 000株，避免从边行和缺苗处选择，挂好标签编号，种子成熟时复查一次。收获后进行单株脱粒，单株保存种子。同时测定单株的株高、茎粗、节数、分枝数、分枝高、干茎重，纤维用品种沤制脱麻后测定单株纤维重，计算出麻率，检测纤维品质、THC含量，籽用品种测定单株种子重、种子含油率、花叶产量、THC含量、CBD含量等指标，最后从中决选出一定数量的优良单株种子供下一年种成株行或株区。每10个株行或株区设一个标准品种或亲本品种做对照，根据育种目标品种特性设置播种行距和株距。从第二年起，每年到雄株见蕾期，每个株行或株区和对照各取5～10株雄株，测定株高、茎粗、分枝数、鲜茎重等指标，决选出10～20个最优株行和株区的雄株授粉全圃，去除其余株行或株区和对照的雄株，种子乳熟期根据上一年测定的指标数据结合当年生长情况，按照优株行（区）多选，一般株行（区）少选，差株行（区）不选的原则，初选出一定数量的优良雌株500～1 000株，挂好标签编号，收获时再检查一次，选优去劣，单株脱粒，并测定相关考种指标，最终决选出最优单株100株左右。同上方法，连续选择4～5代后，将优良单株种子混合或单独参加品种比较试验，并繁殖出一定数量的种子。

单株选择法的优点：第一，在选择材料授粉方面保证创造最大的生物学多样性，免除了近亲繁殖的不良影响；第二，进行单株鉴定选择能较迅速地清除劣株；第三，在选择过程中，只要选择圃与其他品种隔离，圃中各株行（株系）不必隔离，减少工作量；第四，每年与对照比较鉴定，能逐年提高选择效果。

（二）混合选择法

根据育种目标，在原始材料圃中，选择经济性状和生物学特性相同或相近的一定数量的优良雌性单株，分别测定单株的株高、茎粗、节数、分枝数、分枝高、干茎重，籽用品种测定单株种子重、花叶重，单株脱粒后，纤维用品种沤制脱麻后测定单株纤维重，计算出麻率，检测纤维品质、THC含量，籽用品种测定单株种子重、种子含油率、花叶产量、THC含量、CBD含量等指标，从中决选出最优单株种子混合。下一年种植时，设置对照区和原始品种区，在雄株见蕾期，去除对照区全部雄株和选择圃中的不良雄株。种子成熟期，在选择圃内选优良雌株500～1 000株，单株脱粒、保存，同时测定相关考种指标，决选出一定数量的最优单株，把种子混合。连续选择3～4年，即可获得优良品种。此种方法简便易行，收效较快。

在育种过程中也有在每个优良株行内进行隔离进行强制自交，选择2～3代后获得相对纯化的后代。实践证明，雌雄异株作物按照传统意义上的系统法选育效果不及混合选择，因为混合选择最大限度地保持了群体内的异质性，避免了近亲繁殖的不良影响。同时选择来得快，不需要等株系纯化后再选，加速了育种进程。同时方法简单，不需要做同品种群体内的隔离，减少工作量。

四、大麻杂交育种

不同品种间杂交获得杂种，继而在杂种后代进行选择以育成符合生产要求的新品种，称为杂交育种。杂交育种是当前我国大麻育种的主要方法，目前国内生产中诸多大量推广的大麻优良品种都是用杂交育种选育而成的。大麻杂交育种包括亲本选择、杂交组合配置、分离世代选择、品系鉴定、品种认定和推广等重要环节。

（一）亲本选配

对亲本的选配是大麻杂交育种成败的关键，亲本选配得当，后代出现理想的类型多，更容易选出优良品种，亲本选配不当，没有好的杂交组合，就无法获得优异的后代。

亲本选配要根据明确的育种目标，在熟练掌握原始材料的主要性状和特性及其遗传规律的基础上，选用恰当的亲本材料，组配合理的组合，才能在杂种后代中出现优良的重组类型并选出优良的品种。大麻选配亲本的原则如下。

（1）双亲具有较多的优点，没有突出的缺点，且在主要性状上有缺点尽可能互补。一个地区生产上对大麻育种目标的要求往往是多方面的性状优良，亲本的优点越多越好。

（2）亲本之一最好是能适应当地条件、综合性状较好的推广品种。品种对外界条件的适应性是影响丰产、稳产的重要因素。杂交后代能否适应当地条件，与亲本的适应性有很大关系。适应性好的亲本可以是农家种，也可以是国内改良品种和国外品种。在自然条件比较严酷，受寒、旱、盐碱等影响较大的地区，当地的农家种往往表现出较强的适应性，适合作亲本材料。黑龙江省农业科学院大庆分院选育的庆大麻2号和黑龙江省农业科学院经济作物研究所选育的龙大麻1号，都是用当地优异的农家品种与国内其他地区高产材料作亲本杂交选育而成的。但有时候农家种在丰产性上潜力较小，不如用当地推广的品种。

（3）选用生态类型差异较大，亲缘关系较远的亲本材料进行杂交。不同生态型、不同地理来源和不同亲缘关系的大麻品种，由于亲本间的遗传基础差异较大，杂交后代的分离较广，更加容易选出性状超越亲本和适应性比较强的新品种。一般情况下，利用外地不同生态类型的品种作亲本，引进新的大麻种质资源，克服当地种质作为亲本的某些局限性或缺点，增加成功的机会。例如黑龙江省农业科学院大庆分院通过杂交育种方法选育的庆大麻1号和庆大麻4号，都是利用国外或国内生态类型差异较大、亲缘关系较远的优良材料作亲本选育而成的，在产量、品质、抗性、适应性上均表现出了极大的优势，在生产中得到大面积的推广应用。但并不是生态类型差异越大，亲缘关系越远，杂交育种的效果越好，双亲的亲缘关系太远，遗传差异太大，会造成杂交后代性状的分离过大，分离世代延长，影响育种效率。

（4）杂交亲本应具有较好的配合力。配合力是指一个亲本与其他亲本杂交后，杂种一代的生产力或其他性状指标的大小。大麻杂交选配亲本时，除需要考虑亲本本身性状表现外，还要考虑亲本的配合力，特别是一般配合力的高低。一般配合力是指某一亲本和其他亲本杂交后，杂交后代在某个数量性状上的平均表现。一般配合力好的亲本，在配置杂交组合中更容易产生较多的、稳定的优良后代，容易选出好的品种。一般配合力的好坏与品种自身性状的好坏有一定关系，但两者并非一回事。即一个优良品种常常是好的亲本，在其后代中能分离出优良的类型，但并非所有优良的品种都是好的亲本，好的亲本不一定是各方面都优良的品种。因此，选配亲本时，既要考虑到亲本本身的优缺点，还要通过杂交育种实践，选用配合力好的品种作亲本。

（二）杂交技术

杂交工作前，要掌握大麻的花器结构、开花习性、授粉方式、花粉寿命等，同时要对所选择亲本在当地条件下的具体表现有一定的了解。

1. 开花习性

大麻是雌雄异株作物，也有少数雌雄同株类型。大麻的开花期因品种而异，早晚不一。一般早熟大麻品种6—7月开花，迟熟品种8—9月开花。雄株的开花期较长，一般为15~35d，每天开花时间多在10—12时，极少数在7—8时，有些延迟到18—20时开花。在较低温度下，开花延迟或不开花。在适当温度下，雄花花药开裂撒出花粉，可随风散布。在少数情况下，昆虫也可以传播花粉，另外人工授粉可提高种子质量。雄株的开花顺序是在主茎上自下而上逐渐开放，在分枝上呈水平方向开放。着生在主茎花序上的花最先开放，经过2~3d，分枝上的花序陆续开放。早熟类型大麻的雄株由见蕾到开花需经过11~14d。

雌株开花顺序与雄株相似，雌花和雄花对气温要求不同，雄花对气温反应迟钝，雌花对气温反应较为敏感，故而雌花开放期年度间差异较大。雌花开始开放时，花柱从苞叶向外延伸1~2mm。多数雌花在6—7时开始开放，而雄花要迟几个小时，这也是造成大麻生物混杂的原因之一。雌花当柱头伸出苞叶时，柱头细胞停止分裂，但细胞伸长。当花粉在柱头顶端发芽时，花粉生长较快，授粉后30min达到17~25μm；而花粉在柱头基部发芽时，花粉生长较慢，授粉后30min仅达4~8μm。24h内，花粉在柱头顶端和基部发芽的花粉管长分别达45~49μm和31μm。雌雄异株的花粉管生长比雌雄同株的要快些。花粉管生长速度的差异，部分是柱头和花粉管的pH值不同导致的。如果环境条件适宜，花粉落在柱头发芽的花粉管，进入子房的胚囊，经过1.5~2d，柱头干枯。如果缺乏花粉授粉，花柱可能延伸到8~10mm，同时变成紫罗兰色。

在自然条件下大麻花粉生活力可保持14个昼夜。干燥、低温和完全黑暗利于花粉储存。大麻花粉储于0~5℃干燥的容器中，花粉保持生活力38~48d。雌株开花日数持续15~30d，由授粉到种子成熟需35~45d。一般雄花先开5~10d，也有雌株和雄株几乎同时开花的，雄株开花后5~15d即干枯死亡。而雌株仍然继续生长，经过30~50d达到种子成熟。雌株一般在日照少于14h才开花，而雄株在日照多于14h也会开花。

2. 调节开花期

大麻不同品种间开花时期相差很大。在进行杂交时，首先要了解各亲本的开花期。如果双亲品种在正常播种期播种情况下花期不遇，则需要用调节开花期的方法使亲本间花期相遇。大麻调节开花期最常用的方法有两种。

一是分期播种，将花期难遇的晚熟亲本适时早播，早熟或主要亲本分期播种，每隔10~15d为一期，分3~4期播种。在延迟播种时，如果早熟品种还提前开花，可把早熟亲本植株上部削去一段，使之发出新分枝再开花，达到花期相遇。

二是短日照处理，大麻属短日照植物，在短日照条件下能提早开花结实。晚熟品种经短日照处理后，可提前开花，与早熟品种花期相遇。短日照处理的方法：可利用暗室，也可利用黑布遮盖，控制每日见光10h左右。如果在田间，可利用黑布袋或黑纸袋，在日落前2h将植株套上。翌日日出后适当时候摘掉。大麻在不同发育阶段进行短日照处理时，年龄较大的植株比年龄较幼的植株，需要较少的短日照天数来诱导开花，大麻出苗后就进行短日照处理一般需要25~30d现蕾，出苗一个月后开始短日照处理，只需10~15d即可现蕾。品种不同，短日照处理所需天数也有差异。雌株对短日照反应较雄株更为敏感。在大麻短日照处理黑暗时期，喷施硫尿嘧啶，能够部分地消除短日照处理的效果。

此外也可采用一些农业技术措施，如地膜覆盖、增施或控制施用肥料、应用生长调节剂、调整密度等方式，也可以起到延迟或提早花期的作用。

3. 授粉与隔离

大麻杂交授粉时，必须进行严格的隔离，防止天然授粉。大麻杂交隔离的方法主要有空间隔离法和套袋隔离法。

空间隔离法是指在配制杂交组合时把两个亲本相邻种植，但不同组合之间相隔2km以上或在封闭隔绝花粉的单独空间内进行。当母本雄株现蕾时全部拔掉雄株，同时拔除雌性劣株和病株，父本材料只留下部分典型雄株，其余拔掉，开花时自由授粉。也可以一块地只种一个亲本品种，亲本之间相隔2km以上。母本雄株现蕾时全部拔除雄株，用纸袋搜集父本花粉，给母本当选的雌株授粉。这一方法比较费事，且在地块选择上受到一定的限制，不易多配组合。空间隔离也可利用温室或大棚，在一个独立的空间只种植同一个父本品种，在母本开花前去除母本雄株，让父本雄株为其授粉，通风不畅时可辅助人工授粉。这种方法的优点是杂交成功率高，不受地块距离限制，缺点是一次只能做一个父本的若干组合。

套袋隔离法是把父母本品种相邻或隔穴种植，当大麻即将开花时，把雌雄两株花序套在一个纸袋内，开花时摇动植株使其授粉，此法称为扣交法。该方法简便易行，授粉效果也较好（图4-2）。也有把雄株花序剪下一段，插到装水的小瓶中，把瓶绑挂在竹竿上，插在雌株附近，用纸袋将雌雄两个花序套在一起使其授粉。这种方法在选择杂交组合上比扣交法有较大的灵活性。也有的在母本雌株即将开花前，单独套袋进行隔离，取父本雄株盛花期花序放到套袋的母本袋中抖动，为其授粉，然后继续保持隔离状态，此种方法为了保证授粉结实率，可采用连续多次的方法进行。

分枝套袋隔离法是将亲本品种顺序种在杂交圃内，开花前对父母本当选植株花序进行适当疏剪，而后分别套袋隔离。待雄株和雌株纸袋内花序已有部分开花时，摘下雄株上盛有花粉的纸袋，套在雌株花序上授粉。换袋要迅速，防止混杂。纸袋在雌株上保留20d以上。如发现授粉不良，可进行重复授粉。此方法简便易行，管理方便。由于分枝套袋隔离，所用纸袋较小，在风雨中也不易破裂。此法在配制杂交组合和选择后代时灵活性较大，田间观察鉴定也比较方便。

图4-2　工业大麻套袋隔离

4.授粉后的管理

杂交后在母本花序下挂牌，同时标明父母本名称，授粉后1～2d及时检查，对授粉未成功的组合进行补充授粉，以提高结实率，保证杂交种种子数量，严格按照杂交计划进行所有杂交组合的配置。杂交种子并连同标记牌及时进行收获脱粒，收获时要注意只收取套在袋里的种子，切忌把未套袋的种子混入。

（三）杂交方式

杂交方式是指一个杂交组合涉及的亲本数目，以及各亲本间配组的方式及顺序，是影响杂交育种成效的重要因素之一，并决定杂种后代的变异程度。杂交方式一般根据育种目标和亲本的特点确定。

两个亲本进行的杂交称为单交，也称成对杂交。单交是大麻育种中最为常见的杂交方式。以符号A×B或AB表示。A和B的遗传组成各占50%。单交只进行一次杂交，简单易行，育种时间短，杂种后代群体的规模也相对较小。当A、B两个亲本的性状基本上能符合育种目标，优缺点可以相互补充时，可以采用单交方式。实践证明，选育具有某种优良性状的大麻品种时，选用两个具有这种优良性状亲本材料杂交或选用具有这种优良性状遗传力高的亲本材料杂交，都可以收到良好的效果。单交组合的两个亲本，如果亲缘关系接近，性状差异较小，杂种后代的分离不大，稳定较快。反之，则分离较大，稳定也较慢。

当单交杂种后代不能完全符合大麻育种目标，而在现有亲本中找不到一个亲本能对其缺点完全补偿时，或某亲本有非常突出的优点，但缺点也很明显，一次杂交对其缺点难以完全克服时，均宜采用复交方式进行。

复交涉及3个或3个以上的亲本，要进行2次或2次以上的杂交。一般先将一些亲本配成单交组合，再在组合之间或组合与品种之间进行2次乃至更多次的杂交。复交杂种的遗传基础比较复杂，杂交亲本至少有一个是杂种，因此F_1就表现性状分离。复交比单交产生的杂种能提供较多的变异类型，并能出现较多的超亲类型，但性状稳定较慢，所需育种年限较长。复交的F_1群体就有分离，因此需要较大的群体进行选择，复交当代的杂交工作量要比单交大好几十倍。

大麻在应用复交时，怎样安排亲本的组合方式和亲本在各次杂交中的先后次序，是很重要的问题。这需要育种者考虑各亲本的优缺点、性状互补的可能性，以及期望各亲本的遗传组成在杂交后代中所占的比重。一般应遵循的原则是综合性状较好，适应性较强并有一定丰产性的亲本应安排在最后一次杂交，以便使其遗传组成在杂种遗传组成中占有较大的比重，从而增强杂种后代的优良性状。

（四）后代的选择与处理

大麻杂交育种，在杂种后代中能否选出优良品种，除亲本选配是否合适外，后代的选择与处理也是非常重要的，同时也比一般作物困难。目前的方法是自杂种第一次分离世代开始选株，分别种植成株行，在以后各世代均在优良系统中继续进行单株选择，分株行种植，连续在优良的株行中选择优良的单株，优中选优。即F_1代各组合内各个单株顺序种成株行，从每一株行中选优良的雌株和雄株杂交。F_2时将上年各株行里收的单株再按株行种植。从这一代开始，在每一株行内，选择表现型相似的优株之间进行杂交。所谓表现型相似的优株，就是雌株和雄株当代表现相似，如植株高大、节间长、茎秆粗细均匀、叶片肥大或窄长、开花期相隔日数较少等。这样做是为了尽量使相似的基因型相遇机会增多，也是通过间接特征来定向选择，直至出现特征特性相对一致的株行为止。以后采取混种，在F_3和F_4对表现差的组合和株行进行适当的淘汰。对F_4和F_5确实特征特性整齐一致的株行，要进行适当繁种，做品系比较试验，选优去劣。

五、大麻杂种优势利用

杂种优势是生物界的一种普遍现象，一般是指杂种在生长势、生活力、抗逆性、繁殖力、适应性、产量和品质等方面优于亲本的现象。利用杂种优势可大幅度提高作物的产量和品质。大麻属异花授粉作物，天然杂交率高，品种的遗传基础复杂，不但株间遗传组成不同、性状差异大，每一植株也是个杂合体。因此，虽然也可以利用品种间杂种，但F₁生长不整齐，杂种优势不够强。为了克服大麻植株的杂合状态，利用杂种优势的一个重要特点是人工控制授粉，进行强制自交，提高杂交亲本的纯合性。自交是提高选择效果的一种手段，通过自交，使麻株趋向纯合化，分离出多种多样的纯合体，提高选择效果。根据育种目标，在选定的材料中，连续几代按表现型自交分离，逐步育成基因纯合优良配合力高的自交系。由于大麻植株异质性很强，自交必须经过4～5代。然后根据选配杂交组合的原则，选配这样的自交系作亲本，配制优良的自交系间杂交种，供生产上利用。

通过雌雄同株和雌雄异株类型杂交，可以产生具有多数雌性基因型的群体，利用杂种优势，可产生纤维品质均匀一致的类型。国外经验认为，最有效的杂交方法是地理上差异显著的迟熟和早熟品种杂交；用雌雄异株大麻品种×早熟雌雄同株大麻品种，杂种一代再与父本回交，后代产生90%～98%成熟一致的大麻；应用3个品种复合杂交方式（雌雄异株×雌雄同株）×雌雄同株，或者4个品种复合杂交的方式（雌雄异株×雌雄异株）×（雌雄同株×雌雄同株），从杂种后代中选育出新品种和新类型；用野生大麻与栽培品种杂交，可获得纤维含量和品质方面超过亲本的杂种，即杂种优势。

在实践中，用品种间杂交，若两亲本品种选配得当，杂种一代增产幅度也能达10%～30%。制种田父母本的面积比例为1：5。制种田要与其他大麻地相隔2km以上，避免生物学混杂。当母本雄株现蕾时要及时拔除，若父本中发现不良雄株也要及时拔除，在整个开花期间要进行2～3次的人工授粉。

六、回交育种

在大麻育种中，为克服某一优良性状品种的个别缺点，一般把某一亲本的一个或几个优良性状引入到另一个亲本中，可采用回交的方式进行，即杂交后代继续与其亲本之一再进行杂交，以加强杂种世代的某一亲本性状表现。回交育种法速度快，对改良品种个别性状效果显著。

（一）亲本的选择

轮回亲本必须是各方面农艺性状都很好，只有个别缺点需要改造的大麻品种。最好是在当地适应性强、产量高、综合性状较好，经数年改良后仍有发展前途的推广品种。如果轮回亲本选得不准，经过几次回交后，选育的新品种落后于生产形势的要求，就将前功尽弃。

非轮回亲本的选择也是很重要的，它必须具有改进轮回亲本缺点所必需的基因，要求所要输出的性状必须经回交数次后，仍能保持足够的强度。非轮回亲本整体性状的好坏，也影响轮回亲本性状的恢复程度和必须进行回交的次数。非轮回亲本的目标性状最好不与某一不利性状基因连锁，否则，为了打破这种不利连锁，实现有利基因的重组和转育，必须增加回交的次数。

非轮回亲本被转移的性状最好是简单的显性基因控制的，这样便于识别选择。如有困难，也必须是有较高遗传力的性状，这是十分必要的。因为在回交过程中，每一轮回交，对正在被转移的性状都必须进行选择，性状的遗传力强，选择的效果明显，而且这一性状最好容易依靠目测能力加以鉴定，这样在回交育种应用上就比较方便。

（二）回交后代的选择

在回交后代中必须选择具备目标性状的个体再做回交才有意义，这关系到目标性状能否被导入轮回亲本，亦即回交计划的成败问题。为了更快地恢复轮回亲本的优良农艺性状，应注意从回交后代，尤其是在早代中选择具有目标性状而农艺性状又与轮回亲本尽可能相似的个体进行回交。为了易于鉴别和选择具有目标性状的个体，应创造使该性状得以充分显现的条件。

七、大麻诱变育种

诱变育种是利用理化因素诱发变异，再通过选择而培育新品种的育种方法。诱变育种的特点是可提高突变率、扩大突变谱，在改良单一性状上比较有效，变异性状稳定快，大大缩短育种年限，但目前诱发突变的方向和性质尚难掌握，因此诱变育种消耗的人力和物力相对较多。利用物理和化学等因素诱导大麻种子发生变异，并从中进行新品种的选育称为大麻诱变育种，国内外在大麻诱变育种方面做了大量的研究。

诱变分物理诱变和化学诱变两种。很多因素都可以诱发植物发生变异，这些因素统称为诱变剂。典型的物理诱变剂是不同种类的射线，育种中常用的是紫外线、X射线、γ射线和中子等。用于辐射诱变的射线很多，但用于大麻育种诱变的研究并不多。黑龙江省农业科学院用γ射线处理大麻F_1干种子，结果M_1也产生了雌雄同株，同时用系统选择法育出了新品种，比对照纤维增产20%。黑龙江省农业科学院经济作物研究所用射线处理五常40、新源野生大麻等地方品种，产生雌雄同株大麻。粒子辐射、电子束、激光、离子注入等物理诱变剂都可以对农作物产生诱变，并且植物的植株、种子、花粉、胚细胞、营养器官、离体培养的细胞和组织都可以用适当的方法进行诱变处理，但在大麻育种中的应用研究较少。近年来，中国、俄罗斯和美国将太空诱变育种广泛应用于作物新品种选育中。太空诱变育种又称航天育种，是在返回式卫星上搭载作物种子或其他诱变材料，利用太空环境提供的微重力、高能粒子、高真空、缺氧和交变磁场等物理诱变因子使育种材料产生变异，进而选育新品种的一种方法。我国于2020年通过长征五号B运载火箭首次成功搭载大麻种子，为工业大麻优良品种的选育开辟了新途径。

相比较物理诱变，化学诱变具有诱发突变率高、染色体畸变较少、对处理材料损伤轻等优点，但化学诱变剂对人体危害性更大，操作时要注意。各国在用秋水仙碱溶液处理大麻，诱导产生四倍体大麻均获得成功，这种方法在20世纪60—70年代广泛用于选育大麻新品种上。用0.05%～0.5%秋水仙碱溶液处理大麻种子幼苗，可以有效地诱导产生四倍体。扎托夫（1971）用秋水仙碱处理雌雄异株品种，在倍化的同时，还分离出不同性别类型，其中包括雌雄同株的植株。

八、大麻分子育种

分子育种就是把基因型和表现型选择结合起来的一种遗传改良理论及方法体系，可实现基因的有效聚合和直接选择，提高了育种效率，缩短了育种年限，在提高作物产量、改善作物品质、增强作物抗性等方面具有潜力，已成为现代作物育种的主要手段。通常包括遗传修饰育种（转基因育种）和分子标记辅助育种。近年来分子标记技术在大麻辅助育种中逐渐发展起来。

传统育种往往通过目标性状的表现型对基因型进行间接选择。而分子标记辅助选择（MAS），则是利用与育种目标性状基因紧密连锁的分子标记对基因型进行追踪选择。MAS是对目标性状在分子水平上的一种选择，与传统的表现型选择相比，不受等位基因间显隐性关系、其他基因效应和环境因素的影响，选择结果可靠。并且MAS一般可在植株生长发育前期和育种早代时期进行，提高选择效率和缩短育种周期。

分子标记辅助选择（Molecular marker assisted selection）有前景选择和背景选择两种策略。前景选择是指对目标基因的选择，力求入选的个体都包含目标基因。除对单个基因选择外，还可通过杂交或回交将不同来源的目标基因聚集在一个材料中，包括同一表现型（如抗病性）的不同基因以及多个性状不同基因的聚合，可有效打破性状的负相关或不良基因的连锁，创造新种质。背景选择是指对目标基因之外的其他部分（即遗传背景）的选择，背景选择是为了加快遗传背景恢复成轮回亲本基因组的速度，缩短育种年限，同时可以避免或者减轻连锁累赘。分子标记辅助选择是从常规表现型选择转向基因型选择的重要选择方法，它对难于检测的性状、易受环境干扰的性状，尤其是数量性状特别有用。

在大麻育种程序中，育种家根据育种目标和材料的不同，采用不同的育种方法和手段对目标性状进行改良，最终育成大麻新品种。在此过程中，利用分子标记辅助选择的原理基本相同。首先通过基因定位或QTL分析，获得与目标性状基因或QTL连锁的分子标记。这主要是通过构建包含目标性状分离群体和连锁分析，获得与目标性状基因连锁的共显性分子标记。适用于分子标记辅助选择的理想的分子标记是基于PCR技术的分子标记，如SSR、SCAR、CAPS、STS等标记。然后利用分子标记对目标基因型进行辅助选择。这是通过对分子标记基因型的检测间接选择目标基因型。分子标记与目标性状的连锁越紧密，选择效率越高。研究表明，若要选择效率达到90%以上，则标记与目标基因间的重组率必须小于0.05。同时用两侧相邻的两个标记对目标基因进行选择，可大大提高选择的准确性。在回交育种程序中，除对目标基因进行正向选择外，还可同时对目标基因以外的其他部分进行选择，即背景选择，加快轮回亲本纯合进度。

开展分子标记辅助选择，其成本与可重复性是首要考虑因素，采用稳定、快速的PCR反应技术，简化DNA提取方法，改进检测技术是使MAS在育种中实际应用的关键。目前已检测到大量与作物产量、品质、抗性等主基因或QTL紧密连锁的分子标记可用于辅助育种选择。目前分子标记辅助选择成功应用到大麻育种中的例子鲜见，尚处于初步研究阶段，主要在品种资源性别标记上取得了一些进展。

雌雄异株大麻中，雄株被看作异形配子（XY），雌性被看作同型配子（XX）。尽管Y染色体比X染色体略大，但较难从细胞学上分清XY染色体。分析杂交后代与亲本雄株与雌株的AFLP分子标记从而可以较深入了解性染色体的结构。根据片段在XY染色体上的有无，性染色体上的标记可以分为几组，有5个标记为两种性染色体所共有。在雄性后代中还观察到了一些标记的重组体，在父本Y染色体上两个完全连锁的标记出现了25%的重组率。对重组分析得出，父本中性染色体会出现重组，在性染色体上有一假常染色体区域（PAR），在这一区域允许XY染色体间重组。

陈其军等（2001）利用RAPD技术获得与大麻性别连锁的分子标记。Mandolino等（2002）进行了雌、雄株大麻RAPD雄株分子标记研究，并找到了与大麻雄性紧密连锁的分子标记。Shao（2003）则找到了与大麻雌性连锁的分子标记。Mandolino等（1999）将RAPD标记成功转化为SCAR标记。李仕金等合成了两条SCAR标记引物，不仅可以对已知性别的花期的大麻雌雄植株进行准确鉴定，还可以对未知性别的幼苗期的大麻雌雄植株进行鉴定。郭丽等（2015）利用AFLP标记技术对大麻雄性基因连锁标记进行筛选及鉴定。赵铭森等（2019）通过对籽用大麻品种性别连锁的SCAR标记技术的研究，为大麻苗期性别鉴定提供理论依据。

由于分子标记本身的优点以及分子生物学的发展，分子标记辅助选择技术在大麻育种研究中有广阔的应用前景。利用分子标记辅助选择技术可进行有用基因的聚合育种，基因聚合就是将分散在不同品种的有用基因聚合到同一个品种中，这是抗病虫育种的一个重要目标。抗性鉴定需要人工接种（虫），必须在一定的发育时期进行，并要求严格控制接种（虫）条件，而且在聚合过程中，必须对不同的抗性基因分别进行鉴定，技术上较为困难。利用分子标记辅助选择的方法进行抗性基因聚合则可避免上述困难。同时利用分子标记技术进行回交育种在利用回交方法改良品种时，将分子标记辅助选择和常规育种手段结合可以加快育种进程。另外，利用回交高代QTL分析方法，可以建立一套受体亲本的近等基因系，其遗传背景来自受体亲本，但个别染色体片段来自供体亲本。利用这些近等基因系就可以对有关QTL进行精细定位，大大提高数量性状的分子标记辅助选择的可靠性。

第四节　工业大麻育种田间试验技术

育种过程是不断通过试验对各种育种目标性状进行鉴定、选择的过程。大麻育种计划在实施过程中，无论采用哪一种育种技术，鉴定和选择都要通过田间试验完成。

田间试验的基本要求是环境条件的一致性，因为作物本身，无论是个体还是群体，表现的所有特征特性都是基因型和环境条件相互作用的结果。要正确地鉴定和选择优良的基因型，必须尽力消除试验中环境条件的差异。因此，田间试验的正确与否，直接影响鉴定和选择的效果，从而影响育种的成效。大麻育种田间试验场圃要具有代表性的土壤、气候及栽培条件，有良好的灌排水系统，使育种试验结果能代表服务地区的生态环境，试验材料不受旱涝灾害的损失。

一、田间试验设计的要求与原则

大麻育种和其他作物一样，田间试验设计的主要作用是减少试验误差，提高试验精确度，使育种材料在选择和鉴定过程中表现出真实准确的基因型差异。基本原则是力求试验处理品种、品系效应的唯一差异，即要保持供试材料间非处理因素（如环境条件及鉴定技术）的一致性，以使供试材料间具可比性。具体的品种选育试验设计与育种进程相对应，育种试验从早期的选种圃、鉴定圃，到后期品系比较试验、区域试验、生产试验，其参试材料数由多变少，每个材料可供试验的种子量则由小变大，对试验精确度要求也相应提高。初期往往有大量选系需要鉴定，限于选系的种子量和试验规模一般难以进行有重复的试验，多采用顺序排列法，利用对照矫正试验小区肥力差异。育种中后期，供试材料较少时，一般可采用间比法设计、随机区组设计，参试品系数量仍较大时，除间比法设计、随机区组设计外，还可采用分组内重复、重复内分组、格子设计等不完全区组设计，进行试验误差的无偏估计与品系比较。试验后期参试材料较少，可通过随机区组设计进行精确的产量试验。育种试验后期及品种区域、生产试验，因需鉴定品种的适应性，常需进行多年、多点试验，一般区域试验采用多年、多点随机区组设计，生产试验采用大区对比试验。

二、试验小区设计

依据大麻育种程序的要求，育种试验田通常划分各个试验圃。在试验圃内种植同一试验阶段的不同试材的试验小区。小区的设计因不同的土壤条件、不同的栽培方式、育种目的和不同的试验阶段而异。试验地土壤差异大，小区面积要相应大些；土壤差异小，小区面积可适当小些。育种的早期阶段小区的面积可小些，后期阶段可适当加大。纤维用大麻育种试验小区面积一般为 $6 \sim 10m^2$，原始材料圃面积应稍大些；籽用和药用大麻育种小区面积一般为 $15 \sim 25m^2$。小区一般为长方形，狭长形小区有利于减小试验误差。

三、边际效应和生长竞争

边际效应是指小区两边和两端的植株，由于占有较大的空间而表现出的差异。大麻试验田的边行小区，由于与矮秆作物或走道相邻，其边行的实际产量要比小区中间行高得多，其他性状，如大麻分枝、抗倒性等亦有较大差异。

生长竞争是指相邻小区之间，由于株高和株型等差异，使其各自的性状表现互相受到影响。这种影响因不同性状和性状的差异程度而异，如分枝较多或植株较高的品种材料，小区边行会获得优于中间行的产量，同时还会抑制相邻小区边行产量，生育期较短的小区试材能为邻近生育期长的小区试材提供有利条件等。

对边际效应和生长竞争的处理办法，是在小区的面积上，除去可能受影响的边行和两端，以减少试验误差。纤维用大麻一般两边各去掉1行，两端各去掉0.5m，籽用和药用稀植，一般对边际效应和生长竞争较小。剩下的面积为计产面积，观察记载和产量测定均应在计产面积上进行。

四、大麻不同育种阶段的试验要求

（一）原始材料圃和亲本圃

原始材料圃种植从国内外搜集来的原始材料，分类型种植，每份种几十株。应该不断引入新的种质，丰富育种材料。有目的地引进具有高产、优质、低毒、抗倒伏、抗病虫害和高CBD等特性的材料。要严防不同材料间发生机械混杂和生物学混杂，原始材料圃和亲本圃在现蕾期进行隔离，保持原始材料的典型性和一致性。对所有材料定期进行观察记载。根据育种目标，选择材料进行重点研究，以便选作杂交亲本。重点材料连年种植，一般材料可以室内保存种子，分年轮流种植，这样不但可以减少工作量，并且可以减少引起混杂的机会。

从原始材料圃中每年选出合乎杂交育种目的的材料作为亲本，种于亲本圃。杂交亲本应分期播种，以便花期相遇，并适当加大行株距，便于进行杂交。

（二）选种圃

选种圃用于种植选择育种中当选的单株后代和杂交育种中的F_1、F_2以及F_2以后的分离世代。由于这一阶段的主要工作是从分离的群体中选择优良单株，种子量较少，因而一般不设置重复。一般每隔9行，即逢10的行号种植对照，以便于比较和选择。在大麻生育期间，目测鉴定主要性状，如生育期、株高、茎粗、分枝高度、抗病虫害性能、抗倒性以及其他对不良环境条件的反应等，一般不计产量。依据目测结果，从优良的株系中选择优良单株，继续进行株行试验，而将性状相对稳定一致的优良株系，下一年升入鉴定试验。

（三）鉴定圃

鉴定圃种植由选种圃中入选的株系。根据选种圃入选株系数目的多少，设置鉴定试验。如果株系数目较多，可设置初级鉴定试验，然后再选择少数较优的株系进入鉴定试验；如果株系数目较少，则可直接进行鉴定试验。鉴定圃一般设3次重复，随机区组排列。小区行数、行长、行距等视大麻栽培目的而定，一般接近于生产。生育期间，除对适于目测的性状进行目测鉴定外，要对产量性状进行测产比较，产量超过对照品种并达到一定标准的优良一致品系提升到下一年品种比较试验，其余淘汰。

（四）品种比较试验

种植由鉴定圃升级的品系，或继续进行试验的优良品种。品种数目相对较少，小区面积较大，重复3~4次。在较大面积上对品种的产量、生育期、抗性等进行更精确和详细的考察。小区排列采用随机区组设计，以提高试验的准确性。由于各年的气象条件不同，而不同品种对气象条件又有不同的反应，因此为了确切地评选品种，一般材料要参加2年以上的品种比较试验。根据田间观察、抗性和品质鉴定以及产量表现，选出最优良的品种参加全省区域试验。

（五）异地鉴定试验

对表现突出的品种，可在品种比较试验的同时，进行多点异地鉴定试验，以确定品种在不同生态条件下的丰产性、适应性和抗逆性等。异地鉴定试验方法同品种比较试验，一般要进行2年以上。

五、区域试验和生产试验

大麻区域试验是对参试品种产量、抗性和优良品质进行的中间试验和评价。各省统一布试验点，试验点要设在大麻的不同生态地区，一般6～10个，试验点尽可能多，以保证试验结果能较准确地反映品种在各地的产量、抗性和品质表现，便于推广。一般区域试验重复3～4次。区域试验一般进行2年，要有统一的试验方案。

大麻生产试验是把通过2年区域试验的品系，再于较大面积上进行产量、抗性和适应性的鉴定。大麻生产试验点可较区域试验适当减少，采用大区对比法，不设重复，大区面积一般333.5～666.7m²。在生产试验的同时，可进行品种配套栽培试验，目的是研究适合新品种特点的栽培技术，以便良种良法一起推广。

第五节　工业大麻种子生产技术

一、大麻品种混杂退化的原因

品种混杂退化是指优良品种在生产过程中，由于机械混杂和生物学混杂等原因，生命力逐渐衰退，以致产量降低，品质变劣。大麻品种混杂是指一个品种中混进了其他大麻品种的种子；品种退化则是指品种本身所具备的优良种性变劣，原有的生产能力降低或丧失。大麻品种混杂退化主要表现在异性株多、植株高矮和分枝高度相差较大、雌雄同株品种的异株比例增大、熟期不一致、抗性变差等。造成大麻品种混杂退化的原因很多，主要有生物学混杂、机械混杂和品种本身遗传性发生变化。

（一）生物学混杂

生物学混杂是指异品种、异亲本花粉的侵入和参与杂交，导致产生新的杂种和分离群体，是一种生物学的行为及产生的后果。大麻属风媒花，花粉可随风散布很远。大麻雄花每天开放的时间要比雌株晚几小时，花粉在自然条件下生活力可维持14d。因此，大麻品种极易天然杂交，发生生物学混杂。

（二）机械混杂

大麻种子机械混杂是在种子生产和流通环节，如播种、采收、运输、脱粒、储藏、加工等操作过程中，由于客观条件限制或人为过失，使生产的大麻种子内混进了其他大麻品种的种子而造成的种子混杂。不合理的轮作和田间管理下，种子生产田及周围有上一年自然脱落的大麻种子也会造成大麻种子机械混杂。大麻品种在出现了少量混杂后，经过几代繁殖会日益严重，如果不及时拔除，会造成混杂退化程度加大，进一步引起生物学混杂。

（三）品种遗传性变化

品种本身遗传性发生变化是大麻品种退化的又一主要原因。大麻通常是雌雄异株，也有雌雄同株类型，同一植株的基因型是杂合的。在自我繁殖的过程中发生变异是正常的，当不良变异达到一定比例，并继续繁殖，就会加大杂化，造成群体的表现型严重不一致。品种自身的变化主要是基因突变或是杂交种遗传性还不十分稳定而发生的分离，大麻的经济性状受多基因控制，性状纯合的很慢，纯的大麻品种只是群体植株之间主要农艺性状和经济性状大体一致，而个体之间在不同程度上仍有差异。即使是长期种植1个品种的群体中，其遗传组成上也不是绝对的，再加基因突变、天然杂交、新杂株产生，使品种的遗传组成越来越复杂，混杂退化逐渐增加。

另外栽培环境条件和选种中的人为因素也会造成大麻品种的混杂退化。

二、防止大麻品种混杂退化的措施

防止大麻品种混杂退化的主要措施是严防天然杂交和机械混杂，及时去杂去劣，选择优良环境和生产条件进行种子生产。

大麻种子生产必须有严格的隔离措施，种子生产田周围2km内不能有其他品种大麻。加强对种子生产田的管理，严格去杂去劣，即及时去除非本品种的植株和生长不良的劣株。合理的轮作，一般种子生产田不要重茬。施肥不能用混有麻籽而又未经过充分腐熟的厩肥。两个品种以上的麻区，各项作业应有专人负责，单收、单打、单储藏，种子应写上标签，标签上应有产地、产代、品种名称、种子质量等内容。同时为了有效减少大麻品种退化，应选择地势平坦肥沃、排灌良好的地块进行种子繁殖，采取精细整地、适时播种、适当稀植、增施有机肥、辅助人工授粉等技术措施。

三、大麻种子分级及标准

（一）原原种

原原种是育种者培育或引进的种子，保持原有特征特性的高质量种子。由育种者掌握并生产，它是生产原种的主要来源。其标准是：具有该品种的典型性，遗传性稳定，纯度100%。

（二）原种

原种用育种家的原原种繁殖的第一代至第二代或按原种生产技术规程生产的达到原种质量标准的种子。原种一代由原原种直接繁殖，原种二代由原种一代直接繁殖而来，纯度≥99.0%。

（三）良种

良种是用常规原种繁殖的第一代至第三代和杂交种达到良种质量标准的种子。良种一代由原种二代直接繁殖而来，良种二代由良种一代直接繁殖而来，良种三代由良种二代直接繁殖而来。纯度≥97.0%，净度≥96.0%，发芽率≥85%，含水率≤9.0%。

表4-2　大麻种子质量标准（国际GB 4407.1—1996）

级别	纯度不低于（%）	净度不低于（%）	发芽率不低于（%）	水分不高于（%）
大麻原种	99.0	96	85	9
大麻良种	97.0	96	85	9

四、提高大麻良种种性的途径和方法

由于大麻品种退化原因复杂，要长期保持一个优良品种遗传性和生物学纯度，必须做好选优提纯工作。大麻原种生产多采用株系提纯法，该方法简单易行，效果好。一般程序是：选择优良单株→株行比较鉴定→选择优良株行→株系比较试验→优系混合和生产原种。

选择优良单株是做好选优提纯生产原种的关键。利用纯度较高，符合原品种典型性状田块用作采株圃。根据品种的特点，选择植株健壮、丰产性好、抗病力强的典型优良单株，分别收获。收获后再按单株籽粒性状进行决选，淘汰杂劣株。中选单株分别脱粒，装袋充分晒干后储藏，供第二年株行比较鉴定用。

第二年将上年入选的单株种于株行圃进行比较鉴定。株行圃要土壤肥沃，旱涝保收，尤其要地势平坦，肥力均匀，以便进行正确的比较鉴定。还要隔离安全，预防生物学混杂。每株种一行或数行，按行长划排，留出走道，点播，密度要偏稀。采用优良的栽培方法，田间管理要均匀一致。生育期间注意观察评比，对生长差、典型性不符合要求的株行和有明显优良变异的株行做出标记，并进行套袋，多余雄株要去除掉。在观察过程中随时注意去杂去劣。成熟后及时收获并进行决选，先收获被淘汰的杂、劣株行，突出优异单株行或套袋的单株可以单独保存作为系统育种的材料。最后，收剩下的典型、优良、整齐一致的株行，除去个别杂、劣株，分行收获、拷种、脱粒，于第二年进行株系比较试验。

对上年入选株行各成为一个单系，种于株系圃，每系一区，对其典型性、丰产性、适应性等进一步比较试验。种植方法和观察评比与选留的标准可参照株行圃。入选的各系经过去杂、去劣后，视情况混合收获、脱粒，所得种子，精选后妥善储藏，下年进行繁殖。将上年决选的混合种子种于原种圃，扩大繁殖，生产的种子就是原种。将原种进行繁殖，收获的种子即为一级原种，播种一级原种收获的种子叫二级原种，可供大田生产使用，即良种。

参考文献

陈其军，韩玉珍，傅永福，等，2001. 大麻性别的RAPD和SCAR分子标记[J]. 植物生理学报，27（2）：173-178.

陈璇，2011. 大麻植物中大麻素成分研究进展[J]. 植物学报，4（2）：197-205.

戴志刚，粟建光，陈基权，等，2012. 我国麻类作物种质资源保护与利用研究进展[J]. 植物遗传资源学报，13（5）：714-719.

关凤芝，2010. 大麻遗传育种与栽培技术[M]. 哈尔滨：黑龙江人民出版社.

郭丽，张海军，王明泽，等，2015. 大麻雄性基因连锁AFLP分子标记的筛选及鉴定[J]. 中国麻业科学，37（1）：5-8.

郭运玲，熊和平，唐守伟，等，1999. 大麻染色体核型分析[J]. 中国麻作，21（2）：21-23.

胡尊红，郭鸿彦，胡学礼，等，2012. 大麻品种遗传多样性的AFLP分析[J]. 植物遗传资源学报，13（4）：555-561.

黎宇，谢国炎，熊谷良，等，2007. 世界麻类原料生产与贸易概况（Ⅳ）[J]. 中国麻业科学，29（2）：102-109.

李仕金，辛培尧，郭鸿彦，等，2012. 大麻雄性相关RAPD和SCAR标记的研究[J]. 广东农业科学，24（2）：151-154.

吕咏梅，1982. 大麻品种主要性状对单株产量影响分析[J]. 中国麻作，3（4）：38-41.

吕咏梅，1983. 大麻品种主要农艺性状的遗传初探[J]. 中国麻作，5（2）：44-48.

孙安国，1983. 中国是大麻的起源地[J]. 中国麻作，4（3）：46-48.

孙安国，1992. 中国大麻品种资源研究[J]. 中国麻作，5（3）：17-21.

汤志成，陈璇，张庆滢，等，2013. 野生大麻种质资源表型及其RAPD遗传多样性分析[J]. 西部林业科学，42（3）：61-66.

汤志成，2013. 野生大麻种质资源遗传多样性分析[D]. 昆明：云南农业大学.

王殿奎，2005. 乌克兰大麻遗传育种研究[J]. 中国麻业，27（5）：231-234.

王群，杨佩文，李家瑞，2002. 大麻育种现状[J]. 中国麻业，24（3）：26-29.

王书瑞，张虞，2012. 工业大麻种质资源分布及新品种培育情报分析[J]. 黑龙江科学，11（5）：22-25.

谢晓美，粟建光，陈基权，2007. 麻类种质资源遗传多样性评价研究进展[J]. 中国麻业科学，29
（3）：162-165.

熊和平，2008. 麻类作物育种学[M]. 北京：中国农业科学技术出版社.

杨明，2003. 大麻新品种云麻1号的选育及其栽培技术[J]，中国麻业，25（1）：1-3.

杨阳，2012. 工业大麻纤维特性与开发利用[J]. 中国麻业科学，34（5）：237-240.

杨永红，2003. 正确认识大麻，合理使用生物资源[J]. 中国麻作，22（1）：39-41.

赵铭森，方书生，陈瑶，等，2019. 籽用大麻性别连锁标记的验证及SCAR标记开发[J]. 热带作物学
报，40（10）：2076-2082.

赵玉民，1985. 大麻分株套袋隔离人工授粉杂交育种技术[J]. 中国麻作，4（2）：33-36.

中国农学会遗传资源学会，1994. 中国作物遗传资源[M]. 北京：中国农业出版社.

COSENTINO S L，RIGGI E，TESTA G，et al.，2013. Evaluation of European developed fibre hemp genotypes（Cannabis sativa L.）in semiarid Mediterranean environment[J]. Industrial Crops and Products，50：312-324.

FAETI V，MANDOLINO G，RANALLI P，2001. Genetic diversity of Cannabis sativa germplasm based on RAPD markersnt[J]. Crop Science，41：1682-1689.

G FOURNIE，et al.，1987. Identification of a new chemotype in Cannabis Sativa：cannabigerol-dominant plants biogenetic and agronomic prospects[J]. planta Medica，53（3）：277-280.

GROTENHERMEN F，KARUS M，1998. Industrial hemp is not marijuana：comments on the drug potential of fiber Cannabis[J]. Journal of the International Hemp Association，5：96-101.

HENNINK S，1994. Optimisation of breeding for agronomic traits in fibre hemp（Cannabis sativa L.，by study of parent-offspring relationships [J]. Euphytica，78：69-76.

KARUS M，LESON G，1994. Hemp research and market development in Germany[J]. Journal of the International Hemp Association，1：52-56.

LYNN R，2013. Economic considerations for growing industrial hemp：implications for Kentucky's Farmers and Agricultural Economy Department of Agricultural Economics[D]. Kentucky：University of Kentucky.

SAKAMOTO K，SHIMOMURA K，KOMEDA Y，et al.，1995. A male-associated DNA sequence in a dioecious plant，Cannabis satina L. [J]. Plant and Cell Physiology 36（8）：1549-1554.

SMALL E，BECKSTEAD H D，1973. Common cannabinoid phenotypes in 350 stocks of Cannabis[J]. Lloydia，36（2）：144-165.

SYTNIK V P，STELMAKH A F，1997. Genetic analysis of differences in the content of cannabinoid components in hemp Cannabis sativa L. [J]. Cytology and Genetics，31（4）：44-49.

第五章　纤维用工业大麻高产栽培

纤维用工业大麻多采用高密度栽培，产量的构成需要从个体发育和群体结构两方面考虑，要想纤维用大麻优质高产，必须熟练掌握纤维用大麻的品种特征特性及外界环境对纤维形成和积累的影响，通过选择优良的品种、采取适宜的栽培技术措施创建一个合理的群体结构，充分协调个体发育与群体结构之间的关系，从而获得理想的单位面积产量和高品质的大麻纤维。

第一节　大麻的植物学特性和生物学特征

一、大麻的植物学特性

大麻为一年生草本植物，通常为雌雄异株，也有少数为雌雄同株。大麻雄株开花不结籽，植株较雌株相比，茎秆细长，分枝较少，叶片少而细，开花以后茎秆很快就木质化，雌株较高大，叶片多而繁茂，茎秆木质化较晚。

（一）根

大麻为深根系植物，直根系，呈圆锥形，主根较长，垂直向下，能深入土壤2m以上，侧根多，大部分分布在20～40cm土层内，横向可延伸至60～80cm，细根上密布根毛（图5-1）。苗期大麻根系生长速度较快，幼苗5对真叶时，主根长可达20cm，为茎高的两倍还要多，侧根少，快速生长期主根继续生长至40～50cm，侧根快速增多，至现蕾期主根基本停止伸长，侧根继续生长，开花期以后，根系基本停止伸长，但根的生物量继续增加。大麻根系的大小和品种类型、种植密度、土壤类型等条件有关。高秆晚熟大麻品种，根系较发达。雌株根系比雄株根系稍大。稀植根系较大，密植在一定程度上限制了根系生长。在耕层疏松，通透性良好的土壤上，根系较大。

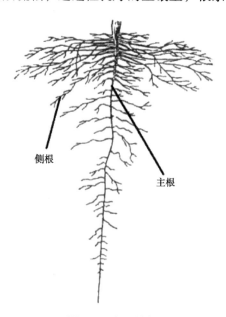

侧根

主根

图5-1　大麻的根

（二）茎

大麻茎秆直立，近圆中空，多为绿色，也有紫色和浅紫色，表面有茸毛。茎基部第一节和梢部数节横断面为圆形，其余各节一般具有四棱或六棱的纵凹沟槽（图5-2至图5-4）。一般早、中熟品种茎高2.0～3.0m，晚熟品种3.0～4.0m。大麻苗期茎秆髓部充实，开花后逐渐中空。成熟的大麻植株茎一般有30～45节，节间长度中部长，下部和上部短。下部对生叶茎段各节长度由下向上逐渐增长，上部互生叶茎段由下向上逐渐变短。茎粗和分枝数因栽培密度的不同而不同，同一品种栽培密度越大，茎秆越细，株高降低，分枝数减少，稀植导致茎秆粗大，分枝增多，纤维品质变差。在相同栽培条件下，雄株生长期较短，茎秆较细，分枝少，木质部不发达，出麻率高，纤维品质好；而雌株则反之。在幼苗期，雄株茎秆下部第一、二节间皮色多为紫色，节间长度差异不突出；3～4片真叶时茎心呈玫瑰红色，株型稍修长细弱。雌株下部第一、二节间皮色多为绿色或第一节间紫色，第二节间绿色；3～4片真叶时茎心呈绿黄色，株型稍平实粗壮，叶片宽厚。

图5-2　大麻茎沟槽

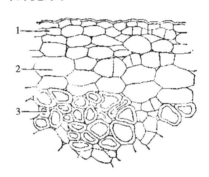

1. 表皮；2. 薄壁细胞组织；3. 纤维细胞

图5-3　大麻茎的韧皮部

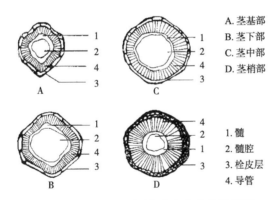

A. 茎基部
B. 茎下部
C. 茎中部
D. 茎梢部

1. 髓
2. 髓腔
3. 栓皮层
4. 导管

图5-4　不同高度大麻茎的横切面

（三）叶

大麻是双子叶植物，子叶长1～1.2cm，宽0.5～0.6cm，有圆形、椭圆形和长圆形之分。大麻真叶由叶片、叶柄和托叶组成，单叶或掌状复叶。叶片绿色或淡绿色，掌状全裂，裂片披针形或线状披针形，叶片长7～15cm，中裂片最长，宽0.5～2.0cm，先端渐尖，叶表面有短茸毛，叶缘具粗锯齿，叶柄长3～15cm，被糙毛，靠茎部有小托叶，不易脱落，托叶线形（图5-5）。大麻的下部叶对生，上部叶互生。在正常生长情况下，茎下部1～10节或到14节，每节有2片叶，对生。以上各节只长一片叶，互生。大麻第一对真叶为椭圆形单叶。第二对为复叶，由3个小叶组成。第3～6对复叶由5～9个小叶组成。到第8～15节，复叶由9～13个小叶组成，达到最多。第16节以上，复叶由下而上逐步减少，至梢部1~3叶为披针形单叶。大麻主茎一般有30~45片叶，至成熟期下部叶片依次凋落，仅存上部叶片。雌株生育期一般比雄株长30~40d，植株高大，叶片多而繁茂，后期留存叶片数亦较雄株多。在苗期，一般雌株叶片较宽，叶色较绿，叶对生，顶梢部呈半圆形，而雄株叶片较窄，叶色黄绿，叶近互生，顶梢略尖。

图5-5　大麻的叶

（四）花

大麻花是单性花，雌雄异株，也有雌雄同株。大麻雄株为复总状花序，花序疏松且较多。雄花单生或丛生，由花柄、萼片和5个雄蕊组成，萼片5个，黄绿色或紫色，花丝极短，直立，花药长圆形，花粉黄色或黄白色，花粉较多。雌株为穗状花序，雌花聚生紧密，花序短。雌花很小，无花柄，成对着生于枝梢叶腋，每花雌蕊1个，外有一片绿色苞叶和一膜片状的萼片紧包子房，子房一室，二心皮构成，呈圆锥形，开花时，多毛的丝状二裂的柱头伸出萼片，柱头丝状，胚珠下垂，所以大麻雌花开花常常不容易被发现（图5-6）。雌雄同株类型在同一植株上既有雄花，又有雌花。北方地区大麻早熟品种7—8月开花，晚熟品种9月开花。同一大麻品种雄株开花早，一般雌雄株开花期相差7~15d，因品种不同而略有差异。雄株花序周围叶片很少，开花日数可持续15~35d，待花粉成熟并散粉后很快衰老，一般花期后5~15d植株枯死。雌株花序末端多叶，直至种子成熟一直保持鲜活状态，开花日数可持续15~30d，由授粉到种子成熟需35~45d。

雄花　　　　　　　　　　雌花

图5-6　大麻的花

（五）果实和种子

大麻的果实为坚硬瘦果，单生于苞片内，在花序轴上离生，卵圆形，微扁，顶端尖，表面光滑，灰白色、暗灰色或褐色，有网状花纹或斑点（图5-7）。果实一般长3~5mm，宽2.5~4.0mm，厚

2.0～3.5mm。中医称"火麻仁"或"大麻仁"，可入药，性平，味甘，有润肠通便功效。大麻果实由外膜和一粒种子组成，外膜紧紧包被种子，故在生产上通常将果实作种子用。

大麻种子富含油分，外面由种皮包被。千粒重在9.0～32.0g，因品种而异。一般云南、安徽大麻品种种子千粒重较大，东北纤维大麻种子千粒重较小，一般20g左右，雌雄同株品种一般种子偏小。

图5-7　大麻的种子

二、大麻的生物学特征

（一）大麻的生长和发育

大麻自出苗到种子成熟的总日数称为生育日数，而自出苗到纤维成熟的日数，称为生长日数，即纤维成熟期，又叫工艺成熟期。我国各地气候和耕作制度不同，大麻的播种和收获时期有很大差异。一般北方纤维用大麻在4月下旬至5月上旬播种，8月中旬纤维成熟，进行收获。

纤维用大麻的生长发育主要分3个阶段。

苗期：自大麻出苗到株高20～40cm的时期，即1～7对或1～9对真叶时期，该时期以根系生长为主，地上植株生长缓慢。

快速生长期：自幼苗生长期结束到开花始期（或现蕾期），此时期大麻植株生长较快，以麻茎、纤维增长为主，是决定大麻纤维产量和品质的重要时期，因此要根据大麻品种特性和生态环境条件，合理安排施肥、灌水等技术措施，最大限度地提高纤维的产量与品质。

纤维积累成熟期：自快速生长期结束到开花终期，此时，大麻的株高和茎粗基本稳定。

大麻各个生长时期的长短，因品种、播种期和栽培条件而有所不同。大麻雌雄株后期植株生长速度不同，雄株开花结束后即停止生长并很快枯死，雌株在雄株开花时比雄株矮，雌株开花后继续生长，到雄株枯死时雌株已赶上并超过雄株高度。一般雌株生育期较雄株长30～40d。

（二）环境条件对纤维大麻生长的影响

1. 温度

大麻的整个生育期中因品种类型和播种时期的不同，所需积温也不同，一般从播种到纤维成熟期需≥0℃积温为1 500～2 000℃，从播种到种子成熟需有效积温2 400～3 200℃。大麻种子在1～3℃下即可发芽，但当土壤温度达到8～10℃时播种，出苗较快，出苗整齐。大麻种子发芽最适温度为

25～30℃，温度越高，出苗越快，但最高不能超过45℃。大麻苗期生长的适宜气温为10～15℃，快速生长期为18～30℃，以19～23℃最适宜生长，从开花到种子成熟以18～20℃为适宜。

大麻种子发芽期间和幼苗初期能耐零下5～12℃的短期低温，但会影响其生长。大麻早播条件下，能够适应不同的天气变化，因此我国北部麻区可进行头年冬播或顶凌播种。大麻后期不耐低温，大麻开花期间如遇-1℃的低温，花器会受到损坏，-2℃的低温环境，便会造成花器死亡，尤其是对雄花的危害较重。大麻生育期内，昼夜温差对大麻的生长影响较大，特别是现蕾到开花末期，此时茎的生长快，干物质大量增加，在这个时期，气温保持在16～25℃，对大麻茎秆发育和干物质积累最为有利。

2. 光照

大麻喜光，光照充足利于大麻生长发育，促进干物质积累和产量增加。光照对大麻的影响包括两个方面：一是生长周期内大麻接受到的总的阳光照射量，另一方面是每天接受到的阳光照射量。日照射量要比总照射量对大麻干物质的积累影响大，但阳光总的照射量对大麻纤维质量即初生纤维的强度影响较大。根据大麻栽培目的不同，对光照强度有不同的要求。弱光能够抑制腋芽萌发，减少分枝，促进顶端生长，抑制形成层活动，从而提高原茎和纤维产量，增加纤维的柔软度，降低木质化程度。因此弱光条件下有利于纤维用大麻生长，故纤维用大麻在阴坡栽培和适当密植具有良好效果。相反做种子繁殖适合强光照，利于麻株腋芽萌发和形成巨大花序，利于种子增产。

大麻是短日照植物，光周期较敏感，缩短日照时数可以促进花芽形成，提早开花，营养生长期缩短，导致植株矮小，纤维产量下降；延长日照时数，可抑制大麻开花，营养生长期延长，延迟发育和成熟，植株生长高大，纤维产量增高。一般情况下，大麻出苗后每天给10h日照，可比在自然日照下提早开花20～40d。大麻生育期内在不同时期进行短日照处理，所需要短日照的天数有差异，年龄较大的植株比年龄较幼的植株，需要较少的短日照天数来诱导开花。大麻雌株对短日照反应较雄株敏感。大麻在短日照条件下，可引起茎、叶、花的形态变化，茎秆变矮，叶片变小，叶缘无锯齿，叶色深绿和出现雌雄同株等。

根据光照条件对大麻生长发育的影响规律，我国在生产实践上常采用"南麻北种"的措施，来延长大麻的营养生长期，即将南方低纬度地区的大麻种子引入高纬度地区作纤维用种植，以提高原茎和纤维产量，取得较好的增产效果。但要注意引种距离，南北引种以相差2～3个纬度为宜，引种距离过远会导致纤维成熟度不够，品质下降。

3. 水分

大麻在生长发育过程中需要消耗大量的水分。每制造1g干物质要消耗300～500g水分，比小麦、燕麦多1.5～2倍，比玉米多3倍。大麻较耐大气干旱而不耐土壤干旱，因此生长期内如遇干旱少雨，要及时灌水。快速生长期土壤湿度保持在土壤饱和持水量的70%～80%，则纤维产量较高，品质较好。

在整个生育期内不同时期大麻对水分的需求量不同，从出苗到现蕾期需水量较少，仅占总需水量的15%～25%。从现蕾到开花期植株生长较快，消耗水分多，耗水量占总需水量的50%～55%，因此在这时期给以充足的水分，保证大麻现蕾到开花期内植株对水分的需要，有良好的增产效果。开花到成熟期，需水量减少，仅为总需水量的20%～30%。

干旱条件下，大麻叶片的光合能力下降，生长发育不良，导致产量降低。相关研究表明，轻度干旱胁迫对大麻种子萌发有一定的促进作用，随着干旱胁迫增大，大麻种子萌发受到抑制，不同大麻品种种子萌发受到的抑制程度不同，发芽率、发芽势均下降。苗期土壤干旱，则幼苗生长缓慢，且易引起大麻跳甲为害；出苗到现蕾期水分不足，则植株矮小，营养生长期缩短，提前开花结实；后期水分不足，则麻皮变薄，出麻率降低。大麻株高在50～70cm时较耐干旱，但高温干旱会促进早熟，株高降低，影响产量。

　　大麻耐旱不耐涝。苗期水分过多，易造成幼根腐烂，麻苗死亡；快速生长期水分过多，则生长减慢；开花到成熟期水分过多，则易引起雄株麻秆霉变发黑，降低纤维品质，也不利于种子灌浆成熟，降低种子产量（图5-8）。大麻生长期间如麻田渍水48h以上，大麻就会死亡，因此要及时排出麻田积水。土壤湿度不但影响纤维产量，与品质也有密切关系，而且还影响到大麻酚类物质的含量。同时大麻需水量多少与土壤中营养条件也有密切的关系，土壤肥力状况不好的情况下，大麻需水量增加。

图5-8　大麻开花期涝害

4. 土壤

　　种植大麻一般以土层深厚、土质疏松、富含有机质、保水保肥力强、地下水位低、排灌良好的地块为宜。不同品种的大麻对土壤的pH值要求稍有不同，一般土壤pH值以6～6.5的弱酸性为宜，微碱性土壤也可种植大麻，pH值8.0以上，影响大麻生长，造成产量降低，品质变差。

　　土壤性质不但影响大麻的产量，而且影响纤维品质。在不同土壤类型中，砂质壤土的沙粒和黏粒比例适中，保水保肥能力好，耐旱耐涝，适耕期长，耕性良好，种植大麻可获得高产，且麻皮较薄，色白柔软，有光泽，拉力强，品质好。其次为黏壤土，黏壤土黏粒含量较高，毛管孔隙比例大，通透性差，吸附作用强，保肥性好，黏壤土种植大麻，往往因为供肥缓慢，造成前期缺肥而后期生长过旺，推迟成熟，通常纤维可获得高产，但纤维粗糙，品质较差。重黏土、沙土、重碱土都不适合种植大麻。

5. 养分

　　纤维用大麻对氮、磷、钾三要素的需求，总体以氮素最多，钾素次之，磷素最少。按照每公顷面积产1t大麻干茎计算，需要N 15～20kg、K_2O 15～20kg、P_2O_5 4～5kg。在大麻纤维形成过程中，氮肥作用最大，直接影响了苗期和成熟期大麻生物量的累积，磷肥和钾肥对大麻的株高和生物量累积有着同样重要的促进作用。因此，要提高大麻原茎和纤维产量，早期施氮尤为重要，同时要配施磷、钾肥。晚期施氮，对初生纤维形成作用不大，但能促进次生纤维的形成。但施氮不宜过多，否则纤维变得粗硬，强度降低，还容易引发病害。相关研究表明，氮、磷或氮、钾配合施用，比单施氮肥增产效果好，氮、磷、钾三者配合施用，增产效果更是显著。实践证明，化肥与农家有机肥配合施用对提高纤维产量和品质具有重要作用。

纤维用大麻的不同生育阶段吸收氮、磷、钾比例不同。生长前期需氮肥较多，在开花前的整个营养生长期内均需要大量的氮肥，尤其是前6~8周对氮的吸收比较集中。在大麻的整个生长期内均需要稳定的磷肥供应，直到开花前对磷的需求持续增加，而且磷能促进大麻对氮素的有效吸收。从发芽到收获，大麻对钾的需要量持续增加，在纤维形成期内达到最大值。钾对纤维质量的影响比磷要大。雄株从苗期到开花前吸收氮素较多于雌株，而在开花期雌株吸收氮素较多于雄株，大麻在现蕾到开花期所需养分最多。

微量元素如铜、锰、锌、硼等对大麻生长发育和提高纤维品质具有一定的作用。种植纤维用工业大麻可以适当增施微量元素肥料，以提高纤维的产量与品质。

三、纤维用大麻纤维发育及产量构成

（一）大麻的纤维发育特点

大麻纤维为黄白色，质轻柔软，富有光泽，吸湿性好，强度高，韧性好。其化学成分主要有纤维素、半纤维素、木质素、果胶、蜡脂等。

大麻的初生纤维群从麻茎的横切面上看，呈环状排列，构成初生纤维层，初生纤维细胞由顶端分生组织即生长点分生而来，故其排列不够规则。各次生纤维群也呈环状排列构成次生纤维层。初生纤维群与次生纤维群之间有髓射线隔开。由于顶端分生组织的积极活动，麻茎得以不断向上生长，故由初生纤维组成的纤维层形成以后，随着茎的生长，不断向上伸展。由此可见，一切有利于茎生长的因素，都是促进初生纤维层积极向上伸展的因素。初生纤维层的厚度，以茎中部为最厚，两端稍薄。中部纤维强力最大，工艺价值也最高。初生纤维层不但向上延伸，而且随着麻茎向上生长还不断加厚。

次生纤维细胞由次生分生组织即形成层分生而来，呈切线方向分裂，故次生纤维束排列较为整齐。大麻由次生纤维细胞组成的次生纤维层，远不如初生纤维层发达。次生纤维层以基部最厚，中部次之，上部最薄，甚至在密植条件下，只有基部有次生纤维，中、上部则没有次生纤维，这种不同部位的差别是很明显的。大麻到工艺成熟期，次生纤维层的发育在雌、雄株之间是没有多大区别的。只有在留种的情况下，雄株收获之后，雌株加速了侧生生长，才形成较多的次生纤维。故在纤维用栽培条件下，为了获得较为整齐一致的大麻纤维，以在雄株开花末期，雌、雄株一齐收获为好（表5-1）。

表5-1 大麻末花期各茎段纤维层的厚度（六安寒麻）

性别	部位	皮层厚度（μm）	次生纤维束环数	纤维厚度（μm）			
				初生	次生	合计	占皮层厚度（%）
雄株	基部	603.20	4~6	149.09	213.76	362.86	60.16
	中部	490.38	2	182.29	76.82	259.11	52.78
	上部	448.82	1	154.97	54.97	209.96	46.43
	平均	515.36		162.12	115.16	277.28	53.81
雌株	基部	603.27	4~6	143.15	402.53	402.53	66.73
	中部	475.15	1~2	178.42	259.78	259.78	54.67
	上部	410.82	1	164.38	227.58	227.58	55.39
	平均	496.99		161.99	296.65	296.65	59.76

大麻初生纤维细胞较长，细胞壁常保持非木质化或很少木质化，因而具有较高的工艺价值，而次生纤维细胞较短，木质化程度高，质地脆硬，工艺价值较低。故在种植生产上，应设法促进初生纤维

层的形成，减少次生纤维层的形成，提高长纤维的比率（表5-2）。提高种植密度和增加水肥管理可以有效促进初生纤维的形成和积累。

表5-2　大麻各茎段纤维细胞直径及厚度（六安寒麻）

性别	部位	初生纤维（μm）		次生纤维（μm）	
		直径	壁厚	直径	壁厚
雄株	基部	22.29	9.21	14.77	4.30
	中部	20.19	6.59	14.19	3.84
	上部	17.98	5.37	12.69	3.13
	平均	20.49	7.06	13.89	3.75
雌株	基部	22.96	8.09	14.39	3.72
	中部	21.65	5.89	13.25	3.34
	上部	19.25	5.52	12.79	2.83
	平均	21.29	6.51	13.47	3.30

不同的栽培条件对大麻的纤维形成和发育有不同的影响。矿质营养对大麻韧皮纤维的形成影响较大。大麻从最初生长到雌、雄株完全成熟，茎中均有纤维形成，纤维形成和积累最快的时期，是在麻茎快速生长期。矿质营养能加快麻茎生长，促使纤维细胞数增多，纤维层增厚。研究表明，施肥对大麻纤维的形成和积累起到积极的促进作用，单施氮肥，对大麻纤维形成作用较小，单施磷肥或钾肥，几乎不起作用。在缺氮的条件下，磷、钾结合施用，对纤维形成的作用也较弱。只有氮、磷、钾结合施用，才有最良好的增产效果。在氮、磷、钾配合施用的条件下，纤维束数及纤维细胞数增加，细胞腔变小，细胞壁增厚。在大麻纤维物质积累的过程中，氮素起着主导作用，钾肥可以促进纤维束及纤维细胞增多，纤维细胞壁增厚，增加纤维的强力。氮素营养不足，严重影响纤维的形成，但氮素营养过多，则降低纤维的细度。

水分对大麻纤维的形成和积累也有较大的影响。在水分充足的条件下，分生细胞不断分裂，产生新的纤维细胞，使纤维细胞数量不断增加，从而提高纤维量的积累；同时水分充足有利于纤维细胞积极纵向伸长，促进纤维品质的提高。大麻不耐土壤干旱，在土壤湿度不足的情况下，纤维数量减少，品质降低。大麻现蕾期以前，土壤湿度达到饱和持水量80%，后期湿度稍低的条件下，纤维发育较好，初生纤维层增厚，纤维细胞数增多。如果前期土壤干旱，土壤湿度在饱和持水量的40%以下，那么不论后期湿度如何，纤维形成均较差。关于木质部的形成发育完全相反，后期土壤湿度较高，不论前期湿度高低，木质部发育均较好，后期土壤湿度较低，不论前期湿度高低，木质部的发育均较差。因此在大麻生长过程中，应保证前期土壤湿度较高和后期土壤湿度稍低，能促进纤维形成，抑制木质部增厚，以提高出麻率和纤维产量。

（二）纤维用大麻的产量构成

纤维用大麻产量的高低，取决于单位面积的有效株数、株高、分枝、茎粗与出麻率等因素的组合，一般情况下，单位面积内有效株数多、植株长的高而整齐、麻茎上下粗细均匀、工艺长度与出麻率高，就能获得较高的纤维产量。

提高种植密度是增加有效株数的重要途径。但密度过大，则株高下降，毛麻、死麻增多，单株产量和有效株数均降低，单位面积产量亦随密度加大而减少。单位面积有效株数的变幅很大。有研究表明，播种450~525粒/m²的情况下，从播种粒数、留苗数、成株数与实收有效株数的关系来看，一般出苗数约为播种粒数的70%，留苗数约为出苗数的50%，成株数为留苗数的60%~70%，而实收有效株数仅为成株数的70%,实收株数为60万~75万株/hm²,成株数中毛麻和死株约占30%。

大麻的株高、茎粗与出麻率决定单株产量。密度对株高的影响是主要的,相关研究表明,不同水肥条件下株高均以每公顷留苗75万~150万株最高,株高为160~270cm,超过150万株/hm²,则株高随密度的增大而减小,每公顷留苗在300万~600万株时,株高由130cm降低到80cm。茎粗也随密度的增大而递减。出麻率受茎粗的影响很大,由于形成层分化的木质部细胞较多,分化的韧皮部细胞较少,故麻茎较细的出麻率高,麻茎较粗的出麻率低。因此,应当具体针对品种特征特性,研究出特定条件下的有效株数、植株高、茎粗、出麻率等,使之达到最佳组合,来提高大麻纤维产量,因此纤维用大麻栽培要做到合理密植。

合理密植就是要根据大麻品种特性,在不同生长发育时期保持一个合理的群体结构,使叶面积大小、各器官的生长相互协调,能充分有效地利用地力、光照和二氧化碳,获得生物产量转化为经济产量的最高效率。合理密植主要包括3个方面内容:一是确定合理的基本苗;二是按地力情况采用适宜的播种方式,确保栽培密度和播种质量;三是根据麻茎生长规律,使大麻初期生长、快速生长和后期生长都具有合理的群体结构。土壤肥力与大麻密植的关系极大,大麻对土壤肥力要求很高,如土质好、肥力充足且均匀,则出现麻田苗满、株高、秆匀、群体生长整齐、小麻少的高产优质长相。凡土质差、土壤肥力不足,麻株往往长不起来,现蕾开花提早,原茎和纤维产量显著降低。由此可知,土壤肥力基础是决定栽培密度的一项重要指标。

大麻较耐大气干旱,而不耐土壤干旱。快速生长期土壤湿度宜高,以土壤水分为土壤田间持水量的70%~80%时,生长发育最好。其中又以现蕾开花期植株高大,消耗水分最多,占全生育期总耗水量的50%~55%。土壤水分不足,种植密度不宜过大,水分充足,则宜实行密植,达到增产的目的。

第二节 品种选择

作物品种是农业生产的重要生产资料,优良品种能充分利用自然条件,克服不利因素,获得高产稳产,有效解决倒伏、病虫害及其他特殊问题,是保证增产的基本条件之一。优良品种首先应具备高产性,有较大的生产潜力,随着商品经济的发展,产品质量越来越受到重视,尤其是工业原料作物,产品工艺品质更为重要,如大麻的纤维长度、细度和强度等,其次优良品种还应具备良好的适应性和抗逆性,不同品种具有不同的适应性,如适应不同自然条件(气候、土壤)、耐寒、耐旱、耐涝以及抗病虫害等能力。选择优良品种,是纤维用大麻获得高产优质的首要条件。

认识品种,充分了解大麻品种的特征特性以及品种的生态适应性,纤维用工业大麻栽培在品种选择上应遵循以下几个原则。

第一,由于工业大麻作物本身的特殊性,种植大麻必须在当地公安机关的监管下选择通过种子管理部门认定的工业大麻品种,四氢大麻酚含量必须在0.3%以下。

第二,应选择近年来生产上大面积推广应用的优良纤维用大麻品种,根据"南麻北种"原则,宜选择在比种植地低2~3个纬度区域的大麻种子种植,利于获得纤维高产。

第三,要根据当地的栽培制度,选择合适熟期的大麻品种。我国黄淮平原和南方麻区实行一年多熟制,应选择熟期适中而高产优质的品种,茬口早的宜选择耐寒性较强、适于早播的品种,茬口晚的应选择耐迟播的品种。间套作地区宜选择早熟高产、株型紧凑、秆强抗倒的品种。北方纤维用大麻种植一年一熟制,生产上多采用鲜茎雨露沤制进行脱胶,品种选择上除应考虑到高产优质外,还应适当选择早熟品种,以充分利用收割后的天然雨露资源。

第四,根据当地自然条件和生产条件,各地的气候、土壤和生产水平不同,对大麻品种的要求也有所不同，要选择抗御当地主要自然灾害和与当年生产水平相适应的品种。如生长季节短的地区，应选早熟、耐寒性强的品种，土壤瘠薄、施肥水平较低的地区宜选耐贫瘠、适应性强的品种，地势低洼或盐碱地区，宜选择耐涝、耐盐碱力强的品种，土壤肥沃或施肥水平较高，宜选择耐肥、抗倒的品种，在病虫害严重地区，宜选择抗病虫性强的品种等。

近年来我国各地针对大麻生产上对纤维用大麻品种的需求，选育出了诸多优良纤维用大麻新品种，得到了广泛的推广应用，取得了较好的增产增收效果。当前生产上推广的纤维用大麻品种主要有如下几种。

一、庆大麻1号

庆大麻1号是黑龙江省农业科学院大庆分院通过系统选育法选育的纤维用工业大麻品种。该品种产量高、纤维品质好、含毒量低、抗性强、适应范围广。

品种特征特性：在适应区出苗至种子成熟生育日数112d左右，工艺成熟期95d，种子成熟需≥10℃活动积温2 350℃。植株生长健壮，叶片绿色，株高190cm左右，无分枝，茎粗0.50cm，茎秆直立。雌雄异株，种子颖壳包被紧，种皮暗灰色，有花纹，种子千粒重19.0g。原茎产量10 639.0kg/hm²，纤维产量1 987.3kg/hm²，出麻率在24%以上。纤维品质优良，纤维强度310N，麻束断裂比强度0.93cN/dtex。四氢大麻酚（THC）含量0.082 8%。耐盐碱，抗病虫害能力强。适宜黑龙江省各地及吉林、内蒙古等地区种植。

栽培技术要点：4月末5月初播种，直播，不进行育苗和定植。规模化种植采用机械条播，行距7.5cm，播种深度3cm，播种量112.5kg/hm²。每公顷施复合肥（26：12：15）375kg。播后苗前用异丙甲草胺封闭除草，粗放田间管理，后期不进行除草及间定苗，黑龙江省规模化种植均采用机械化收割，在纤维成熟期抢早收割，收割后直接放置原地进行雨露沤制。

注意事项：注意苗期大麻跳甲的发生，及时采取相应防治措施。

二、庆大麻2号

庆大麻2号是黑龙江省农业科学院大庆分院通过系统选育法选育的优质、高纤、低毒大麻品种。

品种特征特性：植株生长健壮，株高195cm，无分枝，茎粗0.5cm，雌雄异株，种子灰黑色，千粒重19.6g，熟期适中，工艺成熟期97d。纤维柔软、品质好、强度高、可纺性好，纤维强度448.07N，麻束断裂比强度1.344cN/dtex。四氢大麻酚含量0.167%。原茎产量10 793.3kg/hm²，纤维产量2 001.2kg/hm²，平均出麻率为24.4%。适宜黑龙江省各地区种植。

栽培技术要点：精细整地，4月中下旬抢墒播种，平播密植，机械化条播，行距7.5cm，播种深度3.0cm，播种量120kg/hm²，随播种一次性施足底肥，施肥量每公顷施复合肥（26：12：15）375kg。后期不追肥。播种后出苗前用异丙甲草胺封闭除草，粗放田间管理，后期不进行除草及间定苗，纤维成熟期及时收割。

三、龙大麻3号

龙大麻3号是黑龙江省农业科学院经济作物研究所通过系统选育法选育的纤用型大麻品种。

品种特征特性：该品种性喜冷凉，在适应区出苗至纤维成熟期生育日数97d左右，需≥10℃活动积温1 800℃。株高179.8cm，苗期生长势强，叶片墨绿色，花期集中。抗倒伏性强。工艺成熟期叶片脱落快，茎秆为淡黄色。抗旱、抗病、耐盐碱性较强。纤维品质好，纤维强度259N。原茎产量9 181.4kg/hm²，纤维产量1 647.7kg/hm²。该品种抗逆性强，适宜在各种类型土壤上种植，最适宜黑龙江省哈尔滨、绥化、齐齐哈尔、牡丹江、黑河等地区种植。

栽培技术要点：前茬以杂草基数少，土壤肥沃的大豆、玉米、小麦茬为好。在黑龙江省播期为4月25日至5月5日。每公顷播种量为60~75kg，15cm或7.5cm条播。每公顷施用磷酸二铵250kg、硫酸钾100kg或每公顷施三元复合肥400kg，播前深施5~8cm土壤中。播种后3d内用除草剂金都尔标准量封闭除草。出苗3~4d后，要跟踪检查田间跳甲发生基数，每平方米超过10头，及时进行药剂防除。苗高7cm后禁止田间作业，工艺成熟期及时收获。

四、汉麻5号

汉麻5号是黑龙江省科学院大庆分院通过杂交育种方法选育而成的纤维型工业用大麻品种。

品种特征特性：该品种在适应区出苗至工艺成熟期的生育日数97d，需≥10℃活动积温2 000℃。出苗至种子成熟的生育日数120d左右，需≥10℃活动积温2 400℃。雌雄异株，幼苗绿色，叶色为中绿，掌状复叶，每片复叶小叶数7~9片。雄花为复总状花序，雌花为穗状花序，雌雄株比例约1:1，株高2.0~2.3m。种子为卵圆形，种皮为灰褐色，千粒重22g。抗倒伏、抗病和抗旱性强，耐盐碱性较强。原茎产量10 018.1kg/hm²，纤维产量2 125.3kg/hm²，出麻率为25.4%。四氢大麻酚含量0.229%。纤维强度507N，麻束断裂比强度1.52cN/dtex，分裂度134Nm。适于黑龙江省哈尔滨、齐齐哈尔、牡丹江、大庆、黑河等地区种植。

栽培技术要点：黑龙江省第1~3积温带4月15日至5月10日播种，4~6积温带4月20日至5月15日播种。7.5~10cm行距机械播种，每平方米有效播种粒数400~500粒。测土配方深施肥，施肥深度8cm，常规施肥通常施磷酸二铵150~200kg/hm²、硫酸钾50~100kg/hm²，或复合肥300~375kg/hm²。除草选择异丙甲草胺在播种后至出苗前封闭除草。采麻田在工艺成熟期收获，采种田在种子成熟期及时收获。

注意事项：及时防治大麻跳甲和叶甲，苗黄、苗弱喷施叶面肥。

五、云麻1号

云麻1号是云南省农业科学院经济作物研究所通过系统选育法选育的工业大麻品种。

品种特征特性：该品种群体茎秆匀称，生长整齐，株高3m左右，最高可达到5m。茎秆淡绿色，基部圆形，中上部具较浅的纵沟。密植条件下基本无分枝。叶片绿色，在茎基部为对生，中上部互生。种子卵圆形，浅褐色，千粒重24g，属大粒型。全生育期约190d，工艺成熟期约110d，为晚熟型。鲜茎出麻率6.9%，原麻产量约2 000kg/hm²。雌雄异株，雌、雄株各占50%。耐旱、抗倒伏能力强。纤维长度250~300cm，平均断裂强度438N。纤维薄而柔软，色白，易剔剥，易脱胶。种子含油量大于32%。THC含量约0.15%。适宜在云南省中部及其以北海拔1 000~3 000m的地区种植，最适宜的海拔范围是1 700~2 300m。

栽培技术要点：云麻1号种植要求土壤肥沃、疏松、土层深厚，pH值6.0~7.0，排水性能好的沙质壤土。公顷保苗数以130万~150万株为宜，播种量约45kg/hm²，条播株行距5cm×15cm。收获种子的栽培密度以23万~30万株/hm²为宜，播种量约7.5kg/hm²，条播株行距为5cm×60cm。云麻1号的适播期较长，一般从3月中旬至5月下旬均可播种。有灌溉条件的地区当地下5~10cm深处土温升至8~10℃即可播种。无灌溉条件的地区，播种前整好地，准备好种子和肥料，待4—5月下第一场透雨后，及时抢墒播种。昆明地区的适宜播种期为4月底至5月初。播种深度随土壤湿度和质地而异，条播以4~5cm为宜，土壤水分充足时可浅一些。沙土、沙壤土以5~6cm为宜。土壤干旱时，可深播浅盖。条播和穴播宜用细土覆盖2cm左右。施肥以农家肥作基肥，每公顷不少于1.5t；复合肥作种肥，375~450kg/hm²，苗高10~15cm时结合间苗除草，根际追施尿素150~200kg/hm²。工艺成熟期及时收获。

六、晋麻1号

晋麻1号是山西省农业科学院经济作物研究所经系统选育法选育而成的纤用型大麻品种。

品种特征特性：该品种为雌雄异株，植株高大，株高2.5～3.1m，茎粗0.8～1cm，分枝高140～160cm，种子千粒重25.1～28g，纤维产量1 500～1 725kg/hm²。叶片肥大、苗期浅绿色，后期深绿色，茎绿色，茎秆上下粗细均匀，分枝少，分枝高度高，节间较长，纤维品质优良，纤维长度为2.3m，纤维强度382N。工艺成熟期为105～110d，全生育期为170～180d。抗病、抗旱、抗倒伏。适于山西省产麻区，晋城、晋中、吕梁、忻州等地区种植。

栽培技术要点：晋麻1号在山西省麻区的适宜播期为4—5月，最佳播期在4月上中旬，地温10℃左右时最利于种子发芽生根，出苗快而整齐。在较高水肥区最适种植密度为60万～75万株/hm²，中等水肥区最适种植密度为45万～60万株/hm²。一般需翻耕30cm以上，耙平整墒，基肥每公顷施人畜土杂粪30～37.5t，或N、P、K三元复合肥450～525kg/hm²。在苗高5cm、1～2对真叶时进行第一次间苗，在3～4对真叶时要及时定苗，结合间、定苗可进行1～2次中耕，以松土透气，清除杂草，中后期要拔除小脚麻以利通风，防止烂麻。大麻苗期要防止渍水烂苗根和干旱板结。中后期需及时排灌，保持土壤湿润，以利于促进植株生长发育。在雄花开花末期一次性收获。

七、皖大麻1号

皖大麻1号是安徽省六安市农业科学研究所通过系统选育法选育而成的大麻品种。

品种特征特性：该品种为雌雄异株，植株高大硬朗，平均株高在420cm左右，茎粗1.50～1.86cm，皮厚0.38～0.44mm，种子千粒重19.01～19.48g，干茎出麻率19.41%～20.21%，纤维产量3 028～3 258kg/hm²，种子产量961～970kg/hm²。掌状裂叶，3～11裂片，叶肥大，深绿，茎青色，上下茎秆粗细较均匀，分枝少，植株高，节间较长，纤维品质优良。出苗较快，苗期长势良好，中后期生长速度加快，群体一致性较好，抗倒伏性强。工艺成熟期141～146d，全生育期为192～200d。该品种适宜在安徽、河南、山东、黑龙江、四川等麻区种植。

栽培技术要点：皖大麻1号在安徽麻区的适播期为1—3月，最佳播期在2月上中旬的立春雨水间。播种密度为每公顷52.5万～60万株较好，条行播，行距35cm，株距5cm，每公顷用种量27.5～30kg。深耕整地，施足基肥，追施长秆肥，播种麻地选择沙质壤土较好，一般需翻耕30cm以上，墒宽3～4m为宜，墒沟宽50cm，深30cm。基肥每公顷施人畜土杂粪30～37.5t或饼肥1 500～2 250kg或含N、P、K三元复合肥450～525kg作基肥，在苗高60cm时，每公顷追施尿素120～150kg、氯化钾90kg作长秆肥，以促进其快速生长并增强麻秆硬度，防风抗倒伏。苗高5～10cm、1～2对真叶时进行第一次间苗，留壮间弱，在苗高20cm、3～4对真叶时及时定苗，结合每次间定苗进行中耕，以松土透气，清除杂草。皖大麻1号的纤维收获期在7月底至8月初，雄株现蕾开花时，纤维品质较好，要及时收获，种子成熟期在9月中旬左右，果实蜡黄成熟后收获。

第三节　选地、整地、施肥

一、选地、选茬与轮作

大麻是深根系作物，对土壤条件要求不太严格，平地、坡地、开荒地、林下地等都可种植。纤维用大麻最适宜选择土层深厚、结构疏松、土质肥沃、透气渗水性良好、保水保肥能力强、中性或轻酸轻碱和排水良好的地块。大麻是主根作物，根系发育缓慢而纤弱，土壤疏松、肥沃、透气性强，能促进根系发育，利于大麻生长。由于大麻不耐涝，特别是在生长后期雨水大，土壤含水量长时间处于饱和状态时，根系缺氧进行无氧呼吸，造成根系溃烂，甚至死亡，因此不宜选用地势低洼、土壤黏重的地块。大麻对除草剂敏感，不应选择前茬施用磺酰脲类、咪唑啉酮类等高残留除草剂的地块，否则容易出现不同程度的后茬药害。

大麻对前茬要求不太严格，一般茬口均可种植。大麻可以连作，各地经验证明，重茬大麻比换茬大麻产量略低，但品质较好，特别是重茬大麻，茎节较小，易于剥制，深受麻农欢迎。但大麻不适宜长期连作，长期连作病虫害加重，还会造成土壤营养失调，影响大麻生长发育。大麻前茬以玉米、大豆茬为最好，其次是小麦和马铃薯茬口，不宜选择甜菜、向日葵、谷糜等茬口。同时要注意前茬病虫害的发生情况，不应该选择前茬有玉米螟、金龟子等虫害发生较重的地块种植大麻。

轮作是一项传统的农业措施，实行合理轮作可以有效地均衡利用土壤养分，减轻作物病虫为害，减少田间杂草的发生，改善土壤理化性质，有利于实现农作物持续高产稳产，降低生产成本。我国大麻种植区域较广，南北方各地不同的气候特点和土壤类型，大麻的轮作方式各有不同。目前黑龙江纤维用大麻种植一年一熟，多连作或与大豆、玉米轮作。安徽六安麻区实行一年麻、粮两熟轮作和两年四熟一麻三粮轮作制度。晋东南麻区多实行粮、麻、油套种三年五熟制。

大麻对土壤肥力反应特别敏感，无论选用哪种土壤或前茬栽培大麻，都应重视土壤耕作措施和大量施用有机肥料，方能达到高产、稳产的目的。

二、精细整地

大麻对土壤要求较其他作物细致，做好精耕细作是提高大麻产量的关键措施。种植大麻的地块要精细整地，耕平耙细，使耕作层疏松肥沃，增强土壤蓄水保肥能力，创造有利于大麻根系发育的良好环境，促进地上部分正常生长发育，从而提高产量。同时大麻种子较小，顶土能力弱，整地不良会影响幼苗出土。特别是东北地区规模化生产均采用机械化播种，整地不平，播种深浅不一致，导致出苗不齐。

我国北方地区纤维用大麻种植以秋整地为宜，整地前首先要进行秸秆根茬处理，捡净上茬作物秸秆，利用圆盘耙、旋耕机、灭茬犁等进行浅耕灭茬。灭茬后10~15d，即在立冬前后进行秋翻，深度要求20~25cm，达到深、匀、细的要求。秋翻的地块在播种前用轻耙进行交叉耙地，使土壤细碎均匀、上松下实，为种子发芽创造良好的土壤环境。没有来得及秋翻的地块要在土壤化冻2~3cm及时进行灭茬，然后重耙2遍，深度16~18cm，轻耙一遍，耙时带碎土碾压碎土块。整地后应根据墒情及时用镇压器镇压。如需施用农家肥，可在整地前施入土表，随耕地翻入土中。

黄淮平原和南方麻区实行一年多熟制，大麻春播。前茬作物收获后，立即进行秋（或冬）耕地，耕后耙地保墒越冬，也有的地区秋耕后晒土不耙越冬。第二年施基肥，浅耕、耙平、耙细，播种大麻。有的麻区作畦种麻，以便排水，增加土壤通透性，促进土壤微生物活动和大麻根系生长，作畦的方向与水流的方向一致。畦长宽按麻田大小、地势和方便田间操作而定。山东泰安麻区对麻畦底墒水特别重视，播前整畦时要先行灌溉促使大麻出苗齐、全、壮。我国中部和南部麻区一年多熟，大麻夏播。夏播大麻的前茬作物多为小麦、大麦、油菜、豌豆等越冬作物。前茬作物收获后来不及深耕整地，在收获后拔除残根，即行耙地。耙好后，开沟施肥，即可播种大麻。

三、科学施肥

大麻是一种需肥较多的作物，通过科学合理施肥，增产效果显著。纤维用大麻对氮、磷、钾三元素的需求以氮最多，钾次之，磷最少。施肥应根据大麻的需肥规律以及种植地块土壤养分状况，采用测土配方施肥。大麻施肥应以基肥为主，一般要占总施肥量的70%～80%。北方规模化种植纤维用大麻通常选用高氮低磷中钾的长效复合肥或复混肥，作底肥随整地或播种施入土壤，一次性施足底肥，由于大麻平播密植，后期不追肥。大麻生育期中如遇后期脱肥，可通过无人机喷施叶面肥。

增施有机肥可有效改善土壤理化性质和土壤微生物状况，创造良好的土壤生态环境，可起到持续增产和培肥地力的双重作用。我国各地种植大麻多用有机肥作基肥，一般施用量为30～40t/hm²，结合春耕或秋翻施入。有的地方在大麻播种前于土壤表层施豆饼、动物粪尿等，使土壤耕层肥力充足，迟效肥和速效肥结合，既满足幼苗阶段对速效养分的需要，也能较好地保证快速生长期的养分供应。有机肥和化肥配合施用，对大麻纤维有较好的增产效果。

南方麻区种植大麻也有进行追肥的，大麻前期需氮素较多，追施氮肥宜早不宜晚，一般在苗高25～30cm，即将进入快速生长期时，结合灌水进行。追肥一般每公顷施用尿素125～150kg。但追肥化肥量少、撒施不匀，容易引起田间麻株相互竞长，造成生长不齐，小麻增多，出麻率降低等。因此，追肥要因地制宜，讲求实效。

施用微量元素肥料对大麻的产量和品质有很大影响。国外资料记载某些微量元素，如硼、锰、锌、镁、铜、钠等对大麻生长和提高产量具有一定的作用。在黑土或泥炭土上施用硼、锰、锌肥能够提高种子和茎秆产量。在泥炭土上施用铜有提高长纤维的效果，硼与铜配合施用纤维增产显著。钠可代替部分钾，对提高纤维产量和品质有良好作用。

第四节　播　种

纤维用大麻种植，播种是关键环节，播种前进行适当的种子处理、选择合适的播种时期和播种方式、合理的播种密度，保证一播全苗。

一、种子精选

种子质量的好坏是保证大麻全苗、壮苗的关键，作为播种材料的种子，必须在纯度、净度、发芽率等方面符合种子质量要求，尽量选择纯度高、净度好、发芽率高的大麻种子。最好不要用隔年的陈种，用隔年的陈种子播种，发芽率大大降低，易造成缺苗。播种前种子要经过风选和筛选，除去空壳、瘪粒、病虫粒、杂草种子及秸秆碎片等夹杂物，以保证用纯净饱满、大小均匀、生活力强的种子播种，提高出苗率和保苗率。种子成熟度不好，发芽率降低，出苗不齐，幼苗瘦弱，易感染病虫害，且发芽势不均，先出苗的麻株抑制小麻生长，毛麻率高。纤维用大麻种子必须根据种子粒大小进行分级精选，保证发芽势一致、出苗整齐，降低毛麻率。

1. 风选

风选是利用种子的乘风率进行分选，乘风率是种子对气流的阻力和种子在风流压力下飞越一定距离的能力。乘风率用种子的横截面积与种子重量之比表示：

$$K = C/B$$

式中，K为乘风率；C为种子横截面积（cm²）；B为种子重量（g）。

横截面积越大，重量越小，则乘风率越大，飞越距离越远，反之乘风率越小，飞越距离越近。在风力作用下空壳、秕粒因乘风率大，在较远处降落，这样就剔除了空壳、秕粒和夹杂物，选得充实饱满的种子。

2. 筛选

筛选主要是根据种子形状、大小、长短及厚度，选择筛孔相适合的筛子，进行种子分级，筛除细粒、秕粒以及夹杂物，选取充实饱满、大小一致的种子，提高种子质量。

二、发芽试验

种子精选后，播种前必须进行发芽试验，以此作为计算播种量的主要依据之一。纤维用大麻播种密度较大，北方大面积生产上生育期内不进行间苗，因此播种量是后期麻株密度的决定性因素，必须根据发芽率和净度进行严格的计算来进行播种。如种子发芽率在85%以下，不建议使用。

发芽试验要根据播种所用种子量的大小，适当选择有代表性的种子，25℃光照培养箱中进行，一般每个处理100粒种子，4次重复，恒温2~3d。

三、晒种、拌种或包衣

种子是有生命的活体，储藏期间生理代谢活动微弱，处于休眠状态，播前翻晒1~2d，可以增进种子酶的活性，提高胚的生活力，增强种子的透性，并使种子干燥一致，浸种吸水均匀，有提高发芽率和发芽势的作用。同时由于太阳光谱中的短波光和紫外线具有杀菌能力，故晒种也能起到一定杀菌作用。晒种时需勤翻种子，一日几次，使全部种子均匀受热。

大麻播种前用杀虫剂和杀菌剂拌种，可有效防治大麻枯萎病、霜霉病、白腐病和灰斑病等，还可防治地下害虫和驱避鸟类、鼠类。大麻拌种可选用多菌灵、硫菌灵、福美双等。

播种前用大麻种衣剂包衣，以防治跳甲为主的苗期虫害和地下害虫为害，也能防止各种大麻病害发生，还可以起到增加营养、调节生长、增强抗逆性、增产提质等作用。

四、播种时期

适期播种不仅可以保证发芽所需的各种条件，而且能使作物各个生育时期处于最佳的生育环境，避开低温、阴雨、高温、干旱、霜冻和病虫等不利因素，使作物生育良好，获得高产优质。

大麻播种期的确定，一般需根据气候条件、栽培制度、品种特性、病虫害发生情况和种植方式等进行综合考虑。根据播种季节不同，大麻可分为春播和夏播，北方一般在早春即可播种。大麻种子能在低温（1~3℃）条件下发芽，其幼苗又有忍耐短暂低温的能力。当地下5~10cm土温升到8~10℃时即可播种，适时早播对种子成熟和沤麻尤为有利。我国东北地区纤维用大麻一般早播，也可头一年上冻前冬播或顶凌播种。由于气候、土壤、品种、轮作制度的不同，各地纤维用大麻的播种期差异很大。一般南方偏早，北方偏迟，平坝浅丘区偏早，深丘山区偏迟。春播作物如播种过早，易遭受低温或晚霜危害，不易全苗，播种过迟，因气温升高，生长发育加速，营养体生长不足，或延误最佳生长季节，遭致伏旱、秋雨、霜冻或病虫为害，也不易获得高产。因此，通常以当地气温或地温能满足大麻种植发芽的要求时，作为最早的播种期。一般黑龙江南部地区4月上中旬播种，北部地区4月下旬5月初播种；云南3月上旬即可播种；山西4月上中旬播种；安徽1—3月为春播，6月上旬夏播；河北麻区沙壤土于4月下旬至5月初播种，而阴湿冷凉的下潮地或黏壤土则延到5月下旬播种；山东泰安麻区3月下旬至4月上旬播种春麻，6月上旬播种夏麻。栽培面积较大时，可分期播种，每期间隔5d，减轻收获压力。

从播种到出苗要10~15d。适时早播可促进出苗整齐，减少毛麻，有利于苗期生长发育，同时大麻早播苗期可错开大麻跳甲和蝼蛄、金针虫等地下害虫的为害时期，早播幼苗生长期时间长、根系发育好，能起到培育壮苗的作用。苗壮又为快速生长打下基础，使麻株生长加快，麻田群体整齐，降低毛麻率，增加有效株数，提高纤维产量和品质。东北地区纤维用大麻在8月中旬进行收割，放置原地进行鲜茎雨露沤制，早播早收，可充分利用天然雨露资源和大气温湿度，提高沤制效率。

干旱地区，为保证种子正常出苗，必须重视播种时的土壤水分，要根据具体情况，抢墒播种，也可进行坐水种植。

五、播种方式

我国各地纤维用大麻的播种方式不同，主要有撒播、条播、点播3种，多为条播与撒播。东北地区规模化种植均采用7.5cm或15cm等行距机械条播。条播是平播作物广泛采用的一种播种方式，其优点是种子分布均匀，覆土深度比较一致，出苗整齐，通风透光条件较好，便于田间管理。

内蒙古、河北、山西、山东部分麻区，河南、宁夏及西南等主要产麻地区多数采用宽幅窄行条播。山东莱芜、肥城，安徽六安，浙江杭州、吴兴、嘉兴，甘肃清水等麻区多用撒播，撒播可分畦作撒播和大田撒播。撒播的主要优点是单位面积内的种子容纳量较大，土地利用率较高，省工和抢时播种。但种子分布不均匀，深浅不一致，出苗率低，幼苗生长不整齐，田间管理不便。所以撒播要求精细整地，分厢定量播种，才能落籽均匀和深浅一致，出苗整齐。在精细整地条件下，撒播也能做到匀播密植，获得较好产量。安徽六安麻区习惯采用畦作撒播，分两遍撒，操作精细，每亩撒种25万粒，播种后细耙覆土，再盖陈麻梢、麻叶，防麻雀危害，且能保持土壤温湿度，提高出苗率。河南史河麻区则采用大田撒播，不宜播匀，且间苗、中耕、除草等田间管理操作不便，易造成缺苗和生长不一致现象。

当前随着工业大麻产业的快速发展，纤维用大麻播种也可使用精量播种机进行精量点播。将单粒大麻种子按一定的距离和深度，准确地插入土内，获得均匀一致的发芽条件，促进每粒种子发芽，达到苗齐、苗全、苗壮的目的。精量播种需要精细整地、精选种子、合理防治苗期病虫害。只有采用性能良好的播种机，才能保证播种质量和全苗。大麻精量播种也是未来纤维用大麻播种方式的一个趋势。

六、播种量和播种深度

我国各地大麻的播种量相差很大，播种量在15～120kg/hm²不等，随品种、栽培目的及播种方式不同而异。早熟品种比晚熟品种播量多、千粒重高的品种比低的品种播量多。相同条件下，晚播要比适时播种适当增加播种量。土壤黏重或过干过湿，整地粗糙均应适当增加播种量，以保证苗齐。北方大麻播种量比南方多。黑龙江省纤维用大麻种植播种量一般为300万～500万粒/hm²。

大麻种子拱土能力弱，宜于浅播。在条播地区以播深3～4cm为宜，超过7cm则严重影响麻苗出土；在撒播地区一般覆土2～3cm较为适宜。土壤含水量少时可深播，但播深不应超过5cm，并及时镇压，土壤水分充足或土壤黏重的地块，可在播后1～2d内镇压。

第五节　田间管理

一、间苗、定苗

大麻间苗定苗是一项细致的工作，是麻田留足基本苗、保证密植高产的关键措施之一。东北地区纤维用大麻规模化种植一般不进行间苗、定苗处理。

南方麻区大麻一般在播种后10～15d出苗，出苗后及时间苗。通常间苗、定苗一次完成，宜在出苗后10～15d进行，去病弱苗，留匀苗，按预定的密度要求留足壮苗，使之生长整齐一致。有的麻区间苗和定苗各一次，第一次在出苗后7～10d进行，只做疏苗工作；第二次则在出苗后10～15d进行，拔高去弱留中间，直接定苗。留苗密度因各地栽培方式而异，一般早熟品种每亩留苗8万～15万株，晚熟品种20万～30万株。在定苗时，有经验的麻农可大致分辨出雌雄，即幼苗叶片尖窄，叶色淡绿、顶梢略尖的多为雄麻；反之，叶片较宽，叶色深绿，顶梢大而平的多是雌麻。以收获纤维为目的麻田定苗宜多留雄株，以提高纤维品质。

二、中耕除草

中耕是大麻苗期的重要管理措施，具有松土除草、散湿增温、促下控上，使幼苗主根深扎和较早较快地生长侧根的作用。麻田要早中耕、细中耕。一般中耕两次，除结合间苗、定苗进行中耕外，在麻田封行前再进行一次中耕。高肥密植而又底墒充足的麻田宜多中耕，并进行蹲苗。蹲苗的时期在幼苗后期至快速生长期到来之前。蹲苗可使幼苗根系深扎，控制旺苗长势，促进弱苗赶上壮苗，以提高麻田群体的整齐度，这样麻株群体在以后能均衡生长，减少弱株，这是高肥密植麻田增产的一项重要措施。其具体操作方法是：苗期阶段多中耕，雨后中耕松土；中耕深度由浅而深，始终保持土表疏松干燥，而下层保蓄一定水分；延迟灌头水和追肥，使之达到更好的蹲苗效果。但蹲苗要适度，只有在幼苗不严重受旱、不缺肥的情况下，才能起到良好作用。否则麻株受旱，出现"小老苗"现象，造成减产。

东北麻区纤维用大麻平播密植，规模化种植不进行苗期中耕除草，在播后苗前进行芽前封闭除草。除草剂一般选用都尔或金都尔，在播种后3～5d内进行，机械化均匀喷施，喷药时间应在晴朗无风的傍晚，防止药剂飘移到相邻地块农作物产生药害。施药时表土过干，影响施药效果，同时应严格控制用药时间，如种子已发芽顶土，切忌施药，否则出现药害，造成绝产。

三、灌溉和排涝

土壤水分对大麻纤维产量和质量有很大影响。麻田出现干旱应及时采取灌溉措施。播种后出苗前尽量不进行喷灌，容易造成表土硬壳，影响出苗。麻苗出土后30d内，多不灌溉，以控苗促根。大麻出苗30～40d进行第一次灌水，保证幼苗生长健壮。第一次灌水需轻灌，因为此时大麻根系弱、不耐水，水量过大容易造成土壤过湿甚至局部淹渍，对根系发育不利，同时灌水过多，造成土壤板结龟裂，裂缝伤根，也影响麻株生长。大麻进入旺盛生长期，在适宜气温19～23℃的条件下，麻株日平均生长3.5cm，生长高峰时可达10cm左右，此时大麻能耐大气干旱而不耐土壤干旱，要及时补充水分，一般10d左右浇灌一次，以保持土壤最大持水量在80%左右，促进植株发育。当麻株高130～170cm时，田间郁闭、通风透光不良，特别是密度大的麻田，雨后常出现田间高温高湿，蒸腾量大，导致死麻、烂麻。因此，雨后亦应紧接灌水，以改善田间小气候，麻农称之为"解热水"。南方麻区雨水多，一般春播大麻不需要灌水，但要在播种前清理好畦沟，使整个生长期间做到排水畅通，免受涝害。特别是大麻现蕾期多雨，容易渍水烂根，应重视排水问题。夏播大麻生长盛期适逢盛暑，易遭干旱，亦应适当适量灌水。从雄花盛开期到采收纤维前应停止灌水，大麻开花期长，并进入皮层增厚时期，这时应适当控制土壤水分，以有利纤维成熟。同时开花后落叶渐多，覆盖土面，抑制水分蒸发，保持土壤湿润，故此时一般不需灌水。但在纤维麻收割前4～5d要灌水一次，增加麻株含水量，便于收割和缩短沤麻时间，提高纤维色泽和柔软度。雌、雄麻分期收获的地区，雌株种子成熟要比工艺成熟晚30～40d，在此期间应根据田间水分状况，适当灌水，使种子灌浆成熟好，提高种子产量。后期生长阶段，麻株高大，均应在灌水前注意气候变化，防止灌水时或灌水后遇风倒伏。

第六节　病虫害防治

病虫害是为害大麻种植生产的主要自然灾害之一，纤维大麻田发生病虫害可不同程度的引起纤维减产，品质下降，严重时甚至绝产。在我国纤维用大麻产区，虫害相对较多，为害较重；病害发生较少，发病不普遍，为害较轻。大麻病虫害防治要坚持以预防为主，采取农业防治、物理防治、生物防治和化学防治相结合的综合防治原则。因地制宜，合理布局，选用抗（耐）病虫优良品种，实行轮作倒茬，及时除草，降低病虫源数量，增施肥料，培育壮苗等措施均能有效防止病虫害的发生。生物防治方面进行合理保护天敌，创造有利于天敌生存的环境条件，选择使用对天敌杀伤力低的农药，释放天敌等措施。化学防治要尽早，根据病虫害发生特点，在发病初期选用相应的化学杀菌剂和杀虫剂进行防治。

一、大麻主要病害及防治

大麻病害即在大麻栽培过程中，受到有害生物的侵染或不良环境条件的影响，正常新陈代谢受到干扰，从生理机能到组织结构发生一系列的变化和破坏，以致在外部形态上呈现反常的病变现象，如枯萎、腐烂、斑点、霉粉、花叶等。引起大麻病害发生的原因包括生物因素和非生物因素。由生物因素如真菌、细菌、病毒等侵入大麻植株所引起的病害，称为侵染性病害或寄生性病害，具有传染性；由非生物因素如旱、涝、寒、养分失调等影响或损坏生理机能而引起的病害，称为非侵染性病害或生理性病害，此种病害没有传染性。在侵染性病害中，致病的寄生生物称为病原生物，其中真菌、细菌常称为病原菌。侵染性病害的发生不仅取决于病原生物的作用，而且与大麻自身的生理状态以及外界环境条件有密切关系。

大麻病害有30多种，我国大麻的主要病害有大麻灰霉病、大麻枯萎病、大麻霉斑病、大麻菌核病、大麻霜霉病、大麻白星病、大麻秆腐病、大麻白斑病、大麻褐斑病等，此外还有大麻黑斑病、大麻白绢病、大麻立枯病、大麻茎枯病、大麻猝倒病、大麻细菌斑病、大麻黄瓜花叶病、大麻疫病和根线虫病等。大麻病害防治以预防为主，主要采用确定合理密度，合理施肥灌排水，合理轮作提高植株的抗病性。发病初期可以采取化学药剂防治，抑制病害的发生流行。

（一）大麻灰霉病

灰霉病（图5-9）是大麻田常见的一种病害，对大麻为害较重，多发生在空气湿度较大、气温较低的条件下，病原菌可快速繁殖并达到流行程度，造成毁灭性灾害。

1. 为害症状

大麻灰霉病可为害麻株地上部的各个部位，以叶片和嫩枝受害最重。大麻苗期受害易引起猝倒，发病最初植株叶片和顶梢出现水渍状小斑、边缘变成褐色，迅速扩展萎蔫腐烂，最后整株变褐枯萎。潮湿时可见灰绿色霉状物，即病菌分生孢子梗和分生孢子。前期发病后，如遇高温干燥天气，病斑停止扩展而成黑褐色略下陷的条斑。纤维用大麻发病，出现由菌丝形成的灰棕色垫，继而被分生孢子团覆盖，在覆盖物的边缘麻茎褪绿。病原菌所释放的霉软化溃烂的碎片，麻茎常在溃疡处断裂。灰霉可环绕麻茎，使茎秆溃疡萎蔫。纤维成熟期最易感染灰霉病。花序发病时，首先小叶变黄枯萎，雌蕊开始变褐，进而整个花序被灰色绒毛状菌丝和子实体所包裹，而成灰色粉末状，降解成黏性物。

图5-9　大麻灰霉病

2. 发病规律

大麻灰霉病由灰葡萄孢菌（*Botryis cinerea*）侵染所致，属半知菌亚门的真菌。病原菌以菌丝、菌核或分生孢子在土壤或病残体上越夏或越冬。弱光、温度20～25℃、湿度持续90%以上时为病害高发期。条件不适时病部产生菌核，遇到适合条件后，即长出菌丝、分生孢子梗和孢子，孢子借雨水溅射或随病残体、水流、气流、农事操作传播，腐烂的病叶、败落的病花、落在健康部位即可侵染发病，高湿条件利于孢子萌发。

3. 防治方法

（1）选用高产优质抗病大麻品种，合理轮作。

（2）加强田间管理，避免阴雨天灌水，发病后控制灌水和施肥，改善麻田通风透光条件，雨后及时开沟排水，防止湿气滞留，可减少发病。

（3）不偏施氮肥，增施磷、钾肥，培育壮苗，以提高植株自身的抗病力。

（4）清除病株，发现灰霉病病株要及时拔除，并放入塑料袋内带出麻田集中处理。

（5）麻田发病初期要及时用药，喷药次数应视田间发病情况而定，可选用80%的碱式硫酸铜悬浮剂250倍液、50%福美双可湿性粉剂500倍液、70%代森锰锌500倍液、75%百菌清可湿性粉剂800倍液喷雾防治。

（二）大麻枯萎病

1. 为害症状

幼苗受害，子叶失水萎蔫，根部或茎基部呈灰褐色或褐色腐烂，叶片枯死脱落，幼茎变黑干枯。初期植株略呈黄绿色，后自下而上逐渐萎蔫而枯死。木质部部分变为黄褐色。未枯死的麻株会明显矮缩，高湿条件下茎部表面常产生白色至淡红色粉状霉。

2. 发病规律

大麻枯萎病是由尖孢镰刀菌（*Fusarium oxysporum*）侵染大麻植株所致，我国局部麻区发病，往往造成全田麻株被毁，有的麻田呈火烧状，破坏性强。在营养条件不良或条件恶劣的外界环境下，病原菌菌丝中间或两端易形成厚垣孢子，厚垣孢子近圆形、椭圆形或瓶形。病原菌可以通过导管组织到达种子中，可以附着在种子、地面及土壤内的病组织中越冬，且能存活3年以上，是第二年初次发病的主要来源。第二年条件适宜时，病菌萌发生长，分生孢子随土壤、种子、肥料、灌溉水等传播。病菌从幼根或伤口侵入，在细胞间隙和细胞内生长，进而进入维管束，堵塞导管，并产出有毒物质镰刀菌素，会随疏导组织扩散，失去疏导功能，导致病株叶片慢慢枯死，所以对于枯萎病的防治一定要提前，阻止病菌的传播，分生孢子可借风、雨传播，重复侵染，气温在20℃时开始发病。

3.防治方法

（1）选用抗病高产大麻品种，发病地块尽量不留种子，不能选用发生过大麻枯萎病地块繁殖的种子种植。

（2）初见发病立即拔除并集中销毁病株。

（3）严格防止病土扩散，加强土肥管理，合理轮作。

（4）发病时，可选用3%克菌康可湿性粉剂500~1 000倍液、80%乙蒜素乳油2 000倍液、70%甲基硫菌灵可湿性粉剂1 000倍液均匀喷施。

（三）大麻霉斑病

1.为害症状

大麻霉斑病（图5-10）主要为害大麻叶片，初生为暗褐色小点，后扩展成近圆形至不规则形病斑，直径大小2~10mm，中央浅褐色，四周苍黄色。发病重的叶片上布满大大小小的病斑，致叶片干枯早落，后期病斑背面生黑色霉层，即病原菌的分子孢子梗和分生孢子（图5-10）。

图5-10　大麻霉斑病

2.发病规律

大麻霉斑病是由半知菌大麻尾孢真菌（*Cercospora cannabina*）侵染大麻植株所致，我国各大麻区均有发病。病原菌以菌丝块或分生孢子在病残体上越冬，成为第二年初侵染源。植株发病后病部可不断产生分生孢子借助气流传播，进行多次重复侵染。该菌为弱寄生菌，麻田管理不好、麻株生长发育不良易发病，地势低洼、排水不良、土壤潮湿易发病，高温、高湿、多雨易发病。地下害虫、线虫多的地块较易发病。土壤黏重、偏酸、多年重茬、田间病残体多易发病，氮肥施用太多，生长过嫩，肥力不足，栽培密度过大，耕作粗放，杂草丛生的田块，植株抗性降低，发病较重。

3.防治方法

（1）合理密植，保持麻田间通风透光，科学施肥，注意氮、磷、钾配合施用，增强植株抗病力。

（2）播种前或收获后，及时清除田间及四周杂草，集中烧毁或沤肥，深翻地灭茬，促使病残体分解，减少病原菌。

（3）选用抗病品种，选用无病的种子，可通过种子包衣或药剂拌种提前预防。

（4）选用排灌良好的田块，做好排灌工作，降低田间湿度，这是防病的重要措施。

（5）发病初期可喷施1∶0.5∶100倍式波尔多液、50%琥胶肥酸铜可湿性粉剂500倍液、60%多福混剂600~800倍液、36%甲基硫菌灵悬浮剂500倍液。

（四）大麻菌核病

1.为害症状

大麻菌核病一般在大麻苗高30cm左右时发病，在麻苗离地面10cm处出现灰黑色不规则病斑，渐次扩大并密生黑灰色的霉，幼苗即在此折断死亡。当麻株长到1m以上发生此病时，叶片出现不规则黄白色病斑，其上有许多黑色的鼠粪状的菌核。茎部染病初期现浅褐色水渍状病斑，后发展为具不明显轮纹状的长条斑，边缘褐色，湿度大时表生棉絮状灰白色菌丝，并有很多黑色鼠粪状菌核形成。病茎表皮开裂后，露出麻丝状纤维，茎易折断，病部以上茎枝萎蔫枯死，典型症状是有大量的菌核黏附在茎秆外（图5-11）。成株期病斑一般在地面以上1m左右出现，少见顶部发病的情况。

图5-11　大麻菌核病

2.发病规律

大麻菌核病由真菌核盘菌（*Sclerotinia sclerotiorum*）侵染大麻植株引起的土传病害，在大麻的整个生长期均可发生，高温多湿条件下发生较快。菌核长圆形至不规则形，似鼠粪状，初白色，后渐成灰色，内部灰白色。菌核萌发后长出1至多个具长柄的肉质黄褐色盘状子囊盘，盘上着生一层子囊和侧丝，子囊无色，棍棒状，内含单胞无色子囊孢子8个，侧丝无色，丝状，夹生在子囊之间。病菌主要以菌核混在土壤中或附着在种上越冬或越夏。混在种子中的菌核，随播种带病种子进入田间传播蔓延。该病属分生孢子气传病害类型，其特点是以气传的分生孢子从寄生的花和衰老叶片侵入，以分生孢子和健株接触进行再侵染。侵入后，长出白色菌丝，开始为害麻株。在田间带菌雄花粉落在健叶或茎上经菌丝接触，易引起发病，并以这种方式进行重复侵染，直到条件恶化，又形成菌核落入土中或随种株混入种子。菌丝生长发育和菌核形成适温0～30℃，最适温度20℃，最适相对湿度85%以上，因此，低温、湿度大、多雨的早春或晚秋利于该病发生和流行，菌核形成时间短、数量多。连年种植葫芦科、茄科及十字花科蔬菜的田块、排水不良的低洼地、偏施氮肥、连作地或施用未充分腐熟的有机肥、霜害、冻害条件下发病重。

3.防治方法

（1）通过合理轮作、深翻灭菌、处理病残株，以清除越冬菌源。

（2）选用优良抗病品种，进行种子清选，以剔除种子中夹杂的菌核。

（3）加强栽培管理，合理密植，改善栽培田环境，增施磷肥，培育壮苗，提高植株抗病力。

（4）在大麻盛花期，用1∶2的草木灰、熟石灰混合粉，撒于根部四周，每亩30kg；1∶8硫黄、石灰混合粉，喷于植株中下部，每亩5kg；在始花期发病，可用70%代森锰锌可湿性粉剂500倍液、70%甲基硫菌灵、50%多菌灵或40%纹枯利可湿性粉剂1 000倍液、0.2%～0.3%波尔多液喷洒植株茎基部、老叶和地面上，在病发初期开始用药，每隔7～10d用药1次，连续喷药2～3次。

（五）大麻霜霉病

1.为害症状

大麻霜霉病从大麻幼苗期到收获各阶段均可发生，主要为害大麻叶片和茎秆，以成株受害较重。叶片染病初期产生不规则黄色病斑，由基部向上部叶发展，后变褐色，空气潮湿时叶背面生一层灰黑色霉状物，有时可蔓延到叶面，即病菌孢囊梗和孢子囊。后期病斑枯死连片，呈黄褐色，严重时全部叶片枯黄脱落（图5-12）。茎部染病产生轮廓不明显的病斑，有时病茎茎秆弯曲。

图5-12　大麻霜霉病

2.发病规律

大麻霜霉病是由鞭毛菌亚门的大麻假霜霉（*Pseudoperonospora cannabina*）真菌侵染所致，我国华北、东北、云南等麻区均有发生。病菌以菌丝体及孢子囊在病残体上越冬，新种植地块的初侵染源为夹在种子中的病残体，主要通过气流、灌溉、农事操作及昆虫传播。病菌可通过游动孢子囊释放出游动孢子进行侵染，病菌孢子萌发温度为6～10℃，适宜侵染温度15～17℃。种植密度过大、土壤湿度大、排水不良等容易发病。春末夏初或秋季连续阴雨天最易发生。

3.防治方法

（1）科学轮作，施足腐熟的有机肥，提高植株抗病能力。

（2）合理密植，科学灌溉，防止大水漫灌，以防病害随水流传播。

（3）及时拔除病株，集中烧毁，防止病源扩散。收获时，彻底清除残株落叶，并将其带到田外深埋或烧毁。

（4）发病初期可用75%百菌清可湿性粉剂500倍液喷雾，发病较重时用58%甲霜·锰锌可湿性粉剂500倍液或69%烯酰·锰锌可湿性粉剂800倍液喷雾。隔7d喷一次，连续2～3次，可有效控制霜霉病的蔓延。同时，可结合喷洒叶面肥和植物生长调节剂进行防治，效果更佳。

（六）大麻白星病

1.为害症状

大麻白星病主要为害叶片，发病初期病叶表面沿叶脉产生多角形或不规则形至椭圆形病斑，黄白色、淡褐色至灰褐色，直径大小约5mm，有时四周具黄褐色晕圈，病斑中央变成黑色或灰白色的粉状物，周围部分灰褐色或黄褐色。后期病部生出黑色小粒点，即病原菌的分生孢子器。发病严重时病斑融合造成叶片早落（图5-13）。

图5-13　大麻白星病

2. 发病规律

大麻白星病又称斑枯病，是由大麻壳针孢菌（*Septoria cannabis*）又称大麻白星病菌侵染大麻所致。分布在黑龙江、山东、河北、新疆等地，为大麻种植区常发病害。病菌以分生孢子或菌丝体在遗留地面的病残体上越冬，第二年春季遇水湿润后，成熟的分生孢子从孔逸出借风雨传播进行初侵染，以后病部不断产生孢子进行再侵染。排水不良的阴湿地块或偏施、过施氮肥及过度密植的麻田发病重。

3. 防治方法

（1）选择干燥地块种植大麻，合理密植保持田间通风透光，雨季及时排涝，防止湿气滞留。

（2）施用充分腐熟的有机肥，增施磷钾肥，不要过量施用化肥。

（3）发病初期喷洒1∶1∶10倍式波尔多液、14%络氨铜水剂30倍液、30%琥胶肥酸铜悬浮剂500倍液、50%甲福可湿性粉剂600~800倍液、50%苯菌灵可湿性粉剂1 500倍液。

（七）大麻秆腐病

1. 为害症状

幼苗染病引起大麻猝倒。叶片染病产生黄褐色不规则形病斑。叶柄上产生长圆形褐色溃疡斑。茎秆染病茎部产生棱形至长条形病斑，后扩展到全茎，引起茎秆枯萎腐烂，病部表面密生许多黑色小粒点（图5-14）。

图5-14 大麻秆腐病

2. 发病规律

大麻秆腐病是由菜豆壳球孢真菌（*Macrophomina phaseoli*）侵染大麻植株所致。病菌以菌丝体在病残组织内或以菌核在土壤中越冬。气温高、多雨高湿易诱发此病，病菌生长适宜温度30~32℃。地势低洼、麻株生长不良、偏施过施氮肥发病重。

3. 防治方法

（1）实行3年以上轮作。

（2）收获后及时清除病株，集中深埋或烧毁。

（3）适当密植，合理施肥浇水，防止湿气滞留。

（4）发病初期喷洒75%百菌清可湿性粉剂600倍液或80%喷克可湿性粉剂600倍液。

（八）大麻白斑病

1. 为害症状

主要为害大麻叶片，初生褐色圆形病斑，后变为灰白色，中心白色，上生不太明显、大小不一的黑色小粒点，即病菌的分生孢子器。后渐干枯，四周具浅绿色水渍状晕环，后期病斑中间呈薄纸状，浅黄色（图5-15）。该病与斑枯病相似，分生孢子器多呈轮状排列，必要时需镜检病原进行区别。该病多发生在生长后期。主要分布在辽宁、吉林、黑龙江、浙江等地。

图5-15　大麻白斑病

2. 发病规律

大麻白斑病的病原菌有两种，一种是大麻叶点霉（*Phyllosticta cannabis*），另一种是蒿秆叶点霉（*Macrophoma straminella*），均属半知菌亚门真菌。病菌以菌丝体或分生孢子器随病残体在土壤中越冬。第二年春季，分生孢子借风雨传播，遇适宜条件分生孢子萌发，经气孔或从伤口侵入，进行初侵染和再侵染，致病情扩展。该菌喜高温高湿条件，发病最适温度25～28℃，相对湿度85%以上易发病，尤其是大麻生长后期发病较重。

3. 防治方法

（1）进行3年以上轮作，收获后及时深翻，消灭病残组织中的病菌，减少为害。

（2）选用健康、饱满的种子，做到适期播种，防止过早播种。

（3）加强麻田管理，及时间苗，增施草木灰，提高麻株抗病力。

（4）发病初期，尤其是在寒流侵袭前，喷施12%绿乳铜乳油或60%百菌清可湿性粉剂500倍液、14%络氨铜水剂300～400倍液，均有良好防病保苗作用。

（九）大麻黑斑病

1. 为害症状

大麻黑斑病在我国各麻区均有发生。主要为害大麻叶片，初生暗褐色小点，后扩展成大小2～10mm近圆形至不规则形病斑，中央浅褐色，四周苍黄色。发病重的叶片病斑较多，致叶片干枯早落，后期病斑背面生黑色霉层，即病原菌的分生孢子梗和分生孢子。

2. 发病规律

病菌以菌丝块或分生孢子在病残体上越冬，成为第二年初侵染源。植株发病后病部可不断产生分生孢子借气流传播，进行多次重复侵染。该菌为弱寄生菌，麻田管理不好、麻株生长发育不良易发病；高温高湿低洼麻田或栽植过密发病重。

3. 防治方法

（1）合理密植，科学施肥，注意氮、磷、钾配合施用，增强植株抗病力。

（2）加强田间管理，改善麻田通风透光条件，雨后及时开沟排水，防止湿气滞留，均可减少发病。

二、大麻主要虫害及防治

为害大麻的昆虫有70多种，其中为害较重的有大麻跳甲、大麻小象鼻虫、大麻小食心虫、大麻天牛、大麻花蚤、大麻玉米螟、麻秆野螟、金龟子等。

（一）大麻跳甲

大麻跳甲是为害大麻的主要害虫之一，它分布广泛，各大麻区均有发生，东北地区每年发生一次，在山东等地每年发生两次。大麻跳甲学名*Psylliodes attenuata* Koch，属鞘翅目，叶甲科，俗称麻跳蚤。寄主于大麻、啤酒花、白菜、萝卜等植物。

1. 为害特点

喜欢聚集在幼嫩的心叶上为害，把麻叶食成很多小孔，严重的造成麻叶枯萎，成虫取食大麻叶片、花序和未成熟的种子，在大麻整个生育期内均有为害，以苗期较严重，大麻苗期跳甲大发生，易引发大麻毁灭性灾害。

2. 形态特征

跳甲成虫较小，体长1.8～2.6mm，黑铜绿色，具光泽。触角10节，褐色。头、胸部及鞘翅背面刻点较小且稀，翅端具赤褐色反光。各足胫节、跗节褐色，后足趾节着生在肠节末端的上部，胫节末端突出很长，并有等长的刺2根。卵长0.4mm，长圆形，浅黄色。末龄幼虫体长3～3.5mm、宽0.6mm，有明显的头部，3个胸节各生一对胸足，9个腹节，各节有淡褐色几丁质小毛片（图5-16）。

图5-16　大麻跳甲

3. 生活习性

一年发生1代，以成虫在杂草丛、植物残株间、土块下或土壤裂缝处越冬。第二年春土温升至14℃时跳甲从越冬地出现，以大麻残体、杂草以及落粒生长的大麻幼苗为食。当播种的大麻出土后，大批成虫转移到大麻幼苗上为害，因此大麻苗期跳甲为害较重。春季成虫交尾后产卵于浅土大麻的小根附近，卵一般经过10～14d孵化为幼虫。幼虫极活泼，主要为害大麻地下部分，蜕皮2次，经21～42d开始在土中化蛹。蛹期10～15d。一般在7月下旬到8月出现成虫。成虫期长，且各虫期的长短易受外界条件影响，发生期很不整齐。当纤维大麻收割后，成虫随即集中到种麻上，严重为害花序及未成熟的种子，如果防治不及时，种子的产量及质量将受到很大影响。

4. 防治方法

（1）收获后及时清除田间残株、落叶及杂草，集中烧毁，可有效降低第二年的为害。

（2）大麻苗期、开花结实期可用2.5%高效氯氟氰菊酯乳油、5%吡虫啉乳油、5%阿维菌素乳油兑水喷雾，施药时从麻田四周向中间围圈喷药。

（3）防治幼虫可用20%氰戊菊酯乳油3 000倍液、25%杀虫双水剂、50%久效磷乳油兑水灌浇麻根。

（二）大麻小象鼻虫

大麻小象鼻虫食性专一，只为害大麻一种作物，是安徽六安麻区大麻生产的主要害虫之一。

1. 为害特点

成虫为害麻叶、麻鞘和腋芽，幼虫蛀食麻茎，受害处呈肿瘤状，遇大风易折断，影响纤维产量和品质。

2. 形态特征

成虫体型较小，灰褐色，体长2.3～2.8mm、宽1.4～1.9mm，呈卵圆形，口吻特别长，几乎占了身体的一半。雄虫腹端呈圆形，卵初产时无色透明，长0.5mm、宽0.3～0.35mm，近孵化渐变为暗紫色，长0.7mm、宽0.4～0.43mm。幼虫乳白色，体弯呈新月形。老熟幼虫为黄白色，体长3.3～3.8mm。蛹乳白色，长2.35～2.8mm，藏匿于圆形的土茧内（图5-17）。

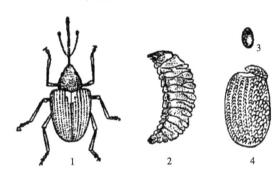

图5-17　大麻小象鼻虫

3. 生活习性

在六安麻区一年发生1代，有时发生不完全的第二代（产卵）。一般大麻被害株率为50%～80%，严重时被害株率达100%，以成虫在杂草和落叶中越冬。竖年春季成虫为害麻叶、麻鞘和腋芽，使麻株停止生长，从腋芽发权，形成双头或多头。雌虫在产卵前，以吻端之口器在大麻茎秆上钻一管状洞穴或横裂，然后把卵产于内。

4. 防治方法

（1）麻田及时秋耕，清除田间及周围杂草和落叶，消灭越冬成虫，合理轮作。

（2）在越冬成虫活跃初期用2.5%高效氯氟氰菊酯乳油、5%阿维菌素乳油兑水喷雾进行药剂防治。

（三）大麻天牛

大麻天牛学名*Thyestilla gebleri* Falderman，鞘翅目，天牛科。广泛分布在全国各大麻区，华北、东北、内蒙古、甘肃等地麻区受害重。

1. 为害特点

大麻天牛以幼虫钻入麻茎里蛀食茎部或成虫取食麻叶、嫩茎，影响麻株生长发育，且易被风刮倒折断，影响产量和品质。

2. 形态特征

雌成虫体长13～18mm，雄虫9～13mm，较瘦小色较深。全体黑褐色，密生灰白色绒毛。前胸背板两侧及中线葡翅的侧缘和缝缘都有白线，形状似葵花子。雄虫触角稍长于体，雌虫触角略短于体，每节基部灰白色。前胸圆桶形。无刺。卵长约1.8mm，宽约0.9mm，长卵形，表面呈蜂巢状，初乳白色，后变为黄褐色或褐色。幼虫体长15～20mm，乳白色，头小，口器褐红色，前胸大，背板有褐色小颗粒组成的"凸"字形纹。体背自第4节到尾部各节都有成对圆形突起，背中线明显。蛹长16mm左右，宽6mm，黄白色。腹部各节近后缘生有红色刺毛（图5-18）。

3. 生活习性

一年发生1代，以老熟幼虫在被害麻株根中越冬。第二年4月上旬开始为害，5—6月化蛹，蛹经15d羽化为成虫，随之交尾产卵，卵多产在主茎或中部幼嫩处。成虫先在主茎上咬下个"八"字形伤痕，然后把1粒卵产在其中，每次可产40粒，卵约经1周孵化，6月中下旬进入卵盛孵期，7月至收获期进入幼虫为害期。初孵幼虫先在皮下取食，蜕皮后蛀入髓部，逐渐向下蛀根部后，根部幼虫用虫粪及分泌物堵塞虫道越冬，也有部分幼虫在麻秆内越冬。

4. 防治方法

（1）收麻后及时进行秋耕，挖烧麻根，可有效杀死幼虫，压低越冬虫口基数。

（2）利用成虫假死性，在成虫盛发期于清晨组织人力捕杀成虫。

（3）在成虫发生盛期喷洒90%晶体敌百虫900倍液或50%马拉硫磷乳油、80%敌敌畏乳油1 500倍液，在早晨喷效果更好。

图5-18 大麻天牛

（四）大麻小食心虫

大麻小食心虫学名*Grapholitha delineana* Walker，属鳞翅目，卷蛾科，别名四纹小卷蛾。分布华北、东北、西北、华中及我国台湾等地，其中内蒙古、山西、河北受害较重。

1. 为害特点

幼虫为害麻秆，受害处膨大，可见虫粪，成虫为害大麻的嫩茎，被害部膨大变脆，遇风易折。

2. 形态特征

成虫雌蛾体长7mm，翅展15mm。头及前胸鳞毛粗糙，灰褐色。触角线状，复眼绿色，单眼2个，下唇须灰白色。中后胸鳞毛暗褐色，细小而伏贴，腹部灰褐色。前翅前缘淡黄色，有9条向后外方倾斜的褐纹，后缘中部具4条灰色平行弧状纹直达后缘。近臀角处另有两条不明显的灰纹，前后翅均黑褐色。足灰白色，跗节5节，越近端节越短。雄蛾小于雌蛾，体色较雌蛾略深，雄蛾腹部可见8节、雌蛾7节，后翅翅缰一根，雌蛾两根。卵长0.6mm，浅黄色，扁椭圆形。末龄幼虫体长8.4mm，头壳淡黄色，单眼区深褐色，单眼每边6个，前4后2排列。前胸盾淡黄，半透明，可透见头壳的颜区。前胸、第1~8腹节侧下方各具气门1对。臀板不明显，无臀栉。蛹长6.8mm，褐色，中胸显著，倒卵形，后胸马鞍形，自背面可见8个腹节第，第2~7节气门突出，第8节气门不明显，尾端具6~8根钩状刺（图5-19）。

成虫　蛹

卵　幼虫

图5-19 大麻小食心虫

3. 生活习性

一年发生2代，以幼虫越冬。第二年5月中旬化蛹，6月成虫出现，交配后把卵散产在麻秆折缝处，6月中旬幼虫为害麻秆，受害处膨大，可见虫粪，第一代幼虫于7月中旬化蛹，7月下旬出现成虫，蛀害大麻的嫩茎，被害部膨大变脆，遇风易折。第二代卵产在雌株嫩头上。8月上旬可见嫩果受害，为害期持续到大麻收获。第二代幼虫常在相邻几个嫩果上吐丝结一薄幕，在里面串食。幼虫老熟后，早的入土结茧越冬，晚的即在种子间隙结茧过冬。既可在当地留下虫源，又可向外地扩散。

4. 防治方法

（1）大麻收获后及时翻耕土地，有条件的地方实行冬灌。

（2）大麻田不要连作，科学合理轮作。

（3）发生期喷洒50%亚胺硫磷乳油1 500倍液或50%久效磷乳油200倍液，每亩喷药液75L。

（4）发现种子有虫后及时熏蒸，每立方米用溴甲烷55g熏蒸，室温9℃以上，密闭18h以上，可全部杀死茧中的幼虫，对种子发芽无影响。

（五）大麻花蚤

大麻花蚤学名*Mordellistena cannabisi* Matsumura，鞘翅目，花蚤科。分布在宁夏一带西北麻区，是银川平原大麻的重要害虫。主要寄主是大麻、苍耳。

1. 为害特点

幼虫蛀食嫩茎、顶梢，使受害部膨大呈虫瘿状，不仅品质降低，同时也影响产量。

2. 形态特征

成虫体长3cm左右，体黑色，体表密布灰色短毛，头下弯，腹面弯曲成弓形。后腿节膨大，善跳跃，跗节较胫节长，雌虫尾端具长产卵管。幼虫体长6mm左右，蜡黄色，胸足特短小无腹足。腹部1~8节两侧向外膨胀，尾端圆锥形上弯，末端具一分叉。蛹长3mm左右，头胸部红褐色，腹部黄色（图5-20）。

图5-20 大麻花蚤

3. 生活习性

宁夏一年发生1代，以幼虫在麻茎、麻根部越冬，有时与大麻天牛幼虫混合为害，第二年春天化蛹，6月羽化为成虫。成虫喜在茴香、胡萝卜等伞形花科植物上活动。

4. 防治方法

（1）大麻收获后立即翻耕，拾净根茬，及时烧毁，必要时进行药剂处理。

（2）成虫发生，喷洒2.5%敌百虫粉剂或2%巴丹粉剂、2.5%辛硫磷粉剂，也可喷施80%敌敌畏乳油1 000倍液。

（六）大麻玉米螟

大麻玉米螟学名*Ostrinia furnacalis*，鳞翅目，螟蛾科。俗名蛀心虫、蛀秆虫，是一种钻蛀性害虫，在全国各地均有发生，主要为害玉米、高粱、谷子等大田作物，以及棉花、大麻等经济作物。

1. 为害特点

幼虫从大麻茎的上部蛀入，蛀孔外堆有污黄色虫粪，受害株易断头或被风吹折，有时也蛀叶柄，致叶片萎垂。

2. 形态特征

幼虫体长约25mm，头和前胸背板深褐色，体背为淡灰褐色、淡红色或黄色等，第1~8腹节各节有两列毛瘤，前列4个以中间2个较大，圆形，后列2个。蛹长14~15mm，黄褐色至红褐色，1~7腹节腹面具刺毛两列，臀棘显著，黑褐色。成虫体长10~13mm，翅展24~35mm，黄褐色蛾子。雌蛾前翅鲜黄色，翅基2/3部位有棕色条纹及一褐色波纹，外侧有黄色锯齿状线，向外有黄色锯齿状斑，再外有黄褐色斑。蛾略小，翅色稍深；头、胸、前翅黄褐色，胸部背面淡黄褐色；前翅内横线暗褐色，波纹状，内侧黄褐色，基部褐色；外横线暗褐色，锯齿状，外侧黄褐色，再向外有褐色带与外缘平行；内横线与外横线之间褐色；缘毛内侧褐色，外侧白色；后翅淡褐色，中央有一条浅色宽带，近外缘有黄褐色带，缘毛内半淡褐色，外半白色。卵长约1mm，扁椭圆形，鱼鳞状排列成卵块，初产乳白色，半透明，后转黄色，表具网纹，有光泽（图5-21）。

图5-21　大麻玉米螟

3. 生活习性

玉米螟的发生世代随纬度变化而异，黑龙江、吉林的长白山地区一年发生1代，后以老熟幼虫寄生在植株的秸秆、根茬或田间杂草里越冬。第二年6月上旬或中旬开始化蛹，7月进入羽化时期。成虫于嫩叶、嫩茎中产卵。8月初孵化为幼虫，蛀食幼虫多从嫩茎下的主茎或分枝处蛀入，蛀食的嫩茎被害处形成肿瘤和孔洞，幼虫即隐居其中，并从孔道内外排出黄褐色颗粒状粪便堆积在虫孔处。长江流域麻区一年发生3~4代，以老熟幼虫在玉米、高粱等寄主秸秆内越冬。初孵幼虫先在卵块处取食卵壳，1h后开始爬行或吐丝下垂，随风飘散，1个卵块上的幼虫可扩至数10株，先取食幼嫩组织，2龄后蛀入麻的嫩茎为害。

4. 防治方法

（1）处理越冬寄主秸秆，在春季越冬幼虫化蛹、羽化前处理完毕，减少越冬幼虫羽化和产卵。

（2）加强玉米田螟虫的防治，掌握玉米心叶初见排孔、幼龄幼虫群集心叶而未蛀入茎秆之前，采用1.5%的辛硫磷颗粒剂，或呋喃丹颗粒剂，直接撒于喇叭口内。

（3）利用高压汞灯或频振式杀虫灯诱杀玉米螟成虫。开灯时间为7月上旬至8月上旬。

（4）利用赤眼蜂进行生物防治，放蜂时间在当地玉米螟化蛹率达到20%后10d第一次放蜂，间隔1周后第二次放蜂。

（七）麻秆野螟

麻秆野螟学名*Ostrinia narynensis* Mutuura et Munroe，属鳞翅目，螟蛾科。分布于新疆的沙湾、石河子、玛纳斯以及俄罗斯等地。主要寄主有大麻、苍耳、酒花等。

1. 为害特点

主要蛀害大麻的嫩茎，被害部膨大变脆，遇风易折，不折断的也影响大麻的产量和质量。

2. 形态特征

形态特征与玉米螟、豆秆野螟、酒花秆野螟近似，成虫胫节中度膨大，有短于胫节的毛撮及藏毛撮的沟槽，中足胫节的毛撮较粗散，端部呈钩状弯曲（图5-22）。

3. 生活习性

麻秆野螟在新疆石河子地区与豆秆野螟混合发生，为害大麻。

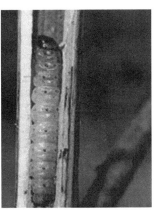

图5-22　麻秆野螟

4. 防治方法

（1）农业防治。采取合理轮作，集中处理根茬。

（2）生物防治。在2、3代螟虫产卵盛期释放赤眼蜂，每亩释放1万头，连放2次，幼虫期喷洒白僵菌。

（3）药剂防治。可在麻田二代麻秆野螟百株卵块超过3.72块、三代百株超过4.97块或新梢受害株率3%，应在卵孵化高峰期，喷洒2.5%溴氰菊酯乳油2 000倍液或50%对硫磷乳油2 000倍液、50%辛硫磷乳油1 500倍液、25%广克威乳油2 000倍液、20%灭多威乳油2 000倍液。

（八）麻田豆秆野螟

麻田豆秆野螟学名*Ostrinia scapularis*（Walker），属鳞翅目，螟蛾科。分布在新疆、内蒙古、黑龙江、吉林、辽宁、河北、北京、天津、江苏、湖北、四川、西藏以及日本、俄罗斯、东欧等地。

1. 为害特点

主要蛀害大麻的嫩茎，被害部膨大变脆，遇风易折，影响大麻产量和质量。

2. 形态特征

成虫色泽斑纹与欧洲玉米螟近似，但雄蛾中足胫节膨大，有与胫节等长的毛撮和沟槽，可与中足胫节不膨大的欧洲玉米螟及中足胫节中度膨大具短于胫节毛撮的麻秆野螟、酒花秆野螟区分，雌蛾、卵、幼虫、蛹不易区分。

3. 生活习性

豆秆野螟在新疆沙湾一年发生2代，与麻秆野螟混生，为害大麻较重。以老熟幼虫在大麻、苍耳茎秆或根茬内越冬。第二年5月中旬开始化蛹，6月中旬为越冬代成虫羽化盛期，6月中下旬为卵盛期，7月上旬为幼虫盛期，7月中下旬为蛹盛期。第一代成虫羽化盛期在8月上旬。

4. 防治方法

防治方法同麻秆野螟。

（九）白星花金龟

白星花金龟为鞘翅目，花金龟科。分布于中国的东北、华北、华东、华中等地。成虫取食玉米、小麦、果树、蔬菜等多种农作物。

1. 为害特点

幼虫主要在地下为害，咬食发芽的大麻种子或幼苗的根茎，使幼苗倒地死亡。其咬食的断口整齐，可与蝼蛄咬断症状相区别。咬断的伤口易侵入病菌，诱发病害。蛴螬的活动与土壤温度、湿度有关，地温达5℃时升至表土层活动，13～18℃时活动最盛，28℃以上则往深土层中移动躲避高温。所以，春、秋两季多在表土层活动，夏季多在夜间和清晨上升至表土层为害，中午往深土层避暑。土壤湿润尤其是小雨连绵天气为害加重。成虫有的直接啃食花叶，也有大部分群集在麻根茎部上，啃食后麻株抗倒伏能力减弱，造成伤口后被病菌侵染引起病害传播，且害虫排出的白色稀粥状粪便污染下部叶片，影响光合作用。

2. 形态特征

体型中等，体长17～24mm、宽9～12mm。椭圆形，背面较平，体较光亮，多为古铜色或青铜色，有的足绿色，体背面和腹面散布很多不规则的白绒斑（图5-23）。唇基较短宽，密布粗大刻点，前缘向上折翘，有中凹，两侧具边框，外侧向下倾斜，扩展呈钝角形。触角深褐色，雄虫鳃片部长、雌虫短。复眼突出。前胸背板长短于宽，两侧弧形，基部最宽，后角宽圆；盘区刻点较稀小，并具有2～3个白绒斑或呈不规则的排列，有的沿边框有白绒带，后缘有中凹。小盾片呈长三角形，顶端钝，表面光滑，仅基角有少量刻点。鞘翅宽大，肩部最宽，后缘圆弧形，缝角不突出；背面遍布粗大刻纹，肩凸的内、外侧刻纹尤为密集，白绒斑多为横波纹状，多集中在鞘翅的中部和后部。臀板短宽，密布皱纹和黄绒毛，每侧有3个白绒斑，呈三角形排列。中胸腹突扁平，前端圆。后胸腹板中间光滑，两侧密布粗大皱纹和黄绒毛。腹部光滑，两侧刻纹较密粗，1～4节近边缘处和3～5节两侧中央有白绒斑。后足基节后外端角齿状；足粗壮，膝部有白绒斑，前足胫节外缘有3齿，跗节具两弯曲的爪（图5-23）。

图5-23　白星花金龟

3.生活习性

一年发生1代，以幼虫在土中越冬。成虫5月出现，7—8月为发生盛期。有假死性。主要为害大麻等植物的花，或为害有伤痕的或过熟的桃和苹果，吸取榆、栎类多种树木伤口处的汁液。成虫产卵于含腐殖质多的土中或堆肥和腐物堆中。幼虫（蛴螬）头小体肥大，多以腐败物为食，常见于堆肥和腐烂秸秆堆中，以背着地，足朝上行进。

4.防治方法

（1）利用成虫具有较强的趋化性进行糖醋诱杀，红糖：米醋：米酒：水按照5：3：1：12比例配制捕杀糖醋水。

（2）利用成虫假死习性，在成虫发生盛期，清晨温度较低时振落捕杀。

（3）利用白僵菌、绿僵菌、乳状菌防治幼虫（蛴螬），可取得良好效果。

（十）铜绿丽金龟

1.为害特点

幼虫在土壤中钻蛀，破坏啃食工业大麻的根部。成虫啃食麻叶，成2～3cm小洞，成虫食量大，大面积发生为害较大。

2.形态特征

成虫体长19～21mm，鳃叶状黄褐色触角，前胸背板及翅有铜绿色具闪光，上面有细密刻点。鞘翅每侧具4条纵脉，肩部具疣突（图5-24）。前足胫节具2外齿，前、中足大爪分叉。卵壳光滑，乳白色。孵化前呈椭圆形。3龄幼虫体长30～33mm，头部黄褐色，前顶刚毛每侧6～8根，排一纵列。脏腹片后部腹毛区正中有2列黄褐色长的刺毛，每列15～18根，2列刺毛尖端大部分相遇和交叉。在刺毛列外边有深黄色钩状刚毛。蛹椭圆形，土黄色，体长22～25mm，体稍弯曲，雄蛹末节腹面中央具4个乳头状突起，雌蛹末节腹面则平滑，无此突起。

图5-24　铜绿丽金龟

3. 生活习性

一年发生1代，以3龄幼虫在土中越冬，第二年4月上旬上升到表土为害，取食麻叶及根茎部，5月间老熟化蛹，5月下旬至6月中旬为化蛹盛期，5月底成虫出现，6—7月为发生最盛期，是全年为害最严重期，8月下旬，虫量渐退。为害期40d，成虫高峰期开始产卵，6月中旬至7月上旬为产卵期。7月间为卵孵化盛期。7月中旬出现新1代幼虫，取食寄主根部。幼虫为害至秋末即入土层内越冬。7月中旬至9月是幼虫为害期，10月中旬后陆续进入越冬。成虫羽化后3d出土，昼伏夜出，飞翔力强，黄昏上树取食交尾，成虫寿命25~30d。成虫羽化出土迟早与5—6月温湿度的变化有密切关系。此间雨量充沛，出生则早，盛发期提前。每雌虫可产卵40粒左右，卵多次散产在3~10cm土层中，以春、秋两季为害最烈。秋后10cm内土温降至10℃时，幼虫下迁，春季10cm内土温升到8℃以上时，向表层上迁，幼虫共3龄，以3龄幼虫食量最大，为害最重，亦即春、秋两季为害严重，老熟后多在5~10cm土层内做蛹室化蛹。化蛹时蛹皮从体背裂开脱下且皮不皱缩，别于大黑鳃金龟。成虫夜间活动，趋光性强。

4. 防治方法

（1）利用天敌、各种鸟类捕食成虫或幼虫。

（2）在成虫发生期，利用其假死性早晚实行人工捕杀。

（3）利用趋光性及趋化性诱杀成虫。

（4）化学防治同白星花金龟。

（十一）双斑萤叶甲

双斑萤叶甲也叫长跗萤叶甲，属鞘翅目叶甲科，是为害工业大麻的一种新型害虫，主要分布在东北、华北等地。

1. 为害特点

双斑萤叶甲主要发生在7—9月，以成虫为害麻叶为主，啃食后叶片呈纱网状，该虫有群聚习性和趋嫩为害习性，常集中于1棵植株自上而下取食叶肉，嫩叶被咬成孔洞，中下部叶片被害后，残留网状叶脉或表皮，远看呈小面积不规则白斑，对光合作用影响较大，喜取食花药，影响授粉，降低麻籽产量。

2. 形态特征

成虫体长3.6~4.8mm、宽2~2.5mm，触角11节丝状，端部色黑，长为体长的2/3；复眼大，呈卵圆形；前胸背板宽大于长，表面隆起，密布很多细小刻点；小盾片黑色，呈三角形；鞘翅布有线状细刻点，每个鞘翅基半部具1个近圆形淡色斑，四周黑色，淡色斑后外侧多不完全封闭，两翅后端合为圆形（图5-25）。简单识别法是，成虫两个鞘翅基部各有1个大的淡黄色斑，四周黑色，鞘翅端半部为黄色。

图5-25 双斑萤叶甲

3.生活习性

双斑萤叶甲具有一定的迁飞性，成虫对光、温的强弱较敏感，中午光线强温度高，则飞翔能力强、取食叶片量大；早晨至夜晚光线弱温度低，则飞翔力差、活动力小，常躲在叶片背面栖息。

4.防治方法

（1）及时清除田间、地边及渠边杂草，减少双斑萤叶甲的越冬寄主植物。

（2）对双斑萤叶甲为害重和防治后的农田及时补肥，以促进农作物的营养生长和生殖生长。保护和利用天敌（如瓢虫、蜘蛛等）。由于该虫越冬场所复杂，因此，在防治策略上应遵循"先治田外，后治田内"的原则，防治成虫应防治田边、地头、渠边等寄主植物上刚羽化出土的成虫。

（3）药剂防治应在成虫盛发之前，可使用菊酯类药剂，如2.5%高效氯氟氰菊酯乳油1 500倍液，或50%辛硫磷乳油1 500倍液喷雾，药剂要重点喷在花序周围，喷药时间要避开散粉期，以免影响授粉。由于害虫具有飞翔能力，一定要按地区加大统防统治，这样才能取得较好的防治效果。

第七节　大麻收获与储藏

一、收获时间

适时收获是大麻增产增收的关键措施之一，也是获得优质麻纤维的重要环节。大麻雌、雄株成熟期不一致，大致相差30～40d。雄株于开花末期纤维成熟，雌株则要到主茎花序中部种子成熟时才能达到种子成熟。因此，严格来说大麻适宜分期收获。第一次在雄株开花末期收割雄株，第二次在雌花主茎花序中部种子成熟时收割雌株。但分期收获难以实现机械化操作，费工费时，生产上多选用雌雄株成熟期较接近的纤维用大麻品种或雌雄同株品种，兼顾雌雄株纤维成熟度，选择雌雄株的纤维在质和量方面差异最小的时期，即在工艺成熟期一次性机械化收割，以满足机械化生产需求。

纤维大麻工艺成熟期的判定标准：雌雄异株麻田50%～75%雄株已过花期、花粉大量散落，雌株开始结实，茎上部叶片呈黄绿色、下部1/3叶片已凋落的时期。雌雄同株的雄花大量散粉，植株变为暗黄色，叶片变黄尚未完全脱落，基部的种子部分达乳熟期，并且植株基部叶片变为褐色开始脱落的时期。收获过早或过晚对大麻纤维产量和品质均有很大影响。收获过晚，产量越高，但纤维粗硬，品质变劣；收获过早，则纤维不成熟，虽然色白柔软，但强力降低。

二、收获方法

纤维用大麻收获多采用大麻割晒机机械收获（图5-26），也有人工收获的。根茬越低越好，一般不超过5cm。要根据大麻株高选择不同割幅的割麻机，禁止麻头压麻尾，麻铺要整齐，有斜放现象的要人工整理均匀、根部对齐。达到工艺成熟期的标准应及时收获，收割应在10d之内完成，收割时间过长，纤维成熟度不一致。人工收获用镰刀割麻，贴地横割，刀背不离地面，不用镰刀揽麻以免刀刃割伤纤维，放麻铺厚度均匀，根部对齐，麻株方向与行向垂直，割麻时躲开杂草，放铺和捆麻时捡净杂草，平铺于麻田中，要求做到放铺整齐，厚度一致。

图5-26　大麻机械收获

三、储藏

大麻收割后，铺放在麻田里晒麻1～2d，捆成20～30cm的麻捆，捆完后就地将麻捆头碰头码成堆，麻捆根朝下，麻梢朝上互相对正顶住，每堆6～8捆，捆间距离大致相等，以便充分通风，每隔2～3d查看麻垛是否倒塌、麻捆梢部里面和紧密接触部位是否发热霉变、麻捆内外是否充分干燥，充分干燥后送交麻厂或运回归垛保存。南方麻区多青麻剥皮，可以在田间边收边剥。东北麻区收割后多铺放在田间进行鲜茎雨露沤制，沤好后在安全水分时捆麻送交加工厂归垛保存。储存场地应选择在远离村屯，地势较高，排水良好的地块。垛底要用沙石或圆木垫高10～20cm，麻垛宽度8～10m，垛时要沟好心，封严垛顶，垛与垛之间相隔10m以上，并设有防火通道。

第八节　鲜茎雨露沤制

大麻纤维的获得，首先必须经过沤制脱胶才能实现，传统的温水沤制存在费工费时、污染严重等问题。东北地区大面积种植生产多采用鲜茎雨露沤制技术，即将收割后的麻株直接放置在田间，利用天然雨露资源，在适当的温度和湿度条件下，进行生物脱胶的过程。雨露沤麻时间一般为20～30d，最适条件是温度25℃以上，降水量250mm以上，相对湿度80%，铺麻厚度为80～100mm。降水多、温度高，15d左右可完成，气候干旱、温度低沤麻时间相应延长。

期间当麻铺表面布满褐色斑点达到70%左右，接近银灰色时翻麻1次。如遇连续降雨，应及时翻麻。翻麻要保证下层麻秆完全被翻到上层，翻晒时及时捡出发霉严重的麻秆，保持麻层均匀，透气性好。当95%以上的大麻茎秆变成银灰色或深灰色，有银亮光泽，麻表皮有细小的黑色斑点时，大麻茎秆应及时打捆、上垛储存。在湿度不够、回潮率偏低的情况下，要通过人工浇水的方法使麻秆回潮率维持在30%左右，可以使沤麻时间相对缩短，提高沤麻质量。也可在沤麻期间喷施微生物脱胶菌剂，以提高沤制质量，加快沤制时间。

雨露沤麻终点的判断很重要。如果不能及时收，麻秆会霉变腐烂，出麻率和纤维强度降低，打成麻质量差。沤麻终点的判断方法：95%以上的麻茎变成银灰色或深灰色，有银亮光泽，麻表皮有细小的黑色斑点；清晨有露水时，用手指掐断麻茎能发出清脆响声，折断麻茎皮秆易分离；中午时，将麻茎中部弯曲，如木质部与纤维易分离，即沤制完成。

参考文献

陈建华，臧巩固，赵立宁，等，2003.大麻化学成分研究进展与开发我国大麻资源的探讨[J].中国麻业（6）：266-271.

陈其本，余立慧，杨明，等，1993.大麻栽培利用及发展对策[M].北京：电子科技大学出版社：97-126.

陈其本，1990.大麻的综合利用[J].中国麻作（1）：40-42.

陈式谷，陆千，马有芳，1986.施用氯化钾对大麻产量与品质的影响试验[J].安徽农业料学（2）：49-53.

邓欣，陈信波，龙松华，等，2015.水肥耦合对不同生育时期大麻株高及生物量的影响[J].华北农学报，30（增刊）：395-399.

杜光辉，周波，杨阳，等，2015.PEG模拟干旱胁迫下不同大麻品种萌发期抗旱性评价[J].中国农学通报，31（33）：147-153.

房郁妍，宋宪友，张利国，等，2014. 大麻平衡施肥技术研究[J]. 农业科技通讯（3）：111-114.

房郁妍，2010. 大麻栽培技术研究[J]. 黑龙江农业科学（6）：38-39.

关凤芝，2010. 大麻遗传育种与栽培技术[M]. 哈尔滨：黑龙江人民出版社.

郭丽，王殿奎，王明泽，等，2010. 不同大麻品种在黑龙江盐碱干旱地区种植的适应性及农艺性状比较[J]. 中国麻业科学，32（4）：202-205.

郭丽，王明泽，车野，等，2017. 工业大麻新品种庆大麻1号的选育[J]. 中国麻业科学，39（2）：61-63.

胡万群，杨龙，吕咏梅，等，2009. 皖大麻1号的特征特性及高产栽培技术[J]. 中国麻业科学，31（5）：325-326.

胡万群，杨龙，吕咏梅，等，2012. 不同施肥水平对皖大麻1号纤维产量的影响[J]安徽农学通报，18（22）：31-32.

胡学礼，杨明，许艳萍，等，2009. 栽培密度对工业大麻品种云麻1号产量及农艺性状的影响[J]. 中国麻业科学，31（5）：322-324.

姜文武，陈式谷，杨龙，2000. 不同施钾方法对大麻产量的影响[J]. 安徽农业科学，28（4）：482-483，500.

孔佳茜，康红梅，赵铭森，等，2011. 大麻新品种"晋麻1号"选育报告[J]. 中国麻业科学，33（5）：217-219.

梁晓红，2014. 大麻的生物学特性及用途[J]. 农艺学（13）：48，50.

林永勤，2010. 提高纤用大麻单产主要技术措施[J]. 北京农业（30）：25-27.

刘浩，张云云，胡华冉，等，2015. 氮磷钾配施对大麻产量和养分利用效率的影响[J]. 云南大学学报：自然科学版，37（3）：460-466.

刘浩，张云云，胡华冉，等，2015. 氮磷钾配施对工业大麻干物质和养分积累与分配的影响[J]. 中国麻业科学（2）：100-105.

刘青海，毕君，张俊梅，等，2000. 大麻纤维产量2 000 kg/hm² 的优化栽培模型研究[J]. 中国麻作，22（2）：19-21.

刘青海，1985. 氮磷钾化肥对大麻生长发育、产量和纤维品质影响的研究[J]. 中国麻作（1）：34-37.

刘青海，1986. 大麻对氮、磷、钾需用规律的研究[J]. 山东农业科学（1）：15-31.

宋宪友，张利国，房郁妍，等，2011. 大麻新品种"龙大麻1号"的选育[J]. 中国麻业科学，33（3）：109-111.

宋宪友，张利国，房郁妍，等，2012. 氮、磷、钾施用对大麻原茎产量影响的研究初报[J]. 中国麻业科学，34（3）：115-117.

宋宪友，2012. 药剂拌种处理对大麻病虫害的防治[J]. 中国麻业科学，34（1）：7-10.

孙宇峰，2017. 纤维大麻高产栽培技术的研究现状[J]. 中国麻业科学，39（3）：152-158.

唐慧娟，臧巩固，程超华，等，2018. 工业大麻产量和品质性状的对应分析[J]. 作物杂志（2）：52-55.

陶耀明，李向东，2006. 春播工业大麻主要病虫草害防治技术[J]. 农村实用技术（4）：43-43.

田广龙，2011. 大麻优质高效栽培技术[J]. 北京农业（4）：36-36.

吴宁，龙海蓉，许艳萍，等，2014. 不同灌溉周期对工业大麻秆部分理化性能的影响. Ⅰ. 不同灌溉周期对微观结构和三大素含量的影响[J]. 纤维素科学与技术，22（3）：45-50.

辛培尧，何承忠，孙正海，等，2008. 短日照处理对大麻开花及性别表达的影响[J]. 湖北农业科学，

47（7）：776-778.

熊和平，2008. 麻类作物育种学[M]. 北京：中国农业科学技术出版社.

杨龙，吕咏梅，王斌，等，2009. 优质高产大麻新品种皖大麻1号的选育研究[J]. 中国麻业科学，31（1）：17-20.

杨明，郭鸿彦，文郭松，等，2003. 大麻新品种云麻1号的选育及其栽培技术[J]. 中国麻业科学，25（1）：1-3.

杨永红，黄琼，白巍，1999. 大麻病害研究的综述[J]. 云南农业大学学报，14（2）：223-228.

张建春，关华，刘雪强，等，2009. 汉麻种植与初加工技术[M]. 北京：化学工业出版社：150-151.

张建春，张华，张华鹏，等，2005. 汉麻综合利用技术[M]. 北京：长城出版社：61-173.

张晓艳，王晓楠，曹焜，等，2020. 5个工业大麻品种（系）纤维产量及产量构成因素的相关性分析[J]. 作物杂志（4）：121-126.

赵洪涛，李初英，黄其椿，等，2015. 不同栽培密度和施肥量对巴马火麻生长发育及麻籽产量的影响[J]. 南方农业学报，46（2）：232-235.

CHEN Y，LIU J D，JEANLOUIS G，2004. Engineering perspectives of the hemp plant，harvesting and processing[J]. Journal of Industrial Hemp，9（2）：23-39.

FAUX A M，DRAYE X，LAMBERT R，et al.，2013. The relationship of stem and seed yields to flowering phenology and sex expression in monoecious hemp（*Cannabis sativa* L.）[J]. European Journal of Agronomy，47（1）：11-12.

FORREST C，YOUNG J P，2006. The effects of organic and inorganic nitrogen fertilizer on the morphology and anatomy of *Cannabis sativa* "Fédrina"（industrial fibre hemp）grown in Northern British Columbia，Canada[J]. Journal of Industrial Hemp，11（2）：3-24.

HAKALA K，KESKITALO M，ERIKSSON C，et al.，2009. Nutrient uptake and biomass accumulation for eleven different field crops[J]. Agricultural and food science，18（3）：366-387.

HALL J，BHATTARAI S P，MIDMORE D J，2014. The effects of photoperiod on phenological development and yields of industrial hemp[J]. Journal of Natural Fibers，11（1）：87-106.

HOPPNER F，2004. The influence of changing sowing rate and harvest time on yield and quality for the dual use of fibers and seeds of hemp（*Cannabis sativa* L.）[J]. 4th International Crop Science Congress，12（4）：596.

LISSON S N，MENDHAM N J，2000. Cultivar sowing date and plant density studies of fibre hemp（*Cannabis sativa* L.）in Tasmania[J]. Australian Journal of experimental Agriculture，40（7）：975-986.

LISSON S，MENDHAM N J，1998. Effect of plant density，sowing date and irrigation on the yield of fiber hemp（*Cannabis sativa*）and flax（*Linum usitatissimum*）[J]. Canadian Journal of Plant Science（1）：519-520.

LIU M，FERNANDO，DANIEL，et al.，2015. Effect of harvest time and field retting duration on the chemical composition，morphology and mechanical properties of hemp fibers[J]. Industrial Crops and Products，69：29-39.

MCPARTLAND J M，CLARKE R C，WATSON D P，2001. Hemp diseases and pests：management and biological control-an advanced treatise[J]. Crop protection，20（4）：351-352.

NELSON C H，1944. Growth responses to hemp to differential soil and air temperatures[J]. Plant Physiol，19（2）：294-309.

SALVATORE L C, TESTA G, SCORDIA D, et al., 2012. Sowing time and prediction of flowering of different hemp (*Cannabis sativa* L.) genotypes in southern Europe[J]. Industrial Crops and Products, 37 (1): 20-33.

SAUSSERDE R, ADAMOVICS A, 2013. Effect of nitrogen fertilizer rates on industrial hemp (*Cannabis sativa* L.) Biomass production[C]. Sgem Geoconference on Ecology.

SENGLOUNG T, KAVEETA L, NANAKORN W, 2009. Effect of sowing date on growth and development of Thai hemp (*Cannabis sativa* L.). [J]. Kasetsart Journal-Natural Science, 43 (3): 76-81.

VERA1 C L, MALHI1 S S, PHELPS S M, et al., 2010. Fertilization effects on industrial hemp in Saskatchewan[J]. Canadian Journal of Plant Science, 90 (2): 179-184.

VERA1 C L, MALHI1 S S, RANEY J P, et al., 2004. The effect of N and P fertilization on growth, seed yield and quality of industrial hemp in the Parkland region of Saskatchewan[J]. Canadian Journal of Plant Science, 84 (4): 939-947.

WERF H, BROUWER K, WIJLHUIZEN M, et al., 2010. The effect of temperature on leaf appearance and canopy establishment in fiber hemp (*Cannabis sativa* L.) [J]. Annals of Applied Biology, 126 (3): 551-561.

WERF H, GEEL V, GILS V, et al., 1995. Nitrogen fertilization and row width affect self-thinning and productivity of fibre hemp (*Cannabis sativa* L.) [J]. Field Crops Research, 42 (1): 27-37.

WERF H, HAASKEN HJ, WIJLHUIZEN M, 1994. The effect of daylength on yield and quality of fibre hemp (*Cannabis sativa* L.) [J]. European Journal of Agronomy, 3 (2): 117-123.

WERF H, VEEN J, BOUMA A, et al., 1994. Quality of hemp (*Cannabis sativa* L.) stems as a raw material for paper[J]. Industrial Crops and Products, 2 (3): 219-227.

WESTERHUIS W, AMADUCCI S, STRUIK P C, et al., 2010. Postponed sowing does not alter the fiber/wood ratio or fiber extractability of fiber hemp (*Cannabis sativa*) [J]. Annals of Applied Biology, 155 (2): 333-348.

第六章　籽用及花叶用工业大麻栽培技术

第一节　籽用工业大麻栽培技术

工业大麻麻籽被誉为是人类已知的最有营养的超级食物之一。我国对麻籽的应用自古以来都有记载，古文献记载中五谷杂粮就包括麻籽，《周礼·天官·疾医》："以五味、五谷、五药养其病。""五谷，麻、黍、稷、麦、豆也。"。唐代诗人白居易《七月一日作》诗中有云"饥闻麻粥香，渴觉云汤美"。大麻自古就是我国各族人民饮食文化和服饰文化的重要组成部分。古希腊书籍中记载罗马人的餐后点心即为麻籽制品，而波兰人及立陶宛人则在圣诞晚宴前将麻籽粥作为餐前食品使用。籽用工业大麻栽培与应用具有悠久的历史，伴随着麻籽的应用及其相关产业的不断发展壮大，籽用工业大麻栽培生产技术的研究应用与推广日趋得到重视。

一、我国籽用工业大麻应用及品种分布

在我国内蒙古、甘肃、山西、陕西、吉林、辽宁、宁夏、青海等地一直保留着食用麻籽或麻籽油的习惯，人们将其炒食或做成麻籽豆腐食用。新疆一些地区有将麻籽与糌粑混食的习惯，在云南省巴马县，流传着"天天吃火麻，活到九十八"的传说。在巴马百岁老人的110例死亡回顾调查中发现，这些老人均没有高血压、糖尿病、脑血管意外或癌症发生。

现代研究表明，麻籽仁富含的亚麻酸（GLA）是人体必需的脂肪酸。同时麻籽仁也是一种高营养的蛋白质来源。其种子中蛋白质的含量占25%、脂肪含量占34%、碳水化合物含量占34%，其余为维生素和矿物质，麻籽仁富含20种已知氨基酸，其中有9种人体必需氨基酸。大麻蛋白质不含色氨酸抑制因子，不会影响蛋白质的吸收，不含寡聚糖，不会造成胃胀和反胃。大麻蛋白的65%为麻仁球蛋白（Esdestin），这种球蛋白只在大麻种子中存在。麻仁球蛋白对促进消化有很好的作用，另外35%为白蛋白，也是一种优质蛋白，它们比大豆蛋白味道更好，更易消化。麻蛋白是肉类蛋白的一个很好的替代品。它每克含有的蛋白质比任何肉类都多，而且不含胆固醇，因此工业大麻麻籽是一种十分优异的蛋白质来源。麻籽油富含有Omega-3与Omega-6的完美平衡以及大量的必需脂肪酸，是一种极好的必需脂肪酸补充剂，麻籽油被誉为"自然界最佳平衡油"。我国对籽用工业大麻的种植由来已久，除食用外，籽用工业大麻在我国作为药用同样拥有悠久历史（表6-1）。目前我国乃至世界对籽用工业大麻的需求还没有形成规模化，没有形成成熟稳定的商品产业链条。在我国火麻油具有一定的市场，广为人知，火麻仁制品则在少部分地区民间传播。目前国内种植品种主要包括农家自留种及经过选育认定的品种。世界范围内加拿大一直以籽用工业大麻种植为主，是世界大麻籽生产及加工大国，工业大麻纤维用途种植及加工仅占较小的比例。在加拿大工业大麻主要栽培在安大略省、魁北克省、新斯科舍省3个省，大麻籽用产业发展的很好，针对栽培技术的研究主要集中于播种期、种植密度、肥料、籽纤兼用方面。Vera等（2019）对氮、硫、磷肥对工业大麻生长、产量及质量影响进行了研究，认为氮肥能显著增加工业大麻植株高度、生物总量、种子产量和种子蛋白质含量，而在缺硫或磷的土壤中补充相应的硫或磷肥，则没有明显的反应。在与工业大麻籽用相关的各食品产业方面，目前加拿大进行了大量相关科学研究和产业投入，在国际市场上占份额较大，有明显的优势。目前由于人们对有机食品日益强烈的需求，加拿大很多食品类的大麻产业已经转换到大麻有机产品上来，据评估已有约1/3的大麻籽生产被认证。根据本国的工业大麻发展状况，加拿大规划出了工业大麻发展框

架。一是健康食品（包括个人保健品）发展；二是纤维与工业用油发展；三是工业大麻育种与生产加工。工业大麻的天然特性和独特价值，顺应了时代潮流，已经成为人们健康和时尚消费的最佳选择。近年来随着工业大麻产业发展，麻籽产量逐年增加（表6-2）。我国工业大麻种质资源丰富，种植历史悠久，发展潜力巨大，深入了解和学习国内外工业大麻发展状况和技术，将有利于我国工业大麻产业健康快速发展。

表6-1　工业大麻应用部位及主治功能

应用部位	主要病症
麻籽	治疗月经不调、产妇淤血、损胎、便秘、金疮等
麻叶	治疗蛔虫病、疟疾病、解蝎毒
麻皮及麻茎	治疗跌打损伤、通小便
麻根	热淋下血、腕折骨痛、气短、心腹痛
麻油	润肠胃、滋阴补虚、助消化、明目保肝

表6-2　全球工业大麻麻籽产量变化

年份	2014	2015	2016	2017	2018	2019
产量（万t）	10	7.99	9.35	11.37	12.89	14.73

（一）农家种分布及种植情况

我国籽用工业大麻的栽培主要分布在东北、西南及中部地区，例如吉林、甘肃、宁夏、山西、云南等地。籽用工业大麻栽培以生产麻籽仁及麻油居多，国内地方品种有甘肃华亭县地方品种，属籽纤兼用型，具有较强的抗病性、耐寒耐旱性。该品种在适应区生育期165d左右，属晚熟品种。在3月中下旬播种，9月下旬收种，节间长分枝少，种子属中大粒，千粒重在23g左右，株高在3m左右。宁夏盐池籽用地方品种，种子黑褐色有花纹，千粒重在18g左右，属中粒型，属抗寒、抗旱、抗虫性强且叶片肥大的品种，生育期180d左右，属晚熟品种。一般3月底至4月初播种，9月底收获籽粒。山西岚县籽用地方品种，种子黑褐色有花纹，属中粒型，千粒重在18g左右，生育期在180d左右，属晚熟品种。一般3月底至4月初播种，9月底收获种子。

（二）栽培种选育及种植情况

1. 汉麻3号

该品种属雌雄异株，以云麻4号为母本与雌雄同株品种USO-14为父本杂交育成。籽纤兼用型品种。出苗至纤维成熟生长日数79d左右，出苗至种子成熟日数90～100d。需≥10℃活动积温2 000℃以上。雌雄同株，植株茎叶绿色，幼苗浅绿色，心叶微现紫红色。掌状复叶，中部复叶由7个小叶组成，株高200cm左右。雄花黄绿色，果穗长30～40cm。种子卵圆形，种皮灰褐色，有褐色花纹，千粒重15.5g左右。四氢大麻酚（THC）含量0.004 3%。打成麻强力393N，分裂度85Nm。种子粗脂肪（干基）31.41%，粗蛋白（干基）24.49%。霜霉病田间发病率0.4%，未发现其他病害。种子平均产量650.0kg/hm²，比对照品种火麻一号平均增产25.8%。不宜重迎茬，预防大麻跳甲。适应区域在黑龙江省牡丹江、大庆、齐齐哈尔、黑河等地。

2. 汉麻4号

该品种属籽纤兼用型雌雄同株工业大麻。从出苗至工艺成熟期生长日数82d左右，至种子成熟生育日数98d。需≥10℃活动积温2 000℃以上。植株绿色，叶片浅绿色，叶型为3～7片掌状裂叶。

茎圆形，茎粗0.4～0.6cm，上下粗细均匀。雄花、雌花均为黄绿色；株高200cm左右。穗长40cm左右。全麻率28.7%，比对照品种高1.8%。品种的抗旱性和耐盐碱性较强。四氢大麻酚（THC）含量0.011 5%。纤维强力341N，分裂度67Nm。种子含粗脂肪（干基）31.69%，粗蛋白（干基）26.72%。种子卵圆形，种皮浅褐色，种皮上有黑色点状和条状花纹，千粒重约17g。霜霉病田间发病率0.6%，中抗大麻跳甲，未发现其他病害。

3. 龙麻1号

该品种属籽用型工业大麻，出苗至种子成熟生育日数80～85d，需≥10℃活动积温2 000℃以上。雌雄异株，幼苗绿色，掌状复叶，叶片深绿色，株高140cm左右，雄花为复总状花序，雌花为穗状花序。种子卵圆形，种皮灰褐色，千粒重16～18g。四氢大麻酚（THC）含量0.021%。粗脂肪（干基）32.01%，粗蛋白（干基）28.4%。霜霉病田间发病率0.5%，未发现其他病害。种子成熟及时收获，防止落粒。适应区域在黑龙江省哈尔滨、大庆、绥化、齐齐哈尔、黑河等地。

4. 龙大麻6号

该品种为雌雄异株籽用型工业大麻，种子成熟日数120～125d，中熟品种，需≥10℃活动积温2 150℃左右。种皮褐色，略具花纹。植株叶片较为稠密、叶色为中等绿，分枝性强，株高为221.2cm，分枝较早，第一分枝高7cm，分枝长度85cm，节间长12.5cm，茎秆粗壮均匀，直径19.8mm。四氢大麻酚（THC）含量0.018%，粗蛋白（干基）含量27.9%，粗脂肪含量35.86%。霜霉病自然发病率0.3%。

5. 龙大麻9号

该品种为雌雄异株籽用型工业大麻，种子成熟日数134d，中晚熟品种，需≥10℃活动积温2 250℃以上。该品种呈纺锤形株型，分枝密，植株田间长势整齐茂盛，熟期一致，花期较晚。株高163cm，叶片稠密，叶色中等绿，茎秆粗细均匀，直径2.3cm，分枝性强，分枝长67cm，节间长8.6cm，褐色种皮，抗倒伏性极强，抗跳甲，耐低温霜冻。四氢大麻酚（THC）含量0.016%，粗蛋白含量28.10%，粗脂肪含量35.28%。霜霉病自然发病率0.3%。

6. 龙大麻10号

该品种为雌雄异株籽用型工业大麻，种子成熟日数132d，中晚熟品种，需≥10℃活动积温2 250℃以上。呈卵圆形株型，掌状复叶，植株叶片细长且稠密。株高183.4cm，茎秆粗细均匀，直径19.5mm，该品种分枝早，第一分枝高为2.8cm，分枝长53cm、分枝极多，节间长11.9cm，节数较多。抗病性、抗倒伏性强。四氢大麻酚（THC）含量0.015%，粗蛋白含量28.66%，粗脂肪含量35.14%。霜霉病自然发病率0.3%。

7. 赛麻1号

该品种为雌雄异株籽用型工业大麻。从出苗至籽粒成熟的生育日数115d左右，需≥10℃活动积温在2 100℃以上。茎秆绿色圆形。叶片浅绿色，掌状裂叶，单叶小叶数7个，叶片稠密。分枝极多，分支高度矮。株高170cm以上。雄花复总状花序，雌花穗状花序。种子卵圆形，种皮褐色，种皮上有黑色条状花纹，花纹程度中。千粒重17.3g。粗脂肪含量34.92%，粗蛋白含量26.29%。四氢大麻酚含量0.021 6%～0.140 0%。霜霉病田间发病率0.3%。

8. 汉麻9号

该品种为雌雄异株籽用型工业大麻，雌株多，雄株少。出苗至成熟生育日数85d左右，需≥10℃活动积温在1 900℃以上，早熟品种。幼苗深绿色，下胚轴花青苷色弱。叶片和茎秆深绿色，雄花开花时间早。种子卵圆形，种皮灰褐色，千粒重13.4g。株高145cm左右。粗蛋白含量28.21%，粗脂肪含量31.35%，四氢大麻酚含量0.021 6%～0.046 3%。田间霜霉病自然发病率0.3%。

9. 牡麻2号

该品种为雌雄异株籽用型工业大麻。种子成熟日数133d，中晚熟品种，需≥10℃活动积温2 250℃以上。中椭圆形株型，苗期生长健壮，茎绿色，叶片墨绿色，线状披针形掌状全裂叶片，单叶小叶数7～9片，花序较长且集中，节数少而长，叶柄花青苷色极弱，种皮灰褐色具斑点花纹，千粒重17.3g。株高181.2cm。粗蛋白含量25.09%，粗脂肪含量32.37%，四氢大麻酚（THC）含量为0.079 8%。霜霉病自然发病率0.3%。

10. 牡麻3号

该品种为雌雄异株籽用型工业大麻。种子成熟日数128d，中熟品种，需≥10℃活动积温2 200℃左右。植株裂叶顶部较尖，植株叶片较多，雌花为绿色穗状花序，盛花期苞片附生白色毛状腺体，雄花黄绿色，复总状花序。田间叶色为浅绿色，第一分枝高7.2cm，分枝长度67cm，节数多，节间长11cm，茎秆粗壮、圆形、深绿色、茎粗2.4cm。种子卵圆形，种皮呈现浅灰色无花纹。株高215.1cm。粗蛋白含量25.29%，粗脂肪含量34.17%，四氢大麻酚（THC）含量为0.035 1%。霜霉病自然发病率0.3%。

11. 国麻1号

该品种为雌雄异株籽用型工业大麻。生育日数110d左右，属早熟品种。需≥10℃活动积温2 070℃以上。茎秆深绿色，节数多。心叶花青苷色极弱。单叶小叶数7个。株高185cm，种皮灰褐色，千粒重19g。籽实粗脂肪含量32.94%，粗蛋白含量28.60%。四氢大麻酚含量（THC）0.016 5%～0.125%。霜霉病田间发病率0.3%。

12. 京麻1号

该品种为籽用型工业大麻。种子成熟日数134d，中晚熟品种，需≥10℃活动积温2 250℃以上。分枝上举，花序较密呈轮状分布，剑形掌状复叶，叶片细长深绿色。分枝较多。株高186.4cm，第一分枝高3.0cm，分枝长度67.0cm，节间长12.6cm，茎秆粗细均匀，茎粗1.7cm。种子粗蛋白含量27.95%，粗脂肪含量34.25%。四氢大麻酚（THC）含量为0.011%。霜霉病自然发病率0.3%。

13. 中信1号

该品种为雌雄异株籽用工业大麻，需≥10℃活动积温2 400℃以上，从出苗至种子成熟生育日数143d。属晚熟品种，茎秆淡绿色。叶片宽且墨绿色，为3～9片掌状裂叶，裂叶顶部较尖。雄花黄绿色，复总状花序，花粉乳白色。雌花为绿色穗状花序，雌花穗的叶片和苞叶上聚集着白色茸毛状腺体。种子为卵圆形，种皮为灰黑色，种皮上有黑色条状花纹，千粒重19g。种子粗脂肪含量42.84%，粗蛋白含量33.39%，四氢大麻酚含量0.182%。霜霉病自然发病率0.3%。

14. 汾麻3号

该品种雌雄异株，株高250cm，茎粗1.5～3cm，分枝高120～160cm，种子千粒重28～30g，叶片肥大、苗期浅绿色，后期深绿色，茎绿色，上下茎秆粗细均匀，分枝多，麻籽产量较高。在适应区6月中下旬播种后该品种出苗快，苗期长势良好，中后期生长速度加快，群体一致性较好，全生育期为110d左右。该品种抗病、抗旱、抗倒伏。

15. 云麻1号

该品种为雌雄异株，籽纤兼用型，THC含量0.15%，纤维长度250～300cm，鲜茎出麻率6.9%，原麻产量约2 000kg/hm²，纤维色白，薄而软，易脱胶。籽用时种子含油量32%以上。

16. 云麻2号

云麻2号是云南省农业科学院选育的早熟籽用型工业大麻，2007年通过云南省品种鉴定。雌雄异株，生育期约120d（云南），麻籽单产每公顷约2.7万kg，株高240～300cm，叶片细长，颜色为深绿，成熟期心叶及部分叶柄现紫红色，茎秆绿色。种子为近圆形，种皮浅黑色，千粒重20g，籽粒含油量33.11%，种子成熟期落粒性不强，便于收获。四氢大麻酚（THC）含量约0.059%，符合欧盟标准（<0.3%）。抗倒伏力强，在高温高湿环境条件下轻感叶斑病，该品种适宜云南省北纬23°以北、海拔1 500～3 000m的适宜地区种植。

17. 云麻3号

该品种属雌雄异株籽纤兼用型品种，种子千粒重23g，THC含量约0.13%，麻籽含油量34.26%，蛋白质含量22.29%，纤维用出麻率16.1%，麻籽平均产量1 560kg/hm²，纤维平均产量约1 905kg/hm²，具有较强的抗倒伏及抗旱能力。

18. 云麻8号

该品种属籽粒、纤维、花叶多种用途型品种，THC平均含量0.07%。籽用型种植模式下，籽粒平均每公顷产量1 530kg，较对照品种增产21.57%；纤维用种植模式下，纤维平均每公顷产量1 831.5kg。

二、籽用工业大麻栽培技术

关于工业大麻栽培技术早在《齐民要术》中就有记载，著作中提及"凡种麻，用白麻子"，"良田一亩，用籽三升；薄田二升"，"取雨水浸之，生芽疾，用井水则生迟"等，关于栽培过程各环节均有记载。工业大麻的栽培技术涉及品种选择、选地选茬、肥水管理、病虫害防治、栽培环境选择等诸多因素，各个要素相互关联又互相制约或促进。在栽培管理过程中首先要选择具有优良特性和适应性强的品种，根据实际栽培气候条件等建立土、水、肥等适宜品种生长发育的栽培环境，从播种开始采取配套的田间管理技术，才能有效促进工业大麻生产水平的不断提高，实现高产稳产，为产业发展打好基础。

（一）籽用工业大麻品种选择

我国工业大麻品种众多，主要包括地方栽培品种、选育认定品种及国外引进品种，地方栽培品种是各地区在不同生态条件下根据不同栽培目的由农户不断选留下形成的工业大麻品种，如黑龙江省的"肇源大麻"、安徽六安的"魁麻"和"火麻"、河北蔚县"大白皮"、四川"青花麻"、云南"大姚大麻"、广西"巴马火麻"、安徽"六安寒麻"、山东"莱芜大麻"等，具有较强的地域特性。伴随工业大麻产业兴起，近年来新选育认定的品种涌现颇多，选育出的品种主要有云麻、晋麻、皖麻、龙麻、庆麻、中麻等，2020年仅黑龙江省新认定优异籽用工业大麻品种有10个。国外引种主要来自欧洲，如英国，乌克兰等地，如USO-31、金刀15、波引3号等颇受种植户欢迎。工业大麻种植中品种选择非常重要，直接影响其产量及质量，选择品种应该遵循以下几个原则。

1. 根据种植地区土壤及气候条件选择适宜品种

籽用工业大麻种植时，所选品种要与当地自然条件相适应才能获得高产，尤其是工业大麻种子小对整地水平要求高，萌发要求条件较高，在生长季节短的地区应该选择早熟品种、耐寒性强的品种；土壤肥沃、灌溉条件好的地区应该首选高产、抗倒伏能力强的品种；盐碱地区及干旱地区适宜选择抗盐碱、抗旱能力强且有配套栽培技术手段的品种。总之选择品种的宗旨就是获得高产，要因地制宜结合当地气候、土壤因素及栽培技术，选择高产、抗病、抗虫害等具有优良特性的品种。

2. 根据种植方式不同选择适宜品种

在我国工业大麻种植会因为种植地区的不同而进行适当的搭配种植或轮作。我国北方地区一年一茬，没有复种，且为了减少病虫害发生一般采用轮作，品种选择范围较广。在复种指数高的地区选择生育期短的品种；耐寒性较强的早熟品种适宜茬口早的地区，耐迟播或生育期长的品种适宜茬口晚的地区。我国南方地区多实行套种或者间作，这就要求栽培中根据套种或间作的作物从形态特征、生育特性、生态位等多方面特征特性来选择能与之搭配的籽用工业大麻品种。如株型选择一高一矮，根系选择一深一浅，生育期选择一长一短，因为工业大麻株型一般较高，所以搭配种植作物选择株型较矮，如籽用工业大麻套种小麦，能够充分发挥地力，利用两种作物不同的生长习性实现双丰收提高单产。

3. 根据栽培目的进行品种选择

籽用工业大麻种植要高产就要选择雌株比例高、雌株开花结实多的品种。例如由云南省农业科学院郭宏彦等选育的云麻2号即为早熟高产优质的籽用型品种，具有高达2.2∶1的雌雄株比例，在适宜地区其麻籽的平均产量能够达到1 500～1 600kg/hm²，是不可多得的籽用优良品种，在适宜栽培地区深受广大种植户欢迎。

（二）籽用工业大麻种子处理

播种前对种子进行处理可以提高种子品质，预防及减少病虫害发生，打破种子休眠，促进种子萌发，保证种子萌发整齐及幼苗健壮生长，种子处理操作方法简单，取材容易，成本低，效果好，是一项有效的增产措施，生产上一直延续使用至今。种子处理常用方法有机械清选法、热力法、生物处理法和药剂处理法。机械清选法是一种物理方法，主要包括筛选、风选、水选，通过这几种方法去除种子中的瘪种子、不饱满种子及杂质。水选又包括清水选种、胶泥水选种、盐水选种和硫酸铵水选种。热力法处理包括晒种、烤种、热空气干燥和温汤浸种。药剂处理法主要包括药剂浸种、拌种、闷种、包衣、丸化、低剂量半干法、热化学法、湿拌法和熏蒸消毒法等。通过这些方法选出的种子能够提高种子质量，杀灭部分病虫源，有效降低病虫害发生数量及概率。

1. 精选种子

精选种子是培育齐苗、壮苗的一项有效措施。播种用的种子要挑选饱满、千粒重大、大小均匀、色泽新鲜且发芽率高的种子，经过风选和筛选的种子去除了瘪籽、嫩籽和杂质，保证种子质量。避免使用成熟度不够千粒重低的种子播种，这种种子发芽率一般会较成熟的好种子低20%～25%，出苗不齐，幼苗瘦弱，抵御病虫害能力变弱，后期容易造成大苗欺小苗现象，直接影响产量和质量。用隔年的陈种（种皮呈暗绿色）播种，发芽率大大降低，会造成严重断垄缺苗。工业大麻种子的质量要求是发芽率85%以上，含杂率1.5%以下，种子含水率12%左右。此外，工业大麻种子在高温多湿条件下易霉变丧失发芽力，在常温条件下储存每年发芽率会降低20%～30%，储存过久的陈种子往往发芽率极低，故生产上应选用新鲜种子播种。新种与陈种的区别是，新鲜种子果皮鲜明光亮，花纹清晰，种仁白色，内容物饱满，压碎后油分多，同时陈种子果皮暗灰色，没有光泽，种仁干瘪，油分少。

2. 种子处理

播种前对种子进行晒晒杀菌处理能够有效降低病虫害发生率。将种子在晴好天气置于阳光下暴晒以杀死虫卵及部分病菌。也可在播种前用杀虫剂、杀菌剂进行药剂拌种，预防病虫害。如用种子重量1‰的10%甲霜灵+48%代森锰锌+75%克百威复配剂或者15%多菌灵+10%福美双+75%克百威复配剂。

（三）籽用工业大麻播种条件选择

工业大麻种植随品种类型不同对温度要求也不同，一般从播种到萌发需要0℃以上积温68～110℃；苗期到现蕾经历天数与积温呈极显著正相关，需大于0℃积温1 600～1 800℃，对于早熟品种1 600～1 700℃即可达到成熟。播期在我国纬度35°以南全年均可播种，纬度40°以北，如我国东北地区一年只完成一个生长周期。具体播期根据各地气候、土壤、品种、轮作制度的不同，差异很大。

1. 播种时间

工业大麻种子萌发的最低温度为1~3℃，最适宜温度25~35℃，最高不超过45℃，且在20℃、25℃恒温下和20~30℃变温条件下，对种子的发芽势及发芽率影响差异不显著。幼苗具有短暂抵御低温的能力，因此播期幅度较大，黑龙江省青冈县农业技术推广中心开展的试验证明，麻类播种在高纬度地区（青冈县位置：126°10′E，46°68′N）可以冬播，该试验于2019年10月进行整地埋肥，于2019年11月播种，第二年4月中下旬开始出苗，整体表现与同年播种的工业大麻相比，苗更齐壮且因为生育期长在产量和质量上都要优于春播工业大麻。工业大麻播种土壤温度要求（5~10cm土层）在8~10℃时播种为宜。具体播期根据各地气候、土壤、品种、轮作制度的不同，差异很大。工业大麻幼苗耐低温，安徽、浙江、四川、陕西等麻区都有冬季播种的习惯，冬播优势主要有以下几点：一是延长生长期，有效株多，提高产量；二是根系深，防倒伏；三是种子经过冷冻处理，可提早发芽，提高出苗率，增强抗逆性；四是出苗早，防止草害，增强对大麻跳甲的抵抗力；五是在北方还能有效解决旱跑墒、保苗困难的问题。播种的具体时间，各地不一，由南至北逐渐推迟。因平地与山区间气温相差大，播种期有差异；黏壤因含水多，土壤冷凉，比砾质壤播种期稍迟。籽用工业大麻为使种子灌浆饱满成熟后收获，一般播种较晚。

2. 播种方式

各地工业大麻播种方式多为条播、穴播两种，籽用工业大麻栽培常用穴播，也有条播的。条播播种密度一致，盖土均匀，出苗整齐，成熟一致，同时通风透光，便于田间管理。张雪等（2019），通过对庆麻1号和汾麻3号不同栽培方式研究结果表明，庆麻1号空2垄种1垄比其他栽培方式产量高，籽粒产量1 614kg/hm²，株高297cm，茎粗19mm，分枝数41个；汾麻3号空2垄种1垄比其他栽培方式产量高，籽粒产量2 603kg/hm²，株高172cm，茎粗31mm，分枝数31个。汾麻3号籽粒产量高于庆麻1号。这两个品种的籽用工业大麻，种2垄空1垄得到的籽粒产量高于每垄都种的栽培方式。

3. 播种密度

籽用工业大麻应该稀播，以求多分枝，多结籽。通常使用条播，行距50~100cm，也有些地区采用点播，播种深度2~3cm，播种后盖土均匀，工业大麻种子顶土能力弱，宜于浅播。有利于整齐出苗，植株发育整齐，籽粒成熟度一致。工业大麻的播种量因为播种地区、品种特性即品种千粒重、播种方式的不同相差很大，通常每亩播种量为1~6kg不等，一般纤维用播种量4~5kg/亩；籽纤兼用的播种量1.3~3.3kg/亩；籽用工业大麻的种植密度变化较大，播种量1.7~2kg/亩。品种不同种植密度变化较大，籽纤兼用种植行距可达40cm，株距4.4cm，种植密度60~100株/m²；籽用工业大麻行距至少65cm，株距50cm。通常早熟品种比晚熟品种用种量多，采麻比采种播种量多，条播比点播多，千粒重高的品种比千粒重低的品种播量多。工业大麻因为播种浅、覆土薄且其具有特殊香味极易吸引鸟类，故在有条件的情况下覆盖枝叶或设草人，可防鸟类危害。

合理密植要在其不同生长发育时期保持一个合理的群体结构，使叶面积大小、各器官的生长相互协调，能充分有效利用地力、阳光和二氧化碳，获得生物产量转化为经济产量。合理密植主要包括3方面内容：一是确定合理的保苗数；二是根据土壤条件采用适宜的播种方式，确保栽培密度和播种质量；三是根据麻茎生长规律在苗期、快速生长期、结实期都具有合理的群体结构。此外土壤肥力与种植密度关系极大，如土质好、底肥肥力均匀则种植栽培出的工业大麻苗齐、苗壮、长势良好、产量高，土壤肥力基础是决定栽培密度的一项重要指标。

（四）温度对籽用工业大麻生长发育的影响

工业大麻植株高大，昼夜平均气温对其生长影响很大。苗期生长阶段要求日平均气温19℃左右，约40d；快速生长期是决定工业大麻产量的关键时期，该期要求日平均气温23℃左右，生长期

40～45d。适宜的气温促进叶片光合作用发生，适宜的夜温促进同化物质向茎的生长点、根等生长最旺盛的部位运转。温度过高或过低都会对工业大麻的生长产生不良影响。高温使幼苗徒长，植株长势变弱。高温会使工业大麻叶片呼吸消耗增加，温度上升至32℃同化作用会显著降低，干物质积累减少，产量降低。温度为19～28℃时，工业大麻光合速率变化幅度较小且保持较高水平。温度降至15℃时，植株生长滞缓，茎秆转为紫色，花蕾生长慢，如果长时间处于10℃以下的低温则引起低温冷害。工业大麻在花期不耐低温，−1℃以下花器受损，−2℃以下造成花器死亡，雄花耐寒性比雌花更弱。

温度影响工业大麻生长发育进程，适宜范围内的温度升高，工业大麻发育速率加快。气温在28℃时，工业大麻从50%萌芽到10叶期历时19d，气温在10℃时则需历时86d；在10～28℃工业大麻叶片萌发和麻秆伸长速度与温度呈线性关系。

温度对性别分化的影响在正常情况下，雌雄异株工业大麻种子播种后雌、雄株比例大约为1∶1，但温度可以显著影响工业大麻雌、雄株的比例。气温由15℃上升到30℃时，雄花比例从42%上升为50%。相对于地温，气温对工业大麻性别分化的影响更大。气温保持在30℃，地温15℃和30℃时工业大麻雌、雄株比例分别为58.5∶41.5和50∶50；气温保持在15℃，地温15℃和30℃时工业大麻雌、雄株比例则分别为95.8∶4.2和95.2∶3.8，可以看出相对较高的气温条件利于雄株分化，而较低的气温利于雌株形成。

（五）籽用工业大麻栽培选地选茬及不同种植方式处理

地块选择应该选土层深厚，结构疏松团粒结构强，土壤肥沃，保水保肥能力好的平川地或平岗地或者是排水良好的二洼地。土壤pH值以中性和微酸性为宜。工业大麻属阔叶植物，对药物很敏感，在栽培过程中前茬作物选择及避免前茬药害显得至关重要。避免选择4年内使用过长残效除草剂，如咪草烟（普施特）、黄酰脲类（苯磺隆）、异噁草松（广灭灵）、唑嘧磺草胺（阔草清）、赛克（嗪草酮、甲草嗪）的地块种植。

1. 选地

工业大麻是直根系深根作物，主根最深可达1～1.67m，侧根大部分分布于20～40cm土层内。对土壤要求不但在耕层内以沙壤土为宜，耕层以下若有重黏土一样导致排水不畅，造成积水产生涝害。遇连续低温多雨天气造成沤根等问题。土壤深耕后有利于其根系发育，减轻麻株倒伏。深耕可以促进土壤风化，土壤中营养物质随耕层加深而增加，深耕可以消灭杂草和病虫害。我国种植工业大麻有深耕的习惯，大部分麻地秋耕深度大于20cm，以25cm为宜，最深的达30cm，当秋耕深度小于15cm时产量明显降低。在土壤类型中沙质壤土最适宜工业大麻生长，其次为黏质壤土，重黏土、沙土、重碱土。重黏土排水不良，雨水量大容易积水，造成烂根，沙土不保水容易遭旱，重碱土播种后极易缺苗致使出苗不齐，产量降低。沙性土质更符合籽用工业大麻种植要求。土壤的酸碱度要适中，不同品种的工业大麻对土壤的pH值要求稍有不同，一般土壤pH值以6.5～7.5的中性到弱碱性为宜。最重要的是工业大麻的生长需要有充足的光照，所以最好是坡地、向阳地，工业大麻对土壤肥力反应特别敏感，无论选用哪种土壤都应重视土壤耕作措施和大量施用有机肥料，方能达到高产稳产效果。

2. 选茬

部分存在连作重茬的地区在农作物生产中造成耕层土壤环境破坏、肥力下降、盐渍化、团粒结构减少、土壤板结严重、长效除草剂残留等诸多问题，籽用工业大麻选择最好的前茬一般为玉米、大豆、马铃薯和小麦、烟草、蔬菜，不宜种在甜菜、向日葵、谷糜茬，工业大麻种植忌重茬和迎茬。选茬的原则：一是尽量采取与不同科作物轮作，避免重迎茬种植，减少对土壤养分的单一性损耗。二是避免长效除草剂残留引起苗期药害。三是要保证合理利用地势和土壤肥力，产出高、效益好的作物要选择肥地种植，使之发挥最大的产量潜力。四是注意深浅根系的作物合理进行轮作，根系深浅不同利于肥分吸收互补，养分合理。

土壤肥力不平衡，也使得土壤中病原菌增多，病虫害严重。重迎茬典型病害为菌核病、根腐病，专性寄生性杂草积累过多，造成草害。如果不得不重迎茬应适当采取措施，一是深耕，改善耕层土壤环境，测土配方施肥，从施肥种类来讲，就是要平衡施肥，适当增加有机肥、生物磷钾菌肥。目前用重茬盐碱土壤改良剂的较多。二是做好病虫草害的预防工作，采取种子包衣、土壤用药等措施。三是充分利用微生物改良土壤。生物菌型土壤重茬盐碱改良剂的作用原理是微生物肥将大量有益菌补充到土壤中后，在作物根系周围形成保护屏障，以菌克菌，抑制有害菌生长繁殖，最大限度地减轻了土传病害；有益微生物在新陈代谢过程中，持续分泌细胞分裂素、赤霉素等植物生长素及氨基酸等活性物质，活化土壤中的各种养分促进根系生长，同时改变土壤团粒结构，提高土壤通气性。通过以上多种方式改良土壤环境，克服重迎茬造成的危害。

3. 种植方式

籽用工业大麻在国内种植因地域不同，种植方式也多有不同。

（1）轮作。籽用工业大麻与其他农作物（包括大豆、小麦、玉米、棉花）轮作，可以通过减少病虫草害和改善土壤条件来实现增产增收的目的，与农休地或其他轮作方式对比，工业大麻轮作中利用肥力循环一项可以实现作物增产30%，其主要原因为轮作使土壤条件得到改善，工业大麻收割后，深根系作物使土壤中的碳及其他有机质含量增加，土壤团粒结构得到改善，土壤板结度下降。与工业大麻轮作可以有效利用其保持下来的肥力，因为工业大麻生长拥有巨大生物产量，其中60%～80%都在脱落的叶子中。收割后枝叶回田快速降解，养分被土壤吸收使其肥力得到增强。工业大麻因其特有的酚类物质能够有效抵御虫害，酚类物质是普遍存在于植物体内的一大类次生代谢产物。酚类物质在抵御病原菌及昆虫的侵染中发挥着重要的作用。大麻植株的化学成分十分复杂，现已明确的化学物质有400多种，其中仅大麻酚及其衍生物就有60多种。工业大麻中最主要的精神活性物质是四氢大麻酚（THC）、大麻二酚（CBD）、大麻酚（CBN）及它们相应的酸。成熟的大麻花冠和苞片中THC含量最高，植株的上部叶、下部叶、茎秆和种子中THC含量依次递减，工业大麻可以产生天然的抑菌剂，生长期几乎不需要使用农药，自身即可抵御各种病虫害，是典型的绿色环保农作物。工业大麻纤维中微量的CBD、CBN、THC及其衍生物是一类非溶出性的、天然抗菌物质，大麻纤维中含有的大麻酚类抗菌物质可以杀灭霉菌类微生物，大麻酚会影响霉菌类微生物子实体形成、菌丝生长、孢子萌发，破坏有丝分裂和细胞透性。阻碍呼吸作用和细胞膨胀，促使细胞原生质解体损坏细胞壁等。总之是通过阻碍霉菌代谢作用和生理活动，破坏菌体结构最终导致微生物的生长繁殖被抑制，使菌体死亡。工业大麻纤维结构中空，富含氧气透气而干燥，在适宜潮湿环境下繁殖霉菌的代谢作用和生理活动受到抑制，影响有丝分裂，阻碍呼吸。工业大麻韧皮中木质素是一种网状结构，纤维表面粗糙，有许多裂纹和孔洞相连，富含氧气使厌氧菌无法生存。工业大麻对厌氧菌和需氧菌都有杀灭和抑制作用，具有优异的抗菌特性。工业大麻的种植可以使适应并为害常见农作物的病原体及害虫的生物周期被打破，从而降低轮作农作物染病及虫害的风险。工业大麻最好与两种以上作物轮作才能有效减少病虫害，提高地力。

（2）间作。工业大麻进入快速生长期之后生物量积累快速增大，一般虫害不能对其造成伤害，与其间作能够吸引害虫，有利于间作农作物生长。工业大麻是高秆深根作物一般与矮秆浅耕作物搭配能获得高产，例如工业大麻与魔芋间种，工业大麻为魔芋营造阴湿环境，两种作物都生长很好，实现了互利共赢。大麻间套种要特别注意两种作物在时间、空间、水肥利用上的互补，减少两作物间的竞争，否则不能很好地发挥间套种的优势。

（3）连作。在土壤肥力好，气候条件适宜，有水利灌溉条件的地区可以适当进行连作，但长期连作会使病虫害加重，土壤养分消耗单一造成减产。

（4）单作。单作具有管理方便、土壤肥力好、生育期长、产量高等特点，适宜生长季节短的东北地区。

（六）籽用工业大麻栽培整地施肥

工业大麻种子小，种子萌发对土壤要求高，整地标准也高。整地标准为上虚下实，地块平整，表面无大土块，耕层无暗坷垃，每平方米3～4cm土块不多于5块。工业大麻施肥原则要根据其生长规律、土壤养分状况和肥料效应，通过土壤测试，结合目标产量确定相应的施肥量和施肥方法，按照有机与无机相结合，氮磷钾和微量元素配合的原则，实行平衡施肥。

1. 精细整地

工业大麻是深根作物，主根能深入土层160cm以下，但根干重的50%主要分布在0～20cm土层。工业大麻吸肥力弱，要选择疏松、肥沃、透气性强的土壤，无论选用哪种土壤或前茬栽培都应重视土壤耕作措施和大量施用有机肥料，方能达到高产稳产效果。做好整地保墒是工业大麻抓全苗的重要措施。深厚、绵软、墒情良好的土壤有利发芽出苗，健壮生长。深耕能改善土壤结构，提高土壤蓄水性能，增加土壤中的有效养分，使之有利于根系发育，促进株高茎粗增加，从而提高产量。耕作层要求深耕、疏松以促进土壤风化，增强土壤蓄水保肥能力，精细整地多耕多耙。整地标准前茬尽可能进行秋翻或深松，这对工业大麻良好生长发育至关重要。整地无论是秋翻地还是原垄地，都在播种前的"返浆"盛期到来之前进行，整地和播种连续作业。整地应达到平整、耙碎、压实的效果。回避风口、过水、坝外等风险大的地块。

2. 合理施肥

工业大麻为喜肥水作物，根据工业大麻不同生育期需水需肥特点进行合理灌溉施肥能有效提高其产量，特别是在贫瘠、干旱地区增产效果明显。施肥总原则"施足基肥，合理追肥"。工业大麻前期需肥量大，基肥应占总施肥量的70%以上。工业大麻充分利用基肥比追肥效果好，工业大麻吸收的大部分营养集中在现蕾到开花非常短的时间内，早熟品种3/4的营养物质是在生长初期两个月内吸收的。早施基肥与产量关系极大，基肥选择有机肥、农家肥、化肥均可。追肥以速效肥为主，尿素增产效果最好。追肥不同肥料效果不同，试验证明追施氮肥效果顺序为尿素>硫酸铵>碳酸氢铵。工业大麻追肥一般在苗高25～30cm为宜，即进入快速生长期之前追施。基肥的施肥量需要根据栽培地区的土壤养分状况来确定，基肥结合秋季深耕翻入底层，或者在播种前耙地时耙入土壤，也可以将一部分基肥在播种时进行侧施肥，使土壤全耕作层肥力充足。麻农中流行一句谚语"没有肥麻头尖，肥足够平麻头"，工业大麻在缺肥的情况下梢部变细，即将进入衰老期，肥料充足则茎的生长点不断分化，真叶不断开展，生长茂盛形成平头特征。安徽六安麻区也有"基肥足，汉麻长成茼麻；基肥少，汉麻长成铁丝麻"。东北、华北麻区生长期短，追肥少，更应注重基肥，一般基肥占整个施肥量70%～80%，追肥20%～30%。在基肥不足，土地贫瘠及植株长势较差的情况下，需要追肥。工业大麻尽早追肥，一是能够更好发挥肥效提高产量，二是进入快速生长期后不利于田间操作。一般情况下追尿素，肥量控制在75～150kg/hm²。追肥量尽量均匀，必要时追施平衡肥，使麻苗生长整齐，减少植株间相互竞争便于后期收获，追肥要因地制宜讲求实效。工业大麻是一种需肥较多的作物。对氮、磷、钾三要素的要求以氮素最多、钾次之、磷最少。氮肥对工业大麻增产起主要作用，氮磷或氮钾肥配合施用比单施氮肥效果好，氮、磷、钾三要素配合施用增产效果更好。每生产50kg鲜茎要吸收氮0.5～0.67g、磷0.17～0.2kg、钾0.4～0.45kg，氮、磷、钾之比为3.1∶1∶2（表6-3），快速生长期吸收利用的养分占总量的70%～80%。微量元素施用适当，对工业大麻的产量与品质也有促进作用。在泥炭土、黑土上施用硼肥、锰肥+锌肥或硼+锰+锌等都有增加种子产量的作用。对于籽用工业大麻而言，多施含钙、镁、磷的肥料，配合施用含铁、锌、碘的微肥，从而达到高产增收的目的。

表6-3　籽用工业大麻各生长期对矿物质的使用比例

生长期	氮肥（%）	磷肥（%）	钾肥（%）
萌发出苗	11	7	7
苗期	30	27	23
快速生长期	24	38	32
工艺成熟期、籽粒成熟期	35	28	38

（七）籽用工业大麻栽培水分管理

工业大麻作为高秆作物，生长量巨大，生长期内消耗水分多，水分供应不足会对大麻生长造成不利影响，尤其在快速生长期缺水对大麻产量影响最为严重，快速生长期内遭遇干旱缺水会造成大麻早熟，成熟植株高度降低，营养生长不够，现蕾开花数减少降低产量。生长期水分供应不足，干旱造成植物细胞壁的硬化，限制植物各个器官生长，特别是叶片的生长，不利于植物有机物质积累，在旱胁迫下植物会关闭气孔，减少水分散失，同时阻止了二氧化碳进入植物体内，光合作用受到抑制，产量降低。干旱还会造成植物产生自由基，氧化损伤植物的膜结构，抑制酶活性，使植物生长量不足，产量下降，严重时还会造成植株的死亡。此外，干旱还会影响性别分化，改变群体的雌雄株比例。所有工业大麻栽培管理中保障产量，灌溉排水措施尤为重要。

1. 种子萌发对水分的需求

土壤水分对工业大麻种子萌发的速度及出苗的快慢有直接影响。工业大麻种子萌发至少要吸收本身干重50%左右的水分才可以满足萌发的需要，种子萌发要求土壤水分条件应为田间最大持水量的70%左右，当土壤水分含量高于田间最大持水量的90%时，由于通气不良会造成种苗烂芽。据云南省农业科学院对工业大麻种子进行的发芽试验结果表明，4mL水处理的发芽率极显著高于6mL和8mL水处理的发芽率，6mL和8mL水处理间差异也达到极显著。说明工业大麻种子萌发对水分的要求严格，水分过多或过少均影响正常发芽。生产中在底墒充足的情况下，适当延迟第一次灌溉时间以防止渍水烂根，并且春季延迟灌溉有利于提高地温，促使根系发育，有利于茎秆发育，提高抗倒伏能力。据胡学礼等（2012）在黑龙江大兴安岭地区的观察，5月中旬降雨较多，能达到30mm左右，播种后土壤墒情好，5月下旬降雨较少，对工业大麻出苗几乎没有影响。

2. 快速生长期对水分的需求

工业大麻快速生长期的日数占全生育期的1/5～1/3，生长量占总生长量的1/2左右，其整个生长期需水量在500～700mm，快速生长期土壤水分充足的条件下，工业大麻株高每天最多可增加5～8cm，这一时期土壤湿度宜高，工业大麻快速生长期所消耗水量能够占整个生长期的60%～70%，此时适宜的土壤田间最大持水量可以达到70%～80%。

3. 工业大麻灌溉与排水

工业大麻耐空气干旱，不耐土壤干旱，同时也不耐涝。工业大麻植株生长耗水量大，自然条件适宜情况下，不需要人工浇灌也能获得较高的产量。相反雨水较多的地区应注意排水。工业大麻苗期需水不多，为了使麻苗根部发育健壮，并使根部伸向土层的下方，土壤不宜过湿，做到苗期不旱不浇水，苗期若遇雨水多、土壤含水量过高或有积水，应注意排水，适时中耕使表土疏松通气，增加土壤通透性以利于水分散发以及渗水，降低土壤湿度。工业大麻麻苗长到25～50cm开始进入快速生长期。这一时期生长量大，干物质积累多，消耗水分最多，土壤湿度宜高，保证水分供应。一般1周左右无雨、田间显旱，有条件的应进行灌溉，以沟灌为佳。判断麻田缺水标准：麻梢顶部二三片叶呈黑绿表示缺水，顶部叶片发黄则严重缺水。灌水注意"头水轻、二水饱"，即第一次灌水需要轻灌，因此时根系弱不耐水，灌大水对根系发育不利。同时头水过大容易造成土壤板结，裂缝伤根，影响植株生长。第一遍灌水结束后，麻株迅速生长，侧根大量发生，需及时灌二水。如二水不及时就会严重影响根系和麻株长高、增粗，形成"小老苗"，严重降低产量。因此，一般在头水后3~5d，地表一干就灌二水，水量比头水大些。此后视土壤含水量适当增加灌水次数，使其始终保持土壤湿润为好。另外，当麻株高130~170cm时，通风透光不良，特别是密度大的麻田，雨后田间常高温高湿，蒸腾量大，易引起霜霉病、大斑病病害，从而导致死麻、烂麻。因此，雨后亦应紧接灌水，以改善田间小气候，称之为"解热水"。南方麻区雨水多，一般春播麻不需要灌水，但播种前要将畦沟清理好，做到整个生长期间雨停水泄，排水畅通，免受涝害。特别是在现蕾期，雨量大，容易造成根部溃烂，主要原因是工业大麻雄株现蕾期植株高大，皮层增厚，需水量较大，这一时期大麻植株覆盖土面，生长过程中凋落的叶片也较多，土壤中的水分蒸发量较少。籽用大麻栽培雌花现蕾逐渐进入灌浆期也要保证水分供应，灌浆期到种子成熟一般30~40d，在此期间根据田间水分状况，适当灌水，使种子灌浆成熟好，提高种子产量。许多国家采用现代灌溉技术对麻田进行灌溉，主要包括3种常用灌溉技术。一是管道输水技术，用塑料或混凝土等管道输水代替土渠输水，可大大减少输水过程中的渗漏和蒸发损失，输配水的利用率可达到95%，另外还能有效提高输水速度，减少渠道占地。二是喷灌技术，喷灌是一种机械化高效节水灌溉技术，具节水、省力、节地、增产、适应性强等特点。与地面灌溉相比，大田作物喷灌一般可以节水30%~50%，增产10%~30%，使用时受天气条件限制，一般不适宜在多风条件下使用。三是现代喷灌技术，包括微喷和滴灌，是一种现代化、精细高效的节水灌溉技术，具有省水、节能、适应性强等特点，灌水同时可兼施肥，灌溉效率能达到90%以上，微灌的主要缺点是易堵塞、投资成本较高。

（八）常见虫害防治

工业大麻病虫害防治讲究因地制宜，选用品质优良抗性强品种；对种子进行药剂处理，合理布局，实行轮作倒茬，及时除草，降低病虫源数量，增施肥料，培育壮苗。创造有利于天敌的生存环境，选择对天敌杀伤力低的农药，保护天敌，释放天敌等。工业大麻对农药敏感，同时注意前茬药害，出苗后进行田间检查，发现前茬药害及时处理，喷施叶面肥和细胞分裂素进行缓解。在中国大麻产区，虫害较多，为害较重；病害较少，为害较轻。在全国其他大麻产区为害较重的虫害有大麻跳甲、大麻小象鼻虫、大麻食心虫、大麻天牛、大麻花蚤、亚洲玉米螟等。面对生境中存在的如此众多的病虫害，与其他植物一样，大麻也进化形成了多种抗病耐虫的对策，包括合成某些抗虫、抗病的物质。籽用工业大麻常见病虫害防治参见第五章第六节纤维用工业大麻病虫害防治。

三、田间管理

一般工业大麻播种后，气温、水分适宜，5~7d即可出苗。出苗时间根据播种方式不同而不同，平播、条播出苗时间短，穴播、点播出苗时间长。从出苗到快速生长期是苗期阶段，此期间田间管理任务重，确保全苗、壮苗和促进根系发育是高产稳产的基础。

（一）间苗、定苗

间苗、定苗目的是保证麻田苗齐、苗壮，提高麻苗抵御病虫害能力，实现合理密植。

在苗期一般间苗和定苗各1次，适时间苗、定苗是培育壮苗的有效手段之一。生产中分2~3次进行间苗，第一次在出苗后7~10d疏苗，除小苗、弱苗；第二次在苗高14~20cm时按留苗密度间苗、定苗。有的产区将第一次、第二次间苗合为1次，即只分两次便完成间苗、定苗。分次间苗、定苗能对工业大麻幼苗进行雌株、雄株的鉴别，并按预定栽培目的适当多留雌株，以提高麻籽产量。留苗密度各地极不一致，主要是由于品种和用途不同的缘故。一般早熟种要留密些，迟熟种稀些；肥地密些，瘦地稀些。采麻栽培的宜多留雄株，采种栽培的则应适当多留雌株。在定苗时，经验丰富的麻农可大致分辨出雌、雄，幼苗叶片尖窄、颜色淡绿、顶梢略尖的多为雄麻；反之，叶片较宽，叶色深绿，顶梢大而平的多是雌麻，"花麻（雄株）尖头，子麻（雌株）平顶"。

工业大麻幼苗雌、雄株的区别和识别特征如下：雌株特点叶色淡绿，心叶较平展，叶背为绿或紫色，第二对叶叶柄为淡紫或绿色，茎秆第一节间特别长，第二节间特别短，茎秆第一二两节间皮色多为绿色或第一节间紫色，第二节间绿色，植株生长嫩绿、粗壮。雄株特点是叶色深绿，心叶较上冲，叶背为紫色或暗紫色，第二对叶叶柄为淡紫色或紫色，茎秆第一二节间长度差异表现不突出，茎秆第一二节间皮色多为紫色且植株纤细。

（二）中耕、除草、追肥

快速生长期之前中耕、除草、追肥是麻田重要管理措施，具有疏松土壤、提高土壤通透性、散湿增温、促下控上等作用。适时中耕使幼苗主根深扎，促进侧根生长。在麻田封垄前结合追肥进行一次中耕，有效增强工业大麻抗倒伏能力。麻田要适当蹲苗，在幼苗后期至快速生长期到来之前。蹲苗可使幼苗根系深扎，控制旺苗长势，促进弱苗赶上壮苗，以提高麻田群体的整齐度，这样麻株群体在以后能均衡生长、减少弱株，成熟期整齐一致。其具体操作是：苗期阶段适时中耕；延迟灌头水，使之达到更好的蹲苗效果。但蹲苗要适度，只有幼苗不严重受旱、不缺肥的情况下，才能起到良好作用。否则麻株受旱，易出现"小老苗"，造成减产。在苗高25~30cm即将进入快速生长期时，追施氮肥效果最好；根据土壤条件每亩可追施尿素10~15kg，定苗时追施些草木灰可减轻立枯病为害，有利根系的生长。籽用工业大麻在孕蕾期追施磷肥1次。

化学除草结合苗前封闭1次，苗后除草1次，播种后出苗前用金都尔进行封闭除草，在同一环境条件下，不同生育时期，在大麻田间试验的8种除草剂中，苗前施药效果最好，茎叶除草剂的效果不明显。金都尔的综合效果最好，其除草效果明显，并且对工业大麻安全，可以作为工业大麻除草剂推广使用。也可使用25%噁草酮每亩130g。苗后6月初麻苗高10cm之前进行禾本科杂草的防除，一般选用烯草酮进行苗后除草。

（三）灌溉与排涝

根据工业大麻在各个生育期对水分的需求量，结合天气、气候、土壤条件等综合因素进行灌溉排涝操作。苗期不旱不浇，增加抗旱能力。因苗期需水量不大故土壤不宜过湿，这样保证麻苗根部发育健壮扎根深，根部能向下生长。河北蔚县麻农说："水浇地不早浇，早浇根细不发苗。"山东莱芜农民说："不出满月不浇水，浇过头水不干地。"若苗期遇多雨水、地湿度大时，适时锄地，提高表土疏松性，有利于水分蒸发。麻苗生长到30cm左右，从进入快速生长到雄株开花，这段时间是工业大麻生长发育最旺盛的快速生长期。据试验研究，此时工业大麻所耗水量占整个生长期的62.9%~69.8%，故要保持土壤水分为田间最大持水量的70%~80%，才能满足这一时期对水分的需要。快速生长期时间短、生长量大、干物质积累多，消耗水分最多，必须抓好灌溉。无论采麻或采种栽培，均应在灌水时注意天气变化，防止灌水时或灌水后遇风倒伏。

（四）拔除雄株

籽用工业大麻在雌株授粉完毕后即可在田间拔除雄株，可根据雌株授粉量及雄株开花时间先后顺序逐渐拔除雄株，保留足够授粉量雄株即可。在现蕾期需均匀地割除一半雄株，雄株拔除后田间通风透光条件改善，有利于雌株分枝的生长和籽粒成熟，提高种子产量及质量。

（五）适时收获

1. 收获时期与方法

工业大麻雌雄异株品种居多，且雌株和雄株成熟期不一致，雄株在开花末期达到工艺成熟，雌株则要到主茎花序中部种子成熟时收获。一般雌株和雄株成熟期相差30～40d。因此，工业大麻要根据使用部位不同而选择收获时期。一般籽用工业大麻选择在中部种子成熟时开始收获。我国甘肃、河南、安徽、贵州、宁夏等麻区习惯于分期收获。籽纤兼用工业大麻一般在白露、秋分收获，生长期约150d。山东收麻较早，春麻在小暑开始收获，夏麻在处暑收获。南方纤维用麻的收获期6—8月不等。自播种到收获需150～200d。安徽"火麻"在6月中旬收获，当地有"夏至十天麻"的农谚；"寒麻"在7月中旬收获，当地有"入伏十天麻"的农谚。四川温江、浙江嘉兴等地的工业大麻是水稻的前作，在6月间工业大麻还没有开花时提早收获不影响水稻插秧。工业大麻在籽纤兼用的情况下，雄株和雌株应分别收获。一般雄株比雌株早30～40d收获。雄株在盛花期收获，可得最高的纤维产量。雄株在花谢后，如果延迟收获，麻茎很快干枯，纤维产量和品质都会受到损失。雌株的工艺成熟期和采种时期是以花序中部的种子开始成熟，种子外面的苞叶呈褐色枯干，而梢部的种子绿色时为最好。因为那时雌株韧皮纤维已成熟，并且麻籽的产量也较高。如果较迟收割雌株，不但纤维变粗硬，而且由于落粒还会减低麻籽产量。但过早地收获，则嫩籽、瘪籽多，种子产量、质量都低。收获时间掌握在大麻果实80%成熟时，便可以开始收获，因种子收获后还有一个后熟期，未完全成熟的种子会进一步成熟。收获方式一种是人工收获脱粒，在我国南方比较普遍。先割收穗枝，采下后集中到场院内干燥，使梢部种子完成后熟作用，再行脱粒、晒干、风净、储藏，剩下的茎秆另行收割处理。或者将植株从茎基部砍倒，再用镰刀剔下果穗，然后堆成垛，在田间或场院内任其干燥，促使梢部种子完成后熟作用，充分干燥，脱粒，脱粒后进一步晒干，去除杂质和不饱满的种子，收藏于干燥通风冷凉之处。另一种是机械化收割，由黑龙江省农业科学院绥化农机应用研究所研制的收割机，将植株在田间收割运回晒场后，晾晒完毕半机械化脱粒。

2. 籽用工业大麻收获机械研究发展现状

随着工业大麻的应用越来越广泛，种植面积大幅度增加，机械化收割也被逐步关注，我国工业大麻收割机的研发还处于起步阶段。国外关于工业大麻收获机械的相关产品种类较多，如北欧的IWNIRZ型工业大麻收割机，可以做到收割、分离，并可回收花和叶。2016年，欧盟科技框架计划中的"Multi Hemp"项目中研发了一款麻籽收割机，主要利用传输机将麻秆运输到振荡筛上，摇出麻籽，以提高麻籽的质量和产量。荷兰的天然纤维加工企业Dun Agro与Wittrock公司联合开发的工业大麻收割机，主要收割花叶，可将工业大麻植株切成50mm的碎片，并直接输送到打捆机中，之后经乳酸菌发酵，用作奶牛饲料。目前，国内关于工业大麻产业化的相关研究较多。彭定祥（2009）分析了世界及我国麻类产业的发展概况，探讨了影响我国麻类种植业发展的瓶颈问题，提出了发展趋势。张华等（2019）在研究工业大麻种植及纤维结构与性能的基础上，在工业大麻纤维精细化加工、麻秆的产业应用、麻籽的综合利用等方面进行了深入研究，为工业大麻全面综合利用打下了坚实的基础。关于工业大麻收获环节的作业机械，如割晒机和打捆机等的研究文献很少。曹永权研制的4GS2880型工业大麻割晒机，主要适用于工业大麻和芦苇等作物大面积割晒作业，该机与拖拉机配套使用，主要由悬挂装置、万向节轴承、牵引架、传动装置、机架、往复刀轴、齿轮箱、分麻器、输送带、限深轮和安全装置组成。动力输出轴PTO通过万向节和传动箱将动力传到割台，再由其带动输送带运动，当机具前进时，分麻器将作物扶起并与星轮相配合将其送到割台进行切割，被割下的作物在4条输送带星轮上下弹齿压簧的综合作用下，紧贴割台挡板被直立地送到左侧排禾口，离开割台横向连续、排列有序地铺放在田间。割晒机的主要工作参数：配套动力29.4~51.5kW，割幅宽度2 880mm，割茬高度6cm，放铺宽度180~220cm，放铺厚度15~45cm，生产效率1~1.3hm^2/h，整机质量385kg。山东维宏机械有限公司生产的4G200型工业大麻收割机，主要用于工业大麻以及芦苇等秸秆的收割作业，与拖拉机配套使用，作业效率0.33hm^2/h，喂入量2kg/s，割幅2 000mm，质量100kg，主要为小型机，由于作业效果一般，所以未进一步推广应用。肖湘（2018）对黑龙江省的工业大麻生产机械现状进行分析，过去使用山东生产的宁联牌汉麻割晒机，配套方式为前悬挂式，配备动力30~40kW，割幅1 800mm，工作效率0.5hm^2/h，可以收获植株高度1.5~1.8m的工业大麻。该机的不足之处是割幅窄，作业效率低，且机器使用性能不稳定，目前已停产。目前适用于黑龙江省的工业大麻收获机械割幅在2 800cm。近3年来，随着我国工业大麻种植面积逐年增加，急需工作效率高、收割质量好的工业大麻割晒机。2015年，黑龙江省科学院大庆分院研制出一款工业大麻联合收割机，可一次完成割晒和脱粒作业，达到茎秆均匀铺放，脱粒率达99%。目前，该机田间收割中试阶段结束，马上投入生产。

第二节　花叶用工业大麻栽培技术

花叶用工业大麻栽培在品种选择、选地选茬、肥料使用等方面同籽用工业大麻栽培基本相同，不同的是栽培密度和田间管理等方面因其收获时期、收取植株位置及酚类物质含量要求不同而略有差异。近年来花叶用工业大麻国内外发展形势利好，全球工业大麻的合法种植在持续推进，在合法利用的基础上，应用研发及产品市场走势良好，特别是北美作为应用开发的重要市场不可小觑。与欧美发达国家相比，我国工业大麻在医疗、食品等方面存在差距，但随着产业进程的不断推进，法律法规的不断完善，大麻花叶用成分的开发利用，将成为产业发展的新生长点。

一、花叶用工业大麻国内外发展现状

2018年，北美地区逐渐放宽了对大麻的管制。截至2021年，美国已有37个州和华盛顿特区实现了医用大麻合法化。同年在《农业法案》中签署通过工业大麻全面合法化、CBD合法化。2019年3月18—22日，联合国麻醉药品委员会第六十二届会议提出"被视为纯大麻二酚的制剂不应列入国际毒品管制公约附表"。截至2019年，全球范围内超过50个国家将医用大麻或CBD合法化。日本是一个保守型国家，但为了应对人口老龄化问题，也已经通过了CBD的合法性。

（一）花叶用工业大麻国内种植发展现状

截至2019年，高CBD品种龙大麻5号、云麻7号、云麻8号等在国内相继培育成功，国内高CBD含量品种的种植和应用格局随之发生了变化。云南在高CBD含量品种种植和法律规范方面走在了全国前列，在医药领域拥有重要优势，自2017年起，海内外投资者纷纷到国内考察投资建厂，涉及纺织、建材、新材料和医药等多领域。2020年5月21日在全国政协十三届三次会议上，全国政协常委、黑龙江省政协副主席赵雨森就我国工业大麻产业发展的提案中指出要扶持花叶用工业大麻开发。目前我国工业大麻主要是纤维用途，花叶用加工产业还没有形成，花叶用工业大麻育种、种植、加工和有效成分提取均处于起步阶段。我国花叶用品种与国外相比有很大差距，花叶用加工利用重点主要聚焦在大麻二酚（CBD）上，目前国内认定的花叶用工业大麻品种，CBD含量多在1%~3%，云南在花叶用工业大麻方面研究更多，在品种及种植条件上具有优势，种植面积最大。云南花叶用工业大麻的花叶种植每亩收入在1 800~2 100元。目前云南获得加工许可企业也面临着产业发展、产品开发、市场推广在法律法规方面的制约等问题。但是花叶用工业大麻市场潜力巨大，产业发展能力稳步上升，未来势必会成为国家经济产业发展新星。

（二）工业大麻的大麻素及酚类物质研究进展

大麻素（Cannabinoids）是大麻植物中特有的含有烷基（Alkylresorcinol）和单萜基团分子（Terpeno-phenolics）结构的一类次生代谢产物。目前，已从大麻干物质及新鲜大麻叶中分离出大麻素70多种，主要包括四氢大麻酚、大麻二酚、大麻环萜酚（Cannabichromene，CBC）、大麻酚（Canna-binol，CBN）、大麻萜酚（Cannabigerol，CBG）及其丙基同系物THCV、CBDV、CBCV和CBGV等，其中又以THC和CBD含量最高。尽管THC能使人致幻成瘾，并可对人体产生多种毒害作用，但是越来越多的研究证明，大麻素尚具有广泛的药理作用。THC和CBD均能够通过哺乳动物大脑中的CB1和免疫细胞中的CB2受体，行使诸如调节免疫功能、止痛、镇静、镇吐、抗痉挛和减少动脉阻塞等多种功能。大麻素作为大麻中一类特有的活性成分，既可危害社会，也可造福人类，同时它又是影响工业大麻育种及产业开发的关键因素。

1. 大麻素是大麻植物中一个重要的化学分类标记

根据THC和CBD的含量（一般指大麻雌株顶部花穗中的含量）及两者的含量比值可对大麻植物进行化学型分类。Fetterman等（2016）根据THC/CBD比值将大麻植物分为两种化学型，即毒品型（又称花叶用型）大麻（THC/CBD>1.0）和纤维型大麻（THC/CBD<1.0）。Small和Beckstead（2017）基于THC与CBD的含量将大麻分为3种化学型，即毒品型大麻（THC>0.3%，CBD<0.5%）、中间型大麻（THC>0.3%，CBD>0.5%）和纤维型大麻（THC<0.3%，CBD>0.5%）。这种分类观点认为，THC<0.3%的大麻不太可能使人致幻成瘾。DeMeijer等（1992）则把THC<0.5%的大麻划归为非毒品大麻，认为大麻可分为毒品型大麻（THC>0.5%，CBD<0.5%，即THC/CBD>1）、中间型大麻（THC>0.5%，CBD>0.5%）和纤维型大麻（THC<0.5%，CBD>0.5%，即THC/CBD<1）。云南省农业科学院经济作物研究所麻类研究中心（2019）对采自全国23个省（直辖市、自治区）的700余份具有代表性的大麻样品进行了大麻素含量分析，参照化学分型方法并结合禁毒部门的要求，将中国生长的大麻分为4种化学型，即毒品型大麻（THC/CBD≥1，且THC>0.3%）、中间型大麻（THC/CBD≈1，多数有毒品利用价值）、纤维型大麻（THC/CBD≤1，且THC<0.3%）及不含（含微量）THC和CBD的大麻。总的来看，根据大麻素化学成分将大麻分为4种主要化学型的方法得到了多数科学家的认可，但是尚未有针对大麻的统一化学分类标准，尤其是非毒品大麻中THC的含量没有统一的标准。近年来由于工业大麻产业的迅速发展，部分发达国家以及中国（云南）把THC<0.3%的大麻品种类型定义为工业大麻，不在毒品大麻范围之内，可以合法种植。

2. 大麻素在植株中的含量变化

大麻素类物质以大麻酚和大麻酚酸两类化学形式存在。在新鲜的大麻组织中，均以酸的形式合成并存在。大麻植株及其提取物在干燥、陈化、加热或焚烧后，大麻酚酸通过非酶促反应脱羧基转化为大麻酚。例如在新鲜的大麻组织中，四氢大麻酚酸（THCA）的浓度要比THC高得多，但是在干燥、陈化、加热或焚烧后，THCA通过非酶促反应脱羧基转化为THC。本节均采用酚形式来表示植株中的大麻素。不同大麻素在大麻植株中的含量有着各自的特征。THC的含量在幼苗生长期较低，快速生长期最高，现蕾期达到顶峰，在茎秆及种子成熟期其含量下降。THC在大麻各个部位中的含量也不相同，一般按照苞片、花、叶、细茎和粗茎的顺序递减，THC在雌株的花和叶中含量最高，根和种子中含量极少。此外，THC作为一种次生代谢产物，主要在有柄腺毛的分泌囊中被合成并积累。另有研究发现，大麻素是一种细胞毒性物质，它之所以在苞片等植物脆弱部位的腺毛中合成并储存，一方面是为了防止自身的细胞被毒害，另一方面可作为一种植物自身防御剂抵御细菌和昆虫等的侵害。CBD

和THC是由同一个基因位点控制的互为共显性的2个性状，CBD的含量特征与THC相似。CBC是大麻幼苗期主要的大麻素成分，随着植株的逐渐成熟，CBC的含量迅速降低，以至可以忽略不计。CBN在新鲜及阴干的大麻材料中不存在，它是干燥后的大麻长时间暴露在空气、紫外线或者潮湿的环境下产生的，是THC被氧化后的产物。大麻素的含量主要受遗传控制，但也受环境的影响。许多研究表明，大麻素的总含量受光照长度、环境温度、土壤肥力和紫外线强度等环境因子的影响。我国大麻种类多且分布广，再加之我国地理环境多样化，深入研究环境对大麻素含量的影响规律对指导工业大麻生产和禁毒工作极其必要。鉴于此，育种家分别从栽培措施及纬度和海拔两个方面研究了环境因子对大麻素含量的影响，结果表明，种植密度、肥料施用与否及正常播种期（4月上旬至6月上旬）内播种时间变化等因子对大麻素含量的影响很小，过晚播种以及遮阳处理均会极大地降低THC与CBD的含量，这是由于整个大麻生长周期缩短导致植株的生物量下降所致。另外，纬度对大麻素的含量也有一定的影响，大麻品种无论原产于高纬度还是低纬度，同一品种在高纬度种植条件下THC的含量会略高于低纬度种植，而同纬度不同海拔则对THC的含量影响极小。

3. 大麻素的生物合成途径

尽管人类种植大麻已达数千年的历史，但是关于大麻素的生物合成途径直到最近才逐渐明晰。大麻素的生物合成起源于聚酮化合物途径和脱氧木酮糖-5-磷酸/2-甲基赤藓醇磷酸（DOXP/MEP）途径。聚酮化合物广泛存在于生物体中，在聚酮合酶（Polyketide synthase，PKS）的催化下生成。在大麻植株中，聚酮合酶首先催化己酰辅酶A（Hexanoyl-CoA）与酶活性位点结合，然后经丙二酰辅酶A（Malonyl-CoA）的一系列脱羧缩合，致使聚酮链延长，随之酶中间产物闭环并芳构化，形成的聚酮化合物即是戊基二羟基苯酸（Olivetolic acid，OLA），它是大麻素合成的起始底物。DOXP/MEP途径产生异戊烯基焦磷酸（Isopentenyl diphosphate，IPP）及其异构物二甲基烯丙基焦磷酸（Dimethylallyl diphosphate，DMAPP），两者在合成酶的作用下生成焦磷酸香叶酯（Geranyl pyrophosphate，GPP）。在异戊烯转移酶（Prenyltransferase）的作用下，OLA既可以接受GPP形成单萜类化合物——大麻萜酚酸（CBGA），也可以接受GPP的异构体焦磷酸橙花酯（Neryl pyrophosphate，NPP）形成另外一类单萜类化合物——大麻酚酸（CBNRA）。由于GPP的活性远大于NPP，所以在大麻植株中CBGA的含量远大于CBNR。CBGA是THCA合成酶、CBDA合成酶及CBCA合成酶的共同底物，氧化还原后分别形成THCA、CBDA和CBCA。鉴于，Sirikantaramas等（2016）对THCA合成酶和CBD合成酶进行了生化特征研究，结果显示两者的结构和功能非常相似，催化反应过程均需要结合FAD，并均需要氧分子的参与，同时释放H_2O_2。唯一的不同是质子的转移步骤，THCA合成酶是从羟基上转移1个质子，CBDA合成酶则从末端甲基上转移1个质子，最后均通过空间闭合环化，分别形成THCA和CBDA。大麻素合成途径中还存在另外一种形式，即GPP与丙基雷锁辛酸（Divarinolic acid）缩合，而不与OLA缩合；产物为CBGV而非CBGA，CBGV同样可以在相应合成酶的作用下，转化为相应的丙基同系物，即THCV、CBDV和CBCV。

4. 大麻素合成途径中几个关键酶

聚酮合酶：植物聚酮合酶能够催化许多天然聚酮化合物（如花青素、查耳酮和苯甲酮等含有黄酮类骨架结构的化合物）的生物合成，使植物具有抗氧化、抗诱变及抗病虫害侵扰等抵御外界胁迫的能力。尽管聚酮合酶备受关注，但是大麻聚合酶（OLA合成酶）及其编码基因直到最近才被分离鉴定。前期研究表明，大部分的聚酮合酶均是由查耳酮合酶演变而来。根据查耳酮合酶的保守序列设计引物并克隆了大麻中可能的聚酮合酶基因，该酶基因包含长约1 155bp的开放阅读框，编码1个由385个氨基酸残基组成的多肽。大麻聚酮合酶与其他植物聚酮合酶的相似性介于60%~70%，与紫花苜蓿（Medicago sativa）中查耳酮合酶的相似性为65%。对该酶进行表达分析发现，凡是大量产生大麻素的组织（比如花、苞片及快速生长的叶等）均大量表达此酶，于是推测该酶就是聚酮合酶。与此同时，美国科学家Marks等（2017）通过构建大麻腺毛cDNA文库及测序，鉴定出1个新基因，命名为*CAN24*。*CAN24*在腺毛中的表达量为叶中的1 670倍，且在体外能够以己酰辅酶A和丙二酰辅酶A为底物发生反应，推断*CAN24*可能就是大麻聚酮合酶。值得一提的是，上述研究分离到的基因序列完全相同，说明他们分离到的为同一基因。但是，他们均未能够在体外利用自己分离到的聚酮合酶，以己酰辅酶A和丙二酰辅酶A为底物合成OLA，推测其失败的原因可能是体外的反应条件不适合等。大麻聚酮合酶的成功分离对啤酒业的发展具有重要意义。啤酒花（*Humulus lupulus*）隶属大麻科葎草属，能够产生葎草酮和黄腐酚，前者可使啤酒产生独特的苦味，后者则具有保健功能。有资料表明，这2种物质的生物合成路径与THCA完全一致。因此，研究大麻聚酮合酶有助于理解啤酒花的生化途径。

THCA合成酶：THC的含量特征是区分毒品型大麻与工业大麻品种的唯一标准，THCA合成酶的分离对大麻的相关研究具有重要意义。Taura等（2017）成功地从大麻幼叶中分离出THCA合成酶，其cDNA也于2004年从墨西哥大麻中克隆出来。THCA合成酶cDNA包含长约1 635bp的开放阅读框，编码1个由545个氨基酸残基组成的多肽，N端前28个氨基酸残基为信号肽，预测的蛋白质分子量为58 597kDa。虽然植物单萜在环化的时候常常需要二价金属离子（如Mg^{2+}和Mn^{2+}等）激活，但Sirikantaramas等（2017）利用杆状病毒—昆虫细胞表达系统过量表达THCA合成酶，并对其光谱学进行分析，发现THCA合成酶催化CBGA的过程并不需要二价金属离子激活，只是在His-114位点共价连接了摩尔比为1∶1的FAD。研究还表明，THCA合成酶还能够以CBNRA为底物合成THCA，只是THCA合成酶对CBNRA的特异性非常低，大麻植株中主要的合成方向仍为CBGA→THCA。此外，将过量表达THCA合成酶的重组载体导入烟草（*Nicotiana tabacum*）发状根中，在液体培养基中添加CBGA后，发现培养基中合成了少量的THCA。Taura等（2018）在导入了重组载体的甲醇酵母上清液（去除培养细胞）中，成功合成了大量的THCA。上述结果说明，THCA合成酶是一种分泌酶，佐证了THCA主要在大麻腺毛中合成的事实，同时也说明了THCA除能在植物中通过生化途径合成外，还可在体外通过酶转化途径合成。为了探索毒品型大麻与工业大麻品种中THCA合成酶的差异，Kojoma等（2018）对13个来源不同且THC含量不同的大麻品种进行了THCA合成酶基因多态性分析，结果表明，高毒和低毒品种中均存在THCA合成酶基因，且根据THCA合成酶的基因序列可以清晰地分为高THC含量及低THC含量两类。两类基因序列在对应的位置上有62个碱基的差别，推导的氨基酸有37个氨基酸残基的差异。可以推测，正是由于这37个氨基酸的差异导致了大麻植株中THCA合成酶活性有高低之分，进而决定了THC的含量有多少之别。

CBDA合成酶：CBD是工业大麻品种中一种主要的大麻素成分，它常常与THC相伴存在。分离CBDA合成酶并对其结构和功能进行研究将有助于理解CBD的上述存在形式。早在1996年，Taura就从墨西哥纤维大麻中分离得到了CBDA合成酶，之后通过逆转录法获得了其cDNA。分析结果表明，CBDA合成酶基因包含1个长度为1 632bp的开放阅读框，编码1个由544个氨基酸残基组成的多肽，其中N末端28个氨基酸为信号肽，成熟的蛋白质由516个氨基酸组成，预测其蛋白质分子量为58 863kDa。CBDA合成酶多肽序列仅比THCA合成酶少1个氨基酸，氨基酸序列的相似性为83.9%，N末端信号肽的相似性为87%。这两种合成酶均具有FAD结合位点"Arg-Ser-Gly-Gly-His"，且His114是连接FAD的关键位点。对其分泌特性的研究结果表明，CBDA合成酶与THCA合成酶一样，也是一种腺毛分泌酶。

CBCA合成酶：CBC是大麻幼苗期主要的大麻素成分，目前已从大麻幼叶中分离得到了CBCA合成酶，但尚未克隆编码该酶的基因。研究表明，尽管CBCA合成酶的基本特性与THCA和CBDA合成酶差异不大，催化过程均不需要二价金属离子激活，均可以CBGA和CBNRA为催化底物，但是CBCA合成酶的催化活性要比另外2种酶低得多（以CBGA为底物时，CBCA合成酶的Km值为23μmol/L，而THCA与CBDA合成酶的Km值则分别为134μmol/L和137μmol/L）。3种合成酶的催化活性差异很好地解释了在大麻成熟过程中随着THC或者CBD含量的增加，CBC含量降低的现象。此外，对酶促反应产物CBCA、THCA和CBDA进行光学纯度研究表明，产物CBCA为2个旋光异构体的混合物，其摩尔比为5：1。而超过95%的THCA和CBDA产物为左旋体，说明CBCA合成酶在催化过程中立体定向性比THCA和CBDA合成酶低。

自2009年国家麻类产业技术体系启动以来，我国开始将大麻作为一种主要的麻类作物进行重点研发。在此之前，主要是国外的科研机构从事大麻素的研究，国内针对大麻素的研究很少，这与我国大麻栽培历史悠久及种质资源丰富的特点极不相符。近年来，随着国内工业大麻产业的迅速发展，要求我们既要选育出适应工业大麻产业发展的新品种，又要符合国家禁毒法关于大麻的法规，所以我们必须高度重视对大麻素的研究。基于国内外对大麻素的研究现状，科研工作者将着重开展以下几个方面的研究工作。一是分离并纯化大麻素合成途径的关键酶及其基因。到目前为止，仅对THCA合成酶和CBCA合成酶及其基因进行了较为详尽的研究，而大多数大麻素合成酶及其基因尚不清楚。比如分离到的聚酮合酶及其基因尚缺乏充分的试验证据；编码异戊烯转移酶（Prenyltransferase）和CBCA合成酶等关键酶的基因尚未被分离。总体来看，此方面的研究尚处于起步阶段，需要做的工作还有很多。二是探索大麻素化学检测的新方法。目前，国内只有云南省地方标准《工业大麻 品种类型》（DB53/T 295.1—2009）中推荐使用的高效液相色谱法可检测大麻素，因此应尽快制定一个统一的大麻素检测标准，尤其是研发出能够对大麻素进行快速定性和定量检测的新方法。三是重视大麻素遗传机理的研究。现在得出的大麻素遗传机制还只是一个推测，其是否适用于所有的大麻尚无定论，迫切需要更多的试验材料和试验证据加以证明。四是加快生物技术在工业大麻育种中的应用。目前国内外育成的工业大麻品种均是通过常规育种手段获得，应当结合目前已知的大麻素分子背景，开展大麻素分子标记筛选和基因工程育种等工作。比如利用RNAi和基因定点突变等技术，对大麻素生物合成途径中关键酶基因进行沉默或突变，以获得不含THC（或者低THC）的大麻新品系。五是在相关部门的监管下，开展大麻素的生产及药理研究，充分利用大麻素的经济价值。加强异源（或者体外）大麻素的过量表达研究，以期探索出一种大量产生大麻素的可控机制，这样既能实现大麻素生产的低成本和对其有效监管，又可满足医学药理研究的需求（表6-4）。

表6-4　得到药理认证的CBD功能

	功能主治
抗焦虑作用	CBD通过激活腺苷受体，这些受体是大脑中对多巴胺和谷氨酸等其他神经递质的重要调节因子。多巴胺不仅可以引起愉悦的感觉，还可以影响睡眠、情绪、记忆、注意力和运动
止痛抗炎	CBD通过对环氧合酶和脂氧合酶的双重抑制来发挥止痛和抗炎作用，且效果强于人们所熟知和广泛运用的阿司匹林
抗癫痫	人类大脑中的GABA神经递质有镇静效果，CBD可以帮助控制GABA神经递质的消耗量，抑制大脑兴奋，降低癫痫发作，还可以帮助提高其他抗癫痫药物的疗效

二、花叶用工业大麻品种分布情况

我国花叶用大麻起步较晚，无论是科研育种还是CBD等其他酚类物质的基础研究与应用，都较国外研究的时间短，目前国际上在花叶用大麻研究方面处于领先地位的多为欧美国家，主要种植品种分布也以美国、加拿大等欧美国家的品种为主。近年来我国花叶用工业大麻的育种研究工作也伴随着政策法规的不断改革而深入，我国有云南、黑龙江、吉林先后放开了关于花叶用工业大麻的管制范围，政府部门鼓励科研，对生产加工等深化产业链的问题各自持有不同的态度，但这并不影响科研育种工作的发展。目前我国已经有自主选育认定的花叶用工业大麻品种。

（一）国内选育品种

1. 汉麻7号

利用系统选育方法，从WU4材料的变异植株中系统选育而成，雌雄异株花叶用型工业大麻品种，千粒重16g，THC含量在0.091 8%，CBD含量在1.208 0%，具有较强的抗病性，适宜黑龙江的哈尔滨、齐齐哈尔、大庆、绥化、七台河等地种植。

2. 龙大麻5号

以波引1号为母本，以长白山野生资源为父本进行杂交，通过EMS诱变，经系统选育抗性鉴定而成。该品种属雌雄同株花叶用型工业大麻品种，千粒重12.2g，花叶中CBD检测结果为1.12%，THC含量为0.092%，抗倒伏能力强，耐盐碱，耐瘠薄，抗旱、抗病性强。适宜黑龙江的哈尔滨、绥化、齐齐哈尔、黑河等地种植。

3. 云麻7号

药纤兼用型工业大麻品种，纤维平均亩产比对照云麻1号增产2.05%，CBD平均含量1.2%～1.3%，THC平均含量为0.18%，适宜云南种植。

4. 云麻8号

药纤籽多用途品种，花叶用模式下栽培，花叶亩产量109.5kg，CBD平均亩产1.37kg，较对照增产28.04%，CBD平均含量1.33%，THC平均含量0.07%。

5. 中汉麻1号

该品种四氢大麻酚（THC）平均含量0.137%，大麻二酚（CBD）平均含量3.19%，花叶平均产量1 606.5kg/hm²。生长期内未见明显叶斑病、灰霉病、白粉病、根腐病发生，抗旱性中等。

（二）国外引进品种

目前国外引进品种多处于研究阶段，引进种质作为资源在工业大麻新品种选育中应用。2020年5月吉林紫鑫药业股份有限公司发布公告（002118.SZ），公司委托北大荒垦丰种业股份有限公司通过中华人民共和国农业农村部动植物苗种进出口审批，从荷兰FG公司引进工业大麻种子3种，并在黑龙江省齐齐哈尔市开展种植研究工作。引进品种情况如下。

（1）FG031150001种子为工业大麻种子品系，室内生育周期80d，适用于室内和室外种植，耐高温和低温。其CBD含量为8%～12%，THC含量小于0.3%。

（2）FG031150002种子为纤维大麻资源，生育期145d。种子含油率28%～30%，纤维含量26%～30%，CBD含量1%～2.5%，THC含量低于0.12%。

（3）FG031150003种子为工业大麻资源，室内生育期80d。CBD含量6%～8%，THC含量低于0.3%，适用于室内和室外种植。抗病、耐低温。

三、花叶用工业大麻栽培种植情况

花叶用工业大麻的栽培种植近几年才刚刚兴起，不少栽培种植环节还处于摸索阶段，不同于国外室内、室外种植技术早已规模化，技术成熟，机械化程度高。在我国仅云南、黑龙江等地有少量花叶用工业大麻种植区，栽培技术又因为地理位置、气候条件的不同存在一定差异。整体来讲，花叶用工业大麻种植技术参照籽用工业大麻，略有不同。

（一）花叶用工业大麻品种选择及种子处理

1. 品种选择

花叶用工业大麻在我国的栽培种植还不广泛，主要原因是大部分地区均未放开，目前仅有黑龙江、云南、吉林3个省份在有条件下适当放开种植，但因为各方面政策原因，黑龙江暂时不允许加工生产CBD的产品，销售到目前为止国内也仅在深圳有第一家门面店。主要产品还是集中在云南，花叶用工业大麻种植主要也在黑龙江和云南。栽培种植用品种以国外引进及自主选育品种为主。选择品种注意事项主要参照籽用工业大麻品种，在此基础上选择适宜栽培地区种植的花叶产量高，CBD含量高，抗病性、抗虫性强的品种。

2. 精选种子

花叶用工业大麻采用穴播，品种不同株距不同，行距略有不同。一般隔垄种植株距在60~150cm，加之花叶用工业大麻种子小，对整地及土壤要求高，为保证出苗率，种子质量必须严格保证，发芽率保证在85%以上，最好选用风选筛选过的净种子。

3. 种子处理

花叶用工业大麻因为其栽培种植密度的特点，对种苗要求非常高，要有高的保苗率，齐苗壮苗才能高产稳产。其处理方法与籽用工业大麻处理方式相同。郭鸿彦等（2016）在对工业大麻种衣剂筛选试验中得出用4个大麻专用种衣剂和6个其他作物种衣剂对云南推广使用的工业大麻品种云麻1号种子进行包衣，经筛选对比试验，结果表明，不同类的种衣剂或药种配比量对出苗有影响。各种衣剂处理对植株生长及经济性状无不良影响。试验优选出了3个种衣剂及其相应的药种比，红种子大麻种衣剂（药种比1∶50）、12%甲硫悬浮液（药种比1∶50）、中国农大大麻种衣剂（药种比1∶80），它们对云麻1号安全、有效，有显著保苗和增产作用。

（二）花叶用工业大麻播种要求

1. 播种时间

花叶用工业大麻种子与籽用、纤用的工业大麻种子萌发条件相同。萌发的最低温度为1~3℃，最适宜温度25~35℃，最高不超过45℃。花叶用工业大麻要适时早播，延长其营养生长时间，达到多分枝提高花叶产量的目的。

2. 播种方式

花叶用工业大麻采用穴播，播后及时镇压保墒。目前国内播种也分人工播种和机器播种两种。人工播种可借助简单工具，提前整地埋肥后播种。机器播种目前国内多为改装机器，气吸式播种机。

3. 播种密度

花叶用工业大麻的播种量因为播种地区、品种特性即株型、千粒重等原因相差很大，工业大麻属浅播作物，尤其花叶用工业大麻，穴播播种的播种量少因为其拱土能力弱，覆土厚度不匀极易造成出苗不齐。为避免鸟害及出苗不齐等问题可适当采用深播浅盖的方式，播种深度3~5cm。播种穴距根据品种不同差异较大，一般在60~150cm。

（三）花叶用工业大麻栽培茬口选择

花叶用工业大麻茬口选择与籽用工业大麻茬口选择要求大致相同，不同的是花叶用工业大麻与籽用工业大麻播种方式不同，保苗株数不同，对前茬药害的预防程度更高，避免前茬药害成为选茬重要标准之一。

1. 选地

花叶用工业大麻选地要求同籽用工业大麻，但因为其种植密度及方式略有不同，结合工业大麻耐空气干旱不耐土壤干旱，且不耐涝的特点，最好要选择向阳地、平岗地。

2.选茬

花叶用工业大麻选茬要求跟籽用工业大麻选茬要求大致相同，但是因为栽培方式不同，更应避免苗期前茬药害发生。有效避免前茬药害的方法，一是按照籽用工业大麻处理地块；二是在种植前在种植地块选取多点取土进行试种，出苗10d以后观察苗有无药害影响，确定后根据苗情采取措施，适时喷施叶面肥或细胞分裂素缓解药害，降低影响。一般叶面肥或细胞分裂素使用时间在出苗20d内效果较好。

（四）花叶用工业大麻整地施肥

1.精细整地

花叶用工业大麻整地要求同籽用工业大麻，但是除应达到平整、耙碎、压实的效果外。尽量选择秋整地，精细整地。花叶用工业大麻播种后，种子萌发对水分要求、土壤要求都更高。秋整地精细整地能有效保住墒情，有利于出苗。

2.合理施肥

花叶用工业大麻在营养生长阶段需肥量与需肥比例同籽用工业大麻，不同的是花叶用工业大麻追求花叶产量，工业大麻对钾肥的吸收量在出苗后40d开始达到吸收高峰，在孕蕾期适当提高钾肥使用量，开花后，喷施磷酸二氢钾，提高花产量。

（五）花叶用工业大麻栽培水分管理

从苗期到雌花盛花期进行花叶收获的水分管理同籽用工业大麻。

（六）病虫害防治

花叶用工业大麻病虫害防治技术与纤维用及籽用工业大麻病虫害防治基本相同。不同之处主要体现在以下几点：一是花叶用工业大麻种植密度小，亩保苗数低，苗期重点注意防治大麻跳甲及蛴螬等虫害，相较纤维用及籽用工业大麻应适当增加对大麻跳甲的防控，以保证苗齐、苗壮，降低虫害对其影响。二是花叶用工业大麻进入快速生长期之后出现白星花金龟、铜绿丽金龟等金龟子类害虫，尽量利用其假死性选择人工捕杀或诱杀，降低化学防治次数，减少花叶用工业大麻农药使用，保证其花叶质量。

花叶用工业大麻病虫害防治参见第五章第六节纤维用工业大麻病虫害防治。

四、田间管理

（一）间苗、定苗

在花叶用工业大麻长出3～4对真叶时进行第一次间苗，拔除瘦弱的麻苗，剔除病虫苗、矮化苗或徒长苗，每穴留2～3株。当麻株长到15～20cm时进行定苗。分别进行间苗、定苗能有效减少苗期虫害对麻苗的损伤，有效抵御麻跳甲。

（二）中耕、除草和培土

花叶用工业大麻要稀植，麻株封垄晚，前期要注意除草。如果前期降雨较多，会造成土壤板结，还要进行中耕松土，使土壤透气性好，有利于根系生长发育。应结合中耕进行培土，增强大麻抗风、抗倒伏能力。化学除草方法同籽用工业大麻，也可采用覆膜栽培。

（三）灌溉与排涝

原则上花叶用工业大麻的灌溉排涝同籽用工业大麻，花叶收获前适当控水。有条件地区，可采用膜下滴灌，实现水肥一体化。

（四）拔除雄株

花叶用工业大麻雄株的拔除要略早于籽用工业大麻，现蕾或可分辨雌雄植株时即可拔除雄株，花叶用工业大麻取用花叶部分，不能让雌花授粉，一旦雌花授粉结实，CBD含量将大幅度降低。所以种植雌雄异株品种，现蕾后一定拔除所有雄株。生产中一般采用栽植扦插苗或种植雌化种子，从而降低成本。

（五）适时收获

花叶用工业大麻花叶收获时间为雌花70%～80%的雌蕊由乳白色变为暗棕色，一般花期在50～70d，花叶收获后注意放置于干燥避光的环境中，以减少大麻二酚等有效酚类的损耗，一般含水量12%即可入库储存。

参考文献

曹焜，王晓楠，孙宇峰，等，2019. 播种期对两个工业大麻品种生长发育、农艺性状和产量的影响[J]. 中国麻叶科学，41（1）：10.

陈洪福，1992. 麻类害虫名录（续）[J]. 中国麻业，14（4）：35-38.

陈璇，杨明，郭鸿彦，2011. 大麻植物中大麻素成分研究进展[J]. 植物学报，46（2）：197-205.

戴蕃，1989. 中国大麻起源用途及其地理分布[J]. 西南师范大学学报，14（3）：65-67.

郭鸿彦，郭孟璧，胡学礼，等，2011. 工业大麻品种"云麻1号"籽、秆高产栽培模型研究[J]. 云南农业大学学报（3）：888-895.

郭鸿彦，胡学礼，陈裕，等，2009. 早熟籽用型工业大麻新品种"云麻2号"的选育[J]. 中国麻业科学，31（5）：285-287.

郭鸿彦，刘正博，胡学礼，等，2006. 工业大麻种衣剂的筛选[J]. 中国麻业科学，28（1）：24-26.

郭鸿彦，杨明，许艳萍，等，2013. 旱地工业大麻高产优质栽培技术[M]. 昆明：云南民族出版社：35-64.

郭丽，王殿臣，王明泽，等，2010. 不同大麻品种在黑龙江盐碱旱地区种植的适应性及农艺性状比较[J]. 中国麻业科学，32（4）：203-204

韩喜才，王晓楠，姜颖，等，2020. 雌雄同株工业大麻新品种"汉麻4号"[J]. 中国麻业科学，42（1）：4.

胡学礼，郭鸿彦，刘旭云，等，2012. 云南工业大麻品种在黑龙江大兴安岭地区适应性分析[J]. 西南农业学报，25（3）：838-842.

胡学礼，杨明，陈裕，等，2008. 西双版纳"云麻1号"高产栽培技术[J]. 中国麻业科学，30（6）：330-335.

蒋儒龄，郑海明，魏月菊，等，2003. 小麦套种大麻技术[J]. 宁夏农林科技（5）：65-67.

刘飞虎，杨明，杜光辉，等，2019. 工业大麻的基础与应用. [M]. 北京. 科学出版社：90-97.

刘浩，张云云，胡华冉，等，2015. 氮磷钾配施对工业大麻干物质和养分积累与分配的影响[J]. 中国麻业科学，37（2）：100-105.

刘青海，1986. 大麻对氮、磷、钾需用规律的研究[J]. 山东农业科学（1）：27-32.

吕江南，马兰，刘佳杰，等，2017. 黑龙江省工业大麻产业发展及收获加工机械情况调研[J]. 中国麻业科学，39（2）：94-96.

吕咏梅，杨龙，胡万群，等，2011. 六安市大麻标准化种植模式[J]. 安徽农学通报，17（18）：41-43.

梅高甫，陈珊宇，陈洵熙，等，2020. 花叶用大麻在健康产业的应用价值及浙江发展对策[J]. 浙江农业科学，61（3）：509-517.

强晓霞，2012. 大麻性别分化的生理学研究[D]. 南京：南京农业大学.

宋宪友，李江，吴广文，等，2007. 低毒雌雄同株大麻新品种USO-31及高产栽培技术[J]. 中国麻业科学，29（4）：201-203.

孙安国，孙玉新，梁瑞萍，等，1981. 关于大麻的播法与密度的研究[J]. 中国麻作，3（3）：38-44.

孙梅霞，祖朝龙，许经年，等，2004. 干旱对植物影响的研究进展[J]. 安徽农业科学，32（2）：365-367.

陶耀明，李向东，2006. 春播工业大麻主要病虫害防治技术[J]. 农村适用技术（4）：10.

王福亮，2008. 黑龙江省主要大麻病害的综合防治[J]. 吉林农业科学，34（3）：44-45.

王丽娜，王殿奎，2008. 大麻田中的玉米螟的危害及防治技术.[J]. 黑龙江农业科学（6）：70-71.

王庆峰，王世发，李庆鹏，等，2009. 13个籽用型工业大麻品种比较试验[J]. 黑龙江省农业科学（12）：9-10.

吴建明，李初英，赵艳红，等，2009. 广西大麻发展的现状及其前景分析[J]. 中国麻业科学，32（4）：229-232.

伍菊仙，杨明，郭孟璧，等，2010. 大麻顶枯现象与原因的探究[J]. 中国麻业科学，32（1）：30-34.

辛培尧，罗思宝，杨明，2007. 大麻的生物学特性及丰产栽培技术[J]. 安徽农学通报，13（22）：51-52.

许艳萍，杨明，胡学礼，等，2009. 大麻种子发芽条件的研究[J]. 中国麻业科学，31（3）：201-204.

杨永红，黄琼，白巍，1999. 大麻病害研究综述[J]. 云南农业大学学报，14（2）：223-226.

于革，张治国，朱浩，2018. 汉麻收获机械研究现状与发展前景[J]. 农业工程，8（3）：14-16.

张建春，关华，刘雪强，等，2009. 汉麻种植与初加工技术[M]. 北京：化学工业出版社：133-134.

张庆滢，郭鸿彦，杨明，2011. 加拿大工业大麻生产贸易概况及科研进展[J]. 中国麻业科学，33（6）：302-306.

张树权，张利国，房郁妍，等，2019. 工业大麻100问[M]. 北京：中国农业科学技术出版社：127-130.

张雪，王世发，王庆峰，等，2019. 不同栽培方式对工业大麻产量性状的影响[J]. 北方农业学报，45（5）：20-23.

张运维，2003. 国外工业大麻研究与产品开发的新动向[J]. 世界农业（9）：37-40.

赵铭森，康红梅，2006. 大麻丰产栽培技术[J]. 安徽农学通报，12（5）：99.

APPENDINO G, GIBBONS S, GIANA A, et al., 2008. Antibacterial cannabinoids from *Cannabis sativa*： a structure activity study[J]. Journal of Natural Products，71（8）：1427-1430.

AUSTIN M B, NOEL J P, 2003. The chalcone synthase superfamily of type III polyketide synthases[J]. Natural Product Reports，20：79-110.

BAZZAZ F A, DUSEK D, SEIGLER D S, et al., 1975. Photosynthesis and cannabinoid content of temperate and tropical populations of *Cannabis sativa*[J]. Biochemical Systematics and Ecology，3（1）：15-18.

BÓCSA I, MATHÉ P, HANGYEL L, 1997. Effect of nitrogen on tetrahydrocannabinol （THC） content in hemp （*Cannabis sativa* L.） leaves at different positions[J]. Journal of the International Hemp

Association, 4: 80-81.

COLE M D, 2003. The analysis of controlled substances[M]. Salt Lake City: Godin Lyttle Press: 49-72.

CROTEAU R, 1987. Biosynthesis and catabolism of monoterpenes[J]. Chemical Reviews, 87（5）: 929-954.

DE MEIJER E P M, BAGATTA M, CARBONI A, et al., 2003. The inheritance of chemical phenotype in *Cannabis sativ* L.[J]. Genetics, 163（1）: 335-346.

DE MEIJER E P M, HAMMOND K M, 2005. The inheritance of chemical phenotype in *Cannabis sativa* L. （Ⅱ）[J]. Cannabigerol predominant plants[J]. Euphytica, 145: 189-198.

DE MEIJER E P M, HAMMOND K M, MICHELER M, 2008. The inheritance of chemical phenotype in Cannabis sativa L. （Ⅲ）: variation in cannabichromene proportion[J]. Euphytica, 165: 293-311.

DE MEIJER E P M, VAN DER K, VAN EEUWIJK F A, 1992. Characterization of cannabis accessions with regard to cannabinoid content in relation to other plant characters[J]. Euphytica, 62: 187-200.

ELSOHLY M A, SLADE D, 2005. Chemical constituents of marijuana: the complex mixture of natural cannabinoids[J]. Life Sciences, 78: 539-548.

FELLERMEIER M, ZENK M H, 1998. Prenylation of olivetolate by a hemp transferase yields cannabigerolic acid, the precursor of tetrahydrocannabinol[J]. FEBS Letters, 427（2）: 283-285.

FELLERMEIER M, EISENREICH W, BACHER A, et al., 2001. Biosynthesis of cannabinoids: incorporation experiments with ^{13}C-labeled glucoses[J]. European Journal of Biochemistry, 268: 1596-1604.

FETTERMAN P S, KEITH E S, WALLER C W, et al., 1971. Mississippi-grown *Cannabis sativa* L.: preliminary observation on chemical definition of phenotype and variations in tetrahydrocannabinol content versus age, sex, and plant part[J]. Journal of Pharmaceutical Sciences, 60: 1246-1249.

HILLIG K W, MAHLBERG P G, 2004. A chemotaxonomic analysis of cannabinoid variation in *Cannabis*（Cannabaceae）[J]. American Journal of Botany, 91（6）: 966-975.

KOJOMA M, SEKI H, YOSHIDA S, et al., 2006. DNA polymorphisms in the tetrahydrocannabinolic acid（THCA）synthase gene in "drug-type" and "fibertype" *Cannabis sativa* L.[J]. Forensic Science International, 159: 132-140.

LASTRESBECKER I, MOLINAHOLGADO F, RAMOS J A, et al., 2005. Cannabinoids provide neuroprotection against 6-hydroxydopamine toxicity *in vivo* and *in vitro*: relevance to Parkinson's disease[J]. Neurobiology of Disease, 19: 96-107.

MAHLBERG P G, KIM E S, 2004. Accumulation of cannabinoids in glandular trichomes of *Cannabis*（Cannabaceae）[J]. Journal of Industrial Hemp, 9: 15-36.

MECHOULAM R, PETERS M, MURILLO-RODRIGUEZ E, et al., 2007. Cannabidiol-recent advances[J]. Chem Biodivers, 4: 1678-1692.

MORIMOTO S, KOMATSU K, TAURA F, et al., 1998. Purification and characterization of cannabichromenic acid synthase from *Cannabis sativa*[J]. Phytochemistry, 49: 1525-1529.

MORIMOTO S, KOMATSU K, TAURA F, et al., 1997. Enzymological evidence for cannabichromenic acid biosynthesis[J]. Journal of Natural Products, 60: 854-857.

RADWAN M M, ROSS S A, SLADE D, et al., 2008. Isolation and characterization of new cannabis constituents from a high potency variety[J]. Planta Medica, 74: 267-272.

RAHARJO T J, CHANG W T, VERBERNE M C, et al., 2004. Cloning and overexpression of a cDNA encoding a polyketidesynthase from *Cannabis sativa*[J]. Plant Physiology and Biochemistry, 42: 291-297.

ROBSON P, 2005. Human studies of cannabinoids and medicinal cannabis[M] //In: PERTWEE R G, et al. Cannabinoids handbook of experimental pharmacology. Heidelberg: Springer-Verlag: 719-756.

SHOYAMA Y, HIRANO H, NISHIOKA I, 1984. Biosynthesis of propyl cannabinoid acid and its biosynthetic relationship with pentyl and methyl cannabinoid acids[J]. Phytochemistry, 23: 1909-1912.

SHOYAMA Y, YAGI M, NISHIOKA I, et al., 1975. Biosynthesis of cannabinoid acids[J]. Phytochemistry, 14: 2189-2192.

SIRIKANTARAMAS S, MORIMOTO S, SHOYAMA Y, et al., 2004. The gene controlling marijuana psychoactivity[J]. Journal of Biological Chemistry, 279: 39767-39774.

SIRIKANTARAMAS S, TAURA F, TANAKA Y, et al., 2005. Tetrahydrocannabinolic acid synthase, the enzyme controlling marijuana psychoactivity, is secreted into the storage cavity of the glandular trichomes[J]. Plant and Cell Physiology, 46: 1578-1582.

SMALL E, BECKSTEAD H D, 1973. Common cannabinoid phenotypes in 350 stocks of *Cannabis*[J]. Lloydia, 36: 144-165.

TAURA F, DONO E, SIRIKANTARAMAS S, et al., 2007b. Production of Δ'-tetra-hydrocannabinolic acid by the biosynthetic enzyme secreted from transgenic *Pichia pastoris*[J]. Biochemical and Biophysical Research Communications, 361: 675-680.

TAURA F, SIRIKANTARAMAS S, SHOYAMA Y, et al., 2007a. Cannabidiolicacid synthase, the chemotype-determining enzyme in the fiber-type *Cannabis sativa*[J]. FEBS Letters, 581: 2929-2934.

TAURA F, TANAKA S, TAGUCHI C, et al., 2008. Characterization of olivetol synthase, a polyketide synthase putatively involved in cannabinoid biosynthetic pathway[J]. FEBS Letters, 583: 2061-2066.

TAURA F, MORIMOTO S, SHOYAMA Y, 1995a. Cannabinerolic acid, a cannabinoid from *Cannabis sativa*[J]. Phytochemistry, 39: 457-458.

TAURA F, MORIMOTO S, SHOYAMA Y, 1996. Purification and characterization of cannabidiolicacid synthase from *Cannabis sativa* L.[J]. Journal of Biological Chemistry, 271: 17411-17416.

TAURA F, MORIMOTO S, SHOYAMA Y, et al., 1995b. First direct evidence for the mechanism of drocannabinolic acid biosynthesis[J]. Journal of the American Chemical Society, 117: 9766-9767.

UNITED NATIONS OFFICE ON DRUGS AND CRIME (UNODC), 2008. Recommended methods for the identification and analysis of cannabis and cannabis products[M]. New York: United Nations Publication: 14-16.

VALLE J R, VIEIRA J E V, AUCÉLIO J G, et al., 1978. Influence of photoperiodism on cannabinoid content of *Cannabis sativa* L.[J]. Bulletin on Narcotics, 30: 67-68.

YAMAUCHI T, SHOYAMA Y, ARAMAKI H, et al., 1967. Tetrahydrocannabinolic acid, a genuine substance of tetrahydrocannabinol[J]. Chemical and Pharmaceutical Bulletin (Tokyo), 15: 1075-1076.

第七章 工业大麻良种繁育

大麻良种繁育是种子工作的重要环节，一个新品种推广后，必须加速繁殖出数量足、质量高的良种供生产用。大麻是极易混杂的作物，品种混杂退化速度明显大于其他作物。混杂退化的品种会严重影响其生产力和纤维品质，同时纤维用大麻播量大、种子繁殖倍数低，品种从推广到普及所需时间长，增加了良种化的难度，所以大麻良种繁育是使育种成果迅速转化为生产力的重要手段，也是育种工作的继续，做好良种繁育工作，实施大麻种子工程战略，对我国大麻产业的发展具有重大意义。

大麻良种繁育主要任务是迅速大量繁殖新品种的种子应用于生产，保证优良品种得以迅速推广，发挥其增产作用。在繁育过程中采用先进的农业技术措施，保持品种的纯度和种性，延长使用年限，防止品种混杂退化，进行提纯选优，源源不断地为生产提供种性纯度高、数量足、质量高的优良新品种，使生产达到稳定均衡增产的作用。

第一节 工业大麻良种分布与形态特征

多数学者认为中国是工业大麻的起源中心，但也有人认为原产地在中亚细亚、喜马拉雅山和西伯利亚中间地带。工业大麻主要分布在欧洲和亚洲，栽培面积以中国最多，苏联次之，南斯拉夫、罗马尼亚、匈牙利、捷克斯洛伐克、保加利亚、波兰、日本等国也有种植。印度以药用栽培为主。中国主产区为黑龙江、吉林、辽宁、河北、山西、山东及安徽等地。1985年世界工业大麻的栽培面积约为39万hm^2，产量20.9万t左右，其中中国约为6.2万hm^2，产量4万t；苏联11.7万hm^2，产量3.6万t。

一、国内优良工业大麻种质资源及分布

品种不是植物的分类单位，是指经人工选育，能适应一定的自然和栽培条件，符合人类社会要求，遗传性状稳定一致的栽培植物群体。它是人类在生产实践中，经过培育或为人类所发现的。我国工业大麻品种主要是一些改良的农家品种，主要分布在河北、安徽、四川、山东、山西、甘肃、宁夏、云南等地。我国的工业大麻种子资源搜集始于20世纪70年代，80年代初结束，共收集我国农家品种（当时各地主栽品种）218份，目前保存于国家长期库中（表7-1）。

表7-1 我国农家品种信息

统一编号	保存单位号	种子名称	原产地	科名	属名	学名	种质类型	种子来源
00000001	00000001	沧源	云南沧源	Moraceae（桑科）	Cannabis（大麻属）	Cannabis sativa L.（大麻）	地方	黑龙江省农业科学院经济作物研究所
00000002	00000002	耿马	云南耿马	Moraceae（桑科）	Cannabis（大麻属）	Cannabis sativa L.（大麻）	地方	黑龙江省农业科学院经济作物研究所
00000003	00000003	临沧	云南临沧	Moraceae（桑科）	Cannabis（大麻属）	Cannabis sativa L.（大麻）	地方	黑龙江省农业科学院经济作物研究所

（续表）

统一编号	保存单位号	种子名称	原产地	科名	属名	学名	种质类型	种子来源
00000004	00000004	镇康	云南镇康	Moraceae（桑科）	*Cannabis*（大麻属）	*Cannabis sativa* L.（大麻）	地方	黑龙江省农业科学院经济作物研究所
00000005	00000005	云县	云南云县	Moraceae（桑科）	*Cannabis*（大麻属）	*Cannabis sativa* L.（大麻）	地方	黑龙江省农业科学院经济作物研究所
00000006	00000006	楚雄	云南楚雄	Moraceae（桑科）	*Cannabis*（大麻属）	*Cannabis sativa* L.（大麻）	地方	黑龙江省农业科学院经济作物研究所
00000007	00000007	弥渡	云南弥渡	Moraceae（桑科）	*Cannabis*（大麻属）	*Cannabis sativa* L.（大麻）	地方	黑龙江省农业科学院经济作物研究所
00000008	00000008	姚安	云南姚安	Moraceae（桑科）	*Cannabis*（大麻属）	*Cannabis sativa* L.（大麻）	地方	黑龙江省农业科学院经济作物研究所
00000009	00000009	武定	云南武定	Moraceae（桑科）	*Cannabis*（大麻属）	*Cannabis sativa* L.（大麻）	地方	黑龙江省农业科学院经济作物研究所
00000010	00000010	祥云	云南祥云	Moraceae（桑科）	*Cannabis*（大麻属）	*Cannabis sativa* L.（大麻）	地方	黑龙江省农业科学院经济作物研究所
00000011	00000011	元谋	云南元谋	Moraceae（桑科）	*Cannabis*（大麻属）	*Cannabis sativa* L.（大麻）	地方	黑龙江省农业科学院经济作物研究所
00000012	00000012	大姚	云南大姚	Moraceae（桑科）	*Cannabis*（大麻属）	*Cannabis sativa* L.（大麻）	地方	黑龙江省农业科学院经济作物研究所
00000013	00000013	大理	云南大理	Moraceae（桑科）	*Cannabis*（大麻属）	*Cannabis sativa* L.（大麻）	地方	黑龙江省农业科学院经济作物研究所
00000014	00000014	云龙	云南云龙	Moraceae（桑科）	*Cannabis*（大麻属）	*Cannabis sativa* L.（大麻）	地方	黑龙江省农业科学院经济作物研究所
00000015	00000015	永仁	云南永仁	Moraceae（桑科）	*Cannabis*（大麻属）	*Cannabis sativa* L.（大麻）	地方	黑龙江省农业科学院经济作物研究所
00000016	00000016	碧江	云南碧江	Moraceae（桑科）	*Cannabis*（大麻属）	*Cannabis sativa* L.（大麻）	地方	黑龙江省农业科学院经济作物研究所
00000017	00000017	丽江	云南丽江	Moraceae（桑科）	*Cannabis*（大麻属）	Cannabis sativa L.（大麻）	地方	黑龙江省农业科学院经济作物研究所
00000018	00000018	彝良	云南彝良	Moraceae（桑科）	*Cannabis*（大麻属）	*Cannabis sativa* L.（大麻）	地方	黑龙江省农业科学院经济作物研究所
00000019	00000019	中甸	云南中甸	Moraceae（桑科）	*Cannabis*（大麻属）	*Cannabis sativa* L.（大麻）	地方	黑龙江省农业科学院经济作物研究所
00000021	00000021	桐乡	浙江桐乡	Moraceae（桑科）	*Cannabis*（大麻属）	*Cannabis sativa* L.（大麻）	地方	黑龙江省农业科学院经济作物研究所

（续表）

统一编号	保存单位号	种子名称	原产地	科名	属名	学名	种质类型	种子来源
00000022	00000022	嘉兴	浙江嘉兴	Moraceae（桑科）	Cannabis（大麻属）	Cannabis sativa L.（大麻）	地方	黑龙江省农业科学院经济作物研究所
00000023	00000023	平湖	浙江平湖	Moraceae（桑科）	Cannabis（大麻属）	Cannabis sativa L.（大麻）	地方	黑龙江省农业科学院经济作物研究所
00000024	00000024	湖州	浙江湖州	Moraceae（桑科）	Cannabis（大麻属）	Cannabis sativa L.（大麻）	地方	黑龙江省农业科学院经济作物研究所
00000025	00000025	淮阴	浙江淮阴	Moraceae（桑科）	Cannabis（大麻属）	Cannabis sativa L.（大麻）	地方	黑龙江省农业科学院经济作物研究所
00000026	00000026	睢宁	浙江睢宁	Moraceae（桑科）	Cannabis（大麻属）	Cannabis sativa L.（大麻）	地方	黑龙江省农业科学院经济作物研究所
00000027	00000027	宿迁	江苏宿迁	Moraceae（桑科）	Cannabis（大麻属）	Cannabis sativa L.（大麻）	地方	黑龙江省农业科学院经济作物研究所
00000028	00000028	沭阳	江苏沭阳	Moraceae（桑科）	Cannabis（大麻属）	Cannabis sativa L.（大麻）	地方	黑龙江省农业科学院经济作物研究所
00000029	00000029	崇庆	四川崇庆	Moraceae（桑科）	Cannabis（大麻属）	Cannabis sativa L.（大麻）	地方	黑龙江省农业科学院经济作物研究所
00000030	00000030	温江	四川温江	Moraceae（桑科）	Cannabis（大麻属）	Cannabis sativa L.（大麻）	地方	黑龙江省农业科学院经济作物研究所
00000031	00000031	全瓜花	四川郫县	Moraceae（桑科）	Cannabis（大麻属）	Cannabis sativa L.（大麻）	地方	黑龙江省农业科学院经济作物研究所
00000032	00000032	灌县	四川灌县	Moraceae（桑科）	Cannabis（大麻属）	Cannabis sativa L.（大麻）	地方	黑龙江省农业科学院经济作物研究所
00000036	00000036	信阳	河南	Moraceae（桑科）	Cannabis（大麻属）	Cannabis sativa L.（大麻）	地方	黑龙江省农业科学院经济作物研究所
00000037	00000037	汝南	河南	Moraceae（桑科）	Cannabis（大麻属）	Cannabis sativa L.（大麻）	地方	黑龙江省农业科学院经济作物研究所
00000038	00000038	线麻	河南固始	Moraceae（桑科）	Cannabis（大麻属）	Cannabis sativa L.（大麻）	地方	黑龙江省农业科学院经济作物研究所
00000039	00000039	遂平	河南	Moraceae（桑科）	Cannabis（大麻属）	Cannabis sativa L.（大麻）	地方	黑龙江省农业科学院经济作物研究所
00000040	00000040	上蔡	河南	Moraceae（桑科）	Cannabis（大麻属）	Cannabis sativa L.（大麻）	地方	黑龙江省农业科学院经济作物研究所
00000041	00000041	方城	河南	Moraceae（桑科）	Cannabis（大麻属）	Cannabis sativa L.（大麻）	地方	黑龙江省农业科学院经济作物研究所

（续表）

统一编号	保存单位号	种子名称	原产地	科名	属名	学名	种质类型	种子来源
00000042	00000042	西峡	河南	Moraceae（桑科）	Cannabis（大麻属）	Cannabis sativa L.（大麻）	地方	黑龙江省农业科学院经济作物研究所
00000043	00000043	项城	河南	Moraceae（桑科）	Cannabis（大麻属）	Cannabis sativa L.（大麻）	地方	黑龙江省农业科学院经济作物研究所
00000044	00000044	栾川	河南	Moraceae（桑科）	Cannabis（大麻属）	Cannabis sativa L.（大麻）	地方	黑龙江省农业科学院经济作物研究所
00000045	00000045	郯城	山东	Moraceae（桑科）	Cannabis（大麻属）	Cannabis sativa L.（大麻）	地方	黑龙江省农业科学院经济作物研究所
00000046	00000046	苍山	山东	Moraceae（桑科）	Cannabis（大麻属）	Cannabis sativa L.（大麻）	地方	黑龙江省农业科学院经济作物研究所
00000047	00000047	藤县	山东	Moraceae（桑科）	Cannabis（大麻属）	Cannabis sativa L.（大麻）	地方	黑龙江省农业科学院经济作物研究所
00000048	00000048	平邑	山东	Moraceae（桑科）	Cannabis（大麻属）	Cannabis sativa L.（大麻）	地方	黑龙江省农业科学院经济作物研究所
00000049	00000049	莒县	山东	Moraceae（桑科）	Cannabis（大麻属）	Cannabis sativa L.（大麻）	地方	黑龙江省农业科学院经济作物研究所
00000052	00000052	邢台	河北	Moraceae（桑科）	Cannabis（大麻属）	Cannabis sativa L.（大麻）	地方	黑龙江省农业科学院经济作物研究所
00000053	00000053	平山	河北	Moraceae（桑科）	Cannabis（大麻属）	Cannabis sativa L.（大麻）	地方	黑龙江省农业科学院经济作物研究所
00000054	00000054	大白皮	河北蔚县	Moraceae（桑科）	Cannabis（大麻属）	Cannabis sativa L.（大麻）	地方	黑龙江省农业科学院经济作物研究所
00000055	00000055	阳原	河北	Moraceae（桑科）	Cannabis（大麻属）	Cannabis sativa L.（大麻）	地方	黑龙江省农业科学院经济作物研究所
00000056	00000056	宣化	河北	Moraceae（桑科）	Cannabis（大麻属）	Cannabis sativa L.（大麻）	地方	黑龙江省农业科学院经济作物研究所
00000057	00000057	阳城	山西	Moraceae（桑科）	Cannabis（大麻属）	Cannabis sativa L.（大麻）	地方	黑龙江省农业科学院经济作物研究所
00000058	00000058	新绛	山西	Moraceae（桑科）	Cannabis（大麻属）	Cannabis sativa L.（大麻）	地方	黑龙江省农业科学院经济作物研究所
00000059	00000059	沁源	山西	Moraceae（桑科）	Cannabis（大麻属）	Cannabis sativa L.（大麻）	地方	黑龙江省农业科学院经济作物研究所
00000060	00000060	榆社	山西	Moraceae（桑科）	Cannabis（大麻属）	Cannabis sativa L.（大麻）	地方	黑龙江省农业科学院经济作物研究所

（续表）

统一编号	保存单位号	种子名称	原产地	科名	属名	学名	种质类型	种子来源
00000061	00000061	黄璋麻	山西左权	Moraceae（桑科）	Cannabis（大麻属）	Cannabis sativa L.（大麻）	地方	黑龙江省农业科学院经济作物研究所
00000062	00000062	和顺	山西	Moraceae（桑科）	Cannabis（大麻属）	Cannabis sativa L.（大麻）	地方	黑龙江省农业科学院经济作物研究所
00000063	00000063	方山	山西	Moraceae（桑科）	Cannabis（大麻属）	Cannabis sativa L.（大麻）	地方	黑龙江省农业科学院经济作物研究所
00000064	00000064	定襄	山西	Moraceae（桑科）	Cannabis（大麻属）	Cannabis sativa L.（大麻）	地方	黑龙江省农业科学院经济作物研究所
00000065	00000065	原平	山西	Moraceae（桑科）	Cannabis（大麻属）	Cannabis sativa L.（大麻）	地方	黑龙江省农业科学院经济作物研究所
00000066	00000066	朔县	山西	Moraceae（桑科）	Cannabis（大麻属）	Cannabis sativa L.（大麻）	地方	黑龙江省农业科学院经济作物研究所
00000067	00000067	河曲	山西	Moraceae（桑科）	Cannabis（大麻属）	Cannabis sativa L.（大麻）	地方	黑龙江省农业科学院经济作物研究所
00000068	00000068	广灵	山西	Moraceae（桑科）	Cannabis（大麻属）	Cannabis sativa L.（大麻）	地方	黑龙江省农业科学院经济作物研究所
00000069	00000069	商县	陕西	Moraceae（桑科）	Cannabis（大麻属）	Cannabis sativa L.（大麻）	地方	黑龙江省农业科学院经济作物研究所
00000070	00000070	宝鸡	陕西	Moraceae（桑科）	Cannabis（大麻属）	Cannabis sativa L.（大麻）	地方	黑龙江省农业科学院经济作物研究所
00000071	00000071	陇县	陕西	Moraceae（桑科）	Cannabis（大麻属）	Cannabis sativa L.（大麻）	地方	黑龙江省农业科学院经济作物研究所
00000072	00000072	蒲城	陕西	Moraceae（桑科）	Cannabis（大麻属）	Cannabis sativa L.（大麻）	地方	黑龙江省农业科学院经济作物研究所
00000073	00000073	彬县	陕西	Moraceae（桑科）	Cannabis（大麻属）	Cannabis sativa L.（大麻）	地方	黑龙江省农业科学院经济作物研究所
00000074	00000074	韩城	陕西	Moraceae（桑科）	Cannabis（大麻属）	Cannabis sativa L.（大麻）	地方	黑龙江省农业科学院经济作物研究所
00000075	00000075	黄龙	陕西	Moraceae（桑科）	Cannabis（大麻属）	Cannabis sativa L.（大麻）	地方	黑龙江省农业科学院经济作物研究所
00000076	00000076	富县	陕西	Moraceae（桑科）	Cannabis（大麻属）	Cannabis sativa L.（大麻）	地方	黑龙江省农业科学院经济作物研究所
00000077	00000077	志丹	陕西	Moraceae（桑科）	Cannabis（大麻属）	Cannabis sativa L.（大麻）	地方	黑龙江省农业科学院经济作物研究所

（续表）

统一编号	保存单位号	种子名称	原产地	科名	属名	学名	种质类型	种子来源
00000078	00000078	定边	陕西	Moraceae（桑科）	*Cannabis*（大麻属）	*Cannabis sativa* L.（大麻）	地方	黑龙江省农业科学院经济作物研究所
00000079	00000079	神木	陕西	Moraceae（桑科）	*Cannabis*（大麻属）	*Cannabis sativa* L.（大麻）	地方	黑龙江省农业科学院经济作物研究所
00000080	00000080	武都	甘肃	Moraceae（桑科）	*Cannabis*（大麻属）	*Cannabis sativa* L.（大麻）	地方	黑龙江省农业科学院经济作物研究所
00000081	00000081	康县	甘肃	Moraceae（桑科）	*Cannabis*（大麻属）	*Cannabis sativa* L.（大麻）	地方	黑龙江省农业科学院经济作物研究所
00000082	00000082	舟曲	甘肃	Moraceae（桑科）	*Cannabis*（大麻属）	*Cannabis sativa* L.（大麻）	地方	黑龙江省农业科学院经济作物研究所
00000083	00000083	武山	甘肃	Moraceae（桑科）	*Cannabis*（大麻属）	*Cannabis sativa* L.（大麻）	地方	黑龙江省农业科学院经济作物研究所
00000084	00000084	清水	甘肃	Moraceae（桑科）	*Cannabis*（大麻属）	*Cannabis sativa* L.（大麻）	地方	黑龙江省农业科学院经济作物研究所
00000086	00000086	康乐	甘肃康县	Moraceae（桑科）	*Cannabis*（大麻属）	*Cannabis sativa* L.（大麻）	地方	黑龙江省农业科学院经济作物研究所
00000087	00000087	华亭	甘肃华亭	Moraceae（桑科）	*Cannabis*（大麻属）	*Cannabis sativa* L.（大麻）	地方	黑龙江省农业科学院经济作物研究所
00000088	00000088	靖远	甘肃靖远	Moraceae（桑科）	*Cannabis*（大麻属）	*Cannabis sativa* L.（大麻）	地方	黑龙江省农业科学院经济作物研究所
00000089	00000089	环县	甘肃环县	Moraceae（桑科）	*Cannabis*（大麻属）	*Cannabis sativa* L.（大麻）	地方	黑龙江省农业科学院经济作物研究所
00000090	00000090	古浪	甘肃古浪	Moraceae（桑科）	*Cannabis*（大麻属）	*Cannabis sativa* L.（大麻）	地方	黑龙江省农业科学院经济作物研究所
00000091	00000091	酒泉	甘肃酒泉	Moraceae（桑科）	*Cannabis*（大麻属）	*Cannabis sativa* L.（大麻）	地方	黑龙江省农业科学院经济作物研究所
00000092	00000092	敦煌	甘肃敦煌	Moraceae（桑科）	*Cannabis*（大麻属）	*Cannabis sativa* L.（大麻）	地方	黑龙江省农业科学院经济作物研究所
00000093	00000093	泾源	宁夏泾源	Moraceae（桑科）	*Cannabis*（大麻属）	*Cannabis sativa* L.（大麻）	地方	黑龙江省农业科学院经济作物研究所
00000094	00000094	固原	宁夏固原	Moraceae（桑科）	*Cannabis*（大麻属）	*Cannabis sativa* L.（大麻）	地方	黑龙江省农业科学院经济作物研究所
00000095	00000095	中宁	宁夏中宁	Moraceae（桑科）	*Cannabis*（大麻属）	*Cannabis sativa* L.（大麻）	地方	黑龙江省农业科学院经济作物研究所

（续表）

统一编号	保存单位号	种子名称	原产地	科名	属名	学名	种质类型	种子来源
00000096	00000096	中卫	宁夏中卫	Moraceae（桑科）	Cannabis（大麻属）	Cannabis sativa L.（大麻）	地方	黑龙江省农业科学院经济作物研究所
00000097	00000097	盐池	宁夏盐池	Moraceae（桑科）	Cannabis（大麻属）	Cannabis sativa L.（大麻）	地方	黑龙江省农业科学院经济作物研究所
00000098	00000098	吴忠	宁夏吴忠	Moraceae（桑科）	Cannabis（大麻属）	Cannabis sativa L.（大麻）	地方	黑龙江省农业科学院经济作物研究所
00000099	00000099	永宁	宁夏	Moraceae（桑科）	Cannabis（大麻属）	Cannabis sativa L.（大麻）	地方	黑龙江省农业科学院经济作物研究所
00000100	00000100	平罗	宁夏	Moraceae（桑科）	Cannabis（大麻属）	Cannabis sativa L.（大麻）	地方	黑龙江省农业科学院经济作物研究所
00000101	00000101	西宁	青海	Moraceae（桑科）	Cannabis（大麻属）	Cannabis sativa L.（大麻）	地方	黑龙江省农业科学院经济作物研究所
00000102	00000102	湟中	青海	Moraceae（桑科）	Cannabis（大麻属）	Cannabis sativa L.（大麻）	地方	黑龙江省农业科学院经济作物研究所
00000103	00000103	互助	青海	Moraceae（桑科）	Cannabis（大麻属）	Cannabis sativa L.（大麻）	地方	黑龙江省农业科学院经济作物研究所
00000104	00000104	马耆	新疆	Moraceae（桑科）	Cannabis（大麻属）	Cannabis sativa L.（大麻）	地方	黑龙江省农业科学院经济作物研究所
00000105	00000105	哈密	新疆	Moraceae（桑科）	Cannabis（大麻属）	Cannabis sativa L.（大麻）	地方	黑龙江省农业科学院经济作物研究所
00000106	00000106	奇台	新疆	Moraceae（桑科）	Cannabis（大麻属）	Cannabis sativa L.（大麻）	地方	黑龙江省农业科学院经济作物研究所
00000107	00000107	霍城	新疆	Moraceae（桑科）	Cannabis（大麻属）	Cannabis sativa L.（大麻）	地方	黑龙江省农业科学院经济作物研究所
00000108	00000108	清源	辽宁	Moraceae（桑科）	Cannabis（大麻属）	Cannabis sativa L.（大麻）	地方	黑龙江省农业科学院经济作物研究所
00000109	00000109	彰武	辽宁	Moraceae（桑科）	Cannabis（大麻属）	Cannabis sativa L.（大麻）	地方	黑龙江省农业科学院经济作物研究所
00000110	00000110	西丰	辽宁	Moraceae（桑科）	Cannabis（大麻属）	Cannabis sativa L.（大麻）	地方	黑龙江省农业科学院经济作物研究所
00000111	00000111	昌图	辽宁	Moraceae（桑科）	Cannabis（大麻属）	Cannabis sativa L.（大麻）	地方	黑龙江省农业科学院经济作物研究所
00000112	00000112	通化	吉林	Moraceae（桑科）	Cannabis（大麻属）	Cannabis sativa L.（大麻）	地方	黑龙江省农业科学院经济作物研究所

（续表）

统一编号	保存单位号	种子名称	原产地	科名	属名	学名	种质类型	种子来源
00000113	00000113	临江	吉林	Moraceae（桑科）	Cannabis（大麻属）	Cannabis sativa L.（大麻）	地方	黑龙江省农业科学院经济作物研究所
00000114	00000114	榆树	吉林	Moraceae（桑科）	Cannabis（大麻属）	Cannabis sativa L.（大麻）	地方	黑龙江省农业科学院经济作物研究所
00000115	00000115	扶余	吉林	Moraceae（桑科）	Cannabis（大麻属）	Cannabis sativa L.（大麻）	地方	黑龙江省农业科学院经济作物研究所
00000116	00000116	洮安	吉林	Moraceae（桑科）	Cannabis（大麻属）	Cannabis sativa L.（大麻）	地方	黑龙江省农业科学院经济作物研究所
00000117	00000117	东宁	黑龙江	Moraceae（桑科）	Cannabis（大麻属）	Cannabis sativa L.（大麻）	地方	黑龙江省农业科学院经济作物研究所
00000118	00000118	五常	黑龙江	Moraceae（桑科）	Cannabis（大麻属）	Cannabis sativa L.（大麻）	地方	黑龙江省农业科学院经济作物研究所
00000119	00000119	鸡西	黑龙江	Moraceae（桑科）	Cannabis（大麻属）	Cannabis sativa L.（大麻）	地方	黑龙江省农业科学院经济作物研究所
00000120	00000120	林口	黑龙江	Moraceae（桑科）	Cannabis（大麻属）	Cannabis sativa L.（大麻）	地方	黑龙江省农业科学院经济作物研究所
00000121	00000121	阿城	黑龙江	Moraceae（桑科）	Cannabis（大麻属）	Cannabis sativa L.（大麻）	地方	黑龙江省农业科学院经济作物研究所
00000122	00000122	勃利	黑龙江	Moraceae（桑科）	Cannabis（大麻属）	Cannabis sativa L.（大麻）	地方	黑龙江省农业科学院经济作物研究所
00000123	00000123	同江	黑龙江	Moraceae（桑科）	Cannabis（大麻属）	Cannabis sativa L.（大麻）	地方	黑龙江省农业科学院经济作物研究所
00000124	00000124	通河	黑龙江	Moraceae（桑科）	Cannabis（大麻属）	Cannabis sativa L.（大麻）	地方	黑龙江省农业科学院经济作物研究所
00000125	00000125	望奎	黑龙江	Moraceae（桑科）	Cannabis（大麻属）	Cannabis sativa L.（大麻）	地方	黑龙江省农业科学院经济作物研究所
00000126	00000126	明水	黑龙江	Moraceae（桑科）	Cannabis（大麻属）	Cannabis sativa L.（大麻）	地方	黑龙江省农业科学院经济作物研究所
00000127	00000127	拜泉	黑龙江	Moraceae（桑科）	Cannabis（大麻属）	Cannabis sativa L.（大麻）	地方	黑龙江省农业科学院经济作物研究所
00000128	00000128	依安	黑龙江	Moraceae（桑科）	Cannabis（大麻属）	Cannabis sativa L.（大麻）	地方	黑龙江省农业科学院经济作物研究所
00000129	00000129	克山	黑龙江	Moraceae（桑科）	Cannabis（大麻属）	Cannabis sativa L.（大麻）	地方	黑龙江省农业科学院经济作物研究所

（续表）

统一编号	保存单位号	种子名称	原产地	科名	属名	学名	种质类型	种子来源
00000130	00000130	北安	黑龙江	Moraceae（桑科）	Cannabis（大麻属）	Cannabis sativa L.（大麻）	地方	黑龙江省农业科学院经济作物研究所
00000131	00000131	讷河	黑龙江	Moraceae（桑科）	Cannabis（大麻属）	Cannabis sativa L.（大麻）	地方	黑龙江省农业科学院经济作物研究所
00000132	00000132	嫩江	黑龙江	Moraceae（桑科）	Cannabis（大麻属）	Cannabis sativa L.（大麻）	地方	黑龙江省农业科学院经济作物研究所
00000133	00000133	孙吴	黑龙江	Moraceae（桑科）	Cannabis（大麻属）	Cannabis sativa L.（大麻）	地方	黑龙江省农业科学院经济作物研究所
00000134	00000134	黑河	黑龙江	Moraceae（桑科）	Cannabis（大麻属）	Cannabis sativa L.（大麻）	地方	黑龙江省农业科学院经济作物研究所
00000144		榛子大麻	湖北	Moraceae（桑科）	Cannabis（大麻属）	Cannabis sativa L.（大麻）	地方	辽宁省经济作物研究所
00000151		李阳大麻	陕西	Moraceae（桑科）	Cannabis（大麻属）	Cannabis sativa L.（大麻）	地方	辽宁省经济作物研究所
00000152		李疙瘩大麻	陕西	Moraceae（桑科）	Cannabis（大麻属）	Cannabis sativa L.（大麻）	地方	辽宁省经济作物研究所
00000154		安塞大麻	陕西	Moraceae（桑科）	Cannabis（大麻属）	Cannabis sativa L.（大麻）	地方	辽宁省经济作物研究所
00000156		延安大麻	陕西	Moraceae（桑科）	Cannabis（大麻属）	Cannabis sativa L.（大麻）	地方	辽宁省经济作物研究所
00000158		吉林2号	吉林	Moraceae（桑科）	Cannabis（大麻属）	Cannabis sativa L.（大麻）	选育	辽宁省经济作物研究所
00000159		吉林4号	吉林	Moraceae（桑科）	Cannabis（大麻属）	Cannabis sativa L.（大麻）	选育	辽宁省经济作物研究所
00000160		吉林6号	吉林	Moraceae（桑科）	Cannabis（大麻属）	Cannabis sativa L.（大麻）	选育	辽宁省经济作物研究所
00000161		吉林7号	吉林	Moraceae（桑科）	Cannabis（大麻属）	Cannabis sativa L.（大麻）	选育	辽宁省经济作物研究所
00000162		吉林9号	吉林	Moraceae（桑科）	Cannabis（大麻属）	Cannabis sativa L.（大麻）	选育	辽宁省经济作物研究所
00000163		扶余线麻	吉林	Moraceae（桑科）	Cannabis（大麻属）	Cannabis sativa L.（大麻）	地方	辽宁省经济作物研究所
00000164		前郭大麻	吉林	Moraceae（桑科）	Cannabis（大麻属）	Cannabis sativa L.（大麻）	地方	辽宁省经济作物研究所
00000165		柳河大麻	吉林	Moraceae（桑科）	Cannabis（大麻属）	Cannabis sativa L.（大麻）	地方	辽宁省经济作物研究所
00000167		双阳大麻	吉林	Moraceae（桑科）	Cannabis（大麻属）	Cannabis sativa L.（大麻）	地方	辽宁省经济作物研究所
00000168		东风大麻	吉林	Moraceae（桑科）	Cannabis（大麻属）	Cannabis sativa L.（大麻）	地方	辽宁省经济作物研究所
00000170		绥化大麻	黑龙江	Moraceae（桑科）	Cannabis（大麻属）	Cannabis sativa L.（大麻）	地方	辽宁省经济作物研究所
00000171		海化大麻	黑龙江	Moraceae（桑科）	Cannabis（大麻属）	Cannabis sativa L.（大麻）	地方	辽宁省经济作物研究所

（续表）

统一编号	保存单位号	种子名称	原产地	科名	属名	学名	种质类型	种子来源
00000172		宽甸大麻	辽宁	Moraceae（桑科）	Cannabis（大麻属）	Cannabis sativa L.（大麻）	地方	辽宁省经济作物研究所
00000173		凤城大麻	辽宁	Moraceae（桑科）	Cannabis（大麻属）	Cannabis sativa L.（大麻）	地方	辽宁省经济作物研究所
00000175		鞍山大麻	辽宁	Moraceae（桑科）	Cannabis（大麻属）	Cannabis sativa L.（大麻）	地方	辽宁省经济作物研究所
00000176		本绥大麻	辽宁	Moraceae（桑科）	Cannabis（大麻属）	Cannabis sativa L.（大麻）		
00000178		333大麻	辽宁	Moraceae（桑科）	Cannabis（大麻属）	Cannabis sativa L.（大麻）		
00000179		安平大麻	辽宁	Moraceae（桑科）	Cannabis（大麻属）	Cannabis sativa L.（大麻）		
00000180		宁城大麻	内蒙古	Moraceae（桑科）	Cannabis（大麻属）	Cannabis sativa L.（大麻）		
00000182		凌源大麻	辽宁	Moraceae（桑科）	Cannabis（大麻属）	Cannabis sativa L.（大麻）		
00000183		喀左大麻	辽宁	Moraceae（桑科）	Cannabis（大麻属）	Cannabis sativa L.（大麻）		
00000186		林东大麻	内蒙古	Moraceae（桑科）	Cannabis（大麻属）	Cannabis sativa L.（大麻）		
00000190		盖州大麻	辽宁	Moraceae（桑科）	Cannabis（大麻属）	Cannabis sativa L.（大麻）		
00000192		营口大麻	辽宁	Moraceae（桑科）	Cannabis（大麻属）	Cannabis sativa L.（大麻）	地方	辽宁省经济作物研究所
00000194		辽中大麻	辽宁	Moraceae（桑科）	Cannabis（大麻属）	Cannabis sativa L.（大麻）	地方	辽宁省经济作物研究所
00000196		邯郸大麻	河北	Moraceae（桑科）	Cannabis（大麻属）	Cannabis sativa L.（大麻）	地方	辽宁省经济作物研究所
00000198		海城大麻	辽宁	Moraceae（桑科）	Cannabis（大麻属）	Cannabis sativa L.（大麻）	地方	辽宁省经济作物研究所
00000199		复县大麻	辽宁	Moraceae（桑科）	Cannabis（大麻属）	Cannabis sativa L.（大麻）	地方	辽宁省经济作物研究所
00000200		双辽大麻	吉林	Moraceae（桑科）	Cannabis（大麻属）	Cannabis sativa L.（大麻）	地方	辽宁省经济作物研究所
00000202		建昌大麻	辽宁	Moraceae（桑科）	Cannabis（大麻属）	Cannabis sativa L.（大麻）	地方	辽宁省经济作物研究所
00000137		金平大麻	云南	Moraceae（桑科）	Cannabis（大麻属）	Cannabis sativa L.（大麻）	地方	辽宁省经济作物研究所
00000138		路南大麻	云南	Moraceae（桑科）	Cannabis（大麻属）	Cannabis sativa L.（大麻）	地方	辽宁省经济作物研究所
00000139		蒙自大麻	云南	Moraceae（桑科）	Cannabis（大麻属）	Cannabis sativa L.（大麻）	地方	辽宁省经济作物研究所
00000141		田家山大麻	湖北	Moraceae（桑科）	Cannabis（大麻属）	Cannabis sativa L.（大麻）	地方	辽宁省经济作物研究所
00000142		阳日大麻	湖北	Moraceae（桑科）	Cannabis（大麻属）	Cannabis sativa L.（大麻）	地方	辽宁省经济作物研究所
00000145		龙门河大麻	湖北	Moraceae（桑科）	Cannabis（大麻属）	Cannabis sativa L.（大麻）	地方	辽宁省经济作物研究所
00000147		官店大麻	湖北	Moraceae（桑科）	Cannabis（大麻属）	Cannabis sativa L.（大麻）	地方	辽宁省经济作物研究所
00000155		洛南大麻	陕西	Moraceae（桑科）	Cannabis（大麻属）	Cannabis sativa L.（大麻）	地方	辽宁省经济作物研究所
00000166		梅河大麻	吉林	Moraceae（桑科）	Cannabis（大麻属）	Cannabis sativa L.（大麻）	地方	辽宁省经济作物研究所

统一编号	保存单位号	种子名称	原产地	科名	属名	学名	种质类型	种子来源
00000169		宁安大麻	黑龙江	Moraceae（桑科）	Cannabis（大麻属）	Cannabis sativa L.（大麻）	地方	辽宁省经济作物研究所
00000174		丹东大麻	辽宁	Moraceae（桑科）	Cannabis（大麻属）	Cannabis sativa L.（大麻）	地方	辽宁省经济作物研究所
00000185		灯塔大麻	辽宁	Moraceae（桑科）	Cannabis（大麻属）	Cannabis sativa L.（大麻）	地方	辽宁省经济作物研究所
00000189		庄河大麻	辽宁	Moraceae（桑科）	Cannabis（大麻属）	Cannabis sativa L.（大麻）	地方	辽宁省经济作物研究所
00000191		汉中大麻	陕西	Moraceae（桑科）	Cannabis（大麻属）	Cannabis sativa L.（大麻）	地方	辽宁省经济作物研究所
00000193		左家大麻	吉林	Moraceae（桑科）	Cannabis（大麻属）	Cannabis sativa L.（大麻）	地方	辽宁省经济作物研究所
00000195		富锦大麻	黑龙江	Moraceae（桑科）	Cannabis（大麻属）	Cannabis sativa L.（大麻）	地方	辽宁省经济作物研究所
00000201		兆东大麻	黑龙江	Moraceae（桑科）	Cannabis（大麻属）	Cannabis sativa L.（大麻）	地方	辽宁省经济作物研究所
00000203		迁安大麻1号	河北	Moraceae（桑科）	Cannabis（大麻属）	Cannabis sativa L.（大麻）	选育	辽宁省经济作物研究所
00000204		迁安大麻2号	河北	Moraceae（桑科）	Cannabis（大麻属）	Cannabis sativa L.（大麻）	选育	辽宁省经济作物研究所
00000205		青龙广茬山大麻	河北	Moraceae（桑科）	Cannabis（大麻属）	Cannabis sativa L.（大麻）	地方	辽宁省经济作物研究所
00000209		平泉大吉口大麻1号	河北	Moraceae（桑科）	Cannabis（大麻属）	Cannabis sativa L.（大麻）	选育	辽宁省经济作物研究所
00000210		平泉大吉口大麻2号	河北	Moraceae（桑科）	Cannabis（大麻属）	Cannabis sativa L.（大麻）	选育	辽宁省经济作物研究所
00000211		承德县大麻	河北	Moraceae（桑科）	Cannabis（大麻属）	Cannabis sativa L.（大麻）	地方	辽宁省经济作物研究所
00000213		新县大麻	内蒙古	Moraceae（桑科）	Cannabis（大麻属）	Cannabis sativa L.（大麻）	地方	辽宁省经济作物研究所
00000215		北安通北大麻	黑龙江	Moraceae（桑科）	Cannabis（大麻属）	Cannabis sativa L.（大麻）	地方	辽宁省经济作物研究所
00000216		宜良大麻	云南	Moraceae（桑科）	Cannabis（大麻属）	Cannabis sativa L.（大麻）	地方	辽宁省经济作物研究所
00000217		建平大麻	辽宁	Moraceae（桑科）	Cannabis（大麻属）	Cannabis sativa L.（大麻）	地方	辽宁省经济作物研究所
00000218		朝阳龙城大麻	辽宁	Moraceae（桑科）	Cannabis（大麻属）	Cannabis sativa L.（大麻）	地方	辽宁省经济作物研究所
00000219		义县中泥大麻	辽宁	Moraceae（桑科）	Cannabis（大麻属）	Cannabis sativa L.（大麻）	地方	辽宁省经济作物研究所
00000222		禄劝大麻	云南	Moraceae（桑科）	Cannabis（大麻属）	Cannabis sativa L.（大麻）	地方	辽宁省经济作物研究所
00000223		灵武大麻	宁夏	Moraceae（桑科）	Cannabis（大麻属）	Cannabis sativa L.（大麻）	地方	辽宁省经济作物研究所
00000224		乌海大麻	内蒙古	Moraceae（桑科）	Cannabis（大麻属）	Cannabis sativa L.（大麻）	地方	辽宁省经济作物研究所
00000225		临河大麻	宁夏	Moraceae（桑科）	Cannabis（大麻属）	Cannabis sativa L.（大麻）	地方	辽宁省经济作物研究所

（续表）

统一编号	保存单位号	种子名称	原产地	科名	属名	学名	种质类型	种子来源
00000226		石嘴山大麻	宁夏	Moraceae（桑科）	Cannabis（大麻属）	Cannabis sativa L.（大麻）	地方	辽宁省经济作物研究所
00000228		新都大麻	四川	Moraceae（桑科）	Cannabis（大麻属）	Cannabis sativa L.（大麻）	地方	辽宁省经济作物研究所
00000229		迪庆大麻	云南	Moraceae（桑科）	Cannabis（大麻属）	Cannabis sativa L.（大麻）	地方	辽宁省经济作物研究所
00000230		路南大麻	山西	Moraceae（桑科）	Cannabis（大麻属）	Cannabis sativa L.（大麻）	地方	辽宁省经济作物研究所
00000231		大邑大麻	四川	Moraceae（桑科）	Cannabis（大麻属）	Cannabis sativa L.（大麻）	地方	辽宁省经济作物研究所
00000033	00000033	六安寨麻	安徽六安	Moraceae（桑科）	Cannabis（大麻属）	Cannabis sativa L.（大麻）	地方	辽宁省经济作物研究所
00000050	00000050	莱芜大麻	山东	Moraceae（桑科）	Cannabis（大麻属）	Cannabis sativa L.（大麻）	地方	辽宁省经济作物研究所
00000136		洱源大麻	云南	Moraceae（桑科）	Cannabis（大麻属）	Cannabis sativa L.（大麻）	地方	辽宁省经济作物研究所
00000184		浑江大麻	吉林	Moraceae（桑科）	Cannabis（大麻属）	Cannabis sativa L.（大麻）	地方	辽宁省经济作物研究所
00000177		昌图大麻	辽宁	Moraceae（桑科）	Cannabis（大麻属）	Cannabis sativa L.（大麻）	地方	辽宁省经济作物研究所
00000140		岫岩大麻		Moraceae（桑科）	Cannabis（大麻属）	Cannabis sativa L.（大麻）	地方	辽宁省经济作物研究所
00000143		南公营大麻		Moraceae（桑科）	Cannabis（大麻属）	Cannabis sativa L.（大麻）	地方	辽宁省经济作物研究所
00000146		二道营子大麻		Moraceae（桑科）	Cannabis（大麻属）	Cannabis sativa L.（大麻）	地方	辽宁省经济作物研究所
00000150		大城子大麻		Moraceae（桑科）	Cannabis（大麻属）	Cannabis sativa L.（大麻）	地方	辽宁省经济作物研究所
00000187		万福大麻		Moraceae（桑科）	Cannabis（大麻属）	Cannabis sativa L.（大麻）	地方	辽宁省经济作物研究所
00000197		六间房大麻		Moraceae（桑科）	Cannabis（大麻属）	Cannabis sativa L.（大麻）	地方	辽宁省经济作物研究所
00000207		大岭大麻		Moraceae（桑科）	Cannabis（大麻属）	Cannabis sativa L.（大麻）	地方	辽宁省经济作物研究所
00000208		磨刀石山地麻		Moraceae（桑科）	Cannabis（大麻属）	Cannabis sativa L.（大麻）	地方	辽宁省经济作物研究所
00000214		平谷大麻		Moraceae（桑科）	Cannabis（大麻属）	Cannabis sativa L.（大麻）	地方	辽宁省经济作物研究所
00000157		隆昌大麻		Moraceae（桑科）	Cannabis（大麻属）	Cannabis sativa L.（大麻）	地方	辽宁省经济作物研究所
00000232		呼兰大麻		Moraceae（桑科）	Cannabis（大麻属）	Cannabis sativa L.（大麻）	地方	辽宁省经济作物研究所
00000233		相屯大麻		Moraceae（桑科）	Cannabis（大麻属）	Cannabis sativa L.（大麻）	地方	辽宁省经济作物研究所

（一）河北省工业大麻农家良种

1. 蔚县大白皮

分布在张家口地区的蔚县等工业大麻产区，并已传入内蒙古的凉城、丰镇、集宁和山西的阳高、天镇等工业大麻产区。种子灰白色，颗粒较大，种子千粒重约22g。一般5月上旬播种，8月上旬收获纤维，9月下旬收获种子，为中熟种。植株较细而匀，节间长，一般高2.6~3.4m，叶片少并且小叶少，耐肥喜水，纤维薄而柔软、洁白，胶质少，富有光泽，拉力强，品质优良，干茎出麻率16%，一般亩产纤维75~100kg。

2. 左权小麻籽

原产山西省和顺县、左权县一带。很早就引入河北省邢台地区的邢台县等工业大麻产区。种子灰白色，颗粒较大，千粒重23~25g。从播种到采收纤维90~100d，从播种到种子成熟120~140d。一般茎高2.6~4.0m，上下粗细均匀，节间长，纤维柔软、洁白，光泽好，拉力强。由于木质部薄而髓腔较大，抗风力较弱，易受风害，干茎出麻率16%。

3. 固始魁麻

原产河南省固始县，后引入河北，种子灰黑色，颗粒较小，千粒重14g，从播种到采收纤维100~120d，种子成熟约150d，为晚熟种。一般高3.3~4.5m，茎径1.5mm左右，茎色深绿。表皮粗糙，叶片多而小叶多，叶色深绿，耐肥耐水，抗倒伏与抗虫害力强。纤维较厚而粗硬，拉力强，干茎出麻率18%。

4. 涞源大白皮

分布河北省保定地区的涞源、易县、阜平、唐县等工业大麻产区。种子灰白色，颗粒大，千粒重22g左右。从播种到采收纤维约85d，种子成熟约130d，为中熟种，一般茎高2.5m左右，植株较细而上下粗细均匀，纤维柔软，色白，拉力强，品质好，干茎出麻率15%。

（二）安徽省工业大麻农家良种

1. 火球子（火川）

自播种至种子成熟150d左右，为早熟品种，种植面积不大。大雪前后播种，立夏前后开花，芒种前后收获纤维，6月下旬收获种子。种子较小，呈微白色，种壳呈碎小花斑，株高1.5~2.4m，全株紧密，分枝少，叶较小，花期长，皮薄，纤维细软，但纤维百分率较低。亩产精麻60~85kg。

2. 火麻（线麻）

原产于安徽省六安地区，自播种至种子成熟190d左右，为中熟品种，占工业大麻总种植面积的70%，分布在苏埠、新安、木厂、城南等湾畈区。迟熟高产，立春后播种，小暑后收获，白露前后收种，一般亩产麻皮约63kg；种子比火球子稍大，比寒麻小，果壳有花斑，种皮有花纹，种子千粒重16~17.5g。株高2~3m，茎秆上下粗细较为均匀，分枝少而部位高，节间较长，皮薄，纤维细软；有光泽，品质好，亩产精麻90~160kg。

3. 寒麻（魁麻）

原产于安徽省六安地区，自播种至种子成熟220d左右，为晚熟品种。由于质量特别好，是中国工业大麻品质中最好的麻，麻中之魁，又称魁麻。集中在独山沿淠河湾区及山区河谷地带，早播早熟，大寒前后播种，芒种前后收获，大暑前收种，亩产麻皮在75~100kg。目前种植面积约5万亩，总产量约6 000t。种子较大，果壳有黑色斑点。一般株高3~4m，茎秆上下粗细相差较大，分枝较多，叶片肥大，节间长，皮厚，含胶多，纤维粗硬。种皮暗绿色，有黄绿色花纹，种子千粒重18g左右，麻苗特别耐寒，抗病虫能力特强。干茎出麻率20%左右，一般亩产纤维100~150kg。

（三）四川省工业大麻农家良种

四川工业大麻，集中在成都平原一带，包括温江、郫都、双流、崇庆、灌县等地，其中温江为采纤用工业大麻生产区，而郫都为留种用工业大麻生产区。

1. 青花麻籽

生长期130~140d，出苗较晚，生长缓慢，适于高兀油沙田。叶小、色深绿，茎高而圆，纵沟浅，皮层薄，纤维柔细、色白，品质好，产量高而稳定。籽壳稍厚，种子产量高。

2. 白花麻籽

出苗较青花麻籽早2~3d，叶色黄绿，叶片较窄小，抗倒力强，种子壳薄，麻皮和种子产量均较低。

3. 黄花麻籽

生育期120~130d，对温度要求较低，生长迅速，但后劲不足，比较耐湿，适于低湿田栽培。茎的纵沟较深，分枝较多，叶大，纤维黄色，籽粒大，产量较低。

（四）山东省莱芜水麻

原产于山东莱芜，中熟种。在当地3月底至4月初播种，7月中旬开花，8月上中旬收麻，9月底收种。从出苗至种子成熟需170d左右。种子千粒重18g左右。株高2m以上。纤维质地柔软，色白，有光泽，胶质少。一般亩产纤维90~125kg。

（五）山西黄漳工业大麻

原产于山西左权县，中熟种。种皮灰白色，籽粒较大，千粒重23~25g。从出苗至种子成熟需150~170d。株高3m左右，节间较长。叶片肥大，茸毛少。茎木质部较薄，抗风力较弱。干茎出麻率17%左右，纤维柔软，品质较好。一般亩产纤维100kg左右。

（六）甘肃华亭工业大麻

原产于甘肃省华亭县，为油麻兼用品种。较耐旱、耐寒、耐肥，适应性强。清水太石工业大麻经驯化后成为华亭地方品种，其麻纤维质地优良，脱胶充分，分裂度高，是国际国内畅销的麻纱、高支纱的最好原料。在华亭3月下旬播种，8月中旬开花收麻，9月下旬收种，从出苗到种子成熟需160d左右。一般株高3m左右，分枝少，节间较长，梢部结实部位平均长30cm以上。种子较大，千粒重23g左右。一般亩产纤维50~75kg，种子35~50kg。2008年清水各镇种植纤维用工业大麻近20 000亩，总产可达1 600t优质麻皮。

（七）宁夏盐池工业大麻

原产于宁夏盐池县，为油用品种。采麻栽培株高可达3m，亩产熟麻60~100kg，纤维柔软，品质好。在盐池3月底至4月初播种，8月上旬开花，9月底收种。种子黑褐色，有花纹，千粒重17~19g。叶片肥大，根系发达，抗寒、抗旱和抗虫力较强。

（八）云南工业大麻

1. 大姚工业大麻

云南大姚县地方良种。晚熟。在大姚于3月上旬播种，8月上旬开花，9月底至10月初收种，从出苗至种子成熟需200d左右。种子近圆形，种皮青白色，有黑色斑点，有光泽。茎下部表皮有白色斑点。株高可达4~5m，麻皮较厚，亩产纤维可达125kg以上。

2. 云麻一号

云麻一号是云南省农业科学院在云南省公安厅的支持下经系统选育成的一个工业大麻新品种，其四氢大麻酚含量符合国际上广泛采用的欧盟标准（THC<0.3%），2001年7月通过云南省品种审定委员会审定，是国内目前唯一通过品种审定的工业大麻新品种，是国际禁毒委员会批准种植的全世界

第26个工业大麻品种。目前主要在云南各地种植，主要在勐海、石屏、宾川等地山地种植，主要是供种和供皮所用，按当地条件，其麻皮产量在80～130kg/亩，麻秆产量在500～800kg/亩。由于其纬度低，适应南麻北种的要求，其可种区域大。

云麻一号株高3m左右，最高可达5m。茎秆淡绿色，基部圆形，中上部具较浅的纵沟。密植条件下基本无分枝。叶片绿色，在茎基部为对生，中上部互生。种子卵圆形，浅褐色，千粒重24g，属大粒型。全生育期约190d（随播种期而异），工艺成熟期约110d，为晚熟型。鲜茎出麻率6.9%，原麻产量约130kg/亩。繁种种植种子单产100～120kg/亩。群体茎秆匀称，生长整齐，长势强。雌雄异株，雌、雄株各占50%，植株可油纤兼用。

二、国外优良工业大麻品种及分布

欧洲工业大麻种植者已开发出许多高产的THC含量低的纤用工业大麻作物，法国、德国、波兰、罗马尼亚以及乌克兰的种植者则主要关注成熟期一致、THC含量低的雌雄同株的品种，而匈牙利、意大利、西班牙则主要培育THC含量低的雌雄异株品种。有些富有创新性的工业大麻品种是由匈牙利Ivan Bocsa及其合作者开发出来的Kompolti纤用工业大麻种，该工业大麻品种起源于意大利，其中的Kompolti TC三向杂交纤用雌雄异株工业大麻的茎秆产量达到867kg/亩，成熟期为115～118d。匈牙利利用杂交优势育种得到的Uniko-B（Kompolti和Fibrimon杂交）纤用工业大麻的雌株率为95%，雄株率为5%，成熟期105d，茎秆产量达到667～733kg/亩。20世纪80年代，Bosca采用了德国Bredemann研发所得的方法，在开花之前选择纤维性雄株，这样在很大程度上提高了工业大麻纤维的比例，并首次开发出高产量的杂种以及单性的雌株一代。

目前欧洲已登记的45种工业大麻作物和北美（加拿大）已登记的24种工业大麻作物是几百年来逐渐发展起来的，是小农采用传统方式耕种工业大麻时无意识地选择本地品种后产生的。现代工业大麻品种的来源只有少数的几种，欧洲的工业大麻品种来源于北欧和中欧生态型、南欧生态型和东亚生态型3个基因中心。欧洲可商业获得的已登记的32种工业大麻品种中，有22种雌雄同株、9种雌雄异株和1种单性雌株。所有的这32种工业大麻全部或部分来源于中欧和南欧生态型，只有2种匈牙利品种结合了远东生态型工业大麻。所有的雌雄同株和单性雌株品种的雌雄同株特征都来源于德国Bredemann等50年代中期培育的真正雌雄同株工业大麻品种"Fibrimon"，9种雌雄异株中的7种含有来源于匈牙利工业大麻的基因，其他来源于意大利工业大麻品种的基因。将意大利品种与雌雄同株"Fibrimon"，以及中国的工业大麻品种和一些其他中欧和南欧工业大麻品种相结合就可以培育出所有的欧洲工业大麻品种。由于这种很窄的基因组合，从而导致工业大麻品种很难在欧洲以外的地区生长。欧洲工业大麻栽培变种中的意大利工业大麻品种以高纤维质量闻名，而法国工业大麻品种（多数为雌雄同株品种）则以低THC含量而闻名（THC最低含量小于0.05%）。

最近，一些工业大麻育种者又开发出了现代籽用和药用型工业大麻品种，并将几种新品种投入生产。芬兰利用从俄罗斯Vavilov研究院基因库取得的种质开发出"FIN-314"（当前在欧盟和加拿大的登记名称为"Finola"），这是第一个专用来产籽的工业大麻作物，并于1998年在加拿大正式投入生产。"FIN-314"种子中含有高的人体必需脂肪酸、高的γ-亚麻酸（4.4%）和低的硬脂酸（1.7%）。"FIN-314"植株较矮，很容易利用联合收割机进行收割，而且它的种子产量很高，种子产量可达120kg/亩，当前需要进一步改良的是通过连续选种并确定作物的成熟期，从而提高优质种子的产量，降低不成熟种子的比例。

在荷兰，HortaPharm BV已开发出药用型工业大麻品种，并已获准在英国GW药物有限公司进行生产。这些作物可用于提取大量的纯工业大麻化学成分以及完整的作物酊剂，这些酊剂在临床试验中可测试药品对几种病症的治疗有效性。由HortaPharmBV开发的工业大麻品种能提取出单一较纯的工业大麻化学成分，如较高的CBD和THC（含量超过10%），而没有明显的其他成分。

俄罗斯的Vavilov植物研究所（VIR）具有世界上最大的工业大麻种质基因库，当前收藏的工业大麻栽培种数量约500种，其中俄罗斯北部种6个，俄罗斯中部种56个，俄罗斯南部种322个，雌雄同株种94个，野生种21个，其中不乏高纤维含量、高纤维品质和低THC含量（<0.1%）品种。其中的雌雄同株油纤兼用品种YUSO-14在俄罗斯中部种植的茎秆产量为647kg/亩，纤维产量为193kg/亩，种子产量为73kg/亩。在俄罗斯南部种植的纤用工业大麻品种的茎秆产量可达1.2t/亩。

欧美国家目前正在探索如何培育出纤维质量高、工业大麻籽产量高以及工业大麻籽出油率高的新品种；培育出适宜的工业大麻籽油中脂肪酸的比例以及适宜在赤道附近栽培、抵抗某些害虫和疾病、具有抗盐性等性能的工业大麻栽培品种。

（一）欧洲纤用和籽用工业大麻栽培品种

从地理起源上看，欧洲工业大麻栽培品种大多属于俄罗斯南部和中部生态类型，乌克兰和法国工业大麻栽培品种则属于南部和中部生态类型杂交得到的过渡类型，而亚洲工业大麻品种则属于一个独立种群。俄罗斯南部工业大麻生态类型的典型特征为：主要为雌雄异株工业大麻，工艺成熟期105~115d，种子成熟期140~170d，茎秆产量10~12t/hm²，是典型的纤维型工业大麻，作为纤维用工业大麻收获时种子不成熟甚至还未形成，主要包括匈牙利、罗马尼亚、俄罗斯南部、意大利、西班牙和土耳其的培育和农家品种，其中也包括一个法国（Futura）和两个俄罗斯雌雄同株工业大麻品种。俄罗斯中部生态类型工业大麻的典型特征为：工艺成熟期70~80d，种子成熟期105~110d，茎秆产量5~6t/hm²，纤维含量较低，纤维质量较差，主要包括一些俄罗斯、乌克兰和波兰的雌雄同株工业大麻品种。过渡生态类型工业大麻则是采用俄罗斯中部和南部生态类型杂交得到的栽培品种，其典型特征为：工艺成熟期85~95d，种子成熟期115~130d，茎秆产量7~9t/hm²，种子产量较高，该类型的工业大麻主要为籽纤兼用型工业大麻，法国除Futura外的所有品种、乌克兰的JUSO-11、Zolotonshaya 13和Dneprovskaya 14工业大麻属于这个类型，全部为雌雄同株或雌雄同株杂交品种，其THC含量很低。

1. 法国栽培品种

按照种群的状态可以将当前法国的工业大麻栽培品种分成两类，一类为直接选择自Fibrimon（理想的或真正的雌雄同株栽培品种）的自由授粉种群，另一类是Fibrimon和几种雌雄异株的纤维型品种的F₁和F₂杂种后代（不稳定"准雌雄同株"栽培品种），法国的工业大麻栽培品种多为这种类型，属于俄罗斯中部和南部工业大麻生态型的过渡类型，特征上更趋于俄罗斯南部工业大麻生态型。法国工业大麻栽培种在法国种植主要用于造纸工业，很少一部分作籽秆两用。

（1）雌雄同株工业大麻品种。Fibrimon品种是一种比较稳定的高纤维含量雌雄同株工业大麻栽培种，它是德国Bredemann等1961年培育成功的。它的亲本种群是：Havellandische或Schurigs（选择自俄罗斯中部品种）工业大麻中自然出现的雌雄同株工业大麻的同系繁殖材料；德国（也是来自俄罗斯中部品种）纤维含量非常高的雌雄异株工业大麻；来自意大利和土耳其的开花期较晚的雌雄异株当地品种。在法国，Fibrimon 21、Fibrimon 24和Fibrimon 56品种都选择自Fibrimon品种，只是成熟期不同。Ferimon 12品种是选择自Fibrimon 21品种的法国最早熟型工业大麻品种，其茎秆和纤维产量较低，主要用于收获工业大麻籽。

Futura 77是选育自Fedrina 74的雌雄同株工业大麻品种，是法国最晚熟和茎秆产量最高的工业大麻品种，该品种不适于种子生产，主要作为纤维用工业大麻收获。

（2）雌雄同株杂交工业大麻品种。Fedrina 74工业大麻品种是雌雄异株的Fibridia和雌雄同株的

Fibrimon 24杂交之后再和Fibrimon 24回交得到的。Fibridia除没有采用雌雄同株的Schurigs同系繁殖材料外，所采用的育种方法和祖先与Fibrimon相同。

Fedora 19品种是将俄罗斯雌雄异株JUS-9的雌株与雌雄同株Fibrimon 21的植株进行杂交，之后将得到的F_1单性雌株与Fibrimon 21进行回交得到的早熟品种。产生的回交后代（BC_1）作为一等质量种子销售，其中雌株和雌雄同株的个体比例各为50%。这种作物自由授粉的种子后代就是二等种子，它的雄株比例为0~30%。育种的母本JUS-9是俄罗斯Yuzhnaya Krasnodarskaya（选择自意大利工业大麻）工业大麻与俄罗斯北部矮小的工业大麻品种杂交后代，Fedora 9的茎秆和纤维产量较低，但种子产量较高，适合工业大麻种子生产。

Felina 34品种是雌雄异株的匈牙利Kompolti品种与Fibrimon 24进行杂交，然后再与Fibrimon 24进行回交得到的早熟到中熟品种。该工业大麻品种是法国最普遍的工业大麻品种，茎秆、纤维和种子产量较高，可以作为纤用工业大麻或籽纤兼用工业大麻种植。

1996年，法国注册了一种新型的不含THC（THC含量小于0.05%）的Santhica 23栽培品种和几乎不含有THC的Epsilon 68栽培品种，其育种资料目前还不清楚。

2. 匈牙利工业大麻栽培品种

匈牙利工业大麻栽培品种也包括自由授粉种群以及F_1和F_2代杂种。

Kompolti品种是从来源于意大利的Fleischmann工业大麻（或简写为F-工业大麻）选择而来，选择目的主要是为了提高纤维含量。缺乏叶绿素的黄茎Kompolti Sargaszaru品种是德国自然产生的黄茎突变体（芬兰早熟工业大麻品种和意大利晚熟工业大麻品种杂交后代中发现）与Kompolti品种杂交，并不断与Kompolti回交得到。Kompolti是欧洲最古老最有名的雌雄异株工业大麻品种，纤维含量高达35%~38%，茎秆产量11~12t/hm²，种子产量中等，工艺成熟期110~115d，THC含量0.1%~0.15%。

匈牙利是唯一实施工业大麻杂种优势育种的国家，育成了几个F_1杂种栽培品种。Uniko-B是单向杂交杂种栽培品种，它是Kompolti与Fibrimon 21杂交的后代，Fibrimon 21品种作为花粉提供者，杂交得到的F_1代几乎为单性雌株，利用F_1得到的F_2代中含有约30%的雄株，F_2代作为纤维型工业大麻进行大田栽培。Uniko-B工业大麻工艺成熟期105~110d，茎秆产量11~12t/hm²，纤维含量低于Kompolti工业大麻，THC含量0.2%~0.25%。

Kompolti Hybrid TC是三向杂交品种，其中两个品种来自中国本地工业大麻品种，即将Kinai Ketlaki（雌雄异株）、Kinai Egylaki（雌雄同株）和Kompolti进行组合。杂交的第一步（Kinai雌雄异株×Kinai雌雄同株）中，雌雄同株亲本作为花粉的提供者，得到了单性的、几乎全部是雌株的F_1代，称为"Kinai Uniszex"，这种单性雌株的后代可以作为类似于雄性不育的育种亲本，然后再将它作为种子亲本用于（Kinai Uniszex×Kompolti）杂交，产生可商业销售的Kompolti Hybrid TC三向杂交种，其性别比例为正常的1:1。Kompolti Hybrid TC的工艺成熟期为120~125d，茎秆产量高于Kompolti品种工业大麻，纤维含量30%~33%，THC含量0.4%~0.5%，超过欧盟标准，仅在匈牙利或其他无此限制的欧洲国家种植。由于是杂种，大田种植后不宜留种继续种植。

Fibriko是最新的三向杂交种。育种时首先将Kinai雌雄异株与Kinai雌雄同株进行杂交，产生单性雌株的Kinai Uniszex，然后再与黄茎的Kompolti Sargaszaru雄株进行杂交。但是Fibriko并不是黄茎，这是由于绿茎与黄茎相比前者是显性的。Fibriko的工艺成熟期为100~105d，纤维含量较高（33%~35%），在所有匈牙利工业大麻品种中，Fibriko工业大麻纤维的细度最细，强度最高。由于Fibriko是杂种，大田种植后不能继续留种使用。

3. 波兰工业大麻栽培品种

目前波兰有两种自由授粉雌雄同株工业大麻种群。Bialobrzeskie是雌雄异株与雌雄同株多次杂交的品种，即［（LKCSD×Kompolti）×Bredemann 18］×Fibrimon 24。雌雄异株LKCSD亲本选择自俄罗斯中部品种Havellandische或Schurigs，而雌雄异株的Bredemann 18选择自德国工业大麻，而该德国工业大麻品种也是起源于俄罗斯中部工业大麻品种。该工业大麻品种的茎秆产量10～12t/hm²，种子产量800～100kg/hm²，纤维含量27%～28%，纤维质量较高。

Beniko品种是Fibrimon 24与Fibrimon 21杂交的后代，Beniko工业大麻种子产量比Bialobrzeskie高，纤维含量高达37%，纤维产量3t/hm²。

4. 罗马尼亚工业大麻栽培品种

罗马尼亚的栽培品种为自由授粉工业大麻种群，包括两个雌雄异株工业大麻品种和两个雌雄同株工业大麻品种，均属于俄罗斯南部工业大麻生态类型。

雌雄异株的Fibramulta 151品种是ICAR42-118与德国Fibridia工业大麻单向杂交后选择得到的，是罗马尼亚最古老的工业大麻品种。亲本ICAR42-118是意大利工业大麻（Carmagnola和Bologna工业大麻）和土耳其品种（Kastamonu）杂交的后代。Fibramulta 151的工艺成熟期为115～117d，茎秆产量8～10t/hm²，纤维含量26%，种子产量800kg/hm²。

雌雄异株Lovrin 110品种是从保加利亚当地品种（Silistrenski）选择而来，工艺成熟期110～115d，茎秆产量9～11t/hm²，纤维含量27%～30%。

雌雄同株Secuieni 1品种是将雌雄异株Dneprovskaya 4与雌雄同株Fibrimon工业大麻进行杂交后，然后再分别与雌雄同株工业大麻Fibrimon 21和Fibrimon 24进行两次回交得到。俄罗斯雌雄异株亲本Dneprovskaya 4是从Yuzhnaya Krasnodarskaya选择而来，而Yuzhnaya Krasnodarskaya品种则来自意大利工业大麻。Secuieni 1工业大麻种群中含有50%～60%的雌株，30%～40%的雌雄同株，5%～10%的雌雄异株雄株，其工艺成熟期105～110d，茎秆产量8～9t/hm²，纤维含量30%～33%，种子产量达到1 000～1 200kg/hm²。

1990年后又培育出了雌雄同株Irene工业大麻品种，1994年在罗马尼亚登记，其亲本资料不详，开花期比Secuieni 1工业大麻晚10d左右，茎秆产量11～12t/hm²，纤维含量26%～27%，种子产量可达1.4t/hm²。

5. 乌克兰和俄罗斯工业大麻栽培品种

目前在俄罗斯和乌克兰中部和南部地区主要种植8种自由授粉的工业大麻栽培品种。品种的名称可以提供生态类型（Yuzhnaya-南方）和雌雄同株（Odnodomnaya）性状方面的信息，序号不同而名称相同的栽培品种并不一定具有相同的祖先。由于从俄罗斯语音翻译的问题，有时候同一种栽培品种可能会有不同的拼法。

雌雄异株南方品种Kuban是从Szegedi 9与Krasnodarskaya 56杂交的后代中家系选择（Family selection）得到的。育种亲本Szegedi 9是从匈牙利的Tiborszallasi当地品种选择得到的，Krasnodarskaya 56可能是从本地的高加索和意大利品种杂交后代选择得到的。

雌雄同株南方品种Dneprovskaya Odenodomnaya 6是从Szegedi 9与Fibrimon 56杂交后代中系统选择得到的。该品种工业大麻接近于俄罗斯南部生态型工业大麻，种子成熟期125～150d，工艺成熟期105～120d，纤维含量31%，种子产量0.6～0.9t/hm²，THC含量0.15%～0.2%。

目前还不清楚相对较新的雌雄异株南方品种Zenica（或Shenitsa）的祖先，其种子成熟期比Dneprovskaya Odenodomnaya 6晚10～12d，与Dneprovskaya Odenodomnaya 6工业大麻相比，种子产量较低，茎秆产量较高，纤维含量相同，而纤维质量更好，THC含量小于0.2%。

其余的栽培品种都具有南方生态型工业大麻特征，但是为了延迟开花提高秆的产量，在较高纬度种植，它们全部都是雌雄同株品种。

Zolotonoshskaya Yuzhnosozrevayushchaya Odnodomnaya 11（简写为USO-11或YUSO-11）是

Dneprovskaya 4、YUSO-21与Dneprovskaya Odnodomnaya的杂交后代。雌雄异株亲本Dneprovskaya 4是从Yuzhnaya Krasnodarskaya工业大麻中选择得到，该品种又来自意大利工业大麻。还不清楚YUSO-21的祖先。YUSO-11工业大麻种子成熟期为135～140d，茎秆产量9t/hm²，纤维含量27%，种子产量0.5t/hm²。

Zolotonoshskaya 13（简写为USO-13或YUSO-13）是YUSO-16与Dneprovskaya Odnodomnaya 6杂交后代选择得到的，YUSO-13工业大麻种子成熟期140～145d，纤维含量27.4%，THC含量小于0.2%。

Yuzhnosozrevayushchaya Odnodomnaya 14（简写为YUSO-14或USO-14）是从YUSO-1进一步选择得到的，YUSO-1是JUS-6与Odnodomnaja Bernburga的杂交后代。雌雄异株亲本JUS-6是从Yuzhnaya Krasnodarskaya与矮小的俄罗斯北部工业大麻杂交后选择得到的。Yuzhnaya Krasnodarskaya最初是从意大利工业大麻选择得到的，Odnodomnaja Bernburga最初是在20世纪40年代德国培育成功，其德国名称为Bernburger Einhausigen。YUSO-14工业大麻属早熟种，其工艺成熟期90d，种子成熟期107～115d，茎秆产量8～9t/hm²，纤维含量27%～28%，种子产量1.1t/hm²，THC含量0.16%。

YUSO-16或JSO-16是从Fibrimon56选择得到的。

YUSO-31或USO-31是Glukhovskaja 10与YUSO-1杂交选择得到的。亲本Glukhovskaja 10选择自乌克兰中部Novgorod-Seversk当地品种，YUSO-1是YUSO-14的祖先。YUSO-31工业大麻属于早熟种，其工艺成熟期比YUSO-14早一周，茎秆产量9t/hm²，纤维含量25%～26%，THC含量很低（0.04%～0.07%）。

当地品种Ermakovskaya Mestnaya则与上述品种不同，在西伯利亚很多地区有大面积栽培，它属于俄罗斯中部生态型。但还不清楚它是否是由当地农民通过混合选择（Mass selection）得到的严格意义上的当地品种（农家品种）。

6. 意大利工业大麻栽培品种

由于法律禁止，意大利栽培品种已有几十年没有进行种植了。欧盟可以获得农业补贴的栽培品种和在国际贸易中经过认证的种子中共包括5个自由授粉的意大利栽培品种，它们是Carmagnolo、CS（Carmagnola Selezionata）、Fibranova、Eletta Campana和Superfibra，意大利工业大麻品种具有南方生态型工业大麻特征。

Carmagnolo是意大利北部的当地品种。CS是雌雄异株品种，选自Carmagnola。

Fibranova是雌雄异株工业大麻，选自Bredemann Eletta与Carmagnola的杂交后代。亲本Bredemann Eletta是德国高纤维含量选择之后得到的品种之一，它来自俄罗斯北部和中部工业大麻品种，也是Fibrimon和Bialobrzeskie的育种材料。

雌雄异株的Eletta Campana是意大利Carmagnola当地品种与源自德国的高纤维含量品种进行杂交得到的。

目前还没有Superfibra谱系方面的信息。

7. 欧盟2005年可获农业补贴的工业大麻栽培品种

欧盟可获农业补贴的工业大麻栽培品种仅限于纤用工业大麻，共28个品种，其中意大利4个，全为雌雄异株；法国10个，其中9个为雌雄同株，1个为雌雄异株；匈牙利5个，雌雄异株；乌克兰2个，雌雄同株；波兰2个，雌雄同株；西班牙2个，雌雄异株；德国、荷兰和芬兰各1个。欧盟1992年通过立法，允许商业种植THC含量小于0.3%的工业大麻，2001—2002年开始，规定的THC含量降低至0.2%。2005年欧盟登记的可以获得欧盟农业补贴的工业大麻品种见表7-2。

表7-2 2005年欧盟登记的可获农业补贴的工业大麻品种

品种	来源	备注
Carmagnolisa	意大利	雌雄异株，意大利北方本地种
CS	意大利	雌雄异株，选育自Carmagnolia
Fibranova	意大利	雌雄异株，杂家品种
Red Petiole	意大利	雌雄异株
Fedora 17	法国	（异株JUS9×同株Fibrimon 21）×同株Fibrimon 21的单性雌F₁代，早熟种，THC含量0.05%
Ferimon	法国	杂交得到的稳定雌雄同株，多个法国品种的育种材料
Fibrimon 24	法国	选育自Ferimon
Felina 32	法国	（异株Kompolti×同株Fibrimon 24）×同株Fibrimon 24，THC含量0.05%
Felina 34	法国	（异株Kompolti×同株Fibrimon 24）×同株Fibrimon 24，中熟种，THC含量0.05%
Futura 75	法国	（异株Fibridia×同株Fibrimon 24）×同株Fibrimon 24
Epsilon 68	法国	雌雄同株，THC含量0.05%
Santhica 23	法国	雌雄同株，无THC，亲本不详
Santhica 27	法国	雌雄同株，无THC，亲本不详
Dioica 88	法国	雌雄异株，THC含量0.05%
Uniko-B	匈牙利	异株Kompolti×同株Fibrimon 21杂交单雌种，F₁代中30%雄株，籽纤兼用工业大麻
Tiborszallasi	匈牙利	异株，早熟，2000年育成
Fibriko TC	匈牙利	异株、单性和异株杂交种，雌株占多数
Cannacomp	匈牙利	
Lipko	匈牙利	Uniko-B×Fibrimon杂交种
USO-14	乌克兰	雌雄同株，优良种
USO-31	乌克兰	雌雄同株，超级优良种
Beniko	波兰	同株Fibrimon 24×同株Febrimon 21，早熟
Bialobrzeskie	波兰	异株与同株的多次杂交品种
Delta-Llosa	西班牙	雌雄同株，亲本不详
Delta 405	西班牙	雌雄同株，亲本不详
Fasamo	德国	雌雄同株，非常早熟，籽纤兼用
Chamaeleon	荷兰	中熟种，亲本不详
Finola	芬兰	异株，早熟，籽用，亲本不详

8.克罗地亚工业大麻栽培品种

克罗地亚当前只有一种自由授粉的工业大麻栽培品种Novosadska konoplja，它是由Flajsmanova（与起源于意大利的Fleischmann工业大麻相同，见匈牙利工业大麻栽培品种）选择改良得到的。

9.德国工业大麻栽培品种

Fasamo是一种新型的自由授粉、早熟德国雌雄同株纤用型和籽用型工业大麻栽培品种，来自Schurigs与Bernburger Einhausigen（20世纪40年代在Bernburg育成的雌雄同株工业大麻）杂交后代。

（二）欧洲药用型工业大麻品种

在传统的Marijuana生产国仍有许多未命名的Sativa型当地药用工业大麻品种。缅甸、哥伦比亚、牙买加、墨西哥、尼泊尔和泰国等是主要的栽培Sativa型药用品种的地区。印度、中东、中非、南非以及加勒比海地区也属于这种情况。

在阿富汗和巴基斯坦，主要栽培*Indica*型当地品种，用于生产Hashish。

本地的农民都已自觉或不自觉地将*Indica*和*Sativa*型当地品种进行了杂交。自从20世纪60年代以来，在美国通过对进口的当地品种进行选择性近亲育种得到了优良的无性系药用工业大麻。这些本地品种和选择的无性系之间的杂交种，构成了现代药用型工业大麻的基础。

非杂交的同系繁殖品种有源于阿富汗的纯*Indica*药用工业大麻无性系Afghani#1、Hindu Kush以及南非名为Durban的纯*Sativa*药用工业大麻种群。

重要的药用型工业大麻杂交品种是Haze、Northern Lights和Skunk#1。Haze是在20世纪70年代在加利福尼亚培育出来的，它是从哥伦比亚、墨西哥、泰国和印度南部得来的纯*Sativa*当地品种的祖先进行多次杂交的后代，通过近亲交配育种可以使其性状稳定下来。

Northern Light是在华盛顿开发出来的，它的祖先血统1/4是泰国（*Sativa*）当地品种，3/4是阿富汗（*Indica*）当地品种。Northern Lights很不稳定，从分离的种群中选择出3种具有不同表型的雌性无性系，用于当前的F₁杂种种子生产（NL#1、NL#2和NL#5）。

Skunk#1是在加利福尼亚育种成功的，其祖先来自阿富汗（*Indica*）、墨西哥（*Sativa*）和哥伦比亚（*Sativa*）。20世纪70年代进行了杂交试验，对其后代进行选择性的近亲交配育种使它成为近乎真正的栽培品种。

上述美国药用工业大麻栽培品种及其杂交组合品种当前在荷兰或多或少都已合法商业化，荷兰私有公司至少在销售35种近亲F₁种子后代。另外，近几年大约有30种遗传背景相似的雌性无性系的种子后代可以商业获得。为了早点得到适于在温和气候下室外栽培的药用工业大麻品种，2000年前后就对药用型工业大麻无性系和来自匈牙利的自然化纤用型工业大麻派生物（*C.ruderalis*）进行了回交杂种试验，但并未获得成功。

通常药用型工业大麻都没有官方注册，而且育种者的权利也不受法律保护。唯一一例外的是雌性Skunk无性繁殖系于1996年在荷兰得到了官方登记，即药用型工业大麻栽培品种Medisins。

（三）北美纤用和籽用工业大麻栽培品种

目前北美地区仅有加拿大允许商业种植工业大麻，规定的THC含量小于0.3%。其种植目的包括纤用型、籽用型和籽纤兼用型工业大麻。加拿大工业大麻栽培品种除采用纬度比较接近的欧洲工业大麻品种外，还采用这些品种培育了一些加拿大自己的品种。2005年加拿大除种植本国自己培育的6个品种外，其余20个品种全为引进欧洲的工业大麻栽培品种（表7-3）。

表7-3 2005年加拿大工业大麻品种

品种	育种来源	备注
Anka	加拿大	雌雄同株，早熟，适合籽用，千粒重18~19g，0.01%<THC含量<0.05%
Alyssa	加拿大	雌雄同株杂交种，千粒重23g，兼用型，2003年培育成功，0.05%<THC含量<0.08%
Carmn	加拿大	纤维型，0.05%<THC含量<0.2%
Crag	加拿大	0.001%<THC含量<0.16%
Deni	加拿大	晚熟，纤维型
ESTA-1①	加拿大	资料不详
Carmagnola	意大利	雌雄异株，意大利北方本地种
CS	意大利	雌雄异株，选育自Carmagnolia
Fibranova	意大利	雌雄异株，杂交品种

（续表）

品种	育种来源	备注
Fedrina 74	法国	（异株Fibridia×同株Fibrimon 24）×同株Fibrimon 24，比Futura晚熟
Felina 34	法国	（异株Compolti×同株Fibrimon 24）×同株Fibrimon 24，中到晚熟
Ferimon	法国	杂交得到的稳定雌雄同株，为多个法国品种的育种材料
Fibrimon 24	法国	选育自Ferimon，造纸纤维用
Fibrimon 56	法国	选育自Ferimon，造纸纤维用
Fibriko	匈牙利	异株与同株三次杂交种
Kompolti	匈牙利	异株，晚熟，纤用工业大麻种
Kompolti Hibrid TC	匈牙利	异株、单性和异株三次杂交种，雌雄株比例为1∶1
Kompolti Sargaszaru	匈牙利	异株，Kompolti与德国品种多次杂交
Uniko B	匈牙利	异株Kompolti×同株Fibrimon 21杂交单雌种，F$_1$代中30%雄株，籽纤兼用工业大麻
USO-14[②]	乌克兰	雌雄同株，优良种，0.01%<THC含量<0.05%，平均0.042%，加拿大免检THC含量
USO-31[②]	乌克兰	雌雄同株，超级优良种，0.001%<THC含量<0.07%，平均0.039%，加拿大免检THC含量
Zolotonosha 11	乌克兰	雌雄同株，THC含量<0.05%
Zolotonosha 15	乌克兰	USO-11×USO-13杂交
Finola[①]	乌克兰	异株，早熟，籽用，亲本不详
Lovrin 110	罗马尼亚	异株，选育自罗马尼亚本地种
Fasamo	德国	雌雄同株，非常早熟，籽用，0.01%<THC含量<0.05%

注：①还处于观察期的品种；②免予每年进行THC测定的品种。

（四）远东工业大麻品种

远东工业大麻品种主要为当地品种（农家品种）。在韩国，至少有18个当地品种在本地种植和商业化，最近韩国开始了一个新的旨在降低THC含量的工业大麻育种计划，通过在当地品种中以及欧洲低THC含量栽培品种和当地品种杂交后代中进行选择来实现这一目标。

我国山东存在当地品种—野生品种混合体，在山东播种野生工业大麻种群的种子来收获纤维和种子的做法并不罕见。我国各工业大麻种植区的工业大麻基本全为自由授粉的当地品种，只有云麻一号为栽培品种。在泰山和长白山等地存在野生或近乎野生的逸生工业大麻，尽管存在多种不同的分类尝试，但是还是缺少令人满意的对中国工业大麻进行分类的方法。

20世纪初，用中国当地品种和意大利北部的当地品种开发了现已灭绝的Kentucky工业大麻栽培品种，该品种直到20世纪50年代中期一直在美国种植。美国中西部和加拿大现在还有这些栽培品种的逸生野草工业大麻。目前源于中国的品种仍在匈牙利作为杂种优势育种的亲本。

目前还不清楚日本是否还在种植自己的当地工业大麻品种。

（五）其他驯化的工业大麻品种

匈牙利的栽培品种Panorama是一个用作观赏植物的工业大麻品种，它是黎巴嫩药用型品种中自然出现的、植株矮小外观呈球形的突变品种与雌雄同株纤用工业大麻栽培品种Fibrimon的回交杂种。

第二节　工业大麻良种繁育方法

一、大麻引种

根据光周期理论，光照时数的长短，可以促进或抑制植物生长发育。为此属于短日性植物的大麻，由高纬度较长光照条件地区向低纬度地区引种，生育期缩短。由低纬度较短日照时数的地区向高纬度地区引种，生育期延长。所以在生产实践中，总是南麻北植。因在高纬度地区较长的光照条件下，抑制了麻株的发育过程，而促进植株营养生长，结果表现出植株高大、纤维增产。

在北半球，大麻的生长发育季节期间，越往高纬度的北方，光照时数越长。因此，适应北方长光照条件的大麻，均为短光照性弱的早熟类型，越往高纬度的北方越如此。适应南方较短光照条件的大麻，大都为短光性较强的品种。这种大麻光照性强弱的生态地理分布，是大麻生态地理分布的主体，与大麻引种工作关系极大。偏南方的大麻向北引，必然由于光照时数的延长，而延迟开花成熟，甚至秋霜前不能成熟。如安徽六安寒麻、山东莱芜麻、浙江泰兴麻引入黑龙江种植虽然生物学产量增产显著，但种子却不能正常成熟。北方大麻南植，则由于光照缩短，很快满足了引入品种的短光照要求，花芽分化的快，开花成熟提早，但营养生长较差，生物学产量低。如黑龙江五常40号、辽宁凌源大麻引来六安种植其推广产量只有当地品种的10%~20%。如果把偏北方的品种，向南引种作为早熟品种，或作为高肥、足水、密植条件下种植，是有价值的。至于东西方向相互引种只要海拔、温度等条件相差不大，远距离引种也可成功，因为生育期间的光照长短是相近的。如日本Tochigishiro引入辽宁种植，其生育表现与原产地基本相似。

早熟大麻品种，对光照长短变化的反应小，极早熟品种甚至没有反应。品种熟期越迟，反应越大。因此，从生理机制本质上来说，早熟大麻品种是对短光照反应不敏感的品种，属感温性品种。像六安的"火球子"品种、固始的"线麻"品种都属此类早熟品种。这类品种即使引到黑龙江种植，仍然表现为早熟、低产，不会表现出南麻北植的增产效果。

大麻引种工作比较容易进行，时间短，收效快，在生产上已广泛采用。一般讲，应注意以下几点。

一是引种工作必须事先有计划，从重点生态区进行重点引种，尤其是要借鉴以往的经验，但引种范围不要太窄。

二是引种时以引入的品种数量多一些，每种的种子量少一些为宜。自然生态类型有明显差别的地区，引入的品种数应少一些，不宜在未经试验之前大批调种直接投入生产应用。将引入的品种材料，以品种观察鉴定试验的方式，在指定的播种期条件下，每个品种种一小区，进行适应性观察鉴定试验。

三是将观察鉴定试验中认为在生产上有应用可能与价值的品种，进一步进行测产试验，进而进行生产试验。对一些生产上一时不宜直接利用的材料，经过整理后，应当作为育种的原始材料保存利用。所以，引种的内容，实际上包括生产上直接利用的材料和为育种工作引入原始材料两个方面。

二、大麻系统育种

由于大麻通常为雌雄异株作物，一个品种群体内的遗传异质性较大，有些单株个体表现优良，第一年在雄株开花前，剪去生育不好的雄株花序，选留优良雄株授粉全田的雌株。在种子乳熟期初选优良雌株500~1 000株，挂标签，种子成熟时再复查一次，收获优良雌株单株脱粒，并保存种子。同时测定单株株高、茎粗、节数、节间长、分枝数后，剥下麻皮，测定单株纤维重、出麻率，再次决选出麻率高、纤维重、茎高、节间长、熟期一致的优良单株的种子供下年种成株行。并隔10行设一标准品种或亲本为对照，行距30cm，株距10cm。从第二年起，每年到雄株见蕾期，每个株行和对照各取5～10株雄株，测株高、茎粗、鲜茎重、麻皮重，决选10～20个最优株行的雄株授粉全圃。其余株行和对照的雄株要立即剪去花序。雌株种子乳熟期按上年测定指标和当年生产情况，优株行多选，一般株行少选，不好的株行不选。初选优良雌株仍可掌握500～1 000株，挂牌编号，秋收时再检查一次，留优去劣，单株脱粒，测定株高、茎粗、分枝数、枝下长，再剥麻皮测定出麻率、纤维重，最后决选出最优单株100多个。如此，连续选择4～5代后将优良单株种子混合或单独参加品比试验并繁殖种子。

在育种过程中也有在每个优良株行内隔离套袋控制自交，选择2～3代后获得相对纯化的后代。实践证明，雌雄异株作物按传统意义上的系统法选育似乎选育效果不及混交选择，因混交选择最大限度地保持了群体内的异质性，避免了近亲繁殖的不良影响。同时选择来的快，不需等株系纯化后再选，加速了选育进程。同时方法简单，不需要做同品种群体内的隔离，减少工作量。

也有人将这种改良的系统法与集团选择法结合起来进行，在各代单株选择的基础上按照一定的选择强度，将优选单株的种子再按"株粒法"（每株20粒）混合在一起，下年种成小区，设对照。在雄株现蕾期取样测定有关性状，并拔除对照区的全部雄株和集团选择区中的不良雄株。种子成熟时测定集团选择区和对照区雌株性状，同时在集团选择区内选择优良的雌株500～1 000株，下年再如此重复3～4年，就能获得优良品种。不过在选择中发现特别优异的单株，或有特异性状的单株还应单独繁殖，以选育优良品种或材料。

三、大麻杂交育种

杂交育种亲本选配是关键，直接关系到杂交后代能否出现好的变异类型和选出好的品种，选配亲本的一般原则如下。

一是亲本优点多，而且主要性状突出、缺点少又较易克服，两亲本主要性状的优缺点要能互相弥补。

二是两亲本之一最好选用当地推广品种。

三是选用生态类型差异较大，亲缘关系较远的材料作亲本。

杂交方式应根据育种目标和亲本的特点确定，一般有单交、复交等方式。单交是一种最常用的杂交方式，简单易行、时间经济、杂交和后代群体的规模也相对较小。单交在选配亲本时，除一般的亲本选配原则外，在细胞质遗传的情况下，还应注意选用作母本亲本材料。

实践证明为了选育具有某种优良性状的品种，选用两个具有这种优良性状的亲本材料杂交和选用这种优良性状遗传力高的亲本材料杂交，都可以收到良好的效果。

复交是用3个以上的亲本杂交。当受到原始材料的限制，选配不出适合育种目标要求的单交组合时，就要采用3个以上的亲本进行复合杂交。

三交选配亲本时，除一般的亲本选配原则外，还要注意亲本组合的方式。三交要注意研究用哪两个亲本材料先杂交，用哪个亲本材料参加第二次杂交。一般是用综合性状最好的一个亲本材料进行第二次杂交，使它的遗传性在三交一代杂种占到1/2。

进行杂交时，应对亲本材料的开花习性等有关特点有所了解，以便主动进行杂交工作。杂交的方法与技术根据大麻的授粉特点，应注意做好花期调节、隔离与授粉。花期调节是因为不同类型的大麻开花期相差很大，在杂交育种时必须对亲本品种的开花期进行调节，使之花期相遇。目前一般采用下述两种方法。

1. 分期播种

将晚熟亲本适时播种，早熟亲本分期播种，一般播期相隔15～25d。采用分期播种时，尽量掌握各个亲本在不同播期的开花时间。如果早熟亲本还是提早开花，可以把早熟亲本植株上部割去一段，待新分枝上的花开放，使之花期相遇。

2. 短日照处理

大麻晚熟品种多属于短日照作物，对晚熟品种短日照处理后，可使其提早开化，使其与早熟品种花期相遇。短日照处理的方法是：利用暗室或黑塑料布遮盖，使晚熟亲本每日见光10h左右即可。如果亲本种在田间，可利用黑布或黑纸袋在日落前2h将植株套上，第二天日出后1~2h摘掉。大麻在进行短日照处理时，处理的天数一般随着发育进程增加而缩短。出苗后立即处理一般需要25~30d，出苗后一个月开始处理，10~15d就可现蕾。

隔离的方法有多种，但常用的方法有空间隔离和分株套袋隔离两种。

空间隔离是指在配制组合时把两个亲本相邻种植，但不同组合之间一定要相隔2km以上。在母本雄株现蕾时将雄株拔掉，同时拔除劣株和病株，在父本区中只留下部分株型好的雄株，开花时自由授粉。

分株套袋隔离人工授粉法是将亲本品种顺序种在杂交圃内，开花前对选取的父本和母本植株的花序进行适当疏剪，而后分别套袋隔离。纸袋大小以38cm×26cm为宜，待雄株和雌株纸袋内的花序上都有部分花开放时，摘去雌株上的隔离纸袋，把盛有花粉的雄株纸袋取下来，给雌株套上投粉。换袋一定要迅速，防止在换袋过程中其他植株的花粉落入，造成混杂。纸袋在雌株上保留20d以上，如有授粉不良者，可进行重复投粉。一般情况下每株可收到100~200粒种子。这种方法简单易行。

大麻杂交育种，在杂种后代中能否选出优良品种，除亲本选配是否合适外，后代处理也是非常重要的，同时也比一般作物困难。目前的方法是在每一杂交世代内都分株行种植，连续在优良的株行中选择优良的单株。具体说，F_1按组合点播成株行，从每一株行中选优良的雌株和雄株交配。F_2时，将上年各株行里收的单株分株种植。从这一代开始，在每一株行内，选择表现型相似的优株之间交配。所谓表现型相似的优株，就是雌株和雄株当代表现相似，如植株高大、节间长、茎秆粗细均匀、叶片肥大或窄长、开花期相隔日数较少等。这样做是为了尽量使相似的基因型相遇机会增多，也是通过间接特征来定向选择，直至出现特征特性相对一致的株行为止。以后采取混种，在F_3和F_4对表现差的组合和株行进行适当的淘汰。对F_4和F_5确定特征特性整齐一致的株行，可以进行适当繁种，做品系比较试验，选优去劣。

四、大麻杂种优势利用

大麻的杂种优势利用在欧洲一些国家受到重视，我国开展得不多。大麻属异花授粉作物，天然杂交率高，品种的遗传基础复杂，不但株间遗传组成不同、性状差异大，每一植株也是个杂合体。因此，虽然也可以利用品种间杂种，但F_1生长不整齐，杂种优势不够强。

为了克服大麻植株的杂合状态，利用杂种优势的一个重要特点是人工控制授粉，强迫进行自交，提高杂交亲本的纯合性。自交是提高选择效果的一种手段，通过自交，使麻株趋向纯合化，分离出多种多样的纯合体，提高选择效果。根据育种目标，在选定的材料中，连续几代按表现型自交分离，逐步育成基因纯合优良、配合力高的自交系。由于大麻植株异质性很强，自交必须经过4~5代。然后根据选配杂交组合的原则，选配这样的自交系作亲本，配制优良的自交系间杂交种，供生产上利用。

在实践中，用品种间杂交，若两亲本品种选配得当，杂种一代增产幅度也能达10%~30%。

制种田父母本的面积比例为1：5。制种田要与其他大麻地相隔2km以上，避免生物学混杂。当母本雄株现蕾时要及时拔除，若父本中发现不良雄株也要及时拔除，在整个开花期间要进行2~3次的人工授粉。

五、大麻诱变育种

利用物理和化学等因素诱导大麻种子发生变异，并从中进行新品种的选育称为大麻诱变育种。用于辐射诱变的射线很多，但用于大麻诱变育种的射线并不多。有人用γ射线处理大麻干种子，选择剂量10～30伦琴，结果M_1中雄株成活率降低，并出现雌雄同株大麻杂合体。黑龙江省农业科学院1964年用γ射线处理大麻F_1干种子，结果M_1也产生了雌雄同株，同时用系统选择法于1966年育出了新品种，比对照纤维增产20%。

各地用秋水仙碱溶液处理大麻，诱导产生四倍体大麻获得成功。这种方法在20世纪60—70年代广泛用于选育大麻新品种。用0.05%～0.5%秋水仙碱溶液处理大麻种子幼苗，可以有效地诱导产生四倍体。扎托夫（1971）用秋水仙碱处理雌雄异株品种，在倍化的同时，还分离出不同性别类型，其中包括雌雄同株的植株。惠恰脱（1978）用秋水仙碱溶液处理大麻幼苗，再用赤霉素处理，诱导产生35%～100%的四倍体植株。

第三节　工业大麻良种繁殖技术

工业大麻良种繁育是育种工作的继续，是育种工作的重要组成部分，繁育工作跟不上，则新品种就不能在生产上发挥作用，甚至会造成良种的混杂、退化和劣变。良种繁育既要以最快的速度繁育出大量的种根、种苗和种子，又要保持和提高良种的种性，确保纯度，充分发挥良种在生产上的增产、增质作用。

工业大麻品种在繁育方法上，既可无性繁殖，又可种子繁殖（图7-1）。

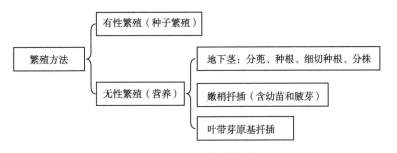

图7-1　工业大麻繁育方法

工业大麻良种繁育和推广有如下两大特点。

一是原种基地建设。用于良种繁育的种源必须是原种的无性系后代，严禁种子繁殖后代留种。

二是大田生产。用于大田生产的种源应以无性系繁殖为主，辅以种子繁殖。即当原种的种源充足时，提倡以无性繁殖扩大良种推广面积，其优点是能保持良种的种性，但存在着繁殖系数低、成本高、推广速度慢的缺陷；当原种无性系种源不足，生产上又急需大量种源扩大良种推广面积时，可考虑采用种子繁殖法用于大田生产，该法的优点是繁殖系数高、成本低、见效快，但种子繁殖后代有变异现象，难以保持良种的纯一性。故用于种子繁殖的种源必须是无性系后代，而种子繁殖后代则不宜留种。

所以，原种基地建设时，必须采用无性系后代，而大田生产则两种繁殖方法可以互补和并存，视生产需要而定。

现将广泛用于生产和育种实践的主要繁殖技术介绍如下。

一、无性繁殖

（一）嫩梢扦插繁殖

该技术由华东师范大学管和、华中农业大学杨宗盛于1983年首先研究成功，经有关单位人员的改进和不断完善，更具生产实践性，由于扦插基质不同，又可分为水培、沙培和土培。又因取材部位不同，可分为幼苗插、腋芽扦插等。

扦插繁殖是目前应用比较广泛的大麻快速无性繁殖技术，它是将剪取或掰取的工业大麻嫩梢采取相关技术扦插在弓膜的苗床内使之长根成活为植株的一种方法，具有保持原种种性、繁殖系数高、不影响母本麻园的丰产性、不带病菌、方法简便、成本低等特点。同一品种采用嫩梢、嫩枝扦插快繁技术繁殖的种苗，在同等条件下大田移栽后可增产30kg/亩左右。其技术要点概述如下。

1. 扦插繁殖时间

嫩梢扦插在春、夏、秋季都可进行，3月下旬即可开始首批扦插，10月上旬可完成最后一批扦插，为了配合农事操作并节约成本，一般提倡在3月下旬至6月中旬头麻生长期和8月下旬至10月中旬三麻生长期两个周期进行。

2. 母本圃的选择与管理

为了确保品种的原有种性，在选择母本圃时一定要注意其田间长势长相，做好去杂除劣工作。加强其肥水和病虫害防治管理，促进嫩枝早发多发，增大繁殖系数。

3. 苗床准备

苗床选择以地势较高、平坦、背风向阳、排水良好的沙质土壤为宜，忌选早春的白菜土和前作是二麻的土地。翻耕前去掉杂草等有机物残渣，翻耕深度在20cm左右，耙碎土块整平厢面，土粒要适中，直径不大于2cm，太大扦插长根困难，太碎通风透气受影响。按南北向开厢做垄以利于通风透光，厢宽以10~120m为宜。如果遇到土壤过于黏重或土粒过大，可适当掺入河沙。

4. 取材

多年实践证明，用于扦插的侧梢比主茎梢成活率高且生根更快，因此提倡在扦插前15d将植株主梢的茎尖生长点去掉，同时增施速效肥，不定期根据田间长相去掉部分叶片，增强光照，促进侧枝萌发和生长，3~5d后植株上部每个节上开始发出侧枝，取材量可以数倍增加。主茎嫩梢取材时应用刀片切断，切口要小，嫩梢长度7~8cm；侧枝嫩梢采用徒手法掰取，当侧枝长到8cm左右时沿主茎与侧枝交叉的基部位置左右两边掰下，用力要适度，确保枝条基部带有根原基组织，切忌向下用力，以防撕破主茎表皮，影响繁殖系数。嫩梢取回后放在背风阴凉处，立即组织人员将多余叶片进行修剪，只留顶部4~5片小叶，修剪时要轻拿轻放，保护好枝条的表皮和切口的完整以防病菌的侵入，提高成活率。修剪好的嫩梢用事先配好的800倍的甲基硫菌灵浸泡2~3min，捞起来沥干水后用底部人工开了孔的薄膜包好，放到阴凉处，谨防叶片失水凋萎，为防运输途中损伤，每包重量控制在10kg左右。

5. 扦插

把已处理好的嫩梢用小栽锄或竹签引洞后直接插入所备苗床中，操作程序是：加铺河沙—插苗—浇消毒水—插竹弓—盖膜—厢边整理。加铺河沙的多少视所备苗床具体情况而定，主要是便于嫩梢插稳和利于改良土壤通气性能。在插苗过程中动作要轻，切莫损伤嫩梢茎部和切口处，嫩梢扦插的深度、密度、均匀度及插稳的程度直接关系到其成活率。扦插深度以2~3cm为宜，过深基部温度低且通气性能不好，又易损坏伤口，过浅不易插稳，浇水时易倒伏，影响长根。扦插时应将1~2个叶节插入土内，以保证移栽后大田成苗率，避免缺蔸。扦插密度以5cm×10cm为宜，一般春、夏期间扦插成活后马上移栽的可适当密植，晚秋后扦插准备越冬的苗要适当稀植。此外，不同部位、不同长度的嫩梢材料要分开扦插，长的栽在厢中间，短的栽两边，以便于光合作用；扦插好后立即用10L容量的水壶放入配好的1 000倍的甲基硫菌灵药水淋透土层，洒水壶的出水孔离地距离应在50cm左右，这样可以利用水的自然冲力将湿润的泥沙土冲向扦插孔周围将植株稳固在苗床中，土壤湿度以手捏表土能成团松手时易散开为宜；竹弓的长度与地膜的幅宽一致为200cm，两端分别插入泥土8～10cm起固定作用，竹弓之间的间隔要视竹弓的质量和遮阳的材料来定，一般为60cm左右，插竹弓的深度尽量做到深浅一致以利于盖膜；盖好地膜后四周厢边一定要用泥土压实并加喷消毒水后做成一个10cm宽的小平台，以防草帘坠落。

6. 苗床管理

从苗床扦插工作完成后的第二日早晨起，就要根据当时当地的气候条件及天气状况合理调节苗床内的光照、温度、湿度。在20～38℃范围内，随膜内温度升高、长根速度加快，在不超过上述温度界限条件下，想方设法延长其光照时间，有利于促进早发提高成活率。为了合理调节膜内光照、温度、湿度，可采用膜外加盖覆盖物遮阳的办法，稻草等秸秆物质制成的帘子或麻袋可以直接盖到竹弓弓起的膜上，如果是采用黑色遮阳网之类的覆盖物，最好是在膜外再扦一套280cm左右长的竹弓，遮阳网再盖在这套竹弓上，这样在地膜与遮阳网之间形成了一个空间，有利于通风，降温效果明显。全天阴雨天可不盖，雨过天晴温度突然上升的天气要及时盖上；温度较低的早春或晚秋季节由于温度偏低可少盖或不盖；温度较高的夏季上午盖遮阳物时，先盖东边，后盖西边，中午如果温度难以降下，顶上可再加盖一层或淋水降温，13时左右揭遮阳物时也先揭东边的，再揭西边的。这样做的目的就是既满足扦插苗的适宜生长温度，又要保证其必需的光照条件。光照不足，可导致嫩梢营养不足，叶片变黄脱落，发烂霉变，长根变慢抵抗力下降，降低成活率。嫩梢扦插后一般6～8d开始生根，在未长根的情况下，要经常检查苗床薄膜的密封情况，发现穿孔要及时补上，使膜内温度适宜，湿度达到90%以上，否则，嫩梢萎缩不易长根。在检查过程中，如果发现高温缺水引起干枯死苗或苗床浇水量不够等情况时，要及时选择在傍晚或第二日早晨揭膜补浇消毒水，清除死苗及杂物，并将地膜盖紧压实并在膜外厢边淋消毒水；如果发现霉菌滋生蔓延引起霉烂死苗时要及时采取通风措施，白天密封，晚上根据天气状况通风，如果苗床过长的话，可在中间打洞开天窗通风，过后再将洞补上。如果劳动力充足，最好在第二日早晨揭膜清除病死苗并进行重新消毒。

当苗床中麻苗90%以上发根，根长达到1～1.5cm时，即可开始炼苗，先减少覆盖物1～2d，接着晚间再开始两头通风1～2d，根据长根成活及天气状况逐步炼苗直至完全能适应外界环境后揭去所有覆盖物，高温干旱季节还要及时给已长根的揭了膜的麻苗浇水。如果遇到连续阴雨天可一次性全部揭膜。

7. 出圃移栽

当麻苗揭膜3～5d，麻苗长出3片左右的新叶，在中午强日光下不萎蔫，且新根开始变黄时，可择天气开始移栽。晴天起苗时，苗床要泼水，待稍干后依次起苗，大小苗要分开移栽。

（二）下胚轴扦插繁殖

其母圃的选择和培养、取材时间、苗床准备、苗床管理等技术基本与下胚轴扦插繁殖技术类似。不同的是，选取的扦插材料是下胚轴。即在嫩枝茎梢生长良好条件下，用利刀削取下胚轴带生长点的胚轴扦插，直接插体为带生长点的下胚轴，插入介质深度为1～2cm，合理调控光、温、水。生根成活时间与嫩枝茎梢扦插相同；然而出苗生长需靠地下生长点孕芽出苗生长，所需时间为25～35d，且因芽在地下生长方向不同，出苗先后不同，麻苗生长初期不如嫩枝梢茎扦插整齐，但苗相对较壮，基部节密，出苗后生长快，移栽大田后分株力强，且具有较嫩枝茎梢扦插繁殖系数大的优点。

该技术具有繁殖系数大、移栽成活率高、分株能力强、不带病害等特点，已在育种和生产实践中应用，加快了育种进程和新品种推广速度。

二、种子繁殖

对种子繁殖技术能否在生产上大面积推广应用，学术界历来存在着肯定与否定两种截然不同的看法。经广大科技工作者的深入研究，以及大面积生产实践的反复验证，如中国农业科学院麻类研究所张继成等1981年研究成功的"丘陵山区发展工业大麻生产技术"不仅验证了工业大麻种子繁殖具有成本低、速度快、收效也快的特点，而且首次提出了种子繁殖"三当年"（即当年育苗、当年移栽、当年受益）的技术措施，指出同一品种采用有性与无性两种不同繁殖方法，其产量和品质基本在同一水平线上，而且单纤维支数略有上升趋势。农业部1985—1986年下达了麻种子繁殖"三当年"技术推广项目，湖南、江西、四川、湖南、安徽、江苏、浙江等省农业厅实施执行，大面积生产实践进一步证实了种子繁殖的可行性和实效性，对迅速满足国内外市场需要、扩大出口具有一定实用价值，1990年后两种观点逐渐取得共识。种子繁殖技术要点如下。

（一）选用良种

选用后代变异小，适合种子繁殖，并且经过隔离留种的良种种子，如圆叶青、中苎一号、黑皮兜、芦竹青等品种。留种麻园必须严格去杂、去劣。种子采收期长江流域初霜后即11月底至12月初，华南麻区可适当提早，选择晴天、露水干后收种，及时摊晒脱粒，保证发芽率，阴凉处储存。

（二）培育壮苗

1.苗床准备

选择背风向阳、离水源较近、排灌方便、土壤疏松、肥力中等、杂草少的田地作苗床地。翻耕土地，晒土后施杀菌剂和杀虫剂进行土壤消毒。平整作厢，厢宽1.2～1.4m，厢间距离0.3～0.5m，厢面务必整细整平，拣尽杂草，做到上实下虚。厢面施足基肥，有机肥与氮、磷、钾复合肥均可。

2.适时早播

长江流域露地最佳播种期为早春，露地育苗在2月中下旬至3月初播种育苗，薄膜保温育苗可适当提早。也可于温度适宜的秋季播种育苗，越冬后移栽。播种量视种子发芽率而定，一般每亩苗床播种500g左右。播种前晒种1～2d，以利种子吸水，提高发芽势。采用撒播法，先把种子与轻质细土、草木灰等（注意拌种物不要混有杂草种子）按体积1:（5～10）的比例拌匀。分厢定量，撒播均匀。然后撒上薄薄的一层细土（看不见种子即可），播种前或播种后用洒水壶充分浇湿厢面。

3.覆盖和苗床管理

早春用薄膜小拱棚保温育苗。出苗前只需保持薄膜覆盖严实、苗床湿润即可。出苗后应注意调控膜内温湿度。湿度以苗床不发白，膜内有水汽，膜上有密集水珠为宜。如果苗床发白，应立即用洒水壶浇水保湿。半月左右出苗（因温度和品种而异），薄膜内最适气温为25℃左右。膜内气温超过32℃时，晴天10时前应及时揭开薄膜两端通风降温，并在薄膜上盖草帘或遮阳网挡住强光，以防高温烧苗或形成高脚苗，但9时前和13时后要揭去遮阳物，让麻苗适当见光。温度过高时可直接在遮阳物上喷水降温。

当麻苗长到4片真叶时，可以揭开薄膜两端通风炼苗。炼苗2～3d后，选阴天揭去薄膜，揭膜后要及时浇水保湿。保留竹弓，在高温烈日天或预计有大风雨前盖上遮阳网，防止损伤幼嫩麻苗。

露地育苗时，可选用稻草等物覆盖，以不见土为宜，要经常浇水保持苗床湿润。出苗后分次分批揭去覆盖物。一般为齐苗后揭去覆盖物的1/3，2片真叶后再揭去1/3，4片真叶后揭去剩下的覆盖物。下雨天或灾害性天气注意防止幼苗损伤。

4. 揭膜后苗圃管理

揭膜后若发现苗床杂草要及早拔除。从6片真叶期开始，根据麻苗植株形态，除去群体中劣变弱小苗、植株形态明显不同的麻苗。在去杂的同时进行间苗。间苗的方法是先除去弱小苗，如果密度仍大，再去掉一部分麻苗，密度标准为麻株间叶不搭叶为宜。间苗一般要分2~3次进行，每次间隔时间7d左右。每亩苗床最后留苗密度不少于80 000株。

结合间苗、定苗进行施肥。在每次间苗后，用稀薄的人粪尿水或0.5%~1%的尿素水溶液（浓度随苗龄增长逐渐增大）浇洒。一次施肥量不能太多，以免伤害幼苗。

（三）麻苗移栽

出苗后50~60d，麻苗长到8~10片真叶时即可开始移栽，10~12片真叶期是适宜的移栽期。秋季播种育苗的麻苗，经保温越冬后，于第二年早春移栽。移栽宜选择阴天或晴天下午进行。取苗前用水浇湿苗床，取苗时先取大苗。取苗后的苗床应及时整理施肥，以促进小苗生长。尽可能减少根系损伤，适量带土移栽。对叶片数较多，株高超过40cm的麻苗应剪去部分叶片，以减少水分蒸腾。根据麻苗大小分级移栽到不同地块，栽后及时浇足量活蔸水。栽麻后如果连续晴天，3~5d内应每天浇水一次，以确保麻苗成活，并及时查苗补缺。

第四节　工业大麻种子质量和良种标准

一、工业大麻种子质量

（一）工业大麻种子质量的评价

种子质量是指种子这种特殊商品所要满足人们使用种子所要求的特征特性的总和。在中国，种子质量标准包括种子的纯度、净度、水分、发芽率4项指标，工业大麻种子质量的评价主要从物理指标、生理指标、遗传指标、卫生指标4个方面进行。物理指标包括净度、其他植物种子数、水分含量、重量等。种子划分为净种子、其他植物种子、杂质3种成分。每种成分的划分标准是进行净度分析的依据，只有将标准充分熟悉、准确把握，才能将各成分做出快速、准确的界定。生理指标包括发芽率、生活力、活力等。遗传指标包括品种真实性，品种纯度等。卫生指标主要包括种子的健康状况。

1. 物理指标（种子净度）

关于净种子的划分主要表现如下。

（1）未成熟的、瘦小的、皱缩的、带病的或发过芽的完整种子单位，凡能鉴别出它们属于所分析的种的种子都应作为净种子。

（2）破损种子单位大于原来大小的一半，无论是否有胚均属净种子。

（3）除以上基本原则外，每种或属的种子具体划分应参考净种子的划分细则，区别对待。

通过这3条原则可以看出，种子净度分析时，关键要抓住种子所属种的归属，而不是考察种子的发芽力、活力及完整性等质量情况。因为即使种子存在缺陷，如未成熟、瘦小、皱缩、带病或发过芽、小于等于原来大小的一半，也不影响种子的归属。

2. 生理指标

（1）种子活力。种子活力是种子质量的重要指标，也是种用价值的主要组成部分。它与种子田间出苗密切相关，甚至有人把种子活力作为种子质量的同义词。"种子活力是决定种子在发芽和出苗期间的活性水平和行为的那些种子特性的综合表现"。种子表现良好的为高活力种子，北美洲官方种子分析家协会（AOSA）于1980年采用了较为简单直接的定义（McDonald，1980）："种子活力是指在广泛的田间条件下，决定种子迅速整齐出苗和长成正常幼苗潜在能力的总称。"以上两个定义的基本内容是十分相似的。简单概括地说，种子活力就是种子的健壮度（郑光华，1980）。健壮的种子（高活力种子）发芽、出苗整齐迅速，对不良环境抵抗能力强。健壮度差的种子（低活力种子）在适宜条件下虽能发芽但发芽缓慢，在不良环境条件下出苗不整齐，甚至不出苗。

种子活力通常指田间条件下的出苗能力及与此有关的生产性能和指标。

（2）种子生活力。指种子的发芽潜在能力和种胚所具有的生命力，通常是指一批种子中具有生命力（即活的）种子数占种子总数的百分率。

（3）种子发芽率。指种子在适宜条件下（实验室可控制的条件下）发芽并长成正常植株的能力。通常测定的结果，用发芽势和发芽率表示。发芽试验的目的也是测定一批种子中活种子所占的百分率，因此，某种意义上说，广义的种子生活力应包括种子发芽力。但狭义的种子生活力是指应用生化法快速测定的种子生命力。

3. 遗传指标

（1）品种纯度。指品种在特征特性方面一致的程度。用本品种的种子数占供检作物样品种子数的百分率表示。在检测品种纯度之前首先要查明所检品种的真实性。

（2）种子的真实性。指供检品种与文件记录（如标签等）是否相符。

4. 卫生指标（种子健康状况）

种子健康度是衡量种子质量的关键性指标。种子健康即种子卫生状况，指种子是否携带真菌、细菌、病毒或害虫等有害生物，以及是否受到病原、害虫和不利环境因素如元素缺乏症的影响，引起生物性或生理性病害或损害。包括由物理、化学或动物力量造成的形态伤害以及由气候因素引起的生理损害，如冷害等。

（二）工业大麻种子的播种质量

在播种用种时播种品质要好，是指种子的充实饱满度、净度、发芽率、水分、活力及健康度等。概括为"净、饱、壮、健、干"5字。"净"指种子清洁和干净程度，用净度表示。"饱"指种子的充实饱满程度，用千粒重和容重表示。"壮"指种子发芽和出苗的健壮程度，用发芽率和生活力表示。"健"指种子健康程度，用病虫感染率表示。"干"指种子干燥和储藏安全程度，用水分百分率表示。

（三）工业大麻种子分等定级的必检项目

1. 工业大麻种子质量标准

为国家强制执行的标准，以种子纯度、净度、发芽率、水分4项指标来衡量（表7-4）。品种纯度指标是划分种子质量级别的依据，纯度达到标准，净度、水分、发芽率其中一项不达国家标准规定即为不合格种。以单交种为例，工业大麻单交种的合格种子的品种纯度不得低于96%。品种纯度是指所检种个体与个体之间在特征特性方面典型一致的程度。如果纯度达到96%，发芽率不达标，被检种即为不合格种子。净度不得低于99%，净度是指净种子所占供检样品的重量百分率，即种子去除杂质和其他植物种子后清洁干净的程度。水分不得高于9%，否则为不合格种。发芽率不低于85%，表示被检种中正常幼苗占供检样品的百分率≥85%，为合格种。总之，4项指标只要其中一项不达国家标准规定，被检种即为不合格种。

表7-4　大麻种子质量标准（国标GB 4407.1—1996）

作物名称	级别	纯度不低于（%）	净度不低于（%）	发芽率不低于（%）	水分不高于（%）
大麻	原种	99.0	96	85	9
	良种	97.0	96	85	9

2. 纯度的测定

品种纯度包含两个方面的内容，其一是品种的真实性，即所检验的品种，是否符合原品种的特征特性，是否名副其实，有无张冠李戴。其二是品种个体之间的一致性，即个体与个体在形态特征、生理特性、经济性状等方面是否基本一致。而符合品种特征特性基本一致的个体，占整个群体的百分率，即为该批种子的品种纯度。纯度越高，生长越整齐一致，越能发挥增产潜力。

检验品种纯度应以田间检验为主。田间检验一般在品种典型性表现最明显的时期即苗期、花期、成熟期进行。品种纯度的田间鉴定，通常在亲本繁殖田和杂交制种田、田间小区种植鉴定田和生产大田进行。

真实性和品种纯度鉴定，可用种子、幼苗或植株。通常，把种子与标准样品的种子进行比较，或将幼苗和植株与同期邻近种植在同一环境条件下的同一发育阶段的标准样品的幼苗和植株进行比较。

工业大麻种子的室内纯度检验常用的方法有种子形态鉴定法、种苗形态鉴定法、电泳法、细胞学检验法和抗病性鉴定检验法。

3. 净度分析

（1）测定供检样品不同成分的重量百分率和样品混合物特性，据此推测种子批的组成。

（2）净度分析方法。

①重型混杂物的检验：在送检样品中若有与供检种子在大小或重量上明显不同且严重影响结果的混杂物，如土块、小石块或混有大粒种子等，应先挑出这些重型混杂物并称重，再将重型混杂物分离为其他植物种子和杂质。

②试验样品的分取与分离：从送检样品中分取定量的试验样品（工业大麻900g）一份或两份半试样（试样重量的一半）进行分析。试样称重后，将试样分离成净种子、其他植物种子和杂质3种成分。

凡能明确地鉴别出它们是属于所分析的种（已被霉菌包裹的除外），即使是未成熟的、瘦小的、皱缩的、带病的或发过芽的种子单位都应作为净种子。包括完整的种子单位和大于原来大小的一半的破损种子单位。

种皮或果皮没有明显损伤的种子单位，不管是空瘪或充实，均作为净种子或其他植物种子；若种皮或果皮有一个裂口，必须判断留下的种子单位部分是否超过原来大小的一半，如不能迅速做出这种决定，则将种子单位列为净种子或其他植物种子。

③称重：分离后各成分分别称重，以"g"表示，折算为百分率。计算中检验各成分之和与原重量是否超过5%，并核查各成分重复间是否超过容差，是否重做。

（3）其他植物种子数目的测定。根据送检者的不同要求，其他植物种子数目的测定可采用完全检验、有限检验和简化检验。

（4）结果计算和表示。

①净度分析：用净种子、其他植物种子和杂质3种成分的重量百分率表示，有重型混杂物时要将其纳入结果中。

②进行其他植物种子数目测定：结果用测定的种（或属）的种子数来表示，也可折算为每单位重量（如每千克）的种子数。

净种子P_1（%）=净种子重量÷（净种子重量+其他植物种子重量+杂质重量）×100

其他植物种子OS_1（%）=其他植物种子重量÷（净种子重量+其他植物种子重量+杂质重量）×100

杂质I_1（%）=杂质重量÷（净种子重量+其他植物种子重量+杂质重量）×100

送检样品中若有与供检种子在大小或重量上明显不同且严重影响结果的混杂物，如土块、小石块或小粒种子中混有大粒种子等，应先挑出这些重型混杂物并称重，再将重型混杂物分为其他植物种子和杂质。

有重型混杂物的结果换算：

净种子P_2（%）=P_1×（$M-m$）/M×100

其他植物种子OS_2（%）=OS_1×（$M-m$）/$M+m_1$/M×100

杂质I_2（%）=I_1×（$M-m$）/$M+m_1$/M×100

式中，M为送检样品的重量（g）；m为重型混杂物的重量（g）；m_1为重型混杂物中的其他植物种子重量（g）；m_2为重型混杂物中杂质重量（g）；P_1为除去重型混杂物后的净种子重量百分率（%）；P_2为（重复试样各组分重量百分比相比，增失百分率均小于5%的样品）除去重型混杂物后的净种子重量百分率（%）；I_1为除去重型混杂物后的杂质重量百分率（%）；I_2为（重复试样各组分重量百分比相比，增失百分率均小于5%的样品）除去重型混杂物后的杂质重量百分率（%）；OS_1为除去重型混杂物后的其他植物种子重量百分率（%）；OS_2为（重复试样各组分重量百分比相比，增失百分率均小于5%的样品）除去重型混杂物后的其他植物种子重量百分率（%）。

注：最后检验（$P_2+I_2+OS_2$）=100%。

4. 水分测定

（1）概念。按规定程序把种子样品烘干所失的重量，用失去重量占供检样品原始重量的百分率表示。

（2）水分测定方法。

①高温烘干法：将样品盒预先烘干、冷却、称重，并记下盒号，取得试样两份（磨碎种子应从不同部位取得），每份4.5～5.0g，将试样放入预先烘干和称重过的样品盒内再称重（精确至0.001g），使烘箱通电预热至140～145℃，将样品摊平放入烘箱内的上层，样品盒距温度计的水银球约2.5cm处，迅速关闭烘箱门，使箱温在5～10min内升到130～133℃时开始计算时间，烘1h。用坩埚钳或戴上手套盖好盒盖（在箱内加盖）取出后放入干燥器内冷却至室温，30～45min后再称重。

②高水分预先烘干法：如果工业大麻种子水分超过18%时，必须采用预先烘干法。称取两份样品各（25.00±0.02）g，置于直径大于8cm的样品盒，在（103±2）℃烘箱中预烘30min，取出后放置在室温冷却和称重。然后立即将这两个半干样品分别磨碎，并将磨碎物各取一份样品按前述方法进行测定。

③结果计算：根据烘干后失去的重量计算种子水分百分率，两重复结果差距超过0.2%时需重新测定。按下式计算到小数点后一位。

种子水分（%）=（m_2-m_3）÷（m_2-M_1）×100

式中，M_1为样品盒和盖的重量（g）；m_2为样品盒和盖及样品的烘前重量（g）；m_3为样品盒和盖及样品的烘后重量（g）。

用预先烘干法，可从第一次（预先烘干）和第二次按上述公式计算所得的水分结算样品的原始水分。按下式计算。

种子水分（%）=S_1+S_2-（$S_1×S_2$）/100

式中，S_1为第一次整粒种子烘干后失去的水分（%）；S_2为第二次磨碎种子烘干后失去的水分

（%）。

使用各种不同类型和型号的快速水分测定仪测定，如有疑问要与高温烘干法对照。

（3）种子水分的简易测定法。

①齿咬：将种子用牙咬断，感觉硬脆，费劲，声音清脆响亮（咯嘣一声），断面光滑的是干燥的种子。相反，则含水量高。

②手摸：将手插入种子堆内，感到种子滑润，容易伸进底层，或在夏天感到种子堆内有一股冷气，这是干燥的表现。相反，感到种子粒面粗糙发涩，阻力很大，手不易插入，将手抽出时，往往还有一些种子黏附在手背上或手指间，则是含水量较高的表现。

③眼看：工业大麻种子胚部轻微凹陷，是干燥的表现。

④耳听：抓一把种子从高处落下，或用手搅动种子，发出清脆、急促而响亮的沙沙响声，并有皮屑飞扬，是干燥的表现。

⑤指甲刻：用大拇指指甲用力刻工业大麻种子的外皮，硬的较干，软的较潮。

⑥棍插：将细木棍或竹竿一端削尖，插进种子堆内，第二天拔出来，看有否发潮或温度升高的情况，以鉴别种子是否水分过高。

5. 发芽试验

（1）目的。在实验室内幼苗出现和生长达到一定程度，看幼苗的主要构造，判断其在田间的适宜条件下能否进一步生长成为正常的植株。

①发芽率：在规定的条件和时间内长成的正常幼苗数占供检种子数的百分率。

②幼苗的主要构造：因种而异。由根系、幼苗中轴（上胚轴、下胚轴或中胚轴）、顶芽、子叶和芽鞘等构造组成。

③正常幼苗：在良好土壤及适宜水分、温度和光照条件下，具有继续生长发育成为整个植株的幼苗。

④不正常幼苗：生长在良好土壤及适宜水分、温度和光照条件下，不能继续生长发育成为整个植株的幼苗。

⑤死种子：在试验期末，既不坚硬，又不新鲜，也不产生幼苗的任何部分的种子。死种子，通常变软、变色、发霉，并没有幼苗生长的迹象。

⑥新鲜不发芽种子：由生理休眠期引起，试验期间保持清洁和一定硬度，有生长成为正常幼苗的潜力。

⑦硬实：由于不能吸水，而在试验期末仍保持坚硬的种子，豆科中多见。

（2）发芽试验。发芽试验是测定种子一批次的最大发芽潜力，据此可比较不同种子一批次的质量，也可估测田间播种价值。

①正常幼苗：凡符合下列类型之一者为正常幼苗。

完整幼苗　幼苗主要构造生长良好、完全、均匀和健康。工业大麻种子幼苗应具有下列一些构造：发育良好的根系；发育良好的幼苗中轴；有一个发育良好、直立的芽鞘，其中，包着一片绿叶延伸到顶端，最后从芽鞘中伸出。

带有轻微缺陷的幼苗　幼苗主要构造出现某种轻微缺陷，但在其他方面能均衡生长，并与同一试验中的完整幼苗相当。

次生感染的幼苗　由真菌或细菌感染引起，使幼苗主要构造发病或腐烂，但有证据表明，病原不来自种子本身。

②不正常幼苗：不正常幼苗有3种类型。

受损伤的幼苗　加热、干燥、昆虫损害等外部因素引起，使幼苗构造残缺不全或受到严重损伤，以至于不能均衡生长者。

畸形或不匀称的幼苗 由于内部因素引起生理紊乱，幼苗生长细弱，或存在生理障碍，或主要构造畸形，或不匀称者。

腐烂幼苗 由初生感染（病原来自种子本身）引起，使幼苗主要构造发病和腐烂并妨碍其正常生长者。

（3）发芽试验常用的方法。种子发芽试验方法很多，各有优缺点，可结合具体情况选用。但各种方法试验步骤均为：数取试样、置床、定期检查箱内温湿度、幼苗鉴定、结果计算并核对误差。

①普通发芽试验：用培养皿做发芽床。衬垫物可用细沙，消毒后铺放平整待用。从净度检验后的净种子中，随机数取试样4份，每份100粒。每份种子整齐地排放在一个发芽皿内，保持适当距离，注入清水使发芽床湿润。发芽皿上应标记品种名称、日期和编号。把放好种子的发芽床保持在20~25℃的条件下，每日检查正常发芽种子数，并加入适量的清水。发芽床上的种子如表面生霉，可用清水洗后仍放在床上。如果已经霉烂，就应移出并登记数字，发霉种子达到5%时就应更换发芽床。在发芽试验开始后第3天正常发芽种子百分数，叫做发芽势，第7天计算发芽率。

②毛巾卷发芽法：从净度检验后的净种子中随机数取试样2份，每份100粒。事先把毛巾煮沸消毒，取出，沥去多余水分后摊平，当温度降到30℃以下时，把种子排列在毛巾上，籽粒间相距1~2cm，随后用一根筷子做轴，把毛巾卷成圆柱状，不要卷得太紧，以免妨碍种子吸胀和发芽。在毛巾卷的两端用线或橡皮圈轻轻拴住，加上标签，保持在20~25℃的条件下，每天定时喷水，保持毛巾卷湿润。按规定日期检查发芽势和发芽率。

③发芽纸卷发芽法：这个方法简单易行。把发芽纸浸入清水中湿透后，取出发芽纸沥去多余水分，平摊在桌子上，把已数好的4个重复，每重复100粒种子均匀地摆好，四边留出一定的空白，上盖一张发芽纸后，用筷子做轴卷起，抽出竹筷使它成为中空状。纸卷的一端在湿润前标记好，卷好的纸卷可堆放在盘内，也可竖放在小筒内，注入少量清水，保持经常的湿润状态。

（4）结果计算和表示。发芽试验结果用正常幼苗、不正常幼苗、硬实、新鲜不发芽种子和死种子百分率表示。计算到最近似的整数，并核对各重复间的容差，如超标，需重新试验。

6.其他项目检验

生活力的生化测定、种子健康测定、重量测定。

二、工业大麻种子质量鉴别及种质资源鉴定

工业大麻的果实为坚硬瘦果，表面光滑，卵圆形，微扁，顶端尖，种壳颜色有灰色、褐色、黑色，或有网状花纹。果实由外壳和1粒种子组成，并由苞叶包围。种子有两片子叶和胚根、胚乳，种子外层由一层深绿色的薄膜——种皮所包被，新鲜种子略有甘味，种子富含油脂。

外壳紧包种子，故在生产上通常将果实作为种子用。果实平均长2~8mm，小径3~5mm，大径3~6mm，千粒重2~70g。通常野生工业大麻的籽较小，千粒重10~12g。雌雄同株工业大麻籽千粒重通常低于雌雄异株工业大麻。我国及国外典型工业大麻品种种子参数见表7-5。

表7-5 我国及国外典型工业大麻品种种子参数

品种	种子长（mm）	小径（mm）	大径（mm）	千粒重（g）
甘肃清水	5.1	3.6	4.4	27.6
内蒙古特右旗	6.6	4.3	4.9	37.8
内蒙古包头	7.1	5.0	5.5	54.3
六安工业大麻	4.5	2.8	3.3	10.4
六安火麻	4.6	3.0	3.7	12.1

（续表）

品种	种子长（mm）	小径（mm）	大径（mm）	千粒重（g）
云南农家种	6.8	4.8	5.3	41.8
云麻1号	4.4	3.0	3.7	15.9
USO-14（乌克兰）	5.1	3.3	4.0	20.0
USO-31（乌克兰）	5.5	3.3	4.1	20.2

种子产量因品种和种植条件而异，通常雌雄同株工业大麻的种子产量高于雌雄异株工业大麻。种子出油率因品种不同而不同，通常在30%～32%。

第五节　国内外育种单位

一、国外麻类作物育种单位

（一）国际黄麻研究小组

国际黄麻研究小组（IJSG）是在UNCTAD的支持下设定的一个政府间团体，它是黄麻、红麻和其他同类纤维的国际商品实体（ICB）。国际黄麻研究小组于2002年4月27日成立，是前国际麻组织（IJO）合法继承者，总部设在孟加拉国首都达卡，该组织的目标为：为各成员国在世界黄麻、红麻、工业大麻经济所有领域的国际合作、咨询以及政策研究提供有效的框架；促进黄麻、红麻、工业大麻产品的国际贸易；在黄麻、红麻、工业大麻生产、加工领域减轻贫困，提供就业机会；提高黄麻、红麻、工业大麻的产量和品质，研究新的加工技术，对黄麻、红麻、工业大麻产业进行结构性调整；唤起公众对黄麻、红麻、工业大麻作为环保、可再生和生物降解的天然纤维的认识并鼓励公众使用黄麻、红麻、工业大麻产品；在黄麻、红麻、工业大麻产品的国际贸易中提高市场预测能力。

（二）印度中央黄麻与同类纤维研究所

印度中央黄麻与同类纤维研究所成立于1947年，位于西孟加拉邦，其前身为印度黄麻研究所，研究作物主要包括黄麻、红麻、大麻、剑麻、工业大麻和亚麻等，学科包括遗传育种、栽培、植物保护以及加工等。研究所成立以来，共育成麻类作物品种36个，其中黄麻的产量较20世纪50年代已经翻番。研究所设11个研究室，科研人员80人左右。此外，在全国还有4个试验站，分别是位于阿萨姆邦的工业大麻试验站，位于奥里萨邦的剑麻试验站、位于Uttar Pradesh邦的太阳麻试验站和位于西孟加拉邦的中央黄麻与同类纤维种子试验站。

（三）波兰天然纤维研究所

波兰天然纤维研究所（Institute of Natural Fibers，Poznan，Poland）是波兰从事亚麻研究的主要单位，设有亚麻育种室、大麻育种室、植物生理实验室、植物保护室、生物技术实验室及7个试验农场。主要育种目标是培育适应不同农业气象条件、高产、优质、抗病、抗倒伏亚麻新品种。主要研究利用的育种技术是系统选育、种间杂交、诱变育种、生物技术等方法。现有亚麻种质资源866份，野生大麻资源48份，大麻种质资源100份。育成一大批亚麻新品种，如Artenda、Luna、Modran、Nike、Selena、Atena。这些品种成为波兰主要的栽培品种，提高了亚麻的产量和纤维质量。波兰天然纤维作物研究所也是欧洲亚麻及其他韧皮纤维作物合作组织的总部所在地。

（四）俄罗斯全俄亚麻研究所

俄罗斯全俄亚麻研究所是俄罗斯从事亚麻科学研究最早的主要单位之一，该所有近80年的亚麻育种历史。有专业人员190多人，设有育种、栽培、加工、生物技术、植物保护等16个研究室，是世界上专业最全、研究人员最多的亚麻专业研究所。在育种新方法新技术方面广泛开展了有用基因的轮回选择，抗锈病、抗枯萎病、抗倒伏、抗旱等多抗性育种，诱变育种，生物技术和杂种优势利用等工作，培育出了一大批高产、高纤、多抗专性新品种。如俄罗斯的高纤优质品种有Pskovsky-85、Tomsky-16、Krom、Aleksim、Dashkovsky、Moguilevsky、Torzhoksky-4。高抗锈病品种包括Torzhoksky-4、Novotorzhsky、Tomsky，兼抗锈病和枯萎病品种品系Aleksim和A-29、A-49、A-93、A-94、Lenok。

（五）埃及国家研究中心（NRC）

埃及国家研究中心设有亚麻育种及栽培研究室。埃及具有悠久的纤维亚麻育种历史，自1920年开始亚麻育种工作，育成了Giza-6、Normandy Nabatat、Giza Purple、Gizal-8等11个亚麻品种。目前，埃及亚麻原茎产量7 690kg/hm²，种子产量1 520kg/hm²。

（六）白俄罗斯农业科学院作物与饲料研究所

白俄罗斯农业科学院作物与饲料研究所位于白俄罗斯首都明斯克东北约60km的若季诺市。该所设有亚麻研究室，有研究人员6人。主要从事育种、栽培、基础理论、质量标准、种质资源、焦油用亚麻等方面的研究。其育种目标是远育纤维产量1 700～2 000kg/hm²、种子产量800～1 000kg/hm²、品质好、抗倒伏、抗病、耐涝等新品种。该所育成了16个亚麻品种，现在生产上应用的主要品种有TOMCKIN-16、BAIMS、HIBA、JAYPA、E-68、K-65，各品种平均纤维产量为6 790kg/hm²，种子产量为770kg/hm²。

（七）法国亚麻之乡集团

该集团是集科研、种植、加工、销售于一体的集团化公司。其育种机构始建于1955年现已成为欧洲亚麻种子的主要供应商。主要从事亚麻农艺研究、生理、遗传、育种研究和基础实验工作。主要育种目标是提高纤维产量和质量、抗倒伏、抗病（枯萎病和灼焦病）、防草和早熟。实验室进行分子生物学研究和分子标记工作，主要标记品种区别和辅助性状的筛选及在病理方面标记病原菌。该公司拥有丰富的亚麻资源，是法国的主要亚麻育种单位，育成品种15个。选育的高纤品种Ariane、Argos、Diane等在我国低洼易涝地区具有较好的适应性。

（八）捷克农业技术研究及服务有限公司

捷克农业技术研究及服务有限公司（AGRITEC），是捷克最大的亚麻育种机构，始建于1942年，目前已拥有2 500多份亚麻种质资源。该公司设有科研部、开发部和机械化作业农场3部分。科研部主要从事亚麻和豆类的育种、转基因技术、植物保护、生物化学、环保亚麻品种的选育、组织培养、抗枯萎病育种及油菜抗病品种的筛选工作。新育成的品种有JITKA、ESCALIA，长麻产量1 400kg/hm²；新育成的品系有SU29、JORDAN（中熟），长麻率25%，全麻率41%，长纤维产量1 600kg/hm²，全麻产量2 200kg/hm²。同时与捷克科学院植物分子生物学研究所合作进行转基因技术的研究，目前已经获得转基因再生植株。

（九）俄罗斯瓦维洛夫工业作物研究所

俄罗斯瓦维洛夫工业作物研究所拥有世界上最大的亚麻基因库，收集保存有世界各地的亚麻种质资源近6 000份，基因型丰富，并且在亚麻的起源、分类、利用、基因定位等方面都有深入的研究，并处于国际领先地位。俄罗斯亚麻资源中心每年有上千份的种质资源提供给育种者。

（十）乌克兰农业科学研究院麻类研究所

该麻类研究所是乌克兰农业科学院下属的一个研究所，成立于1931年，位于乌克兰赫卢希夫镇，前身为苏联麻类作物研究所，主要研究作物为大麻和亚麻，研究领域包括种质资源、品种改良、栽培、植物保护、生物技术、收获及初加工技术。乌克兰大麻育种经历了两个阶段。第一个阶段是将雌雄异株大麻纤维含量提高12%～15%，并育成US-1、US-6、US-9、Hlukhivska 1和Hlukhivska 10等大麻品种，这些品种中，有的纤维素含量提高22%～27%，有的甚至提高30%以上。第二个阶段主要选育雌雄同株大麻，以便机械化收获。这期间选育的大麻品种有USO-4、Poltavska Odnodomna 3和USO-16。1980年以后，在乌克兰只种植雌雄同株大麻品种。控制THC含量也是大麻育种的一个主要目标，自1988年起，THC含量被要求控制在0.1%以下。

（十一）孟加拉国黄麻研究所

孟加拉国黄麻研究所成立于1951年，位于孟拉加国首都达卡。目前有科研人员166人，主要从事黄麻种质资源保存、育种、栽培、植物保护及加工等领域的研究。研究所拥有黄麻及同类纤维作物种质库，有3个温室及一个试验工厂。农业试验站遍布全国，中央试验站位于总部西北方向55km处的Manikganj，在Faridpur、Rangpur、Kishoreganj和Chandina还设有区域试验站。此外，在全国黄麻种植区域还设有4个试验农场。

（十二）澳大利亚经济纤维工业集团

澳大利亚经济纤维工业集团，从1997年开始培育适合澳大利亚亚热带的大麻品种，至今培育出的一个株系的干茎产量高达18.5t/hm²，同时还有一些很有利用潜质的新株系。

种质资源研究。该工作于1997年启动，2002年得到快速发展，现在在诺福克岛和南十字星大学保存了200多份从世界各地收集的大麻材料。种质更新是该公司育种项目的焦点，目前正和植物基因保存中心（CPCG）合作，加速基因标记育种技术的研究。该集团是澳大利亚国立大学ARC项目子项目通过DNA标记进行大麻鉴定的参加单位，这些研究已被应用于大麻品种培育和适应性监测方面。

品种与收获机械研究。该集团开始主要培育适合纺织用的品种。他们与州农业部门、个体种植者共同进行包括种植密度、最佳肥水、害虫控制、最佳收获方式等方面的研究。已经启动了澳大利亚大麻收割方式、加工等方面的各层次研究，在一台进口收获机械的基础上，设计并组装了一台田间收割机，现在正在准备申请专利。这台机器具有高效、节能、高容量和节省费用的特点，降低成本达30%。

大麻纤维新材料研究。该集团和一家法国公司合作，用40%的麻纤维和石油生产合成材料，这些包括建筑材料、塑料合成加工等领域。用大麻纤维做建筑材料以代替传统的材料。同时，研究生物脱胶技术，以改善纤维品质，使纤维品质与棉花媲美。大麻新材料已在溜冰场、围墙、瓶子、牛场和冲浪板方面得到应用。

二、国内科研院所麻类作物育种单位

（一）中国农业科学院麻类研究所

中国农业科学院麻类研究所由国务院批准，成立于1958年，建址于湖南省沅江市，2001年成功转移至长沙。"十五"期间，该所已争取到国家麻业六大技术创新平台，即"国家麻类作物育种中心""国家种质长沙苎麻圃""国家麻类种质中期库""农业部麻类作物遗传改良与工程微生物重点开放实验室""农业部麻类产品质量监督检验测试中心""湖南省麻类作物遗传育种与麻产品生物加工重点实验室"等科技创新平台的建设权,争取经费共计1 313万元。利用项目投资,已建成国家种质长沙苎麻圃,并通过科技部验收,被评为优质工程。还有中国麻业信息网络中心和《中国麻业科学》等网络平台和学术刊物。该所还是中国作物学会麻类作物专业委员会的挂靠单位。

该所在湖南沅江建有麻类实验站。在长沙建立了10hm²的试验用地。有万元以上大型科研设备和精密仪器100余台(件),设立了中心实验室,能较系统地进行麻类作物品种资源鉴定、产品质量检测、新品种选育、生物技术、丰产栽培、病虫害防治、加工工程和专用机具等方面的研究。通过国际合作项目,与美国、日本、法国、俄罗斯、捷克、比利时、加拿大、波兰、荷兰和东南亚国家以及国际黄麻组织(IJO)建立了长期的国际合作伙伴关系。

截至2022年2月,全所在编职工总数为171人,其中专业技术人才123人,占比73.2%。研究生及以上学历职工90人,科技人员具备研究生学历人员占比超过75%,高级职称人员72人,占比59%。现有全国农业科研杰出人才2人,享受国务院特殊津贴人员12人,院级创新工程团队首席科学家8人,其他省部级人才15人。培养农科英才5名,其中领军人才C类2人,"青年英才计划"培育工程院级入选者3人;湖南省121创新人才入选第二层次人选2人、第三层次人选2人,湖湘人才2人。柔性引进高层次人才6人。建所以来,承担国家或省部级科研项目700多项,获得各类科技成果奖励100多项,其中,获国家奖11项。育成作物新品种180多个,全国覆盖度最高达60%,实现了麻类作物从单一纤维生产向优质纤维、生物医药、健康油脂、耕地修复等多功能用途的拓展升级。

截至2021年,与美国、日本、俄罗斯、德国、法国、意大利、荷兰、希腊、澳大利亚、波兰、孟加拉国、马来西亚、韩国等37个国家,联合国粮农组织(FAO)、联合国工业发展组织(UNIDO)、国际天然纤维组织(INFO)等6个国际组织建立广泛合作。近10年来,与15个科研机构或国际组织签署合作协议17份,承担国际合作项目34项,其中国家重点研发计划国际科技创新合作重点专项1项,欧盟第七框架项目2项,欧盟地平线2020项目1项,"948"项目4项。2019年,国际天然纤维组织(INFO)中国办事处正式落户麻类所,并达成总部迁移长沙意向。与加拿大、意大利、韩国、马来西亚、波兰等国共建中加植物病原菌分子生物学联合实验室等国际科技平台7个。

(二)黑龙江地区

1.黑龙江省农业科学院经济作物研究所

黑龙江省农业科学院经济作物研究所主要从事亚麻研究,也开展大麻研究,是国家麻类改良中心哈尔滨分中心的技术依托单位。现有在职职工48人,其中专业技术人员35人。自成立以来,共承担国家、省、市级各类科研项目200余项,其中包括国家自然基金项目、国家重大专项、"948"项目、公益性行业科研专项、省科技厅自然基金、哈尔滨市科技局杰出青年基金等项目。获得国家、省、地市级奖励60余项,其中国家科技进步三等奖1项;国家科技发明三等奖1项;黑龙江省政府科技进步二等奖3项,三等奖5项;中华农业科技一等奖1项,三等奖1项;省长特别奖3项;发表论文290篇,其中SCI 18篇;出版著作8部;获国家实用新型专利29项;发明专利3项。

该所审定麻类新品种42个(亚麻33个、油用亚麻1个、工业大麻8个)。黑亚系列品种已成为全国亚麻种植的主栽品种。

通过国家亚麻分中心的建设,建设了1 650m²试验楼;购置了一大批先进的仪器设备,如超低温离心机、近红外品质分析仪、电泳仪、扫描仪、摇床、光合测定仪、小区播种机等先进仪器设备;建起了现代化的综合化验室、基因工程室、细胞学研究室、植物病理研究室等。

2.黑龙江省农业科学院大庆分院

工业大麻研究团队现有科技人员6人,主要从事种子繁育、耕作栽培、分子生物技术、成果转化与推广等工作。目前拥有国内外大麻种质资源200余份，2019年参试品系4份。已编入国家麻类种质资源中长期库保存材料共90份。育成的大麻品种（纤用）有庆大麻1号、庆大麻2号、庆大麻3号和庆大麻4号。

掌握的配套技术包括，研究并集成工业大麻高产栽培技术、鲜茎雨露沤制技术、病虫草害综合防控技术、轻简化高效栽培技术等，制定黑龙江省农业地方标准1项，即《纤维用大麻生产技术规程》，大庆市农业地方标准2项，即《工业大麻鲜茎雨露沤制技术规程》《工业大麻主要病虫害防治技术规程》，为黑龙江省工业大麻种植生产提供全面系统的技术支撑。

黑龙江省农业科学院大庆分院拥有6 000m²综合试验办公大楼、万米智能温室和133hm²科研试验用地及相应配套的先进科研仪器设备。

3. 黑龙江省科学院大庆分院

工业大麻研究团队现有科技人员24人，其中品种资源、分子育种、繁育推广12人，检测4人，农机制造4人，麻类食品4人。育成品种汉麻7为药用工业大麻品种，CBD含量1.2%～1.26%。拥有国内外优质资源300余份。

拥有籽纤兼用工业大麻栽培技术体系1套、工业大麻与大豆间作栽培技术规程1套及盐碱地纤维大麻地方标准1项。已研发并投入使用的有纤维汉麻收割机。

4. 黑龙江省其他工业大麻育种单位

为适应黑龙江省工业大麻的快速发展及市场需求，包括黑龙江省农业科学院齐齐哈尔分院、黑龙江省农业科学院绥化分院、黑龙江省农业科学院克山分院、黑龙江省农业科学院黑河分院等科研单位，近几年积极进行工业大麻种质的收集、引进、创新。

黑龙江地区还有多家企业单位通过与科研院所联合的方式进行工业大麻种质创新以及栽培方面的工作，如大兴安岭金亿顺汉麻种植合作社等民营育种单位。

（三）中国热带农业科学院南亚热带作物研究所

中国热带农业科学院南亚热带作物研究所是国家非营利性科研机构，全所占地面积7 600多亩，已建成"国家热带果树种质资源圃""国家土壤质量湛江观测实验站""国家农业绿色发展长期固定观测湛江试验站""农业农村部热带果树生物学重点实验室""教育部农业农村部湛江荔枝龙眼农科教人才合作培养基地""广东省南亚热带作物种质资源圃""全国农产品质量安全与营养健康科普基地""广东省旱作节水工程技术研究中心""广东省耕地保育与节水农业研发中心""海南省热带园艺产品采后生理与保鲜重点实验室""海南省植物营养学重点实验室"等19个科技创新平台。

全所现有在职职工180多人，其中，国务院政府特殊津贴专家1人，全国农业科研杰出人才1人，广东省扬帆计划领军人才1人，广东省高层次培养人才3人，海南省高层次领军人才1人，海南省高层次拔尖人才3人，海南省"515人才工程"第三层次人才1人，农业部有突出贡献中青年专家1人，农业部工程管理先进个人1人，高级技术职称人员60多人，硕博士学位人员110多人。研究涉及的主要内容包括工业大麻、剑麻种质资源鉴定、评价与新品种选育，工业大麻、剑麻高效优质生产技术研究，工业大麻、剑麻种质资源整理、整合及共享试点，工业大麻、剑麻开花生理及相关基因的克隆和表达研究，工业大麻、剑麻根土系统及其调控技术研究，剑麻植株养分管理技术研究，剑麻斑马纹病、茎腐病防控体系构建，剑麻粉蚧综合防治技术研究等。

（四）云南省农业科学院经济作物研究所

云南省农业科学院经济作物研究所大麻研究中心自1989年开始从事大麻、亚麻等研究，研究领域涉及工业大麻及亚麻育种、大麻和罂粟毒品原植物检测与鉴定、麻类纤维质量检测与加工、麻类作物栽培与生理、麻类作物病虫害防治、麻类作物多用途综合开发利用等方面，以大麻、亚麻种质资源发掘为基础，以品种选育为核心，通过分子育种与常规育种的结合，培育工业大麻、亚麻优良品种，研发高产、高效栽培技术，着重解决麻类作物生产中的重大科技问题。

中心现有科技人员16人，其中研究员4人，副研究员3人，助理研究员5人，研究实习员及辅助人员4人，其中具有博士学位3人，硕士学位5人，由遗传育种、生物技术、栽培、植保、分析化学及产品加工等学科专业人员组成。2008年以来，团队先后主持了国家科技支撑计划项目、国家公益性（农业）行业科研专项、国家高技术产业化西部专项、国家麻类产业技术体系、国家自然科学基金、云南省重点新产品研发等多个科研项目。

中心依托有农业部西南大麻科学观测实验站、国家麻类产业技术体系工业大麻育种岗位团队、国家高值特种生物资源产业技术创新战略联盟常务理事单位、云南省大麻罂粟检测鉴定中心等平台。已建成种质资源库、分子生物学实验室、生理生化实验室、化学检测实验室、光温栽培实验室，面积达800m^2，仪器设备原值500多万元；在昆明建有2 200m^{2}温室、50余亩试验基地。此外，团队与欧洲工业大麻协会、澳大利亚大麻生物医药集团、中国人民解放军总后勤部军需装备研究所、中国农业科学院麻类研究所、云南大学、云南工业大麻股份有限公司、汉康（云南）生物科技公司、汉麻集团等国内外科研单位和企业建立了良好合作关系。

中心收集保存了全国最大的大麻种质资源库（460份），在国内率先选育出工业大麻新品种9个，自主选育了5个亚麻新品种，获发明专利授权4项，起草农业行业标准3项，起草地方标准8项（颁布3项）、企业标准1项，参与起草了《云南省工业大麻种植加工许可规定》地方法规。主编专著4本、参编8本，发表研究论文60余篇，获全国农牧渔业丰收奖三等奖4项、云南省科技进步三等奖1项。通过选育和引种试验，已选育出工业大麻品种4个，即云麻1号、云麻2号、云麻3号和云麻4号；选育亚麻品种2个，即云亚1号、云亚2号；引进鉴定亚麻品种2个，即阿里安和高斯。目前，这些品种已在大面积生产上发挥作用，成为产业的支撑品种。同时，与产业和品种配套的种植技术研究示范推广大麻累计约3万hm^2。

（五）江西省麻类科学研究所

江西省麻类科学研究所是在原宜春地区农业科学研究所的基础上，于1994年经江西省政府批复挂牌成立。该所现有从事苎麻研究的专业技术人员15人，其中研究员2人，副研究员（高级农艺师）4人。"十五"以来主持承担国家和江西省重点项目（课题）共7个。该所保存工业大麻野生种质资源材料26个种（变种）185份，有品质检测、DNA提取与导入、组织培养等方面的仪器设备。

（六）四川省达州市农业科学院

四川省达州市农业科学院主要从事苎麻育种与栽培技术研究工作。"十一五"期间，承担国家科技支撑计划、国家农业科技成果转化、国家农业公益性行业专项，主持四川省工业大麻育种攻关、四川省重点研究项目、达州市重大科技专项、达州市工业大麻产业化等9个项目。现建有国家麻类品种改良中心四川分中心，是1个国家体系试验站（麻类）、5个国家长期性基础性监测标准站（农业部）依托单位。现有工业大麻科技人员16人，所内常年工业大麻试验面积4hm^2，所外试验示范点10余个，建有杂交工业大麻制种地、优良品种原种圃；保存有来自湖南、江西、湖北和西南地区的各类工业大麻种质资源500余份；先后培育审定或有较大应用面积的工业大麻新品种12个。该所从事工业大麻科研40多年来，共获得工业大麻科研成果60多项，20多项获得市级以上政府（部门）奖励，多项成果达国内领先或先进水平。

院本部幅员面积300亩（划拨），其中规范化标准化试验地260亩，标准联动试验大棚共计

7 400m²，中心实验室800m²，拥有近红外谷物分析仪、液相色谱仪、气相色谱仪、PCR仪、高速冷冻离心机等仪器设备130余台（件）。组培室500m²，化验分析室等1 200m²，储藏冻库1 000m²。

三、国内高等院校麻类作物育种单位

（一）华中农业大学植物科技学院

华中农业大学植物科技学院主要从事工业大麻育种与基础研究工作，于1978年由我国著名专家杨曾盛教授创建。学院现有科研人员4人，其中教授3人。学院拥有专用实验室400m²，建成麻类组织培养室1个，纤维品质分析室1个，原原种繁殖基地1个，校外研究示范基地5个，拥有校内科研用地1hm²。"七五"至"九五"期间，主持农业部重点攻关课题、农业部工业大麻新品种DS测试指南制定、农业部课题子专题、湖北省重点攻关项目、湖北省自然科学基金项目、湖北省红麻新品种推广等多项课题。"十五"以来承担国家"863"项目、"948"项目、公益性行业科研专项、国家科技成果转化项目、教育部博士点基金、湖北省自然科学基金、湖北省科技攻关、湖北省板块基地建设项目等各类科研项目10余项。

获湖北省科技进步奖三等奖1项，省级自然科学奖1项，2个品种被认定为湖北省主推品种。搜集了大量工业大麻野生资源，建立起了工业大麻高效遗传转化体系，发明了"直喂式动力剥麻机"，获国家专利，并与企业联合开发，取得了良好的经济效益和社会效益。

（二）福建农林大学作物遗传改良研究所麻类遗传育种与综合利用研究室

福建农林大学作物遗传改良研究所麻类遗传育种与综合利用研究室由著名作物遗传育种学家卢浩然教授于1946年创建。依托农业农村部东南黄红麻科学观测实验站，该室主要从事黄麻、红麻育种及种质创新工作，现有专职从事黄麻、红麻遗传育种研究科技人员8人，其中高级职称5人，中级3人，兼职从事麻类病虫害和综合利用研究的科技人员10人，其中高级9人，中级1人。2021年该室在《Plant Biotechnology Journal》首次公布了黄麻2个栽培种的高质量参考基因组。

该室先后育成了福红2号、福红952、福红991、福红951、福红952等各具特色的红麻优良品种，其中福红2号、福红951分别于1996年和2001年被评定为国家科技成果重点推广品种。获福建省科技进步奖三等奖1项。此外，该室还在红麻遗传育种方面进行了深入的研究。

（三）湖南农业大学苎麻研究所

湖南农业大学苎麻研究所其前身为1963年中共中央召开的"全国农业科学十年规划会议"时设立的两个全国高等农业院校研究室之一的湖南农学院麻类研究室。1985年由湖南省编委和科委共同行文，在麻类研究室基础上由我国著名麻类专家李宗道教授创建和发展起来的。目前该所有研究人员9人，其中高级职称6名，其中博士生导师4名，硕士生导师2名。该所拥有试验办公用房600m²，试验用地1.2hm²，仪器固定资产150多万元。

近10年来，该所承担国家基金项目5项，科技部、农业部项目6项，省部级项目40多项；选育苎麻新品种湘苎3号，湘苎4号等；获国家技术发明奖1项，省科技进步奖二等奖3项，其他省部级科技进步奖16项。

另外，从事苎麻育种的单位还有贵州独山县农业科学研究所、广西壮族自治区农业科学院经济作物研究所、广西大学农学院与云南大学等。

从事亚麻育种的单位还有黑龙江省亚麻原料工业研究所（现为黑龙江省科学院亚麻综合利用研究所），1987年以来，该所已育成双亚1号至双亚13号等13个亚麻品种。

从事油用亚麻育种的单位还有内蒙古自治区农牧业科学院特色作物研究所、内蒙古农业大学农学院、山西省农业科学院高寒作物研究所、甘肃省农业科学院经济作物研究所、张家口坝上高寒作物研究所等单位。

从事黄麻、红麻育种的单位还有广东省农业科学院经济作物研究所，育成了奥74-3红麻优良品种；福建省农业科学院甘蔗研究所，育成了闽红82/34、芙蓉红麻369、闽红208和闽红31等各具特色的红麻优良品种；浙江省萧山棉麻研究所，育成了红麻新品种浙萧麻1号、红裂29、浙红832、浙红3号、浙红8310、浙江7380、向阳1号。

从事大麻育种的单位还有安徽省六安市农业科学研究所和山西省农业科学院经济作物研究所等单位。

由于麻类作物很多，从事麻类育种的单位还有许多。由于没有及时搜集到相应的信息，不能在这里一一列举，敬请谅解。

第六节　工业大麻种子生产技术体系

一、大麻良种繁育

（一）大麻品种混杂退化的原因

品种混杂退化是指品种在生产栽培过程中纯度降低，种性发生不符合人类要求的变异，致使失去品种原有的形态特点，抗逆性和适应性减退，产量下降和品质劣化等现象。造成品种退化的原因很多，主要有生物学混杂、机械混杂和品种本身遗传性发生变化，当然造成品种退化的根本原因是缺乏完善的良种繁育制度。

选育大麻品种是经人工杂交或天然杂交后，通过人工定向选择，形成具有稳定的特定性状的群体。品种的遗传稳定性居主导地位，而遗传的变异性是次要的。所以大麻纯品种生产种植时，表现出品种纯度高，植株个体间一致性好，前后代间变异性小，能较长时间地保持原品种的特点。

大麻在经过一段时间的生产种植后，常常会出现混杂退化现象。大麻品种混杂是指一个品种中混进了其他品种的种子。退化是指品种本身所具备的优良种性变劣，并能遗传，以致降低或丧失原有品种的生产能力和利用价值。混杂会导致退化，退化导致严重的混杂。大麻品种混杂退化的主要表现是异型株多，植株高矮。分枝多少相差悬殊，雌雄同株品种雄株比例增加。纤维用大麻工艺长度短，分枝长，花序大，花期、成熟期严重不一致；抗逆性差（抗倒伏性、抗病和抗旱性与品种特性相比截然不同）；种子大小、形状上明显不同。

1. 机械混杂

从其遗传特点分析，造成混杂退化的原因主要是机械混杂，即在良种繁育各环节中，如播种、收获、运输、脱粒、晾晒、储藏等工序的过程中，不按良种繁育的技术规程办事，操作不当，使繁育种内混进了其他品种的种子，这些都会给1个地区繁殖和种植2个以上品种形成很多机械混杂的机会。此外有不合理的轮作和田间管理情况下，留种田及周围麻田有上一年秋季自然脱落的种子以及施用混有未经腐熟的厩肥中含有大麻种子等原因也会产生机械混杂。大麻品种在出现了少量混杂后，经过几代繁殖会日益严重。特别是混杂进去的杂种结实多，品质差，不符合栽培的需要却适应性强，生长健壮，繁殖倍数高的类型时，如不及时拔除，会使品种混杂退化程度显著加大。机械混杂会进一步引起生物学混杂。

2. 生物学混杂

1个品种接受了其他品种花粉发生自然杂交而造成的混杂称为生物学混杂。大麻属风媒花，花粉可随风散布很远。大麻雄花每天开放的时间要比雌株晚几小时，花粉在自然条件下生活力可维持14d。因此，大麻品种极易杂交，在生产上保持纯种是困难的，这就使大麻品种的杂株比率逐年增加，产生退化，在有了机械混杂株或不同品种相邻种植时，便有可能导致原品种的个体与混杂个体发生天然杂交，造成后代出现分离现象，而加重了混杂退化程度。

3. 品种自身的变化和环境条件的影响

品种本身遗传性发生变化是大麻品种退化的又一主要原因。大麻是雌雄异株，同植株的基因型是杂合的。在自我繁殖的过程中发生变异是正常的，当不良变异达到一定比例，并继续繁殖，就会加大杂化，造成群体的表现型变为严重不一致。品种自身的变化主要是基因突变或是杂交种遗传还不十分稳定而发生的变化，大麻的经济性状受多基因控制，性状纯合得很慢，纯的大麻品种只是群体植株之间主要农艺性状和经济性状大体一致，而个体之间在不同程度上仍有差异。即使是长期种植1个品种的群体中，其遗传组成上也不是绝对的，再加上基因突变、天然杂交、新杂株产生，使品种的遗传组成越来越复杂，混杂退化逐渐增加。一个优良品种是在一定的自然、栽培等环境条件下选择培育而成，品种的每个优良性状的表现，也需要一定的外界条件。由于自然和栽培条件发生变化，品种的优良特性就不能表现出来，甚至出现低劣性状而出现退化现象。

4. 使用非种子田的种子用于生产

在种子田生产的种子不足情况下，生产田收获的种子用作种用，连年使用采麻田的种子用于生产，也会发生品种退化现象。采麻田以获取纤维为主，要求工艺成熟期收获，此时种子完全成熟不足1/3，尚有2/3种子并未完熟，种子虽然有发芽能力，但先天不足，活力弱，极易向着自然选择方向退化。连年使用采麻田种子，往往使植株变粗、变矮、花序变大，而长麻率、纤维品质和纤维产量明显劣化。

5. 选种中的人为作用

在良种繁殖和提纯复壮过程中，由于没有按照品种典型的特征特性进行选择，甚至保留了某些不良性状而造成品种退化。在实践中，往往看到由于对品种的特征特性和主要选择性状把握不好，喜欢高株、粗株和小花序株，而忽略了品种的典型性状。另外，在粗放栽培条件下种植品种优点往往表现不明显，这也是造成误选和退化的原因。

（二）防止大麻品种混杂退化的措施

1. 严防天然杂交

防止品种退化的主要措施，是严防天然杂交、机械混杂，并进行去杂去劣与选择。大麻良种繁育时必须有严格的隔离措施，繁种田周围2km内不能种植异品种大麻，即使是花期基本不能相遇的品种也不应种植，也可借助山岭作为自然屏障，在山岭间繁殖良种。注意对繁种田去杂去劣，去杂去劣主要指去掉非本品种的植株和分化变劣、生长不良的植株。这项工作在各级种子田中都要年年进行，而且要在大麻生育的不同时期，分次进行。去杂人员必须了解和熟悉品种由种子至植株各个生育阶段的长相和形态特征，这样才能准确地做好去杂工作。若品种混杂比较严重、坚决不作繁殖用。第一次在看到部分雄株开始现蕾时去掉过早现蕾的雄株、矮劣植株、病株。第二次可在雄株始花时进行，去掉过早熟的雌株和上次未去净的矮劣植株和病株。

2. 严防机械混杂

防止大麻品种的混杂退化，最根本的措施是防止机械混杂，严格种子繁育规则，防止混杂。在播种、管理、收获和运输各环节当中都要严格执行种子繁育操作规程，避免机械混杂。要采取合理的轮作换茬制度，一般繁种田不要重茬，以防止头年大麻种子落地，使第二年大麻种子混杂。繁种田的施肥，不能用混有大麻种子而又未经过充分腐熟的厩肥。两个品种以上的麻区，繁殖田的各项作业应有专人负责，按良种繁育的规程办事。如单收、单打、单储藏等，种子应写上标签，有产地、第几代种、品种名称、种子质量等。

3. 选择优良环境和生产条件生产良种

为了有效地减少品种退化，要求种子繁殖基地的土壤、气候等必须适应大麻生长，适宜大规模生产。有不少大麻产区对良种繁育并不重视，把繁种田安排在山边瘠薄坡地上或沙性大的河滩地上。不仅种子产量低，而且因土壤肥力差、干旱等不良条件，使麻株生长发育受影响，种子质量变劣，品种退化。因此，选择地势平坦肥沃、有灌排条件的地块，并精细整地、施足有机肥料等，对繁殖大麻种子是十分必要的。繁种田还需适时播种，适当稀植使单株发育良好，开花时进行人工辅助授粉等。

4. 要定期更换良种

在提纯复壮时正确选择是使品种典型性得以保存的重要措施。要求选择人员应具有育种专业知识，熟悉品种特性，对非专业人员要进行专门培训后，才能参加选择。选择时要严格依据品种特征特性，以防不正确选择造成不利影响。要定期用原原种，定期更换原种，原种定期更换良种。

（三）提高大麻良种种性的途径和方法

1. 良种提纯复壮

（1）雌雄异株大麻提纯复壮。大麻品种退化原因复杂，仅上述的防止混杂保纯方法是不够的，要长期保持一个优良品种遗传性和生物学纯度，必须做好选优提纯工作。生产原种的方法虽有多种，但普遍采用的是株系提纯法，简单易行，效果好。这个方法的一般程序是：选择优良单株、进行株行比较鉴定、选择优良株行、进行株系比较试验、优系混合和生产原种。

选择优良单株是做好选优提纯生产原种的关键。利用品种纯度较高，符合原品种典型性状田块用作采株圃。从当地推广品种、农家良种、引进品种、新选育品种的繁种田中，选择本品种典型优株，根据原品种的特点，选择植株健壮、丰产性好、抗病力强的典型优良单株，分别收获。收获后再按单株籽粒性状进行决选，淘汰杂劣株。中选单株分别脱粒，装袋充分晒干后妥善储藏，供下年株行比较鉴定用。

第二年将上年入选的单株种于株行圃进行比较鉴定。株行圃要土壤肥沃，旱涝保收，尤其要地势平坦，肥力均匀，以便进行正确的比较鉴定。还要隔离安全，预防生物学混杂。每株种一行或数行，按行长划排，留出走道，点播，密度要偏稀。采用优良的栽培方法，田间管理要均匀一致。生育期间注意观察评比，对生长差、典型性不符合要求的株行和有明显优良变异的株行做出标记，并进行套袋，多余雄株要去除掉。在观察过程中随时注意去杂去劣。成熟后及时收获并进行决选，先收获被淘汰的杂、劣株行，突出优异单株行或套袋的单株可以单独保存作为系统育种的材料。最后，收剩下的典型、优良、整齐一致的株行，除去个别杂、劣株，分行收获、考种、脱粒，于第二年进行株系比较试验。

对上年入选株行各成为一个单系，种于株系圃，每系一区，对其典型性、丰产性和适应性等进一步比较试验。种植方法和观察评比与选留的标准可参照株行圃。入选的各系经过去杂、去劣后，视情况或混合收获、脱粒，所得种子精选后妥善储藏，第二年进行繁殖。将上年决选的混合种子种于原种圃，扩大繁殖，生产的种子就是原种。如果种子量许可，应进行系谱鉴定，从中再选优。

（2）雌雄同株大麻提纯复壮。雌株同株大麻的优点是产量高、栽培中没有先收获普通雄麻这一工序，从而提高了劳动生产率。雌株同株大麻的缺点之一是雌雄同株性状不稳定。随着世代的增加，普通雄麻的田间混杂率也提高，其原因之一是雌株同株大麻受精的能力。当雌株同株和异株大麻花粉同时落到雌蕊柱头上时，异株大麻花粉的发芽和生长速度明显快，其结果是后代发生性别改变，导致普通雌麻和雄麻株数增加。如果2～3年期间不执行良繁技术规程，则雌株同株大麻实际上已经转变为异株大麻。

为此，良繁的一切措施都应在保持雌株同株大麻的品种典型性。各世代采种田、采麻田、异株大麻田之间必须保证2km距离的空间隔离。超级原种田和原种田从现蕾期开始每隔3d品种提纯（拔除普通雄麻）1次，总共提纯7～8次；原种一代田和原种二代田从始花期开始进行3～4次提纯，禁止在无空间隔离情况下播种原种和原种一代种子。

品种提纯要求采种田的播种量有所差别。原种、原种一代和原种二代必须用宽行法种植，播种量为10～15kg/hm²；采麻田由于不进行品种提纯，可采用宽行法或带状条播法，播种量为30kg/hm²。

执行良繁技术规程情况下，雌雄同株大麻田间普通雄麻混杂率可降到最低限度（不高于5%）。这样才可能高质量、高效率地利用收获设备。

品种提纯的开始时间是普通雄麻现蕾期，这时田间的普通雄麻很容易鉴别出来，因为雄麻长的较高而且花序松散。雄麻在雌雄同株大麻田间显现时间持续35～50d。这段时间的长短取决于天气条件和播种量。一般情况下低温多雨年份和植株发育不均衡的密植采种田雄麻显现时间拖长。

在隔离条件下但不进行品种提纯的雌雄同株大麻原种田，普通雄麻混杂率从1.5%提高到24.8%。在雄麻始花期提纯1次时其后代普通雄麻混杂率为19.9%、提纯2次时为11%、提纯3次时为5.8%。在雄麻现蕾期开始提纯6次其后代普通雄麻混杂率为1.5%、提纯8次为1.1%。品种提纯的间隔时间对后代普通雄麻含量产生影响，例如6次提纯而间隔3d情况下普通雄麻含量为1.5%，间隔7d则为6.7%。

2.超级原种生产采用的方法

对原原种单株进行多次连续混合选择，接着鉴定它们的经济性状（纤维和种子产量、早熟性等）。供下一繁育循环用的原原种原始材料，应从处于大批种子成熟期的超级原种田选择，选择时要在麻株站立状态下仔细鉴定。原原种原始材料的数量是3 000～4 000株，鉴定的性状包括高株、早熟、结实率高、种子不散落、花序典型、种皮色正常而且种子千粒重大。经淘汰后入选单株数量为2 000～2 500株，对它们进行工艺鉴定。入选单株脱下的种子供超级原种田播种用，入选单株的性状鉴定结果应超过平均指标。超级原种圃必须安排在与同一品种原种一、二代田距离不小于0.5km的地块。

大麻传粉中有一株杂株，要5～7年才能提纯，繁种工作是非常重要的。要从细胞学方面研究，但是非常麻烦，也不易实施。同类型分化较大，雌花和雄花可能达到30%～100%。按级别可分为几个级别：雌雄同株中外观雌性实际是雄性的；外观雄性的有纯雌的，也有纯雄的。

（四）大麻种子质量检验

大麻种子检验包括品种品质检验和播种品质检验两个方面。

1.品种品质检验

品种品质检验主要是对品种的真实性和纯度进行检验，同时也对病虫感染杂交，混入异品种、异作物情况进行调查。主要是田间检验，也补充室内检验。

（1）田间检验。纯度鉴定一般采用田间鉴定的方式。该品种的纯度为具有本品种特征特性的植株数量占调查总株数的百分数。在大麻花期对花色、花序性状进行检验，工艺成熟期对株高、工艺长度和生育日数进行检验，确定品种的真实性。同时还要调查检疫性杂草、检疫性病害、异品种和异作物情况，检验方式为对角线选点，每点检验面积2～3m²，检验结果记录后，确定出品种的真实性和纯度。

$$品种纯度（\%）=本品种株数/供检作物株数×100$$

（2）室内检验：室内主要依据种子形状、大小来辅助确定种子纯度和真实性。一般是随机取样观察种子形状，测试种子大小，同一品种的种子形状和大小基本一致，有明显差异的说明纯度不好。

2.播种品质检验

扦样：种子每批的最大质量10 000kg，送验样品150g。净度分析试样15g，其植物种子计数试验150g。在大麻种子生产和种植过程中对所有播种种子都要进行质量检验，主要检验项目有种子净度、发芽率和发芽势、含水量。

（1）净度。净度是指净种子占分析各种成分（即净种子、其他植物种子和杂质3部分）质量总和的百分数。

凡是能够明确地鉴别出它们属于大麻种子的完整的种子单位，或大于原来大小一半的破损种子单位，即使是未成熟的、瘦小的、皱缩的、带病的或发芽的种子单位都为净种子。净度检验方法是取4个品种试样，每样10g，分别除去杂物（沙土、草子、异作物种子、蒴果皮与茎秆、破碎粒、霉烂粒和秕疫粒等），称重计算4个试样净度的平均值。

$$净度（\%）=（供检样品质量-杂物质量）/供检样品质量×100$$

（2）发芽率和发芽势。从净度测定后的净种子中随机抽取4个试样，每试样50粒种子，分别置于具有2层浸足水的滤纸的培养皿中，放在20~25℃条件下发芽，3~4d查发芽势，5~6d测发芽率。

（3）含水量。种子含水量指种子烘干后所失水分的质量（包括自由水和束缚水）占供试样品的原始质量的百分数。种子含水量方法有烘干法、电子仪器法和蒸发法等，其中烘干法是标准的种子水分测定法，谷物水分测定仪一般多用于水分的快速测定。烘干法测定水分是取样30g种子，取样混均，然后从中分取2个试样，每个试样5g左右，放入（103±2℃）烘箱内烘干4h左右，称重折算出含水量。

$$种子含水量（\%）=（试样烘干前质量-试样烘干后质量）/试样烘干前质量×100$$

国标GB 4407.1—1996，对大麻种子的质量要求进行了规范（表7-6）。

表7-6　大麻种子质量标准

作物名称	级别	纯度不低于（%）	净度不低于（%）	发芽率不低于（%）	水分不高于（%）
大麻	原种	99.0	96	85	9
	良种	97.0	96	85	9

二、工业大麻优良品质性状的育种

工业大麻作为一种普通的作物，它的纤维具有独特的功能，种子可以作为食品或用于榨油，作为医药用途的工业大麻中的THC对人体是有害的。因此本节主要根据工业大麻这几种重要的品质性状，分别介绍它们的育种情况。

（一）高纤维工业大麻的育种

虽然通过杂交可以提高工业大麻茎秆的产量，但纤维含量的提高则基于对亲本的单株选择，单株选择除混合选择外，还包括Bredemann方法及基于Bredemann方法的单株选择方法，半同系家系（Half-sib families）混合选择（俄亥俄技术）是最古老的提高纤维含量选育方法，由于该法无法对授粉过程进行控制，效率较低。最成功的提高纤维含量的育种方法当属Bredemann法，这种方法的重要性在于发现了性别对提高纤维含量所起到的主要作用，而且认识到雌雄异株是很有益的作物，并详细阐述了雌雄异株在工业大麻作物生命力和再生能力方面的作用，Bredemann指出，在开花前将雄株的秆沿着长轴分开，然后确定其半棵秆的纤维含量后就可以确定整株的纤维含量。只有最佳的植株才让其开花，而不良的变异植株则在开花前就拔除。采用这种方式后，经过30年的时间，培育出的植株纤维含量提高到原来的3倍，在开花前确定纤维含量特性，这保证了授粉的可控制性，这种方法只对雌雄异株工业大麻有效。

由于Bredemann的育种技术也非常复杂而且缓慢，因此第二次世界大战后，在Bredemann的试验基础上出现了大量改进了试验方法的研究，如Hoffmann（1976）发现，半秆高以上部分工业大麻秆的直径与秆的重量相关系数$r=0.80$，与纤维重量的相关系数$r=0.78$。Jakobey（1958）首先观察到纤维含量随着秆重量的增加而下降，这就是说在纤维含量的基础上对比母本秆的重量可能会得出错误的结果。Heuser（2000）认为这只是解剖学上的相关，他采用了不同的方法，即秆的长径比与纤维含量相关。Jakobey提出了一个客观评价技术来对比不同秆和纤维重量之间的工业大麻。这项技术就是"正态轴"方法，通过这种方法不仅对纤维含量进行选择，还对秆的重量（秆产量）进行选择，防止由于持续对纤维进行选择而引起秆的减产。Bocsa（1998）采用这种方式将Kompolti工业大麻的纤维含量逐渐提高，通过长达28年的时间使其到原来的2.7倍。而Sentchenko（2002）通过对母本的选种，用23年的时间使纤维含量提高了1.8倍。从快速获得基因的角度看雌雄同株具有极大的优越性。Arnoux、Mathieu和Castiaux（2009）对工业大麻的各解剖因素之间的相关系数进行了测量，他们公布的图表（表7-7）虽未参照Jakobey的方法，但在本质上属于正态轴法，他们首次指出不断提高纤维含量会导致干物质量的减少，即秆的产量减少，它们呈负相关。

表7-7 不同的韧皮和纤维特性的相关系数

因子	相关系数（r）
秆重量—韧皮重量	+0.97
秆重量—纤维重量	+0.94
木质重量—韧皮重量	+0.96
韧皮重量—纤维重量	+0.97
木质重量—纤维重量	+0.95
对韧皮含量的总相关系数	
韧皮含量—秆重量	-0.60
恒定秆重量下的部分相关	
韧皮含量—木质含量	-0.70

1959年，Jakobey证明了秆表皮和纤维重量的相关性$r=0.80$。Neuer等（1980）首次强调了在提高纤维百分比中秆表皮的作用，他还指出通过提高纤维重量或降低表皮重量都能提高纤维的百分比。

Kerekgyarto和Nagy（2006）研究提出了纤维质量和纤维含量之间的反向关系。Horkya（2008）也得出了同样的结论，纤维含量增加1%则公制支数（Nm）值降低两个单位。组织检验证实了这一结论，秆中总的纤维含量越高，则次生纤维束的比例越高，即提高纤维含量主要依靠培育次生纤维。由于各种加工和精制技术的存在，使得不必再进行缓慢而又复杂的作物育种工作，因此提高工业大麻纤维的质量已不再是育种的目标。Horkay和Bocsa（2009）做出的分析表明，雄株比雌株的纤维质量更佳，而雌雄异株工业大麻纤维质量优于雌雄同株。

（二）低THC工业大麻的育种

直到1964年才确定工业大麻中影响精神作用的物质是Δ^9-四氢大麻酚（THC），在此之前只是简单地称其为大麻二酚（CBD）。THC含量的控制在欧洲显得很重要，最先是法国，然后是整个欧洲，栽培工业大麻品种中THC含量不能超过0.3%。俄罗斯的法律规定更加严格，为了防止将工业大麻当成药物，THC含量不能超过0.1%

早在1941年就分析了德国生长的工业大麻品种中的大麻脂（Hashish）含量，它是系统测试工业大麻中工业大麻脂含量的最早的报告。Hoffmann（1986）引用了1956年Von Sengbusch在Versilles发表的文章，他提到了利用育种使工业大麻中不含有大麻脂成分，也提到一种快捷方便的测试大麻酚含量的方法。利用这种方法他发现了20株完全不含大麻酚的工业大麻，但是后来这些植株的状况没有任何报道。

苏联很早也对THC含量极低的品种（JUS-19、JUS-22等）进行了选育。目前，乌克兰的工业大麻品种中THC含量都很低。

独联体不仅在俄罗斯中部工业大麻品种和雌雄同株与雌雄异株的杂交品种中降低了THC含量，而且南部工业大麻品种的THC含量也降低了。Nevinnykh、Nimchenko和Sukhorodo（1995）报告称经过10次选育循环后，南部工业大麻品种中THC含量比最初的品种降低了8~10倍。

Rivoira等（2012）研究了5个工业大麻品种的栽培位置、性别、品系、生育时期之间的相互作用对THC的影响，他们发现了性别、栽培位置和收割日期之间存在明显的相互作用，从而导致THC含量有很大波动。Bocsa和Karus（2008）、de Meijer（2007）、van der Kamp、Eeuwijk和de Meijer（2011）报告了欧洲种植的主要品种的THC含量。

法国育种者在20世纪70年代建立了降低THC含量工业大麻品种的程序，但还没有这方面的文献报道。法国品种的THC含量较低。波兰也进行了这样的工作，其THC含量为0.001%~0.005%，甚至仅含有痕量的THC。

Gorshkova、Sentchenko和Virovets（2011）给出了一种低THC含量的选育方法。大麻酚类物质的含量对苞叶的腺状茸毛的形状和颜色会产生影响。带有白头、短体腺状茸毛植株的大麻酚类物质含量很少，甚至不含有任何大麻酚类物质；而那些长体、黄褐色头的腺状茸毛的植株则含有大量的大麻酚类物质；完全没有腺状茸毛的植株则不含有任何大麻酚类物质。

匈牙利Kompolt（Gödöllö大学）2000年前就开始了低THC含量的工业大麻育种工作，Kompolti工业大麻品种含有很低的THC含量。

Kompolti的育种方法包括在种子成熟时对雌株上的苞叶进行取样，由于这些苞叶上的THC含量最大，因此对它进行严格选择是育种中最重要的部分。将成百上千株工业大麻中的取样搅匀，然后用液相色谱进行筛选。在液相色谱分析过程中发生了较少或未发生颜色反应的，再用气相色谱进行进一步的分析。然后选择THC含量为0.01%~0.03%的Kompolti工业大麻母本和THC含量为0.04%~0.1%的中国雌雄异株工业大麻母本进行播种。在几百株母本中，培育出各种大麻酚类物质含量不同的植株，其THC含量为0~0.5%，平均0.11%。

杂交育种时，要使亲本双方保持尽可能低的THC含量。与俄罗斯中部品种相比，使用俄罗斯南部品种作为亲本时更应如此。

最近意大利正在研究低THC含量工业大麻的形态特征，希望仅凭观察就能将药物含量低的工业大麻与Hashish或Marijuana毒品汉（大）麻区分开来。值得一提的是，目前在意大利如果找不到这样的形态特征来说明工业大麻是无毒的，那么就基本上禁止种植这种工业大麻，意大利是欧洲唯一一个这样区分工业大麻毒性的国家。

欧洲的研究人员采用的方法包括使用γ射线和使用化学诱导剂（EMS）来产生突变种。已得到的各种外形突变的品种中主要是叶子的形状和颜色异常。但是还是不知道这些特征是如何进行遗传的，也不知道它们如何影响最初优良的Carmagnola和Fibranova品种的农艺价值。

有关THC的文献讨论的几乎都是其化学和治疗方面的内容，而关于遗传和育种方面的论文非常少，因此对THC的遗传了解的非常少。Soroka（1998）报告称THC是以一种很复杂的多基因方式进行遗传，而且高THC含量在F_1中是显性遗传。尽管是多基因遗传，h^2值仍相对很高，因此选育是可以成功的，在整个欧洲育种的结果也证实了这一点。

（三）高产和高油工业大麻的育种

从以前的工业大麻育种历史来看，提高种子产量从来都不是育种的主要目标，因为工业大麻籽主要是用来播种用。由于工业大麻籽油含量为28%～31%，因此工业大麻很少作为一个油料作物而种植。由于只有一半的工业大麻产籽，雌雄异株工业大麻种子的产量很低。培育雌雄同株工业大麻大大提高了工业大麻种子的产量，单性F_1工业大麻的出现则更进一步提高了工业大麻种子的产量。因为单性F_1工业大麻包含了绝大多数的雌雄异株工业大麻的雌株，它的种子产量要高于雌雄同株工业大麻，但单性F_1工业大麻的制种困难使得其难以在生产中大面积种植使用。

目前雌雄同株和单性品种的种子产量能达到80～100kg/亩，而芬兰则培育出了种子产量高达120kg/亩的籽用工业大麻品种。有人利用无性杂交的杂种作为工业大麻育种的原始材料，认为多数无性杂种高产，特别是种子产量可以大大提高。

工业大麻籽的价值和重要性正得到人们的重视，提高工业大麻种子产量、油含量及工业大麻油成分比例是当前和未来工业大麻育种工作的一个重要方向。

（四）抗逆工业大麻的育种

工业大麻很少感染真菌或虫害，因此很少有关于工业大麻抗逆性育种方面的文章。

Bocsa完整讲述了中国工业大麻品种对工业大麻跳蚤的抗性，将俄罗斯南方工业大麻品种和中国的这种工业大麻品种进行杂交后，这种抵抗能力在杂交后代中是显性遗传的。俄罗斯南方工业大麻品种对列当具有抵抗能力，而俄罗斯中部品种和杂种则缺乏对列当的抵抗力，这可以通过杂交和选择育种提高其抵抗力。对欧洲列当抵抗最弱的类型都属于东亚地区的品种，但在中国工业大麻品种与南部工业大麻品种杂交的F_1品种中这种抵抗力是显性遗传的。Virovets和Lepskaya报告了对工业大麻蛾的抵抗能力，几种USO品种和一些土耳其、法国和意大利的品种表现出了这种抗性。最后，de Meijer报告称这些品种多少都能抗线虫病（*Meloidogyne hapla* Chitwood），这种线虫会损坏连作的工业大麻。在西欧海洋性气候的国家，抵抗工业大麻灰霉病（*Botrytis cinerea*）是非常重要的，因为它们经常会导致工业大麻倒伏和工业大麻秆的断裂。

总而言之，工业大麻生物技术进展迅速。很显然，关于工业大麻的研究还与其他作物的研究差距较大，可靠的、重复性高的工业大麻体外操作技术还很不完善，而离体操作技术是遗传工程的基础，所以遗传转化还不能马上实现。遗传转化技术有可能快速培养出新的工业大麻品种，这些新的品种可能是完全无毒的工业大麻变种，可能带有可以区别纤维或药用工业大麻的可识别标记，或具有抗病性状等。

产生次级代谢产物（大麻酚类化学物质）的细胞培养与分子生物学技术相结合，有望在不远的将来确定出控制这些产物（如THC）相关的基因，并将其进一步应用于细胞培养，产生各种大麻酚类物质受到控制的工业大麻植株或品种。

特异性状分子标记的获取以及饱和连锁图的绘制将对工业大麻育种产生巨大的影响。已经观察到的工业大麻DNA水平上的高度多态性表明这种可能性大大存在。即使在没有分子图谱的情况下，雄性表现型及其特异分子标记之间的紧密连锁已经成为工业大麻育种过程中的一个快速鉴别工具。但是，为了得到和其他重要性状连锁的分子标记，尤其是像THC和纤维含量这样的数量性状，得到饱和的分子图谱还是十分必要的。这些数量性状基因位点（QTL）的定位是将来工业大麻育种最重要的任务，包括种子工业和纺织工业在内的联合研究将会大大推动这方面的研究工作。

三、工业大麻制种基地

工业大麻制种基地的好坏是制种成败的关键，对工业大麻杂交制种的产量和质量起着至关重要的作用。一个理想的基地应具备热量充足、土地肥沃、能集中连片制种、水利设施齐备，做到旱涝保收。交通运输便利，隔离条件优越，生产投入高，制种农户的科技意识强。具备上述条件的生产基地才能生产出优质、高产的种子，才能实现种子生产全过程的质量监控。保证种子的数量和质量，提高效益，实现规模化生产。

（一）制种基地的条件

1. 土壤条件

大面积制种田，要求土壤肥沃、肥力均匀、地势平坦或略有缓坡、土层深厚、土壤结构良好、土质疏松、保水保肥性能强、土壤通透性好、酸碱度适中（pH值为6.5～7，pH值<5或含盐量>0.1%的土壤不适于大麻种植）。在中国北方多选择栗钙或黑钙沙性壤土或冲积性壤土较为适宜。选择土壤有机质含量高、速效N、P、K等矿质化营养元素齐全的土壤，有利于提高制种产量。

2. 热量条件

工业大麻是短日照喜温作物，不同生长发育时期对最低温度和最适温度要求的条件不一样。一般发芽期最低温度7～8℃，最适温度23～25℃；出苗至抽穗期最低温度10℃，最适温度20～25℃；成熟期最低温度10℃，最适温度22～24℃。工业大麻的不同生长发育时期，一定要满足最适温度要求才能正常生长发育，特别是生育后期处于最适温度才能获得高产。不同用途的工业大麻的生育期长短及对温度条件的要求，是决定选择的制种基地能否适应在此区域制种的首要问题。选择工业大麻制种基地时，一定要选择适应制种的亲本生育所需活动积温的区域。因工业大麻制种要的是完熟的种子，因此，从发芽率方面考虑，种子收获时，须达到完全成熟。这样既有利于制种田的种子后期风干脱水，同时，又不受冻害损害发芽率，保证种子质量。

3. 灌溉及降水条件

工业大麻是耐旱作物，在年降水量>250mm地区均可进行制种，但最适制种地区为年降水量在550～650mm，一般工业大麻高产制种田要尽量选择在水利条件便利的土地上，做到旱涝保收是保证制种成功获得高额种子产量的关键。因此，大面积制种田要尽量选择水浇地。自然降水条件对工业大麻制种也有一定影响，而生育后期降水量相对少的地区更适于工业大麻制种，并有利于光合作用和生育后期大麻籽在田间自然脱水，籽粒会更加饱满。

4. 生产条件

选择水利设施设备齐全，交通运输、通信便利，生产投入水平高，经济条件好，机械化作业程度高，能规模化生产，并且有种子初筛选、初加工设备和大型种子仓库条件的地区作为工业大麻制种基地。

5. 隔离条件

工业大麻是风媒花，花粉靠风力传播。因此，制种基地要选择有隔离条件的地块，最好做到集中连片。选择隔离条件是工业大麻制种基地保证大麻籽制种质量的首要条件。一般工业大麻制种基地都进行空间隔离，要求400m以内不能制种其他工业大麻。如有高山丘陵或树木及高秆作物可少于40m，防止与其他工业大麻串粉引起生物混杂，保证种子的纯度。

6. 组织条件

工业大麻制种，不但要求技术性强，而且要求统一组织、统一行动，才能保证种子生产的质量和数量。一般的经验，一是当地政府部门和制种企业领导比较重视，把制种基地当成一个产业来抓，对制种中所需人力、物力、财力给以支持和协助，并专门抽调干部和技术人员把制种任务、关键技术落到实处；二是村级领导班子能力强，团结有威信，干群关系良好；三是群众经济条件好，生产投入水平高，热心种子事业，劳力充足，有一定科学种田或制种基础；四是户、村制种连片成方，便于管理，便于隔离，交通运输方便；五是便于制种技术全面实施。

（二）工业大麻制种田的隔离

工业大麻制种田的隔离有空间隔离、时间隔离、自然屏障隔离、高秆作物隔离。

1. 空间隔离

一般工业大麻制种田多采取空间隔离的方法。在工业大麻制种田周围与其他工业大麻保持一定的空间距离，防止外来花粉的串杂，以达到隔离的目的。一般配制工业大麻杂交种隔离区要求400m以内不能种植其他工业大麻。在多风的地区，特别是隔离区设在其他工业大麻下风时或相邻其他工业大麻区的地势较高时，间隔距离还应加大。制种田内未经允许，不得套种其他作物。

2. 时间隔离

在空间隔离有困难时，可将制种田的工业大麻播期提前或推后，使制种田的花期与邻近大田的开花期错开。一般情况下工业大麻制种安排在无霜期较长的华中或者华南地区，可将隔离区内制种田推迟播种，要因地制宜灵活应用。

3. 自然屏障隔离

主要是利用戈壁、沙漠、山岭、村庄、房屋、树林等达到隔离作用的自然屏障，阻挡外来花粉传入隔离区内，以达到安全隔离的目的。但没有屏障的方向要设空间隔离。

4. 高秆作物隔离

大面积制种区可利用高粱、向日葵、玉米等高秆作物为阻挡外来花粉的屏障，达到安全隔离的目的。利用高秆作物做隔离时，种植的行数不能太少，制种田隔离至少在50m，并且高秆作物要适当早播，在制种田散粉时，株高超过制种田株高。

四、良种栽培技术特点

原种和良种的栽培技术与生产田的栽培技术略有不同，大麻良种繁育主要是抓住种好、管好、收好3个环节。种好是基础，管好是保证，收好是关键。首先是各项措施更严格，包括选择前茬和地块，整地质量和播种质量，各项田间管理措施等。其次是播量减少，增加田间选择，拔出杂株，去除长势不好的植株，收获期延后。

（一）选择制种田块

1. 茬口选择

选择前茬是豆茬或者其他茬口的地块进行工业大麻制种。茬口要轮作倒茬，尽量避免连作与重茬，重茬的病虫害发生严重，不利于土壤条件的改善。同一种作物吸收养分和水分的时期集中单一，不利于地力的恢复和养分的补充和积累，也不利于土壤水分的储存与补充。因此，要实行轮作倒茬，有利于改善和合理利用茬口，减轻农作物在连作过程中病、虫、草的为害，改善土壤环境，避免同一作物养分吸收的单一性；有利于土壤养分的补充，可有效提高土壤肥力，使有效的资源得到合理地利用。特别是水资源，因不同的作物需水规律不一样，利用水的时期也不一样。合理轮作倒茬一般可以有效地利用土壤水分。

2. 土壤选择

制种田应选择无检疫病害、地势平坦、地力均匀、土质肥沃、排灌方便、集中连片的耕地。顶凌整地，除净根茬，顶浆做垄，磙子压实，把返浆水保留在土壤里，提高土壤墒情。同时，充分了解土壤养分情况，确定施肥种类和数量。

（1）选择土壤耕层深厚，团粒结构状况良好的土壤。工业大麻植株高大，根系也较发达。据测定，工业大麻根系主要分布在0～20cm的耕层内。因此，高产工业大麻制种田要求土壤活土层深厚，土壤耕层熟化程度好，熟化的耕层土质疏松，土壤团粒结构良好，土层的空隙大小比例适宜，保水保肥性强，浇水后湿而不黏，干而不板，水、肥、气、热四大因子互相协调，有利根系垂直及水平生长。

（2）选择土壤通透性较好的土地。一般要求土壤通气性良好，土壤通透性好有利于微生物的活动，保证养分的释放。较黏重的土壤，不利于工业大麻根系的生长，尤其是不利于次生根的生长。一般在湿润的气候条件下，耕层总孔隙度自上而下在52%～56%，其中，毛管孔隙和非毛管空隙之比为（1～1.5）∶1，而在半干旱的气候条件下，毛管孔隙和非毛管空隙比例要偏高，为（2～3）∶1，毛管孔隙在湿润条件下，有利于土层通气，促进养分分解，非毛管孔隙在干旱的条件下，可以减少土壤水分扩散和蒸发，增加土壤保墒和抗旱能力。据报道，土壤松紧度和通气条件与土壤单位面积容重有关，一般土壤容重在1.1～1.3g/cm^3，土壤通透性好。土壤容重较低时，不利于土壤保墒，土壤容重较高时，不利于根系生长，甚至影响出苗。

（3）选择土壤有机质水平高的土地。工业大麻根系吸收的养分主要来源于土壤和肥料。土壤肥力高，有机质含量高，营养元素丰富，施肥量可相对减少。反之，要增加土壤施肥量。要获得高产稳产，必须有肥沃的土壤基础，同时有机质含量要高，一般在1%以上，速效氮、速效磷、速效钾的含量要高。一般水平的工业大麻制种生产田要求土壤pH值在6.5～7.0，以中性为好。土壤过酸过碱对工业大麻根系的生长都有影响。要求高产制种田的土壤耕性要好，耕作效率要高，土地要肥沃。比较而言，最适宜工业大麻生长发育的土壤是土层深厚、有机质含量高、保水保肥能力强的肥沃壤土、二合土和垆土地。而那种"发小不发老"的瘠薄土沙板地或"发老不发小"的胶泥地则绝不能用。因为用沙板地制种跑水跑肥，喝不够喂不饱，不耐旱，没后劲，且投资大，产量低，苗期生长缓慢，对产量影响很大。胶泥地尽管保水性好，但透气性差，且容易涝，有机质和中微量元素含量匮乏。

3. 排灌条件选择

工业大麻制种田要尽可能选择在沿河两岸、平川水浇地或有机井灌溉条件的土地上，做到旱涝保收。同时，也要注意选择灾害性天气少发地段。

在选择工业大麻制种基地时，农田要能够确保排灌，就要首先考虑到天旱时能否保证浇水，雨涝时能否保证排水的问题。另外，选择工业大麻制种基地，不应该只考虑到异常年份，只有多种水利条件同时具备，制种工业大麻的产量才能有保证。

（二）隔离条件

工业大麻是风媒花，靠风力传粉。工业大麻的花粉量较小，容易随风飞散。因此，工业大麻制种田必须要有一定的隔离条件，才能保证其他工业大麻花粉不能穿到工业大麻制种田内，以免造成生物混杂。

要选好制种基地，应具备良好的隔离区和较好的地力、水利条件。隔离区是工业大麻种子生产中，为防止隔离区内工业大麻种子开花期有外来花粉侵入应设置的一条重要防线。隔离种类详见本章本节第三部分。

（三）整地

1.整地的意义

通过精细整地加深活土层，使板结紧实的土壤达到熟化疏松的目的。精细整地可以改善土壤的物理结构，增加土壤耕层非毛管孔隙，提高孔隙度，增强土壤的通透性。深耕翻或深松土，可以改善耕层土壤水、气、热条件，促进耕层土壤微生物活动和养分积累释放，有利于蓄水保墒，促进工业大麻根系生长。减轻杂草和病虫为害，为工业大麻制种田种子的萌发和幼苗的生长创造一个深、松、细、匀、肥、湿的良好环境，确保出苗快而整齐，达到苗全、苗壮、苗齐、苗匀的目的。

2.整地技术

工业大麻对土壤肥力反应特别敏感，无论选用哪种土壤或前茬栽培工业大麻，都应重视土壤耕作措施和大量施用有机肥料，方能达到高产稳产效果。做好整地保墒是工业大麻抓全苗的重要措施。深厚、绵软、墒情良好的土壤才能顺利发芽出苗，健壮生长。工业大麻对深耕有良好的反应，深耕能改善土壤结构，提高土壤蓄水性能，增加土壤中的有效养分，使之有利于工业大麻根系发育，促进株高和茎粗增加，从而提高产量。

工业大麻是深根作物，深耕有利于根系发育，并能减轻麻株倒伏。深耕可以促进土壤风化，加深耕作层，增加土壤中营养物质，消灭杂草和病虫害。我国种植工业大麻有深耕的习惯，大部分麻地秋耕深度大于20cm为好，最深的达25~30cm，深度小于15cm，产量明显降低。

工业大麻的土壤耕作，如前作为小麦等夏茬，一般于收后立即浅耕灭茬，有利于灭草保墒。安徽六安麻区农民描述工业大麻整地要做到"土碎如面，厢面如镜，沟直如线"才合乎规格，但是翻耕深度不是越深越好，翻耕过深，一方面人力、物力上不合算，另一方面肥料跟不上还会减产。

麻田的耕作依轮作而异，叙述如下。

（1）一年一熟连作麻地的耕作。北方麻区多为一年一熟制，工业大麻收获后应及时浅耕灭茬，灭茬后10~15d进行早秋耕，深度20~25cm，达到耕幅窄，翻土深、匀、细的要求。耕后立垡晒土，遇雨耙地蓄墒，耙后再耕，连续3~4次，直到地冻前耙耱保墒越冬。第二年再浅耕细耙，使粪土充分混合，施底肥，再耙细耱平，准备播种。

（2）一年多熟春播麻地的耕作。黄淮平原和南方麻区实行一年多熟制。前作收获后，即浅耕灭茬，接着秋（或冬）深耕，耕后耙地保墒越冬，有的地区也有秋耕后晒土不越冬的。第二年春播前20d左右施基肥、浅耕、耙平、耙细，等待春播。在秋季或冬季未深耕的地块，春耕时要深耕1次，有的麻区有作畦种麻的习惯，作畦的方向与水流的方向一致。麻畦长宽按麻田大小、地势和方便田间操作而定，山东泰安麻区对麻底墒水特别重视，播前整畦时要先行灌溉，促使工业大麻出苗齐、全、壮。

（3）一年多熟夏播麻地的耕作。我国中部与南部麻区有时采用夏播工业大麻种植，夏播工业大麻的前作物多为大麦、小麦、油菜、蚕豆、豌豆等越冬作物。前作物收获后，一般来不及深耕，在清除前作残根后即行耙地，耙完后开沟施肥，即行沟播。如系机耕地区可用圆耙耙地，耙地深度达到10cm，耙前施底肥，耙后即可播种。在南方地区雨水较多，宜采用作畦种植，并注意开通厢沟和围沟，以利排灌。

（四）播种方式

各地工业大麻播种方式有撒播、条播、点播3种，以条播较好，采种栽培常用点播，也有条播和撒播的，采麻栽培多用撒播与条播，纤维用工业大麻适于密植，在大面积栽培时应采用条播。条播由于播种深度和密度一致，盖土均匀，出苗整齐，成熟一致，小麻少，还节省劳力和种子，同时通风透光，便于田间管理。撒播一般出苗不整齐，但有经验的农民撒得匀，播得密，在精耕作条件下，也获得高产，同时，由于密度大，麻秆细，长纤维比例大，出麻率高。浙江杭州、安徽六安、山东莱芜、甘肃清水麻区，多行撒播；河北麻区多数为条播，东北麻区也是条播。条播可用耧或机引播种机播种。撒播有分畦撒播与不分畦撒播两种，安徽六安麻区习惯用分畦撒播，操作精细也能做到匀播密植，获得较高产量。

（五）播种量及播种深度

我国各地工业大麻的播种量相差很大，通常每亩播种量为1~6kg，随品种、栽培目的、播种方式及地区不同而异。一般纤用种量4~5kg/亩；籽纤兼用工业大麻的播种量1.3~3.3kg/亩；育种工业大麻播种量0.1~1kg/亩；籽用工业大麻的种植密度变化较大，播种量1.7~2kg/亩。

通常早熟品种比晚熟品种播种量多，采麻比采种播种量多，撒播比条播、点播多，千粒重高的品种比千粒重低的品种播种量多，宽幅条播又以耧播为多。同时地区差别也很大，如浙江杭州每亩播3~3.5kg，河南固始3.5~4kg，山西长治播5kg，而山东莱芜则播到6~7kg。

工业大麻种子顶土力弱，宜于浅播，播种深度以3~4cm为宜，超过5cm则发芽不齐。在条播地区以播深3cm为适当，超过7cm则严重影响麻苗出土。在土壤干旱的情况下可采用深播浅盖的方法，覆土的厚度不宜超过1.3cm，否则幼苗难出土。在撒播地区，多采用细土覆盖种子，盖土厚度以2cm左右为宜。在有条件的地方，播种再盖些枝叶，可防鸟雀危害。

（六）合理施肥

工业大麻是一种需肥较多的作物，对氮、磷、钾三要素的要求以氮素最多、钾次之、磷最少，氮肥对工业大麻增产起主要作用，氮磷或氮钾肥配合施用比单施氮肥效果好，氮、磷、钾三要素配合施用增产效果更好，每生产50kg鲜茎要吸收氮0.5~0.67kg，磷0.17~0.2kg，钾0.4~0.45kg，氮、磷、钾之比约为3.1:1:2.2，快速生长期吸收利用的养分占总量的70%~80%。

微量元素施用适当，对工业大麻的产量与品质也有促进作用。在泥炭土、黑土上施用硼肥、锰肥+锌肥或硼+锰+锌肥等都有增加种子和茎秆纤维的作用。在泥炭土上施用铜肥有提高长纤维率的效果，施硼肥+铜增产纤维显著。钠可部分代替钾，对提高纤维产量和品质有良好的作用。

对于籽用工业大麻而言，多施含钙、镁、磷的肥料，配合施用含锌、碘的微肥，从而达到高产增收的目的。

工业大麻施肥，基肥比追肥效果好，这是因为工业大麻根系在苗期生长比地上部慢，根系吸收矿物质营养的能力又弱，同时工业大麻对营养物质的吸收和消耗极不平衡。据国外资料，早熟种工业大麻3/4的营养物质是在生长最初两个月内吸收的，其中绝大部分又是在现蕾到开花非常短的时间内消耗掉的，所以它是短期营养作物，因此，早施基肥与产量关系极大，麻区农民体会极深，如江苏麻区农民说："工业大麻吃肥，没有肥，头发尖，有肥头就平。"这说明工业大麻在缺肥情况下，梢部变细，即进入衰老期，不再长高长粗；在肥料充足的情况下，茎的生长点不断分化，真叶不断开展，生长茂盛，继续长高长粗，形成平头的特征，安徽六安麻区也有"基肥足，工业大麻长成筒麻（上下均匀）；基肥少，工业大麻长成铁丝麻（上下不均匀）"的说法。

一般秋耕或春耕前施厩肥、堆肥等2.5~5t/亩，播种前再施精肥如饼肥50~100kg/亩或人畜粪1~1.5t/亩。东北、华北麻区生长期短，追肥少，更应着重基肥，一般基肥占整个施肥量70%~80%，追肥20%~30%。安徽六安为我国著名工业大麻产区之一，施肥水平较高。一般收玉米后耕耙一次，施绿肥、塘泥等粗肥5~10t/亩；大雪左右可再翻一次，施人畜粪1~1.5t/亩，称为雪肥；大寒左右浅翻一次，再施人畜粪1~1.5t/亩或饼肥50~100kg/亩，然后，整畦开沟，并在畦边沟里施些饼肥或粪肥，促进边麻生长，这种施肥方法的特点在于分层施肥，粗肥在下，精肥在上，做到层层有肥，大量有机肥具有改良土壤作用，安徽六安麻区虽然多行连作，但产量不减，底肥足是一个关键，四川成都平原麻区，秋耕或春耕时每亩施厩肥、堆肥一共1.5~2.5t，或大量绿肥、饼肥、粪水作为基肥。种麻时每亩再施尿窖灰100~150kg作种肥，无绿肥的则每亩增施0.75~1t人畜粪作为种肥。

各种细肥包括饼肥和化肥对工业大麻产量的效果也不同，据试验研究，在施用圈肥4t/亩的基础上，加施饼肥100kg/亩，纤维产量为98kg/亩；施圈肥1.3t/亩和硫酸铵15kg/亩，纤维产量92kg/亩；施硫酸铵34kg/亩、过磷酸钙9kg/亩、硫酸钾4.5kg/亩，纤维产量88.5kg/亩。施饼肥比其他肥增产6.1%~10.1%，施用饼肥的出麻率也较高。各种有机肥的增产效果也不同，据试验研究，施农家肥均为1.7t/亩，其中施大粪土纤维产量为102kg/亩，施鸡圈粪的为97kg/亩，施猪圈粪为85kg/亩，施马粪土的为76kg/亩，以大粪土和鸡圈类的增产效果较好。

不同化肥种类其增产效果也不同，据试验，在施圈肥4t/亩作基肥的基础上，追施纯氮4kg/亩，其中施尿素的纤维产量为98kg/亩，施硫酸铵和碳酸氢铵的纤维产量分别为94kg/亩和90kg/亩，不追肥的为71.5kg/亩，以尿素的增产效果最好。

工业大麻追肥，一般宜早。以苗高25~30cm、将进入快速生长期时，结合灌头水追肥最适宜。这时追肥要比株高1m时追肥增产5%~15%。追施化肥量一般每亩用尿素7.5~10kg。有的麻区还在灌二三水时，对弱苗追偏肥。此外，有的麻是强调多施基肥而不施追肥，原因是避免化肥量少，拔苗助长施不匀，引起田间麻株相互竞长，造成生长不齐、小麻增多、出麻率降低等。因此追肥要因地制宜，讲求实效。

（七）适时播种

苗全、苗齐、苗壮是制种田增产的关键，是制种田获得高产的一个重要环节。因此，在科学选地、选择亲本、精细整地的基础上，要适时播种，根据温度和墒情来决定播种时间。中国北方地区春季雨水较多，土壤水分较多，地下水位高。到5月，温度下降很快，对已萌发的种子造成极大影响，粉种、死苗严重。因此，当土壤5~10cm土层地温基本稳定在10℃时才可播种。

工业大麻制种田的适宜播期与外界自然环境条件密切相关，主要与温度、土壤水分、日照时数和海拔等条件有关。工业大麻幼苗对温度反应敏感，早春低温和"倒春寒"对工业大麻出苗极为不利，尤其是在中国北方，往往会造成冻害影响全苗。但在实际生产中，一般常把耕层土壤5~10cm土层地温基本稳定在10℃时定为工业大麻的最适播期。也可以根据日平均温度稳定通过10℃作为工业大麻的播期指标。除温度外，土壤水分往往也是影响工业大麻适期播种的关键因素之一。一般要求工业大麻制种田适期播种的田间持水量达到60%~70%，土壤水分不足时，"落干"影响全苗；土壤水分过多时，土壤黏重，不利于制种田幼苗出土和生长。日照时数也会对工业大麻制种田生育期的长短及生长发育造成很大影响。工业大麻是短日照作物，制种时北移往往会延长生育期。在中国北方，一般在4月下旬至5月中旬，随着气温的回升，就到了工业大麻播种的季节。工业大麻制种田要在温度条件允许的情况下，做到适期早播。适期早播的苗期温度相对低，地上部生长缓慢，有利于蹲苗，使根系生长发育良好，节间变短，植株变矮，有利于后期抗倒伏、抗旱。适期早播可避免生育后期遭到低温冷害，可较好地成熟。但播期也不宜过早，太早地温低，会导致种子萌发缓慢，出苗不齐，甚至烂种，影响全苗，造成减产。

（八）密度

正常繁殖，播量20~25kg/hm²，行距45~60cm条播；高倍繁殖，播量10~15kg/hm²，行距45~60cm条播。为了提高种子产量，用0.2kg/hm²硫酸锌拌种后播种；在快速生长期前用0.3%的硼砂水溶液叶面喷洒，用量1.5kg/hm²。因此，在制定制种方案时，要根据不同品种的特性和土壤肥力情况来安排密度。再根据当地气候条件确定密度，日照较短，气温较高的地区，亲本生长发育较快，应当密些；而日照较长，气温较低的地区应当稀些。还应根据土壤肥力确定密度，土壤肥力水平对种植密度影响较大，肥力水平高，施肥量较大的高水肥地块可适当密植，而肥力水平低的旱地和低水肥的地块应稀植。

（九）田间管理

加强田间管理是工业大麻制种田获得高产的主要措施之一。因此，除实施制种技术外，必须进行精细管理才能获得制种成功。

一般工业大麻播种后，如果气温、水分适宜，5~7d即出苗。从出苗到快速生长期开始是工业大麻的苗期阶段，是营养生长阶段。生育特征主要是生根和分化茎、叶。由于根系生长较快，地上部叶片生长缓慢，在此期间麻田管理的中心任务是确保全苗，促进根系发育，培养整齐健壮的幼苗群体，为进入快速生长打好基础。

1. 播后松土

工业大麻播种浅，特别是撒播及畦播地区播种更浅。撒播种子后，一般要用挠钩或手耙纵向松土多遍，使表土充分细碎，覆土均匀，让种子紧密接触湿土，顺利发芽出苗。播后遇雨，地干表土硬影响出苗，要及时轻耙，破除板结，以免幼苗在土中窝黄和造成缺苗。

2. 查苗补苗

工业大麻制种田出苗后，应及时查苗补苗，在缺苗较重时应补苗。对补苗的种子先进行浸泡催芽，促其早出苗，但补苗往往赶不上正常播种的苗，容易造成大苗欺小苗，生长不整齐，缺苗较少时可采取移苗补栽的方法进行补苗。移栽时间应尽量在下午或阴天进行，最好是带土移栽，以利返苗提高成活率。

3. 间苗与定苗

工业大麻间苗与定苗是一项细致的工作，是麻田留足基本苗、保证密植高产的关键措施之一。苗期一般间苗和定苗各一次，要求做到早间留匀，适时定苗，达到培育壮苗的要求。生产一般分期间苗2~3次，第一次在出苗后7~10d疏苗；第二次在出苗高14~20cm时按留苗密度间苗、定苗。有的产区第一、二次间苗合为1次，即只分两次便完成间苗、定苗。麻高0.5~1m再拔除小麻一次，使麻田通风透光，促进纤维发育和成熟。

结合间苗、定苗，对工业大麻幼苗进行雌株、雄株的鉴别，并按预定栽培目的适当多留雄株或雌株，以提高纤维或种子产量，采麻栽培的宜多留雄株，采种栽培的则应适当多留雌株。在定苗时，经验丰富的麻农可大致分辨出雌雄，即幼苗叶片尖窄、叶色淡绿、顶梢略尖的多为雄麻；反之，叶片较宽，叶色深绿，顶梢大而平的多是雌麻，"花麻（雄株）尖头，子麻（雌株）平顶"。据陕西洛南经验，工业大麻幼苗雌、雄株的区别和识别特征如下。

雌株：叶色淡绿，心叶较平展，叶背为绿色或紫色，第二对叶叶柄为淡紫色或绿色，茎秆第一节间特别长，第二节间特别短，茎秆第一、二两节间皮色多为绿色或第一节间紫色，第二节间绿色，植株生长嫩绿、粗壮。

雄株：叶色深绿，心叶较上冲，叶背为紫色或暗紫色，第二对叶叶柄为淡紫色或紫色，茎秆第一、二节间长度差异表现不突出，茎秆第一、二节间皮色多为紫色，植株生长暗绿色、纤细。

留苗密度，各地极不一致，主要是由于品种和用途不同的缘故。如黑龙江省在不同肥水条件下进行了采麻栽培试验，均以每亩留苗8万~10万株的产量高，山西、陕西试验以留苗8万株的产量最高，浙江杭州一般每亩留苗2万~3万株，安徽六安每亩留苗5万~6万株，河北蔚县7万~8万株，四川温江8万株以上，山东莱芜10万株以上，一般早熟种要留密些，迟熟种稀些；早播的密些，迟播的稀些；肥地密些，瘦地稀些；线麻密些，魁麻（造纸用）稀些，有些麻区适当增加留麻密度，增产显著，但密度加大，小麻比例随之也增加。如山东莱芜、河北蔚县一带麻田小麻占20%～25%，最高达40%～57%，所以说，控制小麻绝非单项技术所能解决，必须加强播前精选种子，精细整地，施肥均匀，早间苗，早定苗，保证密度均匀，灌溉及时，灌量一致等一系列措施。

4. 中耕、除草、追肥

中耕是苗期的重要管理措施，具有松土除草、散湿增温、促下控上，使幼苗主根深扎和较早较快地生长侧根的作用。麻田要早中耕、细中耕。一般中耕两次，除结合间苗、定苗进行中耕外，在麻田封行前再进行一次中耕。中耕深度要掌握先浅后深再浅的原则，苗高5～10cm时，浅锄10cm，苗高15～20cm，深锄10～15cm，促进根系发育，苗高30cm以上又浅锄3～8cm，以免锄伤过多细根，影响生长。麻田细中耕是我国麻农的传统经验，河南史河和河北蔚县麻区就有"锄头草如绣花，一锄一个疤"之说。史河麻区采用约6cm宽的小锄，轻轻锄出杂草和矮劣麻苗，不碰伤留下的苗，以免形成伤疤，妨碍麻株生长，降低纤维产量和品质。高肥密植而又底墒充足的麻田宜多中耕，并进行蹲苗，蹲苗的时期在幼苗后期至快速生长期到来之前，蹲苗可使幼苗根系深扎，控制旺苗长势，促进弱苗赶上壮苗，以提高麻田群体的整齐度，这样麻株群体在以后能均衡生长、减少弱株，这是高肥密植麻田增产的一项主要措施。其具体操方法是：苗期阶段多中耕，雨后中耕松土；中耕深度由浅而深，始终保持土表疏松干燥，而下层保蓄一定水分；延迟灌头水和追肥，使之达到更好的蹲苗效果。但蹲苗要适度，只有在幼苗不严重受旱、不缺肥的情况下，才能起到良好作用，否则麻株受旱，易出现"小老苗"，造成减产。

工业大麻追肥宜早，以在苗高25～30cm，即将进行快速生长期时，追施效果最好；追肥应以速效氮肥为主，每亩可追施尿素7.5～10kg，或人粪尿水1～1.5t，定苗时追施些草木灰可减轻立枯病为害，有利根系的生长，留种田在花期之后可追施磷肥1次。

5. 田间拔杂去劣

开花期根据品种的典型性状，包括株高、开花期、花的大小、花序特点和抗倒伏情况等进行拔杂去劣，成熟期根据株高、工艺长度、分枝特点、成熟度等性状再次进行选择。

6. 及时灌水

工业大麻进入快速生长期以后需肥量较大，土壤水分含量达到70%～80%，可提高光合生产力，促进开花以及良好的籽粒形成，有利于后期生长发育。因此，第一次灌水应在快速生长期结合液体追肥进行，要浇透；第二次灌水在开花期，天气干旱可适当浇小水，如此时墒情较好或有连续降水，也可不浇水。

世界许多国家采用现代灌溉技术对工业大麻田进行灌溉，主要包括管道输水技术、喷灌技术、微灌技术等。

（1）管道输水技术。用塑料或混凝土等管道输水代替土渠输水，可大大减少输水过程中的渗漏和蒸发损失，输配水的利用率可达到95%，另外还能有效提高输水速度，减少渠道占地。

（2）喷灌技术。喷灌是一种机械化高效节水灌溉技术，具有节水、省力、节地、增产、适应性强等特点，与地面灌溉相比，大田作物喷灌一般可以节水30%～50%，增产10%～30%，但耗能多、投资大，不适宜在多风条件下使用。

（3）微灌技术。包括微喷和滴灌，是一种现代化、精细高效的节水灌溉技术，具有省水、节能、适应性强等特点，灌水同时可兼施肥，灌溉效率能达到90%以上。微灌的主要缺点是易于堵塞、投资较高。

7. 防旱防涝

工业大麻在各个生育期对水分的要求是不同的，一般在苗期需水不多，为了使麻苗根部发育健壮，并使根部伸向土层下方，土壤不宜过湿，做到苗期不旱不浇，增加抗旱能力。河北蔚县麻农说，

"水绕地不早浇，早浇根细不发苗"。山东莱芜农民说，"不出满月不浇水，绕过头水不干地"。在苗期雨水多、地湿时，最好早锄，使表土疏松，以助水分蒸发。

麻苗生长到30cm左右，进入快速生长。从进入快速生长到雄株开花，是工业大麻生长发育最旺盛的快速生长期，据试验研究，大麻快速生长期所耗水量占全生育期总耗水量的62.9%～69.8%，维持土壤水分为田间最大持水量的70%～80%，最适于这一时期对水分的需要。工业大麻快速生长期时间短，生长量大，干物质积累多，消耗水分最多，必须抓好灌溉。

北方麻区在工业大麻快速生长期，正值干旱少雨季节，灌溉与否对产量和出麻率影响很大。据试验，灌水3～5次的比不灌水的增产19%～27%，华北麻区多为水浇地种麻，一般少的灌3～4次，多的7～10次。10d内无雨田间显旱，最好进行灌溉，华北麻区一般也是5—6月缺雨，一般工业大麻梢顶部二三片叶色呈黑绿，表示缺水，顶部叶发黄则严重缺水，需进行灌溉。灌水需注意"头水轻、二水饱"，即第一次灌水需轻灌，因此时工业大麻根系尚弱、不耐水，水量过大容易造成土壤过湿甚至淹渍，对根系发育不利；同时头水过大，造成土壤板结龟裂，裂缝伤根，也影响麻株生长。灌头水后，麻株迅速生长，侧根大量发生，需及时灌二水，如二水不及时就会严重影响根系和麻株长高、增粗，形成"老苗"，造成不可挽回的损失，因此，一般在头水后3～5d，地表一干就灌二水，水量比头水大些。此后视土壤旱情增加灌水次数，以在快速生长期始终保持土壤湿润为好。另外，当麻株高130～170cm时，田间郁闭、通风透光不良，特别是密度大的麻田，雨后田间常高温高湿，蒸腾量大，导致死麻、烂麻。因此，雨后亦应紧接灌水，以改善田间小气候，麻农称之为"解热水"。

南方麻区雨水多，一般春播工业大麻不需要灌水；但要在播种前清理好畦沟，使整个生长期间做到雨停水泄，排水畅通，免受涝害。特别是在蕾期雨量多，很容易渍水烂根，应重视排水问题。夏播工业大麻生长期遇久旱不雨，可结合追肥进行灌溉。

工业大麻开花期长，而且此时为皮层增厚时期，这时应适当控制土壤水分，有利纤维成熟。同时开花后落叶渐多，覆盖土面，保持土壤湿润，故此时一般不需灌水，采种栽培或雌、雄麻分期收获的地区，雌株种子成熟要比工艺成熟晚30～40d，在此期间应根据田间水分状况，适当灌水，使种子灌浆成熟好，提高种子产量。

后期生长阶段，麻株高大，无论采麻或采种栽培，均应在灌水时注意气候变化，防止灌水时或灌水后遇风倒伏。

8. 拔除雄株

收获种子的种麻田在雄株开花结束时即可在田间拔除雄株和病、弱、折损的雌株。所拔除的雄株可与采麻用麻株一并沤洗，雄株拔除后田间通风透光条件改善，有利于雌株分枝的生长和种子的发育成熟，可提高种子产量与质量。

9. 防止风灾

在工业大麻生长期间，由于茎秆高大，易遭风灾，把麻梢生长点刮断，或大量麻株倒伏，影响纤维产量和质量，一般多采用综合防治措施，如精细整地，使麻苗壮健，扎根深，晚灌头水，轻灌勤灌，适量追氮肥，增施磷钾肥，并采用茎秆坚实的品种等。

10. 病虫害防治

在我国工业大麻产区，虫害较多、为害较重，病害较少，为害也轻。

相关信息及防治技术请详见第五章、第六章。

（十）适时收获、晾晒与储藏

适时收获和晾晒是提高粒重和品质的关键措施。工业大麻籽粒的适宜收获期为完熟期，其标志为籽粒乳浆消失，籽粒变硬。

收获后放在晾晒场上的工业大麻植株要及时薄摊开，厚度不超5cm，严禁大堆堆放，霉变。每天勤翻晒变换位置，有利于通风散湿，尽快脱水。同时，在翻晒过程中要挑净杂株、霉烂株、病虫株。做到白天翻晒、晚上盖，严防露水和雨水的浸湿，使种子含水量晾晒至安全水分。

1. 适期晚收

工业大麻种子的胚是一个生命体。因此，它的生活需要一定的环境条件，尤其是在收获时，应注意保持其生命的活力。适时收获是主要措施之一，收获过晚，易受冻害；收获过早，种子成熟度不好，含水量增加影响发芽率，以致影响种子质量。一般经验是适时晚收，能获得较优的种子。目前，全球气候变暖，为工业大麻制种适时晚收提供了可能。适时晚收有利于增加粒重，增加种子的饱满度，同时，有利于提高制种产量和降低种子含水量，增加种子活力和提高发芽率。

适期晚收可提高种子发芽率和活力，获得饱满有光泽的种子，降低种子的含水量。当蜡熟期籽粒变硬，籽粒表面有光泽，用指甲不易划破，为适期收获期。收获后的不同品种种子要分场晾晒，分场堆放，要及时进行一次捡选去杂。同时，将成熟不良、籽粒异常、病株、畸形株剔除。对正常株上的个别杂籽、病籽、霉籽或发芽籽也一次性剔除干净。

2. 正确晾晒

在中国北方，工业大麻籽粒收获后，气温已下降，秋风较大。一般选择在通风透光良好的条件下风干、晾晒。在晾晒期间，要进行翻晒2~3次，使籽粒的含水量降到16%~25%。安全越冬种子所含的水分以10%以下为好。晾晒法如下。

（1）分级晾晒法。一般工业大麻制种常因早春气温的影响，出苗有早有晚，或因地力不均导致秋季成熟期不一致。收获的工业大麻籽粒含水量也不一样。因此，要采取分级晾晒的方法，把水分大体一致的籽粒单独存放晾晒。

（2）装尼龙网袋或小栈子晾晒。工业大麻制种田收获后，首先将籽粒表面叶片及污物全部清理干净，防止病菌感染。然后，通过分级晾晒法或一分为二晾晒法，在采光及通风良好的干净地面上晾晒7d左右（有条件的地方可用砖砌成通风炕面，晾晒效果更好），然后将籽粒装入网袋（每个1kg左右）中放高度1m以上的架子上晾晒，晾晒到脱粒水分标准为止。这种方法简便易行，晾晒效果也比较好。

（3）平面晾晒。平面晾晒是指选择水泥地面、房顶、向阳窗台，铺上塑料膜等防潮物，再将植株摆放在上面，植株厚度不超过30cm，每2d翻晒一次。

（4）机械烘干。这种办法成本大，但在自然降水难度较大的情况下，采用机械烘干也是一种降水的好办法。在实际操作时应注意，一次烘干水分不能过快，防止高温时间过长对种子生活力造成伤害，导致发芽率降低。

3. 工业大麻种子储藏

（1）种子储藏中存在的问题。

①热害：

发热　工业大麻种子是小胚种子，胚占体积的10%，胚重占粒重的10%~12%。因种胚小，种子的呼吸不旺盛，所以，在同样的水分和温度下，比禾谷类种子的呼吸强度低，因而不易发热，导致种子变质。

酸败　工业大麻种子的脂肪含量一般为4%~5%（个别品种除外），而胚部占籽粒脂肪含量的77%~89%。因此，如果高温、高湿，就易产生游离脂肪酸，使酸度升高，影响种子的活力。

霉变　工业大麻种子胚部含较多的可溶性糖，而种子皮又薄，如果温度较高，易生霉，造成种子变质。

②冷害：若霜冻来的较早，种子因含水量过高，易受冻害。在种子的生产过程中，如果成熟期稍长、晚播、氮肥施用过多、低温年份或赶上收获季节秋雨较多等不利气候条件，常会使种子的含水量

偏高，到了成熟季节，含水量仍在16%～25%。

（2）储藏对策。不论受热害还是冻害，关键的问题是种子的水分没有降至合理储藏的标准。入仓及储藏期间，含水量要始终保持在10%以下，种子方可安全越冬。如果工业大麻种子含水量过高，种子内部各种酶类进行新陈代谢，呼吸能力加强，严寒条件下，种子就会发生冻害，降低或丧失发芽能力。

①把好"两关"：第一，把好种子水分关。水分是影响工业大麻种子安全储藏的首要因素。高水分的种子在储藏过程中，如果种温过高，则容易引起种子本身呼吸强度的增大，消耗种子内的营养物质，使种子质量变劣，活力指数下降，且易滋生霉菌，使种子发生霉变，失去种用价值；如果气温太低，则容易使种子内部细胞间隙结冰，造成细胞死亡，发生冻害。所以，在种子入库前，要准确测定种子的含水量。对于只越冬粒储，第二年种植的种子，要求种子含水量在10%以下；而对于越冬又度夏的粒储种子，则要求种子含水量必须降至8%～10%。如种子含水量达不到上述标准，则应采取日晒或烘干措施，将种子水分降至标准含水量以下后，方可入库。第二，把好种子发芽力关。一般入库的工业大麻种子的发芽率应在90%以上，因储藏时间和储藏条件等因素的影响，要求种子发芽率要高一些。入库时，如果种子的发芽率达不到此标准，则应做其他用途使用，不应作种子储藏。

②选用"两宜"：第一，包装物宜选用隔潮、隔热性能优良的材料。选用塑料无孔编织袋包装工业大麻种子。第二，种子的堆放宜采用挂放。袋与袋之间应留有适当的间隙，以易于种子库通风干燥和储藏期间的人工均匀采样和检查。

③注意"两防：第一，防鼠害。鼠害每年都会对库存种子造成一定的损失。为防鼠害，一是要对储藏种子库房的地面和通风窗等处进行查补漏洞，防止老鼠进入库房；二是要经常在库内口角和种子堆旁投放鼠药，并隔期更换鼠药。第二，防虫害。采用樟脑球熏汽法，将樟脑球放在种子垛各间隙内或碾碎后掺入种子中。

④做到"两勤"：第一，勤检查种子质量。在储藏期间，每半个月或20d检查一次种子的发芽率。特殊气候条件下，更要勤检查。第二，勤检查种子的储藏条件。要随时注意种温的变化且发现升温（超过26℃）应立即采取措施，降低种温。要勤测定种子含水量，如发现种子含水量超过15%，应及时进行晾晒。

参考文献

陈建华，臧巩固，赵立宁，等，2003. 大麻化学成分研究进展与开发我国大麻资源的探讨[J]. 中国麻业，25（6）：266-271.

陈其本，余立惠，杨明，等，1992. 云南栽培大麻的化学类型[J]. 中国麻作（2）：8-10，25.

陈其本，1993. 大麻栽培利用及发展对策[M]. 成都：电子科技大学出版社：39-50，110-114.

陈其军，韩玉珍，傅永福，等，2001. 大麻性别的RAPD和SCAR分子标记[J]，植物生理学报，27（2）：173-178.

陈其军，2003. 大麻性别的分子标记[D]. 北京：中国农业大学.

郭佳，裴黎，彭建雄，等，2008. DNA分子标记技术在大麻遗传多样性研究中的应用[J]. 云南警官学院学报（1）：35-38.

郭运玲，熊和平，唐守伟，等，1999. 大麻染色体核型分析[J]. 中国麻作，21（2）：21-23.

黎宇，谢国炎，熊谷良，等，2007. 世界麻类原料生产与贸易概况[J]. 中国麻业科学（2）：102-108.

李仕金，辛培尧，周军，等，2008. 大麻性别研究进展[J]. 中国麻业科学，30（2）：110-113.

栗建光，陈基权，谢小美，等，2006. 大麻育种现状与前景[J]. 中国麻业，28（4）：212-217.

刘健，陈洪章，李佐虎，2002. 大麻纤维脱胶研究综述[J]. 中国麻业，24（4）：39-42.

吕咏梅，1982. 大麻品种主要性状对单株产量影响分析[J]. 中国麻作（4）：38-41.

吕咏梅，1983. 大麻品种主要农艺性状的遗传初探[J]. 中国麻作（2）：44-48.

宋书娟，刘卉，邵宏，2001. 大麻性别连锁的特异DNA标记的初步研究[J]，中国药物依赖性杂志，10（3）：182-184.

孙安国，陈恕华，姜贵轩，等，1992. 中国大麻品种资源研究[J]. 中国麻作（3）：17-21.

孙安国，1983. 中国是大麻的起源地[J]. 中国麻作（2）：46-48.

王群，杨佩文，李家瑞，2002. 大麻育种现状[J]. 中国麻业（3）：4-7.

王玉富，栗建光，赵立宁，2006. 大麻的性别分化及其分子生物学研究进展[J]. 中国麻业（3）：117-119.

杨明，2003. 大麻新品种云麻1号的选育及其栽培技术[J]，中国麻业，25（1）：1-3.

杨永红，2003. 正确认识大麻，合理使用生物资源[J]. 中国麻作，22（1）：39-41.

姚青菊，熊豫宁，彭峰，等，2007. 不同生态类型大麻品种在南京引种的生育表现[J]. 中国麻业科学，29（5）：270-275.

于静娟，韩玉珍，赵德刚，等，1998. 玉米赤霉烯酮与大麻的性别表达[J]，中国农业大学学报，3（5）：24-28.

曾明，郭鸿彦，胡学礼，等，2007. 大麻研究中的分子标记应用[J]. 中国麻业科学，29（4）：189-191.

赵玉民，1985. 大麻分株套袋隔离人工授粉杂交育种技术[J]. 中国麻作（2）：33-36.

中国作物遗传资源学会. 中国作物遗传资源[M]. 北京：中国农业出版社.

BOCSA I，1958. A kender beltenyesztesemek ejabb jelens-gei[J]. Novenytermeles，7：1-10.

BORODINA E I，MIGAL N D，1987. Flower teratology in intersexual hemp plants[J]. Soviet Journal of Developmental Biology，17（4）：262-269.

CRESCINI F，1956. La fecondazione incestuosa process omutageno in *Cannabis sativa* L.[J]. Caryologia（Florentinea），9（1）：82-92.

DE MEIJER E P M，VAN SOEST L J M，1992. The CPRO *Cannabis* germplasm collection [J]. Euphytica，62（3）：201-211.

FAETI V，MANDOLINO G，RANALLI P，2001. Genetic diversity of *Cannabis sativa* germplasm based on RAPD markers[J]. Crop Science，41：1682-1689.

FERTIG M，1996. Analysis of the profitability of hemp cultivation for paper [J]. Journal of the International Hemp Association，3：42-43.

FOURNIE R G，RICHEZ-DUMANOIS C，DUVEZIN J，et al.，1987. Identification of a new chemotype in *Cannabis sativa*：cannabigerol-dominant plants biogenetic and agronomic prospects[J]. Planta Medica，53（3）：277-279.

GOIDANICH G，1959. Manual di patologia vegetale[J]. Edizioni Agricole，Bologna：14（4）：713-714.

GROTENHERMEN F，KARUS M，1998. Industrial hemp is not marijuana：comments on the drug potential of fiber *Cannabis* [J]. Journal of the International Hemp Association，5：96-101.

HANKS A，2002. Canada：hemp industry-in-progress 1998—2002 [J]. Journal of Industrial Hemp，7（2）：87-93.

HENNINK S，1994. Optimisation of breeding for agronomic traits in fibre hemp（*Cannabis sativa* L.）by study of parent-offspring relationships[J]，Euphytica，78：69-76.

KARUS M, LESON G, 1994. Hemp research and market development in Germany [J]. Journal of the International Hemp Association, 1: 52-56.

SAKAMOTO K, SHIMOMURA Y, KAMADA H, et al., 1995. A male-associated DNA sequence in a dioecious plant *Cannabis sativa* L.[J]. Plant and Cell Physiology, 36: 1549-1554.

SMALL E, CHAN B A, 1975. The evalation of cannabinoid phenotypes in Cannabis [J]. Economic Botany, 29 (3): 219-232.

VIROVETS V G, 1996. Selection for non-psuchoactive hemp varieties (*Cannabis sativa* L.) in the CIS (former USSR) [J]. Journal of the International Hemp Association, 3: 13-15.

ZIETKIEWICZ E, RAFALSKI A, LABUDA D, 1994. Genome fingerprinting by simple sequence repeat (SSR) -anchored Polymerase Chain reaction amplification[J]. Genomics, 20 (2): 176-183.

第八章　工业大麻组织培养与扦插

第一节　植物组织培养

一、植物组织培养概述

植物组织培养（Plant tissue culture）是在无菌和人工控制的环境条件下，利用人工培养基，对植物胚胎（如成熟胚、幼胚等）、器官或器官原基（如根、茎、叶、花、果实、种子、叶原基、花器原基等）、组织（如分生组织、形成层、木质部、韧皮部、表皮、皮层、薄壁组织、髓部、花药组织等）、细胞（如体细胞、生殖细胞等）、原生质体等进行精细操作与培养，使其按照人们意愿增殖、生长或再生发育成完整植株的一门生物技术学科（巩振辉和申书兴，2013）。

（一）外植体

外植体（Explant）是指植物组织培养中，由活植物体上切取培养的对象，如组织、器官、细胞和原生质体等（巩振辉和申书兴，2013）。

（二）愈伤组织

愈伤组织（Callus）原是指植物在受伤之后于伤口表面形成的一团薄壁细胞。在组织培养中，则是指在人工培养基上由外植体长出的一团无序生长的薄壁细胞，它可帮助伤口愈合；在嫁接中，可促使砧木与接穗愈合，并由新生维管组织使砧木和接穗沟通；在扦插中，从伤口愈伤组织可分化出不定根或不定芽，进而形成完整植株。从植物器官、组织、细胞离体培养产生的愈伤组织，在一定条件下可诱导器官再生或胚状体形成植株（巩振辉和申书兴，2013）。

（三）脱分化

成熟细胞指已完成分化，即形态、功能特化已经完成；幼龄细胞指在形态和功能上还未发生特化，分裂能力非常旺盛，还处于分生状态。脱分化也称去分化（Dedifferentiation）是指一个成熟细胞转变为分生状态的过程，即在离体培养条件下生长的细胞、组织或器官，经过细胞分裂或不分裂逐渐失去原来的结构和功能而恢复分生状态，形成无组织结构的细胞团或愈伤组织或成为未分化细胞特性细胞的过程。大多数离体培养物的细胞脱分化需要经过细胞分裂形成细胞团或愈伤组织，但也有一些离体培养物细胞不需细胞分裂，而只是本身细胞恢复分生状态，即可再分化（巩振辉和申书兴，2013）。

（四）再分化

离体培养的植物细胞和组织可以由脱分化状态重新进行分化，形成另一种或几种类型细胞、组织、器官，甚至形成完整植株，这个过程叫做再分化（Redifferentiation）（巩振辉和申书兴，2013）。

（五）继代

植物组织培养过程中，外植体在培养基上培养一段时间后转移到新培养基上进行培养，称为继代（巩振辉和申书兴，2013）。

以上术语为植物学家及教科书中广泛使用。然而，植物组织培养历史可追溯到一个多世纪以前，它的基本方法和术语是在现代植物生物学之前制定的。而现代分子和细胞生物学技术的最新进展使人们对植物组织培养和再生的基本过程有新的了解。因此，有学者对部分术语重新定义，对此感兴趣的读者可以参考匈牙利科学家Attila（2019）发表的论文，此处不赘述。

二、植物组织培养实验室和基本操作

（一）植物组织培养实验室

1. 实验室布局

标准组织培养实验室应当包括洗涤室、准备室、接种室、培养室、观察室（或细胞学实验室）、储存室、温室等。可根据实际需要和条件设计。但从功能上至少包括准备室、接种室以及培养室3部分，在化学实验室与接种室之间应留缓冲空间（图8-1）。

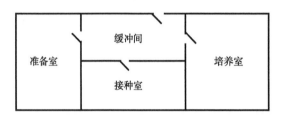

图8-1 植物组织培养室简化平面图

（1）准备室。准备室也称化学实验室或通用实验室，一般由洗涤室、药品室、称量室、培养基配制室和灭菌室构成。主要用于植物细胞组织培养和试管苗生产所需各种器具干燥和保存。培养基药品称量、溶解、配制、分装和高压灭菌、化学试剂存放及配制，重蒸水生产、植物材料预处理及培养物常规生理生化分析等操作都在准备室中进行。为配制各种培养基，室内必须放置较大平面工作台和存放各种培养基所需化学试剂的药品柜，放置常用玻璃器皿、试剂和常用设备等。准备室要求面积大、明亮、墙上安装换气扇，墙内壁和工作台都采用耐腐蚀材料。为避免工作人员进出将杂菌带入，准备室也可安装紫外灯，随时可灭菌。

（2）接种室。接种室是在无菌状态下操作的场所，也称无菌操作室，主要用于植物材料表面消毒、外植体分离接种、培养物转移、试管苗继代、原生质体制备及需要无菌操作的技术程序。接种室一般设置为两间，外间为缓冲间，内间为接种室。缓冲间供操作人员更换工作服、鞋、帽，并且接种室和缓冲间的门要错开。接种室无菌条件、保持接种时间长短对植物组织培养成功与否起关键作用。接种室除出入口，其余应全部密闭，通常不安装风扇，保证无空气对流，通风换气需借助空气调节装置。接种室面积要依工作量、接种人员数量及接种设备情况而定，在工作方便前提下，接种室宜小不宜大，通常10～12m²，以便放置超净工作台。门需稍大，应配置双拉门，以减少开关门时空气扰动。室内要求地面、天花板及四壁尽可能密闭光滑，易于清洁和消毒。室内保持适当温湿度（可安装空调），清洁明亮，除照明灯外在适当位置安装1～2盏紫外线灯，以定期照射灭菌消毒，室内门窗紧闭，减少与外界空气对流。

（3）培养室。培养室是人工环境条件下对接种到培养器皿中植物材料培养的场所，主要为植物材料提供适宜温度、湿度、光照和气体条件。为满足培养材料生长、繁殖所需温度、光照、湿度和通风等条件，通常培养室要求卫生、恒温并有理想光照控温系统。培养室应配有带自动控温电暖气或空调或加湿器等设备，控制温度在20～27℃，晚上一般不应低于20℃，相对湿度在70%～80%为宜。培养室光照强度一般控制在1 000～5 000lx，光源设备上可安装定时开关钟，无须每天人工开关灯，通常需每天光照10~16h。暗培养在生化培养箱里进行。由于热带植物和寒带植物等物种要求不同温度，最好不同物种有不同培养室。若要求更高或更低温度，可用装有荧光灯的培养箱。

培养室应建在房屋南面，各个朝向均应设置大窗户，以尽量利用自然光。现代组培实验室大多设计为采用天然太阳散射光为主要能源，一是可节约能源，二是组培苗接收太阳光生长良好，驯化易成活。在培养室内应设若干培养架以放置培养物，培养材料放在培养架上。培养架大多为金属制成，一般设5层，最低一层离地高约20cm，其他每层间隔30cm左右，培养架高1.7m左右。培养架长度都需依日光灯长度设定。培养室面积，可根据培养架尺寸、数目以及其他附属设备而定，其设计以充分利用空间及节省能源为原则，高度比培养架略高为宜，周围墙壁要求有绝热防火性能，最好装滑门，便于保温，节省能源。

（4）其他部分。细胞学实验室主要用于培养材料显微观察及照相等，由制片室和显微观察室组成。生化分析实验室主要对培养物成分取样检测。温室（大棚）用于组培苗移栽，以保证其对外界环境的过渡和适应。驯化室主要用于组培苗移栽前炼苗。

2. 实验常用仪器与设备

（1）接种设备。

①超净工作台：超净工作台主要用于无菌操作（图8-2）。通常由鼓风机、过滤器、工作台、紫外光灯和照明灯等组成。在小型鼓风机带动下，空气经粗效过滤器把大部分空气尘埃滤掉；再经高效过滤器，将大于0.3μm颗粒包括细菌和真菌孢子等滤掉；经处理不含真菌和细菌的超净空气吹过工作台，超净空气流速为24~30m/min，该气流速度一方面可防止因附近空气袭扰而引起的污染，另一方面不妨碍酒精灯对器械的灼烧消毒从而使工作台保持无菌环境。根据气流方向，超净台可分为水平式和垂直式两种；根据操作人员数量可分为单人式、双人式及三人式；根据是否开放分为开放式和密封式，目前这两种超净工作台我国均生产。在使用超净工作台时要注意以下事项：操作前，先开紫外灯灭菌30min左右；把试验材料和各种器械、药品等先放入台内，不要中途拿入；台面上放置东西不宜过多，也不宜把东西堆过高，以免扰乱气流；在使用超净工作台时应注意安全，当台面酒精灯点燃后，不能再喷洒酒精消毒台面，否则易引起火灾；使用结束，及时清洁和灭菌，以备下次使用。

图8-2 超净工作台

②接种工具：外植体接种或培养物转接时常用接种工具有解剖显微镜、镊子、剪刀、解剖刀、接种针和接种环、酒精灯。解剖显微镜又称实体显微镜或离体显微镜，其特点为形成正立像，立体感强，常用于胚培养、茎尖培养时剥取外植体。

（2）灭菌设备。植物组织培养关键为无菌，因此无菌设备为组织培养必需，主要灭菌设备为高压蒸汽灭菌器，还有烘箱、紫外灯、过滤器、酒精灯等。

①高压蒸汽灭菌器：高压蒸汽灭菌器主要用于培养基、蒸馏水和接种器械灭菌消毒（图8-3）。工作原理：0.1MPa压力下，温度121℃，时间20min左右，可杀死各种细菌及高度耐热芽孢。高压蒸汽灭菌器按结构分为大型卧式、中型立式、小型手提式等，根据实际需要选择不同类型；按控制方式分为手动、半自动和全自动式，最后一种使用方便，应用较广泛。

a. 大型卧式；b. 中型立式；c. 小型手提式

图8-3 灭菌设备

②微孔滤膜过滤器：主要用于在高温灭菌条件下容易分解并丧失活性的生长调节剂和有机附加物等除菌，如玉米素、吲哚乙酸、赤霉素、椰子汁、维生素等。工作原理：利用微孔滤膜滤掉溶液中大于滤膜直径的细菌细胞和真菌孢子等微生物，达到无菌目的。常用孔径为0.45μm和0.22μm，过滤器材质有玻璃和不锈钢两种。

（3）培养设备。培养器皿需合理摆放，合理利用光照，使组培苗生长良好。专门培养设备包括固定式培养架、旋转式培养架、转床和摇床等设备，以满足不同器官、愈伤组织、细胞和原生质体固体和液体培养需要。培养器皿包括试管、三角瓶、培养皿等。

（4）检测设备。组织切片设备用于植物培养材料待检测组织切片和染色；显微观察设备主要包括各种显微镜（双目体视显微镜、倒置显微镜、相差显微镜、干涉显微镜、电子显微镜）和血球计数板（用于测定单位体积培养液细胞数目）。

（二）植物组织培养基本操作

植物组织培养除需要具备最基本试验设备外，还必须熟练掌握植物组织培养基本操作技术，植物组织培养一般包括以下几个步骤：外植体选择与消毒、初代培养、继代培养、生根培养及炼苗移栽。

1. 培养基成分及配制技术

（1）培养基的成分。培养基分固体培养基和液体培养基，固体培养基包括水分、无机营养成分、有机营养成分、植物生长调节物质、天然物质、凝固剂等，液体培养基与固体培养基相同，但不添加凝固剂。

①无机盐类：除碳、氧、氢外，已知12种元素为植物生长必需。根据植物生长需求量分为大量元素和微量元素。

大量元素 浓度大于0.5mmol/L的元素。包括氮（N）、磷（P）、钙（Ca）、钾（K）、镁（Mg）、硫（S）、氯（Cl）。氮是细胞中核酸组成部分，也是生物体许多酶的成分，氮被植物吸收后转化为氨基酸再转化为蛋白质，然后被植物利用；同时还是叶绿素、维生素、磷脂和植物激素组成成分。只有给予适当氮源供应才能使植物培养物生长良好。氮主要以硝态氮（NO_3^-）和铵态氮（NH_4^+）两种形式使用，常用含氮化合物有硝酸钾（KNO_3）、硝酸铵（NH_4NO_3）或硝酸钙［$Ca(NO_3)_2$］。大多数培养基是硝态氮和铵态氮混合使用，以调节培养基离子平衡，利于细胞生长发育。作为唯一氮源时，硝酸盐作用好于铵盐，但长时间对培养物产生毒害作用，若在硝酸盐中加入少量铵盐，可阻止危害发生。磷是细胞核主要组分之一。较多重要生理活性物质如磷脂、核酸、酶及维生素中都含磷。磷在植物碳水化合物移动和代谢中起重要作用，主要参与植物生命活动中核酸及蛋白质合成、光合作用、呼吸作用以及能量储存、转化与释放等重要生理生化过程，增强植物抗逆能力，促进早熟，组织培养过程中培养物需要大量磷。因此，植物培养基中磷为必需。此外，在培养基中提高PO_4^{3-}水平常可抵消生长素吲哚乙酸（IAA）对芽分化抑制作用，增加芽增殖率。磷通常是以盐形式供给，如NaH_2PO_4、KH_2PO_4等。钾在植物体内对维持细胞原生质体胶体系统和细胞缓冲系统具有重要作用，也为较多酶的活化剂。组织培养中，钾能促进器官和不定胚分化，促进叶绿体ATP合成，增强植物光合作用和产物运输，并与氮吸收及蛋白质合成有关系，能调节植物细胞水势，调控气孔运动，提高植物抗逆性能。钾常以盐形式供给，如K_2SO_4、KNO_3、KCl和KH_2PO_4等。钾浓度不易过大，一般以1～3mg/L为佳。钙、硫、镁也为植物必需元素，镁为叶绿素组成成分，也为激酶活化剂；硫为含硫氨基酸和蛋白质组成成分；钙为构成细胞壁成分，对细胞分裂、保护质膜不受破坏具有显著作用。钙、镁和硫酸浓度在1～3mmol/L较适宜。常用添加物有：钙元素如$Ca（NO_3）_2 \cdot 4H_2O$、$CaCl_2$，镁元素如$MgSO_4 \cdot 2H_2O$，硫元素由各种硫酸盐提供。

微量元素　包括铁、硼、锰、锌、铜、钴、钼等。植物生长对微量元素需要量很少，一般用量为10^{-7}～10^{-5}mol/L，稍多即会发生蛋白质变性、酶系失活、代谢障碍、引起生长抑制等毒害现象。微量元素在植物生命活动中常以酶系的辅基形式起重要作用，生理作用主要在酶催化功能和细胞分化、维持细胞完整机能等方面。

缺素时愈伤组织表现症状如下：

氮：组织表现出花色素苷颜色，不能形成导管；

氮、磷和钾：细胞过度生长，形成层组织减退；

硫：明显褪绿；

铁：细胞分裂停止；

硼：细胞分裂停滞，细胞伸长；

锰或钼：影响细胞伸长。

②有机营养成分：植物组织培养中幼小培养物，由于其光合作用能力较弱，为维持培养物正常生长、发育与分化，培养基中除提供无机营养成分外，还必须添加糖类、维生素、氨基酸等有机物。

糖类　组培材料不同于完整植株，自养能力较弱，培养基的糖类物质为生命活动必需碳源和能源。此外，糖类还有调节培养基渗透压作用。常用糖类有蔗糖、葡萄糖、果糖、麦芽糖等。常用碳源为蔗糖，它具有热易变性，经高压灭菌后大部分分解为D-葡萄糖、D-果糖，只剩部分蔗糖，利于培养物吸收。通常，在组织培养中常用蔗糖浓度为2%～5%。蔗糖为碳源时，离体培养的双子叶植物根生长较好，而以葡萄糖为碳源时，单子叶植物根生长较好。

维生素　维生素类化合物在植物细胞里主要以各种辅酶形式参与蛋白质、脂肪代谢活动，对生长、分化等有较好促进作用。虽然大多数植物细胞在培养中合成必需维生素，但合成数量不足，通常需加入一种或一种以上维生素，以便获得最佳生长。常用维生素浓度为0.1～1.0mg/L。主要有硫胺素（维生素B_1）、盐酸吡哆醇（维生素B_6）、烟酸（维生素B_3，又称维生素PP）、泛酸钙（维生素B_5）；有的配方用生物素（维生素H）、钴胺素（维生素B_{12}）、叶酸（维生素Bc）、抗坏血酸（维生素C），均能显著改善培养植物组织生长状况。其中抗坏血酸有较强抗氧化和还原能力，常用于防止组织氧化变褐，有时用量较高；维生素B_1可全面促进植物生长；维生素B_6促进根生长。维生素具有热易变性，易在高温下降解，可进行过滤灭菌（胡颂平和刘选明，2014）。

肌醇　肌醇又叫环己六醇，通常可由磷酸葡萄糖转化而成，在糖类相互转化中起重要作用。还可生产果胶物质，用于构建细胞壁。肌醇与6分子磷酸残基结合形成植酸，植酸与钙、镁等阳离子结合成植酸钙镁，植酸可形成磷脂，参与细胞膜构建。适当使用肌醇能促进愈伤组织生长以及胚状体和芽形成，对组织和细胞繁殖、分化有促进作用。使用浓度为50～100mg/L。

氨基酸及有机添加物 氨基酸为较佳有机氮源，可直接被细胞吸收利用。它除是蛋白质组成成分外，还具有缓冲作用和调节培养物体内平衡功能，对外植体芽、根、胚状体生长分化具有良好促进作用。培养基中最常用氨基酸是甘氨酸，其他如精氨酸、谷氨酸、谷酰胺、天冬氨酸、天冬酰胺、丙氨酸等。有时应用水解乳蛋白或水解酪蛋白，为牛乳用酶法等加工的水解产物，含有约20种氨基酸，用量在10～1 000mg/L。由于营养丰富，极易引起污染，除了在培养中特别需要，以不用为宜。在有些培养基中添加天然化合物，如椰乳（100～200g/L）、香蕉（150～200mL/L）、马铃薯（100～200g/L）、酵母浸出物（0.5%）、番茄汁（5%～10%）。这些天然复合物成分较复杂，大多含氨基酸、激素、酶等复杂化合物。其对细胞和组织增殖与分化有明显促进作用，但对器官分化作用不明显，因其成分大多不明确，故应尽量避免使用（胡颂平和刘选明，2014）。

③植物激素：植物激素也称植物生长调节剂，是植物新陈代谢产生的天然化合物，用量虽小，但作用很强，为培养基关键物质，对植物组织培养起决定性作用。根据组织培养目的、外植体种类、器官不同和生长表现确定植物生长调节剂种类、浓度和比例关系，调节植物组织生长发育进程、分化方向和器官发生。

生长素 在组织培养中，生长素主要用于诱导愈伤组织形成、诱导根分化和促进细胞分裂、伸长生长。在促进生长方面，根对生长素最敏感。在极低浓度下（10^{-8}～10^{-5}mg/L）就可促进生长，其次是茎和芽。使用浓度0.05～5mg/L，生长素配制时可先用少量95%酒精助溶，2,4-D可用0.1mol/L的NaOH或KOH助溶。生长素常配成1mg/mL的溶液储存于冰箱中备用。天然生长素热稳定性差，高温高压或受光条件易被破坏。在植物体内也易受体内酶分解。组织培养中常用人工合成生长素类物质。

吲哚乙酸（IAA）是天然生长素，也可人工合成，其活力较低，是生长素中活力最弱激素。优点：对器官形成副作用小。缺点：高温高压易被破坏，易被细胞中IAA分解酶降解，遇光、金属离子易分解。吲哚丁酸（IBA）是促进发根能力较强的生长调节物质，不易被氧化酶分解。萘乙酸（NAA）耐高温高压，不易被分解破坏，活力强，是IAA的3.7倍，诱导生根效果好，且可大批量人工合成，故应用较普遍。NAA和IBA广泛用于生根，并与细胞分裂素互作促进芽增殖和生长。2,4-二氯苯氧乙酸（2,4-D）活性强，启动能力是IAA的10倍，强烈抑制芽形成和器官发育；对愈伤组织诱导和生长有效，常用来诱导胚状体。

文献统计表明，NAA（15%的引用）和IBA（9%的引用）为最常用生长素，其次是2,4-D、IAA和毒莠定（PIC）。天然生长素IAA对光敏感，易降解，而其他生长素则为合成，化学性质更稳定。NAA、IBA和IAA常用于芽增殖培养和生根培养。麦草畏（DCA）、2,4-D和PIC是生长素类除草剂，在较低浓度下比IAA、IBA和NAA表现出更高活性。任何生长素都可用来刺激愈伤组织或细胞增殖。在体细胞胚胎发生诱导中，2,4-D在很多物种中应用，但在某些物种中，DCA和PIC也可用来诱导体细胞胚胎发生。其他生长素类除草剂，如对氯苯氧乙酸和2,4,5-三氯苯氧乙酸也被使用，但由于它们与2,4-D相比似乎没有任何独特性质，因此在目前的组培方案中很少使用。诱导后，2,4-D被认为抑制体细胞胚胎发育，从而导致再生能力随时间推移而下降。植物组织培养常用生长素见表8-1。

细胞分裂素 细胞分裂素类是腺嘌呤衍生物，促进细胞分裂和分化不定芽，也可用于茎增殖。使用浓度为0.01～10mg/L。包括6-苄氨基嘌呤（6-BA）、激动素（KIN）、玉米素（ZT）、6-苄基腺嘌呤（BAP）等。ZT为生理活性最强天然细胞分裂素，从玉米中分离，价格昂贵，不耐高温，不能采用高压灭菌，应采用过滤灭菌。KIN为人工合成，类似6-BA，对愈伤组织生长有促进作用，与2,4-D等生长素合用效果较佳。生长调节剂的调控作用取决于生长素/细胞分裂素浓度配比，细胞分裂素浓度高时促进芽形成，生长素浓度高时促进根形成，浓度适中时形成愈伤组织。

文献统计表明，6-BA为最常用细胞分裂素（31%的引用），其次是KIN（7.5%的引用）。噻重氮苯基脲（TDZ）和异戊烯腺嘌呤（2-IP）被引用的频率较低（各占4%）。天然细胞分裂素如ZT价格昂贵，化学稳定性不如合成型，如6-BA。TDZ更常用于木本植物，它与生长素和细胞分裂素具有共同性质，最初由于其抑制细胞分裂素氧化酶而被开发为除草剂。半硫酸腺嘌呤（ADE）是一种细胞分裂素前体，具有弱细胞分裂素活性。植物组织培养常用细胞分裂素见表8-1。

赤霉素 赤霉素（GA）不常用，个别植物用。赤霉素有20多种，生理活性及作用种类、部位、效应等各不同。在器官形成后，添加赤霉素可促进器官或胚状体生长。培养基中添加的为GA_3，主要用于促进幼苗茎伸长生长，促进不定胚发育成小植株。赤霉素和生长素协同作用，对形成层分化有影响，当生长素/赤霉素比值高时有利于木质部分化，比值低时有利于韧皮部分化。此外，赤霉素还用于打破休眠，促进种子、块茎、鳞茎等提前萌发。使用浓度为0.05~5mg/L。赤霉素溶于酒精，配制时可用少量95%酒精助溶。赤霉素不耐热，高压灭菌后将有70%~100%失效，应当采用过滤灭菌。

脱落酸 ABA（脱落酸）取决于物种不同，加在培养基中ABA或是能促进愈伤组织生长，或是能抑制生长。

表8-1 植物组织培养中常用植物激素或生长调节剂种类

植物激素或生长调节剂	活性	缩写
吲哚-3-乙酸	天然生长素	IAA
吲哚-3-丁酸	合成生长素	IBA
α-萘乙酸	合成生长素	NAA
2,4-二氯苯氧乙酸	合成植物素类除草剂	2,4-D
毒莠定（4-氨基-3，5，6-三氯吡啶羧酸）	合成植物素类除草剂	PIC
麦草酸（3，.6二氯-σ-茴香酸）	合成植物素类除草剂	DCA
生长素的相对活性：PIC>>2,4-D，DCA>NAA，IBA>IAA		
玉米素	天然细胞分裂素	ZEA
激动素	自然/合成细胞分裂素	KIN
6-苄氨基嘌呤	合成细胞分裂素	BA
异戊烯腺嘌呤	天然细胞分裂素	2-IP
半硫酸腺嘌呤	细胞分裂素前体	ADE
苯基噻二唑脲	合成细胞分裂素调节剂	TDZ
细胞分裂素的相对活性：TDZ≥BA>2-IP，KIN，ZEA>>ADE		
赤霉酸	天然赤霉素	GA_3
多效唑	合成抗赤霉素	PBZ
烯效唑	合成抗赤霉素	UNI
脱落酸	天然脱落酸	ABA
硝酸银	阻断乙烯作用	$AgNO_3$
硫代硫酸银	阻断乙烯作用	AgS_2O_3
茉莉酸	天然茉莉酸，用作防御反应的诱导剂	JA
抗坏血酸	抗氧化剂	ASA
聚乙烯吡咯烷酮	抗氧化剂	PVP

④培养基中其他成分：

抗生素 常用的抗生素有青霉素、链霉素、庆大霉素、土霉素、四环素、氯霉素、卡那霉素等，用量在5~20mg/L，使用时需过滤除菌。添加抗生素可防止菌类污染，减少培养中材料损失，尤其是快速繁殖中，常因污染而丢弃成百上千瓶培养物，采用适当抗生素可节约人力、物力和时间。尤其对大量通气长期培养，效果更佳。对刚感染组织材料，可向培养基中注入5%～10%抗生素。使用时注意：抗生素各有其抑菌谱，要加以选择使用，必要时可两种抗生素混用；抗生素对植物组织生长有抑制作用，可能某些植物适宜用青霉素，而另一些植物却不适应；不能认为有抗生素就放松灭菌措施；在停止抗生素使用后，污染率显著上升，这可能是原来受抑制的菌类又滋生起来造成的。

活性炭　培养基中加入活性炭作用是利用其吸附能力，吸附由培养物分泌的抑制物质及琼脂中所含杂质，包括培养物分泌的酚、醌类物质以及蔗糖在高压消毒时产生的5-羟甲基糖醛及激素等，减少有害物质影响，防止酚类物质引起组织褐变死亡。活性炭还可降低玻璃苗产生频率，防止产生玻璃苗。另外，活性炭还可促进某些植物生根。活性炭吸附无选择性，所以用量应谨慎，通常为0.5%～3%。

硝酸银　离体培养中植物组织会产生和散发乙烯，而乙烯在培养容器中积累影响培养物生长和分化，严重时导致培养物衰老和落叶。硝酸银可通过竞争性结合细胞膜乙烯受体蛋白，抑制乙烯活性。此外，硝酸银还可促进愈伤组织器官发生或体细胞胚发生，并使某些原来再生困难物种分化出再生植株，还对克服试管苗玻璃化有明显效果。但不能把培养物长期保存于含有硝酸银培养基，因其会导致植株畸形。使用浓度为1～10mg/L。

固化剂　琼脂，使用浓度为0.6%～1.0%（纯度越高使用量越少），凝固点为35～45℃。凝胶，使用浓度0.15%～0.2%，透明度高，照相效果好，用于细胞培养。卡拉胶，在食品中加入。

（2）培养基种类、配方及其特点。培养基名称根据沿用习惯，多数以发明人名字来命名，如White培养基，Murashige和Skoog培养基（简称MS培养基），也有对部分成分进行改良称作改良培养基。培养基根据其相态不同分为固体培养基与液体培养基。培养基根据培养物培养过程分为初代培养基与继代培养基，初代培养基是指用来第一次接种从植物体上分离的外植体的培养基，继代培养基是指用来接种继初代培养之后培养物的培养基。培养基根据其作用不同分为诱导培养基、增殖培养基和生根培养基。培养基根据其营养水平不同分为基础培养基和完全培养基。基础培养基只含有大量元素、微量元素和有机营养物，主要有MS、White、B5、N6、改良MS、Heller、Nitsh、Miller、SH等；完全培养基就是在基础培养基上根据试验不同，附加部分物质，如植物生长调节物质和其他复杂有机附加物等。

植物细胞组织培养中常用培养基主要有MS、White、N6、B5、Heller、Nitsh、Miller、SH等，其配方见表8-2。

表8-2　几种常用培养基配方（单位：mg/L）

化合物名称	MS	White	N6	Heller	Nitsh	Miller	SH	B5	BDS	BABI	MMS	WPM	DKW
KNO_3	1 900	80	2 830		950	1 000	2 500	2 500	2 500	2 500	950		
K_2SO_4												990	1 559
NH_4NO_3	1 650				720	1 000			320	320	825	400	1 416
$(NH_4)_2SO_4$			463					134	134	134			
$NaNO_3$				600									
KCl		65		750		65							
$CaCl_2 \cdot 2H_2O$	440		166	75	166		200	150	150	440	220	96	149
$Ca(NO_3)_2 \cdot 4H_2O$		300				347					556	1 948	
$MgSO_4 \cdot 7H_2O$	370	720	185	250	185	35	400	250	250	250	185	370	740
Na_2SO_4		200											
KH_2PO_4	170		400		68	300					85	170	265

（续表）

化合物名称	MS	White	N6	Heller	Nitsh	Miller	SH	B5	BDS	BABI	MMS	WPM	DKW
K_2HPO_4							300						
$FeSO_4 \cdot 7H_2O$	27.8		27.8		27.85		15	27.8	27.8	27.8	27.8	27.8	33.8
Na_2-EDTA	37.3		37.3		37.75		20	37.3	37.3	37.3	37.3	37.3	45.4
NaFe-EDTA						32							
$FeCl_3 \cdot 6H_2O$				1									
$Fe（SO_4）_3$		2.5											
$MnSO_4 \cdot 4H_2O$	22.3	7	4.4	0.01	25	4.4		10					
$MnSO_4 \cdot H_2O$									10	10	16.9	22.3	33.5
$ZnSO_4 \cdot 7H_2O$	8.6	3	1.5	1	10	1.5		2	2	2	10.6	8.6	
$Zn_2（NO_3）_2 \cdot 6H_2O$													17
Zn（螯合体）				0.03			10						
$NiCl_2 \cdot 6H_2O$							1.0						
$NiSO_4 \cdot 6H_2O$													0.005
$CoCl_2 \cdot 6H_2O$	0.025				0.025			0.025	0.025	0.025	0.025		
$CuSO_4 \cdot 5H_2O$	0.025		0.03					0.025	0.039	0.039	0.025	0.25	0.25
$AlCl_3$				0.03									
MoO_3					0.25								
$Na_2MoO_4 \cdot 2H_2O$	0.25							0.25	0.25	0.25	0.25	0.25	0.39
TiO_2						0.8	1.0						
KI	0.83	0.75	0.8	0.01	10	1.6	5.0	0.75	0.75	0.75	0.83		
H_3BO_3	6.2	1.5	1.6	1				3	3	3	6.2	6.2	4.8
$NaH_2PO_4 \cdot H_2O$		16.5			125			150	150	150			
$NH_4H_2PO_4$									230	230			
烟酸	0.5	0.5	0.5				5.0	1	1	1	1	0.5	1
盐酸吡哆醇（维生素B_6）	0.5	0.1	0.5	1.0			5.0	1	1	1	1		0.5
盐酸硫胺素（维生素B_1）	0.1	0.1	1				0.5	10	10	10	10	1.6	2
肌醇	100				100		100	100	100	100	100	100	100
甘氨酸	2	3	2										20
左旋谷酰胺													250
蔗糖（g/L）	30	20	50	20	20	30	30	20	30	30	30	20	30
琼脂（g/L）	7	10	10										
pH值	5.8	5.6	5.8	5.8	5.8		5.9	5.5	5.8	5.8	5.8	5.6	5.5

几种常用培养基特点如下。

①MS培养基：1962年由Murashige和Skoog为培养烟草细胞而设计。特点是无机盐和离子浓度较高，为较稳定的平衡溶液。其养分数量和比例较合适，可满足植物营养和生理需要。硝酸盐含量较其他培养基高，广泛用于植物器官、花药、细胞和原生质体培养，效果良好。有加速愈伤组织和培养物生长作用，当培养物长久不转接时仍可维持其生存。但不适合生长缓慢、对无机盐浓度要求低的植物，尤其不适合铵盐过高易发生毒害的植物。使用时，可将MS大量元素减少到原来1/2、1/3甚至1/4，以降低无机盐含量（巩振辉和申书兴，2013）。

②White培养基：1943年由White为培养番茄根尖而设计。1963年改良，称作White改良培养基，提高了$MgSO_4$的浓度和增加了硼素。其特点是无机盐数量较低，适于生根培养，胚胎培养或一般组织培养。

③N6培养基：1974年朱至清等为水稻等禾谷类作物花药培养而设计。其特点是成分较简单，KNO_3和$(NH_4)_2SO_4$含量高。在国内已广泛应用于小麦、水稻及其他植物花药、细胞和原生质体培养。

④B5培养基：1968年由Gamborg等为培养大豆根细胞而设计。其主要特点是含有较低量铵，这可能对不少培养物生长有抑制作用。实践证明部分植物在B5培养基上生长更适宜，如双子叶植物特别是木本植物。

⑤SH培养基：1972年由Schenk和Hildebrandt设计。它的主要特点与B5相似，不用$(NH_4)_2SO_4$，而改用$NH_4H_2PO_4$，是无机盐浓度较高的培养基。不少单子叶和双子叶植物使用，效果较好（胡颂平和刘选明，2014）。

⑥Heller培养基：1953年由Heller等设计，钾盐和硝酸盐是通过不同化合物提供，含大量元素、维生素，不含蔗糖、琼脂（胡颂平和刘选明，2014）。

⑦Miller培养基：与MS培养基比较，Miller培养基无机元素用量减少1/3~1/2，微量元素种类减少，无肌醇（胡颂平和刘选明，2014）。

⑧Nitsch培养基：1969年由Nitsch J P和Nitsch C设计，属于无机盐含量适中的培养基，主要用于花药培养（胡颂平和刘选明，2014）。

⑨BDS和BABI培养基：Dunstan和Short在1977年发现洋葱组织培养用B5培养基存在缺陷，并通过添加适量铵和磷酸盐对B5进行改良，称之为BDS培养基（B5经Dunstan和Short改良，表8-2）。最近通过添加更多钙对BDS配方进行修改，这一版本被称为BABI（表8-2），它在多种植物物种和组织培养中均有效，包括烟草、其他双子叶植物、单子叶植物和一些木本植物。尽管与BDS相比，BABI中额外的钙对生物量增长无强烈影响，但某些情况下，额外的钙对植物再生能力有不利影响。

⑩MMS、WPM和DKW培养基：木本植物基本培养基通常含有较少大量营养盐，所以半MS、MMS（改良MS）和WPM现在广泛用于木本植物。在只有一半的MS-铵情况下，半MS或MMS培养基不会引起铵中毒。与之类似，湿法磷酸总氮和铵含量也低于MS。相比之下，DKW铵硝比与MS相似，但总氮含量低于MS，而且它使用不同盐源，导致硫酸盐浓度增加（表8-2）。一些木本植物可能受益于培养基中较大硫酸盐。

总之，除非为特定应用和物种设计定制系统，否则MS或BABI基础培养基可推荐用于大多数草本植物组织培养。木本植物可采用MMS、WPM或DKW基质等替代材料。

（3）培养基配制。植物组织培养中，配制培养基为基本工作。为简便起见，通常先配制一系列母液即储备液。所谓母液是欲配制液的浓缩液，这样不但可以保证各物质成分准确性及配制时快速移取，还便于低温保藏。配制母液时要用蒸馏水或重蒸馏水。药品应选取等级较高的化学纯或分析纯。药品称量及定容均需准确。各种药品先以少量水让其充分溶解，然后依次混合。一般母液配成比所需浓度高10~100倍。母液配制时可分别配成大量元素、微量元素、铁盐、有机物和激素类等。配制时注意一些离子之间易发生沉淀，一定要充分溶解再放入母液中。母液配好后放入冰箱内低温保存，用时再按比例稀释，这样应用方便，且精度高。

2. 灭菌技术

无菌操作是植物组织培养关键技术。植物细胞组织培养含有高浓度蔗糖，能供养很多微生物如细菌和真菌生长，微生物接触培养基后生长速度较培养的外植体迅速，最终将外植体全部杀死。另外，污染微生物还可能排泄对植物组织有毒的代谢废物。因此，在组培试验中必须谨防杂菌污染。

灭菌是指采用物理或化学方法杀死物体表面或者孔隙内微生物或生物体，即把有生命的物质全部杀死。物理灭菌法常用湿热（常压或者高压蒸煮）、清洗和大量无菌水冲洗、干热（烘烤或者灼烧）、离心沉淀、射线（紫外线、超声波、微波）、过滤等措施。化学方法是使用抗生素和各种消毒剂例如升汞、甲醛、过氧化氢、高锰酸钾、来苏尔、次氯酸钠、酒精等。在进行灭菌时必须针对不同对象采用切实有效的方法。

（1）环境灭菌。环境灭菌目的是消灭或明显减少环境中微生物基数，防止污染发生。

①熏蒸灭菌：采用加热焚烧、氧化等方法，使化学药剂变为气体状态扩散到空气中以杀死空气和物体表面微生物。这种方法简便，只需把消毒空间关闭紧密即可。

化学消毒剂种类较多，作用机理是使微生物蛋白质变性或竞争其酶系统或降低其表面张力，增加菌体细胞膜通透性，使细胞破裂或溶解。通常温度越高，作用时间越长，杀菌效果越好。由于消毒剂必须溶解于水才能发挥作用，所以要制成水溶状态，如升汞与高锰酸钾，还有消毒剂量的浓度越大，杀菌能力越强，但石炭酸和酒精例外。常用熏蒸剂为甲醛，灭菌时将窗户紧闭，取一个培养皿，倾斜放置，底部先倒入适量高锰酸钾粉末，然后倒入适量甲醛溶液，迅速离开房间，关上门，第二天将培养皿拿走。第三天以后，室内气味逐渐消失后再使用实验室。冰醋酸也可进行加热熏蒸，但效果不如甲醛。

此外，还可用70%～75%酒精或0.1%新洁尔灭进行擦拭和喷洒，然后再用紫外灯照射。

②紫外线灭菌：在接种室、超净台或接种箱里用紫外灯灭菌。研究表明，紫外线主要通过对微生物（细菌、病毒、芽孢等病原体）辐射损伤和破坏核酸功能使微生物致死，从而达到消毒目的。紫外线对核酸的作用可导致键和链断裂、股间交联和形成光化产物等，从而改变DNA生物活性，使微生物自身不能复制，这种紫外线损伤是致死性损伤。紫外线灭菌适用于室内空气、物体表面和水及其他液体的消毒。紫外线波长为200～300nm，其中以260nm杀菌能力最强，但由于紫外线穿透物质能力很弱，所以只适于空气和物体表面灭菌。

③环氧乙烷灭菌：环氧乙烷是一种最简单的环醚，常温下为无色气体，有乙醚气味，有毒。其蒸汽对眼和鼻黏膜有刺激性，易燃。

（2）培养基灭菌。

①湿热灭菌法：指用饱和水蒸气、沸水或流通蒸汽进行灭菌的方法，其原理是在密闭室内产生蒸汽，由于蒸汽潜热大，穿透力强，容易使蛋白质变性或凝固，在0.105MPa压力下，锅内温度为121℃，此条件下，可以很快杀死各种真菌、细菌以及耐高温芽孢，所以湿热灭菌法灭菌效率高于干热灭菌法。使用灭菌锅时要注意：在使用高压蒸汽压力锅时，注意安全排除锅内空气，使锅内全部是水蒸气，灭菌才能彻底；不能随意延长时间和增加压力；灭菌结束后，当高压灭菌锅压力表指针降到零后，才能打开灭菌锅取出培养基。不同体积培养基所需灭菌时间见表8-3。

表8-3 不同体积培养基高压蒸汽灭菌所需最短时间

培养基体积（mL）	高压蒸汽灭菌所需最短时间（min）
75～250	20
500～1 000	30
1 500～2 000	45

除培养基外，外植体消毒处理用无菌水、玻璃器皿和接种器械也可采用高压蒸汽灭菌，但灭菌时间要比培养基长。

②过滤灭菌法：过滤灭菌原理是空气或液体通过滤膜后，杂菌细胞和芽孢等因大于滤膜口径而被阻，达到灭菌目的，但不能除去病毒小分子。有些在高温条件下不稳定或容易分解的物质，如植物生长调节物质、抗生素等溶液，应采用过滤灭菌，然后把滤液加入经高压灭菌的培养基中，混合后均匀分装。

（3）外植体灭菌。外植体灭菌是植物细胞组织培养重要工作之一。外植体本身灭菌彻底，会有效减少污染。外植体种类、取材季节、部位和预处理方法及消毒方法都会关系到外植体带菌情况，应依照材料种类选择不同消毒剂。灭菌药剂有化学药剂和抗生素两种。化学药剂对外植体进行表面灭菌，特殊情况下，采用抗生素灭菌。常用灭菌药剂见表8-4。

表8-4　常用消毒剂种类、使用及效果

灭菌剂	使用浓度（%）	清除的难易	消毒时间（min）	效果
次氯酸钠	2	易	5~30	很好
次氯酸钙	9~10	易	5~30	很好
氯化汞	0.1~1	较难	2~10	最好
漂白粉	饱和浓度	易	5~30	很好
酒精	70~75	易	0.2~2	好
过氧化氢	10~12	最易	5~15	好
溴水	1~2	易	2~10	很好
硝酸银	1	较难	5~30	好
抗生素	4~50mg/L	中	30~60	较好

注：引自巩振辉和申书兴，2013。

一般选择两种灭菌剂配合使用，例如先用70%酒精浸泡10~20s，再浸入10%的次氯酸钠溶液5~15min，随后用无菌水冲洗3~5次。

3. 外植体选择及接种技术

能否选择合适外植体在很大程度上影响植物组织培养成败。将外植体接种到培养基上为植物组织培养第一步，通常把这一步骤称初代培养（巩振辉和申书兴，2013）。

（1）外植体种类与选择。虽然理论上植物器官、组织和细胞都具发育成为完整植株的潜力，即植物细胞具有全能性，但不同植物种类、同一植物不同器官甚至同一器官不同生理状态对外界诱导反应能力和其本身再分化能力均不同。因此，根据培养目的不同，选取外植体应有针对性。外植体可分为以下几类。

①带芽外植体：如茎尖、侧芽、原球茎、鳞芽等，一种是诱导茎轴伸长，一种是抑制主轴发育，促进腋芽最大限度生长。此类外植体产生植株成功率高，且少变异，较易保持材料优良特性（巩振辉和申书兴，2013）。

②胚：胚培养是对在自然状态和在试管中受精形成的各个时期胚进行离体培养，分成熟胚和幼胚培养，其生长旺盛，易于成活，是重要组培材料（巩振辉和申书兴，2013）。

③分化的器官和组织：如茎段、叶、根、花茎、花瓣、花萼、胚珠、果实等，由已分化的细胞组成。这类外植体有些需经过愈伤组织再分化出芽或胚状体而形成植株，因此后代可能有变异；有些不经愈伤组织直接形成不定芽或体细胞胚（巩振辉和申书兴，2013）。

④花粉及雄配子体中的单倍体细胞：此类细胞只有体细胞一半染色体，可作为外植体进行组织培养。小孢子培养在植物细胞组织培养中应用普遍，且效果良好（巩振辉和申书兴，2013）。

外植体在选择时要注意以下原则：一是选择优良的种质及母株；二是选择来源丰富且遗传稳定的材料；三是选择再生能力强的材料；四是选择适宜大小的材料，通常情况下，快速繁殖时叶片、花瓣等面积为5mm²，其他培养材料的直径为0.5~1.0cm；五是选取容易灭菌的材料。

（2）外植体的接种与培养。

①外植体的接种：先对接种室进行全面消毒，超净工作台用70%酒精擦拭后，紫外灯照射20min以上，将接种用试验器具进行灭菌后放于超净工作台，外植体进行消毒处理。接种是将已消毒的根、

茎、叶等离体器官，经切割或剪裁成小段或小块，放入培养基的过程，具体如下：无菌条件下切取消毒的植物材料，将盛装外植体容器口靠近酒精灯火焰灼烧，将外植体均匀摆放在容器内，再次灼烧并封住容器口，在容器上做好标记，如接种植物名称、接种日期、处理方法等。

②外植体培养：培养指把培养材料放在培养室（有光照、温度条件）里，使之生长、分裂和分化形成愈伤组织或进一步分化成再生植株的过程。外植体培养方法有两种。

固体培养法　固体培养最常用凝固剂为琼脂，使用浓度为5～16g/L。另外常用的为植物凝胶，常用浓度1.5～2.5g/L。固体培养的最大优点是简单、方便。但缺点是：①只有外植体的底部表面才能接触培养基吸收营养，上面则不能，影响生长速度；②外植体插入培养基后，气体交换不畅、代谢的有害物质积累，造成毒害，影响外植体的生长；③组织受光不均匀，细胞群生长不一致。因此常有褐化、中毒等现象发生（胡颂平和刘选明，2014）。

液体培养法　即用不加固化剂的液体培养基培养植物材料的方法。由于液体中氧气含量较少，所以通常需要通过搅动或振动培养液的方法以确保氧气的供给，采用往复式摇床或旋转式摇床进行培养，其速度为50～100r/min。这种定期浸没的方法，既能使培养基均一，又能保证氧气供给。该法可用于单细胞（如花药）、由少数细胞构成的细胞块（愈伤组织）或原生质体培养等（胡颂平和刘选明，2014）。

4. 继代培养技术

植物材料长期培养中，若不及时更换培养基则会出现培养基营养丧失，对植物生长发育产生不利影响，造成生长衰退现象；培养容器体积充满，不利于植物呼吸和导致植物生长受限；培养过程中积累大量代谢产物，对植物组织产生毒害作用，阻止其进一步生长，故当培养基使用一段时间后有必要对培养物进行转接，进行继代培养。继代培养可增殖培养物，快速扩大培养物群体，有利于工厂化育苗（巩振辉和申书兴，2013）。

在植物组织培养早期研究中，发现部分植物的组织经长期继代培养会发生变化，在开始的继代培养中需要生长调节物质的植物材料，其后加入少量或不加入生长调节物质就可以生长，这就是组织培养中的驯化现象。驯化现象可能是由于在继代培养中细胞积累较多生长物质，可供自身生长发育，时间越长，对外源激素依赖越小。培养材料经过多次继代培养，而发生形态能力丧失、生长发育不良、再生能力降低和增殖率下降等现象，称为衰退现象。衰退现象可能与植物材料、培养基及培养条件、继代培养次数、培养季节、增殖系数有关（巩振辉和申书兴，2013）。

5. 试管苗驯化与移栽技术

在试管苗组织培养生产和试验中，容易出现组培苗移栽不成功的情况，或者移栽成活率过低，或者移栽后试管苗生长差，甚至移栽后试管苗全部死亡。为提高移栽试管苗成活率，有必要对其进行驯化。

（1）试管苗驯化。因为试管苗在培养瓶中与温室条件差别较大，主要是培养瓶中温度稳定、湿度高、光照较弱等。为了使试管苗适应移栽后环境并由异养转变成自养，必须有逐步锻炼和适应过程，这个过程叫驯化或炼苗。驯化目的为提高试管苗对外界环境条件适应性，提高其光合作用能力，促使试管苗健壮，最终达到提高试管苗移栽成活率的目的（巩振辉和申书兴，2013）。

试管苗驯化一般经过3个步骤：一是瓶内驯化，试管苗放于培养瓶内，放置在驯化室或组织培养室，打开封口增加通气性，一般10～20d；二是移瓶，从培养室移出，25℃左右清水洗去培养基，再用低浓度生根粉溶液浸泡根部5min左右；三是瓶外驯化，将试管苗移栽至营养钵或苗床，要经过一段时间保湿和遮光阶段即为瓶外驯化。驯化成功的标准是试管苗茎叶颜色加深。

（2）移栽。组培试管苗经过一段时间驯化后对自然环境已经有适应能力，即可进行移栽，移栽方式有容器移栽和大田移栽。驯化后试管苗先移栽到带蛭石的穴盘、营养钵等育苗器中，称为容器移栽。对有些试管苗，如树木试管苗容器移栽后经过一段时间培育，幼苗长大后还要移到大田中，称为大田移栽（巩振辉和申书兴，2013）。

移栽基质选择要有利于疏松透气，同时具适宜保水性，容易灭菌处理，不利于杂菌滋生等。常用基质有粗粒状蛭石、珍珠岩、粗沙、炉灰渣、谷壳、锯末、腐殖土或营养土，根据植物种类特性，将其以一定比例混合应用。

移栽前，先将基质浇透水，并用与筷子直径类似的竹签在基质中开一穴。移栽时，首先用镊子将试管苗从培养瓶中取出，切勿损坏根系，然后将根部黏附琼脂全部彻底清洗掉。注意琼脂中含有多种营养成分，若有残留，一旦条件适宜，微生物就迅速滋生，从而影响植株生长，导致烂根死亡。然后再将植株种植到基质中，让根舒展开，并防止弄伤幼苗。种植时幼苗深度应适中，为基质1/4处。覆土后需把苗周围基质压实。移栽时最好用镊子或细竹筷夹住苗后再种植在小盆内，移栽后需轻浇薄水，再将苗移入高湿环境中，保证空气湿度90%以上。生长环境保持清洁，每7～10d轮换喷一次杀菌剂，如多菌灵、百菌清、甲基硫菌灵等。移栽1周后，可施稀薄肥水，视苗大小，浓度逐渐由0.1%提高到0.3%左右，也可用1/2MS大量元素水溶液为追肥，以加快组培苗生长与成活。

三、植物愈伤组织培养

植物愈伤组织培养指在人工培养基上诱导植株外植体产生一团无序生长的薄壁组织细胞及对其培养的技术。植物的各种器官及组织经培养都可产生愈伤组织，并能不断继代繁殖。愈伤组织可用于研究植物脱分化和再分化、生长和发育、遗传和变异、育种及次生代谢物生产等，它还是悬浮培养的细胞和原生质体的来源（巩振辉和申书兴，2013）。

根据细胞间紧密程度，可将愈伤组织分为紧密型（Compact）愈伤组织和松脆型（Friable）愈伤组织两类。紧密型愈伤组织内细胞间被果胶质紧密结合，无大的细胞间隙，不易形成良好的悬浮系统；而松脆型愈伤组织内细胞排列无次序，有大量较大细胞间隙，容易分散成单细胞或小细胞团，是进行悬浮培养的好材料。通常可以根据培养需要，调节培养基中激素含量使这两类愈伤组织互相转换。在培养基中增加生长类激素含量，紧密型愈伤组织可逐渐变为松脆型。反之，降低生长类激素含量，松脆型则可以转变为紧密型（胡颂平和刘选明，2014）。

（一）愈伤组织诱导

愈伤组织形成主要需离体和外源激素两大条件。高等植物几乎所有器官和组织，离体后在适当条件下均能诱导愈伤组织。在培养条件中最关键的是激素，没有外源激素的作用，外植体不能形成愈伤组织。诱导愈伤组织常用的激素有2,4-D、NAA、IAA、KIN和6-BA。外植体细胞在外源激素诱导下，经过脱分化形成愈伤组织，其过程一般可分为启动期（诱导期）、分裂期和分化期（或形成期）。启动期，外植体刚从植株体分离时，细胞一般处于静止状态，为在诱导期进行细胞分离做准备。此时，外植体细胞大小没有明显变化，但细胞内代谢活跃，蛋白质及核酸合成代谢迅速增加。分裂期，外植体细胞从开始分裂到迅速分裂，细胞数目大量增加，其特征是细胞分裂快，结构疏松，缺少组织结构，维持其不分化状态。分化期，愈伤组织细胞是分化的，但还没形成组织上的结构，其特征为细胞形态大小保持相对稳定，体积不再减小，成为愈伤组织生长中心。对愈伤组织形成过程的划分并无严格界限，分裂期和形成期常出现在相同组织。

（二）愈伤组织继代培养

外植体的细胞经过启动、分裂和分化等一系列变化，形成了无序结构的愈伤组织。如果在原培养基继续培养愈伤组织，由于培养基中营养不足或有毒代谢物积累导致愈伤组织停止生长，甚至老化变黑、死亡。如让愈伤组织继续生长增殖，必须定期（如2~4周）将它们分成小块，接种到新鲜培养基，愈伤组织可长期保持旺盛生长。愈伤组织可用继代培养方式长期保存，也可通过悬浮培养而迅速增殖，用作无性系转移的愈伤组织应有适当体积，过大过小都不利于转移后生长。通常愈伤组织直径以5~10mm为佳，质量以20~100mg为宜。继代培养要求3~4周更换新鲜培养基，但具体转移时间根据愈伤组织生长速率而定。根据愈伤组织产生速度和形成愈伤组织类型，可判断愈伤组织质量，即产生再生植株可能性。质量较好愈伤组织多呈淡黄（绿）色或无色，疏密程度适中；过于紧实或过于疏松愈伤组织较难再诱导分化产生植株。

（三）愈伤组织形态发生

愈伤组织形态发生有器官发生型和体细胞胚发生型两种类型。通常愈伤组织通过器官发生型产生再生植株有4种方式：①愈伤组织仅有芽或根器官分别形成，即无芽的根或无根的芽；②先形成芽，再在芽伸长后，在其茎的基部长出根而形成小植株，大多植物为此种情况；③先产生根，再从根的基部分化出芽形成小植株，这在单子叶植物中很少出现，而在双子叶植物中较为普遍；④先在愈伤组织邻近不同部位分别形成芽和根，然后两者结合形成小植株，类似根芽的天然嫁接，但此种情况较少出现，且需在芽与根的维管束相通情况下才能获得成活植株。此外，植物组织培养中，常可见异常结构，如芽的类似物、叶的类似结构、苗的玻璃化现象等，这些情况大多由植物生长物质水平过高和比例不协调引起，需要多加注意（巩振辉和申书兴，2013）。

体细胞胚胎发生型有两种方式：①从培养中的器官、组织、细胞和原生质体直接分化成胚，中间不经过愈伤组织阶段；②外植体先愈伤化，然后由愈伤组织细胞分化形成胚，此种情况最常见。

四、植物脱毒技术

（一）植物脱毒意义

随着种质资源交换范围扩大，生态条件改变，各种植物侵染病毒种类越来越多，侵染范围日益扩大，侵染程度日趋严重。获得无病毒材料方法主要有两种，一是从现有栽培种质中筛选无病毒单株，二是采用一定措施脱除植株体内病毒。由于作物，尤其是营养繁殖作物在长期繁殖过程中积累和感染多种病毒，获得优良品种的无病毒种质最有效途径是采用脱毒处理。植物脱毒指通过各种物理、化学或者生物学方法将植物体内有害病毒及类似病毒去除而获得无病毒植株的过程。通过脱毒处理而不再含有已知的特定病毒的种苗称为脱毒种苗或无毒种苗（巩振辉和申书兴，2013）。植物脱毒苗不仅脱除病毒，还可去除多种真菌、细菌及线虫病害，使植物恢复原来优良种性，植株健壮，增强抗逆性，减少农药和化肥使用量，降低生产成本，减少环境污染，促进生态良性循环。

（二）植物脱毒方法

1. 茎尖培养脱毒

茎尖培养也称分生组织培养或生长点培养。通常，病毒粒子随植物组织成熟而增加，但植物根尖和茎尖等顶端分生组织不带病毒。植物体内出现免毒区可能是植物的顶端分生组织区胞间连丝不发达，病毒不能通过胞间连丝到达顶端分生组织所致。分子生物学研究表明，以上可能与DNA合成和RNA干扰有关（巩振辉和申书兴，2013）。

茎尖培养脱毒基本程序与常规组织培养相同，包含以下步骤：培养基选择和制备，待脱毒材料消毒，茎尖剥离、接种和培养，诱导芽分化和小植株增殖，诱导生根和移栽。茎尖培养关键在于寻找合适培养基，尤其是分化、增殖和生根均需特殊培养基。在茎尖培养中最常用MS培养基，但各步骤中所需植物生长调节剂种类、用量及配比各不相同，需根据所培养植物种类或品种（类型）而作适当调整。

2. 其他组织培养脱毒

（1）花器官培养脱毒。通过植物花器官或组织诱导产生愈伤组织，然后再从愈伤组织诱导芽和根形成完整植株，可以获得无毒苗。

（2）珠心胚培养脱毒。由于珠心细胞与维管束系统无直接联系，而病毒通常是通过维管束韧皮组织传递，因此珠心组织不带病毒，通过珠心胚培养可获得无病毒植株。

（3）愈伤组织培养法。植物各部位器官和组织脱分化均可诱导产生愈伤组织，从愈伤组织再分化形成小植株可获得脱毒苗，在马铃薯、天竺葵、大蒜、草莓等植物上已获得成功。

（4）原生质体培养法。该法原理与愈伤组织培养法类似，由于病毒不能均匀侵染每个细胞，因此可用分离得到的原生质体为原始材料获得无病毒植株。

（5）微体嫁接脱毒。微体嫁接是组织培养与嫁接技术结合而获得无病毒种苗的方法。微体嫁接是在无菌条件下，将切取的茎尖嫁接到试管中培养的砧木苗上，待其愈合发育为完整植株而达到脱毒效果。

3. 物理方法脱毒

（1）高温处理。热处理脱除植物病毒的原理主要是利用某些病毒受热以后的不稳定性，而使病毒失去活性，可以部分地或完全地被钝化（胡颂平和刘选明，2014）。热处理可以通过热水或热空气进行。热水处理对休眠芽效果较好，热空气处理对活跃生长的茎尖效果好，既可消除病毒，又能使寄主植物有较高存活机会。热空气处理也比较容易进行，把生长的植物移入热疗室中，在35~40℃下处理一段时间即可。处理时间，可由几分钟到数周不等。另外，为提高茎尖培养成活率和脱毒效果，通常将热处理结合茎尖剥离。

（2）超低温处理。超低温处理是利用液氮超低温（-196℃）对植物细胞选择性杀伤，得到存活的茎尖分生组织，重新培养后获得脱毒苗（胡颂平和刘选明，2014）。超低温对植物细胞选择性杀伤与细胞本身特性有关。因此，无论茎尖取材大小，能够在超低温处理后存活的细胞都只是顶端分生组织细胞和部分叶原基细胞，所以超低温处理不受茎尖尺寸限制。

4. 化学方法脱毒

人们在长期的研究中发现一些化学试剂可以延迟或抑制病毒复制，最初这些化学物质主要在医学领域用于动物病毒的防治，后来逐渐建立起以这些试剂的发展为基础的植物病毒脱除技术体系（胡颂平和刘选明，2014）。目前从病毒吸附、渗透、脱衣壳到核酸复制和蛋白质合成各个环节均有相应病毒抑制剂。对于植物病毒来说，化学治疗主要策略是影响酶合成。化学脱毒方法主要有病毒抑制剂处理、RNA合成抑制剂处理、三氮唑核苷处理几种类型。

（三）脱毒苗鉴定

通过不同途径脱毒处理所获得的材料必须经过严格病毒检测和农艺性状鉴定证明确实是无病毒存在，又是农艺性状优良的株系才能作为无病毒种源在生产上应用。

1. 脱毒效果检测

（1）生物学检测。生物学检测主要是指示植物检测，是最早应用于植物病毒检测的方法。指示植物法即用感染病毒的植物叶片的粗汁液和少许金刚砂相混，然后在指示植物叶子上摩擦，2~3d后叶片上出现了局部坏死斑。由于在一定范围内枯斑数与侵染病毒浓度成正比，且该法条件简单，操作方便，至今仍为经济而有效的鉴定方法被广泛使用。指示植物法不能测出病毒总核蛋白浓度，但可检测被鉴定植物是否体内含有病毒质粒以及病毒相对感染力。

（2）血清学检测。抗血清鉴定法就是利用抗原和抗体在体外特异性结合检测病毒的方法。由于其检测特异性高，测定速度快，此法已成为植物脱毒培养过程中病毒检测最常用方法。免疫学理论不断深入和发展，自动化、标准化、定量化和快速灵敏的免疫电镜（IEM）、酶联免疫吸附（ELISA）和组织免疫印记技术（TP-ELISA）等血清学检测技术在植物病毒鉴定、定量和定位分析中得到广泛应用。

（3）分子生物学检测。分子生物学检测比血清学检测灵敏度要高，能检测到pg级甚至fg级（$1fg=1\times10^{-15}g$）的病毒，它是通过检测病毒核酸来证实病毒存在。此法特异性强，检测快速，操作简便，用于大量样品检测。目前，在植物病毒检测与鉴定方面应用的分子生物学技术主要包括双链RNA法、核酸杂交技术、聚合酶链式反应技术等。

2. 脱毒苗农艺性状鉴定

通过脱毒处理获得无病毒材料，尤其是通过热处理和愈伤组织诱导获得无病毒材料可产生变异。因此，获得无病毒材料后，必须在隔离条件下鉴定其农艺性状，确保无病毒苗经济性状与原亲本性状一致。脱毒苗农艺性状鉴定主要是在田间以原亲本为对照，选择与亲本具相同优良选择的单株，淘汰非亲本选择的劣株，同时发现不同于亲本的优良变异株，再通过单株选择或集团选择获得无病毒原种（巩振辉和申书兴，2013）。

（四）无病毒苗保存和应用

1. 无病毒苗保存

隔离保存是将脱毒苗种植在隔离区内保存。利用离体保存，即在离体条件下保存脱毒苗，可对其长期保存。一般可将脱毒试管苗置于低温下培养或在培养基中加入生长延缓剂，延缓试管苗生长速度，延长继代周期，也可用超低温保存方法，达到长期保存的目的。

2. 无病毒苗应用

无病毒苗可通过组织培养方法进行离体快速繁殖。增殖培养主要有愈伤组织、不定芽和丛生芽3条途径。通过愈伤组织途径繁殖最快，但繁殖后代遗传性不稳定。通过不定芽繁殖速度也较快，但易形成嵌合体，出现性状不稳定，表现不一致的情况。通过促生丛生芽繁殖不存在变异危险，培养初期速度较慢，但后期繁殖加快，目前较多采用这种方法。培养时可根据选取的快繁途径，设计筛选出适宜培养基，建立优化的快繁体系。

有些木本植物进行离体快繁成本高，移栽成活率低，可将脱病毒种苗种植在隔离区，以嫁接、扦插等繁殖方式进行田间隔离繁殖。

五、植物离体快繁技术

（一）植物离体快繁意义

植物离体繁殖又称为植物快繁或微繁，指利用植物组织培养技术对外植体进行离体培养，使其短期内获得遗传性一致的大量再生植株的方法。与其他繁殖方法比较，其主要优点为：①繁殖系数高，速度快，繁殖系数可提高到几万到百万倍；②可繁殖那些有性繁殖和常规无性繁殖不易或者不能繁殖的植物；③结合脱病毒技术，可以繁殖无病毒苗木。其缺点为：操作复杂，设施和设备昂贵、成本较高等（巩振辉和申书兴，2013）。

（二）植物离体快繁方法

植物离体快繁一般分为无菌培养物的建立、初代培养、继代培养和快速增殖、诱导生根、驯化移栽。

1. 外植体选择

用于离体快繁的材料，要选择品质好、产量高、抗病毒性佳的品种，其母株应选择性状稳定、生长健壮、无病虫害的成年植株。通常，木本植物和较大的草本植物多采用带芽茎段、顶芽或腋芽作为快繁外植体；易繁殖、矮小或具有短缩茎的草本植物则多采用叶片、叶柄、花茎、花瓣等作为快繁外植体（巩振辉和申书兴，2013）。

2. 茎芽增殖途径

离体快繁经无菌培养的建立和初代培养的启动生长后，进入继代培养和快速增殖阶段，在这一阶段，要求外植体能够大量增殖出无根试管苗，增殖方式如下。

（1）侧芽增殖途径。主要指利用茎尖或侧芽培养而直接获得芽苗或丛芽的方法。高等植物每个叶子叶腋部分均具一个或几个腋芽或侧芽，当离体培养时，可通过加入细胞分裂素来促进生长。在有足够营养时，腋芽会按原来发育途径，通过顶端分生组织，陆续形成叶原基和侧芽原基。当侧芽发生后，又可以相同方式迅速形成新叶原基和侧芽原基，从而诱导丛生芽不断分化与生长，使在较短时间内大量茎尖或侧芽培养出大量芽苗（巩振辉和申书兴，2013）。

（2）不定芽增殖途径。除顶芽及腋芽此类着生位置固定的芽外，其余由根、茎、叶及器官等产生的芽都叫不定芽，严格地说，由愈伤组织分化形成的茎芽也应当称为不定芽。离体快繁中不定芽的发生途径有两类，一类是由外植体直接发生不定芽，另一类是经脱分化形成愈伤组织再发生不定芽（巩振辉和申书兴，2013）。

（3）体细胞胚增殖途径。体细胞胚是培养过程中由外植体或愈伤组织产生的类似合子胚结构的现象。体细胞胚的发生可分为直接体细胞胚发生途径和间接体细胞胚发生途径。直接体细胞胚发生途径，即从外植体某些部位直接诱导分化出体细胞胚；间接体细胞胚发生途径，即外植体先脱分化形成愈伤组织后，再从愈伤组织的某些细胞分化出体细胞胚，并再生植株（巩振辉和申书兴，2013）。

（三）植物离体快繁常见问题

1. 培养物污染

污染是指在组培过程中，由于真菌、细菌等微生物侵染，在培养容器中滋生大量病斑，使培养材料不能正常生长和发育的现象。污染类型按病原菌不同分为细菌污染和真菌污染，按污染来源分为破损污染、培养基污染、外植体带菌、接种污染和培养污染。在组培快繁中，应采取严格防治措施，减少污染（巩振辉和申书兴，2013）。

2. 褐化

褐化是指外植体在培养过程中，自身组织从表面向培养基释放褐色物质以致培养基逐渐变成褐色，外植体也随之变褐而死亡的现象。褐变的发生与外植体组织中所含酚类化合物多少和多酚氧化酶活性直接相关。此酚类化合物在完整的组织和细胞中与多酚氧化酶分隔存在，因而比较稳定。但在建立外植体时，切口附近的细胞受到伤害，其分隔效应被打破，酚类化合物外溢。但酚类很不稳定，在溢出过程中与多酚氧化酶接触，在其催化下迅速氧化成褐色醌类物质和水，醌类又会在酪氨酸酶等作用下与外植体组织中蛋白质发生聚合，进一步引起其他酶系失活，从而导致组织代谢紊乱，生长停滞不前，最终衰老死亡。在组织培养中，褐变普遍存在，这种现象与菌类污染和玻璃化并称为植物组织培养的三大难题。而控制褐变比控制污染和玻璃化更加困难。因此，能否有效地控制褐变是某些植物能否组培成功的关键。

褐变的防治措施：①选择适宜外植体；②对外植体材料预处理；③筛选合适培养基和培养条件；④培养基中加活性炭、抗氧化剂和其他抑制剂；⑤缩短转瓶周期多次转移和细胞筛选。

3.玻璃化

玻璃化（Vitrification）指组织培养苗呈半透明状，外观形态异常的现象。玻璃化是一种生理病害，包括茎叶透明状、海绿色、水浸状等现象，出现玻璃化的茎叶表面完全无蜡质，导致细胞丧失持水能力，细胞内水分大量外渗，增加植株水分散发和蒸腾，极易引起植株死亡（巩振辉和申书兴，2013）。

玻璃化防治措施：①适当控制培养基无机营养成分；②适当提高培养基蔗糖和琼脂浓度；③适当降低细胞分裂素和赤霉素浓度；④增加自然光照，控制光照时间；⑤控制温度；⑥改善培养器皿气体交换状况；⑦培养基添加其他物质。

4.性状变异

在自然条件下无性繁殖的速度较慢，突变体繁殖数量少，影响较小。但是在离体快繁过程中，由于繁殖速度快，以年生产百万级的繁殖速度，变异培养物很容易表现出来，而且随着继代培养代数增加，变异试管苗可能被大量繁殖，容易造成繁殖群体商品性状不一致，而影响离体快繁植株商业应用。为减轻体细胞变异对离体快繁商业化影响，应尽可能使用以茎尖、茎段为外植体的离体快繁方式。同时对于已成功建立的无菌培养材料使用有限繁殖代数，定期从原植株上采集新外植体以更换长期继代的无菌培养材料（巩振辉和申书兴，2013）。

（四）植物无糖组织快繁技术

植物无糖组培快繁技术又称为光自养微繁殖技术，指在植物组织培养中改变碳源种类，以CO_2代替糖作为植物体的碳源，通过输入CO_2气体作为碳源，并控制影响试管苗生长发育的环境因子，促进植株光合作用，使试管苗由兼氧型转变为自养型，进而生产优质种苗的新植物微繁殖（离体繁殖）技术（巩振辉和申书兴，2013）。一般来说，植物无糖组织快繁技术主要包括环境调控、光独立营养培养和驯化移栽3个方面。

六、植物胚胎培养

（一）植物胚胎培养意义

胚胎培养是植物组织培养的重要领域，植物胚胎培养（Embryo culture）指将植物的胚（种胚）及胚性器官（子房、胚珠）在离体条件下进行无菌培养，使其发育成完整植株的技术（胡颂平和刘选明，2014）。

植物胚胎培养的意义：①克服杂种败育；②打破种子休眠；③提高种子发芽率；④克服珠心胚干扰；⑤诱导胚状体及胚性愈伤组织；⑥测定种子生活力。

（二）植物胚胎培养方法

1.胚培养

植物胚培养包括成熟胚培养与幼胚培养。成熟胚培养是指剥取成熟种子的胚进行培养。其目的是克服种子本身（如种皮）对胚萌发的抑制作用。种子植物的成熟胚在比较简单的培养基上就能萌发生长，只要提供合适生长条件及打破休眠，离体胚即可萌发成幼苗。成熟胚生长不依赖胚乳储藏营养，培养基要求简单。常用培养基只需含大量元素的无机盐和糖，就可使胚萌发生长成正常植株。幼胚培养指对未成熟胚或夭折之前的远缘杂交种胚进行挽救培养。幼胚完全异养，在离体培养时比成熟胚培养困难，技术和条件要求较高，培养不易成功。幼胚培养包括剥离胚胎培养、受精后胚珠培养和受精后子房培养。此外，可培养未受精胚珠或子房，它是获得单倍体的途径之一，也是进行离体授粉的工作基础（巩振辉和申书兴，2013）。

幼胚培养过程：取授粉后一定天数的子房，经消毒杀菌后，在无菌条件下，切开子房，取出胚珠，剥离珠被，取出完整幼胚，置培养基上培养。分离幼胚时，操作要小心，避免损伤，需在体视显微镜下操作。

成熟胚培养过程：选取健壮优良个体自交种或杂交种子，用75%酒精表面消毒几秒至几十秒（消毒时间取决于种子成熟度和种皮厚度）。将经过表面消毒的成熟种子放到漂白粉饱和溶液或0.1%HgCl$_2$水溶液中消毒5～15min，然后用去离子水冲洗3～5次，在超净台中解剖种子，取出胚接种在培养基上，常规条件培养即可。

胚培养再生植株途径有两种：幼胚—成熟胚—植株，这种途径植株变异小；幼胚—愈伤组织—植株，这种途径植株变异大，杂种植株中异源三倍体出现较多。

2. 胚乳培养

胚乳培养指将胚乳组织从母体上分离，通过离体培养，使其发育成完整植株的过程。胚乳培养是人工获得植物三倍体的重要途径，在三倍体无籽果实等新品种选育及遗传研究方面均具重要应用价值。此外，胚乳培养还能产生各种非整倍体，从中可以筛选出单体、三体等珍贵遗传材料，也可用于胚乳与胚的关系、胚乳细胞的生长发育及形态建成等方面研究（巩振辉和申书兴，2013）。

胚乳培养分带胚培养和不带胚培养两种方式，通常前者比后者更易诱导形成愈伤组织。胚乳培养过程：确定适宜胚乳培养的发育时期；筛选适宜培养基；选择胚乳发育适宜时期的果实或种子，消毒杀菌；在无菌条件下，剥开种皮，分离出胚乳组织；接种培养（巩振辉和申书兴，2013）。

胚乳培养中，除少数植物可直接从胚乳组织分化出器官外，通常先形成愈伤组织，然后在分化培养基上，胚状体或不定芽分化。胚乳初生愈伤组织形态为白色致密型，少数为白色或淡黄色松散型，也有的为绿色致密型。

3. 子房培养

子房培养是指将子房从母体上分离出来，放在人工配制培养基上，使其进一步生长发育成为幼苗的过程。在胚珠培养时，常因分离技术严格而采用子房培养。根据培养子房是否受精，可将子房培养分为受精子房培养和未受精子房培养两类（胡颂平和刘选明，2014）。

子房培养方法比较简单，取开花前（未受精子房培养）和授粉后（受精子房培养）适当天数的花蕾或子房，用70%酒精表面消毒30s，0.1% HgCl$_2$消毒8～10min或用2% NaClO消毒10～15min，无菌水冲洗4～5次，然后在无菌条件下，将子房接种到培养基。

4. 胚珠培养

胚珠培养指在人工控制条件下，对胚珠进行离体培养使其生长发育形成幼苗的技术。由于幼胚分离难度较大，而胚珠分离则相对容易，在幼胚培养时常采用胚珠培养。胚珠培养分为两种类型，即受精胚珠培养和未受精胚珠培养（胡颂平和刘选明，2014）。

胚珠培养方法与子房培养基本相同，取开花前（未受精子房培养）和授粉后（受精子房培养）适当天数的花蕾或子房，用70%酒精表面消毒30s，0.1% HgCl$_2$消毒8～10min或用2% NaClO消毒10～15min，无菌水冲洗4～5次，用解剖刀切开子房，取出胚珠接种到培养基上，也可连同胎座接种到培养基。

（三）植物离体授粉技术

植物离体授粉指将未授粉子房或胚珠从母体分离，无菌培养，并以一定的方式授以无菌花粉，使之在试管内实现受精的技术。从花粉萌发到受精形成种子以及种子萌发到幼苗形成的整个过程，均在试管内完成，称为离体受精或试管受精。根据无菌花粉授于离体雌蕊的位置，可将离体授粉分为3种类型，即离体柱头授粉、离体子房授粉和离体胚珠授粉。进行离体授粉时，从花粉萌发到受精形成种子以及种子萌发和幼苗形成的整个过程一般均在试管内完成（巩振辉和申书兴，2013）。

植物离体授粉的意义：①克服杂交不亲和性；②诱导孤雌生殖；③双受精及胚胎早期发育机理研究。

离体授粉程序：①确定开花、花药开裂、授粉、花粉管进入胚珠和受精作用时间；②去雄后将花蕾套袋隔离；③制备无菌子房或胚珠；④制备无菌花粉；⑤胚珠（或子房）试管内授粉。

七、植物花粉与花药培养

（一）花粉与花药培养意义

花粉与花药培养简称花培。花粉培养技术，指把花粉从花药中分离出来，以单个花粉粒作为外植体进行离体培养的技术，也称小孢子培养技术。花药培养技术是把花粉发育到一定时期的花药接种到培养基上来改变花粉原有发育程序，使其脱分化形成细胞团，然后再分化形成胚状体或愈伤组织，进而发育成完整植株的技术。

花药培养属于器官培养，花粉培养属于细胞培养，但二者培养目的一致，均为诱导花粉细胞发育成单倍体植株，经染色体加倍而成为正常结实的二倍体纯系植株。这和常规多代自交纯化方法相比，可节省大量时间和劳力。同时，花粉和花药培养是研究减数分裂、花粉生长机制的生理、生化、遗传等基础理论的最好方法。

（二）花粉与花药培养方法

1. 花粉培养方法

（1）花粉分离。在开花前一天，取花蕾，灭菌，然后剥出花药，小孢子的分离可采用如下方法：一是自然散落法或机械挤压法，这是最早的花粉分离方式；二是漂浮培养法，即将花药接种于液体培养基上，任其内花粉自由释放，然后离心培养；三是磁力搅拌法，即将花药放入盛有一定量培养液或渗透剂的三角瓶中，置于磁力搅拌仪上，低速旋转，使小孢子随搅拌逐渐溢出，直至花药呈透明，离心、培养。

（2）花粉培养方法。

①平板培养法：采用固体培养基，在培养基凝固前，温度不要太高时（45~50℃）将花粉放入培养基中，晃动培养皿，将花粉包埋在培养基中。在适宜条件下花粉会形成愈伤组织或胚状体，最后再生出植株。

②看护培养法：无菌条件下，将一个完整花药放在琼脂培养基表面，花药上再覆盖小的圆形滤纸片，用移液管吸取花粉悬浮液0.5mL（含有花粉粒10个），滴在滤纸片上。放在适宜条件下培养。可用该种植物愈伤组织或花药浸出液代替完整花药作为看护组织。

③微室悬滴培养：为防止花粉破裂，在4℃下低温中接种，在20℃下暗培养。具体做法是：先在一张盖片上圈筑一个圆形石蜡"围墙"，中心装上一个石蜡柱，将一滴含有50~80个成熟花粉粒的培养液滴在石蜡柱一侧，翻转盖片，扣在凹穴载片的凹穴上，使石蜡柱正好触及凹穴中央底部，盖片四周用石蜡封严。每天轻轻转动载片，使悬滴围着盖片中央石蜡柱流动，以达通气目的。

2. 花药培养方法

花药培养步骤是采集花药、预处理、消毒、接种、诱导培养、植株再生及驯化移栽、花粉植株倍数性鉴定、单倍体加倍、纯合二倍体株系。常采用方法如下。

（1）固体培养法。采用固体或半固体培养基培养花药，诱导产生愈伤组织或胚状体，最后再生植株。该方法操作简单，通常均采用此法。

（2）液体培养法。比固体培养法效果好。将花药接种到液体培养基内，在摇床上振荡（100r/min），诱导产生胚状体或悬浮细胞培养。需要定期更换培养基（在超净工作台上静置沉淀，去上清，然后加入新培养基）。

（3）滤纸桥培养法。无菌条件下，将花药放在无菌滤纸上，漂浮在液体培养基上培养。该种方法通气性好，培养效果好。

八、植物细胞培养

植物细胞培养指对植物器官或愈伤组织分离的单细胞（或小细胞团）进行培养，形成单细胞无性系或再生植株的技术（胡颂平和刘选明，2014）。用于植物细胞培养的单细胞可以直接从外植体中分离得到，从外植体中分离植物细胞通常有机械法和酶解法两种；也可从愈伤组织中分离得到。获得单细胞后进行培养的方法如下。

（一）植物单细胞培养

植物细胞具有群体生长特性，当经分离，获得单细胞后按照常规的培养方法，达不到细胞生长繁殖的目的。为此，发展植物单细胞培养，指从植物器官、愈伤组织或悬浮培养物中游离出单个细胞，在无菌条件下，进行体外培养，使其生长、发育的技术。植物单细胞培养常见方法如下。

1. 平板培养法

平板培养指将制备一定密度的单细胞悬浮液接种到1mm厚的固体培养基上进行培养的方法（巩振辉和申书兴，2013）。平板培养过程：调整单细胞悬浮液的密度；配制固体培养基；接种单细胞；培养；继代培养。

用平板法培养单细胞时，常以植板率（Plating efficiency，PE）来评价培养效率，它以长出细胞团的单细胞在接种细胞中所占百分数来表示。

$$植板率（\%）=每个平板中新形成细胞团数/每个平板中接入细胞数 \times 100$$

式中，每个平板中新形成细胞团数要进行直接计量。计量时应掌握合适时间，即细胞团肉眼已能辨别，但尚未长合在一起。如过早，肉眼不能辨别小细胞团；过晚，靠得很近的细胞团长合在一起难于区分，以上均影响计量的正确性。通常植板率在25℃下培养21d后进行计算。

2. 看护培养法

看护培养法又称"哺育培养法"，指用一块活跃生长的愈伤组织块作为看护组织，利用其分泌出的代谢活性物质促进靶细胞持续分裂和增殖，而获得由单细胞形成的细胞系的培养方法（巩振辉和申书兴，2013）。其过程如下：①新鲜的固体培养基接入1～3mm愈伤组织；②愈伤组织块上放一张已灭菌滤纸，放置一晚，使滤纸充分吸收从组织块渗出的培养基成分；③第二天将单细胞吸取并放在滤纸上培养。④置于培养箱中培养，单细胞持续分裂和增殖，形成细胞团；⑤将细胞团转移到新鲜固体培养基继代培养，获得由单细胞形成的细胞系。愈伤组织和预培养的细胞可属于同一物种，也可为不同物种。培养1个月单细胞即长成肉眼可见的细胞团，2～3个月后从滤纸上取出放于新鲜培养基，以便促进生长并保持这个单细胞无性系。

3. 微室培养法

微室培养也称"双层盖玻璃法"，指将含有单细胞的培养液小滴滴入无菌小室中，在无菌条件下使细胞生长和增殖，形成单细胞无性系的培养方法（巩振辉和申书兴，2013）。它是为进行单细胞活体连续观察而建立的微量细胞培养技术，运用该技术可活体连续观察单细胞生长、分化、细胞分裂、胞质环流规律。该法还可用于原生质体培养，以观察原生质体融合、细胞壁再生以及融合后分裂。因此，它是进行细胞学试验研究的有用技术。

将微室培养法与看护培养技术结合，由于愈伤组织的看护，单细胞可以生长、分裂和繁殖，该法称为微室看护培养法。

微室培养也可将接种有单细胞的一小滴液体培养基或固体培养基滴在培养皿盖上，制成悬滴，然后再密封培养。微室培养还可以将接种有单细胞的少量液体培养基置于培养皿中，形成一薄层，在静置条件下进行培养，该法又称液体薄层培养法。

4. 条件培养法

条件培养法指将单细胞接种于条件培养基中培养，使单细胞生长繁殖，从而获得由单细胞形成的细胞系的培养方法。条件培养基指含有植物细胞培养上清液或静止细胞的培养基。该法为平板培养和看护培养基础上发展的单细胞培养方法（巩振辉和申书兴，2013）。基本过程：①配制植物细胞培养上清液或静止细胞悬浮液；②配制条件培养基；③接种；④培养；⑤继代培养。

（二）植物悬浮细胞培养

植物细胞悬浮培养的名词术语很多，有悬浮培养、细胞悬浮培养、细胞培养等。确切含义应当指将植物的细胞和小的细胞聚集体悬浮在液体培养基进行培养，使之在体外生长、发育，并在培养过程中保持良好分散性。此类细胞和小聚集体来自愈伤组织、某个器官或组织，甚至幼嫩植株，通过化学或物理方法获得。

细胞悬浮培养主要特点是：能大量提供较均一的植物细胞，即同步分裂的细胞；细胞增殖速度比愈伤组织快，适宜大规模培养和工厂化生产，已成为细胞工程中独特的产业，需要特殊设备，如大型摇床、转床、连续培养装置、倒置式显微镜等，成本较高（巩振辉和申书兴，2013）。植物细胞悬浮培养主要分以下几种类型。

1. 分批培养

分批培养指将一定量细胞或细胞团分散在一定容积的液体培养基中培养，当培养物增殖到一定量时，转接继代，目的为建立单细胞培养物（巩振辉和申书兴，2013）。分批培养所用容器为100~250mL三角瓶，每瓶装20~75mL培养基。为使分批培养细胞能不断增殖，必须进行继代。继代方法为取出培养瓶中少量悬浮液，转移到成分相同的新鲜培养基中（大约稀释5倍）。也可用纱布或不锈钢网过滤，滤液接种，可提高下一代培养物中单细胞比例。

2. 半连续培养

半连续培养是利用培养罐进行细胞大量培养的方式。在半连续培养中，当培养罐内细胞数目增殖到一定量后，倒出一半细胞悬浮液于另一个培养罐内，再分别加入新鲜培养基继续培养，如此频繁再培养。半连续培养能重复获得大量均一培养细胞（巩振辉和申书兴，2013）。

3. 连续培养

连续培养是利用特制培养容器大规模细胞培养的另一种培养方式。在连续培养中，新鲜培养基不断加入，同时旧培养基不断排出，因而在培养物容积保持恒定条件下，培养液中营养物质能不断补充，使培养细胞能够稳定连续生长。连续培养可在培养期间使细胞长久保持在指数生长期中，细胞增殖速度快（巩振辉和申书兴，2013）。

连续培养适于大规模工厂化生产，有封闭型和开放型两种。封闭式连续培养指在封闭式连续培养中，排出的旧培养基由加入的新培养基进行补充，进出数量保持平衡。排出的旧培养基中悬浮细胞经离心收集后又被返回到培养系统中去，因此，在该培养系统中，随培养时间延长，细胞数目不断增加。开放式连续培养指在培养中，新鲜培养基不断加入，旧培养基不断流出，流出的培养液不再收集细胞用于再培养而是用于生产。

（三）植物细胞培养应用

1. 筛选突变体

突变体筛选指利用相关选择压力对自然突变或人工诱变的细胞材料进行筛选获得突变植株的技术。具有效率高、周期短，可高度利用空间，并且不受季节限制等优点，适合于单基因控制的质量性状。

在植物细胞培养中，常会出现自发变异，即体细胞无性系变异。20世纪80年代初，Larkin和Scowcroft对有关再生植株变异的报道加以评述并提出用体细胞无性系一词来概括一切由植物体细胞再生的植株，并把经过组织培养循环出现的再生植株的变异称为体细胞无性系变异，而且指出体细胞无性系变异不是偶然现象，其变异机理值得研究，在植物育种方面具广泛应用前景。此后，随着植物原生质体、细胞和组织培养技术的迅速发展，体细胞无性系变异日益引起人们广泛重视，并对体细胞无性系变异有更深入的认识和理解，认为在离体培养条件下植物器官、组织、细胞和原生质体培养产生的无性系变异统称为体细胞无性系变异，它在植物品种改良和生物学基础研究中显示出极大应用价值。

植物体细胞无性系变异可用于：①拓宽遗传资源，为植物遗传改良创造中间材料或直接筛选新品种；②用于遗传研究；③用于发育生物学研究；④用于生化代谢途径研究。

2. 生产次生代谢产物

植物很多次生代谢产物为食品、药品、化妆品重要来源。因天然产物含量低，难以满足人类的需要，大规模人工合成又存在许多困难。不过，在整体植物中存在的这类化合物，在培养细胞中也同样存在。因此，随着细胞培养技术的发展，人们可以利用细胞大量培养技术来生产这些化合物。

利用细胞大量培养生产天然化合物的方法大致包括3个步骤：①高产细胞系的建立，包括从特定植物材料诱导愈伤组织，从愈伤组织分离单细胞，细胞诱变和突变细胞的筛选，高产单细胞无性系保存等；②"种子"培养，即对高产细胞系多次扩大繁殖以便获得足够培养细胞用作大量培养接种材料；③细胞大量培养，即用发酵罐或生物反应器进行细胞培养以生产所需要植物化合物（胡颂平和刘选明，2014）。

现以金盏花为例，说明其开发化妆品的流程。金盏花（*Calendula officinalis* L.）被称为"万寿菊"，广泛用于传统草药和护肤品的局部应用。该植物富含酚酸、类黄酮、三萜、类胡萝卜素、芳香化合物和独特的多不饱和脂肪酸混合物。保加利亚"Innova BM"公司以金盏花脱分化细胞培养为基础，开发并上市了两种高质量的活性化妆品成分，这些产品的开发如图8-4所示。技术步骤包括筛选具有优异植物化学特征的金盏花植物，选择外植体，灭菌和在愈伤组织诱导培养基上培养植物外植体，选择具有适当植物化学特征的易碎细胞系，启动液体细胞悬浮培养以及优化培养条件和营养培养基组成。优化步骤对于技术至关重要，因为可实现所选细胞系的生物合成潜力和累积生物量的大幅增加。经优化后，选择的生产线在搅拌槽式生物反应器中规模化培养。产生的细胞悬浮液（细胞和培养液）然后用高压均质机处理以产生甘油提取物（50%wt细胞悬液）或金盏花乳液（75%wt细胞悬液）。当在皮肤上使用时，已发现产生的活性成分具有优异保湿、抗皱和再生作用，这些作用是由于金盏花细胞培养过程中分泌的胞外多糖含量高。胞外多糖属果胶型。粗多糖组分含有879μg/mg中性糖和50μg/mg蛋白质。多糖和多肽的独特组合使得这种胞外多糖组分适合作为乳化剂应用于外用化妆品。多糖分子量为6.7×10^4Da，糖醛酸含量为413μg/mg。胞外多糖组分的完整单糖组成为：葡萄糖醛酸（13.6μg/mg）、半乳糖醛酸（399.7μg/mg）、葡萄糖（185.5μg/mg）、半乳糖（179.9μg/mg）、鼠李糖（178.9μg/mg）、阿拉伯糖（166.7μg/mg）、岩藻糖（0.6μg/mg）和甘露糖（4.7μg/mg）。掺入Innova StemCell金盏花产品中的这种胞外多糖馏分与来自释放的细胞成分的生物活性化合物结合使用，使产品具有独特性，成为活性化妆品成分市场中的一种。

3. 其他应用

为了克服远缘杂种的不育性，常需染色体数加倍。利用细胞培养大量生产植物细胞本身，并加以利用的研究，很早就有人开始进行，并设计了各种培养装置。有利于植物代谢生理学、生物化学等研究，可作为葡萄糖、淀粉、脂质、细胞壁、氨基酸、蛋白质、核酸等代谢的理想研究材料。

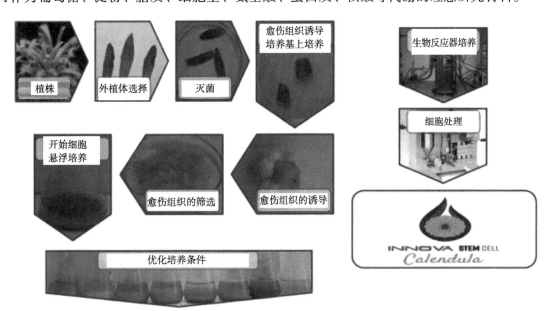

图8-4 Innova干细胞金盏花活性化妆品成分开发过程中的技术步骤示意图（引自Vasil et al., 2018）

九、植物原生质体培养

（一）植物原生质体培养意义

原生质体（Protoplast）指用特殊方法脱去植物细胞壁的、裸露的、有生活力的原生质团。就单个细胞而言，除没有细胞壁外，它具有活细胞特征。植物原生质体被认为遗传转化理想受体，除可用于细胞融合研究外，还可通过裸露的质膜摄入外源DNA、细胞器、细菌或病毒颗粒。原生质体的这些特性与植物细胞的全能性结合在一起已经在遗传工程和体细胞遗传学中开辟一个理论和应用研究的崭新领域（胡颂平和刘选明，2014）。

研究植物原生质体具有重要意义，具体表现如下：①植物原生质体是细胞无性系变异和突变体筛选重要来源；②植物原生质体培养是细胞融合工作的基础；③植物原生质体是植物遗传工程理想受体和遗传饰变理想材料；④植物原生质体可用于细胞生物学和遗传理论研究（巩振辉和申书兴，2013）。

（二）植物原生质体分离

1. 取材

材料的选取不仅影响原生质体分离效果，而且为影响原生质体培养是否成功的关键因素之一。植物材料的选择主要考虑基因型、材料类型及材料生理状态。

2. 植物原生质体分离方法

（1）机械分离法。由于该法获得的原生质体产量低，不能满足试验需要，而且液泡化程度低的细胞不能采用该方法，因此，机械分离法未广泛应用。

（2）酶分离法。经数十年不断完善，目前已成为植物原生质体分离最有效方法。酶分离法又分为两步法和一步法。两步法是先用果胶酶处理材料，游离出单细胞，然后再用纤维素酶处理单细胞，分离原生质体。其优点是所获得原生质体均一、质量好。但由于操作繁杂，目前已逐渐被淘汰。一步法是将纤维素酶和果胶酶等配制成混合酶液来处理材料，一步获得原生质体。因操作简便，目前几乎均采用该法。常用纤维素酶（Cellulase onzuka R-10）浓度为1%~3%、崩溃酶（Driselase）浓度为0.3%、果胶酶（Pectinase Y-23）为0.1%~0.5%、离析酶（Macerozyme R-10）为0.5%~1%、半纤维素酶为0.2%~0.5%。从温室或者田间取叶片分离原生质体有预处理、叶片表面消毒、去表皮、酶解分离原生质体、原生质体纯化5个步骤。

（3）微原生质体分离。在原生质体分离过程中，有时会引起细胞内含物的断裂而形成一些较小原生质体就叫做亚原生质体。它可具有细胞核，也可以无细胞核。核质体是由原生质膜和薄层细胞质包围细胞核形成的小原生质体，也称为微小原生质体。胞质体为不含细胞核而仅含有部分细胞质的原生质体。

有多种途径通过原生质体融合获得细胞质杂种。其中，将一亲本的原生质体与另一亲本的胞质体融合是获得细胞质杂种的较好途径。制备微原生质体或胞质体的基本原理是，通过原生质体梯度离心产生不同的离心力，将原生质体分离成微原生质体。加入细胞松弛素B与离心相结合，更容易去掉细胞核得到胞质体。

3. 植物原生质体纯化

供体组织经过酶处理，得到由未消化组织、破碎细胞以及原生质体组成的混合群体，必须纯化，以得到纯净的原生质体。植物原生质体纯化方法主要有沉降法、漂浮法和不连续梯度离心法。

（三）植物原生质体培养方法

原生质体分离纯化后，须在合适培养基中应用适当培养方法才能使细胞壁再生，细胞启动分裂，并持续分裂直至形成细胞团，长成愈伤组织或胚状体，分化或发育成苗，最终形成完整植株。

按照培养基的类型，原生质体培养方法可分为固体培养法、液体培养法及固液结合培养法，其又可细分为平板培养法、看护培养法、悬滴培养法、液体薄层培养法、固液双层培养法和琼脂糖珠培养法等。

十、其他技术

（一）纳米技术在植物组织培养中应用

我们生活在"纳米时代"，即生活的各个方面都具有纳米的时代，无论是我们使用的化妆品，穿着的纺织品，使用的电器，使用的小工具，还是我们吃的食物，或我们所居住的环境，无论我们是否喜欢，纳米材料已经存在于生活的各个方面。纳米技术涉及长度在100nm以下的材料的研究和处理。

在植物组织培养中，有许多应用纳米技术的报道。纳米颗粒（Nanoparticles，NPs）已被广泛用于改善种子发芽，提高植物生长和产量，实现植物遗传修饰，改善生物活性化合物的生产并实现植物保护。用二氧化硅（SiO_2）处理番茄种子时，纳米粒增加种子发芽和幼苗生长百分比。铁和镁纳米肥料的使用显著改善黑眼豌豆单荚种子数量和种子蛋白质含量。含金的介孔二氧化硅NP将DNA传递到烟草的原生质体、细胞和叶片中。用氧化锌（ZnO）纳米颗粒处理甘草幼苗可以提高花色苷、类黄酮、甘草甜素、酚类化合物和脯氨酸含量。据报道硅-银纳米粒对几种植物病原体具抗菌活性。人们发现，将硅-银纳米粒应用于绿南瓜的受感染植物可有效控制白粉病。Kim等（2017）总结有关在植物组织培养中使用纳米颗粒的最新成就，其介绍了通过引入纳米材料在消除植物培养中的微生物污染、愈伤组织诱导、器官发生、体细胞胚发生、体细胞变异、遗传转化和代谢产物生产方面取得的里程碑式的进展，并且在未来，需要掺入更多的新时代纳米材料，例如石墨烯和碳布基球，以及为有效植物组织培养创造纳米环境的可能性。

（二）显微技术在植物组织培养中应用

在植物科学中，显微镜用于试图解决和理解生长和发育过程的各个方面，包括结构和功能特性。它还提供有关植物中细胞与亚细胞成分相互作用的见解。植物科学作为一个领域涵盖了植物生长、发育和生态学等各个方面。植物生物技术的主要重点是在质量和数量上进行有效繁殖和植物改良，因此仍然是植物科学的基础领域之一。在一定程度上，基于细胞全能性和遗传转化的原理建立了植物生物技术。不可避免地，使用基本的体外植物培养技术对植物生物技术工作的成功至关重要。最近的技术进步正在扩大显微镜的功能，该显微镜用于理解和解释通常观察到的体外再生植株的形态学表现。因此，结合互补的生化、组织学和分子生物学方法，越来越多的基于显微镜的技术可以加快对体外植物培养系统的更好理解。此外，通过使用显微系统通常可以更好地阐明再生植株中的生理疾病。

微观技术的发现和发展为植物生物学家提供多种宝贵技术，以探索细胞结构和动力学，从而扩展对植物生长发育的认识。当与植物细胞、组织和器官培养方法结合使用时，微观应用已为植物生长和发育动力学提供重要见识。特别是共聚焦显微镜和荧光蛋白探针［绿色荧光蛋白（GFP）及其衍生物］提供的实时成像功能进一步推动植物形态发生研究的边界，并扩大将来通过提高光学显微镜分辨能力所能实现的可能性。光稳定荧光团的发展，特别是在红色和远红外光谱区，将通过动态体内细胞成分实时成像提供更多生物学见解。因此，尽管光学显微镜分辨能力有限，"照亮的植物细胞"仍继续为亚细胞蛋白质定位、基因表达和分子运输贡献了宝贵的信息，从而增进了我们对植物发育所涉及基本机制的理解。此外，免疫电子显微镜和免疫金标记已经绕开了光学显微镜有限的分辨能力所带来的缺点。使用高酚含量的植物提取物［例如乌龙茶提取物（OTE）（代替乙酸铀酰）］和微波辅助处理的标本制备技术的新进展和创新可能会扩大该法的应用范围。尽管具有较高的分辨能力，但使用透射电子显微镜（TEM）进行免疫金标记仍受其深层组织成像能力的限制。未来，显微技术的发展有可能解开植物细胞的基本生物学奥秘，从而为植物发育生物学提供深刻的见解。

第二节　工业大麻的组织培养与扦插

一、工业大麻的组织培养

近年，世界各地对大麻经济价值的发掘和利用力度加大，培育高CBD含量工业大麻品种为目前重大课题。目前，在大多数国家和地区，工业大麻种植及应用仍然受法律限制。植物大麻素含量可变，并取决于多个因素。因此，很多学者进行替代生产方法。微繁殖技术发展是遗传修饰必要步骤，对某些药用大麻，已经获得可喜结果，但是，纤维类型大麻微繁需要深入研究。对大麻进行基因改造，利于新品种开发。大麻细胞悬浮培养物和毛状根培养物已被用于生产大麻素，但愈伤组织和细胞悬浮培养物获得大麻素已证明为不可能。不定根可以输送少量的这些代谢物，但生产会随时间推移而停止，且不适于工业应用。

有关大麻组织培养，最早可追溯到1972年，至今有近50年研究历程，但各个国家对大麻管控严格，导致大麻研究曾一度中断，大麻研究进展缓慢。近几年随着各国对大麻管控逐渐放开，大麻组培相关研究也逐年增多。表8-5列出了有关大麻组织培养研究进展。

表8-5 大麻组织培养研究进展

基因型	外植体类型	形态发生反应	培养基、植物生长调节剂(mg/L)和添加剂	培养条件(温度、光照强度等)	结果和说明(单位: mg/L)	参考文献
OSU	试管苗的根	细胞悬浮培养	Gamborg's培养基(67-V), 2,4-D(1.5)+NAA(0.1)+IAA(1)+KIN(0.25)+酪蛋白水解物(1)	26℃时的光照,光照条件:NR	在含有NAA(0.1)+KIN(0.25)+酪蛋白水解物(1)的培养基中生成最大愈伤组织	Veliky and Genest, 1972
C-71, TU-A	叶、下胚轴、根、雌花部分	愈伤组织发生	MS+2,4-D(1)+KIN(0.01~0.1)	26℃时的光照,光照条件:NR	在MS培养基补充2,4-D(1)+金霉素(0.1)中观察到最大愈伤组织生成	Itokawa et al., 1975
NR	幼苗	细胞悬浮培养	MS+2,4-D(0.01~0.1)+NAA(1)+3%蔗糖+0.7%琼脂	在26℃的黑暗中诱导愈伤组织 温度:NR	进一步证明,催化烯丙醇氧化的酶是醇氧化酶	Itokawa et al., 1977
C-150, C-152	苞片、花萼	愈伤组织发生	Miller's培养基+Murashige矿盐+IAA(0.25, 1)+NAA(0.1, 0.25)+2,4-D(0.2)+KIN(1, 1.5, 2)+酪蛋白水解物(1)	12h光周期(700lx); 温度:NR	不同品种和外植体的最大愈伤组织发生在含NAA(0.5)+KIN(2)。虽然在愈伤组织表面观察到根的形成,但2,4-D对其有抑制作用	Hemphill et al., 1978
NR	幼苗	愈伤组织发生	B5+2,4-D(NR)或IAA(NR)或KIN(NR)或NAA(NR)	23℃在永久光照下生长,光照条件:NR	在B5-3(含1mg/L 2,4-D的B5培养基)培养基上研究了愈伤组织培养的生长动力学。被确定为(3R, 4R)-$\Delta^{1(6)}$-THC 3的酸1和/或2的形成与培养物的指数生长阶段密切相关,(3R, 4R)-$\Delta^{1(6)}$-THC 3的浓度随着生长停滞而急剧下降	Heitrich and Binder, 1982
OSU	叶、根和茎	愈伤组织发生与细胞悬浮培养	MS盐+B5维生素培养基+2,4-D(0~5), 2,4,5-T(0~5), NAA(0~5), KIN(0~5), 2iP(0~5), BAP(0~5)	26℃时的光照,光照条件:NR	在2,4-D(0.5)和BAP(0.1)中观察到茎段愈伤组织发生。在NAA(0.1~1)和KIN(5)以及BAP(5)和NAA(1)中观察到2,4,5-T和NAA不能在茎段产生愈伤组织。2,4,5-T不能在根段产生愈伤组织。一般来说,大麻外植体对植物生长调节剂(PGRs)的反应受外植体类型的显著影响。细胞悬浮培养中的最大细胞团在2,4,5-T(3)浓度下产生,无传代培养	Loh et al., 1983
OSU	幼苗不同部位	愈伤组织发生与细胞悬浮培养	MS盐+B5维生素培养基+2,4-D(0.1)+KIN(0.5)	27℃时的光照,光照条件:NR	培养6~8周后,愈伤组织发生。细胞悬浮培养的最大细胞团产生于2,4,5-T(3)	Hartsel et al., 1983
F56, F77	顶芽和腋芽	芽器官发生与离体生根	MS+IBA(0~20)+BAP(0.45)+3%葡萄糖+1%蔗糖+碳(0~2g/L)	(27±2)℃, 1h光周期[360μmol/(m²·s)]	在IBA(2)+BAP(0.45)+3%葡萄糖+1%蔗糖条件下,芽再生率最高。在IBA(20)+2g/L木炭中观察到最大的根系再生	Richez-Dumanois et al., 1986
NR	叶	细胞悬浮培养	B5培养基+2,4-D(1)+KIN(0.5)+3%葡萄糖	25℃, 黑暗	大麻能够将CBD转化为结合CBE,将THC转化为CBC	Braemer and Paris, 1987

（续表）

基因型	外植体类型	形态发生反应	培养基、植物生长调节剂（mg/L）和添加剂	培养条件（温度、光照强度等）	结果和说明（单位：mg/L）	参考文献
Sud Italian	叶、下胚轴、子叶和根	愈伤组织发生和芽再生	MS盐+B5维生素培养基+2,4-D（3~10）+BAP（0.01~1）	（27±2）℃，16h光周期[360μmol/（m²·s）]	虽然所有外植体都产生愈伤组织，但在叶片和下胚轴段观察到最大的愈伤组织发生。下胚轴段再生芽数最多；然而，叶片外植体不能产生芽	Mandolino and Ranalli, 1999
Fedora 19, Felina-34	茎尖	从愈伤组织中再生根，但不再生芽，农杆菌转化	NR	NR	抗生素尤其是羧苄青霉素钠能显著提高茎尖再生能力，降低光照可促进茎尖生长。开发了一套可靠有效的大麻转化系统	Mackinnon et al., 2000
UnikoB, Kompolti, Anka, Felina-34	茎、叶	细胞悬浮培养，农杆菌转化	MS培养基+B5维生素+5μmol/L2,4-D+1μmol/L KIN+3%蔗糖+8g/L琼脂。在含2.5μmol/L2,4-D的MB培养基上建立了悬浮培养基。添加剂：Spc（150），K（50），AS（100μmol/L），T（300），D-mannose（1%，2%，3%）	NR	大麻品种Anka和UnikoB的叶片和茎段外植体上均发育出愈伤组织，其中2,4-D处理的愈伤组织在4周内完全萌发。4个大麻品种的茎叶外植体在MB5D1K培养基上的愈伤组织的愈伤组织诱导率接近100%，2周时，外植体的愈伤组织诱导率接近100%，4周时，平均愈伤组织直径在6.8~7.8mm	Feeney and Punja, 2003
Silesia, JUSO-15, Novosadska, Fibrimon-24, Fedrina-74	叶、叶柄、节间和腋芽	愈伤组织发生，芽再生和离体生根	MS+2,4-D（2,4），DIC（2,3），NAA（0.5,1,2），KIN（1,2,4）	22℃，16h光周期（2000lx）	不同外植体和基因型的愈伤组织发生和芽再生反应不同。最高的愈伤组织发生是通过Fibrimon-24的叶柄片段获得的。在含有DIC的培养基上观察到最大的间接再生。IAA（1）和NAA（1）可获得离体生根	Ślusarkiewicz-Jarzina et al., 2005
Beniko, Bialobrzeskie	茎、根和不定芽	直接器官发生和间接胚胎发生	Knapp's培养基+BAP（NR）+NAA（NR）+IAA（NR）	NR	2周后观察到直接器官发生。从含有NAA和BAP以及500mg/L活性炭的培养基中也可获得体细胞胚	Plawuszewski et al., 2006
Finola	侧芽	芽再生与离体生根	芽再生：MS+TDZ（0.1~0.5）+NAA（0.05~0.3）生根：1/2MS或MS+IBA（0.01~0.5）+NAA（0.01~0.25）	25℃，16h光周期（3000lx）	在TDZ（0.35）+NAA（0.3）培养基中观察到最大的芽再生。培养基MS+IBA（0.2）+NAA（0.15）的生根率最高	Bing et al., 2007
Bialobrzeskie, Silesia, Beniko	子叶、茎和根	愈伤组织发生，芽再生和离体生根	Knopp's培养基+KIN（1），BAP（0.2），NAA（0.03~0.05），IAA（2）	24~26℃，16h光周期，光强度：NR	不同外植体和基因型的愈伤组织发生和芽再生反应不同。KIN（1）+NAA（0.05）可产生最高的愈伤组织，在含有BAP（0.2）+NAA（0.03）的培养基中可观察到最大的间接芽再生。从IAA（2）中获得离体生根	Wielgus et al., 2008
Changtu	茎尖	芽增殖与离体生根	芽再生：MS+BAP（1.0,2.0,5.0），KIN（1.0,2.0,5.0），TDZ（0.1,0.2,0.5），IAA（0.05,0.1,0.5），NAA（0.05,0.1,0.5），生根：1/2MS，MS，B5或NN+NAA（0.05,0.25），IAA（0.05,0.25），IBA（0.1,0.5）	（25±1）℃，16h光周期（2500lx）	在TDZ（0.2）+NAA（0.1）条件下，芽增殖率最高。生根率最高MS+IBA（0.1）+NAA（0.05）	Wang et al., 2009

（续表）

基因型	外植体类型	形态发生反应	培养基、植物生长调节剂（mg/L）和添加剂	培养条件（温度、光照强度等）	结果和说明（单位：mg/L）	参考文献
MX-1	包含腋芽的节段	芽增殖与离体生根	芽再生：MS+BAP（0.5~9μmol/L），KIN（0.5~9μmol/L），TDZ（0.5~9μmol/L），GA（0.7μmol/L）。体外生根：1/2MS+500mg/L活性碳+IAA（2.5，5μmol/L），IBA（2.5，5μmol/L），NAA（2.5，5μmol/L）	（25±2）℃，16h光周期[52μmol/（m²·s）]	在0.5μmol/L TDZ下获得最高的芽增殖。离体生根率最高的是2.5μmol/L IBA	Lata et al.，2009
MXE-1	叶	愈伤组织发生、芽器官发生和离体生根	愈伤组织发生：MS+1.0μmol/L TDZ+（0.5，1.0，1.5，2.0μmol/L）IAA，NAA，IBA。芽器官发生：MS+（0.5，1.0，2.5，5.0，10.0μmol/L）BAP，KIN，TDZ。生根：1/2MS+（0.5，1.0，2.5，5.0，10.0μmol/L）IAA，IBA，NAA	（25±2）℃，16h光周期[52μmol/（m²·s）]	最大愈伤组织发生在0.5μmol/L LNAA+1.0μmol/L TDZ。在0.5μmol/L TDZ中观察到最高的芽器官发生。离体生根率最高的是2.5μmol/L IBA	Lata et al.，2010
Futura77，Delta-llosa，Delta405	下胚轴、子叶和子叶节	农杆菌对大麻根部转染	植株生长培养基：1/2 B5培养基，无蔗糖pH值5.8，1.2%琼脂培养基外毛状根和愈伤组织培养基：在无激素MS培养基上，pH值5.8，3%蔗糖，500μg/mL头孢噻肟钠，0.6%纯化琼脂	25℃黑暗条件下	转化的组织，毛状根和肿瘤，在体外培养和稳定，表现出快速和植物激素依赖性生长，侧枝发生率高，根毛丰富的特点。经特异性引物PCR分析，AR10GUS菌株诱导的毛状根呈正常的β-葡萄糖醛酸酶阳性染色。首次报道的建立大麻根培养的转化体系	Wahby et al.，2013
Long-ma No.1	节间	愈伤组织发生	MS基本培养基，添加剂：6-BA，KIN和NAA。不定芽培养基：1/2MS+IBA（0.1）+NAA（0.05）	植株（24±1）℃，光周期为16h的条件下诱导产生的成苗，愈伤组织，在24℃的生长至中，光周期为16h（1800~2300lx）	两种消毒条件下大麻的成苗率分别达83.33%与70.04%，愈伤组织产生的最高激素组合为6BA（1）+NAA（0.5）（88.33%）。愈伤组织产生的最高激素组合为Kin（1）+NAA（0.5）（65.00%）	Jiang et al.，2015
NR	子叶和上胚轴	间接芽器官发生和离体生根	间接芽器官发生：MS+BAP（0.1，0.2，0.5，1，2，3），IBA（0.5），TDZ（0.1，0.2，0.5，1，2，3），IAA（0.5）。体外生根：MS+IBA（0.1，0.2，0.5，1）+NAA（0.1，0.2，0.5，1）	NR	子叶外植体在MS+TDZ（3）+IBA（0.5）培养基中的愈伤组织发生率最高。在MS+BAP（2）+IBA（0.5）的培养基中，上胚轴片段实现了最大的芽器官发生	Movahedi et al.，2015
UnikoB，Kompolti，Anka，Felina-34	茎、叶	悬浮细胞培养、农杆菌转化	MB5D1K培养基（MS大量元素和微量元素+B5维生素+0.1g/L肌醇+30g/L蔗糖+8g/L细菌琼脂+5μmol/L 2,4-D+1μmol/L KIN，pH值5.8）。MB2.5D培养基（MS大量元素和微量元素+B5维生素+0.1g/L肌醇+30g/L蔗糖+8g/L细菌琼脂+2.5μmol/L 2,4-D，pH值5.8）。添加剂：Spc（150），K（50），AS（100μmol/L），T（300），D-mannose（1%，2%，3%）	在冷白色荧光灯下，强度为18μmol/（m²/s），照射时间为12h	利用这种方法，所有转化试验的平均转化频率为（31.23±0.14）%，范围为15.1%~55.3%	Feeney and Punja，2015

第八章　工业大麻组织培养与扦插

（续表）

基因型	外植体类型	形态发生反应	培养基、植物生长调节剂（mg/L）和添加剂	培养条件（温度、光照强度等）	结果和说明（单位：mg/L）	参考文献
NR	根	细胞培养	B5固体培养基 添加剂：肌醇、盐酸硫胺素、酪蛋白水解物修饰、蔗糖、凝胶、IBA、IAA、NAA	25℃的黑暗条件	毛状根在摇瓶中的生长情况。产生的大麻素含量较低，维持在每克干重2.0μg以下。在35d的生长周期内呈周期性增加	Farag and Kayser, 2015
NR	叶和下胚轴	间接芽器官发生和离体生根	愈伤组织发生和芽再生：MS+2,4-D (0.1, 0.2, 0.5, 1)，NAA (0.5, 1, 2, 3)，BAP (0.5) 生根：MS+ (0.1, 0.2, 0.5, 1) IBA和NAA	25℃在16h光周期下（光强度：NR）	在2,4-D (1) +BAP (0.5) 的条件下，最大愈伤组织发生。然而，只有在含有2,4-D (0.1) +BAP (0.5) 的培养基中，下胚轴外植体才能获得同接器官发生。在所有处理中均观察到成功的离体生根	Movahedi et al., 2016
NR	叶和下胚轴	愈伤组织发生	愈伤组织发生和芽再生：MS+BAP (0.1, 0.2, 0.5, 1, 2, 3)，TDZ (0.1, 0.2, 0.5, 1, 2, 3)，IBA (0.5)	25℃在16h光周期下（光强度：NR）	在MS+IBA (0.5) +TDZ (2) 培养基上，获得最大愈伤组织发生。在不同浓度的BAP作用下，下胚轴阶段可观察到间接芽的形成	Movahedi et al., 2016
Mexican variety	包含腋芽的节段	芽增殖与离体生根	芽再生：MS+500mg/L活性碳+TDZ (0.05, 0.50, 1, 2, 3, 4, 5μmol/L)，mT (0.05, 0.50, 1, 2, 3, 4, 5μmol/L) 生根：1/2MS+500mg/L活性炭+IBA (0.05, 0.50, 1, 2, 3, 4, 5μmol/L)	(25±2)℃，16h光周期 [52μmol/ (m²·s)]	2μmol/L mT导致最高的芽再生和离体生根	Lata et al., 2016
Kunming, Neimeng700, YM535, Anhui727, DaliS1, Heilongjiang698, Heilongjiang449, BM2	子叶	芽再生与离体生根	愈伤组织发生：MS+BAP (4, 6, 8)，ZT (0.5, 1, 1.5)，TDZ (0.1, 0.2, 0.4)，NAA (0.2, 0.4, 0.6) 芽器官发生：MS+TDZ (0.1, 0.2, 0.3, 0.4, 0.5)，NAA (0.2, 0.4, 0.6) 生根：1/2MS+IBA (0.2, 0.5, 1, 2)	(22±2)℃，16h光周期 [36μmol/ (m²·s)]	BA和ZT产生柔软、片状、绿色和黄色愈伤组织，TDZ产生坚硬、绿色和结节状愈伤组织。在TDZ (0.4) +NAA (0.2) 的条件下，可获得最大的不定芽再生。当TDZ浓度高于0.5时，再生的试管苗玻璃化率高，生根期存活率低。芽再生反应因子叶年龄和基因型而异。幼子叶（2日龄）表现出最好的再生潜力	Chaohua et al., 2016
Bialobrzeskie, Monica	茎尖	芽增殖	MS+0.54μmol/L NAA+1.78μmol/L BAP	(24±2)℃的18h/6h明暗循环下	添加mT但不添加其他植物激素的培养基产生了最佳的植株外观	Grulichova et al., 2017
Wappa	茎扦插	直接器官发生（茎扦插生根成功）	有机生长基质（60%泥炭和40%椰壳）添加剂：IAA	将砧木（母体）植物保持在18h光周期下，平均冠层光强度为（105±61.2）μmol/ (m²·s)。温度（昼/夜）保持在（20±0.03）℃，空气相对湿度保持在（63±2.3）%，CO_2浓度（昼/夜）保持在（1268.9±117.3）mg/m^3	合成激素的生根成功率比有机激素高2.1倍，根系质量高1.6倍。去除叶片后生根率由71%降至53%，但对根质量无明显影响。叶数对插条生根质量无影响。扦插位置和根质量有交互作用。去除叶尖后，基部扦插生根率低于顶端扦插	Caplan et al., 2018

（续表）

基因型	外植体类型	形态发生反应	培养基、植物生长调节剂（mg/L）和添加剂	培养条件（温度、光照强度等）	结果和说明（单位：mg/L）	参考文献
Aida, Juani, Magda, Moniek, Octavia, Pilar	腋芽	芽再生	分别以IMS, Formula βA 和Formula βH为基础培养基，分别考察加入①维生素，②2μmol/L mT，③2μmol/LIBA+2μmol/LNAA的影响	（25±0.5）℃在18h光周期[50μmol/（m²·s）]	结果表明，大麻微繁殖成功与否取决于品种。MS不定是最佳选择。PGR的使用取决于品种，是否添加维生素视情况而定	Codesido et al., 2018
Hemp Landrace, Futura, Canda, Joey, CFX-2, Cherry × Workhorse	叶	愈伤组织发生	MS盐培养基：MS+0.9%琼脂+5μmol/L 2,4-D+1μmol/L KIN; MB5D1K培养基：MS+0.8%琼脂+3%蔗糖+0.05g/mL肌醇蓉液+500μL Gamborg维生素溶液+5μmol/L 2, 4-D+1μmol/L KIN; MTSU培养基：MS+0.8%琼脂+3%蔗糖+10mg/L硫胺素+100mg/L酪蛋白+4mg/L烟酸	25℃恒温培养，光照条件：NR	表现最好的激素配方被确定为相同浓度（1：1，2：2，3：3μM）的生长素和细胞分裂素。愈伤素配方2：1，2：2，2：3和3：2μM（生长素：细胞分裂素）。确定了最佳矿质盐配方为MB5D1K。因此，大麻愈伤组织产生最佳培养基配方为MB5D1K盐，浓度/比例为2：2μM（生长素：细胞分裂素）	Thacker et al., 2018
Finola, Euphoria	叶、叶柄和侧芽	愈伤组织发生、直接再生和利基因转化	侵染液（10mmol/L MES, 10mmol/L MgCl₂, 200mmol/L乙酰丁香酮）培养基：NR	在25℃长日照条件下[18h/6h, 光照强度130μmol/（m²·s）], 白光, 4000K）进行水培养。白天温度为22℃，夜间温度为18℃	利用棉花坏叶病毒（CLCrV）在大麻中建立VIGS系统，证明八氢番茄红素脱氢酶（PDS）和镁螯合酶亚基I（ChlI）基因功能丧失表型	Schachtsiek et al., 2019
NR	茎尖和节扦插	生根效率的评价	营养液（Canna Aqua Vega Fertilizer A+B Set, 荷兰）	将培养物置于（25±1）℃光照周期为16 h的生长室中。导管内的光强PPFD-光合光子通量密度约为70μmol/（m²·s）	试管苗质量优良，97.5%的离体茎尖插条在生长室内3周内生根驯化。玻璃室中生根插条的存活率为100%	Kodym and Leeb, 2019
1KG2TF, S1525, H5458	未成熟花序	芽再生	芽器官发生：MS+TDZ（0.1, 2, 5, 10）	23℃在16 h光周期下[10~30μmol/（m²·s）]	在1μmol/L和10μmol/L浓度下观察到芽再生TDZ。MS+0.03%活性炭+1.86μmol/L KIN+0.54μmol/L NAA可促进芽增殖和试管生根	Piunno et al., 2019
Bialobrzeskie, Tygra, Fibrol, Monoica, USO-31	胚轴、具有第一节和第二节的上胚轴、下胚轴、茎尖分生组织和茎尖	芽再生	MS+9.31mg/L NAA+BAP（0.23）+mT（1~5）; BAP9THP（1~5）, PEO-IAA（10μmo/L）	19℃在16h光周期下[56μmol/（m²·s）]	具有第一节的上胚轴导致最高的不定芽再生。在含有BAP9THP的培养基中也观察到最大的芽再生	Smýkalová et al., 2019

（续表）

基因型	外植体类型	形态发生反应	培养基、植物生长调节剂（mg/L）和添加剂	培养条件（温度、光照强度等）	结果和说明（单位：mg/L）	参考文献
NR	叶	组织培养	举例所用培养基配方 启动培养基：0.44%MS基础粉末状培养基+1.0%NAA+0.004%蔗糖+3.0%蔗糖 培养开始：3%蔗糖+0.44%MS基础粉末培养基+1.0%NAA+0.004%原液+0.01%维生素溶液（0.05%吡哆醛、0.1%二氯化硫胺和0.05%烟酸）+1mol/L NaOH溶液+0.1mol/L NaOH溶液	温度：使组织培养保持在最佳温度，以促进组织生长。例如组织培养可以保持在25～30℃，例如27℃ 光照：使组织培养暴露于光合有效辐射（PAR）	提供了一种通过组织培养大麻植物细胞来生产医疗用植物大麻素的方法	Whitton, 2020（Patent）
Ferimon, Fedora 17, USO-31, Felina 32, Santhica27, Futura75, CRS-1, CFX-2	雄花和雌花、茎、叶、根	农杆菌转化	含有维生素的MS培养基中，添加2%的蔗糖和0.8%的琼脂	温度21℃，光周期14h，光周期25～40μmol/（m²·s）	0.015% silwett L77，5mmol/L抗坏血酸和30s超声波处理，然后在10min的真空处理。雄花在叶片，导致在叶片、花、茎和根组织中的β-葡萄糖醛酸酶表达最高。植酸脱饱和酶基因敲除，瞬时发夹RNA表达，导致叶片、雌花雄花的白化表型	Deguchi et al., 2020
Candida CD-1, Holy Grail X CD-1, Green Crack CBD, Nightingale	子叶、叶	农杆菌转化	MS固体培养基（1L）：4.43g MS含维生素基础培养基+8g琼脂，pH值5.7 侵染液添加剂：500mg MES	共培养在25℃，黑暗条件下，3d	瞬时转化表明，大麻的子叶和幼嫩的真叶都能转化。本次试验利用根癌农杆菌小导法建立了一种快速高效的大麻幼苗瞬时表达方法	Sorokin et al., 2020
U91, GRC, U37, RTG, U82, U42, U22, U38, U31, U61	叶	愈伤组织发生	MS和DKW+NAA（0.5μmol/L），TDZ（0.5，1μmol/L）	25℃在16h光周期 [（10～41±4）μmol/（m²·s）]	1.0μmol/L TDZ+0.5μmol/L NAA在所有基因型中产生愈伤组织，愈伤发生被确定为物种特异性	Monthony et al., 2020
E1, E4, E40 of Epsilon 68	节段包含腋芽、茎尖	芽再生与离体生根	芽再生：MS+BAP（0.5～2），mT（0.1～1），TDZ（0.1～0.5），生根：1/2MS+（0.25, 0.5, 0.75）IBA和IAA	（25±1）℃在18h光周期[60μmol/（m²·s）]	在含有ZEA^RUB（1～2）+NAA（0.02）的培养基中，观察到最高的芽再生	Wróbel et al., 2020
Felina32, Ferimon, Fedora17, Finola, USO31	叶、下胚轴和子叶	直接芽再生	MS+BAP（0.5, 1, 2），TDZ（0.4, 1），NAA（0.02, 0.2），IBA（0.5），2,4-D（0.1），4-CPPU（1.0），ZT^RUB（1, 2），BAP^RUB（1）	22±1℃在16h光周期 [90.15μmol/（m²·s）]	子叶和叶片外植体的芽再生较差，下胚轴段再生芽的最佳外植体	Galán-Ávila et al., 2020
U82, U91	花序（单小花与成对小花）	直接芽再生	DKW+BAP（0.0, 0.01, 0.1, 1.0, 10μmol/L）（U82, U91）DKW+mT（0.0, 0.01, 0.1, 1.0, 10μmol/L）（U91）	25℃在16h光周期 [50μmol/（m²·s）]	在分生组织小花中观察到小花序列花逆转。虽然成对小花对恢复率和健康植株的产量有显著影响，但PGR和品种对小花恢复率和恢复率没有显著影响	Monthony et al., 2020

（续表）

基因型	外植体类型	形态发生反应	培养基、植物生长调节剂（mg/L）和添加剂	培养条件（温度、光照强度等）	结果和说明（单位：mg/L）	参考文献
MX-CBD-11,MX-CBD-707	腋芽	芽再生	MS+TDZ（0.011, 0.1, 0.11, 0.22, 0.44, 0.88, 1.76），mT（0.012, 0.12, 0.24, 0.48, 0.5, 0.96, 1.93），BAP（1, 2.5, 5），IAA（0.1）	25℃在16h光周期下（光强度：NR）	结果表明，PGRs类型、浓度和基因型对大麻芽再生有显著影响。MS培养基中添加TDZ（0.1）也导致两种基因型的最高再生频率	Mubi et al., 2020
CBD和CBG含量高的两个品种	腋芽	芽再生	芽再生：全部或者半量MS+BAP（1.0, 2.0, 4.0, 8.0μmol/L），TDZ（1.0, 2.0, 4.0, 8.0μmol/L）；生根：全部或者半量MS+IBA（1.0, 2.0, 4.0, 8.0μmol/L），NAA（1.0, 2.0, 4.0, 8.0μmol/L）	（23±1）℃在16h光周期 [50μmol/（m²·s）]	全量和半量MS+4.0μmol/L BA均导致两种基因型的最大芽数和芽长。全强度和半强度MS+4.0μmol/L IBA或NAA也可获得最高的根系形成	Ioannidis et al., 2020
MX-CBD-11,MXCBD-707	含腋芽的节段	芽再生	MS+30g/L蔗糖+8g/L琼脂，pH值为5.8，并添加TDZ（0.011, 0.1, 0.11, 0.22, 0.44, 0.88, 1.76），mT（0.012, 0.12, 0.24, 0.48, 0.5, 0.96, 1.93），BAP（1, 2.5, 5）或IAA（0.1）（共配制了22种固体培养基，每种培养基中添加剂成分与用量不同）	16/8光照，黑暗条件，24~26℃，60%相对湿度	对两个大麻高繁殖系的组织培养结果表明，大麻在组织培养中具有抗性、增殖率低。一组8个多态性微卫星分子标记足以区分所有育种种系中遗传相似和形态无法区分的植物	Mubi et al., 2020
U22, U31,U37, U38,U42, U61,U82, U91,GRC, RTG	叶片	愈伤组织发生	愈伤组织诱导培养基（MS+1.0μmol/L TDZ+0.5μmol/L NAA）	25℃，16h光周期 [（48.74±3.53）μmol/（m²·s）]	所有10个基因型都能诱导出愈伤组织，但不同同种间的愈伤组织生长和外观有很大的不同，反应最灵敏的基因型的愈伤组织产生的愈伤组织是不灵敏的6倍。不定芽诱导培养基在10个供试品种中均未诱导出芽器官，反而导致愈伤组织坏死	Monthony et al., 2021
Hemp cultivars（Wife and Dinamed CBD）	茎尖	芽增殖	MS, MS+Mesos成分, 2.5×MS含维生素, MS含维生素+添加Mesos, MS含维生素+添加Mesos和维生素, MS含维生素+添加Mesos和维生素+NH₄NO₃（0, 500, 1 000, 1 500）的MS	25℃在18h光周期下 [40μmol/（m²·s）]	在添加维生素+Mesos和维生素+NH₄NO₃（500）的MS中观察到最大的芽增殖，叶片发育和芽延伸。在岩棉中也获得了75%~100%的离体生根	Jessica et al., 2021
US Nursery Cherry 1	顶端茎尖和单节	芽增殖	DKW没有PGRs	（23±2）℃，在具有通风或非通风封闭的容器中，14h光周期 [25,46,85,167μmol/（m²·s）]	在非通风容器 [46μmol/（m²·s）] 中观察到收获的最大茎尖数量	Murphy and Adelberg, 2021
BCN Power Plant, Safari Cake 747, CD13, Blue Widow	茎段	芽增殖	Safari Flower（SF）（一种植物肥料溶液，具体成分见原文献）+5mmol/L MES（2-吗啉乙磺酸）	（23±2）℃在18h的光周期下 [50, 100,150μmol/（m²·s）]	研究了岩棉pH值、切割长度、容器内水分含量、基部伤口方法、培养容器气体交换能力、光速度等方面的作用。与3cm的外植体长度相比，使用5cm和7cm的外植体长度可增加生根植株的百分比。通过增加气体交换促进生根	Zarei et al., 2021

（续表）

基因型	外植体类型	形态发生反应	培养基、植物生长调节剂（mg/L）和添加剂	培养条件（温度、光照强度等）	结果和说明（单位：mg/L）	参考文献
BA-1, BA-21, BA-41, BA-49, BA-61, BA-71	有两个节的茎段	愈伤组织发生, 芽增殖	MS, DKW, WPM, B5, BABI培养基+TDZ (0.5μmol/L), 2,4-D (10, 20, 30μmol/L)	25℃在16h的光周期下 [（10~41±4）μmol/（m²·s）]	在DKW+0.5μmol/L TDZ的培养基中观察到最大的芽再生。DKW+10μmol/L 2,4-D是愈伤组织发生的最佳处理	Page et al., 2021
Hemp cultivar (YUNMA7)	未成熟胚 下胚轴、真叶、子叶和下胚轴	间接芽器官发生、真农杆菌转化	愈伤组织诱导培养基：MS+烟酸吡哆醇（1）+盐酸硫胺素（10）+肌醇（0.1g/L）+3%蔗糖+Phytagel（2.5g/L）+2,4-D（1）+KIN（0.25）+酪蛋白水解液（100） 再生培养基：1/2MS+1.5%蔗糖+Phytagel（3.5g/L）+TDZ（0.5）+6-BA（0.3）+NAA（0.2）+IAA（0.2） 生根培养基：1/2MS+1.5%蔗糖+Phytagel（3.5g/L）+NAA（0.2）+IBA（0.5）+ZeaRIB（0.01）	26℃在连续光照下 [50μmol/（m²·s）]	超过20%的未成熟胚下胚轴在5d内形成胚性愈伤组织，花后15d采集的下胚轴比早晚采集的下胚轴多（平均31.08%）。在整个4周的培养过程中，观察到的诱导频率在真叶中仅为5.97%，在子叶中为7.65%，在下胚轴中为5.31%，再培养2周后，增殖组织被转移到再生培养基中，6.12%的D15愈伤组织产生了新芽，不到3%的愈伤组织从其他外植体中产生了增殖芽	Zhang et al., 2021

注：根据Hesami等（2021）进行适当修改；NR为Not reported。

（一）工业大麻组织培养外植体选择和处理

1. 外植体选择

由于植物细胞的全能性，植物体任何部分均能够诱导成苗，但大量研究表明，同一植物不同器官甚至同一器官不同部位诱导与分化能力大不相同。所以，外植体的选择将影响组织培养有效进行。目前用于大麻再生外植体有茎尖、带节茎段、下胚轴、叶片等，这些材料取材周期和便捷性具一定限制性。腋芽、芽尖和茎节常用于微繁和种质保存。叶、子叶、下胚轴或上胚轴不仅经常用于微繁和种质保存，也用于遗传转化。Cheng等（2016））描述一种使用子叶作为外植体的快速再生不定芽方案，研究发现，较年轻子叶（种植后2～3d）比较老子叶（5～6d）更适合作为外植体，因为其再生频率明显较高。对外植体，并没有确切的研究哪一种外植体最佳。但是，根据研究结果，选择大麻子叶外植体时，应尽可能选择较年轻子叶。Ślusarkiewicz-Jarzina等（2005）评估5个大麻品种幼叶、叶柄、节间和腋芽的再生，发现愈伤组织和再生水平取决于品种和组织；叶柄和幼叶组织对再生最敏感，然而，这种反应程度因品种而异；在叶柄中，愈伤组织发生率为27%～83%，取决于测试品种，品种总再生率较低，介于0～6%；Galán-Ávila等（2020）对5个大麻品种下胚轴、子叶和真叶直接器官发生进行的研究发现，下胚轴在5个品种中反应最灵敏，研究表明，49.5%下胚轴组织在所有处理中都有反应，而子叶和真叶反应率分别为4.7%和0.42%；再生反应取决于组织和品种，范围为2%～71%，取决于源组织和品种；然而，在下胚轴处理中，这一响应范围变异性较小（32%～71%再生）；每个外植体产生的芽数始终在1～2个。作为有性生殖产物，种子本身就具有繁殖能力，也为良好外植体来源。例如Nong等（2019）就以脱壳出芽的大麻种子为外植体。但以种子为外植体需注意，选择刚出壳种子为佳，因Nong等（2019）研究发现，以大麻种子直接作为外植体灭菌，灭菌效果并不理想，灭菌后初始污染率极低，但种子萌发初期污染率逐渐升高，这可能因内生真菌较多所致，而以刚出壳种子为外植体，污染率则明显降低。综上，对大麻再生研究，外植体选择因品种而异。

2. 工业大麻种子消毒处理

大麻组织培养过程中，如果以种子为外植体，其消毒效果直接关系到后续培养过程是否染菌。一般常用的灭菌剂有75%酒精、0.1%升汞、3%～4%次氯酸钠等，但升汞消毒后难以除去残余汞对外植体的杀伤作用。Nong等（2019）以75%乙醇灭菌30s，0.1%$HgCl_2$溶液灭菌9min效果最好，污染率最低为11.4%。刘以福等（1984）将大麻种子用浓度0.1%升汞水浸泡30min，接种到琼脂培养基上，萌发获得无菌苗。张利国等（2012）采用浓度10%次氯酸钠作为消毒剂，进行3次处理，消毒时间分别为18min、21min和24min，发芽率在浓度10%次氯酸钠消毒18min后达最高，且没造成污染。

程超华等（2011）研究发现，大麻种子灭菌以三重处理法为佳，即硫酸处理20min，于自来水下冲洗30min，75%酒精处理2min，3%次氯酸钠浸泡20min后，用无菌水冲洗数次，于干净滤纸上吸干水分，用手术刀和镊子剥去种皮，接种于培养基上。不同大麻品种污染率和发芽率有一定差异。该灭菌方法优点如下。

（1）用次氯酸钠为灭菌剂，处理以后残毒能够自然降解，避免环境污染，故优于用升汞处理。

（2）用工业硫酸预处理种子，除去种子上附着杂质，减少污染概率，软化后种皮有利于下一步剥皮操作。

（3）种子经灭菌处理后，于超净台上人工剥去种皮，明显加快种子萌芽速度，3～4d时间便能生产大批量无菌苗，快捷方便。

（二）工业大麻离体快繁

微繁殖允许快速繁殖和大规模植物生产，其最大优势是可以再生优良克隆并保存有价值植物基因型。建立有效再生方案是遗传转化必要前提。微繁殖是大麻离体培养的首要应用，虽然用于遗传保存或繁殖的微繁殖一般是通过现有分生组织芽增殖实现，但生物技术许多应用需要建立由非分生组织产生的植物再生体系。体细胞胚胎发生和器官发生通过直接或间接再生是制定再生方案的最重要平台（图8-5至图8-7）。虽然体细胞胚胎发生被认为是理想方法，因其从单细胞再生并减少转基因植株的嵌合现象，但在大麻中很少实现。表8-5代表迄今为止大麻的愈伤组织发生和器官发生研究。由表8-5可见，多数研究考察植物生长调节剂（PGRs）和外植体类型及基因型对大麻微繁的影响。但是，影响大麻微繁殖因素很多（如培养基组成和培养条件）。因此，为获得高效再生体系，有必要对这些因素进行研究。

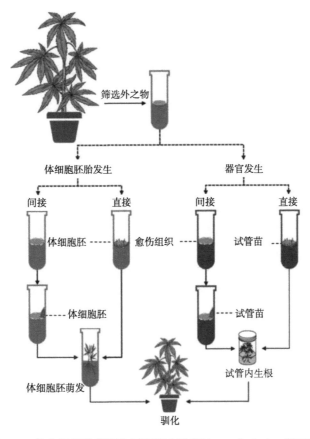

图8-5　植物组织培养程序示意图（引自Hesami et al.，2021）

尽管近年来大麻离体细胞和组织培养研究取得一定进展，但高效大麻再生仍然是生物技术应用于大麻改良的主要障碍之一。影响大麻离体培养体系的因素包括基因型、外植体（类型、大小、年龄）、PGRs种类和浓度、培养基（胶凝剂、碳水化合物来源、营养素种类和浓度、维生素种类和浓度、培养基pH值）、添加剂（纳米颗粒、酪蛋白水解物、活性炭、间苯三酚等）种类和浓度、容器种类和体积、培养条件（温度、光周期和光源的强度和质量）等。目前，大多研究考察PGRs及外植体类型和基因型对大麻微繁的影响（表8-5），对其他因素研究较少。下面将根据近年发表的论文总结改进体外培养方案的策略（Adhikary et al.，2021；Hesami et al.，2021）。

（1）在植物组织培养系统中，调节PGRs和添加剂，尤其是平衡生长素和细胞分裂素为常规试验，因为生长素/细胞分裂素比例往往是钙化、器官发生、胚胎发生和根系发生所必需。大多数大麻微繁殖研究已调查常见生长素（如2,4-D、NAA、IBA、IAA）和细胞分裂素（如BAP、KIN、mT和TDZ）对离体再生影响（表8-5）。但一些较少使用的添加剂，如一氧化氮（NO）、多胺和纳米粒子，在其他植物物种（如拟南芥、甜叶菊、亚麻、小麦等）中显示较好结果。NO被归为新植物激素，在不同生物过程发挥关键作用，尤其细胞分裂、形态发生、器官发生、根系发生和植物防御机制（Monthony et al.，2021）。研究表明，外源NO和/或硝普钠对不同植物愈伤组织发生、不定芽再生和根分化具有积极作用；多胺在器官发生和不定芽再生中起关键信号作用；在培养基中添加纳米颗粒（如TiO$_2$、Ag、Zn、ZnO、石墨、碳纳米管、量子点和聚合物树枝状聚合物）可以抑制活性氧和乙烯产生，改变基因表达和抗氧化酶活性，从而促进愈伤组织发生、器官发生、体细胞胚胎发生和根系发生。因此，纳米粒子的应用可作为一种提高大麻体外再生能力的有效途径。

a. 在MS+0.5μM TDZ上形成芽；b. 在补充有500mg/L活性炭和2.5μmol/L IBA的1/2MS培养基上生根；
c、d. 生根良好植株；e. 土壤驯化阶段的生根植株；f. 完全驯化的大麻植株

图8-6　大麻微繁殖（引自Jain，2016）

a. 种植3d后无菌苗；b. 从幼苗中提取子叶并切断顶端；c、d. 培养开始5~7d在轴周部位出现绿色愈伤组织；
e. 培养开始2周丛生芽；f. 伸长的再生芽；g. 伸长芽在含有IBA（0.5~2mg/L）的半强度MS培养基上生根；
h. 无菌有机肥、黏土和沙土（1：1：1）中嫩枝的驯化；i. 田间条件下花园土壤中嫩枝驯化

图8-7　以子叶为外植体大麻植株再生（引自Cheng et al.，2016）

（2）培养基组成，包括胶凝剂、碳水化合物、添加剂（如PGRs、药用活性炭、间苯三酚和纳米颗粒）、基础盐和维生素，是组织培养方案中最重要组成部分，通常为微型繁殖和再生研究重点，包括之前讨论部分（表8-5）。通常，培养基可分为固体或液体培养基。虽然胶凝剂浓度对再生效率有显著影响，但对不同类型和浓度胶凝剂再生效率比较的研究尚未报道。碳水化合物对许多培养物必不可少，有许多不同来源（蔗糖、葡萄糖、果糖、麦芽糖、甘油等）。蔗糖、葡萄糖和果糖作为最重要的碳水化合物在不同植物离体形态发生反应中的作用已被广泛研究。虽然蔗糖在一些植物（如小叶章、三叶无患子、红松等）离体器官发生和胚胎发生促进作用最大，但其他植物（如葡萄、甘蓝型油菜、菊花等）对葡萄糖和果糖离体形态发生反应较好（Hesami et al., 2021）。因此，研究不同碳水化合物源对大麻微繁影响很必要。

（3）维生素和基础盐是培养基主要成分，也是影响不同物种或植物器官离体形态发生的主要因素。MS基本培养基已广泛用于大麻微繁殖。而MS培养基组成最初是用来分析烟草组织灰分（Hesami et al., 2021）。最近，Page等（2021）报道在MS培养基上培养的植物表现出较多生理缺陷，DKW基础盐效果更佳。此外，他们报道DKW基础盐还促进叶片外植体产生更大愈伤组织。综上，MS盐对大麻茎段和愈伤组织生长不是最佳，但作者还指出，在DKW基础盐上培养的植株仍表现出一些症状，并且有改善可能，且无报告再生情况，因此DKW是否适合这种应用尚未明确。

（4）研究表明，内源PGRs基因表达模式以及内源和外源PGRs之间的平衡对再生效率，特别是在顽固型植株中发挥重要作用。通常，当内源性和外源性PGRs之间平衡时，可实现高频再生。最近Smýkalová等（2019）也采取类似的方法，开展UPLC-MS指导的大麻生长素、细胞分裂素及其抑制剂外源施用效果研究结果表明，离体下胚轴段内含芳香型和游离型细胞分裂素的内源性浓度不明显，但含有高浓度内源性细胞分裂素的O-葡萄糖苷和核苷碱基。以上研究突出大麻强烈的顶端优势，代表未来研究的前瞻性模式。继续开展此类生化和分子研究将证明克服大麻对离体再生的顽固性势在必行。

（5）外植体类型、位置、大小、方向和外植体生理状态对微繁殖起关键作用，外植体来源（即试管外和试管内）也会对再生产生影响。通常，试管内外植体比试管外外植体具有更高再生潜力，因为试管内外植体具有多能性，并且已经适应了体外条件（Hou et al., 2020）。但是，目前还没有比较试管内外大麻外植体再生潜力的研究。外植体类型（如子叶、叶片、节、根等）也影响植株再生能力。这主要是因内源植物激素水平存在差异。另一个被忽视的因素是外植体方向，它会影响外植体起始部位、极性和再生效率。通常，水平定位外植体比垂直定位外植体再生率高，可能因外植体与培养基接触表面积更大（Monthony et al., 2021）。在大麻中没有报道比较外植体类型、年龄和在离体繁殖中的取向。以上研究将有助于阐明优化此类因素改进大麻再生的方法。

（6）培养条件，特别是光照和温度对再生效率有重要影响。波长、光周期和通量密度对大麻离体形态建成、光合作用和向光性具重要影响，尚待深入研究。温度也会影响光合作用和呼吸作用等不同生物过程，虽然生长室温度一般在20~27℃，但最适温度因基因型而异。尽管光照和温度条件很重要，但截至目前还无此类条件对离体大麻影响的研究，故优化此类条件对提高大麻微繁非常必要。

（7）不同机器学习算法已成功用于预测和优化不同体外培养过程，如芽增殖、愈伤组织发生、体细胞胚胎发生、次级代谢产物产生和基因转化（Hesami et al., 2021）。因此，试验方法和机器学习算法结合可为开发大麻再生方案的强大而可靠支撑。

（8）虽然无伤口对大麻微繁殖影响的报道，但根据研究结果，愈伤组织通常在伤口部位开始生长，组织伤口可为改善大麻植物再生的一种较佳方法。可通过3个连续阶段组织损伤改善体外器官发生：（i）器官发生受到与组织损伤相关信号刺激，（ii）随后，内源性植物激素积累，导致（iii）细胞命运转变（Hesami et al., 2021）。

（9）薄细胞层培养是选择薄层组织作为外植体，使受伤细胞与培养基成分紧密接触，最终促进再生，该法用于大麻微繁殖较佳（Hesami et al., 2021）。虽然该法已用于不同顽固植物，如姜花和灰叶剑麻，但尚无薄细胞层培养在大麻中应用的报道，因此有必要进行此方面研究。

（10）生物反应器（例如连续浸入和临时浸入）为大麻微繁殖和研究植物发育有用工具（Hesami et al., 2021）。使用此类设备可克服大麻基因型对增殖、生根和适应的顽固性。此外，它们还可用于降低大规模持续培养成本。在生物反应器中培养的大麻植物数量稳步增加，并且这些培养系统经常改善植物繁殖体生理状态，也促进光合自养繁殖。

（三）工业大麻毛状根和不定根培养

毛状根培养具有生物合成能力强、生长速度快、生物量积累快、遗传稳定性高、生产成本低等优点。毛状根可以在生物反应器中培养，这样可以扩大规模，生产有用物质。

Sirikantaramas等（2004）首次尝试在根培养中生产大麻素，其使用烟草毛状根培养，然而，当时还没有有效的大麻改性方案。他们从麻醉品种中分离出THCA，并对其cDNA进行了克隆和测序，以花椰菜花叶病毒pBI121质粒为载体，利用根瘤菌（15 834株）转化烟草毛状根，转化后的根培养物能够表达THCAS，并将外源添加的CBGA转化为THCA，最大转化率仅为8.2%，在培养基中发现了近一半THCA，表明根系对CBGA积极摄取。Farag和Kayser（2015）描述从愈伤组织培养中建立不定根的方案，通过在B5固体培养基中添加生长素（NAA、IBA、IAA）诱导愈伤组织产生不定根，在黑暗条件下，添加4mg/L的NAA，可获得令人满意的生长和根系分化，其他生长素不刺激根系生长。随后，将根尖转移到液体培养基（1/2B5）中，并持续添加生长素（IAA、IBA、NAA），并在摇瓶器上培养。所获得的毛状根培养基需要不断添加生长素（NAA或IAA）。高效液相色谱分析显示，大麻素产量最高时为THCA 1μg/g干重、CBGA 1.6μg/g干重和CBDA 1.7μg/g干重。28d后大麻素的合成减少。虽然根培养能够合成大麻素，但其效率低于2μg/g干重。这些结果并不意外，因大麻素通常在毛状体中产生，而在根组织中没有发现，这种方法可能不适合大麻素产生。通常，许多化合物需要分化的组织才能有效生产。Moher等（2021）研究表明，离体植物对光周期有响应，并发育出"正常"花朵。虽然这些花的大麻素含量尚未被检测，但其产生的水平可能远远高于未分化组织或根。因此，这可为体外生产大麻素的另一种方法，但还有待研究。最近，Ferrini等（2021）为促进根系收获和加工，建立气培（AP）和气培诱导培养（AEP），并与土壤栽培植物（SP）比较。结果，在AP和AEP中观察到显著增加的植物生长，特别是根的生长，以及上述根的生物活性分子总含量的显著增加（在β-谷甾醇的情况下高达20倍）。总之，气培技术是一种简单、标准化、无污染的栽培技术，有助于根系收获、加工及其次级生物活性代谢物大量生产，可用于促进健康和保健产品生产。

（四）工业大麻细胞培养

20世纪80年代首次尝试体外生产大麻素，结果愈伤组织培养中CBD和橄榄醇转化为大麻素。愈伤组织从补充2,4-D和KIN的MS和B5培养基的幼叶开始。然而，大麻素生产效率低下且不稳定。在不添加外源性前体（CBGA）情况下，愈伤组织不能产生大麻素。随后研究表明，未分化愈伤组织，即使是来自花朵的愈伤组织，也不能合成大麻素。Flores-Sanchez等（2009）发表了一项在细胞悬浮培养中同时使用生物和非生物激发子的诱导研究。尽管使用不同类型激发子（真菌提取物：无花腐霉和灰霉病菌，信号化合物：水杨酸、茉莉酸甲酯、茉莉酸，金属盐：$AgNO_3$、$CoCl_2 \cdot 6H_2O$、$NiSO_4 \cdot 6H_2O$，UVB），但大麻素生物合成并未得到增强。THCA合成酶基因表达分析表明，只有在含有叶、花等腺毛的大麻植株组织中，才存在THCA合成酶mRNA。无腺毛苞片或根中未发现THCA合成酶基因表达。

以上结果表明，大麻素生物合成与组织器官特异性发育和复杂基因调控网络完全相关，只有在分化的花组织中最丰富的毛状体才能高效产生。然而，细胞悬浮培养仍可用于生产萜类、多酚、木脂素、生物碱等次生代谢产物，如Gabotti等（2019）报道用茉莉酸甲酯激发子结合酪氨酸前体培养大麻细胞，可提高酪氨酸氨基转移酶（TAT）和苯丙氨酸解氨酶（PAL）活性和表达。芳香族化合物如4-羟基苯基丙酮酸（4-HPP）也被鉴定出来。这与从大麻中分离出具有高度生物活性黄酮类化合物有关。

综上，在生物反应器中生产代谢物为快速且无争议获取大麻素的方法。为此，培养愈伤组织和细胞悬浮培养物，并用各种因素诱导。然而，它们不能产生大麻素，因为THCA生物合成与器官发育和组织分化有关。从转基因烟草愈伤组织中获得少量THCA。然而，生物合成需要添加CBGA，与其他异源系统相比，效率较低。但是细胞悬浮培养仍可用于生产萜类、多酚、木脂素、生物碱等次生代谢产物。

（五）工业大麻原生质体培养

几十年来，植物原生质体一直被用于遗传转化、细胞融合、体细胞突变，最近还被用于基因编辑。在利用原生质体进行遗传研究方面，其他作物已经取得重大进展，但大麻研究还处于发展阶段，转基因原生质体存活和植株再生适宜条件还有待优化。已经报道至少4个不同大麻品种叶肉原生质体分离和转化（Morimoto et al.，2007；Flaishman et al.，2019；Beard et al.，2021）。Flaishman等（2019）研究表明，只有大约4%原生质体在液体培养中存活48h，植物没有再生。Beard等（2021）描述原生质体转化技术在低THC大麻品种瞬时基因表达研究的应用。为制备外植体组织作为原生质体来源，建立一种无激素离体微繁殖方法。从微繁殖砧木幼叶分离出原生质体，并用携带荧光标记基因质粒DNA瞬时转化。此为该种原生质体转化的首次报道。每克叶片原生质体分离率高达2×10^6个细胞，活力染色显示高达82%的分离原生质体存活，荧光蛋白表达细胞定量检测表明高达31%的细胞可成功转化。此外，用生长素反应报告基因转化原生质体，并用流式细胞术测定对吲哚-3-乙酸处理的反应。该项工作表明，对标准技术进行相对较小修改可用来研究重要新兴作物。虽然有关于大麻原生质体分离的研究，但尚无关于原生质体介导植株再生的报道。

（六）体细胞无性系变异

以往的大麻组织培养研究集中于优化培养条件以提高大麻微繁殖率。然而，体外繁殖最佳条件可能不是保持再生基因型遗传完整性最佳条件。事实上，培养基组成、PGR、高湿度、继代培养次数、培养期长度、温度、光质和光照强度等体外条件最终会导致微繁殖植物部分发育和生理畸变。"体细胞无性系变异"是指在微繁殖植物中检测到的任何表型变异，由染色体镶嵌和自发突变或组蛋白修饰（例如组蛋白甲基化和组蛋白乙酰化）、DNA甲基化和RNA干扰等表观遗传调节产生（Hesami et al.，2021）。

根据微繁殖试验目的，体细胞无性系变异具有自身优点和缺点。如果微繁殖目的为繁殖、增加多样性和产生新变异，那么体细胞无性系变异可被认为有益事件。另一方面，如果微繁殖目标为产生真正类型克隆，则体细胞无性系变异可被视为障碍。

微型繁殖通过现有分生组织增殖而产生的突变负荷通常被认为比使用从头再生更低，特别是愈伤组织间接从头再生，因此，芽增殖通常为首选的遗传保存，虽然仍有体细胞无性系变异发生风险（Monthony et al.，2021）。尽管大麻组织培养研究表明再生大麻植物在表型上与母植物相似，且遗传稳定，突变率较低，但其使用低分辨率分子标记，如简单重复间序列（ISSR）分子标记，导致仅在特定基因组区域检测体细胞无性系变异。最近，Adamek等（2021）利用深度全基因组测序来确定个体大麻品种"蜂蜜香蕉"不同部位内体细胞突变的积累。他们鉴定大量植物内遗传多样性，此类遗传多样性可能影响克隆系长期遗传保真度，并可能促成表型变异。在未来研究微繁殖大麻突变率时，需要将基于基因测序技术的新方法与表观遗传学研究相结合。

（七）工业大麻遗传转化

利用生物技术识别、表征和应用遗传变异性的能力是分子育种基础。对于非特征等位基因遗传研究，有正向和反向遗传学方法。随测序技术进步，利用反向遗传工具遗传转化已成为分子育种的优势。虽然大麻对基因转化和组织培养具顽固性，但已有报告描述大麻基因转化和再生方法（Feeney and Punja，2003；Ślusarkiewicz-Jarzina et al.，2005；Sirkowski，2012；Wahby et al.，2013；Schachtsiek et al.，2019）。基因编辑具有开发重要大麻素生物合成基因的敲除突变体潜力，如THCA合成酶、CBDA合成酶和CBGA合成酶。已有的报道均采用农杆菌介导的基因转移系统，并显示出成功的基因转移，但再生频率很低，甚至没有（Adhikary et al.，2021）。Feeney和Punja（2003）证明细胞水平的转化成功，但没有成功再生。类似地，Wahby等（2013）应用了发根曲霉菌株（A4、AR10、C58和IVIA251），并可在来自下胚轴和子叶节的外植体上诱导毛状根；然而，植株再生也成为瓶颈。有两项专利信息表明大麻的基因组改造和再生成功，但描述有限（Sirkowski，2012年）。虽然不同研究已在大麻中实现基因转化，但截至目前只有一份关于转基因植物再生的报告（Zhang et al.，2021）。因此，有必要制定一个优化方案，使大麻的转化和再生能够在不同物种间复制。

1. 瞬时遗传转化

目前已经开发多种用于瞬时遗传转化的分子工具，包括病毒诱导基因沉默（VIGS）。VIGS是一种RNA介导的转录后基因沉默（PTGS）技术，用于在相对较短时间内研究基因功能，一旦在物种中建立VIGS方案，需要3～6周时间才能观察到体内测试基因的功能丧失表型，因此，该法用于创建稳定转化之前定义目标基因功能（Adhikary et al.，2021）。最近，利用棉花皱叶病毒（CLCrV）在大麻中建立VIGS系统，证明八氢番茄红素脱氢酶（PDS）和镁螯合酶亚基I（ChlI）基因功能丧失表型（Schachtsiek et al.，2019）。尽管功能缺失表型很弱，但为探索大麻未知基因功能奠定基础。据报道，大麻中存在病毒病原体和迄今开发的许多病毒载体，烟草响尾蛇病毒（TRV）是其中一种，在双子叶植物物种中具有广谱宿主范围（超过400种植物物种），鉴于TRV也能感染大麻，可能表现出比CLCrV病毒载体更显著的表型缺失（Adhikary et al.，2021）。

Ahmed等（2020）证明一种有效瞬时纳米颗粒介导的大麻遗传转化方法。纳米颗粒可通过被动扩散将DNA携带至大麻细胞核（图8-8）。该法可实现基因瞬时表达，并可用于多个质粒共转化大麻叶组织。很多质粒可共嫁接到PEI-Au@SiO₂纳米颗粒上。

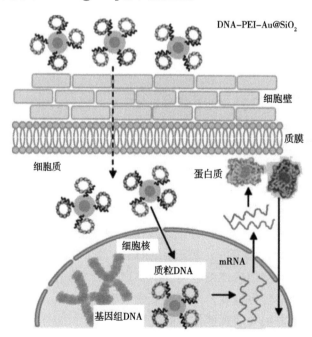

图8-8　DNA-PEI-Au/SiO₂结合物将DNA导入大麻叶，随后表达GFP标记的转录因子（TFs）

（引自Ahmed et al.，2020）

2.稳定遗传转化

功能基因组学不同研究领域和应用中，瞬时和稳定转化均有益。稳定基因转化为应用首选，因为如果基因修饰在植物系统中固定即可遗传。基因功能改变的优势可世代受益。由于CRISPR/Cas9介导的基因编辑成功用于多个植物物种，因此在大麻中采用这一新开发的分子工具对改善经济上重要的植物物种至关重要（Adhikary et al.，2021）。CRISPR可以精确改变基因在基因组中的功能。它对基础和应用植物生物学的研究和开发都具巨大潜力。因此，在大麻作物中建立该技术对数千个未知基因功能研究和新品种开发至关重要。最近，Zhang等（2021）利用CRISPR/Cas9系统敲除八氢番茄红素脱氢酶基因，并成功培育4株具白化表型的编辑过的大麻植株，此为工业大麻基因首次实现稳定编辑，标志工业大麻分子育种领域的重大突破（图8-9）。可见，新生物技术方法，如基于CRISPR/CAS平台的碱基编辑和原始编辑，将扩大大麻合成生物学和基础研究的工具箱。

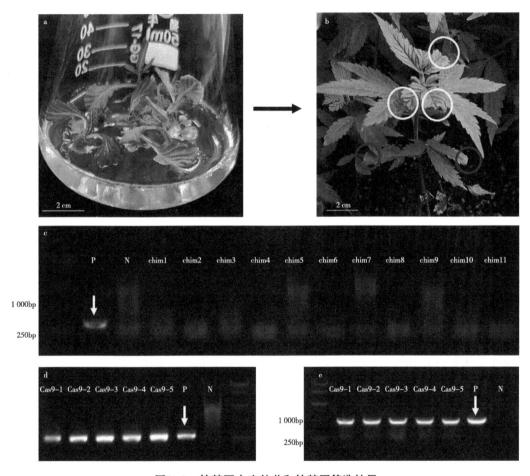

图8-9　转基因大麻幼苗和转基因筛选结果

注：（a）出转基因幼苗茎再生的芽。在评估发育调节因子对新芽器官发生影响时，获得一株携带pG41sg T-DNA片段转基因幼苗G41-1。随后将G41-1茎切块，在含有卡那霉素再生培养基中培养6周。茎外植体有5个芽萌发。（b）由G41-1茎再生转基因幼苗。在根诱导培养基培养5周后，5个新芽转移到土壤。温室中生长，每3周采集一次第一片完全展开的叶片。灰圈：第一轮筛选抽样；白圈：第二轮筛选抽样。（c）包含CsPDS1突变的嵌合植物的转基因特异PCR结果。随机选择11株嵌合体幼苗（chim1-11），在根诱导培养基培育转移到土壤。由于植物第一片完全展叶片丢失T-DNA片段，因此第二轮筛选，用引物AtU6-F1/R1鉴定植物没有转基因。P：pG41sg DNA样本，N：no转基因植株DNA样本；白色箭头：特异性PCR产物。（d）（e）G41-1再生的5个幼苗转基因特异性PCR结果。第二轮筛选，根据用引物AtU6-F1/R1和CsCAS9F2/R2扩增的转基因特异性PCR结果，植物（Cas9-1至Cas9-5）被鉴定为转基因植物（引自Zhang et al.，2021）。

3. 农杆菌介导的遗传转化

（1）农杆菌菌株类型。农杆菌菌株选择是基因转化中最重要因素之一（表8-5）（Hesami et al.，2021）。MacKinnon等（2000）首次对纤维型大麻进行成功的基因转化研究，转化频率超过50%，并未报告使用农杆菌类型。Feeney和Punja（2003）采用根癌杆菌EHA101获得可接受的转化效率（15.1%~55.3%）。Wahby等（2013）使用3种根癌农杆菌菌株，包括LBA4404、C58和IVIA 251，以及8种根瘤农杆菌菌株，包括476、477、478、A424、AR10GUS、A4、AR10和R1601，在不同基因型大麻中建立毛状根培养。结果表明，基因型对农杆菌菌株反应不同，AR10GUS、R16、IVIA251和C58菌株转化效率分别为43%、98%、33.7%和63%。通常，大麻基因转化频率不仅取决于农杆菌菌株，还取决于大麻基因型，包括对感染敏感性和再生转基因组织潜力。Deguchi等（2020）比较几种大麻基因型转化效率，其中包括Ferimon、Fedora 17、USO-31、Felina 32、Santhica 27、Futura 75、CRS-1和CFX-2，使用不同的根癌农杆菌菌株，包括LBA4404、GV3101和EHA105，发现部分基因型转化效率较高（>50%），在CRS-1基因型中观察到最大GUS表达，而GV3101获得最高转化频率。在另一项研究中，Sorokin等（2020）研究根癌农杆菌EHA105转化不同大麻基因型（Candida CD-1、Holy Grail CD-1、Green Crack CBD和Nightinga）的潜力，并获得较高转化效率（45%~70.6%）。对农杆菌菌株的不同反应并非大麻所独有，此前文献证明，不同农杆菌菌株转化不同顽抗植物（如玉米）能力不同。因此，有必要研究更多菌株，以获得高效菌株，用于高频基因转化体系建立。

（2）外植体侵染及共培养。外植体生理条件和来源在农杆菌介导的基因转化中起关键作用（Hesami et al.，2021）。不同外植体，如茎尖和下胚轴，已被用于大麻基因转化（表8-5）。大多数研究使用试管苗不同部位。MacKinnon等（2000）利用从温室种植大麻的茎尖外植体成功地进行基因转化。Feeney和Punja（2003）使用来自大麻茎和叶段的愈伤组织细胞研究农杆菌介导的基因转化。在另一项研究中，Wahby等（2013）使用生长5d的大麻试管苗不同部位，包括下胚轴、子叶、子叶节和初生叶进行基因转化，并报告从下胚轴片段获得最佳基因转化结果。Sorokin等（2020）利用生长4d的大麻试管苗子叶和真叶进行基因转化。Deguchi等（2020）报道一种成功基因转化方法，该方法使用来自生长2个月的大麻试管苗的雌雄花、茎、叶和根组织。

共培养时间和农杆菌接种浓度（光密度）对基因转化成功有重要影响（Hesami et al.，2021）。Feeney和Punja（2003）建议3d共培养，$OD_{600nm}1.6~1.8$用于愈伤组织细胞的基因转化。在另一项研究中，不同外植体共培养2d（Wahby et al.，2013）。Sorokin等（2020）建议对大麻试管苗不同部位进行3d共培养和$OD_{600nm}0.6$的基因转化。

通过向共同培养基中添加柠檬酸钠、乙酰丁香酮和甘露糖等化合物，可提高大麻的农杆菌感染效率（Hesami et al.，2021）。Feeney和Punja（2003）表明，在共培养基中使用100μmol/L乙酰丁香酮和2%甘露糖进行大麻基因转化时，农杆菌感染增加。Wahby等（2013）研究不同浓度的乙酰丁香酮（20μmol/L、100μmol/L/L和200μmol/L）、蔗糖（0.5%和2%）、柠檬酸钠（20mmol/L）和2-N-吗啉乙磺酸（MES）（30mmol/L）对大麻基因转化的影响，并报告不同化合物对农杆菌感染效率影响很小，20μmol/L乙酰丁香酮效果最好。另外，Deguchi等（2020）在大麻基因转化中应用200μmol/L乙酰丁香酮、2%葡萄糖和10mmol/L MES提高菌株毒力。Sorokin等（2020）还报告在共培养培养基中使用100μmol/L乙酰丁香酮进行大麻基因转化，从而提高农杆菌可感染性。

（3）选择标记。虽然卡那霉素是转基因大麻细胞和组织的主要选择剂，但其他抗生素，如大观霉素、利福平和氯霉素，也已成功用于选择转化的大麻细胞和组织。然而，由于不同组织和基因型对不同抗生素反应可能不同，因此有必要研究其他抗生素对大麻基因转化的影响（Hesami et al.，2021）。例如Sorokin等（2020），Feeney和Punja（2003）使用大观霉素和卡那霉素抗性基因作为农杆菌载体中的选择标记。Wahby等（2013）使用携带卡那霉素、羧苄青霉素和利福平耐药基因的农杆菌载体转化大麻。Sorokin等（2020）也在农杆菌载体中使用卡那霉素和利福平耐药基因。此外，Deguchi等（2020）将氯霉素抗性基因视为农杆菌载体中的选择标记。双T-DNA二元载体也已成功用于产生无标记转基因植物。有望用于产生无标记转基因大麻，并减轻科学和公众对将转基因产品的除草剂和抗生素抗性基因分散到环境中的担忧（Hesami et al.，2021）。

（4）消除嵌合体。同时具有非转化和转化细胞和组织的嵌合组织的再生是开发不同植物稳定的基因转化系统最关键挑战之一，因此，有必要消除嵌合细胞并仅再生转基因细胞（Hesami et al.，2021）。Feeney和Punja（2003）利用磷酸甘露糖异构酶（PMI）选择策略研究基因转化频率和嵌合体，该策略基于培养基中糖（甘露糖）的存在，比较两种转化程序，包括1%甘露糖和300mg/L特美汀（处理1）与2%甘露糖和150mg/L特美汀（处理2），并报告说，处理1无法区分非转基因细胞和转基因细胞，因此，建议处理2用于大麻基因转化。Wahby等（2013）比较两种基因转化程序的转化性能和嵌合体，复合培养基MI1（100μmol/L乙酰丁香酮，0.5%蔗糖，30mmol/L MES）和MI2（200μmol/L乙酰丁香酮，2%蔗糖，20mmol/L柠檬酸钠），并报道此类培养基不能从非转基因组织中完全检测到转基因组织。转化系统中的嵌合体并非大麻独有，许多物种均存在，并且高度依赖于再生系统。今后，开发一个高效的基于体细胞胚胎发生的再生系统对缓解该问题至关重要。

（5）启动子和翻译增强子。使用花椰菜花叶病毒35S RNA（CaMV35S）启动子和β-葡萄糖醛酸酶（GUS）报告基因时，观察到GUS活性（Wahby et al.，2013）。Deguchi等（2020）在CaMV 35S启动子和OCS终止子控制下，使用含*eGFP*基因和*uidA*基因的pEarleyGate 101载体分析GFP荧光和GUS染色。此外，Sorokin等（2020）报告，当pCAMBIA1301载体中的*gus*基因受CaMV35S内含子控制时，转基因大麻GUS活性最高。虽然未来研究将建立更有效的或组织/年龄特异性启动子，但现有启动子通常对大麻有效（Hesami et al.，2021）。

4.提高基因转化效率的策略

尽管在过去几年中大麻基因转化取得进展，但有效的转基因再生仍为瓶颈。表达和导入转基因以及再生新生芽或胚胎的能力是生产转基因大麻的两个重要障碍。最近研究证实，大麻细胞可以有效转化（Sorokin et al.，2020）；然而，截至目前只有一例关于转基因大麻再生成功的报告（Zhang et al.，2021）。据报道，与调节植物生长和发育相关基因的应用，如WUSCHEL（WUS）、Baby Boom（BBM）和生长调节因子（GRF）单独或与GRF相互作用因子（GIF）结合使用，有望提高植物再生效率（Hesami et al.，2021）。通过此种方式，参与分生组织维持、体细胞胚胎发生或植物激素代谢基因的异位过度表达，可用于克服顽抗植物的再生障碍。涉及分生组织维持、体细胞胚胎发生和植物激素代谢的基因已在不同的植物中发现。因此，以上研究为体外植物再生和农杆菌介导的顽抗物种基因转化研究提供新途径。该法缺点为形态发生基因具有不利的多效性影响，应从转化或编辑的植物中去除。为了克服目前大麻组织培养和转化植株成功再生障碍，可将形态发生基因作为基因转化靶标，并通过宿主瞬时和可诱导的基因表达来控制形态发生基因异位表达的副作用（Hesami et al.，2021）。

二、工业大麻的扦插

几十年来，大麻的种子繁殖支持了农业需求，促进了基因改良。然而，随着大麻产业的现代园艺实践，这种高价值作物的茎扦插或传统克隆以及离体繁殖已成为一种普遍做法。传统的克隆包括从健康的母株上获取茎段，并为新切割的克隆提供生根环境（图8-10）。选择供体时，需要清楚显示交错的枝条，且没有明显的昆虫、真菌或任何矿物质缺乏的迹象。插条可以从供体的任何部位取下，尽管有建议认为下半部生长更好，但从植物上半部和下半部采集的插条之间没有观察到差异（Caplan et al.，2018）。然而，有必要进行深入研究，在更多基因型和条件下检验这一点。通常，即使没有生根激素，大麻也很容易从茎扦插中繁殖。

图8-10　大麻节点克隆

注：a. 大麻植株在6～8叶期；b. 从雌性植物上取下顶芽后伸长的侧枝；c. 从母株和植株上切除后种植在土壤中的侧枝；d. 生根并生长后，营养无性系转移到7英寸花盆中；e. 成熟时的无性系（引自Adhikary et al.，2021）。

与种子繁殖相比，茎扦插具有优势，包括更快的成熟、真正的植物类型和优良的遗传维持（表8-5）。除易于繁殖外，这种做法还可以限制有害的基因流动（Adhikary et al.，2021），例如工业大麻和药用大麻间基因流动，可能保留活性代谢物比例。但很难解决大规模生产空间问题，因为需要相当大物理空间，仅用于克隆就占生产空间20%～25%。此外，由于目前为手动操作，因此效率较低，而且从长远看成本较高。因此，这种技术更适合于每个生长周期需要少于1 000株植物的小型种植者。

茎扦插或传统的克隆方法是许多种植者广泛采用的繁殖系统。大麻产业的离体繁殖进展缓慢，有望取代传统的克隆方法。尽管在营养生长和生理性能方面，茎扦插和体外克隆可以进行比较（Lata et al.，2009），但体外克隆提供了许多优势，如繁殖速度更快、克隆干净无疾病或病毒、经济高效等。鉴于这些优势，体外繁殖有望在不久的将来成为大麻繁殖和基因保存的首选方法（Adhikary et al.，2021）。

在中国专利（专利号CN 102919044 A）中描述一种工业大麻扦插繁殖方法，工业大麻经插穗培育后在保护条件下扦插繁殖，经正确养护，插穗在10～15d开始生根，25～30d起苗移栽或用于设计的科学试验。由一粒工业大麻种子出发，经90～120d能获得扦插苗50～100棵。

Kodym和Leeb（2019）通过模拟苗圃的营养繁殖，为大麻属植物开发一种替代的体外繁殖系统。光合自养微繁殖（PAM）是在岩棉块上作为基质与适用于大麻种植的市售肥料相结合实现的。在强制通风的玻璃罐中消毒后，开始种植砧木，然后提供连续供应的茎尖和节段扦插。在被动通风的玻璃容器中，试管茎尖扦插生根率达97.5%，驯化成功时间为3周。

Murphy和Adelberg（2021）在4种不同的光合光子通量密度［25～167μmol/（m² · s）］下，利用顶端和节段外植体，在通气孔或无通气孔关闭容器中，用大麻"US Nursery Cherry 1"证明使用多周期扦插过程，可提高微繁殖劳动效率。观察4个重复的3周不继代扦插周期中茎尖数量以及在酚醛泡沫塞中试管外生根期间茎尖质量。在4个重复周期中，在非通风容器中收获茎尖数量增加；然而，在第4个循环中，由于琼脂基质过度干燥和崩塌，从通风容器中收获茎尖数量减少。重复周期收获茎尖数量随光照强度增加而增加。在最佳光照和通风条件下，近100%微插条在试管外生根。大多植株在2周后出现根穿透塞子外表面。试管外生根植株叶片数量随光照强度增加而增加。该过程允许相同材料从生根基部重复切割，而不是继代培养。在顶端优势较强体系中，在不需要外源PGRs情况下，通过适当离体因子、光照和通气，在连续扦插循环中，茎尖外植体腋生分裂增强，与常用标准单切体系相比，表现出省工潜力。

大麻常规（光混合营养）微繁殖由于植物高含水量、低生长率、生根不良和驯化效率低而不适合大规模繁殖。Zarei等（2021）介绍大麻光自养微繁殖方法，目的是克服常规微繁殖大规模产生的困难（表8-5）。为提高微繁殖方法生产效率，研究岩棉培养基pH值和含水率、扦插长度、基部取材方法、光照强度和培养容器气体交换能力的作用。结果表明，每容器300mL含有5mmol/L MES缓冲液的肥料溶液可稳定培养基pH值，并提高生根成功率。与3cm切割长度相比，5cm和7cm切割长度显著增加生根植株百分比。然而，基础损伤法并没有显著改善或阻碍生根成功。光合光子通量密度为150μmol/（m²·s）时生根成功率最高。增加气体交换率，无论是使用更具渗透性的导管，还是曝气方式，均能显著提高生根成功率。综上，在光自养微繁殖中生长的大麻植株90%以上2周培养生根，然后经历4d体外驯化期，这比大麻微繁殖任何其他方法要短。该项研究不仅首次优化利用被动通风进行大麻光自养微繁殖的方法，而且还扩大体外克隆繁殖以进行体外商业生产方法。

三、结语

随着全球范围内大麻相关法规开始放松，大麻微繁殖和再生培养体系研究将经历实质性增长。高效可靠的体外培养体系被视为大麻成功基因转化、基因编辑、微繁殖和保存的重要先决条件。微繁殖是开发和繁殖新品种的有力工具。虽然目前基于芽增殖的体系相对发达，可用于大麻的大规模繁殖，但有必要制定体细胞胚胎发生、器官发生方案，特别是用于基因转化和基因编辑研究。目前，已在大麻中研究农杆菌介导的基因转化，并且转基因植物再生技术已获得成功。使用形态发生基因可以帮助克服转基因植物再生的挑战。次生代谢物的产生是大麻体外培养的另一重要方面。尽管有几项研究试图在大麻的细胞悬浮培养和毛状根培养中控制次生代谢物的产生，但已经产生少量大麻素。机器学习算法也可被视为稳健的计算生物学，用于次级代谢产物的综合研究，以及毛状根培养或细胞悬浮培养的建模和优化，以提高产量。利用基因编辑和其他精确育种工具，结合体外再生技术，可以推进具有改良性状的新型工业大麻品种的开发。但是，大麻植物的雌雄异株特性使改善特定性状（如抗虫性和抗病性）的工作复杂化。因此，随着最近的大麻合法化，需要进行认真的有针对性的努力，以建立提高植物和最终产品质量和安全性的再生转化体系。综上，大麻植物仍是次生代谢物特别是大麻素最有效的自然来源，而现代生物技术将在遗传改良中发挥重要作用（Hesami et al.，2021）。

参考文献

程超华，李育君，赵立宁，等，2011. 三重处理法获得大麻种子无菌苗研究[J]. 中国麻业科学，33（1）：24-26，38.

巩振辉，申书兴，2013. 植物组织培养[M]. 第2版. 北京：化学工业出版社.

胡颂平，刘选明，2014. 植物细胞组织培养技术/全国高等农林院校生物科学类专业"十二五"规划系列教材[M]. 北京：中国农业大学出版社.

姜颖，韩承伟，李秋芝，等，2014. 工业大麻（汉麻）组织培养的研究进展[J]. 安徽农业科学（1）：7-8.

姜颖，夏尊民，韩承伟，等，2015. 工业大麻高效再生体系的初步研究[J]. 中国麻业科学（3）：126-129，147.

刘以福，唐祥发，1984. 大麻组织培养首次获得绿苗[J]. 中国麻作（2）：29，19.

尹品训，杨明，郭鸿彦，等，2004. 大麻组织培养中玻璃化苗研究初报[J]. 云南农业科技（4）：12.

尹品训，杨明，郭鸿彦，等，2005. 大麻的离体培养与快速繁殖[J]. 西南农业学报，18（4）：503-505.

张利国，宋宪友，房郁妍，等，2012. 大麻新品种龙大麻一号再生体系初探[J]. 中国麻业科学，34（3）：112-114.

ADAMEK K, JONES A M P, TORKAMANEH D, 2022. Accumulation of somatic mutations leads to genetic mosaicism in cannabis[J]. Plant Genome, 15（1）: e20169.

ADHIKARY D, KULKARNI M, EL-MEZAWY A, et al., 2021. Medical cannabis and industrial hemp tissue culture: present status and future potential[J]. Frontiers in plant science, 12: 627240. Fehér A, Callus, dedifferentiation, totipotency, somatic embryogenesis: what these terms mean in the era of molecular plant biology? [J]. Frontiers in Plant Science, 2019, 10: 536.

AHMED S, GAO X, JAHAN M A, et al., 2021. Nanoparticle-based genetic transformation of *Cannabis sativa* [J]. Journal of Biotechnology, 20（326）: 48-51.

BEARD K M, BOLING A W H, BARGMANN B O R, 2021. Protoplast isolation, transient transformation, and flow-cytometric analysis of reporter-gene activation in *Cannabis sativa* L. [J]. Industrial Crops and Products, 164: 113360.

BRAEMER R, PARIS M, 1987. Biotransformation of cannabinoids by a cell suspension culture of *Cannabis sativa* L. [J]. Plant Cell Reports, 6（2）: 150-152.

CAPLAN D, STEMEROFF J, DIXON M, et al., 2018. Vegetative propagation of cannabis by stem cuttings: effects of leaf number, cutting position, rooting hormone, and leaf tip removal[J]. Canadian Journal of Plant Science, 98（5）: 1126-1132.

CHAOHUA C, GONGGU Z, LINING Z, et al., 2016. A rapid shoot regeneration protocol from the cotyledons of hemp（*Cannabis sativa* L.）[J]. Industrial Crops and Products, 83: 61-65.

DEGUCHI M, BOGUSH D, WEEDEN H, et al., 2020. Establishment and optimization of a hemp（*Cannabis sativa* L.）agroinfiltration system for gene expression and silencing studies[J]. Scientific Reports, 10（1）: 1-11.

FARAG S, KAYSER O, 2015. Cannabinoids production by hairy root cultures of *Cannabis sativa* L. [J]. American Journal of Plant Sciences, 6（11）: 1874-1884.

FEENEY M, PUNJA Z K, 2003. Tissue culture and agrobacterium-mediated transformation of hemp（*Cannabis sativa* L.）[J]. In Vitro Cellular & Developmental Biology-Plant, 39（6）: 578-585.

FERRINI F, FRATERNALE D, DONATI ZEPPA S, et al., 2021. Yield, characterization, and possible exploitation of *Cannabis sativa* L. roots grown under aeroponics cultivation[J]. Molecules, 26（16）: 4889.

FLORES-SANCHEZ I J, PEČ J, FEI J, et al., 2009. Elicitation studies in cell suspension cultures of *Cannabis sativa* L. [J]. Journal of Biotechnology, 143（2）: 157-168.

GABOTTI D, LOCATELLI F, CUSANO E, et al., 2019. Cell suspensions of Cannabis sativa（var. *futura*）: Effect of elicitation on metabolite content and antioxidant activity[J]. Molecules, 24（22）: 4056.

GALÁN-ÁVILA A, GARCÍA-FORTEA E, PROHENS J, et al., 2020. Development of a direct *in vitro* plant regeneration protocol from *Cannabis sativa* L. seedling explants: developmental morphology of shoot regeneration and ploidy level of regenerated plants[J]. Frontiers in Plant Science, 11: 645.

GEORGIEV V, SLAVOV A, VASILEVA I, et al., 2018. Plant cell culture as emerging technology for production of active cosmetic ingredients[J]. Engineering in Life Sciences, 18（11）: 779-798.

HARTSEL S, LOH W, ROBERTSON L, 1983. Biotransformation of cannabidiol to cannabielsoin by suspension cultures of *Cannabis sativa* and *Saccharum officinarum*[J]. Planta, 48（5）: 17-19.

HEITRICH A, BINDER M, 1982. Identification of（3R, 4R）-$\Delta^{1(6)}$-tetrahydrocannabinol as an isolation artefact of cannabinoid acids formed by callus cultures of *Cannabis sativa* L. [J]. Experientia, 38（8）: 898-899.

HEMPHILL J K, TURNER J C, MAHLBERG P G, 1978. Studies on growth and cannabinoid composition of callus derived from different strains of *Cannabis sativa*[J]. Lloydia, 41: 453-462.

HESAMI M, BAITON A, ALIZADEH M, et al., 2021. Advances and perspectives in tissue culture and genetic engineering of cannabis[J]. International Journal of Molecular Sciences, 22（11）: 5671.

HOU J, MAO Y, SU P, et al., 2020. A high throughput plant regeneration system from shoot stems of *Sapium sebiferum* Roxb., a potential multipurpose bioenergy tree[J]. Industrial Crops and Products, 154: 112653.

IOANNIDIS K, DADIOTIS E, MITSIS V, et al., 2020. Biotechnological approaches on two high CBD and CBG *Cannabis sativa* L.（Cannabaceae）varieties: *in vitro* regeneration and phytochemical consistency evaluation of micropropagated plants using quantitative ^{1}H-NMR[J]. Molecules, 25（24）: 5928.

ITOKAWA H, TAKEYA K, AKASU M, 1975. Studies on the constituents isolated from the callus of *Cannabis sativa*[J]. Shoyakugaku Zasshi, 29（2）: 106-112.

ITOKAWA H, TAKEYA K, MIHASHI S, 1977. Biotransformation of cannabinoid precursors and related alcohols by suspension cultures of callus induced from *Cannabis sativa* L.[J]. Chemical and Pharmaceutical Bulletin, 25（8）: 1941-1946.

JIANG Y, ZUNMIN X, YAN T, et al., 2015. Preliminary studies on the tissue culture of *Cannabis sativa* L.（industrial hemp）[J]. Agricultural Science & Technology, 16（5）: 923-925.

KIM D H, GOPAL J, SIVANESAN I, 2017. Nanomaterials in plant tissue culture: the disclosed and undisclosed[J]. RSC Advances, 7: 36492-36505.

KODYM A, LEEB C J, 2019. Back to the roots: protocol for the photoautotrophic micropropagation of medicinal cannabis[J]. Plant Cell, Tissue and Organ Culture（PCTOC）, 138（2）: 399-402.

LATA H, CHANDRA S, KHAN I A, et al., 2010. High frequency plant regeneration from leaf derived callus of high Δ^9-tetrahydrocannabinol yielding *Cannabis sativa* L.[J]. Planta medica, 76（14）: 1629-1633.

LATA H, CHANDRA S, KHAN I A, et al., 2009. Propagation through alginate encapsulation of axillary buds of *Cannabis sativa* L.-an important medicinal plant[J]. Physiology and Molecular Biology of Plants, 15（1）: 79-86.

LATA H, CHANDRA S, KHAN I, et al., 2009. Thidiazuron-induced high-frequency direct shoot organogenesis of *Cannabis sativa* L.[J]. In Vitro Cellular & Developmental Biology-Plant, 45（1）: 12-19.

LATA H, CHANDRA S, TECHEN N, et al., 2016. *In vitro* mass propagation of *Cannabis sativa* L.: a protocol refinement using novel aromatic cytokinin meta-topolin and the assessment of eco-physiological, biochemical and genetic fidelity of micropropagated plants[J]. Journal of Applied Research on Medicinal and Aromatic Plants, 3（1）: 18-26.

LOH W H T, HARTSEL S C, ROBERTSON L W, 1983. Tissue culture of *Cannabis sativa* L. and *in vitro* biotransformation of phenolics[J]. Zeitschrift fuer Pflanzenphysiologie, 111（5）: 395-400.

LUBELL-BRAND J D, KURTZ L E, BRAND M H, 2021. An *in vitro-ex vitro* micropropagation system for Hemp[J]. Horttechnology, 31: 199-207.

MESTINŠEK-MUBI Š, SVETIK S, FLAJŠMAN M, et al., 2020. *In vitro* tissue culture and genetic analysis of two high-CBD medical cannabis (*Cannabis sativa* L.) breeding lines[J]. Genetika, 52 (3): 925-941.

MOHER M, JONES M, ZHENG Y, 2021. Photoperiodic response of *in vitro Cannabis sativa* plants[J]. HortScience, 56 (1): 108-113.

MONTHONY A S, BAGHERI S, ZHENG Y, et al., 2021. Flower power: floral reversion as a viable alternative to nodal micropropagation in *Cannabis sativa*[J]. In Vitro Cellular & Developmental Biology-Plant, 57 (6): 1018-1030.

MONTHONY A S, KYNE S T, GRAINGER C M, et al., 2021. Recalcitrance of *Cannabis sativa* to *de novo* regeneration: a multi-genotype replication study[J]. PLoS One, 16 (8): e0235525.

MONTHONY A S, PAGE S R, HESAMI M, et al., 2021. The past, present and future of *Cannabis sativa* tissue culture[J]. Plants, 10 (1): 185.

MORIMOTO S, TANAKA Y, SASAKI K, et al., 2007. Identification and characterization of cannabinoids that induce cell death through mitochondrial permeability transition in *Cannabis* leaf cells[J]. Journal of Biological Chemistry, 282 (28): 20739-20751.

MOVAHEDI M, GHASEMIOMRAN V, TORABI S, 2016. *In vitro* callus induction and regeneration of medicinal plant *Cannabis sativa* L.[J]. Iranian Journal of Medicinal and Aromatic Plants, 32 (5): 758-768.

MOVAHEDI M, GHASEMI-OMRAN V, TORABI S, 2015. The effect of different concentrations of TDZ and BA on *in vitro* regeneration of *Iranian cannabis* (*Cannabis sativa*) using cotyledon and epicotyl explants[J]. Journal of Plant Molecular Breeding, 3 (2): 20-27.

MOVAHEDI M, GHASEMIOMRAN V, TORABI S, 2016. Effect of explants type and plant growth regulators on *in vitro* callus induction and shoot regeneration of *Cannabis sativa* L. [J]. Iranian Journal of Reproductive Medicine, 32: 83-96.

MURPHY R, ADELBERG J, 2021. Physical factors increased quantity and quality of micropropagated shoots of *Cannabis sativa* L. in a repeated harvest system with *ex vitro* rooting[J]. In Vitro Cellular & Developmental Biology-Plant, 57 (6): 923-931.

NONG YF, ZHU DS, LI J, 2019. Establishment of tissue culture regeneration system in Bama hemp (*Cannabis sativa* L.) [J]. Agricultural Biotechnology, 8 (6): 1-3.

PAGE S R G, MONTHONY A S, JONES A M P, 2020. Basal media optimization for the micropropagation and callogenesis of *Cannabis sativa* L.[J]. BioRxiv, 1: 1-23.

PAGE S R G, MONTHONY A S, JONES A M P, 2021. DKW basal salts improve micropropagation and callogenesis compared to MS basal salts in multiple commercial cultivars of *Cannabis sativa*[J]. Botany, 99: 269-279.

PIUNNO K F, GOLENIA G, BOUDKO E A, et al., 2019. Regeneration of shoots from immature and mature inflorescences of *Cannabis sativa*[J]. Canadian Journal of Plant Science, 99 (4): 556-559.

RAHARJO T J, EUCHARIA O, CHANG W T, et al., 2006. Callus induction and phytochemical characterization of *Cannabis sativa* cell suspension cultures[J]. Indonesian Journal of Chemistry, 6 (1): 70-74.

SCHACHTSIEK J, HUSSAIN T, AZZOUHRI K, et al., 2019. Virus-induced gene silencing (VIGS) in *Cannabis sativa* L.[J]. Plant Methods，15（1）：1-9.

SIRIKANTARAMAS S，MORIMOTO S，SHOYAMA Y，et al.，2004. The gene controlling marijuana psychoactivity：molecular cloning and heterologous expression of Δ^1-tetrahydrocannabinolic acid synthase from *Cannabis sativa* L.[J]. Journal of Biological Chemistry，279（38）：39767-39774.

ŚLUSARKIEWICZ-JARZINA A，PONITKA A，KACZMAREK Z，2005. Influence of cultivar, explant source and plant growth regulator on callus induction and plant regeneration of *Cannabis sativa* L. [J]. Acta Biologica Cracoviensia Series Botanica，47（2）：145-151.

SMÝKALOVÁ I，VRBOVÁ M，CVEČKOVÁ M，et al.，2019. The effects of novel synthetic cytokinin derivatives and endogenous cytokinins on the *in vitro* growth responses of hemp（*Cannabis sativa* L.）explants[J]. Plant Cell，Tissue and Organ Culture（PCTOC），139（2）：381-394.

ŠOROKIN A，YADAV N S，GAUDET D，et al.，2020. Transient expression of the β-glucuronidase gene in *Cannabis sativa* varieties[J]. Plant Signaling & Behavior，15（8）：1780037.

THACKER X，THOMAS K，FULLER M，et al.，2018. Determination of optimal hormone and mineral salts levels in tissue culture media for callus induction and growth of industrial hemp （*Cannabis sativa* L.）[J]. Agricultural Sciences，9（10）：1250-1268.

VELIKY I A，GENEST K，1972. Growth and metabolites of *Cannabis sativa* cell suspension cultures[J]. Lloydia，35（4）：450-456.

WAHBY I，CABA J M，LIGERO F，2013. Agrobacterium infection of hemp（*Cannabis sativa* L.）： establishment of hairy root cultures[J]. Journal of Plant Interactions，8（4）：312-320.

WANG R，HE L S，XIA B，et al.，2009. A micropropagation system for cloning of hemp（*Cannabis sativa* L.）by shoot tip culture[J]. Pakistan journal of botany，41（2）：603-608.

WIELGUS K，LUWANSKA A，LASSOCINSKI W，et al.，2008. Estimation of *Cannabis sativa* L. tissue culture conditions essential for callus induction and plant regeneration[J]. Journal of Natural Fibers，5（3）：199-207.

WRÓBEL T，DREGER M，WIELGUS K，et al.，2022. Modified nodal cuttings and shoot tips protocol for rapid regeneration of *Cannabis sativa* L.[J]. Journal of Natural Fibers，19（2）： 536-545.

WRÓBEL T，DREGER M，WIELGUS K，et al.，2018. The application of plant *in vitro* cultures in cannabinoid production[J]. Biotechnology letters，40（3）：445-454.

ZAREI A，BEHDARVANDI B，TAVAKOULI DINANI E，et al.，2021. *Cannabis sativa* L. photoautotrophic micropropagation：a powerful tool for industrial scale *in vitro* propagation[J]. In Vitro Cellular & Developmental Biology-Plant，57（6）：932-941.

ZHANG X，XU G，CHENG C，et al.，2021. Establishment of an agrobacterium-mediated genetic transformation and CRISPR/Cas9-mediated targeted mutagenesis in hemp（*Cannabis Sativa* L.）[J]. Plant Biotechnology Journal，19（10）：1979-1987.

第九章　近红外光谱分析技术在工业大麻中的应用

现代近红外光谱技术是光谱测量技术与化学计量学学科的有机结合，是20世纪90年代以来发展最快、最引人注目的光谱分析技术，被誉为"分析的巨人"。它利用近红外谱区（780～2 526nm）包含的物质信息，可以同时、快速、无损地对复杂有机物质中的主要成分进行定性和定量分析，其最主要的特征是测量信号的数字化和分析过程的绿色化。

近红外谱区早于1800年就被天文学家William Herschel发现，但直到20世纪50年代，近红外光谱才在分析化学试验中得到应用和发展，并开始在农副产品分析中得到应用。而此期间，由于传统的光谱学研究模式不完全适用于近红外光谱分析，影响了近红外光谱分析技术的应用，曾一度被认为是几乎没有潜力的分析工作，以致1960年Wheeler称近红外谱区为"被遗忘的谱区"。进入20世纪80年代后，随着计算机技术的迅速发展，以及化学计量学方法在解决光谱信息提取和消除背景干扰方面取得的良好效果，加之近红外光谱在测试技术上所独有的特点，人们对近红外光谱技术的价值有了进一步的了解，从而开展了广泛的研究。近年来，近红外光谱技术获得了巨大发展，在许多领域得到应用，对推进生产和科研领域的技术进步发挥了巨大作用。数字化光谱仪器与化学计量学方法的结合标志着现代近红外光谱技术的形成。

我国近红外光谱技术的研究从20世纪80年代便开始出现，应用在20世纪90年代初即有报道，目前在农业、石化、制药、造纸、林业、食品、烟草和矿物勘探等领域都有广泛应用。我国目前有大量人员投入到该技术的各方面研究中，包括光谱仪、化学度量算法和软件开发、建模和项目实施等。

大麻由于被认为是具可持续发展潜力的农作物之一，近些年相关产业正在蓬勃发展中。现代分析技术的应用是产业良好发展的推动器，近红外光谱技术作为一种适时、高效率、绿色检测技术，如果能实现与大麻产业的有机结合，定能助力大麻产业的迅速、可持续发展。

本章先从近红外分析技术基础、近红外分析仪器和近红外分析技术流程3个方面介绍近红外分析技术，再介绍大麻中的近红外光谱分析研究，并对有望用于大麻产业的相关近红外光谱应用进行简要分析和举例。

第一节　近红外光谱分析技术基础

一、近红外光谱分析机理

（一）近红外光谱区

红外光是一种电磁波，其谱区按波长范围被划分为近红外光区、中红外光区和远红外光区3部分。通常我们所说的红外光谱一般指中红外光谱，承载分子振动光谱的基频信息。而近红外光（Near infrared，NIR）是介于可见光（VIS）和中红外光（MIR或IR）之间的电磁波，按ASTM（美国试验和材料检测协会）的定义是指波长在780～2 526nm范围内的电磁波，其波数为12 500～4 000cm^{-1}，承载分子振动光谱的倍频、合频振动信息（图9-1）。习惯上又将近红外光区划分为近红外短波（780～1 100nm）和近红外长波（1 100～2 526nm）两个区域。

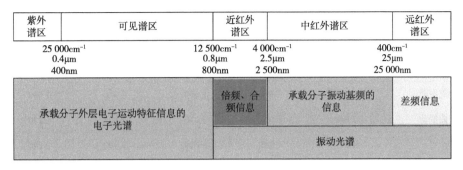

图9-1 可见与红外光谱的频率范围与能够承载的信息（严衍禄等，2013）

（二）分子振动与近红外光谱

分子在红外光谱内的吸收产生于分子振动或转动的状态变化，或产生于分子振动或转动状态在不同能级间的跃迁。

分子振动可以有不同方式，有伸缩振动与弯曲振动（又分为面内弯曲振动与面外弯曲振动），它们又分为对称运动与不对称运动（图9-2）。由于各振动基团的化学键强度、振动方式与原子质量不同，因此有不同的振动频率（表9-1）。

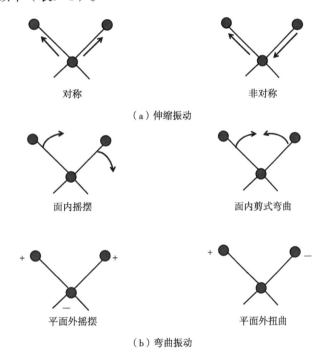

图9-2 分子振动方式

注：+表示从纸面到读者的运动；－表示离开读者的运动。

按照量子理论，分子的振动状态可以用能级来描述，振动能级的变化是指分子在不同振动能级之间的跃迁。基频振动与相邻能级之间的跃迁相对应（从振动量子数$n=0$向$n=1$跃迁时，出现基频振动）。分子振动除基频振动外，还有合频振动与倍频振动。当分子振动能态在相隔一个或几个振动能级之间跃迁时，为倍频跃迁（从$n=0$向$n=2$、$n=3$或更高能级跃迁时，出现倍频振动，从$n=0$向$n=2$能级跃迁时，称为二倍频，也叫一级倍频；从$n=0$向$n=3$能级跃迁时，称为三倍频，也叫二级倍频，依此类推）。当一个光子同时激发两个基频跃迁时，出现合频振动。

表9-1　C-H、N-H和O-H的基频、合频、倍频吸收带的中心近似位置（张小超等，2012）

基团		频率（cm^{-1}）			波长（nm）		
		N-H	O-H	C-H	N-H	O-H	
基频	伸缩振动	3 000	3 400	3 650	3 300	2 940	2 740
	弯曲振动	1 450	1 600	1 350	6 900	6 250	7 700
	合频	4 347	4 545	5 000	2 300	2 200	2 000
	一级倍频	5 700	6 600	7 000	1 750	1 515	1 430
	二级倍频	8 700	10 000	10 500	1 150	1 000	950

由上可知，倍频振动是指以基频频率的整数倍进行的振动，其振动频率理论上应为基频频率的整数倍。合频振动是两种（或几种）不同振动复合在一起的振动，其振动频率理论上为两种振动频率之和。但实际上倍频与合频振动的实际频率值比理论计算值略小（表9-1）。

（三）近红外光谱对分子振动信息的承载

分子振动所产生的光谱称为分子振动光谱，分子振动频率的信息加载到光谱的条件是分子振动能够产生相应的电（场）振动，只有分子的电振动才有可能通过与电磁波即光的相互作用，将分子结构信息加载到相同频率范围的光谱中。也就是说，分子振动的信息能加载到相应光谱中的原因是分子活性振动的频率与光谱频率相符合。例如有机分子基本振动的频率范围在4 000~400cm^{-1}，因此承载分子基频振动信息的是与该频率范围相同的中红外光（4 000~400cm^{-1}）谱区；含H基团（C-H、N-H、O-H）倍频与合频振动的特征频率范围大体在12 500~4 000cm^{-1}，因此近红外光（12 500~4 000cm^{-1}）谱区光谱体现的是含H基团C-H（甲基、亚甲基、甲氧基、芳基等）、O-H（羟基、羧基等）、N-H（伯胺、仲胺、叔胺等）、S-H的倍频和合频信息（图9-3）。

组成分子的各种含H基团（如O-H、N-H、C-H等）都有自己特定的近红外吸收区域，分子的其他部分对其吸收位置影响较小。通常把这种能代表基团存在并有较高强度的吸收谱带称为基团频率，其所在的位置一般又称为特征吸收峰（表9-1，图9-3）。但是相同基团的特征吸收并不总在一个固定频率上，因为化学键的振动频率不仅与其性质有关，还受分子的内部结构和外部因素影响。

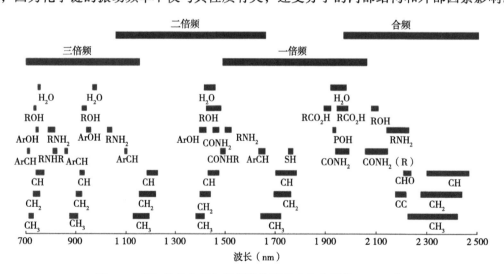

图9-3　近红外的合频与倍频吸收谱带（郭志明等，2019）

分析过程中，当检测光照射到由一种或多种分子组成的样品上时，通过光子与样品分子的相互作用，将分子信息加载到光谱中。均匀介质的信息加载主要是对分析光的吸收；散射介质的信息加载既有样品对分析光的吸收，又有样品对分析光的散射、折射与反射。光吸收过程是有能量交换的，而散射与反射过程是无能量交换的。有能量交换的光吸收过程又分为能够承载样品化学信息的光谱吸收与不能承载分析样品信息的热吸收；无能量交换的散射与反射过程又分为承载样品物理信息的样品内部漫射作用与不能承载分析信息的镜面反射。

近红外光谱测定过程就是样品信息在光谱上加载的过程，也就是样品成分的分子振动与频率相同的入射光发生共振吸收，从而在对应谱区形成吸收峰的过程，这些吸收峰被称为样品的真实光谱。而实际测定过程中得到的光谱是样品信息和背景信息共同作用形成的表观光谱，如上面提到的热吸收、镜面反射等的干扰。

（四）近红外光谱分析技术

近红外光谱的分析测定技术主要有透射光谱法（Near infrared transmittance spectroscopy，NITS）、漫透射光谱法（Near infrared diffuse transmission spectroscopy，NIRDTS）和漫反射光谱法（Near infrared diffuse reflectance spectroscopy，NIRDRS）3种，除此之外还有透反射光谱法。

分析光照射样品后，光的宏观方向主要有两类：一是与入射光同侧的出射光称为透射光（即测定光源与检测器处在样品两侧），包括直接透射与漫透射；二是与入射光反侧方向的出射光称为反射光（即测定光源与检测器处在样品同侧），包括镜面反射与漫反射。

1. 透射光谱法

当光通过均匀介质（透明、均匀溶液或固体）后，在与入射光相同方向的透射光称为直接透射光，常简称为透射光。进入物体的光与物体只发生吸收（因而加载了样品的化学信息），不发生散射。根据透射与入射光强的比例关系来获得物质在近红外区的吸收光谱。分析光在样品中经过的路程（光程）一定，透射光的强度与样品中组分浓度的关系遵循比耳定律。这种把透射光用于分析测定的方法称为透射光谱法。

（1）朗伯-比耳定律（Lambert-Beer law），简称比耳定律，也称为物质对光的吸收定律，简称吸收定律。比耳定律的表达式为：

$$A = -\lg \frac{I}{I_0} = \varepsilon bC \tag{9-1}$$

式中，A为吸光度；I_0为入射光强度；I为透过样品后的光强度；ε为待测组分的摩尔吸光系数；b为光程；C为待测组分的物质的量浓度。

也可以表述为，对一定波长的单色光，物质的吸光度A与光程b及浓度C成正比，其比例常数ε称为吸光系数。吸光系数与所用的浓度单位有关，当使用物质的量浓度单位时，比例常数ε为摩尔吸光系数。吸光系数还与样品性质、单色光波长有关。因此，一定波长单色光检测单一成分（ε一定）时，只要光程（b）一定，样品的吸光度A与待测量的浓度C成正比例。

（2）光程选择。从吸收光谱的理论可以知道，为了减小分析误差，样品光谱的吸光度应调节在0.1～1，而近红外区各级倍频吸收的摩尔吸光系数是依次下降一个数量级的，因此应根据样品的具体情况和使用的谱区来选择不同光程的样品池。

对一定的样品，样品的吸光系数越大，分析的光程应当越小。近红外光谱的中、长波谱区，属于低倍频与合频的吸收，吸光系数相对较大，分析的光程应当较小，标准的光程数毫米；近红外光谱的短波谱区，属于高倍频的吸收，吸光系数相对较小，分析的光程应当较大，标准的光程数十毫米（表9-2）。

表9-2　近红外光谱不同谱区X-H基团的吸收特征与分析样品采用光程的约值（严衍禄等，2013）

频带	谱区	X-H特征区（nm）	相对吸收强度	建议光程（mm）
基频	中红外	2 900~3 200	10^0	0.02~0.5
基合频	长波近红外	1 900~2 450	10^{-1}	0.05~1
二倍频	中波近红外	1 400~1 800	10^{-2}	0.2~2
三倍频	中波近红外	950~1 250	10^{-3}	0.5~5
四倍频	短波近红外	750~950	10^{-4}	5~50

注：（1）"X-H"泛指C-H、N-H或O-H；

（2）"建议光程"指分析样品建议采用的光程，实际分析样品应用光程与样品在待测物中的含量、待测量性质（单位浓度待测量的吸收强度）以及样品的状态等有关。

（3）多组分样品。包含多种组分的复杂样品或混合样品，由于样品中各组分分子对光（子）的吸收是相互独立的，由此可以得到吸光系数的加和性，再由比尔定律，又可以得到吸光度A的加和性。即：

$$A_{mix}=A_1+A_2+A_3+\cdots\cdots+A_n=\varepsilon_1bC_1+\varepsilon_2bC_2+\varepsilon_3bC_3+\cdots\cdots+\varepsilon_nbC_n \qquad (9-2)$$

上式说明只要知道各个组分在n个波长处的摩尔吸光系数（ε_n），就可以应用解联立方程的方法，分析复杂样品中各组分的含量。

（4）引起比耳定律偏离的因素。朗伯-比耳定律有许多适用条件限制，以下情况将引起朗伯-比耳定律发生偏离：①入射光为非单色光引起偏离；②样品中颗粒对入射光产生散射，引起偏离；③样品中存在着产生荧光或磷光的物质引起偏离；④由浓度产生化学平衡移动而引起偏离等。

2. 漫透射光谱法

当样品是混浊液体或颗粒状固体、半固体时，样品中有对光产生散射的颗粒，光在试样中透射时，既有通过样品吸收（加载化学信息）的直接透射光，又会发生多次颗粒物造成的散射（加载物理信息），称为漫透射分析测定法。

与直接透射分析不同的是：①由于光在漫射体中走的路程不是直线，由此在漫透射光谱分析中光程不等于样品池的厚度，与样品的物理结构有关，一般大于样品池的厚度；②透射光的强度与样品浓度间的关系不符合比耳定律；③漫透射光谱即可用于化学成分分析，也可用于物理性状与结构分析。

3. 漫反射光谱法

（1）漫反射光谱分析原理。在现代近红外光谱分析的各种技术中，漫反射分析测定占有特别重要的地位，这是因为漫反射光谱分析不需要对样品做化学处理，直接可以测定粉末状、纤维状等不规则样品，在农产品和食品、烟草等行业中有着广泛的应用。

当入射的分析光投射到由粉末或颗粒组成的样品面后，一部分光（图9-4中的S）在颗粒的表面发生镜面反射（符合入射角等于反射角的条件），又称全反射光；另一部分光（图9-4中的D）进入样品，在样品颗粒之间或进入颗粒内部，发生无数次透射、吸收、散射、反射、折射，光传播方向不断变化，最终携带样品信息又返回入射面，这种反射光方向不定，称为漫反射光。其实，漫反射样品与光相互作用中也有透射，但样品无限厚时透射光可忽略（与中长波近红外光波长相比，样品厚度只要数毫米就可以认为已经达到无穷厚度的要求），因此近红外漫反射光谱定量分析可以只考虑样品对光的吸收和散射。

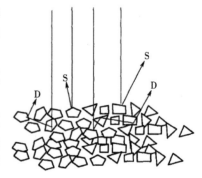

图9-4　漫反射光吸收示意图
（陆婉珍等，2010）

其中，镜面反射光因为不进入样品和颗粒内部，不承载样品信息，在检测时应尽量避免，常用的方法是让检测器与入射光之间成一定夹角（如45°），使其检测不到镜面反射光，即镜面反射不会影响测定结果。而漫反射光是分析光和样品内部分子发生了相互作用后的光，其强度决定于样品对光的吸收（化学信息加载），以及由样品的物理状态所决定的散射。根据漫反射光强度与入射光强的比例关系来获得物质在近红外区的漫反射光谱。因此，漫反射光谱分析和漫透射光谱分析法一样，既可以用于化学成分分析，也可用于物理性状与结构分析。但相比较而言，因为漫透射光的强度受样品的厚度及透射过程光路的不规则性影响，因此漫反射测量在提取样品组成和结构信息方面更为直接可靠。

一般情况下，固体样品（粉末或颗粒）在长波近红外区（1 100 ~ 2 500nm）适合用漫反射测定。因为样品在长波近红外区的摩尔吸光系数较大，吸收较强，光的穿透力较弱。而在短波近红外谱区因为可以深入样品内部，因此不适合漫反射分析，适合选用漫透射分析方式（表9-3）。

表9-3　不同状态样品的近红外光谱分析（严衍禄等，2013）

谱区（波长范围）	有效光程	透射分析	漫透射分析	漫反射分析
短波（750 ~ 1 100nm）	5 ~ 50mm	清澈液体	颗粒样、大型样	*颗粒的尺寸等物理性状
中波（1 100 ~ 1 800nm）	0.2 ~ 5mm	深色液体	颗粒样、浑浊液体	粉末样、颗粒样、浑浊液、在线、遥感分析
长波（1 800 ~ 2 500nm）	0.05 ~ 1mm	深色液体	浑浊液体样品	粉末样品、浑浊液体样、在线、遥感分析

注：*指样品的物理分析，除此以外表内数据均指化学分析。

（2）漫反射分析定量依据。漫反射光在样品中实际经过的路程（光程）并不完全决定于样品的厚度，而与样品的粒度、松紧度等有关；加之在漫反射分析中，镜面反射光没有样品信息，但对漫反射吸光度有贡献，因此漫反射吸光度与样品组分含量不呈线性关系，即不符合比耳定律，而是遵守Kubelka-Munk方程。表达式为：

$$A_D = \lg(1/R) = -\lg R = -\lg[1 + K/S - \sqrt{(K/S)^2 + 2(K/S)}] \tag{9-3}$$

式中，A_D是漫反射吸光度，漫反射分析中可以直接记为吸光度A；R是漫反射率，当样品厚度足够大时，R依赖于漫反射体的吸光系数（K）与散射系数（S）之比（K/S）。

漫反射吸光系数（K）：光通过物质时由于物质对光的吸收，使光在物质中衰减的能力。吸光系数（K）主要决定于漫反射体的化学特性，与直接透射光谱的吸光系数一样，漫反射吸光系数（K）也与样品浓度（C）成正比。

散射系数（S）：光通过物质时由于物质对光的散射，使光在物质中衰减的能力。其值与样品物理状态以及样品测定条件有关。

因此，漫反射吸光度A_D与K/S的关系是一条通过零点的曲线（图9-5），当K/S变化范围较小时（即曲线的一部分），A-K/S的曲线关系可以用下列线性关系近似拟合：

$$A = a + b(K/S) \tag{9-4}$$

图9-5中拟合线1相关系数为0.99，标准差为0.01。回归结果充分说明反射吸光度在一定范围内，即K/S在一定范围内，这种以直线代曲线的方法完全可行。

1 ~ 3分别表示当$K/S \in$（0.2，1），（0.1，0.5）与（0.5，1）时，K/S与A的近似直线又因为对于只有一种组分的样品，当样品浓度不高时，吸光系数（K）与样品浓度（C）成比例，即：

$$K = \varepsilon C \tag{9-5}$$

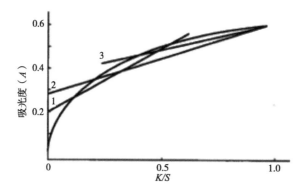

图9-5　漫反射吸光度A与比值K/S的关系（张小超等，2012）

式中，ε为摩尔吸光系数。因此，若S为常数（即S保持不变），把式（9-4）中的S及ε有关的常数都包含到b中，则式（9-4）可改写为：

$$A=a+bC \qquad (9\text{-}6)$$

即漫反射吸光度A近似与样品浓度C呈线性关系。但这种线性关系与透射光谱分析中吸光度A与浓度C的线性关系不同：①漫反射光谱中，漫反射吸光度A与样品浓度C的线性关系只有在散射系数S保持不变（实际上，散射系数S难免有一定的变动，散射系数的变动是近红外漫反射光谱分析背景干扰的主要因素之一，必须对其进行校正）、样品厚度为无穷厚度、样品浓度范围不大、样品的粒度合适、样品的热吸收与镜面反射影响小或经过校正等各个条件满足时才能成立。②漫反射吸光度A与样品浓度C的线性关系中，必然存在一个截距a，而透射光谱比耳定律中，A与C不仅为线性关系，而且是成比例的（截距等于0）。在漫反射光谱中，截距a、斜率b及线性程度都与样品的浓度范围有关。从图9-5可以看出，A与K/S成直线关系的范围较窄，不同浓度范围内，线性关系会有一定变化，当样品浓度较大时，在较宽的范围内保持较好的线性关系，但灵敏度较低。③近红外漫反射光谱不具备光谱吸光度的加和性，因为截距a、斜率b都随浓度范围而变化，因此不能像经典多组分分析那样通过解联立方程组的方式来实现多组分分析，一般需要运用化学计量学多元校正的方法，建立光谱与待测量间的多元关系。对浓度范围较大的样品，A与C的关系不再能够应用线性关系来拟合，需要应用非线性算法。

4.透反射光谱法

透反射可以看成是一种特殊的漫反射工作方式，一般液体样品（如牛奶）测定时可以选用这种工作方式。如图9-6所示，工作时，在待测样的后面放置陶瓷类表面漫反射体，光源通过样品后在该漫反射体上发生漫反射，漫反射光又透过样品后返回检测器检测，这种方式的检测器与光源位于同侧，相当于增加了样品池光程。透反射方式工作时也可以利用光纤探头直接插入液体样品，而且探头与漫反射体之间的光程是可以调节的。

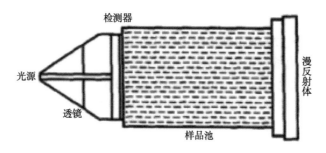

图9-6　透反射工作方式示意图（严衍禄等，2005）

二、近红外光谱分析特点

（一）信号弱，穿透力强

与中红外光谱（基频跃迁）相比，产生近红外光谱（倍频或合频跃迁）的概率要低1~3个数量级，所以，近红外光谱的吸收强度比中红外光谱的低1~3个数量级，因此信号弱，要求仪器有较高的信噪比。

但是吸收强度弱也给分析带来方便，一方面，使近红外光可以深入样品内部，取得样品内不同层次的物质信息，适合复杂样品的分析；另一方面，使近红外分析可以用大光程的样品池，可以对不经预处理生物样品或不经稀释的黏稠样品直接进行分析。

（二）信息复杂、多变，谱带重叠，图谱解析困难

1. 信息复杂、多变

由于近红外光谱测定的样品经常是不经过提纯等预处理的复杂样品，样品中的复杂成分与待测成分一起，形成高强度的复杂背景，使分析困难。也由于样品复杂且未经预处理，因此样品的状态、测定方式、测定条件都会影响测定结果，造成光谱测定的不稳定性。通常可以通过选取和收集包含不同背景信息的代表性样品进行光谱采集，以降低背景信息的影响。

2. 谱带重叠

近红外光谱区有不同级别的倍频吸收，还有许多不同组合形式的合频吸收，因此同一基团可以在不同谱区出现谱峰，而且在同一谱区中各种不同分子或同一分子的多种基团都会产生吸收（对于同一波长点虽然可能有多种组分光谱的重叠，但任意两种组分在许多波长点或者在近红外的全谱区内一般不会完全相同，可以用多波长点的特征来区分不同组分）（图9-3）。再加上对应分子振动倍频与合频跃迁的能量间距比相邻能级的能量间距更为离散，造成的近红外光谱的谱峰宽度比中红外光谱的谱峰宽，因此即使是单纯物质的近红外光谱，其谱峰也常有重叠，复杂物质的近红外光谱，其谱峰重叠更为严重，难以用常规方法解析图谱。

3. 图谱解析困难

近红外光谱分析需要对大量代表性样品的全谱区（或多波长点）信息进行综合分析，即在复杂、重叠、变动背景下提取待测样品的弱信息。为了解决这个分析上的难点，在硬件上要求近红外仪器要有较高的波长准确度和吸光度准确度。在软件方面近红外分析必须依靠现代化学计量学的算法与计算机技术，利用代表性标准样品近红外光谱的全谱区信息，建立标准样品光谱和化学值的数学关系，即常说的建立数学模型，运用此数学模型对待测样品的近红外光谱进行运算，算出待测样品的化学值。

（三）近红外光谱信息的多元性

由于近红外光谱在不同谱区的吸光系数不同（倍频振动倍数每增加一倍，谱区的相对吸收强度大体降低一个数量级），可以透入样品的不同深度，得到样品不同空间范围的信息。例如低（二）倍频谱区的吸收强度相对较高，能够透入样品的深度相对较小，分析样品的光程小，适合漫反射分析；高（三、四）倍频谱区的吸收强度相对较小，能够透入样品的深度相对较大，分析样品的光程大，适合较大光程的透射分析。

由于近红外光的散射能力随着波长的增加而增强，透射能力随着波长的增加而减弱，因此长波区近红外光适合进行散射、反射分析，短波区近红外光相对更适合进行透射分析，全谱区可以运用多种光谱测量方式（透射、漫透射、漫反射等）。这些光谱方式的结合使近红外光谱不但可以承载样品的化学信息，还可以承载其物理信息，以及仪器参数、样品松紧度、环境参数等多方面的背景信息。其

中，通过样品对分析光的光谱吸收（即透射分析），将样品的化学信息加载到样品光谱中，可以用于分析分子的结构、组成、状态等；另外通过样品对分析光的散射等作用，样品的物理信息（如粒度、高分子的聚合度、纤维的直径等）加载到样品光谱，可以应用于样品的物理分析，这在光谱分析技术中是不多见的。

（四）适用的样品范围广

一方面，通过相应的测样器件，该技术可以直接测量液体、固体、半固体和胶状体等不同物态的样品光谱；另一方面，由于近红外光谱记录的是含氢基团信息，而含氢基团是农业与生物类样品主要活性成分的组成基团，因此该技术适用于农业、食品、石化、药物、临床等诸多领域。

（五）可以实现快速、无损、绿色检测

测量过程大多可在1min内完成。在日常分析中，再加入样品准备等工作时间，在5min内即可得到数据，并且样品用量少，可以不对样品做任何处理，可以活体检测，分析过程不产生任何污染。无损、快速、多组分和绿色检测的特点才是近红外光谱分析的最大特色。

（六）投资少，操作技术要求低

近红外谱区内的一些关键器件如光源、检测器等比较廉价易得，适合开发价格低廉的专用便携式仪器；同时，近红外光谱仪器技术也比中红外的简单；对测试人员无专业化要求，且单人可完成多个化学指标的大量测试。

（七）可实现远程、在线分析

因为近红外谱区在光导纤维中有高通过率，因此随着现代光纤技术的应用，使近红外光谱分析技术可以实现远程、在线分析。例如不破坏样品、不干扰现场的生产线连续、适时过程监控；有毒材料或恶劣环境的远程分析等。

三、近红外光谱分析技术的局限性

（一）检测限没有中红外分析低

由于物质在近红外区的吸收系数较小，因此近红外分析的检测限一般只能达到$10^{-4} \sim 10^{-3}$，对痕量分析并不适用。当然为了克服以上的局限性，各种研究工作仍在进行中，并且已有相关报道出现。

（二）数据分析难度大

在分析复杂样品时，由于近红外光谱信息量大、谱带重叠、受高强度复杂背景信息影响等原因，给分析带来困难。因此需要通过大量有代表性且化学值已知的样品，先建立一个稳健的模型才能快速得到分析结果。建模工作难度大，需要有经验的专业人员和来源丰富的有代表性的样品，并配备精确的化学分析手段；而且每一种模型只能适应一定的时间和空间范围，需要不断对模型进行维护改进；并且测定精度与参比分析精度直接相关，在参比方法精度不够的情况下，无法得到满意的结果。对于经常性的质量控制是十分经济且快速的，但并不适用于偶然做一次的分析工作。

第二节 近红外光谱仪器

近红外光谱仪器是近红外光谱信息获得的基础，是近红外光谱分析技术的重要硬件基础。近红外光谱获得过程就是通过光谱仪对样品的扫描，使样品信息在光谱中加载的过程，因此充分了解近红外光谱仪的基本结构组成、不同仪器类型、常用附件特点和仪器性能指标等内容，利于分析工作者选择适当的仪器、设置合适的工作参数、选择合适的工作条件等，以获得高质量的近红外光谱信息。

一、近红外光谱仪的基本结构组成

现代近红外光谱仪器的基本结构与一般光谱仪器一样，都是由光源系统、分光系统、样品室、检测器、控制和数据处理系统及记录显示系统组成。

如图9-7所示，光源1发出的光经分光系统2成为单色光；通过反光镜3改变单色光的光路；单色光与测样器件5中的样品作用后，一部分被吸收，一部分透射，还有一部分被反射；通过透射检测器6测定的透射光，就可得到近红外透射光谱，通过漫反射检测器4测定的反射光，就可得到近红外漫反射光谱；光谱经7数据处理后，结果可用显示器或打印机等记录显示系统8记录显示；整个系统都是在控制系统7的作用下协同完成工作的。一般控制系统和数据处理系统都是由微处理器或计算机完成的，所以把它们合为一个系统。

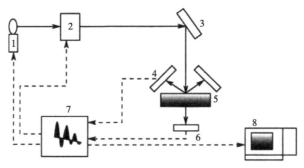

1.光源；2.分光系统；3.反光镜；4.漫反射检测器；5.测样器件；6.透射检测器；
7.控制及数据处理分析系统；8.记录显示系统

图9-7 近红外光谱仪器示意图（张小超等，2012）

（一）光源系统

光源系统是要在所测量的光谱区域内，发射有一定强度的、高稳定性的原初光信号，即光源光。

光源光的光谱特征会叠加到样品的表观光谱中，因此要求光源光在待测谱区有较高光强度，其他谱区的光相对强度应当尽量低，以增加信噪比。但是过强的光源光也会引起较大的热效应而影响测定的稳定性。

光源光的稳定性是指光源光中包含的波长成分和强度的稳定。光源稳定才能够在不同时间、不同空间测定得到相同的光谱，如此才能应用同一模型，得到相同的分析结果。因此光源系统常配有高性能的稳压电路系统及光源保温和散热系统。

常用的光源有卤钨灯和发光二极管。卤钨灯是最常用的光源，正常使用色温范围为2 800～3 200K，这类光源的光谱覆盖整个近红外谱区，强度高，性能稳定，寿命也较长，且价格相对较低。在一些专用仪器，尤其是便携式仪器中普通发光二极管（LED）用得最多，因为普通发光二极管功耗低，性能稳定，放热低，寿命长达几万小时，价格低廉，且很容易调制和控制。

近年来，激光发射二极管（LD）作为一种新型光源也很快在近红外光谱仪器中得到应用，激光发射二极管可以发射有确定波长和带宽的光，而且带宽窄，因此不需分光系统即可得到单色光，并且通过相邻波长的LD组合就可以获得确定范围内的连续波长的光源。在一些专用仪器的设计上得到了很好的应用，但激光发射二极管的稳定性较差，往往需要功率补偿、光强监控补偿等措施来弥补。

（二）分光系统

分光系统也称单色器，其作用是将多种波长的光混合在一起的复合光色散变成各种波长的单色光。但实际上，单色器输出的光并非是真正的单色光，也具有一定的带宽。单色器主要包含进光狭缝、光准直器件、色散器件、成像器件与出光狭缝。

分光系统关系到近红外光谱仪器的分辨率、波长准确性和波长重复性，是近红外光谱仪的核心部件。按分光原理的不同可分为滤光片型、光栅色散型、傅立叶变换型和声光可调滤光器型（AOTF）4种类型。

根据分光系统相对于样品位置的不同分为前分光和后分光两种形式。前分光式指光源光先经分光成单色光后，再让不同波长的单色光分别通过样品后进行检测；后分光指光源光先通过样品，再分光成不同波长的单色光分别进入检测器。采用滤光片或傅里叶干涉仪时多采用前分光式。

（三）测样附件

测样附件是指承载样品的器件。进行近红外光谱检测的样品一般不需要预处理，而样品的物态、形状各式各样，这就需要采用不同的测样附件去适应各种形态的样品。就实验室常规分析而言，液体样品根据选定使用的光谱区域可采用不同尺寸的比色皿或透射式光纤探头等；固体样品可使用积分球或漫反射探头，近几年来，也有不少采用透射方式测量固体样品的报道。现场分析和在线分析常用光纤附件。同时根据需要可以加恒温、低温、旋转或移动等装置。下面主要介绍近红外仪器中常用的3类测样器件。

1. 比色皿

液体样品可使用玻璃或石英样品池，依据不同的测量对象和使用的波段，可选用不同光程和结构的比色皿。另外，由于液体样品的光谱对温度较为敏感，为了得到稳定可靠的光谱，往往对比色皿进行恒温设计；对于自动进样的附件，需要注意在进样过程中是否有气泡产生，造成假吸收。测试一些黏稠、较难清洗的样本时，可选用一次性的玻璃样本瓶。

透反射与透射的测量原理相同，只是在比色皿后放置一组反射镜，使透过比色皿的光又折回重新通过样本。与透射相比，透反射的光程增加了1倍。

2. 光纤探头

光纤探头可实现长距离的在线检测，仪器可远离采样现场达200m之远而进行实时测量。通过光纤探头，可以方便地进行定位分析，甚至可以实现体内、样品内部定位分析。

近红外光谱仪器的光纤探头主要有浸入透射式光纤探头和漫反射式光纤探头两种类型。图9-8是浸入透射式光纤探头示意图，探头前方开窗作为液体样品池，如果仪器工作在长波近红外区，窗体应开得较窄，如果仪器工作在短波近红外区，窗体要开得较宽。工作时，入射光通过导入光纤照射到液体样品上，透射光经过出射光纤进入检测器检测。图9-9是漫反射式光纤探头示意图，直接将光纤探头对准固体样品，样品可以是任何形状的，如水果、谷物或固体药丸，便于检查各部位或每一颗粒的质量。

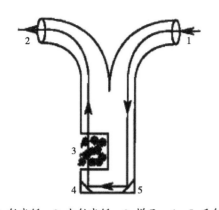

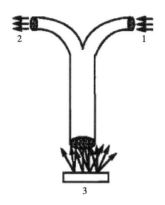

1. 入射光纤；2. 出射光纤；3. 样品；4、5. 反射镜

图9-8　浸入透射式光纤探头示意图

（张小超等，2012）

1. 入射光纤；2. 出射光纤；3. 样品

图9-9　漫反射式光纤探头示意图

（张小超等，2012）

3. 积分球

对于固体和小颗粒状样品，另一种常见的漫反射测样方式是积分球。从固体或粉末样品表面漫反射回来的光的方向是向四面八方的，积分球的作用就是收集这些反射光以被检测器检测。如图9-10所示，圆球为积分球球体，内涂白色的硫酸钡，其反射率高达96%以上，当样品光束照射到样品上时，被样品漫反射的光经球体内部多次反射，绝大部分进入检测器被接收。显然可以增加信号强度，提高信噪比。另外，只要交替切换光的入射方向，就可以很方便地测量背景和样品，实现双光束的测量。

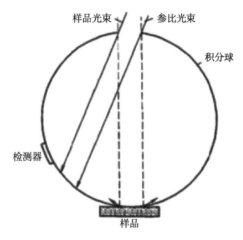

图9-10　积分球示意图（严衍禄等，2005）

（四）检测器

检测器的作用是把携带样本信息的近红外光信号转变为电信号，再通过A/D转变为数字形式输出。用于近红外区域的检测器有单点检测器和阵列检测器两种。单点检测器只有一个检测单元，一次只能接受一个光信号，想得到全谱信息需要经过光谱扫描；阵列检测器有许多个检测单元排列在检测面上，可同时接收检测面上不同波长的光信号，不需扫描，速度很快。但是阵列检测器中各个阵列点的光谱特征有所差别，不利于近红外分析模型的转移。多检测器阵列需要采取一些特殊措施将阵列中各个检测单元校正成一致。在模型转移方面单一检测器比多检测器阵列具有相对优势。

检测器的性能直接影响仪器的信噪比，设计时，除尽可能提高检测器的信号强度外，还应尽量降低检测器的噪声并消除各种干扰。响应范围、灵敏度、线性范围是检测器的3个主要指标，取决于它的构成材料以及使用条件，如温度等。表9-4列出了一些近红外光谱检测器的性能指标。另外，为了提高检测器的灵敏度、扩展响应范围，在使用时往往采用半导体制冷器或液氮制冷，以保持较低的恒定温度。

表9-4　几种近红外检测器的主要性能指标（褚小立等，2016）

检测器	类型	响应范围	响应速度	灵敏度	备注
PbS	单点	1.0～3.2μm	慢	中	非线性高
InGaAs（标准）	单点	0.8～1.7μm	很快	高	可用半导体制冷器制冷
InSb	单点	1.0～5.5μm	快	很高	必须用液氢制冷
PbSe	单点	1.0～5.0μm	中	中	可用半导体制冷器制冷
Ge	单点	0.8～1.8μm	快	高	可用半导体制冷器制冷
HgCdTe	单点	1.0～14.0μm	快	高	用液氮制冷
Si	单点	0.2～1.1μm	快	中	可在常温下使用
Si（CCD）	阵列	0.7～1.1μm	快	中	可在常温下使用
InGaAs（标准）	阵列	0.8～1.7μm	很快	高	可用半导体制冷器制冷
InGaAs（扩展）	阵列	0.8～2.6μm	很快	高	可用半导体制冷器制冷
Phs	阵列	1.0～3.0μm	慢	中	可用半导体制冷器制冷
PbSe	阵列	1.5～5.0μm	中	中	可用半导体制冷器制冷

（五）控制和数据处理系统

一台近红外光谱仪器的各个系统能很好地协同工作，完全是控制系统的功劳。它控制仪器各个部分的工作状态，如控制光源系统的发光状态、调制或补偿，控制分光系统的扫描波长、扫描速度，控制检测器的数据采集、A/D转换，有时还要控制样品室的旋转、移动或温度等。控制系统一般是由微处理器或计算机配以相应的软件和硬件组成的。

（六）记录显示系统

显示或打印样品光谱或测量结果。

二、常见近红外光谱仪的类型

近红外光谱仪器种类繁多，从样品光谱信息的获得看，分为可在一个或几个波长范围内测定的专用型滤光仪器和在近红外波长范围内测定全谱信息的研究型仪器；从光谱测定的波长范围看，可分为专用于短波近红外区域的仪器和用于长波近红外区域的仪器；从应用角度分类，近红外光谱仪器被分为在线的过程监测仪器、专用仪器、通用仪器和图像仪器等；从检测器对分析光的响应看，有单通道和多通道两种类型；此处介绍从近红外仪器的分光器件进行分类的——滤光片型、光栅色散型、傅里叶变换型和声光可调滤光器型。

（一）滤光片型

滤光片型分光系统一般是用干涉滤光片作为分光器件。滤光片种类很多，用途不一，可分为截止滤光片和带通滤光片两类，近红外光谱仪器用的是带通滤光片，带通滤光片只允许较窄波长范围（称为带通波长）的光通过，从而达到分光效果。

最常用的是固定旋转盘滤光片型，即在转盘上设计安装多个近红外干涉滤光片，通过转动转盘，获得不同波长的近红外光，得到的是多个特定波长的离散点，不能获得连续光谱；还有倾斜滤光片式（通过转轮转动，使转轮上的倾斜滤光片与平行入射光之间的夹角发生变化，从而获得连续波长光谱）、线性渐变滤光片式（采用楔形镀层滤光片，根据带通中心波长与膜层厚度相关，滤光片的穿透波长在楔形镀层的楔形方向上发生线性变化，从而起到分光作用）等。

滤光片型仪器形成的单色光带宽较宽（一般10nm）、波长稳定性和重现性差、易受温度和湿度等环境条件影响，因此在设计上要有有效的校正系统；但由于其有结构简单、制造成本低、信噪比高、光通量高、仪器体积小等特点，所以比较适合用于较为简单的专用、便携式仪器，对一些成熟的特定项目进行分析。如Perten公司的Inframatic系列产品和DICKEY-john公司的Instalab 600系列产品，用于农产品如谷物、豆类等的品质分析。NDCInfrared Engineering公司的Infralab 710产品，可测量烟草中的水分、尼古丁、糖等。

（二）光栅色散型

这类近红外光谱仪称为光栅扫描型近红外光谱仪，或色散扫描型光谱仪，是最为经典的光谱仪器，常用的紫外分光光度计、可见分光光度计以及早期的中红外光谱仪均为这种类型的仪器。早期的近红外光谱仪就是从色散型紫外—可见光谱仪上发展起来的。但是近红外分析对仪器信噪比、重复性和长期稳定性要求更高。

光栅是利用机械刻划或全息原理形成周期性变化的空间结构，不同波长的光通过光栅因衍射和多光束干涉而色散。根据光路设计和使用的检测器不同，又有扫描—单通道检测器和固定光路—阵列检测器两种类型。

1. 扫描—单通道检测器型

这类仪器多称光栅扫描型近红外光谱仪。如图9-11中所示，光源发出的复色光束，经入射狭缝和准直后，照射到单色器（光栅）上，将复色光色散为单色光，各个波长的单色光在凹面镜或凹面光栅的作用下，在焦平面的不同位置聚焦成像，让出光狭缝位于焦平面上，扫描光谱时，通过转动光栅，被聚焦的各个波长的单色光，就由出光狭缝按照波长顺序依次射出，与待测样本作用后，由单检测器检测。

光栅分透射光栅和反射光栅两类（图9-11显示的是反射光栅）。根据制作方法的不同，还可以分为划线光栅、复制光栅和全息光栅3种。全息光栅的使用，使光栅分光系统的光学性能有很大的提高。

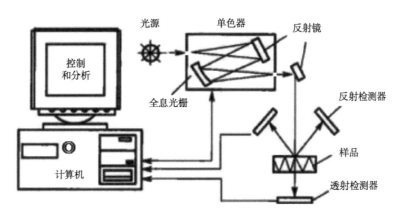

图9-11　单光路光栅扫描型近红外光谱仪的光路简图（陆婉珍等，2006）

这类仪器的特点是结构不复杂，容易制造，可进行全谱扫描，得到连续光谱。但其波长准确性、稳定性、分辨率和不同仪器间的一致性等性能，较傅里叶变换型仪器稍差，这些性能是受光色散器件与狭缝等器件的性能决定的。这类仪器最大弱点是光栅的机械轴容易磨损，影响波长的长期重现性；由于分光需要光栅转动，因此扫描速度也相对较慢；抗震性较差。但现代扫描型光谱仪采用波长编码技术，解决了传统扫描速度慢的缺点（从传统技术的1张光谱/min到几张光谱/s），显著提高了波长定位精度，可实现与傅里叶变换型产品媲美的性能。

2. 固定光路—阵列检测器型

这类仪器多称为阵列检测器型近红外光谱仪。这类仪器多采用后分光方式，即光源发出的光首先经过样本，经样本作用后的光再由光栅分光，分光后直接检测。与扫描型仪器相比，省去了光栅转动的机械扫描系统，无出光狭缝，通过凹面光栅或凹面镜将经过光栅色散后的各个波长的单色光聚焦到焦平面上，将阵列检测器像元设置在此焦平面上，就可以同时检测不同波长光的光谱信息，检测器的不同像元顺序对应同波长的光谱信息。

多通道阵列检测器有两种，在短波区域多采用Si基的电荷耦合器件（CCD）或二极管阵列（PDA）检测器，在长波区域则采用InGaAs或PbS基的光敏PDA，可选的阵列检测器的像元数有256、512、1 024和2 048等。

这类仪器的特点是分光系统中无可移动光学部件，提高了抗干扰性，同时因结构简单、光学元件少易实现小型化；由于采用多检测器同时检测，因此读取数据速度很快，显著提高了扫描速度，可达50张光谱/s，适合现场分析。这类仪器看似结构简单，但实现光学设计与整机部件的优化装配并非易事，而且此类仪器的分辨率不仅取决于狭缝和光栅，也与检测器尺寸有关，因此分辨率、精度、仪器之间的一致性比光栅扫描型仪器更加难保证。在对强吸收物质进行测量时，还需要注意杂散光的影响。

（三）傅里叶变换型

傅里叶变换型近红外光谱仪的分光系统由迈克尔逊干涉仪和数据处理系统组合而成，是利用干涉图和光谱图之间的对应关系，通过测量干涉图和对干涉图进行傅里叶变换的方法来测定和研究光谱的技术。典型的傅里叶近红外光谱仪由光源、干涉仪、激光器、检测器和其他光学元件组成。

其分光系统核心部件是迈克尔逊干涉仪，它由移动反射镜、固定反射镜和分束器（BS）组成。其工作原理如图9-12所示。光源发出的光经准直成为平行光，按45°入射到分束器（BS）上，其中一半强度的光被分束器反射，射向固定反射镜M2；另外一半强度的光透过BS，射向可移动反射镜M1，两束光又被固定反射镜M2和移动反射镜M1分别反射回到分束器（BS）上会合在一起，此时已成为具有干涉光特性的相干光。当移动反射镜M1运动时，就得到不同光程差的干涉光强，当峰峰值同相位时，光强被加强；当峰谷值同相位时，光强被抵消，在相长和相消干涉之间是部分的相长相消干涉。因此相干的结果是增强还是减弱，取决于M1的位置。

干涉强度随光程差的变化，称为干涉图。干涉图的横坐标是光程差，与动镜的位置相对应，当动镜与定镜对于BS为对称时，两相干光所经过的光程相同，光程差为0，因此在干涉图上相干后的强度为极大。对于一个纯单色光，在动镜连续运动中将得到强度不断变化的余弦干涉波，如图9-13所示；当入射光为连续波长的复色光时得到的则是有中心极大的并向两边衰减的对称干涉图，如图9-14所示，这种多色光的干涉图等于所有各单色光干涉图的叠加。

可见，迈克尔逊干涉仪直接得到的是光的干涉图（以光程差为横坐标），并且每个时刻都可得到分析光中全部波长的信息。为了把光的干涉图转变成人们习惯的光谱图（以波数或波长为横坐标），需进行傅里叶变换（FT），在FT光谱仪中这是由计算机通过FT数字变换来完成的。探测器将这种干涉图信号变成电信号，经模数转换器A/D将信号数字化后送入计算机，经傅里叶变换快速计算而得到以波数（或波长）为横坐标的单光束光谱。此时，以空气或空白试剂作为空白进行测量即可得到无样品时的空白干涉图（或人为要求的参比样品），同样也变换到参比单光束光谱，由计算机进行两束光谱的比率计算，即获得人们熟悉的常规红外光谱图。

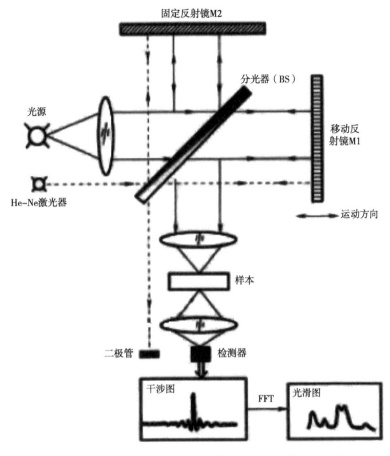

图9-12　迈克尔逊干涉仪结构示意图（褚小立等，2016）

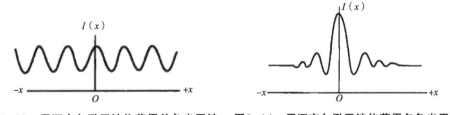

图9-13　用迈克尔逊干涉仪获得单色光干涉　图9-14　用迈克尔逊干涉仪获得多色光干涉

（张小超等，2012）　　　　　　　　　　（张小超等，2012）

　　由于计算机只能对数字化的干涉图进行傅里叶变换，因此需要严格的按光程差（或动镜移动距离）一定间距进行采样。采样的起点、采样点的密度、动镜移动的速度等参数，对FT光谱仪的性能都有一定影响。目前傅里叶型近红外光谱仪大都依靠激光协助完成，通常使用波长为632.8nm的He-Ne激光器。当激光通过干涉仪时，被调制成一个余弦曲线状态的干涉图，由光电二极管如锗二极管进行检测。测样时，用这个余弦干涉图监测扫描测量全过程，每当余弦波过零点时，即可通过一个触发器对样品干涉图进行采样，从而获得实用的数字化样品干涉图。此外，激光干涉仪还用来监控动镜的移动速度和决定动镜的移动距离。

傅里叶变换光谱仪属于运用算法进行数字分光，产生的光谱波长标度是由激光的频率作为参比通过数学运算而得到的，由于激光频率的准确度高，变换所产生的光谱波长标度也相当高，这一点对近红外分析模型的传递十分有利。傅里叶变换近红外光谱仪目前已成为实验室型近红外光谱仪器的主导产品。因其仪器信噪比高，扫描速度快，波长精度高（达0.02nm），波长重现性好（达0.01nm），分辨率好（达0.2nm）备受青睐，但由于价格较高，主要应用于实验室研究。这类仪器的弱点是干涉仪中有可移动部件，使仪器的在线可靠性受到限制，特别是对仪器的使用和放置环境有严格要求。

（四）声光可调滤光器型（AOTF）

声光可调滤光器型仪器以双折射晶体为分光元件，采用声光衍射原理对光进行色散。AOTF由双折射晶体、射频辐射源、电声转换器和声波吸收器组成。双折射晶体多采用具有较高的声光品质和较低的声衰减的TeO_2，也可使用石英或锗；射频辐射源提供频率可调的高频辐射输出；晶体上的电声转换器将高频的驱动电信号转换为在晶体内的超声波振动；声波吸收器用来吸收穿过晶体的声波，防止产生回波。

电声转换器将高频的驱动电信号转换为在晶体内的超声波振动，超声波振动使晶体的格子发生变化，使晶体产生了空间周期性的调制，其作用像衍射光栅，当入射光照射到此光栅后将产生布拉格（Bragg）衍射，入射光被分成3束，一束为振动方向与晶体表面平行的衍射光（图9-15中的+1级衍射光），另一束为振动方向与晶体表面垂直的衍射光（图9-15中的-1级衍射光），还有一束是未被衍射的0级光，其中两束衍射光的波长与高频驱动电信号的频率有一一对应的关系，只要改变驱动电信号的频率，晶体的格子就会发生相应的变化，从而改变衍射的波长，达到分光的目的。一般只用一束衍射光用来分析，所以需用挡光板吸收去掉另两束光。可见，只要更改射频的输出频率即可得到不同波长的衍射光，一般射频的输出频率改变后的20μs内晶体的格子就会发生变化，因此声光近红外光谱仪器有很快的扫描速度。

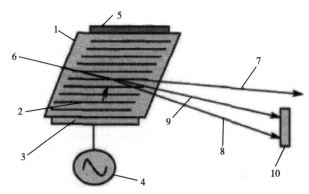

1. AOTF晶体；2. 传输的声波；3. 电声转换器；4. 可调射频源；5. 声波吸收器；6. 入射光；
7、8. +1、-1级衍射光；9. 未衍射的0级光；10. 挡光板

图9-15　声光可调滤波器分光系统工作原理（张小超等，2012）

AOTF型近红外光谱仪的显著特点是分光系统中无可移动部件，扫描速度快，且精度高，准确性好。另外，AOTF滤光器体积小、质量轻，可以做到光谱仪器的小型化。但这类仪器的分辨率不如光栅扫描和傅里叶类型的仪器高，价格也较为昂贵。该仪器比较适用于在线分析，是近红外在线测量技术发展方向之一。

三、近红外光谱仪的主要性能指标

近红外光谱仪器的评价和选择需要参考以下性能指标。

（一）波长范围

指该近红外光谱仪器所能记录的光谱范围，主要取决于仪器的光源种类、分光系统、检测器类型和光学材料。一般分为短波近红外谱区的（更适合做透射分析）、长波近红外谱区的（更适合做反射或漫反射分析）、只覆盖某一波段的（专用型仪器）、覆盖整个近红外谱区的（通用型仪器）等，应根据分析目的及样品特点进行选择。

（二）仪器的分辨率

指仪器对于紧密相邻的峰可分辨的最小波长间隔，表示仪器实际分开相邻两谱线的能力，往往用仪器单色光带宽来表示。它是仪器最重要的性能指标之一，主要取决于仪器分光系统的性能，也与检测器性能和光源有关。

（三）波长的准确度

指仪器所显示的波长值和分光系统实际输出单色光的波长值之间的相符程度。保证波长准确度是近红外光谱仪器能够准确测定样品光谱的前提，是保证分析结果准确度的前提。近红外分析结果一般是通过用已知化学值的标准样品建立的模型来分析待测样品，如果波长准确度不能保证，整组数据就会因波长平移而使每个数据出现偏差，造成分析结果的误差。另外波长准确度对保证近红外光谱仪器间的模型传递非常重要。

（四）波长的精确度

也称为波长重复性，指对同一样品进行多次扫描，光谱谱峰位置间的差异程度或重复性。通常用多次测量某一谱峰所得波长的标准差来表示。波长重复性是体现仪器稳定性的一个重要指标，对校正模型的建立及模型的传递均有极大的影响。波长重复性取决于光学系统的结构。如果仪器的光学系统全部设计成固定不动的，则仪器的波长重复性就会很高。一般扫描型近红外光谱仪器的波长重复性应好于0.04nm，FT-NIR则应优于$0.02cm^{-1}$。

（五）吸光度准确度

指仪器对某物质进行透射或漫反射测量时，所测光度值与该物质真实值之差。对于同一台近红外光谱仪而言，波长准确度和吸光度准确度并不是关键性指标，只要有稳定的波长重复性和吸光度重复性，以及宽的吸光度线性范围，便可建立优秀的校正模型。但若将一台仪器上建立的校正模型直接用于另一台仪器（即模型传递），波长和吸光度的准确性就成为至关重要的指标了。目前国际上尚未制定测量吸光度准确性的标准方法，仪器生产厂商大多采用企业内部标准，也有不少厂商对吸光度准确性不作要求。

（六）分析速度

主要由仪器的扫描速度决定，仪器的扫描速度是指在仪器波长范围内，完成一次扫描，得到一个光谱所需要的时间。近红外光谱仪器往往被用于实时、在线的品质检测和监测，分析样品的数量往往比较多，所以分析速度也是值得注意的一项重要指标。

（七）信噪比

信噪比是样品吸光度与仪器吸光度噪声的比值。仪器吸光度噪声是指在一定的测量条件下，在确定的波长范围内对样品进行多次测量，得到光谱吸光度的标准差。仪器的噪声主要取决于光源的稳定性、放大器等电子系统的噪声、检测器产生的噪声及环境噪声，如电子系统设计不良、元件质量低劣、仪器接地不良、工作环境潮湿、外界电磁干扰多会使仪器噪声增大。信噪比是近红外光谱仪器非常重要的一项指标，直接影响分析结果的准确度与精确度。对于高档仪器，一般要求信噪比达到10^5。

（八）杂散光强度

杂散光是指未透过样品而到达检测器的光，或是虽通过样品但不是用于对样品进行光谱扫描的单色入射光。杂散光是影响吸光度和浓度之间线性关系的主要因素之一，对仪器噪声、基线及光谱的稳定性均有不同程度的影响。杂散光主要是由光学器件表面的缺陷、光学系统设计不良或机械零部件加工不良与位置不当等引起的，尤其是光栅型近红外光谱仪器的设计中，杂散光的控制非常关键。一般近红外光谱区域的杂散光要求小于0.01%T。

（九）软件功能及数据处理能力

软件是近红外光谱仪器的主要组成部分，一般由两部分组成，一部分是仪器控制平台软件，它控制仪器的硬件进行光谱数据采集，这部分各个厂家差别不大，并且有可能发展形成一个通用仪器操作平台软件；另一部分是数据处理软件，近红外光谱仪器的数据处理软件通常由光谱数据预处理、校正模型建立和未知样品分析三大部分组成，其核心是校正模型建立部分软件，它是光谱信息提取的手段，直接影响到分析结果的准确性，一些好的软件，都有其独到的建立校正模型的算法，以便尽可能准确地体现样品信息。

第三节　近红外光谱分析技术流程

近红外光谱分析技术作为一种快速、无损、绿色分析技术，常用于复杂样品的定量分析和判别分析。

常规光谱定量分析是基于朗伯-比耳定律进行的，使用单波长或少数几个波长进行标量校正。如在透射光谱定量分析中，通过配制一系列浓度的标准样品，在某一特征吸收波长λ处测量样品的吸光度，由于样品吸光度和浓度呈线性关系，即服从朗伯-比耳定律，因此可以根据已知标准样品浓度和其吸光度建立如图9-16中所示的工作曲线，再利用工作曲线和待测样品吸光度计算待测样品的浓度。但近红外光谱多用于不经处理的复杂样品分析，其谱峰受未知成分干扰大、带宽较宽、谱峰重叠严重，标量校正方法已不再适用。

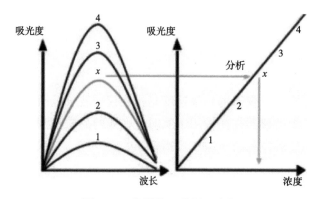

图9-16　标量校正分析示意图

注：1、2、3、4分别表示系列浓度的标准样品；x表示未知样品。

近红外光谱定量分析必须依靠多元校正方法。首先收集（或特殊情况下配制）在组成或性质分布上具有代表性的一组样品，测定这些样本近红外光谱的同时，采用标准分析方法或有关参考分析方法测定其性质。然后，采用多元校正方法将样品近红外光谱与样品性质数据进行关联，建立二者之间的定量关系，亦称校正模型。模型建立后需要进行验证，验证后的模型可进行预测分析，即根据待测样品的近红外光谱和模型计算其性质，在模型使用时，还需要经常对模型性能进行监控，必要时进行模型维护。总之，比常规光谱分析方法复杂。

与大多数的标准分析方法或参考方法相比，近红外光谱的分析速度快，在几秒或更短时间内可给出分析结果。如果需要分析样品的多种性质，可采用同样的建模过程，建立多个性质的校正模型，因此，根据一张近红外光谱和多个校正模型，可同时计算样品的多种性质。

一、具有代表性的样品集的选择

近红外光谱分析建立数学模型使用的样品集包括建模样品集和检验样品集。建模样品集又称建模集、校正集或训练集，是指用来建立近红外分析模型的一组样品，建模样品集的范围决定了模型应用的范围，因此选择、确定建模样品集也就是采集模型的范围信息。检验样品集又称为检验集或验证集，是用来检验和验证模型预测效果的样品集。理想的校正样本集应具有以下几个特征。

（一）样本覆盖范围

校正集中的样本应包含未来待测样本中可能存在的所有化学组成，其浓度（或性质）范围应超过未来待测样本中可能遇到的情况，校正集中样本的物化参数应是均匀分布的，并考虑模型将要使用的品种范围、产地范围、栽培方式、产品加工方式、环境条件等可预期变化因素。

（二）适当的样本数

首先要具有足够的样本数以能统计确定光谱变量与浓度（或性质）之间的数学关系；其次样本数也不是越大越好，大量的样本都要进行标准实验室化学分析，其工作量需要消耗大量的人力、财力，同时样本数越多分析引入误差的机会就越多。

（三）组分浓度

组分浓度在整个变化范围内均匀分布或正态分布。同时要避免样品集组分间的线性相关，例如由高浓度的样品经过不同浓度梯度的稀释而成的一组样品集即存在正相关线性关系；而由两种物质按照相对浓度进行混合配比而成的一组样品集即存在负相关线性关系。

检验样品集的选择要与建模样品集的选择方法相同，只是样品的数量可以相对小一些；检验样品集的代表性非常重要，否则难以说明模型的质量，同时对模型应用可能带来比较多的不确定危害。

样品集的挑选可以按化学值范围筛选也可以按光谱差距进行筛选，分为常规挑选法和计算机挑选法。计算机识别则是通过确定的计算模型，用计算机来识别所采集样品的光谱间差距，确定适合定标集的样品。但这种自动识别定标集的方法有一定的缺陷，如有些光谱的差异并非完全由所测样品的组成或性质差异引起，可能是由某些随机因素如样品的温度、粒径大小等因素的差异造成的。

实现常规选择或计算机识别的建模集样品挑选算法较多，此处简要介绍含量梯度法和Kennard-Stone法。

含量梯度法是一种常见的常规选择方法。含量梯度法是将样品集中的样品按某个组分的量值顺序（由大到小或反之）排列，然后从中按序抽取样品组成建模集或是检验集。这种方法较为简单直观，但是必须测量样品集中所有样品的基础数据才能使用。

Kennard-Stone法是由Kennard和Stone提出的序贯方法。其基本思路是，将样品的近红外光谱进行主成分分析，在整个主成分空间中首先选择距离（欧氏距离）最大的两个样品加入建模样品集中，然后在剩下的样品中选择与已选择出的建模样品距离最大的样品加入建模样品集中；每次计算都要得到每个样品距离已选择出建模样品集中每个样品的距离，从中找出距离最大的样品加入建模样品集中，该步骤重复计算，达到提前设定的样品数量为止。根据文献报道，该方法最终选择出主成分空间分布呈现为扁平分布的样品集，也被称为均匀分布算法。

通常需要应用样品集待测量的分布范围、平均值与分布标准差来表述样品集特征，以表征模型的范围信息。有时样品集也需要经过分析和模型校验后确定，即可以在模型优化过程中不断完善。

二、建模样品待测组分参比值的测定

"待测组分参比值"指待测组分含量或类别的实验室分析结果，通常也被称为"化学值"或"真值"，有学者认为称为"参比值"更为合理。建立近红外分析模型除需要光谱信息外，还要有待测组分的参比值信息，以获得参比值矩阵，用以与光谱特征关联。因此，参比值的精确度和准确度非常重要，它直接影响近红外光谱模型的质量，是分析方法能否成功建立的关键。

准确度就是分析数据逼近"真值"的程度，准确度高则分析结果接近真值；分析的精确度就是对同一样品多次重复分析数据之间相符合的程度，精确度高即多次重复分析结果集中、离散度小。参比值分析的精确度和准确度受是否采用标准分析方法、实验室仪器、试剂、实验室人员素质、操作规范等多种因素影响，通常可以通过多次重复测定取平均值的方式降低随机误差，但不能校正系统误差。

三、光谱数据的测量

样品光谱的测量既是近红外分析的基础，也是最基本的一种信息采集过程。样品光谱是一种表观光谱，不但包含了待测量的信息，而且还包含样品中除待测量外其他背景的信息，此外还有测量样品光谱的仪器特征、测试方法、扫描光谱的参数、进样特征与环境特征信息，所有这些信息都融合在一起，并进入样品光谱之中。为了准确获得光谱信息要做好以下几个方面。

（一）近红外光谱仪器选择

近红外光谱分析仪器种类繁多，需要根据试验目的、样品形态、实验室或现场的要求对仪器进行选择。如需要使用专用型仪器还是通用型仪器、需要达到的波长范围、仪器分辨率、信噪比、对波长精确度要求、分析速度、检测器类型等（具体参见第二节内容）。

（二）测试方法及附件选择

根据近红外测量的原理，测量方式包括透射光谱法、漫透射光谱法、漫反射光谱法、透反射光谱法等。不同物理形态的样品应该选择不同的测量方法和适合的测量附件，如一般真溶液样品多采用透射光谱法和测量附件，固体样品多采用漫反射光谱法和测量附件，悬浊液或乳状液多采用透反射光谱法和测量附件等（具体参见第一节、第二节内容）。

（三）近红外光谱仪器参数设定

进行近红外光谱扫描时，常需要设定的参数主要包括扫描次数、光谱分辨率、扫描光谱数等。扫描次数是设定扫描得到一张光谱是由多少次扫描累加而成；光谱分辨率是指有效光谱数据点之间的距离；扫描光谱数是指一个样品扫描得到几张光谱。

扫描次数累加是提高光谱信噪比的一种传统方法，由于噪声信号是随机产生的，随着扫描次数的增加，累加平均的效果是使噪声的随机信号逐渐抵消，仪器信号与噪声信号的比值得以放大，信噪比提高。信噪比随着扫描次数的增加，提高的速度会逐渐减小，因此在信噪比不能显著提高前提下最佳的扫描次数既保证了分析速度，又得到准确的分析结果。

光谱分辨率不仅影响着光谱的解析度，而且在扫描次数相同的情况下还影响着光谱的信噪比，最终影响着近红外的分析结果的准确度。根据相关文献报道，对含量在10%以上的组分定量分析，$16cm^{-1}$的光谱分辨率基本能够满足要求；对于稍低含量的分析，将分辨率提高到$8cm^{-1}$可以得到理想的分析结果；而定性分析所使用的光谱分辨率最高可到$4cm^{-1}$。

扫描光谱数是针对固体颗粒状、不均匀样品为提高光谱的代表性而采取的技术，采用该技术时往往因为扫描样品的面积小，一次扫描得到的光谱不能完全反映样品的均匀程度，这种扫描方式一般每扫一张光谱都要重新装样一次，以保证每次扫描得到的是样品不同的信息。对均匀的液体样品或粉末样品是不需要测定多张光谱的。

有些仪器在分析液体的透射测量附件中还带有温度控制附件，能够将测定液体样品的温度控制在某一温度下进行测定，这种测量参数是针对受温度影响比较大的液体样品所采用的。

（四）样品状态和环境条件的选择

近红外光谱的背景产生于分析的全过程，除仪器参数外，还有其他参数，例如制样参数，包括样品的厚度、粒度、松紧度等；环境参数，包括温度、湿度等，都会影响表观光谱，成为光谱背景中的成分。这类影响的降低方法是：一方面在可控范围内尽量保持样品状态和测量环境的一致，如同一样品重复装样2~3次，通过磨样、搅拌或旋转样品池保持粒度和均匀度一致，通过压样保持松紧度一致，通过烘干样品或平衡几天的方法保持湿度一致等；另一方面则需要通过光谱预处理方法或应用模型的容变性来校正其影响，如建模样本集中包括所有温度或粒度条件的样本，把温度条件作为变量进行建模等。

四、光谱数据的预处理

近红外光谱分析的关键是建立预测效果优秀的数学模型，数学模型预测样品的效果决定于建模所用数据，而在实际分析中得到的建模所用数据可能有各种失真或不符合对模型稳健性的要求，因此必须对建模数据信息进行预处理，即用化学计量学算法对建模数据中信息进行充分提取。合理的预处理方法可以有效地过滤近红外光谱中的噪声信息，保留有效信息，从而降低近红外定量模型的复杂度，提高近红外模型的稳健性。

光谱数据预处理主要包括背景校正和数据压缩。用于近红外光谱分析的化学计量学方法计算主要是通过配套软件或编程技术实现的，此处只简要介绍每种方法的特点和主要作用。

（一）背景校正

现代近红外定量分析软件一般都具有降低噪声与减少系统误差的光谱预处理功能，以利于建模过程中信息的优化并得到一个稳健的模型。常用的方法有用于数据规范化处理的数据中心化、矢量归一化；用于散射校正的多元散射校正（MSC）和标准正态变量变换（SNV）；用于基线校正的一阶求导、二阶求导；用于噪声消除的平滑、傅里叶变换滤波、正交信号校正（OSC）等，所有这些光谱数据预处理方法都是为了提高光谱中的有效信息率。

1. 数据中心化

光谱数据中心化是通过计算改变数据集空间坐标和原点，以消除光谱的绝对吸收值，突出样品间的差异。通过以上变换，使得数据的变化以平均值为原点，变化的特征性更一目了然。在进行NIR定量和定性分析时，均值中心化是最常用的预处理方法之一。在对光谱数据进行均值中心化处理的同时，往往对性质或组成数据也进行同样的处理。

2. 矢量归一化

归一化的算法较多，有面积归一化法、最大归一化法和平均归一化法等。在NIR光谱分析中，常用的归一化法称为矢量归一化法，对于一张光谱首先计算其平均吸光度值，将光谱减去该均值后，再除以光谱的平方和的根。这样处理后的光谱数据充分反映了信息变化，所有数据都分布在零点两侧。矢量归一化处理主要用于消除光程的变化或样品的稀释等变化对光谱产生的影响。

3. 平滑

光谱平滑的基本思路是在平滑点的前后各取若干点来进行"平均"或"拟合"，以求得平滑点的最佳估计值，消除随机噪声，这一方法的基本前提是随机噪声在处理"窗口"内的均值为0。平滑是最简单的降噪方法，它的算法非常简单，但缺点是会降低光谱的分辨率，并且对光谱数据两端的点不能进行平滑。常用的信号平滑方法有移动平均平滑法和Savitzky-Golay卷积平滑法。

移动平均平滑法是选择一个具有一定宽度的平滑窗口（$2w+1$），每个窗口内有奇数个波长点，用窗口内中心波长点k以及前后w点处测量值的平均值$\overline{x_k}$代替k波长点的测量值，依次改变k值，自左至右构成各个窗口，完成对所有点的平滑。采用移动平均平滑法，平滑窗口宽度是一个重要参数，若窗口宽度太小，平滑去噪效果将不佳，若窗口宽度太大，进行简单求均值运算，会在对噪声进行平滑的同时也平滑掉有用信息，造成光谱信号的失真，为此Savitzky-Golay提出了卷积平滑法。

Savitzky-Golay卷积平滑法（简称S-G平滑）与移动平均平滑法的基本思想是类似的，只是该方法没有使用简单的平均而是通过多项式来对移动窗口内的数据进行多项式最小二乘拟合，其实质是一种加权平均法，更强调中心点的中心作用。Savitzky-Golay卷积平滑法是目前应用较广泛的去噪方法，其窗口宽度和拟合次数的设置影响去噪效果。

4. 导数

系统背景中的基线漂移和光谱旋转可通过求导变换进行校正，导数光谱可以用微分电路来实现，也可用数学方法计算来得到一阶导数、二阶导数光谱。常用的有差分求导和Savitzky-Golay卷积求导（简称S-G求导）。对分辨率高、波长采样点多的光谱，直接差分法求取的导数光谱与实际相差不大，但对稀疏波长采样点的光谱，该方法所求的导数则存在较大误差。这时可采用Savitzky-Golay卷积求导法计算。但差分求导和S-G求导变换都具有噪声放大的作用，因此若原光谱噪声较大，不宜直接进行求导处理。在求导时，差分宽度的选择是十分重要的，如果差分宽度太小，噪声会很大，影响所建分析模型的质量，如果差分宽度太大，平滑过度，会失去大量的细节信息。一阶导数能明显消除光谱的基线平移，二阶导数可以消除光谱的基线旋转。

5. 多元散射校正（MSC）和标准正态变量变换（SNV）

多元散射校正（MSC）和标准正态变量变换（SNV）主要是消除颗粒分布不均匀及颗粒大小产生的散射影响，在固体漫反射和浆状物透（反）射光谱中应用较为广泛。

MSC方法认为每一条光谱（x）都应该与"理想"光谱成线性关系，而真正的"理想"光谱无法得到，可以用校正集的平均光谱（$\overline{x}$）来近似。因此每个样品的任意波长点下反射吸光度值（x）与其平均光谱的相应吸光度（$\overline{x}$）的光谱是近似线性关系，直线的截距和斜率可由光谱集线性回归获得（$x=b_0+\overline{x}b$），并用以校正每条光谱 [$x_{MSC}=(x-b_0)/b$]。不能说经MSC校正的光谱就是样品的真实光谱，只能说通过这样的校正，随机变异得到最大可能的扣除。在光谱与浓度线性关系较好和化学性质相似的情况下，MSC校正的效果较好，因此，光谱纵坐标应为log（1/R）或Kuhelka-Munk值。如果校正集样品的光谱间由于化学组成的变化而引起的光谱出现显著性的变化，采用MSC校正的效果一般不会理想。

SNV则通过单个样本光谱的标准偏差来修正光谱的变化。SNV校正认为每一个光谱中，各波长点的吸光度值应满足一定的分布（如正态分布），通过这一假设对每一条光谱进行校正，无须"理想"光谱。与MSC类似，SNV校正也只适用于扣除样品光谱中的线性平移的影响（如用来校正样品的颗粒度和附加散射的影响），因此光谱也必须是以log（1/R）或Kuhelka-Munk函数表示。去趋势算法（De-trending）通常用于SNV处理后的光谱，用来消除漫反射光谱的基线漂移。该算法除和SNV联合使用外，也可以单独使用。

由于SNV是对每条光谱单独进行校正，因此一般认为它的校正能力比MSC要强，尤其是样品组分变化较大的时候。由于SNV与MSC之间有着很强的相似性，不建议这两种方法同时使用。

6. 傅里叶变换滤波

傅里叶变换在数据处理中应用的主要目的是加快提取信息的过程，通过压缩数据使信息提取更方便有效，同时可以去掉干扰信号和噪声。傅里叶变换是时间（或空间）域函数 $f(t)$ 与频率域函数 $F(v)$ 间的转换，并且将两个域函数通过一套完整的转换公式联系起来，其中 $F(v)$ 是常见的谱图（以波长或波数为横坐标），而 $f(t)$ 为波形图（干涉图，以光程差为横坐标）。其实质是把原光谱分解成许多个不同频率正弦信号的和。仪器噪声相对于信息信号而言，其振幅较小，频率高，故舍去较高频率的信号可消除大部分的光谱噪声，使信号更加平滑。利用较大的频率信号，通过傅里叶反变换，可以对原始光谱数据重构。因此，通过选不同宽度的脉冲函数来卷积，可以得到不同分辨率的光谱，高频随机噪声可通过选用较窄的脉冲函数来卷积而被滤掉，脉冲函数宽度的选择要依靠实际经验而定。

7. 正交信号校正（OSC）

该方法在建立定量校正模型前，通过正交的数学方法将与浓度矩阵无关的光谱信号滤除，再进行多元校正，达到简化模型及提高模型预测能力的目的。目前常用的实现方法有正交信号校正（OSC）、直接正交信号校正（DOSC）和直接正交方法（DO）等。在使用OSC算法时，浓度参考阵数据的准确性对光谱正交处理结果的影响至关重要，若参考方法的测定结果不准确，在用数据对光谱正交处理时，会滤除与浓度矩阵相关的部分信息，而保留与之无关的信息，从而使校正模型的预测能力变差。因此，在使用OSC方法时，一定要保证浓度阵的准确性。

在采用预处理方法对光谱进行变换时，有时需要同时使用多种预处理方法，例如导数+平滑、MSC+一阶导数或SNV+二阶导数等。

（二）数据压缩

1. 谱区选择

谱区的选择是对光谱数据集压缩的一种方法。对于波长连续的近红外光谱，为了保证对样品光谱的分辨，光谱的数据一般有数百到数千个数据点。但谱区中有的频段因为信噪比低、光谱质量较差，或有不相关变量，或有与待测成分呈非线性关系的变量，需要运用算法在全光谱中选择部分谱区用于建立数学模型。分析谱区选择过宽会增加无效信息，降低有效信息率；分析谱区过窄，则可能丢掉有效信息降低数学模型分析的准确度，因此谱区的选择要根据分析对象的不同进行反复的优化。

目前，在近红外定量和定性分析中，波长选择方法主要有相关系数法、方差分析法、逐步回归法、无信息变量消除（UVE）法、间隔偏最小二乘法（iPLS）、竞争性自适应权重取样（CARS）

法、连续投影算法（SPA）和遗传算法（GA）等。此处介绍应用较广的相关系数法、间隔偏最小二乘法和遗传算法。

（1）相关系数法。相关系数法是将校正集光谱阵中的每个波长对应的吸光度向量与浓度阵中的待测组分浓度向量进行相关性计算，得到波长—相关系数R图或波长—决定系数R^2图，对应相关系数或决定系数越大的波长，其信息应越多，因此，可结合已知的化学知识给定一阈值，选取相关系数大于该阈值的波长参与模型建立。由于相关系数法是基于线性统计方法建立的，对于非线性相关及校正集样本分布不均匀的问题，通过该方法选取的结果往往不可靠。

（2）间隔偏最小二乘法。间隔偏最小二乘法的原理是将整个光谱等分为若干个等宽的子区间，在每个子区间上进行PLS回归，找出最小均方根交叉验证标准差（RMSECV）对应的区间，然后再以该区间为中心单向或双向扩充（或消减）波长变量，得到最佳的波长区间。

（3）遗传算法。遗传算法借鉴生物界自然选择和遗传机制，利用选择、交换和突变等算子的操作，随着不断的遗传迭代，使目标函数值较优的变量被保留，较差的变量被淘汰，最终达到最优结果。遗传算法主要包括6个基本步骤：参数编码、群体的初始化、适应度函数的设计、遗传操作设计（包括选择、交叉和变异操作）、收敛判据和最终变量选取等。

因遗传算法具有全局最优、易实现等特点，成为目前较为常用且非常有效的一种波长选择方法。但在实际使用时应注意以下问题：①由于遗传算法的初始群体是随机选取的，选择、交叉和变异也带有较强的随机性，所以不能保证每次波长选取结果的一致性；②在使用遗传算法时，根据经验校正集中波长变量与样品数的比值一般要小于4，否则得到的结果是不可靠的；③选择合适的适应度函数对遗传算法尤其重要，不同的适应度函数得到的结果将大相径庭，对于波长选择，适应度函数可采用交互验证或预测过程中因变量的预测值和实际值的相关系数（R）、均方根交叉验证标准差（RMSECV）或均方根预测标准差（RMSEP）等作为参数。

2. 数据降维

现代近红外光谱分析在关联建模前一般需要通过抽取光谱特征，以便将样品光谱具有$10^2 \sim 10^3$个波长的吸光度值矩阵压缩为少数几个特征变量值矩阵，如通过逐步回归压缩为几个特征波长的吸光度值矩阵，通过主成分分析压缩为光谱的主成分变量值（得分）矩阵，通过傅里叶变换或小波变换压缩为光谱的频率域特征变量值矩阵。由于光谱数据与光谱空间的维数得到了压缩，也有利于关联光谱特征与待测量之间的关系，方便建立关系模型。

数据降维最常用的方法是提取主成分，主成分分析（PCA）是把多个原始变量化为少数几个主成分（综合变量）的统计分析方法，主成分（综合变量）通常表示为原始变量的某种线性组合。同时，这些变量要尽可能多地表征原变量的数据特征而不丢失信息。经转换得到的新变量是相互正交的，即互不相关，以消除众多信息共存中相互重叠的信息部分。其最直接的应用就是压缩数据，同时也有去除噪声的作用。

PCA降维的关键是找到一组新的基向量，在此向量空间上进行投影，使得投影后它们在投影方向上的方差尽可能达到最大，即在此方向上所含的有关原始信息样品间的差异信息是最多的。也就是说，它把数据变换到一个新的坐标系统中，使得任何数据投影的第一大方差在第一个坐标（称为第一主成分F1）上，第二大方差在第二个坐标（第二主成分F2）上，依次类推。建模时，采取截尾的方式，舍弃一些对原数据集合影响较小的变量，从而达到简化变量、压缩维度的效果。

实际上，现代近红外关联算法通常包含了对光谱数据上百倍的压缩。如全谱区的关联算法PCR和PLS就是用主成分分析法，对原光谱中上千个光谱波长数据点最终压缩只选取几个主成分，再通过线性回归或非线性回归与待测量关联建立数学模型。

五、校正模型的建立

光谱矩阵经过谱段和预处理方法的选择，并建立较低维的光谱特征空间后，即可应用回归方法建立光谱特征与待测量之间的关系模型，这些方法主要属于统计方法，建立的模型属于统计模型。同样，建模过程主要是通过配套软件或编程技术实现的，此处只简要介绍每种方法的特点和主要作用。

（一）定量分析

由于近红外光谱各波长点处的信息重叠严重、谱峰宽，复杂样品的近红外光谱定量分析通常要依靠相应的化学计量学方法。常用的建立定量模型的方法有多元线性回归（MLR）、主成分回归（PCA）、偏最小二乘回归（PLS）、人工神经网络（ANN）、支持向量回归（SVR）等。

1. 多元线性回归法

多元线性回归（MLR）法又称逆最小二乘法，它是研究一组自变量（x）如何直接影响一个因变量（y）的线性回归模型，也称为复线性回归分析。但由于光谱变量之间往往存在共线性问题，常常会影响参数估计，扩大模型误差，并破坏模型的稳健性。因此，人们总是希望从对因变量有影响的诸多变量中选择一些变量作为自变量，建立"最优"回归方程，以便对因变量进行预报或控制。所谓"最优"回归方程，主要是指在回归方程中包含所有对因变量影响显著的自变量而不包含影响不显著的自变量，如果漏掉对y影响显著的自变量，那么建立的回归方程用于预测时将会产生较大的偏差，如果包含的变量太多，且其中有些对y影响不大，这样的回归方程不仅使用不方便，而且反而会影响预测的精度。因而选择合适的变量用于建立一个"最优"的回归方程是十分重要的问题。选择"最优"回归方程的变量筛选法包括向前引入法、向后剔除法和逐步回归法。也可以结合其他波长筛选算法，如遗传算法等。

2. 主成分回归

主成分回归（PCR）法有效克服了MLR方法中由于变量间严重共线性引起的模型不稳定问题。主成分回归（PCR）是采用多元统计中的主成分分析（PCA）法，先对近红外光谱矩阵进行分解，然后选取主成分来进行多元线性回归运算，得到定量模型。

主成分回归法的核心是主成分分析（PCA），如上述"数据降维"部分内容所述，主成分分析通过对原坐标系进行平移和旋转变换，将多个（p个）原始变量（x）化为少数几个（m个）新变量——主成分（F），既能达到数据降维的目的又解决了数据集中的自变量共线性问题。

主成分回归（PCR）则是以m个主成分中的前k个贡献大的主成分为自变量建立回归方程。主成分个数k的取值问题，也即建模时的阶数，需要合理选择。阶数过小称为模型的欠拟合，即未能将光谱中的信息充分提取；过高的阶数所建的模型称为过拟合，过拟合的模型虽然对模型内部的样品预测效果可能较好，但预测其他样品时误差较大。

一般是以方差贡献率的大小来确定所选主成分个数，具体做法是：用建模时模型交叉验证的预测残差平方和（PRESS）或均方差（SECV）对主成分个数作图，理想的PRESS图是随主成分的增加呈递减趋势，但当PRESS值达到最低点后又开始出现微小上升或波动，说明在这点以后，加入的主成分是与被测组分无关的噪声成分。一般情况下，此最低值对应的主成分个数（如果其累计贡献能达到80%~90%）即为最佳维数（图9-17所示，最佳主成分数应选7；图9-18所示，PCR和PLS两种回归方法主成分数应分别选5和4）。

但在有些情况下，如样品集分布较窄、信息相对较弱或存在异常样品等，可能会出现非理想状态的PRESS图，较难确定最佳主成分数，这时需要对模型进行优化或人工进行确定。

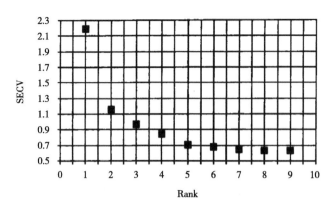

图9-17　SECV随得分矩阵的维数（Rank）变化的趋势（严衍禄等，2013）

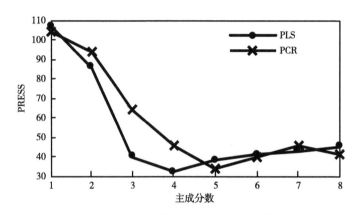

图9-18　交互验证得到的PRESS（陆婉珍等，2010）

3. 偏最小二乘回归

PLS是目前近红外光谱定量分析中主流的线性多元校正建模方法，该方法也采取了成分提取的工作方式，所不同的是，当它从自变量矩阵x中提取第一个成分F1时，它期望F1一方面能最好的概括x中的信息；同时，也对因变量y的解释能力要达到最大。它保证了主成分一定与感兴趣组分浓度（y）相关，是在与感兴趣组分浓度（y）最相关的方向投影，而不是简单的在方差变化最大的方向投影。PLS建模中同样需要确定主成分数目，方法与PCR建模中所用方法相同。

可见，偏最小二乘法对光谱阵和浓度阵同时进行分解，并在分解时考虑两者相互之间的关系，加强对应计算关系，从而保证获得最佳的校正模型。它是多元线性回归、典型相关分析和主成分分析的完美结合，这也是PLS法在近红外光谱分析中得到最为广泛运用的主要原因之一。

4. 人工神经网络

ANN是近红外光谱分析中应用较为广泛的一种非线性建模方法，其最大优点是它的抗干扰能力、抗噪声能力和它强大的非线性转化能力。它是在现代神经科学研究成果的基础上提出的，试图通过模拟大脑处理、记忆信息的方式进行信息处理。

在结构上，可以把一个神经网络划分为输入层、输出层和隐含层（图9-19）。输入层的每个节点对应一个个的输入变量。输出层的节点对应目标变量，可有多个。在输入层和输出层之间是隐含层，隐含层的层数和每层节点的个数决定了神经网络的复杂度。除了输入层的节点，神经网络的每个节点都与很多它前面的节点（称为此节点的输入节点）连接在一起，每个连接对应一个权重，此节点的值就是通过它所有输入节点的值与对应连接权重乘积的和作为一个函数的输入而得到，把这个函数称为活动函数，如果隐含层中没有活动函数的话，神经元网络就等价于一个线性回归函数。调整节点间连接的权重就是在建立（也称训练）神经网络时要做的工作。

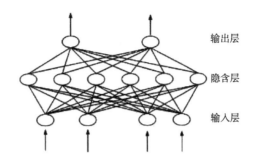

图9-19　神经网络示意图（陆婉珍等，2010）

人工神经网络有多种算法，按学习策略可以粗略地分为有监督式的人工神经网络和无监督式的人工神经网络两类。有监督式的人工神经网络的方法主要是对已知样本进行训练，然后对未知样本进行预测。此类方法的典型代表是误差反向传输人工神经网络（BP-ANN）。无监督式的人工神经网络，亦称自组织人工神经网络，无须对已知样本进行训练，则可用于样本的聚类和识别，如Kohonen神经网和Hopfield模型。

目前在近红外定量建模中，应用最多的是BP人工神经网络，它采用的是一种典型的误差修正方法。其基本思路是：把网络学习时输出层出现的与"事实"不符的误差，归结为连接层中各节点间连接权及阈值（有时将阈值作为特殊的连接权并入连接权）的"过错"，通过把输出层节点的误差逐层向输入层逆向传播以"分摊"给各个连接点，从而可算出各个连接点的参考误差，并据此对各连接权进行相应的调整，直到网络误差达到最小。这种前向BP网络有学习速度较慢，训练时间长，网络收敛慢，易陷于局部极值而训练失败等缺点。

由于神经网络隐含层中的可变参数太多，如果训练时间足够长的话，神经网络很可能把训练集的所有细节信息都"记"下来，而不是建立一个忽略细节只具有规律性的模型，这种情况称为训练过度，也就是产生"过拟合"现象。显然这种"模型"对训练集会有很高的准确率，而一旦离开训练集应用到其他数据，很可能准确度急剧下降。为了防止这种训练过度的情况，人们必须知道在什么时候要停止训练。在有些软件实现中会在训练的同时用一个测试集来计算神经网络在此测试集上的正确率，一旦这个正确率不再升高甚至开始下降时，那么就认为现在神经网络已经达到最好的状态了可以停止训练。

5. 支持向量回归

人工神经网络经常会出现拟合（学习）效果非常好，但预测却较差的现象。这主要是因为神经网络是对局部的优化，因此其推广性受到制约，同时又对训练样本极为依赖。而支持向量机由于其采用的是对多维空间的超平面的寻找，而使它的推广性非常优越。支持向量机（SVM）是一种比较好的实现了结构风险最小化思想的方法。目前，SVM算法在模式识别、回归估计、概率密度函数估计等方面都有应用，且算法在效率与精度上已经超过传统的学习算法或与之不相上下。该方法是根据统计学理论提出的一种建立在结构风险最小化原则的基础上，专门研究小样本情况下统计估计和预测的问题，它体现了兼顾经验风险和置信范围的一种折中的思想，能较好地解决小样本、非线性、高维数等实际问题。

支持向量回归算法通过升维后，在高维空间中构造线性决策函数来实现线性回归，为适应训练样本集的非线性，传统的拟合方法通常是在线性方程后面加高阶项，由此增加的可调参数增加了过拟合的风险。支持向量回归算法采用核函数解决这一矛盾，核函数代替线性方程中的线性项可以使原来的线性算法"非线性化"，即能做非线性回归。与此同时，引进核函数达到了"升维"的目的，而增加的可调参数使过拟合依然能控制。常用的核函数有多项式函数，径向基函数（RBF）核函数，Sigmoid核函数等。虽然一些试验表明在分类中不同的核函数能够产生几乎同样的结果，但在回归中，不同的核函数往往对拟合结果有较大的影响。

从理论上讲支持向量回归存在全局最优点，但是SVM方法及其参数、核函数及其参数的选择，目前国际上还没有形成一个统一的模式，也就是说最优SVM算法参数选择还只能是凭借经验、试验对比或是大范围的搜索。

（二）定性分析

有时只需要知道样品的类别或质量等级，并不需要知道样品中含有的组分数和含量，这种问题即常说的定性分析，这时需要用到化学计量学中的模式识别方法。近红外光谱的信息量是极其丰富的，样品中几乎全部有机组分的化学信息以及外观特性等物理信息在近红外光谱中都有体现，因此应用近红外光谱对复杂样品进行识别、评价、控制等都非常适合，但近红外光谱的吸光度差异通常很小，而且近红外光谱具有复杂性与多变性，因此在近红外光谱定性分析中多依靠计算机和算法来进行光谱的信息提取、比较，利用样本光谱所提供的最大信息差异进行识别或相似性分析。

模式识别方法依据计算机学习过程（或称训练过程）可分为有监督模式识别方法和无监督模式识别方法两个大的范畴。有监督模式识别方法指的是模式识别的学习过程是有监督的。一般是用一组已知类别的样本作为训练集，即用已知的样本进行训练，让计算机向这些已知样本学习，这种求取分类器的模式识别方法称为"有监督""有管理"或"有老师"的学习，其中训练集就是老师，并由这个学习过程得到分类模型，从而对未知样本的类别进行预测。无监督模式识别方法是一种事先对样本的类别未知，无须训练过程的分类识别方法。

在模式识别方法中，常见的有监督模式识别方法有线性判别法、贝叶斯（Bayes）判别法、K-最近邻法、有监督人工神经网络法如BP网络、簇类的独立软模式（SIMCA）法等。常见的无监督模式识别方法有聚类分析法、无监督神经网络法等。

1. 无监督模式的分类分析——聚类分析

无监督模式识别是在事先并不知道可能分成几类和每一类特征的条件下，只是采用一些数学方法依一定规律对已有的信息进行分类研究，使得同一类样品性质相似，而类与类之间各不相同。聚类分析是一种建立分类模式的有效方法，它基于的主要思想是"物以类聚"，即同类样本的性质（特征）是相似的，在多维空间中，距离相对小些；相反不同类的样本的（特征）性质不同，则距离相对远些。常用的有系统聚类法、K-均值聚类方法和自组织神经网络。其中，系统聚类法和K-均值聚类方法是目前聚类分析中应用最多的两种方法。

聚类分析中的重要组件是样品间的距离、类间的距离、并类的方式和聚类数目的判定。其中首先要解决的问题是什么叫两个样本相似，定义样本间的亲疏程度通常有两种，相似系数和距离。相似系数多用夹角余弦和相关系数表示，距离则多用欧氏距离和马氏距离来表示。与欧氏距离相比，马氏距离不仅考虑了相同特征变量的变化（方差），还考虑了不同特征变量间的变化（协方差），即考虑了样本的分布，在识别模型界外样品时，将发挥重要作用。

其中系统聚类法是在近红外光谱分析中应用较为广泛的一类聚类分析方法。系统聚类法的主要过程为：①计算样本之间和类与类之间的距离；②在各自成类的样本中将距离最近的两类合并，重新计算新类与其他类间的距离，并按最小距离归类；③重复步骤②，每次减少一类，直至所有的样本成为一类为止；④最后绘制系统聚类谱系图。系统聚类法是实践中应用最广的一种算法，但是系统聚类法的计算量大，而且有8种类与类之间距离的选择方案，包括最短距离法、最长距离法、中间距离法、重心法、类平均法、可变类平均法、可变法和方差平方和法，采用不同的类间距离计算方法，其结果不完全一样，有时甚至会得到截然相反的聚类结果。

K-均值聚类方法则是一种常用的动态聚类分析法，即首先给出一个粗糙的初步分类，然后按照某种原则动态修改聚类结果，直到得到合理的分类结果。K-均值聚类方法的动态修改规则是，事先认为确定一个类数k，使聚类域中所有样本到聚类中心的距离平方和最小。K-均值聚类方法简洁，收敛速度快，比较适合大样本量的情况，因此得到了广泛的应用。但是该方法需要领域专家事先确定聚类数k，若选定的不合适便会影响最终的分类结果，而且该方法对初始聚类的中心点较为敏感，有时会由于选择不当而影响最终的分类结果。

2.有监督模式的判别分析——K-最近邻法（KNN）

模式分类判别分析中最简单直观的方法就是基于距离函数的分类法。它的核心思想是使用一类的重心来代表这个类，计算待分类样本到各类重心的距离，归入距离最近的类。如果允许类中全部样本点都可有资格作为类的代表的话，就是最近邻判别法。即最近邻法不是仅仅比较与各类均值的距离，而是计算和所有样本点之间的距离，找到最近的样本，并根据最近样本进行判断。而K-最近邻法就是不仅选取一个最近邻进行分类，而是选取最近的k个进行判别。

K-最近邻法的优点是它不要求训练集的几类样本是线性可分的，也不需要单独的训练过程，新的已知类别的样本加入训练集中也很容易，而且能够处理多类问题，因此应用较为方便。该方法的主要问题是k值的选取，由于每一类中的样本数量和分布不尽相同，选用不同的k值，未知样本的判别结果可能会不同，目前k值的选取尚无一定规律可循，只能由具体情况或由经验来确定，通常不宜选取较小k值。

3.有监督模式的判别分析——SIMCA法

SIMCA法（簇类独立软模式法）又称相似分析法，是建立在主成分分析基础上的一种有监督模式识别方法，该算法的基本思路是对训练集中每一类样本的近红外光谱数据矩阵分别进行主成分分析（PCA），建立每一类的主成分分析数学模型，然后在此基础上对未知样本进行分类，即分别试探将该未知样本与各类样本数学模型进行拟合，以确定其属于哪一类或不属于任何一类。

因此，SIMCA方法有两个主要步骤，第一步是先建立每一类的主成分分析模型，第二步是将未知样本逐一去拟合各类的主成分模型，从而进行判别归类。每个类模型中的最佳主成分数可通过交互验证进行确定，每一个独立的模型可以选取不同的主成分数。SIMCA法分类模型的好坏可用识别率、误判率等指标来评价。

4.有监督模式的判别分析——定性偏最小二乘法（DPLS）

DPLS是基于判别分析基础上的PLS算法，也常称为PLS识别分析（PLS-DA）。与PLS不同的是，将Y设为二进制变量（类别变量），以取代浓度变量。例如两类则将Y分别设为0、1（对两类用PLS1方法而言），或01、10（对两类用PLS2方法而言）；三类则将Y分别设为-1、0、+1（对三类用PLS1方法而言），或001、010、100（对三类用PLS2方法而言），多类问题依此类推，再通过定量PLS方法建立模型。一般可以设定一个临界值，来判定归属，例如对PLS1模型两类（0、1）而言，如果设临界值为0.2，则分析值为-0.2～0.2的为第一类，分析值为0.8～1.2的为第二类。

与定量校正类似，由于PLS方法同时对光谱阵和类别阵进行分解，加强了类别信息在光谱分解时的作用，以提取出与样本类别最相关的光谱信息，即最大化提取不同类别光谱之间的差异，因此PLS方法通常可以得到比PCA方法更优的分类和判别结果。目前，将PLS用于模式识别受到越来越多的关注和应用，许多研究也证明了其判别结果要优于基于PCA的模式识别方法。

同样，基于上述策略也可将BP人工神经网络定量建模方法，用于近红外光谱的判别分析，与定量校正唯一不同的是输出层的差异，定量校正的输出层通常为单节点，而对模式识别一般用多节点输出。如有4类，可分别用（1、0、0、0）、（0、1、0、0）、（0、0、1、0）和（0、0、0、1）来表示。

六、模型的校验和优化

优秀的数学模型一般不可能一次建成，而是一个反复检验和优化的过程。需要通过试建以后，用不同的样品进行检验，检验模型的稳定性与可靠性，然后根据试建的结果进一步剔除建模样品中的异常样品，修改建模的谱区与其他参数、预处理方法、建模算法等，以提高模型的稳定性与可靠性，这些过程称为对模型的优化。

（一）近红外数学模型检验方法

近红外数学模型的检验分为模型内部检验和模型外部预测检验，模型内部检验又分为内部交叉检验和自我校正检验。

模型内部交叉检验是指每个参与建模的样品都要被其他样品建立的模型预测一次，也要参与到模型中去预测每个其他建模样品，具体执行的步骤是：先设定一个交叉检验的步长n，首先将第$1 \sim n$个样品拿出，用剩下的样品建立模型预测这n个样品；再将这n个样品放回到建模集中，将从第$n+1$开始的n个样品拿出，用剩下的样品建模预测这n个样品，依次交替进行直至最后一个样品。然后计算交叉验证的预测值与参比值之间的统计量，以对模型进行评价。

模型内部自我校正检验是参加建模的所有样品被其建立的模型预测，即相当于自己建模预测自己，然后计算其预测值与参比值之间的统计量，以对模型进行评价。

模型外部预测检验是利用建立好的近红外模型预测没有参加建模的已知参比值的一批检验样品（检验集样品），计算预测值与参比值之间的统计量，对模型进行评价。

以上3个检验方法中能够比较客观反映模型质量的是内部交叉检验和外部预测检验，内部交叉检验反映模型相关信息关联的是否充分，外部预测检验验证的是模型的适应性。

（二）近红外数学模型评价参数

上述检验结果需要借助一些指标来定量评价，常用的模型定量评价指标包括交互验证标准偏差（SECV）、预测标准偏差（SEP）、校正标准偏差（SEC）等。

（1）偏差或残差（d）。校正集或验证集的预测值与样品测定参比值之差。

（2）平均偏差（Bias）。校正集或验证集所有样本偏差的平均值。

（3）极差（e）。校正集或验证集所有样本偏差中的最大值。

（4）相关系数（R）。衡量模型拟合效果的一个整体评价参数，表示预测值与参比值的相关性。r接近1表示预测值接近参比值，若$r=1$则说明存在完全拟合。有时为区别起见，校正系相关系数以R表示，检验系的相关系数以r表示。

（5）决定系数（R^2）。表征回归方程在多大程度上解释了因变量的变化，也是对拟合效果评价的指标。R^2接近100%表示预测值接近参比值，若$R^2=1$则说明存在完全拟合。

（6）校正标准偏差（SEC）。建模过程模型对建模样品集中各个样品的近红外预测值与参比值之间的残差标准差，表示了预测值与参比值即真值偏离的大小。在一些商业软件中也称为均方根校正误差（RMSEC）。SEC越小，表明所建模型的质量越高，一般SEC值与参考测量方法规定的重复性相当。如果SEC过小，说明校正过程可能出现过拟合现象。

（7）预测残差平方和（PRESS）。每个样品的预测残差的平方和。在试建模型时，表示模型预测结果与样品参比值之间相符合程度的化学计量学参数。

（8）交互验证标准偏差（SECV）。试建模过程交互验证时，试建的模型对交互验证中各个样品的预测值与参比值之间的残差标准差。因为交互验证的样品没有包含在模型之内，SECV较客观地表示了模型的预测结果与参比值偏离的大小。在一些商业软件中SECV又称为均方根交叉验证误差（RMSECV）。

$$RMSECV = \sqrt{\frac{1}{n}PRESS}$$

（9）预测标准偏差（SEP）。用外部检验样品集检验校正集所建模型性能时，预测值与参比值之间偏差的标准差。SEP也称为均方根预测误差（RMSEP）。SEP与校正标准差（SEC）相对应，故SEP也可称为检验标准差。SEP越小，表明所建模型的预测能力越强，通常SEP要大于SEC和SECV。

（10）相对分析误差（RPD）。RPD=SD/SEP，SD是验证集所有样本浓度值的标准偏差，验证集样本的性质分布越宽越均匀、SEP越小，RPD值将越大。有相关标准建议，如果RPD>10，说明所建模型的准确性、稳定性非常好，可以准确地预测相关参数；如果RPD在5~10，说明模型可以用于质量控制；如果RPD在2.5~5，说明该模型只能对样品中所测成分的含量进行高、中、低的判定，不能用于定量分析；如果RPD接近1，说明SEP与SD基本相等，因此模型不能准确有效的预测成分含量。

在国内外的一些研究论文中，采用SEP和决定系数（R^2）来评价近红外光谱法的准确性，但在实际应用中，应将上述参数结合起来，进行综合评价。

SEC与SECV：同一模型，SEC一定小于SECV，但两者不应存在显著性差异，否则，表明样品代表性不好或模型信息提取不充分。

SEP与SECV和SEC：虽然通常SEP大于SEC和SECV，但也不应存在显著差异。如果SEP远大于SECV，说明建模样品的代表性差、模型信息拟合关联不够或过拟合；如果SEP远小于SECV，说明预测检验样品的代表性差。有国际相关标准规定SEP/SEC≤1.2，即SEP不能大于1.2倍的SEC。SEP/SEC可以用于评价模型的稳健性，表示模型的适配范围对待测样品的覆盖程度。

因为有 $R^2 = 1 - \dfrac{SEC^2}{SD_C}$ 的关系（其中，SD_C为校正集所有样本浓度值的标准偏差），因此可以看出，R^2的大小与浓度分布范围有关，相同的SEC，浓度分布范围越宽（SD_C越大），R^2也越大。R^2值的大小与待测性质的分布范围（SD_C）关系极大，对于分布范围很宽的性质，有可能即使R^2值接近1，其准确性也较差。

（三）异常样本剔除

剔除模型中的异常值样品是优化数学模型的一项技术，建模过程中某些样品加入模型后会使所建模型的预测精度大大降低，这些样品的化学值或光谱值称为异常值。异常值有两类，一类是这些异常值样品的化学值分析或光谱的扫描有较大的误差，在模型的样品集中剔除这些样品可以提高建模数据的有效信息率，从而提高所建模型的预测性能。另一类异常值的样品是样品的化学值与光谱值数据都是准确的，但这些样品和建模的大部分样品有较大的差异，其化学值或光谱与其他样品相比有特殊性，这类异常样品要谨慎剔除。因为在模型中加入这些样品后虽然会降低模型对一般样品的预测精度，但这些样品加入模型后提高了模型的有效信息，因此可以提高模型的适配范围。异常值包括x值错误、y值错误、校正集中的错误、检验集中的错误。以下介绍几种常用的经典方法。

1. 主成分分析与马氏距离法结合（PCA-MD）

马氏距离法（MD）也是近红外光谱异常样本数据识别经常用到的方法之一。它是通过计算样本和光谱数据集重心之间的距离来区分的。在计算马氏距离时不仅仅考虑了拥有相同维度时变量的变化，即方差，同时也考虑了在处于不同维度时变量之间的变化，即协方差。但是，如果采用全谱数据计算，计算工作量极大，且可能由于共线性的问题导致矩阵运算不稳定，因此实际应用时通常先通过主成分分析法（PCA）对近红外光谱数据矩阵进行处理，消除其各个变量之间的线性相关问题，再用主成分分析法所得到的原近红外光谱的得分矩阵来进行马氏距离的计算。剔除马氏距离大于$3f/n$（f为PLS选取的最佳主因子数，n为校正集样品数）的校正样品。

2. 残差法

一个试验点，它的残差如果比其他数据点上的残差大得多，称这样的点为异常点。光谱残差方法是首先通过PLS校正模型的光谱载荷，计算其光谱得分，再根据选定的主因子对校正集x光谱阵进行重构，得到重构后的光谱阵$\hat{x}$，计算校正集光谱残差$r = x - \hat{x}$，再计算光谱残差方均根（RMSSR），如果该值大于设定的阈值，则说明该样本是光谱残差界外样本，即该样本可能含有校正集样本不存在的组分。光谱残差方均根（RMSSR）阈值可以根据校正集的光谱残差及光谱的重复性确定。浓度残差法通常是用被检验样本的化学值绝对误差的方差与整个校正集各样本的绝对误差方差的平均值的F检验来判别。

3. 蒙特卡洛交叉验证法（MCCV）

MCCV是基于预测误差对异常样本的敏感特性，能够在一定程度上降低由掩蔽效应带来的风险，有效检出光谱阵和性质阵方向的奇异点，与传统方法相比具有较高的识别奇异样本的能力。具体算法包括：①利用PCR或PLS确定最佳主成分数；②利用蒙特卡洛随机取样法取80%的样本作校正集，剩余20%作预测集，分别建立PLS回归模型；③校正集通过第一步确定的主成分数建模，预测集用来预测每一个样本的预测误差，循环保证每个样本均被预测到，从而得到每个样本的预测误差分布；④计算每个样本的预测残差的均值（MEAN）和方差（STD），绘制样本的均值—方差分布图，从而判断异常样本。

一个好的分析模型是需要通过上述步骤进行反复验证与优化的，直至模型与样品相适配为止。

七、预测

近红外光谱校正模型经过验证后，便可对日常样本进行快速测定。但要注意以下两方面。一方面，应完全按照建模集样本的光谱测量方式采集光谱，包括仪器选择、测量方式、仪器参数设置、样品状态（颗粒度、含水量、厚度等）和温度、测样环境条件等。另一方面，需要检测模型与待测样品的适配程度。因为不可能有覆盖所有未知样本的校正模型，只有待测样本在模型覆盖的范围之内，才能保证分析结果的有效性和准确性。

八、模型的维护

因为数学模型包含了样品信息、装样条件和仪器状态等的信息，所以在使用前必须对模型是否适配于新样品的光谱做出评估，也就是要进行数学模型的适配性检测。如果模型适配性检验的结果满足需求，则可以直接进入分析层次，运用数学模型分析待测样品。如果模型不适配，则应返回进行模型的维护工作。

模型的维护又分为两类，一类称为模型的修正，另一类称为模型转移。如果待测样品本身的物化信息超出了原有模型的范围，此时模型的维护工作主要是模型的修正；如果待测样品本身的信息与建模样品信息并无区别，或者说主成分空间是一致的，但待测光谱因为装样条件、仪器状态等与建模时不一致，此时模型的维护工作主要是模型的转移。

（一）模型适配性检测

因为每个数学模型有一定的适配范围，只能适用于一定范围的样品、一定的装样条件和一定的仪器状态等，这些参数决定了模型的范围信息，进一步决定了模型容许光谱变动的范围，这就是模型适配性，也称为模型稳健性或容变性（这两个概念侧重点不同，"容变性"侧重于表述模型适配范围不同的原因，"稳健性"侧重于表述模型适配范围不同的结果）。

检验模型适配性常用的方法是利用模式识别的方法，如马氏距离法、主成分空间分布法、SIMCA法、判别分析法、模糊聚类法等，下面分别就马氏距离法、主成分空间分布法在模型适配性检验方面的应用作简单介绍。

1. 马氏距离法

在利用已有模型预测未知样品前，首先计算该未知样品与建模样品范围之间的马氏距离，如果距离超过设定阈值，则给出报警，说明模型的有效信息不能充分覆盖样品，该样品预测的效果可能较差，测定值的准确性可疑。如果报警样品的数量过多，应对数学模型进行相应维护。

2. 主成分空间分布法

光谱主成分的得分构筑成主成分空间，利用样品的主成分在空间的分布也可以对模型进行检验。做校正集和预测集样品的第一主成分和第二主成分空间分布图，如果两者分布范围一致且均匀分布，则适配；如果校正集样品和预测集样品分布在不同区域或部分待测样品落于校正集样品范围之外时，则说明模型不适用待测样品的测定。

（二）模型修正

当有模型不适配情况时，则需进行模型修正。模型的修正通常是扩充建模样品集所覆盖的（主成分）空间范围，使待测样品的信息能够涵盖在建模样品集内，因此常用的方法是在原有模型中添加几个包含新信息的新样品。原建模样品与新添加样品合并到一起重新进入模型的优化循环，并重新得到最佳模型，即为修正后的模型。利用修正后的模型在预测分析未知样品前仍需进行模型的适配性检验工作。

另一种修正方法是斜率/截距修正法，其主要原理是：在欲分析的包含新信息的样品中选择几个代表性样品，其化学值已知，用原有模型预测这几个新样品，并将预测值与真实值用一条直线拟合，记录该直线的斜率和截距，作为原有模型的修正参数。分析未知样品时，将预测数据用上述参数修正后作为其真正的预测值。

（三）模型转移

当检测发生在不同仪器之间、同一仪器的不同附件之间或不同测量时间和环境下时，模型不能适应新的变化，预测能力会下降，此时需要进行模型转移工作。实际工作中，首先应尽量保持仪器间的一致或标准化，其次还需要从数学方法上实现模型的转移。

建立长期稳健、可靠、准确的数学模型是一个相当复杂的系统工程，它需要有优秀的近红外分析软件，有经验的近红外专业人员，并掌握一大批样品资源，还要进行大量困难而复杂的开发工作。此外，在近红外光谱日常分析时，还要定期对模型和仪器进行检测。

第四节　近红外光谱分析技术在大麻中的应用

近红外光谱分析技术凭借其可以快速、无损、批量分析复杂天然样品的优势，在农业、食品、化工、医药等领域产品的定性定量分析、生产监控等方面有广泛应用。大麻植株具有有用化合物成分复杂、价值高、产业庞大且潜力大等特点，发展迅速。如果能将两者以恰当的方式有机结合，有望助力大麻产业发展。

近红外光谱（NIR）技术在大麻中应用较少，但从近两年开始出现增多趋势。开始主要用于药物型和纤维型大麻之间的定性判别，或大麻与其他植物之间的定性鉴定，还有用于预测室内栽培中大麻植物的生长阶段的研究，有关NIR应用于大麻素浓度定量分析的研究也于近几年陆续出现。

一、大麻中的近红外光谱分析研究概述

（一）大麻素类天然成分检测方面

大麻是一种化学上复杂的天然混合物，生物活性化合物种类多，包括大麻素、黄酮类、单萜和倍半萜、甾体、含氮化合物、氨基酸、糖等。其中，植物大麻素因为被赋予了广泛的药理活性，是最令研究者们感兴趣和最渴望彻底研究的一类化合物。但也由于其成分特殊性，虽然在许多国家正变得合法化和规范化，但仍受相关法律和规定严格限制，因此植物大麻素的选择性分析一直是一个热门话题，虽然也有权威检测方法可供参考和指导，但还没有实现标准化。

传统的GC-MS、GC-FID和HPLC-DAD的方法，需要制备样品、速度慢、费用高、要有专门技术人员、不环保、不能现场分析，而且从产品被没收到实验室出结果之间的时间较长，可能会造成合法产品的堵塞，给经销商造成经济损失。因此，需要一种简单的检测方法，以便执法人员在现场对这些产品进行质量控制和合法性进行鉴别，甚至是农民都可以使用的定期检测技术。而近红外光谱技术恰好具有易于使用、快速、相对便宜、无损、无须或只需要简单样品制备即可等特点。

此外，目前的大麻素分析过程中涉及样品制备、提取和分析等多个步骤，可变因素较多，再加上由于反应动力学和可能的分解引起的大麻素热脱羧等都会导致分析的复杂化和不稳定性。Citti等（2020）就针对上述因素，综述了在分析大麻素过程中可能遇到的所有陷阱和相应解决措施，旨在为分析化学家提供有价值的帮助，他们在文中也提到近红外（NIR）光谱被认为是一种很有前途的大麻素分析工具，也可用于生物流体的法律鉴定。

基于上述原因，近红外光谱技术在大麻素类天然成分检测方面的研究相对较多。

较早的报道见于2004年的一个会议摘要，Wilson等报道了利用NIR光谱鉴别药用大麻和工业大麻的研究。他们用FOSS公司的6 500近红外系统对不同植物的干燥的花顶部或叶片进行光谱扫描，将植物分为"高THC"或"低THC"品种并构建光谱库，使用光谱相关方法可以正确识别库中的所有样本。对样品集合还进行了主成分分析（PCA），从PCA得分图可以区分"高"和"低"THC含量样本。第一主成分与THC的NIR光谱相关，进一步证明了两组样品之间的差异是由于THC含量所致的。他们还用原始药用大麻样品和经溶剂萃取去掉大麻素的样品进行模型检验，结果与其THC含量一致，这证明了该分析模型用于区分"富含THC大麻"和"工业大麻"的稳健性。此项研究只涉及"高THC"和"低THC"品种的定性判别，而最早的关于大麻素定量检测的报道见于2018年。

Callado等（2018）最早探讨了利用近红外光谱技术评估大麻素含量的可能。他们还比较了用傅里叶变换近红外光谱和色散近红外光谱数据获得的分析结果。他们使用189份来自不同基因型和注册品种的研磨、干燥样品，样品是从不同条件和地点的植物的不同区域（顶端、中部、底部）采集的叶片和花，以获得具有一定变异性的相同化学类型的样品。用气相色谱法测定了大麻素类化合物CBDV、Δ^9-THCV、CBD、CBC、Δ^8-THC、Δ^9-THC、CBG和CBN的含量。同时，用色散型近红外光谱仪和傅里叶变换近红外光谱（FT-NIR）设备分别进行色谱信息收集，并使用各自的化学计量学软件，对两种仪器校正集中的每个参数进行回归建模，将光谱数据与气相色谱法测定的大麻素含量数据进行拟合，建立相应的近红外预测方程。建模时，为了避免过度拟合，用交叉验证法选择主成分数。再用独立的验证集样本进行外部检验，检验这些方程的预测结果。

色散型NIR光谱仪收集的原始光谱先经配套软件WINISI IV对189个样本进行PCA分析，确定光谱中心，然后计算离群值（GH），剔除异常样本（GH>3）的，剩余样品（187个）按GH值分为校正集和验证集（分别为131个和56个样本），以保证校正集和验证集在群体中是均匀分布的，具有类似化学成分。然后使用校正集（131个样本）对每个参数建立MPLS校正模型。4种Norris求导处理（1，5，5，1；1，10，10，1；2，5，5，1和2，10，10，1，其中第一个数字是导数阶数，第二个数字是求导间距，第三个数字是运行平均值或平滑过程中的数据点的数量，第四个数字是二次平滑）和两种散射校正算法（SNV和DT，MSC）在3个光谱区域（400~2 500nm、1 100~2 500nm和800~2 500nm）的组合提供了24个预测方程。再将这些方程应用于外部验证集（56个样本），评估方程的预测能力。结果显示，只有Δ^8-THC、Δ^9-THC和CBG方程使用数据的一阶导数预处理，其他都是使用二阶导数处理可以获得更好的结果；在散射校正方面，除Δ^9-THCV和Δ^9-THC外，SNV和DT联合预处理对结果都有改善。不同大麻素成分的PLS模型主成分数在7~12间不等。对CBD、CBC、Δ^8-THC、Δ^9-THC、CBG和CBN进行预测的验证结果显示相关性很好（R^2_{CV}值在0.91~0.99），预测标准误差（SEP）在实验室测量标准误差（SEL）的1.5~3倍（只有CBDV的SEP值超过SEL的5倍）；对CBDV和Δ^9-THCV两种大麻素的分析相关性较好（R^2_{CV}分别为0.89和0.83）。根据RPD分析，除了预测CBG和Δ^9-THCV的模型尚不适合使用（RPD分别为1.25和1.84，低于2），CBN、Δ^8-THC和CBDV模型可以被认为是适合用于筛选目的的（RPD值为2.5~2.9），Δ^9-THC、CBC和CBD的模型可被评估为良好、非常好和优秀（RPD值分别为3.07、3.79和6.03，均大于3），可见它们具有足够的精度用于常规分析。

应用FT-NIR配套软件OPUS 7.2，进行以下几种光谱预处理方法：一阶导数和二阶导数、一阶导数与矢量归一化相结合，以及一阶导数与MSC相结合，并选用一组典型的近红外应用频率区域9 400~7 500cm^{-1}、7 500~6 100cm^{-1}、6 100~5 450cm^{-1}、5 450~4 600cm^{-1}和4 600~4 250cm^{-1}来优化模型（去掉了不含信息频数段），以偏最小二乘回归（PLS）方法建立回归模型。结果显示，尽管二阶导数在大多数大麻素预测中显示出更好的结果，但用于预测Δ^9-THC的选定方程使用了一阶导数，色散系统数据也是如此。出乎意料的是，用于校正散射效应的预处理方法只在CBN（MSC预处理）和CBC（SNV预处理）的预测方程中提供了更好的效果，而色散型仪器中散射校正普遍有好效果。除CBDV和Δ^9-THCV（R^2_{CV}值分别为0.81和0.77）外，所有大麻素的R^2_{CV}值均为0.93~0.99，可见预测结果都非常好。SEP和SEL的比较结果中，除CBG具有良好的预测精度这一点不同外，其他结果均与用色散仪得到的结果相似。Δ^8-THC、Δ^9-THC、CBD和CBC具有良好的精度，Δ^9-THCV中等精度，CBDV的SEP值是SEL的5倍以上。根据RPD分析，CBN模型以及预测CBG和Δ^9-THCV的模型尚不适合使用，而Δ^8-THC和CBDV模型可被认为适合用于筛选目的。Δ^9-THC、CBC和CBD模型的RPD值都超过3甚至有达到6的，可评价为良好、非常好和优秀的模型。

综上所述，该研究团队首次建立了用色散近红外和傅立叶变换近红外（FT-NIR）仪器定量测定大麻原料中大麻素的方法学，并且显示两种方法预测结果相似，并都取得了良好预测结果。该研究组认为这种新的分析方法可以比现行的标准气相色谱法更简单、更可靠、更精确地进行估算大麻素含量。所得结果证实，在近红外光谱区域有足够的信息，可用于开发干的和磨碎的大麻植物材料中的大麻素预测模型。

另外他们还分析得到大麻材料的特征吸收带出现在1 100~2 500nm范围内的所有光谱和两种仪器中。1 450nm和1 930nm的谱带，对应于水中的-OH基团（虽然样品已经过烤干，但可能是由于样品处理过程中残留的水分造成的）；在1 210nm、1 730nm和1 760nm以及2 310nm和2 350nm附近发现了与脂质相关的带；在2 058nm和2 166nm处相关的带与蛋白质的吸收有关；而在2 078~2 110nm和2 268nm处与纤维含量有关；此外，在1 666nm处发现的吸收带对应于大麻萜烯的芳香烃。这一条带在CBD含量高于4%的样品中更为明显。

Duchateau等（2020）用近红外光谱技术，根据欧盟和瑞士法规的两种不同分类方式，对不同THC含量的大麻进行分类。他们对189个样品分别用台式和手持式近红外设备进行漫反射分析，台式NIR检测在10 000~6 000cm^{-1}光谱区域内没有特征信息，所以手提式NIR也只选用6 000~4 000cm^{-1}谱区范围。将所用样品用GC-FID法测定其THC浓度，用于有监督模式的建模分析。用双向算法

（Duplex algorithm）进行校正集和检验集样本选择，检验集占30%样本。为了消除颗粒度和光程不同的背景干扰，他们尝试了多种预处理方法及组合，所选最佳方法是台式近红外设备测得的原始光谱先进行SNV预处理后再进行二阶导数处理，用手持设备获得的原始光谱用一阶导数处理，然后用SNV处理。研究者先用无监督的聚类技术，即主成分分析（PCA）和层次聚类分析（HCA），对数据进行了近红外光谱鉴别能力的探索。最后，利用有监督模式的分类技术，即偏最小二乘判别分析（PLS-DA）、k-最近邻（k-NN）和簇类独立软模式算法（SIMCA），将光谱数据与THC浓度关联建模，并用独立的检验集样本进行外部检验。

结果显示，对于两级分类法（分为THC含量高于0.2%的和低于0.2%的），SIMCA模型最佳，台式和手持式的准确率分别为91%和93%；对于三级分类法（分为含量高于1%、0.2%~1.0%和低于0.2%三级），用PLS-DA法得到最佳模型，台式和手持设备获得的测试准确率分别为91%和95%。两种装置的未分类样本率分别为20%和21%。研究者认为应该允许一定比例的样本不被分类，因为错误分类可能导致不必要的法律程序，未分类的样本应遵循经典路线，并送至经认可的实验室，以检查其合法性。三级分类模式里中间类分辨结果较差，但可能与样本数少有关（只有11个样本）。研究结果还表明，使用台式设备和手持设备获得的模型的性能之间没有明显的差异，这意味着，手持设备可以用于大麻样本合法性的现场鉴定。但值得一提的是他们用于近红外光谱扫描的样品是需要经过简单处理的，即在68℃的烤箱中烘干至少24h，然后剥去茎和种子，给干燥的样品套塑料袋后用手压碎，但这种处理不需要用任何复杂的工具。

Risolutti等（2020）开发了一种基于MicroNIR平台的监测大麻面粉中大麻素残留的分析平台。尽管大麻面粉来源于大麻种子，通常不含THC和其他大麻素，因为大麻素主要存在于花叶中，但收获过程中也有可能会发生污染，而且意大利目前对食品中THC残留量的限量要求低于仪器检测限。因此，人们越来越关注大麻制品中大麻素类物质的监测，尤其是在用于保健品或食品用途时。在这项工作中，一个小型化的便携式设备MicroNIR被提议作为监测大麻粉中大麻素残留含量的创新平台。

为了明确3种大麻素的光谱响应和大麻粉对光谱背景的影响，他们利用模拟样品进行了初步的研究。即对市场上10种不同的大麻粉（不含大麻素），分别通过旋转蒸发器加入0.001%~0.1%（w/w）的CBD、THC和CBG作为模拟样品，进行分析。扫描得到的原始光谱经基线校正后，在1 100~1 617nm范围内进行了一阶导数变换，然后采用主成分分析（PCA），判断其可识别性，发现沿PC1平移可区分不含大麻素的大麻粉和含大麻素的大麻粉，沿PC2平移可以区分含不同大麻素的大麻粉（图9-20）。在此基础上，采用偏最小二乘判别分析（PLS-DA）建立了大麻粉和含不同大麻素的大麻粉的判别模型，并通过无误率（NER）、特异性（Sp%）和RMSE参数来评价模型的性能。得到了令人十分满意的校准结果，模型在校准和验证中提供了100%的无误率（NER%）和特异性（Sp%）以及不超过0.009%的预测误差。

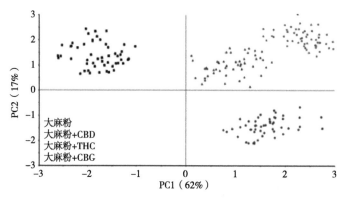

图9-20　PCA主成分空间分布

左上：大麻粉；右上：大麻粉+CBD；右中：大麻粉+THC；右下：大麻粉+CBG

为了能对大麻粉中的大麻素残留进行定量分析,研究者还将0.001%~0.1%(w/w)浓度范围的模拟样品分为校正集(约75%)和验证集(约25%),同时用GC-MS测定大麻素含量作为参比值,建立主成分个数为6的偏最小二乘回归(PLSR)分析模型,以决定系数(R^2)、预测精度、预测灵敏度、RMSEC、RMSEV和RMSEP等参数来评价模型的预测能力和性能。结果同样令人满意,如校正决定系数R^2都高于0.987 6,验证R^2也都不低于0.974 1;RMSE分别为THC0.005%(w/w)、CBD0.006%(w/w)和CBG0.007%(w/w),表明了良好的相关性。而且在MicroNIR平台上,CBD的回收量为0.3μg/mg,而GC-MS的回收量为0.5μg/mg。

他们还用所建模型对市面上的10种大麻面粉产品进行了实际检测,结果GC-MS检测结果是只有一个样品的CBD残留量约为0.03%,其余9个样品均为阴性;MicroNIR平台的检测结果相似,而且预测CBD含量是0.05%。证实了该平台用于大麻粉中大麻素残留量监测的应用前景。

用NIR光谱技术检测大麻素的最大优点是,分析只需要很少的预处理(例如研磨、干燥),速度更快,操作更简单,不涉及常规检测方法中的环境污染物。与常规分析技术相比,NIR技术的主要缺点是精度较低,这是由于近红外光谱谱峰复杂性和多变性造成的,尽管如此,随着设备、分析技术和化学计量学分析方法的改进,NIR技术被认为是常规大麻素分析和警察现场测试大麻样本的最佳选择。

(二)获取大麻植物生长信息方面

随着农业信息化、智能化技术的发展,农业生产迫切需要能准确、快速、方便、经济地获取作物相关生长信息的方法,通过生长信息的获取可以合理控制生产投入,提高生产效率。目前国内外对作物生长信息的采集主要包括表观信息的获取(如作物生长发育状况等可视物理信息)和内在信息获取(如叶片及冠层温度、叶水势、叶绿素含量、养分状况等借助于外部手段获取的物理和化学的信息)。光谱技术作为绿色分析技术,具有分析速度快、效率高、测试方便等特点,在作物生长信息获取上的应用也越来越多,主要包括近红外技术、多光谱技术、高光谱技术等,近些年和图像分析技术结合的光谱成像技术也开始应用,如多光谱成像技术和高光谱成像技术等。

Borille等于2017年报道了使用近红外光谱与化学计量学相结合的方法,对温室种植的大麻按生长阶段进行分类的研究。他们用温室里在受控条件下栽培的大麻植株,在生长5.5周、7.5周和10周3个不同时间取材,然后将收获的植物在25℃的黑暗房间中干燥6d,将干燥的植物样品(叶片、茎和花序)混合研磨,然后用NIR光谱仪直接分析。共29个样品,每样品3个重复。

从扫描得到的近红外光谱图分析得到,在约8 500cm^{-1}有CH$_3$、CH$_2$和CH的三倍频吸收带,在约6 900cm^{-1}和5 800cm^{-1}处有CH$_3$、CH$_2$和CH的二倍频吸收带;在5 000~4 000cm^{-1}的光谱区域中,有与CH$_3$、CH$_2$、CH、C-C、CHO等基团合频相关的信息。这些吸收带提供了用NIR光谱对大麻进行生长分析的可行性。因为已有研究表明大麻植物生长前几周,植物体内大麻素和萜类化合物含量会发生显著变化,而且它们的含量变化与大麻植株生长过程相关。

该研究先在原始光谱中使用iPCA来选择最佳光谱范围进行分类,以消除不相关信息,结果显示4 375~4 000cm^{-1}是分离效果最好的光谱区。光谱预处理方法是:先S-G平滑(窗口宽度15,一次多项式)去噪,然后MSC处理校正散射干扰(试验证明效果好于SNV和Euclidean归一化处理),然后再求一阶导数(S-G导,窗口宽度15,二次多项式)以消除基线偏移,最后再对每个变量进行中心化处理。

将经iPCA选择和预处理后的变量进行无监督模式的HCA和PCA相似性分类,29个样品的3个重复分别作为独立样本进行分析(即共87个样本)。结果显示,树状图显示了3个主要类群的形成,每个主要类群都包含一个被研究的植物生长阶段的大部分。此外,同一样品的所有重复彼此相似,这表明虽然植物的不同部分(叶片、茎和花序)是通过一个简单的过程(研磨)混合在一起的,但样品的不均匀性对分析几乎没有影响。然而，树状图结果虽然有良好的分离，但并没有完全正确对生长阶段进行聚类，因此需要更先进的化学计量学工具来确定生长阶段组之间的区别。主成分空间分布图结果显示，PC-1能大致区分较早（5.5周、7.5周）和较晚（10周）样品；PC-2可以大致区分3类样品，是主要区分因素；位于类间边界处的样品恰好是树状图中错误分类的样品，表明HCA和PCA两种分析结果一致。

因此研究者又采用了有监督的方法对不同生长阶段的大麻样品进行分类。采用Kennard-Stone算法将样品集（87个样本）分为训练集和测试集，也使用经iPCA选择的波段光谱信息，使用无监督模式分析相同的数据预处理方法，按不同生长阶段分为3类（5.5周、7.5周和10周），分别建立PLS-DA和SVM-DA分类模型（通过交叉验证方法确定PLS-DA模型中的最佳主成分数和SVM-DA模型中的两个重要参数），以敏感性（属于该类别的样本被正确归类）和特异性（不属于该类别的样本被归类为不属于该类别）作为评价模型的依据。结果显示，PLS-DA和SVM-DA两种判别模型在敏感性和特异性方面均取得了较好的结果（均在86%以上），用PLS-DA模型得到的错判样本与HCA分析中的错误分类样本一致，并且与PLS-DA相比，SVM-DA具有更好的分类效果（敏感性和特异性均为100%）。

从该研究看，结合化学计量学工具的近红外光谱技术可以在室内种植大麻的早期阶段预测大麻植物的生长阶段，因此为收集室内培养时间信息提供了一个快速可靠的解决方案。虽然作者认为这种方法可行的原因是植物体内大麻素和萜类化合物含量与生长阶段相关。但事实上，近红外光谱技术采集的是含H基团（如C-H、N-H、O-H等）和一些其他基团（如C=O、C-C等）的倍频和合频信息，而这些基团是植物体主要成分，包括糖、氨基酸、淀粉、纤维、蛋白质、脂类等的主要构成基团，包含丰富的化学信息，因此不只能反映大麻素和萜类化合物含量信息，同时还包含植物样品内部的部分物理信息。信息丰富的同时也是它信息分析困难的原因。但针对特异的分析目的，通过恰当的数学计算方法提取特异的光谱信息，与更多大麻生长状态信息建立关联模型，实现快速、绿色检测是可行的，只是这方面研究较少。

Daughtry等（1998）的一项研究可以证明近红外光谱可以用于收集大麻植物冠层信息并识别大麻植物。该项研究是关于遥感信息的研究，他们用400～1 000nm区域的光（其中800～1 000nm属于近红外光谱区）对不同种植时间、不同密度和不同施氮量的大麻离体叶片进行透射率和反射率分析，并以同样的光谱范围对模拟的大麻和其他一些植物的冠层反射率进行分析。其中，离体叶片透射和反射率分析中，近红外光谱区仅叶片透射率与大麻种植时间表现出一定的相关性，无法反映其他试验条件信息；冠层反射率分析中800nm与另外两个可见光波长被选为鉴定大麻和其他植物的有效波长，并且800nm处反射率表现出与LAI（叶面积指数）有一定相关性。可见用近红外光谱获得大麻植物冠层信息是可行的，但如何通过扩大信息采集波长范围，结合化学计量学算法，有效提取信息并与感兴趣的生长状态信息相关联是值得尝试和探讨的。

（三）大麻纤维成分检测研究方面

大麻纤维以其柔韧、良好的排汗吸湿性、抗紫外线能力强、天然抑菌等特点，在纺织、材料工业、日用产品等方面都有巨大应用潜力，大麻纤维及相关成分测定是大麻纤维获得、研究和开发过程中的重要工具。传统的纤维及相关成分测定方法有技术复杂、成本高、难以实现多成分的适时、同时测定等特点，而NIR技术是解决这些问题的有效工具。

Marcel等（2004）认为大麻纤维的形成是一个动态过程，为了验证这一过程，采用常规方法对大麻秆在不同发育过程、不同茎组织、不同部位、不同品种间的化学成分进行了研究，包括2000年的共204个样品和2001年的共252个样品，测得中性洗涤纤维（%NDF）、酸性洗涤纤维（%ADF）、酸性洗涤木质素（%ADL）含量。化学分析产生了一些令人惊讶的结果，如表示木质素水平的%ADL

并没有随植物发育增加；在秆心的底部和中部，%ADL约为15%，而纤维丰富的韧皮部的%ADL约为7%；%ADF和%NDF水平随发育和位置变化明显，但在品种间却无差异等。研究者认为这些结果说明大麻茎纤维变化可能不能完全归因于其整体化学成分，而可能是跟微观或形态层面上更细微的差异有关。

因此，为了寻求更快速和可靠的检测方法，他们还对上述相同的样品（分成校正集和验证集）进行了近红外光谱分析。原始光谱数据用一阶导和S-G平滑进行预处理，用偏最小二乘法（PLS）建立光谱数据与茎样品化学成分回归模型，以RMSE、R^2和Q^2检验模型。结果表明，近红外光谱分析结合适当的PLS模型可以很好地预测大麻秆中%ADF和%NDF的含量。对于%ADL，所建模型只能分别用于秆心组织或韧皮组织分析，不能同时用于两种组织的混合样品鉴定。

Kelley等（2004）用包括大麻在内的14种含纤维植物（如棉花、甘蔗、麻、剑麻、大麻、棕榈、香蕉等），对其中有的植物还选取不同部位、用不同处理方法（如热水、1%NaOH、HNO_3、苯酚等）或不进行处理的共40种组合的生物样品，同时做热裂解分子束质谱（py-MBMS）和近红外光谱（NIR）分析（文中提到由于受样品量的限制，只有23个样品进行了NIR分析，但并未提及哪23种），与化学法得到的多种糖（木质素、葡聚糖、木聚糖、甘露聚糖、阿拉伯聚糖、多缩半乳糖等）含量的参比值进行PCA分析和PLS-2建模，糖含量检测用的是配有脉冲电流检测器的高效阴离子交换色谱（HPAEC/PAD），建模主成分数为6。结果显示，用py-MBMS可以区分不同化学处理的生物样品，而NIR光谱不行；对于3种主要成分木质素、葡萄糖和木糖，用这两种光谱技术都可以得到良好的预测结果；但甘露糖、半乳糖、阿拉伯糖和鼠李糖这4种小糖的浓度与光谱信息间的相关性较弱。研究者认为改进待测成分的化学测量方法（因为参比值的准确性直接影响模型的预测能力），以及选用更好的特殊成分样品，应该会有助于构建高质量的预测模型。

（四）近红外高光谱成像技术（HSI-NIR）在大麻中的应用

光谱成像技术是将传统的光学成像和光谱方法结合，同时获得样品空间上各点的光谱，从而进一步得到空间各点的组成和结构信息。光谱成像先前多应用于遥感，如地质、农业、海洋、环境以及军事等领域，依据光谱分辨能力的不同称为多光谱成像和高光谱成像。高光谱成像又分为拉曼、紫外、可视、红外及近红外高光谱成像，其中，近红外波段的光谱域较宽，测量方式简单，测量结果中包含的关于被测试样的信息量大，成为应用最广泛的高光谱成像系统。另外为了增加数据信息范围，有的高光谱成像仪器采用可见—近红外光谱（VIS-NIR，350～2 200nm）。

近红外高光谱成像系统一般由光源、光谱相机（包含镜头或滤光片、单色器、入/出射狭缝、检测器）、计算机系统、移动式样品台等构成。

近红外光谱技术测量的是样品某一点（或很小区域）的平均光谱，因而得到的是样品组成或性质的平均结果，非常适合均匀物质的分析，但分析不同组分在不均匀混合样品中的空间及浓度分布上能力有限。近红外高光谱成像系统可以获取被测试样表面上每个点在测量波长范围内任何1个波长的影像信息光谱数据，测量结果可以更加全面地反映与被测试样整体性质和属性相关的特征。这也使其测量结果中包含的数据量非常庞大，所以必须利用相应的化学计量学方法（如数据预处理、波长选择等）提取有效信息，建立模型，从而预测被测试样的属性和特点。

因此，近红外高光谱成像技术也可以看成是近红外光谱技术与成像技术的结合，这种结合除了使其具有同时获得被测试样的光谱信息及空间信息优势，同时赋予了其与近红外光谱技术相似的无损检测特点，即测量前后被测试样的物理化学性质不发生任何变化，且无须对被测试样进行预处理，所以更适合作为在线检测手段，对生产过程及最终产品进行质量控制和监测。已应用于包括环境监测、食品药品安全监管及质量控制、临床在内的研究领域。

近红外高光谱成像技术在植物中的应用包括：①用于植物品种鉴别，如Vermaak等（2013）用短波近红外高光谱仪和多元分析的方法建立了鉴别一种中国八角（*Illicium verum*）和神经毒性日本八角（*Illicium anisatum*）的PLS-DA判别模型，对*I.anisatum*的判断准确率达98.42%，对*I.verum*的判断准确率达97.85%，Kong等（2013）用近红外高光谱数据建立了鉴别水稻种子品种的模型，PLS-DA和KNN模型的准确率超过80%，SIMCA、SVM和RF模型在两个校准样本集中的准确率均为100%；②用于生物内的相关分子检测，如Wang等（2015）以近红外高光谱数据建立了判别感染黄曲霉毒素的玉米籽粒和未感染的玉米籽粒鉴定模型，又如Schmilovitch等（2014）研究了对3个甜椒品种在550～850nm区域用高光谱成像技术测定成熟过程中的可溶性固形物、总叶绿素、类胡萝卜素和抗坏血酸含量，模型相关系数分别为0.95、0.95、0.97和0.72；③用于组织表面微小差异检测，如Berman等（2007）用NIR高光谱图像分析了澳大利亚不同品种的单个小麦籽粒表面，这些样品在商业上被描述为黑点、田间真菌或粉红色污渍等；④还有在胚乳组织内含物和组织学（如玻璃状、粉状）分类、种子活力检测、水果硬度检测等方面的应用。

Pereira等（2020）报道了近红外高光谱成像（HSI-NIR）与机器学习相结合的方法检测和鉴定大麻的可行性分析。从非法种植园收集衰老和旺盛生长大麻样品及其周围6种其他植物，同时取土壤作为背景，扫描时将鲜叶铺在土壤上，光谱采集范围928～2 524nm，仅采集与植物重要部位（如边缘、叶片、中脉和静脉）相对应的像素。光谱数据经过预处理后，进行稀疏主成分分析法（sPCA），这项稀疏PCA提供了一种有效的波长选择方法，它使用交替收缩最小二乘法（ASLS）使PCA的负荷稀疏，减少测量的带数，根据图像分析选取出4个光谱变量，用这些变量建立了稀疏SIMCA（s-SIMCA）模型。用建立的s-SIMCA模型对外部验证集进行验证的敏感性和特异性分别为89.45%和97.60%。研究者还用该模型对实测图像进行了分析，对所有图像中的大麻叶都进行了正确的识别，也可以对所有评分图像中的大麻叶进行视觉识别。这一结果证实了，此s-SIMCA在正确识别大麻品种方面具有很高的潜力，且假阳性率较低。值得一提的是，因为模型中只有4个光谱带，显示了该方法在低成本机载设备中的应用潜力，可以用于实现机载高空扫描识别大麻。

二、值得借鉴的相关近红外光谱应用举例

近年来，随着对化学计量学算法的不断研究和更新，基于近红外光谱技术的相关研究和应用大幅增加。这些研究虽然还未用于大麻产业相关领域，但对其在大麻中应用的可行性是值得探讨的，在其他植物中的这些应用和经验值得借鉴。以下是非大麻植物的近红外光谱技术应用举例。

（一）植物内含物测定

在大麻种植、管理、收获、加工、储藏及质量监控过程中，难免需要检测植物体内的各种成分。大麻更是以内含物质丰富（含有400多种化学物质）著称，其体内除常规的蛋白质、脂肪、水分、纤维、灰分、淀粉或糖等成分外，还含有以大麻素为代表的种类繁多的大量次生代谢产物。近红外光谱分析技术最大的优势是提供了田间大量快速检测多种项目的可能性。虽然早期研究中，为了消除样品不均匀性的影响，以将叶片样品采回实验室，进行简单处理（如保鲜储藏、干燥或研磨成粉末）再测定为主，但从近几年的研究看，随着检测附件、仪器性能及化学计量学方法的发展，已经逐渐发展为以原位测定研究为主，这个变化有助于实现近红外技术真正快速、便捷、无损、准确的测定相关数据。以下研究举例中涉及水分、氮、蛋白质、脂肪、果胶、铅、多酚类和多种成分检测等方面。

姜鸿等（2020）提出了一种基于近红外光谱技术的橡胶树叶片氮含量测定方法。作者选取的147个橡胶树叶片样本，在叶肉部分的上、中、下3个区域分别扫描6次（扫描波长范围926～1 678nm），取平均值作为最终的光谱曲线，以凯氏定氮法测定叶片氮含量为参比值建模。建模时，先由自适应

间隔随机蛙（AIRF）算法对全光谱进行粗选，再由竞争自适应重加权采样（CARS）对光谱波长段进行细选，最后由偏最小二乘回归法（PLSR）建立橡胶树氮素光谱诊断模型。该方法将光谱点从230点减少到22点，使用的数据量仅占总光谱的9.6%，所建模型的RMSEP为0.136 4%，R为0.980 6，R^2为0.959 6，能较好地表达橡胶树叶片含氮量与近红外数据的关系，并在橡胶树叶片含氮量估算试验中得到了较好的应用。该建模方法有效压缩冗余信息，改善特征波波段的运算速度，为便携式田间多波段光谱仪的研发提供了理论支撑。

倪超等（2019）提出了一种基于近红外光谱的马尾松苗木根部含水量预测方法，首先采集根部近红外光谱（12 493～4 000cm^{-1}）数据，经相应预处理后，多种方式建模（PLSR、SVR、SAE-ANN、SAE-SVR、VW-SAE-ANN、VW-SAE-SVR），与其他常用模型的结果相比，利用可变加权堆叠自动编码器结合支持向量机构建（VW-SAE-SVR）的预测模型预测性能最佳，校正集中决定系数达到0.970 8，均方根误差为0.635 8；预测集中决定系数达到0.941 3，均方根误差为1.027 0。该方法有效提取更多的与输出相关的高级特征，并表现出在小样本的情况下的良好预测性能。

陈积山等（2019）也以经烘干、过筛后羊草为材料，探讨和分析了4种波长优选方法与PLS结合的模型预测能力。该研究采用的4种光谱特征区间选择和建模方法包括间隔偏二乘法（iPLS）、向后区间偏最小二乘法（BiPLS）、联合区间偏最小二乘法（SiPLS）、连续投影算法（SPA-PLS）。结果表明，SiPLS方法的筛选效果最好，预测精度在96.13%以上，RPD为2.648（>2.5）；其次是BiPLS；最差的是iPLS。实际上从数据看，几种建模方法的相关系数都在0.94以上，但RMSEP和RPD表现稍有不同，可见以NIR技术建立羊草水分含量测定高精度模型是可以实现的。

果胶是汉麻纤维中的组成成分之一，其含量与汉麻纤维特性直接相关，脱胶也是汉麻纤维加工过程中的重要工艺程序，也有研究者发现从大麻麻皮的脱胶液中提取果胶成分的潜力和环境效益。因此经济、适时、有效的果胶含量测定方法也是必要的。关于NIR技术测定大麻果胶的研究还没有，但有苎麻果胶测定的相关研究。肖爱平等（2009）用62个苎麻样品经风干、粉碎、过筛，然后进行近红外光谱扫描，扫描范围950～1 650nm，光谱经中心化+MSC+一阶导数处理，与果胶含量进行偏最小二乘法（PLS）建模，该模型的R^2值为0.904，SECV为0.252。利用该模型对16个验证集样品进行果胶含量的预测，预测最小偏差为0.008，最大偏差为0.273。对测定结果和预测结果通过t-检验，显示两种方法测定结果差异不显著（$a=0.05$）。结果表明这种方法用于快速测定苎麻果胶含量是可行的，基本能接近或达到了化学分析的精度要求。

刘燕德等（2014）提出了一种应用近红外光谱技术快速检测香根草叶内重金属铅含量的方法。以烘干、研磨样品为材料，收集NIR光谱（10 000～4 000cm^{-1}），从7种预处理方法和3种波段优化选择方法中筛选出效果最佳的建模方式。即原始光谱经二阶微分预处理后，采用遗传算法波段选择与偏最小二乘法相结合（GA-PLS）所建立的数学分析模型，验证决定系数（R^2_{CV}）和均方根误差（RMSECV）分别达到了0.87和0.14，最佳主成分数为4；外部验证预测值与标准值之间的决定系数（R^2_P）为0.85，预测均方根误差（RMSEP）为0.18，相对误差范围在0.03～0.23，平均相对误差为0.12，达到了较好的预测效果。证明利用近红外光谱技术快速定量检测香根草叶内重金属铅含量具有可行性。并由GA-PLS所选取的波数点作近红外谱带的归属分析得到，能与香根草内重金属铅络合螯合的有机物中，叔醇、伯芳胺类有机物有着较大的可能性。

王勇生等（2020）探讨了利用近红外光谱技术评估高粱中粗蛋白质、水分含量的可行性。作者以收集的110份高粱样品（粉碎、过筛）作为研究对象，采用标准方法分别对粗蛋白质、水分含量进行测定，利用傅里叶变换近红外光谱仪采集样品的近红外漫反射光谱，样品重复装样扫描4次，每次扫描64次获得平均光谱，取4次扫描光谱作为样本的原始光谱。从8种不同的预处理方法中筛选出，粗蛋白质含量扫描光谱采用一阶导数+多元散射的校正光谱预处理方法，光谱范围为9 401.9～

5 443.6cm^{-1}与4 603.0～4 243.9cm^{-1}；水分含量扫描光谱采用一阶导数+减去一条直线的光谱预处理方法，光谱范围为7 500.3～6 096.5cm^{-1}与5 451.8～4 243.9cm^{-1}。然后用偏最小二乘方法结合全交互验证手段来防止过拟合现象，建立定标模型。结果显示，高粱中粗蛋白质、水分含量的近红外光谱预测模型定标相对分析误差分别为8.41、12.20；交互验证相对分析误差分别为4.97、7.97；外部验证相对分析误差分别为3.32、5.36。由结果可知，本研究建立的高粱中粗蛋白质和水分含量的近红外光谱预测模型的相对分析误差均大于评估值，具有精确地评估高粱中粗蛋白质和水分含量的应用效果。

王翠秀等（2019）为实现大豆蛋白质、脂肪含量的快速无损检测，采集350～2 500nm光谱范围内的大豆（完整大豆）近红外光谱。经PCA对样本的光谱数据异常值进行判断，根据其得分共剔除5个异常值，用Kennard-Stone算法选取建模样本及验证样本，对近红外原始光谱进行卷积平滑（S-G）+一阶微分、变量标准化（SNV）+去趋势算法（DT）、正交信号校正（OSC）处理，通过竞争性自适应重加权采样方法（CARS）筛选出特征波长，比较偏最小二乘法（PLS）、BP神经网络法所建模型，最终获得对大豆蛋白质、脂肪含量的快速、无损检测的最佳模型。结果表明，经CARS特征波段挑选后，波长的变量个数由1 981个减少为100个以下，变量压缩率大于94.95%；3种预处理方式与两种建模方式相组合，均能获得良好的检测效果；OSC+CARS+PLS建模方式是大豆蛋白质的最佳回归方式，RSEC和R_C^2分别为0.29和0.98，RMSEP和R_P^2分别为0.32和0.98；OSC+CARS+BP神经网络建模方式是大豆脂肪含量检测的最佳回归方式，RMSEC和R_C^2分别为0.46和0.99，RMSEP和R_P^2分别为0.57和0.98。表明这两类组合方式降低了模型复杂度，提高了建模精度，适用于大豆蛋白质、脂肪的近红外快速检测。

雷晓晴等（2019）建立了测定当归药材或饮片中绿原酸、阿魏酸、异绿原酸A、藁本内酯、丁烯基苯肽、洋川芎内酯I和欧当归内酯A共7种成分含量的NIR模型。将购自不同产地的当归样品共108批，粉碎、过筛、压实、采用积分球漫反射模式采集NIR光谱，每样品重复装样两次，取平均光谱用于后续分析，同时以超高效液相色谱（UPLC）方法测定当归中7种成分含量为参比，分别试验6种不同的预处理方法，经特征谱段选择后，以偏最小二乘法（PLS）分别建立当归中7种成分的分析模型。结果所建立的绿原酸、阿魏酸、异绿原酸A、藁本内酯、丁烯基苯肽、洋川芎内酯I和欧当归内酯A的最佳模型校正集相关系数分别为0.937 6、0.970 2、0.963 4、0.991 1、0.962 4、0.966 6和0.947 6；预测均方差分别为0.072 1、0.038 9、0.011 3、0.483 0、0.017 5、0.178 0和0.097 0，NIRS模型预测值与UPLC测定值具有良好的线性相关关系，模型预测效果良好、结果可靠。

顾志荣等（2020）建立了锁阳中没食子酸、原儿茶酸、儿茶素、总多糖、总黄酮含量的近红外光谱（NIR）定量分析模型，实现了锁阳中多指标成分含量的快速测定。具体方法是：收集5个省不同产地的101批锁阳样品，没食子酸、原儿茶酸、儿茶素含量的化学参考值采用HPLC法同时测定，总多糖、总黄酮含量的化学参考值采用紫外分光光度法测定，以积分球漫反射方式采集NIR原始光谱，采用化学计量学方法对原始光谱用Dixon检验剔除6个异常值，剩下的95批样品用Kennard-Stone法分为校正集和验证集，采用18种光谱预处理方法及组合，用软件的自动优化工具选择最佳波段，交叉验证法确定主因子数，以偏最小二乘（PLS）法建立NIR定量分析模型。结果显示，最佳建模参数为没食子酸（MSC+SD+S-G预处理、谱段7 943.23～4 054.63cm^{-1}、主因子数8）、原儿茶酸（MSC+SD+S-G预处理、谱段9 032.49～4 843.44cm^{-1}、主因子数10）、儿茶素（MSC+FD+S-G预处理、谱段8 954.65～4 737.98cm^{-1}、主因子数7）、总黄酮（SNV+FD+S-G预处理、谱段9 178.21～4 104.45cm^{-1}、主因子数8）、总多糖（SNV+FD预处理、谱段8 974.65～7 137.98cm^{-1}、6 937.98～4 054.65cm^{-1}、主因子数7）；所建没食子酸定量校正模型的R^2为0.963 4，RMSEC为0.651 8，RMSEP为0.607 6，交叉验证R^2为0.914 9，RMSECV为0.898 7，外部验证相对误差在0.84%～7.0%，平均回收率为101.6%。原儿茶酸定量校正模型的R^2为0.957 1，RMSEC为0.798 3，

RMSEP为0.465 2；交叉验证R^2为0.927 5，RMSECV为0.976 0，外部验证相对误差在1.8%～6.3%、平均回收率为99.6%。儿茶素定量校正模型的R^2为0.947 6，RMSEC为0.408 6，RMSEP为0.413 9；交叉验证R^2为0.920 7，RMSECV为0.578 3；外部验证相对误差在1.1%～6.6%，平均回收率为98.9%。总黄酮定量校正模型的R^2为0.925 7，RMSEC为0.835 9，RMSEP为0.796 4；交叉验证R^2为0.908 1，RMSECV为0.885 1；外部验证相对误差在0.19%～6.3%，平均回收率为101.8%。总多糖定量校正模型的R^2为0.932 9，RMSEC为0.265 3，RMSEP为0.251 1；交叉验证R^2为0.893 9，RMSECV为0.387 3；外部验证相对误差在0.44%～6.1%，平均回收率为102.1%。结论是所建模型预测结果准确、可靠，可以实现对锁阳中多成分的定量分析。

Hazarika等（2018）报道了一种利用漫反射近红外光谱技术快速、现场估算茶叶主要质量指标之一的总多酚含量的工业装置。在检测系统中，新鲜采摘的茶叶用加热系统干燥，加热系统的设计能使茶叶的含水量降低到3%～4%。然后将干燥的叶子磨碎并通过一个250mm的筛网进行筛分。这样产生的样品被自动放置在近红外光束前，并立即对总多酚进行评估。为了确定模型参数，作者用全波段（900～1 701.5nm）和按文献中多酚类吸收特征波段（1 460～1 624.50nm），SNV、MSC两种数据预处理方法，PLS建模，建模因子数和预处理方法选择通过留—法交叉验证（LOOCV）确定，结果以MSC预处理效果最好，平均预测精度91.7%。以100个样品进行外部检验，所得RMSEP、R和RPD分别为0.516 2、0.925和8.845，表明模型预测效果令人满意。该设备已经在印度某茶园中于2017年4—10月的茶季中，已经测试了200多个样本。

（二）育种方面的应用

任何作物的产业发展都离不开优质品种，大麻也不例外。而优质品种的繁育离不开快捷高效的检测方法，为育种工作提供育种材料的高效筛选策略，是提高育种工作效率的重要途径。而NIR技术的快速、无损、多指标同时检测恰好可以为解决此问题提供有效途径。

卢万鸿等（2020）认为研究桉树控制授粉后目标性状的基因作用方式，是探索其基因重组规律的重要内容。常规的数量统计分析精度往往不高，而DNA分析的专业要求高，且费时费力。该研究利用近红外光谱（NIRs）研究不同基因型桉树杂交种、亲本及杂交种与亲本间近红外光谱信息的关系，探索NIRs用于桉树杂交种与其亲本判别的可行性和准确性。以控制授粉的桉树亲本及其杂交F_1代材料为对象，每种基因型从各自田间试验分别选取10个单株，采集树冠中上部新鲜健康叶片。用手持式近红外仪Phazir Rx（1624）采集桉树杂交种与其亲本叶片的NIRs信息。每单株选10片完全生理成熟的健康叶片，避开叶脉扫描其正面光谱5次，以均值代表单个叶片的NIRs信息，最终每个基因型获得10条NIRs信息。对原始NIRs采用二阶多项式S-G一阶导数预处理。预处理后的NIRs用于多元统计分析，首先对桉树杂交亲本和子代样本进行主成分分析（PCA），直观展示不同基因型的分类情况。然后运用簇类独立软模式（SIMCA）和偏最小二乘判别分析（PLS-DA）两种有监督的判别模式验证NIRs用于桉树杂交种与其亲本树种的分类判别效果。PCA结果显示，不同的亲本间、杂交种间及杂交种与亲本间样本的主因子得分可以清晰地将各基因型分开。SIMCA模式判别分析中，桉树杂交种样本到亲本PCA模型的样本距离显示，待判别样本能够形成单独的聚类，且能直观反映两者的遗传相似。PLS-DA判别结果显示，桉树杂交亲本的PLS模型能通过预测其杂交子代的响应变量将其与亲本准确分开。结果表明，NIRs判别模型可以准确地将各种基因型予以区分。而且NIRs信息不仅可用于桉树杂交种和纯种的定性判别，还可以反映桉树的遗传变异程度，即桉树杂交F_1代来自亲本的加性遗传效应的大小。

叶佳丽等（2020）建立亚麻籽粒蛋白质、亚麻酸和木酚素含量定量分析模型，为油用亚麻营养品质育种提供检测方法，提高育种效率。研究组从853份种质亚麻材料中，选择200份材料构建近红外光谱分析模型。使用净分析信号光谱预处理（NAS，从7种预处理方法中筛选所得）和偏最小二乘法（PLS）建立了蛋白质、亚麻酸和木酚素含量近红外模型。用分析模型对种植在3个不同环境内、不同年份的200个亚麻种质蛋白质、亚麻酸和木酚素含量进行预测和变异性分析。结果表明，亚麻籽蛋白质、亚麻酸和木酚素含量建模标准偏差分别为0.752 6、0.594 3和0.148 3；建模相关系数分别为0.978 4、0.996 9和0.994 3；预测平均偏差分别为-0.244 1、1.227 1和0.052 1；预测标准偏差分别为2.789 6、8.245 9和1.016 3；外部检验相关系数分别为0.920 7、0.888 5和0.965 9；200个亚麻种质的蛋白质、亚麻酸和木酚素含量变异范围广，均符合正态性检验；相同环境木酚素与亚麻酸含量均呈正相关、木酚素与蛋白质含量均呈负相关、亚麻酸与蛋白质含量呈负相关；不同环境蛋白质、亚麻酸和木酚素变异系数存在差异，其中蛋白质含量变异系数最大，表明蛋白质受环境条件影响较大，遗传较不稳定。结果表明所建分析模型是可靠的，并且可用于大量亚麻样本蛋白质、亚麻酸和木酚素含量快速、无损检测。研究组还使用该模型，从863份亚麻种质资源库中筛选出亚麻酸70%以上种质12份，蛋白质含量低于10%以下种质8个，木酚素含量高于10%种质11份。该研究可为育种和相关研究提供关键材料，为亚麻品质改良提供技术和材料。

（三）土壤检测

早期，NIR技术在土壤检测方面的应用主要集中在土壤有机质方面，因为NIR光谱主要承载的是含氢基团的倍频和合频信息，主要用于有机成分的测定，一般认为矿物质在近红外区没有吸收，原理上认为不能被近红外光谱感应到。但实际上有研究者认为，可以通过矿质元素与某些含H有机物的关联间接检测出来。例如刘燕德等（2012）的研究发现，植物中的重金属离子以一定形式与具有近红外吸收的有机分子基团结合，因此可借助NIRS技术间接检测其重金属离子含量。

程介虹等（2020）针对近红外光谱数据的多重共线性问题，以108个（建模集81，预测集27）土壤样本NIR光谱数据和土壤有机质（SOM）含量为研究对象，通过连续投影算法（SPA）、间隔偏最小二乘法（iPLS）和竞争自适应重加权采样法（CARS）3种典型的特征波长选择算法进行近红外光谱波长选择，并基于所选取的特征波长，进行MLR或PLS建模并分析其预测能力。结果显示，4种建模方法FULL-PLS、SPA-MLR、IPLS-PLS、CARS-MLR变量数分别为1 050、6、35、34，预测相关系数R_p分别为0.91、0.97、0.94、0.94，预测均方根误差RMSEP值分别为2.01、1.21、1.74、1.69。从结果可以看出4种建模方式都表明土壤的NIR与SOM之间存在较好的相关性，其预测集的相关系数都大于0.9，更加证明了土壤NIR光谱特性可以对SOM含量进行预测；经3种方法提取特征波长后建模，不仅能简化模型的复杂度，提高模型的计算效率，而且预测能力均优于全谱模型，其中基于SPA算法的MLR预测模型精度最优。

Wang等（2020）报道了一种基于可见光—近红外光的土壤重金属反演及吸附机理研究方法。作者以80份土壤材料测光谱反射率（350～2 500nm），并以电感耦合等离子体质谱法（ICP-MS）检测Cr、Cd、Cu、Pb和Zn含量作为参比值。然后，土壤光谱经过包络线去除处理，与重金属相关的吸收峰在480nm、1 780nm、2 200nm附近，所显现的吸收峰主要受土壤中的铁/锰氧化物、有机质、黏土矿物的影响。在吸收峰位置提取了光谱吸收特征的4个参数$Depth_{480}$、$Depth_{1780}$、$Depth_{2200}$、$Area_{2200}$，分析了它们随5种重金属含量变化的增减趋势，发现4个参数数值与5种重金属含量有很强的相关性。分析单个变量反演重金属发现，参数$Depth_{480}$反演Cr和Pb的效果较好，参数$Area_{2200}$、$Depth_{1780}$反演Cd、Cu和Zn的效果比较好。同时使用4个光谱吸收特征参数，利用最小二乘法（LS）、岭回归法（RR）、支持向量回归法（SVR）求取回归系数，建立的5种重金属含量的反演模型比使用单变量建立的反演模型预测能力强且稳定，5种重金属Cr、Cd、Cu、Pb和Zn反演效果最好的验证集决定系数分别是0.71、0.84、0.92、0.80和0.89。结果表明，在此研究区域Cr和Pb容易被铁/锰氧化物吸附，而

Cd、Cu和Zn更容易被有机质、黏土矿物吸附，本研究为探究土壤光谱特征与土壤重金属含量之间的关系提供了参考。

方向等（2019）建立了利用可见—近红外光谱技术对土壤速效磷含量定量估测方法。采集农田土壤样本可见—近红外光谱数据，土壤样本共179个。在原始光谱基础上采用Savitzky-Golay卷积平滑、一阶微分、二阶微分、标准正态变换、多元散射校正以及去趋势校正等单一及其组合对原始光谱数据进行预处理，然后将可见—近红外光谱分为2个波段范围（400~850nm和950~1 600nm）并与全波段分别建立偏最小二乘回归和最小二乘支持向量机回归模型。结果表明Savitzky-Golay卷积平滑结合去趋势校正预处理效果最好，在此基础上，利用400~850nm波段建立的最小二乘支持向量机模型取得了最佳效果，其模型验证集的决定系数为0.78，均方根误差为3.79mg/kg，相对分析误差为2.17。因此，采用最小二乘支持向量机回归建模法建立土壤速效磷的光谱定量分析模型，可实现土壤速效磷的定量估测。

方向等（2019）的另一项研究还建立了可见—近红外光谱技术对土壤速效氮（AN）含量定量估测方法。以皖南地区采集的188份黄红壤样本（自然风干、磨碎、过筛）为研究对象，利用便携式地物非成像光谱仪获取原始光谱数据，每个土壤样本测量10条光谱，取其平均值作为土壤样本的原始光谱。首先，分析样本在350~1 657nm（去除了首尾信噪比较低的波段）波段经过预处理变换的平均光谱反射率曲线特征，再基于原始光谱，以及经29种预处理变换后的光谱，分别结合偏最小二乘回归（PLSR）和径向基核函数（RBF-PLSR）算法，建立60个针对土壤速效氮含量的预测模型。结果显示，基于Savitaky-Golay卷积平滑和对数变换预处理（S-G+LG）的光谱，用PLSR建立的模型最适用于土壤速效氮含量的校正预测，其在建模集中的R^2=0.94、RPD=3.88，预测集中的R^2=0.91、RPD=3.38。该模型达到A类预测精度，可实现对土壤速效氮含量的定量估测。而以RBF-PLSR方法建模时，利用LG进行预处理效果最好，建模集的R^2=0.98、RPD=6.84，预测集R^2=0.90、RPD=3.20，达到了较高的精度，属于A类预测模型，也具有极强的预测能力。但总体来看，线性模型和非线性模型的建模效果相差不大，但是线性模型的预测效果总体上要优于非线性模型。作者认为这可能是因为土壤光谱数据和土壤AN含量之间存在较多的线性关系，而线性关系有利于模型的构建，因此线性模型的效果要优于非线性模型。值得一提的是，文中对各种预处理方法对建模结果的影响作了详细讨论。

（四）加工过程监控

近红外光谱分析仪除可用于实验室分析外，还可用于工农业生产过程中的检测，包括品质分析和质量控制，例如原料的快速鉴定，复杂混合物的多组分定量分析。配以相应的附件或利用专用的在线分析仪，可以实现在线过程分析。近些年，随着过程分析技术（PAT）在制药等领域中的兴起，近红外光谱技术尤其是在线分析的应用有了显著提升。目前，我国几乎所有著名的中药制造商都采用NIR光谱技术对整个提取、纯化、浓缩和混合生产过程中的关键阶段进行了监测。自从NIR技术发展以来，传统中药的产品质量变得更加稳定，能显著节约时间和提高生产力。此技术可以借鉴应用于大麻素的获得、纤维处理工艺、大麻综合利用等方面的研究。

Sluiter等（2013）研究了将NIR技术用于生物质燃料和化学品的生产过程中，生物质预处理过程的中间体成分预测。生物质燃料生产中在将木质纤维素生物质转化为生物燃料之前，需要对整个材料进行预处理，释放半纤维素，并使纤维素更容易进入随后的加工步骤。而整个过程的关键是需要准确和精确的分析数据，量化生物质原料、中间产品和最终产品特性都是必需的。传统方法需要先将预处理产生的浆料（由水相和含有不溶性成分的固相组成）进行两相分离，固相还要经过洗涤、干燥、研磨等过程才能进行分析，费时费力。研究者用近红外（NIR）模型成功地预测了样品的组成，而且可以避开固相分析前的大量分离、洗涤和干燥工作。

该研究建立了两种模型，一种是用于预测经分离、洗涤和干燥后的固相的化学组成模型；另一种是使用整个浆料样品（不分离）的光谱来预测固体组成的模型。用洗涤和干燥后固体建立的模型成功地预测了葡聚糖、木聚糖和木质素（R^2分别为0.97、0.99和0.98，RMSEC分别为1.5、0.8和0.8），所得RMSEC值范围与常规化学分析误差范围相似；用于整个浆料的预测模型对葡聚糖、木聚糖和木质素的预测R^2值分别为0.93、0.93和0.95，RMSEC值分别为2.3、1.7和1.0，RMSEC值范围比化学分析误差范围大。与洗涤和干燥预处理固体模型相比，整个浆料的预测模型的预测误差虽然稍大，但预测效果仍然是令人满意的，更重要的是它消除了分离固体所需的大量准备时间，并提供了即时的结果。研究者还提出未来的工作可能需要通过在不同的NIR系统上重建浆料模型，以去除液相背景的干扰。

Fan等（2015）报道了利用NIR光谱快速、高效地监测甜高粱秸秆固态发酵过程的研究，研究者监测甜高粱茎秆中可溶性糖转化为乙醇过程中的糖、乙醇、水的质量分数和pH值等工艺参数，取得了良好的预测结果；Ren等（2015）以NIR光谱技术确定粘胶人造丝天然纤维素浆的反应性，天然纤维素浆的反应性是粘胶纤维溶解浆生产过程的关键参数，传统的纸浆分析方法费时、费力、污染，可行性研究结果表明，NIR光谱能快速、准确地预测天然纤维素浆的反应性，并能用SIMCA法区分反应性合格浆样品与不合格浆样品。

近年来，近红外光谱技术与MSPC（多元统计过程控制）方法相结合的生产过程适时分析技术在药物制造、生物制造、食品与饲料生产等领域得到了广泛应用。该方法是利用正常状态下过程的测量信息建立多元统计模型（如PCA或PLS等模型），将大量的过程变量通过多元统计的方法投影或映射到由少量隐变量定义的低维空间中，并计算各时间点的控制参数（或称统计量），如PC scores、Hotelling T^2、平方预测误差（SPE，也称Q统计量）或DModX（残基标准偏差）等，以统计量对过程进行描述得到过程运行轨迹，并根据轨迹间的波动范围确定监控限。将新批次的监控数据投影到建立的统计学模型上，通过和正常波动的比较来判断当前批次是否处于受控状态，及时检测异常状况，诊断并最终排除故障，最终提高过程控制能力和产品质量一致性。

杨越等（2017）建立了金银花提取过程多变量统计过程控制（MSPC）模型，对金银花提取过程进行在线监控。作者采用近红外光谱（NIRS）仪在线采集14批次金银花提取过程光谱数据，其中含8个正常批次和6个异常批次（包括模拟投料异常批次4个、工艺异常批次2个），以其中的6个正常批次为训练集，其余的为验证集。提取过程中每分钟采集1次，每批共采集60张光谱，选取波段12 000～5 400cm⁻¹（1 712个波长变量点），选用一阶导数结合Savitzky-Golay平滑方法进行预处理。再建立MSPC模型，建模时将三维矩阵（批次×时间×光谱变量）中的批次和时间变量合并，构成二维矩阵，对定量指标构建PLS回归，采用主成分得分、Hotelling T^2和DModX控制图来监测投料及过程操作参数等异常波动。此外，还利用过程光谱进行了PCA分析，建立了金银花提取过程轨迹，反映了提取过程随时间变化的趋势。结果应用建立的MSPC模型可观测到金银花提取过程的质量变化，对正常批次的监控未出现误报，稳定性和重复性良好。因为有主成分控制图和Hotelling T^2控制图均未监测到的2个批次的异常，被DModX控制图监测到，作者认为由于DModX统计量反映的是所有被监控变量的误差部分，所以其包含了全部的变量信息，可以与主成分控制图和Hotelling T^2控制图形成互补，3种控制图联合使用可及时准确地识别异常情况的发生。

徐敏等（2017）以上述相似的方法建立了五味子提取过程的在线监测方法；Huang等（2011）将该技术应用于丹参注射液醇沉过程的在线监控，可准确区分正常批次与加醇过量、原料差异、搅拌桨故障、蠕动泵故障等人为设定的故障批次；陈厚柳等（2015）建立了银杏叶提取物柱色谱洗脱过程的在线监测模型，可有效识别包括上样量偏低或偏高、洗脱溶剂乙醇浓度偏低或偏高、流速偏低等多种过程异常。

（五）病虫害诊断

优质大麻品种虽然表现出良好的抗性，但在实际栽培过程中仍然面临难以避免的病虫害威胁。有植物学家曾指出，如果能在植株出现病症之前检测出染病，及时进行药物处理的治理效果较好。鉴于现有检测方法，如肉眼观测、分子检测、统计学方法预测等都很难实现快速准确的在线早期检测，因此需要应用新的技术方法来进行病害的早期检测。由于近红外光谱能够反映物质的颜色以及内部组分信息，因此，染病作物和正常作物相比，其光谱信息会发生变化，并能在部分光谱波段上反映，可用于监测植物病害的研究。不同的害虫在近红外区域有不同的吸收光谱，每种成分都有特定的吸收特征，为NIRS技术实现害虫的自动识别提供了可能。

贺胜晖等（2020）以3个主要柑橘品种，选取涵盖多种类型的黄化特征叶片，每片叶片采集3个点，共1 620条近红外光谱（950～1 650nm）数据，对照柑橘黄龙病PCR国家标准检测结果，分别采用3种单特征提取单分类器方法：主成分支持向量机（P-SVM）、主成分偏最小二乘线性判别分析（P-PLSLDA）和谱回归偏最小二乘线性判别分析（K-PLSLDA），以及一种多特征提取单分类器方法：谱回归主成分偏最小二乘线性判别分析（KP-PLSLDA）建立判别模型。结果显示基于谱回归核判别分析（SRKDA）和主成分分析（PCA）融合进行特征提取的集成分类模型的正确率可达98.52%，精度在98.57以上，F2得分可达98.01%，明显优于单特征提取单分类模型，证明利用集成分类模型进行柑橘黄龙病的无损检测是可行的；而且发现柑橘品种间的内部差异会对检测模型和特征提取算法产生明显影响；与单分类器模型相比，多分类器模型的分类性能受柑橘品种间的内部差异影响更小，模型鲁棒性明显提升。他们的工作为其他领域的光谱分类提供了一种有价值的参考策略。

Cagnano等（2020）使用近红外光谱和化学计量学方法建立了定量分析异质性内生真菌感染的草甸羊茅样品中的生物碱和菌丝生物量的方法。与无内生真菌的牧草相比，内生真菌感染的牧草品种通常在病虫害压力较大的地区使用，因为其能表现出较好的抗性。昆虫拒食Epichloë-感染的草的主要原因是其体内产生次生代谢产物麦角生物碱、吲哚二萜类、吡咯里西啶类和有机胺类4种生物碱。这些生物碱的浓度通常采用高效液相色谱或气相色谱分析法，这些方法准确，但相对昂贵和费力。该研究建立了一种基于近红外光谱（NIRS）的快速检测和定量检测真菌Epichloë感染的草甸羊茅野生材料中吡咯里西啶类生物碱的方法。采集光谱范围1 100～2 000nm，自动算法随机分离校正集和验证集（3∶1），试验光谱预处理方法有求均值、DT、SNV、SNV+DT并进行平滑和求导，马氏距离法剔除异常值，PCA分析、交叉验证确定主因子数，MPLS方法建模。得到的近红外定量方程预测N-乙酰黑麦草碱（N-acetylloline）、N-乙酰降黑麦草碱（N-acetylnorloline）、N-甲酰黑麦草碱（N-formylloline）和三者总量的相关系数分别为0.90、0.78、0.85、0.90。并利用所获得的近红外光谱，建立了一个相关系数为0.75的植物体内真菌生物量预测方程。

杨增冲等（2017）先使用传统的聚合酶链式反应技术检测番茄植株是否有黄化曲叶病的抗病基因，进而确定植株是否具有抗病性；采集鉴定后的植株叶片（共234个叶片样本，97个有抗性样本，137个无抗性样本，每棵植株不同部位取2～3片），按2∶1划分成训练集和预测集，试验的预处理方法有MSC、SNV和SNV+DT 3种，以支持向量机（SVM）方式建立抗病性的识别模型，通过网格搜索法并结合交叉验证法选择出最佳的惩罚参数c和参数γ。结果表明以标准正态变量变换和去趋势算法（SNV+DT）预处理后，构建的模型在$c=84.448\,5$、$\gamma=1$时，对样本的分类最为准确，对预测集的识别准确率可以达到96.153 8%，模型的泛化能力也最好，表明通过近红外光谱技术可以识别番茄植株对黄化曲叶病是否具有抗病性。

马伟等（2016）利用光谱反射率差异区分健康植株与患病植株，通过基于光谱特性的研究提前获知病情，在最关键的潜伏未表征早期进行防治。试验选用万寿菊幼苗作为研究对象，采用人工接种一定数量的黑斑病孢子在其叶片上，并对不同染病对照组开展黑斑病侵染的监测试验。染病植株30

盆，对照植株10盆，每盆采两次数据，叶片随机选取，共80组数据。因为叶片无法全部遮住叶片夹的有效部位，为了降低采样部位的人工误差和光谱信号随机误差，先将侵染的30盆样本和CK 10个样本的光谱数据求平均曲线，对光谱数据进行S-G卷积平滑和多元散射校正（MSC）预处理，然后用主成分分析（PCA）的完全交互验证的方式提取主成分，结合得分图中样本点的聚集情况和空间位置，以最大化类间距离和最小化类内距离原则反复进行运算和筛选，直到基于最大载荷图选取最佳的主成分对应的8个特征波长。将特征波长作为特征变量采用簇类的独立软模式（SIMCA）分类法进行有监督模式的识别。结果显示采用S-G处理消除误差效果更好，经主成分分析和最大载荷提取特征波长能将变量压缩到9个，显著提高计算效率，准确率可到98%以上。表明该模型应用于该品种菊花叶片潜伏期病害识别是成功的，但对于其他品种未得到验证。

相关应用还有很多，在此不一一列举。从上述NIR技术应用中可以看出，虽然光谱数据与化学参比值或性状的关联建模过程非常复杂、烦琐、工作量大、专业技能要求高，但一旦建立了一个或多个具有一定适配性和容变性的稳健模型，甚至是定制专用便携设备，便可以实现地域性（环境条件相似的多地）的，现场一次扫描就可以适时地获得众多指标的检测结果，且操作简单。当然模型更新和维护工作也必须相配套，或者借助一些公司或科研机构提供的网络光谱库的共享资源也是一个途径。

参考文献

曹森学，杜晗笑，郑振荣，等，2017. 脱胶工艺对汉麻纤维抗菌性能的影响研究[J]. 成都纺织高等专科学校学报（3）：69-74

陈厚柳，2015. 银杏叶提取和层析过程在线质量控制方法研究[D]. 杭州：浙江大学.

陈积山，张强，刘杰淋，等，2019. 基于近红外预测羊草水分含量的特征光谱模型研究[J]. 草地学报，27（6）：1774-1780.

程介虹，陈争光，张庆华，等，2020. 不同波长选择方法在土壤有机质含量检测中对比研究[J]. 中国农业科技导报，22（1）：162-170.

褚小立，刘慧颖，燕泽程，2016. 近红外光谱分析技术实用手册[M]. 北京：机械工业出版社.

褚小立，史云颖，陈瀑，等，2019. 近五年我国近红外光谱分析技术研究与应用进展[M]. 分析测试学报（5）：603-611.

褚小立，袁洪福，陆婉珍，2004. 近红外分析中光谱预处理及波长选择方法进展与应用[J]. 化学进展，16（4）：528-542.

方向，金秀，朱娟娟，等，2019. 基于可见—近红外光谱预处理建模的土壤速效氮含量预测[J]. 浙江农业学报，31（9）：1523-1530.

方向，王文才，金秀，等，2019. 土壤速效磷可见—近红外光谱检测方法[J]. 江苏农业学报，35（5）：1112-1118.

龚玉梅，张炜，2008. 近红外光谱检测技术及其在林业中的应用[J]. 光谱学与光谱分析，28（7）：1544-1548.

顾志荣，马转霞，孙岚萍，等，2020. 近红外光谱法快速测定锁阳中多指标成分含量[J]. 药物分析杂志，40（6）：1076-1089.

郭志明，郭闯，王明明，等，2019. 果蔬品质安全近红外光谱无损检测研究进展[J]. 食品安全质量检测学报，10（24）：8280-8289.

郭志明，黄文倩，陈全胜，等，2016. 苹果腐心病的透射光谱在线检测系统设计及试验[J]. 农业工程学报，32（6）：283-288.

贺胜晖，李灵巧，刘彤，等，2020. 柑橘黄龙病检测的近红外光谱集成建模方法[J]. 分析科学学报，36（4）：287-281.

黄思齐，郑振荣，杜换福，等，2019. 大麻麻皮果胶成分的提取[J]. 印染（4）：16-20.

姜鸿，唐荣年，叶林蔚，等，2020. 基于AIRF-CARS波段选择算法的橡胶树叶片氮含量定量研究[J]. 海南大学学报自然科学版，38（2）：166-171.

蒋焕煜，应义斌，谢丽娟，2008. 光谱分析技术在作物生长信息检测中的应用研究进展[J]. 光谱学与光谱分析（6）：1300-1304.

雷晓晴，王秀丽，李耿，等，2019. 近红外光谱法快速测定当归中7种成分的含量[J]. 中草药，50（16）：3947-3954.

李文龙，瞿海斌，2016. 基于近红外光谱技术的"过程轨迹"用于中药制药过程监控的研究进展[J]. 中国中药杂志，41（19）：3506-3510.

刘翠玲，胡玉君，吴胜男，等，2014. 近红外光谱奇异样本剔除方法研究[J]. 食品科学技术学报，32（5）：74-79.

刘桂霞，王新谱，李秀敏，2009. 近红外光谱检测技术在害虫检测中的应用[J]. 光谱学与光谱分析，29（7）：1856-1859.

刘燕德，李轶凡，龚志远，等，2017. 鸭梨黑心病可见/近红外漫透射光谱在线检测[J]. 光谱学与光谱分析，37（12）：3714-3718.

刘燕德，施宇，2014. 香根草叶片铅含量的近红外光谱快速检测[J]. 农业机械学报，45（3）：232-236.

刘燕德，施宇，蔡丽君，等，2012. 基于近红外漫反射光谱的丁香蓼叶片重金属铜含量快速检测研究[J]. 光谱学与光谱分析，32（12）：3220-3224.

卢万鸿，李鹏，王楚彪，等，2020. 桉树杂交种与其亲本的近红外光谱判别[J]. 光谱学与光谱分析，40（3）：873-877.

陆婉珍，袁洪福，褚小立，2010. 近红外光谱仪器[M]. 北京：化学工业出版社.

陆婉珍，袁洪福，徐广通，等，1999. 现代近红外光谱分析技术[M]. 北京：中国石化出版社.

陆婉珍，袁洪福，徐广通，等，2007. 现代近红外光谱分析技术[M]. 第二版. 北京：中国石化出版社.

倪超，张云，高捍东，2019. 基于NIRs的马尾松苗木根部含水量预测模型[J]. 南京林业大学学报（自然科学版），43（6）：91-96.

聂志东，韩建国，张录达，等，2007. 近红外光谱技术（NIRS）在草地生态学研究中的应用[J]. 光谱学与光谱分析，27（4）：691-696.

石鲁珍，张景川，王彦群，等，2016. 马氏距离与浓度残差剔除近红外异常样品研究[J]. 中国农机化学报，37（6）：99-103.

术希，邵咏妮，吴迪，等，2011. 稻叶瘟染病程度的可见—近红外光谱检测方法[J]. 浙江大学学报（农业与生命科学版），37（3）：301-311.

孙文苹，宫会丽，王梅勋，等，2015. 适合近红外光谱数据特征的降维方法对比分析[J]. 微型机与应用，34（1）：78-80.

孙宇峰，2017. 纤维大麻高产栽培技术的研究现状[J]. 中国麻业科学，39（3）：153-158.

王春雷，崔海洋，2018. 青冈县汉麻高产栽培技术[J]. 现代农业科技（23）：33-35.

王翠秀，曹见飞，顾振飞，等，基于近红外光谱大豆蛋白质、脂肪快速无损检测模型的优化构建[J]. 大豆科学，38（6）：968-976.

王勇生，李洁，王博，等，2020. 基于近红外光谱技术评估高粱中粗蛋白质、水分含量的研究[J]. 动物营养学报，32（3）：1353-1361.

吴建国，石春海，2003. 近红外反射光谱分析技术在植物育种与种质资源研究中的应用[J]. 植物遗传资源学报，4（1）：68-72.

吴兆娜，2015. 近红外光谱定量建模技术研究[D]. 青岛：中国海洋大学.

伍观娣，赖敏婷，汪迎利，等，2020. 近红外光谱分析技术应用于植物叶片研究综述[J]. 林业与环境科学，36（2）：118-128.

肖爱平，李伟，冷鹃，等，2009. 近红外光谱法快速测定苎麻果胶含量的研究与探讨[J]. 中国麻业科学，31（4）：238-241.

徐敏，张磊，岳洪水，等，2017. 基于近红外光谱技术和多变量统计过程控制的五味子提取生产过程监测方法[J]. 中国中药杂志，42（20）：3906-3911.

徐庆贤，沈恒胜，林斌，等，2011. 利用近红外漫反射光谱（NIRs）技术建立甘薯茎叶重金属预测模型[J]. 福建农业学报，2（3）：440-445.

严衍禄，陈斌，朱大洲，等，2013. 近红外光谱分析的原理、技术与应用[M]. 北京：中国轻工业出版社.

严衍禄，赵龙莲，韩东海，2005 近红外光谱分析基础与应用[M]. 北京：中国轻工业出版社.

杨越，王磊，刘雪松，等，2017. 近红外光谱结合多变量统计过程控制（MSPC）技术在金银花提取过程在线实时监控中的应用研究[J]. 中草药，48（17）：3497-3504.

杨增冲，刘桂礼，李响，2017. 基于近红外光谱的番茄黄化曲叶病抗病性识别研究[J]. 湖北农业科学，56（5）：953-956.

叶佳丽，江海霞，郭栋良，等，2021. 亚麻籽蛋白质、亚麻酸和木酚素含量近红外预测模型建立与应用[J/OL]. 中国油料作物学报（2）：353-360.

尹宝全，史银雪，孙瑞志，等，2015. 近红外多组分分析中异常样本识别方法[J]. 农业机械学报，46（S1）：122-127.

张小超，吴静珠，徐云，2012. 近红外光谱分析技术及其在现代农业中的应用[M]. 北京：电子工业出版社.

朱春晖，索卫国，黄卫东，等，2020. 烟草及烟草制品中总氮测定方法研究进展[J]. 农业与技术，40（2）：16-19.

BERMAN M，CONNOR P M，WHITBOURN L B，et al.，2007. Classification of sound and stained wheat grains using visible and near infrared hyperspectral image analysis[J]. Journal of Near Infrared Spectroscopy，15（6）：351-358.

BLANCO M，COELLO J，ITURRIAGA H，et al.，1998. Near-infrared spectroscopy in the pharmaceutical industry[J]. Analyst，123（8）：135R-150R.

BORILLE B T，MARCELO M C A，ORTIZ R S，et al.，2017. Near infrared spectroscopy combined with chemometrics for growth stage classification of cannabis cultivated in a greenhouse from seized seeds[J]. Spectrochimica Acta Part A：Molecular & Biomolecular Spectroscopy，173：318-323.

CAGNANO G，VÁZQUEZ-DE-ALDANA B R，ASP T，et al.，2020. Determination of loline alkaloids and mycelial biomass in endophyte-infected schedonorus pratensis by near-infrared spectroscopy and chemometrics[J]. Microorganisms，8（5）：776.

CALLADO C S C，NÚÑEZ-SÁNCHEZ N，CASANO S，et al.，2018. The potential of near infrared spectroscopy to estimate the content of cannabinoids in Cannabis sativa L.：a comparative study[J]. Talanta，190：147-157.

SIESLER H W，2014. Near-infrared spectroscopy in China[J]. Applied Spectroscopy，68（10）：

249A-250A.

CITTI C, RUSSO F, SGRÒS, et al., 2020. Pitfalls in the analysis of phytocannabinoids in cannabis inflorescence[J]. Analytical and Bioanalytical Chemistry, 412（17）: 4009-4022.

COZZOLINO D, ROBERTS J, 2016. Applications and developments on the use of vibrational spectroscopy iImaging for the analysis, monitoring and characterisation of crops and plants[J]. Molecules, 21（6）: 755.

DAUGHTRY C S T, WALTHALL C L, 1998. Spectral discrimination of *Cannabis sativa* L. leaves and canopies[J]. Remote sensing of environment, 64（2）: 192-201.

DUCHATEAU C, KAUFFMANN J M, CANFYN M , et al., 2020. Discrimination of legal and illegal *Cannabis* spp. according to European legislation using near infrared spectroscopy and chemometrics[J]. Drug Testing and Analysis, 12（9）: 1309-1319.

FAN G, JIANG Y, LI G, et al., 2015. The application of near infrared spectroscopy in process monitoring of solid-state fermentation of sweet sorghum stalks[J]. Journal of Near Infrared Spectroscopy, 23（5）: 293-299.

FERRARI M, NORRIS K H, SOWA M G, et al., 2012. Medical near infrared spectroscopy 35 years after the discovery[J]. Journal of Near Infrared Spectroscopy, 20（1）: vii-ix.

HAZARIKA A K, CHANDA S, SABHAPONDIT S, et al., 2018. On-site estimation of total polyphenol in fresh tea leaf using near-infrared spectroscopy[J]. NIR News, 29（1）: 9-14.

HUANG H, QU H, 2011. In-line monitoring of alcohol precipitation by near-infrared spectroscopy in conjunction with multivariate batch modeling[J]. Analytica Chimica Acta, 707（1-2）: 47-56.

KELLEY S S, ROWELL R M, DAVIS M, et al., 2004. Rapid analysis of the chemical composition of agricultural fibers using near infrared spectroscopy and pyrolysis molecular beam mass spectrometry[J]. Biomass and Bioenergy, 27（1）: 77-88.

KONG W, ZHANG C, LIU F, et al., 2013. Rice seed cultivar identification using near-infrared hyperspectral imaging and multivariate data analysis[J]. Sensors, 13（7）: 8916-8927.

LIU R, QI S, LU J, et al., 2015. Measurement of soluble solids content of three fruit species using universal near infrared spectroscopy models[J]. Journal of Near Infrared Spectroscopy, 23（5）: 301-309.

MARCEL A J T, CHRIS M, THEO H R, et al., 2004. Predicting the chemical composition of fibre and core fraction of hemp（*Cannabis sativa* L.）[J]. Euphytica, 140（1）: 39-45.

PALLUA J D, RECHEIS W, PÖDER R, et al., 2011. Morphological and tissue characterization of the medicinal fungus *Hericium coralloides* by a structural and molecular imaging platform[J]. Analyst, 137（7）: 1584-1595.

PEREIRA J F Q, PIMENTEL M F, AMIGO J M, et al., 2020. Detection and identification of *Cannabis sativa* L. using near infrared hyperspectral imaging and machine learning methods. A feasibility study[J]. Spectrochimica Acta Part A: Molecular and Biomolecular Spectroscopy, 237: 118385.

REN J, YUAN H F, SONG C F, et al., 2015. Rapid determination of reactivity of natural cellulose pulp for viscose rayon by diffuse reflectance near infrared spectroscopy[J]. Journal of Near Infrared Spectroscopy, 23（5）: 311-316.

RISOLUTTI G, GULLIFA A, BATTISTINI S, et al., 2020. Monitoring of cannabinoids in hemp flours by MicroNIR/Chemometrics[J]. Talanta, 211: 120672.

SCHMILOVITCH Z, IGNAT T, ALCHANATIS V, et al., 2014. Hyperspectral imaging of intact bell peppers[J]. Biosystems Engineering, 117: 83-93.

SLUITER A, WOLFRUM E, 2013. Near infrared calibration models for pre-treated corn stover slurry solids, isolated and in situ[J]. Journal of Near Infrared Spectroscopy, 21 (4): 249-257.

TÜRKER-KAYA S, HUCK C W, 2017. A review of mid-infrared and near-infrared imaging: principles, concepts and applications in plant tissue analysis[J]. Molecules, 22 (1): 168.

VERMAAK I, VILJOEN A, LINDSTRÖM S W, 2013. Hyperspectral imaging in the quality control of herbal medicines-the case of neurotoxic Japanese star anise[J]. Journal of Pharmaceutical and Biomedical Analysis, 75: 207-213.

WANG H M, TAN K, WU F Y, et al., 2020. Study of the retrieval and adsorption mechanism of soil heavy metals based on spectral absorption characteristics[J]. Spectroscopy and Spectral Analysis, 40 (1): 316-323.

WANG W, NI X, LAWRENCE K. C, et al., 2015. Feasibility of detecting Aflatoxin B_1 in single maize kernels using hyperspectral imaging[J]. Journal of Food Engineering, 166: 182-192.

WILSON N, HEINRICH M, 2006. The use of near infrared spectroscopy to discriminate between THC-rich and hemp forms of cannabis[J]. Planta Medica, 72 (11): 260.

第十章　工业大麻种子雌化与性别诱导

第一节　植物性别

一、性别

性别是生物长期进化的产物，是高等生物的重要进化标志。3 000多年前在农业生产实践中人类对于植物的性别就已经有所认识，17世纪末Camerarius发表的"植物的性"一文标志着关于植物性别科学研究的开始，欧洲关于植物有性别差异的概念是在18世纪由克尔罗伊特和林奈奠定的，较中国对于植物性别的认识晚了1 000多年，如今，植物有性别差异这个观念已经深入人心，并且人类对植物雌雄性之间关系的认识也逐渐加深，从某种意义上来说，孟德尔遗传规律是在广泛的植物杂交试验的基础上发现的，也可以说雌雄异花植物性别的发现促使了遗传学的诞生。

人类在原始时期就曾猜想过雌雄异花植物的性别问题，随着生产实践的不断进行，人们从中不断地发现植物一些新的现象和规律，《尔雅》中就记载"桑瓣有葚，栀"，其意为桑树有半数能结桑葚，名为栀，可见当时就认识到桑树具有性别的差异。在1 400多年前，北魏时期的《齐民要术》中就正确地认识到雄麻散放花粉和雌麻结籽的关系，"既放勃，拔出雄；若未放勃，去雄者，则不成子实"（放勃即指雄花放出花粉）。

早有研究证实，与高等动物相同，雌、雄单性异株植物的雄花与雌花分别着生在不同的植株上，根据其花器官的不同植株有雌、雄之分。雌雄异花植物存在着性别的差异，即有专门的雄性和雌性器官，甚至有严格的雄性、雌性个体之分，就单花而言存在三性别表现类型。两性花指一朵花内既有雌蕊又有雄蕊；单性雌花指一朵花内只有雌蕊；单性雄花指一朵花内只有雄蕊。就植物个体而言有7种性别表现：雌雄同花，一株上只有雌雄同花的花；雌雄单性同株，一株上既有雌花又有雄花；雄株，全株只有雄花；雌株，全株只有雌花；雄花两性花同株，一株既有雄花又有两性花；雌花两性花同株，一株上既有雌花又有两性花；雄花雌花两性花同株，一株具有雌花雄花两性花。就群体而言可分为两种类型：一类为单一性型，指群体内每一个体都表现相同性型；另一类为多态性型，指群体内个体间有不完全一致的性别表现。

二、植物性别决定机制

植物性别决定机制相较于动物来说更为复杂多样。在高等植物中，植株营养体本身很少表现出明显的雌、雄性别特征，但却具有专门的雌性或雄性生殖器官。这些植物的雌、雄生殖过程分别在植株的不同部位或在不同植株个体上完成，雌、雄生殖器官的结构表现出了明显的差异。细胞遗传学及分子遗传学的研究表明，高等植物的性别决定不仅受性别决定基因的影响，还与性染色体有关，有些植物的性别还受体细胞所拥有的性染色体与常染色体组之间的比例控制，细胞遗传学研究结果表明，大多数雌、雄异株植物具有性染色体，性染色体的不同组合及性染色体与常染色体间的相互作用决定着植物的性别。

作为所有有性繁殖生命周期中最重要的发育事件之一，性别决定系统是雌雄异花植物性别多样性的本质决定因素。与动物相同，植物亦是通过精子与卵子结合后产生后代的。雌雄异株和雌雄异花同株的高等植物的性别决定与动物界相似，具有多样性，其性别与性染色体、性别决定基因及X染色体与常染色体组间的基因平衡密切相关。对这类植物性别决定系统的研究表明，雌、雄花的形成是由不同的性别决定基因所控制。性别决定基因的数目在不同植物中各不相同，如葫芦科的喷瓜，其性别是由一对性别决定基因所控制；禾本科的玉米，其性别是由二对性别决定基因所控制。大多数雌、雄异株的植物性别是由性染色体决定，主要为XY型染色体性别决定，如菠菜、钱苔、柳树、杨树等55个种和2个变种。在植物中，仅发现草莓为ZW性别决定型，其雌株为ZW，雄株为ZZ。XO型的雄性个体只有X染色体，缺少Y染色体，该类型的植物也很少，目前鉴定的有花椒。除此之外，还有包括XnY型、XYn型和XnYn型等X或Y染色体由不止一条的复合型性染色体组成。常见植物中XnY型性别决定的植物有马陆苔、管藻、葡萄藻等，XYn型有酸模，XnYn型有忽布和唐花。X染色体/常染色体组比例的性别决定，当X染色体/常染色体组（即X/A）为0.5或更低时，植物个体表型为雄株，当比例为1.0或更高时，植物个体表型为雌株。染色体组成为$3n=（3A+XXY）$（$X/A=0.67$）的植株主要产生雄花，也产生部分雌花，而X/A的比例为0.75的四倍体（$4n=4A+XXXY$）植株上具有大致相等的雌花和雄花，如蓼科的酸模植物。

（一）以性染色体方式决定性别

已有的研究资料表明，在大多数雌、雄异株植物中，通常雄性为异配性别（XY），雌性为同配性别（XX），即属XY型性别决定。这种性别决定方式的植物中，多数植物具有形态学上不等的性染色体。例如麦瓶草属（*Silene* L.）植物，具有大小与形态各异的性染色体，在白麦瓶草（*Silene alba*）中，二倍体植物的遗传组成为$2n=（24，X Y）$，异配性别（XY）为雄性，产生单性雄花，同配性别（XX）为雌性，产生单性雌花。

自1923年发现植物性染色体后，至今已知25科70多种植物含有性染色体。以性染色体方式决定性别的植物，绝大多数是雌雄异体的，并在雌雄配子结合时就决定了其性别。这类植物的性别决定有以下几种形式。

1. XX-XY型

属于此类型性别决定的植物有大麻、蛇麻、菠菜、银杏、青刚柳等。这种类型性别决定的雌株是同配型的（XX），雄株是异配型的（XY）。经研究过的多数植物是属于XX-XY型染色体性别决定。

2. XX-XO型

这种类型性别决定的植物雌株是同配型的（XX），雄株是缺失配合型的（XO）。花椒属于该类型性别决定，其雄株配子有两种：$n=34+X$、$34+O$，雌株配子却只有一种：$n=34+X$。

3. ZW-ZZ型

这种类型的植物同配型的ZZ为雄株，异配型的ZW为雌株。凤梨形草莓性别决定就属于此类型。

4. X/Y平衡

此类型的植物性别由性染色体X、Y平衡决定，但Y的作用更强些，如剪秋罗。

5. X/A平衡

此类型的植物性别由性染色体X与常染色体A平衡决定，Y染色体不影响性别表现，如酸模。

6. 性染色体决定性别的证明

1948年Westergand证明了Y染色体在决定雄性中起的作用。经研究，剪秋罗属植物的X和Y染色体在大小上有明显的区别，X较Y小，但它们又均大于常染色体。Y染色体有抑制区、启动区、育性区、与X染色体的同源区4个区域。研究表明，当抑制区缺失时，就会产生完全花；启动区缺失时，原来的雄株变成雌株；育性区缺失时，就会形成雄性不育株，决定雌性的基因大部分位于X染色体上。

Kbhtko（1993）以大麻为试验材料，验证了XX-XY型性别决定的配子的同型性和异型性。验证采用了两种方法，一是采用性别转化后进行自交的方法（即在某种条件作用下，使雄株或雌株产生异性花或两性花，然后进行自交）；二是用雌雄单性植株分别与雌雄同株植株杂交。

（二）X染色体/常染色体比值决定性别

有些雌、雄异株植物虽然也有性染色体，但其性别并不完全由性染色体决定，这些植物在进化过程中采用了X染色体/常染色体组比值决定性别的性别决定系统，X染色体与常染色体之间的基因平衡决定着植物的性别，类似于果蝇的性别决定。典型的例子有大麻科及蓼科的植物种类，如酸模、萍草、大麻、啤酒花等。葎草属的啤酒花（*Humulus lupulus*）是相当严格的雌、雄单性异株植物，$2n=$（20，XY）。但有时雌性植株上形成不育雄花，究其原因发现这与植物体细胞内X染色体与常染色体组的比值有关。当X染色体/常染色体组的值为0.5或更低时，植物个体表型为雄株，当比值为1.0或更高时，个体表型为雌株。

具有伴性遗传特性的植物种类很少，仅见女娄菜属的植物，其雄株为XY，雌株为XX。女娄菜的叶形有阔叶和细叶两种。控制叶形的等位基因*B*、*b*位于X染色体已分化的部位上，而且带X*b*的花粉是致死的。

还有一些严格雌、雄异株的植物，因其体细胞中染色体较小、数目较多，很难区分出性染色体，因此目前对其性别机制的研究还不是很深入。

性别决定机制是人类控制生物性别的理论基础，在农业生产和人类生活中都具有重要的应用价值。例如作物雄性不育系的选育和利用，与植物的性别形成密切相关；为获得银杏种子和果实，希望多种雌株，而利用银杏作行道树时，雄株更美观；为提高大麻纤维的品质，需要有更多的大麻雄株等等。因此，为满足人类生产和生活的需要，从分子水平上深入研究性别决定机制，寻求控制植物性别的途径和方法，是十分必要的。

（三）基因控制性别的几种类型

植物的性状由基因控制，性别这一性状自然也不例外。雌、雄单性同株植物指在同一植物体上能够同时产生单性雌花和单性雄花的植物，例如玉米（*Zea mays* L.），植株顶部着生雄花序（雄穗），叶腋中着生雌花序（雌穗）。这类植物中，虽然雌性生殖和雄性生殖过程分别在不同部位完成，但由于雌花、雄花同时着生在同一植株上，其性别差异仅局限在花器官上，仍属于雌雄同株植物。对这类植物的性别决定机理的研究表明，虽然这类植物与具两性花的植物一样，表现雌雄同株，但其生殖器官的形成机制却截然不同，雌雄单性株植物的雌、雄花的形成是由不同基因控制的，有一些植物种类，其性别决定与多个基因位点有关，这些基因被称为性别决定基因，性别决定基因的数目在不同植物中有所不同。有些植物的性别是由一对性别决定基因控制的，如葫芦科的喷瓜、黎科的菠菜，是由单个基因位点上的3个等位基因决定雌株、雄株或两性株。黄瓜的性别是由不连锁的多个基因位点调节的。基因控制性别的几种类型如下。

1. 单基因决定

例如1943年，Rick和Hanna提出并证明，石刁柏的性别是由单基因控制的，雄性基因组合为M_，雌性基因组合为mm，M对m是显性。

2. 双基因决定

玉米和葡萄等植物的性别控制属于此类。玉米的稳性等位基因*bsbs*可使植株只有雄穗，而成雄株；穗性等位基因*tsts*可使雄穗变成雌穗而结实，变成雌性植株。玉米雌雄异株的一种新种群，基因型*bsbsTs_*和基因型*bsbststs*（或*Bs_tsts*）一起可组成玉米雌雄异株的新种群，基因型*bsbststs*和*bsbsTsts*的混合种群，后代中雌雄株能保持稳定的1∶1的比例。

3. 复等位基因决定

东方草莓和喷瓜等植物的性别是由3个等位基因决定雌株、雄株或两性株。

4. 多基因决定

黄瓜的性别是由多基因控制的。如基因型acr acrG_决定雌雄同株，Acr-G_决定雌株，acr acrgg决定雄全同株，Acr-gg决定完全花株，Acr-aa决定雄株，Tr决定雌雄全同株。

5. 基因平衡决定

番木瓜性别由f、F和Fh等基因平衡决定。这些基因分别位于Hofemegr性染色体m1M1M1同源染色体上，位点Fh是F和f的重复。M1M1、M1M2、M2M2为致死基因组合。

综上所述，雌、雄单性同株植物的性别决定是受特定的性别决定基因调控的，植株通过调控性别决定基因在不同发育水平上的表达模式，调控其性器官的发育过程，进而形成有功能的特定性器官结构。性别决定基因在不同植物中存在形式和表达过程的不同，导致雌、雄单性同株植物呈现性别多态性。

大多数高等植物都以花为生殖器官，花器官按性别可分为3种类型：雌花（仅雌蕊正常发育）、雄花（仅雄蕊正常发育）、两性花（雌、雄蕊均正常发育）。植株与花型的性别和植物种群密切相关，可以作为鉴别植物类群的依据之一。根据花的特征及其在植物上分布的不同，可以将植物分为单性花雌雄同株植物、两性花雌雄同株植物、雌雄异株植物，其中以两性花雌雄同株最为普遍。在对12万种被子植物研究中发现，其中有72%为两性花植物，而显花植物中雌雄单性现象并不普遍，严格意义上雌雄单性同株和雌雄单性异株植物仅分别占7%和4%。

三、影响植物性别表现的因素

除上述性别类型外，植物的性别表型还有雄花两性花同株、雌花两性花同株、三性花同株等多种中间型。可见，与动物相比，植物的性别表现出多态现象，反映了不同植物在快速繁育与遗传选择之间的平衡，以适应多变的环境。

1. 环境因素对植物性别分化影响

环境因素是影响植物性别分化的主要原因，自然选择生物，生物必须适应自然才能得以生存，事实证明雌雄异花植物性别具有不稳定性，植物性别表现的实现不仅受遗传因子的影响，还容易受到许多外界因素的影响，特别是光照、养分、温度、激素等。早在1884年，人们就开始注意利用环境诱导来改变植物的性别。

2. 光照

光照会影响植物花的发育，进而影响植物的性别。一般长日植物在短日照条件下可促进雄性花的产生，在长日照条件下可促进雌性花的产生；而短日植物则相反，短日照下促进雌花发育，长日照下促进雄花发育。如短日照作物玉米经短日照处理后，雄花序中产生雌花；短日照植物苍耳经短日照处理后，雌花增加。

3. 温度

温度对植物性别分化的影响也不容忽视。一般高温诱导雄花，低温诱导雌花，特别是夜间温度，夜间低温能促进菠菜、大麻、葫芦的雌性花的发育。若日照与温度相结合诱导，则效果更显著，如北京大剌瓜用高温长日照处理时获得大部分雄花，低温短日照处理时获得全部雌花。

4. 激素

植物激素也是影响花器官性别分化的重要因素，最早引起人们注意的是生长素对性别分化的作用。有研究者发现，在无菌条件下培育黄瓜幼苗用萘乙酸处理时，可增加雌性，减少雄性，相反用生长抑制剂处理时，雌花减少。生长素能使玉米雄花序改变性别，抑制雄花发育，甚至导致雄花消失。

一般两性花的花芽比雄性花的花芽含更多的碳水化合物，当雌雄同株的植株转变雄株时，还原糖减少，这暗示了生长素影响性别分化可能通过调节碳水化合物含量的变化而实现。与生长素的作用相反，赤霉素一般促进雄性发育，使纯雌性系黄瓜植株产生雄花，使无雄蕊番茄产生正常雄蕊，使雌雄同株型黄瓜增加雄花减少雌花。细胞分裂素可以使雌雄异株植物中雌株比例增多，如丝瓜的雄花序受细胞分裂素处理后，在雄花序的中部产生两性花，顶部则产生雌花。研究资料也表明，乙烯对大麻、黄瓜、瓢瓜、南瓜、甜瓜等植物均有促进雌性发展的作用，如乙烯可让黄瓜等植株内生长素转变为束缚型，使黄瓜体内脱落酸含量增加；生长素和细胞分裂素能够促进乙烯的产生；而脱落酸则抑制乙烯产生。

第二节 植物性别分化

一、植物性别分化的遗传基础

植物花器官的性别特征表现出多种类型，主要归结为雌雄异株和雌雄同株两种。其中雌雄同株中又包括同株异花、两性花、雌全同株和雄全同株等几种类型。植物性别分化本质上由植物的基因所决定。因此，不同的性别体现了植物体中遗传物质的差异。

（一）雌雄异株植物

在一些雌雄异株植物中，性别决定的遗传基础与动物有着非常相似的特征，可以从细胞学上鉴别出性染色体，即雌株为同型性染色体，雄株为异型性染色体。目前已知有25科70余种植物含有性染色体（任吉君等，1993）。大麻是一种雌雄异株的植物，性别由X、Y染色体决定。石竹科的女娄菜（*Melandrium album* Garcke）也属于XY型性决定，Y染色体大于X染色体，Y染色体携带决定雄性的基因，X染色体上大部分为决定雌性的基因。与女娄菜相似具有性染色体的植物还有大麻（*Cannabis sativa* L.）、菠菜（*Spinacia oleracea* L.）、银杏（*Ginkgo biloba* L.）等。白麦瓶草（*Silene alba*）在Y染色体存在时，植株表现为雄性，没有Y染色体时为雌性，而与X染色体数目和常染色体套数无关。藓类植物也属于性别由XY型性染色体决定的植物，但据研究其X染色体大于Y染色体（张霞和王绍明，2001）。一些植物的性别由性染色体与常染色体之间的平衡决定。如酸模（*Rumex acetosa* L.）及一些近缘种中，虽然也具有XY染色体，但植株性别主要由X染色体与常染色体之间的平衡决定，Y染色体对性别决定没有影响。其正常雌性株染色体为XX+12，即当X/2A＝1时，受精卵发育成正常雌株，当X/2A＝0.5时，发育成雄株，而当2X/3A＝0.67时，则为雌雄同花。另外一些染色体决定性别的植物属于XO型的雄异配子型，如苔草属和薯蓣属中的某些种均属于XO型性别决定方式，即雌株含两个X染色体，雄株有一个X染色体。其他一些雌雄异株植物的性别是由一对或几对等位基因决定，如石刁柏（*Asparagus officinalis* L.）性别即由一对等位基因控制，而且决定雄性的基因相对于决定雌性的基因为显性（孟金陵，1997）。

（二）雌雄同株植物

雌雄同株植物不同于某些雌雄异株植物，其性别决定中没有专门决定性别的性染色体存在。由于雌雄两性在同一植株上发生，其性别决定的遗传机制较雌雄异株植物更为复杂，性别特征一般由两个或两个以上的基因或复等位基因决定。例如玉米的性别即由两个基因决定。在正常情况下，玉米为雌雄同株植物，雄花为圆锥花序，生于植株顶端，雌花为穗状花序，生长在植株中下部叶腋处。雌花序

由显性基因 Ba 控制，雄花序由显性基因 Ts 控制。当隐性的雌花序不结籽基因 ba 纯合时，尽管植株表面仍具有雌穗的外形，但不能长出胚珠，没有花丝，成为雄株。当 ts 纯合时，可使雄花序变成雌花序，不能产生花粉，而能受精结实，成为雌株。

研究认为黄瓜的性别形成由两对独立基因控制（Mm_Ff），M 基因控制黄瓜植株性别是单性花（$M\_$）或两性花（mm），F 基因能加速植株的性转变过程，决定雌性化的程度（$FF>>Ff>>ff$）。纯雌株基因型为 $M\_F\_$，雌雄同株为 M_ff，两性花株为 $mmFf$，雄全株基因为 $mmff$。葫芦科的喷瓜其性别由一个基因座上的3个复等位基因 aD、$a+$、ad 决定，其显隐性关系是 $aD>a+>ad$。aD 决定雄性，$a+$ 决定雌雄同株，ad 决定雌性。3个等位基因的不同组合决定植株性别，$aDa+$、$aDad$ 为雄株，$a+a+$、$a+ad$ 为雌雄同株，$adad$ 为雌株。多基因控制性别的现象可以草莓为例，其性别的遗传相当复杂。草莓雌株的基因型为 $AAGGzz\gamma\alpha$，雄株基因型为 $AAGGzz\alpha\alpha$，其中A为雄蕊发育因子，G为雌蕊发育因子；z为复合因子，控制A和G发生的时间和部位；α 和 γ 是性别实现因子，其中 α 为雄性因子，γ 为雌性因子（孟金陵，1997）。

在生产实践中，植物性别的选择对育种和栽培有重大影响，故通过研究来鉴别植物的性别，定向地进行控制以达到改变植物性别的目的。目前，研究者在进一步总结控制植物性别实践经验的基础上，综合深入研究植物性别决定与遗传及其他环境影响因子的关系，以达到调控植物性别的目的。

大麻性别问题是研究大麻生物学最复杂和最迫切的问题之一，因为它涉及大麻种植业理论和实践问题的系统综合体。对阐述大麻植株表型差异研究结果的关注并非偶然，大麻性别类型具有多样性这个问题长时间以来没能搞清，许多看起来简单的现象并未加以研究而且争议很大。显然，没有大麻性多态性特点的知识就不能提高大麻育种和良种繁育工作的效果，现在可以断定，由于开展更深入的研究，已能足够充分理解被性性状遗传控制复杂机制所决定的植株表型变异性的生物学实质。已经发现大麻性类型在以下方面的显著差异：外形；雄花和雌花构造及其在花序上的分布特性；两性（间性）花生殖器官畸形；花粉粒的形态学结构；花粉生活力和花粉管生长速度；一昼夜和整个生育期间植株开花动态。已经确定雌雄异株和雌雄同株大麻性性状的个体发育学和系统发生学相互联系，所得资料很有实际意义，在此基础上确定大麻性类型分类并对确定、统计和合理选择性类型，雌雄同株大麻的品种提纯，植株的人工隔离和杂交等有关育种和良种繁育的重要方法规定提供理论依据。

二、植物性别分化特点

性别是生物界最普遍、最引人注目的生物性状之一。大多数生物尤其是高等动物，雌、雄个体间差异非常明显，且这种差异表现在许多性状上。在高等植物中，虽然植株营养体本身很少表现出明显的雌、雄性别特征，但却具有专门的雌性或雄性生殖器官。

许多有经济价值的植物都存在性别分化的问题，如大麻、银杏、千年桐、番木瓜等雌雄异株植物，其雌株和雄株的经济价值明显不同，如果以收获果实或种子为对象，则需大量的雌株；而以营养器官生长为主的绿化林木有时雄株具有更高的经济价值。例如银杏作为一种行道树，树形美观，抗病虫害能力强，适应性广，然而雌株因其特有性质（落果，果实具异味）而不能作为行道树种。若要收获以纤维为主的大麻，则以雄株为优，其纤维的拉力较强。对于雌雄同株的瓜类，在生产中往往希望增加雌花的数量，以便收获更多的果实。但是，这些植物在早期很难鉴别其性别，所以研究植物性别实现过程不仅有理论意义，同时具有应用价值。

近年来，随着分子生物学技术与理论的成熟，植物内源激素等分析技术的不断完善和发展，细胞遗传学和分子遗传学的应用，高等植物性别分化的研究取得了令人瞩目的成果。

一般认为，雌雄同花是性别的原始类型，雌雄同株和雌雄异株是进化的高级形态。在被子植物中，雌雄同花植物的比率约占72%，雌雄同株和雌雄异株的比率很低，约为5%。由于雌雄同花植物的雌、雄蕊存在于同一朵花中，植株本身是两性的（也称两性花），所以高等植物的性别主要针对雌雄同株植物和雌雄异株植物。玉米以及黄瓜、苦瓜等瓜类植物均是自然界中常见的雌雄同株植物。桑科的大麻是典型的雌雄异株植物，荨麻目的大多数植物通常也属于此类，比如葎草属的葎草、啤酒花，但荨麻科的苎麻一般雌雄同株。

花器官的发育由器官特异性基因控制，也称为同源异型基因，这类基因表达常引起分生组织异常发育，产生异位器官或引起表型性状改变，在调控生物生长发育方面起着关键作用，它们在时间和空间上的表达模式十分精确，其特定组合可以决定花器官的最终发育形态。

雌雄同株植物是指在同一植物体上能够同时产生单性雌花和单性雄花的植物，虽然这类植物与具两性花的植物一样，表现雌雄同株，但这类植物的雌性生殖和雄性生殖过程分别在不同部位完成。

拟南芥和金鱼草两性花突变体的分析结果表明，单性花的产生并不是同源异型基因功能的选择性激活或钝化的结果。玉米是典型的雌雄同株植物，雌、雄花在植株不同部位的花序中产生，在顶端花序（雄穗）中仅含有雄性小花，而腋芽花序（果穗）中仅含有雌性小花，是研究植物性别决定的模式植物。玉米雄花序和雌花序的发育先后经历了无性、两性和单性的过程。玉米的性别决定基因主要是一些与性别有关的发育性突变体，研究较多的突变体有矮化突变体和雄穗结实突变体。野生型黄瓜也是雌雄同株植物，是研究植物性别分化的另一经典材料。在黄瓜花发育早期，所有花原基都是两性的，但随着发育过程的进行，两种性器官原基只有一种可以继续发育，从而形成雌花或者雄花。与玉米不同，黄瓜在形成单性花时，花器官并没有真正败育或者完全败育，只是发育迟缓。绝大部分黄瓜的性别表型是雌雄同株，但也会出现雌雄异株、雌雄同花的性别表型，这主要取决于基因型。黄瓜单性花其性器官原基的选择性退化是由性别决定基因引起的，其作用独立于同源异性基因。

雌雄异株植物的雌花和雄花分别着生在不同的植株上，雌、雄花器官的不同使植株间有雌、雄之分。雌雄异株植物中存在性染色体，有同型染色体和异型染色体之分，其中异型染色体影响着植物的性别。

麦瓶草是严格的雌雄异株植物，其单性花的发育几乎不受外界环境的影响，一直以来都作为研究植物性别决定的模式植物。麦瓶草花在发育早期，花原基都是两性的，随后的发育出现了雌、雄蕊的退化，产生了雌雄异株植株。细胞遗传学的研究表明，麦瓶草的性别决定方式是XY型，雌性个体的基因型是XX，雄性个体的基因型为XY，Y染色体比X染色体大数倍。对麦瓶草Y染色体与人类Y染色体的比较发现，麦瓶草的雄性育性基因与人类睾丸特异表达的基因家族相当。芦笋一般情况下为雌、雄异株植物，性别决定方式也是XY型。Y染色体上具有与麦瓶草Y染色体相似的雄性活化基因和雌性抑制基因，与麦瓶草性染色体不同的是，芦笋的X染色体与Y染色体在大小、形态上几乎完全一致。芦笋的性别主要由性别决定基因决定，但在芦笋的雌、雄个体中，有时可观察到雄性两性花植株，这是因为芦笋的性染色体上还有一些修饰基因，这些修饰基因可以促进雌蕊的发育。

细胞遗传学的研究表明，大麻染色体数目为20，具有性染色体且为异型，其性别遗传由XY染色体控制。染色体核型分析发现，大麻X和Y染色体分别具有亚中间着丝粒和端着丝粒，Y染色体短臂的末端有一个随体。而且在细胞分裂中期之间，Y染色体的长臂和随体的浓缩程度明显大于其短臂和X染色体及其他常染色体。这些结果表明大麻的Y染色体可能导致了性别的分化，特别是它的长臂对性别表达的作用更大。

性别的实现过程包括性别决定（受精时决定）和性别分化（基因与环境共同决定）两部分。性别决定是指细胞内遗传物质对性别的作用，受精卵的染色体组成是性别决定的物质基础；性别分化是指受精卵在性别决定的基础上，原始两性花原基雄性或雌性的选择性败育及相应的雄蕊或雌蕊里的配子体分化的结果。分子水平的研究表明，植物性别决定基因在诱导信号等作用下，产生或阻止，使得特异基因选择性表达，最终实现植物性别分化。根据这一过程，可以把性别分化的研究分为分化程序、诱导信号和性别决定基因3个层次。

在性别分化程序表达中，性别决定基因起着决定性作用，是彻底解决性别表达机理的关键。对于雌雄同株植物而言，其性别主要由性别决定基因决定，以与性别有关的突变体为材料，雌雄异株植物性别决定基因的研究已取得一些进展。然而，通过性染色体缺失突变体来寻找雌雄异株植物性别决定基因的研究很少。随着分子生物学技术的发展，采用先分离性别分化特异表达基因，再研究其时空表达及其调控是目前研究雌雄异株植物性别决定基因及其作用机理的主要思路。

麦瓶草只有雄株才有Y染色体，很可能是Y染色体上存在决定性别的基因，但是，通过性染色体缺失突变体并未发现麦瓶草的性别决定基因。寻找麦瓶草性别决定基因的另一方法是，先克隆到雄花特异性表达基因，再确定这些基因与Y染色体的联系。运用分子生物学试验技术，很多与性别分化有关的雄性特异性表达基因已经在麦瓶草中分离到，序列分析和原位杂交等技术的分析表明，这些雄性特异性表达基因都不在Y染色体上，所以它们不是性别决定基因，它们的表达很可能直接或间接地受到Y染色体上性别决定基因的诱导。许多研究者对麦瓶草Y染色体的基因进行分离，结果发现这些基因不但为X、Y和常染色体所共有，并且大多是非编码序列。所以，雌雄异株植物的性别决定基因仍需进一步研究。

许多研究表明，酶活性与植物的性别表现有一定的相关性。何长征等（2001）以雌性系和雌雄同株系黄瓜为试材，测定了二叶期两种黄瓜植株莲尖和真叶的过氧化物酶（POD）、过氧化氢酶（CAT）和超氧化物歧化酶（SOD）的活性，结果发现，黄瓜真叶中保护酶类活性在性型间差异不显著；莲尖保护酶类活性与性型关系密切，CAT和SOD活性在雌雄同株系中较高，在雌系中较低，而POD活性在雌雄同株系中较低，在雌系中较高。应振土和李曙轩（1990）在研究黄瓜莲尖和叶片的酶活性发现，雌性越强的黄瓜品种，茎尖CAT和POD活性越高；经过利于黄瓜雌花分化的低夜温处理后，茎尖和叶片组织中的CAT和POD活性越高。文明玲（2007）在光周期处理对黄瓜花性分化及其氧化酶活性的研究中发现，在利于黄瓜雌花节率增加的短日照处理下，其叶片内的POD活性升高，CAT活性下降；长日照处理使雌花节率减少的同时，叶片内的POD活性降低，CAT活性升高。张玲玲（2006）对全雌系、强雌系、弱雌系苦瓜品种性别分化的生理研究表明，雌、雄花在不同发育时期，酶活性先急剧上升后急剧下降继而变化平稳，在两性期达到最大值；盛花期3种性型的植株莲尖中，POD和SOD活性在全雌性中最高，CAT活性在弱雌性中最高。在叶片中也发现了类似的规律，只SOD活性在强雌系中最高。说明POD活性与雌性呈正相关，CAT与雄性呈正相关。强晓霞（2012）等在分析大麻性别表现的生化特性时发现，雌株叶片的POD活性高于雄株叶片，雌株叶片的CAT活性低于雄株叶片。

同工酶是指催化相同的化学反应，但其蛋白质分子结构、理化性质和免疫性能等方面都存在明显差异的一组酶。同工酶酶谱的器官组织特异反映了基因表达的特异性，因此，通过同工酶酶谱可以分析由基因型差异引起的植株性别表型的差异。目前，与性别分化有关的同工酶的研究大多集中于POD同工酶在雌、雄器官中的差异。范双喜和宋学峰（1995）研究了芦笋雌、雄植株不同器官和组织的POD同工酶酶谱表明，雄株均比相应的雌株少一条酶带，在雌、雄植株组织培养获得的愈伤组织和茎尖中也发现了类似的规律，说明芦笋性别差异与POD同工酶的数目有关，该特异性酶谱可以作为芦笋性别鉴定的指标。张玲玲（2006）对全雌系、强雌系、弱雌系苦瓜品种同工酶酶谱的分析表明，盛花期，POD同工酶在3种性型的植株茎尖中都有两条主条带，但全雌性植株比弱雌性植株多两条次条带，不同性型苦瓜植株的SOD同工酶都只有一条谱带；在雄蕊原基膨大期，POD同工酶酶谱最多，有一条主条带和3条次条带；当雌花发育成熟时，POD同工酶有特征性谱带，雄花在单性花初期有特征性谱带。SOD在雌雄花发育的不同时期没有变化。

在分子水平上，性别分化过程表现为性别分化程序涉及的基因在诱导信号作用下依时间和空间顺序表达出特定的产物，这一过程涉及很多复杂的生理生化变化，其中蛋白质变化是最重要的变化。性别分化特异蛋白质的研究对揭示性别分化程序表达的机理非常重要。目前，随着双向电泳和毛细管电泳技术的发展，许多学者开始了对植物性别分化相关蛋白的研究。Bracale等（1991）用平板电泳法分析比较芦笋雌、雄株拟叶和花中的蛋白质构成时发现，从雌、雄拟叶中分离到的蛋白质没有差异，雌花和雄花之间的蛋白质差异较大，各有一些特异蛋白质。张准超等（2010）等采用SDS-聚丙烯酰胺不连续垂直平板电泳，以雌、雄株菠菜的幼嫩花、叶为材料，分析了菠菜性别分化的相关蛋白，结果表明，不同性别的花和叶之间在全蛋白的条带数量上均存在一定的差异，都具有各自的特异蛋白。汪俏梅和曾广文（1998）用毛细管电泳法对苦瓜雌花、雄花的可溶性蛋白质进行了分析，发现了一些与性别分化有关的特异蛋白质。

碳水化合物在花芽分化中起着重要的作用，它既是结构物质，又是能量的提供者，它的积累与花芽分化密切相关。目前，有关碳水化合物对于性别分化的研究很少。张玲玲（2006）以全雌系、强雌系、弱雌系3种苦瓜品种为材料，对盛花期不同性型苦瓜植株茎尖和叶片的糖含量进行了比较，发现3种性型苦瓜植株茎尖的糖含量没有差异，叶片中糖含量在弱雌系和全雌系植株间达到了显著水平，弱雌系糖含量高于全雌系。对于雌、雄花不同发育时期糖含量的分析表明，糖含量呈先上升后下降继而变化平稳的趋势，在两性期有最大值，在雌、雄花发育的整个过程中，雄花的糖含量都大于雌花。

三、植物性别分化控制

控制植物性别的分化，可以从遗传物质基础本身和遗传物质活性表现两方面着手。

（一）雌雄异株植物性别分化的控制

雌株和雄株具有不同的遗传物质基础，性别分化受遗传因素的控制作用大，一般不易受环境因素的影响。如雌雄异株的石刁柏（芦笋），雄株产量比雌株高，为了多产生雄株，法国人多瑞（1998）用花粉培育获得石刁柏愈伤组织，在试管中诱导产生单倍体的M型或m型植株，再经染色体加倍，可以得到MM型的"超雄"植株（Mm型是正常雄株）。超雄植株在大田中与雌株（mm型）相间种植，授粉后产生的种子长出的植株，即全部为Mm型的雄株。

雌雄异株植物的性别分化并非绝对不受环境因素的影响。例如光照强度、土壤湿度和营养物质的含量、日照以及对植物的伤害和病害等都有一定影响。一般不良的环境因素有诱导雄性基因表达的强烈倾向，如雌雄异株的菠菜，在高温条件下雌株可以发育出雄花来。

（二）雌雄同株植物性别分化的控制

雌雄花同在一株上，遗传物质基础相同。它们的性别分化全在于不同基因表达。这类植物的性别分化受环境影响较大。一般说来，多施氮肥，增加湿度，用烟熏、折伤等，可促进雌花分化。

如用正常含氮标准8倍的营养液培养大麻，可得到100%的雌株，若改用不含氮素只含磷、钾的培养液，则会全部长成雄株。对黄瓜多施氮肥，也可增加雌花，若不施氮肥只施3次钾肥，则80%以上是雄花。黄瓜在湿度为80%的土壤里，生长的雌花比湿度为40%的土壤中多2～4倍。黄瓜用1%的CO每天处理几小时，雌花增加13倍左右。CO处理大麻和山靛属植物，也引起雌花大量增加，雄花相应减少。番木瓜性别的变化是十分有趣的，它有完全的雌株和雄株，有雌雄同株，还有的雄花序上的某一朵雄花中，发育出雌性器官，变成两性花，在"雄花"上长出一个番木瓜来。

激素对植物性别分化的影响也很明显，例如乙烯、乙烯利、吲哚乙酸和吲哚丁酸、萘乙酸等激素可促使黄瓜和南瓜的雌花大量增加。还有许多化学物质和人工合成的生长调节剂，例如甲基硫堇鎓氯化物、丙烯基三甲基胺溴化物等，都能促使黄瓜多开雌花。乙烯利处理黄瓜，可以促进雌性而抑制雄性的作用，使原来着生雄花的主蔓上发育出雌花来。不同的植物对环境因素的反应不同。如短日照促进黄瓜多开雌花，长日照则抑制雌花形成，但蓖麻则与黄瓜恰恰相反。

雌雄同株植物的性别分化，这类植物雌雄性器官往往在一朵花中特定的部位同时分化，它们对环境因素的反应不大敏感，但环境因素仍可影响它们雌雄器官的分化。如杜松、橡树、槭树和小麦等，土壤干燥时，雌蕊的发育即受抑制。许多化学物质可以扰乱花粉发育过程中的核分化，因而作为化学去雄剂，这在农作物的杂种优势利用中是很有意义的。目前利用和研究的化学去雄剂有乙烯利、三碘苯甲酸、萘乙酸等。赤霉素对向日葵和未经春化处理的大麦可以引起雄性不育，但对黄瓜和番茄的雄性不育系却具有恢复性能，因此，当黄瓜和番茄等作物的雄性不育系一旦选育出来后，即使没有保持系也可利用赤霉素处理而屡代繁育下去，在杂种优势的利用中，可简化不育系亲本种子的制种流程。动物的性激素，也能影响某些植物的性别分化。动物的雌激素能促进喷瓜多开雌花。雌激素（三烯雌酚）对甜菜能引起高度的雄性不育，国际上已作为一种化学去雄剂用于农业生产。许多植物激素和动物激素都通过调控遗传基因的活性而起作用，控制植物的性别分化。

植物在性别决定之后就是通过性别表达形成雌性或雄性的花或植株。通常植物的性别一旦决定，后面的分化程序会相对稳定，但在性别决定之前，可以通过外界条件来控制性别表达，从而使原定程序表达发生改变。动物性器官的分化在胚胎时期就已经完成，植物性器官的分化不同于动物，其性器官分化与胚胎的生长发育过程有关。因此，植物的性别容易受外界条件的影响而改变，有时外界条件甚至可以使性别发生逆转。常见的影响植物性别表现的环境因素主要是光周期和温度。一般来说，短日照促进短日植物多开雌花，促进长日植物多开雄花；长日照促进长日植物多开雌花，促进短日植物多开雄花。菠菜是长日照植物，在15～18h的长日照条件下雌花数目增多；日中性植物黄瓜在连续不断光照下，几乎完全开出雄花，而光照时间的缩短会使雌花数目增加；雌雄异株植物的大麻，在夏季播种会产生正常比例的雌株和雄株，如果缩短日照或延长日照，就可能引起性别逆转，如在秋季到第二年春季的时间内，尤其在12月，温室中播种的大麻，会有50%～90%雌株逐渐出现转雄，以致最后全变成雄株。植物激素是影响植物性别分化的另一种因素，在植物性别分化过程中发挥着重要的调控作用。目前，有关植物激素影响植物性别分化的生理生化研究较多，很多学者更是致力于研究植物激素的分子调控机理。

大量研究表明，乙烯及其释放剂乙烯利在瓜类作物上表现出明显的促雌效应。Rudich和Halevy（1972）对雌系黄瓜和雌雄同株系黄瓜花芽内源乙烯含量进行比较发现，雌系黄瓜花芽中的乙烯含量高于雌雄同株系；利于黄瓜雌性发育的短日照处理使黄瓜花芽中的乙烯含量较长日照处理明显提高。这就说明，乙烯是黄瓜性别决定的一个重要调节因素，很可能与黄瓜的雌性发育有关。李曙轩和傅炳（1979）通过对幼苗期的黄瓜进行乙烯利喷洒处理发现，黄瓜的雌花数显著增加，雄花数相对减少。陈清华和彭庆务等（1999）对节瓜强雌系A4在其第一、第二、第三真叶期分别进行不同浓度赤霉素（GA₃）、硫代硫酸银诱雄效果的筛选试验表明，第三真叶期喷施GA 31.5mmol/L浓度的诱雄效果好。说明三叶期是节瓜强雌系花性分化的关键时期。为了探究节瓜强雌系化学诱雄机理，陈清华和彭庆务等（1999）以蒸馏水为对照，在节瓜强雌系A4三叶期、四叶期进行GA₃ 1.5mmol/L喷施处理对不同叶期茎尖内源乙烯水平的测定结果表明，在3～4叶期，对照植株的内源乙烯水平明显高于GA₃处理。说明乙烯不仅促进黄瓜的雌性分化，还可以促进节瓜的雌性分化。邢虎成等（2008）在测定不同性别苎麻茎尖和雌雄同株苎麻雌、雄花序的乙烯释放速率发现，雌性苎麻的茎尖乙烯释放速率大于雌雄同株苎麻；雌雄同株苎麻的乙烯释放速率表现为雌花序大于混合花序大于雄花序；用乙烯抑制剂硝酸银（AgNO₃）和氨基乙氧基乙烯甘氨酸（AVG）喷施苎麻幼苗发现，AVG有极显著的诱雄效果，可以显著使苎麻的第一雄花节位，雌花比和雌雄比降低，AgNO₃可以显著增加苎麻的混合花比，降低雌花比。说明内源乙烯与苎麻雌性发育密切相关，高水平的乙烯释放速率可以诱导雌性苎麻的产生，而乙烯合成抑制剂AVG和作用抑制剂AgNO₃均可以抑制雌性花的形成。

GA₃是大多数瓜类作物很好的诱雄剂。在黄瓜及瓜幼苗期间用GA₃处理可以减少雌花的发生，而增加雄花的发生。汪俏梅和曾广文（1997）在兰山大白、株洲长白和英引3个苦瓜品种的幼苗期喷施GA₃和矮壮素（CCC）以此来研究苦瓜性别表现的激素影响，结果表明，苗期进行GA₃ 25～100mg/L处理有明显的促雌效果；CCC 50～200mg/L处理则有促雄效果。GA₃能够提高菠菜雌雄株的比值，但在大麻遗传上的雌株上能诱导出雄花。

细胞分裂素（CTK）是另一种影响性别分化的主要激素。艾军等（2002）在研究CTK对山葡萄性别分化的影响发现，CTK有明显的促雌作用，CTK处理使基因型为雄性的花转变为表型雌性。在黄瓜的性别逆转研究中发现，雌花的发育与玉米素（ZT）密切相关，高水平的ZT可以诱导黄瓜雌花的发育，仅在四分体时期ZT含量低于雄花，其他各期均高于雄花。大麻是雌雄异株植物，在田间雌雄比例接近1∶1，将大麻幼苗切根后扦插，并及时去除不定根，80%～90%的植株发育成雄株；不去除不定根，大致比例的植株则发育成雌株；去除不定根后用15mg/L的6-苄氨基腺嘌呤（6-BA）处理，80%的植株发育成雌株，说明根通过CTK的合成能促进大麻雌株发育。于静娟等（1998）在研究玉米赤霉烯酮（ZEN）与大麻的性别表达时发现，大麻在发育过程中内源ZEN含量发生了规律性变化，在花原基出现前和花期前，茎尖内源ZEN含量达到高峰，在达到花期前的真叶内也出现含量高峰；外源ZEN处理可以提高大麻的雄株比例，同时还降低了性别决定关键时期的CTK含量。他们推测可能是ZEN通过降低细胞分裂素的含量来促进大麻的雄性表达。

关于生长素对植物性别分化的作用，不同研究者持有不同观点。激素对植物性别分化作用机理的研究大都采用传统的外源激素处理和内源激素含量分析相结合的激素生理研究的方法。然而，在植物性别分化激素生理的研究中发现了一些看似矛盾的结果。要解释这些现象的内在生理基础，就需要激素分子生物学的研究。因此，鉴定、克隆调节这些生理过程的基因及验证其功能，才能真正揭示植物性别分化的激素调控机理。

第三节　植物性别鉴定方法概述

自然界被子植物大多是雌雄同株，雌雄异株植物仅占6%。雌雄异株植物在植物性别决定，尤其是性染色体进化研究中具重要地位，不同性别植物往往有不同的经济价值，如果以种子和果实为收获对象，则需大量的雌株，而以营养器官生长为主的绿化林木有时雄株具更高的经济价值。因此，研究雌雄异株植物性别及其鉴定在理论与实践中都具有重要意义。早在20世纪50年代初波兰学者Bugala首先通过叶色鉴定了欧洲山杨的性别。但通过外部形态来鉴定植物性别的方法不够准确，且对某些植物而言，在性器官分化和发育成熟前，其雌雄株的形态差异往往不明显，所以不能作为植物性别早期鉴定的可靠依据。近年来发展了从细胞、生化和分子等不同水平上对雌雄异株植物的性别鉴定进行研究的方法。

一、生理生化差异鉴定植物性别

主要是通过对植物代谢过程中某些酶的活性、次生代谢物质及内源激素含量水平等的分析来鉴定植物性别。在1984年Jaiswal等研究了番木瓜无性组织和生殖组织的酸性和碱性磷酸酶活力，发现其雄性中酶活力高于雌性。以高效液相色谱（HPLC）法分析银杏、杨梅等树种叶片中水溶性酚类物质时发现，雌株体内此类物质的含量均普遍高于雄株。在分析了银杏雌雄株芽尖及叶片中内源激素含量，结果表明，在整个生长季节雌株芽尖中GA$_3$和ZT的平均含量比雄株高20%以上；而IAA和ABA却相反，雄株高于雌株，证实了成年银杏不同性别间内源激素水平存在一定差异。另外，通过对植株体内的维生素含量、光合能力以及蒸腾速率等生理生化指标也可以用来鉴定雌雄异株植物的性别。虽然生理生化指标在一定情况下可用来鉴定雌雄异株植物的性别，但由于这些指标的测定易受环境因素及植物生长发育不同时期的影响，对鉴别结果的可靠性有一定的干扰。所以，此方法可作为一种粗略的鉴别方法。

二、染色体形态特征鉴定

染色体形态特征鉴定是进行植物雌雄性别鉴定的重要指标之一，也是最直接的遗传学证据，尤其是具明显异型性染色体的物种白麦瓶草的性染色体中Y染色体比X染色体大数倍，X与Y染色体的同源区域只占染色体长度的很少一部分，其余为假同源区。通过对银杏的染色体进行观察后发现大染色体存在二型性，并推测这种二型染色体与银杏的性别决定有关。研究结果表明，银杏雌雄株的染色体具有形态上的不同，雌株4条染色体上有随体，而雄株只有3条染色体上有随体。在雄株中的1对最短的次端部着丝粒的染色体中，只有其中的1条染色体上出现随体，因而认为这对染色体即为性染色体，并提出银杏的性别决定机制属XY型，这与银杏的性别决定机制属WZ型的结论不一致。同时发现雌株第10对亚中部着丝粒染色体长臂上各有1个随体，而雄株第10对亚中部着丝粒染色体长臂上仅有1个随体，属异型染色体。因此，第10对亚中部着丝粒染色体可能为性染色体。由此可见，通过染色体组型来鉴定雌雄异株植物的性别，只是对白麦瓶草、香榧（*Torreya grandis* cv.*Merrillii*）等这类具明显异型性染色体的物种有效外，对于一些不具明显性染色体或性染色体差异不大的物种来说有一定的局限性。

三、同工酶差异鉴定植物性别

同工酶差异鉴定植物性别，酶是基因表达的直接产物，同工酶谱的器官组织特异性也反映了基因表达的特异性。目前与性别分化有关的同工酶研究大多集中在过氧化物同工酶在雌雄器官中的差异研究。早在1972年，Penel等就注意到菠菜的性别差异与过氧化物酶同工酶的数目有关。范双喜等（1994）对石刁柏雌雄株过氧化物酶同工酶（POD）进行了研究，结果表明雄株均比相应的雌株少一条酶带，说明石刁柏性别差异与过氧化物酶同工酶的数目有关，过氧化物酶同工酶谱的差异可以作为性别鉴定的指标。赵云云等（1996）对构树性别与过氧化物同工酶的关系研究表明，雌株酶活性高于雄株。另外在银杏、杨梅、猕猴桃、黑枣、番木瓜等中也有过类似的报道。这种过氧化物同工酶与雌性植株性别相关性的原因可能与其促进乙烯的释放有关。另外，细胞色素氧化酶同工酶在银杏和黑枣、酯酶同工酶在银杏及超氧化物歧化酶在葡萄性别鉴定上有报道。由于品种差异及同工酶的组织特异性等原因，在对某一种植物进行早期性别鉴定时，应考虑取材的代表性和一致性。所以，对于把同工酶酶谱或活性作为植物鉴别的依据还需更深入的研究。

四、特异蛋白质分子鉴定植物性别

性别分化特异蛋白质的研究对揭示性别分化程序表达的机理非常重要。在20世纪90年代初，在石刁柏上进行了性别分化特异蛋白质的初步研究及用毛细管电泳技术研究了苦瓜（*Momordica charantia*）性别分化期间的蛋白质，发现了一些与苦瓜性别分化相关的特异蛋白质，对栝楼性别分化典型发育时期的雌、雄花的可溶性蛋白进行了电泳分析，发现在栝楼的性别分化过程中，一些蛋白质在性别分化的某个特定时期出现或消失，这些性别分化的特异蛋白很可能在性别分化中发挥重要作用，进一步的工作需对已经观察到的性别分化特异蛋白质进行分离、纯化，并对其进行结构和功能分析，以揭示它们在栝楼性别分化中的真正作用。此外，从番木瓜、阿月浑子、芸苔等中也分离出与性别分化有关的蛋白质。

五、RAPD

RAPD标记是20世纪90年代初在PCR的基础上发展起来的随机扩增的DNA多态性分析。由于其操作简便，所需DNA量较少等优点，在植物性别分化和鉴定研究中已广泛应用。目前，利用RAPD技术从雌雄异株植物扩增出的性别特异性片段大小一般在150～2 500bp，而且这些标记大多是雄性特异性的，对于那些有明确性染色体的物种来说，此标记可能是与雄性相连锁的，因为雄性一般是异型染色体。但在那些性染色体还未鉴定的物种中，存在雄性连锁的标记表明该物种存在性染色体或者是此标记是与性别决定基因紧密连锁的。雌性连锁的分子标记已在蒿柳、猕猴桃等中有过描述，推测该标记与雌性决定基因紧密连锁，或者它就是X染色体从父本遗传下来的序列（Charles，2000）。用RAPD技术筛选出的这些与植物性别相关的分子标记，可用于植物的早期性别鉴定，同时该标记的获得为进一步克隆与植物性别相关的基因奠定了基础。由于RAPD标记稳定性不够，且大多为共显性标记，所以在获得RAPD标记后，一般将其转化为SCAR标记，才能在实践中得到较好的应用。一些雌雄异株植物性别连锁的RAPD标记见表10-1。

表10-1　一些雌雄异株植物性别连锁的RAPD标记

植物	随机引物序列	性别特异性标记大小	文献
白麦瓶草	—	—	Mulcahy et al.，1992
	GGGTAACGCC	590bp♂ 810bp♀	Verónica et al.，1998
石刁柏	GACGGA TCA G	300bp♂980bp♂	Jiang et al.，1997
	CTA GA GGCCG	354bp♀	Alstrom et al.，1998
蒿柳	CTA GA GGCCG	549bp♀	
	CT GGCTCA GA	1 271bp♀	Gunter et al.，2003
	AGGA GTCGGA	300bp♀	
猕猴桃	GACGCGAACC	770bp♂	Gill et al.，1998
滨藜	GGT GCGCACT	2 075bp♂	Ruas et al.，1998
番木瓜	—	831bp♂	Parasnis et al.，2000
	T T GGCACGGG	450bp♂	Urasaki et al.，2002
	GTGACGTA GG	400bp♂	Mandolino et al.，1999
大麻	GTT GGT GGCT	2 500bp♂	陈其军等，2001
	T GA GCGGACA	961bp♂	
	CTA GA GGCCG	151bp♂	OttóTörjék et al.，2002
	TGA TCCCTGG	1 000bp♂	王晓梅等，2001
银杏	CTGGTGCTGA	682bp♂	
	CCGCATCTAC	434bp♀	姜凌等，2003
罗汉松	GT GGTCCGCA	750bp♀	Cai et al.，2002

（续表）

植物	随机引物序列	性别特异性标记大小	文献
阿月浑子	GTGACGTAGG	945bp♀	Hormaza et al.，1994
	CCTCCAGTGT	700bp♂	谭冬梅等，2003
	CCTCCAGTGT	905bp♀	Yakubov et al.，2005
酸模	GGT GA TCAGG	925bp♂ 596bp♂	Korpelainen et al.，2002
山靛	GT T TCGCTCC	1 562bp♂	
	GTCCCGACGA	303bp♂	Khadka，2002
杜仲	—	569bp♀	Xu et al.，2004

六、AFLP

AFLP指纹技术也已广泛用于雌雄异株植物的性别特异性标记的研究。Terauchi等（1999）在构建山萆薢（*Dioscorea tokoro*）的遗传图谱时，发现10个AFLP标记位于性染色体上。Spada等（1998）在研究石刁柏时发现与性别决定位点距离仅3.2eM的AFLP标记。随后，Reamon等（2000）也在石刁柏中获得9个与性别位点连锁的AFLP标记，其中3个与性别决定位点紧密连锁，这些标记能够对雌雄植株进行鉴定。Tracey等（2004）在金毛榕（*Ficus fulva*）中获得了一个雄性特异性246bp的AFLP片段，但转换成的SCAR标记却可在雌雄株中均扩增出相等大小的片段，推测与此标记片段含有的重复序列的拷贝数有关。Stehlik等（2004）在酸模叶蓼（*Rumex nivalis*）中获得一164bp雄性特异性AFLP片段，并将其转化为SCAR标记，此标记是串联重复的非编码DNA。由于非编码的重复序列不易受选择压力的影响，其进化过程中变异的累积可以为性别分化的研究提供丰富的多态性标记。此外，在酸模、猕猴桃、银杏、大麻中均找到了性别特异性的AFLP标记，可用于雌雄异株植物的性别鉴定（Charles et al.，1999；Zhang et al.，1999；王晓梅，2001b；Peil et al.，2003）。此外，微卫星标记也可以用于雌雄异株植物的性别鉴定。Parasnis等（1999）用微卫星（GATA）4探针鉴定了番木瓜1个5kb的特异带仅出现在雄株中，表明微卫星（GATA）可以鉴别其性别。

植物雌雄株间的差异归根结底是DNA分子之间的差异，利用分子生物学技术在DNA分子水平上去研究雌雄株之间的差异性，从中找到鉴别雌雄株的特异性DNA片段，对此进行测序，进而制备DNA探针，使得人们在幼苗期就能够对植物雌雄株的性别进行鉴定。随着分子生物学技术的日益发展，分子生物学鉴定将成为一种可靠的鉴别途径，也可能是最终解决植物性别鉴定的最好方法。

第四节　工业大麻的性别分化及诱导

一、工业大麻性别表达

大麻为桑科大麻属，一年生草本植物，根据四氢大麻酚（THC）含量的不同将大麻分为工业大麻和毒品大麻。工业大麻具有重要的经济利用价值，在纺织、食品、医药、造纸和建筑等领域都有应用。工业大麻多为雌雄异株，在种植过程中，栽培条件、光照和激素等因素都会对工业大麻的性别组成产生影响。

细胞学研究表明工业大麻为二倍体植株，染色体数为20条，包括18条常染色体，2条性染色体，染色体较小。工业大麻性别表现有多种类型，栽培品种性别类型有雌雄异株和雌雄同株。雌雄异株工业大麻雄株性染色体为XY型，雌株性染色体为XX型，雌雄株比例一般为1：1，但外界环境条件会影响雌雄株比例。雌雄同株工业大麻性染色体为XX型。

大麻雌雄株的比例一般情况下为1：1，但栽培条件如土壤肥力、栽培时间、光照、温度等都会影响大麻雌雄株的分化，但机理目前尚不十分清楚。例如在夏季种植的大麻，人为改变日照时间会提高雌雄同株植株出现的比例，由此可见，日照时间和播种时期都在很大程度上影响大麻性别的表达。温度对大麻性别分化的影响也较大，研究表明，将大麻幼苗在12℃下进行低温处理，产生雄花的比例大一些。另外，营养条件也是影响大麻性别分化的因素之一。大麻营养生长期间，大量施用氮肥，就产生大量的雌株。

解决大麻性别问题在不同时间产生两个主要的应用方向：一是提高雌雄异株大麻田间雌性植株的比率，旨在提高种子产量和花叶产量；二是培育能保证一次性机械化收获产品的雌雄同株大麻。就雌雄异株大麻性类型比例变异开展大量研究。虽然这些研究没得到所期望的结果，但得出重要的科学结论，雄性和雌性性状不仅由性染色体机制决定，而且取决于定位在常染色体上的遗传因子的作用。被以下例子证实：雌雄异株大麻田里分离出雌雄同株大麻和性嵌合体，以及存在非性性状之间的相互联系和雄麻与雌麻的比例关系，在田间雌性个体比雄性个体通常占有数量优势，个别品系达到异常指标，意味着在雌雄异株大麻性决定中，染色体外的细胞遗传结构显然在参与。对于解析雌雄异株大麻性问题而言，未来最有价值的是研究细胞质在性状遗传中的作用，因为这个研究方向直接与探索性状决定株高的实际方法有关。重要的方向中包括揭示植株形态学和生理学性状与性类别比例性状之间连锁的情况，现有的结论是，雌雄异株大麻性类型比例受不同性别配子和合子的不同程度生活力制约是有限的，而且有时不能被试验证实，因此有必要进行深入探索。

培育雌雄同株大麻是大麻种植业发展中的重要内容。只有研究雌雄同株大麻性多态性，才有可能确定在决定雌雄异株和雌雄同株植株初生和次生性性状差异中显性和隐性因子相互作用的完整体系。生产中应用雌雄同株大麻可实现产品的机械化收获，这实质上提高了作物栽培的效益，与此同时相关研究表明，雌雄同株性状在后代表现不稳定，这种不稳定性受制于性染色体复等位基因组中不同雄性和雌性常染色体遗传因子的相互作用。雌雄同株植株性状群体变异的自发过程经常定向于分离出雄麻，也就是雌雄同株大麻向雌雄异株大麻的转变是隐性基因恢复为显性基因的结果。旨在揭示获得具备具体雌雄同株性状原始材料方法而开展的大麻遗传学研究，并没得到完全令人满意的结果。但是，这些研究确定了性性状的遗传特点，不掌握这些特点就不能完善雌雄同株大麻育种工作。为了培育雌雄同株大麻新原始材料可以利用雌雄异株大麻种群分离出的雌雄同株植株，也可利用通过雌雄异株大麻性类型以及杂种强制自交方法得到的雌雄同株植株。性性状最纯的雌雄同株大麻原始材料可以通过雌雄同株大麻单株强制自交方法和雌雄同株大麻样本之间杂交方法得到，雌雄异株大麻与雌雄同株大麻杂交得到的杂种是不整齐的材料，还需大量工作来稳定雌雄同株性状。为使雌雄同株性状在后代得以固定，建议选择真雌雄同株雌化植株、雌雄同株雌化雄麻和雌雄异株大麻雌麻。用于培育雌雄同株大麻原始材料的自交、杂交和选择的方法在目前已经充分研究过，有充足的根据证实。依靠这些方法不能获得稳定的雌雄同株性状，要达到不必拔除雄麻的雌雄同株大麻，为实现这个目标，必须在利用现代遗传性变异方法基础上，进一步探索优质新原始材料的培育措施。为此，应重视采用诱变方法获得大麻新样本。有关雌雄同株四倍体大麻的现有资料可以作为有益的例子，这种大麻比普通二倍体大麻的雄麻比率低得多。根据该项指标，四倍体大麻在采种田栽培中不应进行品种提纯，只要它们在经济性状上没有严重缺点（晚熟、单产低，种子生活力低）就有可能应用。由此产生一个不简单的问题，在细胞中加倍的染色体数性状稳定遗传条件下，必须改善雌雄同株四倍体大麻的综合经济性状。迫切的任务是培育雌雄同株大麻单倍体种类里旨在探索后代性性状纯合化的途径，当前还重视研究在雌雄异株大麻田里发现雌化雄麻和雄化雌麻的交换型，以便得到遗传上稳定的同时成熟的大麻样本。

雄性不育性与植株性性状之间的相互联系的研究应予以特别重视，这个问题在其他作物鲜有全面研究。现已经发现大麻雄性不育性的表现型，雄花花蕾在一定的形成阶段停止生长和发育，逐渐枯萎和脱落；而在另一株的雄花花蕾上取代花药而形成不育雌蕊，也就是形成两性（间性）花。由此可见，雄性不育性不同类型的出现提醒专家学者，在探索新雄性不育源时必须关注生殖器官发育中的任何反常现象，因为它们可能是遗传的性状。

雌雄同株大麻雄性不育性状按单因子类型传递给后代，对它们的研究没有任何方法上的困难。对于雌雄异株大麻该性状遗传即使是由一个基因控制，实际研究时也很复杂，这与雌麻和雄麻植株雌雄异体特点有关。在大麻中发现基因雄性不育性状与植株矮生性状连锁的现象，这种独一无二的情况为更详细地研究矮生性状以及它们的性多态现象提供了可能性。已知的大麻雄性不育性基因在对植株表型性状形成的作用特性上不是唯一的。决定以雄花花蕾发育不良最终脱落方式出现的雄性不育性类型的基因，对植株生长和发育总体上起反作用，导致经济性状指标下降；而决定雄性不育性间性类型的基因则起正向作用，雄性不育个体的生产率甚至超过可育类型，这对育种有利。

二、影响工业大麻性别表达主要因素

（一）遗传

大麻性别由异形染色体（X和Y）决定，雄性为XY，雌性为XX。Moliterni等（2004）对大麻的性分化进行形态学和分子学的研究发现，当第4节的叶子出现时，大麻的性别倾向可能会发生，在第4个节点的雄性和雌性存在差异表达。由此可见，工业大麻早期鉴定需在第4节叶子长出后进行，性别诱导应在第4节叶子长出前进行。若依据这些性别连锁片段，通过转基因等方式对其进行表型标记，培育出具有明显辨别表型特性的大麻品种，则有利于实现雌雄植株的早期识别。

（二）激素

Chailakhyan早在1937年就提出，性激素调控植物从营养生长到开花的转变，随着对各类植物激素研究的深入，其在促进生命活动，尤其是在性别表达中的作用逐步被阐明。检测激素和遗传之间的相互作用机制及其在植物性别分化中的作用成为解决现代许多生物学难题的重要手段。细胞分裂素的作用表现在复制和翻译水平，参与到tRNA与核糖体mRNA的复合；赤霉素表现在转录水平，通过诱导依赖细胞周期蛋白激酶基因的表达，促进细胞周期从G1期（DNA合成准备期）向S期（DNA合成期）转变。Khryanin（2002）研究发现赤霉素与茎伸长调节中几个基因存在关系，雌性植物组织中有一种特殊的细胞分裂素和一种特殊的蛋白，在雄性植物中却不存在，且激素发挥作用的阶段对植物的性别有很大影响。在许多草本植物中，花原基的发育及其性别分化与第3片叶片的发育是一致的。正因如此，在花分生组织形成后，植物激素对幼苗的处理并不能导致植株性别特征的改变。这与Moliterni等（2004）认为大麻在第4个节的雄性和雌性存在差异表达有相通之处。据研究，大麻种子浸泡在赤霉素中24h可以诱导更多的大麻雌株。乙烯利则能诱导大麻雄株产生雌花，玉米赤霉烯酮可以促进大麻雄性表达。吲哚乙酸和6-BA处理能提高大麻雌株的比例。通过细胞分裂素的合成对根的作用，可影响大麻性别发育。大麻幼苗切根后扦插，及时将不定根去除，80%～90%的植株能发育成雄株；若去除不定根后再用15mg/L的6-BA处理植株，80%左右将发育成雌株；如果不去除不定根，80%～90%的植株也将发育成雌株。生长调节素可以通过对根发育的影响而改变大麻植株的性别。在大麻幼苗时期对根部施入赤霉素可以使全部植株表现为雄性。喷施25μg赤霉素加50μg亚胺环己酮，能控制雌株上产生雄花。

在植物的整个生活周期中，性别分化是一个十分重要的发育阶段。这一过程在何时出现，何时发生，以及如何进行，长期以来，一直是植物性别研究的热点问题。大麻作为一种典型的异花授粉植物，具有生活周期相对较短以及性别逆转较易等特点。但一般种植的大麻植株高达2~3m，从播种到开花需3~4个月，种子收获需6~8个月，仍然不能满足植物性别分化研究的时效需要。植物的性别表达具有可塑性，即可通过外界条件来控制性别表达，从而使原定程序表达发生改变。植物性器官的分化与胚胎的生长发育过程有关，性别容易受外界条件的影响而改变，有时外界条件甚至可以使性别发生逆转。光周期和激素是影响植物性别表现的最主要的外源因素。比如短日照促进短日植物多开雌花，促进长日植物多开雄花；植物激素在植物性别表达中起着调控作用。但在同等情况下，相同的外源激素施加在不同物种间其效果却有很大差异，有时甚至截然相反。如赤霉素一直被认为是促雄激素，在黄瓜雌性系繁殖过程中也常采用诱导出雄花再自交留种，但是在蓖麻、西瓜、秋海棠和玉米中却具有明显的促雌效果。

对于有性别分化的生物来讲，其幼体都具有向两种性别发育的可能性。3AA、NAA、2,4-D、IAA、6-BA、ZEN、GA 7种药剂对大麻性别影响见表10-2。采用平播方法种植，5行区、3次重复、行长3m、行距0.15m、有效播种粒数300粒/m²，组间道2.0m。播种地块地势及土壤肥力均匀一致，正常田间管理，在工艺成熟期调查雌雄株比例，供试品种为五常40号。

试验区于5月8日定苗，每平方米定苗120株，5月20日进行二次定苗，每平方米定苗100株并圈起来。6月1日进行苗期调查，确定出苗数为每平方米100株，6月10日在株高达到25~30cm，长出3~4对真叶的时候对大麻根部进行药物的喷施。对照不作处理。

田间药剂对大麻雌株性别影响效果由高到低依次是6-BA 89%，3AA 82%，NAA 65%，2,4-D 45%，IAA 72%，GA 43%，ZEN 40%。对照为55%，见表10-2。

表10-2　田间药剂对大麻雌株性别影响效果

处理	株数	雌株	雄株	雌株比（%）	喷药时间	用量	差异显著性 5%	差异显著性 0.1%
3AA	100	82	18	82	8月24日	1.14×10^{-5}mol/L	b	B
NAA	100	65	35	65	8月24日	10mol/L	d	D
2,4-D	100	45	55	45	8月24日	0.2mol/L	f	F
IAA	100	72	28	72	8月24日	1.0×10^{-5}mol/L	c	C
6-BA	100	89	11	89	8月24日	1.33×10^{-4}mol/L	a	A
GA	100	43	57	43	8月24日	0.2mol/L	g	G
ZEN	100	40	60	40	8月24日	3.14×10^{-7}mol/L	f	FG
对照（CK）	100	55	45	55	8月24日	0	e	E

注：小写字母表示显著水平α=0.05，大写字母表示显著水平α=0.001，只要含有相同的字母，就表明两组之间没有显著性差异。

通过对大麻生长的跟踪观察，供试药剂对大麻生长均无药害反应及任何不良影响。使用药剂最好在大麻株高达到25~30cm，长出3~4对真叶的时候对大麻根部进行药物喷施。6BA、3AA、IAA可使大麻产生雌花且雌株比例均在70%以上，6-BA可使大麻雌株比例达到80%。

（三）日照

1. 短日照处理对大麻现蕾所需时长的影响

经短日照处理对大麻开花所需时长的影响见表10-3，给予植株每天8h自然光照和16h黑暗。

表10-3　短日照处理对大麻现蕾所需时长的影响

短日照处理时真叶对数（对）	播种到现蕾所需的平均天数（d）	短日照处理后现蕾所需的平均天数（d）
对照（CK）	56.3	
0	35.0	26.0
1	30.5	21.5
2	29.9	17.9
3	27.0	11.0
4	28.7	9.7
5	34.3	7.3
6	37.1	6.0

以上结果说明，在大麻的生育前期，过早对其进行短日照处理，促花效果并不理想。经过短日照处理的大麻，随着处理时真叶对数的增加，其现蕾所需的时间大大缩短。

2. 短日照处理对大麻生长的影响

大麻幼苗长到一定真叶对数时进行短日照处理，直到肉眼可见花蕾时对现蕾所需天数进行统计（表10-4）。

表10-4　短日照处理对大麻生长的影响

真叶对数（对）	平均高度（cm）	平均茎粗（mm）
对照（CK）	76.4	5.54
0	12.7	3.52
1	23.2	3.60
2	25.6	3.72
3	32.1	4.18
4	34.4	4.25
5	40.8	4.45
6	41.6	4.57

短日照处理后，大麻的株高和茎粗均明显不如对照。这是由于短日照处理减少了大麻的光照时间，光合产物减少，从而抑制了大麻的生长。

3. 短日照处理对大麻性别表达的影响

大麻幼苗长到一定真叶对数时对其进行短日照处理，直到性别可辨时统计每个重复雌雄比例，并求每组的雌雄比例平均值（表10-5）。

表10-5　短日照处理后大麻的平均雌雄比例

真叶对数（对）	雌雄比例
对照（CK）	1.14
0	0.91
1	1.00
2	1.14
3	0.96
4	1.05
5	1.09
6	1.05

大麻的性别表达差异均不明显。说明人工短日照处理不会使大麻性别的表达受到大的影响。已有研究表明，光照影响大麻的性别表达，在冬季栽培时，因日照较短，能够改变大麻的性别。而在日常试验中大麻经短日照处理后，雌雄性别比例接近于正常水平。冬季自然短日照可以使大麻性别发生转变，而人工短日照处理却难以使大麻性别发生逆转，在大田条件下，大麻性别又极易被其他外界条件所控制。

（四）栽培条件

一般情况下，同一批播种的大麻，雌雄株比例应接近1∶1。但受外界条件如光照、温度、营养等，对大麻雌雄性分化有一定影响。大麻生长期内的光照对大麻性别表达的影响非常明显。在夏季播种的大麻，产生正常比例的雄株和雌株，如果延长日照或缩短日照长度，有许多植株会发育成雌雄同株。另外，从秋季到第二年春季，特别是12月在温室内播种，有50%~90%的雌株转化为雄株以致最后全变成雄株。冬季在温室栽培，因日照短，能使雌性变雄性或雄性变雌性，变化程度与日照长短有关。温度也是影响大麻性别表达的因素之一，有人在15℃下低温处理大麻幼苗，可以使其多开雌花；在12℃低温下处理则多开雄花。可见，栽培条件是影响大麻性别表达的重要因素之一。

大麻是一种喜肥作物，对土壤肥力特别敏感，养分的丰缺对工业大麻的出苗率、全麻产量等均有较大的影响，因此生产栽培中需要做到施肥充足且合理方能达到高产。施肥以有机肥（农家肥）与无机化肥相结合，氮磷钾配施效果最佳。前人研究表明，工业大麻对氮、磷、钾3种养分的需求较多，以氮素居首、钾次之、磷最少。营养条件对大麻性别表达的影响较大。研究表明，大麻生长期间，氮肥施得多，雌株的数量就多；相关研究表明，用克诺普溶液培养大麻，得65%雌株、35%雄株，而用8倍于克氏溶液的氮肥时，得100%的雌株。津田守城（1950）认为在短日照下雄株增多，雌雄株比例为100∶127；Суетрина（1985）认为在光照强的情况下，雄株增多。Slonov（1975）在不灌水条件下使用N、P、K完全肥料时，雄株70%、雌株30%；但在灌水和施肥条件下，雌株显著多于雄株。津田守城（1950）试验：无肥区雄株46%，雌株54%；多氮肥区雄株又多于雌株，在干燥条件下，雌株58%、雄株42%；密植时雌株多于雄株，稀植时雌株少于雄株。但据黑龙江省农业科学院孙安国多年观察，在高氮肥、足水、稀植和低温、短日照等条件下，雌株稍多于雄株，而少肥、干旱、密植和高温、长日照等条件下雄株稍多于雌株。

（五）重金属盐

Soldatova和Khryanin（2010）使用重金属盐［Pb（NO₃）₂、CuSO₄和ZnSO₄］对大麻的植物激素状态和性别表达进行研究，发现铜盐和锌盐诱导植物雌性化，并且这种作用与玉米素积累相结合，铅盐有利于植物雄性化以及GA（赤霉素）积累。因此，植物性别表达的变化与重金属对植物激素、GA和玉米蛋白平衡的作用有关。以硝酸银和硫黄酸银的阴离子络合物为原料，在遗传雌性大麻植物中诱导出了不育的雄花。

第五节　工业大麻性别鉴定方法及研究

大麻是地球上最古老的作物之一，起源于中国，栽培利用历史超过1万年。多数大麻为雌雄异株，少数雌雄同株。因雄麻纤维质量优于雌麻，生产上，若以收获纤维为目的，则期望主要种植雄麻；若以收获籽粒为目的，则期望主要栽培雌麻。但是，目前尚无准确鉴定大麻种子性别的方法，幼苗期也较难分辨，且大麻的性别表达受多种因素影响，如温度、光周期、激素、重金属盐等都能诱导大麻性别表达。不能根据收获目的使大麻雌雄株合理搭配，严重制约了工业大麻产业的发展。

不同的性别组成造成工业大麻籽粒、纤维和大麻素产量的变化，以雌性为主导和一定数量的雄性个体组成的群体或者雌雄同株品种获得的籽粒产量最高，雄性比例多的群体获得的纤维产量最高，纯雌性的品种得到的大麻素的产量最高，因为工业大麻雌雄株的利用价值不同，雄株比雌株纤维质量高，且成熟早，不利于机械化收获，但工业大麻在花期之前很难从形态上鉴定出性别，为提高产量，在发育早期进行性别快速鉴定对指导生产具有重要意义。因此，大规模栽培种植中，生产者希望在早期快速鉴别性别，这样一方面便于根据栽培目的和利用方向选择特定性别的植株种植，另一方面便于将雌雄株分开种植以节约收获成本。然而，目前大麻的性别鉴别工作只能在开花期间进行，生殖器官（即花器官）发育成熟前很难进行。因此，很有必要对大麻性别早期形态做调查研究，为性别鉴定提供最直接的证据，同时为大麻性别分化研究提供基础资料；同时对大麻减数分裂过程中染色体行为进行分析，可以为大麻性别分化的遗传机制及性染色体的起源与进化研究提供理论基础。采用AFLP分子标记技术寻找与大麻性别相关的标记，一方面可以从分子水平上为雌雄性别的早期鉴定提供可靠依据，另一方面为大麻性别调控基因的发现及进一步通过原位杂交技术研究大麻性别决定基因影响染色体上的定位提供理论基础。同时，由于大麻具有染色体数目较少、容易栽培等特征，也是从理论上探讨雌雄异株植物的性染色体起源与进化、性别决定和分化机制的模式植物，对从分子水平上探索雌雄异株植物的性别调控机制具有重大意义。

一、工业大麻种子性别无损鉴定

在生产上使用的"大麻种子"实则为其果实，卵圆形瘦果，灰白或灰褐色，果皮坚硬。《齐民要术》有载，"凡种麻，用白麻子"，"止取实者，种斑黑麻子"，即颜色偏白，两头较尖，比较轻的种子是不结实的雄麻，而色较黑，比较坚实而重的种子则是雌麻，所以，要收麻皮则用白麻子，要收种子则用黑麻子。《农政全书》有载，"种子取斑黑者为上"；《图经本草》有载，"农家择其子之有斑黑文者，谓之雌麻，种之则结子繁，他子则不然也"。这些古代农业书籍的经验总结均显示，颜色较黑、籽粒饱满的种子多为雌麻，颜色较浅，粒重较轻的种子多为雄麻。近年来，谷雨田（1989）的研究也发现，大麻种子粒大饱满多为雌株，反之，植株多为雄株。在种子重量与性别相关性研究方面，曲超等（2010）对栝楼种子研究发现，随着种子重量的增加，雄株分化比例减少，雌株比例增加。此现象可以从植物生理生化的角度解释为，为了生殖生长需要，雌麻种子需要储存更多的营养物质来抵御在生长过程中可能遇到的各种生存压力，使得雌麻种子重量高于雄麻种子。但是，这些经验性的结论缺少足够的科学试验数据和统计分析支撑，因此，区分雌雄大麻的准确率有待进一步验证。从重量差异角度考虑，在生产上，可使用风选式种子筛选机或重力筛选机对大麻种子进行分选，分选出的粒重饱满者雌株比例高；从颜色差异角度考虑，可考虑色选，利用种子异色粒对特定光线的吸收或反射强度不同实现异色粒的分离，达到色选目的。陈涛等（2006）研究了棉花种子颜色分选自动化系统，可以有效区分黑色与红棕色棉花种子。

二、工业大麻早期性别鉴别方法

（一）形态学水平鉴定

通过植物形态特征鉴定植株性别，简便易行，经济高效。大麻幼苗期，可根据叶片形状判断雌雄。据谷雨田观察，雌株叶片短而宽，叶色深绿；雄株叶片长而尖，叶色浅绿。据此，可通过间苗期间苗来控制植株性别的比例，但水肥等其他因素会影响植株长势，故有经验的专业人员判断更为准确，如图10-1、图10-2所示，雌性植株茎秆较细，比雄株茂盛，越靠近顶部叶子越多，雌性和雄性植株具有类似的苞芽结构，但雌株长着半透明的纤毛。

图10-1　雌雄大麻叶片对比　　　　图10-2　雌雄大麻苞芽对比

（二）生理代谢差异鉴别

研究表明，雌雄株在氧化还原能力方面存在较显著差异，雌性处于较还原状态，而雄性处于相对氧化状态，雌株幼叶较雄株有较多的过氧化物酶区带。赵云云等（1997）对银杏雌雄株氨基酸组分及含量进行了研究，发现银杏雌雄株的氨基酸平均含量有差异，雄株高于雌株，其中胱氨酸和酪氨酸含量较为突出。银杏、杨梅、猕猴桃等树种叶片水溶性酚类物质总量雌株普遍高于雄株，且差异达到极显著水平。该方法因无具体量化指标，且操作较为复杂，较难准确判断植株性别。目前，在大麻性别鉴定方面尚未有相关研究，可以借鉴银杏等植物的研究方法，对大麻雌雄株生理代谢进行深入研究。

（三）化学物质分析鉴别

根据不同性别叶片对不同浓度化学试剂显色不同，彭子模（1996）使用0.1%甲基红溶液对浸提幼叶的上清液进行染色，32℃水浴保温，20h后雌株出现明显黄绿色，雄株为黄褐色。Andre等（1976）使用快蓝B盐对开花雌大麻的腺毛进行组织学观察，显微镜下清楚地显示了包裹着乳剂的头部的薄角质层，用快蓝B盐溶液处理，很容易观察到淡红色，结果还表明，该试剂在大麻雌株茎状腺毛体中表现优越。绞股蓝苗期雌雄株鉴别则使用了0.1% BTB（溴麝香草酚蓝）溶液，染色后10h左右颜色有明显差异，雌株的提取液为黄色，雄株为绿色。使用化学试剂染色鉴定植株性别，快速高效，且准确性较高，是雌雄异株植物性别鉴定的常用方法。

（四）DNA分子标记鉴别

特征序列扩增区域（SCAR），是从随机扩增的多态性DNA（RAPD）技术衍生而来，通过对RAPD片段克隆、测序、序列分析后设计出一对引物，互补到原来RAPD两端的24碱基上。用这对引物与原来的模板DNA进行PCR扩增，特征序列扩增区域被特异性扩增，结果稳定可靠。采用SCAR标志物对大麻进行早期鉴定，用三甲基溴化十六烷基铵（CTAB）方法从中分离出DNA，使用MADC2（来自大麻的雄性相关DNA）引物作为标记来鉴定大麻的性别。利用MADC2-F和MADC2-R引物扩增基因组DNA，制备出两个大小分别约为450bp和300bp的片段。在收获用于脱氧核糖核酸分析的组织后，将花的外观与DNA分析进行比较，分子分析结果与雄花或雌花的外观一致。说明分子标记可以在非常早期鉴定大麻性别。

三、工业大麻性别的研究

（一）生理生化水平及细胞遗传学水平研究

大麻雌雄株在生长发育过程中在生理活动的变化上是存在一定差异的，例如可以根据酪氨酸酶和氧化酶变化的不同来鉴定大麻的性别。彭子模等（1996）对已知性别的野生大麻幼叶用甲基红进行染色试验，结果发现，雌雄性别的染色结果不一样，雄性为黄褐色，雌性为黄绿色。因此可以通过这种方法简单快速鉴定大麻的雌雄性。

Himta最早在细胞遗传性水平上对大麻性别进行研究，认为大麻性别是由X染色体和Y染色体控制的，属于二型性性染色体，染色体数目为$2n=2x=20$，其组成为雄性$2n=20=18a+x+y$，雌性$2n=20=18a+x+x$。郭运玲等（1999）曾对六安大麻的染色体核型进行分析，表明除极少的大麻根尖细胞染色体数目大于20条外，正常染色体数目为20条。全部为中部着丝粒染色体，染色体长度比为3.38，相对长度为4.39%～14.94%，核型为对称型，不对称系数为59.78%，核型类型为1B型。而另有研究者对不同大麻品种的核型分析与此研究结果存在差异，称大麻核型为2B型，染色体相对长度为6.413%～13.226%，染色体臂比在1.314以下，染色体核型公式为18m（2SAT）+2sm（2SAT）。

Sakamoto等（1998）对雌雄基因组采用流式细胞术分析检测，表明雄株基因组含量比雌株大47Mbp。核型分析表明X为亚中着丝粒染色体，Y为近端着丝粒染色体，且其短臂末端存在一随体，有丝分裂中期Y染色体长臂和随体明显高度浓缩，这些都表明大麻Y染色体对性别表达起着决定性的作用。

（二）分子生物学水平研究

工业大麻性别分子标记研究为工业大麻性别早期鉴定提供了一定数量的分子标记引物，也在一定程度上揭示了工业大麻性染色体结构及组成。获得与雄性相关的分子标记引物最多，多是通过RAPD技术转化成的SCAR标记设计的。通过分子标记的数量、序列结构和雌雄性特征序列之间的同源性等信息，为性别决定的分子机制研究提供有益的信息。

分子标记种类很多，但在工业大麻性别分化研究中，只有随机扩增多态性DNA（Random amplified polymorphism of DNA，RAPD）、特定序列扩增（Sequence characterized amplified regions，SCAR）、扩增片段长度多态性（Amplified fragment length polymorphism，AFLP）和简单序列重复（Simple sequence repeats，SSR）4种以PCR为基础的DNA分子标记有所报道。

1. RAPD分子标记的应用

随着分子生物学技术的飞速发展，近年来对大麻性别的研究已经从细胞水平深入到分子水平。分子水平上对大麻性别的研究主要是指分子标记研究。其中RAPD标记技术的应用最广泛。该技术是从分子水平研究大麻性别最简单、最快捷、最经济的方法，但由于其稳定性不高，重复性不理想，所以为了在实践中得到很好的利用，常常将其转化为SCAR标记，也就是在获得RAPD标记的基础上，对基因组DNA依据得到的序列设计约20bp的引物进行特异性扩增。

在工业大麻性别研究中，RAPD应用最多，采用10个碱基的随机引物对模板DNA进行PCR扩增，扩增产物的多态性反映基因组DNA的多态性。具有操作简单和耗时短等优点，但具有重复性差和特异性差等缺点。为了弥补这些缺点，发展了SCAR分子标记，SCAR分子标记是根据RAPD分子标记的序列分析结果设计20～28bp的特异引物对基因组进行特异性扩增。

Faeti等（1996）利用RAPD标记技术对14个大麻雌雄异株栽培品种雌雄性别进行了研究，随机引物OPA8扩增出一条大小为400bp的雄性特异带，经反复试验，雄株均有此带，雌株有3株具有此带，雌雄同株的均没有此带，将其转化为的SCAR标记可用于大麻育种中早期快速鉴定雄株。除了雄性相关分子标记的发现，宋书娟等（2002）用17个引物对中国不同地区雌雄异株工业大麻进行RAPD分析，发现一条与雌性性别连锁的约820bp的特异DNA条带。Shao等（2003）从15个RAPD随机引物中筛选出2个雌性特异性引物。性别相关RAPD分子标记的发现也提供了工业大麻性染色体的关键信息。Ottó等（2002）对雌雄异株和雌雄同株工业大麻栽培种进行RAPD分子标记，有2个引物扩增出了与雄性植株关联的条带，对其进行克隆测序并将这2个标记转化为SCAR标记，通过对F$_2$植株群体进行分析发现这些标记位于Y染色体上。Koichi等（1995）用15个引物对雌雄异株工业大麻进行RAPD标记，获得一条与雄性相关的长度为730bp的特异条带MADC1，将其作为探针进行荧光原位杂交（FISH）试验，结果支持了Y染色体长臂末端区域的特异性线性逆转录转座子的累积是性染色体异态性的一个成因的假说，之后又发现了两条与雄性相关的特异性片段，并且同样验证了上述假说。Giuseppe等（2002）用180个RAPD引物对9个不同工业大麻品种进行性别连锁标记，发现了9个雄性特异性引物，对3个不同的F$_1$植株进行鉴定，在雄性植株中显示出特异条带，而在雌性植株中则没有，验证了这些标记位于Y染色体减数分裂期排除重组的区域。

陈其军等（2001）利用RAPD标记找到一条与大麻雄性性别紧密连锁的特异片段，克隆和序列分析显示该片段大小约2.5kb，并将该片段转化为SCAR分子标记，序列分析表明此片段为非编码序列，并且含有分散存在的重复序列。苏友波等（2002）从280个RAPD标记的随机引物中筛选出42个适合于野生型及栽培大麻品种的引物，为RAPD技术在大麻性别遗传上的应用奠定了一定的基础。Mandolino等（2002）对大麻雌雄株DNA利用RAPD标记进行分析，得到了9个雄性特异性标记，并且对这些标记在子代群体中进行验证，结果全部雄株中均有这些DNA标记，而全部雌株均无。Otto等（2002）从20条RAPD引物中筛选出2条与雌雄异株大麻栽培种雄性相关的特异带，对其进行克隆测序，将该两个标记转化为SCAR标记，通过F$_2$代遗传分析将它们定位于Y染色体上。Shao（2003）从15个RAPD标记随机引物中筛选到一条与雌性相关的雌株特异性条带。Koichi等（2005）利用RAPD技术获得了两个大麻雄性特异性片段，其中一个片段大小为730bp，将其命名为MADC1（Male associated DNA of Cannabis），并利用荧光原位杂交技术（FISH）将其定位于Y染色体长臂上。这些雌性或雄性特异片段的发现，为大麻早期性别鉴定研究奠定了理论基础。

2. AFLP分子标记的研究

AFLP提供了迅速检测期望的标记方法，该技术是由荷兰Keygene公司发明的，利用该技术寻找大麻品系中的性别专一性标记可靠、迅速。AFLP通过不同引物和不同限制性内切酶的组合，对基因组DNA片段进行选择性扩增，从而显示基因组DNA的多态性。该方法具有DNA用量少、重复性高和可靠性好等优点，缺点是操作复杂并且有假阳性和假阴性结果的出现。利用AFLP分子标记发现了与工业大麻性别紧密连锁的特异条带。如昌佳淑等（2010）利用AFLP分子标记获得了1条大小为348bp的雄性特异性条带。郭丽等（2015）采用AFLP技术对11个不同工业大麻品种雌、雄植株的混合DNA池进行了性别连锁特异性条带的筛选，结果获得一条734bp的雄性特异条带。

AFLP分子标记的应用也证实了雄性染色体的存在，Flachowsky等（2001）应用AFLP分子标记技术对种植在温室中的2个雌雄异株工业大麻进行性别研究，39个引物组合中有20个引物组合检测到1～3个雄性特异性条带，无雌性特异条带，用8个引物组合对F$_1$进行鉴定，在雄性后代中都能检测到多态性片段，在雌性后代中没有多态性片段的产生。雄性潜在标记数量的丰富性、雄性标记与雄株完全相同的分离表现以及雌性标记的不存在都证明了大麻中Y染色体的存在。Peil等（2003）利用AFLP标记研究结果表明，大麻X染色体和Y染色体存在部分同源区域，也就是在性染色体上存在一假常染色体区域，在减数分裂过程中，X染色体和Y染色体的该同源区域可以发生交换重组，而性染色体其他区域这种重组却很少发生。Molitemil等（2004）对意大利的雌雄异株栽培大麻Fibranova的显微观察表明，大麻的性别在第4片叶子出现时就已经确定下来。利用cDNA-AFLP技术对四叶期大麻雌雄性别遗传表达进行比较分析，结果这一时期植株顶端检测出了5个雄性cDNA-AFLP多态性片段；克隆、测序表明，这些片段属于四叶期诱导植株雄性化的9个不同mRNA。Anne-Michelle等（2016）应用AFLP分子标记对雌雄异株和雌雄同株工业大麻进行QTL研究，结果显示使用定量的方法对工业大麻性别表达的遗传定位进行深入研究是可行的。

3. SSR标记的应用

SSR标记（Sequence tagged microsatellite site）是目前最常用的微卫星序列，基因组某一特定的微卫星侧翼序列通常非常保守，所以可以将微卫星侧翼序列克隆、测序，根据侧翼序列设计人工合成引物，以研究对象基因组为模板进行PCR扩增。微卫星标记具有多态性高、杂合度大、突变快、信息含量丰富和呈共显性等优点。在大麻性别研究上的应用报道较少，Rode等（2005）将SSR标记应用在工业大麻性别染色体的研究上，发现了1个在单交后代2个群体中都呈现多态性的SSR标记和2个仅在其中一个群体中显示多态性的SSR标记。2个SSR标记中的3对等位基因不仅出现在X和Y染色体中，在不同的X染色体间也显示出多态性。

4. 其他分子标记的研究

在工业大麻研究上使用ISSR分子标记技术对工业大麻栽培种进行了遗传多样性分析，采用SNP分子标记对药用大麻和工业大麻的遗传结构差异进行了分析，Gao等（2014）采用EST-SSR标记对115份工业大麻资源进行了遗传多态性分析，信朋飞等（2014）应用EST-SSR标记构建了工业大麻指纹图谱。这些研究都表明，采用分子标记技术对工业大麻进行研究是可行的。

第六节　工业大麻种子的雌化

大麻富含萜类、黄酮类、生物碱类等多种活性成分，其中大麻素，具有神经保护作用，其主要的2种成分是四氢大麻酚（THC）和大麻二酚（CBD）。由于THC具有强烈的致幻性和成瘾性，而且能够造成人体机能的损伤，使其发展受到限制。国外有学者认为大麻中THC质量分数小于0.3%的大麻植株不具备毒品利用价值。大麻二酚（CBD）则是非精神活性化合物，可以拮抗THC与受体的结合，消除THC对人体产生的致幻作用，除此之外CBD具有抗炎、杀菌、镇痛、抗焦虑、抗氧化等作用，同时还具有治疗精神分裂和阿尔兹海默症等病症的潜在医疗价值。随着CBD药用价值的挖掘，高CBD含量的药用大麻品种的选育及其生产技术成为当前迫切解决的热点及难点。

药用大麻以高CBD、低THC含量和籽粒高产为主要目标性状。通过对药用大麻CBD和THC合成途径相关的酶以及调控因子的功能研究，结合大麻表型和基因型来筛选抗逆优质高产、低THC、高CBD含量的药用大麻新品种。①选育腺毛密度大、腺毛分布广、花及叶干重大、开花早、花序多的品系，CBD主要合成并储存在有柄腺毛的囊腔中，这些腺毛密布在成熟的雌花、苞片及靠近花穗的叶上。因此可根据腺毛性状及花序数量来选育高CBD药用大麻。低THC药用大麻新品种的选育除利用优质、低毒亲本进行杂交外，还可以采用基因编辑等手段，如敲除THC合成基因。②药用大麻的全雌系选育或诱雄制种对其性状的保存具有极大意义，也是目前面临的一项巨大挑战。③籽用型药用大麻以传统选育方法为主要手段，结合现代分子生物学技术，缩短选育周期。④选育高光效、矮化型药用大麻新品种，与现代农业生产技术相结合，提高劳动生产率。

大麻的药用价值在于其独特的萜类物质，称为大麻素，集中在植物的腺毛中。已经鉴定出100多种大麻素；然而，最丰富和最重要的药用大麻素是CBD和THC。与THC不同，CBD是非精神病性的，最近，因为人们对CBD的医疗效果的不断增加，截至2021年，美国已有37个州和华盛顿特区通过法律，将医用大麻合法化，其中18个州和华盛顿特区将娱乐用途大麻合法化，但仍有13个州完全禁止大麻。

大麻雌性包含同配子染色体XX，雄性包含异配子染色体XY。雄性植物比雌性植物更高，茎粗，生命周期更短。大麻的性别形态被认为是由常染色体平衡控制的，其中染色体的比率通过X染色体计数系统决定性别，而Y染色体是不活跃的。外源应用植物生长调节剂可以改变或逆转植物的性别形态。在大麻中，生长素、乙烯和细胞分裂素促进雄性植物雌花的形成；赤霉素促进雌性植物雄花的形成。Mohan-Ram和Sett（2014）利用硝酸银和硫代硫酸银（STS）诱导雌性大麻植株形成雄花，抑制乙烯发挥作用。

雌雄同株的大麻是偶然在大麻中出现的，并且经过一系列的育种及栽培，已经育成了一些雌雄同株大麻新品种用于生产工业大麻纤维和大麻种子。2014年《农业法案》第7 606节（《美国法典》第7卷第5 904节）将干重基础上THC浓度≤0.3%的大麻定义为工业大麻（Mead，2017）。雌雄同株的大麻品种表现出更高的种子产量和更大的作物同质性，并且比雌雄异株的植物更容易机械收割。雌雄同株大麻的性别表达没有雌雄异株植物那样被广泛理解，但它被认为是存在于X染色体或常染色体上的可遗传性状。也有人认为，雌雄同株状态起源于Y染色体的一个小易位，或由一个或多个突变基因引起。

在2018年，美国至少有37个州审议了与工业大麻相关的立法，并建立了与工业大麻相关的研究和农业试点项目。对CBD的兴趣增加导致大麻种植的增加，但由于大麻被选作纤维和种子生产，其CBD含量通常较低（2%～4%）。因此，培育CBD含量增加的大麻品种是当前的育种目标。

雌性植物是大麻素生产的首选，因为雌性植物主要在花序中积累的大麻素含量明显高于雄性植物。大麻种植者使用激素或化学物质如STS来制造雌化种子，其中100%的种子是雌性。Mohan-Ram和Sett认为STS可以用来在雌性大麻植物上用有活力的花粉制造雄花，但是他们的方法不能直接转化为商业用途。在遗传雌性植物上诱导的雄花将产生只含有X个配子的花粉，当这些配子与来自雌性植物杂交时，会产生所有雌性种子。对几种不同种类的观赏植物来说，STS的叶面喷施能够有效地阻止乙烯的产生并延长开花时间。格林（2018）描述了使用单叶面喷施STS来生产雌化大麻种子。这种方法已经在网上被种植者分享。

腺毛主要分布于雌性大麻的花序，因此全雌系药用大麻是高效提取CBD最重要的原料，同时能够提高生产效率及单位面积产值。遗传信息、植物激素和环境因素等均参与了开花植物的性别调控，通过构建药用大麻遗传图谱、转录组测序等手段，寻找药用大麻性别决定相关基因，开发分子标记，辅助选育全雌系药用大麻新品种。化学试剂诱导雌化是获得全雌系药用大麻的另一种方式，通过开发药用大麻的诱雌剂，并进行诱雌试验，确定化学试剂的浓度及处理时期，以开发成熟的诱雌工艺。利用转录组测序，找到了32个与麻疯树花发育以及70个植物激素的合成和信号传导相关的基因，这些基因参与了麻疯树性别的分化。通过利用甜瓜g基因（全雌性基因型为AAgg）下游存在一个Gyno-hAT转座子插入，采用了可特异鉴定该基因的g-F/R标记，该标记能够特异性鉴别携带g基因的全两性花材料，可以高效培育全雌系甜瓜，这些案例为大麻全雌系的选育提供了依据。药用大麻的全雌系选育或诱雄制种对其性状的保存具有极大意义，也是目前面临的一项巨大挑战。

在我国药用大麻主要是利用雌株生产花叶，提取CBD，用于医药、保健等产业。工业大麻均为雌雄异株，且雌雄株比例为50%，因此，生产中需要人工剔除雄株，并且一旦雌株授粉，将大幅度降低CBD的产量和含量。所以生产无雄株分化的雌化种子，就成了药用大麻产业发展的关键技术。大麻植物的雄性和雌性，在其生命周期的第一个6周内外观是相同的，只有在开始发育性器官后，才能区分它们的性别。需要正确的判断哪些是雄株，哪些是雌株，植物在生长发育的过程中需要的每天的光照时间要超过一定限度（14h）才能形成花芽。光照时间越长，则开花越早。当光照时数下降时，就到了分辨雄雌的时候了。首先对光照时数下降做出反应的是雄株，在植物的叶腋处会出现芽状生长，随后它会长出淡绿色卵状的花苞。当出现这些特征时，可以判断它是雄株了。花苞会释放花粉，而在花粉囊未完全成熟前它会呈刺状，必须将其去除以避免影响到雌株。雌性植物则具有类似的结构，但长着半透明的纤毛。在雄性特征出现的两周之后，雌性植株才开始表现出雌性特征。这个时候雌株的叶腋处，会出现刺状的嫩芽，这些嫩芽会在一个月左右的时间里持续生长，并会带有分泌物，散发出一些气味。雌蕊旨在吸引花粉，如果受精生成种子，植物的所有能量、营养都将用于发育种子，就会造成花中大麻素的不足。雌雄同株的大麻是存在的，也应该被视为雄性，因为它同样会使雌株受精。这种植株可以同时生长两个性器官，如果看到一个显露的雄性芽苞，也需要像雄株那样处理。

其实植株在对以上变化做出反应之前，已经可以粗略地判断出它们的性别。通常情况下，雄株比雌株要高，这是植物进化的结果。雄性植株需要更快的生长，开花来提高传粉效率，通过进化出较高的植株高度以便它们更容易使自己的花粉散播出去。同时，雄株也比雌株的生命周期要短一些。除非需要保留种子，否则一旦发现雄性植株，就必须移除掉它们，大多数种植者会移除并丢掉雄株，但也有人将其保留用于繁殖目的。如果要保留雄株，则务必把它们隔离，不要放在储存雌株的房间里，确保没有将花粉传给雌性。在自然授粉和人工授粉的情况下，并不能改变下一代植物的雌雄比。所以应当采取一些手段尽可能提高雌株比例。一般意义上说，无法从种子的外观上直接分辨植物种子的性别，如果经济条件允许也可以直接购买雌化种子，这些经过特殊培育种子通常会100%生成雌性植株。但偶尔也会出现疏漏，所以仍然需要检查以确保没有雄性。

一、工业大麻种子雌化技术方法

目前，对大麻性别诱导的研究主要在光周期、激素、化学试剂、重金属盐、肥料诱导等方面。试验证明上述因素确实可以诱导大麻性别分化，但是因各种诱导方法都会受到其他因素的干扰，作用效果不稳定，目前，在国内除直接购买雌化种子外，还可以人为的完成工业大麻种子的"雌化"。常见的雌化方法有硫代硫酸银（STS）法、胶体银法、赤霉酸法、pH值调节法、自身雌化法等。下面主要详细的介绍前两种。

（一）硫代硫酸银法

硫代硫酸银法是一个比较可靠的、安全的，也是现在常用的方法，它解决了许多种子公司的难题。硫代硫酸银（STS）法能影响工业大麻植株激素的分泌，从而使工业大麻的性别发生变化。

通常采用硝酸银和硫代硫酸钠配制一定浓度的硫代硫酸银溶液，反应式$Ag_2S_2O_3 = 2AgNO_3 + Na_2S_2O_3$；硫代硫酸银的使用浓度通常在$0.2 \sim 1.0$mmoL，过高的浓度会导致植株死亡，把0.924g的五水硫代硫酸钠溶于500mL的纯水中，再把0.16g的硝酸银溶于500mL纯水中。然后把硝酸银溶液非常缓慢地倒入硫代硫酸钠溶液中，两种溶液顺序不能弄反，否则配制会失败。一边倒一边迅速搅拌，这样配成的硫代硫酸银浓度为0.92mmoL。如果需要其他浓度，按照此法改变药剂使用量。因为硫代硫酸银有见光分解的特性，为了防止失效，要现配现用，最好当天用完，如果没有用完，浓缩液可以保存在棕色玻璃瓶或黑色塑料桶中，不能置于金属容器中。在$20 \sim 30$℃的黑暗环境下可保存4d。

选择即将成熟的雌株，并把它单独的分开，将配制好的硫代硫酸银溶液喷洒到植株上，直到确保完全覆盖并滴落，然后等到其干燥。一开始，被喷洒硫代硫酸银溶液的雌株会出现叶片灼伤的状态，甚至部分叶片变为棕色，只需要一周左右的时间它便可以自己恢复。一个月之后，喷洒了硫代硫酸银的雌株将完全变为雄株，等待成熟之后，就可以收集它的花粉了。当花粉成熟时，用纸袋收集，可以放入冰箱保存，可以以后作人工授粉。

因为这株植物本来是雌性，也就是说，当它变为雄株之后，此时收集到的花粉是"雌性花粉"，再拿这些雌性花粉去给另一株雌株授粉，几个星期后，就可以得到雌化的种子了。

这种方法看上去十分简单，但是因操作不当或受其他因素干扰，可能会导致需要重复多次才能成功。另外，不同品种对硫代硫酸银耐受程度不一样，有的品种施药后不会产生任何反应，有的品种会直接死亡，有的品种依据不同施药浓度会产生不同反应，因此要根据不同品种的特性和施药剂量及浓度进行选择试验，但是使用这种方法产生的种子雌化率还是非常高的，可高达99%以上。

（二）胶体银法

这一方法的关键步骤就是配制胶体银喷洒液。需要准备一对带导线的铁夹，99.99%的纯银两块，三节9伏的电池，塑料或玻璃水槽，蒸馏水还有导线若干。

先用导线把三节9伏电池串联组成27V直流电源。

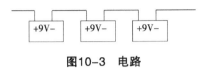

图10-3　电路

将两个铁夹分别连接到直流电源的正负极，然后把两块纯银各用一只铁夹夹住。

塑料或玻璃水槽注入蒸馏水，把两块纯银放在蒸馏水中，然后用铁夹接到电池正负极两端。注意不要投入太深，只需银器与蒸馏水接触即可，铁夹的金属部分不能碰到水面。

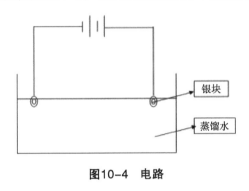

图10-4　电路

这样，一个简易的胶体银制作装置就完成了。建议保持反应时间7h以上，来获取较高浓度的胶体银。剩下的步骤和原理，可以参考硫代硫酸银法，也可以直接购买胶体银溶液。

二、附录

（一）一种诱导纯雌性工业大麻的方法

技术领域

本发明涉及农业种植技术领域，尤其涉及一种诱导纯雌性工业大麻的方法。

背景技术

大麻（*Cannabis sativa* L.），别名火麻、线麻、魁麻等，中国古称汉麻、火麻、枲、苴，是桑科大麻属（*Cannabis*）一年生草本植物，雌雄异株，栽培利用历史悠久，世界各地都有广泛的栽培（种）或野生（种），现主要分布在亚洲和欧洲。大麻全身是宝，经济价值巨大，涉及纺织、造纸、食品、建材及制药等多个方面。但是，由于大麻植株中含有一种致幻成瘾的活性成分——四氢大麻酚（THC），联合国禁毒公约中将其列为一种毒品原植物。为了趋利避害，国际上将大麻植株中THC含量<0.3%的大麻品种称为工业大麻，工业大麻中THC含量极低，已不具有毒品利用价值，但具有极高的经济利用价值，获得种植许可后可以合法种植。随着近年来工业大麻在我国云南等地的迅速发展，目前由云南省农业科学院主导选育完成了多个高产、优质、适合低纬度地区种植的工业大麻品种，这些品种在全国多地得以应用，为我国工业大麻产业发展做出了贡献。但是，已有的工业大麻品种中鲜见杂交品种，其原因是工业大麻雌雄异株的特性，工业大麻杂交品种制种时需人工拔除母本中的雄

株，人工手动去雄作业时间长，工作效率低，且去除不够彻底，因此产生通过诱导的方法，将工业大麻向纯雌性大麻引导，但是采用的诱导剂内含有重金属，造成环境和水资源的污染，为此提出一种诱导纯雌性工业大麻的方法。

发明内容

本发明的目的是为了解决现有技术中存在的缺点，而提出的一种诱导纯雌性工业大麻的方法。

一种诱导纯雌性工业大麻的方法，包括以下步骤：

S1. 准备诱导所需异亚丙基氨基氧乙酸和非挥发性酸、喷涂容器；

S2. 将异亚丙基氨基氧乙酸和非挥发性酸进行处理，获得最终产物，将最终产物进行处理，获得混合物A；

S3. 将混合物A通过喷涂容器对现蕾期的工业大麻植株进行喷涂，喷涂后静置反应3~5d；

S4. 在将混合物A对植株进行二次喷涂，喷涂完成后静置10d；

S5. 喷涂后10d将大麻植株上雄性花蕾去除，剩余雌性花蕾会生长出雄性花蕾，此时大麻植株为雌雄同株；

S6. 获得初次全雌性工业大麻种子，将获得的初次全雌性工业大麻种子进行种植，重复步骤S4、S5，最终获得纯度较高的全雌性工业大麻种子。

进一步的，异亚丙基氨基氧乙酸和非挥发性酸的水溶液加热，检测原料中异亚丙基氨基氧乙酸的残留量<0.1%时为反应终点，将获得的产物通过压缩法去除水分，将醇类有机溶剂冷却搅拌，使得结晶完全后过滤溶剂，并用醇类溶剂洗涤干燥获得最终产物。

进一步的，所述非挥发性酸采用硫酸，碳酸加异亚丙基氨基氧乙酸于50~100℃加热反应8h，直到原料中异亚丙基氨基氧乙酸的残留量<0.1%停止反应，所述醇类有机溶剂采用甲醇。

进一步的，所述现蕾期的工业大麻喷涂为位置为大麻植株的主茎和侧枝的顶部，少量喷涂，喷涂的液体覆盖花蕾表面。

进一步的，所述初次全雌性工业大麻种子喷涂混合物A无须去雄即可获得全雌性的工业大麻种子。

进一步的，所述现蕾期为多数雄性植株分化出花蕾时期，雌雄同株的植株通过雄花散粉自由传粉。

本发明获得通过使用异亚丙基氨基氧乙酸和非挥发性酸进行反应，获得的产物无碳酸盐无污染，使用效率高，同时获得雌性工业大麻的方法简单易操作，减少人工的劳动量，降低去雄的作业周期，同时减少对水资源和环境的污染，提高获取大麻纯雌性种子的效率，适合进行市场推广。

具体实施方式

下面结合具体实施案例对本发明作进一步解说。

实施例一

本发明提出的一种诱导纯雌性工业大麻的方法，包括以下步骤：

S1. 准备诱导所需异亚丙基氨基氧乙酸和非挥发性酸、喷涂容器；

S2. 将异亚丙基氨基氧乙酸和非挥发性酸进行处理，获得最终产物，将最终产物进行处理，获得混合物A；

S3. 将混合物A通过喷涂容器对现蕾期的工业大麻植株进行喷涂，喷涂后静置反应3d；

S4. 再将混合物A对植株进行二次喷涂，喷涂完成后静置10d；

S5. 喷涂后10d将大麻植株上雄性花蕾去除，剩余雌性花蕾会生长出雄性花蕾，此时大麻植株为雌雄同株；

S6. 获得初次全雌性工业大麻种子，将获得的初次全雌性工业大麻种子进行种植，将分出柱头的大麻进行喷涂，无须进行去雄工作即可获得纯度较高的全雌性工业大麻种子。

实施例二

本发明提出的一种诱导纯雌性工业大麻的方法，包括以下步骤：

S1. 准备诱导所需异亚丙基氨基氧乙酸和非挥发性酸、喷涂容器；

S2. 将异亚丙基氨基氧乙酸和非挥发性酸进行处理，获得最终产物，将最终产物进行处理，获得混合物A；

S3. 将混合物A通过喷涂容器对现蕾期的工业大麻植株进行喷涂，喷涂后静置反应4d；

S4. 再将混合物A对植株进行二次喷涂，喷涂完成后静置10d；

S5. 喷涂后10d将大麻植株上雄性花蕾去除，剩余雌性花蕾会生长出雄性花蕾，此时大麻植株为雌雄同株；

S6. 获得初次全雌性工业大麻种子，将获得的初次全雌性工业大麻种子进行种植，将分出柱头的大麻进行喷涂，无须进行去雄工作即可获得纯度较高的全雌性工业大麻种子。

实施例三

本发明提出的一种诱导纯雌性工业大麻的方法，包括以下步骤：

S1. 准备诱导所需异亚丙基氨基氧乙酸和非挥发性酸、喷涂容器；

S2. 将异亚丙基氨基氧乙酸和非挥发性酸进行处理，获得最终产物，将最终产物进行处理，获得混合物A；

S3. 将混合物A通过喷涂容器对现蕾期的工业大麻植株进行喷涂，喷涂后静置反应5d；

S4. 再将混合物A对植株进行二次喷涂，喷涂完成后静置10d；

S5. 喷涂后10d将大麻植株上雄性花蕾去除，剩余雌性花蕾会生长出雄性花蕾，此时大麻植株为雌雄同株；

S6. 获得初次全雌性工业大麻种子，将获得的初次全雌性工业大麻种子进行种植，将分出柱头的大麻进行喷涂，无须进行去雄工作即可获得纯度较高的全雌性工业大麻种子。

本实施例中，异亚丙基氨基氧乙酸和非挥发性酸的水溶液加热，检测原料中异亚丙基氨基氧乙酸的残留量<0.1%时为反应终点，将获得的产物通过压缩法去除水分，将醇类有机溶剂冷却搅拌，使得结晶完全后过滤溶剂，并用醇类溶剂洗涤干燥获得最终产物，非挥发性酸采用硫酸，碳酸加异亚丙基氨基氧乙酸于50~100℃加热反应8h，直到原料中异亚丙基氨基氧乙酸的残留量<0.1%停止反应，醇类有机溶剂采用甲醇，现蕾期的工业大麻喷涂位置为大麻植株的主茎和侧枝的顶部，少量喷涂，喷涂的液体覆盖花蕾表面，初次全雌性工业大麻种子喷涂混合物A无须去雄即可获得全雌性的工业大麻种子，现蕾期为多数雄性植株分化出花蕾时期，雌雄同株的植株通过雄花散粉自由传粉。

本实施例中，首先将异亚丙基氨基氧乙酸和非挥发性酸进行反应，获得的产物进行加水处理，将混合物A对现蕾初期的花蕾进行喷涂，喷涂间隔3~5d进行二次喷涂，将二次喷涂后的花蕾在10d后进行去除，使得雄性花蕾从植株上分离，分离后的植株正常进行花粉传播，诱导植株改变为雌雄同株的个体，获得初次的工业大麻种子后，将初次获得的种子再次进行种植，在植株分化柱头时再次进行喷涂，无须进行去雄即可获得大批量的纯雌性的工业大麻种子。进行试验数据分析获得初次喷涂间隔5d的大麻获得的雌性大麻的纯度最高。

以上所述，仅为本发明较佳的具体实施方式，但本发明的保护范围并不局限于此，任何熟悉本技术领域的技术人员在本发明揭露的技术范围内，根据本发明的技术方案及其发明构思加以等同替换或改变，都应涵盖在本发明的保护范围之内。

（二）一种诱导纯雌性工业大麻的方法

技术领域

本发明属于农业种植技术领域，具体涉及一种诱导纯雌性工业大麻的方法。

背景技术

大麻，别名火麻、线麻、魁麻等，中国古称汉麻、火麻是桑科大麻属一年生草本植物，雌雄异株，栽培利用历史悠久，世界各地都有广泛的栽培种或野生种，现主要分布在亚洲和欧洲。大麻全身是宝，经济价值巨大，涉及纺织、造纸、食品、建材及制药等多个方面。但是，由于大麻植株中含有一种致幻成瘾的活性成分——四氢大麻酚，联合国禁毒公约中将其列为一种毒品原植物。为了趋利避害，国际上将大麻植株中含量<0.3%的大麻品种称为工业大麻，工业大麻中含量极低，已不具有毒品利用价值，但具有极高的经济利用价值，获得种植许可后可以合法种植。

随着近年来工业大麻在我国云南等地的迅速发展，目前由云南省农业科学院主导选育完成了多个高产、优质、适合低纬度地区种植的工业大麻品种，这些品种在全国多地得以应用，为我国工业大麻产业发展做出了贡献。但是，已有的工业大麻品种中鲜见杂交品种，其原因是工业大麻雌雄异株的特性，工业大麻杂交品种制种时需人工拔除母本中的雄株，去雄持续时间长，工作量大，且很难完全去除雄株，这些问题一定程度上制约了工业大麻杂交种种子繁育。本发明使用低浓度的硫代硫酸银溶液为化学诱导剂，按照特定步骤使用后，可诱导工业大麻雌性植株性别转换，产生可育花粉，用该花粉授粉结籽，即获得纯雌性的工业大麻种子。

发明内容

本发明针对现有技术工业大麻杂交品种制种时工作量大，且很难完全去除雄株的问题，旨在提供一种通过化学诱导剂，诱导工业大麻雌性植株性别转换，从而获得纯雌性的工业大麻的方法。

S1. 一种诱导纯雌性工业大麻的方法，包括以下步骤：

S2. 按照Ag^+与$S_2O_3^{2-}$摩尔浓度比为1：4分别配制$AgNO_3$和$Na_2S_2O_3$母液；

S3. 将$AgNO_3$和$Na_2S_2O_3$母液按照1：1体积混比配成硫代硫酸银母液，再配制成0.2～2mmol/L的使用液，保存于棕色玻璃瓶或黑色塑料桶中，室温黑暗环境下可保存4d；

S4. 工业大麻现蕾期，即多数雄性植株分化出花蕾时，使用溶液对工业大麻植株主茎及侧枝的顶梢进行喷雾处理，以喷湿但没有液体滴下为标准，3d后进行第二次喷雾处理；

S5. 处理后的15d内对所有现蕾的雄性植株进行清除，留下的为雌株，处理后20～25d，剩余雌性工业大麻植株上诱导出雄花花蕾，变成雌雄同株，雄花散粉后，可进行自由传粉，得到种子为全雌性的工业大麻；

S6. 将第一次得到的全雌性种子集中种植，于大麻的快速生长期末期，即植株分化出柱头的时候，使用本发明的硫代硫酸银溶液及方法进行第二次诱导，无须去雄即可获得大量全雌性的工业大麻种子。

本发明的有益效果为诱导操作简单，提供了一种快速简便的获得大麻雌性种子的方法。纯雌性的工业大麻可用于杂交种制种过程中作母本，简化工业大麻杂交种制种过程，此发明还可应用到大麻雌性单株自交遗传纯化工作，有利于大麻遗传研究。

附图说明

图10-5为雌雄异株工业大麻群体中雄性大麻现蕾期的图片。

图10-6为雌雄异株工业大麻群体中雌性大麻柱头分化期的图片。

图10-7为雌性工业大麻植株经过诱导后的雌雄同株图片。

具体实施方式

下面结合实施例对本发明做进一步的说明，以下所述，仅是对本发明的较佳实施例而已，并非对本发明做其他形式的限制，任何熟悉本专业的技术人员可能利用上述揭示的技术内容加以变更为同等变化的等效实施例。凡是未脱离本发明方案内容，依据本发明的技术实质对以上实施例所做的任何简单修改或等同变化，均在本发明的保护范围内。

实施例一

STS使用液的配制。取$AgNO_3$ 0.679g加入1L去离子水中，配成4mmol/L的$AgNO_3$母液。取无水

$Na_2S_2O_3$ 2.528g或者 $Na_2S_2O_3 \cdot 5H_2O$ 3.968g加入去离子水中，配成16mmol/L的 $Na_2S_2O_3$ 的母液。然后将 $AgNO_3$ 母液缓缓倒入等量 $Na_2S_2O_3$ 母液中，即按照体积比为1∶1混合，同时搅拌，配制成2mmol/LSTS溶液，添加0.01%的Tween-80用作表面活性剂，保存于棕色玻璃瓶或者黑色塑料桶中备用。

雌雄异株工业大麻群体诱导处理。工业大麻塘播，如图10-5所示，多数雄性植株分化出花蕾时，使用STS溶液对所有工业大麻植株主茎及侧枝的顶梢进行喷雾处理，以喷湿但没有液体滴下为标准，3d后进行第二次喷雾处理。第一次处理后的数天内对所有现蕾的雄性植株进行清除，20d后，多数工业大麻呈现出雌雄同株性状，如图10-6所示，雄花散粉后自由传粉，得到全雌性的工业大麻种子。

全雌性工业大麻扩繁。将诱导的工业大麻种子集中种植即表现为全雌性，快速生长期末当植株开始分化出柱头的时候如图10-7所示，使用本发明的STS溶液及方法进行第二次诱导，诱导方法同上，无须去雄即可获得大量全雌性的工业大麻种子。

实施效果。2mmol/L的STS诱导下，有约85%的雌性植株变成了雌雄同株，且雄花占多数，雄花数量占60%~70%。

实施例二

STS使用液的配制。配制浓度为3mmol/L的 $AgNO_3$ 母液和12.0mmol/L的 $Na_2S_2O_3$ 母液。两者等体积混合后即获得1.5mmol/L的STS，配制及保存方法同实施例一。对工业大麻的诱导处理过程同实施例一。

实施效果。在1.5mmol/LSTS的诱导下，有约81%的雌性植株变成了雌雄同株，且雄花稍占多数，雄花数量占60%~70%。

实施例三

STS使用液的配制。配制浓度为2mmol/L的 $AgNO_3$ 母液和8mmol/L的 $Na_2S_2O_3$ 母液。两者等体积混合后即获得1mmol/L的STS，配制及保存方法同实施例一。对工业大麻的诱导处理过程同实施例一。

实施效果。在1.0mmol/LSTS的诱导下，有约75%的雌性植株变成了雌雄同株，且雄花稍占多数，雄花数量占40%~50%。

实施例四

STS使用液的配制。配制浓度为1mmol/L的 $AgNO_3$ 母液和4mmol/L的 $Na_2S_2O_3$ 母液。两者等体积混合后即获得0.5mmol/L的STS，配制及保存方法同实施例一。对工业大麻的诱导处理过程同实施例一。

实施效果。在0.5mmol/L STS的诱导下，有约66%的雌性植株变成了雌雄同株，且雄花稍占多数，雄花数量占40%~50%。

实施例五

STS使用液的配制。配制浓度为0.4mmol/L的 $AgNO_3$ 母液和1.6mmol/L的 $Na_2S_2O_3$ 母液。两者等体积混合后即获得0.2mmol/L的STS，配制及保存方法同实施例一。对工业大麻的诱导处理过程同实施例一。

实施效果。在0.2mmol/L STS的诱导下，有约38%的雌性植株变成了雌雄同株，且雄花占多数，雄花数量占40%~50%。

综上所述，硫代硫酸银（STS）实施效果说明，当STS溶液浓度为0.2~2mmol/L时，连续处理2次，可获得38%~85%的雌雄同株，即便是38%的雌雄同株，雄蕾开花的花粉也可以供给其本身及其他雌株授粉，后代均为雌性的工业大麻种子。

图10-5　雌雄异株工业大麻群体　　图10-6　雌雄异株工业大麻群体　　图10-7　雌性工业大麻植株经过
中雄性大麻现蕾期　　　　　　　中雌性大麻柱头分化期　　　　　　诱导后的雌雄同株

参考文献

蔡汝，陶俊，陈鹏，2000. 银杏雌雄株叶片光合特性、蒸腾速率及产量的比较研究[J]. 落叶果树，32（1）：14-16.

曹承和，2008. 浅谈性别决定方式[J]. 生物学通报，43（10）：16-18.

曹祥练，潘威，秦明松，2016. 种子无损分选新技术研究进展[J]. 种子，35（1）44-47.

柴紫菲，谢道生，盛文涛，2018. 浅谈植物的性别[J]. 园艺与种苗（6）：54-56.

陈其军，韩玉珍，傅永福，等，2001. 大麻性别的RAPD和SCAR分子标记[J]. 植物生理学报，27（2）：173-178.

陈学好，曾广文，曹培生，2002. 黄瓜花性别分化和内源激素的关系[J]. 植物生理学报，38（4）：317-320.

陈赢男，2014. 植物性别决定机制研究进展[J]. 林业科技开发，28（5）：18-22.

程晓建，王白坡，郑炳松，等，2002. 银杏雌雄株性别鉴别研究进展[J]. 浙江林学院学报（2）：107-111.

杜光辉，邓纲，杨阳，等，2017. 大麻籽的营养成分、保健功能及食品开发[J]. 云南大学学报（自然科学版），39（4）：712-718.

谷雨田，1989. 怎样识别大麻的雄雌株[J]. 农业科技通讯（7）：14.

郭丽，张海军，王明泽，等，2015. 大麻雄性基因连锁AFLP分子标记的筛选及鉴定[J]. 中国麻业科学，37（1）：5-8.

孔冬梅，2009. 激素对高等植物性别分化的调控研究进展[J]. 安徽农业科学，37（12）：5352-5354.

林益民，1993. 植物种群的性比[J]. 生态科学（2）：144-148.

刘飞虎，2015. 工业大麻的基础与应用[M]. 北京：科学出版社：2.

吕佳淑，赵立宁，臧巩固，等，2010. 大麻性别相关AFLP分子标记筛选[J]. 湖南农业大学学报（自然科学版），36（2）：123-127.

马建，王建设，2019. 甜瓜全雌系调控基因 g 的分子标记开发与应用[J]. 植物遗传资源学报，20（4）：1080.

马铁华，2001. 植物的性别决定[J]. 农业与技术（2）：52-54.

马乌，2012. 人工控制植物的性别[J]. 林业与生态（9）：36.

彭子模，库热西，杜飞雁，等，1997. 几种植物性别的早期鉴定[J]. 新疆教育学院学报（1）：82-83.

秦力，陈景丽，潘长田，等，2016. 植物性染色体及性别决定基因研究进展[J]. 植物学报，51（6）：841-848.

宋书娟，刘卉，邵宏，2002. 大麻性别连锁的特异 DNA 标记的初步研究[J]. 中国药物依赖性杂志
　（3）：182-184.

宋湛庆，1982. 我国古代的大麻生产[J]. 中国农史（2）：48-57.

陶发墙，高露双，王晓明，2015. 雌雄异株植物生长释放/抑制判定及其气候解释[J]. 北京林业大学学
　报，37（3）：111-117.

王庆亚，郭巧生，孙建云，等，2004. 绞股蓝雌雄株的识别及内源激素变化的研究[J]. 中国中药杂志
　（9）：20-23.

王晓梅，宋文芹，刘松，等，2001. 利用AFLP技术筛选与银杏性别相关的分子标记[J]. 南开大学学报
　（自然科学），34（1）：5-9.

杨阳，张云云，苏文君，等，2012. 工业大麻纤维特性与开发利用[J]. 中国麻业科学，34（5）：237-240.

尹立辉，詹亚光，李彩华，等，2003. 植物雌雄株性别鉴定研究方法的评价[J]. 植物研究（1）：123-128.

张建春，何锦风，2010. 汉麻籽综合利用加工技术[M]. 北京：中国轻工业出版社.

赵云云，刘捷平，1991. 雌雄异株植物的生理生化特性及性别鉴定[J]. 北京师范学院学报（自然科学
　版）（4）：27-33.

AINSWORTH C，PARKER J，BUCHANAN-WOLLASTON V，1998. Sex determination in plants[J].
　Current Topics in Developmental Biology，38：167-223.

ALSTROM R C，LASCOUX M，WAND Y C，et al.，1998. Identification of a RAPD marker linked to
　sex determination in the basket willow（*Salix viminalis* L.）[J]. Journal of Heredity，89：44-49.

ANDRE C，VERCRUYSSE A，1976. Histochemical study of the stalked glandular hairs of the female
　cannabis plants，using fast blue salt[J]. Planta medica，29（4）：361-366.

ANNE-MICHELLE F，ALICE B，NICOLAS D，et al.，2014. Sex chromosomes and quantitative sex
　expression in monoecious hemp（*Cannabis sativa* L.）[J]. Euphytica，196（2）：183-197.

ANNE-MICHELLE F，XAVIER D，MARIE-CHRISTINE F，et al.，2016. Identification of QTLs for
　sex expression in dioecious and monoecious hemp（*Cannabis sativa* L.）[J]. Euphytica，209（2）：
　357-376.

ARYAL R，MING R，2014. Sex determination in flowering plants：papaya as a model system[J]. Plant
　Science，217/218（1）：56.

BRACALE M，GALLI M G，FALAVIGNA A，1990. Sex differentiation in *Asparagus officinalis* L.
　total and newly synthesized proteins in male and female flowers[J]. Sex Plant Report，3：23-30.

BURSTEIN S，2015. Cannabidiol（CBD）and its analogs：a review of their effects on inflammation[J].
　Bioorganic & Medicinal Chemistry，23（7）：1377-1385.

CAI L，TIAN X C，LI M，et al.，2002. Application of RAPD in discrimination of *Podocarpus
　macrophyllus*'s sex[J]. Journal of Fudan University，41（6）：635-640.

CAPORALI E，CARBONI A，GALLI M G，1994. Development of male and female flower in
　Asparagus officinalis[J]. Sex Plant Reprod，7：239-249.

CHARLES A，2000. Boys and girls come out to play：the molecular biology of dioecious plants[J].
　Annals of Botany，86：211-221.

CHEN M S，PAN B Z，FU Q，et al.，2017. Comparative transcriptome analysis between gynoecious
　and monoecious mlants identifies regulatory networks controlling sex determination in *Jatropha
　curcas*[J]. Frontiers in Plant Science，318（7）：1953.

CHEN Q J，HAN Y Z，FU Y F，et al.，2001. RAPD and SCAR molecular markers of sexuality in the dioecious[J]. Acta Phytophysiology Sinica, 27（2）：173-178.

CHEN X C, DENG X X, ZHANG W C, et al., 1996. Preliminary report on the chromosome number and karyotype of variety resources of *Ginkgo biloba* in China[J]. Journal of Huazhong Agricultural University, 15（6）：590-594.

CHEN X S, DENG X X, ZHANG W C, 1997. Studies on the karyotype and early verification of the female and male plants of *Ginkgo biloba*[J]. Journal of Fruit Science, 14（2）：87-90.

DING S L, ZHU X Z, HONG Z, et al., 1997. Studies on peroxidase isoenzyme of yangtao, *Actinidia chinesis*[J]. Journal of Anhui Agricultural University, 24（4）：395-397.

DOLEZEL J, GÖHDE W, 1995. Sex determination in dioecious plants *Melandrium album* and *M. rubrum* using high-resolution flow cytometry[J]. Cytometry Part A, 19（2）：103-106.

FAN S X, SONG X F, 1995. Relationship between sex and isozymes of peroxidase in Asparagus plants[J]. Acta Agriculturae Boreali-Sinica, 10（2）：67-71.

FLACHOWSKY H, SCHUMANN E, WEBER W E, et al., 2001. Application of AFLP for the detection of sex-specific markers in hemp[J]. Plant Breeding, 120（4）：305-309.

FURUYAMA T, DZELZKALNS V A, 1999. A novel calcium-binding protein is expressed in *Brassica* pistils and anthers late in flower development[J]. Plant Molecular Biology, 39（4）：729-737.

GILL G P, HARVEY C F, GARDNER R C, et al., 1998. Development of sex-linked PCR markers for gender identification in *Actinidia*[J]. Theoretical and Applied Genetics, 97（3）：439-445.

GIUSEPPE M, ANDREA C, MANUELA B, et al., 2002. Occurrence and frequency of putatively Y chromosome linked DNA markers in *Cannabis sativa* L.[J]. Euphytica, 126（2）：211-218.

GOLAN-GOLDHIRSH A, PERI I, SMIRNOOFF B P, 1998. Infloescence bud proteins of *Pistacia vera*[J]. Trees, 12（7）：415-419.

GUAN Q L, YUAN M B, YU Z L, 1993. Early discrimination of karyotype and sexuality for Chinese torreya[J]. Scientia Silvae Sinicae, 29（5）：389-392.

GUNTER L E, ROBERTS G T, LEE K, 2003. The development of two flanking SCAR markers linked to a sex determination locus in *Salix viminalis*[J]. Journal of Heredity, 94（2）, 185-189.

HELENA K, 2002. A genetic method to resolve gender complements investigations on sex ratios in *Rumex acetosa*[J]. Molecular Ecology, 11：2151-2156.

HORMAZA J I, DOLLO L, 1994. Identification of a RAPD marker linked to sex determination in *Pistacia vera* using bulked segregant analysis[J]. Theoretical and Applied Genetics, 89：9-13.

JAISWAL V S, NARAYAN P, LAL M, 1984. Activities of acid and alkaline phosphatases in relation to sex differentiation in *Carica papaya* L.[J]. Biochemie and Physiologie Pder flanzen, 179：799-801.

JIANG C, SINK K C, 1997. RAPD and SCAR markers linked to the sex expression locus M in asparagus[J]. Euphytica, 94：329-333.

JIANG L, YOU R L, LI M X, et al., 2003. Identification of a sex-associated RAPD marker in *Ginkgo biloba*[J]. Acta Botanica Sinica, 45（6）：742-747.

KARUS M, 2004. European Hemp Industry 2002[J]. Journal of Industrial Hemp, 9（2）：93-101.

KHADKA D K, NEJIDAT A, TAL M, et al., 2002. DNA markers for sex: molecular evidence for gender dimorphism in dioecious *Mercurialis annua* L.[J]. Molecular Breeding, 9：251-257.

KOICHI S, KOICHIRO S, YOSHIBUMI K, et al., 1995. A male-associated DNA sequence in a dioecious plant, *Cannabis sativa* L.[J]. Plant and Cell Physiology, 36（8）: 1549-1554.

KOICHI S, NOBUKO O, KIICHI F, et al., 2000. Site-specific accumulation of a linE-like retrotransposon in a sex chromosome of the dioecious plant *Cannabis sativa* L.[J]. Plant Molecular Biology, 44（6）: 723-732.

KOICHI S, TOMOKO A, TOMOKI M, et al., 2005. RAPD markers encoding retrotransposable elements are linked to the male sex in *Cannabis sativa* L.[J]. Genome, 48（5）: 931-936.

Kuglarz M, Gunnarsson I B, Svensson S E, et al., 2014. Ethanol production from industrial hemp: effect of combined dilute acid /steam pre-treatment and economic aspects[J]. Bioresource technology, 163: 236-243.

LI G L, LIN B N, SHEN D X, 1993. Sex identification of horticultural dioecious plants by phenolics analysis[J]. Acta Horticulturae Sinica, 20（4）: 397-398.

LI G L, LIN B N, SHEN D X, 1995. Study on the sex identification of *Myrica rubra* L. [J]. Journal of Zhejiang Agricultural Univerity, 21（1）: 22-26.

LI Z L, 1959. Recent advances（1949—1959）in morphology, anatomy and cytology of *Ginkgo biloba*[J]. Acta Botanica Sinica, 8（4）: 262-269.

MANDOLINO G, CARBONI A, FORAPANI S, et al., 1999. Identification of DNA markers linked to the male sex in dioecious hemp（*Cannabis sativa* L.）[J]. Theoretical and Applied Genetics, 98（1）: 86-92.

MOLITERNI V M C, CATTIVELLI L, RANALLI P, et al., 2004. The sexual differentiation of *Cannabis sativa* L.: a morphological and molecular study[J]. Euphytica, 140（1/2）: 95-106.

MOLITERNI V M C, CATTIVELLI L, RANALLI P, et al., 2004. The sexual differentiation of *Cannabis sativa* L.: amor phological and molecular study[J]. Euphytica, 140（1-2）: 95-106.

MONIKA M, JAKUB S, 2013. Sex-linked markers in diocious plants[J]. Plant Omics Journal, 6（2）: 144-149.

MULCAHY D L, WEEDEN N F, 1992. DNA probes for the Y-chromosome of *Silene latifolia*, a dioecious angiosperm[J]. Sex Plant Reprod, 86-88.

NANDI A K, MAZUMDAR B C, 1990. Btochcmical diffcrences between male and female papaya（*Carica papaya* L.）trees inrespect of totaI RNA and the histone protein 1evel[J]. Indlan Biologist, 22（1）: 47-50.

NEWCOMER E H, 1954. The karyotype and possible sex chromosome in *Ginkgo biloba* [J]. American Journal of Botany, 41: 545-549.

OOMAH B D, BUSSON M, GODFREY D V, et al., 2002. Characteristics of hemp（*Cannabis sativa* L.）seed oil[J]. Food Chemistry, 76（1）: 33-43.

PARASNIS A S, GUPTA V S, TAMHANKAR S A, 2000. A highly reliable sex diagnostic PCR assay for mass screening of papaya seedlings[J]. Molecular Breeding, 6: 337-344.

PARASNIS A S, RAMAKRISHNA W, CHOWDARI K V, et al., 1999. Microsatellite（GATA）n reveals sex-specific differences in papaya[J]. Theoretical and Applied Genetics, 99（6）: 1047-1052.

PEIL A, FLACHOWSKY H, SCHUMANN E, et al., 2003. Sex-linked AFLP markers indicate a pseudoautosomal region in hemp（*Cannabis sativa* L.）[J]. Theoretical and Applied Genetics, 107:

102-109.

PENEL C L, GREPPIN H, 1972. Evolution of the auxin-oxidase and peroxidase activity during the spinach's photoperiodic induction and sexualistion[J]. Plant and Cell Physiology, 13 (1): 151-156.

REAMON-BÜTTNER S M, JUNG C, 2000. AFLP-derived STS markers for the identification of sex in *Asparagus officinalis* L. [J]. Theoretical and Applied Genetics, 100: 432-438.

RENNER S S, RICKLEFS R E, 1995. Dioecy and its correlates in the flowering plants[J]. American Journal Botany, 82: 596-606.

RODE J, IN-CHOL K, SAAL B, et al., 2005. Sex-linked SSR markers in hemp[J]. Plant Breeding, 124 (2): 167-170.

RUAS C, FAIRBANKS D, EVANS R, et al., 1998. Male-specific DNA in the dioecious species *Atriplex garrettii* (Chenopodiaceae) [J]. American Journal Botany, 85 (2): 162-197.

SHAO H, SONG S J, CLARKE R C, 2003. et al., Female-associated DNA polymorphisms of hemp (*Cannabis sativa* L.) [J]. Journal of Industrial Hemp, 8 (1): 5-9.

SMALL E, BECKSTEAD H D, 1973. Common cannabinoid phenotypes in 350 stocks of cannabis[J]. Lloydia, 36 (2): 144.

SPADA A, CAPORALI E, MARZIANIG, et al., 1998. A genetic map of *Asparagus officinalis* based on integrated RFLP, RAPD and AFLP molecular markers[J]. Theoretical and Applied Genetics, 97: 1083-1089.

SRIPRASERT P, BURIKAM S, ATTATHOMS, 1988. Determination of cultivar and sex of papaya tissues derived from tissues derived from tissue culture[J]. Kasetsart Journal, 22 (5): 24-29.

STEHLIK I, BLATTNER F R, 2004. Sex-specific SCAR markers in the dioecious plant *Rumex nivalis* (Polygonaceae) and implications for the evolution of sex chromosomes[J]. Theoretical and Applied Genetics, 108: 238-242.

TAN D M, LUO S P, LI J, et al., 2003. Sex identification of pistachio by using RAPD analysis[J]. Journal of Fruit Science, 20 (2): 124-126.

TERAUCHI R, KAHL G, 1999. Mapping of the *Dioscorea tokoro* genome: AFLP markers linked to sex[J]. Genome, 42 (4): 752-762.

TÖRJÉKO, BUCHERN N, KISS E, et al., 2002. Novel male-specific molecular markers (MADC5, MADC6) in hemp[J]. Euphytica, 127 (2): 209-218.

TRACEY L, PARRISH, HANS P, et al., 2004. Identification of a male-specific AFLP marker in a functionally dioecious fig, *Ficus fulva* Reinw. ex Bl. (Moraceae) [J]. Sex Plant Reprod, 17: 17-22.

URASAKI N, TOKUMOTO M, TARORA K, et al., 2002. A male and hermaphrodite specific RAPD marker for papaya (*Carica papaya* L.) [J]. Theoretical and Applied Genetics, 104: 281-285.

VERÓNICA S, DI STILIO, RICHARD V, et al., 1998. A pseudoautosomal random amplified polymorphic DNA marker for the sex chromosomes of *Silene dioica*[J]. Genetics, 149: 2057-2062.

WANG B P, CHENG X J, DAI W S, et al., 1999. Seasonal variation of endogenous hormones and nucleic acids in female and male plants of *Ginkgo biloba*[J]. Journal of Zhejiang A & F University, 16 (2): 114-118.

WANG Q M, ZENG G W, 1998. Studies of specific protein on sex differentiation of *Momordica charantia*[J]. Acta Botanica Sinica, 40 (3): 241-246.

ZHANG L G，CHANG Y，ZHANG X F，et al.，2014. Analysis of the genetic diversity of Chinese native *Cannabis sativa* cultivars by using ISSR and chromosome markers[J]. Genetics and Molecular Research，13（4）：10490−10500.

第十一章　大麻精油的研究进展

第一节　植物精油研究概况及其应用

一、植物精油的简介

植物精油也叫做植物天然香料，不同的应用领域，对其命名也不一样。植物学领域称精油（Essential oil）或香精油（Ethereal oil），商业领域称为芳香油（Aromatic oil），而在医药和化学领域则称之为挥发油（Volatile oil），是由植物的花、叶、茎、根和果实，或者树木的叶、木质、树皮和树根中提取的易挥发芳香组分的混合物。一般来讲，精油在植物的不同部位和不同器官中均存在，是从果实、叶片、花和根中提炼出来的一类重要的次生物质。它主要是由分子量较小的简单化合物构成，常温下大多为油状液体，易挥发，往往具有较为特殊的气味，是植物芳香中的精华，一般是由几十种至几百种化合物组成的复杂混合物。大多数精油具有一定的旋光度和比较高的折光率，而且对日光、空气和温度等较为敏感，长时间暴露在空气中十分容易分解变质。一般精油密度比水低，但几乎不溶于水，能通过分液漏斗分离，可溶于高浓度的乙醇和醚等有机溶剂中。

我国有着非常丰富的香料植物资源，有500余种芳香植物广泛分布于我国20个省（市）。据不完全统计，迄今为止已被开发利用的香料植物有200余种，亟待开发的也有100余种。含精油较为丰富的植物主要集中在松科、柏科、木兰科、芸香科、樟科、伞形科、唇形科、姜科、金娘科、菊科、龙樟香科、禾本科。有的植物其全株都含有精油，而有的则仅仅在花、叶、果、根或根茎某部分器官中含量较高。另外，同一植物的不同器官，其所含化学成分不尽相同。植物精油存在于植物不同部位的腺囊、细胞或细胞组织的间隙中，多数为游离态或苷，一般可以采用物理方法，将具有特殊香气的油状物质从芳香植物的器官、树脂中提取出来。研究发现，影响精油在植物体内含量分布的原因有很多，除与植物种类差异有关外，土壤、气候、季节、年龄、收割时间、储运情况等因素也是其含量分布变化的主要影响因素。

近年来，随着科学技术的高速发展，人们的生活质量逐步改善，精油也越发与我们的生活息息相关。目前精油广泛应用于医药卫生、食品工业、日用化工和烟酒行业等，尤其是近些年流行的香薰疗法，更是扩大了精油的市场。精油已经成为工业产品中不可或缺的原材料。另外，随着人们对"绿色消费"的关注度越来越高，纯植物提取具有特殊功能的精油越来越受到人们的喜爱。在美国和西欧，精油在美容和保健品市场的销售和应用获得佳绩。在日本，人们将精油用于预防老年痴呆，发挥了精油的特殊药用功效。由于发达国家的精油产业相关公司起步较早，市场更加完善。因此，世界上顶级的香料公司多集中在发达国家。近几年，发展中国家所形成的新兴市场对精油的需求越来越大，很多跨国香料公司将目光投向了这些新兴市场之中。国际精油市场起步较早，已经形成自身知名品牌，国际精油销量也在持续增长，而国内精油市场则起步较晚，但也逐渐走上正轨，并形成具有自身特色的品牌和产品，伴之而来的是国内精油销量也迅速增长。美国、西欧和日本等发达国家和中国这样的发展中国家对香料的需求量都呈现递增趋势。发达国家对精油的需求量远超发展中国家，因此随着发展中国家开始向发达国家过渡，世界上对精油的需求量会越来越大，其重点将会越来越集中在新兴市场。在国内随着人们对精油接受度的上升，国内市场逐渐与国际接轨，精油也开始面向多元化的消费群体。现阶段，中国对精油的需求已经超过了日本，但仍然低于美国和西欧。香料工业一直在持续高速发展，很多国家和企业都在关注这一巨大的市场。

植物精油在国际范围内广受关注，主要原因在于其特有的活性。研究表明，植物精油具有防腐、抗氧化、抑菌、杀虫等多种活性。另外，不同种类植物精油的效用及应用前景也在被人们逐一挖掘。刘洋洋等（2014）测定了迷迭香、薰衣草、降香和草豆范4种植物对DPPH自由基的清除率以及FRAP值的大小来比较抗氧化能力，结果显示，该4种芳香植物精油对DPPH自由基均具有清除能力，而且这种清除能力与精油的质量浓度呈正相关，通过比较得出，草豆范清除自由基的能力最大，迷迭香的总抗氧化活性最大。李文茹等（2013）对肉桂、丁香、山苍子、香茅、迷迭香和大蒜6种植物的精油进行化学成分分析以及抗菌活性研究，分析结果表明，该6种植物精油均具有抗菌活性，然而抗真菌活性与抗细菌活性存在着差异，该结论无异于将不同植物精油应用于不同领域、针对不同效用提供了理论依据。为了筛选更加环保及高效的植物源灭蚊剂，张云等（2013）测试了湖南香薷、八角、藿香和剑叶金鸡菊精油对致倦库蚊和白纹伊蚊成蚊的熏杀活性，发现该4种植物精油对两种蚊虫的熏杀效果十分显著，并且藿香精油对白纹伊蚊的熏杀效果最佳，同时，湖南香薷对白纹伊蚊体内的非特异性酯酶具有最强的抑制作用，从而推断藿香精油和湖南香薷为植物源灭蚊产品更适宜的备选原料。研究表明，在涂膜处理及低温冷藏的条件下，肉桂精油可不同程度地改变保护酶活性、延缓果实软化、抑制PPO活性增加，从而延迟果实的老化，延长储藏期。像薄荷醇、桉叶油、松节油类物质不仅具有较强的透皮促进能力，还能够刺激皮下毛细血管的血液循环。植物精油所具备的香气以及其抗菌杀虫等功效，植物精油开始广泛生产开发并应用于各个领域。由于玫瑰精油被称作"液体黄金"，可作为高级香料，又具有多种生理活性，许多国家和地区都在大力发展玫瑰产业。薰衣草中精油含量较高，因其气味芳香，并且对于混合菌的生长具有良好的抑制作用，也被开发用作驱虫剂及香精等的原料，广泛应用于医疗、食品等领域。杨莹等（2013）研究得出精制的迷迭香精油可以提升卷烟的甜润感和香气，从而可推广到卷烟的生产应用当中。与此同时，植物精油因具有优良的促透皮吸收能力以及对酪氨酸酶活性的抑制作用，从而在护肤领域尤其是美白领域显示出了良好的应用前景，目前此类精油主要集中在薰衣草、柠檬草、佛手柑、孜然和檀香等不同香型的植物精油。有资料显示，植物精油不仅可以进行皮肤保健、调制香水、杀虫驱蚊、制成无公害农药及食品防腐剂和调香佐料等，还能缓解与情绪相关的疾病。

目前，我国精油开发利用仍处于初级阶段，主要以肉桂精油、茴香精油和丁香精油等开发的相对完善，大多数的中药精油仍未被开发或存在开发程度不同的问题。所以，大力挖掘植物的药用价值乃至开发应用仍是一项艰巨的任务，一方面可以避免大量具有潜在价值的药用植物被人忽视，减少资源浪费，另一面可以拓宽应用的植物资源，加大对过分开采植物的保护，发挥杂草优势，维持物种的平衡状态。国内外的研究结果已表明，许多植物精油作为香料（香精）已应用于食品工业、烟酒工业、日用化学工业及其他工业中；在医药中主要用来止咳、平喘、发汗、解表、祛痰、驱风、镇痛、抑菌、消灭和杀寄生虫等；在农业方面主要用来进行病虫害的防治。在我国，人们对精油的认识可追溯于远古时代，芳香植物被用于清洁身心、雕刻、建筑观赏，并用来治疗多种疾病。随着人们大众消费理念和消费水平的日益提高，天然香精、香料尤其是纯天然植物性的香精、香料以其特有的纯天然、绿色环保、安全无毒的特点逐渐受到社会广泛的关注，其应用范围逐渐广泛，销量也逐年增加。

二、植物精油的基本性质

植物精油具有一定的挥发性，一般不会在纸质物中留下永久性的油渍。在一定温湿度下为液态，部分精油具有黏性，有特殊而刺鼻的气味。绝大多数情况下，植物精油有较高的折光率和一定的旋光度。香根油、月桂油、丁香罗勒油的比重通常在0.85~1.065g/mL，一般比重都比水轻。精油呈油性，易溶于有机溶剂，但脂肪性油溶液一般不溶于水。植物精油对光、温度和空气情况较为敏感，易受温度影响，容易挥发和分解变性。无色或有特殊颜色如淡黄色、淡绿色等，有些带有荧光。具有易燃易爆特性，其燃点在45~100℃，25℃下可析出少部分结晶。

三、植物精油的提取方法

精油提取的方法很多，目前主要有溶剂萃取法、超声波辅助萃取法、物理压榨法、超临界萃取法、蒸馏法等，不同方法特点各异。植物精油之所以具有香气和生物活性的功能，是因为它们的主要成分的分子结构具有特殊性。相当多的化合物化学性质活泼，分子结构不稳定，当提取方法选择不当时，其分子结构就有可能发生变化，所以，提取方法的选取需要十分慎重、周密，否则很可能会一无所获。

（一）压榨法

物理压榨法通常用于果皮或种子中含有较多汁液的物质，如提取柑橘香精油的过程便为物理压榨法。此方法的原理是使用机械力对植物组织挤压，从而将植物组织中的汁液榨出，最终通过油水分离得到精油产物。压榨法操作比较简单，生产的精油并不会受操作过程的影响，而且生产过程在室温下进行，这样可以确保其中的萜烯类化合物不发生化学反应，从而确保精油的质量，使其精油香味纯正。但由于其压榨过程的残渣等原因，导致产品纯度不高，需要通过处理才能得到品质较高的精油，增加了提取工序。

（二）水蒸气蒸馏法

蒸馏法包括水中、水上和水蒸气蒸馏，适用于易挥发成分的提取，同时要求其微溶或难溶于水。提取原理主要是利用蒸馏过程中植物精油各组分蒸气压力发生变化，使得精油能够在100℃左右的条件下随着水蒸气蒸出。此方法是绝大多数芳香植物精油的提取方法，由于蒸馏条件容易达到，设备要求不高，蒸馏成本较低，适合许多种植物精油的提取。因此，水蒸气蒸馏法因其设备简单、操作容易、成本低、产量大等诸多优点，是工业化过程中主流的精油提取法，试验选取此方法，可使用较简便的方法得到较高的产量。但是，这种方法加热温度较高，有可能会导致精油中的某些化学成分分解；同时，过热的温度容易使植物材料发生焦化。柳建军等（2005）采用水蒸气蒸馏法提取新西兰腊梅鲜叶挥发油，通过气相色谱—质谱联用技术分析鉴定出67种化学成分，占挥发油总质量的97.29%。徐年军等（2006）使用挥发油萃取器蒸馏法提取山腊梅叶挥发油成分，经气相色谱—质谱联用技术分析，鉴定出72种化合物，占挥发油含量的81.95%。江婷等（2005）采用该法提取腊梅花挥发油，经气相色谱—质谱联用技术分析鉴定得到65个组分，占总挥发油量的93.61%。

（三）溶剂提取法

溶剂提取法也是目前植物精油或油脂提取的常用方法，其原理是利用待提取物质或组分对溶剂溶解度的差异性，选用对目标物质溶解度大、同时对其余物质溶解度小的溶剂，将目标物质从植物组织中溶解出来的方法。溶剂提取法具有原理简单、操作工艺简单、生产成本较低等优点。但同时，溶剂提取法提取耗时，生产效率低，而且利用超声波等方法辅助提取所得到的产品纯度也不高，常常需要利用溶剂蒸馏法进行进一步的处理，分离去除残留溶剂和提纯目标物质。由于复杂的分离工艺，而且溶剂提取过程中大多使用有毒有害的有机溶剂，需要回收或再利用工序，进一步提高了生产的成本，因此溶剂提取法逐渐被更有效的提取方法取代。

（四）吸附法

多孔树脂吸附法的原理是利用多孔吸附树脂对极性不同的分子具有不同的吸附作用，吸附后的树脂再经溶剂洗脱、浓缩得到精油。常采取的吸附树脂主要有XAD系列、Porapak QS系列和Tenex GC

系列。该法主要用于植物头香精油制备，可生产具有鲜花特有香气的头香精油，增加鲜花精油产量，如郑瑶青（1990）采用XAD-4树脂吸附法对腊梅花头香精油进行了吸附制备。

（五）同时蒸馏萃取法

同时蒸馏萃取是根据道尔顿分压定律，将样品和萃取剂分别在不同的容器中进行加热，达到沸点后，样品和溶剂都挥发出来，在冷凝管上方的空隙处再次冷凝混合，混合后的冷凝液含有样品中的挥发性物质，将该冷凝液回收，进行分离即可得到精油。同时蒸馏—静置顶空液相微萃取是一种新型的提取精油的方法，其将同时蒸馏萃取技术与静态顶空液相微萃取技术相结合，两种方法的结合使得同时蒸馏—静置顶空液相微萃取的提取方法得以简化，提取效率提高，同时能够减少溶剂的浪费。张坚等用同时蒸馏萃取法提取白玉兰的挥发油成分，温度在100～110℃，连续蒸馏萃取2h，此时挥发油的产率为3.81%，比水蒸气蒸馏法的产率高。国外已有采用同时蒸馏—静置顶空液相微萃取法提取蒿精油的报道。

（六）超声波提取法

超声波提取法是采用超声波辅助溶剂进行提取，通过声波产生高速、强烈的空化效应和搅拌作用，破坏植物材料的细胞，使溶剂渗透到材料细胞中，缩短提取时间，提高提取率。另外，由于超声波的次级效应，如机械震动、乳化、扩散、击碎、化学效应等，也可以加速提取成分的扩散、释放并与溶剂充分混合而利于提取。其优点是提取温度低、提取率较高、蒸馏时间短，主要用于提取药物中的有效成分，多用在药品行业，但由于其成本略高，因此不适用于大规模生产使用。

（七）有机溶剂萃取法

溶剂萃取法是已知的最古老的分离方法之一，可以追溯到旧石器时代。溶剂萃取法在溶剂和样品混合等方面已经发展了很长一段时间，并取得了相当大的进步。有机溶剂萃取法是利用低沸点的有机溶剂如乙醚、石油醚等与材料在连续提取器中进行加热提取，提取液于低温蒸去溶剂，则残留精油。由于用此方法得到的精油含有树脂、油脂、蜡等，必须进一步精制。有机溶剂萃取具有产率高、被萃取出的化学成分完全、香气纯正等优点；但制备精油时使用溶剂浸渍法提取的物质有着明显的缺点，因为采用溶剂所以提取物肯定有溶剂残留，所残留下来的有机溶剂很难完全清除，得到的精油中必定有一部分有机溶剂。这些有机溶剂不但有毒，而且有机溶剂的成本并不低，还有其他种种因素。为了解决这种困难，近几年，溶剂浸渍法和其他方法结合提取精油也成了一个研究的热点。赵志峰等（2004）对不同种类的有机溶剂萃取花椒精油进行了研究，结果显示，不同溶剂萃取出的花椒精油在颜色、状态和香味上都有差别，但是用丙酮和乙醚溶液作萃取剂时，精油在感官上较为接近。于大胜等（2006）分别使用有机溶剂浸提法和超临界CO_2萃取法对生姜精油进行提取，结果发现，超临界CO_2萃取法与有机溶剂浸提法相比，其具有提取率高、杂质少的优点。该试验也说明溶剂浸渍法并不适用于提取高纯度的植物精油，只能用于快速提取少量精油。大蒜油、茉莉花油和藏红花油等都是采用此法提取的。唐健等采用石油醚萃取湖北省产腊梅花精油，经气相色谱—质谱联用技术分析后得到161种成分。

（八）微波辅助萃取法

微波辅助萃取法是利用微波能来进行物质萃取的一种新发展起来的技术，具有设备简单、萃取效率高、选择性强、重现性好、节省时间和溶剂、节能、污染小、适用范围广等优点。缺点是微波对产物有效组分破坏较大，导致部分挥发性成分损失。成玉怀等（2002）运用微波技术提取红景天叶中挥发油，挥发油收率比传统方法提高了很多。微波辅助—水蒸气蒸馏法是将微波提取与水蒸气蒸馏提取相结合的一种新型的提取技术。该法提取的优点是提取时间短、效率高、操作成本低、对环境友好等。沈强等（2009）采用微波辅助—水蒸气蒸馏法提取了腊梅花精油，最佳工艺参数是蒸馏时间为2.2h、料液比为1∶12、微波功率为530W，提取率为0.62%，经GC-MS分析得到30种成分，占精油总含量的99.25%。

（九）超临界二氧化碳流体萃取法

超临界萃取中，超临界物质能够通过植物细胞壁进入植物细胞内，与植物体内的精油物质相溶，然后将其带到植物体外。随后，通过降压使精油脱离超临界状态，与溶剂分离，得到较纯的精油产品，此方法主要在天然药物等植物精油的提取中运用。因其特殊的物化性质、天然、无毒、无残留和萃取效率高等优点日益受到人们的青睐。

超临界提取法的影响因素众多。其中，温度和压力是影响超临界流体溶剂强度的重要因素。通过改变超临界流体的温度和压力，从而改变待分离物质各组分在溶剂流体中的溶解度，根据其差异性，将各组分分离出来。低压下，弱极性的物质先溶解出，增大流体压力，极性较大和分子量大的物质相继溶出。在生产过程中，常使用渐进升压超临界流体提取，可达到对物质分离提纯的目的。也可在超临界提取中，向超临界流体添加少量其他溶剂，如极性溶剂，可以改变流体的溶解能力，使其更适用于极性较大的物质的分离提纯处理。

超临界二氧化碳流体萃取法中，CO_2是一种理想的超临界流体，在提取过程中不发生副反应。超临界CO_2流体提取技术是通过改变超临界CO_2的密度，从而改变其溶解能力的提取方法。提取过程中，可以通过改变流体的控制条件，得到溶剂溶液最佳比的混合物，再通过持续的改变温度和压力的方法，将超临界流体还原成普通CO_2气体，达到目标待提取的物质自动析出的最终目的，得到了分离提纯。超临界CO_2提取是对目标产物的提取和分离同时进行、同时作用的过程，提高了提取效率。同时，CO_2无毒无味不可燃，便宜易制取和收集，可重复循环使用，安全性好且经济效益高，已经广泛用于超临界流体提取植物精油的研究和生产中，是获得高品质精油最有效的手段之一。

刘丽娜等（2011）采用超临界CO_2萃取技术提取红树莓籽精油，在萃取温度为45℃，萃取压力为30Mpa，萃取时间为80min的条件下，精油产品透明橙黄，得油率为14.6%，主要成分是亚油酸甲酯等酯类物质。有研究等采用超临界CO_2萃取技术对荆芥中的精油进行提取，并用GC-MS鉴定成分，结果表明最佳条件为萃取压力为20.3Mpa，萃取温度为45℃，携带剂为1.5%的甲醇，动态萃取50min，其提取率远远大于水蒸气萃取法。还有研究利用超临界CO_2萃取技术提取的广藿香精油，结果发现，超临界萃取法相对水蒸气提取法萃取广藿香精油具有更高的产率，以及更好的质量，其主要成分是广藿香醇和α-绿叶烯。

超临界二氧化碳流体萃取法提取速度快、效率高、产品分离流程简单，十分适合用于热敏物质的萃取，实现无溶剂残留。此外，在萃取过程中，该方法选择性高，且CO_2溶剂便宜，纯度高，绿色无污染，生产过程中可循环使用降低成本。然而，该方法同时也具有一定的局限性，如整个萃取过程需在高压下进行，对设备和操作人员要求比较高，一次性投入比较大。

（十）亚临界水提取法

亚临界水提取法是指在一定的压力下，将水温升至100℃以上、临界温度设定在374℃以下的高温，在亚临界状态下，维持适当的压力可使水呈液态，随着温度的不断升高而水分子之间的氢键作用有所减弱，使水的极性明显减弱，由强极性逐渐变为非极性。利用这一特性可从原料中选择性地萃取出不同极性的目标物质。亚临界水提取技术是近几年来逐渐发展的一项新型精油提取技术，它具有提取效率高、时间短、环境优等优点。它通过调节萃取时的温度、压力、水的流速和夹带剂等因素可以缩短提取时间，提高萃取效率。在国外作为一种绿色环保技术已成熟广泛应用，如部分植物精油及有效成分的提取，环境样品中有机污染物的萃取等领域，但是，国内对该技术的研究才刚刚起步，鉴于其具有很多的技术和操作条件和高效提取的优势，亚临界水提取法在植物精油提取分离应用前景十分广泛。Basile等于1998年第一次利用亚临界水萃取迷迭香叶子中的精油，此后该项技术在天然挥发性物质精油提取领域得到广泛的应用。

（十一）酶提取法

酶提取法是利用酶的催化作用在一定反应器内进行物质转化的过程。早在20世纪50年代，已经发现酶处理可以提高出油率。20世纪90年代后，逐渐出现利用酶法提取天然有效成分的报道。目前，酶技术的应用已经日趋成熟，其中，酶法提取与超声、微波、超高压和高压脉冲电场技术结合进行协同辅助提取，其效果更加明显。

生物活性成分一般存在于细胞内，植物细胞壁由纤维素、半纤维素和果胶质等构成，是细胞内成分溶出的天然屏障。因此，利用合适的酶水解细胞壁成分从而使其降解，破坏细胞结构，促进细胞内成分流出。一般常用的酶有纤维素酶、果胶酶、半纤维素酶和淀粉酶等。酶法提取专一性强、催化活性高、作用条件温和，从而避免活性成分破坏，提取过程中杂质少，得到的目标物质量纯度高，而且操作简单、污染少等。近年来，酶技术的应用越来越多，尤其在活性成分提取方面进展较大。有学者用酶解辅助溶剂萃取法从番茄废料中提取总类胡萝卜素和番茄红素，研究表明与非酶溶剂萃取相比，使用果胶酶和纤维素酶辅助乙酸乙酯溶剂萃取得到的总类胡萝卜素和番茄红素分别为127mg/kg和89.4mg/kg，提取率分别提高6倍和10倍。易建华等（2006）研究水酶法提取核桃油发现，使用复合酶的效果优于单一酶效果，出油率更高。有学者利用葡萄糖苷酶处理玫瑰花，研究酶解前后花瓣的香气物质，发现经酶处理的花瓣中呈香成分较多。有学者利用酶辅助提取连翘精油，与不加酶处理相比，得率提高9%~36.25%。侯轩等（2008）利用复合酶（纤维素酶和果胶酶）处理白术多糖，多糖得率比未用酶处理组高13.1%。有研究表明经酶解前处理，芹菜种子油得率提高27.7%，大蒜油得率增加两倍，而且香味与物理化学性质变化较小。

超声波可以使介质穿透力和运动速度增加，促进活性成分溶出。酶可以使生物大分子物质溶解成小分子，将超声波与酶法结合，可以明显减少提取时间，提高得率等，是一种有效的提取方法。张璐等（2012）利用超声辅助酶法提取百合中总皂苷，并通过正交试验进行优化，证明该方法优于其他方法。王述辉等（2011）利用超声酶法处理大豆分离蛋白，结果证明蛋白的乳化活性与稳定性分别增加81%和28%。周琳等（2006）采用超声复合酶法提取三七皂苷，得到皂苷含量10.33%，高于传统方法提取的含量，而且提取时间减少。关海宁等（2012）对超声酶法提取大豆多糖工艺进行研究，得到多糖得率为14.85%。

超高压是在高于100MPa流体压力且较低温或常温状态下对介质进行处理，由于压力作用形成渗透压差，溶剂向物料内部扩散，过程中形成的湍流会使细胞结构破坏发生变化，当压力恢复常压时，在压差作用下有效成分从细胞内快速溶出，促进提取效果。利用超高压破坏细胞结构，消除底物与酶之间的空间位阻，从而在酶法处理中促进酶与底物结合，缩短酶解时间。目前，超高压协同酶法应用已有一定发展，但在植物精油提取方面应用较少。

有研究从柠檬皮中提取果胶，发现超高压协同酶法提取与单一酶法相比，果胶提取率明显提高，性质变化不明显。奚海燕等（2007）研究超高压辅助酶法提取大米蛋白，与单一酶解提取相比，提取率提高12.5%。赵文婷等（2015）利用超高压辅助酶法提取低酯果胶发现，此法得到果胶的性质优于传统碱法。王晓华等（2014）从小麦麸皮中提取低聚木糖，发现超高压协同酶法与单独酶法比较，提取率明显提高，实际值达到86.1%。

高压脉冲电场技术是两个电极之间的液态样品在高频电流产生的脉冲作用下，完成对样品处理的过程，其优点是产热少、用时短、对活性成分影响小。高压脉冲电场技术作为非热加工技术越来越受到大家关注，目前应用于杀菌、改性、干燥脱水和活性成分提取方面。有研究证明，高压脉冲电场技术具有钝酶作用。近年来，在利用高压脉冲电场技术钝化酶过程中发现，较低强度处理可以快速提高酶活性。田美玲（2015）利用高压脉冲电场技术对酶进行激活研究，发现对α-淀粉酶的激活效果最大，其次是果胶酶和葡萄糖淀粉酶。有研究利用高压脉冲电场技术处理4种酶，发现过氧化物酶和β-半乳糖苷酶的酶活性提高20%以上。高压脉冲电场技术作为新兴技术在天然成分提取方面已有报道，其利用电穿孔作用使细胞破坏，促进有效成分溶出，而高压脉冲电场技术协同酶法辅助提取方面的报道较少。韦汉昌等（2011）利用高压脉冲电场辅助酶法从牛骨粉中提取蛋白，得到蛋白提取率为65.2%，研究证明蛋白提取率明显提高，酶解时间显著减少。王文渊等（2014）利用高压脉冲电场协同酶法从竹叶中辅助提取茶多酚和多糖，研究发现与传统方法相比茶多酚提取率提高大约两倍，多糖提取率提高39.8%。

（十二）微胶囊—双水相萃取法

双水相萃取原理是某些亲水性高分子聚合物的水溶液超过一定浓度后，可以形成两相，并且在两相中水分均占很大比例，即形成双水相系统。利用亲水性高分子聚合物的水溶液可形成双水相的性质开发了双水相萃取法。而微囊技术是运用一定的方法和仪器，使用天然或合成的高分子材料将固体、液体甚至气体等微小颗粒包裹在直径为1～500μm的半透性或密封囊膜的微型胶囊内的技术。王娣等（2012）利用微胶囊—双水相萃取法从百里香中提取精油，采用β-环糊精—硫酸钠双水相萃取体系，并优化工艺条件，精油平均的收率高达95%。郭丽等（2007）利用微胶囊—双水相萃取法提取柑橘精油，采用β-环糊精—硫酸钠双水相萃取体系进行提取，平均总收率高达96%以上。该方法将微胶囊技术和双水相萃取技术结合，工艺条件温和，不仅可以提高精油的得率和纯度，还可以避免精油在提取过程氧化破坏，此工艺操作时间短，高聚物水相可以回收且可以连续操作，节约成本。因此，将双水相萃取技术与分离、分析技术联用提取植物精油，具有良好的应用前景。

迄今为止，很多学者在植物精油提取技术方面做了大量的工作，植物精油提取技术的研究也逐渐趋于成熟。为了提高植物精油的提取效果，精油的提取技术不能仅局限于某一种提取技术的应用，而是采用超声波等多种辅助手段，并将多种提取技术相结合，向高效、高科技的方向迈进。然而，随着科学技术的进步，许多植物精油提取技术新的研究成果层出不穷，具有传统提取方法无法比拟的优点，但目前就实际生产情况而言，这些技术还存在着一定的局限性，仅限于实验室规模，难以向工业化转化，这是当前亟待解决的问题。然而，水蒸气蒸馏法是使用最多的提取方法，主要原因是提取设备简单、容易操作、成本低、提取溶剂为水、对环境友好、无三废排放、因此一直备受青睐。

四、植物精油提取的研究概况

目前国内对植物精油提取的研究较多，针对不同植物分别采用了不同的提取方法。樊金拴（2006）采用水蒸气蒸馏法从巴山冷杉中提取出精油，应用气相色谱—质谱联用技术，对其化学成分进行分离和鉴定，从气相色谱分离出的165个色谱峰中，已鉴定出29个组分，占精油总量的99.13%，主要为柠檬（48.36%）、α-蒎烯（31.86%）、莰烯（5.47%）、β-蒎烯（4.1%）、石竹烯（2.68%）均为香料成分和药用成分。另外，王翠艳等（1998）采取水蒸气蒸馏法对辽宁益母草的挥发组分进行了分析和研究，结果表明所得挥发油中含量较多的为1-辛烯-3-醇、反式石竹烯、葎草烯、棕榈酸、叶绿醇等成分。郭园等研究了采用不同的蒸馏条件（样品的粉碎程度、蒸馏时间和蒸馏时样品与水的比率）对茴香精油产量和成分的影响，结果表明粉碎程度为最重要的蒸馏参数，在粉碎程度最细的组合中其精油产量和反-茴香脑含量均较高。赵志峰等（2007）采用不同的溶剂对花椒精油进行提取，并用气相色谱—质谱联用技术分析和鉴定了花椒精油中的主要化学成分，试验结果发现用有机溶剂提取的花椒精油，主要化学成分基本一样，其中又以乙醚的提取性能最好。而金晓玲等（2002）也采用有机溶剂萃取法提取佛手挥发油，应用气相色谱—质谱联用技术对其化学成分进行了分离和鉴定，结果从福建、广州、四川、金华佛手的挥发油中分别鉴定出了40种、28种、26种和36种化合物，各挥发油的主要组分为枸橼烯、γ-异松油烯和5,7-二甲氧基香豆素，但其所含的主要成分的比例完全不同，而且各种佛手挥发油均含有其特异的组分。

吴艳飞等（1997）采用超临界二氧化碳萃取技术从草果中萃取分离出挥发油，并用气相色谱—质谱联用技术对其进行研究和分析，从中分离鉴定出了23种成分，其中花生酸等12种成分为首次从该植物中分离得到。刘玉法等（2005）采用超临界流体萃取技术提取柴胡果实的精油，用气相色谱—质谱联用技术分析和鉴定其化学成分，得出其主要成分为亚油酸、鲸蜡醇乙酸酯、亚油酸乙酯、石竹烯氧化物的相对含量分别为34.85%、16.63%、2.64%、1.81%。其中植醇、鲸蜡醇乙酸酯、亚油酸乙酯、石竹烯氧化物为首次从该属植物中发现。

五、植物精油的化学成分

植物精油的化学成分比较复杂，大多数精油含有多种组成成分，有些则高达数百种乃至上千种。总体说来，植物精油主要可分为醇类、醛类、烯烃、酯类、烷烃、含羰基和羧基类物质。按其化学成分主要可以分为如下5类。

（一）萜烯类化合物

萜烯类化合物是各种植物精油的主体成分，是具有（C_5H_8）$_n$通式以及其含氧和不同饱和程度的衍生物的总称。而且根据其基本结构的不同又可分为单萜衍生物、倍半萜衍生物及它们的含氧衍生物类。

单萜衍生物：①链状单萜类，如薰衣草醇、月桂烯等；②单环单萜类，如环柠檬醛、草酚酮等；③双环单萜类，如樟脑、蒎烯、茴香醇等。

倍半萜衍生物：①开链倍半萜，如金合欢烯等；②单环倍半萜，如γ-没药烯、吉马酮等；③萘型倍半萜，如α-桉叶醇、β-杜松烯等；④奥型倍半萜，如愈创木醇等；⑤三环倍半萜，如广藿香酮等。

二萜衍生物：如油杉醇、类衫醇等。

精油的功能与其主要的化学成分息息相关，比如迷迭香精油是从迷迭香的花或叶中蒸馏而来，其成分由1,8-桉叶素、α-蒎烯、柠檬烯和樟脑组成，因此具有强大的抗氧化能力。

（二）芳香族化合物

芳香族化合物是具有芳环结构的化合物，具有芳香性，在植物精油中含量仅次于萜烯类。可分为萜源衍生物和苯丙烷类衍生物，前者包括姜黄烯、百里草酚等；后者包括苯乙醇、桂皮醛等，具有镇痛解痉、抗血小板凝聚、促进血液循环等功效。

（三）脂肪族化合物

脂肪族化合物结构简单，具有饱和度不定的直链，它不是植物精油的主要成分，而是植物精油中含量较少且相对分子质量较小的化合物，几乎存在于所有植物精油中，如沙棘油中的乙酸乙酯和橘子精油中的异戊醛等。

（四）含氮、硫化合物

含氮、硫化合物在植物精油中含量极少，存在于具有辛辣刺激性气味的植物精油中，如大蒜、洋葱等，此类化合物气味独特，其中含硫物相对较多，如大蒜素、黑芥子中的异硫氰酸酯、洋葱中的三硫化物和柠檬中的吡咯等。

（五）巨环、内酯结构的特殊化合物

巨环、内酯结构的特殊化合物在植物精油中并不多见，但往往是植物精油的特征香味成分，如玫瑰精油中的玫瑰酸等。

精油成分在不同植物中差异较大，即便是同一种植物，由于种植方式的影响、地域之间的差异、采摘时间的不同、采摘部位不同等，精油的成分含量也会有所不同。

六、分离纯化方法

（一）分子蒸馏法

20世纪30年代国外就已经出现分子蒸馏技术，并在20世纪60年代开始工业化运用。我国于20世纪80年代中期开始分子蒸馏技术的研发。分子蒸馏法是液—液分离技术，是一种在真空下进行分离操作的蒸馏方法，将液面和冷凝器的冷凝面距离拉近，当分子离开液面后在它们的自由程内就不会互相碰撞，直接到达冷凝面不再返回液体内。分子蒸馏技术可将芳香油中的主要成分进行提纯、浓缩，并除去异臭和带色杂质，提高其纯度，保证了精油高附加值特性的精细化学品的质量。除此以外，分子蒸馏技术还分别具有工艺可调性能好、易于控制和可连续稳定生产等诸多特点。目前，该技术已广泛应用在石油化工领域，在食品香料领域应用还较少，尤其是在薄荷精油粗产品的分离纯化应用方面更是少见。崔刚等（2010）用分子蒸馏法提纯大蒜精油，运用响应面对工艺进行优化，试验结果为真空度10Pa、蒸馏温度45.1℃的条件下最优纯度为99.85%。杨颖等（2013）用分子蒸馏法浓缩葡萄柚精油，可浓缩8.6倍，精油赋香性能增强，分子蒸馏脱萜效果良好。王琴等（2006）用分子蒸馏法纯化八角精油，反式茴香醚含量提高至90.73%。胡雪芳等（2010）用分子蒸馏法纯化孜然精油，试验结果为在真空度为120Pa、蒸馏温度70℃的条件下枯茗醛含量提高至30.30%。分子蒸馏法在精油纯化方面拥有独有的优势，在工业上常用于脱色和脱臭。

（二）冷冻结晶法

冷冻结晶法以其独特的优势，不断受到人们的密切关注，其原理是利用低温冷冻的方法使精油中某些化合物呈现固体状结晶并析出，然后将固体物与其他液体成分进行分离，从而得到纯度较高的产品。相关研究表明，经过多次的重结晶，可得到高纯度的产品。反复提炼虽然可以制备高纯产品，但其生产周期长，收率低，进而使产品成本上升，并不利于工业推广应用。

（三）柱层析法

柱层析法又称柱色谱分离法，由于精油中各成分的不同结构或不同的功能团，使得不同组分在固定相和流动相中分配系数不同，当两相作相对移动时，被分离物质随流动相运动并在两相之间进行反复多次的分配，使原来较微小的分配差异产生显著的分离效果，从而使各物质按先后顺序流出色谱柱。柱层析法主要包括大孔树脂柱色谱法、聚酰胺柱色谱法、硅胶柱色谱法、离子交换柱色谱法和凝

胶柱色谱法，其中纯化植物精油常用的方法有硅胶柱色谱法和大孔树脂柱色谱法。

七、植物精油中有效成分的结构鉴定方法

植物精油中，一般都含有酯类和萜类化合物，这些化合物分子量较小，沸点较低，因此一般都具有挥发性。除挥发性成分外，精油中一般还存在高级脂肪酸及其酯类等一些不容易挥发的成分。大多数植物精油中的化学成分种类都有100多种，一般将其分为萜烯类、芳香族类、脂肪族类、含氮、含硫化合物四大类。萜烯类化合物大致可以分为单萜衍生物、倍半萜衍生物和二萜衍生物；芳香族化合物可分为萜源衍生物、苯丙烷类衍生物；脂肪族类化合物是植物精油中分子量比较小的化合物，如异戊醛、异戊酸等；含氮、含硫化合物都具有强烈辛辣气味，如大蒜素、吲哚等。

由此可见，植物精油的化学成分非常复杂，无法通过简单的推理方法确定某种植物精油的主要成分。植物精油的化学成分不仅与植物的种类有关，还与植物的生长环境、植物材料的采集季节、采集部位，甚至精油的提取方法等许多因素相关。因此，在研究植物精油的生物活性之前，首先对植物精油的化学成分进行分析，可为后续精油活性的进一步研究提供理论依据。

在结构鉴定方面，早期只能通过分馏或者化学制备衍生物的方法来对植物精油的化学成分进行处理分析，这种方法只能够鉴定出那些成分含量较多的物质，但是时间长、耗材较多，效率也比较低，因此化学成分的研究方面发展较慢。

（一）气相色谱法

20世纪60年代以后，气相色谱法（Gas chromatography，GC）逐渐发展起来，这种方法是将气体作为流动相，而固定相是固体、液体，流动相和固定相的差异性能够有效地分析化合物成分种类，尤其能显著地分析出复杂混合物的成分情况。新型固定相的不断出现也使GC有了许多新的突破，大大提高了GC在化学成分定性、定量分析中的准确性和灵敏度。

气相色谱法（GC）是利用挥发性物质在高分子液体和载气之间的分配进行的分离，用检测器得到色谱的方法。由于香料是由挥发性强的化合物组成的，所以采用气相色谱法作为分析手段是非常适合的。因此，可以说香料分析的进步和气相色谱的发展有着非常密切的联系。气相色谱法适合于挥发性成分或通过衍生后能够进行物质的定性、定量分析，具有灵敏度高、分析效率好、选择性好、分析速度快等优点，特别是气相色谱—质谱—计算机连用技术的发展，对于富含挥发油的香料的鉴别方面，气相色谱已成为一种首选的方法。对于不挥发的成分，也可制备成挥发性衍生物或采用裂解气相色谱或闪蒸气相色谱来进行鉴定。

近几十年来，伴随着科学技术的极大进步，分析鉴定精油化学成分的科学技术也取得了很大的发展。目前应用较广泛的是气相色谱—质谱联用（Gas chromatography-mass spectrometry，GC-MS）技术，其原理是依据萜类化合物及其衍生物质谱碎片的规律进行解析，并与标准图谱进行比对，然后与参考文献数据一一核对确认。此方法快速简单，目前已在成分鉴定中广泛运用，是目前分析植物精油成分十分有效的方法。GC-MS方法可以定性、定量地对样品中特定成分进行分析，在试验过程中，气化后的精油成分被送入色谱仪内，在被分离、浓缩后进入质谱仪，再将这些质谱数据与标准谱图对照，便能够解析得到各成分的具体信息。定性分析不仅能确定化合物的元素组成，而且能鉴定其分子结构。

气相色谱—质谱联用仪是由质谱仪和气相色谱仪连接而成。质谱仪的测出界限可与气相色谱仪的氢火焰电离检测器相匹配。气相色谱上出现的峰都可以从质谱中得到，因此只要把认为是香料化合物的标准质量数据准备好，就可以对已知化合物进行测定。质谱仪对每个组分进行检测和结构的分析，得到每个组分的质谱，通过计算机与数据库的标准谱进行对照，根据质谱碎片的规律进行解

析，并参照有关文献数据加以确认。金建忠和哈成勇（2005）采用GC-MS法测定薰衣草精油的化学成分。解成喜等（2002）用GC-MS分析薰衣草挥发油化学成分，结果确认了21种成分，占精油总含量的96.55%，其主要化学成分为芳樟醇、乙酸芳樟酯、4-甲基-1-（1）-异丙基-3-环己烯-1-醇、乙酸薰衣草酯等。有研究采用水蒸气蒸馏法提取了雪莲果（*Smallanthus sonchifolius*）叶精油，并通过GC-MS联用技术分析了精油的化学成分，结果得到，雪莲果叶精油中一共含有21种化学组分，其中含量最高的3个成分β-水芹烯（26.3%）、β-荜澄茄烯（17.6%）和β-石竹烯（14.0%）均为萜烯类化合物。许鹏翔等（2003）选用GC-MS联用技术测定了来自新疆、贵州、西班牙的迷迭香精油的化学成分，一共鉴定出了36种化学成分，通过比较发现，3个地区的迷迭香精油的化学成分有一定的差异，但是主要化学成分大致相同，都为α-蒎烯、β-蒎烯和1，8-桉叶素等。其中，α-蒎烯、β-蒎烯为单萜烯烃，1，8-桉叶素为氧化单萜类物质。梅树莲等（2005）通过GC-MS联用技术比较了两种精油提取方法得到的姜精油的化学组成，发现精油的提取方法不同，精油的成分也有所不同，通过超临界流体（CO_2）萃取法得到的姜精油的主要成分为姜醇（26.009%）和姜烯（4.702%），而通过水蒸气蒸馏法得到的姜精油的主要成分为姜烯（16.170%）和香烩烯（10.242%）。李欣欣等（2015）使用GC-MS法分析比较了山苍子雌花精油和山苍子雄花精油的化学成分，发现虽为同一物种，雌花精油和雄花精油的化学组成仍然存在着一定的差异，从雌花精油中分析出了47种成分，主要化学成分为β-水芹烯（43.77%）、柠檬烯（8.639%）和桉油醇（8.531%），从雄花精油中分析出了43种成分，主要化学成分为β-水芹烯（43.38%）、柠檬烯（10.75%）和桉油醇（8.208%），两种精油的主要化学成分种类相同，但含量有所不同。Thang等（2001）采用GC-MS法分析了两种金栗兰属植物精油的化学成分，从鱼子兰精油中鉴定出了68种化合物，主要成分为双环吉马烯（11.3%）、双环榄香烯（11.2%）和反式-β-罗勒烯（7.8%），从金栗兰精油中鉴定出了40种物质，主要成分为α-毕橙茄醇（10.0%）、双环吉马烯（9.1%）和双环榄香烯（11.2%）。有研究通过GC-MS（FID）法从翼叶九里香叶精油中分析出了70种化合物，占总精油含量的93.7%，主要成分为α-荜澄茄醇（18.9%）、依兰油醇（10.0%）和反式异戊柠檬烯（7.7%）。Li等（2014）采用GC-MS法分别测定了四种唇形科植物的叶和花精油的化学成分，结果发现，植物的不同部位，精油的化学成分有一定的差异，如从甘西鼠尾草（*Salvia przewalskii*）的叶精油中鉴定出了68种成分，主要成分为柠檬烯（20.5%）、α-松油醇（4.66%）、β-桉叶油醇（4.08%），花精油中鉴定出了51种成分，主要成分为柠檬烯（3.65%）、石竹烯氧化物（2.39%）和α-桉叶油醇。从丹参（*Salvia miltiorrhiza*）精油的叶精油中鉴定出了62种成分，主要成分为α-杜松醇（7.31%）、大根香叶烯（6.82%）和1-辛烯-3-醇（5.95%），花精油中鉴定出了63种成分，主要成分为石竹烯（11.05%）、石竹烯氧化物（7.93%）和1-辛烯-3-醇（6.43%）。

（二）高效液相色谱法

高效液相色谱法（High performance liquid chromatography，HPLC）具有分离效率高、分析速度快、检测灵敏度高等特点，并且适应于高沸点、大分子、强极性和热稳定性差的化合物的分离分析。液相色谱特别适用于分析极性差、热稳定性差、难挥发的有机化合物，可根据其特征色谱峰和指纹图谱进行定性分析。易醒等（2001）采用反相高效液相色谱法对青钱柳中的异槲皮苷、槲皮素和山柰酚的含量进行测定。洪庆慈等（2001）采用比色法和高效液相色谱法测定荷叶中类黄酮含量。

（三）薄层色谱法

薄层色谱法具有设备简单、操作方便、分离速度快的特点，但其自动化程度较差，分离是在开放式的固定相上进行，影响分离的因素比较多。因此，在分辨率及重现性等方面就不如高效液相色谱法和气相色谱法，在较长时间内被作为定性和半定量的手段，但与气相色谱和高效液相色谱法相比也有其自己的优点。比如固定相是一次性使用，样品的预处理比较的简单，对分离物质的性质无特别限制，应用广泛；并且可同时平行分离多个样品，测试速度快，一次操作所需溶剂量较少，选择范围宽，并有不同的展开方式，有利于不同性质的物质分离；在同一色谱板上可根据其组分性质选择不同显色剂或检测方法进行定性或定量；薄层色谱图像可提供原始的彩色图像，不仅便于保存原始图像，而且薄层技术还可以提供较多信息，直观性、可比性均较好等。

八、植物精油的活性研究

精油本身对植物的生长扮演重要的角色，除具备调节温度和预防疾病的功能外，还能保护植物免受细菌及真菌的侵害。此外，植物精油还能有效地抑制或清除对人体有害的细菌、真菌，是一类待开发的天然保鲜剂。目前，国内外学者的研究侧重于对香精香料、抗氧化剂、防腐剂、乳化剂、食用色素、化妆品及制药工业等方面的研究。

（一）抗氧化活性

植物精油基本上都含有具有还原性的化学成分，具有较强的抗氧化性和清除自由基的功能，如还原性杂原子、酚羟基、不饱和双键等。这些成分单独存在或者组合在一起均具有抗氧化活性，组合在一起时能产生协同作用，使其还原性更强。由于植物精油成分复杂，与抑菌性研究一样，目前对其抗氧化性研究尚不完善，抗氧化机理有待更深入的研究。

（二）抑菌活性

精油的抑菌能力是其生物活性的重要指标，同时也是医药开发的根本依据。目前，植物精油属于一种新型的抑菌剂，由于精油具有不一样的化学组分以及不同的作用机理，导致其表现出抑菌能力的差异。同一种精油对不同微生物也表现出不同的抑菌效果，桉叶对大肠杆菌、腐败希瓦氏菌、副溶血弧菌和金黄色葡萄球菌的最小抑菌浓度（MIC）分别为$1.00\mu L/mL$、$1.25\mu L/mL$、$0.75\mu L/mL$、$0.63\mu L/mL$，表现出不同的抑菌效果，其中对金黄色葡萄球菌的抑菌效果最佳。精油对致病菌的抑制可能来自精油中各成分的相互协同作用或其主要成分发挥作用，抑菌活性也并非来自单一的作用机制，可能是来自一系列涉及整个菌体细胞的反应。单方精油的抑菌效果不如复配精油，复配后抑菌能力增强、对环境的适应能力增强。植物精油目前主要应用于体外抑菌，检测手段包括扩散法和稀释法。滤纸片扩散法是将含精油的滤纸片贴在含菌培养基中，培养一定时间后通过测定抑菌圈直径大小来评价抑菌效果；牛津杯扩散法是将牛津杯置于含菌培养基上后滴加精油，恒温培养后通过测定抑菌圈直径大小来评价抑菌效果。打孔法是在培养基表面打孔，将精油滴入孔中，培养一定时间后对抑菌圈直径进行测定。梯度稀释法是用于MIC、MBC值的测定，用液体培养基对被测样品进行一系列的梯度稀释，加入不同浓度的抑菌物质至含菌培养基，一定时间后观察可见菌落生长的最低抑菌浓度。有学者系统研究了119种精油对12种真菌的抑制作用，发现84%的供试精油至少可以抑制2种真菌生长。有研究认为基于农药混配原理，想要达到更好的抑菌效果，使用不同来源的植物精油，将其混合更能起到抑制作用。有学者研究了多种植物挥发性分泌物的杀菌效果，以室内水插枝法进行试验，结果证明大多数精油都具有40%以上的杀菌效果。李爱民等（2006）重点研究了樟科树种精油的抑菌试验，其结果证明樟树精油对几种细菌和真菌都具有抑菌效果，且对其抑菌效果进行由大到小的排列。有研究对杉科树种的抑菌性进行了对比试验，分析试验结果和杉木精油的抑菌效力，发现柏木脑是起到抑菌效果的重要组成成分。郭秀艳等（2009）对柏科植物精油进行了抑菌性分析，得知多种细菌对柏科植物精油敏感，同时得出结论，认为柏木醇的抑菌效果有待进一步研究。

由于植物精油成分复杂，不同成分的含量有所差异，植物精油的抑菌效果也不相同。精油对病原体的抑菌活性导致细胞不可逆损伤，大多数研究报告显示精油的细胞毒性是由于它们的成分造成细胞壁、细胞膜、细胞器的破坏以及大分子物质的流失。植物精油抑菌机理可归纳为以下3个方面。

1. 微生物体内的功能蛋白或酶变性失活

呼吸作用是生物体细胞经一系列氧化分解最终生成水、二氧化碳或其他产物，释放能量、维持生命代谢的重要过程，呼吸作用的场所为线粒体，各环节均需要酶的参与，精油能够抑制菌丝体生长及毒素的产生，通过透射电镜观察发现精油主要作用于内膜系统，影响线粒体，呼吸作用中任何一个环节被抑制都可能导致因呼吸作用无法继续而死亡。

2. 改变遗传物质

精油中的萜烯、酚类化合物会抑制大肠杆菌细胞内氧化反应，不仅可以破坏DNA结构，还可以抑制基因表达，DNA的任何损伤都会影响遗传物质的复制和繁殖，进而影响整个细胞的正常代谢过程。

3. 干扰细胞膜和细胞壁

细胞壁、细胞膜在维持微生物正常生长代谢过程中占据非常重要的地位，其屏障作用可以降低微生物对精油的敏感性。精油的亲脂性使它们能够通过破坏细胞壁和细胞膜的同时，糖类、脂肪酸、磷脂等也因细胞膜被破坏导致渗透性增加，细胞内渗透压不平衡，胞内细胞器、细胞质内容物会泄露，精油中存在的疏水性成分可以改变微生物细胞膜的渗透性，H^+、K^+等阳离子流出，并且改变了细胞pH值并影响细胞的组成及其活性，从而导致菌体的死亡，达到抑菌的效果。

（三）降血脂及预防心脑血管疾病活性

Emmanuel（2009）研究紫苏醛对高脂饮食模型小鼠降血脂功效，结果表明，紫苏醛纳米自微乳制剂给药系统与游离紫苏醛均可显著降低高脂模型小鼠的血清总胆固醇、低密度脂蛋白和甘油三酯的含量，还可以有效提高高密度脂蛋白的含量水平。Takagi等（2005）研究了紫苏精油中紫苏醛对模式大鼠扩张主动脉血管的影响，初步推断其作用机理是由于钙通道被阻断，从而达到保护血管的目的。

（四）抗炎活性

很多疾病由炎症引起，像高血压、癌症、中风等。传统医药中用精油作为抗炎药物表明其具有较强的抗炎活性。据报道，植物精油在伤口愈合和炎症反应调节中起到重要作用，茶树精油中的4-萜烯醇有助于抑制炎症介质（TNF-α、IL-1β和IL-8等）的产生，从而抑制炎症细胞因子的产生，减少细胞损伤，增强伤口愈合能力，使用茶树精油治疗皮肤溃疡患者，能够减少皮肤恶臭，显著降低分泌物。王志旺等（2012）研究了3种不同工艺下提取的当归精油的抗炎作用，以二甲苯所致小鼠耳肿胀以及角叉菜胶所致大鼠足肿胀作为试验的抗炎指标，结果表明当归精油对炎症指标具有显著的缓解作用。郭辉等（2014）对柑橘皮精油的抗炎活性进行了研究，结果表明因柑橘皮精油含有大量的柠檬烯，从而具有良好的抗炎活性。脂肪氧合酶是一种氧化还原酶，因可催化不饱和脂肪酸，如白细胞中花生四烯酸的氧化，从而形成参与炎症反应的物质，当抑制脂肪氧合酶活性时，能保护血脂免受超氧化作用破坏。有研究发现甘草精油对脂肪氧合酶有很强的抑制作用，间接反映其具有抗炎作用。

（五）抗病毒活性

精油合成药物常被用来治疗由病毒感染的疾病，如单纯性疱疹病毒（HSV-1、HSV-2），一些精油也可以用于治疗这些病毒性疾病。Armaka等（2005）研究发现柠檬草精油对HSV-1病毒有很强的抑制作用，精油浓度为0.1mg/mL，精油和病毒共同培养24h后能完全抑制该病毒的复制。桉叶精油和茶树精油也对HSV-1病毒有抑制效果，其中异冰片是一种单萜烯醇，不仅能抑制HSV-1病毒，而且对该病毒引起的多肽糖基化也有抑制效果。有研究表明两种不同品种的过江藤精油能抑制胡宁病毒。马志卿等（2007）的研究表明，对烟草花叶病毒有抑制和治疗效果的精油有以马齿苋、甘草、板蓝根等加工而成的抗病毒剂VFB。陈启建（2004）发现大蒜精油能在一定程度上抑制烟草花叶病毒。植物精油抗病毒的作用途径比较复杂，一般对吸附前的病毒有作用，百里香精油等抗病毒效果是与吸附前的病毒细胞膜结合而发挥作用的。但也有其他作用途径，比如反式肉桂醛的作用途径是抑制转录后病毒蛋白的合成。

（六）抗癌活性

多种植物精油对不同癌细胞具有不同程度的抑制作用，一般通过诱导细胞凋亡、阻滞细胞周期等途径实现其抗肿瘤能力。有学者对八角茴香中精油的抗癌能力进行了研究，研究显示，八角茴香精油产生的细胞毒性效应可能是由诱导细胞凋亡、抑制转移关键步骤等多个机制联合作用产生。Periasamy等（2001）研究了黑种草精油的抗乳腺癌作用，将精油进行超声波乳化，与聚山梨醇80和水形成了一种稳定的纳米乳剂，结果表明，黑种草精油的纳米乳剂可以诱导细胞凋亡，这些发现可以为今后的乳腺癌治疗提供理论支持。有学者研究了沉香精油对胰腺癌细胞的抗癌作用，发现沉香精油表现出了较强的细胞毒性作用，通过诱导细胞凋亡、诱导核凝结和破坏细胞的线粒体膜电位等多条途径协同发挥其抗癌能力。廉晓红等（2005）以香茅油的次要成分波旁烯、榄香烯、树兰烯、吉马烯等萜烯混合精油，并加入大豆磷脂乳化4.5倍量来制备香茅草提取物口服液，试验结果证实该口服液能明显抑制小鼠肉瘤180（S180）和小鼠肝癌（H22）的生长，并且对试验动物体质量增加没有明显的影响，具有肿瘤抑制作用和免疫调节作用，此现象可能与其中的波旁烯物质有关。Bidinotto等（2010）发现香茅草精油口服治疗对N-甲基-N-亚硝基脲（MNU）引起的白细胞损伤具有保护作用，而且能防止潜在的乳腺肿瘤发生癌变。Puatanachokchai等（2002）用大鼠做试验发现，香茅草提取物对二乙基亚硝胺饲喂诱发的早期肝癌有很好抑制作用。植物精油的抗癌作用机理相当复杂，目前尚未研究透彻。精油有效成分的差异对影响不同癌细胞凋亡的作用途径和机理也不尽相同。有些学者指出丁香酚是通过影响Phospho-p53（Ser15）移向线粒体进而引起一系列的连锁反应而导致白血病细胞系RBL-2H3细胞的凋亡。而有些学者则认为丁香酚可能通过消耗细胞内的巯基导致氧化还原反应失衡并产生单线态氧，使细胞色素c释放到细胞液中激活某些级联反应，进而可能诱导Bax进入线粒体，减少了线粒体内的Bcl-2。

（七）其他活性

植物精油除上述活性作用外，还具有止痛、防腐、防虫和舒缓精神等多种生物活性。国外研究显示，香茅草挥发油具有止痛的作用，且发现香茅草挥发油止痛效果作用于中央水平和外周。有研究发现，一定浓度的柠檬草精油有缓解疼痛的作用。陈集双等（2000）对引种自非洲、杭州栽培的柠檬草叶挥发油进行了分析，鉴定了33种成分，主要为柠檬醛（香叶醛和橙花醛），其次是β-香叶烯、香叶醇、乙酸香叶酯、香叶酸等。已经证实柠檬草叶精油中的抗菌活性为柠檬醛（香叶醛和橙花醛），具有镇痛作用的主要成分则为β-香叶烯，药用价值非常高。植物精油的防虫活性已被人们广泛研究，精油可以通过如下几种方式来发挥作用。一是精油中含有的某些物质对昆虫机体产生不可逆的损害或者直接导致其死亡；二是精油中的挥发性物质可以引诱昆虫而改变其生物习性，达到防虫目的；三是某些特殊精油含有的挥发性成分释放到空气中，可以趋避昆虫。

通过研究白千层属植物精油对捻转血矛线虫的活性作用，发现其精油具有替代驱肠虫剂的可能性。某种植物精油可以舒缓紧张的心情，减轻焦虑，如薰衣草精油。通过对薰衣草精油这方面的作用进行了研究，结果显示，薰衣草精油中挥发性物质的气味对舒缓心情、调节焦虑的情绪有明显的效果。某些植物精油在调节心血管疾病等方面也具有不同程度的作用。免疫调节是指机体识别和排出抗原性异物，维持自身生理动态平衡与相对稳定的过程，免疫调节失衡将会引起肿瘤等病发症，已有研究证明在鸡饲料中添加茴香、牛至和柑橘精油的混合物，鸡血清IgG含量升高，IgA和IgM无显著变化，精油可提高机体免疫机能，进而达到确保机体健康的作用。在猪饲料中添加澳洲茶油树精油，吞噬细胞活性增强，溶菌酶可水解菌体细胞壁多肽而死亡，提高机体抗感染的能力，从而增强猪的免疫力。

九、植物精油的应用

（一）植物精油在医药方面的应用

许多植物精油具有重要的药用价值，具有发散解表、理气止痛、芳香开窍、抗菌、抗病毒等药理作用，特别是在口腔医学方面。如细辛精油解热止痛，薄荷油驱风健胃，冬青油镇痛。对皮肤和结缔组织及心理健康均有医疗保健功效。大蒜头内含有一种植物性广谱抗生素——挥发性大蒜素。其主要功效主要体现在抗菌消炎、解热镇痛等。当归精油具有治疗缺血性脑中风、老年舞蹈症、心律失常、血栓闭塞性脉管炎、脑动脉硬化、高血压、偏头痛、肝癌、急性肾炎等作用；姜精油具有治疗风湿性病、肠胃胀气、关节炎和轻泻的作用；大蒜精油具有抗菌和杀菌作用，预防高血压和神经痛，降低血脂，促进肠胃消化吸收；没药精油具有帮助排除体内毒素的作用；安息精油可以治疗皮肤干燥、龟裂、冻疮、溃疡与发痒，能使皮肤恢复弹性。

（二）植物精油在食品方面的应用

植物精油是一类天然的植物性添加剂，可矫正食品的异味并赋予香气。在食品工业主要应用于蔬菜、水果、肉类、糖果、烘烤食品、酒类等方面。如丁香精油和小茴香精油，能够防止食品中不饱和脂肪酸的衰败。利用植物精油中含有的有些抑菌防腐有效成分，来延长食品的保质期。大蒜精油在水果和畜肉保鲜以及食用油储藏等方面多有应用。相关研究表明，植物精油通过喷涂或浸洗采后果蔬可控制真菌性腐败，效果明显。研究显示，浓度为2~4mg/L的麝香草醛对杏和李子等水果进行熏蒸处理能够降低烂果率，水果组织未见不良影响。Hartmans等（1995）发现，从藏茴香中提取的香芹酮对储藏期马铃薯的发芽情况及真菌性腐烂程度具有抑制作用。冷藏保鲜直接食用的鲜果蔬菜，不仅要考虑防腐效果强弱还要考虑添加物的人体食用安全性及对风味的影响。Song等（1996）研究发现，果蔬处于浓度为100mg/kg的己醛中、4~15℃的保鲜环境时，可抑制或灭杀微生物延长其货架期，在15℃，70%的N_2和30%的CO_2包装中，己醛会延缓果蔬褐化，可储藏16d之久。Skandamis等（2002）将鲜肉与适量牛至精油混匀后，结合适宜的气温条件包装后储藏于5℃，可有效抑制假单胞菌对蛋白质的分解，保持气味新鲜，有利于鲜肉保鲜。熟肉制品中经常滋生沙门菌和李斯特菌，致死率高且传染浓度低的食源性致病菌，是食品安全中的监控病原菌。Gill（2002）在试验中显示芫荽叶精油可抑制李斯特菌。Bayoum（1992）在试验中发现的薄荷精油能够抑制酸乳酪中初始污染菌群，0.05~5μL/g的浓度效果最佳，有助于乳制品保鲜。

肉桂是常用的天然香料和调味品，肉桂精油继承了肉桂的特色，经常应用于饼干和奶制品行业中。有些植物精油具有强力杀菌作用，可以广泛抑制微生物的生长，可以作为防腐剂应用于食品工业中。李文茹等（2013）对肉桂、山苍子、丁香、香茅、迷迭香和大蒜精油进行了抗菌性试验，结果表明6种精油都具有广谱抑菌性，但抑菌能力有强弱之分。

（三）植物精油在抗虫害方面的应用

植物精油对植物的保护作用体现在对害虫的引诱及趋避、害虫的拒食作用以及对害虫的毒杀作用，对害虫生物活性很高，又不易产生抗药性，而且对人、畜毒性很小。干扰昆虫的生理代谢及生物行为，具有杀蚊幼活性，已经有多种基于植物精油或其精油成分的卫生害虫防控剂问世。但它在给农业生产带来很多好处的同时也带来了很多问题，例如农药的滥用会严重威胁人们的健康，因为农药会在人体内蓄积，因此开发高效低毒的农药就成为人们越来越重视的课题。有些植物精油可用于替代人工合成农药，满足农药高效和低毒的要求。

（四）植物精油在畜牧业方面的应用

人们每天都在吃的肉、蛋，几乎都来自家禽业生产，为了满足人们的消费需要，植物精油绿色、无污染的抗细菌及抗氧化作用在家禽生产上的应用也越来越受欢迎。植物精油对家禽的促生长作用也显而易见。据报道，饲料中添加止痢草植物提取物对肉鸡的增重、饲料转化率有改善作用。不仅具有提高肉鸭抗氧化能力的作用，同时也能够促进肉鸭生长。Lee（2004）通过4周的肉鸡试验，结果表明日粮中添加一定量的止痢草提取物能有效改善饲料转化率。

我国是个养猪大国，植物精油在养猪产业上应用的市场很广泛，虽然植物精油在医学及香料中研究的较多，但在养猪产业上研究的较少。植物精油特有的天然绿色、无污染、无残留等特性，也将在养猪产业上进行广泛的应用。黄国清（2006）研究报道，日粮中添加牛至油可以显著降低仔猪腹泻率。刘猛等研究表明，在仔猪断奶日粮中添加植物精油不仅能提高断奶仔猪生产性能，而且在降低断奶仔猪肠道大肠杆菌的含量的同时，也提高乳酸杆菌的含量。

目前，植物精油在反刍动物上应用研究的较少。植物精油对反刍动物影响的研究重点主要集中在对瘤胃蛋白的控制，降低瘤胃甲烷排放量，改变瘤胃对乙酸和丙酸的发酵比例等方面。研究报道发现反刍动物饲料中的抗生素，可以用植物的次级代谢产物代替。某些次级代谢产物对反刍动物的影响是通过改变反刍动物的瘤胃发酵动态，进而提高饲料蛋白质和能量利用率，起到减少甲烷气体排放，同时也为减少引起"温室效应"的气体排放量做贡献。吕润全等（2010）对泌乳奶牛产奶量及乳成分受添加的植物甾醇作用的影响进行研究发现，通过在奶牛泌乳前期日粮中添加一定量的植物甾醇，可有效提高产奶量和改善乳成分。近期研究结果显示，在日粮中添加大蒜油、肉桂醛、丁香油、辣椒辣素和茴香醚等对瘤胃微生物的发酵模式有改变作用。

植物精油中包含脂类、醛类、酚类、小分子有机酸及含氮化合物等，大量研究发现，由于这些物质具有香味等刺激性气味，不仅能吸引不同种类的水产动物并对其产生一定的喜好程度，而且也起到改善饲料的适口性，增强动物饮食欲的作用。王猛强等（2015）研究发现，把凡纳滨对虾饲粮中的鱼粉含量降低后，添加植物精油组的凡纳滨对虾的生产性能明显高于未添加精油组，且添加植物精油组能减弱凡纳滨对虾肠道绒毛脱落现象。段铭（1999）通过做对比试验发现，用添加黄霉素和复方中草药提取物的饵料饲喂银鲫，植物提取物具有抗应激、增强动物免疫力、促动物生长等作用，其结果表明中草药组的增重率显著高于对照组及黄霉素处理组。

（五）植物精油在日化品方面的应用

植物精油具有赋香功能、生物活性。人们喜爱和青睐于天然植物精油制成的各种化妆品。冷杉精油、月季精油、芳樟果精油等，根据化学组成成分及香味等性质，在各种日用品中均有应用，有的在膏霜之类的化妆品中的应用具有可行性，研制出润肤膏和面膜等化妆品。潘晓岚等（2009）研究了3种植物精油对焦虑的影响，试验结果表明薰衣草精油、香紫苏精油、复合配方精油均能控制大鼠焦虑症状，其中复方配合精油效果最佳，对复方配合精油进行人体试验，志愿者血压变得平缓，睡眠质量提高。佟琴琴等（2009）研究了迷迭精油和柠檬草精油对抑郁状态的影响，试验结果表明两种精油与氟西汀均具有显著的抗抑郁效应，其中氟西汀效果最强。王晶晶等（2015）研究了植物精油对女性面部皮肤质量的影响，结果表明复方精油具有改善女性面部皮肤质量的功效。陈静静等（2013）研究了植物精油对女性皮肤抗衰老护理的影响，结果表明复方精油具有改善女性面部皮肤质量的功效。精油的提取率一般不高，往往需要大量植物才能提取一点精油，所以精油是很珍贵的，需要妥善的保存和运用。一般来说身体疲劳僵硬时多采用按摩和湿敷的方法，心理疲劳抑郁紧张时多采用吸嗅和薰香的方法。

第二节　大麻CBD精油的研究概况及其应用

与其他植物相比，大麻在生长过程中不需要施加化肥、农药，是一种绿色环保作物，而且大麻精油中含有较强的抑菌和抗氧化成分，具有潜在的市场应用价值。

目前对大麻精油（图11-1）的研究及利用的报道很少，但是大麻精油中的大麻二酚（CBD）精油已经引起了科研人员的关注，在全球很多国家，CBD已经陆续被批准作为药用以及食品添加剂，并得到了非常广泛的应用。CBD的生理作用因人而异，其效果也取决于不同的使用方法，由于缺乏可预测性，CBD精油成为一种具有挑战性的药物。本章将重点介绍CBD精油的概况及应用。

一、CBD精油简介

CBD，也被称为大麻二酚，是在大麻或大麻植物中发现的60多种化合物之一。由于提取自大麻，这让它在世界上的很多地方名声扫地（尽管它是完全合法的）。与四氢大麻酚（THC）或大麻中其他化合物不同，CBD精油实际上不会产生通常与大麻有关的"快感"。相反，它被用于医疗目的，并且在大脑和身体中表现出不同的反应。

一般来说，我们用于医疗目的的CBD精油是从一种工业用途的大麻植株中提取的，这意味着它不是通常用于THC和毒品吸食的"天然大麻"。在提取出CBD化合物后，大麻制造商通常会将其与一种油混合，然后称其为"CBD精油"。它的服用方式多种多样，包括口服、喷雾或局部服用。

图11-1　大麻精油

二、CBD精油的简史

大麻二酚（CBD）用于缓解疼痛已有几百年的历史。例如在19世纪，英国维多利亚女王使用CBD精油来治疗经期的疼痛及不适，而且将其作为唯一治疗方法。然而，在那之后，人们就不再使用CBD精油了，直到20世纪80年代，Strdies证明CBD可以解决焦虑、恶心和疼痛缓解等问题。

然而，这些研究直到10年后，也就是90年代才得到媒体的关注。这发生在一个叫Geoffrey Guy的人身上，他是英国GW制药公司的创始人之一，他开始提取大麻中的化合物用于医疗用途。从这段时间所进行的研究来看，CBD在试验中明显减少了癫痫发作和焦虑，这使得世界其他地区都予以关注。到2009年，加州奥克兰的一个实验室已经开始培育含有CBD比四氢大麻酚更多的大麻品种，这对于降低精神活性并使其完全具有药用价值是至关重要的。

三、大麻油和CBD精油的区别

CBD精油和大麻油都来自同一个植物属，叫做大麻。但在这个属中有3种不同的植物，被称为*indica*、*sativa*和*ruderalis*。在美国西部的一些州，或者其他大麻合法的地区，可以在当地的大麻药房里找到大麻*sativa*和印度大麻*indica*的变种。然而，大麻*ruderalis*通常生长在野外，其四氢大麻酚（THC）也就是让人兴奋的化合物，含量较低。

大麻油和CBD精油是从不同的大麻品种中提取的。这些品种以不同的方式育种，以产生不同含量、不同品质的CBD或THC。大麻油是从大麻植物的种子中提取的，这类似于橄榄、椰子或其他种子，我们使用它们的药用价值和营养价值。大麻油经常用于制作菜谱和沙拉酱。CBD精油是从植物的叶子（图11-2）、花朵和茎中提取的，这意味着它有一个完全不同的组成。大麻油和CBD精油都不是毒品成分。然而，只有CBD精油可以用于医疗目的或缓解疼痛。事实上，大麻油和CBD精油的THC浓度都在0.3%或更低，这不是一个能应用于吸食的高值的浓度。

图11-2 工业大麻叶片及提取出的精油

四、CBD在人体中是如何起作用的

CBD是一种非常安全有效的药物，副作用很少。它对大脑和身体有许多医学作用，并在许多医学条件下起作用，大麻成分中大概80%的医疗效果都是CBD带来的。与THC不同的是，CBD不会带来欣快感，也不会引起依赖性上瘾的担忧。在一般情况下，CBD可以被认为是一种辅助药物，可以与其他已有的药物一起使用。在未来，CBD可能被认为是一种预防药物，每天服用一次小剂量，可以预防或减缓一系列慢性退行性疾病的发展。

（一）内源性大麻素系统（ECS）

像THC和其他大麻素一样，CBD通过几种不同的方式影响人体的内源性大麻素系统（ECS）。ECS是存在于大脑和身体中的一个自然系统，该系统也存在于所有的动物中，其进化可追溯到6亿年前。ECS的工作是调节体内其他可能过热的系统，它就像一个制动系统，可以给身体的各种系统降速，包括痛觉、胃肠运动、记忆、睡眠、对压力的反应、疼痛和食欲等。ECS在全身都有独特的功能，尤其是在大脑和免疫系统。事实上，ECS受体是大脑中最常见的受体，也是身体中第二常见的受体，这说明了ECS的重要性。

神经细胞，称为神经元，释放称为神经递质的化学信使。根据所涉及的系统不同，身体会释放数百种不同的神经递质。当有太多的化学信使被释放时，一个特定的系统失去控制，ECS会根据需要释放它自己的特定化学信使来减缓这些化学信使的释放。因此，ECS保持身体几个系统的平衡。ECS使用花生四烯酸乙醇胺（ANA）和2-花生四烯甘油（2-AG）两种不同的化学物质。这两种化学物质被称为内源性大麻素，它们是由身体自然产生的先天大麻素。这些内源性大麻素通过附着在细胞上的大麻素受体发挥作用。THC和CBD的作用是模仿人体自然产生的内源性大麻素。

众所周知，ECS受体有两种，分别简单地命名为大麻素受体1（CB1）和大麻素受体2（CB2）。可能还存在一些其他的受体，但目前还没有被发现。人的大脑和身体中的一些系统有CB1受体，一些有CB2受体，还有一些两者都有。就像一把锁只有把钥匙放进去才能打开一样，这个锁是细胞膜上的大麻素受体，关键是内源性大麻素化学物质AEA或2-AG。一旦内源性大麻素被释放，它就会被该区域的酶迅速分解，所以这种效果只会持续很短的时间，可能只有几毫秒，而且只有当内源性大麻素被释放的时候才会产生这种效果。

（二）神经受体

一旦被吸入或摄入，大麻中含有的植物性大麻素，被称为植物大麻素，就会进入血液循环，并在大脑和身体各处流动，这些植物大麻素结合到大脑和身体某些器官的CB1和CB2受体上，这与体内的内源性大麻素化学物质2-AG和AEA具有相似的效果。当我们使用医用大麻时，我们体内的大麻素剂量会远远高于我们的身体所能制造的剂量，从而获得缓解或治疗效果。人体内没有特定的酶可以立即分解大麻中的大麻素，所以药效会持续很长时间。

大麻中不同的大麻素直接或间接地与CB1和CB2受体相互作用。大麻素与这些受体相互作用的方式，决定了医疗效果和副作用。一般来说，CBD并不直接与CB1或CB2受体相互作用，而是阻断一种重要的酶，这种酶可以分解天然大麻素ANA。所以CBD会导致人体大脑和身体中自然产生的大麻素增加，这可以被认为是提高了人体内的大麻素浓度。

（三）CB1受体

CB1受体主要存在于大脑的某些中枢，以下是大部分大脑中枢及其相关功能的列表。

海马体——学习、记忆、与不良记忆有关的压力；

下丘脑——食欲；

边缘系统——焦虑；

大脑皮层——疼痛处理，高级认知功能；

伏隔核——奖励和上瘾；

基底神经节——睡眠，运动；

髓质——恶心和呕吐等化学感受器。

而且，人体的很多器官也有CB1受体，包括子宫、心血管系统、脂肪组织、胃肠道、胰腺、骨骼和肝脏。目前仍在研究ESC系统是如何调节这些器官的。

（四）CB2受体

CB2受体主要存在于大脑和机体的免疫系统细胞中，这些细胞与免疫和炎症有关。具有CB2受体的细胞包括单核细胞、巨噬细胞、B细胞、T细胞和胸腺细胞。CB2受体与调节炎症、肿胀、免疫反应、细胞迁移和程序性细胞死亡有关的化学物质的释放有关。一般来说，当CB2受体被激活时，免疫或炎症反应被抑制。

CB2受体也存在于骨的成骨细胞中。成骨细胞与破骨细胞协同工作，产生新的健康骨细胞。研究表明，激活CB2受体可促进骨折愈合。

人体的许多组织或器官同时具有CB1和CB2受体，提供不同的功能，最主要是调节平衡的作用。其中包括皮肤、大脑、肝脏和骨头。

（五）受体数量的变化

这些细胞外膜受体（形状像小按钮）的数量或密度，决定了受体被激活的频率。如果随着时间的推移，这些受体受到过多的刺激，那么细胞膜上的受体数量将趋于减少，这被称为下调。因此，需要更多的大麻素才能达到同样的效果。如果这些受体没有得到足够的刺激，随着时间的推移，受体的数量将趋于增加，这被称为上调。这将导致低剂量的大麻素产生更好的效果。为了了解CBD的最佳使用剂量，很重要的一点是要找到一个合适的剂量点，在这个剂量范围内不会引起细胞膜上受体的上调或下调。

五、人体对CBD精油和THC的不同反应

从本质上说，人体有一个叫做"内源性大麻素系统"的系统，它通过气化吸入甚至是身体自身产生的大麻素来发送和接收信号。这种内源性大麻素系统负责调节身体，比如人体所经历的疼痛、免疫系统、食欲、性欲，甚至睡眠时间。它与昼夜节律密切相关，例如确保在夜间睡觉，在白天保持清醒，但在新时代的生活方式中，这些激素经常不稳定，导致失眠和抑郁。这就是CBD精油的功效。

CBD精油，不像THC会在内源性大麻素系统中创造一个非常复杂的反应系统。THC会激活大脑中的"快乐"感受器，让食物更美味，让人们的笑话更有趣，而CBD精油则能让身体更好、更经济地利用它的内啡类化合物。此外，CBD精油可以减少影响神经系统的炎症，包括大脑。这可以缓解几种类型的疼痛，甚至可以缓解失眠带来的不适。

目前已知的CBD精油的用途包括保护神经通路、减少炎症、抗抑郁症、抗焦虑、抑制某些肿瘤的生长、降低癫痫发作的风险、抗氧化、治疗精神病、减少厌食症的迹象、改善睡眠、止痛、抑制恶心、减少月经疼痛、降低患糖尿病的风险、促进心脏健康等。

六、CBD的安全性

大麻二酚（CBD）非常安全。它本质上是一种植物油，与向日葵油或橄榄油没什么区别。主要的不同是CBD能与ECS系统相互作用，这种反应会阻断一种酶的产生，最终会使我们体内自然产生的大麻素的数量大大增加，所以它是安全的，天然的。

CBD在美国的很多个州都是合法的，但只有来自低THC含量的大麻品种制成的产品才可以在没有处方的情况下使用，这些大麻植物是在2014年农业法案的支持下种植的。当CBD从这些低四氢大麻酚的大麻或大麻植物中提取出来时，联邦政府认为它是一种营养补充剂，被FDA"普遍认为是安全的"（GRAS）。

（一）提取技术

通常，对于纯度99%的CBD精油，原始的CBD精油可能会通过四步以上不同的有机溶剂进行抽提。这些有机溶剂会在CBD精油中存在残留残渣，这些有机试剂部分会和CBD一起被吸入或摄入。因此建议只采用超临界二氧化碳萃取方法。无论使用哪种提取方法，消费者都应该在网上或药房购买经过第三方实验室认证、检测过的大麻花叶、提取物或酊剂。

（二）产品中的污染物

关于检测CBD精油中的污染，目前还没有明确的法律法规。除从植物材料中提取油时所使用的有机溶剂的残留物外，还有其他一些值得关注的污染物。其中包括杀虫剂、重金属、霉菌等微生物以及真菌中的黄曲霉毒素。即使在低水平的浓度范围内，反复、频繁的接触任何这些污染物都可能对健康产生严重的影响。因此，出售的CBD精油应该有实验室的检测结果证明产品中不含重金属、杀虫剂、微生物和真菌等。

（三）产品的一致性

大多数高CBD大麻花蕾和CBD产品批次之间的效力存在显著差异。这是因为大麻是一种植物，它产生的CBD精油的数量会随着不同的外界条件而发生自然变化。CBD食品、酊剂和其他产品往往是由小公司生产的，这就会带来产品间存在显著差异的问题。对于只使用CBD的产品来说，这并不是一个大问题，因为如果一批产品比另一批的效力稍微弱一点，使用药物的人很快就会意识到这一点，而它的剂量可以在安全的范围内轻松地调整。对于THC，这就是一个不同的问题了，因为THC的显著变化可能会导致主要的副作用成瘾性和欣快感，但是这种问题不会发生在仅仅使用药物CBD的情况下。

一些高质量CBD产品的制造商，在CBD精油最初加工时和生产出成品后，对每一批样品、产品的浓度和污染物都会进行检测。他们还会将产品分批送到第三方实验室进行分析并出具证明。

（四）CBD精油的副作用

关于CBD的副作用存在一些分歧。但这种分歧只存在于长期每天服用数百毫克CBD的病人身上，而这种剂量只在严重的癫痫和神经系统疾病的患者身上使用。

对于本书所讨论的剂量范围内的所有应用和目的，每天5～400mg，没有真正的副作用。有一些令人愉快的相关效果，如情绪的提高，缓解焦虑，减轻炎症疼痛和僵硬的关节炎，身体放松。但这些都不会损害大脑，也不会影响一个人驾驶、思考或操作设备的能力，也不会导致癌症或其他慢性疾病。

（五）过敏

就像其他杂草花粉，如豚草花粉，大麻花粉可能会引发过敏反应。大麻花粉的烟雾中有数百种可能引发过敏的副产品。此外，人们可能会对霉菌、真菌和杀虫剂等污染物产生过敏反应。尽管仍然不常见，但对大麻花蕾和大麻基药物过敏的报告也越来越多。最常见的过敏症状是流鼻涕、鼻塞、打喷嚏和干咳。眼睛周围肿胀和瘙痒，皮肤上的荨麻疹也有报道。食用大麻食品后出现严重过敏反应的报告非常罕见。一些研究表明，在室外大面积种植大麻花粉，会导致人们对大麻花粉过敏。

（六）特殊人群

CBD是非常安全的，基本上没有任何副作用，并且可以在各种情况下对健康有显著的好处。然而，有些人在考虑服用CBD或大麻产品之前，应该与医学专业人士进行重点讨论。

（七）孕妇

像大多数药物一样，很少有关于妊娠期间服用CBD和THC影响的研究。有2%～5%的妇女报告在怀孕期间使用大麻产品。所有的CBD精油都是脂溶性的，很容易通过胎盘进入胎儿血液供应。一些动物研究表明，大麻会影响胎儿的神经发育。一项在动物中使用高剂量THC的研究结果显示，非常高剂量的THC会导致低体重儿和早产，以及儿童后期的行为问题。

3项针对英国、澳大利亚和荷兰妇女的大型研究也表明，怀孕期间吸食大麻与低出生体重或早产的关联并不明确。有两个正在进行的研究是针对在母亲怀孕期间接触大麻的儿童，有迹象表明，这些孩子的行为问题逐渐增多，智商下降，儿童期后出现精神病症状。然而，其中一些影响可能是由于母亲在怀孕期间也吸烟和饮酒造成的。这些研究正在进行中。在这个问题上还需要做更多的研究，就像抽烟、喝酒一样，通常建议不要在怀孕期间或在备孕期间使用大麻药物。

（八）哺乳期

大麻中所有的油都是脂溶性的，所以有一些油最终会进入母乳中。关于CBD和THC对婴儿发育的影响的研究很少。有研究表明，母乳喂养的母亲每天使用大麻会阻碍婴儿的运动发育。另一项研究则报道发现对婴儿没有影响。这两项研究都存在一些问题，需要进行更多高质量、严谨、全面的研究。目前，一般的建议是不要在哺乳期间使用大麻类药物。

（九）儿童

人体直到25岁前，其大脑仍在经历重要的发育。大脑中的ECS系统负责在大脑中铺设正确的神经束。在动物身上，过量的THC会影响大脑中几个神经系统的正常发育。在人类身上有一些证据也表明，经常使用THC，尤其是经常性的摄入高浓度的THC会导致大脑结构的变化，这些都与情绪的控制和推理能力有关。

CBD主要作用于大脑以外的免疫系统。然而，CBD确实也会进入大脑，并且CBD对大脑免疫系统细胞有影响。在高质量随机临床试验中，CBD已被大剂量用于治疗婴幼儿顽固性癫痫。对这些婴儿的研究并没有显示出CBD有任何明显的副作用。不过，关于儿童使用CBD药物还需要更多、更深入的长期研究。

（十）老年人

老年人可能是CBD产品最大的受益者。CBD对老年人常见的疾病有许多积极的作用，如关节炎、老年痴呆和癌症。与THC不同的是，THC会导致许多令人不快的副作用，如焦虑、躁动、短期记忆丧失、平衡失调和过度兴奋的问题，而CBD没有这些副作用。由于副作用小，CBD是一种很好的老年患者的辅助药物。由于非常年长的病人通常不像年轻人对药物代谢的速度那么快，所以建议开始时剂量为推荐剂量的一半，然后再根据病人的情况逐渐增加剂量。

（十一）药物相互作用

有很多药物可以与THC相互作用。因为THC对大脑的影响最大，所以其他影响情绪、平衡、记忆或导致欣快感的药物也会在服用THC时产生协同效应。

CBD几乎没有任何副作用。但是，CBD和THC可以抑制肝脏中一种叫做P450的非常重要的酶系统。这种酶系统在我们使用的许多药物在体内的代谢和分解中起着非常重要的作用。如果使用更高剂量的CBD，这些药物的血液水平可能会有轻微的提高。对于绝大多数药物来说，轻微的增加并不会造成不良的反应。然而，对于某些药物，如抗凝血药和抗癫痫药，这种药物血液中浓度水平的升高则会产生严重的影响。

（十二）酒精

酒精会导致欣快感、情绪紊乱、平衡和协调，所有这些都可能与THC一起发生。长时间高剂量饮酒与肝纤维化有关，最终可能导致致命的肝硬化，CBD没有这些副作用。事实上，在某些临床情况下，CBD已经被证明可以减少与长期酒精中毒相关的大脑退化，并逆转肝纤维化。对小鼠的研究表明，在大量饮酒后服用CBD精油对肝脏有保护作用，但具体使用情况还需要进一步的研究。

（十三）药物成瘾和依赖性

强烈警告有药物/酒精成瘾或依赖史的人不要使用THC。这是因为有多达9%的人长期每天使用高剂量的THC，可能发展成对THC的依赖。处于青春期，或有其他成瘾史的人极大地增加了THC依赖的可能性。但THC的依赖性比阿片类药物或苯二氮卓类药物等其他药物更温和，更容易治疗。CBD不会引起依赖或上瘾，所以在使用CBD时不需要担心药物成瘾的问题。

（十四）精神分裂症或精神病

使用大剂量的THC与暂时发作的偏执狂和精神病行为有关。有一些研究表明，长期使用THC与精神分裂症的发病有关。基于这些信息，有精神病家族史或有精神病发作史的人不应使用THC。

CBD已经被明确证明可以改善精神病，并且正在被评估为一种新型的抗精神病类药物。在动物和人体身上进行的几项研究已经显示了CBD对精神分裂症和精神病的显著影响。目前还不清楚CBD是如何产生这些影响的，但对大脑的功能性MRI研究已经证实CBD对与精神病相关的大脑区域有影响。另外，四氢大麻酚过量引起的暂时性精神病可以用一剂用量为100~200mg的纯CBD精油来治疗。

七、CBD精油的合法性

CBD精油和THC是从同一种植物中提取的，THC是大麻中的致幻剂成分。世界大部分地区，包括美国大部分地区，普遍对大麻进行管制。然而，由于CBD精油在本质上是药用的，也可以用于食用油和食品添加剂（图11-3）而不是用于娱乐目的，因此在美国的50个州大麻精油都是合法的，当然，在使用中也有一些限制。

图11-3　大麻种子可以用于提取食用油和食品添加剂

虽然药用CBD精油是合法的，但CBD精油产品必须从工业大麻植物中提取。如果只是从普通的大麻植物中提取，这种产品中THC含量可能过高，不适合药用。根据DEA（美国缉毒局）的说法，从工业大麻中提取的CBD产品在美国各州是完全合法的，但THC的含量必须低于0.3%。

CBD精油的质量问题非常棘手，因为很多人可能会想造假，因此很难得到完全不含THC的CBD

精油。提纯需要一系列复杂的处理过程，而大多数人在家里是不可能做到的。这使许多公司都夸大了其产品的地位，它们偷工减料，甚至可能出售THC含量超过法定上限的CBD精油，这意味着产品的THC含量超过0.3%，使生产出的药品完全是非法的。

为了遵守法律，必须要确保所购买的CBD精油是来自一个合法的、优质的工业大麻品种，确保它的THC含量始终低于0.3%，不要违背CBD精油涉及的相关规则。

八、CBD精油的应用

（一）颈部或背部疼痛

世界上数百万人都有颈部和背部的疼痛。对颈部和背部疼痛可用的治疗手段虽然简单，但是治疗效果也很有限。可以服用的大多数治疗颈部和背部疼痛的药物实际上会对身体其他器官造成损害。

在很多情况下，当药物治疗不起作用的时候，患有颈背疼痛的人会寻求手术来缓解疼痛。手术费用昂贵，并可能导致进一步的并发症，而且手术中的意外也较容易发生。

脊柱是由一系列的椎间盘组成的，而椎间盘是由软骨组成的。软骨是为了确保行走、跑步和生活中的冲击不会磨损骨头。然而，随着年龄的增长，软骨椎间盘开始衰退，导致颈部和背部骨头深处疼痛。通常，这种衰退是由几个因素引起的，包括缺氧、水合作用和水分的缺乏、不良的饮食以及日常生活中的一般炎症。

根据美国国家医学研究院的数据，目前有超过1亿的美国人患有这种颈部和背部疼痛。一般来说，患者都在服用消炎药，也就是我们所说的非甾体抗炎药。你可能对这些药物很熟悉，其中包括缓解疼痛的布洛芬，甚至是能让肌肉放松的安定。令人难以置信的是，布洛芬据说是治疗背痛最有效的药物——尽管它经常会导致胃溃疡、便秘和其他胃肠疾病。因此，如果想稍微缓解背部疼痛，通常又会将疼痛转移到胃部，这最终会导致更大的问题。然而，就在2015年3月，研究人员发现大麻素和缓解颈部和背部疼痛之间存在联系。在这项研究中，所有的老鼠都有类似于颈部和背部疼痛的"症状"。研究人员通过给小鼠注射不同剂量的CBD精油后，对小鼠进行核磁共振扫描以确定它们体内的损伤。

服用小剂量CBD精油的老鼠变化很小。然而，15d后，服用较高CBD精油剂量的老鼠实际上显示出对骨骼损伤的减少，这意味着当摄入较高浓度的CBD精油时，会有抗退行性作用。因此，科学家们得出结论，CBD精油可以用于治疗颈部和背部的软骨，最终可以减少疼痛。可见，利用CBD精油治疗颈部和背部疼痛，很有可能会减少疼痛，甚至使失去的细胞再生。这样可以更好地享受日常生活，治疗慢性疼痛，并由于疼痛的减轻而获得更好的睡眠。

（二）类风湿关节炎或关节疼痛

类风湿关节炎是一种痛苦的病症，它涉及关节炎症，会导致脚踝、手腕、手指和脚的疼痛，甚至会扩展到身体内部器官的肿胀。这种疾病通常发生在25～45岁，有时候，它甚至会影响到三四岁的儿童。

类风湿关节炎的病因是什么？从本质上讲，当病原体对正常组织造成破坏，导致炎症的发生时，这个疾病就会发作。这种炎症会持续地攻击关节，并扩散到骨头和周围的软骨。这会使关节无法正常活动，最终导致这些关节变形，极其疼痛，在不进行疼痛治疗的情况下，病人无法正常生活、工作。许多病人会表现出不同的症状。可能包括持续的疲劳、关节疼痛和肿胀、清晨关节僵硬、肌肉无力以及睡眠困难。

如前所述，通常类风湿关节炎在25～45岁发病。患有该病的人超过75%是女性。此外，通常被诊断患有类风湿关节炎的人在他们的家族中有患病历史，肥胖会增加患类风湿关节炎的风险。在目前的医学治疗中，物理疗法包括冷敷、热敷或其他减少僵硬的运动。也可使用药物治疗，以及非甾体类消炎药，如布洛芬。然而，正如上文中提到的关于颈部和背部疼痛，布洛芬和其他非甾体抗炎药会导致其他副作用，包括内脏炎症和胃肠问题。

根据几年的研究，CBD精油的使用已经被证明可以改善类风湿关节炎，帮助减少炎症和各种类型的疼痛。这可以进一步减轻其他关节的相关炎症，包括痛风炎症和骨关节炎。

在2006年的一个试验中，类风湿关节炎患者连续5周使用CBD精油，结果他们的疼痛和炎症减少。此外，当通过核磁共振扫描仪对类风湿关节炎患者进行检查时，炎症的发展被证明已经减缓——这意味着使用了CBD精油，类风湿关节炎就不会造成更加严重的后果，可以减缓病症的发展。

戴盛明2014年发表在《风湿病学杂志》上的另一项关于CBD的研究发现，类风湿关节炎患者关节周围的组织中，一种叫做CB2受体的物质含量非常高。当摄入CBD精油时，就会激活这些途径，消除大脑的"疼痛感"，从而减少炎症。因此，想要更自然地解决关节炎问题的患者可以选择使用CBD精油进行治疗，以避免像布洛芬那样会引起胃肠胁迫的副作用。此外，CBD精油可能比物理疗法和其他形式的治疗更有效。

（三）纤维肌痛

纤维肌痛一般指纤维肌痛综合征，属于风湿病的一种，特征是弥漫性肌肉疼痛，常伴有多种非特异性症状，是一种全身性的疼痛。这种疾病目前没有治愈的方法，因此，纤维肌痛的治疗只能依靠一定程度的止痛手段——就像关节炎、颈部和背部疼痛一样。

目前，对纤维肌痛的了解并不多，它使人衰弱，且正影响着数百万人的生活状态。它最初被称为"雅皮士流感"，通常被称为一种"综合征"，而不是真正的疾病。它涉及身体中许多"感受"疼痛的纤维，然后将这种疼痛的感觉传回大脑。这迫使身体在同一时间经历全身的疼痛。纤维肌痛综合征多见于女性，最常见的发病年龄为25～60岁。压力被认为是诱发这种疾病的一个可能的原因。这可能是由于在过去的二三十年里，妇女比以前受到更大、更多的压力，对身体造成的损伤非常惊人。

患有纤维肌痛的人也更容易患上其他疾病，包括肠易激综合征、慢性疲劳综合征，甚至严重的偏头痛。研究证明，纤维肌痛症与内源性大麻素系统有关，而内源性大麻素系统正是接收来自身体的信号，然后转化为"疼痛"的系统。CBD精油的关键也在于它干扰了内源性大麻素系统把它转向对患者有利的方向，让患者以不同的方式感受疼痛，减少疼痛，进而能够持续的缓解疼痛。

CBD精油能够与内源性大麻素系统中的小胶质细胞结合，进而减少血液中细胞因子的数量。这大大减轻了纤维肌痛症患者的疼痛感，因为小胶质细胞被列为纤维肌痛症患者炎症和剧烈疲劳的潜在原因。

CBD精油能解决纤维肌痛症吗？

在治疗纤维肌痛症时，就像治疗偏头痛和头痛等疼痛相关问题一样，经常会使用布洛芬和其他有副作用的药物。其他治疗方法，包括阿片类止痛药、皮质类固醇等，也会带来其他副作用和成瘾的可能。CBD精油与其他药物和治疗方法一样可以减轻疼痛，而且没有副作用。由于对纤维肌痛症的了解很少，所有的病例都是不同的，需要相应的个性化疗法。因此，仅仅一个病人从纤维肌痛中得到了缓解，并不意味着所有患者都会产生同样的效果。但是由于副作用小到几乎没有，只能起到帮助作用，所以CBD精油是一个非常可行的选择。

（四）慢性疼痛

慢性疼痛几乎是每个人都经历过的痛苦。当手肘受伤时，当在健身房的运动器材上做得过度时，由于在光线不好的情况下阅读而使眼睛开始感到疼痛和糟糕时，就会感觉到这种疼痛。当这种疼痛持续12周后，就被认为是慢性疼痛，它会改变甚至毁掉正常的生活。对于慢性疼痛患者来说，医学界的答案大多是身体最终会适应这种状态的。但身体需要越来越大剂量的药物才能感觉更好，这最终会导致许多不良的副作用，并对胃肠道和身体其他部位造成风险。药物的花费也会增加，最终只是用另一种方式破坏身体，而不是用自然的方式来治愈它。

CBD精油可以代替布洛芬和其他止痛药，是治疗慢性疼痛的一种潜在方法，世界各地的许多人都在使用天然的CBD精油来缓解疼痛。

什么会导致慢性疼痛？

慢性疼痛通常是由受伤引起的。这可能是脚踝的扭伤，背部的扭伤，或者只是由于某种虚弱而发生的肌肉扭伤。慢性疼痛的发生，会使身体经常处于无法正常睡眠、无法正常进食和其他干扰的影响之下。不幸的是，除了控制疼痛本身，人们对如何消除慢性疼痛知之甚少。

为什么CBD精油是治疗疼痛的最佳选择？

在最近的一项研究中，研究人员决定观察大脑处理疼痛的方式，以了解CBD精油是如何影响大脑从而是否真的"感觉到"疼痛的。在整个研究过程中，将CBD注射到小鼠体内，为了研究的需要，最终确保小鼠的大脑与CBD接触。这些小鼠被进一步给予了机械性异位痛，这显示了它们对疼痛感觉的反应。这将确保研究人员能够追踪CBD是如何在小鼠的内源性大麻素系统中流动的。在给小鼠注射CBD后，小鼠的疼痛感受器中的疼痛感消失了，这意味着CBD精油改变了小鼠大脑传递疼痛的方式。此外，研究人员还验证了口服CBD精油是否能减轻神经性或慢性炎症性疼痛。在这项研究中，试验小鼠患有一种叫做"坐骨神经慢性收缩"的疾病。这就使小鼠脑部产生了疼痛感。然后，每天给小鼠口服CBD精油。经过一周的治疗，小鼠的疼痛明显减轻。因此，科学家们认为CBD精油可以成功地缓解慢性疼痛。

CBD精油和慢性癌症带来的疼痛

CBD精油不仅是治疗慢性疼痛和损伤相关疼痛的重要工具，还可以用于治疗与癌症相关的疼痛。众所周知，癌症的治疗通常是有极大副作用的，会削弱患者体内的细胞。只能用更多的药物来治疗这种疼痛，然而这就会导致进一步的并发症，尤其是当癌症患者已经在接受一整套治疗的时候。

早在2006年，美国FDA就批准癌症患者服用CBD精油。癌症患者开始使用CBD精油，希望减少大脑"解读"全身疼痛的副作用，CBD精油是一种难以置信的缓解癌症疼痛的药剂。唯一已知的副作用是短暂的头晕、易怒和疲劳。

（五）多发性硬化症

多发性硬化症（MS）是最常见的一种中枢神经脱髓鞘疾病。本病急性活动期中枢神经白质有多发性炎性脱髓鞘斑，陈旧病变则由于胶质纤维增生而形成钙化斑，以多发病灶、缓解、复发病程为特点，好发于视神经、脊髓和脑干，多发病于青、中年，女性较男性多见。多发性硬化症是一种一旦确诊就会伴随一生的疾病。它影响患者生活的一切，从脊髓到大脑到眼睛里的视神经，最终改变人的平衡，看世界的方式，对肌肉的控制，以及其他一些身体功能。

MS的影响因人而异，有着难以置信的特异性。许多人只有几个小的症状，因此甚至不需要治疗，而有些人的症状非常严重。本质上，当患有多发性硬化症时，免疫系统会攻击髓磷脂，髓磷脂是一种脂肪物质，可以保护神经纤维。如果没有髓磷脂，神经就会受损，这通常会导致疤痕组织。

多发性硬化病变比较弥散，因此症状和体征也比较复杂，可出现神经炎、球后视神经炎、眼肌麻痹、肢体瘫痪、锥体束征及精神症状。病变位于小脑时出现共济失调、肢体震颤及眼球震颤。病变侵犯内侧纵束而出现眼球持续性、不规则的多种样式的不自主的眼肌阵挛。如发生不易解释的眩晕及垂直性眼震，特别是年轻患者急性眩晕及垂直性眼震持续于眩晕停止之后应想到本病。本病早期可有波动性、感音性、神经性聋和眩晕，由于病灶多发所以症状复杂，因病变部位而异。如果脑干和小脑内有髓鞘脱失区，或硬化斑块，损害了前庭核或与前庭有联系的结构，临床则表现为持续性眩晕，转头时眩晕加重并伴恶心呕吐。部分患者有眼球震颤，形式多变。垂直性眼震同时有摆动性、跳动性、水平性眼震也较常见。发病年龄在20～40岁，大多数人的症状会随着时间的推移越来越严重。

多发性硬化症的病因尚不清楚，许多因素都可能与该疾病有关，包括基因和吸烟。

目前缺乏对多发性硬化症的治疗。这导致许多被确诊的人寻找CBD精油，它可以在以下方面提供帮助：可以减少睡眠中的干扰；可以减少日常痉挛；可以减少存在于大脑和其他神经通路中的疼痛。

（六）失眠症

睡眠障碍被定义为睡眠习惯或模式的改变，对一个人的健康产生负面影响。睡眠障碍有很多种类型，最常见的两种是睡眠呼吸暂停和失眠。失眠是一种使人们难以入睡或保持睡眠状态的紊乱状况。原发性失眠和继发性失眠是这种疾病的两种主要类型。原发性失眠症是指一个人的睡眠问题与其他问题或健康状况无关。而继发性失眠是由其他原因引起的，如抑郁、关节炎、癌症疼痛，或使用药物或酒精等物质。

失眠的症状：经常在夜间醒来；无法再次入睡；入睡困难；早上起得太早；醒来感到疲倦；易怒；记忆力减退、注意力无法集中。

调查显示，1/4的人患有某种轻度失眠，而且大多数人在一生中都会经历失眠。对于一个被诊断为失眠的患者来说，他们可能会做许多不同的事情，比如身体检查、病史调查和睡眠记录，可能还被要求连续写一个星期的睡眠日记，这些都会帮助患者更好地了解失眠。有时人们会被转到睡眠中心，在那里他们在实验室或在家里用机器进行睡眠监测、研究。

有很多治疗方法可以帮助改善失眠。改变睡眠习惯、光疗法和认知行为疗法都是借助非药物疗法去改善失眠的症状。另外一种常见的治疗失眠的方法是服用诸如安眠药之类的药物，但这些药物会产生副作用。许多安眠药会使人上瘾，并且会大大增加阿片类药物意外服用过量的可能性，在那些使用阿片类药物止痛的人身上，许多安眠药不适合长期服用，而且可能会上瘾。

CBD的治疗

虽然没有足够临床证据表明CBD和失眠有关，但已经有一些研究表明它有潜在的好处。与THC不同，CBD被发现在正常剂量下有轻微的警示作用，而不是镇静作用。许多关于THC的研究都发现大麻对治疗失眠很有效。另外，CBD仍然可以有效帮助治疗失眠，但作用方式不同于THC。

有研究发现15mg的THC是起镇静作用的，而15mg的CBD具有警示作用，实际上增加了睡眠时的清醒活动，抵消了四氢大麻酚的镇静作用。这项研究以及其他一些研究发现，CBD使人类或啮齿类动物保持警觉，而不是昏昏欲睡。因此，可以得出结论，虽然CBD在睡眠障碍方面并不是一种有效的治疗方法，但是在减少困倦和疲劳方面是有效的。患有睡眠障碍的人的一个常见症状是由于睡眠很少或没有休息好而整天感到疲惫；而CBD可以通过提供警觉性和一整天的能量感来帮助治疗这一症状。另外，CBD已经被证明可以显著减少焦虑和"压力"的感觉，通过减少焦虑和感受到的压力水平，人们通常能够更容易入睡。

剂量

除由于压力或焦虑导致的入睡问题外，不推荐使用CBD缓解失眠。就寝时CBD可以提高清醒度。然而，如果感觉到的压力或焦虑感是导致入睡问题的重要因素，可以考虑在睡觉前一小时使用CBD。更多细节见"焦虑、创伤后应激障碍和压力"章节。

（七）焦虑、创伤后应激障碍和压力

焦虑是一种精神健康障碍，其特征是感到担忧、恐惧、紧张或不安。这些精神症状通常与身体症状相关联，如脉搏加快、呼吸急促、口干。这些感觉强烈到足以干扰一个人的日常生活和活动。它被认为是一种常见疾病，仅在美国，每年就有超过300万病例。"焦虑"被认为是一个通用术语，包括不同的情况，包括恐慌、社交焦虑、广泛性焦虑障碍和恐惧症。此外，在本章中，将讨论创伤后应激障碍（PTSD）和人们感受到的来自各方面的"压力"。

焦虑症状：恐慌、恐惧、不安、呼吸急促（气促）、口干、睡眠问题、不能保持冷静或静止、肌肉紧张、眩晕。

创伤后应激障碍症状：噩梦、闪回、避免再次带来创伤的情况、对刺激的反应性增强、焦虑、抑郁情绪。

虽然研究人员不确定焦虑症的确切原因，但有一些因素显然起了作用。环境压力、大脑的变化和基因都可能是诱因。焦虑症和其他精神健康障碍一样，可以在家族中遗传。

所有这些情况的共同点是，它们都是对"不良记忆"的反应。我们在大脑的海马体中心储存创伤或情感事件的记忆。对大多数人来说，这些不良记忆会逐渐消失。然而，有些人对不良的记忆要清晰得多，尤其是在很小的时候，或者在经历了战争等特别的创伤的时候。当这些不良记忆没有很好地消退时，不良记忆复发的可能性就会导致肾上腺素的释放，肾上腺素是我们的"战斗或逃跑"荷尔蒙。肾上腺素的进化是为了保护我们的祖先在日常生活中遇到的危险情况。

肾上腺素一旦释放到我们的身体，血液就会从我们的器官涌向我们的肌肉，准备逃离危险或战斗。这会导致心跳加速、呼吸急促、口干、双手颤抖，而且常常会有一种厄运临头的感觉。这在生理学上被称为"压力反应"，它通过一个复杂的系统工作，该系统通过下丘脑—垂体—肾上腺将大脑的情感部分与身体连接起来。当真正的威胁出现时，这有助于我们的生存。然而，在现代社会，这种危险是罕见的。

所以对我们大多数人来说，一个简单的不良记忆的触发会导致肾上腺素释放的轻微增加，给我们带来社交焦虑障碍的典型症状，或广泛性焦虑。而对另一部分人来说，不良记忆可能会导致大量肾上腺素的释放，从而导致创伤后应激障碍的压倒性症状和一些极度恐惧症，如恐高。

压力过大或慢性压力，虽然还不是一个真正的诊断，但却代表了我们在很长一段时间内回想起不良记忆时的感受。比如有一个"管理细致"的老板，他总是检查或批评员工。这种持续的低水平威胁不会消失，并导致肾上腺素的长期过量释放。这种不必要的肾上腺素的长期释放，会导致我们体内的类固醇激素和皮质醇的释放增加，而皮质醇会导致血压升高，脂肪储存增加，免疫反应减弱。

目前还没有专门的实验室测试可以诊断焦虑症，但医生会询问病史、症状，并可能做一些测试来排除其他疾病，然后医生可以建议心理学家、精神病学家或心理健康专家，这些心理健康专家会提出问题，使用一些辅助设备和测试来找出更多关于焦虑的信息。

对焦虑症的治疗因人而异，这取决于患者的症状、病史和焦虑症的严重程度。对一些人来说，自我护理治疗，如体育锻炼、压力管理、放松、避免饮酒、减少咖啡因摄入和健康饮食，就足以治疗焦虑症，因此不需要进一步治疗。

而其他药物如抗抑郁药、抗焦虑药或镇静剂则用来减轻焦虑症状。认知行为疗法、心理疗法和冥想都被证明对治疗焦虑症也有帮助。

利用CBD治疗

海马体是大脑的一个中心，它与记忆储存和记忆处理有关。如上所述，海马体也与HPA轴的调节密切相关。海马体有非常高水平的大麻素受体。和大脑的其他几个中心一样，海马体也有大量的CB1受体。然而，最近的研究表明海马体中也有许多CB2受体（图11-4）。新的研究表明，对这些CB2受

体的刺激提高了兴奋阈值。这在实践中意味着，增加CBD或其他大麻素药物对CB2的刺激，会降低海马体对存储不良记忆的反应。由于焦虑、感知压力和创伤后应激障碍是由于对不良记忆复发的"恐惧"，因此，服用CBD可以减轻症状的发生。

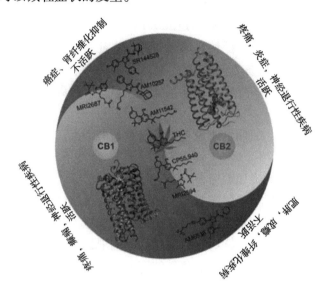

图11-4　ECS系统和CB1、CB2受体

在巴西的一项研究中，他们发现CBD有助于治疗焦虑症。他们通过动物模型、健康的志愿者和患有焦虑症的人进行了研究。在这项特别的研究中，研究人员用小鼠来研究在迷宫中放入蛇后，小鼠的恐惧行为表现。他们发现，与未接受CBD治疗的对照组相比，接受CBD治疗的小鼠在防御性不动和爆发性行为方面有明显的减少。即使有了这些减少，用CBD治疗的小鼠没有展示出过多的在危机情况下的警觉与防御。这项研究的结果表明CBD可以有效地帮助预防恐慌发作。在同一篇综述中，研究人员在对人类服用CBD的研究中发现了类似的现象。研究人员利用一组健康的志愿者进行了一项旨在调查CBD和抗焦虑药物相互作用的研究。志愿者们被要求对着摄像机做一段几分钟的演讲，因为公开演讲会让很多人感到紧张、焦虑。试验结果表明，CBD、安定，都可以显著地减弱公众演讲引起的焦虑。本综述涉及CBD的研究结论如下：结合试验动物、健康的志愿者和患有焦虑症的患者的研究结果，支持了CBD作为一种具有抗焦虑特性的新药的主张。因为它没有精神作用，不影响认知；具有足够的安全性、良好的耐受性，在人体试验中得到了正向的结果以及广泛的药理作用，CBD作为一种大麻素化合物，可以考虑将其在治疗焦虑症中的初步发现转化为临床试验。

另一项关于CBD精油和焦虑症的研究关注的是功能性神经成像，而不是自我评估和生理测量。在这项研究中，社交焦虑障碍（SAD）患者分为两组，分别口服400mg CBD精油和安慰剂。相对于服用安慰剂的患者，服用CBD精油的患者表现出明显的焦虑减轻，其大脑也发生了与焦虑降低相关的变化。研究人员得出结论，"CBD精油减少SAD患者的焦虑，这与它对边缘大脑区域活动的影响有关"。

已经证明CBD精油缓解焦虑的作用可以被血清素拮抗剂阻断，这表明这种受体在一定程度上介导了CBD的焦虑缓解作用。令人惊奇的是，汉普森目前的数据表明，除直接与5-羟色胺受体结合外，CBD还可能通过改变受体的功能来提高其结合效率。换句话说，CBD除直接激活5-羟色胺受体外，实际上还可能会放大5-羟色胺的作用。

恐慌和THC

恐慌、躁动和焦虑都是使用大麻的人经常会出现的副作用。这些副作用是由于高水平的THC对海马体和杏仁核（大脑的情感中心）的影响。这些副作用几乎总是在娱乐吸食使用大麻时发生。过量的THC，比如在短时间内摄入20~30mg的THC，特别是在CBD含量非常低的情况下，往往会导致这些令人不快的症状，这些症状可以用舌下20~60mg的CBD油来治疗。

医用级大麻的CBD与THC的比例为1∶1或更高，即大麻中CBD的含量与THC的含量相当或更高。例如有些用于提取药用成分的大麻品种CBD∶THC的比例为20∶1，CBD是THC的20倍。大多数药用大麻品种，CBD和THC含量相同。这些平衡的药物在剂量合理的情况下，不会引起焦虑，恐慌或躁动。本章中提及的药物是纯CBD精油，与THC带来的副作用没有任何关系。

用于预防各种形式的焦虑、创伤后应激障碍、恐慌和恐惧症，长期日常使用CBD精油对预防和减少这些症状有治疗作用。

治疗并不总是有效

有时推荐的治疗并不奏效。它不起作用，可能由于剂量不对，也可能由于引起症状的潜在条件比原来认为的更严重。如果最大剂量的CBD不能让症状得到足够的缓解，那么应该立刻咨询医生。

九、CBD精油的品牌、包装和价格

购买CBD精油，知道如何使用，并确保不会为高质量的产品花太多钱，可能是相当困难的，尤其是在这个行业刚刚起步的情况下。下面的说明，介绍了当前CBD精油形势，以及对最佳CBD精油产品的建议。

（一）CBD精油的种类

人们知道，Raw CBD精油是以原始的形式提取的，直接从工厂提取后没有进行任何加工。因此，"Raw"是按字面意思理解的。CBD精油中含有叶绿素和少量的植物成分，这使得Raw CBD精油的颜色呈深绿色或黑色。它也比其他版本的CBD精油更稠，因为它没有经过加工。

一般来说，使用粗CBD精油的人想要利用大麻植物的所有特性，而不仅仅是CBD精油所能提供的。它是所有CBD精油种类中最便宜的一种，最常用于治疗焦虑、抑郁和失眠。它更温和，因为它不像其他品牌那样"纯净"。这意味着它可能无法处理严重的慢性疼痛以及其他的压力问题。另外，脱羧CBD精油通常是那些希望用于食品的CBD精油用户购买的。这些人通常会寻找CBD精油来治疗他们的抑郁、关节炎、头痛、偏头痛、焦虑和其他发展到中度的疾病。

CBD精油"脱羧"是什么意思呢？从本质上说，当CBD精油被脱羧时，CBD精油已经从CBD分子内部释放出一个碳原子。这就把CBDA变成了CBD，使得分子能够更好地适应内源性大麻素系统的细胞受体（就像前面提到的，这是"干扰"大脑和身体"感觉"疼痛的过程）。这一过程使脱羧CBD精油比Raw CBD精油更有效，因为它能更精准、更有力地作用于体内的神经通路。因此，脱羧CBD精油的功效更强，这意味着你必须少吃一点就能获得和CBD精油一样的功效。

过滤CBD精油是所有CBD精油中价格最高的，也是最常被购买用于医疗用途的。人们求助于它来缓解焦虑、抑郁，以及更严重的疾病，如多发性硬化症、关节炎、慢性疼痛等。它是经过脱羧和过滤的，这意味着植物材料和叶绿素完全被清除，CBD精油是唯一的元素。

（二）市场上CBD精油的品牌

目前，国外已经有几种成熟的CBD精油产品，以下是几种产品的简介。

Kat's Naturals

Kat's Naturals提供了一系列酊剂，纯度为99.9%。它们提供多种混合酊剂，有各种口味和"感觉"，包括"放松"和"治愈"。它们每盎司的含金量令人印象深刻，每10mL瓶装的含油量为

250mg，每15mL瓶装的含油量为300mg等。Kat还出售电子烟，甚至各种宠物用的CBD精油产品。

Populum

Populum是最具艺术性的CBD精油品牌之一，拥有设计豪华的网站和包装。该品牌提供3种水平的CBD精油：250mg的基本水平、500mg的标准水平和1 000mg的高级水平。不过，它们的价格偏高。

Canabidol

这是一家英国品牌，提供含有CBD精油的多种维生素。如果更喜欢服用药丸形式的CBD，这是最好的选择。Canabidol也提供10mL瓶的酊剂，有不同的浓度，包括250mg、500mg和1 000mg。与Populum不同，Canabidol是价格较低的品牌。

Corners Cannabis

这家公司总部设在科罗拉多州，以提供一流的CBD产品而闻名，产品直接来自科罗拉多州的一个农场。它们的产品包括3种酊剂，强度分别为250mg、500mg和1 000mg。因为这是品质最好的CBD精油，Corners Cannabis的价格也较高。

（三）不同CBD精油的包装

CBD精油根据其用途不同，可以做成许多种不同的包装。这些包装包括塑料瓶、注射器和硅胶瓶。注射器更容易储存和分配CBD精油。但是，如果注射器内的CBD精油温度过低，就很难将CBD精油从注射器中顺利释放出来。解决这个问题只需将注射器放在一碗温水中，或者用纸巾包好，在微波炉中加热，时间不要超过5s。

购买CBD精油时，要注意以下几点：

——确保瓶子里列出了CBD精油的百分比。

——确保CBD精油已经在第三方实验室进行了测试。

十、CBD精油的服用方法

可以通过多种方式摄入CBD精油，包括浓缩物、局部皮肤涂抹、喷雾、胶囊、酊剂。

CBD精油的浓缩物

当使用CBD精油作为浓缩物时，就确保得到了最高的剂量。它的浓度是其他服用CBD精油方法的10倍以上，被认为更有效，更能缓解疼痛。因此，需要注意的是，研究人员建议每天不要超过30mg。

使用这种浓缩液时，只需将针管放在舌头下方或脸颊内侧，然后将浓缩液沿口腔黏膜缓缓推出即可。不要把它吞下去，只要让它随着时间慢慢被吸收就可以了。这种服食方法可以快速缓解疼痛，和酊剂一起，是推荐的最佳的服用方法。

CBD精油酊剂

就像浓缩CBD精油一样，CBD精油酊剂的纯度也非常高。但与浓缩油不同的是，酊剂可以添加一些味道，这可以使它们更易于服用。要做到这一点，只需在舌头下面点几滴这种酊剂的CBD精油。不要吞下，让它逐渐进入口腔黏膜，渗透进身体系统。

局部皮肤外用CBD精油

CBD精油被用于外用面霜和药膏，对皮肤有格外的好处，可以抗牛皮癣、抗炎症、抗粉刺、抗皱纹，甚至可以帮助管理关节炎引起的疼痛。然而，在购买CBD精油作为面霜时，购买使用纳米技术或"胶束"技术的面霜是非常有效的，这可以确保CBD精油霜能够进入皮肤，而不是只停留在皮肤表面然后逐渐脱落。

CBD精油喷雾

大多数CBD精油喷剂的浓度非常低，这是最不推荐的使用CBD精油的方法。通常，每个喷雾剂含有1～3mg的CBD精油，这与25mg的药片相比根本不算什么。每次喷药的时候，也很难测量出服用了多少，服药的剂量范围可能会存在很大偏差。

参考文献

艾斯凯尔·艾尔肯.大麻及其主要代谢物集成检测方法的研究与应用[D].乌鲁木齐：新疆医科大学.

常丽，唐慧娟，李建军，等，2017.大麻CBDA1基因的生物信息学分析[J].安徽农业科学，45（29）：144-148.

陈红英，郭巧玲，姚龙珠，2011.水蒸气蒸馏法提取橙皮精油的影响因素研究[J].中国药业（1）：45-46.

陈璇，许艳萍，张庆滢，等，2016.大麻种质资源中大麻素化学型及基因型鉴定与评价[J].植物遗传资源学报（5）：920-928.

成亮，孔德云，2008.大麻中非成瘾性成分大麻二酚及其类似物的研究概况[J].中草药，39（5）：783-787.

次仁曲宗，罗禹，屈晓宇，等，2019.黑龙江汉麻叶中化学成分研究与大麻二酚（CBD）含量测定[J].四川大学学报（自然科学版）（5）：957-962.

都业俭，2011.植物芳香性成分保真高效提取研究[D].重庆：重庆大学.

冯佳燕，李琨，林旭红，等，2011.新型大麻制剂O-1602和CBD减轻小鼠实验性急性胰腺炎的机制研究[J].中国病理生理杂志，27（3）：539-544.

高兵兵，2016.大麻二酚对小鼠脑出血后急性期神经保护作用及其机制[D].合肥：安徽医科大学.

高献礼，李超，2006.植物性香料提取技术的研究进展[J].中国食品添加剂（6）：134-138.

郭晓营，陈刚，2009.超声波辅助萃取肉桂精油的研究[J].现代食品科技（12）：1431-1433.

郭园，王羽梅，云兴福，等，2005.蒸馏条件对茴香精油产量和成分的影响[J].韶关学院学报，26（3）：83-85.

侯滨滨，李悦，2011.葡萄柚精油对食用油脂的抗氧化研究[J].食品研究与开发（2）：187-188.

黄文捷，苏印泉，杨芳霞，等，2008.溶剂法提取花椒籽油的研究[J].西北林学院学报（4）：154-156，164.

贾媛，胡铁，谭云，等，2015.香茅精油提取工艺优化及其成分分析[J].中南林业科技大学学报（4）：130-134.

江志利，张兴，冯俊涛，2002.植物精油研究及其在植物保护中的利用[J].陕西农业科学（1）：32-36.

姜平川，梁江昌，2011.植物挥发油在外用制剂中的应用[J].内科，6（5）：467-469.

解成喜，王强，崔晓明，2002.薰衣草挥发油化学成分的GC-MS分析[J].新疆大学学报（自然科学版）（3）：294-296.

金建忠，哈成勇，2005.GC-MS法测定熏衣草精油的化学成分[J].食品与生物技术学报（5）：68-71.

金晓玲，徐丽珊，施潇，等，2002.4种佛手挥发油化学成分的研究[J].中国药学杂志，37（10）：737-739.

李珺，段作营，尤新，等，2002.水酶法提取玉米胚芽油研究[J].粮食与油脂（1）：5-7.

李莉，刘成梅，田建文，等，2006.现代提取分析技术在黄酮类化合物中的应用[J].江西食品工业

（4）：42-44.

李秋实，孟莹，陈士林，2019. 药用大麻种质资源分类与研究策略[J]. 中国中药杂志（20）：4309-4316.

李婷. 超声波萃取技术的研究现状及展望[J]. 安徽农业科学（13）：3188-3190.

林霜霜，邱珊莲，郑开斌，等，2017. 柠檬香茅精油的成分分析及抑菌作用研究[J]. 中国农业科技导报，19（10）：89-95.

刘宁，桂云云，刘佳丽，2013. 植物中精油提取方法的研究进展及应用现状[J]. 安徽化工（1）：26-28.

罗燕，王文静，张红霞，等，2017. 东紫苏昆明居群叶特征与挥发油的相关性研究[J]. 时珍国医国药（5）：198-201.

倪培德，江志炜，2002. 高油分油料水酶法预处理制油新技术[J]. 中国油脂（6）：5-8.

宁洪良，郑福平，孙宝国，等，2008. 无溶剂微波萃取法提取花椒精油[J]. 食品与发酵工业（5）：179-184.

潘磊庆，朱娜，邵兴锋，等，2012. 丁香精油对樱桃番茄保鲜作用的研究[J]. 食品工业科技，33（23）：301-304.

乔小云，李俏，陆晓和，2001. 白术挥发油提取工艺研究[J]. 医药导报，20（9）：551-552.

瞿新华. 植物精油的提取与分离技术[J]. 安徽农业科学，35（32）：10194-10195.

孙力扬，谢辉，王华，2016. 气相色谱—质谱联用（GC-MS）法检测人体血液，尿液中大麻及其主要代谢物的含量[J]. 新疆医科大学学报，39（8）：1020-1025.

孙凌峰，陈新，1999. 植物精油及萜类成分的生物活性[J]. 江西师范大学学报（自然版）（2）：68-72.

孙明舒，杨春清，2005. 芳香植物及其精油的杀虫作用[J]. 国外医药：植物药分册，20（3）：93-97.

王翠艳，侯冬岩，1998. 两种方法提取益母草挥发油成份的研究[J]. 辽宁大学学报：自然科学版（4）：381-383.

王宏年，2007. 几种植物精油抑菌作用研究[D]. 杨凌：西北农林科技大学.

王靖博，张敏，董睿，等，2018. 3种植物精油熏蒸处理对油桃保鲜效果的影响[J]. 核农学报，32（5）：933-940.

王亚琦，陈奕洪，黄卫文，等，2015. 超临界CO_2萃取崖柏精油的研究[J]. 食品与机械（3）：175-178.

吴健玲，刘玉亭，1994. 用超临界流体技术萃取分离香茅油的研究[J]. 天然产物研究与开发，6（1）：42-49.

向平，娄桂群，王仕艳，等，2017. 香薷、野草香挥发油分析及其生物活性评价[J]. 中成药，39（9）：1880-1884.

许旭东，胡晓茹，杨峻山，2008. 抗肿瘤药用植物有效成分研究概况[J]. 中国中药杂志，33（17）：2073-2081.

杨君，张献忠，高宏建，等，2012. 天然植物精油提取方法研究进展[J]. 中国食物与营养，18（9）：31-35.

易醒，谢明勇，王远兴，等，2001. 反相高效液相色谱法测定青钱柳中黄酮化合物含量[J]. 南昌大学学报（理科版），25（2）：161-164.

于加平，2016. 长白山野生香薷中挥发油的提取及抗氧化性[J]. 江苏农业科学（6）：399-400.

袁敏之，1996. 几种植物精油的提取及其在化妆品中的应用[J]. 日用化学品科学（5）：39-41.

张格杰，何建清，索朗央吉，2017. 26种植物乙醇提取物对植物病原菌的抑菌活性[J]. 贵州农业科学，45（8）：38-41.

张汉明，许铁峰，秦路平，等，2000. 中药鉴别研究的发展和现代鉴别技术介绍[J]. 中成药，22

（1）：101-110.

张际庆，陈士林，尉广飞，等，2019. 高大麻二酚（CBD）含量药用大麻的新品种选育及生产[J]. 中国中药杂志（21）：4772-4780.

张军，2019. 高含量CBD的工业大麻的育苗技术[C]// 第十六届中国科学家论坛优秀论文集.

张育光，侯春，吴新星，等，2015. 亚临界流体萃取崖柏挥发油及其成分分析[J]. 食品工业科技，36（21）：210-213.

张赟彬，郭媛，江娟，等，2011. 八角茴香精油及其主要单体成分抑菌机理的研究[J]. 中国调味品（2）：28-33.

张云，彭映辉，何建国，等，2013. 四种植物精油对蚊虫的熏杀活性及酯酶活性的影响[J]. 中国生物防治学报（4）：497-502.

周小东，刘知源，苏朝霞，2020. 运用大麻制品（THC和CBD）治疗多种精神障碍的研究进展[J]. 临床医学进展，10（2）：123-128.

ARAVENA G, GARCIA O, MUNOZ O, et al., 2016. The impact of cooking and delivery modes of thymol and carvacrol on retention and bioaccessibility in starchy foods[J]. Food chemistry, 196：848-852.

BRAHMI F, MECHRI B, FLAMINI G, et al., 2013. Antioxidant activities of the volatile oils and methanol extracts from olive stems[J]. Acta Physiologiae Plantarum, 35（4）：1061-1070.

BURT S A, 2004. Essential oils：their antibacterial properties and potential applications in foods-a review [J]. International Journal of Food Microbiology, 94（3）：223-253.

CARSON C, HAMMOND K, RILEY T, et al., 2006. Melaleuca alternifolia（Tea Tree）oil：a review of antimicrobial and other medicinal properties [J]. Clinical Microbiology Reviews, 19（1）：50-62.

CARSON C F, RILEY T V, 2010. Antimicrobial activity of the essential oil of *Melaleuca alternifolia*[J]. Letters in Applied Microbiology, 16（2）：49-55.

DANH L T, TRIET N D A, HAN L T N, et al., 2012. Antioxidant activity, yield and chemical composition of lavender essential oil extracted by supercritical CO_2[J]. Journal of Supercritical Fluids, 70：27-34.

DIAO W R, HU Q P, ZHANG H, et al., 2014. Chemical composition, antibacterial activity and mechanism of action of essential oil from seeds of fennel（*Foeniculum vulgare* Mill.）[J]. Food Control, 35（1）：109-116.

GAVARIC N, MOZINA S S, KLADAR N, et al., 2015. Chemical profile, antioxidant and antibacterial activity of thyme and oregano essential oils, thymol and carvacrol and their possible synergism[J]. Journal of Essential Oil Bearing Plants, 18（4）：1013-1021.

GOLMAKANI M T, REZAEI K, 2008. Comparison of microwave-assisted hydrodistillation with the traditional hydrodistillation method in the extraction of essential oils from *Thymus vulgaris* L. [J]. Food Chemistry, 109（4）：925-930.

JAIN S, JAIN P, JAIN M, 1974. Antibacterial evaluation of some indigenous volatile oils[J]. Planta Medica, 26（2）196-199.

JEMAA M B, FALLEH H, NEVES M A, et al., 2017. Quality preservation of deliberately contaminated milk using thyme free and nanoemulsified essential oils[J]. Food Chemistry, 217：726-734.

JEONG E J, SEO H, YANG H, et al., 2011. Anti-inflammatory phenolics isolated from *Juniperus rigida* leaves and twigs in lipopolysaccharide-stimulated RAW264.7 macrophage cells[J]. Journal of Enzyme Inhibition and Medicinal Chemistry, 27（6）: 875-879.

KAR A, JAIN S R, 1971. Antibacterial evaluation of some indigenous medicinal volatile oils[J]. Qualitas Plantarum Et Materiae Vegetabiles, 20（3）: 231-237.

KHALEQUE M A, KEYA C A, HASAN K N, et al., 2016. Use of cloves and cinnamon essential oil to inactivate *Listeria monocytogenes* in ground beef at freezing and refrigeration temperatures[J]. LWT-Food Science & Technology, 74: 219-223.

KHAJEH M, YAMINI Y, SHARIATI S, 2010. Comparison of essential oils compositions of *Nepeta persica* obtained by supercritical carbon dioxide extraction and steam distillation methods[J]. Food and Bioproducts Processing, 88（2-3）: 227-232.

LARKECHE O, ZERMANE A, MENIAI A H, et al., 2015. Supercritical extraction of essential oil from *Juniperus communis* L. needles: application of response surface methodology[J]. Journal of Supercritical Fluids, 99: 8-14.

LEADLEY C, 2003. Developments in non-thermal processing[J]. Food Science & Technology Today, 17（3）: 40-42.

LI S Y, RU Y J, LIU M, et al., 2012. The effect of essential oils on performance, immunity and gut microbial population in weaner pigs[J]. Livestock Science, 145（1-3）: 119-123.

MARTINS N, BARROS L, SANTOS-BUELGA C, et al., 2015. Decoction, infusion and hydroalcoholic extract of cultivated thyme: antioxidant and antibacterial activities, and phenolic characterisation[J]. Food Chemistry, 167（15）: 131-137.

MILLER N J, RICE-EVANS C, DAVIES M J, et al., 1993. A novel method for measuring antioxidant capacity and its application to monitoring the antioxidant status in premature neonates [J]. Clinical ence, 84（4）: 407-412.

ORAV A, KOEL M, KAILAS T, et al., 2010. Comparative analysis of the composition of essential oils and supercritical carbon dioxide extracts from the berries and needles of Estonian juniper （*Juniperus communis* L.）[J]. Procedia Chemistry, 2（1）: 161-167.

PEREIRA T S, DE SANTANNA J R, SILVA E L, et al., 2014. *In vitro* genotoxicity of *Melaleuca alternifolia* essential oil in human lymphocytes[J]. Journal of Ethnopharmacology, 151（2）: 852-857.

PUATANACHOKCHAI R, KISHIDA H, DENDA A, et al., 2002. Inhibitory effects of lemon grass （*Cymbopogon citratus* Stapf）extract on the early phase of hepatocarcinogenesis after initiation with diethylnitrosamine in male Fischer 344 rats[J]. Cancer Letters, 183（1）: 9-15.

RANAWEERA S S, 1996. Mosquito-lavicidal activity of some Sri Lankan plants[J]. Journal of the National ence Foundation of Sri Lanka, 24（2）: 63-70.

RYU Y B, JEONG H J, KIM J H, et al., 2010. Biflavonoids from *Torreya nucifera* displaying SARS-CoV 3CL[pro] inhibition[J]. Bioorganic & Medicinal Chemistry, 18（22）: 7940-7947.

SAID B O S, HADDADI-GUEMGHAR H, BOULEKBACHE-MAKHLOUF L, et al., 2016. Essential oils composition, antibacterial and antioxidant activities of hydrodistillated extract of *Eucalyptus globulus* fruits[J]. Industrial Crops & Products, 89: 167-175.

SANCHES-SILVA A, COSTA D, ALBUQUERQUE T G, et al., 2014. Trends in the use of natural antioxidants in active food packaging: a review[J]. Food Additives & Contaminants, 31（3）: 374-395.

SARGENTI S R, LANAS F M, 1997. Supercritical fluid extraction of *Cymbopogon citratus*（DC.）Stapf[J]. Chromatographia, 46（5-6）: 285-290.

SHARMA P R, MONDHE D M, MUTHIAH S, et al., 2009. Anticancer activity of an essential oil from *Cymbopogon flexuosus*[J]. Chemico-Biological Interactions, 179（2-3）: 160-168.

SHERRY M, CHARCOSSET C, FESSI H, et al., 2013. Essential oils encapsulated in liposomes: a review[J]. Journal of Liposome Research, 23（4）: 268-275.

SINGH H P, MITTAL S, KAUR S, et al., 2009. Chemical composition and antioxidant activity of essential oil from residues of *Artemisia scoparia*[J]. Food Chemistry, 114（2）: 642-645.

SOLIMAN K M, BADEAA R I, 2002. Effect of oil extracted from some medicinal plants on different mycotoxigenic fungi[J]. Food & Chemical Toxicology, 40（11）: 1669-1675.

SOON-IL K, CHAN P, MYUNG-HEE O, et al., 2003. Contact and fumigant activities of aromatic plant extracts and essential oils against *Lasioderma serricorne*（Coleoptera: Anobiidae）[J]. Journal of Stored Products Research, 39（1）: 11-19.

SYLVESTRE M, PICHETTE A, LONGTIN A, et al., 2006. Essential oil analysis and anticancer activity of leaf essential oil of *Croton flavens* L. from Guadeloupe[J]. Journal of Ethnopharmacology, 103（1）: 99-102.

UMA K, XIN H, KUMAR B A, 2017. Antifungal effect of plant extract and essential oil[J]. Chinese Journal of Integrative Medicine, 23（3）: 233-239.

WANG D M, ZHANG Y J, WANG S S, et al., 2013. Antioxidant and antifungal activities of extracts and fractions from *Anemone taipaiensis*, China[J]. Allelopathy Journal, 32（1）: 67-77.

WANG S Y, CHEN C T, YIN J J, 2010. Effect of allyl isothiocyanate on antioxidants and fruit decay of blueberries[J]. Food Chemistry, 120（1）: 199-204.

WANG Y, LU Z, WU H, et al., 2009. Study on the antibiotic activity of microcapsule curcumin against foodborne pathogens[J]. International Journal of Food Microbiology, 136（1）: 71-74.

MA X F, TIAN W X, WU L H, et al., 2005. Isolation of quercetin-3-O-L-rhamnoside from *Acer truncatum* Bunge by high-speed counter-current chromatography[J]. Journal of Chromatography A, 1070（1-2）: 211-214.

ZHAO L, ZHANG H, HAO T, et al., 2015. *In vitro* antibacterial activities and mechanism of sugar fatty acid esters against five food-related bacteria[J]. Food Chemistry, 187（15）: 370-377.

第十二章　工业大麻酚类物质

　　《中国药典》收载的大麻药用部位为其干燥成熟果实（火麻仁），具有润肠通便的作用，用于血虚津亏，肠燥便秘。随着对大麻的深入研究发现，大麻的不同部位具不同的活性作用，且活性成分复杂，现已从大麻中分离出565种活性成分，主要为酚类化合物、黄酮类化合物、萜类化合物、生物碱类化合物、脂肪酸类化合物等。其中大麻酚类物质以其独特的精神作用及抗肿瘤等方面的活性作用，吸引了众多学者的关注，现已成为研究热点。

第一节　大麻酚类化合物的结构特点

　　大麻酚类化合物统称大麻素，是大麻特有的次生代谢产物，其结构骨架主要为烷基间苯二酚或3，5-二羟基戊苯和单萜部分。

一、大麻酚类化合物结构简介

　　大麻酚类化合物按化合物结构不同分为大麻二酚CBD型、大麻萜酚CBG型、大麻色烯CBC型、（－）-Δ^8-反式THC型、大麻环酚CBL型、大麻艾尔松CBE型、大麻酚CBN型、大麻二醇型、大麻三醇型及其他杂型。

　　通过研究大麻酚类化合物的合成途径发现，CBGA是大麻素合成的共同前体，可通过THCA合成酶、CBDA合成酶和CBCA合成酶的氧化还原作用生成相应的THCA、CBDA和CBCA，再进一步生成THC、CBD、CBC。部分具有代表性的大麻酚类化合物名称及其结构如表12-1至表12-8所示。

表12-1　CBD型大麻酚类化合物名称及结构

化合物名称	结构式	化合物名称	结构式
大麻二酚（CBD）		大麻二酚酸（CBDA）	
次大麻二酚（CBDV）		次大麻二酚酸（CBDVA）	

（续表）

化合物名称	结构式	化合物名称	结构式
CBDM	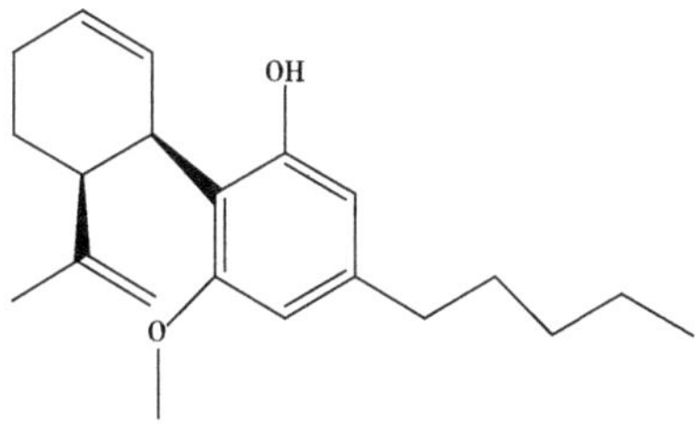	大麻二酚-C₄	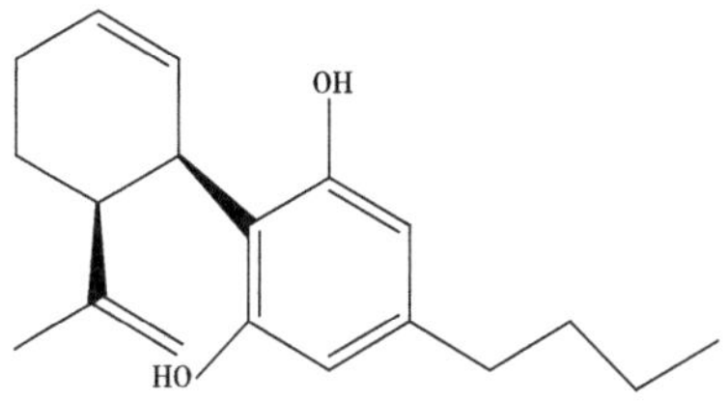

表12-2　CBC型大麻酚类化合物名称及结构

化合物名称	结构式	化合物名称	结构式
大麻色烯（CBC）	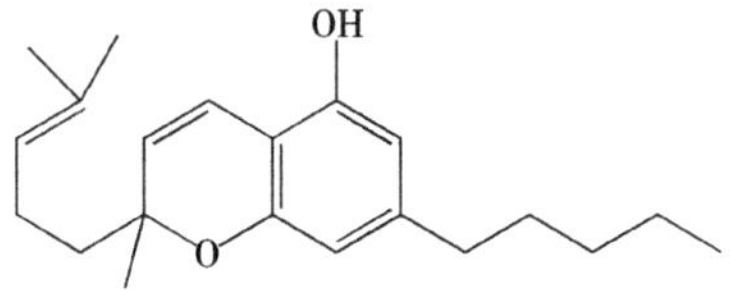	大麻色原烯	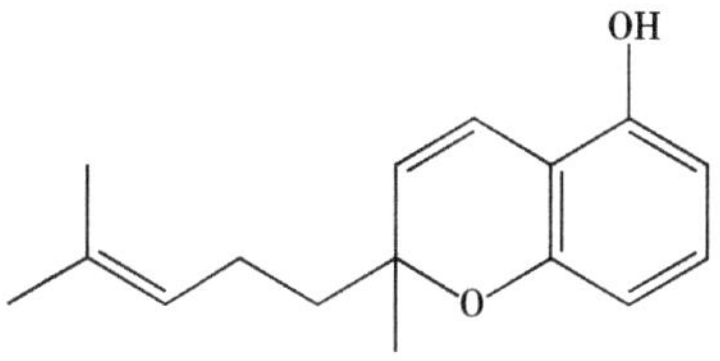
大麻色原烯酸	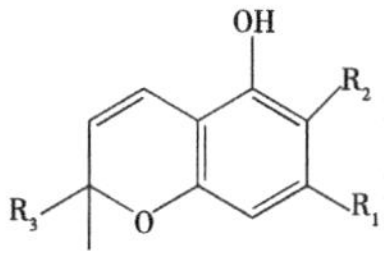 $R_1=C_5H_{11}$ $R_2=COOH$ $R_3=(CH_2)_2CH=C(CH_3)_2$	大麻色素	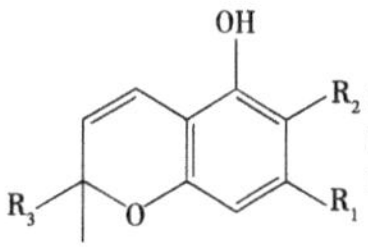 $R_1=C_3H_7$ $R_2=H$ $R_3=(CH_2)_2CH=C(CH_3)_2$
大麻色素酸	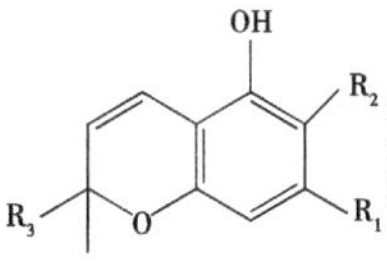 $R_1=C_3H_7$ $R_2=COOH$ $R_3=(CH_2)_2CH=C(CH_3)_2$	大麻双色烯-C₃	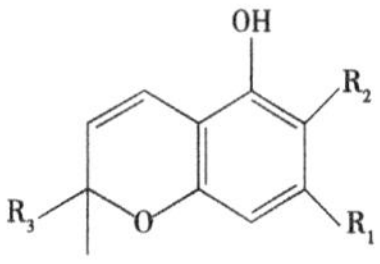 $R_1=C_3H_7$ $R_2=H$ $R_3=(CH_2)_2CHCH(CH_3)_2$

表12-3　CBG型大麻酚类化合物名称及结构

化合物名称	结构式	化合物名称	结构式
大麻萜酚（CBG）	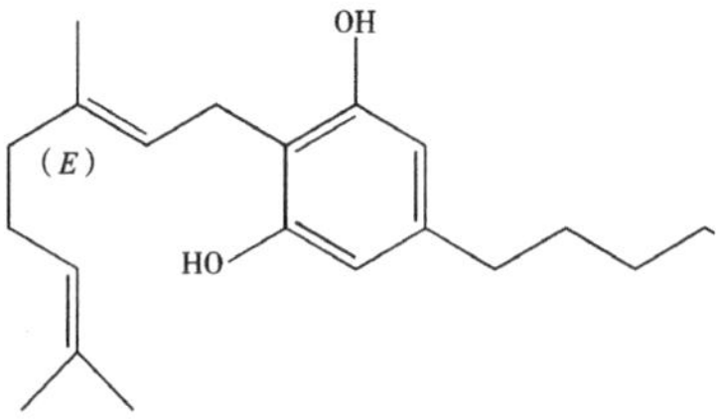	大麻萜酚酸（CBGA）	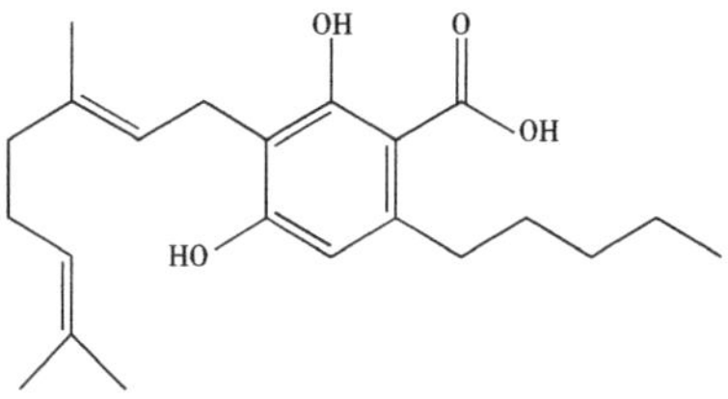
5-乙酰基-1-4-羟基-萜酚	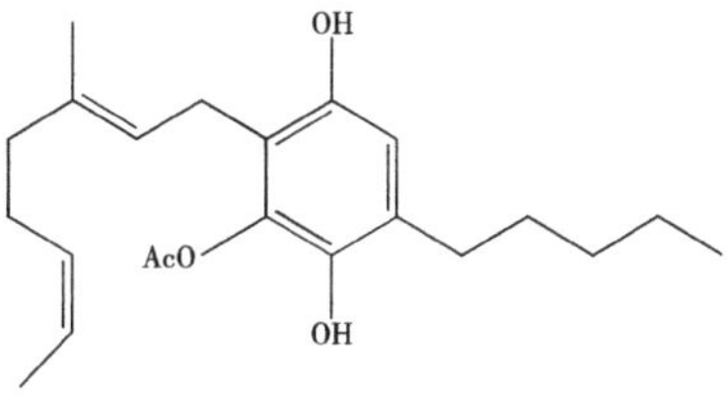	4-乙酰氧基-2-香叶基-5-羟基-正戊基苯酚	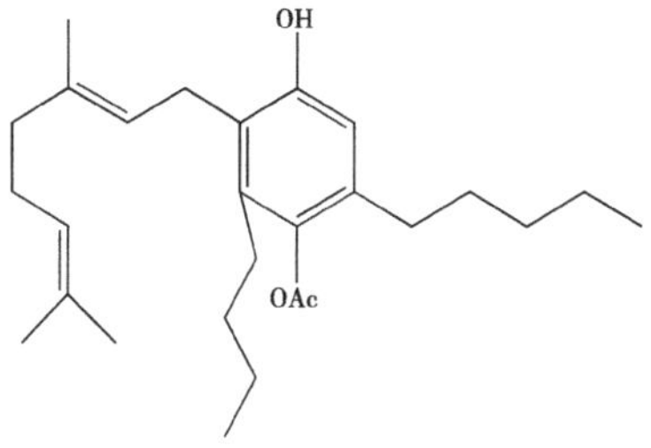
Carmagerol	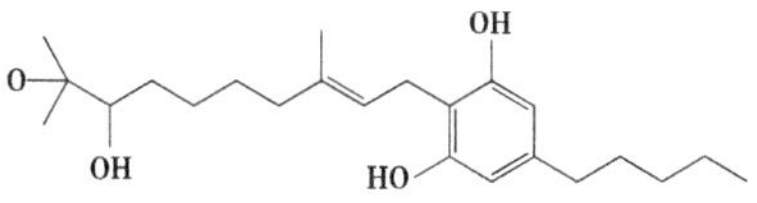	Sesquicanna	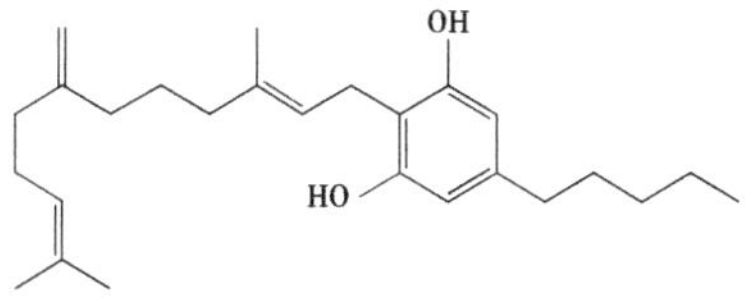

表12-4　CBL型大麻酚类化合物名称及结构

化合物名称	结构式	化合物名称	结构式
大麻环酚（CBL）		大麻环酚酸（CBLA）	R=COOH
次大麻环酚（CBL-C₃）			

表12-5　CBN型大麻酚类化合物名称及结构

化合物名称	结构式	化合物名称	结构式
大麻酚（CBN）		大麻酚酸（CBNA）	
次大麻酚（CBN-C₃）		Cannabiorcol	
大麻酚甲醚（Cannabinol methyl ether）		大麻酚-C₂（CBN-C₂）	
大麻酚-C₄（CBN-C₄）		4-Terpenyl cannabinolate	

表12-6 THC型大麻酚类化合物名称及结构

化合物名称	结构式	化合物名称	结构式
四氢大麻酚 （Δ⁹-THC）	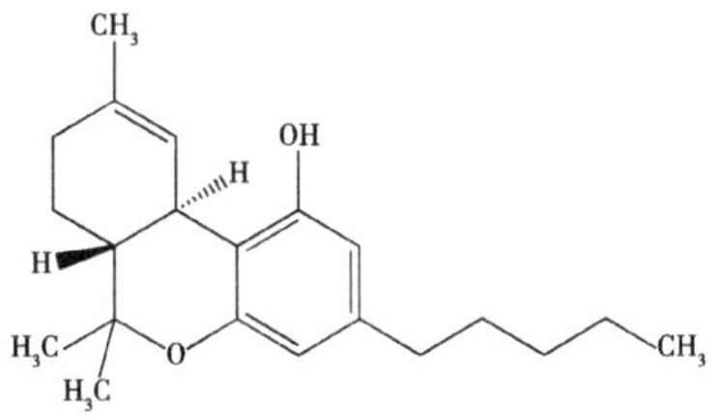	四氢大麻酚酸 （THCA）	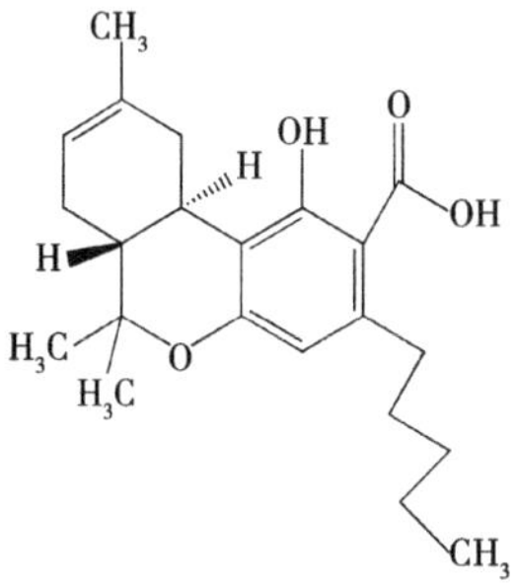
Δ⁸-四氢大麻酚	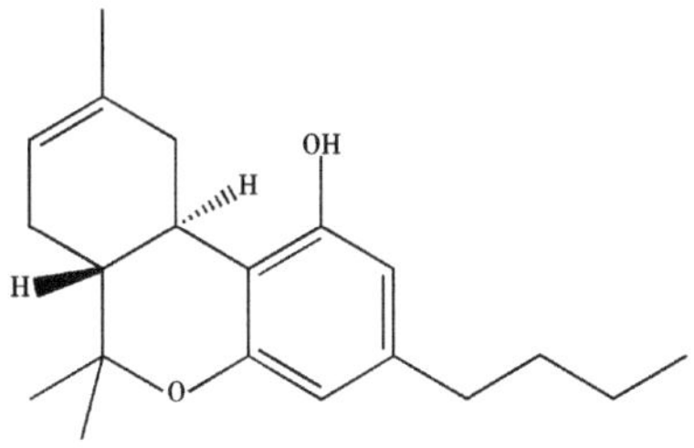	Δ⁸-四氢大麻酚酸	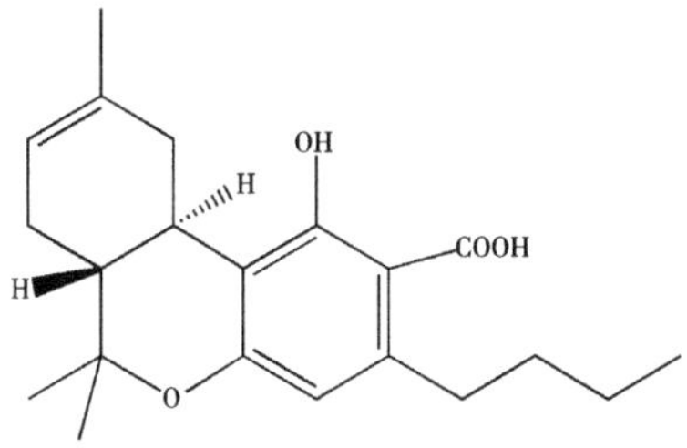
β-莳基-Δ⁹-四氢大麻酚	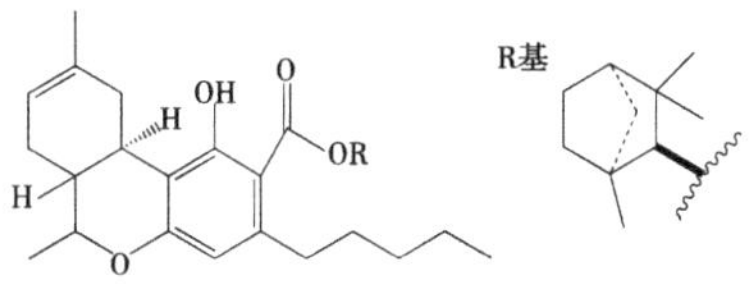	α-莳基-Δ⁹-四氢大麻酚	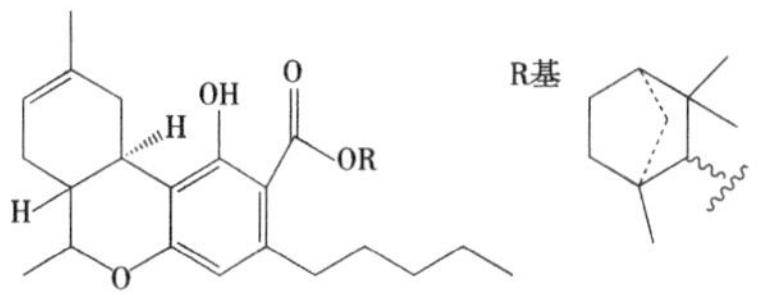
epi-bornyl-Δ⁹-tetrahydrocannabinolate	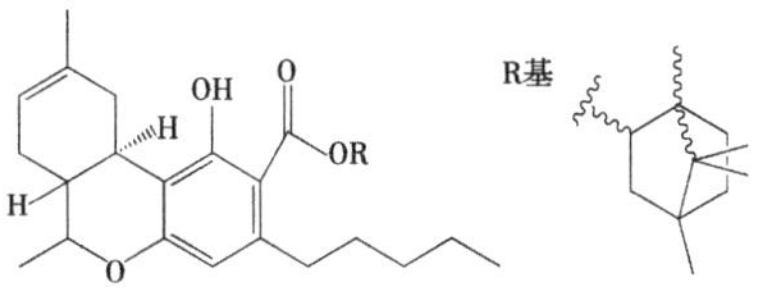	冰片脂-Δ⁹-四氢大麻酚	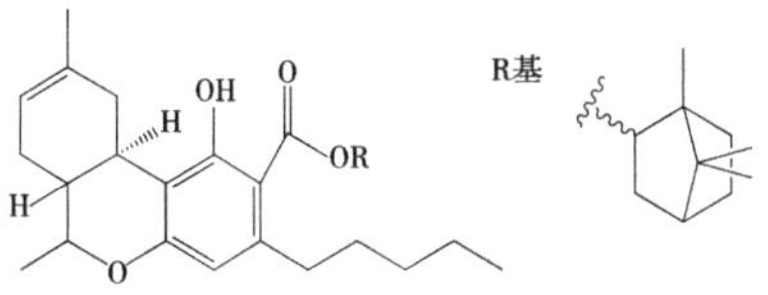
α-萜烯基-Δ⁹-四氢大麻酚	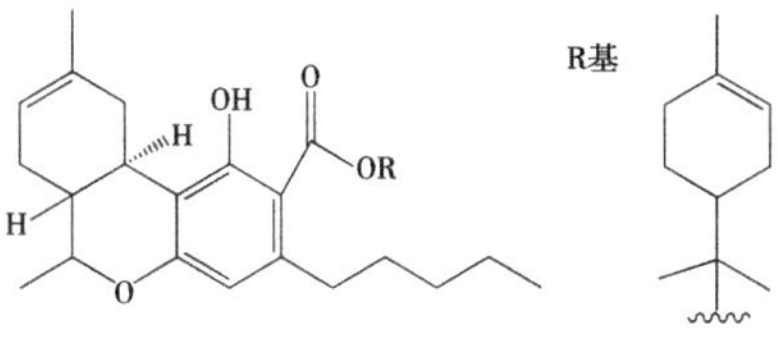	4-萜烯基-Δ⁹-四氢大麻酚	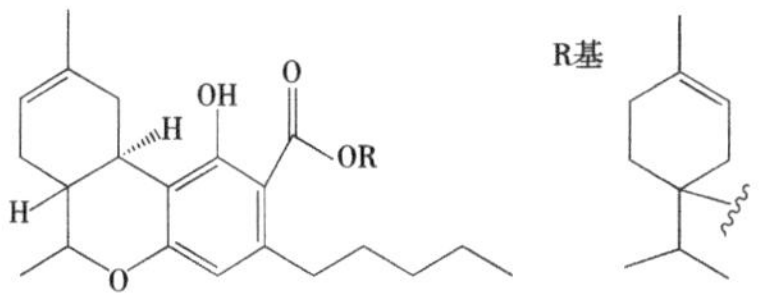

表12-7 CBND型大麻酚类化合物名称及结构

化合物名称	结构式	化合物名称	结构式
Cannabinodiol （CBND-C₅）	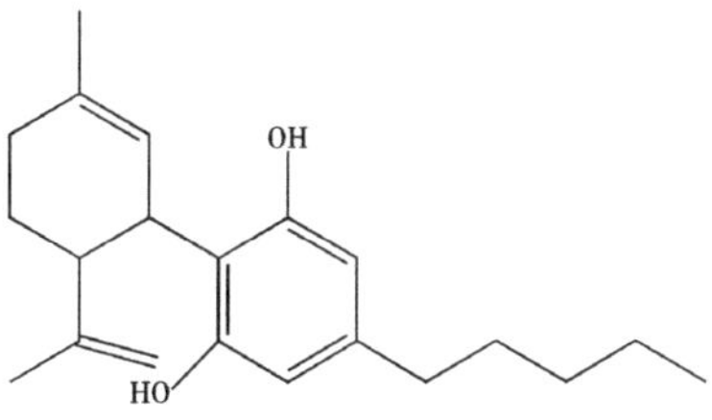	脱氢次大麻二酚 （CBND-C₃）	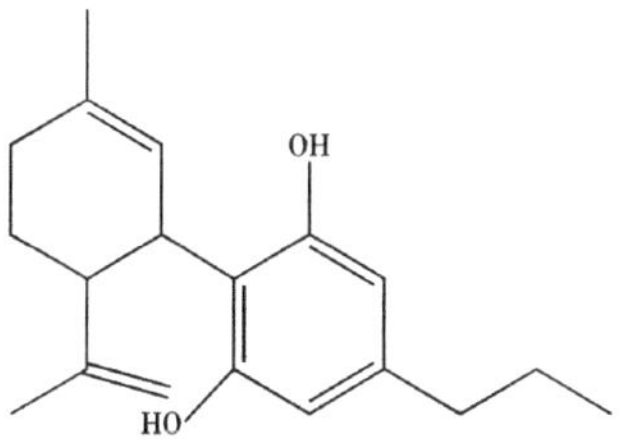

表12-8　CBE型大麻酚类化合物名称及结构

化合物名称	结构式	化合物名称	结构式
大麻艾尔松 （CBE）		大麻素酸A （CBE-C₅A）	
大麻素酸B （CBEA-C₅B）		大麻素-C₃ （CBE-C₃）	
大麻素酸-C₃B （CBEA-C₃B）			

二、大麻酚类化合物的理化性质

（一）一般性质

多数为结晶固体，少数为液体；结构中含酚羟基或羧基，因而具有酸性；能与$FeCl_3$作用，产生不同的颜色反应；易被氧化；能发生取代反应。

（二）两种主要大麻酚类化合物的理化常数

大麻二酚及四氢大麻酚为大麻酚类成分的两种主要代表性成分，现对此两种主要酚类成分的主要理化常数进行归纳总结。

1. 大麻二酚

大麻二酚，化学式为$C_{21}H_{30}O_2$，分子量314.46，是药用植物大麻中的主要化学成分，淡黄色树脂或结晶，熔点66～67℃，几乎不溶于水或10%的氢氧化钠溶液，溶于甲醇、乙醇、乙醚、苯、氯仿及石油醚，密度$1.025g/cm^3$，沸点463.9℃，折射率1.545，闪光点206.3℃，储存条件2～8℃。

采用^1H-NMR及^{13}C-NMR对大麻二酚进行结构鉴定，其鉴定结果见表12-9。

表12-9　大麻二酚结构鉴定结果

位置	CBD		
	^1H-NMR（$CDCl_3$）	^1H-NMR（CD_3OD）	^{13}C-NMR（CD_3OD）
1	3.90（1H，dm，11.8Hz）	3.93（1H，dm，11.1Hz）	27.5
2	5.57（1H，s）	5.28（1H，s）	127.3

（续表）

位置	CBD		
	^{1}H-NMR（CDCl$_3$）	^{1}H-NMR（CD$_3$OD）	^{13}C-NMR（CD$_3$OD）
3	—	—	134.2
4	2.21（1H，m），2.09（1H，m）	2.18（1H，m），1.99（1H，m）	30.7
5	1.84（m）	1.74（2H，m）	31.7
6	2.40（m）	2.893.90（1H，td，11.8Hz，5.05Hz）	46.4
7	1.79（3H，s）	1.67（3H，s）	23.7
8	—	—	150.3
9	4.64（tans，1H，m）4.54（cis，1H，m）	4.64（tans，1H，m）4.42（cis，1H，m）	110.5
10	1.66（3H，s）	1.63（3H，s）	19.5
1′	—	—	115.9
2′	—	—	157.5
3′	6.26（1H，brs）	6.07（2H，s）	108.3
4′	—	—	142.7
5′	6.16（1H，brs）	6.07（2H，s）	108.3
6′	—	—	150.3
1″	2.43（2H，t，7.5Hz）	2.37（2H，t，7.46Hz）	36.6
2″	1.55（2H，q，7.6Hz）	1.53（2H，q，7.34Hz）	32.0
3″	1.29（m）	1.29（4H，m）	32.6
4″	1.29（m）	1.29（4H，m）	23.6
5″	0.88（3H，t，6.8Hz）	0.89（3H，t，7.13Hz）	14.4
2′-OH	5.99（1H，s）		
6′-OH	5.02（1H，s）		
COOH			

大麻二酚是汉麻叶中非成瘾性物质，可以有效地消除四氢大麻酚（THC）对人体产生的致幻作用，被称为"反毒品化合物"，是目前关注的焦点。最初大麻二酚（CBD）分离自大麻植物，但随着研究的不断深入，对大麻二酚需求量的增加，有学者开始致力于大麻二酚的合成，CBD的经典合成方法：对薄荷-2，8-二烯-1-醇（1）与5-戊基-1，3-苯二酚（2）在BF$_3$催化下经缩合反应得到大麻二酚（收率为41%）。CBD合成路线见图12-1。

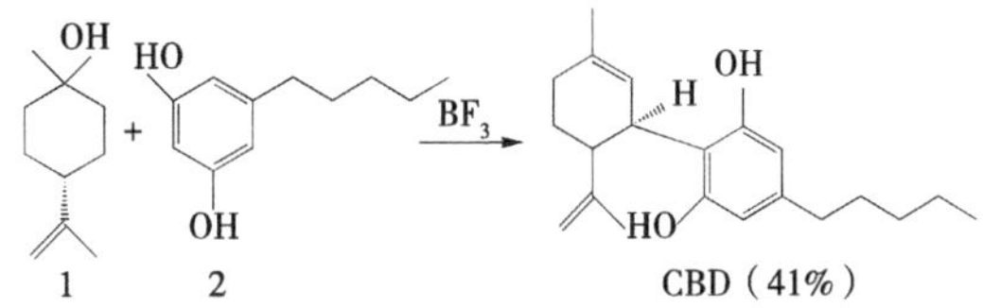

图12-1 大麻二酚（CBD）的合成路线

大麻二酚（CBD）在酸、碱、氧化、光照条件下降解很快，对酸、碱、氧化、光照的耐受性差，因此应注意储存条件。

2. 四氢大麻酚

四氢大麻酚又称Δ^9-THC，化学式为C$_{21}$H$_{30}$O$_2$，分子量为314。高纯度四氢大麻酚低温下为无色树脂状结晶，暴露空气中后迅速变为淡粉色，然后渐渐变为黄色，最后变为黑褐色。防止这种颜色的改变难度很大，即使充入氮气后密封，也会有不同程度的颜色改变。四氢大麻酚难溶于水，易溶于石油醚、苯、氯仿等有机溶剂中。大麻的毒性主要源于Δ^9-THC，国际上将四氢大麻酚低于0.3%的品种称为纤维大麻（Hemp），高于0.3%的品种称为药用或毒品大麻（Marijuana、Hashish）。

采用^{1}H-NMR及^{13}C-NMR对四氢大麻酚进行结构鉴定，其鉴定结果见表12-10。

表12-10　四氢大麻酚结构鉴定结果

位置	Δ^9-THC	
	^{1}H-NMR	^{13}C-NMR
1	3.20（1H, dm, 10.9Hz）	33.6
2	6.31（1H, q, 1.6Hz）	123.7
3		134.3
3-Me	1.68（3H, s）	23.4
4	2.16（2H, m）	31.2
5	1.90（1H, m），1.40（m）	25.0
6	1.69（m）	45.8
7		76.7
8	1.41（3H, s）	27.6
9	1.09（3H, s）	19.3
1′		110.8
2′		154.7
3′	6.14（1H, d, 1.6Hz）	107.5
4′		142.8
5′	6.27（1H, d, 1.6Hz）	110.1
6′		154.2
1″	2.42（2H, td, 7.3Hz, 1.6Hz）	35.5
2″	1.55（2H, q, 7.8Hz）	30.6
3″	1.29（m）	31.5
4″	1.29（m）	22.5
5″	0.87（3H, t, 7.0Hz）	14.0
2′-OH	4.87（1H, s）	
COOH		

三、大麻酚类化合物的提取分离方法

基于大麻酚类化合物的结构特点，对大麻酚类化合物进行提取时，既要保留不同酚类成分的活性作用，又要防止某些酚类成分降解，同时还要有较高的提取率。鉴于THCA，CBDA及CBGA易转化为THC，CBD及CBG，因此在提取时一定要考虑提取条件对目标产物的影响，针对不同的酚类化合物选择不同的提取方法。

影响大麻酚类化合物提取率的主要工艺参数为提取时间、提取溶剂、提取温度、料液比、原料颗粒度。

（一）浸渍法

浸渍法是传统的提取方法，通过溶剂与原料的直接接触，使原料中的活性成分转溶到提取溶剂中。具有操作简单、投资小、安全等优点，但效率低、耗时长、易变质。

采用浸渍法提取大麻酚类化合物常用的溶剂为甲苯、三甲基戊烷、乙醇、氯仿、二氯甲烷；常用的混合提取溶剂为甲醇：氯仿（9：1）。

Brighenti等（2017）采用浸渍法从纤维型大麻中提取大麻二酚，为了避免静态浸渍法提取时间较长的弱点，以乙醇为提取溶剂，采用动态浸渍法提取大麻二酚，室温磁力搅拌提取2次，每次15min，结果显示，该浸渍法能高效提取大麻二酚，其提取率显著高于其他提取方法。

Safwat等（2018）采用浸渍法从大麻种子中提取大麻酚类化合物，试验过程中依次以正己烷、二氯甲烷、乙酸乙酯、乙醇、乙醇—水、水为溶剂，室温浸渍提取，其中正己烷提取部位经过真空液相色谱（Vacuum liquid chromatography，VLC）、C_{18}半制备HPLC、半制备型对映选择性手性高效液相色谱分离得到Δ^9-THC、CBNA及CBGA。

（二）回流提取法

回流提取法是实验室及工业化生产常用的提取方法，但回流提取时需要加热，且提取时间长，因此，对热不稳定的成分不适合用此法。

大麻二酚（CBD）及四氢大麻酚（Δ^9-THC）的前体化合物大麻二酚酸（CBDA）及四氢大麻酚酸（Δ^9-THCA）受热后易转化成CBD及Δ^9-THC（图12-2），从而在大麻酚类成分的提取过程中造成这两种成分的含量降低或不能被检测到，但回流提取法可提高大麻二酚及四氢大麻酚的含量。

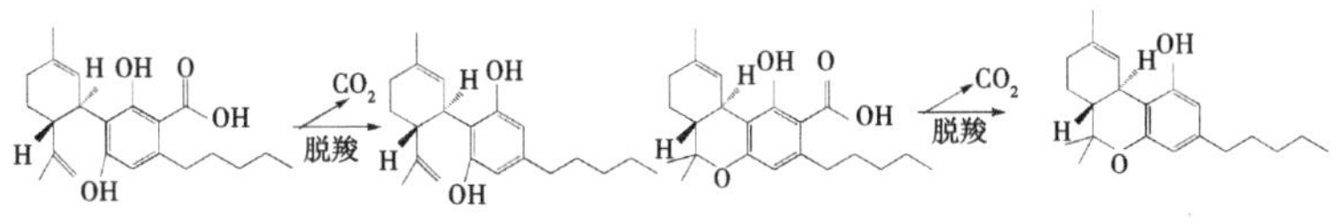

图12-2　CBDA及Δ^9-THCA转化路线

高哲等（2019）以正己烷为溶剂，采用回流提取法提取火麻叶中的大麻二酚，原料过20目筛，料液比1：15，提取时长3h，提取温度为80℃，在此条件下，大麻二酚的得率为46.16mg/g。

王昆华等（2007）采用回流提取法提取大麻二酚，在此工艺中，以乙醇为提取溶剂，得到醇浸膏后，根据大麻二酚的理化性质，采用碱提酸沉法将大麻二酚经聚酰胺树脂柱、中性氧化铝和键合硅胶柱纯化富集，结晶获得高纯度的大麻二酚。

郝红江等（2019）采用正交设计法优选工业大麻中大麻二酚的提取工艺，采用60%乙醇热回流提取法，连续回流提取3次（2h/次），在此工艺下，大麻二酚具有较好的重现性。

Melissa等（2017）对比回流提取法、微波辅助提取法及二氧化碳超临界萃取法对大麻酚类成分的影响，结果表明，回流提取的大麻二酚及四氢大麻酚的得率高于其他两种方法，因此，回流提取法适合定向提取大麻二酚及四氢大麻酚。

（三）超声提取法

超声提取法的主要理论依据是超声的空化效应、热效应和机械作用。当大能量的超声波作用于介质时，介质被撕裂成许多小空穴，这些小空穴瞬时闭合，并产生高达几千个大气压的瞬间压力，即空化现象。超声空化中微小气泡的爆裂会产生极大的压力，使植物细胞壁及整个生物体的破裂在瞬间完成，缩短了破碎时间，同时超声波产生的振动作用加强了胞内物质的释放、扩散和溶解，从而显著提高提取效率。

Anežka等（2018）采用超声提取GC/FID法分析大麻花序中大麻酚类成分，乙醇超声提取2次，每次15min，在此条件下，Δ^9-THC及CBD具有较高的提取率。

高宝昌等（2018）采用超声提取—HPLC法分析工业大麻叶中大麻二酚的含量，在该体系中，采用无水甲醇为提取溶剂，超声提取3次，每次15min，料液比1：20。该方法能够充分提取工业大麻叶中大麻二酚，并能准确地分析大麻二酚含量。

（四）微波辅助提取法

微波是一种非电力辐射，可以穿透某些材料与极性组分相互作用产生热量。微波能量的热量通过离子传导和偶极子旋转直接作用于目标产物。作为高效、绿色提取技术，微波辅助提取法以其高提取率、低温度梯度及较少使用有机试剂等特点在植物活性成分提取中被广泛应用。

微波辅助提取技术已广泛应用于大麻酚类成分的提取中，Daniela等（2018）采用微波辅助提取法提取大麻酚类成分并观察不同的工艺参数对大麻酚类成分得率的影响，结果见表12-11。

表12-11　微波辅助提取法对大麻酚类成分的影响（mg/mL）

工艺参数	CBDA	CBD	CBN	THC	THCA
乙醇热回流提取，90℃，50min	5.80	1.14	0.11	0.18	0.16
3min，90℃，程序升温1.4min，乙醇提取	0.70	4.30	0.70	0.90	0.30
10min，90℃，程序升温2.15min，乙醇提取	0.43	5.90	0.79	1.00	0.39
3min，120℃，程序升温4.15min，乙醇提取	0.03	6.40	0.79	1.10	0.56
10min，120℃，程序升温1.53min，乙醇提取	0.02	6.50	0.79	0.10	0.40
3min，90℃，程序升温3min，橄榄油提取	0.03	5.30	0.90	0.90	0.40
3min，90℃，程序升温1.4min，橄榄油提取	1.00	6.50	0.70	1.30	0.40

由表12-11可以看出，随着微波提取的时间和温度增长，CBD含量逐渐增加，提取溶剂对大麻酚类成分的影响也不容忽视，当采用橄榄油为提取溶剂，并缩短程序升温的时间时，CBDA的含量增加，这可能是由于在微波提取条件下，CBDA可能转化为CBD；同时，从表12-11也可看出，微波辅助提取法对THC及THCA得率影响较小。

Dennis等（2020）采用微波辅助提取技术提取大麻中的精油成分（提取装置见图12-3），并采用GC-MS法分析精油中大麻酚类成分含量，结果表明，与传统水蒸气蒸馏法提取大麻精油成分相比，微波辅助提取法具有较高的精油得率，并且CBD含量具有显著差异。

微波提取系统　　　　　　玻璃反应器　　　　　　大麻提取物

图12-3　微波辅助提取大麻酚类成分

（五）超临界CO₂萃取法

超临界CO₂萃取法的特点在于充分利用超临界流体兼有气、液两重性的特点，在临界点附近，超临界流体对组分的溶解能力随体系的压力和温度发生连续变化，从而可方便的调节组分的溶解度和溶剂的选择性，超临界CO₂萃取的基本流程见图12-4；同时，重金属物质不会被二氧化碳萃取出来，避免了提取物重金属超标问题的发生；提取过程不使用有毒、有害的有机溶剂，因而不存在溶剂残留，不会产生对人体的毒害及对环境的污染。因此，超临界CO₂萃取法具有安全、绿色环保等优点。

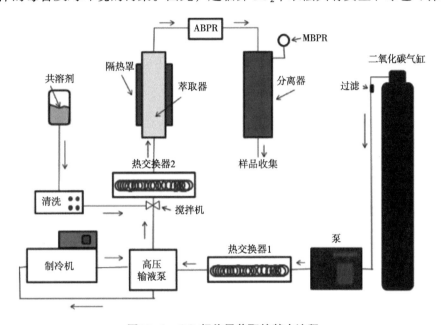

图12-4　CO₂超临界萃取的基本流程

基于超临界二氧化碳萃取法的优点及大麻酚类成分的结构特点，目前对工业大麻中大麻酚类成分的提取大多采用超临界二氧化碳萃取法，Lucia等（2018）对二氧化碳超临界萃取技术在大麻酚类成分上的应用做了较为详尽的统计分析，结果见表12-12。

表12-12　超临界二氧化碳萃取法在大麻酚类成分中的应用

压力和温度	萃取溶剂	CO₂流速	参考文献
128～249bar；50～70℃	SC-CO₂（0～6%乙醇）	2.5mL/min	Grijó et al.（2019）
100～1 300bar；50℃	SC-CO₂（0～5%乙醇）	—	Moreno et al.（2020）
100～500bar；35～70℃	SC-CO₂	2～3L/min	Kitrytė et al.（2018）
250～450bar；45℃	SC-CO₂	7kg/h	Vági et al.（2019）
170～340bar；55℃	SC-CO₂（25%乙醇）	200g/min	Rovetto and Aieta（2019）
80～400bar；35～65℃	SC-CO₂	35g/min	Attard et al.（2018）
150～330bar；40～80℃	SC-CO₂（0～5%乙醇）	0.55kg/h	Gallo-Molina et al.（2019）
75～500bar；31～80℃	SC-CO₂	—	Mueller（2014）
100～350bar；20～30℃	Sub-CO₂	—	
52～1 723bar	SC-CO₂	—	Speier（2015）
−15～200℃	Sub-CO₂	—	
55～65bar；8～12℃	Sub-CO₂	—	Whittle et al.（2003）
30～49.9bar；−5～10℃	Sub-CO₂	—	Sorbo et al.（2019）

此外，Attard（2018）等采用超临界二氧化碳萃取法对大麻废弃物中CBD进行高效提取，萃取压力350bar，萃取温度50℃，萃取时间4h，在此条件下，从大麻废弃物中得到了高附加值的大麻二酚成分。

第二节　大麻酚类化合物的活性作用

大麻酚类化合物具有多种生物活性，如抗癌、抗菌、抗炎等活性作用，并且在治疗神经精神疾病、心血管疾病及肝炎等方面发挥显著功效，现对其活性作用进行简单概括。

一、抗癌作用

恶性肿瘤是导致人类死亡的高发病之一，研究表明，大麻酚类化合物具有一定的抑制肿瘤细胞增殖、转移或诱导其自噬或凋亡的作用。对于大麻酚类化合物的抗癌作用，研究人员发现Δ^9-THC可诱导前列腺癌PC-3细胞凋亡，其抗肿瘤作用机理为Δ^9-THC可以诱导细胞凋亡、抑制癌细胞增殖、抑制肿瘤血管生成、切断癌细胞转移，从而发挥其抗肿瘤作用；此外，Δ^9-THC能够通过提高机体中神经酰胺的活力，抑制血管内皮生长因子相关的基因表达，阻断为肿瘤输送养分的血管形成网络，从而阻断肿瘤生长的营养来源。

据报道，大麻酚类化合物对神经胶质瘤细胞具有较好的抑制作用，其中THC通过刺激内质网应急信号途径导致细胞凋亡；此外，尽管大麻二酚（CBD）抑制神经胶质瘤细胞的作用机制尚未完全被揭示，但其在多种动物细胞模型上表现为可以诱导肿瘤细胞凋亡。Israel等（2018）采用THC+CBD（1:1）结合抗肿瘤药物替莫唑胺口服治疗多形性胶质母细胞瘤，结果显示，THC+CBD与替莫唑胺联合用药对多形性胶质母细胞瘤的治疗作用显著高于单独用药。

试验证明，Δ^9-THC还可以明显改善小鼠乳腺肿瘤和因为病毒导致的败血症等，从而延长其存活时间，并且Δ^9-THC对肺癌细胞以及HeLa细胞的DNA合成均存在一定的阻碍作用。

Simona等（2017）报道，大麻二酚（CBD）通过依赖CB受体起到引起乳腺癌细胞凋亡的作用；通过降低PAI-1的表达起到降低肺癌细胞转移的作用；CBD也能高效抑制结肠癌细胞、脑神经胶质瘤细胞、前列腺癌等多种肿瘤细胞的增殖，从而起到抗肿瘤作用。

然而四氢大麻酚（THC）在治疗癌症时会引起一些不良反应，易导致呕吐，其反应机理尚不明确。但有研究表明，大麻萜酚（CBG）在微量下就能对癌症化疗引起的呕吐起到高效抑制作用。此外，CBG对人类口腔上皮癌细胞具有显著的抑制作用，但目前其抗肿瘤机制尚不明确。

鉴于THC及CBD在抗肿瘤作用研究中取得的成绩，研究人员不断扩展大麻酚类成分的抗肿瘤作用，并在研究过程中为了避免出现一些不良反应，也对大麻酚类化合物结构进行了修饰，并对合成的大麻酚类成分也进行了一系列的抗癌作用研究，部分大麻酚类化合物抗肿瘤相关作用机理见表12-13。

表12-13　大麻酚类化合物在不同癌症中的作用及其作用机理

大麻酚类化合物	结构式	抗癌作用及其作用机制
花生四烯酰乙醇胺		乳腺癌：阻止G1-S期转运，调控Raf-1/ERK/MAP通路、Wnt/β信号 前列腺癌：调节EGFR通路

（续表）

大麻酚类化合物	结构式	抗癌作用及其作用机制
THC		乳腺癌：阻断G2-M期转运，激活转录因子JunD，通过抑制蛋白激酶对MMTV-neu小鼠进行抗肿瘤作用研究 前列腺癌：PI-3/蛋白激酶和Raf-1/胞外信号调节激酶1/2通路，低剂量作用于有丝分裂 肺癌：胞外信号调节激酶1/2，氨基端激酶和蛋白激酶通路，低剂量作用于有丝分裂 胶质瘤：金属蛋白酶-2通路，内质网应激介导的细胞自噬 淋巴瘤：丝裂原活化蛋白激酶/胞外信号调节激酶通路
合成大麻素 （2-AG）		乳腺癌：抑制神经生长因子、Trk受体和催乳素受体 前列腺癌：NF-KB/环素D和环素E，抑制神经生长因子、Trk受体、催乳素受体 胶质瘤：抑制Ca²⁺内流 骨癌：抑制机械痛觉过敏
合成大麻素 （HU120）		前列腺癌：蛋白激酶通路
合成大麻素 （WIN-55，212-2）		乳腺癌：调节COX-2/PGE2信号通路 前列腺癌：持续激活ERK1/2 皮肤癌：抑制血管生成生长因子、AKT和pRB通路 胶质瘤：神经酰胺和NF-Kb通路 淋巴瘤：神经酰胺和p38通路
合成大麻素 ［R-（+）-MET］		乳腺癌：降低与迁移和黏附有关的局灶性黏附相关蛋白激酶、SRC和酪氨酸激酶磷酸化 前列腺癌：低剂量有丝分裂效应
合成大麻素 （JWH-133）		乳腺癌：抑制蛋白激酶调控COX-2/PGE2信号通路 肺癌：金属蛋白酶通路 皮肤癌：G1终止-蛋白激酶通路

（续表）

大麻酚类化合物	结构式	抗癌作用及其作用机制
合成大麻素（JWH-015）	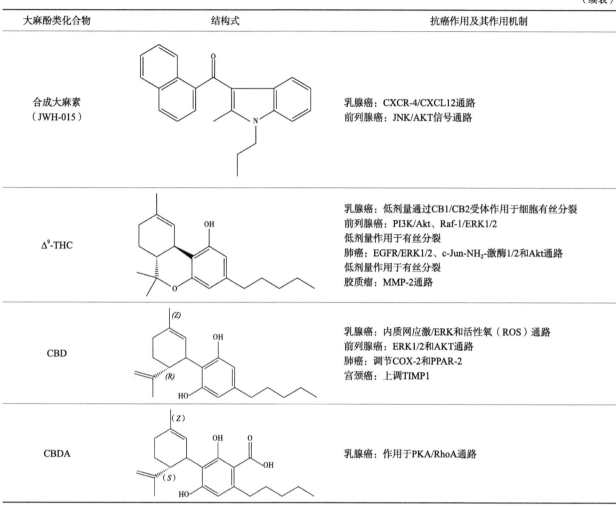	乳腺癌：CXCR-4/CXCL12通路 前列腺癌：JNK/AKT信号通路
Δ⁹-THC		乳腺癌：低剂量通过CB1/CB2受体作用于细胞有丝分裂 前列腺癌：PI3K/Akt、Raf-1/ERK1/2 低剂量作用于有丝分裂 肺癌：EGFR/ERK1/2、c-Jun-NH₂-激酶1/2和Akt通路 低剂量作用于有丝分裂 胶质瘤：MMP-2通路
CBD		乳腺癌：内质网应激/ERK和活性氧（ROS）通路 前列腺癌：ERK1/2和AKT通路 肺癌：调节COX-2和PPAR-2 宫颈癌：上调TIMP1
CBDA		乳腺癌：作用于PKA/RhoA通路

大麻酚类成分还可以用于肿瘤辅助治疗药物。相关研究表明，激活CB1和CB2受体可以抑制呕吐，大麻酚类成分可以通过激活这2个受体来抑制癌症患者在化学治疗和放射治疗期间的恶心与呕吐。

二、抗菌作用

病原微生物是导致感染性疾病的主要原因，抗生素类药物在治疗感染性疾病的过程中取得了较好疗效。但病原微生物在与抗生素的对抗过程中逐渐出现了多重耐性，使得抗菌药物的研发一直跟不上病原微生物的变异速度。研究发现，天然植物提取物可以有效抑制或直接杀死病原微生物且不产生耐药性，因此从植物提取物中开发新型高效、广谱抗菌药物成为研究热点。

Chandni等（2017）报道，大麻提取物及其酚类成分对多种细菌、真菌具有良好的抑制作用，可作为新型抗菌药物用于临床。大麻提取物及其酚类成分的抑菌作用见表12-14。

表12-14　大麻抗菌作用结果

序号	植物部位	提取溶剂	试验菌株	参考文献
1	叶	水、乙醇、石油醚	枯草芽孢杆菌（*Bacillus subtilis*）、短小芽孢杆菌（*Bacillus pumilus*）、金黄色葡萄球菌（*Staphylococcus aureus*）、黄色微球菌（*Micrococcus flavus*）、普通变形杆菌（*Proteus vulgaris*）、支气管炎鲍特氏菌（*Bordetella bronchiseptica*）、白色念珠菌（*Candida albicans*）、黑曲霉（*Aspergillus niger*）	Wasim et al.（1995）

（续表）

序号	植物部位	提取溶剂	试验菌株	参考文献
2	种子油	己烷、甲醇	黑曲霉（*Aspergillus niger*）、大肠杆菌（*Escherichia coli*）、金黄色葡萄球菌（*Staphylococcus aureus*）、酿酒酵母（*Saccharomyces cerevisiae*）、铜绿假单胞菌（*Pseudomonas aeruginosa*）	Leizer et al.（2000）
3	整株植物	丙酮	金黄色葡萄球菌（*Staphylococcus aureus*）	Appendino et al.（2008）
4	茎和叶	乙醇水溶液	金黄色葡萄球菌（*Staphylococcus aureus*）、大肠杆菌（*Escherichia coli*）、铜绿假单胞菌（*Pseudomonas aeruginosa*）、白色念珠菌（*Candida albicans*）	Borchardt et al.（2008）
5	花	己烷、二氯甲烷、乙酸乙酯、乙醇、乙醇水溶液	白色念珠菌（*Candida albicans*）、克柔念珠菌（*Candida krusei*）、烟曲霉菌（*Aspergillus fumigatus*）、金黄色葡萄球菌（*Staphylococcus aureus*）、大肠杆菌（*Escherichia coli*）、铜绿假单胞菌（*Pseudomonas aeruginosa*）、胞内分枝杆菌（*Mycobacterium intracellulare*）	Radwan et al.（2009）
6	叶	—	大肠杆菌（*Escherichia coli*）	Das and Mishra（2011）
7	整株植株	石油醚、甲醇	枯草芽孢杆菌（*Bacillus subtilis*）、金黄色葡萄球菌（*Staphylococcus aureus*）、大肠杆菌（*Escherichia coli*）、铜绿假单胞菌（*Pseudomonas aeruginosa*）	Ali et al.（2012）
8	叶	水、丙酮	铜绿假单胞菌（*Pseudomonas aeruginosa*）、霍乱弧菌（*Vibrio cholerae*）、新生隐球菌（*Cryptococcus neoformans*）、黑曲霉（*Aspergillus niger*）、白色念珠菌（*Candida albicans*）	Lone and Lone（2012）
9	叶	丙酮、甲醇	金黄色葡萄球菌（*Staphylococcus aureus*）、铜绿假单胞菌（*Pseudomonas aeruginosa*）、白色念珠菌（*Candida albicans*）、黑曲霉（*Aspergillus niger*）	Mkpenie et al.，2012
10	叶	甲醇、正己烷	蜡状芽孢杆菌（*Bacillus cereus*）、枯草芽孢杆菌（*Bacillus subtilis*）、大肠杆菌（*Escherichia coli*）、铜绿假单胞菌（*Pseudomonas aeruginosa*）、伤寒沙门氏菌（*Salmonella typhi*）	Nasrullah et al.（2012）
11	叶	水、乙醇	大肠杆菌（*Escherichia coli*）、铜绿假单胞菌（*Pseudomonas aeruginosa*）、金黄色葡萄球菌（*Staphylococcus aureus*）、白色念珠菌（*Candida albicans*）	Mathur et al.（2013）
12	叶	甲醇、乙醇、丙酮、水	大肠杆菌（*Escherichia coli*）、金黄色葡萄球菌（*Staphylococcus aureus*）、肺炎链球菌（*Streptococcus pneumoniae*）、伤寒沙门氏菌（*Salmonella typhi*）	Monika et al.（2014）
13	叶	乙醇、水	金黄色葡萄球菌（*Staphylococcus aureus*）、大肠杆菌（*Escherichia coli*）、铜绿假单胞菌（*Pseudomonas aeruginosa*）、粪肠球菌（*Enterococcus faecalis*）、伤寒沙门氏菌（*Salmonella typhi*）、肺炎克雷伯菌（*Klebsiella pneumonia*）	Naveed et al.（2014）
14	整株植物	水—酒精	大肠杆菌（*Escherichia coli*）、铜绿假单胞菌（*Pseudomonas aeruginosa*）、肺炎克雷伯菌（*Klebsiella pneumonia*）、鲍曼不动杆菌（*Acinetobacter baumannii*）	Sarmadyan et al.（2014）
15	叶	乙醇、甲醇、丙酮、水	金黄色葡萄球菌（*Staphylococcus aureus*）、枯草芽孢杆菌（*Bacillus subtilis*）、大肠杆菌（*Escherichia coli*）、铜绿假单胞菌（*Pseudomonas aeruginosa*）、白色念珠菌（*Candida albicans*）、啤酒酵母菌（*Saccharomyces cerevisiae*）	Kaur et al.（2015）

三、心血管保护作用

近年研究表明，心血管系统是大麻酚类成分的潜在作用靶点。大麻酚类成分对心力衰竭、动脉粥样硬化、高血压、缺血性心损伤等具有治疗作用，这些治疗作用的机制为THC主要通过抑制巨噬细胞的趋化性（动脉粥样硬化发展的关键步骤），从而控制动脉粥样硬化的进程。此外，CBD具有PPARγ的激活介导的血管扩张活性；大麻酚类成分还能够调控CB受体，抑制神经递质的释放，调节血流量从而控制心血管功能。心血管保护作用的主要成分为大麻二酚（CBD）。

四、镇痛作用

大麻酚类成分不仅可以阻止焦躁，而且能阻止由四氢大麻酚引起的对其他中枢神经的影响。其作用机理主要是通过与大脑区域、脊髓、周围感觉神经和非神经元细胞中的CB1和CB2受体相互作用而达到镇痛效果。作为镇痛剂，SATIVEX喷雾剂（GW Pharma Ltd.Wiltshire，UK）用于缓解肌肉和神经疼痛，该喷雾剂配方为THC/CBD（1∶1），但有些患者在使用过程中出现眩晕症状。Hayes等（2019）采用CBD、CBN对抗神经生长因子（NGF）引起的肌肉疼痛，结果表明，5mg/mL CBD或1mg/mL CBN能够降低NGF诱导的肌肉疼痛，同时，CBD/CBN联合应用可延长其镇痛时间，镇痛过程中无中枢抑制作用。CBD还可以通过环氧合酶和脂氧合酶的双重抑制来发挥止痛抗炎作用。

Sarah等（2019）研究表明，THC对肿瘤所引起的疼痛具有较好的镇痛作用；Kevin等（2019）发现，大麻产品对慢性疼痛也有较好的缓解作用。

五、在神经精神疾病中的作用

神经精神疾病是一大类疾病，发病机制复杂，治愈难度大。近年来，内源性大麻素系统作为一种潜在的治疗靶点引起了人们广泛的关注，而大麻酚类成分作为多靶点药物参与多种生理过程，因而在癫痫、焦虑症、抑郁症等神经精神疾病中均表现出一定药理作用。其中CBD在神经精神疾病中的作用靶点及潜在的分子机制见图12-5。

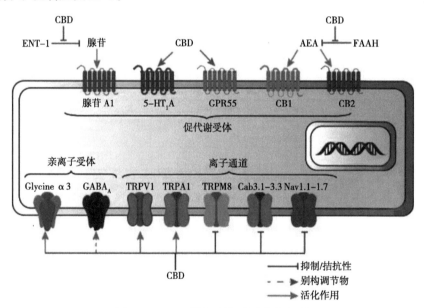

图12-5　CBD的作用靶点及分子机制

（一）抗焦虑

CBD主要有显著的抗焦虑作用，CBD单一治疗或辅助治疗均能改善广泛性焦虑障碍、社交焦虑障碍和创伤后应激综合征患者的焦虑症状，CBD对焦虑症状的调节可能是由大麻素受体介导，通过抑制内源性大麻素的代谢和摄取，间接促进内源性大麻素系统信号转导起作用；而Δ^9-THC的抗焦虑作用则取决于剂量，低剂量时具有潜在的抗焦虑作用，高剂量时则不能表现出抗焦虑作用，其作用机制为Δ^9-THC能使大脑中大麻酚受体兴奋，从而起到影响人类和试验动物的情绪状态。

（二）抗癫痫

CBD对多种癫痫模型均有抑制作用，Devinsky等（2016）选择162例不同癫痫综合征患者口服CBD制剂Epidiolex进行大规模前瞻性多种研究，Epidiolex是美国食品药品监督管理局批准的首个含有大麻植物成分的药物，结果显示，接受CBD治疗的儿童和青壮年癫痫发作频率降低，CBD显示了良好的安全性，随后的疗效研究表明，1 030mg/（kg·d）的剂量可以降低难治性癫痫综合征发作的严重程度。随后，Devinsky等（2016）在美国和欧洲的23个中心进行了3次双盲对照临床试验，CBD可降低Dravet综合征和Lennox-Gastaut综合征患者癫痫发作的频率；Szaflarski等（2020）研究表明，经典抗惊厥药和CBD的联合治疗不仅对这两类患者有治疗作用，而且对其他严重难治性癫痫患者也是一种有效的长期治疗选择。

CanniMed油是加拿大药企研发的一种大麻植物提取物，该药品中含THC与CBD为1∶20，该药品在治疗儿童癫痫性脑病中有明显作用，可以降低发作频率。

高剂量CBD治疗癫痫发作时出现的不良反应包括嗜睡、食欲减退、腹泻，但未见精神活性作用。

（三）抗抑郁

WHO将抑郁症列为构成全球疾病负担的第三大因素，抑郁症是一种情绪障碍，以显著而持久的心境低落为主要临床特征，抑郁症的发病机制和治疗已成为医学界关注的焦点。首选药物治疗，但通常抗抑郁药起效较慢，疗效差。

CBD具有多靶点抗抑郁作用，其作用机制可能主要与激活5-HT_{1A}受体、影响内源性大麻素系统信号转导及调节突触可塑性有关。目前没有关于CBD用于抑郁症治疗的临床试验数据。

（四）大麻酚类成分对其他神经系统疾病的作用

Devinsky等（2016）报道，大麻酚类化合物对阿尔茨海默氏病有一定的治疗作用，可改善认知能力下降、记忆丧失和大量神经精神变化，如躁动、攻击性、游移、冷漠、睡眠障碍、抑郁、焦虑、精神病和食物紊乱等症状；鉴于内源性大麻素系统参与了亨廷顿舞蹈症（HD）的发病机制，该信号系统内特定靶点的刺激已被研究作为一种有前途的HD治疗药物。此外，大麻对帕金森病患者的影响研究表明，在治疗的早期，运动症状中肌肉僵硬、静止性震颤比例降低，非运动症状中疼痛、情绪、睡眠质量、记忆分别得到改善，且多种大麻酚类化合物比单纯的Δ^9-THC效果好，大麻酚类化合物对小鼠的帕金森氏症状也有缓解作用，但少部分患者出现不良反应，包括精神问题，如困惑、焦虑、幻觉和短期失忆，但上述研究中未见患者出现病情恶化。

六、其他作用

大麻酚类化合物对缺血性肝损伤和酒精中毒引起慢性肝损伤具有保护作用，其作用机制为CB2受体在肝纤维细胞中表达上调；同时，在肝移植手术中，使用大麻酚类化合物对肝脏也有保护作用；大麻酚类化合物可以降低眼压，用于治疗青光眼，其作用机理为Δ^9-THC通过舒张外周血管来降低动物的眼内压和血压。Merritt（1981）等采用不同浓度的Δ^9-THC治疗青光眼，并每隔一段时间测定其血压、心率和眼压，结果表明，0.1%Δ^9-THC治疗10h后眼压未见回升，心率无明显变化，但这种作用是相当短暂，只持续3～4h。大麻酚类化合物还具有治疗厌食症的作用，CB1受体的参与可以刺激食欲并且控制体重增加，在病理条件下的典型厌食症老年受试者，特别是患有老年痴呆的厌食症患者，以及癌症引起的厌食症状，大麻酚类化合物治疗效果明显。美国FDA批准的Dronabinol（Marinol®）口服制剂，以THC为基础，可以辅助治疗癌症和艾滋病患者的食欲下降、消瘦。Δ^9-THC目前应用于支气管扩张剂和平喘药，并对扩张支气管平滑肌和肺部功能起到扩张的效果，Δ^9-THC并不影响气管地带的基调；同时，也没有显著影响乙酰胆碱和组胺的响应。

七、大麻酚类化合物的安全性

大麻影响精神活动的主要成分是THC，长期服用THC会产生依赖性，而CBD没有致幻性，大麻酚类化合物的常见不良反应是嗜睡、肝酶水平升高、食欲减退、腹泻、疲倦、皮疹、虚弱不适、失眠、睡眠质量不佳，偶有黄疸、尿色变深等。

虽然大麻在临床应用中有一定副作用，也存在潜在的药物相互作用会导致出现不良反应的风险，因此需要更多的研究来确定其长期的安全性，特别是对大脑发育和致畸性的影响。尽管大麻酚类成分在应用上存在一定的危险性和成瘾性，且可能被制成毒品吸食，但是，只要规范化管理，重点关注其医用价值，合法、合理地应用，大麻一定可以带来巨大的经济效益及社会效益。

第三节　与大麻酚类化合物相关的其他化合物

在大麻酚类化合物的提取分离过程中，常常伴有其他结构及理化性质相关或相近的化合物同时被提取分离出来，对于大麻中非酚类成分，很多学者也进行了相关的开发应用，现将大麻中的其他化合物进行归纳整理。

一、黄酮类化合物

黄酮类化合物是存在于大麻的另一类关键化合物。黄酮类化合物（Flavonoids）是一类存在于自然界、具有2-苯基色原酮（Flavone）结构的化合物。

（一）黄酮类化合物的结构特点

现代研究表明，从大麻中分离出了26种黄酮类化合物，如芹菜素、木犀草素、槲皮素、山奈酚、荭草素、牡荆素、木犀草素-7-O-β-D-吡喃葡萄糖苷、芹菜素-7-O-葡糖苷等。其中大麻特有的黄酮类化合物为大麻黄素A和大麻黄素B。大麻主要黄酮类化合物的名称及结构如表12-15所示。

表12-15　黄酮类化合物名称及结构

化合物名称	分子式	结构式
芹菜素 （Apigenin）	$C_{15}H_{10}O_5$	
芹菜素7-O-葡萄糖苷 （Apigenin 7-O-glucoside）	$C_{21}H_{20}O_{10}$	

（续表）

化合物名称	分子式	结构式
芹菜素-6,8-二-C-β-D-吡喃葡萄糖苷 （Apigenin-6,8-di-C-β-D-glucopyranoside）	$C_{27}H_{30}O_{15}$	
异戊烯基芹菜素 （6-Prenylapigenin）	$C_{20}H_{18}O_5$	
槲皮素 （Quercetin）	$C_{15}H_{10}O_7$	
槲皮素-3-半乳糖苷 （Quercetin-3-galactoside）	$C_{21}H_{20}O_{12}$	
槲皮素-3-O-α-L-鼠李糖苷 （Quercetin-3-O-α-L-rhamnoside）	$C_{27}H_{30}O_{16}$	
山柰酚-7-葡萄糖苷 （Kaempferol-7-O-glucoside）	$C_{21}H_{20}O_{10}$	
山柰酚-3-O-α-L-鼠李糖苷 （Kaempferol-3-O-α-L-rhamnoside）	$C_{21}H_{20}O_{10}$	

（续表）

化合物名称	分子式	结构式
荭草素 （Orientin）	$C_{21}H_{20}O_{11}$	
异荭草素 （Luteolin-6-C-glucoside）	$C_{21}H_{20}O_{11}$	
香叶木素 （Diosmetin）	$C_{16}H_{12}O_6$	
牡荆素 （Vitexin）	$C_{21}H_{20}O_{10}$	
异牡荆素 （Isovitexi）	$C_{21}H_{20}O_{10}$	
牡荆素-2-O-鼠李糖苷 （Vitexin-2-O-rhamnoside）	$C_{27}H_{30}O_{14}$	
牡荆素-2″-O-α-L-鼠李糖苷 （Vitexin-2″-O-α-L-rhamnoside）	$C_{27}H_{30}O_{14}$	

（续表）

化合物名称	分子式	结构式
木犀草素 （Luteolin）	$C_{15}H_{10}O_6$	
木犀草素-7-O-β-D-吡喃葡萄糖苷 （Luteolin-7-O-β-D-glucopyranoside）	$C_{21}H_{20}O_{11}$	
芦丁 （Rutin）	$C_{27}H_{30}O_{16}$	
金圣草黄素 （Chrysoeriol）	$C_{16}H_{12}O_6$	
原花青素B$_2$ （Procyanidin B$_2$）	$C_{30}H_{26}O_{12}$	
大麻黄素A （Cannflavin A）	$C_{26}H_{28}O_6$	

（续表）

化合物名称	分子式	结构式
大麻黄素B （Cannflavin B）	$C_{21}H_{20}O_6$	

（二）黄酮类化合物的理化性质

1. 一般性质

室温下，黄酮类化合物多为结晶固体，少部分为粉末状固体。部分含有手性碳结构的化合物具有旋光性，如黄烷酮、黄烷酮醇、黄烷和黄烷醇等；多数黄酮类化合物因其内部构象存在交叉共轭体系，因而在自然光下具有颜色，如黄酮、黄酮醇及其苷类多为淡黄色或黄色，异黄酮为淡黄色等。

黄酮苷元一般与水的亲和性较差，易溶于甲醇、乙醇、乙醚和乙酸乙酯等有机溶剂或稀碱液；黄酮苷一般与水、甲醇、乙醇和乙酸乙酯等溶剂的亲和性较好，在乙醚、三氯甲烷、苯等有机溶剂中较难溶解；因化合物分子中存在弱酸性的酚羟基，故可溶于稀碱液中；分子结构中含有3-羟基、5-羟基或邻二羟基的黄酮类化合物可与乙酸镁、乙酸铅、二氯氧化锆或三氯化铝等试剂发生络合反应。

2. 几种常见大麻黄酮类化合物的理化性质

木犀草素形状为黄色针状结晶，熔点328～330℃。微溶于水，具弱酸性，可溶于碱性溶液中，正常条件下稳定。密度1.654g/cm³，沸点616.1℃，闪点239.5℃。

芦丁形状为浅黄色针状结晶（水），熔点176～178℃，难溶于冷水，可溶于热水、甲醇、乙醇、吡啶，易溶于碱水。

芹菜素形状为黄色针晶粉末，熔点347～348℃，几乎不溶于水，部分溶于热酒精，溶于稀KOH溶液。

槲皮素二水合物形状为黄色针状结晶（稀乙醇），在95～97℃成为无水物，熔点314℃（分解）。能溶于冷乙醇（1∶290），易溶于热乙醇（1∶23），可溶于甲醇、乙酸乙酯、冰醋酸、吡啶、丙酮等，不溶于水、苯、乙醚、氯仿、石油醚等，碱性水溶液呈黄色，几乎不溶于水，乙醇溶液味很苦。

山奈酚-7-葡萄糖苷折射率1.751，闪点286.995℃，密度1.737g/cm³，沸点810.184℃。

荭草素密度（1.8±0.1）g/cm³，沸点（816.1±65.0）℃，熔点260～285℃；异荭草素密度（1.8±0.1）g/cm³，沸点（856.7±65.0）℃，熔点245～246℃。

金圣草黄素熔点>300℃，沸点（574.3±50.0）℃，密度（1.512±0.06）g/cm³，酸度系数（pKa）6.49±0.40。

大麻黄素A及大麻黄素B为大麻中的特征性黄酮成分，其中大麻黄素A的分子量为436，分子式为$C_{26}H_{28}O_6$，大麻黄素B的分子量为368，分子式为$C_{21}H_{20}O_6$；采用¹H-NMR及¹³C-NMR对大麻黄素A进行结构鉴定，结果见表12-16。

表12-16　四氢大麻酚结构鉴定结果

位置	大麻黄素A		大麻黄素B	
	∂_H	∂_C	∂_H	∂_C
2	—	164.4	—	164.7
3	6.68	104.2	6.69	104.5
4	—	182.8	—	183.2
5	—	159.8	—	160.2
6		112.0	—	112.3
7	—	162.1	—	162.3
8	6.62	93.9	6.62	94.1
9	—	156.3	—	156.6
10	—	104.9	—	105.3
1'	—	123.4	—	123.8
2'	7.60	110.0	7.61	110.5
3'	—	148.5	—	148.8
4'	—	151.0	—	151.3
5'	7.00	115.8	7.00	116.3
6'	7.57	121.0	7.59	121.3
1"	3.36	21.8	3.36	22.0
2"	5.29	122.9	5.28	123.2
3"	—	135.0	—	131.7
4"	1.96	40.1	1.78	17.9
5"	2.05	27.6	1.65	25.9
6"	5.07	124.8	—	—
7"	—	131.3	—	—
8"	1.59	25.3	—	—
9"	1.54	17.3	—	—
10"	1.79	16.0	—	—
O-CH₃	3.98	56.2	3.99	56.6
5-OH	13.30	—	13.30	—

3.黄酮类化合物的活性作用

黄酮类化合物具有抗氧化、抗突变、抗菌、抗肿瘤、扩张冠状动脉、降血压、降血脂、祛痰、镇咳、平喘以及防治白内障等作用。

Brice等（2020）研究表明，芹菜素、香叶木素、大麻黄素A和大麻黄素B、木犀草素等成分均具有抗炎、抗氧化、免疫调节的作用；Fusi等（2020）表明，槲皮素、牡荆素、异牡荆素、原花青素B₂等成分均具有扩张冠状动脉、改善心肌供血量、降低血脂的作用，可以应用于心血管疾病的治疗；Tsukasa等（2020）发现槲皮素、木犀草素、芦丁等成分具有止咳、祛痰、平喘的作用；Nicola等（2020）研究发现，芹菜素、香叶木素、牡荆素、牡荆素-鼠李糖苷、木犀草素等成分可以抑制致癌物质的致癌活性，从而达到抗肿瘤的作用。芹菜素具有镇静、安神、降压的功效，还可作为治疗HIV和其他病毒感染的抗病毒药物、MAP激酶（丝裂原活化蛋白激酶）的抑制剂等；香叶木素是一种抑制人CYP1A酶活力的天然黄酮类化合物，且具有抗诱变和抗变应性特性；木犀草素有降尿酸、保肝的功效，临床上可以用于治疗"肌萎缩性脊髓侧索硬化症"、SARS、肝炎等；槲皮素可以增强毛细血管抵抗力、减少毛细血管脆性；原花青素B₂可以抗辐射；芦丁能够促进细胞增生、防止血细胞凝集；牡荆素是防癌抗肿瘤的天然药物成分，可以用于瘀血阻脉所致的胸痹，症见胸闷憋气，心前区刺痛、心悸健忘、眩晕耳鸣等；异荭草素可以缓解焦虑等；从大麻的乙醇提取物提取的大麻黄素A及大麻黄素B能抑制人类类风湿滑膜细胞在培养过程中产生的前列腺素E2，大麻黄素A及大麻黄素B还具有较好的神经保护、抗氧化、抗糖尿病、抗肿瘤作用。

二、萜类化合物

现已从大麻的根、叶、花及腺毛中分离得到200种不同的萜类化合物，而大麻所具有的特殊香味也是因含这些挥发性单萜和倍半萜所致。萜类化合物是指具有（C_5H_8)n通式的化合物及其衍生物，也可以看成由异戊二烯或异戊烷以各种方式连接而成的一类天然化合物。萜类化合物包含单萜类、双萜类、倍半萜类和环烯醚萜，其中单萜化合物根据单萜分子中碳环的数目可分为无环（链状）单萜、单环单萜、双环单萜。

（一）萜类化合物结构

大麻中含量最多的萜类化合物是β-月桂烯（β-Myrcene）、反式石竹烯（*trans-Caryophyllene*）、α-蒎烯（α-Pinene）和α-萜品油烯（α-Terpinolene），其含量及变异程度取决于大麻的品种、栽培方法、收获时间和加工过程的不同。常见的萜类化合物的类型及结构如表12-17所示。

表12-17　萜类化合物的类型及结构

化合物名称	类型	分子式	结构式
α-蒎烯（α-Pinene）	单萜 双环单萜	$C_{10}H_{16}$	
β-蒎烯（β-Pinene）	单萜 双环单萜	$C_{10}H_{16}$	

（续表）

化合物名称	类型	分子式	结构式
莰烯 （Camphene）	单萜 双环单萜	$C_{10}H_{16}$	
桉油精 （Eucalyptol）	单萜 双环单萜醚	$C_{10}H_{18}O$	
葑醇 （Fenchol）	单萜 双环单萜醇	$C_{10}H_{18}O$	
冰片 （Borneol）	单萜 双环单萜醇	$C_{10}H_{18}O$	
β-月桂烯 （β-Myrcene）	单萜 无环单萜	$C_{10}H_{16}$	
顺式-β-罗勒烯（cis-β-Ocimene）	单萜 无环单萜	$C_{10}H_{16}$	
α-水芹烯（α-Phellandrene）	单萜 单环单萜	$C_{10}H_{16}$	
对伞花烃 （Cymene）	单萜 单环单萜	$C_{10}H_{14}$	
柠檬烯 （Limonene）	单萜 单环单萜	$C_{10}H_{16}$	

（续表）

化合物名称	类型	分子式	结构式
γ-松油烯 （γ-Terpinene）	单萜 单环单萜	$C_{10}H_{16}$	
薄荷醇 （Menthol）	单萜 单环单萜醇	$C_{10}H_{20}O$	
α-松油醇 （α-Terpineol）	单萜 单环单萜醇	$C_{10}H_{18}O$	
m-Mentha-1, 8（9）-dien-5-ol	单萜 大麻特异性成分	$C_{10}H_{16}O$	
β-榄香烯 （β-Elemene）	倍半萜 单环倍半萜	$C_{15}H_{24}$	
α-郁金烯 （α-Curcumene）	倍半萜 单环倍半萜	$C_{15}H_{22}$	
β-郁金烯 （β-Curcumene）	倍半萜 单环倍半萜	$C_{15}H_{24}$	
环氧（-）-β-石竹烯 （Caryophyllene oxide）	倍半萜 单环倍半萜	$C_{15}H_{24}O$	
γ-郁金烯 （γ-Curcumene）	倍半萜 双环倍半萜	$C_{15}H_{24}$	

（续表）

（续表）

化合物名称	类型	分子式	结构式
β-芹子烯 （β-Selinene）	倍半萜 双环倍半萜	$C_{15}H_{24}$	
γ-芹子烯 （γ-Selinene）	倍半萜 双环倍半萜	$C_{15}H_{24}$	
反式-（-）-石竹烯 [trans-（-）-Caryophyllene]	倍半萜 双环倍半萜	$C_{15}H_{24}$	
巴伦西亚橘烯 （Valencene）	倍半萜 双环倍半萜	$C_{15}H_{24}$	
β-桉叶醇 （β-Eudesmol）	倍半萜 双环倍半萜醇	$C_{15}H_{26}O$	
香树烯 （Aromadendrene）	倍半萜 三环倍半萜	$C_{15}H_{24}$	
顺式-罗汉柏烯 （cis-Thujopsene）	倍半萜 三环倍半萜	$C_{15}H_{24}$	
金合欢烯 （Farnesene）	倍半萜 无环倍半萜	$C_{15}H_{24}$	
顺式-橙花叔醇 （cis-Nerolidol）	倍半萜 无环倍半萜醇	$C_{15}H_{26}O$	

（续表）

化合物名称	类型	分子式	结构式
齐墩果酸 （Oleanic acid）	三萜 五环三萜	$C_{30}H_{48}O_3$	

（二）萜类化合物性质

1. 理化性质

单萜类化合物广泛存在于高等植物中的分泌组织里，多数是挥发油中沸点较低部分的主要组成部分，其含氧衍生物沸点较高，多数具有较强的香气和生理活性，有些成苷后则不具挥发性。

单环单萜是由链状单萜环合作用衍变而来，由于环合方式不同，产生不同的结构类型；双环单萜的结构类型较多，有蒎烯型、莰烯型、蒈烯型和其他双环单萜化合物，其中以蒎烯型和莰烯型最稳定；倍半萜类是指由3分子异戊二烯聚合而成，分子中含有15个C原子的天然萜类化合物，倍半萜和单萜都是挥发油的主要组成成分，倍半萜的沸点较高，其含氧衍生物大多有较强的香气和生物活性，其沸点在250~260℃，能溶于石油醚、乙醚、乙醇等有机溶剂，不溶于水，但可溶于强酸，加水稀释又可析出；二萜类化合物可以看成是由4分子异戊二烯聚合而成分子中含有20个C原子的天然萜类化合物，由于二萜类分子量较大，挥发性较差，故大多数不能随水蒸气蒸馏，很少在挥发油中发现，个别挥发油中发现的二萜成分，也多是在高沸点馏分中；简单的环烯醚类化合物一般为液体或低熔点固体，成苷后为白色结晶或无定形具吸湿性的粉末，此类化合物一般均味苦，是中草药中显苦味的成分之一，分子中有手性C，故都具有旋光性，此类化合物总的来说偏于亲水性，大多数易溶于乙醇、丙酮、正丁醇，难溶于氯仿、苯、石油醚等亲脂性有机溶剂。

2. 萜类化合物的活性作用

萜类化合物有抗菌、抗炎、抗氧化、神经保护、降血糖、抗流感病毒、心肌保护等作用。抗炎作用在萜类化合物作用中存在非常广泛，Dudek等（2017）发现α-蒎烯和β-蒎烯在50μmol/L时可以抑制脂多糖（LPS）诱导的促炎趋化因子IL-8和TNF-α，在50μmol/L浓度下的顺式-β-罗勒烯可以诱导被抑制的白细胞介素10受体的表面表达；Papk等（2017）通过试验发现，环烯醚萜类成分可以诱导神经生长因子（NGF）分泌的上调且对细胞无明显毒性，推测该化合物有用于神经保护和阿尔茨海默病、帕金森病等神经退行性疾病治疗的潜力；Zhang等（2018）研究发现，郁金烯在40μmol/L时对缺氧诱导损伤的H9c2心肌细胞有保护作用。

（三）大麻萜类化合物的生物合成途径

大麻萜类化合物主要通过脱氧木糖途径进行合成。在大麻中合成香叶酰焦磷酸（为大麻素和萜类化合物的前体），而香叶酰焦磷酸可在分泌胞浆中形成柠檬烯等单萜类化合物，或与胞浆中的异戊基焦磷酸结合形成倍半萜类，这也是大多数萜类化合物被鉴定为单萜类和倍半萜类的原因。

大麻酚类成分及主要萜类成分的生物合成途径见图12-6。

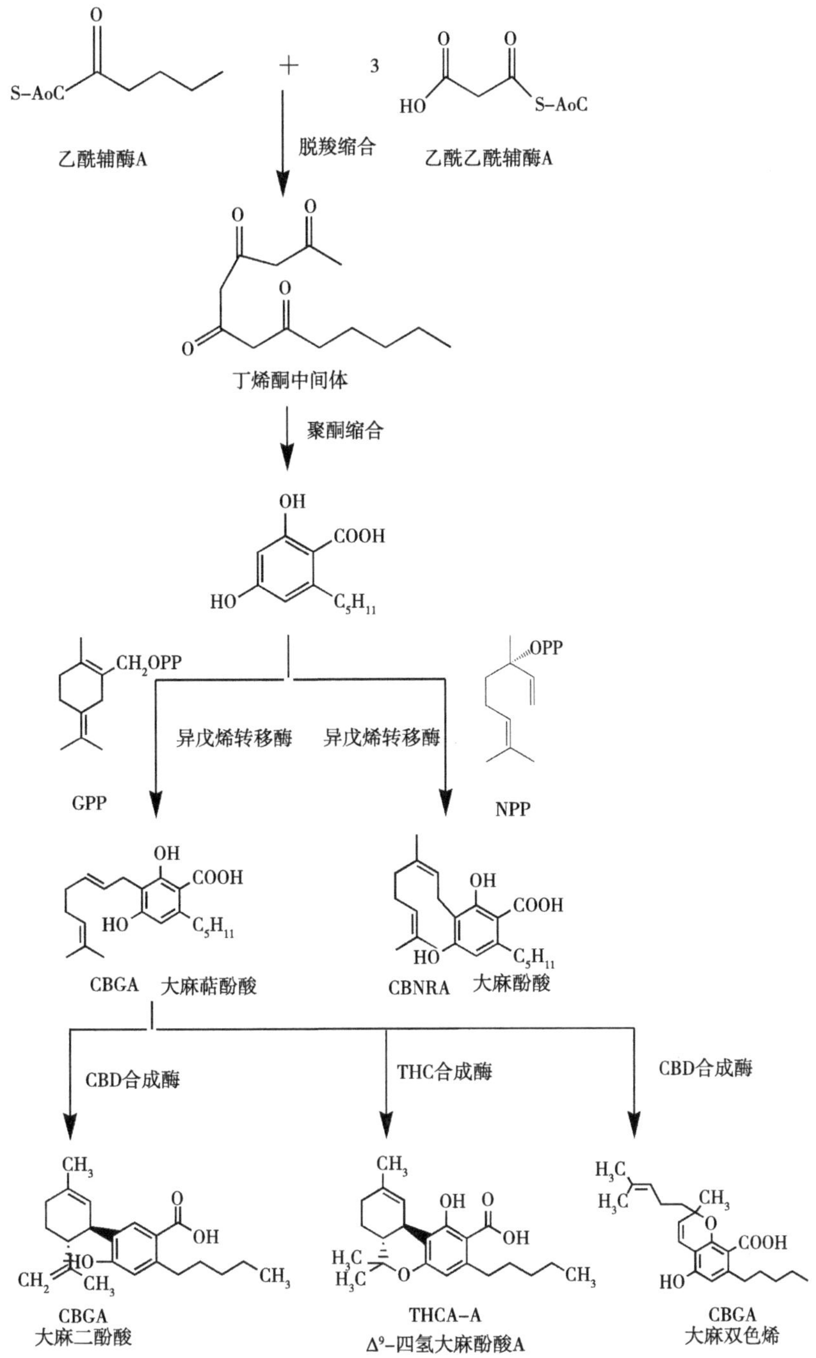

图12-6　大麻酚类成分及主要萜类成分的生物合成途径

三、脂肪酸类化合物

脂类化合物从大麻叶和茎的甲醇提取物的乙醚萃取部位分离得到，占总活性化合物的15%，主要包括脂肪酸、羟基脂肪酸、脂肪酸酯、单酰基甘油、类固醇等脂肪酸衍生物，其中60%以上的大麻脂类化合物是脂肪酸及其衍生物。

（一）脂肪酸类化合物结构

Delgado-Povedano等（2020）对大麻样品进行超声提取，采用GC-TOF/MS和LC-QTOF MS/

MS分析后，鉴定出27种脂类化合物，检测得到的脂肪酸大多是饱和脂肪酸，从中链到长链［辛酸（C8：0）、壬基酸（C9：0）、月桂酸（C12：0）、肉豆酸（C14：0）、戊二酸（C15：0）、软脂酸（C17：0）、硬脂酸（C18：0）和花生酸（C20：0）］；鉴定出5种不饱和脂肪酸［油酸（C18：1顺式-9）及其异构体、亚油酸（C18：2）、蒎烯酸（C18：3）和α-亚麻酸（C18：3）］；其中检测到的油酸、花生酸和硬脂酸，是大麻籽油中含量最丰富的脂肪酸。弓佩含等（2017）对大麻化学成分结构进行分析，得到6种脂肪酸类化合物，包括棕榈酸、十四酸（肉豆蔻酸）、12S-羟基-9Z，13E，15-十八碳三烯酸，16R-羟基-9Z，12Z，14-十八碳三烯酸等。大麻中主要脂肪酸类化合物见表12-18。

表12-18　大麻脂肪酸类化合物名称及结构

化合物名称	分子式	结构式
辛酸 （Octanoic acid）	$C_8H_{16}O_2$	
壬酸 （Nonanoic acid）	$C_9H_{18}O_2$	
月桂酸 （Lauric acid）	$C_{12}H_{24}O_2$	
肉豆蔻酸 （Myristic acid）	$C_{14}H_{28}O_2$	
戊二酸 （Glutaric acid）	$C_5H_8O_4$	
棕榈酸 （Palmitic acid）	$C_{16}H_{32}O_2$	
硬脂酸 （Stearic acid）	$C_{18}H_{36}O_2$	
花生酸 （Eicosanoic acid）	$C_{20}H_{40}O_2$	
油酸 （Oleic acid）	$C_{18}H_{34}O_2$	

（续表）

化合物名称	分子式	结构式
亚油酸 （9, 12-Linoleic acid）	$C_{18}H_{32}O_2$	
α-亚麻酸 （α-Linolenic acid）	$C_{18}H_{30}O_2$	

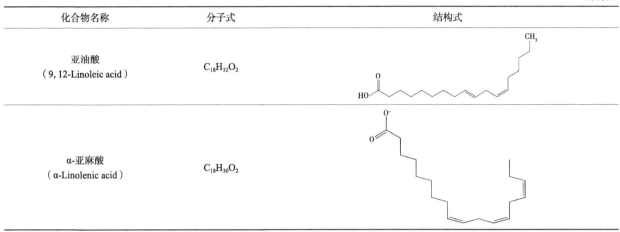

（二）脂肪酸类化合物性质

脂肪酸类化合物不溶于水；含羧基，可与碱成盐；羟基可被卤素、烃氧基、酰氧基、氨基等置换；空气中久置，会产生难闻的气味，这种变化称为酸败；能与碘酸钾—碘化钾、溴的四氯化碳、高锰酸钾、溴麝香草酚蓝发生显色反应。

（三）脂肪酸类化合物的作用

植物脂肪酸类化合物在植物生长发育过程中起重要作用，其主要生理功能包括能量储藏、细胞膜结构成分、信号分子、固氮作用等，其中油酸用于生化分析及气相色谱标准物质；亚油酸、花生酸、棕榈酸可以作为各种表面活性剂制作肥皂等；月桂酸还具有抗癌作用，研究结果表明，月桂酸通过改变miRNAs的表达作为一种抗癌剂。其作用机理为月桂酸抑制了致癌miRNA的表达，并显著上调了一些肿瘤抑制miRNA的表达。

四、生物碱类化合物

生物碱（Alkaloid）是一类天然存在的含氮碱性有机化合物，是微生物、植物和动物的重要次生代谢物。

（一）生物碱类化合物结构

对大麻叶、茎、花粉、根和种子中含氮化合物进行研究，只有10种属于生物碱，包括伪生物碱（Pseudo-alkaloids）和相关前体，如胆碱（Choline）、葫芦巴碱（Trigonelline）、毒蕈碱（Muscarine）、颠茄碱（Atropine）和神经碱（Neurine）等。大麻中主要生物碱类化合物的名称及结构如表12-19所示。

表12-19　大麻生物碱类化合物名称及结构

化合物名称	结构式
胆碱 （Choline）	

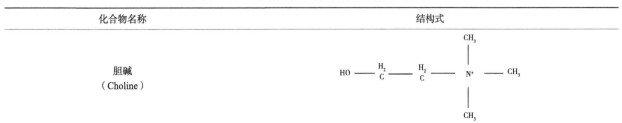

（续表）

化合物名称	结构式
毒蕈碱 （Muscarine）	
葫芦巴碱 （Trigonelline）	
神经碱 （Neurine）	
颠茄碱 （Atropine）	
大麦芽碱 （Hordenine）	
Cannabisativine	
Anhydrocannabisativine	

（续表）

（二）大麻生物碱类化合物的理化性质

生物碱一般为无色，只有少数带有颜色。生物碱具环状结构，难溶于水，与酸可以形成盐，有一定的旋光性和吸收光谱，大多有苦味。呈无色结晶状，少数为液体。生物碱有几千种，由不同的氨基酸或其直接衍生合成而来，是次级代谢物之一，对生物机体有强烈的生理作用。

胆碱是季胺碱，形状为无色结晶，吸湿性很强；易溶于水和乙醇，不溶于氯仿、乙醚等非极性溶剂；毒藜碱形状为粗棱柱状结晶（乙醇—丙酮），很易受潮，熔点180℃，极易溶于水和乙醇，略溶于氯仿、乙醚和丙酮；葫芦巴碱密度1.252 8，沸点251.96℃，熔点260℃；神经碱熔点<25℃，沸点193.43℃，密度0.951 2，折射率1.414 7；颠茄碱熔点118～119℃，无光学活性，易溶于苯、乙醇、氯仿，微溶于乙醚和热水，能与多种无机或有机酸生成水溶性盐，与氯化汞生成黄红色沉淀；大麦芽碱形状为白色斜方棱柱结晶（乙醇或苯—石油醚），针状结晶（水），熔点117～118℃，沸点173℃（1 463Pa），140～150℃升华，极易溶于乙醇、氯仿及乙醚，微溶于苯、甲苯及二甲苯，几乎不溶于石油醚。

分离自大麻根部的大麻生物碱Cannabisativine为白色结晶（丙酮），分子量381，分子式$C_{21}H_{38}N_3O_3$，熔点167～168℃；$[\alpha]_D^{25}+55°$（c 0.53，$CHCl_3$）；IR：λ_{max}（KBr）3 300cm^{-1}，3 020cm^{-1}，2 960cm^{-1}，2 920cm^{-1}，2 850cm^{-1}，1 628cm^{-1}，1 580cm^{-1}，1 470 cm^{-1}，1 250cm^{-1}，1 130cm^{-1}，1 045cm^{-1}，707cm^{-1}；^{1}H-NMR：δ5.90（2H，s，vinyl），9.6（lH，s，broad，CONH）；MS（M$^+$）：m/e 381（1），363（1），352（1），310（2），280（3），250（64），208（100），198（6），171（12），129（5），114（5），112（6），96（4），94（6），84（8），80（6），72（7），70（8），55（6）。

分离自大麻叶及根部的大麻生物碱Anhydrocannabisativine为淡黄色结晶，分子量363，分子式$C_{21}H_{37}N_3O_2$，$[\alpha]_D^{22}+18.7°$（c 0.1，甲醇）；IR：λ_{max}（KBr）3 290cm^{-1}，3 020cm^{-1}，2 925cm^{-1}，2 860cm^{-1}，1 715cm^{-1}，1 661cm^{-1}，1 642cm^{-1}，1 615cm^{-1}，1 540cm^{-1}，1 460cm^{-1}，1 365cm^{-1}，1 210cm^{-1}，1 124cm^{-1}，1 100cm^{-1}，1 050cm^{-1}；^{1}H-NMR：δ5.8（2H，s，vinyl），9.6（lH，s，broad，CONH）；MS（M$^+$）：m/e 363（1），352（12），348（1），292（4），264（22），250（68），208（55），198（60），192（25），171（20），84（60），80（40），70（100），43（60）。

（三）大麻生物碱的应用

现代研究表明，生物碱具有广泛的生物活性，具有抗炎镇痛、抗肿瘤、抗菌等活性作用。Malloy等（2016）研究发现，毒藜碱具有显著的胆碱样作用，可以作用于节后副交感效应器，对猫和犬有明显降低血压的作用，对中枢神经有抑制作用，并带有一定的毒性；葫芦巴碱具有抗过敏、抗肿瘤、祛寒、止痛等作用；颠茄碱又称阿托品，刘荣珍等（2013）通过临床动物试验说明颠茄碱是阻断M胆碱受体的抗胆碱药，能解除平滑肌的痉挛（包括解除血管痉挛，改善微血管循环），抑制腺体分泌，解除迷走神经对心脏的抑制，使心跳加快，散大瞳孔，使眼压升高，兴奋呼吸中枢；大麦芽碱具有松弛支气管平滑肌，收缩血管，升压和兴奋中枢的效果，可用于缓解支气管炎、支气管哮喘等，同时具有放射性损伤的保护作用。

五、甾体化合物结构

在大麻植物中分离得到6种甾体化合物，分别为Daucosterol、α-Spinasterol、Acetyl stigmasterol、β-Sitosteryl-3-O-β-glucopyranoside-2′-O-palmitate、β-谷甾醇、豆甾醇，上述甾体化合物的名称及结构如表12-20所示。

表12-20　大麻甾体化合物的名称及结构

化合物名称	结构式
β-Sitosteryl-3-O-β-glucopyranoside-2'-O-palmitate	
Daucosterol	
α -Spinasterol	
Acetyl stigmasterol	
β-谷甾醇	
豆甾醇	

（一）大麻甾体化合物的理化性质

简单甾体化合物或甾体苷元多为结晶体，多数难溶或不溶于水，易溶于石油醚、氯仿等有机溶剂。甾体类在结构中都具有环戊烷骈多氢菲的甾核。甾类是通过甲戊二羟酸的生物合成途径转化而来。

在天然甾体化合物结构中，A/B环有顺式（*cis*）或反式（*trans*）2种骈连构型，而B/C环均为反式骈连构型，C/D环有顺式或反式2种骈连构型；在甾核环上的10、13位置上均连接1个C原子的侧链，绝大多数为甲基，称为角甲基（Angular methyl group），且大多为β构型；17位上连有不同数量碳原子的侧链，且大多数也为β构型。天然甾体化合物在甾核3位上多数连接有羟基且常与糖基成苷，其他位置还有羟基、羰基、双键、醚键等基团取代。

（二）甾体化合物的应用

目前用于临床治疗的甾体药物包括天然药物以及来自半合成或全合成的甾体药物超过150种，正在进行安全性或临床研究的就有50多种。甾体化合物在临床上应用最多的是激素类药物，具有抗炎、抑制免疫、抗休克及增强应激反应等药理作用，广泛应用于治疗各科多种疾病。甾体化合物具有广泛的生物活性，还有如抗生育、抗肿瘤等作用。例如研究发现植物蜕皮类固醇（Phytoecdysteroids）有助提高体内的蛋白质转化成肌肉的速度，从而提高肌肉质量。

参考文献

常丽，李建军，黄思齐，等，2018. 植物大麻活性成分及其药用研究概况[J]. 生命的化学，38（2）：273-280.

成亮，2008. 大麻中非成瘾性成分大麻二酚及其类似物的研究概况[J]. 中草药，39（5）：783-787.

房东晶，2018. 汉麻仁化学成分研究[D]. 西安：西北大学.

高佳琪，焦顺刚，马瑾煜，等，2020. 丁香属植物中萜类成分研究进展[J]. 中国中药杂志，45（10）：2343-2352.

高哲，张志军，李晓君，等，2019. 火麻叶中大麻二酚的热回流法提取工艺研究[J]. 中国油脂，44（3）：107-111.

弓佩含，杨洋，刘玉婷，等，2017. 大麻化学成分及药理作用的研究进展[J]. 中国实验方剂学杂志，23（13）：212-219.

关宏峰，刘丽华，笪红远，等，2020. FDA批准大麻二酚用于治疗难治性癫痫的审评思路分析[J]. 中国新药杂志，29（9）：987-992.

郭蓉，陈璇，郭鸿彦，2017. 四氢大麻酚和大麻二酚的药理研究进展[J]. 天然产物研究与开发，29（8）：1449-1453.

郭瑞霞，李力更，王于方，等，2016. 天然药物化学史话：甾体化合物[J]. 中草药，47（8）：1251-1264.

郝利民，张国君，王宗臻，等，2013. 汉麻叶总黄酮提取工艺研究[J]. 食品工业科技，34（23）：251-253，259.

何锦风，杜军强，陈天鹏，2011. 汉麻叶的生物活性成分研究现状[J]. 中国食品学报，11（8）：133-140.

孔剑梅，沈琰，2019. 工业大麻花叶提取大麻二酚工艺技术综述[J]. 云南化工，46（8）：1-4.

李俊，黎云清，卢汝梅，等，2020. 抗炎生物碱类成分的研究进展[J]. 广州化工，48（1）：14-19.

李婷婷，刘秀芳，蔡光明，2011. 大孔树脂分离纯化大麻果胶中的总黄酮[J]. 解放军药学学报，27（3）：212-214.

刘建宇，许永男，2019. 大麻二酚（Cannabidiol，Epidiolex）[J]. 中国药物化学杂志，29（1）：82.

刘荣珍，2012. 阿托品药理作用以及在动物临床上的应用[J]. 中国畜牧兽医文摘，28（10）：209.

邵莹莹，尹双双，王恺龙，等，2019. 中药生物碱类成分的抗肿瘤药理作用研究进展[J]. 中南药学，17（9）：1460-1465.

王昆华，刘为军，2007. 免疫基因治疗胰腺癌的研究进展[J]. 肝胆胰外科杂志（6）：405-406，409.

吴军，于海波，2020. 大麻二酚在神经精神疾病中的作用与分子机制研究进展[J]. 药学学报（7）：1-24.

杨雨，刘超，孙武兴，等，2020. 大麻二酚的强制降解研究[J]. 绿色科技（8）：143-146，149.

ALI E M M, ALMAGBOUL A Z I, KHOGALI S M E, et al., 2012. Antimicrobial activity of *Cannabis sativa* L. [J]. Chinese Medicine, 3: 61–64.

ALYSSA M W, JEFFREY J C, YUN X, et al., 2020. Analysis of *Yarrowia lipolytica* growth, catabolism, and terpenoid biosynthesis during utilization of lipid-derived feedstock[J]. Metabolic Engineering Communications, 11: 69–72.

ANDRADE A K, RENDA B, MURRAY J E, 2019. Cannabinoids, interoception, and anxiety [J]. Pharmacology biochemistry and behavior, 180: 242–244.

JANATOVÁ A, FRAŇKOVÁ A, TLUSTOŠ P, et al., 2018. Yield and cannabinoids contents in different cannabis (*Cannabis sativa* L.) genotypes for medical use[J]. Industrial Crops and Products, 112: 363–367.

APPENDINO G, GIBBONS S, GIANA A, et al., 2008. Antibacterial cannabinoids from Cannabis *sativa*: a structure-activity study[J]. Journal of Natural Products, 71: 1427–1430.

ATTARD T M, BAINIER C, REINAUD M, et al., 2018. Utilisation of supercritical fluids for the effective extraction of waxes and Cannabidiol (CBD) from hemp wastes[J]. Industrial Crops and Products, 112: 38–46.

BALASH Y, BAR-LEV S L, KORCZYN A D, et al., 2017. Medical cannabis in parkinson disease: real-life patients'experience[J]. Clin Neuropharmacol, 40 (6): 268–272.

BORCHARDT J R, WYSE D L, SHEAFFER C C, et al., 2008. Antimicrobial activity of native and naturalized plants of Minnesota and Wisconsin[J]. Journal of Medicinal Plant Research, 2 (5): 98–110.

BRICE A O, WILFRED A A, PAUL F M, 2020. Natural compounds flavonoids as modulators of inflammasomes in chronic diseases[J]. International Immunopharmacology, 84: 106498.

BRIGHENTI V, PELLATI F, STEINBACH M, et al., 2017. Development of a new extraction technique and HPLC method for the analysis of non-psychoactive cannabinoids in fibre-type *Cannabis sativa* L. (hemp) [J]. Journal of Pharmaceutical and Biomedical Analysis, 143: 134–137.

BURSTEIN S, 2015. Cannabidiol (CBD) and its analogs: a review oftheir effects on inflammation[J]. Bioorganic & Medicinal Chemistry, 23 (7): 1377–1385.

BYARS T, THEISEN E, BOLTON D L, 2019. Using cannabis to treat cancer-related pain[J]. Seminars in Oncology Nursing, 35 (3): 265–271.

CÉLINE B, PIERRE E, CHRISTOPHE R, 2018. Quantification of THC in cannabis plants by fast-HPLC-DAD: a promising method for routine analyses[J]. Talanta: 263–269.

CHAKRAVARTI B, RAVI J, GANJU R K, 2014. Cannabinoids as therapeutic agents in cancer: current status and future implications[J]. Oncotarget, 5 (15): 5852–5872.

CHANDNI T, PRITI M, 2017. Antimicrobial efficacy of *Cannabis sativa* L. (Bhang): a comprehensive review[J]. International Journal of Pharmaceutical Sciences Review and Research, 26 (1): 94–100.

CRISTÒFOL À, BÖHMER C, KLEIJ A W, et al., 2019. Formal synthesis of indolizidine and quinolizidine alkaloids from vinyl cyclic carbonates[J]. Chemistry-A European Journal, 25 (66): 365–369.

DAHIYA M S. GC JAIN, 1997. Inhibitory effects of cannabidiol and tetrahydrocannabinol against some soil inhabiting fungi[J]. Indian Drugs, 14 (4): 76–79.

DAS B, MISHRA P C, 2011. Antibacterial analysis of crude extracts from the leaves of *Tagetes erecta* and *Cannabis sativa*[J]. International Journal of Environmental Sciences, 2: 1605-1608.

DELGADO P M M, SÁNCHEZ C C C, PRIEGO C F, et al., 2020. Untargeted characterization of extracts from *Cannabis sativa* L. cultivars by gas and liquid chromatography coupled to mass spectrometry in high resolution mode[J]. Talanta, 208: 120384.

DELGADO-POVEDANO M M, SÁNCHEZ-CARNERERO CALLADO C, PRIEGO-CADOTE F, et al., 2020. Untargeted characterization of extracts from *Cannabis sativa* L. cultivars by gas and liquid chromatography coupled to mass spectrometry in high resolution mode[J]. Talanta, 208: 120384.

DEVINSKY O, MARSH E, FRIEDMAN D, 2016. Cannabidiol for treatment resistant epilepsy[J]. 中华物理医学与康复杂志, 38 (7): 549.

DEVINSKY O, PATEL A D, THIELE E A, et al., 2018. Randomized, dose-ranging safety trial of cannabidiol in dravet syndrome. [J]. Neurology, 90 (14): 171-174.

DUDEK M K, MICHALAK B, WOŹNIAK M, et al., 2017. Hydroxycinnamoyl derivatives and secoiridoid glycoside derivatives from *Syringa vulgaris* flowers and their effects on the pro-inflammatory responses of human neutrophils[J]. Fitoterapia, 121: 194-205.

FANG F, LI G Q, LI Z J, et al., 2020. Steroidal Compounds from Roots of Cinnamomum camphora[J]. Chemistry of Natural Compounds, 56 (1): 177-179.

FATHORDOOBADY F, SINGH A, KITTS D D, et al., 2019. Hemp (*Cannabis Sativa* L.) extract: anti-microbial properties, methods of extraction, and potential oral delivery[J]. Food Reviews International, 35 (7): 369-378.

FIORINI D, SCORTICHINI S, BONACUCINA G, et al., 2020. Cannabidiol-enriched hemp essential oil obtained by an optimized microwave-assisted extraction using a central composite design[J]. Industrial Crops & Products, 154: 112688.

FLORES-SANCHEZ I J, VERPOORTE R, 2008. Verpoorte secondary metabolism in cannabis[J]. Phytochemistry Reviews, 7: 615-639.

FUSI F, TREZZA A, TRAMAGLINO M, et al., 2020. The beneficial health effects of flavonoids on the cardiovascular system: focus on K^+ channels[J]. Pharmacological Research, 152: 104625.

GALLO-MOLINA A C, CASTRO-VARGAS H I, GARZÓN-MÉNDEZ W F, et al., 2019. Extraction, isolation and purification of tetrahydrocannabinol from the *Cannabis sativa* L. plant using supercritical fluid extraction and solid phase extraction[J]. The Journal of Supercritical Fluids, 146: 208-216.

GERD V, PHILIPPE V R, DENISDE K, et al., 2002. Chemotaxonomic features associated with flavonoids of cannabinoid-free cannabis (*Cannabis sativa* subsp. *sativa* L.) in relation to hops (*Humulus lupulus* L.) [J]. Natural Product Research, 16 (1): 57-63.

GIRGIH A T, HE R, ALUKO R E, 2014. Kinetics and molecular docking studies of the inhibitions of angiotensin converting enzyme and renin activities by hemp seed (*Cannabis sativa* L.) peptides[J]. Journal of Agricultural and Food Chemistry, 62 (18): 4135-4144.

GRANJEIRO E M, GOMES F V, GUIMARÃES F S, et al., 2011. Effects of intracisternal administration of cannabidiol on the cardiovascular and behavioral responses to acute restraint stress[J]. Pharmacology Biochemistry and Behavior, 99 (4): 743-748.

GRIJÓ D R, VIEITEZ I A, CARDOZO-FILHO O L, 2019. Supercritical extraction strategies using

CO$_2$ and ethanol to obtain cannabinoid compounds from cannabis hybrid flowers[J]. Journal of CO$_2$ Utilization, 78（30）：241-248.

GUY G W, WHITTLE B A, ROBSON P J, et al., 2004. The medicinal uses of cannabis and cannabinoids[J]. Le Pharmacien Hospitalier, 43：56-57.

HAYES W, BRIAN E C, 2019. Cannabidiol cannabinol and their combinations act as peripheral analgesics in a rat model of myofascial pain[J]. Archives of Oral Biology, 104（56）：532-533.

HILL K P, 2015. Medical marijuana for treatment of chronic pain and other medical and psychiatric problems：a clinical review[J]. JAMA, 313（24）：2474-2483.

HUANG B, LEI S, WANG D, et al., 2020. Sulforaphane exerts anticancer effects on human liver cancer cells via induction of apoptosis and inhibition of migration and invasion by targeting MAPK7 signalling pathway [J]. Journal of B. U. ON. ：official journal of the Balkan Union of Oncology, 25（2）：464-672.

JIN Y S, 2019. Recent advances in natural antifungal flavonoids and their derivatives[J]. Bioorganic & Medicinal Chemistry Letters, 29（19）：163-165.

KAUR S, SHARMA C, CHAUDHRY S, et al., 2015. Antimicrobial potential of three common weeds of Kurukshetra：an in vitro study[J]. Research Journal of Microbiology, 23（13）：1-8.

KEVIN F B, SCOTT J R, EVANGELOS L, et al., 2019. Cannabis use preferences and decision-making among a cross-sectional cohort of medical cannabis patients with chronic pain[J]. The Journal of Pain, 20（11）：332-336.

KIM S C, LEE J H, KIM M H, et al., 2013. Hordenine, a single compound produced during barley germination, inhibits melanogenesis in human melanocytes[J]. Food Chemistry, 141（1）：26-29.

KITRYTE V, BAGDONAITE D, VENSKUTONIS P R, 2018. Biorefining of industrial hemp（Cannabis sativa L.）threshing residues into cannabinoid and antioxidant fractions by supercritical carbon dioxide, pressurized liquid and enzyme-assisted extractions[J]. Food Chemistry, 267：420-429.

LEIZER C, RIBNICKY D, POULEV A, et al., 2000. The composition of hemp seed oil and its potential as an important source of nutrition[J]. Journal of Nutraceuticals Functional & Medical Foods, 7（2）：35-53.

LEWEKE F M, PIOMELLI D, PAHLISCH F, et al., 2012. Cannabidiol enhances anandamide signaling and alleviates psychotic symptoms of schizophrenia[J]. Translational Psychiatry, 2（3）：94.

LONE T A, LONE R A, 2012. Extraction of cannabinoids from Cannabis sativa L. plant and its potential antimicrobial activity[J]. Universal Journal of Medicine and Dentistry, 1（4）：51-55.

LÓPEZ S M J, GARCÍA C J, TRIGO C P, et al., 2016. A double-blind, randomized, cross-over, placebo-controlled, pilottrial with sativex in huntington's disease[J]. Journal of Neurology, 263（7）：1390-1400.

LÓPEZ V I, TORRES S, SALAZAR R M, et al., 2018. Optimization of a preclinical therapy of cannabinoids in combination with temozolomide against glioma[J]. Biochemical pharmacology, 157：56-63.

LOUIS F, 2002. United States patent classification：system organization[J]. World Patent Information, 24（2）：459-463.

LUCIA B, PAOLO T, STEFANO C, et al., 2020. Production of liposomes loaded alginate aerogels using two supercritical CO₂ assisted techniques[J]. Journal of CO₂ Utilization, 39: 24-33.

LUO D, LV N, ZHU L J, et al., 2020. Isoquinoline alkaloids from whole plants of *Thalictrum cirrhosum* and their antirotavirus activity[J]. Chemistry of Natural Compounds, 56（3）: 96-102.

MALLOY C A, RITTER K, ROBINSON J, et al., 2016. Pharmacological identification of cholinergic receptor subtypes on *Drosophila melanogaster* larval heart[J]. Journal of Comparative Physiology B, 186（1）: 45-47.

MATHUR P, SINGH A, SRIVASTAVA V, et al., 2013. Antimicrobial activity of indigenous wildly growing plants: potential source of green antibiotics[J]. African Journal of Microbiology Research, 7: 3807-3815.

MELISSA M H, RENA M M, WHITNEY M M, et al., 2017. Locomotor analysis identifies early compensatory changes during disease progression and subgroup classification in a mouse model of amyotrophic lateral sclerosis[J]. Neural Regeneration Research, 12（10）: 1664-1679.

MERRITT J C, PERRY D D, RUSSELL D N, et al., 1981. Topical delta 9-tetrahydrocannabinol and aqueous dynamics in glaucoma[J]. Journal of Clinical Pharmacology, 21（1）: 467-471.

MKPENIE V N, EMMANUEL E E, UDOH I I, 2012. Effect of extraction conditions on total polyphenol contents, antioxidant and antimicrobial activities of *Cannabis sativa* L. [J]. Electronic Journal of Environmental, Agricultural and Food Chemistry, 11: 300-307.

MONIKA, KOUR N, KAUR M, 2014. Antimicrobial analysis of leaves of *Cannabis sativa*[J]. Journal of Science, 4: 123-127.

MORENO T, MONTANES F, TALLON S J, et al., 2020. Extraction of cannabinoids from hemp （*Cannabis sativa* L.）using high pressure solvents: an overview of different processing options[J]. The Journal of Supercritical Fluids, 10: 48-50.

NASRULLAH, SULIMAN, RAHMAN K, et al., 2012. Screening of antibacterial activity of medicinal plants [J]. International Journal of Pharmaceutical Science Review & Research, 14: 25-29.

NAVEED M, KHAN T, ALI I, et al., 2014. *In vitro* antibacterial activity of Cannabis sativa leaf extracts to some selected pathogenic bacterial strains[J]. International Journal of Biosciences, 4: 65-70.

NICOLA P B, KEVIN M, CATHERINE P B, et al., 2020. Flavonoid intake and its association with atrial fibrillation[J]. Clinical Nutrition, 39: 3821-3828.

NUGRAHINI A D, ISHIDA M, NAKAGAWA T, et al., 2020. Trigonelline: an alkaloid with anti-degranulation properties[J]. Molecular Immunology, 118: 3633-3654.

PARK K J, SUH W S, SUBEDI L, et al., 2017. Secoiridoid glucosides from the twigs of *Syringa oblata* var. *dilatata* and their neuropro-tective and cytotoxic activities[J]. Chemical and Pharmaceutical Bulletin, 65（4）: 359-451

PERROTIN-BRUNEL H, KROON M C, ROOSMALEN M J E V, et al., 2010. Solubility of non-psychoactive cannabinoids in supercritical carbon dioxide and comparison with psychoactive cannabinoids[J]. The Journal of Supercritical Fluids（2）: 603-608.

PISANTI S, MALFITANO A M, CIAGLIA E, et al., 2017. Cannabidiol: state of the art and new challenges for therapeutic applications[J]. Pharmacology & Therapeutics, 175: 133-150.

PRETZSCH C M, VOINESCU B, MENDEZ M A, et al., 2019. The effect of cannabidiol（CBD） on low-frequency activity and functional connectivity in the brain of adults with and without autism spectrum disorder（ASD）[J]. Journal of Psychopharmacology, 33（9）: 1141-1148.

QIU X D, BORIS B, JÜRGEN K, 2020. Terpenoids are transported in the xylem sap of Norway spruce[J]. Plant Cell and Environment, 43（7）: 223-229.

RADWAN M M, ELSOHLY M A, SLADE D, et al., 2009. Biologically active cannabinoids from high-potency *Cannabis sativa*[J]. Journal of natural products, 72（5）: 98-113.

RADWAN M M, ELSOHLY M A, SLADE D, et al., 2009. Biologically active cannabinoids from high-potency *Cannabis sativa* [J]. Journal of Natural Products, 72: 906-911.

RASOULI H, YARANI R, POCIOT F, et al., 2020. Anti-diabetic potential of plant alkaloids: revisiting current findings and future perspectives[J]. Pharmacological Research, 155: 104723.

REA K A, CASARETTO J A, AL-ABDUL-WAHID M S, et al., 2019. Biosynthesis of cannflavins A and B from Cannabis sativa L [J]. Phytochemistry, 164: 221-224.

RETHMEIER D, RICHARD T W, SEIFERT B, et al., 2018. The protocol for the cannabidiol in children with refractory epileptic encephalopathy（CARE-E）study: a phase 1 dosage escalation study[J]. BMC Pediatrics, 18（1）: 221.

ROVETTO L J, AIETA N. V, 2017. Supercritical carbon dioxide extraction of cannabinoids from *Cannabis sativa* L.[J]. The Journal of Supercritical Fluids, 129: 16-27.

SAFWAT A. A, ROSS S A, SLADE D, et al., 2008. Cannabinoid ester constituents from high-potency *Cannabis sativa*[J]. Journal of Natural Products, 71（4）: 96-106.

SALEMPA P, MUHARRAM M, FAJRI R, 2019. Antibacterial activity of secondary metabolite compounds in ethylacetate extract of rumput mutiara [*Hedyotis corymbosa* （L.）Lamk] [J]. Materials Science Forum, 967: 38-44.

SARAH S, CHRISTINE M, KELLY M, et al., 2019. An integrated review of cannabis and cannabinoids in adult oncologic pain management[J]. Pain Management Nursing, 20（3）: 2100-2107.

SARMADYAN H, SOLHI H, HAJIMIR T, et al., 2014. Determination of the antimicrobial effects of hydroalcoholic extract of *Cannabis sativa* on multiple drug resistant bacteria isolated from nosocomial infections[J]. Iranian Journal of Toxicology, 7: 967-972.

SIMONA P, ANNA M M, ELENA C, et al., 2017. Cannabidiol: state of the art and new challenges for therapeutic applications[J]. Pharmacology and Therapeutics, 175: 133-150.

SOHEILA J. M, JESUS F C, BEATRIZ C, 2019. Anti-inflammatory effects of flavonoids[J]. Food Chemistry, 299: 43-44.

SULLIVAN S E, 2009. Time-dependent vascular actions of cannabidiol in the rat aorta[J]. European Journal of Pharmacology, 612: 61-68.

SVENSSON P, CAIRNS B, WANG K, et al., 2003. Injection of nerve growth factor into human masseter muscle evokes long-lasting mechanical allodynia and hyperalgesia[J]. Pain, 104: 241-247.

SZAFLARSKI, MAGDALENA P, LAURYN C, et al., 2020. Attitudes and knowledge about cannabis and cannabis-based therapies among US neurologists, nurses, and pharmacists[J]. Epilepsy & Behavior, 109: 107102.

TAURA F, MORIMOTO S, SHOYAMA Y, et al., 2005. First direct evidence for the mechanism of Δ^1-tetrahydrocannabinolic acid biosynthesis[J]. Journal of the American Chemical Society, 117: 9766-9767.

TORRES S, LORENTE M, RODRÍGUEZ F F, et al., 2011. A combined preclinical therapy of cannabinoids and temozolomide against glioma[J]. Molecular Cancer Therapeutics, 10（1）: 96-103.

TSUKASA I, DESTRI, SRI R, et al., 2020. Flavonoids and xanthones from the leaves of *Amorphophallus titanum*（Araceae）[J]. Biochemical Systematics and Ecology, 90: 104036.

TURNER C E, HSU M F H, KNAPP J E, et al., 1996. Isolation of cannabisativine, an alkaloid, from *Cannabis sativa* L. root[J]. Elsevier, 65（7）: 63-65.

USHASREE M V, LEE E Y, 2020. Flavonoids, terpenoids, and polyketide antibiotics: role of glycosylation and biocatalytic tactics in engineering glycosylation[J]. Biotechnology Advances, 41: 107550.

VÁGI E, BALÁZS M, KOMÓCZI A, et al., 2019. Cannabinoids enriched extracts from industrial hemp residues[J]. Journal of Neurosurgical Sciences（2）: 357-363.

VERMA P, GHOSH A, RAY M, 2020. Lauric acid modulates cancer associated microRNA expression and inhibits the growth of the cancer cell[J]. Anti-Cancer Agents in Medicinal Chemistry, 20（7）: 834-844.

WASIM K, HAQ I U, ASHRAF M, 1995. Antimicrobial studies of the leaf of *Cannabis sativa* L. [J]. Pharm Sc, 8: 29-38.

WIELAND P, MATTEO P, 2015. ^{1}H NMR and HPLC/DAD for *Cannabis sativa* L. chemotype distinction, extract profifiling and specifification[J]. Talanta, 140: 150-165.

WONG H, CAIRNS B E, 2019. Cannabidiol, cannabinol and their combinations act as peripheral analgesics in a rat model of myofascial pain. [J]. Archives of Oral Biology, 104: 3172-3175.

YUAN H L, ZHAO Y L, DING C F, et al., 2020. Anti-inflammatory and antinociceptive effects of Curcuma kwangsiensis and its bioactive terpenoids *in vivo* and *in vitro*[J]. Journal of Ethnopharmacology, 259: 112935.

ZHANG R, FENG X, SU G, et al., 2018. Bioactive sesquiterpenoids from the peeled stems of Syringa pinnatifolia[J]. Journal of Natural Products, 81（8）: 1711.

第十三章　工业大麻综合利用

第一节　综　述

一、工业大麻的主要用途

工业大麻又称汉麻，是指四氢大麻酚（THC，神经致幻成瘾毒性成分）含量低于0.3%的大麻，其不具备四氢大麻酚提取价值。工业大麻的主要用途如下。

1. 大麻纤维

大麻纤维有透气、吸汗、抑菌的特点，穿着舒适，被称作"既有亚麻纺织品的风格，又具有羊毛制品的舒适"。

2. 药用工业大麻

工业大麻中提取的大麻二酚（cannabidiol，CBD），是一种抗氧化剂和神经保护剂，有良好的治疗癫痫、抗痉挛、抗焦虑、抗炎、抗肿瘤等药理活性，并可预防多种疾病如心肌梗死、动脉硬化等，且不具有成瘾性，因此目前国外市场上将CBD用作药品、保健品或者功能性食品。

3. 麻籽

工业大麻籽油（汉麻油）中含有90%的不饱和脂肪酸，具有抗自由基、抗氧化、增强免疫力的作用，可以预防心脏病、高血压及脑中风。另外麻籽还可做成蛋白粉和无筋粉等功能食品，目前国内的相关产业正处于起步阶段。

4. 新材料

大麻秆作为造纸材料和建筑材料具有明显的低碳环保效应，另外国外还有报道称可利用工业大麻纤维合成树脂用于搭建生物基桥梁，未来可用生物质取代钢筋混凝土。

5. 吸附重金属，修复土壤

大麻生长速度快、生物量大、抗逆性强、生育期短、根系庞大、具有多种工业用途和广泛的应用前景，这些特性决定了它是一种非常理想的用于修复重金属污染土壤的候选植物。

二、栽培工业大麻和野生大麻的差别

对于如何区别野生大麻和栽培工业大麻，国内有几位学者对其进行了研究，通常栽培大麻植株高大，果实较大，而野生大麻植株矮小，果实也较小。

野生大麻株高1～3m，多为1m左右，少数肥壮的能达3m。茎基部分枝性强，分枝对生，长而平展，总体分枝数较多。株型直立，从茎基部到顶部分枝长度逐渐缩短，形成圆锥株型。主根细而长；侧根较长，粗细均匀；须根少而长。侧根和须根在土壤表层和深层都有分布。茎秆基部粗，中上部明显变细；茎秆纵沟不明显，基部近圆形，中上部近四棱形，绿色或紫色。叶片细小，绿色或紫红色，小叶1～11片，多为5～9片。雄花为总状花序，每朵小花有5个黄色或紫色萼片，5个雄蕊，花粉黄白色，呈有棱角的不规则多面体形，直径较小，表面不光滑。

栽培大麻株高2～4m，茎基部基本无分枝，总体分枝数较少。株型直立，中上部到顶部分枝的长度呈"短—长—短"变化特点，形成棱形株型。主根相对短粗；侧根基部粗，然后渐细（较明显）；须根多而细、短。侧根和须根主要分布于土壤表层。茎秆粗细较均匀，纵沟明显，中上部呈四棱形，

绿色或紫色。叶片肥大，绿色或紫红色，小叶1～13片，多为7～10片。雄花为总状花序，每朵小花5个黄色或紫色萼片，5个雄蕊，花粉黄白色，表面光滑，圆形，直径较大。

三、近年来国内外工业大麻产业形势

这几年国外的工业大麻产业发展十分迅速，据国际著名市场研究公司Arcview在2016年发布报告显示，目前全球工业大麻产品年销售额已超百亿美元，且未来几年内会达到千亿美元以上。国外工业大麻已实现全产业链发展，纤维用于纺织，花叶、籽粒用于制药、开发保健品、化妆品、食品添加剂等，包括麻屑等副产品在国外都已被充分利用，产品附加值提高了几十倍。目前已经形成规模并将迅速扩大，尤其是医用级工业大麻提取物大麻二酚（CBD）售价高达700～1 000元/g，价比黄金。截至2019年，全球范围内超过50个国家将医用大麻或CBD合法化。

根据2014年《中国农业统计年鉴》，中国已是工业大麻种植面积最大的国家，种植面积占全世界一半左右。云南省是我国最早的合法工业大麻种植省份，因为这里环境比较适合工业大麻种植，早些年野生大麻也是非常普遍。2003年云南省公安厅制定了《云南省工业大麻管理暂行规定》，明确规定THC含量<0.3%的大麻品种为允许种植范围，成为全国首个以法规形式允许并监管工业大麻种植的省份。另一个工业大麻合法种植区就是黑龙江省，2017年省政府正式出台了合法化管理规定。

第二节　工业大麻的起源及传播

工业大麻（汉麻）是人类最早的培育作物之一，几个世纪以来一直成为世界上最重要的农作物之一。几千年来人类一直在使用工业大麻生产的各种生活必需品，如绳索、服装、食品、照明燃油以及药物，使之成为种植最广的栽培作物之一。工业大麻是最结实和耐用的天然纤维，并且用途很广，可用来制造优良面料、绳索、帐篷和帆布等。在轧棉机盛行之前，工业大麻是最常用的纺织纤维。化学纤维和木材纸浆的出现，以及煤油代替工业大麻籽油作为照明燃油，极大地降低了工业大麻的重要性和在世界作物中的地位。在过去的3 000年中，工业大麻一直都应用于各种疾病的治疗。由于工业大麻的提取物具有止痛的作用，因此18世纪和19世纪初期西方医生非常广泛地采用这种药物，甚至有些地区的工业大麻种植者承诺只将其用于医药。禁用工业大麻药物的法令导致工业大麻种植被禁止，因此工业大麻极其重要的作用也在未决的争议之后逐渐被遗忘。工业大麻在史前很早时候就分布于欧亚大陆，多数学者认为中国北部是工业大麻的起源中心，但也有人认为原产地在中亚细亚、喜马拉雅山和西伯利亚的中间地带。许多历史文献和考古资料证明，中国人最先使用野生工业大麻，并为了采集工业大麻纤维和种子而对其进行驯化种植，而印度则是为了工业大麻药物影响精神方面的特性而种植工业大麻。在公元前2000年到公元前1000年欧洲才开始局部种植。

早在2 000多年前的西汉，我国麻纺织技术就已成熟，工业大麻自古有"国纺源头，万年衣祖"之称。马王堆汉墓出土的"素色蝉衣"等大量麻纺精品，已成为麻纺工艺发展史的里程碑。西汉时期，麻纺精品与丝织精品沿着"丝绸之路"进入中东、地中海、欧洲，继而走向世界。麻织品运用到官吏和宗教的服饰上，被赋予一种神圣祥瑞的力量，为世人膜拜。近代以来，随着棉花种植的推广，以及工业合成纤维的出现，古老的大麻才渐渐淡出了人们的视野。麻文化为东方服饰文明的重要标志，在中国至少有10 000年的历史，麻的发现运用居天然纤维（麻丝毛棉）之首。

在中国，经过长时间的努力，人们将野生工业大麻（汉麻）培育驯化成栽培作物。不同地区的工业大麻（汉麻）有多种别称，在黑龙江和内蒙古称之为线麻，在安徽称之为寒麻，在广西称为火麻，

在云南称为云麻，在新疆称为大麻，在河南称为魁麻。工业大麻（汉麻）是我国最早的作物之一，根据中国历史文献和考古证明，中国工业大麻（汉麻）种植使用的历史距今约6 000年。从原始社会4 000~5 000年前，到秦汉时期（公元前公元220年），古代中国的工业大麻（汉麻）播种、种植和加工技术发展迅速，并且非常先进。新石器时代的渭河和黄河流域工业大麻（汉麻）与粟、麦、稻和豆一起种植。我国现存最早的记录农事的历书《夏小正》中指出工业大麻（汉麻）是主要的一种农作物。《吕氏春秋》和《诗经》中记载了古代中国大面积种植的6种作物，即禾、粟、稻、菽、麻、麦，麻即工业大麻（汉麻）。中国古代农业专著东汉时期的《四民月令》、西汉时期的《氾胜之书》和北魏时期的《齐民要术》中均有关于工业大麻（汉麻）种植和加工的描述。《齐民要术》中详细记载了工业大麻（汉麻）的种植技术，其中包括工业大麻（汉麻）的种子收获、种植时间、田间管理等要点及其对工业大麻（汉麻）质量的影响，正确认识了雄麻散放花粉和雌麻结籽的关系，指出在散放花粉后拔去雄麻不仅不影响雌麻结籽，而且雄麻这时的纤维质量也是最好的。中国在很早就发现了工业大麻（汉麻）雌雄异株的现象，早在《诗经》《尔雅》《尚书》中就有工业大麻（汉麻）雌雄性别的记载，这比欧洲人在植物性别方面的记载要早1 000多年。

到了秦汉时期，工业大麻（汉麻）的种植技术更加成熟了，《氾胜之书》中详细记载了工业大麻（汉麻）的种植技术和质量控制：播种之前要深耕并施肥；春天到来之际，在连续雨天后傍晚播种；每尺（1尺≈33.3cm，全书同）9株进行定苗，当幼苗长到1尺高和3尺高的时候施肥；及时对工业大麻（汉麻）进行灌溉，雨水充沛时灌溉量应减少；若使用井水灌溉，需要在阳光照射后进行。通过这些手段，每亩干茎产量可以达到50~100担（每担60kg）（张建春，2006）。工业大麻（汉麻）纤维的质量不仅和田间管理有关，还和播种时间有关。如果播种时间早，纤维就较粗，强度较高，收获应早，否则纤维成熟度不够，所以最好早种。《齐民要术》中描述了工业大麻（汉麻）的播种方法：首先将种子浸泡在水中，快要发芽的时候播种，最好在雨后种植工业大麻（汉麻）；其次为了避免工业大麻（汉麻）病虫害，工业大麻（汉麻）应和小麦、大豆和谷类轮作；另外，土壤湿度不同应采用不同的种植方法。该书还描述了工业大麻（汉麻）的田间管理：当幼苗成长一段时间后，除去弱小的苗，并使苗间保持一定的距离，保证幼苗苗壮良好的生长。《齐民要术》中还描述了一种简单的区别工业大麻（汉麻）性别的方法：一般而言，雄麻种子是白色的；还有两种方法检验汉麻籽的质量，将麻籽放在嘴里用牙齿咬，若种子很干燥就不应该作为种植种子使用，另外将白色种子放在嘴里一段时间，质量好的种子不会变黑，虽然这些鉴别方法的准确性令人怀疑，但是说明早在1 800年前中国古代农民就已经尝试如何区别工业大麻（汉麻）籽的性别和质量。《齐民要术》中的关于汉麻的播种时间和《四民月令》中描述的基本相同，并说明不要播种太晚，一般播种时间在春分前后。

古代中国将工业大麻（汉麻）作为一种多用途植物栽培。雄株的韧皮纤维用来纺纱织布，在北宋时期（公元960年到1127年）棉花引入之前，工业大麻（汉麻）纺织品一直是古代中国人的主要衣着原料。许多关于工业大麻（汉麻）的绳索和纺织品用途的描述都被考古发现所证实。在西周时期，达官贵人的帽子由高支工业大麻（汉麻）支线制成，这说明当时的工业大麻（汉麻）种植技术和加工技术已经相当发达。《诗经》中的《诗经·陈风》里记载："东门之池，可以沤麻。"

中国巴马地区自古就有食用汉麻籽和汉麻籽油的习惯，火麻油被人们称为"长寿油"。汉麻籽（火麻仁）油脂含量较高，接近50%，可通过压榨方式制作成植物油——火麻油。火麻油与花生油、玉米油、大豆油及山茶油等植物油相比较，具有以下特点：一是ω-6族亚油酸与ω-3族α-亚麻酸比例约为3∶1，与人体正常代谢所需比例一致，是一种最具有营养平衡性的油脂；二是火麻油还具有其他植物油不具有的特性——水溶性；三是火麻油中的不饱和脂肪酸含量高于所有的植物油；四是火麻油含有大量延缓衰老的维生素E及硒、锌、锰、锗等微量元素。

研究表明，火麻油具有延缓动脉硬化、预防心脑血管疾病、防癌、润燥滑肠、养心健脑、降血脂、血压和血糖、降脂减肥、抗菌消炎、保护视力等多种功效，因此，作为一种古老的栽培植物，大麻入药很早就有相关的记载，早在4 000年前，《黄帝内经》中已有关于大麻的描述。我国名医华佗曾用大麻作为麻醉药物用于临床治疗；《本草纲目》中记载：火麻仁补中益气，久服康健不老；《伤寒论》中记载火麻仁可用于治疗伤寒：麻仁二升，芍药半斤，枳实半斤（炙），大黄一斤（去皮），厚朴一尺（炙，去皮），杏仁一升（去皮，炙、熬，别作脂）；《肘后方》中记载火麻仁治疗：一是肠燥便秘，研麻子，以米杂为粥食之；二是月经不调，桃仁二升，麻仁二升，合捣，酒一斗，渍一宿，服一升，日三夜一；《子母秘录》记录火麻仁组方治疗腹泻：麻子一合，炒令香熟，末服一钱匕，蜜、浆水和服；《千金方》记录了火麻仁可治疗疥疮。

　　自古以来人类都非常关注工业大麻（汉麻）在经济方面的价值，其中最重要的是纤维、药物或者食品。很多学者研究认为工业大麻（汉麻）从中亚传播到东亚、南亚和欧洲，并在这里成为其主要的驯化中心和第二个遗传中心。工业大麻（汉麻）生长茂盛、外形独特，十分容易分辨：工业大麻（汉麻）秆即使已经腐烂，纤维还仍然可以使用；工业大麻（汉麻）的果实较厚，产量较高；在阳光下树脂腺会闪闪发光，抓在手中就会附着在皮肤上。由于工业大麻（汉麻）的这些特征，古人在很早的时候就发现了工业大麻（汉麻）作物的价值。人类最初对野生工业大麻（汉麻）的选择、不同用途工业大麻（汉麻）的栽培和培育、不断地种植、隔离和选择等，在很大程度上决定了目前工业大麻（汉麻）品种的多样性。各国对工业大麻（汉麻）的应用不尽相同，欧洲、北亚和东亚主要是利用工业大麻（汉麻）的纤维和可食用的种子，而非洲、中东、南亚和东南亚地区则主要是将其作为一种精神类的药物，其次是利用纤维和可以食用的种子。到了公元100年左右，药用工业大麻（汉麻）传播到东南亚、南非和东非，推测所有这些地区种植的汉麻四氢大麻酚含量都很高，这可能是由于传播到这些地区以后，因其潜在的精神活性而不断地进行人工选择的结果。另外可能是紫外线较强的地区对高THC含量的自然选择也可能促进了高THC作物的进化。西欧和东亚是将纤维用工业大麻（汉麻）品种传播到美洲大陆的发源地，中国和日本从19世纪开始向美洲大陆传播汉麻。19世纪末到20世纪初，日本汉麻被引入到美国加利福尼亚州，而中国工业大麻（汉麻）被引入美国肯塔基州。这两种工业大麻（汉麻）都是亚洲纤维用工业大麻（汉麻）品种，代表工业大麻（汉麻）基因中心独立的进化，它与欧洲纤维用工业大麻（汉麻）不同。中国工业大麻（汉麻）品种历来就是优等品，中国人很早就喜欢织工业大麻（汉麻）夏布，而日本则喜欢非常薄的工业大麻（汉麻）布。从8世纪末到19世纪30年代，美国一直都在进行广泛的纤维工业大麻（汉麻）的育种工作，从中国引入到肯塔基州的品种后来培育成美国知名的"Kentucky"工业大麻（汉麻）品种。在过去几千年里，文化的差异对工业大麻（汉麻）基因库的混和、分离和选择都具有各种不同的作用。从印度向北，由于受到文化的影响以及本地对工业大麻（汉麻）纤维和种子的需要，药用大麻品种的传播受到限制，从而导致不同地区的工业大麻（汉麻）四氢大麻酚含量的不同。同样，北部的工业大麻（汉麻）纤维品种则很少传播到接近赤道的地方，专家们推测由于这些地区的天然纤维作物已经十分丰富，因此工业大麻（汉麻）纤维不具有很高的价值。

第三节　工业大麻早期的应用

　　工业大麻（汉麻）纤维可能是人类历史上应用最早的纤维，我国台湾考古学家发现了公元前8000年之前用工业大麻（汉麻）绳子装饰的黏土罐，这是历史上工业大麻（汉麻）纤维应用最早的记录之一（张建春，2006）。最古老的工业大麻（汉麻）考古发现之一是在美索不达米亚（今土耳其境内）发现的公元前8 000年之前的工业大麻（汉麻）布残片。当时人类可能还不知道怎么去种植工业大麻（汉麻），也很少有其他的纤维可以利用，亚麻直到公元前3500年之前才开始应用，亚麻应用1 000年后即公元前2500年左右棉花才被种植，工业大麻（汉麻）要比这几种纤维早几千年，这些创新开创了工业大麻（汉麻）种植和生产的悠久历史。在过去的10 000年中人类开发了工业大麻（汉麻）的各种用途，工业大麻（汉麻）在医药上和作为兴奋剂的应用也很受早期人类的欢迎，但这些方面的应用要晚很多。中国古代的射手还用工业大麻（汉麻）来制造弓弦，这些新的弓弦被证实比用竹子等其他材质的性能要好，因此射出的箭更有力而且射程更远。

工业大麻对美国的影响比较深远。在独立战争时期，肯塔基州开始种植工业大麻（汉麻），但是当时的工业大麻（汉麻）种植在美国并不太受重视，有一些北方的工业大麻（汉麻）产品加工商们宁愿从国外进口工业大麻（汉麻）。之后有国会议员建议提高进口工业大麻（汉麻）的关税，帮助该州发展工业大麻（汉麻）产业。由于当时种植、收获和处理工业大麻（汉麻）需要艰辛的劳作，因此工业大麻（汉麻）产品也极大地促进了美国黑人奴隶的交易。由于内战原因严重阻碍了工业大麻（汉麻）种植产业，此时北方的商人不愿收购工业大麻（汉麻），南方的农民便不再种植工业大麻（汉麻）。内战后工业大麻（汉麻）产品随着棉花加工产业的影响，工业大麻种植和加工产业一直受到抑制。后来由于两次世界大战的影响，促进了美国工业大麻（汉麻）产品的需求。第二次世界大战之后由于药用大麻被法律禁止，工业大麻（汉麻）种植也显著地减少了。

一、工业大麻织物

2 000多年前人类就开始使用工业大麻（汉麻）织物。经过漫长的时间，工业大麻（汉麻）织物的样式也在发生着不断地变化。公元前450年古希腊的历史学家希罗多德的记载中就提到斯基台人（Scythian）和古希腊人穿着工业大麻（汉麻）衣服。早期使用的工业大麻（汉麻）织物可以减少人类对动物毛皮的依赖，而且使用工业大麻（汉麻）制作的衣服也比那些动物的毛皮穿起来更为舒适，因此工业大麻（汉麻）服装在古代许多地方非常流行。工业大麻（汉麻）纺织品在中世纪仍很流行，人们曾在中世纪法国王室的殉葬品中发现了工业大麻（汉麻）服饰，专家认为这些工业大麻（汉麻）衣服显示了墓主人的高贵地位。中国的《礼仪》（大约公元前200年）中讨论过工业大麻（汉麻）纺织品，并且在1972年中国出土了周代的工业大麻（汉麻）衣服。古代中国还用工业大麻（汉麻）去做鞋子。

19世纪以后随着棉制品在世界范围内的流行，工业大麻（汉麻）纺织品的显赫地位逐渐降低。当欧洲人侵略美国时，他们使用了大量的工业大麻（汉麻）织物来为士兵提供抵御寒冬的保暖衣物。工业大麻（汉麻）作为纺织品的应用到美国内战结束后由于棉花产量的增加而减少，同时合成纤维的出现也大大减少了工业大麻（汉麻）的应用。目前由于生态环境逐渐被人们所关注，种植者意识到与种植棉花相比，种植工业大麻（汉麻）可以产出更多的纤维，而且只需要更少的水和杀虫剂，因此可以减少大量的环境污染，而且大麻（汉麻）还有助于改良土壤，因此近年来工业大麻（汉麻）纺织品再次变得流行，例如工业大麻（汉麻）帽子、工业大麻（汉麻）衬衫和工业大麻（汉麻）的礼服等。

二、工业大麻造纸

最初的纸，是作为新型的书写记事材料出现的。在纸没有发明以前，我国记录事物多靠龟甲、兽骨、金石、竹简、木牍、缣帛之类。商代的甲骨文、钟鼎文实物资料，20世纪以来不断出土；战国到秦汉的竹简、木牍和帛书、帛画，也有大量出土实物。但是甲骨不易多得，金石笨重，缣帛昂贵，简牍所占空间很大，都不便于使用。随着社会经济文化的发展，迫切需要寻找廉价易得的新型书写材料。经过长期探索和实践，终于发明了用麻绳头、破布、旧鱼网等废旧麻料制成植物纤维纸。中国是世界上最早养蚕织丝的国家。中国劳动人民以上等蚕茧抽丝织绸，剩下的恶茧、病茧等则用漂絮法制取丝绵。漂絮完毕，篾席上会遗留一些残絮。当漂絮的次数多了，篾席上的残絮便积成一层纤维薄片，经晾干之后剥离下来，可用于书写。这种漂絮的副产物数量不多，在古书上称它为赫蹏或方絮。这表明了中国造纸术的起源同漂絮有渊源。

公元105年，蔡伦在东汉京师洛阳总结前人经验，改造了造纸术。他以树皮、麻头、破布、旧渔网等为原料造纸，大大提高了纸张的质量和生产效率，扩大了纸的原料来源，降低了纸的成本，为纸张取代竹帛创造了有利的条件。关于蔡伦发明造纸见古籍记载，《后汉书·蔡伦传》中说："自古书契多编以竹简；其用缣帛者谓之为纸。缣贵而简重，并不便于人。伦乃造意，用树肤、麻头及敝布、鱼网以为纸。"后世遂尊他为中国造纸术的发明人。虽然蔡伦发明了造纸术，但在约公元前1世纪就出现了工业大麻（汉麻）纸张。中国古代造纸用工业大麻（汉麻）和桑树两种植物。桑树的皮和工业大麻（汉麻）纤维放在一起磨碎制成浆，然后在浆中加入水，再将纤维混好，倒入模具干燥后造纸。这种造纸方法作为秘密在中国保持了几百年，随后传入日本。公元900年前后阿拉伯人才学会了这种造纸技术，可能是在撒马尔罕（Samarkand）战役俘虏的中国人那儿学到的。西班牙和其他国家逐渐也掌握了这门技术，之后的几百年间工业大麻（汉麻）造纸厂遍布整个欧洲。现在，许多造纸厂用木材造纸，而工业大麻（汉麻）造纸则具有更经济、更生态、更适宜环境的特征。工业大麻（汉麻）植物生长比树木更快，同时对生态环境破坏很小。为避免依赖英国进口纸张和书籍，本杰明·富兰克林创建了美国第一个工业大麻（汉麻）造纸厂。1916年美国农业部404号公告中分析了工业大麻（汉麻）秆芯的造纸用途。目前西班牙和法国种植的工业大麻（汉麻）大部分用于造纸，其他欧洲国家种植的工业大麻（汉麻）80%以上用于制造特种纸（包括特种香烟用纸、过滤用纸、钞票纸、卫生用纸等）。

三、工业大麻制造绳索

人类最早利用工业大麻纤维是用来制作各种绳索。航海上需要既强韧而且耐用的绳索，这个用途令工业大麻（汉麻）在全世界流行起来。由于大麻纤维制成的绳索强韧、耐用，曾一度在航海上被广泛应用。目前普遍认为俄罗斯人率先使用汉麻制造绳索，时间可以追溯到公元前7世纪。大约公元前200年，古希腊的亨利二世从法国引进工业大麻（汉麻）来制造船用绳索。在英国也发现了公元100年的工业大麻（汉麻）绳索，因为英国直到公元400年才有种植工业大麻（汉麻）的记载。因此推测英国那时用的工业大麻（汉麻）绳索是从其他国家引进的。由于工业大麻（汉麻）绳索对航海的巨大贡献，工业大麻（汉麻）的种植和生产显得越来越重要。到公元100年，意大利船队因为用工业大麻（汉麻）绳索装备而称霸海上，威尼斯因为高质量的工业大麻（汉麻）纤维和绳索而闻名，在当时的威尼斯，所有的船只建造都要装备高质量的工业大麻（汉麻）绳索。16世纪，英国海军的发展进一步扩大了工业大麻（汉麻）绳索的需求，在1533年，亨利六世下令每个农夫都要种植工业大麻（汉麻），拒绝种植者甚至要受到惩罚。由于当时种植工业大麻（汉麻）收入太低，农民不愿种植，英国政府只有进口，17世纪早期，英国进口的工业大麻（汉麻）主要来自俄罗斯。为了减少对俄罗斯工业大麻（汉麻）的依赖性，英国要求美国的殖民地种植工业大麻（汉麻）。当时新大陆的居民们并没有对英国的汉麻需求做出多大贡献，詹姆斯敦（1607年英国在美洲建立的一个殖民地）殖民者直到1616年才种植出高质量的汉麻，他们把大面积的土地用于种植更加有利可图的烟草。到1629年，造船业开始在马萨诸塞州兴起，商人们在那儿购买所有种植的汉麻。新英格兰建起了他们自己的汉麻绳索厂，精通工业大麻（汉麻）绳索制造的爱尔兰移民在美国开办了美国工业大麻（汉麻）纺织学校。到了18世纪，殖民者们几乎都使用自己种植的工业大麻（汉麻），当时的工业大麻（汉麻）几乎供不应求。

四、工业大麻食品

在很久以前工业大麻（汉麻）籽就作为食品在全世界流行。古希腊名医伽林提到罗马人喜欢把精心制作的工业大麻（汉麻）籽作为饭后的点心。许多年来波兰人和立陶宛人也常常用工业大麻（汉麻）籽粥作为圣诞晚宴前的食品，印度人则习惯在七日服丧期吃工业大麻（汉麻）籽做成的食品。工业大麻（汉麻）籽也可以被烘烤或被粉碎成面粉或者用于榨油，之后即使在禁止种植工业大麻（汉麻）时期的美国，工业大麻（汉麻）依然被应用到许多食品中。烘烤的工业大麻（汉麻）籽是一种非常流行的小吃，它们像坚果、蜂蜜一样被列入健康食品的行列。有人喜欢将工业大麻（汉麻）籽和花生磨碎制成食品，另外有人用工业大麻（汉麻）油来制色拉，还有一些人将工业大麻（汉麻）籽粉和其他物品一起制成条或饼。1991年米勒（Miller）编写的《工业大麻籽食谱》中有20多个关于工业大麻（汉麻）籽的食品配方。工业大麻（汉麻）籽还被用来当作动物饲料的成分，最常见的是用来做鸟食。

我国广西壮族自治区的巴马地区是世界上最长寿的地区之一。生长在巴马的火麻（汉麻）没有任何精神麻痹作用，巴马人长寿的一个主要原因应该归功于火麻（汉麻）籽。火麻（汉麻）非常擅长吸收维生素（如维生素B）和矿物质（如镁和锌）。更重要的是，火麻（汉麻）籽所含的人体必需脂肪酸Ω6和Ω3的比例非常有利于人体吸收（比例是3∶1）。火麻（汉麻）也是一种全价蛋白，它包含8种人体必需的氨基酸。火麻（汉麻）生长在巴马的山坡上，秋天收获种子，然后在太阳下晒干，碾碎，做成面团。加入山泉后，做成高营养的黏稠液，可以炒菜用，也可以做火麻（汉麻）籽油，每天吃一两次。

五、大麻医药

大麻具有的医疗功能也是它传遍世界的重要原因之一，它在许多药典和偏方中一直是人们治疗疼痛、中风、肌肉痉挛、厌食、呕吐、失眠、哮喘和抑郁等病症的药物。许多医学报道说工业大麻（汉麻）能减轻妇女产前阵痛、经前症状及痛经等，因此大麻的医疗价值受到人们的重视。

医用大麻始于公元前2000多年，大大滞后于纤维工业大麻（汉麻）的应用历史。据说是神农帝发现了大麻可作为医药使用，于是常常给那些中风、疟疾、脚气病、风湿及记忆力衰退等病症的人开汉麻茶处方。虽然现在有许多其他方法来治疗这些病症，但直到目前仍有许多关于大麻治疗风湿病的研究。古代医药与巫术有着很深的渊源，所以治疗效果并不理想。在神农时代，与其他许多类似替代品相比，大麻可能是最好的药物。鸦片在中东非常流行但当时并没有流入中国；在大麻药用价值发现200年之后，南美土著人才发现了古柯叶子，但由于路途遥远，传到东方的机会几乎没有，所以大麻成为中国和亚洲其他国家治疗许多疾病的重要药物。中国人很早就知道大麻作为药品治疗疾病时偶有使人兴奋的副作用，因此医生都拒绝开大剂量的汉麻药物，否则会"见鬼""通灵"。公元前1400年，汉麻从中国流传到印度，神圣的印度宗教文学读本《Atharvaveda》中将大麻描述为一种神圣的可以减轻压力和痛苦的植物。印度教教徒对喝酒持反对意见，但是却把大麻作为为数不多的可以缓解焦虑的物质被作为一种文化保留下来。药用大麻植物对黏膜的干燥作用使得古代印度医生用它来治疗黏膜水肿，医生也推荐用医用大麻来治疗黏膜发炎等疾病，还有的印度医生还用它来治疗咳嗽、哮喘等。

当大麻传播到欧洲的时候，人们也注意到它的药用价值。在横扫欧洲的过程中罗马人了解到许多大麻的医用功能，在尼禄时期（古罗马的一位暴君）的军医中有一位叫Pedacius Dioscorides的医生发现大麻籽油可以用来医治耳痛，后来被证实此方法的确有效。公元70年，罗马医生Pedacius Dioscorides编写的一本医书中列出了许多奇异的植物能作为医药用，大麻也被列入其中。古希腊名医格林（Galen）说大麻在西方被用作止痛和疏理肠胃达几个世纪。神农的药典在中国保持着很高的知名度，《神农本草经》中讲到了大麻的医药功能。中国的华佗曾用大麻和酒精一起作为外科手术的麻醉药。科学家在耶路撒冷考古中发现，大约公元400年一位死于分娩时的妇女体内发现有大麻的痕迹，可能是由于大麻能够止痛并能增加分娩时子宫的收缩，在妇产科中这种应用一直持续到19世纪，甚至在今天的柬埔寨和越南，妇女常用大麻泡茶来减轻分娩时的痛苦。

在公元12世纪左右，大麻从印度传到非洲其他国家。考古学家在埃塞俄比亚发现约1300年前的烟斗中有大麻的痕迹。Dagga（印度大麻）在非洲的各个部落作为一种医药材料非常有名。西南非洲的霍屯督人Hottentot和Mfengu人将大麻用于治疗蛇咬伤。南非梭托人（Sotho）和耶路撒冷土著人一样将大麻用于治疗分娩疼痛。罗得西亚人（Rhodesia，非洲津巴布韦的旧称）采用大麻来治炭疽热、痢疾和疟疾等疾病。在南非，大麻还可以用来治哮喘病。虽然大麻作为兴奋剂从埃及流传到非洲，但大麻医药应用的贡献仍在继续并将开辟新的发展前景。古埃及医学著作《Ebers Papyrus》中记载将大麻在蜂蜜中捣碎用于治疗一些妇科疾病，而用大麻和豆荚混合可以用作灌肠剂，或者和其他成分混合用作外用药膏。另外一部古埃及的医学著作《Ramses Papyrus》中提到了将大麻用于眼疾的治疗功效，将芹菜和汉麻碾碎之后过夜，病人可在第二日早晨用其清洗眼部。

随着欧洲人到中东、非洲和印度旅游的发展，欧洲也陆续出现涉及大麻医用价值的报道。如法国著名医生Francois Rabelais在1532年出版的《巨人传》中，描述了大麻（pantagruelian）能治痛风、疝痛及处理烧伤。葡萄牙医生Garcia da Orta记录了许多草药的治疗功效，其中提到大麻能够治疗胃病。公元578年，中国医生李时珍记录大麻有止吐、消炎等功效。大麻用作医药的名声一直持续到17世纪。

18世纪50年代，瑞典著名植物学家Linnaeus对几乎所有的植物进行了分类，命名汉麻植物为Cannabis sativa（汉麻，即通常的纤维用或籽用大麻），他将这类植物放入大麻亚科"Cannabinaceae"，这类植物仅包括汉麻属和葎草属。1783年，Lamarck认为欧洲汉麻和印度大麻有明显区别，他认为由于印度大麻中大麻脂含量高、植株矮小，将其命名为Cannabis indica（印度大麻）。1924年，俄罗斯植物学家将植株更加矮小的一种汉麻命名为Cannabis ruderalis（野生汉麻）。但是关于汉麻类型的分类直到今天仍然有不同的意见。汉麻命名分类的争论刚刚开始之际，大麻药用的特点也为美国人所了解。在1764年编写的《新编英格兰药典》中推荐大麻根可用于治疗皮肤发炎。在1794年编写的《新编爱丁堡药典》中描述了大麻油可用于治疗许多疾病，如失禁、咳嗽和性病。然而，在欧洲和美国很少有医药工作者在处方中使用大麻，这可能是由于大麻不是最佳的选择，如汉麻油对治疗梅毒的效果并不显著，另外大麻提取物和酊剂的药效不够稳定。但随着更多的病例验证大麻的有效药性之后，对大麻药物的需要随之增加，这样就更容易得到高质量的大麻药品和制剂。1860年，美国俄亥俄州医学协会召开会议总结了大麻的医药作用，会上介绍了大麻治疗疼痛、发炎和咳嗽的确切效果。1868年的《美国药典》中介绍了汉麻的使用剂量，提取方法通常是将汉（大）麻用酒精浸泡。据说提取物可以增加食欲，提高性欲，治疗痛风、失眠，缓解霍乱、狂犬病的症状。大麻的医疗功效在英国也很流行，1890年，维多利亚女皇的主治医生J. Russell Reynolds先生就在著名的医药"Lancet"上称赞大麻药品，他声称大麻能治疗失眠、面瘫、哮喘、月经不调等疾病，据说女皇就用过大麻的提取物来缓解妇科疾病。

到了20世纪初，大麻的提取物已在世界上被广泛应用。20世纪30年代，加尔各答（印度东北部城市）医学院的科学家肖内西（Shaughnessy）研究了大麻药物对许多疾病的影响，那时大麻在印度已经作为一种很普通的药材使用。肖内西的研究表明大麻对治疗风湿痛有很好的疗效，病人的心情变好并能提高食欲。肖内西试图用大麻来减轻狂犬病、霍乱、破伤风以及癫痫等疾病，并取得了一定的效果。虽然医用大麻并不能治疗这些疾病，但确实能缓解这些疾病产生的疼痛、呕吐和痉挛等症状。

之后美国的两家制药公司Eli Lilly和Parke Davis发布了相关的产品。1850年的《美国药典》列出大麻作为药品能治疗很多疾病，但1941年的《美国药典》上删除了大麻的医药功能。在20世纪40—50年代，对大麻的医药应用和研究明显减少，特别是美国在这方面的应用与研究更少。然而自从美国颁布了《大麻税收法案》，该法案要求对大麻增加税金，税收高达每盎司100美元，这在当时是一笔相当大的费用，该法案对美国大麻的产业造成了很大的影响。20世纪50年代后期，捷克斯洛伐克对大麻展开了一系列的研究证实其有抗生素和止痛的功效，在此期间很少有其他研究论文发表。

关于大麻作为医药和精神药品也有不少负面的报道，提醒人们不要过量地服用大麻。古罗马的医生普林尼（Pliny）认为大麻可以作为一种镇痛剂，但他同时也警告说不能过量服用大麻，否则将会造成男性功能障碍。在公元1000年左右，阿拉伯医生Ibn Wahshiyah所著《关于毒品》中第一次记载了关于大麻药品的负面影响。Wahshiyah警告说服用Hashish（以印度大麻提炼的大麻脂）能使人致盲和致聋，继续服用将加重甚至死亡。

六、工业大麻在各国种植和应用情况

（1）美国。在欧洲殖民地早期，汉麻在美国经济中就占有举足轻重的地位（张建春，2006）。1619年，维吉尼亚的詹姆斯敦（Jamestown）殖民地开始执行美国第一部包含汉麻种植的法令，这项法令甚至要求所有的农民都必须种植汉麻。经过一个世纪后，马萨诸塞州、康涅狄格州和切萨皮克市也颁布了同样的法令。直到18世纪，汉麻仍然是一种合法商品，在美国大多数地区甚至可以用汉麻支付税款。1763—1767年，不种植汉麻的农民会被监禁，这是由于种植的汉麻可以制成布料，为华盛顿将军的士兵制作军服。美国早期的许多位总统都从汉麻中受益：本杰明·富兰克林拥有美国第一家汉麻造纸工厂；乔治·华盛顿和托马斯·杰弗逊在他们的种植园种植了汉麻。甚至美国的象征——星条旗也是由汉麻制作的。美国1850年一份调查统计表明，8 300多个汉麻种植园的面积超过了2 000英亩，还有无数个小种植园，这些种植园产出的汉麻足够当时在燃油、纺织和健康滋补方面的应用。19世纪中叶，汉麻提取物和复合制剂是当时最流行的处方药，而且大的医药公司也有成功的Cannabis（泛指汉麻的叶和花）制剂。Cannabis甚至还进入了糖果市场，印度汉麻糖果公司就生产出了一种由Cannabis复合物和枫树糖制成的糖果，美国Sears-Roebuck公司进口了这种糖，这种食品在美国风行了40多年。19世纪70年代，美国开始将吸食Cannabis作为一种娱乐，最初是在南部的种植园，后来在Hashish（指有精神活性的汉麻）烟馆（所有的主要城市都有这种烟馆），据说在纽约就有500多家这样的烟馆。20年间，Marijuana药用大麻精神活性次于Hashish被广泛地接受，甚至推荐用Cannabis来改善夫妻关系。妇女禁酒组织甚至建议将Cannabis作为酒的替代品。1898年，具有极大影响力的Hearst报纸集团强烈抨击了墨西哥美国组织，这是由于革命党人Pancho Villa占领了墨西哥土地。他认为吸食Cannabis就是一种堕落，终将被他人支配，从此开始了媒体对移民的抨击，以及对持续了3个世纪的Marijuana蔓延进行了抨击。1910年，南非宣布Marijuana为非法作物，吸食这种作物的黑人为粗人。受这种思潮的影响，南部各州的种族主义迅速接受了这种想法。20世纪20—30年代，当Hearst反对Marijuana的战斗越演越烈的同时，美国的汉麻产业开始复苏，主要的种植地区包括肯塔基州、明尼苏达州、弗吉尼亚州和威斯康星州。此时汉麻的复苏主要是由于汉麻收割和加工的机械化，以及汽车制造商Henry Ford从汉麻中提取燃料的创新性研究。1935年，用来制造涂料1.16亿磅汉麻籽油出现在美国市场上。当石油化学制品开始出现时，反对Marijuana的呼声越来越高，这毫无疑问为石油和石油化学制造商创造了契机，如杜邦公司后来成为反对汉麻种植的先锋。20世纪30年代，美国最高层产生了巨大的分歧。

美国经历了一段汉麻产业发展的瓶颈期，之后许多医生，科学家和企业家都支持汉麻产业，因为汉麻带给人类的好处太多了。外科医生代表向国家Cannabis顾问委员会表明，长期使用Cannabis及其衍生物并不会像咖啡一样从生理和精神上产生依赖。亨利福特（Henry Ford）用汉麻材料制造了汽车，而大众机械杂志声称汉麻能制造出从炸药到玻璃纸大约2 500种产品，这同时也促进了当时的新型汉麻收割机的诞生。当美国卷入第二次世界大战时，美国政府暂时不顾自己对汉麻的禁令，开始向农民提供汉麻籽，要求他们每年上交42 000t的汉麻纤维，这种情况一直延续到1946年。当时的美国农民被强迫去观看名为"为了胜利种植汉麻"的扩大种植汉麻的宣传影片。尽管如此，美国在战后也没有让汉麻或Cannabis取得合法的地位。20世纪50—60年代，美国军队还进行了几次关于长期使用Cannabis后对人体影响的调查，结果显示没有任何精神和功能上的副作用，很多大学进行的研究也得出了同样的结果。很多资料都表明，肯尼迪经常食用Marijuana来缓解慢性背部疼痛，因此他曾建议将Marijuana合法化，但他还未来得及提交此项议案就被暗杀了。如今在美国可以依法种植汉麻，但是对其四氢大麻酚的含量有严格的规定，若超标将会面临严厉的处罚。

（2）德国。14世纪德国从汉麻纤维中提取纤维素来制造汉麻纸，德国第一台印刷机用的就是汉麻纸。到了18世纪，由于其他作物的出现汉麻的产量逐渐下降，如纺织上更流行使用黄麻和棉花。但是在第一次和第二次世界大战时期，由于汉麻纤维的优异特性，作为帆布帐篷、绳子和制服的主要材料，汉麻作物再次得到了发展。1929年，普鲁士政府禁用印度大麻，但为了避免受制于美国棉花，在第二次世界大战期间又恢复了汉麻种植。战后合成纤维尼龙出现并迅速流行起来，汉麻也因此逐渐被挤出了历史舞台。由于20世纪60—70年代出现的毒品问题，德国汉麻种植最终被彻底禁止。

（3）澳大利亚。澳大利亚有5个州允许研究目的的汉麻种植。澳大利亚的Hemp Products公司正在采用进口汉麻来生产和销售汉麻产品。羊毛工业进口大量汉麻打包绳以替代丙纶绳索。汉麻可以生产刨花板，因此最近刨花板生产商对汉麻的应用潜力很感兴趣。20世纪90年代，澳大利亚第一个汉麻种子油脂加工厂成立。澳大利亚还专门摄制了一个小时左右长度的电视纪录片"十亿美金的作物"。媒体和来自农场主以及公众对麻的兴趣将会促使政府全面开展汉麻的农业生产。

（4）奥地利。奥地利从来都没有禁止过汉麻的种植。然而从20世纪50年代后期开始，奥地利的农民对种植汉麻的兴趣不高。1995年，在奥地利汉麻研究所的帮助下，一些农场主种植了一些试验田，收获汉麻的纤维和种子。包括维也纳农业、林业和可再生资源大学有机工业系在内的许多研究机构正在对汉麻有机农业进行研究。

（5）英国。英格兰从公元800年开始一直都在种植汉麻。在许多文献中，均可发现英国有关汉麻的记载。同时，通过对英国出土的汉麻织物的碎片炭化程度进行分析，表明它已有上千年的历史。公元800—1000年汉麻种植在英国达到第一个顶峰，那时它被广泛应用于食品和纺织品中，直到其他作物开始流行时，汉麻的面积才逐渐下降。后来国王亨利8世下令大范围种植汉麻，为他的船队提供绳索和帆，汉麻的产量才再次得到回升。1812年反抗法国的拿破仑战役爆发，部分原因就是为了控制俄国的汉麻供应。19世纪中期到末期，汉麻从殖民地国家尤其是从印度进口以后，国内生产的汉麻价格大幅下降，严重损伤了汉麻种植者的积极性，最终结束了在英格兰本土的汉麻种植。在苏格兰，首次种植汉麻是在公元1000年左右。那时用它来制造渔船上使用的结实的鱼网、帆和绳索，并主要是在沿海地区种植，这样汉麻可从海藻和其他肥料中吸取养分。到了18世纪才开始减少汉麻种植，主要是因为英国贵族在种植汉麻的土地上开始大量修建庄园。那时在英格兰和苏格兰医院的花园中，常常可以看到汉麻，在很多教会出版的草药学和种植学的书中，也有许多关于汉麻的记载。皇室也对汉麻对人体健康的益处产生过兴趣。1890年，维多利亚女王的私人医生就曾将汉麻形容为一种人类所知的最有价值的药物，同时传闻他在给女王治疗妇科疾病的处方中添加了少量汉麻。将Cannabis作为滋补品在维多利亚妇女中很盛行，但在1895年前在实验室里提取出大麻酚以前，并没有人知道Cannabis为什么有如此神奇的作用。1925年日内瓦麻醉控制国际大会后，Cannabis和可卡因等麻醉剂一起被列为受禁物质。印度和其他国家反对这项决议，而英国代表最终同意了该决议。1928年，只经过很小的争议英国就通过了Cannabis为非法的议案并于9月8日通过了危险药物法令的提案。1968年，Cannabis委员们一致认为，长期消耗中等剂量的Cannabis不会对人体产生伤害。但是，政府不仅没有通过这项提议，反而在1971年的滥用药物法令中提高了对Cannabis犯罪的惩罚力度。20世纪90年代以后，医疗界和公众要求废除Cannabis法令的呼声越来越高，从英国的报纸、无数的游行和事件中可看出这一趋势。在英国的一些地区，对待Cannabis持有者已不再像过去那样严格，很多人都认为Cannabis合法只是迟早的事。

（6）加拿大。在20世纪以前加拿大一直是世界上主要的汉麻生产国家之一，后来加拿大采取了和美国类似的做法禁止了汉麻的生产。20世纪90年代，加拿大首次给Hemline有限公司的奠基人乔什·斯坦博（Joe Strobel）和杰夫·开米（Geof Kime）颁发了第一个许可执照，允许他们在多伦多种植汉麻。1994年加拿大农业部在《两周通报》上对汉麻农业种植进行了专题报道。到1995年，在安大略、马尼托巴、萨斯喀彻温和阿尔伯达省共试验种植汉麻35英亩。之后加拿大的一些主要城市中陆续出现一些汉麻种植者和零售商，但是当时他们主要进口汉麻，以规避仍然有效的法律禁止。之后加拿大颁布C-8法案，汉麻纤维产品在加拿大的合法性得到承认。虽然新的立法没有清楚说明获得许可的步骤，但新法律重新将汉麻作为一个合法的农业产品。

第四节　工业大麻在纺织业的应用

一、我国天然纤维产业概况

我国是化纤、棉产、纺织、服装出口大国，是纺织品主要的生产国。目前世界范围内纤维消费量的增长主要依靠化纤的增长来支撑，化纤是纺织工业增长的主要原料保障。近年来，化学纤维产量占比逐年提升，全球范围内化学纤维产量占比已经由2005年的60.37%提高到2013年的70.15%；我国化学纤维产量占比由2005年的71.35%提高到2012年83.32%；化学纤维占纺织纤维加工量的比重由2005年的63.4%上升至2012年的74%。未来，化学纤维所占比重将进一步提高。

我国是世界上最大的棉花生产国、消费国和进口国，近年来由于采用了生物工程技术，植入抗病虫基因的转基因棉广泛种植，病虫害及高黏性棉（含蜜露的棉花）显著减少，棉花产业一度呈现出良好的势头。据统计数据显示，2012年中国棉花生产面积达到了全球的15.4%，总产高达26.0%，消费量超过了40.0%，进口了世界近40.0%的棉花。种植棉花产业拉动了全国几百个县（市）的财政收入，带动了纺织业和区域经济的发展，包括在新疆、河南、湖北、山东等华北和西北大多数地区。种棉的土地均为粮食宜种土地，棉花产量不可能无限扩大。因此从我国改革开放以后，棉花供应经常处于紧缺状态。

天然纤维中麻纤维的发展前景最为广阔，而汉麻、黄麻、槿麻、苎麻、苘麻、亚麻、罗布麻、剑麻、蕉麻等中汉麻最具发展潜力。除苎麻、亚麻、黄麻和汉麻用于纺织纤维外，其他麻类纤维大多用于麻袋和麻绳等包装材料。

我国1906年开始试种纤维亚麻到1936年纤维亚麻的生产在黑龙江、吉林两省形成了一定的生产规模。其后纤维亚麻种植面积逐年上升。20世纪40年代，全国纤维亚麻面积2万hm²，主要分布在黑龙江省。20世纪90年代以来，随着市场经济的逐步建立及种植业结构的调整，特别是2001年我国加入WTO后，纤维亚麻得到长足发展。2002年，我国纤维亚麻种植面积13万hm²，超过俄罗斯，一跃成为世界上种植纤维亚麻面积最大的国家。但是2005年以来亚麻价格持续低迷，种植面积也持续下降。根据观研数据官网报道，我国亚麻种植面积从2015年开始显著下滑，虽然面积在2018年略微上升，仍远不及2014年种植面积，2020年的种植面积仅为4 432hm²，同比下降3.6%。同样，2014—2020年我国亚麻纤维产量整体处于下滑态势，2020年的产量为16 673t，同比下降5.5%。目前我国亚麻种植主要分布在新疆、黑龙江、云南、湖南等省（区）。云南是我国亚麻原茎单产最高的省份，其原茎产量可以达到8 000kg/hm²，最高的可以达到12 000kg/hm²。其次是新疆，原茎产量6 500kg/hm²左右。产量最低的是黑龙江和湖南，5 000～6 000kg/hm²。由于全球亚麻种植面积的下降，亚麻纤维已经出现短缺的局面。

苎麻（*Boehmeria nivea*）是中国传统特色经济作物，也是长江流域区域特色经济发展的重要抓手。我国苎麻常年种植面积10万～20万hm²，纤维总产量约25万t，占世界的90%以上。主要在长江流域一带，以湖南、湖北、四川3省的面积和产量最多，分别占全国的90%和85%，其次是安徽、江西、广西、贵州、云南等省（区）。2001年以来，国家在苎麻上的科研投入加大，在基础研究、品种与资源、肥料与栽培、病虫草害防控等方面取得了重大进步。在20世纪初，苎麻曾是我国出口创汇的主导产业之一，但是其纤维固有的特性带来的刺痒感问题始终没有得到根本的解决，2007年之后国内苎麻种植面积萎缩，苎麻原料供给严重不足。科技进步和生产萎缩的矛盾也进一步加剧了社会资源的损失。

二、我国纤维用工业大麻种植加工情况

工业大麻纤维是一种传统的纺织材料，是人类最早用于织物的天然纤维，大麻纤维在麻类中属于上等的纺织原料，素有"天然纤维之王"的美誉，织成布可以制作各种服饰，我国朝鲜族人就特别喜欢穿用大麻纤维制成的服装。由于大麻纺织品手感柔软、吸湿透气、杀菌抑菌、抗静电性能好，特别适合做内衣、袜子、床单、夏季服饰及婴幼儿的服装和尿布等。此外，大麻纤维防紫外线、耐高温、绝缘效果好，还可以做防晒服装、太阳伞、太阳帽、露营帐篷、电力工人和炼钢工人的服装。另外依靠现代纺织技术，大麻纤维还可以与其他人造和化学纤维混纺，生产出多样化的纺织产品。

我国大麻的种植面积和总产量与世界的发展一致。20世纪80年代初收获面积曾经达到1.64万hm²，总产量达到5万t，之后呈下降趋势。进入21世纪，大麻播种面积保持在1万～1.5万hm²，总产量3万～4万t。近年来，随着人们回归自然，更加重视环保和健康等理念的转变，更深入了解大麻的产品特性，同时选育出工业大麻新品种，并进行产业化综合开发利用，整个大麻生产呈现逐年上升的趋势。到了2017年，我国大麻种植面积稳定在6万hm²左右，主要分布在东北的黑龙江、吉林、辽宁，西北的甘肃、山西、内蒙古、陕西和宁夏，西南的云南、贵州和四川，中部的安徽、山东、河南等地。我国统计部门的统计数字中，北京、天津、上海、福建、江西、湖南、广西、广东、西藏、青海、重庆和海南等省（区、市）无大麻生产统计，但这些地区有零星种植，面积跟总产较小。

近几年来，工业大麻机械收获、雨露沤制和副产物麻屑烧炭工艺的推广，以及国内工业大麻纺织原料需求的增加，使得黑龙江省工业大麻种植成本降低，经济效益大幅提升，工业大麻种植面积逐年增加。种植面积由2013年的0.13万hm²发展到2015年的0.67万hm²，2016年达到近1.67万hm²。2016年黑龙江省提出在该省"镰刀弯"地区缩减玉米种植面积，调整种植结构，给工业大麻产业提供了发展空间，农民自发联合种植工业大麻，开展雨露沤制、机械加工、生产纤维、麻屑制碳等作业。据统计2017年黑龙江省工业大麻种植面积已突破3.1万hm²，可生产纤维4.2万t，成为全国最大的工业大麻原料生产基地。

我国的生产种植和利用，各地有不同的特点。一是有少数民族传统习俗，自产自用的地区，这部分大麻种植面积基本稳定，如云南、贵州。二是主产品不同，安徽、山东、河南和黑龙江等地，主要以生产纤维为主；内蒙古、甘肃、陕西、山西、吉林、辽宁、宁夏、青海等省（区）以生产种子为主；云南、贵州、四川、西藏等省（区）则是纤维和种子兼收。三是零星自发种植和产业化规模种植

并存，如云南、黑龙江、安徽等省以龙头企业带动种植生产为主。

目前我国纤维用工业大麻种植行业存在如下一些问题。

（一）生产机械化水平低

在北方机械化程度相对高一些，但是也没有专用机械，一般使用谷物播种机播种。在南方基本都采用人工撒播或穴播。我国大麻收获全部靠人工，与国外差距很大。我国大部分大麻产区都没有专用的大麻剥麻机，北方一般采用亚麻剥麻机，南方多数是人工剥皮。有个别地方对小型苎麻剥皮机做了一些改进用于大麻剥皮，但是效率低、劳动强度大。

（二）急需适宜不同生态区种植的品种

大麻对光照十分敏感，导致大麻品种的种植范围受到限制。大麻育种单位比较少，同时受到大麻生产曾陷入停顿状态的影响，因此大部分地区没有完全适应当地种植的大麻品种。大麻生产上缺少优质、高产、低四氢大麻酚含量、专用型、光钝感型、适应机械化收获加工等的品种类型，尤其是缺少雌雄同株大麻新品种。雌雄同株大麻新品种可保证成熟一致，纤维品质优良。

（三）缺乏优质、高效、抗逆栽培技术

我国大麻栽培新技术的研究很少，基本是农民靠经验种植。各地的种植密度相差悬殊。密度低的是45万株/hm²，一般的为80万~90万株/hm²，高的达240万株/hm²，高低相差5倍以上。纤维产量为600kg/hm²、900kg/hm²、1 000kg/hm²、2 000kg/hm²不等，可以看出栽培技术的差异及优质、高效、抗逆栽培技术的缺乏。

（四）缺少财政补贴

种植水稻、玉米、大豆、小麦等作物可以享受良种补贴，种植大麻等麻类作物却无相应的补贴政策。2004年在全国范围内实行了粮食直补，主要是对主产区农民的直补。国家的政策是资金分配直接与粮食产量、商品量和优质稻生产挂钩，种麻却无相应的补贴政策。在2008年欧盟部长会议上形成决议，欧盟将继续对欧盟亚麻与大麻等纤维作物种植业者进行补贴，其补助金额由目前的160欧元/t增加到200欧元/t，补贴从2009/2010年度开始发放。同时，在欧盟亚麻与大麻短纤维的生产将维持45欧元/t的补贴。财政补贴的欠缺使我国大麻生产在国际竞争中处于劣势。

截至2017年，注册资本5 000万元规模以上全国工业大麻纺织加工企业主要有山西绿洲大麻纺织有限公司、汉麻投资集团有限公司、浙江金达控股有限公司、青岛汉泰纺织有限公司、深圳市泊洋纺织实业有限公司、江苏新申集团、六安市凯旋大麻纺织有限责任公司、桐乡市大麻正和纺织厂、常熟常红织造有限公司、天之草绿色农业科技（北京）有限公司、乳山汉泰大麻纺织有限公司、个旧市安云大麻纺织有限公司、沈阳北江麻业发展有限公司等。

目前我国纤维工业大麻的标准：

GB/T 18147.1—2008《大麻纤维试验方法　第1部分　含油率试验方法》

GB/T 18147.2—2008《大麻纤维试验方法　第2部分　残胶率试验方法》

GB/T 18147.3—2000《大麻纤维试验方法　第3部分　长度试验方法》

GB/T 18147.4—2000《大麻纤维试验方法　第4部分　细度试验方法》

GB/T 18147.5—2000《大麻纤维试验方法　第5部分　断裂强度试验方法》

GB/T 18147.6—2000《大麻纤维试验方法　第6部分　疵点试验方法》

GB/T 16984—2008《大麻原麻》

FZ/T 32011—2009《大麻纱》

FZ/T 33012—2009《大麻本色布》

DB 53/295.2—2009《工业大麻　种子质量》

从以上检索到的国内外标准数目来看，我国大麻标准的数目比较多、覆盖面比较全。但总体看来，有关大麻纤维的测试方法、产品技术标准还不够健全，尤其在印染、针织、色织产品等方面几乎空白。这也许与大麻纤维早期重点应用在军事领域需要保密有关。但伴随民用品的深入开发，进一步加大研究、制定更多标准的空间还相当大，希望有关部门及相关工程技术人员积极行动起来，为尽快完善大麻纤维及其制品标准，加速产品开发，做出积极努力。

三、工业大麻纤维的结构及特点

工业大麻纤维的横截面有多种不规则形状并且较为复杂，纤维截面呈现中空，中间孔隙较大，占横截面积的1/3～1/2，比苎麻、亚麻以及棉的大；纤维的纵向较平直，具有横节和许多裂纹、小孔，并通过毛细管道与中腔连通，这种结构让工业大麻纤维具有较多的毛细管道，使织物具有卓越的吸湿透气性能。

工业大麻（汉麻）纤维来自工业大麻（汉麻）植物茎的皮层和韧皮部（邹继超，2009），是工业大麻（汉麻）茎机械组织的一部分，机械组织具有支撑工业大麻（汉麻）茎部结构和抵抗外力的作用。机械组织包括厚角组织和厚壁组织，工业大麻（汉麻）纤维属于厚壁组织，它在植物成熟后会随着细胞壁的增厚和木质化而死亡。工业大麻（汉麻）纤维最初是有葡萄糖基被氧桥连接成的链状大分子平行排列，聚合成分子团系统，进而组成有空隙的纤维素骨架。在分子团系统和纤丝系统的空隙中，充填着胶质。随着工业大麻（汉麻）的生长，它们分层淀积，组成纤维的胞壁，纤维与纤维之间还平行分布着胶质。工业大麻的韧皮部占到了植物总量的30%左右，韧皮中纤维素的含量超过70%。大麻单纤维呈管形、表面有节、无天然卷曲、表面粗糙、有不同程度的纵向缝隙和孔洞；横截面略呈不规则多边形、中心处的空腔与纤维表面的缝隙和孔洞相连。纤维的性能往往与自身的纤维结构有关，但很多时候纤维性能会因品种及种植环境的不同而有所不同。研究发现，随着种植密度的增加，大麻纤维线密度、直径呈下降的趋势，强度呈上升的趋势。

中国科学院物理所的检测报告显示，一般的工业大麻（汉麻）织物对紫外线有明显的屏蔽作用，而且工业大麻（汉麻）纤维还具有遮光消音、避电耐热的功能，工业大麻（汉麻）纤维的横截面是不规则的三角形、多边形和扁圆形等，与苎麻、亚麻纤维明显不同，加之多棱状的分子结构，使光波、声波在工业大麻（汉麻）纤维的结晶区形成漫反射和多层光折射，在纤维分子的无定型区、缝隙和孔洞处如陷泥淖，广遭破坏和吸收，可以保障人们的身体健康。

四、工业大麻纤维制品的功效

（一）抑菌除臭

由于工业大麻纤维内含有大量的大麻酚等物质，此类物质的天然抗菌性质使得霉菌类微生物无法在大麻纤维内部生存，更有可能被大麻纤维所含的酶分子所压制、灭杀，因此，由大麻纤维作为原料的物质有着优越的抗菌特性，微量的大麻酚类物质的存在就可以灭杀霉菌类微生物。

（二）穿着舒适

工业大麻（汉麻）纤维的单纤维（细胞）中段线密度在2.4～2.8dtex（宽12～25μm，厚10～

15μm，壁厚3~6μm），且截面形状呈近椭圆形，抗弯刚度较低，特别是单细胞在两端更细，在2.4μm以下，抗弯刚度更低，因而刺痒感较轻。同时，历史上生产的工业大麻（汉麻）织物均不将纤维脱胶到单细胞程度，果胶和木质素来黏结的工艺的纤维不留纤维头端在外，因而更减轻了其刺痒感。因此，工业大麻（汉麻）纺织品一般都能较易避免其他麻制品的粗硬感和刺痒感，比较柔软适体。

（三）吸湿排汗

工业大麻（汉麻）纤维本身属于纤维素纤维，纤维中含有大量的极性亲水基团，纤维的吸湿性非常好。由于巨原纤纵向分裂而呈现许多裂缝和孔洞，并且通过毛细管道与中腔连通，此种结构使工业大麻（汉麻）纤维具有卓越的吸湿透气性能。经国家权威测试机构测试，工业大麻（汉麻）帆布在一定湿度空气中的吸湿速率为7.431mg/min，散湿速率为12.6mg/min，是其他纺织品所望尘莫及的，故工业大麻（汉麻）纤维吸湿、导湿、快干、凉爽性能良好。再加上工业大麻（汉麻）纤维刚度良好，爽身、利汗、不黏附和粘贴身体，因此穿着凉爽不贴身。同时，暴露在空气中的工业大麻（汉麻）纺织品，公定回潮率达12%左右；在空气湿度达95%时，回潮率可达30%，手感却不觉潮湿。

（四）耐热耐晒

工业大麻纤维耐热性能高，在370℃条件下不变色，在1 000℃时仅仅碳化而不是燃烧，具有极佳的耐热、耐晒性能。

（五）抗辐射、抗紫外线

工业大麻（汉麻）纤维的横截面很复杂，有三角形、四边形、五边形、六边形、扁圆形等，中腔形状与外截面形状不一。纤维壁随生长期的不同其巨原纤排列取向不同，分成多层。当光线照射到纤维上时，一部分形成多层折射被吸收，大部分形成漫反射，使工业大麻（汉麻）织物看上去光泽柔和，同时，工业大麻（汉麻）韧皮层中化学物质种类繁多，其中许多键基具有吸收紫外线辐射的功能，因此研究认为用大麻纤维编织成的织物可屏蔽95%以上的紫外线，无须特别处理即可阻挡强紫外线的辐射。

（六）抗静电

干燥的工业大麻纤维是电的不良导体，其绝缘性好于棉纤维。在同样测试条件下，纯工业大麻织物的静电压高出麻棉混合布约2倍，并高于涤麻混纺布，说明工业大麻（汉麻）纤维面电阻较大，绝缘性能好，而且工业大麻（汉麻）纤维在纺织及穿用过程中，能够轻易地避免静电积聚，不会因机械加工或衣着摆动摩擦引起尘埃吸附、起毛起球或者放电。

五、工业大麻脱胶技术

20世纪90年代以来，由于全球环境污染问题的日益突出，人类可利用的资源总量不断缩小，生命与健康逐渐成为人们日益重视与永恒关注的话题，整个世界的目光开始转向寻找具有无环境污染、卫生抗菌并可以被循环使用的所谓"绿色资源"，人类崇尚自然并日趋返璞归真。于是，屈居于化学纤维之后的天然纤维重新崛起，再度风靡，棉、麻、毛、丝在纺织工业领域的利用几近高潮。在此形势之下，作为最古老的纤维作物之一，麻类韧皮纤维的重要门类之一，工业大麻（汉麻）的研究也重新为世人所关注。

然而，要将大麻作为纺织原料必须要经过适当处理，将韧皮从麻秆上剥离下来经轻度发酵青皮刮除即得原麻，然后根据不同的加工需求进行不同的处理，目前纺织上用来织制服装面料的工业大麻（汉麻）纤维，必须经过脱胶才能取得。因此，脱胶工序是进行工业大麻（汉麻）纺纱的关键工序，脱胶的好坏也就直接关系到以后各工序产品的质量。与以单纤维形式存在的棉、毛和化学纤维不同，韧皮纤维存在于植物皮层内部，只有提取它们才能获得纤维。大麻纤维由于单纤维过短（一般为12～25mm）、纤维整齐度差、纤维素质量分数相对于其他麻类低，而木质素、果胶和半纤维素的质量分数较高，增大了脱胶的难度，严重影响纤维的可纺性，可以说脱胶的好坏决定了纤维（束）的长度、细度和断裂强度等，对稳定和提高后道工序的产品质量起着重要作用。目前业界对大麻脱胶的研究主要基于化学脱胶法、生物脱胶法和物理脱胶法。

（一）传统脱胶方法

工业大麻（汉麻）收获后，必须经过沤洗、剥制等初步加工过程，成为精麻或粗麻，才能供工业加工。麻类的沤制，在我国已有3000年以上的历史。早在《诗经》中就有"东门之池，可以沤麻，东门之池，可以沤纻"的记载。北魏贾思勰所著的《齐民要术》中也有"浊水则麻黑，水少则麻脆，生则难剥，大烂则不任"等沤制技术的记载。工业大麻（汉麻）纺织品目前仍处于中、低档水平，其中一个重要原因是汉麻纤维的木质素含量高、纤维粗硬，难以达到纺制高支纱的可纺性要求，传统的原麻化学脱胶工艺只适用于低木质素含量的原麻种类，应采用以去除果胶为主要目的的脱胶工艺处理制取精干麻；对于高木质素含量的原麻种类，应以去除木质素的处理工艺制取精干麻。根据消费需求，汉麻织物这种功能性绿色产品应向高支、轻薄型方向发展，以提高档次。为此，应提高汉麻纤维的可纺性，而影响汉麻可纺性的主要因素是脱胶工艺。汉麻脱胶的一个关键环节是预处理工艺。预处理工艺主要有两方面的作用，一是利用预处理去除部分果胶质，减轻后面脱胶工艺的负担；二是润湿纤维，使原麻纤维溶胀而变得较松散，在之后的煮练工艺中提高煮练剂的渗透作用，提高脱胶效果。

工业大麻传统沤制方法很多，有冷水浸、热水浸、露浸、雪浸、青茎晒法以及人工培养细菌法等。我国各地麻区盛行冷水浸渍法，少数采用堆积发酵法和青茎晒制。苏联、美国、法国盛行露浸法；意大利盛行冷水浸渍法，日本盛行热水浸渍法。但是目前大多数是采用天然细菌的脱胶方法，人工完全控制自然条件，还不容易做到，因此往往造成质量不匀。

1. 露浸脱胶法

露浸脱胶法在微生物脱胶中是最简单最原始的一种加工方法，优点就是节省大量资金和设备。过去广泛应用于汉麻和亚麻的脱胶。现在世界上还有一些国家如俄罗斯、美国、法国等仍利用露浸法脱胶。将鲜茎摊铺在草地上，日晒夜露，潮湿温暖的环境引起好气性细菌和霉菌活动，把纤细而呈胶质状的菌丝伸展到韧皮的薄壁组织层，并破坏果胶质，分离出纤维。在发酵过程中必须翻动1～2次。一般在气温较高的情况下，1～2周即可完成发酵，而在气温较低的情况下通常需要4～5周的时间。由于麻茎在地面上受露浸的程度不同，靠近潮湿地面部分的麻茎比上层麻茎湿润，因此造成上下发酵不一致，而且损失的纤维也比较大。一般用露浸法脱胶的纤维呈灰色或黑色，品质不好。露浸法检查发酵程度时，可将麻茎中部弯曲，如果木质部与纤维分离，并且形成弓弦状，表明达到了发酵适合期。美国威斯康星州还有采用雪浸法的，将收获后的麻平铺地面。经过一冬霜雪，完成脱胶过程。由于脱胶时间过长，往往脱胶过度，甚至成为废品。

2. 冷水浸渍法

冷水浸渍法是继露浸法之后发展起来的一种加工方法。目前世界上黄麻、红麻、青麻和汉麻多是采用冷水浸渍法进行脱胶。亚麻在荷兰、比利时等国也都盛行冷水浸渍法，我国山东、安徽等地沤制青麻、汉麻，浙江、广东等地精洗黄、红麻均系冷水浸渍法。

冷水浸渍法是利用天然水或者麻皮上细菌分泌酵素进行脱胶的。冷水浸渍法与露浸法比较，纤维损失少，而且纤维品质也好。此法所需设备不大，投资不多，成本低廉，但缺点是受气候变化影响大，温度、晴、雨均难于控制，不能周年生产。

汉麻的冷水沤麻，可分为池水沤麻、河水沤麻、塘水沤麻3种。一般池水沤麻最好，在靠近河流、湖泊地区，多在水流洁净而缓流之处或河滩岸旁挖据麻池，引入河水沤麻。北方麻区如山东、山西、河北以及四川等地多修筑沤麻池。江苏、安徽等省麻区大都利用河水或塘水沤麻，而不修筑沤麻池。修筑沤麻池，必须接近有清洁水源的地方，这样沤麻能沤透沤匀，减少胶质，纤维洁白。一般沤麻池长5~7m、宽3m、深1.5m，池的两端设置入水口和排水口，池底及四壁用石头砌起或涂上水泥，以免粘染污泥。山东推行一种新型沤麻池很好，由于它具有两个晒水池，6个沤麻池和一个冲麻池，沤麻时可以循环沤制。水经过晒水池后，水温由17℃升到23℃，使池内水温一致，麻茎发酵均匀，同时麻池入水出水方便，可节省劳力，缩短沤麻时间，冲水池能把沤好的麻捆立着冲洗干净。在沤麻之前，先将池内冲洗清洁，然后将收割后的麻茎，打去麻叶，捆成小捆，装入池中，上边再用树枝、石头压平，以后把清水引入池中，使麻茎全部浸入水中，直到水位高出麻捆15cm为止。此后即应随时注意池中发酵情况。当池水变灰绿色，水发臭，水面浮起一层小泡沫，应即抽出麻茎检查，看到麻茎上根梢部布满小水泡，手摸麻茎黏滑，手撕麻皮易与麻秆分离，说明已达发酵适度，应即出池淋洗，除去麻茎上的沾污杂物，然后竖立池边或草地半天再行摊晒，或撒成小网23d，经过浸露和阳光晒可使麻皮变白。麻茎晒干后，即可收储，至农闲时剥麻。伏麻质嫩，沤时水温23~25℃，2~3d即沤好；秋麻质老，水温20℃左右，约8d沤好。

南方麻区多河、湖、塘、堰，一般在河里沤麻时多选择河湾，四周用泥沙做成堤，一般嫩茎放在上面，其上再用石头和麻叶等覆盖压平，并在麻捆两侧打下木桩，并用绳索使其固定，促成发酵。在南方8—9月，一般24~28h即沤好。利用塘水沤麻，应选择水源清洁，向阳的塘沟，由于塘水流动性不大，不需做堤，只要用绳索和木桩将麻捆拴住即可。利用静水沤麻，沤到第二批麻后，发现水面起许多小气泡，水色变黄褐色时，就不能再沤麻，否则沤出来的麻皮色泽不好，降低品质。

3. 温水浸渍法

温水浸渍法是比冷水浸渍法更进一步的加工方法，目前整个东欧，日本广岛、熊本等以及中国北方均广泛采用。利用冷水浸渍往往受气候条件的影响很大，而且难以具有规模较大的工业化性质。利用温水浸渍法能控制温度条件，满足细菌繁殖最适宜的条件，能显著缩短果胶分解的时间，脱胶均匀，提高熟麻品质。这种脱胶方法的条件很容易控制，并且不受时间限制，在密闭条件下任何时间都可以进行。一种方法是将水池或沟渠内的水从28℃加热到40℃，微生物会加速繁殖，整个脱胶过程需要3~5d。另一方法是先将去叶麻茎放入蒸桶或蒸箱中密闭，蒸煮25h，然后取出用冷水浸渍30min，再剥皮洗净。

此法优点在于出麻率高，纤维品质优良，远优于雨露浸解法。缺点是浸制成本高。基于生态（废水）和经济等方面的原因，温水浸渍法是否重新推广到西欧还是一个问题。

4. 堆积发酵法

浙江嘉兴部分农民采用堆积发酵法，即将汉麻晒干后，搬到屋内，堆积地上，洒水使麻茎湿润，四周盖上稻草及席条，约经2周，麻茎上生出绿色霉菌时，即取出洗净，晒干储藏。农闲时，再浸水后剥皮。用此法剥出来的纤维不像沤制那样洁白柔软，多供作造纸原料。

日本栃木县少数农民也有采用堆积发酵法的。一般蒸床内敷设麦糠、麦秆、杉叶、麻屑等酿热物，使温度保持35℃左右。然后将麻捆淋水后堆积在上，一般第三天完成发酵。一般以麻茎黏滑为适度，若发酵不足，则麻茎有粗糙之感，纤维会像羽毛那样竖起。

5. 青茎晒制

一般经沤制的麻称为丝麻或线麻（精麻）；刈后直接晒干剥麻，称为魁麻（粗麻），其纤维品质较粗硬，颜色软黄，主要作为造纸原料。安徽六安等麻区寒麻大多采用青茎晒制。先将麻捆撒成网状，使麻茎在阳光下暴晒。晒麻顺序是先撒成小网，再到中网和大网，然后经过座腰和翻网等过程，7~8d后待青茎大部分变黄色，麻茎碰挤时能发出响声，即可上堆储藏。在农闲剥麻前再晒45d，使麻茎全部变黄白色就可以剥制。青茎晒制法的脱胶，在于利用麻茎上好气性果胶菌破坏一部分果胶物质，以及日晒夜露的相间进行，使强烈的阳光破坏部分果胶和对麻纤维起漂白变色作用，麻经日晒后纤维变金黄色。

传统汉麻脱胶方法存在如下缺点。

（1）脱胶过程需要大量的水，限制了汉麻在缺水地区的加工。

（2）脱胶过程受季节、气候的影响很大，使得汉麻纤维的产量、质量不稳定。

（3）由于不同的水源具有不同的水质、水温和微生物种类，影响因素非常复杂，难以控制沤麻过程。

（4）脱胶时间较长。

（5）对水域会造成严重污染。

传统汉麻脱胶方法，是早期我国麻农采用的最传统的方法。目前除在个别地区仍在使用外，在其他地区已很少使用。

（二）物理脱胶法

物理脱胶主要指超声波脱胶、蒸汽爆破脱胶、机械脱胶和等离子体等方法。此类方法简便快捷、无污染，对纤维损伤小，但脱胶不彻底，所以一般情况下仅作为一种预处理方法，需要和其他方法配合使用。这一类方法的最大优点是不会造成环境污染。物理脱胶机理在于利用超声波、汽爆、机械等外力作用，使得汉麻纤维外包胶质层产生大量的裂缝，在汉麻纤维的聚合体中同时又包括了纤维素分子链、半纤维素分子链、木质素分子链以及果胶质分子链等发生剪切变形，使得原麻中比较脆的胶质发生破碎和剥落，而后胶质与纤维之间发生脱离，从而达到脱胶的目的。由于技术原因，目前物理脱胶法的脱胶效率比较低，也只能作为对汉麻纤维脱胶预处理，需要与其他脱胶方法配合使用才能达到良好的脱胶目的。

1. 蒸汽爆破脱胶

蒸汽爆破脱胶即闪爆法，是利用高温高压状态下的液态水和水蒸气作用于纤维原料，并通过瞬间施压过程实现原料的组分分离和结构变化。研究表明，"闪爆"后的大麻纤维经水洗处理后，纤维素的比率显著增加，木质素等非纤维素成分明显减少，而且脱胶效果好，纤维的上染性能明显改善。德国洛特林根的LAF公司采用闪爆法对汉麻进行脱胶，机械剥皮后，切断原麻纤维至一定长度，放入压力容器内。原麻纤维在容器内被含有多种化学成分物质（主要是含有还原剂的腐蚀性碱）的溶液充分浸透，然后在1.2Mpa气压的饱和蒸汽中处理1~30min，减压至0.8Mpa后将压力突然释放，蒸汽将纤维喷出。最后水洗、干燥和打包。我国也有关于闪爆对汉麻脱胶的试验研究，目前尚未实现工业化。

2. 机械脱胶

机械脱胶即利用大麻的特殊结构，采用旋辊或罗拉等方法对原麻麻片进行加工，原麻中的脆性胶质受到施加的载荷时会发生破碎，使胶质脱离纤维，可有效去除大麻原麻中30%的胶质。该工艺流程短、试验条件简单、无废水废气、清洁环保、成本低。机械脱胶主要原理是利用纤维素与果胶等物理性质的不同，施以物理机械作用，使果胶、半纤维素和木质素脱离纤维素纤维。汉麻原麻可以看作是汉麻纤维的纤维素分子及胶质分子链存在拓扑限制作用的三维缠结网络，由于分子链长度的不均一以及链末端的存在，使得缠结网络结构不均一，在外载作用下，网络上应力分布和形变也不均匀，有些链由于受到应力作用而发生解缠，发生强烈取向，这些链能够承受较高应力。有的链则发生应力激发的热活化断链过程，这些链断裂之后，应力在其附近分子链上重新分布，使分子链的断裂集中在局部区域，并积累而形成微空洞，当微空洞的数量达到临界值时，其引起的应力集中互相影响，微空洞迅速扩展并伴随有空洞间本体材料的应变软化和冷拉，形成银纹核，银纹引发后，不断生长继而发生银纹微纤破裂，形成微裂纹，即垂直于纤维方向的裂纹。当汉麻原麻受到外力时，首先在麻纤维表面的胶质上产生微裂纹，继续加载时，微裂纹在胶质中扩展，使胶质破碎，脱离纤维。汉麻原麻也可看作是由韧性材料（纤维）和脆性材料（胶质）组成的复合材料。当材料受到复杂应力作用时，由于基体的断裂强度较低导致裂纹首先在基体产生，裂纹产生后，在持续的外载作用下，就会由一相向另一相扩展，但当裂纹接近纤维/基体界面时，裂纹的发展便与界面的性质有关，如果界面黏结很强，裂纹便会切断界面而由一相进入另一相。如果界面黏结很弱，基体裂纹容易在界面处转折，即裂纹会沿纤维/基体界面方向扩展，发生界面脱黏，这样大部分纤维保持完整，维持了沿纤维方向的复合材料的承载能力。由于汉麻原麻中汉麻纤维为韧性材料，胶质为脆性材料，两者的力学性质差别较大，界面黏结不是很强，因此当原麻受到复杂应力时，裂纹首先在胶质中产生，在原麻受到持续的外力时，裂纹沿纤维与胶质的界面方向扩展，因此导致纤维和胶质在界面上脱黏，或者当旋辊对汉麻原麻施加的应力超出胶质所能承受的最大应力时，胶质发生破碎，而纤维不发生断裂，从而达到脱胶的目的。

3. 超声波脱胶法

超声波脱胶主要是利用一定频率的超声波在一定温度的水中产生特有的"空化效应"，对浸在水中的大麻表面形成强大的冲击和破坏力，去除表面的各种杂质。蒋国华（2003）通过试验证明，水温50℃左右时，产生的"空化效应"最为强烈，对非纤维素的破坏最强，使大麻中的果胶、相对分子质量较小的半纤维素等溶解，胶质去除率高。德国ECCO公司采用超声波脱胶，将原麻纤维放入水（可加入助剂）中预处理，然后再进行超声波处理（水中加助剂），最后水洗、干燥、打包。

（三）化学脱胶法

化学脱胶是利用原麻中纤维素和胶质成分对碱、无机酸和氧化剂作用的稳定性不同，以化学方法去除原麻中的胶质成分，保留纤维素成分。目前我国汉麻纺织企业对汉麻脱胶主要采用的是化学脱胶法。

在化学脱胶工艺中以碱剂为主，辅以氧化剂、其他助剂和一定的机械作用，以达到工业上脱胶质量的要求，获得优良的精干麻质量。原麻脱胶后的成品称精干麻。汉麻原麻中的胶质等成分对水、无机酸、碱及氧化剂等化学药品作用的稳定性各不相同。例如半纤维素中的低分子量部分及可溶性果胶都能溶于水中，而其他成分如半纤维素中的高分子量部分、不溶性果胶及纤维素等成分虽不溶于水，但这些成分都可以被无机酸水解，而木质素则对无机酸表现出极大的稳定性。半纤维素、果胶物质、木质素等易在高温下被氢氧化钠水解，而纤维素则对氢氧化钠的作用表现出较高的稳定性。此外，半纤维素、木质素、果胶物质及纤维素对氧化剂的作用不同，例如对氯化作用的稳定性较低，其中以木质素的稳定性最差。综上所述，汉麻原麻的化学脱胶，不能采用以无机酸处理为主的工艺，也不能采用以氧化剂处理为主的工艺，只能采用以碱液煮练为主的工艺，汉麻化学脱胶即基于此原理进行的。

瑞士苏黎世FAL公司采用化学脱胶方法对汉麻脱胶：将原麻纤维浸入强碱溶液中，在120℃条件下高压蒸煮30min，然后冷却至100℃，打开脱胶装置。取出纤维，经水洗、中和、洗涤、干燥、打包。我国目前的汉麻纺织企业大多数所采用的化学脱胶工艺，视原麻品质和纺纱工艺的不同要求，分为高温高压和常温常压两大类。

化学方法是目前脱胶效果相对较好的方法，应用较为广泛，但工艺流程长，能耗高，对纤维损伤较大，污染严重，而且对木质素的去除效果也不是很理想。针对这种情况，一些研究工作者在化学脱胶之前采取了一些预处理方法。中国纺织大学杨红穗等（1999）参考了苎麻快速脱胶的一些成果，主要对应用预氧处理、预尿氧处理分别与一煮法和二煮法结合的大麻脱胶工艺进行了探索，结果表明，预尿氧处理与一煮法结合的大麻快速化学脱胶方法在降低残胶率和残余木质素方面非常有效。采用的脱胶工艺为：试样预备→预处理→水洗→煮练→水洗→酸洗→水洗→脱胶→干燥。张诚云等（2012）采用UV辐照—冷冻—骤热（UVFH）工艺对汉麻纤维进行预处理，通过对比UVFH处理后碱煮与直接碱煮的工业大麻纤维化学成分和残胶率发现，UVFH处理有利于胶质的脱除，降低了碱煮的负担。分析认为UV辐照处理中由于双氧水、氢氧化钠的作用，使胶质被氧化降解，从而使胶质层变薄并被破坏，同时紫外线对胶质层表面产生刻蚀，胶质层被破坏并产生裂纹，增加胶质层的比表面积，有利于后续碱煮处理中碱液对胶质的渗透，使胶质和碱液充分接触反应。最佳工艺参数为双氧水12g/L、氢氧化钠12g/L、UV辐照40min、−55℃冷冻、120℃骤热；UV辐照—冷冻—骤热脱胶后，工业大麻纤维残胶率为2.95%，木质素质量分数降低到0.75%。欧阳兆锋等（2018）采用石墨烯溶液作为功能整理剂，通过水浴碱氧一浴法对大麻原麻进行脱胶改性整理，工艺流程为：大麻原麻→预处理（H_2SO_4）→水洗→碱氧一浴（用蒸馏水和石墨烯溶液作为对比）→水洗→酸洗→水洗→打纤→抖纤→烘干→大麻纤维。对比2种方法处理结果表明，石墨烯溶液处理可以降低大麻纤维的残胶率，水浴处理大麻纤维的残胶率8.85%，石墨烯溶液处理的残胶率7.43%。这些预处理方法虽然在一定程度上改善了化学脱胶的效果，但仍存在工艺参数不易控制、能耗高、环境污染严重、耗水量大以及对纤维损伤较大等问题。

山东省东平县麻纺厂张道臣等发明了"汉麻化学脱胶及纤维加工工艺"之后，开始把汉麻纤维用于纺纱织布。用这项工艺生产的汉麻纤维，能纺36～40公支纯汉麻纱、以及11、14、16、21英支麻棉、麻涤混纺纱、麻丝交织布、麻毛粗纺呢、麻毛涤粗纺呢等十几个品种，迅速打入国际市场。这项脱胶加工技术，是以汉麻纤维（熟麻制剥成麻）为原料，采用化学脱胶和机械分离相结合的工艺，以解决完全脱胶后汉麻单纤维太短（平均长20mm左右），无法利用的问题。在化学脱胶阶段采取"浸煮结合、煮打交替、轻煮重打、轻漂重洗"的工艺路线，使汉麻纤维达到"半脱胶"状态，纤维适当分离。其工艺流程为：煮练废碱液浸泡→头道打麻→煮练→二道打麻→酸洗漂白→水洗→给油→烘干。用煮练后温度很高的废碱液长时间浸泡汉麻原麻，松解了汉麻的韧皮结构，这种缓慢的化学反应，使麻根、麻梢脱胶比较均匀，第二步进行头道打麻，第三步装笼碱煮，第四步进行二道打麻，这样浸泡、煮练与两次打麻的机械作用相互补充，相互促进，既有利于脱除胶质，提高均匀度，又不过分损伤纤维。

机械分离，分级提取纤维，是化学脱胶的主要组成部分。将半脱胶（或称适度脱胶）的汉麻纤维进行机械梳理。首先将60～80mm长的工艺纤维提取出来，取名为"麻型长纤维"，它能纺36公支以上纯麻纱，可与麻、丝、涤混纺高档服装面料；其次将40～60mm纤维提取出来，取名为"毛型短纤维"，主要供粗麻毛纺；最后将24～40mm的纤维提取出来，取名为"棉型纤维"，供棉麻混纺用。总之，汉麻的分梳工序实质上是将脱胶后的麻由粗劈细，由长拉短，分级提取。

上述化学脱胶方法在实际生产中尚存在着其他一些问题，首先，因为木质素对无机酸的稳定性相当高，因此脱胶中的浸酸工序对木质素的去除效果并不好。然而木质素的存在对纺织品质量有很大影响，如王德骤（1989）的研究认为，木质素含量少的纤维光泽好、洁白、柔软且有弹性，可纺性、染色性好；反之，纤维相当粗硬且脆，弹性差，可纺性、染色性差，不耐日晒。又经试验认为，汉麻精麻中的木质素含量低于0.8%时，纤维呈白色，且较松散、丰满，能满足纺织印染后加工要求；当木质素含量在1.5%以上时，纤维呈黄色，后加工较为困难。其次，木质素残留在汉麻中，留待织物煮练工序进行脱除，将会增加织物煮练的负担，且据王德骤的研究结果表明去除效果也并不是很好，汉麻经浓度为2g/L的NaOH预处理及二级煮练后，木质素的含量仍在1.5%以上。即使经后工序中的漂白作用（有效氯浓度1g/L）加强，仍难以达到质量指标要求。

上述的汉麻化学脱胶工艺生产的精干麻虽能满足梳纺要求，但也存在很多共同的缺点，如汉麻经化学脱胶之后，纤维上不可避免的沾附一些化学物质，这就带来很大的后患，这些化学物质可能进入纤维的内部，破坏纤维内部的结构，破坏汉麻纤维本身具有的药效成分，特别是破坏了汉麻"绿色纤维"的美誉。此外，这些化学物质对我国的一些汉麻类纺织品的出口带来了一系列的问题，西欧的消费者们认为，他们已暴露在自己所穿着的衣物，尤其是成衣产品所带来的不可估计的危险中，称之为"衣服毒素"或"衣橱内的化学品"，由此出现了纺织生态学，它包括纺织品的生产、消费者的影响和处理生态学3个方面，其中人们最关心的是纺织品的生产问题，它涉及纺织品上的染料和各种助剂将会产生什么情况，要采用对环境影响尽可能少的方式来处理纺织品等。有一些国家强制纺织部门去开发有毒化学品的替代物，以便转向可取代的环境方面的健康的生产和加工方法，并供应较多的对生态有利的纺织品种，一些国家使用一种生态标志，这种标志是对消费者在生态问题上提供某种形式上的保证，即他们购买的纺织品不会带来任何生态和毒素的危险，这些国家把"生态标志"视为一种非关税壁垒，禁止非生态标志产品的进口，使部分商品的出口受到阻碍，这一阻碍也促使我们国家进行生态产品的开发，扩大我国的出口。

还有，近年来环境污染问题为全球所关注，而上述化学方法脱胶往往耗用大量的水，且处理过的废水中含有有害的化学成分，回收较难，极易造成污染。

（四）生物脱胶法

1. 生物脱胶的原理与过程

生物脱胶方法分为微生物脱胶和酶生物脱胶。生物脱胶就是大麻初加工采用的天然沤制法，有冷水浸、热水浸、露浸、堆积发酵、青茎晒等方法，主要是在纤维上培养特定的细菌。目前国内生物技术在麻纺织行业上的开发应用已经起步，虽然生物酶制剂国内已有几家研制，但在麻纺织领域的应用尚未形成规模，酶制剂功能尚不完整，例如脱胶酶活性不够高，脱胶率仅在40%～50%不能完全代替化学脱胶。胶质进行生长繁殖，产生大量的酶，这种酶又可以使胶质发生分解，最终达到脱胶的目的。其中雨露脱胶是相对节能环保的方法，卢国超（2017）对比了雨露脱胶、汽蒸脱胶（不浸水）、温水沤麻脱胶3种方法，得出结论，雨露脱胶的出麻率最高，效果跟铺麻、翻麻等因素息息相关。

酶生物脱胶是利用生物酶对原麻进行脱胶，先在培养基中将特定细菌培养到衰老期，之后进行过滤或离心处理，得到想要的酶液，酶液既可以浸渍原麻，也可以浓缩提纯。该方法无须专用设备，减少了环境污染，增加了纤维平均长度，麻粒、毛羽明显减少，细纱品质提高，其主要影响因素是酶用量和大麻品质。一种途径是将某些脱胶细菌或真菌加在原麻上，细菌利用汉麻中的胶质作为营养源而大量繁殖，细菌在繁殖过程中分泌出一种酶的物质来分解胶质。如亚麻浸渍时遇到的3种主要细菌——淀粉芽孢杆菌型果胶分解菌（Bacillus amylobacter）、嗜果胶颗粒杆菌（Granulobacter pectinovorum）、费氏芽孢杆菌（Bacillus felineus）等。由于各种麻类韧皮纤维和叶纤维所含有机物质的不同，果胶分解菌具有一定的选择性，因此各种麻类都有它的最优良的果胶分解首选品种。一般认为分解亚麻果胶物质最有效的菌种是Bacillus felineus、Granulobacter pectinovorum，汉麻为Clostridium felsineume。酶是由生物产生的一种蛋白质，能加速体内各种生物化学反应称为生物催化剂。少量的酶可以作用大量的基质，它能推动物质的化学反应，但它本身并不参与反应的最终产物，也不消失，纵有耗损也为数甚微。在一定的条件下，酶可以从细胞中分离出不影响它的作用。酶的催化作用具有专一性，比如果胶酶只能水解果胶，半纤维素酶只能水解半纤维素。但至今尚未发现能有效分解木质素的专用酶。脱胶菌在繁殖过程中产生的酶来分解胶质，使高分子量的果胶及半纤维素等物质分解为低分子量的组分溶于水中，从而分离出纤维素；另外，也通过微生物的活动除去杂质，褪去色素。因此，麻类的微生物脱胶过程实质上是一个以果胶分解菌发酵作用为主的综合性微生物过程。

利用生物酶对原麻进行脱胶，可降低脱胶成本，减少环境污染，提高精干麻的制成率与精梳梳成率，且酶脱胶后纤维蓬松卷曲，平均长度增加，短纤维含量明显降低，麻粒、毛羽明显减少，细纱品质指标明显提高。从与汉麻相似的亚麻的研究结果来看，通过生物酶的作用，纤维素与木质素、半纤维素的分离效果相当好，且生物脱胶方法因为无须使用有害的化学助剂而对环境污染较少。但目前菌种的酶活力还不够高，微生物脱胶后的汉麻还含有较多的胶质，木质素含量较高，脱胶质量不易控制，锅（批）与锅（批）之间脱胶质量相差较大，精干麻产品质量稳定性非常差，并且生物脱胶过程中无法进行人为的控制，有可能存在脱胶不彻底的缺点，最终还要辅以化学脱胶才能达到后道工序的要求。

2.生物脱胶过程的变化

麻类的微生物脱胶过程主要是麻茎的果胶发酵的过程，而这种过程是由于果胶分解菌分泌的酵素而引起的。汉麻、黄麻、红麻、青麻、亚麻经过这个果胶发酵的过程，才能释放出纤维。生物脱胶过程可分为物理期、生物期和机械期。

（1）物理期。麻茎浸入水池中，首先被浸湿，继而组织膨胀。由于水的比重比空气重，因此麻茎内部的空气受水排挤到水面，形成气泡逸出水面。麻茎膨胀后，体积增加，表皮（或木栓组织）破裂，组织中可溶解的有机物质和矿物质如单宁、碳水化合物、色素等渐渐溶解于水，这时水池颜色逐渐加深，而溶出物质的积聚使微生物获得丰富的营养而大量繁殖。在此过程中，果胶分解菌不发生作用，但它对以后的浸渍过程有重要的意义，因为麻茎组织被水浸透，表皮破裂，以及麻茎中可溶物质的排出等，都是使果胶物质发酵的必要条件。为了加速物理期的过程，可提高水温；但一般不宜超过38～40℃，否则将影响以后发酵过程中的细菌繁殖。一般在水温20℃情况下需经过6～12h；鲜皮浸渍则需要的时间更短。物理期结束时，麻茎耗损7%～12%。

（2）生物期。在生物期，一方面好气性细菌大量繁殖，使溶液中氧气逐渐减少；另一方面，溶出的有机物质提供了细菌繁殖的良好养料，因此嫌气性发酵菌繁殖旺盛，并将溶出物质分解，使水变得混浊，造成宜于嫌气性细菌而不宜好气性细菌繁殖的优良环境。发酵菌在麻皮组织中分泌酵素，使表皮、内皮、柔膜等细胞破坏，使胶质分解而产生气体、有机酸及其他产物，以致纤维完全分离，经细菌分解后的产物有气体（包括二氧化碳、硫化氢、硫醇、粪臭素、沼气等）、有机酸（包括甲酸、醋酸、乳酸、树胶醛、糖酸等）、糖类（包括阿拉伯树脂胶、水解乳精、太糖）、醇类（包括乙醇、丁醇）、酮类（包括丙酮）。在浸渍液中酸类的增加，使浸渍液的酸度也随之逐渐增加，而发酵细菌是适于中性或微碱性而不适于酸性环境的，因此使发酵菌的繁殖和活动受到抑制，于是它们便增厚细胞壁，形成孢子以抵抗不良外界环境。

在浸渍过程中，麻茎的结构发生一系列变化，微生物一般由麻皮上气孔和茎的切断处侵入，形成层首先受到侵蚀，最后皮层解体，由细菌的作用使果胶发酵的结果，使这些组织都被压缩，而由它形成的无定形渣滓黏附在纤维上。当韧皮部柔软组织解体，纤维束能单独分离时，发酵即达适度。这时如用手将麻皮根部撕开，纤维已成细条网状等，手触麻皮感到润滑而柔软，应即进行捞洗。如果发酵已达适度而继续浸渍时，则纤维束内果胶、木质素等黏合物溶解而分离为单纤维，其强力显著减弱，甚至失去使用价值。所以生物脱胶成败的关键在于掌握发酵适度。

（3）机械操作期。当麻已达发酵适度，应从水中捞出，在清水中漂洗，除净黏附纤维上分解物质，然后在日光下晒干。日光有漂白作用，且纤维素中有机酸可能因好氧微生物作用而被氧化，故用日光干燥较好。晒干后再抽出梢骨、杂质，并进行整理、分级，然后打包成件，即成工业用熟麻。

3.外界环境对微生物的影响

微生物和其他生物一样，是受着外界环境条件如水温、水质、pH值、原料品质等的影响。当外界环境适宜时，微生物的生长发育正常繁殖旺盛，原生质的生化过程和酶的作用活跃；反之，当适于微生物的生长和繁殖时，它的活动受到抑制，甚至死亡。

（1）水。微生物细胞中含有80%~90%的水。一切营养物质必须溶于水才能选择吸收。因此，干燥可抑制其生命活动，如果继续干燥，可以使之死亡，其原因主要在于蛋白质的变性，酶的失活，以及盐类浓度的增加而引起胞浆溶解和氧气的杀菌作用。汉麻露浸法是在雨露的湿润条件下，使发酵菌生长繁殖，进行脱胶的过程。汉麻的天然水浸渍的发酵过程受水的影响更大，其中水质、水的流速和水的深度直接影响到发酵速度和产品品质。水质以软水为佳，即一般河水、湖水、池塘水等，因为它们含有机质多，可供微生物丰富的养料，有利于微生物的生长繁殖。含有矿物质和石灰质的硬水会使微生物的生长繁殖受到抑制，所以泉水、山溪水或经过消毒的自来水均不宜浸麻，必要使用时，先经过软化处理使矿物质沉淀，并加入适当的营养料，促进微生物的生长繁殖。海水是可以浸麻的，浸出的麻颜色较白，但纤维带有盐分，回潮率高，不耐久储。水流不宜过急，因为流速与水温、营养和微生物聚集密度有关。流速一般以每分钟1~1.5m的缓流水为好，一方面对水温、微生物密度影响较小，另一方面能经常调换污水，使水不致酸度过大，有利于微生物的生长，熟麻品质也好。利用池水浸麻，由于水温和有机物质含量较高，微生物繁殖旺盛，最初几批的麻发酵较快，但以后由于水的酸度不断升高，微生物的生长繁殖受到抑制，发酵极慢，熟麻品质也差。水深一般以2.0~3.5m较好，上下水温相差不超过0.5℃，如果上下水温相差过大，则发酵不匀，影响熟麻品质。如水太浅，则一部分麻陷入污泥，纤维变黑，影响色泽。一般养鱼池不宜浸麻，因为麻在发酵过程中分解的有机酸会毒死鱼类；饮水池也不宜浸麻，否则影响水质，有碍健康。水面有水草的应设法捞除，而池底的水草不必清除。

（2）营养条件。利用微生物进行脱胶，要使微生物生长繁殖的好，就必须给予适合的营养条件，其中以碳源和氮源最为重要。因为在微生物全部干物质中，就其元素成分来说，碳、氢、氧、氮4种元素占90%~97%；其中碳素约占50%，氮素在细菌中含量占7%~13%，在霉菌中约占5%。氮是构成生活细胞物质——蛋白质的主要元素，所以在微生物的成分中含量虽不多，但确是十分重要。微生物在生长繁殖过程中所需要的碳源和氮源具有一定的比例，因为微生物一方面要吸收碳素，一部分用来合成有机物质，一部分用于产生活动所需的能量，同时它也需要氮素用来合成蛋白质。根据上述微生物化学成分分析，碳氮二者之比为5:1。一般它只同化20%的碳，其余80%则在呼吸中氧化了，当微生物每消耗100g碳只有20%用于合成有机物质时，其比例为消耗碳总量比合成有机物质的碳量等于5:1，可见实质上其消耗碳氮的比例为25:1。在浸渍液中适当添加一些营养料，并使浸渍液基本上达到上述C:N比例，可使微生物生长繁殖旺盛，加速浸渍过程。

（3）温度。微生物在生长繁殖过程中需要一定的温度条件，超过适温范围，不是停止活动，就是死亡。各种微生物所需要的温度不同，一般果胶分解前需要较高的温度，35~40℃时候较好。温度超出42℃以上，则微生物的生长繁殖变慢，不利于脱胶，温度继续上升则有死亡可能。如黄麻发酵菌Bacillus corchorus在90℃下2h或95℃下30min即死亡。温度超过最高限度，微生物灭亡的原因在于构成原生质和酶的蛋白质在高温下起了不可逆性的凝固变质作用，失去了生命力的缘故，但在温度过低时，微生物的活动也将受到抑制，代谢作用减弱，最后生命活动停止而处于休眠状态，但仍能较长久地保存活力。

（4）pH值。微生物对于水的pH值反应非常敏感。过酸过碱都会影响微生物的生长繁殖，甚至不能生存。果胶分解菌一般喜中性或微碱性。在酸性条件下，氢离子浓度较大，先影响到原生质膜的电荷，因而影响微生物对营养物质的吸收，原生质的生化过程和酶的作用。

麻类在发酵过程中将发生软组织分离，产生气体、有机酸等，因而增加了氢离子的浓度，这样必然会影响到微生物的活动。在天然水浸渍水质变污时，可停止浸麻一段时间，待水的酸度降低，杂质沉淀后再使用；在人工培养细菌脱胶时用氢氧化钠或石灰中和酸性，满足微生物生命活动的要求，均可加速发酵过程。

（5）光。有些有色微生物需要光线的照射，始能发育正常，但是对果胶分解菌来说，光不是它的适宜生活条件，强烈的直射光还具有杀菌的作用。因此麻类浸渍时必须全部浸入水中。使发酵均匀，否则暴露水面的部分，由于微生物活动受到抑制，将使发酵不匀，或造成僵麻。

（6）原料品质。不同麻类的果胶、半纤维素等含量不同，就是同一种麻类，由于生长老嫩以及不同部位，其果胶及其他糖类含量也不同。同时，不同的微生物对果胶的作用不一样，就是同类果胶分解菌的不同种，产生的果胶酶也是不一样的，因此对不同的果胶发生不同的作用。

同一品种的不同等级，其发酵程度也有不同。一般三、四等品较一、二等品发酵为快。这是因为一、二等品麻皮较厚，组织紧密，细菌侵入、分解较慢的缘故。麻类在生育期中由于病虫或风灾危害，组织受伤处形成木栓化的愈伤组织，一般称为斑疵，在浸渍过程中发酵很慢，甚至不能发酵，在熟麻上造成褐色斑点或斑块，影响纺织。枯麻或因受潮而造成的僵麻，也因其枯僵程度不同而延长发酵时间，甚至不能发酵。

（五）联合脱胶法

1.机械脱胶法+化学脱胶法

曲丽君（2005）在机械脱胶方法的基础上，辅以化学脱胶法，得到品质优良的精干麻。研究表明，采用旋辊式物理机械脱胶法，大麻的脱胶效果与弹性模量的大小有直接关系，弹性模量越小，去除的胶质越多，脱胶效果越好；施加在大麻上的外力应小于大麻纤维的断裂应力，保证纤维不受损伤；原麻麻片在横向拉伸和单次剪切作用时效果不理想，在纵向拉伸力或重复碾压作用下去除胶质的效果较理想。所采用的化学脱胶法将传统的煮练、漂白2道工序结合在一起，利用碱和双氧水相互作用（碱既起到去除大麻中的胶质、半纤维素、木质素及其他杂质的作用，又为双氧水的分解提供了有利环境），使碱与双氧水的作用达到最大功效。双氧水在酸性介质中很稳定，而在碱性介质中可以被碱活化，双氧水分子发生离解，可以漂白大麻纤维，尤为重要的是可以氧化木质素，木质素被氧化后可以溶解于碱氧一浴中，从而有助于去除木质素和其他杂质。同时采用了新的脱胶助剂硫酸镁和强碱浴双氧水稳定剂，对碱氧一浴脱胶反应起到了很好的稳定和保护纤维素的作用，需要对升温速度和升温过程进行控制。试验表明，NaOH质量浓度为10.5g/L，H_2O_2用量为9.8g/L，处理127min时，大麻精干麻的脱胶效果相对最优。此大麻脱胶漂白工艺流程短、工序少、成本低；制成的精干麻残胶和木质素较少；麻纤维长、整齐度好、手感柔软、色泽好、无刺痒感，适合做中高档麻纺织品；在后整理中可以无须精炼、漂白工序，节约成本，提高了产品稳定性。

2.生物脱胶法+化学脱胶法

生物化学联合脱胶是利用生物酶（主要是果胶酶和半纤维素酶）的作用分解原麻中的大部分胶质，然后再辅以化学脱胶的部分工序脱去少量胶质，生产精干麻。有人采用如下工艺对汉麻进行脱胶：原麻→预浸酸→冷水冲洗→果胶酶脱胶→热水失活→冷水冲洗→化学脱胶→冷水冲洗→打纤→冷水冲洗→脱水→烘干→精干麻。工艺条件：生物：预浸酸：H_2SO_4浓度3g/L，60℃，1.5h，浴比1∶14，冷水冲洗3min，果胶酶脱胶浓度7%（液比，owf），50℃，6h，pH值4.6，浴比1∶14，热水失活：升温至80℃，15min；冷水冲洗：3min。化学脱胶：NaOH浓度5g/L，三聚磷酸钠0.8%，1.5h，常温常压；浴比1∶14；冷水冲洗：3min；打纤：12圈；冷水冲洗：3min。

生物酶预先处理，可去除胶质至一定程度，并使其他部分胶质分解成较小碎片，易于稀碱液水解，从而使联合脱胶处理效果比单独化学脱胶效果好，联合脱胶后的汉麻精干麻残胶率为6.9%，细度为120tex，达到纺纱要求。而且碱用量与常规化学脱胶相比，可节约75%左右，减少了污染。

生物脱胶法+化学脱胶法的优点是可使环境污染大大减少，减少能源和化学药品消耗，纤维损伤小，得到的精干麻品质优良，手感蓬松柔软。但同时其也具有生物脱胶所具有的缺点，即菌种的酶活力还不够高，微生物脱胶后的汉麻还含有较多的胶质，脱胶质量不易控制，锅（批）与锅（批）之间脱胶质量相差较大，精干麻产品质量稳定性非常差，并且生物脱胶过程中无法进行人为的控制，有可能存在脱胶不彻底的缺点等。

3. 化学脱胶法+闪爆脱胶法

郝新敏等（2007）进行了大麻纤维高温蒸煮—闪爆联合脱胶新工艺研究，讨论了高温蒸煮—闪爆联合处理条件对汉麻纤维性能及组分分离效果的影响。利用红外光谱和电镜对大麻纤维脱胶前后的表面形态结构、化学成分进行了分析和观察，试验结果发现，汉麻纤维经高温蒸煮—闪爆联合处理后，半纤维素和木质素的质量分数相对原麻分别下降了81.18%和86.68%，纤维素质量分数提高至93.26%，达到汉麻纤维脱胶的目的；工艺中高温蒸煮温度、碱用量、闪爆前处理、闪爆压力及温度、保压时间及闪爆次数等是影响汉麻纤维分离的重要因素，并且高温蒸煮及预浸处理对汉麻纤维的溶胀作用有利于降低闪爆条件。

4. 生物脱胶法+闪爆脱胶法

蔡侠等（2011）研究了微生物和蒸汽爆破联合脱胶技术，缩短了大麻的脱胶时间，提高了纤维质量。在原有的微生物脱胶工艺和预设蒸汽爆破参数条件下，对蒸汽爆破阶段的不同参数进行单因子和正交试验。脱胶后大麻纤维的组分测定和性能检测结果显示，微生物蒸汽爆破联合脱胶技术较好的工艺参数为：脱胶微生物对大麻在35℃、180r/min下振荡培养6h；蒸汽爆破压力2.5MPa，保压120s。经此工艺处理后的大麻纤维素质量分数为77.01%，果胶、半纤维素和木质素的质量分数比原麻分别降低了89.15%、33.75%和30.64%，胶质去除效果较好，纤维分裂度和断裂强力分别达到689m/g和80N。

六、工业大麻纺纱技术

工业大麻（汉麻）纤维最初是由葡萄糖基被氧桥连接成的链状大分子平行排列、结晶成平行分子原纤结构，进而组成一种有空隙的纤维素骨架——原纤系统。在基原纤、微原纤、巨原纤各级原纤系统的空隙之中，充填着胶质和木质素。随着工业大麻（汉麻）的生长，它们分层淀积，组成纤维的细胞壁；在纤维与纤维之间，还平行分布着胶质和木质素等胞间物质。在显微镜下，可以看到含有棕色树脂的胶质和木质素存在。由此可知，汉麻纤维束的含胶具有3个层次：纤维与纤维之间的胶质和木质素系统、原纤系统之间的胶质和木质素系统和链状分子基原纤结晶系统之间的胶质和木质素系统。

工业大麻（汉麻）纤维中木质素含量的多少直接影响纤维的品质和性能。汉麻精干麻中木质素含量低于0.8%时，纤维呈白色，且较松散、丰满，能满足纺织印染后加工要求；当木质素含量在1.5%以上时，纤维往往呈棕黄色，后工序加工困难。木质素含量少的纤维光泽好、洁白、柔软并有弹性，可纺性能及染色性能好。反之，则纤维粗硬、脆、弹性差、可纺性能及上染性能差，且不耐日晒。工业大麻（汉麻）纤维过去受到工艺、技术和市场的影响，多用作制造绳索或作为燃料等，最好也是用于造纸。对工业大麻（汉麻）纤维而言，若完全脱胶则纤维长度太短，无法适应当前所有的纺纱系统。工业大麻（汉麻）纤维的这种含胶结构与单纤维形态，决定了工业大麻（汉麻）原麻脱胶只能恰到好处，既要裂解纤维素间的薄壁细胞和去除与纤维束平行的胶质，又要防止过度深入作用到韧皮纤维束内部，防止纤维束离解成单纤维。这种适度脱胶工艺获得的，将是一种长短粗细不一的纤维束与单纤维的混合体。大纤维束较长，残胶较多，外表光滑，粗硬，不易加捻；短而细的单纤维和小纤维束掺杂其间，又将使牵伸运动难以得到有效的控制。

从纤维长度来看，苎麻单纤维长度最长，可以用单纤维纺纱。而亚麻和工业大麻（汉麻）的单纤维均很短，均不可能将它们脱胶成单纤维在现有的各种纺纱系统上纺纱，因此最好用半脱胶的方法，采用工艺纤维纺纱。

工业大麻（汉麻）工艺纤维的长度与细度取决于脱胶与梳理的程度。一般说来，工艺纤维的长度越长，其细度就越粗。为了避免纤维损伤、断裂，减少短绒、麻粒的产生，适度脱胶后的工业大麻（汉麻）精干麻或打成麻，应补加油水，提高纤维的柔韧性，然后由粗渐细，采用多道牵伸、梳理，逐步分解的方法。如在脱胶时保留较多的胶质，使用较粗的工艺纤维纺粗纱，可大大降低梳理负荷。精梳是工业大麻（汉麻）纺纱必不可少的工序。生产中，还常利用复精梳来进一步排除短纤和麻粒。但为了降低成本和充分利用自然资源，应对各道梳理产生的落麻加以充分利用。

虽然到目前为止工业大麻（汉麻）纺纱已经取得了一定的成就，但总的来说，现在的工业大麻（汉麻）纺纱工艺还不十分成熟，纯工业大麻（汉麻）产品的质量大多只处于中低档层次，还只是处于探索研究阶段。目前国内外工业大麻（汉麻）纺纱主要借鉴亚麻和苎麻纺纱系统。根据"工艺纤维"的长度，工业大麻（汉麻）纺纱有长麻纺和短麻纺两种工艺。长麻纺采用平均长度80mm左右的栉梳工艺纤维。按亚麻纺纱工艺，打成麻经栉梳机梳理而得的梳成麻是长纤维，用这种长纤维来进行纺纱即为长麻纺。打麻中落麻（一粗和二粗）和栉梳机的落麻（机械落麻）称为短麻。

按纺纱中的脱胶控制方式，可以分为干法纺纱和湿法纺纱。干法纺纱采用残胶率较低的精干麻，经多道梳理，获得基本适应纺制42tex以上（24Nm及以下）的纯麻纱及多种混纺纱的麻条和落麻。湿法纺纱，脱胶麻的残胶率较高。梳理后，获得的麻条和落麻工艺纤维的细度较粗，须经练漂（实质为二次脱胶），才能适应纺制62.5tex以下（16Nm以上）纯麻纱的要求。干法生产的长麻粗纱，也有经练漂后上湿纺细纱机纺纱的，因其纤维残胶量较低，一般只漂不煮或轻煮，主要根据粗纱中纤维的细度及需要纺纱细度而定。长麻与短麻均可进行湿纺或干纺，但通常只对短麻进行干纺。短麻干纺纱一般用来织制帆布。湿纺的特点在于粗纱煮练，可使残胶膨胀、软化，部分分解，还可重点去除木质素与半纤维素。湿态下的工业大麻（汉麻）纤维较柔软，强力较高，纤维束中单纤维间的胶合力较干态时小。细纱牵伸中，进入前罗拉钳口的纤维，较易克服周围纤维间的结合力而滑移离解；游离的单纤维和小纤维束因粗纱捻回、水、残胶抱合等因素，使成纱过程得到良好的控制。因此，利用湿纺技术较易获得支数较高、条干和强力较均匀的毛羽极少的纯工业大麻（汉麻）纱，并且利用水的凝聚作用和果胶质溶化后的黏合作用，使纱线表面光洁，也提高了细纱强力。由于湿法纺纱须经粗纱练漂，显然不相适宜不耐酸碱和高温高压煮练的纤维（如毛、丝、粘纤等），这在一定程度上限制了湿纺混纺产品的开发。

根据纺纱时是否混入其他纤维，工业大麻（汉麻）纺纱系统还可再分为工业大麻（汉麻）纯纺和混纺系统，工业大麻（汉麻）混纺多采用麻纺、绢纺、毛纺、棉纺等纺纱系统，以干法方式进行。混纺时，纤维可以是落麻或棉型化工业大麻（汉麻）纤维，根据不同的混纺原料采用不同的工业大麻（汉麻）纤维。对于工业大麻（汉麻）纺纱，可采用类似苎麻或亚麻的干纺系统，或类似亚麻的湿纺系统，进行纯工业大麻（汉麻）纺纱。

七、工业大麻/棉纤维的混纺工艺

工业大麻（汉麻）是各种麻纤维中细度较细的一种麻纤维。工业大麻（汉麻）的表面有许多裂纹，且中腔较大，因此吸湿排汗、透气导热性能格外出色。但是由于工业大麻（汉麻）纤维间的抱合力差，将工业大麻（汉麻）和棉纤维混纺，可有效解决工业大麻（汉麻）本身可纺性差的缺点，目前研制出的工业大麻（汉麻）纤维主体长度大于23mm、超长纤维小于5%，因此选用品级在2级以上、主体长度不低于29mm的棉纤维，用于研制工业大麻（汉麻）/棉纤维的混纺纱。由于工业大麻（汉麻）类产品的功能性在很大程度上取决于工业大麻（汉麻）的吸湿快干、抗菌防霉等优良性能，因此在研制的工业大麻（汉麻）/棉混纺纱中，工业大麻（汉麻）的含量应越高越好，但是由于工业大麻（汉麻）纤维的可纺性差、纤维之间的抱合力差等缺点，棉的含量也不能过低（陈艳华，2012）。

第五节　工业大麻在造纸行业的应用

纸浆是以植物纤维为原料，经不同加工方式加工制成的纤维状物质，其依照原料来源、加工方式、加工程度等可以分为很多细分品种（表13-1），并可广泛应用于造纸、人造纤维、塑料、化工等领域。

纸浆依照原料来源主要分为木浆、废纸浆和非木浆。木浆中分为两大类，分别是针叶浆（包括马尾松、落叶松、红松、云杉等树种的木浆）和阔叶浆（包括桦木、杨木、椴木、桉木、枫木等树种的木浆），一般针叶浆具有比阔叶浆更强的韧度与可拉伸性，因此在木浆的使用中通常会掺入一定比例的针叶浆以增强纸张韧性。废纸浆是废纸在回收后经过分类筛选，温水浸涨，被重新打成纸浆以期再次利用的纸浆。非木浆中则主要有3类，禾科纤维原料浆（如稻草、麦草、芦苇、竹、甘蔗渣等）、韧皮纤维原料浆（如大麻、红麻、亚麻、桑皮、棉秆皮等）和种毛纤维原料浆（如棉纤维等）。

纸浆按照加工工艺分为机械制浆、化学制浆、半化学制浆。机械制浆是指单纯利用机械磨解作用，将纤维原料（主要是木材）制成纸浆的方法，其产品统称为机械浆。化学制浆是指用化学药剂对原料进行处理而制造纸浆的方法，其产品统称为化学浆。半化学制浆（又称化学机械制浆）是先对料片进行化学处理然后再磨成纸浆。

表13-1　纸浆类型划分（来源：矽亚投资）

分类标准	主要制品类别	其他特征
原料来源	木浆、非木浆、废纸浆	木浆中主要分为针叶浆和阔叶浆两大类，一般针叶浆具有比阔叶浆更强的韧度和可拉伸性
加工工艺	机械浆、化学浆、半化学浆	无论机械法还是化学法都需要使用一定量的化学品作为蒸煮剂或者其他的工艺辅助
加工程度	精致浆、漂白浆、半漂浆和本色浆	不同白度纸浆可应用于不同纸种的制造，如精致浆用于高档印刷纸，本色浆用于半透明纸等

我国是全球造纸行业最重要的成长型市场，2017年我国纸及纸板的生产量和消费量均占全球第一，约占全球总量的1/4。

工业大麻纤维长度长、强度大、吸湿性好、天然环保，另外大麻生育期短，单位面积生物产量高出森林的3～4倍，在当前人类过度砍伐造成世界各国森林面积不断缩减的严峻形势下，利用大麻代替木材制浆造纸的天然、可再生的造纸技术成了最佳的环保策略之一。20世纪50年代，美国、加拿大和意大利等国家研究证明，工业大麻是最有潜力的可以替代木材的造纸原料。全世界现有20多家纸浆厂利用工业大麻纤维制浆造纸，主要分布在印度等国，美国、英国、法国、西班牙、土耳其和东欧等国也有用大麻制浆造纸的。

我国利用工业大麻（汉麻）造纸有着悠久的历史，工业大麻（汉麻）造纸可以追溯到2 000多年前。现存最古老的纸张于1957年在中国山西的古墓里被发现。该纸张面积大约10cm²，年代估计为公元前140到公元前87年，经研究鉴定该纸张是用工业大麻（汉麻）纤维制成的。而如今，在陕西周至县，有个世代以手工造纸为业的起良村还保留有纯手工制作"汉麻纸"的技艺。起良人造纸所采用的工艺完全是当年"纸圣"蔡伦发明的造纸工艺流程，原料是秦岭山里的楮树皮，水源是从秦岭山里流淌出来的山泉，不添加任何化工原料，纯用手工制作而成，做出来的纸俗名称"麻汉纸"即"汉麻纸"。其特点是：纸寿千年，味香、绿色、天然、环保，具有极高的历史价值和文化价值，更是不折不扣的国粹。"汉麻纸"需经备料、蒸料、泡浸料、整料、踏碓、切翻、揭浆、淘浆、抄纸、压纸、晒纸、揭纸等一系列环节，共计36道大工序和72道小工序，耗时一个多月，全靠人力制成，工艺复杂讲究，要求极其苛刻，难以伪造。纸寿命可达千年，味香，纸纤维长，纸质坚韧，外观有粗细厚薄之分，又有黑、白、黄之别；其纸帘纹间距不等、大小不等，因而规格也不等，但成纸后尾边皆是自然毛边。该纸的用途十分广泛，是书法绘画传世之作的最佳用纸。

工业大麻（汉麻）韧皮纤维长度较长，木质素含量较低，是大大优于长纤维软木和短纤维硬木的造纸原料。工业大麻（汉麻）秆芯纤维的理化指标接近于软木木纤维。近代的研究也证实了工业大麻（汉麻）可作为造纸原料，早在1916年美国农业部（USDA）就详细分析了工业大麻（汉麻）秆芯造纸用途。20世纪50年代，美国农业部又开展了一个筛选出可替代木材的草本造纸原料的计划。研究发现，α-纤维素是衡量原料纸浆质量和产量的最好标准，于是研究人员对200多种作物进行了调查，其中工业大麻（汉麻）全秆的α-纤维素含量高达原料的37.6%。加拿大麦吉尔大学纸浆造纸研究所的研究也表明，大麻麻皮α-纤维含量为80%，是所有双子叶植物中最高的，工业大麻（汉麻）秆中的α-纤维含量为39%。通过对所有材料进行研究的综合评价表明，工业大麻（汉麻）是最有潜力的可以替代木材的造纸原料之一。

虽然世界上有成千上万的非木纸浆厂，但只有少数厂采用工业大麻（汉麻）作造纸原料，而且多采用工业大麻（汉麻）韧皮纤维造特种纸。目前，世界上采用工业大麻（汉麻）制浆的纸浆厂有一半以上位于印度，但他们并不是固定地采用工业大麻（汉麻）制浆，另有一部分分布在美国、英国、法国、西班牙、土耳其、东欧等一些国家。

工业大麻（汉麻）纤维是生产卷烟纸、滤纸、钞票及证券纸、高质量文件纸、手工纸的极好材料。特别要提到的是由于工业大麻（汉麻）纸张的绿色性质，其产品开发的潜力非常大，可以用来生产茶叶、食品、药品、化妆品等的包装材料。美国工业大麻（汉麻）纸张主要作为钞票纸。法国工业大麻（汉麻）主要用作造纸原料，96%的工业大麻（汉麻）纸用作卷烟纸，其他为圣经纸、茶叶袋等。全球财富500强之一的金佰利（Kimberly-Clark）在法国就有一座工业大麻（汉麻）圣经纸厂，工业大麻（汉麻）作圣经纸的主要原因是由于工业大麻（汉麻）含木质素较少，纸张不变黄，经久耐用。

归纳起来大麻纸张用途如下。

（1）作为食品、药品及化妆品等的包装材料。

（2）大麻纤维可以和聚丙烯、聚乙烯等人造纤维或化学纤维混合制造各种包装材料。

（3）烟纸。美国名牌烟草中有一半用大麻卷烟纸和过滤嘴成型纸。有些国家还规定卷烟纸必须用大麻纸，因为云杉等木质纤维燃烧会产生大量有害烟雾。

（4）咖啡及茶叶小袋纸。

（5）专业无纺布和过滤纸，可以用于科研等专业领域。

（6）防伪纸。

（7）电容器绝缘纸。

（8）证券、圣经、防油和各种艺术用纸。

这些特种用途的纸只能用特殊纤维如工业大麻（汉麻）、亚麻、棉花及其他非木纤维来制造。2002年欧洲特种纸用量为1.7万t，工业大麻（汉麻）纸占87%的市场份额。北美每年特种纸需求量为12.5万t，主要由亚麻制造，每年非木浆纸需求量为1万t。北美目前大量从西班牙进口工业大麻（汉麻）纤维纸浆，添加部分工业大麻（汉麻）纤维纸浆来增加纸的强度，添加量通常为5%～10%。一个工业大麻（汉麻）纸浆纸厂通常年生产能力只有几千吨。这些工业大麻（汉麻）浆纸厂能生存的唯一原因在于产品的特殊性，同时这也是工业大麻（汉麻）浆比木浆价格高的原因所在。有的工业大麻（汉麻）纸浆厂，由于规模小及工艺落后，不能达到这些国家的环保要求，有的厂通过将废水运到附近的木浆厂处理而能生存下去，而另一些厂只好倒闭。因此在没有严格环保要求的国家，工业大麻（汉麻）浆的产量还是逐渐增加的。工业大麻（汉麻）纸浆价格高的一个原因是其采用的是低效率制浆工艺，另一个原因是工业大麻（汉麻）只在秋天收割一次，工业大麻（汉麻）纸浆厂必须储备一年用的工业大麻（汉麻），而储存这些工业大麻（汉麻）要耗费大量的人力物力，原材料成本很高。

将现代造纸技术嫁接到工业大麻（汉麻）纸浆的生产上是完全可能的，这可完全克服工业大麻（汉麻）纸生产过程中的环境污染问题。另外在我国当前的国情下，大范围培育纤维型工业大麻（汉麻），可较好地解决"三农"问题，还缓解了国民经济进步对石油等不可再生自然资源的依赖程度，为工业提供较好的原材料。基于以上两点，当工业大麻（汉麻）纸浆产量可与批量应用（挂面纸板、薄纸、卫生纸、印刷用纸和信纸）的木质纸浆相比时，成本将会大幅度下降。

目前，随着全球禁烟运动的深入开展，人们高度关注吸烟对身体健康的影响，提高吸烟的安全性已成为全球关注的焦点。卷烟纸生产如何配合卷烟生产厂家来实现国家提出的"高香气、低危害、低焦油"要求已成为各个生产厂家亟待解决的问题，也是卷烟纸生产厂首要解决的技术问题。在加入WTO后，卷烟纸进口关税逐年下调，国内产品的优势已不明显，国际卷烟纸造纸厂摩迪、瓦腾斯等进入中国市场后，国内卷烟纸面临的是新一轮更残酷的市场和技术等全方位的竞争，现有的卷烟纸供应格局不可避免地被打破，卷烟纸市场进入重新洗牌阶段。近年来，我国卷烟工业技术发展步伐很快，不少烟厂从国外引进了大量高速卷烟机组，因而对其主要配套材料、卷烟纸的质量及性能提出了更高的要求，加上现在人们对"吸烟与健康"问题越来越重视，进一步降低卷烟焦油含量已成为卷烟行业追求的目标，因此，"双高"（高强度、高透气度）卷烟纸也越来越受到卷烟工业的欢迎。为了提高纸张的强度和柔软度，使手感较好，吸烟时品味较佳，掺用一定量的优质麻浆以生产"双高"卷烟纸成为一种有效的措施。卷烟纸外观必须保证全白色、高不透明度、罗纹清晰等，烟纸燃烧速度与烟丝相适应不出现熄火现象，而且燃烧无异味、灰白、灰紧依然是卷烟纸的重要指标。我国卷烟产量占世界卷烟产量的32%，位居世界第一，但是出口量很少，主要供应国内市场。2013年，我国卷烟纸行业需求达到了12.19万t，同比增长了3.1%。目前中国主要的卷烟纸生产企业包括云南红塔蓝鹰纸业、牡丹江恒丰纸业、四川锦丰纸业、杭州华丰纸业、嘉兴民丰纸业等。

目前，我国的造纸工业面临着木材资源不足和国内市场竞争日益激烈的现实。为提高产品档次和质量，不得不大量进口长纤维木浆，而且进口量逐年增加。我国木材资源缺乏，虽然在国家政策引导下，采取种植速生，木材和林纸一体化政策，出现了南桉北杨的木材造纸计划，但是在短时间内还不能解决根本问题，而且大面积种植桉树也引起了一些生态问题的争论。因此寻找可代替木材的纤维原料是当务之急。我国对工业大麻（汉麻）造纸应该给予高度的重视，继红麻热之后，工业大麻（汉麻）造纸引起了人们的普遍关注。为了解决中国造纸工业长纤维原料短缺问题，以麻代木造纸是解决我国木材短缺的途径之一。

第六节　工业大麻在医药行业的应用

工业大麻（汉麻）中具有医疗作用的大麻素尤其是大麻二酚（CBD），可以治疗多种严重的慢性疾病。大麻二酚（Cannabidiol，CBD）是一种抗氧化剂和神经保护剂，有良好的治疗癫痫、抗痉挛、抗焦虑、抗炎、抗肿瘤等药理活性，可预防多种疾病且不具有成瘾性，因此目前国外市场上将

CBD用作药品、保健品或者功能性食品。

大麻二酚分子式为$C_{21}H_{30}O_2$。性状表现为白色至淡黄色树脂或结晶，熔点为66~67℃，几乎不溶于水，溶于乙醇、甲醇、乙醚、苯、氯仿等有机溶剂。CBD为大麻素的非精神活性成分，无致幻作用。大麻二酚具有阻断某些多酚对人体神经系统的不利影响，具有阻断乳腺癌转移、治疗癫痫、抗类风湿关节炎、抗失眠等一系列生理性功能。

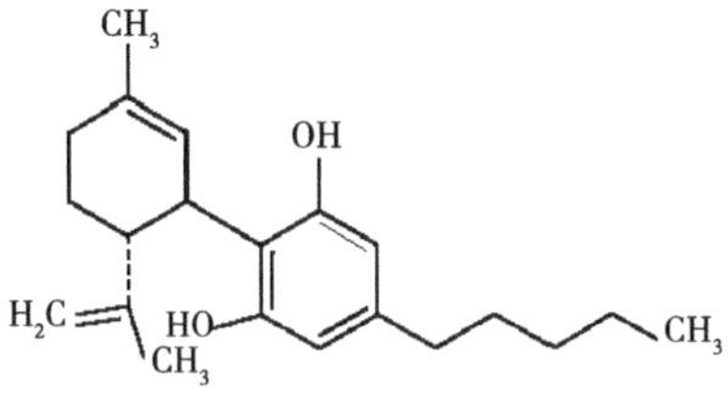

图13-1 大麻二酚（CBD）分子式

THC即四氢大麻酚，THC和CBD的合成是由连锁在一起的独立单基因控制的，而且表现出母系遗传特征。二者为同分异构体，它们能特异地将其共同前体大麻萜酚（CBG）分别转化为CBD和THC。现实中，大麻中THC和CBD含量有一种间接的比例关系，THC含量低的大麻中往往含有较高水平的CBD。THC是一种致幻剂，含有本品的大麻吸入后对中枢神经的作用，可因剂量、给药途径及用药时的特殊环境而有不同。表现为既有兴奋又有抑制，吸食后或思潮起伏，精神激动，自觉欣快；或沉湎忧郁，惊惶失措。长期服用精神堕落，严重丧失工作能力。CBD则相反，不仅可以作用于多种疑难疾病的治疗，还可以有效地消除四氢大麻酚（THC）对人体产生的致幻作用，被称为"反毒品化合物"。

一、工业大麻在药用产业的应用

（一）止痛抗炎

大麻二酚可产生镇痛作用。镇痛的药理机制主要与CB1受体和CB2受体有关。CB1受体通过直接抑制中脑导水管周围灰质和RVM内的γ-氨基丁酸（GABA）以及脊髓内谷氨酸的释放来达到镇痛效果。CB2受体通过减弱神经生长因子诱发的肥大细胞脱颗粒以及嗜中性粒细胞聚集来抑制过敏性炎症，并由此介导免疫抑制作用，达到消炎止痛的效果，且效果强于人们所熟知和广泛运用的阿司匹林。

（二）抗癫痫

人类大脑中的GABA神经递质有镇静效果，抑制大脑中枢的兴奋性。大麻二酚可以帮助控制GABA神经递质的消耗量，抑制大脑兴奋，降低癫痫发作，还可以帮助提高其他抗癫痫药物的疗效。

（三）抗焦虑

内源性大麻二酚是帮助抑郁症病人降低焦虑情绪的一种重要物质，存在于人体内。大麻二酚能够帮助内源性大麻素维持在一个合理的水平，让病人身体感觉良好、愉悦，又不会像四氢大麻酚一样成瘾。

（四）助眠

目前，国际上多项研究都能够充分的表明，大麻素大麻二酚（CBD）能够有效缓解失眠症，使我们很快进入睡眠状态的同时，远离噩梦。根据2013年发表在美国心理药理学杂志上的研究报告显示，低剂量的CBD，通常对大鼠具有活化作用，相反，较高剂量的CBD往往会促进大鼠的睡眠。2004年美国国家卫生研究院的一项研究表明，使用较高剂量CBD的患者，睡眠时间明显增多，有效缓解噩梦，并且未出现任何副作用。

（五）缓解与癌症有关的症状

CBD可能有助于减少与癌症治疗相关的症状，如恶心、呕吐和疼痛。一项研究观察了CBD和THC处理的影响，177名没有得到疼痛药物缓解的与癌症相关的疼痛的病人。用含有这两种化合物的萃取物治疗的患者，疼痛明显好于只接受了THC提取物。CBD还有助于减少化疗引起的恶心和呕吐，这是癌症患者最常见的与化疗有关的副作用之一。

一些试验和动物研究表明，CBD可能具有抗癌性。例如一项试验研究发现，集中的CBD能诱导人的乳腺癌细胞死亡。另一项研究显示，CBD抑制了侵袭性乳腺癌细胞在小鼠体内的传播。

（六）治疗痤疮

根据最近的科学研究，CBD油可以帮助治疗痤疮，由于其抗炎的性质和能力，以减少皮脂产生。

二、THC和CBD的生物合成途径

具有高CBD含量的药用大麻在健康产业中具有较高的经济价值和广阔的应用前景，但安全性是其开发利用的前提。CBD与THC在合成途径中有共同的合成底物大麻萜酚酸（CBGA），因此，自然界中的CBD/THC是伴生性的。目前，国际上培育出的高CBD大麻品种，其CBD与THC的比值可达到20∶1。梅高甫（2020）认为，在充分考虑THC安全性的基础上，为使CBD开发效率最大化，将药用大麻的定义进一步扩充为：①普通药用大麻，THC含量<0.3%，CBD含量高；②管制药用大麻，THC含量0.3%~0.5%，CBD含量高。

大麻素的生物合成起源于聚酮化合物途径和脱氧木酮糖-5-磷酸/2-甲基赤藓醇磷酸（DOXP/MEP）途径。聚酮化合物广泛存在于生物体中，在聚酮合酶（Polyketide synthase，PKS）的催化下生成。在大麻植株中，聚酮合酶首先催化己酰辅酶A（Hexanoyl-CoA）与酶活性位点结合，然后经丙二酰辅酶A（Malonyl-CoA）的一系列脱羧缩合，致使聚酮链延长，随之酶中间产物闭环并芳构化，形成的聚酮化合物即是戊基二羟基苯酸（Olivetolic acid，OLA），它是大麻素合成的起始底物。DOXP/MEP途径产生异戊烯基焦磷酸（Isopentenyl diphosphate，IPP）及其异构物二甲基烯丙基焦磷酸（Dimethylallyl diphosphate，DMAPP），两者在合成酶的作用下生成焦磷酸香叶酯（Geranylpyrophosphate，GPP）。在异戊烯转移酶（Prenyltransferase）的作用下，OLA既可以接受GPP形成单萜类化合物——大麻萜酚酸（CBGA），也可以接受GPP的异构体焦磷酸橙花酯（Nerylpyrophosphate，NPP）形成另外一类单萜类化合物——大麻酚酸（CBNRA）。由于GPP的活性远大于NPP，所以在大麻植株中CBGA的含量远大于CBNRA。CBGA是THCA合成酶、CBDA合成酶及CBCA合成酶的共同底物，氧化还原后分别形成THCA、CBDA和CBCA。鉴于此，Sirikantaramas等（2004）对THCA合成酶和CBDA合成酶进行了生化特征研究，结果显示两者的结构和功能非常相似，催化反应过程均需要结合FAD，并均需要氧分子的参与，同时释放H_2O_2。唯一的不同是质子的转移步骤，THCA合成酶是从羟基上转移1个质子，CBDA合成酶则从末端甲基上转移

1个质子，最后均通过空间闭合环化，分别形成THCA和CBDA。大麻素合成途径中还存在另外一种形式，即GPP与丙基雷锁辛酸（Divarinic acid）缩合，而不与OLA缩合；产物为CBGV而非CBGA，CBGV同样可以在相应合成酶的作用下，转化为相应的丙基同系物，即THCV、CBDV和CBCV。

三、CBD的药理作用

在20世纪70年代相继报道了关于CBD药理方面的研究，特别是CBD的抗惊厥作用（成亮，2008）。此后，又报道了CBD抗呕吐作用以及在生物系统中可作为抗氧化剂和抗风湿性关节炎药。相关的药理研究表明，CBD对脑中的THC水平有调节作用；而且CBD通过对环氧合酶和脂氧合酶的双重抑制来发挥止痛和抗炎作用，且强于阿司匹林，口服后主要表现为对脂氧合酶的抑制作用；CBD同THC一样，可刺激前列腺素从滑液细胞中释放。近年来人们对CBD的结构进行修饰，合成了一系列的CBD类似物，它们同样具有不同的药理活性。

（一）抗痉挛作用

早在20世纪70年代，一些研究小组就发现CBD具有减轻或阻止试验动物痉挛的活性。后来人们发现CBD可以加强苯妥英和镇静安眠剂的抗痉挛作用。

（二）抗焦虑、镇静作用

Turner（1984）对小鼠的试验中发现CBD可以缓解压力，并且减少由于压力而产生的溃疡。巴西的一个研究小组发现，CBD可以阻止由THC产生的焦虑，甚至对由THC引起的其他中枢神经系统影响也具有阻抗作用。当然，并不是所有THC作用都可以通过CBD来阻断。该小组还将安定与CBD通过双盲试验，证实CBD除服用计量高于安定外，二者同样都具有镇静活性。后来这个研究小组发现CBD的二甲基庚基类似物比安定和CBD的镇静作用还好。

（三）抗失眠作用

Carlini等（1981）报道了相对高剂量的CBD（160mg）可以显著地延长失眠者的睡眠时间。Monti（1977）报道给小鼠服用20mg/kg单剂量的CBD，可以减少小鼠慢波睡眠潜伏期，而高剂量的CBD则会增长慢波睡眠潜伏期。

（四）抗炎作用

炎症发病机制是复杂的，炎症是通过各种胞间介质引起和维持的。其中肿瘤坏死因子（TNF）也参与了炎症形成的过程，并起着特别重要的作用。抗氧化介质（ROI）的抗菌和抗肿瘤活性对于保护机体起着关键的作用。一氧化氮（NO）则是具有多种生物功能的内源调节器，同样表现出具有抗菌和抗肿瘤活性，并且影响着发炎叠层的各个方面。当机体内TNF、ROI和NO水平较高将会引起炎症，并且损害机体的细胞和组织，并引起败血症。因此使用药物作用于免疫系统来抑制TNF、ROI和NO是治疗炎症的主要目标。已有报道CBD通过人体外围血液单核细胞产生TNF的调节产物。由于CBD潜在的抗炎、低毒和非神经毒性，有人用其作为胶原性关节炎的治疗剂，对于治疗类风湿性关节炎也有一定的疗效。体外试验显示，CBD可以显著降低腹膜巨噬细胞产生的TNF和NO。Fride等（2004）通过（+）-CBD及其类似物对小鼠肠道内的中枢和外围抗炎和抗外周疼痛方面的研究发现（+）-7-OH-cannabidiol-DMH具有中枢活性，（+）-cannabidiol-DMH能够抑制小鼠耳部外周疼痛和花生四烯酸诱导产生的发炎症状。

（五）抗氧化

CBD还具有抗氧化作用，能够抵御谷氨酸盐神经毒素（比抗坏血酸盐或维生素E作用强），是一个潜在的抗氧化剂。

四、影响THC和CBD含量的因素

大麻中的THC含量由大麻的基因（内因）决定，并和生长环境（温度、湿度、土壤条件、日照等）（外因）有关。环境会对THC含量产生很大的影响，季节也会影响THC的含量，甚至昼夜之间也会有所差异。但整体上相对低THC含量的大麻品种，其THC含量变化有限。

（一）内因的影响

CBD/THC主要受遗传因子控制，其分离比例符合孟德尔独立分离规律。乌克兰麻类研究所在20世纪90年代筛选出几个无毒型（或THC含量极低）工业大麻品系，通过杂交，并对其F_1和F_2后代的分离进行研究后，认为THC和CBD的合成是由紧密连锁在一起的独立单基因控制的，而且表现出母系遗传特征。现实中，大麻中THC和CBD含量有一种间接的比例关系，THC含量低的大麻中往往含有较高水平的CBD，反之亦然。这一现象可由BD/BT共显性基因原理进行解释。根据大麻主要化学成分合成途径，可以设想在B位点还有一个等位基因Bc来控制CBC的合成，尽管已从CBD品系的幼苗中分离出了CBC合成酶，但至今没有确凿的试验证据来证明Bc等位基因的存在，而且也没有培育出CBC大麻纯系。因此，CBC生物合成的遗传机理尚不清楚。生物成因模型认为CBGV的合成受A位点的两个不同等位基因Apr和Ape控制，Apr指导合成带戊基的CBG，而Ape指导合成带丙基的同系物CBGV。当A位点基因"失效"时，则大麻植株体内无任何大麻酚类物质合成。自然界中也确实存在不含大麻酚类物质的大麻植株个体。B位点的等位基因BD和BT分别指导将CBGV转化为CBDV和THCV的酶的合成。B位点的另一个等位基因Bo则编码无功能活性的酶，一旦Bo被激活，大麻植株体内将积累CBGV，而不产生CBDV和THCV。然而，自然界并没有只含CBD或THC的大麻植株（株系），自交多代的CBD（或THC）纯系，其CBD（或THC）含量也只占其体内化学成分总含量的96%~98%，说明B位点上的等位基因对CBD或THC的控制是不完全的，原因是该等位基因编码的同分异构酶均有将前体物质CBGV转化为其他非主要化学物质的可能。

（二）外因的影响

1. 环境湿度的影响

THC是一种很黏的疏水性物质，它不结晶而且不容易挥发。由于植株表面产生的黏性树脂是包含THC在内的多种大麻酚类物质的混合物，因此它们与仙人掌和其他多汁植物的蜡状涂层相似，在干燥环境下起到阻止植株水分散失的作用。张建春（2006）指出，大麻酚类物质的含量与影响土壤湿度的因素呈相关关系，这些因素包括土壤中泥土或沙子的含量、种植坡度以及与其他植被之间的竞争。某些情况下，植被之间的竞争会导致植株矮小，根系稀少，使得植株生长环境干燥。有研究对美国堪萨斯州的多个地区进行分析后发现大麻酚类物质的含量差别很大，THC含量在0.012%~0.49%，而且越是在不利于植株生长的环境中THC含量越高，说明了作物的生长压力会提高THC的含量。他们还发现，在湿度并不是非常低的条件下生长的大麻植株，其THC含量与周围其他作物的竞争压力呈正比关系，他们还推测在干旱的条件下THC含量的差异会随地区差异而变化更大。

2. 温度的影响

温度可能会对大麻酚类物质的含量起到决定性作用，但这可能是通过温度对湿度的影响而实现的。有研究认为大麻酚类物质的含量会随着温度（22~32℃）的升高而升高，但是并没有考虑植株在高温下加速蒸发和蒸腾作用而导致水分过度损失的因素。也有学者认为温度升高时大麻酚类物质的含量在一定程度上会降低。

3. 土壤营养物质的影响

矿物质的平衡会影响大麻酚类物质的形成。有研究发现大麻酚类物质含量会随着"恶劣的土壤条件"而增加。另有学者研究了土壤中的K、P、Ca和N浓度对美国伊利诺伊州生长的大麻的影响，发现土壤中K的浓度和大麻中THC含量呈反比关系，而K-P的相互作用、N和Ca的浓度则与它呈正比关系。这些矿物质也会影响CBD、THC和CBN的形成。

4. 虫害的影响

曾有人用过创伤大麻来提高其树脂产量的做法，这可能是大麻为了对维管破裂造成的脱水的响应。通常情况下，大麻植株的创伤都是由昆虫产生的。大麻的天敌不多，曾经有人将大麻碾碎或提取后作为杀虫剂或驱虫剂。大麻有3种防御机制，即通过非腺状毛状体将植物表面覆盖、释放挥发性萜类物质以及分泌黏性大麻酚类物质。大麻的芳香味道及它产生的萜类物质都能起到驱虫的作用（这些物质包括α-松萜、β-松萜、柠檬油精、类萜和冰片等）。在大麻周围的挥发性气体中，松萜和柠檬油精含量超过75%，但这部分只占精油的7%。和腺状毛状体的密度和大麻酚类物质的含量一致，这些萜类物质大多数都是由花序产生的，少部分是由叶子产生的，而且雌株中萜类物质的含量会更高。

到目前为止，还没有用纯的大麻酚类物质对昆虫影响方面的研究。研究发现，富含THC的墨西哥大麻会对虎蛾幼虫和某类蝗虫产生致命的影响。大麻酚类化合物也可以起到纯粹的机械防御作用。穿入叶内的小生物会破坏腺状毛状体分泌的球状树脂并黏在树脂里。即使大型咀嚼型昆虫破坏了这道防线，它还是很难消化这种黏性树脂、钟乳体毛状体以及叶子上已硅化的毛状体。根据昆虫喜爱停留在叶子背面这个特点，就可以推断出表皮的这些特性会对昆虫起到拒食素的作用。这是一种很复杂的拒食素系统，许多植物，甚至节肢动物采用的都是类似的防御体系，大多分泌和大麻相同的萜类化合物。

5. 植被竞争的影响

萜类化合物也会抑制周围环境中植物的生长。有学者推测大麻就可能存在这样的情况。他们甚至推测，由于年幼的植株上并不能分泌大量的萜类化合物，因此在成熟之前它们对周围植物的竞争能力就没有那么强。在水分充足的生长季节，在与周围植物竞争的过程中大麻会提高THC的含量。因此，周围植物也是刺激大麻产生化学成分的因素。

6. 细菌和真菌的影响

大麻的酚类物质可以抵御各种微生物。长期以来大家都将大麻制剂作为药品（无精神活性的药品），它对许多传染性疾病的治疗也很有效。已证实大麻的提取物和分离出的大麻酚类物质都具有抗生素的特性。有研究将CBG和Grifolin（从担子菌类提取的抗生素）在结构和抗菌性方面进行了对比，发现大麻籽具有抗生素的特性，这也可以从侧面解释它为何能越冬生存。大麻籽表面上黏着的树脂以及周围的大麻落叶覆盖物也可以起到类似的作用。目前有证据证明某些病原体能代谢THC和其他的大麻酚类成分。

7. 紫外辐射的影响

光照主要通过日照长度、光照强度、光质对工业大麻生长发育进程、性别表达和产量发挥作用，对大麻的生产有着重要意义。大麻为喜光植物，高强度光照可促进细胞分裂、花体积增大，提高干物质积累，但光照不宜过强，否则纤维发育缓慢、粗硬。通过对光周期的控制可调控植物生长，缩短日照和光照，可以促进开花，但植株矮小，纤维产量低；延长日照和光照，则可延迟开花，促进植株长高，提高纤维产量。郭孟璧等（2019）研究了不同光质对工业大麻生长及大麻二酚积累的影响，结果为工业大麻的生长与红蓝光比例呈显著正相关，而叶片CBD积累仅与远红光、红橙光辐照度及光强呈显著正相关。

阳光除使作物进行光合作用外，还包含破坏生物的紫外辐射。这种进化压力显然影响到大麻的某些防御进化，正像皮肤受到紫外照射会产生色素沉着一样，大麻也会产生一定的紫外线化学屏蔽功能。有研究表明，如果大麻处在紫外辐射较强的区域，那么THC具有的吸收UV-B（波长280～315nm）的特性将使大麻具有进化优势，使生物合成前体CBD产生大量的THC。试验证明产生的THC的量会受到环境UV-B的影响，而且在高强度紫外辐射下，药物型大麻能产生大量THC。另外，暴露在UV-B中时CBD的化学性质不稳定，而THC和CBC却很稳定。还有研究表明THC和CBD对UV-B的吸收性能差别不大，而CBC的吸收性能要比THC和CBD强得多。或许大麻酚类物质和UV-B之间的关系并不像前面所说的那么简单，于是出现了其他的解释。即使CBD吸收的量与THC相同，在UV-B充足的地区CBD化合物也会快速地分解，因此，大麻中存在的CBD量会减少，或者说CBD不是一个有效的紫外吸收成分。然而，CBC比THC的UV-B吸收能力强，而稳定性上比CBD更好，因此CBC有可能是大麻的紫外屏蔽物质。大量的THC可被解释为在酶控制下的大麻酚类物质生物合成结束时的积聚产物。

8. 生长期的影响

一般情况下，大麻种子不含或极少量含大麻酚类物质，很难检测出。大麻种子的苞片是整个植株中大麻酚类物质含量最高的部位。因此，即使采用有机溶剂仔细清洗仍然会在种子上有残留。种子发芽后的两片子叶上很难检测出大麻酚类物质。随后出现的真叶，就可以检出大麻酚类物质。一项对泰国种子的研究发现，真叶中CBD的含量是THC的3倍，同时在此后的3周时间内，其浓度保持不变。另一个研究显示，土耳其大麻植株中的CBD含量在1周之内从0.07%增长到0.34%，种子生长后仅有微量的THC；墨西哥植株的CBD含量在3周时间里从0.02%增长到0.2%，而THC含量从最初的0.04%迅速增长到0.46%。从以上测试数据可以得到下面结论，一是生长初期的植株，就含有一定量的THC和CBD等大麻酚类物质；二是大麻酚类物质的含量不随植株的生长而线性增加，通常呈波动性。在一项试验中，墨西哥雄性植株第13周THC含量从1.6%猛增到第15周的5.6%；在第17周时，又下降到3%。

9. 激素的影响

外源激素可以影响大麻的性别分化和大麻素含量变化。吴姗（2020）研究了外源激素处理对大麻素含量的影响，结果表明，对不同花期的工业大麻喷施外源激素，其CBD和THC含量有明显差异。用100mg/L乙烯利喷洒花期2周的工业大麻，处理4周后，花叶中CBD和THC含量分别提高了50.24%和52.94%，但喷洒花期6周的工业大麻，花叶中CBD和THC含量显著降低。用20mg/L和40mg/L激动素喷洒花期2周的工业大麻，处理4周后，花叶中CBD和THC显著提高，但喷洒花期6周的工业大麻，花叶中CBD和THC含量均显著降低。

五、工业大麻植株中CBD和THC含量的分布规律

大麻植物的不同部位的THC含量是不同的，按递增顺序依次是坚果（除苞叶外）、根、主干、枝杈、老而大的叶子、小而嫩的叶子、花、果实的苞片。研究表明，包裹种子的变态叶子形成小苞片，其大麻酚类物质含量最高，平均是苞叶中大麻酚类物质的2倍。苞叶也是变异的叶子，在花枝末端和花一起丛生。花中大麻酚类物质含量一般高于苞叶，对于某一品种而言，花中大麻酚类物质的含量等于或3倍于苞叶中的含量。叶子中大麻酚类物质的含量从顶端到底部逐级递减。枝杈量非常少，很少有超过0.1%的THC或CBD，主茎中几乎没有。雄株大麻与雌株相比，或不同品种间，大麻酚类物质在不同部位的含量变化非常大。如黎巴嫩的一个品种，雌株花枝顶端的THC含量比雄株高5倍，

但顶部叶子上，雄株THC的含量却是雌株的2倍。俄罗斯和土耳其的大麻雌株顶部叶子的CBD含量基本相同，但在中部的叶子上，土耳其的品种却是俄罗斯的数倍。同样，CBD和THC在不同部位的含量比例变化也是非常大的。在大麻酚类物质浓度高的部分和嫩的部位比值也比较高。如在一个黎巴嫩的品种中，CBD在雌花的含量是THC的70倍，在顶部叶子是35倍，底部叶子是20倍。而雄株上，相应的比例是8倍、9倍、3.5倍。在另外一个黎巴嫩品种中，雌株在各个部位的CBD和THC比例接近1∶1，而雄株花上CBD比THC高0.1～1倍，在顶部叶子、底部叶子和茎秆上CBD分别是THC的6倍、4倍和15倍。

大麻种子基本上不含THC，但也存在被苞片分泌物污染的可能，也有可能苞片没有完全去除干净而被污染，这导致大麻油和食品中可能含有微量的THC。作为大麻食品和大麻油，要求THC含量很低，加拿大规定不超过10mg/L，德国规定食用油的THC含量为5mg/L，饮料中THC含量为0.005mg/L，其他食品为0.15mg/L。根部只有微量的大麻酚类物质。大麻的茎部、枝杈和嫩枝上的大麻酚类物质含量很多，但是没有叶片中的含量高。叶子中的含量取决于它在作物上的位置，下部叶子的THC含量较少，上部叶子的THC含量较高。

一旦出现了性别分化，雌性生殖器官和与之相连的苞叶，就会提高整个作物的大麻酚类物质的含量。包围雌花的苞叶中的腺体密度比叶子中的高。雌株上包围花柱的小苞片的大麻酚类物质含量最高，花中的含量次之。由于没有任何报告称花具有表皮腺体结构，因此，它所含有的大麻酚类物质一定是来自某些尚未发现的位置或是紧密包围的小苞片内表面黏着的树脂。雄株的繁殖结构中大麻酚类物质的含量也很高。已经发现，雄花被片上覆盖有柄腺体，而在雄蕊花丝上有大量的有柄腺体。除此之外，在花粉囊中也发现了成排的大量无柄腺体，而且为花粉提供了含量较多的大麻酚类物质。

六、纤维用工业大麻和药用工业大麻的特点和区别

工业大麻（Industrial hemp）是THC小于0.3%的不具毒品利用价值的大麻，被广泛应用于纺织、造纸、饲料、食品、建筑等领域。在黑龙江省目前种植比较多的包括纤维用工业大麻和药用工业大麻。

（一）按用途来分

纤维用工业大麻主要用作纺织、造纸、建筑等领域；药用工业大麻主要是用来提取大麻二酚。大麻二酚（Cannabidiol，CBD）是一种抗氧化剂和神经保护剂，有良好的治疗癫痫、抗痉挛、抗焦虑、抗炎、抗肿瘤等药理活性，并可预防多种疾病如心肌梗死、动脉硬化等疾病，且不具有成瘾性，因此目前国外市场上将CBD用作药品、保健品或者功能性食品。

（二）形态学区别

相对于纤维用工业大麻，药用工业大麻叶片细而长，分枝和花序较多，气味浓郁。

七、药用工业大麻酚类活性成分

药用工业大麻叶中含有多酚、黄酮和植物碱等活性成分。以色列Mechoulam等（1967）研究发现，工业大麻叶中普遍含有大麻酚类化合物（Cannabinoid），这是研究最多的一个领域。截至2009年，人们已经从汉麻植株中分离出525种以上物质（何锦风，2011），其中大麻酚类化合物至少有86种。因此，人们将工业大麻叶中活性成分分为两大类，即大麻酚类化合物和非大麻酚类化合物。

大麻酚类化合物存在于汉麻植株表皮腺体的分泌物中。研究表明，汉麻叶片的背面表皮腺体最密。汉麻植株包裹种子的小苞叶，其大麻酚类化合物的含量最高。此外，汉麻叶中大麻酚类化合物的

含量从顶端到底部呈递减趋势。截至目前的研究表明，汉麻植株中主要的大麻酚类化合物有四氢大麻酚（THC）、大麻酚（CBN）、大麻二酚（CBD）、大麻萜酚（CBG）、大麻环萜酚（CBC）等，其中前3者占大麻酚类化合物的90%以上。对于不同品种的汉麻来说CBD和THC的含量呈反比关系。

大麻酚类化合物可以通过比色法、荧光光度法、气相层析、薄层层析和高效液相层析等方法进行含量的测定。

比色法是一种较为粗略的方法。例如硝酸银的银氨溶液与CBD反应后变绿，而与THC和CBN反应无颜色变化。即凡能使CBD、THC、CBN变色的试剂，均可应用于比色法来粗略的判断各组分的浓度。

荧光光度法是利用大麻酚类化合物与多元羧酸在酸接触作用下产生有荧光的衍生物的特性，通过测定其荧光强度来测定组分浓度。荧光强度在pH值9~11时达最大值，并与大麻酚类化合物含量（$m \geqslant 0.6\mu g$时）呈正比关系。

八、药用大麻中大麻素化学型的分类

大麻素（Cannabinoids）是大麻植物中特有的含有烷基和单萜基团分子结构的一类次生代谢产物。目前，已从大麻干物质及新鲜大麻叶中分离出大麻素70多种，主要包括四氢大麻酚（THC）、大麻二酚（CBD）、大麻环萜酚（CBC）、大麻酚（CBN）、大麻萜酚（CBG）及其丙基同系物THCV、CBDV、CBCV和CBGV等，其中又以THC和CBD的含量最高。尽管THC能使人致幻成瘾，并可对人体产生多种毒害作用，但是越来越多的研究证明，大麻素尚具有广泛的药理作用。THC和CBD均能够通过哺乳动物大脑中的CB1和免疫细胞中的CB2受体，行使诸如调节免疫功能、止痛、镇静、镇吐、抗痉挛和减少动脉阻塞等多种功能。

不同大麻素在大麻植株中的含量有着各自的特征。THC的含量在幼苗生长期较低，快速生长期最高，现蕾期达到顶峰，在茎秆及种子成熟期其含量下降。THC在大麻各个部位中的含量也不相同，一般按照苞片、花、叶、细茎和粗茎的顺序递减，THC在雌株的花和叶中含量最高，根和种子中含量极少。此外，THC作为一种次生代谢产物，主要在有柄腺毛的分泌囊中被合成并积累。另有研究发现，大麻素是一种细胞毒性物质，它之所以在苞片等植物脆弱部位的腺毛中合成并储存，一方面是为了防止自身的细胞被毒害，另一方面可作为一种植物自身防御剂抵御细菌和昆虫等的侵害。CBD和THC是由同一个基因位点控制的互为共显性的2个性状，CBD的含量特征与THC相似。CBC是大麻幼苗期主要的大麻素成分，随着植株的逐渐成熟，CBC的含量迅速降低，以至可以忽略不计。CBN在新鲜及阴干的大麻材料中不存在，它是干燥后的大麻长时间暴露在空气、紫外线或者潮湿的环境下产生的，是THC被氧化后的产物。大麻素的含量主要受遗传控制，但也受环境的影响。许多研究表明，大麻素的总含量受光照长度、环境温度、土壤肥力和紫外线强度等环境因子的影响。我国大麻种类多且分布广，再加之我国地理环境多样化，深入研究环境对大麻素含量的影响规律对指导工业大麻生产和禁毒工作极其必要。鉴于此，张金秋（2006）分别从栽培措施及纬度和海拔两个方面研究了环境因子对大麻素含量的影响。结果表明，种植密度、肥料施用与否及正常播种期（4月上旬至6月上旬）内播种期变化等因子对大麻素含量的影响很小，过晚播种以及遮阳处理均会极大地降低THC与CBD的含量，这是由于整个大麻生长周期缩短导致植株的生长量下降所致。另外，纬度对大麻素的含量也有一定的影响，大麻品种无论原产于高纬度还是低纬度，同一品种在高纬度种植条件下THC的含量会略高于低纬度种植，而同纬度不同海拔则对THC的含量影响极小。

九、药用大麻中非酚类的活性成分

除大麻酚类化合物外，工业大麻植株中还有一些成分，如黄酮、生物碱、多酚类、有机酸等，也具有活性作用，人们将其称为非大麻酚类化合物。人们对非大麻酚类化合物研究尚不及大麻酚类化合物。

工业大麻中非酚类物质在医疗中的应用如下。

（一）抑菌

汉麻内生菌产生的次生代谢产物能够防止汉麻植物病原体的影响。微生物内生菌是有益的植物共生菌，这些有益菌对汉麻植物组织和器官没有造成伤害或表现出明显的症状，并已经被证明通过产生植物激素来帮助植物生长。Malhadas（2017）研究发现，汉麻通过其生产具有生物活性的次生代谢产物的能力来保护植物免受疾病和非生物因素的影响。Chakraborty（2018）研究发现，汉麻叶75%乙醇提取物对金黄色葡萄球菌表现出良好的抑制作用。

（二）抑制类风湿

汉麻叶中的Cannflavin A和Cannflavin B具有抑制类风湿的功效。

（三）治疗肠梗阻

汉麻叶的胆碱能增加麻醉家兔体肠管的收缩压，而同时降低其舒张压，故增大了肠内压差，有利于肠梗阻的排除。目前汉麻叶注射液已经进入临床应用阶段。

十、毒品大麻的危害与历史

（一）毒品大麻的危害

大麻是地球上大部分温带和热带地区都能生长的一种强韧、耐寒的一年生草本植物，是当今世界上最廉价、最普及的毒品。然而大多数大麻，都没有任何有毒成分。通常所说的可制造毒品的大麻，是指印度大麻中一种较矮小多分枝的变种。这种大麻是世界上最古老、最有名的致幻植物，适量吸入或食用，可以使人欣快，加大剂量则进入梦幻状态，最后陷入深沉而爽快的睡眠之中。这是因为该品种大麻的雌花顶端、叶、种子及茎中均有树脂，称为大麻脂，正是这种大麻脂可提取大量的大麻毒品。大麻制品使人上瘾主要是心理上的依赖，吸入后可引起一系列心理反应，包括对感知、思维、情绪、认识功能、记忆与精神运动协调能力的影响。其产生的躯体依赖较轻，不易产生耐受性。通常小量吸入或间歇使用大剂量时不产生戒断症状，戒断反应多见于较大剂量者。骤然停用可发生激动、不安、食欲下降、失眠、体温下降甚至寒战、发热、震颤。一般持续4~5d逐渐消失。

1. 吸食大麻后产生的心理上的影响

（1）情绪和心境的变化。抽吸大麻后1~2min内可出现短暂的焦虑期，出现莫名其妙而又模糊不清的焦虑和烦躁，数分钟后进入爽朗期，感到特别安定、惬意、轻松愉快，感觉一切都很美好，充满幸福感，待人接物爽朗热情，侃侃健谈，很想找人作体贴的倾诉，以分享他的愉快。此后，即慢慢地转入陶醉期，恬静自得，不再想与人谈话，愿意独自沉浸在销魂状态。

（2）感知觉。依赖者一般于宁静的情绪中，对于颜色感觉生动、丰富而深刻，感到周围事物绚丽多彩，五光十色。对音乐的鉴赏能力增强，对其他声音也很敏感。触觉、味觉与嗅觉均可被强化。最突出的是对时间感受的变化，即感到时间过得缓慢，几分钟如同几小时。空间知觉也发生改变，如觉得周围事物变近、变大，犹如从望远镜中观察事物一般。还可出现感觉器官功能的"错位"现象，如看见声音，听到图像。常发生人格解体，同一性消失，感到自己不是凡人，能揭开平常忽视的细节，对人与人之间的关系，某一句话，某一个动作都有了全新的感受。可感到自身躯体和四肢轻浮，饥饿感降低，性欲亢进。当依赖者沉浸在这种神秘之感和内在意象之中时，就表现为失去同外部世界的接触。

（3）思维与联想。在感知觉改变的同时，感觉自己脑子好使了，工作更能胜任了。接着就可能出现不寻常的联想和思维程序，或是采取一种新奇的观点看问题，浮想联翩，观念飘忽不定。记忆广度缩小，注意力涣散，计算功能差，有时连一句话也说不全，只能意会，不能言传。严重者出现偏执意念，幻想与现实交织在一起，概念模糊，甚至导致精神崩溃。

（4）精神运动功能。主要表现为动作反应迟缓，协调运动性差。长期滥用者产生动机缺乏症状群，表现为始动性不足，人格堕落，道德沦丧。

（5）中毒性精神病状态。主要有3种表现：第一是中毒性谵妄。发生在一次大量使用时。患者意识不清，同时伴发错觉、幻觉与思维障碍。有一部分患者伴随恐惧和冲动行为，也有报道出现凶杀死亡的案例。第二是急性焦虑发作。吸食过量时，有时产生严重的焦虑感，重者达到恐惧程度，伴随有灾难或濒死感。有些病人在焦虑的同时产生偏执意念，对他人产生敌对意识，或感到被别人监视。第三会发生急性抑郁反应。有些病人可产生一过性的抑郁状态，悲观厌世，有自杀意念。

2.吸食毒品大麻后对生理上的影响

（1）心率增快，平均每分钟增加25~50次，可达到140次/min。心率增快与使用剂量及血液中含量大小有关。

（2）眼结膜血管充血扩张，出现典型的红眼睛。

（3）长期使用使血容量增多。

（4）大量使用可产生体位性直立性低血压。

（5）长期吸入损伤支气管上皮细胞功能，致支气管炎及喘息发生。

（6）吸入物有一定的致癌作用。

大麻的医疗作用和大麻作为兴奋剂毒品的作用不同，将大麻仅仅作为改变精神状态的用途也和汉麻的其他用途不同，确有病人使用医用大麻后改变意识和感觉等副作用的报道，但其主要的目的是缓解病症。大麻用作兴奋剂毒品多和艺术、宗教、法律及经济因素有关，大麻兴奋剂用途的历史同时也揭露了人类对新奇、快乐和未知反应的历史。

（二）毒品大麻的历史

由于汉麻起源于亚洲，所以大麻作为兴奋剂也可能首先在亚洲兴起。用大麻治疗的病人也可能有精神改变经历，大麻作为药物还是作为兴奋剂主要取决于使用者是否有疾病存在。但是人们普遍认为大麻并不是最早的兴奋剂，例如历史上对鸦片的记载早于大麻的记载。

大约公元前450年，希腊的历史学家之父希罗多德（Herodotus）在他著作《历史》中提到大麻，他描述了一个塞西亚人的墓葬里有用于吸食大麻用的烟枪，苏联的考古学家卢登科（Rudenko）用证据验证了这一说法，塞西亚人可能纵容人们吸食大麻。后来希腊的历史学家普鲁塔克（Plutarch）描述色雷斯人（Thracian）睡觉时将一些植物扔到火堆中用来增加香味，这种植物推测就是大麻。

大麻可能是从中国传到印度的，但也有传说是印度教Shiva神从喜马拉雅山脉带到印度的。印度教徒普遍认为Shiva神喜欢大麻，所以大家在特殊的节日用大麻来供奉神。到公元前2000年，大麻出现在宗教课本中，并对大麻的功效大加赞扬，这是因为大麻能够减轻压力。尽管这种神秘的抗焦虑药今天仍然还在使用，但西方一些人士却把汉麻抗焦虑的功能和作为兴奋剂的功能混为一谈，而不管是出于什么原因，大麻在印度仍然带有浓厚的宗教色彩。印度土著人对大麻产品有明确的区分，包括Ganja、Charas和Bhang。Ganja是指开花结实的花枝顶端，Charas是指浓缩的大麻脂，这两种产品均可用烟斗吸食。Bhang来自大麻的嫩叶，土著人食用Bhang或用它来制作一种冷饮，这种饮料也称作Bhang或叫做Handai。虽然这种饮料的配方有所变化，但是绝大部分都包括大麻提取物、坚果、奶、糖、罂粟果和其他一些调料。Bhang的使用含有浓重的宗教色彩，许多人在重大的宗教节日都会饮用Bhang，而印度教禁酒也可能间接增加了Bhang的流行。

在公元1000年左右，在阿拉伯国家出现了哈希什（Hashish），这属于一种大麻树脂的浓缩制剂（制法和效力与印度的Charas类似），著名植物学家依本·瓦西亚（Ibn Wahshiyah）警告说Hashish使用过量会很危险，甚至会有致命危险。另外一个传说则说波斯Sufis神之父Haydar在1155年发现了Hashish，其意为Haydar之酒。Hashish浓缩大麻脂中的THC的含量要比其他的大麻脂的THC含量高得多，因此药力也很持久。关于大麻树脂有各种各样的记载和传说。《一千零一夜》中一个奇闻就是描写Hashish的兴奋性，书中描述一个男子在公共浴室吞下一颗大麻药品而产生了艳遇的幻觉。另外有一个记载这样描述，让一些赤身裸体的奴隶或适婚的妇女在汉麻地里穿梭，刮破树脂腺让树脂黏附到他们的身体上然后再制成Hashish。现代的Hashish配方则将大麻脂油和粉碎的Marijuana（来自西班牙语，1894年该词汇首先在西班牙殖民地墨西哥出现，其意为雌大麻干的花和叶，也指高THC含量的药用或毒品大麻）混合制作而成。这种新的产品更有利于其从印度向阿拉伯国家传播。Hashish比全株大麻更易于运送，价格也更高。Hashish从阿拉伯传入欧洲的道路十分曲折。1798年拿破仑入侵埃及时就禁止法国士兵吸食大麻并宣布所有应用大麻的行为为非法，但法国士兵和科学家将Hashish悄悄带回欧洲。随着《一千零一夜》在欧洲的快速流传，许多人都知道书中有关大麻兴奋性的描述。一些艺术家希望通过大麻来刺激他们的创作灵感。法国内科医生雅克·约瑟夫·莫罗（Jacques Joseph Moreau）是关于大麻和艺术之间最杰出的代表，Jacques Joseph Moreau第一次吸食大麻是在19世纪30年代他在中东旅游时，他认为大麻产生的幻觉可以模拟普通的精神病人产生的幻觉和错觉，他希望这个研究有助于他的精神病治疗。Moreau后来自己开始吸食Hashish，他发现吸食后产生的兴奋性和精神疾病的一些特征相似，后来Moreau寻找一些志愿者吸食不同剂量大麻以产生少量兴奋效果而多一些客观影响。杰出的快乐主义和流行小说家皮埃尔·儒尔·特奥菲尔·戈蒂埃（Pierre Jules Théophile Gautier）参加了Moreau的试验，他不仅亲自参加试验而且还征募法国其他艺术家来参加这次试验。这次试验被命名为"Hashish俱乐部"，而且他们每月还在巴黎的一个公寓里进行聚会。Gautier详细地描述了在他的"Hashish俱乐部"的试验经历，在漆黑、巨大、华丽、耀眼、神秘的古老公寓里，Gautier喝下由大麻（Hashish）、糖、香料组成的饮料，他产生的幻觉要比其他饮食者产生的幻觉更复杂，记录中可能有些夸大，也可能是由于他服用的剂量较大而造成的，有证据显示当时的Hashish里还包含有鸦片，这可能是大大改变Gautier试验经历的原因。虽然大多数描述听起来没什么特别之处，然而也有一部分揭示了类似妄想的、恐惧的和悲伤的表情。莫罗在1846年出版的关于大麻的研究著作受到法国科学界的普遍关注。随后Hashish俱乐部继续聚会，并且波德莱尔（法国诗人）、巴尔扎克（法国小说家）、大（小）仲马（法国小说家）、福楼拜（法国小说家）等纷纷加入该俱乐部。现在的研究表明大麻对创造力的影响是复杂的，一些俱乐部成员写下了大麻本身的影响，波德莱尔（Baudelaire）1858年出版了一本关于大麻的专著《人造思想》，在书中描述了随着大麻用量的增加引起思想和感受的复杂变化，书中他提到欣快的感觉又提到烦躁不安的感觉，其中包括由于过量服用大麻引起妄想和恐惧。在书中他主要是关注大麻产生的兴奋性，同时也描述了不同兴奋感觉之间的共同和混淆感觉，共同感觉的经历和兴奋时产生的幻觉相一致。Hashish俱乐部的其他成员对大麻的涉猎则远远小于波德莱尔和戈蒂埃，他们在这方面的文章也很少，巴尔扎克仅仅在会上作为一个旁观者，很少吸食大麻，大（小）仲马从不吸食过量的大麻，福楼拜也仅仅在俱乐部中作为一个观察者，他没有任何著作是直接描述大麻的，只有在1880年逝世前夕，他在最后一部著名小说《La Spirale》中描述了一个男子由于吸食大麻而颓废。

在19世纪初，大麻通过英吉利海峡运到英国，但并没有引起太大的不安，1855年，一国会议员承认自己外出旅游时曾吸食过大麻，后来英国的一些期刊和杂志则认为吸食大麻具有负面效应。英国作家莱尔德·克劳斯（Laird Clowes）认为吸食大麻不会造成暴力行为，他认为将大麻与暴力联系在一起让人难以置信的。英国一些画家效仿法国用大麻来刺激灵感，比如威廉·巴特勒·叶芝（William Butler Yeats）和奥斯卡·维尔德（Oscar Wilde）都吸食过大麻和其他毒品，但是他们并不像法国艺术家波德莱尔和Gautier那样专注大麻。

美国是大麻流传较晚的国家，最先提到大麻的是1854年美国诗人约翰·格林利夫·惠蒂埃（John Greenleaf Whittier）。当时美国的流行作家亚德·泰勒（Bayard Taylor）在19世纪中期出版的两次旅游日记中记载了自己食用大麻的感受，他记录第一次是在埃及食用大麻，但第二次大剂量服用的记录就非同一般，Taylor的记录吸引了美国青年作家菲茨·休·洛德罗（Fitz Hugh Ludlow）去尝试吸食大麻并在1857年匿名出版了《吸食大麻》一书。在吸食小剂量没什么反应后，Ludlow吸食了大量大麻并产生了负面效果。他产生了和波德莱尔完全一样的共同效应以及服用后产生的大笑、口干、焦虑及一些不舒服的现象。Ludlow反复用药，记录了一些真实的难以控制的感受，从那时起他的关于大麻的书就一直在美国畅销。

19世纪末许多国家开始禁止吸食鸦片，这或许是由于亚洲种族主义情感的反射。对于可卡因影响的报道过于夸张，特别是非洲或加勒比海后裔立法反对可卡因。后来对大麻的禁止可能包含有对墨西哥和非洲移民的歧视因素。事实上在19世纪末20世纪初美国很少有人使用大麻，而那些真正使用的人也不是来自主流社会的人、新教徒或白种人。1920年美国禁酒令开始生效，虽然禁酒令减少了饮酒，但它又增加了大麻的消费。在19世纪后期印度的情况和美国的禁酒情况相反，英国提高在印度大麻的税收使汉麻的价格变得很高后，人们则开始转向喝酒。1933年美国禁酒令被废除后，大麻变成政府控制的目标，耸人听闻的暴力故事常常和大麻联系在一起。报道者常常忽略饮酒或精神病等所引起的暴力攻击，而认为是由大麻所引起的。许多报纸上关于大麻的古怪的故事都是由商人威廉·伦道夫·赫斯特（William Randolph Hearst）编造的，Hearst当时主要经营木材和造纸工业，其目的是消除汉麻对他生意上的竞争。1937年国会议员哈里·安斯林格（Harry Anslinger）拿着这些报纸到国会要求提高大麻税收，虽然这次行动并没有认为大麻是非法的，但却因此而增加了大麻税收。哈里·安斯林格（Harry Anslinger）对大麻暴力事件提出苛刻的惩罚条例，并在1951年促使通过了《Boggs Act》，因为人们认为大麻毒品能导致吸食者转向吸食海洛因。20世纪50年代汉麻依然被严重限制，但到了20世纪60年代，大麻的流行剧增，不再限于少数人使用，据报道美国各种族的大学生都吸食过大麻。到了20世纪60年代末，约翰逊总统下令对汉麻进行调查研究，结果却显示没有任何证据显示吸食大麻和暴力或吸食海洛因有关。许多民众希望废除大麻禁令，并在1970年成立了改革大麻法律国会组织（NORML）。虽然基于上面的事实，但尼克松总统却拒绝对大麻的法律加以任何修改。20世纪70年代许多地方减轻对拥有大麻的处罚，在里根任期期间许多关于大麻的法律被废除并改变了对其作为毒品的态度。

联合国1961年《麻醉品单一公约》首次将大麻列入国际控制毒品的行列，并在1972年《精神药物公约》和1988年《联合国禁止非法贩运麻醉药品和精神药物公约》两次修订中，均将毒品大麻列为受控毒品，其种植必须得到专门的机构许可。但公约中第28条明确指出"该协定不适用于仅为工业目的（纤维和种子）或园艺目的而种植的汉麻植物"。

大麻的吸食毒性和大麻制品形式有很大的关系，Hashish的精神活性是Marijuana的10倍左右，而合成THC或类THC制品，如1974年合成的CP-55940的毒性是大麻的40~60倍，HU-210的毒性是大麻的100~800倍，但其作用时间比天然大麻短得多。另外，大麻的吸食毒性还和吸食方式有关（吸、喝、吃或注射）。吸食有毒大麻制品后，根据其毒性大小不同，总的生理反应包括头晕、动作不协调、手臂麻木、口干舌燥、眼睛干涩、视觉模糊、心跳加速、胸闷、听觉幻觉及声调变化等。有时还伴有恶心和大小便感，或有饥饿感。很少见到中毒反应，一些中毒反应包括不安、恐惧、运动失调、结膜充血、瞳孔扩大、视觉幻觉等。除了这些客观反应，还有一些主观反应，包括时间变慢、空间变大、感觉敏锐、兴奋度提高、情绪放松、感情强烈等。

十一、国外药用工业大麻的产业情况

鉴于大麻在健康方面的功效，2018年，北美地区逐渐放宽了对大麻的管制。截至2021年美国已有37个州和华盛顿特区实现了医用大麻的合法化。2018年，美国在《农业法案》中签署通过工业大麻全面合法化、CBD合法化。2019年3月18—22日，联合国麻醉药品委员会第六十二届会议提出"被视为纯大麻二酚的制剂不应列入国际毒品管制公约附表"。截至2019年，全球范围内超过50个国家将医用大麻或CBD合法化。

十二、国内药用工业大麻的产业情况

2010年1月1日，云南省施行《云南省工业大麻种植加工许可规定》，允许合法种植工业大麻。2019年5月，云南省科技厅、云南省财政厅联合发布《关于2020年重点领域科技计划项目申报指南的通知》，将工业大麻列入云南省重点招商项目。

2017年5月，黑龙江省修改《黑龙江省禁毒条例》，允许种植工业大麻，对工业大麻的种植、加工、销售开始进行专项管理。2018年2月，黑龙江省人民政府办公厅发布《黑龙江省汉麻产业三年专项行动计划（2018—2020）》，期望到2020年将黑龙江省打造成国内甚至全球最大的汉麻产业基地。

在发展工业大麻产业方面黑龙江省具有独特的优势。

1. 地理优势

黑龙江地处北纬45°～50°，气候上非常有利于大麻纤维、油脂与大麻素成分的形成，被称为工业大麻种植的黄金地带。黑龙江土地平整连续，适合工业大麻的大规模标准化和机械化种植。

2. 历史优势

黑龙江种植纤维工业大麻具有悠久的历史，广大农户对种植方法和相应的农机具熟悉程度高，非常有利于工业大麻在当地的产业发展。

3. 政策优势

2017年5月随着《黑龙江省禁毒条例》实施，黑龙江省成为全国第一个工业大麻立法的省份，标志着黑龙江省工业大麻产业发展走上了健康轨道，为工业大麻发展提供了法律保障。

4. 科技优势

黑龙江从事工业大麻研究的科研单位，包括黑龙江省农业科学院与哈尔滨医科大学，在工业大麻栽培技术、高产优质纤用药用品种选育、病虫草害综合防治、种植加工机械研究、工业大麻功能食品开发、CBD提取工艺、大麻素药理活性等各个领域都开展了比较深入的研究。

随着国外药用工业大麻产业的快速发展，黑龙江省也瞄准了这一朝阳产业，开始了药用大麻的试验种植。2019年全省药用工业大麻的种植面积在2万亩左右，主要分布在佳木斯、鹤岗、黑河市的周边县（区），种植的品种主要为黑龙江省农业科学院育成的药用工业大麻品种龙大麻5号。2018年和2019年许多药用大麻种植与加工企业纷纷进入黑龙江省，目前与黑龙江省合作的企业有天之草、哈药集团等，投资药用工业大麻的企业包括雄岸科技、大象投资、经世翰枢、仁和药业等20多家公司，对促进工业大麻产业的发展起到了显著作用。预计在未来几年黑龙江省的药用工业大麻种植面积会大幅度提升，医用大麻品种会快速得到认定，医用大麻产业化会有重大突破。

近年来国家层面也开始重视工业大麻产业，2019年11月，农业农村部种植业管理司组建专题调研组赴云南省和黑龙江省对工业大麻产业进行调研，以期深入了解工业大麻产业生产和管理现状，促进工业大麻产业的规范稳定发展（梅高甫，2020）。

十三、药用工业大麻相关法律法规

大麻属于联合国1972年《经〈修正1961年麻醉品单一公约的议定书〉修正的1961年麻醉品单一公约》的管制范围，该公约将工业大麻种植的用途限定于纤维和种子，其他用途的大麻种植均被排除在外。各成员国如需授权种植用于医疗和科研等用途的大麻，均应根据公约采取管制措施，包括设立专门政府部门负责规划种植地区、颁发种植许可证等。

2010年1月，云南省颁布施行了《云南省工业大麻种植加工许可规定》，该规定明确县级以上公安机关负责工业大麻种植许可证、工业大麻加工许可证的审批颁发和监督管理工作，申请领取工业大麻种植许可证从事科学研究种植、繁种种植的，应当向省公安机关提交规定材料。

2017年5月，黑龙江省修改《黑龙江省禁毒条例》，明确单位选育、引进工业大麻，应当向省农业行政主管部门申请品种认定；对于种植、销售和加工环节，由所在地县级农业部门审核种植面积、数量、种植用途和销售渠道，由所在地县级人民政府公安机关实行备案监管。

第七节 工业大麻籽油的应用

一、工业大麻籽油的功效

工业大麻（汉麻）籽油中含有丰富的不饱和脂肪酸和其他活性物质，经常食用可以润肠道、助消化，预防感冒、癌症、三高、便秘、延缓衰老等，起到排毒养颜、延年益寿的作用，另外工业大麻籽油还可以治疗简单的刀伤和烧伤引起的感染、缓解过敏症状等。此外，工业大麻籽油还能提供人体所需的维生素E、钙、钾、镁、锌、铁和磷，每天适当食用一些工业大麻籽油能够满足人体每日所需要的营养元素。工业大麻籽油能够提高皮肤内的超氧化物歧化酶（SOD）活性和含水量、改善皮肤的形态功能和蛋白质代谢、能够清除皮肤内过氧化物等，具有很好的抗衰老作用。工业大麻籽油能够降低血脂，并且含有多种微量元素和抗氧化剂，能够补充人体内所缺少的抗氧化剂，保护体内抗氧化酶的活性，并且工业大麻籽油在降低高血脂的同时，减轻了主动脉壁内皮细胞的损伤和平滑肌细胞的增生，从而为抗动脉硬化及抗衰老奠定了物质基础（孙宇峰，2019）。

工业大麻籽油属于干性油，含有人体所有必需的氨基酸和脂肪酸，其脂肪酸主要有豆蔻酸、棕榈酸、棕榈油酸、十七烷酸、顺-10-十七烯酸、硬脂酸、油酸、亚油酸、亚麻酸、花生酸、花生一烯酸和山嵛酸12种，其中亚油酸与亚麻酸的比例接近3∶1，这一比例被认为是人体正常代谢所需的最佳比例。工业大麻籽油富含生育酚、叶绿素、植物甾醇和多酚类化合物。Layton等（2015）研究证明，工业大麻籽油含有少量的大麻二酚（CBD）。

工业大麻籽（火麻籽）入药始见于《神农本草经》，对许多疾病均有较好的治疗作用。近几年来，国内外的科研工作者将大量的研究工作集中在了人类健康以及众多急性和慢性病方面，如普通的割伤、普通的烧伤其恢复速度的快慢，以及其他的一些慢性的皮肤疾病，一些研究工作者将这些功能性的作用多归结于火麻油籽中独特的脂肪酸成分，以及其脂肪酸的组成对新陈代谢产物的相关性影响，其中起决定性作用的有二十酸和前列腺素（Kassirer et al.，1997）。有报道称，二十酸在治疗慢性疾病方面作用极大，有着对人体自身免疫功能的改善作用。火麻籽油有降血脂、抗动脉粥样硬化作用，可使HDL-CH升高，T-CH、TG、LDL-CH降低。20世纪初，由于火麻籽油中活性物质的发现，使其展现了独特的生理功能，能够显著的全面的调节脂质代谢，科研工作者开始研究其临床的医学价值，并且投入到保健功能性食品的研发中。现代临床医学研究表明，不饱和脂肪酸具有增强免疫、抗氧化、抗自由基的作用，可以显著降低高密度脂蛋白血清胆固醇，减少心脏病、中风及高血压等常见疾病的发病率。豆油、棉籽油、玉米油都是我国主要的食用油，但是比较其亚麻酸的含量，火麻籽油更胜一筹。

从20世纪90年代起，一些欧美发达国家均致力于开发低毒工业火麻，我国同样培育出了具有自主知识产权的低毒工业火麻品种。根据1988年国家颁布的《联合国禁止非法贩运麻醉药品和精神药物公约》中的规定，火麻植株中含THC<0.3%，因而低毒火麻已不具备提取THC毒性成分价值，也不具有直接作为毒品进行吸食的价值，因此这种低毒的工业火麻可以进行规模化种植与工业化利用。李永进（2007）对小鼠进行了火麻油急性毒性、微核试验、致畸试验和90d喂养等试验，结果表明火麻籽油在一定的范围内对孕鼠体重增长、受孕率、平均着床数、窝平均活胎数、吸收胎和死胎数等生育情况均未见明显影响；对胎鼠的发育亦无显著影响；对胎鼠外观、骨骼和内脏的检查表明，未见与受试物有关的畸形。90d喂养试验未见有毒性效应，属安全无毒。因此，火麻籽油在正常食用剂量下是安全的。

二、工业大麻籽油的提取方法

1. 压榨法

在火麻籽产区，火麻籽油制取大多采用作坊式的压榨工艺，压榨法是一个物理过程，属于传统的制油工艺。目前，很多油脂厂普遍采用的榨油方法是利用机械压力将油从植物油料中挤压出来。

2. 水酶法

油料中的油脂被细胞质膜所包围，细胞质中的蛋白质体之间充满了油脂体。为了将油料中的油脂释放出来，水酶法利用机械及酶解的手段将植物种子的细胞壁破坏。先用机械法将原料粉碎，后通过酶液降解包裹油脂分子的纤维素、木质素及半纤维素和细胞壁等，油脂游离出来。最后，经分离固液，得到油脂和固体物料。王雯（2019）利用酶解低温复榨法提取工业大麻籽油，认为此方法具有出油效率高、理化指标稳定、功能性成分对油相迁移性增强等优点。其具体方法为：将工业大麻籽仁进行低温初榨，初榨饼粉碎，利用Viscozyme L植物水解酶和Protex 6L碱性蛋白酶依次酶解初榨饼粉，再进行低温复榨。低温初榨条件为温度50℃、榨膛压力3.5MPa，获得初榨饼残油率21.6%。酶解复榨条件：初榨饼粒度60目，Viscozyme L植物水解酶添加量3.0%（质量分数），酶解时间4.5h；通过响应面法优化后，Protex 6L碱性蛋白酶添加量1.1%、pH值10、酶解时间2.8h、温度52℃、榨膛压力3.5MPa条件下低温复榨，获得出油效率65.0%。

3. 溶剂浸出法

溶剂萃取法所用的温度为常温或者低温，耗能较少，故比较适于热敏性物质的纯化分离。在传统溶剂法中，通过粉碎颗粒，导致油料的细胞壁破裂，继而将油脂暴露到细胞外，溶剂渗透进去，更加有利于油脂的萃取，最后油脂完全溶解于萃取剂中，最后对有机溶剂再进行蒸发回收，去除萃取剂得到油脂，达到提取油脂的目的。溶剂萃取法提取油脂会造成一定的溶剂残留，需要在较高温度下才能脱除。马攀（2009）比较了索式抽提法、冷浸法、微波法和超声波法提取工业大麻籽油的效果，考察了处理温度、提取时间和溶剂消耗量对出油率的影响，结果发现，索式抽提法在80℃条件下提取6h，出油率最高，达到43%。

三、工业大麻籽油的储藏期限

肇立春（2017）等研究了抗氧化剂种类与配方对火麻油保质期的影响，结果表明，火麻油的保质期与其原始品质呈正相关，合成抗氧化剂的效果优于天然抗氧化剂，其中合成抗氧化剂中的特丁基对苯二酚（TBHQ）的抗氧化效果最好，添加量0.02%即可使火麻油在冷藏条件下保质24个月，而天然抗氧化剂效果不够理想，其中维生素E的抗氧化效果相对较好，添加0.04%可使冷藏条件下火麻油的保质期达7个月。

第八节　工业大麻籽在食品行业的应用

一、工业大麻籽的营养价值

工业大麻（汉麻）的果实并不是真正的种子，它只是一个覆盖有坚硬果壳的微小的"瘦果"。这些都可以以一个整体作为商品被卖出，同时，果实可以作为食物以及民间的医药备选偏方，或者用来当作鸟和鱼的饲料。大麻种子具有很高的营养价值，完整的工业大麻（汉麻）种子包含20%～25%的蛋白质、20%～30%的碳水化合物以及10%～15%的不溶性纤维，同时还包含大量的矿物质，例如磷、钾、镁、硫、钙以及微量的铁和锌，后者还是参与人类脂肪酸代谢的一种重要酶因子。工业大麻（汉麻）的种子也是胡萝卜素的来源，维生素A的原料，同时也是食用性纤维潜在的重要供应源。大多数工业大麻（汉麻）的种子还包含25%～35%的油分。这种高度不饱和油分与亚麻油分应用性相同，也被用来作为肥皂、洗涤剂的原材料和身体护理产品的润肤剂。工业大麻（汉麻）籽氨基酸光谱包含了8种必需氨基酸，以及碳水化合物和少量的残留油分，粉碎的种子副产品非常适合作为动物的饲料，也可以作为人类食品的来源。它的蛋白质主要是麻仁球蛋白，这是一种与鸡蛋的蛋白和血液中发现的白蛋白相类似的高度同化的球状蛋白。尽管如此，经过热处理的完整的亚麻种子使这种蛋白质发生变性，从而不溶于水中，以至于影响肠胃消化。

组成蛋白质的氨基酸有20多种，其中8种为人体必需氨基酸，包括异亮氨酸、亮氨酸、苯丙氨酸、蛋氨酸、色氨酸、苏氨酸、赖氨酸和缬氨酸等。对儿童来说，精氨酸也是必需氨基酸。这些氨基酸在体内不能合成，只能通过饮食摄取。采用气相色谱分析了工业大麻（汉麻）种子中氨基酸的种类和含量分析（表13-2）表明，工业大麻（汉麻）种子蛋白质共含有21种氨基酸，其中8种人体必需氨基酸均在其中。

工业大麻（汉麻）种子中甘氨酸含量（9.7mg/g）达到了较高的水平。甘氨酸可以在哺乳动物体内利用其他物质合成，但禽类合成甘氨酸的能力则很低，因此甘氨酸对禽类则为必需氨基酸。雏鸡缺乏甘氨酸时呈现麻痹症状，羽毛发育不良，因此鸡饲料中一般要添加适量的甘氨酸。另外，甘氨酸对鱼群具有特殊的引诱作用，也可以减轻仔猪和犊牛腹泻、脱水等。这些研究为民间应用工业大麻（汉麻）籽作为动物饲料添加剂找到了依据。

表13-2　工业大麻（汉麻）籽氨基酸种类及含量

氨基酸种类	含量（mg/g）	氨基酸种类	含量（mg/g）
磷酸丝氨酸	0.9	异亮氨酸	1.5
天门冬氨酸+天冬酰胺	19.8	胱硫醚	0.9
谷氨酸+谷氨酰胺	34.8	亮氨酸	7.1
苏氨酸	3.7	酪氨酸	5.8

（续表）

氨基酸种类	含量（mg/g）	氨基酸种类	含量（mg/g）
丝氨酸	8.6	苯基丙氨酸	3.5
脯氨酸	7.3	色氨酸	0.6
甘氨酸	9.7	乙醇胺	0.4
丙氨酸	9.6	赖氨酸	4.3
缬氨酸	3.0	组氨酸	2.5
胱氨酸+半胱氨酸	1.2	精氨酸	18.8
蛋氨酸	2.6		

　　工业大麻（汉麻）分离蛋白富含多种氨基酸，其中8种人体所必需的氨基酸以及多种对人体有益的成分，是一种优质的植物蛋白，而且它是精氨酸和组氨酸的重要来源，它们对儿童生长发育都有着重要作用，还有含硫氨基酸、蛋氨酸和半胱氨酸，这些都是合成酶所必需的。工业大麻（汉麻）分离蛋白不含色氨酸抑制因子，不会影响蛋白质的吸收，不含大豆的一些寡聚糖和致敏因子，也不会造成胃涨、反胃和过敏反应。

二、工业大麻籽的应用

　　工业大麻（汉麻）种子具有很广泛的应用前景及极高的食品利用价值，工业大麻（汉麻）种子的食品应用产业链见图13-2。工业大麻（汉麻）种子食品包括工业大麻（汉麻）全籽、去壳工业大麻（汉麻）籽、粉碎工业大麻（汉麻）仁和工业大麻（汉麻）籽油4种基本类型，可以加工出各种各样的食品。在人们日益关注健康的今天，这种营养价值使得工业大麻（汉麻）仁，尤其是工业大麻（汉麻）籽油具有广阔的市场前景，工业大麻（汉麻）籽油不仅可以作为食用油，还可以作为营养添加剂。工业大麻（汉麻）籽或工业大麻（汉麻）仁压榨后的籽柏富含蛋白质，还含有碳水化合物、膳食纤维和少量残余的工业大麻（汉麻）籽油，不仅可以作为高蛋白动物饲料，还可以作为食品加工原料使用。

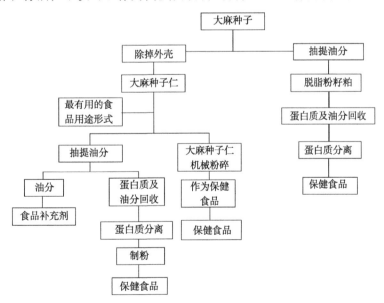

图13-2　工业大麻籽的食品应用产业链

　　工业大麻蛋白饮料是以工业大麻籽仁（火麻仁）为原料，经过选料、除杂、浸泡、磨浆、调配、杀菌等工序制成，蛋白质含量不低于0.5%的制品称为火麻蛋白饮料，根据其pH值不同，可分为中性饮料和酸性饮料两大类。目前，欧美关于火麻蛋白饮料的生产技术已经十分成熟，系列产品已经成熟面世。近年来推出的工业大麻（汉麻）饮料有下面几家公司。

1. Phivida公司

近年来加拿大生产工业大麻（汉麻）成分产品的Phivida公司，在2018年初推出一系列含有CBD（大麻二酚）茶饮，新产品由绿茶制成，据称可以用于缓解肠道炎症，并且在美国和日本出售，Phivida公司的临床顾问Chris Meletis博士说，"全球卫生保健行业都在密切关注大麻二酚与肠道健康之间的关系"。

2. 拳王泰森的CBD饮料

2018年，拳王迈克·泰森被报道在内华达州的一家药房推广他的大麻二酚（CBD）灌装饮料。泰森牧场的THC产品目前在加州和内华达州销售，并计划在不久的将来在科罗拉多州、华盛顿州、马萨诸塞州和俄克拉荷马州销售。泰森正计划建造一个407英亩的度假胜地，他称之为"大麻主题乐园"。这位拳击界的传奇人物在2016年创立了自己的公司——泰森整体控股公司，现在他在南加州拥有自己的40英亩（243亩）的大麻农场。

3. Cuvee Coffee（酷威咖啡）

位于美国德克萨斯州奥斯汀的酷威咖啡（Cuvee Coffee）致力于开发新的冷粹咖啡，在即饮系列中推出含有大麻油的咖啡饮品。来自酷威咖啡的CEO迈克·麦金姆（Mike McKim）1988年开始研究咖啡，于2011年首次推出了黑色冷粹咖啡（NCB）。在创新咖啡新口味的同时将生活中食用大麻油作为天然抗炎剂添加到咖啡中，成为日常饮品饮用后补充运动后的能量消耗。

4. Hi-Fi啤酒

Hi-Fi（嗨非）啤酒是一种添加了大麻素的苏打水，由加州北部的Lagunitas Brewing Co.（拉古尼塔斯）公司生产。它有3种不同的剂量：10mg四氢大麻酚（THC）、5mg四氢大麻酚（THC）以及5mg大麻二酚（CBD）。这种饮料零卡路里，零碳水化合物，零酒精，因此具有巨大的吸引力。这种大麻"啤酒"来自拉古尼塔斯，一家非常流行的北加州酿酒厂，成立于1993年，其酿造的啤酒味道鲜美，而且有创新精神，作为市场上第一种大麻"啤酒"受到媒体的追捧。

5. Vybes（V-B）公司的五色饮料

Vybes富含CBD的水果味饮料有桃、蓝莓薄荷、草莓薰衣草、蜂蜜苹果、橘子5种口味。这一系列饮料色彩缤纷、美味可口，是由Vybes饮料公司推出的一系列含有CBD成分的混合饮料。

国内火麻饮料的发展相对起步较晚。随着中国经济水平和生活水平的提高，具有保健功能、无添加的食品，已成为现代人对于食品的新要求。火麻仁作为药食同源的一种食材，开发以其为原料经浸泡或者发酵而成的一种保健酒可以满足消费者的需求。赵翩等（2011）以大米发酵得到的米酒为酒基，粉碎并炒香的火麻仁添加其中制作火麻仁酒。麻仁甜味与米酒甜味协调适中。张兴等（2018）研究了火麻保健白酒的酿造方法，首先将火麻仁除杂脱壳，低温烘干后粉碎，再进行挤压膨化、碾磨，之后在其中添加2～4倍的纯净水浸泡1～1.5d，然后再添加0.2～0.5g/L的干酵母发酵3～5d，过滤后即得成品。此火麻保健白酒发酵过程中没有高温环节，同时不添加任何化学试剂及酶制剂，因此可以很好地保留火麻中原有的营养物质。火麻仁可加工成火麻茶，具有清火润肠的功能。目前国内市场上能买到的火麻仁饮料包括亦舒堂的火麻茶和广东的火麻仁饮料。

工业大麻籽壳可以添加到烘烤食品和主食中。可以在制作面包、饼干、蛋糕、桃酥等焙烤食品添加工业大麻籽壳，工业大麻籽壳膳食纤维的用量一般为面粉量的5%～10%，但是当工业大麻籽壳膳食纤维用量超过10%时，会使面团醒发速度减慢。可以做馒头时添加面粉量6%的工业大麻籽壳，对馒头的颜色及味道无不良影响，无粗糙感，并有特殊香味。做面条时添加面粉量5%的工业大麻籽壳膳食纤维，使面条耐煮，口感筋道。

在香港，以工业大麻（汉麻）籽为原料制作的饮品颇受消费者欢迎，不仅口味好，还能美白、光洁皮肤、营养价值很高。在德国和美国，应用工业大麻（汉麻）籽油制作各种保健食品，包括工业大麻（汉麻）果仁、工业大麻（汉麻）巧克力、工业大麻（汉麻）蛋糕、工业大麻（汉麻）糖果、工业大麻（汉麻）面包和工业大麻（汉麻）啤酒、茶等饮料。日常生活中使用的食用工业大麻（汉麻）籽油，只要每日摄取10~20g，即可满足人体对基本脂肪酸的需求。工业大麻（汉麻）籽的含油较高，可制作优质食用油。工业大麻（汉麻）油饼、工业大麻（汉麻）籽还是优良的动物饲料，用作宠物鸟食，也颇具市场潜力。

以火麻仁为原料开发火麻奶制品，不仅可以丰富火麻产品的种类，提高火麻的深加工水平，增加火麻的附加值，还可以满足消费者对火麻产品多元化的需求。近年来，一些学者对火麻奶制品展开了研究。目前火麻奶制品的加工产品主要有火麻奶、凝固型火麻酸奶等产品。李绍波等（2009）研究发现火麻仁经过超微粉碎后，在采用添加30%火麻浆、70%牛奶、2.7%白砂糖、0.14%乳化稳定剂、18~20MPa均质条件下开发的火麻奶具有清香味又无苦味。蒲海燕等（2014）以火麻和纯牛乳为主要原料，白糖为辅料，新鲜酸奶作发酵菌种，研制凝固型火麻酸奶的配方，研究发现最佳发酵条件为，火麻原浆添加量10%、白糖添加量8%、接种量17%、发酵时间6h，在此条件下制得的酸奶品质最佳。魏月媛（2015）研究了火麻仁油的安全性及其在酸奶中的应用，试验采用高压微射流均质技术和益生菌发酵制备了火麻仁油酸奶，研究发现含1.5%火麻仁油和1.5%乳脂肪的益生菌酸奶品质最好，抗氧化活性最强。

三、工业大麻籽蛋白提取的主要步骤

工业大麻（汉麻）种子经过冷压提取油脂后，剩余的籽粕中含有大量蛋白质、碳水化合物和少量的残余的油分。工业大麻籽蛋白质主要是麻仁球蛋白，与鸡蛋蛋白属于同种类型，可被人体较好地吸收。利用榨油后的籽粕可以加工成食品或动物饲料。

有文献研究表明，工业大麻（汉麻）种子蛋白质中有21种氨基酸，其中包括人体所需的17种氨基酸，尤以谷氨酸含量最高，达34.8mg/g，其次为天门冬氨酸和精氨酸，含量分别为19.8mg/g和18.8mg/g。工业大麻（汉麻）蛋白质不含色氨酸抑制因子，不会影响蛋白质的吸收；不含大豆的一些寡聚糖，也不会造成胃胀和反胃。工业大麻（汉麻）蛋白的65%为麻仁球蛋白，这种球蛋白只在工业大麻（汉麻）种子中存在。麻仁球蛋白对促进消化有很好的作用，相对无磷，是细胞DNA骨架。另外35%为白蛋白，也是一种优质蛋白，因此工业大麻（汉麻）种子是一种十分优异的蛋白质来源。

蛋白质的提取和分离主要有以下几个操作过程：材料的选择及预处理、细胞破碎和碎片分离，浓缩、纯化、干燥储存等。

蛋白质受自身结构及环境的影响，很容易失去活性。所以在提取过程中要采用许多常规的步骤，主要有添加蛋白质稳定剂、优化操作条件、采用新型分离技术。

四、工业大麻籽食品产业未来前景

工业大麻（汉麻）种子中富含大麻油。外观和特性与低碘值的亚麻籽油很接近，但略带绿色。工业大麻（汉麻）油主要是营养价值特别高的多聚不饱和脂肪酸，其含量高达75%~80%，只有9%~11%为饱和脂肪酸。工业大麻（汉麻）油主要成分为亚油酸、亚麻酸和油酸的甘油酯，大致的组成为：亚油酸54%~60%（C18：2），亚麻酸15%~20%（C18：3），油酸11%~13%（C18：1），酸值3mg KOH/g，碘值149~167。工业大麻（汉麻）籽油含有的两种非常有营养的多聚不饱和脂肪酸（亚油酸和亚麻酸），它们的比例为3：1，这一比例是人体正常代谢所需的最佳比例。

多不饱和脂肪酸，简称为PUFA，主要指含有两个或两个以上双键的直链脂肪酸，它可分为ω-3、ω-6等系列脂肪酸。主要代表如亚油酸、γ-亚麻酸、花生四烯酸（AA）、二十碳五烯酸（EPA）和二十二碳六烯酸（DHA）等。它不仅在维护生物膜的结构和功能方面起重要作用，而且在治疗心血管疾病、抗炎、抗癌以及促进大脑发育等方面功效显著。工业大麻（汉麻）是一种非常有价值的工业、制药和食品加工原料，随着人们对工业大麻（汉麻）工业的重视，工业大麻（汉麻）有效活性组分的分析和分离的研究就显得尤为重要。我国是世界上工业大麻（汉麻）种植面积最大的国家。但是国内对工业大麻（汉麻）的分析和分离的研究起步较晚，尚处在摸索阶段。

麻籽富含易于人体吸收的蛋白质、不饱和脂肪酸、多种矿物质等，可以加工成风味和营养独特的工业大麻（汉麻）种子食品。工业大麻（汉麻）全籽经过烘烤或烹炒处理，可以加工成类似葵花籽的工业大麻（汉麻）种子食品；去壳工业大麻（汉麻）种子可以加工成工业大麻（汉麻）仁、烤/炒大麻仁、大麻豆腐、大麻仁酱、大麻面包、大麻糕点、大麻醋、大麻奶，甚至大麻啤酒或大麻黄油等食品，或者加工成类似麦片的大麻仁粉。当然，大麻种子也可以作为高蛋白宠物饲料，如鸟食等。

对于现有的栽培品种，诸如本地的品种以及野生品种，很多工作仍然需要开展实施。目前最重要的研究工作就是各种不同大麻的油类特征分析。工业大麻（汉麻）籽油被誉为"自然界中最佳平衡油""人体补充生命必需脂肪酸的新来源"。工业大麻（汉麻）籽是一种十分有营养价值的食品原料，可以做成各种各样的食品直接食用，大麻仁所含油脂可以加工成高档食用油使用，还可以从中提取出保健和营养添加剂成分，提取之后的油脂则可以作为生物柴油和工业用油的原料。提取油脂后的籽柏则可以加工成蛋白粉，或直接做动物蛋白饲料用。

目前开发具有丰富脂肪酸的工业大麻（汉麻）籽还具有很大的潜力。随着环境对工业大麻（汉麻）种子品质的影响的知识越来越丰富，以及逐步提高的农业技术，这都会对工业大麻（汉麻）今后的大规模种植奠定良好的基础。除此以外，有些问题仍然亟待解决，例如工业大麻（汉麻）种子油分的理化品质、甘油三酸酯、生理效应以及最经济的提取、储存的方法，当然还包括如何保持工业大麻（汉麻）种子独一无二的营养价值的方法。

五、工业大麻籽在生物柴油行业的应用

生物柴油是以动植物油脂、废餐饮油等为原料制成的液体燃料，它具有高十六烷值、可被生物降解、无毒、对环境无害的优点，是一种可替代普通柴油的环保燃油。目前，酯交换合成生物柴油法被广泛采用，常以甲醇或乙醇等低碳醇作为酯交换剂，NaOH、KOH等作为催化剂，在常温常压下进行反应。已用于生物柴油合成研究的原料油有大豆油、油菜籽油、棕榈油、葵花籽油、牛油和餐饮废油等。大麻是一种种子、秆、皮可被综合应用于油脂、纺织、造纸、复合材料等工业领域的经济作物，随着我国低毒大麻种植面积进一步增加，大麻籽油可成为酯交换合成生物柴油可靠的原料来源。大麻籽油的脂肪酸组成中，主要为C16和C18脂肪酸，二不饱和亚油酸和三不饱和亚麻酸的质量分数高达85.80%，具有高不饱和度，有利于制备出高十六烷值、耐寒性较佳的生物柴油。张建春等（2006）利用NaOH催化大麻籽油和甲醇进行酯交换反应合成生物柴油，探讨了大麻籽油合成生物柴油的化学过程及大麻籽油生物柴油性能，并研究了反应条件对大麻籽油酯交换的影响。

第九节　工业大麻在军需方面的应用

一、军服

军服在保型、悬垂、保温、舒适、功能性等方面均有严格要求。礼服、常服需要挺括；作训服需防水、防风、防虫、防晒、抗菌、结实耐磨、防红外、阻燃等；导弹部队的服装要防酸、防碱、防生化、防辐射；飞行员的服装要抗负荷等，所有这些，工业大麻（汉麻）纤维的优点都可满足。

二、特种军需用品

以工业大麻秆芯粉为原料，可制作新一代防护能力高、重量轻的木质防弹陶瓷；大麻电磁屏蔽板材可用于指挥所电子信息屏蔽；大麻秆做成的高效炭吸附材料可用于制作高档防毒面具；大麻籽榨油后剩余的籽粕中可提取大麻仁蛋白，可用于制作高营养价值的作战口粮；大麻籽生物柴油经上百万千米坦克发动机和地面车辆行车试验，证明与现今军用柴油指标基本一致，可满足部队能源多样化的要求。此外，我国已成功研制出一种以大麻秆芯黏胶为基体的新型阻燃纤维，用于特种军需产品。

第十节　工业大麻在活性炭制造行业的应用

一、工业大麻秆制备活性炭

据张建春等（2006）、李慧琴（2007）报道，以工业大麻秆为原料，通过直接炭化、磷酸/氯化锌活化法可制备麻炭。采用扫描电镜（SEM）、亚甲基蓝吸附和碘吸附分别对麻炭的微观骨架结构、表面结构、孔分布及吸附性能进行了表征。结果表明，麻炭微观形貌呈现多孔性的骨架结构，由彼此平行且直通的两种管道构成，管与管之间由管壁隔断，管壁本身分布着丰富的微孔，而且3种麻炭样品中均以微孔为主且微孔分布呈多分散性。未经活化处理的麻炭，其孔径主要分布在小于1.3nm的范围内，但其比表面积和孔容较小。磷酸和氯化锌活化的麻炭的比表面积分别达 1 388m²/g 和 1 691m²/g，两者的孔分布较为相似，除在小于2nm的范围内均有微孔分布外，还存在2～4nm范围内的中孔分布。麻炭对亚甲基蓝及碘的吸附值随比表面积的增大而增加，氯化锌活化的麻炭对亚甲基蓝和碘的吸附值最大，其次依次为磷酸活化的麻炭和未经活化处理的麻炭。

二、工业大麻籽壳制备活性炭

工业大麻籽壳活性炭的制备工艺与一般活性炭基本相似，制备工业大麻籽壳活性炭的原料中会含有矿物质和硫等成分，它们对于后期加工和产品的性能都有很大的影响，因此应先脱除掉。去杂的主要目的是脱硫，因为硫可以降低活化剂或催化剂效能的发挥。活化是制备工业大麻籽壳活性炭的关键工艺。根据所用活化剂的不同，分为物理活化法和化学活化法。经活化处理的工业大麻籽壳活性炭可根据使用的要求进行相应的后处理，如成型、去杂和浸渍处理。

（一）气相吸附与液相吸附

用于气相吸附的活性炭是颗粒状的，要求细孔结构比较发达，进而具有很强的吸附能力，可用于空气净化、除去臭气、回收产品等。随着人们对环保重视程度的提高，活性炭在治理空气污染方面的需求量也将越来越大。

（二）催化和催化剂载体

工业大麻籽壳活性炭是理想的催化剂，可用于烟道气脱硫、硫化氰的氧化、光气的合成、酯的水解、氯化二氰的合成、电池中氧的去极化、臭氧的分解等场合。同时由于具有较大的表面积和孔隙率，它也是理想的催化剂载体。

（三）在电池和电能储存方面的应用

镍氢电池是一种能量密度较高的电池，用的是海绵镍做集电材料，理论上海绵镍的比表面积为 $10 \sim 10^2 m^2/g$ 数量级，工业大麻籽壳活性炭比表面积为 $10^2 \sim 10^3 m^2/g$ 数量级，可设想用超细镍负载在活性炭上做成电极，电池的能量密度可提高近一个数量级，可应用在一些小型电器设备，作为强电流击发电源。同时，利用工业大麻籽壳活性炭的吸附性，还可以开发电能储存材料和储氢材料，用工业大麻籽壳活性炭吸附电解质，为电极做成超大容量电容器，有望代替铅酸蓄电池。现在人们正在开发储氢材料，工业大麻籽壳活性炭在储氢方面也将有其应用前景。

（四）工业大麻籽壳活性炭其他应用领域

工业大麻籽壳活性炭可用来治疗胃肠道疾病；用于吸附有毒物质，血液过滤、血液渗析；金属精选，如利用其和氢氧化铝和氢氧化铁混合物共同沉淀可以从海水中分离铀；用来制作香烟和烟斗的过滤器；用来吸附高真空环境中痕量残余气体和获取超低温等。

第十一节　工业大麻在制备复合材料方面的应用

随着人们环保意识的加强，保护森林资源、减少砍伐树木的呼声日趋高涨，回收利用废旧木材和塑料引起了工业界和科学界普遍关注，并推动和促进了木塑复合材料的研究开发和应用。所谓木塑材料，是指各种木粉、木纤维、刨花等作为增强或填料与热塑性原生或回收塑料混合加工得到的一类复合材料。工业大麻籽壳具有类似于木材的化学组成，容易加工成粉末。因此，也可以用来制作麻塑复合材料，同时也解决了工业大麻籽壳的综合利用问题，提高了工业大麻籽的附加值。麻塑复合材料是继木塑复合材料之后的又一新型环保材料，在木质材料匮乏地区，采用工业大麻籽壳替代木质材料更具有社会效益和经济效益。

与木材或塑料等传统材料相比。工业大麻籽壳麻塑复合材料具有成本和性能上的双重优势，应用领域正在不断扩大。工业大麻籽壳麻塑复合材料的优点如下。

一是符合可持续发展的需求，减少木材用量，特别适合我国保护森林的国策。

二是耐用、寿命长，类似木质外观，比塑料硬度高。

三是具有优良的物理特性，比木材的稳定性更好，不会产生裂缝，翘曲、无木材节疤、斜纹，加入着色剂、覆膜或复合表层可制成色彩绚丽的各种制品。

四是具有热塑性塑料的加工性，容易成型，用一般塑料加工设备或稍加改造后便可以进行成型加工。加工设备投入资金少，便于推广应用。

五是有类似木材的二次加工性，可切割、粘接、用钉子或螺栓连接固定。

六是易于装潢、装饰，可涂漆美化，产品规格形状可根据用户要求调整，灵活性大。

七是不怕虫蛀、耐老化、耐腐蚀、吸水性小，不会吸湿变形。

八是可重复使用和回收再利用，可生物降解，保护环境。

九是资源丰富，生产成本低廉。

作为一种新兴材料，工业大麻籽壳麻塑复合材料有其不足之处，如韧性低于母体塑料，生产时加工设备、下游装置需要作相应改造。

工业大麻籽壳麻塑复合材料用作建筑铺板、装饰板、踏脚板、壁板、海边铺地板、防潮板、建筑模板等，具有防朽、耐久性好、维护成本低的特点。用工业大麻籽壳麻塑复合材料制作的建筑模板不会吸水变形、耐冲击、耐腐蚀、尺寸稳定性好，具有可循环使用次数多的特点，使用功能和成本造价方面都是代替竹、木的理想材料。

麻塑复合材料地板设计结构简单，生产制造方便，成本低；无须砍伐树木，强度高、不虫蛀，防腐性能好，重量轻，运输、安装方便，防滑性能优异。适用于制作居家庭院、公园、市政、桑拿等场所的地板。

工业大麻籽壳麻塑复合材料可用来制作高速公路的噪声隔板、防护栏、船舶座舱隔板、办公室隔板、储存箱、活动架、铁轨枕木等。

工业大麻籽壳麻塑复合材料可以用来制作托盘、垫板、包装箱等。其中托盘是货物储运应用极其广泛的产品，我国年产量约1亿个，产值近10亿元，约90%的托盘为木制品，用木托盘无疑是对我国森林资源的一种浪费，改用工业大麻籽壳麻塑复合材料，各方面性能均优于木材、价格低、有利于环保，生产投资较少，工艺相对简单，成本较低，因而具有极其广阔的发展前景。

第十二节　工业大麻在吸附重金属、修复土壤方面的应用

我国矿产资源丰富，多种金属储量位居世界前列，但随着矿产的开采土壤质量恶化日趋严重，野生植物资源数量也急剧减少，重金属毒害及尾矿库的处理成为我国矿区普遍存在且最为严峻的问题之一。重金属污染具有隐蔽性、长期性和不可逆性的特点，很难通过自然过程清除。1983年美国科学家Chaney首次提出了利用能够富集重金属的植物来清除土壤重金属污染，即植物修复技术。植物修复技术是利用植物吸收、积累环境中的重金属或污染物，并降低其毒害。该技术的重点在于找到合适的超富集植物。植物修复技术具有治理效果的永久性、治理过程的原位性、治理成本的低廉性、修复过程无二次污染，富集金属元素甚至可回收利用。大麻生长速度快、生物量大、抗逆性强、生育期短、根系庞大、具有多种工业用途和广泛的应用前景，这些特性决定了它是一种非常理想的用于修复重金属污染土壤的候选植物。Sandra等（2003）研究证实工业大麻对土壤中的镉、铅、锌等重金属都具有抗性和富集能力。

史刚荣（2009）对采用盆栽试验，评价了8种能源植物（花、大麻、亚麻、蓖麻、大豆、向日葵、油菜和红花）对重金属耐受性和积累能力。结果表明供试8种能植物对Zn和Cd都具有较强的耐受性，而相对于其他能源作物，工业大麻、花生、蓖麻和亚麻表现出对Cd更强的耐受性。

许艳萍（2019）对5个工业大麻主栽品种（ym1～ym5）为试验材料，修复云南矿区重金属污染严重的农田。结果表明，成熟期的根系对Pb和Cd吸收量最大的为ym1，对As、Cu和Zn吸收量最大的为ym3；茎叶对As、Cu和Cd吸收量最大的为ym3，对Pb和Zn吸收量最大的分别为ym1和ym2，因此认

为不同工业大麻品种和不同部位之间对吸附重金属有较大差异。

工业大麻（汉麻）植物对重金属镉有很强的耐受力，对溶液中的铬离子、铜离子、银离子、镉离子的单层吸附能力分别为367mg/g、1 157mg/g、89mg/g、140mg/g，因此，工业大麻植物与工业大麻纤维都是优秀的天然金属吸附剂，对水体和土壤起到有效的自清洁作用。目前中国耕地基础地力对粮食产量的贡献率仅为50%左右，而欧美国家是70%～80%。我国部分地区开始采用试种工业大麻的方法改良土地。工业大麻整个生长过程中不需要使用杀虫剂和除草剂，对环境没有任何污染。种过工业大麻的土地再种马铃薯和大豆等其他作物，产量能提高20%。2017年有报道称，意大利奶酪盛产区农民通过"种植工业大麻的方法"来净化被污染的土壤，取得了良好的效果。

第十三节　工业大麻作为诱捕作物的应用

采用"诱捕"和"捕获"作物是一种生物防除列当杂草常用的方法。诱捕作物是指作物的根系能够分泌列当种子发芽的刺激物质，但不会被列当寄生，而作物本身可以进行正常收获的作物，列当由于发芽后不能与诱捕作物建立寄生关系，数日后因种子内储存的养分消耗殆尽而死亡，这种萌发后不能完成其生活史的现象又被称为"自杀发芽"。利用诱捕作物使列当种子"自杀发芽"既可以有效降低土壤列当种子库，又对当季的农业生产影响较小。

大麻根际土和植株不同部位水和甲醇提取液可以诱导瓜列当和向日葵列当种子萌发（余蕊，2014），而无菌水和未种植大麻土壤不能刺激这两种列当种子萌发，说明大麻根际土和植株中存在能够刺激这两种列当种子萌发的发芽刺激物质。

另外，大麻根际土及植株中刺激列当种子萌发具有生长时期差异性。在大麻的3个生育期中，各部位（根、茎和叶）刺激列当种子的发芽率存在差异，其中根提取液的诱导萌发作用最强。水提取液在苗期对这两种列当种子的萌发刺激作用最强，甲醇提取液在快速生长期这两种列当种子的萌发刺激作用最强，这两个时期可作为"捕获"作物的最佳时期，可作为瓜列当和向日葵列当的防除期。可以在瓜列当和向日葵列当发生地栽培主栽作物前种植大麻，然后将大麻翻压，使根部释放的萌发刺激物存留耕层土壤，从而达到生物防除的目的。也可以根据当地实际情况，采用轮作的方式种植大麻，减少土壤中的列当种子库。该生物防除方法减少了农药的使用量及残留量，既保障了食品安全，又推动了经济和生态的快速发展。

第十四节　工业大麻精油的应用

植物精油（Essential oil）是植物体内的一种挥发性次生代谢产物，由分子量较小的简单化合物组成，具有一定气味的挥发性油状液体物质。大多数精油是由几十种到几百种化合物组成的复杂混合物，其重要成分为萜烯、倍半萜烯及其氧化物，另外还有羰基化合物、酯、醇等。根据化学成分可分为萜烯类化合物、芳香族化合物、脂肪族直链化合物和含氮含硫化合物四大类。

精油在常温下易挥发，有强烈的特殊香味，具有较高的折光率，大多有光学活性。能溶于高浓度乙醇中，易溶于石油醚等极性小的有机溶剂中，但几乎不溶于水。在植物体内精油的分布因植物品种的不同而不同，有的集中于果实、叶、花、根茎和种子中，有的则在全株分布。大麻精油在花及新鲜叶片中的含量最高。

一些植物的精油已经被广泛应用于植物保护、日化、食品、医药等方面。大麻精油在国内的开发和利用研究很少，但在国外已经应用于日化领域，形成了护手霜、护足霜、浴液、面霜等产品。植物精油作为天然的植物提取物，在这些领域中的应用有如下优势。

植物精油在植物保护中的应用主要为杀虫和抗菌。目前在植物精油防治害虫方面的研究比较深入，其作用方式主要为直接或间接的毒杀作用，如丁香油及其主要成分对所有供试昆虫均有毒杀作用；拒食、抑制生长发育作用，如沙地柏精油、菖蒲精油；趋避作用，如野薄荷的茎叶精油对伊蚊有持续4～6h的忌避效果，菊蒿精油对马铃薯叶甲有强烈的趋避作用；引诱作用，如大茴香脑和爱草脑对玉米根叶甲有强烈的引诱作用。植物体内含有的抗细菌、抗霉菌成分，与合成的化学药剂相比，活性要弱些，且见效慢，但是其有着副作用和残留毒性小等优点。较早期的研究表明，薄荷精油及某些精油中的成分如肉桂醛、紫苏醛、柠檬醛具有广谱的抑菌活性。精油大多有微弱或缓和的抑菌功效，但有的种类具极强的抑菌活性。精油具有极强的渗透力，能够迅速进入人体皮肤，进而进入血液循环。当精油由毛孔进入后，约3min即可渗透到达真皮层，10min后进入血液及淋巴循环系统。将精油擦在脚底，20min内就能分布至全身每一细胞（包括头发）。精油还具有不滞留性，4～12h即可排出体外。因此天然的植物精油是一种非常理想的化妆品等日化产品原料。植物精油还可以调节人的情绪，由于其具有强的挥发性，可以用于芳香治疗。

对工业大麻提取物的研究表明，工业大麻的次生代谢产物包含强的抑菌成分，在工业大麻生长过程中，自身即可抵御各种病虫害，不需施加化学农药，是典型的绿色环保作物，更是一种天然的抑菌剂，目前有研究表明工业大麻精油具有抗虫、抗菌的功能。

第十五节　工业大麻综合利用未来展望

中华人民共和国成立初期，大麻只被当作非法毒品，人们谈大麻色变，国家对大麻的种植、交易和消费都采取了非常严格的管理措施。但是到了20世纪70年代，当时中国正与越南开战，政府需要一种能够在越南潮湿环境中保持干爽的布料，而低毒大麻织物恰好具有透气性和防虫性，因此开发出来的大麻军需品为战争的胜利立下了汗马功劳。近年来，在军工技术的引领下，工业大麻在纺织、建筑、医药等方面的功能逐渐被了解和开发出来。

工业大麻全身都是宝，概括起来有以下方面。

一是工业大麻纤维可做高端纺织品，包括服装、鞋子、军需品、尿布、口罩等；也可作为工业材料，包括混凝土配筋、托盘、隔热隔音材料、绳索、造纸等行业。

二是工业大麻麻屑可以做建筑材料、绝缘材料。

三是籽壳可做活性炭、复合材料。

四是麻籽可做食品、饮料、酿酒、食用油、蛋白粉、洗护用品、生物柴油。

五是工业大麻花、叶可提取大麻二酚，治疗失眠、抑郁症、小儿癫痫、阿尔兹海默症、帕金森等病症。

由于大麻具有天然抵抗害虫的特性，可以更少的使用农药和除草剂，和其他作物相比更加绿色环保。大麻种植用化肥少、堆肥多，同样的土壤可以用来种植大麻多年，而不伤害土壤；此外大麻植物能吸收化工厂排放进入土壤的重金属，如铜、镉、铅和汞等。另外，大麻在其生长期间对大气贡献20%～40%的氧气，弥补了作为燃料燃烧时的氧气损失，从而减缓了全球变暖，减少了酸雨以及对臭氧层的不利影响。

汉麻不仅是单一的农作物，更是具有高附加值的经济作物，若实现汉麻皮、秆、籽、根、叶、花的综合利用，其产业链条可从第一产业延伸到二三产业，可以通过农业生产创造巨大工业价值。

2013年至今，我国工业大麻（汉麻）产业市场已连续多年走好，广大麻农的种植积极性也都非常高。随着工业大麻栽培技术的提高，新品种的育成，以及在机械收获、雨露沤制和麻屑烧炭工艺等方面的推广，使得工业大麻（汉麻）种植成本降低，经济效益大幅提升，纤维工业大麻（汉麻）种植面积逐年增加。

随着各国医用大麻与工业大麻市场的放开，国际国内市场将供不应求。随着科研工作者对工业大麻研究的深入，一批优良的工业大麻品种与配套栽培技术得到广泛推广，同时政府对工业大麻种植的支持力度不断加大。2017年，黑龙江省修改《黑龙江省禁毒条例》，允许种植工业大麻，对工业大麻的种植、加工、销售开始进行专项管理，并发布《黑龙江省汉麻产业三年专项行动计划》，期望将黑龙江省打造成国内甚至全球最大的汉麻产业基地。一大批工业大麻加工企业，如金达集团、一宇集团等优秀企业纷纷涌现出来，广大麻农的种植热情也不断高涨。相信，未来中国的工业大麻产业一定会更加美好。

参考文献

蔡侠，熊和平，严理，等，2011. 大麻微生物蒸汽爆破联合脱胶技术[J]. 纺织学报（7）：75-79.

曹焜，王晓楠，等，2019. 中国工业大麻品种选育研究进展[J]. 中国麻业科学（4）：187-192.

曾民，郭鸿彦，郭蓉，等，2013. 大麻对重金属污染土壤的植物修复能力研究[J]. 土壤通报，44（2）：472-476.

陈思思，2016. 汉麻纤维对重金属离子的吸附性能研究[D]. 杭州：浙江理工大学.

陈璇，许艳萍，张庆滢，等，2016. 大麻种质资源中大麻素化学型及基因型鉴定与评价[J]. 植物遗传资源学报（5）：920-928.

陈璇，杨明，郭鸿彦，2011. 大麻植物中大麻素成分研究进展[J]. 植物学报（2）：197-205.

陈艳华，2012. 汉麻/棉混纺纬编袜织物的开发与性能研究[D]. 苏州：苏州大学.

成亮，孔德云，2008. 大麻中非成瘾性成分大麻二酚及其类似物的研究概况[J]. 中草药（5）：783-787.

崔光莲，2002. 新疆棉花产业发展问题研究[M]. 乌鲁木齐：新疆人民出版社.

董桂才，2009. 我国战略性资源进口的依赖性及其对资源供给安全的影响[J]. 国际贸易问题（3）：20-24.

杜光辉，邓纲，杨阳，等，2017. 大麻籽的营养成分、保健功能及食品开发[J]. 云南大学学报：自然科学版（4）：7.

房郁妍，宋宪友，张利国，等，2014. 龙大麻1号良种繁殖技术[J]. 黑龙江农业科学（4）：156-158.

高秋璐，2019. 大麻纤维的可纺性研究及混纺产品开发[D]. 上海：东华大学.

顾新伟，2011. 汉麻高级面料生产线可行性研究与经济评价[D]. 济南：山东大学.

关凤芝，2007. 亚麻产业发展存在的技术问题与建议[J]. 中国麻业科学，29（A02）：396-398.

关凤芝，2010. 大麻遗传种与栽培技术[M]. 哈尔滨：黑龙江人民出版社.

郭立云，2018. 汉麻籽油的成分分析和乳化应用研究[D]. 杭州：浙江理工大学.

郭丽，王明泽，王殿奎，等，2014. 工业大麻综合利用研究进展与前景展望[J]. 黑龙江农业科学（8）：132-134.

郝利民，张国君，王宗臻，等，2013. 汉麻叶总黄酮提取工艺研究[J]. 食品工业科技（23）：251-253.

郝新敏，张建春，吴君南，2007. 汉麻纤维脱胶新工艺研究[C]. 第七届功能件纺织品及纳米技术研讨会论文集：4.

何锦风，杜军强，陈天鹏，2011. 汉麻叶的生物活性成分研究现状[J]. 中国食品学报，11（8）：133-140.

胡杰，李德远，魏海，等，2011. 汉麻籽在压缩干粮中的应用[J]. 食品研究与开发，32（8）：50-52.

黄玉敏，2019. 不同工业大麻品种耐镉性及原花青素缓解镉胁迫功能分析[D]. 北京：中国农业科学院.

蒋国华，2001. 苎麻微生物脱胶研究[J]. 纺织学报（6）：2.

蒋国华，2002. 大麻脱胶预氯工艺参数探讨[J]. 上海纺织科技（4）：14-15.

蒋志茵，2009. 汉麻秆活性炭对染料吸附性能的研究[D]. 北京：北京化工大学.

开吴珍，2019. 大麻脱胶方法综述[J]. 染整技术，41（7）：20-23.

李辉，易法海，2005. 世界棉花市场的格局与我国棉花产业发展的对策[J]. 国际贸易问题（7）：30-34.

李京，2016. 棉麻织物在现代服装中的应用探究[D]. 济南：山东工艺美术学院.

李梦丁，2010. 中国纸浆进口贸易研究[D]. 杭州：浙江大学.

李明丽，宋维明，2014. 中国纸浆进口市场集中度分析[J]. 林业经济，36（9）：69-74.

李永进，李勇，2007. 火麻仁油食用安全性及保健功能开发前景[C]. 中国食品科学技术学会营养支持专业委员会成立大会暨营养支持论坛论文集：113-118.

梁红，张仲芳，2006. 我国原木、木浆进口数量与价格变化及其影响因素分析[J]. 贵州财经学院学报（5）：29-33.

刘健，陈洪章，李佐虎，2002. 大麻纤维脱胶研究综述[J]. 中国麻业（4）：5.

刘雪强，刘阳，粟建光，等，2019. 中国汉麻综合利用技术与产业化进展[J]. 中国麻业科学，41（6）：283-288.

刘自熔，任建平，冯瑞良，等，1999. 大麻酶法脱胶研究[J]. 纺织学报（5）：26-28.

卢国超，2017. 试论亚麻大麻雨露脱胶技术及其理论研究[J]. 黑龙江纺织（4）：1-4.

马攀，何锦风，钱平，等，2009. 汉麻籽油的不同提取方法比较研究[C]. 中国天然纤维论坛.

梅高甫，陈珊宇，陈洵熙，等，2020. 药用大麻在健康产业的应用价值及浙江发展对策[J]. 浙江农业科学，61（3）：509-512.

孟妍，朱秀清，曾剑华，等，响应面法优化汉麻分离蛋白提取技术及其乳化性能研究[C]. 中国食品科学技术学会第十六届年会暨第十届中美食品业高层论坛.

欧阳兆锋，朱士凤，田明伟，等，2018. 碱氧一浴脱胶法功能性大麻纤维的研究[J]. 山东纺织科技（2）：5-7.

邵继超，2010. 汉麻针织面料的开发研究[D]. 北京：北京服装学院.

石雨，刘爽，田媛，阚侃，等，2016. 汉麻秆基活性炭的制备研究[J]. 黑龙江科学（1）：12-13.

史刚荣，2008 耐重金属胁迫的能源植物筛选及其适应性研究[D]. 南京：南京农业大学.

宋淑敏，刘宇峰，董艳，等，2016 汉麻籽的营养价值及开发利用[J]. 农产品加工（9）：54-55.

宋晓峰，王亚丽，姜岩，2005. 大麻处理工艺[J]. 长春工业大学学报（自然科学版）（2）：112-113.

孙小寅，温桂清，马丽娜，2000. 大麻纤维的理化性能分析[J]. 四川纺织科技（5）：4-6.

孙宇峰，张晓艳，王晓楠，等，2019. 汉麻籽油的特性及利用现状[J]. 粮食与油脂，32（3）：9-11.

王德骥，林旭，王烈雄，等，1989. 用大麻做纺织原料的研究[J]. 纺织学报（5）：4-7.

王立群，关凤芝，1994. 亚麻微生物脱胶技术的研究：1 脱胶菌株的筛选[J]. 东北农业大学学报，25（2）：182-185.

王秋菊，王立群，2008. 入世前后我国木浆进出口变化及影响因素分析[J]. 生产力研究（9）：80-81.

王雯，王睿智，王彤，等，2019. 响应面法优化酶解低温榨取汉麻籽油工艺[J]. 食品科学，40（8）：242-247.

王显生，杨晓泉，唐传核，2007. 大麻蛋白的营养评价[J]. 现代食品科技（7）：10-14.

王玉富，邱财生，龙松华，等，2013. 中国纤维亚麻生产现状与研究进展及建议[J]. 中国麻业科学，35（4）：214-218.

王玉富，2004. 中国纤维亚麻生产及科研的现状[C]. 中国国际麻类纤维及纺织技术与发展会议.

魏承厚，牛德宝，任二芳，等，2019. 火麻仁的产品开发与综合利用进展研究[J]. 食品工业，40（2）：267-270.

肖怀秋，李玉珍，林亲录，等，2013. 响应面优化冷榨花生粕酶法制备多肽工艺的研究[J]. 中国粮油学报，28（9）：50-55.

许艳萍，吕品，张庆滢，等，2019. 不同工业大麻品种对田间5种重金属吸收积累特性的比较[J]. 农业资源与环境学报，37（1）：9.

杨红穗，张元明，1999. 大麻快速化学脱胶工艺初探[J]. 中国纺织大学学报（5）：83-86.

杨庆丽，刘宇峰，夏尊民，等，2016. 一株大麻雨露脱胶真菌的分离鉴定及其脱胶性能研究[J]. 生物技术进展（4）：261-264.

易伟，2011. 产业链视角下中国造纸产业发展研究[D]. 北京：北京交通大学.

余蕊，马永清，2014. 大麻对瓜列当和向日葵列当种子萌发诱导作用研究[J]. 中国农业大学学报，19（4）：38-46.

余贻骥，2004. 从现代造纸工业特点展望国内纸业的发展[J]. 纸和造纸（6）：11-16.

张超波，2008. 黑龙江地区不同汉麻品种的纤维品质和可纺性的研究[D]. 大连：大连工业大学.

张诚云，罗玉成，魏丽乔，2012. 大麻韧皮 UV—冷冻—骤热脱胶工艺的探讨[J]. 中国麻业科学（3）：130-133.

张芳，曲丽君，2006. 大麻纤维脱胶工艺现状与展望[J]. 浙江纺织服装职业技术学院学报（2）：5.

张建春，何锦风，2010. 汉麻籽综合利用加工技术[M]. 北京：中国轻工业出版社.

张建春，2006. 汉麻综合利用技术[M]. 北京：长城出版社.

张杰，王力，赵新民，2014. 我国棉花产业的困境与出路[J]. 农业经济问题，35（9）：28-34.

张琨，2008. 汉麻籽油的提取工艺、成品品质及微胶囊化技术研究[D]. 雅安：四川农业大学.

张黎明，田爱莹，郝利民，等，2015. 汉麻叶总黄酮和总多酚的同步提取工艺优化及抗氧化活性[J]. 食品科技，40（2）：269-276.

张涛，2008. 汉麻籽分离蛋白的制备工艺、功能性质及应用研究[D]. 无锡：江南大学.

张维，2008. 工业大麻籽蛋白的制备与功能特性研究[D]. 无锡：江南大学.

张雯丽，翟雪玲，2012. 进出口贸易对我国羊毛产业发展的影响[J]. 中国畜牧杂志（10）：23-26.

张莹琨，郑振荣，张富勇，黄思齐，智伟，2019. 汉麻麻皮脱胶工艺与果胶提取[J]. 上海纺织科技，47（12）：39-42.

赵彦松，2015. 黑龙江省汉麻纤维在酶脱胶过程中的微观结构变化的研究[D]. 齐齐哈尔：齐齐哈尔大学.

肇立春，王影，冯悦，等，2017. 抗氧化剂的种类与配方对冷榨火麻油保质期的影响[J]. 中国油脂，42（12）：49-50.

周超进，何锦风，蒲彪，2011. 植物蛋白饮料稳定性影响因素和分析方法的研究[J]. 食品工业科技（1）：377-379.

周超进，2011. 汉麻蛋白饮料研发及其稳定性机理的研究[D]. 雅安：四川农业大学.

ANWAR F，LATIF S，ASHRAF M，2006. Analytical characterization of hemp（*Cannabis sativa*）seed oil from different agro-ecological zones of Pakistan[J]. Journal of the American Oil Chemists Society，83（4）：323-329.

CALLAWAY J C，2004. Hempseed as a nutritional resource：an overview[J]. Euphytica，140（1/2）：65-72.

Carlini E A，Cunha J M，1981. Hypnotic and antiepileptic effects of cannabidiol[J]. The Journal of

Clinical Pharmacology, 21（8-9 Suppl）：417S-427S.

CITTERIO S, SANTAGOSTINO A, FUMAGALLI P, 2003. Heavy metal tolerance and accumulation of Cd, Cr and Ni by *Cannabis sativa* L. [J]. Plant and Soil, 256：243-252.

COFRADES S, SERRANO A, AYO J, et al., 2008. Characteristics of meat batters with added native and preheated defatted walnut[J]. Food Chemistry, 107（4）：1506-1514.

DEFEME J L, PATE D W, 1996. Hemp seed oil：a source of valuable essential fatty acids[J]. Journal of the International Hemp Association, 3（1）：4-7.

Fride E, Feigin C, Ponde D E, et al., 2004.（+）-Cannabidiol analogues which bind cannabinoid receptors but exert peripheral activity only[J]. European Journal of Pharmacology, 506：179-188.

HEBBAL O D, REDDY K V, RAJAGOPAL K, 2006. Performance characteristics of a diesel engine with deccan hemp oil[J]. Fuel, 85（14/15）：2187-2194.

JUNG S, MAHFUZ A A, 2009. Low temperature dry extrusion and high-pressure processing prior to enzyme-assisted aqueous extraction of full fat soybean flakes[J]. Food Chemistry, 114（3）：947-954.

KAIN R J, CHEN Z, SONDA T S, et al., 2009. Study on the effects of enzymatic hydrolysis on the physical, functional and chemical poperties of peanut protein isolates extracted from defatted heat pressed peanut meal flour（*Arachis hypogaea* L.）[J]. Pakistan Journal of Nutrition, 8（6）：818-825.

KANIA M, MICHALAK M, GOGOLEWSKI M, et al., 2004. Antioxidative potential of substances contained in cold pressed soybean oil and after each phase of refining process[J]. Acta Scientiarum PolonorumTechnologia Alimentaria, 3（1）：113-121.

LATIF S A, NWAR F, 2009. Physicochemical studies of hemp（*Cannabis sativa*）seed oil using enzyme-assisted cold-pressing[J]. European Journal of Lipid Science and Technology, 111（10）：1042-1048.

LAYTON C, REUTER W M, 2015. Analysis of cannabinoids in hemp seed oils by HPLC using PDA detection[J]. Functional & Medical Foods, Liquid Chromatography, 2（4）：37-53.

LEIZER C, RIBNICKY D, POULEV A, et al., 2000. The composition of hempseed oil and its potential as an important source of nutrition[J]. Journal of Nutraceuticals Functional & Medical Foods, 2（4）：35-52.

LIANG J, APPUKUTTAN AACHARY A, HOLLADER U, 2015. Hemp seed oil：minor components and oil quality[J]. Lipid Technology, 27（10）：231-233.

Malhadas C, Malheiro R, Pereira J A, et al., 2017. Antimicrobial activity of endophytic fungi from olive tree leaves[J]. World Journal of Microbiology & Biotechnology, 33（3）：46.

MONTI J M, 1977. Hypnoticlike effects of cannabidiol in the rat[J]. Psychopharmacology, 55（3）：263.

NIU Y X, LI W, ZHU J, et al., 2012. Aqueous enzymatic extraction of rapeseed oil and protein from dehulled cold-pressed double-low rapeseed cake[J]. International Journal of Food Engineering, 8（3）：296-300.

OOMAH B D, BUSSON M, GODFREY D V, et al., 2002. Characteristics of hemp（*Cannabis sativa* L.）seed oil[J]. Food Chemistry, 76（1）：33-43.

PORTO C D, DECORTI D, TUBARO F, 2012. Fatty acid composition and oxidation stability of hemp

（*Cannabis sativa* L.）seed oil extracted by supercritical carbon dioxide[J]. Industrial Crops and Products, 36（1）：401-404.

RADWAN M M, ELSOHLY M A, SLADE D, et al., 2009. Biologically Active Cannabinoids from High-Potency Cannabis sativa[J]. Journal of Natural Products（5）：906-911.

RAIKOSN V, KONSTANTINIDI V, DUTHIE G, 2015. Processing and storage effect on the oxidative stability of hemp（*Cannabis sativa* L.）oil in water emulsions[J]. International Journal of Food Science &Technology, 50（10）：2316-2322.

RAVICHANDRA D, PULI R K, CHANDRAMOHAN V P, et al., 2018 . Experimental analysis of deccan hemp oil as a new energy feedstock for compression ignition engine[J]. International Journal of Ambient Energy, 39（1）：1-11.

SAPINO S, CARLOTTI M E, PEIRA E, et al., 2005. Hemp-seed and olive oils：their stability against oxidation and use in O/W emulsions[J]. International Journal of Cosmetic Science, 56（4）：355.

YANG Y, LEEIS M M, BELLO A M, et al., 2017. *Cannabis sativa*（hemp）seeds, Δ^9-tetrahydrocannabinol, and potential overdose[J]. Cannabisand Cannabinoid Research, 2（1）：274-281.

YU L L, ZHOU K K, PARRY J, 2005. Antioxidant properties of cold-pressed black caraway, carrot, cranberry and hemp seed oils[J]. Food Chemistry, 91（4）：723-729.

第十四章　工业大麻机械化种植技术

第一节　整地质量要求

一、选地与选茬

（一）选地

工业大麻种植的地块选择标准是土层肥厚，土质疏松，富含有机质，地下水位低，排灌方便，背风向阳，宜选择保水保肥能力强的平川地、平岗地和排水良好的二洼地，忌低洼地块或岗中洼地及风口、过水、坝外等风险大的地块，地块的土壤pH值在5.8～7.8的中性或轻酸轻碱性为宜。

（二）选茬

工业大麻的种植忌重茬或迎茬，应实行4年的合理轮作，在合理轮作的基础上，前茬作物为苜蓿、大豆、玉米、小麦、马铃薯等为宜，忌选糜茬和谷茬。

（三）选前作除草剂

不宜选择2年内的地块使用过长效残留除草剂，如咪草酮类（普施特）、异噁草松（广灭灵）、咪唑啉酮类、磺隆类，过量使用阿特拉津、氟磺胺草醚除草剂，否则对工业大麻的生产会造成影响，严重时会绝产。

二、耕整地

黑龙江省处于高寒地区，又是偏旱地区，整地要做到增温、抗旱和保墒，要根据地块差异因地制宜，做到整地与栽培技术相配套，同时整地要注意对环境的保护。工业大麻（纤维）种植以平播为主，由于种子小，出苗期干旱对产量影响非常大，所以"整好地，保住墒"是关键。一般最后环节以耙茬整地为主，不宜深翻。整地标准达到"齐、平、松、碎、净、墒"六字要求。齐：即耕整到头、耕整到边，地头整齐，不浪费土地；平：即地面平整，有利于提高播种质量；松：即耕层疏松，上松下实，不板结，具有良好的透气性和保水肥能力；碎：即土壤细碎，没有较大土块，有利于保墒；净：即地里要干净，无根茬；墒：即保墒好，墒情一致。工业大麻（药用）种植以垄作（垄距一般130cm）为主，规定该指标的目的一是工业大麻（药用）农艺要求；二是利于农机农艺更好的结合，即利于大垄整形机械作业、利于机械播种作业、利于机械移栽作业、利于机械收获作业等。耕整地作业质量对工业大麻种植影响很大，耕整地质量满足工业大麻种植农艺要求，才能使农业机械更好地服务于工业大麻种植业的发展，进而促进工业大麻产业的发展。

工业大麻种植耕整地作业环节，主要包括前作秸秆粉碎还田作业（秸秆打包离田作业）、秋季深松浅翻作业、秋季重耙作业、春季耙耢镇压联合作业、起垄作业（深松旋耕起垄联合作业）等作业方式。

（一）秸秆粉碎还田作业

秸秆粉碎还田作业是工业大麻种植中耕整地作业的首要环节，作业质量直接影响耕整地质量，进而影响播种质量，秸秆粉碎还田机作业前要严格按照说明书要求安装调试并配套适宜的动力。

1. 秸秆粉碎还田机总体结构

秸秆粉碎还田机主要由连接轴、弯刀、机架、悬挂架、变速箱、刀轴、皮带轮、三角带组成，变速箱置于机架中间上部，变速箱两端设有连接轴，连接轴另一端与机架两侧的皮带轮嵌接，机架中间上部固设悬挂架，刀轴嵌于机架两端的侧板上，且末端嵌有皮带轮，两端上下两个皮带轮用三角带套连，完成刀轴动力的输送，刀轴上排布若干粉碎刀安装基座，粉碎刀用销轴固定在刀轴基座上，中间变速箱用传动轴与拖拉机动力输出轴相连，完成整机动力的输入，其结构示意图如图14-1所示。拖拉机牵引并驱动，把地表的长秸秆或站立的秸秆粉碎后铺撒在地面上，数日后犁翻耕作业时把秸秆翻埋入土。

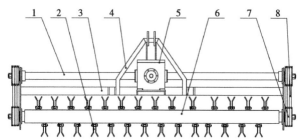

1. 连接轴；2. 弯刀；3. 机架；4. 悬挂架；5. 变速箱；6. 刀轴；7. 皮带轮；8. 三角带

图14-1 秸秆粉碎还田机结构示意图

2. 主要技术参数

切碎长度：≤100mm；

留茬高度：≤75mm；

刀轴转速：1 800～2 000r/min；

机具型式：三点后悬挂；

拖拉机动力输出轴转速：540r/min、720r/min。

3. 使用注意事项

（1）操作人员要熟悉机具的性能，按使用说明书操作机具。

（2）使用前变速箱内应加注齿轮油，油面高度以大齿轮浸入油面1/3为宜。

（3）万向节安装应保证机具在提升时，轴与套管及两端十字架不顶死、又有足够的配合长度；万向节装配位置及方向应正确，否则会产生响声及强烈震动，并加剧万向节的损坏。

（4）墒情过大时严禁下田作业。

（5）作业时，应先将秸秆还田机提升到锤爪离地面20～25cm高度（提升位置不能过高，以免万向节偏角过大造成损坏），接合动力输出轴，转动1～2min，挂上作业挡，缓慢松放离合器踏板，同时操纵液压升降调节手柄，使还田机逐步降至所要求的留茬高度，加大油门，投入正常作业。

（6）禁止锤爪打土，防止无限增加扭矩而引起故障。若发现锤爪打土时，应调整地轮离地高度或拖拉机上悬挂拉杆长度。

（7）转弯时应提升还田机，转弯后方可降落工作。还田机提升、降落时应注意平稳，工作中禁止倒退，运输时需切断拖拉机后输出动力。

（8）作业中应注意清除缠草，避开土埂、树桩等障碍物，地头留3～5m的机组回转地带。

（9）作业时若听到有异常响声应立即停车检查，排除故障后方可继续作业。

（10）作业中应随时检查皮带的松紧程度，以免降低刀轴转速而影响秸秆粉碎质量和加剧皮带磨损。

4. 秸秆粉碎还田机作业质量

（1）作业条件。秸秆粉碎还田机作业在一般作业条件下，如麦类秸秆含水率为10%～25%，玉米秸秆含水率为20%~30%的条件下作业。

（2）作业质量要求。秸秆粉碎还田机在满足作业条件下，其各项作业质量指标应符合表14-1中的规定。

表14-1　秸秆粉碎还田机作业质量指标

项目	指标	
	麦类	玉米
合格切碎长度（mm）	≤100	≤100
合格切碎宽度（mm）	—	≤10
切碎长度合格率（%）	≥90	≥90
残茬高度（mm）	≤80	≤80
抛撒不均匀率（%）	≤20	≤20
漏切率（%）	≤1.5	≤1.5
作业后田间状况	秸秆切碎后达到软、散、无圆柱段，抛撒均匀，不得有堆积和条状堆积，地表、地头无污染	

（3）检验所需仪器。检测用设备、仪器、仪表和量具应能满足测量准确度的要求，并在有效的检定周期内，测试前应对其进行校准，见表14-2主要仪器设备规格型号和精度要求。

表14-2　主要仪器设备规格型号和精度

仪器设备	规格型号	精度
天平	500g	0.5g
钢板尺	30cm	1mm
皮尺	50m	1cm
钢卷尺	5m	1mm
烘干箱		±1%℃

（4）作业质量检测方法。样本的确定：作业地块多于3块时，随机抽取2块为样本；作业地块为2块时，均为样本；当作业仅在1块地内，或仅对1个地块进行检测时，取地块的长和宽的中心线将其划分为4块，随机取对角线上的2块为样本。

检测点位置的确定：在检测区内按对角线等间距取5点，每点取长为2m，宽为一个实际作业幅宽的一个小区，在小区内进行测定，如图14-2所示。

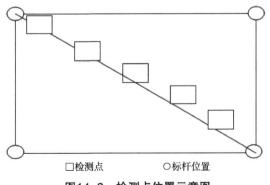

□检测点　　　○标杆位置

图14-2　检测点位置示意图

麦类（玉米）秸秆含水率：在规定的小区进行检测，在每小区内随机称取不小于50g秸秆，称其质量，算出含水率，求其平均值。

残茬高度：每检测点处在一个机具作业幅宽上测定左、中、右3点的残茬高度，其平均值为该检测点残茬高度，求出5点平均值。

切碎长度合格率：按规定的检测点，从中随机取1m²，拣起所有秸秆称其质量，从中挑出长宽不合格的秸秆称其质量，测定玉米秸秆时，应进行田间清理，拣出落粒、落穗，秸秆的切碎长度不包括其两端的韧皮纤维，切碎长度合格率按式（14-1）进行计算。

$$F_h(\%) = \frac{\sum(m_z - m_b)}{\sum m_z} \times 100 \qquad (14\text{-}1)$$

式中：F_h—切碎长度合格率（%）；

$\quad m_z$—测区内测点秸秆质量（g）；

$\quad m_b$—测区内测点中不合格秸秆质量（g）。

抛撒不均匀率：在测区内检测，分别称出各点秸秆的质量，按式（14-2）算出平均质量，按式（14-3）算出抛洒不均匀率。

$$\overline{m} = \frac{\sum m_z}{N_j} \qquad (14\text{-}2)$$

式中：$\overline{m}$—测区内各点秸秆平均质量；

$\quad N_j$—每个测区的测定点数。

$$F_b(\%) = \frac{(m_{\max} - m_{\min})}{\overline{m}} \times 100 \qquad (14\text{-}3)$$

式中：F_b—抛撒不均匀率（%）；

$\quad m_{\max}$—测区内测点秸秆质量最大值（g）；

$\quad m_{\min}$—测区内测点秸秆质量最小值（g）。

漏切率：每点处在宽为实际割幅，长为10m的面积内，拣起还田时漏切秸秆，称其质量，换算成每平方米秸秆漏切量，按式（14-4）计算漏切率。

$$F_l(\%) = \frac{m_{s1}}{m_s} \times 100 \qquad (14\text{-}4)$$

式中：F_l—漏切率（%）；

$\quad m_s$—每平方米应还田秸秆总量（g）；

$\quad m_{s1}$—每平方米秸秆漏切量（g）。

切碎宽度：按上述规定的检测点，从中随机取1m²，拣起所有切碎宽度合格的秸秆和切碎宽度不合格的秸秆，分别称重。

（5）作业质量评定项目与评定规则。

作业质量评定项目：秸秆粉碎还田机作业质量评定项目见表14-3。

表14-3　秸秆粉碎还田机作业质量评定项目

序号	评定项目
1	粉碎长度合格率
2	残茬高度
3	抛撒不均匀率
4	漏切率

作业质量评定规则：对确定的项目逐项评定。所有项目符合表14-3的要求，秸秆粉碎还田机作

业质量为合格；否则，秸秆粉碎还田机作业质量为不合格。

（二）秸秆打包作业

对打包离田的秸秆不用进行粉碎还田作业，直接对其进行打包作业即可，秸秆离田的地块对工业大麻播种质量的提升更佳，工业大麻（纤维）一般采用平作密植播种，秸秆残留多的地块易造成播种过程中的壅土现象，严重影响播种作业质量，断苗率高，影响全苗率，进而影响产量；工业大麻（药用）一般采用垄作种植，秸秆残留较多也会影响出苗率。

1. 方（圆）捆打捆机总体结构

方捆打捆机主要由传动轴、牵引架、增速箱、捡拾器、螺旋输送器、打结器、行走地轮、压捆机构、放捆板组成，行走地轮设于机器的中间下方位置，其前方设有捡拾器和螺旋输送器，增速箱置于牵引架上方，通过传动轴与拖拉机动力输出轴相连，完成动力的输入，打结器置于整机中间上方，定型压捆机构置于打结器后方，且其后销接有方捆板，捡拾器将秸秆捡拾至螺旋输送器内，经过螺旋输送器的输送，秸秆送至成捆室内，经缠绳机构进行捆扎，打结器对捆绳进行打结，并自动对绳进行切割，完成捆扎工序，捆扎好的秸秆捆经压捆机构送至放捆板后自动落于地面上，方捆打捆机结构示意图如图14-3所示。

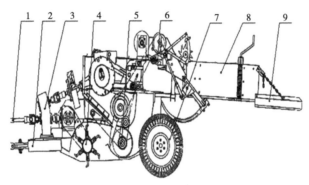

1.传动轴；2.牵引架；3.增速箱；4.捡拾器；5.螺旋输送器；6.打结器；7.行走地轮；8.压捆机构；9.放捆板

图14-3　方捆打捆机结构示意图

圆捆打捆机主要由牵引架、捡拾机构、卷捆机构、行走轮、控制机构、捆绳机构、卸捆机构组成，打捆机下方安装行走轮，行走轮前下方设有弹齿式捡拾机构，牵引架置于捡拾机构上方，且与整机机架相连，地轮上方设有卷捆机构，卷捆机构后上方设有卸捆机构，用液压油缸控制其开闭，机架后方设有捆绳机构，动力通过传动轴与拖拉机的后动力输出相连，完成整机动力的输入，圆捆打捆机结构示意图如图14-4所示。

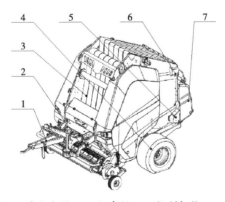

1.牵引架；2.捡拾机构；3.卷捆机构；4.行走轮；5.控制机构；6.捆绳机构；7.卸捆机构

图14-4　圆捆打捆机结构示意图

2. 主要技术参数

成捆率：≥98%。

总损失率：≤2%。

打捆机构主要转速：100r/min。

过载保护装置：剪切螺栓。

拖拉机动力输出转速：720r/min、760r/min。

作业速度：3~7km/h。

生产率：2 000~4 000kg/h。

捡拾器宽度：1 900~2 200mm。

捆绳品种：麻绳0.125kg/捆、化纤绳0.078kg/捆。

3. 打捆机使用注意事项

（1）操作人员必须经过指导才能上岗操作。

（2）秸秆打捆机在使用前，一定要进行必要的调整，其中包括绕绳机构、捡拾器高度、捡拾器和喂入辊间隙、草捆松紧度等部位的调整，检查各零部件运转情况是否正常，若有异常，应停机检修。

（3）当打捆机液压管与拖拉机液压输出端连接后，检查液压管路是否有泄露，禁止在液压油管有压力的情况下插拔油管。

（4）秸秆打捆机在使用过程中，严禁捡拾器弹齿耙地，注意观察打捆机工作状况提示，按使用说明书规定调整。

（5）打捆机作业时遇到堵塞情况，要关闭发动机，切断动力后再清除；打捆机在卸捆时，后面禁止站人，以免挤伤、碰伤。

（6）打捆机在维修、保养时，须切断发动机动力输出。

（7）拖拉机牵引打捆机在公路上行驶，要注意行车安全，确保动力输出被切断。

（8）打捆机捡拾不干净，可能是打捆机捡拾器设置离地过高，行驶速度过快，弹齿折断或者磨损。可以调整捡拾器离地高度，降低行驶速度或更换弹齿解决。

（9）打结器两股绳不打结，可能是夹绳盘切断了捆绳；打结嘴凸轮上的张力不足；夹绳器弹簧紧，导致没有足够长的捆绳从夹绳盘中滑出来打结；打结嘴不转动；夹绳器弹簧张力太低，导致捆绳滑出；打结嘴夹舌弯曲或损坏。解决办法是可以适当放松夹绳器（弹簧）并去除夹绳器和夹绳盘上所有锐角和粗糙点；增加打结嘴凸轮上的张力；调整夹绳器弹簧张力，清洁夹绳器弹簧下面的脏土和秸秆；需要更换打结嘴小齿轮上的销子；增加弹簧张力；修复夹舌或更换新的。

（10）打捆机飞轮安全螺栓被剪断，可能是捆密度太大；在打结过程中，打结器、离合器突然分离；在物料中有异物；摩擦离合器的弹簧压力太大；打捆机构制动器弹簧压力太小。解决办法是可以降低捆的密度调整弹簧压力；清洗离合器离合卡爪销轴，并加注润滑油；清除异物；重新调整弹簧压力；调整打捆机构制动器弹簧压力。

（11）打捆机构安全螺栓被剪断，可能是打捆针与拨绳板、机架等零部件干涉；柱塞前端长槽塞满秸秆；打捆针与柱塞定时调整不正确。解决办法是可以通过调整零部件位置，排除干涉；检查喂入叉与柱塞的定时调整；检查柱塞与打捆针的定时调整，若不正确，重新调整。

（12）飞轮主传动链轮安全螺栓被剪断：喂入量太大或喂入叉往复次数太高；喂入室表面有油漆或生锈，会造成飞轮主传动链轮安全螺栓被剪断。解决办法是可以较少喂入量或降低拨叉往复次数；及时清洁喂入室表面的油漆或锈斑。

（13）捆性状不规则，可能是如果喂入叉工作速率不均匀；喂入量太大；密度调节手柄两侧高度不一致，会造成打出的捆性状不规则。解决办法是可以调整作业速度和动力输出轴转速，使喂入量均匀一致；将两个手柄高度调成一致。

（14）打结针断裂，可能是柱塞或压捆室针槽有异物；打结针和柱塞不同步；打结针撞击柱塞和打结器框架；打结针重复打结循环；秸秆止退板未进入压捆室；打捆速度超出正常工作指标。解决办法是应及时检查清理异物；检查打结器离合器行程臂是否损坏，检查压捆室之间的杂物和泥土，检查弹簧是否损坏；按照操作手册规定值控制打结活塞往复工作次数。

4. 打捆机作业质量

（1）作业条件。秸秆打捆机应按使用说明书的规定进行磨合、调整、试运转，其技术状态良好，麦秸类含水率为10%～17%，玉米秸秆含水率为17%～25%，牧草含水率为17%～23%，除玉米秸秆外，草条宽度为100～140cm，草条铺放整齐、均匀、连续，秸秆站秆量和连秆量目测较少、无雨小风的条件均可作业。

（2）作业质量要求。打捆机在满足作业条件下，其各项作业质量指标应符合表14-4中的规定。

表14-4　打捆机作业质量指标

项目	指标
成捆率（％）	≥98
秸秆总损失率（％）	≤2
成捆密度（kg/m³）	≥说明书要求
成捆抗摔率（％）	≥95
规则成捆率（％）	≥90
作业后田间状况	地表、地头无污染

（3）检测用仪器设备。检测用设备、仪器、仪表和量具应能满足测量准确度的要求，并在有效的检定周期内，测试前应对其进行校准，见表14-5主要测量参数和精度要求。

表14-5　主要测量参数和精度

测量参数	规格型号	精度
	≥5m	1mm
长度	0～5m	1mm
	0～200μm	1μm
质量	0～100kg	0.1kg
	0～200kg	0.1kg
时间	0～24h	1s/d
温度	-20～100℃	1℃
环境湿度	0～99%	5%
扭矩	0～1 000N·m	3级
转速	0～3 000r/min	1r/min

（4）作业质量检测方法。

物料含水率：在测定的捆铺内均匀取不少于100g样品，立即称其质量，在105℃恒温下烘干5h，冷却至常温后，再称其质量。按式（14-5）计算含水率，求出平均值。

$$H_m(\%) = \frac{G_s - G_g}{G_s} \times 100 \qquad (14\text{-}5)$$

式中：H_m—物料含水率（%）；

G_s—烘干前秸秆质量（g）；

G_g—烘干后秸秆质量（g）。

成捆密度：每行程在测区内随机抽取1个成捆，测量其尺寸并称其质量，按式（14-6）计算成捆密度。

$$P_d = \frac{W_k \times (1 - H_c) \times 10^6}{(1 - 0.2)V_k} \tag{14-6}$$

式中：P_d—成捆密度（kg/m³）；

W_k—被测成捆的实际质量（kg）；

H_c—物料平均含水率1（%）；

V_k—被测成捆的体积（cm³）。

成捆率：记录4个行程内累计打成捆数及其中散捆数，按式（14-7）计算成捆率。

$$S_k(\%) = \frac{I_d - I_s}{I_d} \times 100 \tag{14-7}$$

式中：S_k—成捆率（%）；

I_d—测区内累计打捆数（捆）；

I_s—测区内累计散捆数（捆）。

草捆抗摔率：在4个行程的测区内随机抽取10个成捆，自5m高度自由下落，每捆连续摔3次，记录摔散的成捆数，按式（14-8）计算抗摔率。

$$S_{kc}(\%) = \frac{I_{kc} - I_{ks}}{I_{kc}} \times 100 \tag{14-8}$$

式中：S_{kc}—抗摔率（%）；

I_{kc}—被测草捆数（捆）；

I_{ks}—累计摔散草捆数（捆）。

规则成捆率：每个行程随机抽取5个成捆，4个行程共计20个捆，测定方捆4个长边的边长尺寸，当其最大值与最小值之差不大于平均值的10%时，为规则捆，否则为不规则捆，按式（14-9）计算规则成捆率。

$$S_g(\%) = \frac{I_{gc} - I_{gb}}{I_{gc}} \times 100 \tag{14-9}$$

式中：S_g—规则草捆率（%）；

I_{gc}—被测草捆数（捆）；

I_{gb}—不规则草捆数（捆）。

打捆损失率：用帆布接取形成一个麻捆过程中成捆室遗落下的散碎秸秆，称其质量，按式（14-10）计算打捆损失率，求出平均值。

$$S_d(\%) = \frac{W_s}{W_k + W_s + W_j} \times 100 \tag{14-10}$$

式中：S_d—打捆损失率（%）；

W_k—成捆实际质量（kg）；

W_s—打捆损失质量（kg）；

W_j—漏捡秸秆质量（kg）。

捡拾损失率：捡起打捆机形成一个成捆过程中漏捡的秸秆称其质量，按式（14-11）计算捡拾损失率，求出平均值。

$$S_j(\%)=\frac{W_j}{W_k+W_s+W_j}\times100 \tag{14-11}$$

式中：S_j—捡拾损失率（%）。

总损失率：总损失率包括捡拾损失率和打捆损失率，按式（14-12）计算。

$$S=S_j+S_d \tag{14-12}$$

式中：S—亚麻总损失率（%）。

（5）作业质量评定项目与评定规则。

作业质量评定项目：打捆机作业质量评定项目见表14-6。

表14-6　打捆机作业质量评定项目

项目分类	序号	评定项目
A	1	成捆率
	2	总损失率
B	1	成捆密度
	2	草捆抗摔率
	3	规则成捆率
	4	作业后田间状况

作业质量评定规则：对作业质量评定项目中A、B各类检测项目逐项考核和判定，当A类不合格项目为0、B类不合格项目不超过2，判定作业质量合格，否则判定作业质量不合格。

（三）翻地作业

翻地作业目前是黑龙江省普遍采用的一种作业方式，尤其是黑龙江省出台秸秆禁烧政策之后，翻地作业结合秸秆粉碎还田作业，能很好的把秸秆翻压至深层的土壤中，同时翻地作业的耕深能够控制在所要求的耕深，作业效率高，也是最传统的一种整地方式。黑龙江省一般都是秋季进行翻地作业，工业大麻种植的翻地作业同样是以秋翻整地为主，耕深一般要求18~20cm、翻垡整齐严密、耕垡直、不重耕、不漏耕，耕后地表应平整，地头横耕要整齐。

1. 翻地犁总体结构

翻地犁主要由悬挂总成、机架总成、地轮、犁体、翻转油缸、犁柱组成，翻地犁结构示意图如图14-5所示。通过油缸中活塞杆的伸缩带动犁架上的正反向犁体做垂直翻转运动，交替更换到工作位置；限深轮是调节耕深和运输行走轮两用机构；悬挂架与工作主机相连，犁体通过犁柱连在犁架上，犁架上安装有限深轮机构，翻转油缸中缸体与固接在犁架上的油缸座相铰接，犁架上固定有中心轴，在中心轴外的中心轴套后端与活塞杆铰接，前端穿过并固定在悬挂架横梁上，活塞杆通过与油缸座、犁架连接带动中心轴在中心轴套内做回转运动。

2. 主要技术参数

结构形式：双向液压翻转调幅型。

连接方式：三点后悬挂。

作业速度：5~8km/h。

限深轮调节范围：0~155mm。

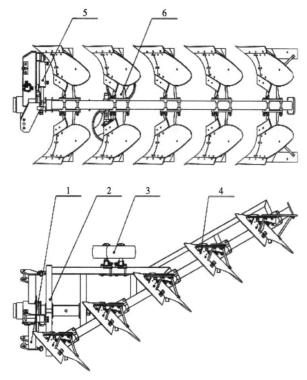

1. 悬挂总成；2. 机架总成；3. 地轮；4. 犁体；5. 翻转油缸；6. 犁柱

图14-5　翻地犁结构示意图

犁体类型：基本型（通用型）。

翻转机构：液压翻转。

3. 使用注意事项

翻地犁在使用过程中要注意耕深的一致性，为达到作业要求，翻地犁在作业前要做一次深入的调研，对机械本身做全面而有效的检查，也是对机械本身的一种保护。

（1）翻地犁须有专人负责维护使用，熟悉性能，了解机器的结构及各个操作点的调整和使用方法。

（2）翻地犁工作前，必须检查各部位的连接螺栓，不得有松动现象；检查各部位润滑脂，及时补足，检查易损件的磨损情况。

（3）翻地犁作业中，要使深松间隔距离保持一致，作业应保持匀速直线行驶。

（4）作业时应保证不重翻、不漏翻。

（5）作业时应随时检查作业情况，发现有堵塞应及时清理。

（6）翻地犁在作业过程中如出现异响，应及时停止作业，待查明原因解决后再继续作业。

（7）机器在工作时，发现有坚硬和阻力激增的情况时，立即停止作业，排除不良状况，再进行作业。

（8）为了提高翻地犁的使用寿命，在机器入土与出土时应缓慢进行，不要对其强行操作。

（9）作业一段时间，应进行一次全面检查，发现故障及时修理。

4. 翻地犁作业质量

（1）作业条件。翻地作业在一般作业条件下，割茬高度小于20cm，土壤绝对含水率为10%～25%，拖拉机驱动轮滑转率不大于20%。

（2）作业质量要求。在满足要求的作业条件下，翻地犁作业质量指标应符合表14-7的规定。

表14-7　翻地犁作业质量指标

项目		作业质量指标	
		犁体幅宽>30cm	犁体幅宽≤30cm
平均耕深（cm）		≥要求耕深	
耕深稳定性变异系数（%）		≤10	
漏耕率（%）		≤2.5	
重耕率（%）		≤5.0	
植被覆盖率（%）	地表以下	≥90	≥80
	8cm深度以下	≥60	≥50
碎土率（≤5cm土块）（%）		≥65	≥70
立垡率（%）		≤5.0	
回垡率（%）		≤5.0	
垄台高度（cm）		≤1/3要求耕深	
垄沟深度（cm）		≤1/2要求耕深	

（3）检验所需仪器。检测用设备、仪器、仪表和量具应能满足测量准确度的要求，并在有效的检定周期内，测试前应对其进行校准，见表14-8主要仪器设备规格型号和精度要求。

表14-8　仪器设备规格型号和精度

仪器设备	规格型号	精度
钢板尺	60cm	1mm
钢卷尺	5m	1mm
皮尺	50m	1cm
水平尺		
土壤水分速测仪		±0.3%
土壤硬度检测仪		1%FS
电子秤	30kg	10g
杆秤	20kg	50g
万能角度尺		0.1°
标杆		

（4）作业质量检测方法。

样本的确定：作业地块多于3块时，随机取2块作为样本。作业地块为2块时，均为样本。当作业仅在1块地内，或仅对1个地块进行检测时，取地块的长和宽的中心线将其划分为4块，随机取对角线上的2块作为样本。

检测点位置的确定：在检测区内按对角线等距取5点，每点取长为2m，宽为一个实际作业幅宽的一个小区，在小区内进行测定，如图14-6所示。

残茬高度：按规定的小区进行检测，每检测点处在一个机具作业幅宽上测定左、中、右3点的残茬高度，其平均值为该检测点残茬高度，求出5点平均值。

土壤绝对含水率：在每个检测点选取5个点，每个点层数为0～10cm、10～20cm，用土壤水分测试仪检测每点各层的含水率。

滑转率：测量拖拉机驱动轮（左右）周长，取50m作业长度（依据周长取周长整数倍）设立标杆，做好标记，测量滑转率。

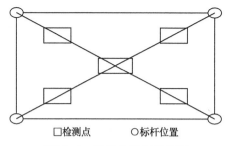

□检测点　　　○标杆位置

图14-6　检测点位置示意图

耕深和耕深稳定性变异系数：采用耕深尺或用直尺测量。每行程测11点，如在耕后进行，则测量沟底至已耕地表面的垂直距离，一般情况下按0.8折算求得各点耕深，雨后或复式作业按0.9折算求得各点耕深。分别按式（14-13）、式（14-14）、式（14-15）计算平均耕深、耕深标准差（和）、耕深稳定性变异系数。

$$\overline{\alpha} = \frac{\sum \alpha_i}{n} \tag{14-13}$$

$$S = \sqrt{\frac{\sum (\alpha_i - \overline{\alpha})^2}{n-1}} \tag{14-14}$$

$$V = \frac{S}{\overline{\alpha}} \times 100 \tag{14-15}$$

式中：$\overline{\alpha}$—平均耕深（cm）；

α_i—每测点耕深值（cm）；

n—测点数；

S—耕深标准差（cm）；

V—耕深稳定性变异系数（%）。

漏耕率、重耕率：在测点处检测，先从沟墙处向未耕地量出比犁的理论耕宽稍大的宽度L_1做一标记，待第二行程耕过后，量出新的沟墙到标记处的宽度L_2，两者之差L_1-L_2即为犁的实际耕宽（图14-7）。求取平均耕宽值，计算方法见式（14-13）。若大于犁的理论耕宽，就有漏耕，反之就有重耕。重耕率和漏耕率按实际重耕、漏耕面积占检测区面积的百分比计算。

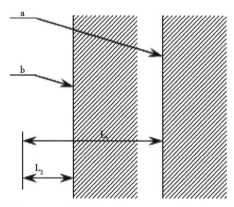

a.前犁沟墙；b.下一趟沟墙；L_1.从前犁沟墙到标记处的宽度；L_2.从新的沟墙到标记处的宽度

图14-7　耕宽的测量

植被和残茬覆盖率：在检测区对角线上取5点，每点在宽度为2b（b为犁体工作幅宽），长度为30cm的面积内，分别测定地表以上的植被和残茬质量，地表以下至8cm深度内的植被和残茬质量，

8cm以下耕层内的植被和残茬质量，按式（14-16）、式（14-17）计算植被和残茬覆盖率，求其平均值。

$$F（\%）=\frac{Z_2+Z_3}{Z_1+Z_2+Z_3}\times100 \tag{14-16}$$

$$F_b（\%）=\frac{Z_3}{Z_1+Z_2+Z_3}\times100 \tag{14-17}$$

式中：F—地表以下植被和残茬覆盖率（%）；

　　　F_b—8cm深度以下植被和残茬覆盖率（%）；

　　　Z_1—地表以上植被和残茬质量（kg）；

　　　Z_2—地表以下植被和残茬质量（kg）；

　　　Z_3—8cm深度以下植被和残茬质量（kg）。

用数丛法测定覆盖率时，植被或残茬被覆盖的长度未达到其长度的2/3者按未被覆盖论，按式（14-18）计算覆盖率。

$$f（\%）=\frac{Z_1-Z_2}{Z_1}\times100 \tag{14-18}$$

式中：f—覆盖率（%）；

　　　Z_1—耕前平均丛数（丛/m²）；

　　　Z_2—耕后平均丛数（丛/m²）。

碎土（断条）率：在检查区对角线上取5点，每点在$b\times b$（b为犁体工作幅宽）面积耕层内，分别测定最大尺寸≤5cm的土块质量和土块总质量。按式（14-19）计算碎土率，求其平均值。

$$C（\%）=\frac{G_s}{G}\times100 \tag{14-19}$$

式中：C—碎土率（%）；

　　　G_s—最大尺寸≤5cm的土块质量（kg）；

　　　G—土块总质量（kg）。

在旱耕其垡片成条时，测定断条率。测定最后犁体的垡片断条数、最大垡片长、平均垡片长（如该犁体处于拖拉机轮辙处，应拆掉该犁体）。垡片断裂的面积超过面积的一半者为一个断条。按式（14-20）计算断条率，求其平均值。

$$P=\frac{f_T}{L} \tag{14-20}$$

式中：P—断条率（次/m）；

　　　f_T—断条数（次）；

　　　L—测定区长度（m）。

立垡率、回垡率：土垡在翻转后其含植被或残茬表面与沟底夹角小于90°者为翻垡，90°～100°者为立垡，大于100°者为回垡。在检测区内每个行程中测最后一犁垡片的立垡长度和回垡长度，分别按式（14-21）、式（14-22）计算立垡率和回垡率，求其平均值。

$$r_1（\%）=\frac{L_1}{L}\times100 \tag{14-21}$$

$$r_h（\%）=\frac{L_h}{L}\times100 \tag{14-22}$$

式中：r_1—立垡率（%）；

r_h—回垡率（%）

L_1—立垡长度（m）；

L_h—回垡长度（m）；

L—测区长度（m）。

垄台高度的检测：在检测区内的垄台上等间距取10个测点，过每点做一与地表平行的基准线，分别在垄台两边一个耕幅的1/2处测到地表的距离，计算垄台高度平均值。

垄沟深度的检测：在检测区内的垄沟上等间距取20个测点，以耕后地表为基准，测量基准线到沟底的距离，计算垄沟深度平均值。

（5）作业质量评定项目与评定规则。

作业质量评定项目：翻地犁作业质量评定项目见表14-9。

表14-9　翻地犁作业质量评定项目

项目分类	序号	评定项目
A	1	耕深
	2	耕深稳定性变异系数
	3	漏耕率
B[a]	1	重耕率
	2	植被覆盖率
	3	碎土率
	4	立垡率
	5	回垡率
	6	垄台高度
	7	垄沟深度

注：[a]允许根据当地农艺要求和作业条件减少B类被检测评定的项目。

作业质量评定规则：在抽取的样本上对翻地犁作业质量进行检测评定，采用逐项检测评定，A类检测项目不允许有不合格，B类检测项目最多允许有3项不合格，当A类检测项目均合格，B类检测项目的不合格数小于或等于3时，其作业质量为合格，否则为不合格。

（四）深松、耙茬机械作业

工业大麻（纤维）种植耙地一般重耙对角耙1～2遍，耙深12～15cm，误差为±1cm，再用轻耙耙一遍，细碎表土。应不漏耙，不拖耙，耙后地表应平坦，垄沟与垄台无明显差别，在10m×10m范围内，地表高低差不应超过100mm，除土壤含水量过大的地块外，耙后应及时镇压，以防止跑墒。现有的耙茬机械主要是深松、耙茬复式作业机械和圆盘耙作业。深松、耙茬复式作业在耙组前方设有深松机构，后方设有耱土辊，能够打破犁底层，利于提墒和保墒；圆盘耙有轻型耙，中型耙和重型耙之分。

1.深松、耙茬机械总体结构

深松、耙茬机械主要由机架、地轮、深松铲、耙组架、深度调节板、前耙组总成、后耙组总成，机架后下方安装耙组架，机架和耙组架后方用深度调节板销接固定，前方用连接板销接，通过调整调节板的销接位置来调整耙组架和机架的角度，深松铲固接在机架前下方，对耕层土壤起到深松的作用，其前方设有地轮，通过调节地轮安装柄的位置来调整深松深度，地轮保证了深松深度的一致性，耙组架下方按照一定角度安装前后耙组总成，耙组总成与耙组架的角度可调节，耙组架后方可以根据需要安装耢土辊。深松、耙茬机械结构示意图如图14-8所示。

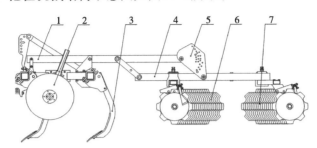

1. 机架；2. 地轮；3. 深松铲；4. 耙组架；5. 深度调节板；6. 前耙组总成；7. 后耙组总成

图14-8 深松、耙茬机械结构示意图

2. 主要技术参数

深松铲作业深度：25～35cm。

耙作业深度：12～20cm。

耙片直径：660mm。

耙片间距：230mm。

耙组调角范围：前列、后列14°～20°。

运输间隙：300mm。

作业速度：6～12km/h。

3. 使用注意事项

操作人员必须熟练掌握机具的性能后，方可进行作业；工作前认真检查各螺母松紧程度，发现松动立即拧紧；润滑部位注油，停车时检查方轴螺母和各部件螺母松紧程度，发现松动立即拧紧；机架升起时，行走轮、转轴应转动灵活；油管接通后，机车起步前扳动拖拉机操纵杆检验整机升降机构是否灵活可靠。

（1）耙后地面不平的原因有耙架变形或安装不正确，各耙组耙片入土深度和倾角不一致，作业方法和运行方向选择不当，犁耕作业时开闭垄多且过大。

（2）深松深度不符合要求，可以调整地轮安装位置。

（3）作业时，耙深达不到要求，可加大偏角。

（4）作业中耙的太深，可用液压油缸控制行走轮。

（5）前后耙组耙深不一致，可调节调平机构弹簧的压缩量。

（6）作业中一旦出现耙串泥草缠的过多，应立即停车清理，以免造成拖堆，影响作业质量。

（7）耙后端偏重，可调整调平机构中弹簧的压缩量来解决后端的偏重现象。

（8）提倡复式作业，根据不同作业要求，可在耙的后面配置不同形式的平土耢子。

（9）根据土地的实际情况，选择相应的耙法和机组运行路线。

（10）机具在每作业一次后，用油枪往轴承座油杯中注润滑脂。

（11）作业季节完毕后，须将耙组轴承拆开，清洗污垢，更换润滑脂。

（12）作业季节完毕后，进行保养，更换损坏的零部件，耙片表面涂防锈油。

（13）作业季节完毕后，将机具垫起，使深松铲离开地面，避免深松铲长时间承受重力，也可将深松铲卸下保存。

4. 深松、耙茬机械作业质量

深松、耙茬机械地作业是工业大麻种植中整地作业方式的一种，尤其是工业大麻（纤维）的种植多采用平播作业，要求地表土块细碎、平整，耙地作业是必不可少的作业环节。深松、耙茬机械包括深松铲。两个耙组总成，一个耢土辊，对耕地起到一定深松作用，还对前茬作物的根茬起到破茬作用，对较硬地块或犁底层未被打破的地块更加适宜。

（1）作业条件。深松、耙茬机械作业的一般作业条件是：壤土或黏土的土壤含水率为15%～25%；前茬作物留茬高度不大于15cm。

（2）作业质量要求。在满足作业条件下，深松、耙茬机械作业质量指标应符合表14-10的规定。

表14-10　耙地作业质量指标

项目	质量指标
深松深度（cm）	H，具有±10%的相对误差
深松深度稳定性（%）	≥80
耙茬深度（cm）	h，具有±10%的相对误差
耙深稳定性（%）	≥80
碎土率（%）	≥55
耙茬率（%）	≥80
漏耙	不允许（目测）

注：H为当地农艺要求的深松深度；h为当地农艺要求的耙深。

（3）检验所需仪器。检测用设备、仪器、仪表和量具应能满足测量准确度的要求，并在有效的检定周期内，测试前应对其进行校准，见表14-11主要仪器设备规格型号和精度要求。

表14-11　主要仪器设备规格型号和精度

仪器设备	规格型号	精度
钢板尺	60cm	1mm
钢卷尺	5m	1mm
皮尺	50m	1cm
土壤水分速测仪		±0.3%
土壤坚实度仪		1%FS
耕深尺	50cm	1mm
游标卡尺	200mm	0.02mm
磅秤	100kg	0.01kg
电子秤	30kg	10g

（4）作业质量检测方法。对于较小地块，沿对角线平均取5个点；对于较大地块，至少随机取2块20m×30m的区域，每块沿对角线取5点为测点。以测点为中心，沿作业机组前进方向取边长为0.5m正方形为测量区。

深松深度和深松深度稳定性：在所选择的测量点内，用精度在0.5cm以上的耕深尺或直尺等测量，按式（14-23）至式（14-26）计算深松深度和深松深度稳定性。

$$\overline{X} = \frac{\sum\limits_{i=1}^{n} X_i}{n} \qquad (14\text{-}23)$$

$$S = \sqrt{\frac{\sum_{i=1}^{n}(X_i - \overline{X})^2}{n-1}}$$

（14-24）

$$V(\%) = \frac{S}{\overline{X}} \times 100$$

（14-25）

$$U = 1 - V$$

（14-26）

式中：$\overline{X}$—平均深松深度，用平均深松深度评价深松深度（cm）；

X_i—第i个测量点和深松深度（cm）；

n—测量深松深度的测点数（个）；

S—深松深度标准差（cm）；

V—深松深度变异系数（%）；

U—深松深度稳定性（%）。

耙茬深度和耙茬深度稳定性：在选取测量点内，用精度在0.5cm以上的耕深尺或直尺等测量。耙茬深度和耙茬深度稳定性的计算公式同上，以平均耙茬深度评价耙茬深度。

碎土率：在测量区内取出0.2m×0.2m面积内耙层的全部土样，以土块的长边计算，分别测出大于5cm和不大于5cm的土块质量及土块总质量，按式（14-27）计算碎土率，求5点平均值。

$$C(\%) = \frac{G_s}{G} \times 100$$

（14-27）

式中：C—碎土率（%）；

G_s—不大于5cm的土块质量（kg）；

G—土块总质量（kg）。

耙茬率：在测量区内分别测出破茬总株数的质量和未破茬株数质量，按式（14-28）计算耙茬率，求5点平均值。

$$B_m(\%) = \frac{n_c - n_w}{n_c} \times 100$$

（14-28）

式中：B_m—耙茬率（%）；

n_c—破茬总株数的质量（g）；

n_w—未破茬株数质量（g）。

（5）作业质量评定项目与评定规则。

作业质量评定项目：深松、耙茬机械作业质量评定项目见表14-10。

作业质量评判规则：深松、耙茬机械作业质量的检查对照表14-10进行，深松作业考核前2项；耙茬作业考核后5；深松、耙茬联合作业从第1项至第7项逐一考核。作业质量有一项指标达不到规定值时，最终判定作业质量不合格。

（五）圆盘耙作业

圆盘耙以固定在水平轴上的多个凹面盘作为工作部件的整地作业机械，包括轻耙、中耙和重耙。是平播密植作物中不可缺少的一项作业环节。主要对翻后地块的大土块进行细碎作业，其总体结构除耙片轻、小外都和重型耙基本相同，使用调整维护等注意事项同深松、耙茬机械，作业质量指标有所不同。

1. 圆盘耙总体结构

圆盘耙（以1BZP-3.0型偏置重耙为例）主要由牵引架总成、调平机构、机架总成、前耙组总成、地轮油缸、地轮总成、后耙组总成组成。牵引架总成置于机架总成前方，地轮总成销接于机架总成中间下方，且地轮总成与机架总成之间销接有地轮油缸，油缸伸缩调节机架总成高度，便于运输和作业时地边地头的转向，该机型地轮总成的前后方机架总成下方分别设有前耙组总成和后耙组总成，前后耙组总成和机架总成之间的角度可调节，二十八片偏置重耙结构示意图如图14-9所示。

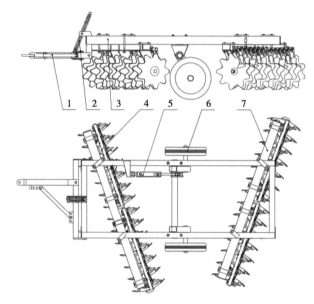

1. 牵引架总成；2. 调平机构；3. 机架总成；4. 前耙组总成；5. 地轮油缸；6. 地轮总成；7. 后耙组总成

图14-9　二十八片偏置重耙结构示意图

2. 主要技术参数

圆盘耙主要技术参数和深松、耙茬机械的技术参数基本相同。

3. 使用注意事项

圆盘耙使用、调整、维护等方面的使用注意事项和深松、耙茬机械基本相同。

4. 圆盘耙作业质量

（1）圆盘耙作业条件。在壤土或黏土，土壤绝对含水率为8%～12%，土壤坚实度≤1.0MPa条件下进行作业。麦茬茬高不超过15cm，玉米茬高不超过20cm。

（2）作业质量要求。在满足规定的作业条件下，圆盘耙作业质量指标应符合表14-12的规定。

表14-12　圆盘耙作业质量指标

序号	项目	轻耙	中耙		重耙	
		已耕地作业	已耕地作业	茬地作业	已耕地作业	茬地作业
1	耙深合格率（%）	≥75	≥75	≥80	≥75	≥80
2	耕后地表平整度标准差（cm）	≤3.5	≤3.5	≤4.0	≤3.5	≤4.5
3	耕后沟底平整度标准差（cm）	—	—	≤4.0	—	≤4.0
4	碎土率（%）	≥70.0	≥70.0	≥60.0	≥70.0	≥55.0
5	灭茬率（%）	—	—	≥75	—	≥75

注：1. 轻耙（包括悬挂中耙），主要用于耕后碎土。在已耕地一次作业检测。

2. 中耙（不包括悬挂中耙），主要用于耙茬或耕后碎土。按适宜偏角在茬地上一次作业检测。

3. 重耙主要用于耙茬、耙荒或耕后碎土。按适宜偏角在茬地上一次作业检测。

（3）检验所需仪器。检测用设备、仪器、仪表和量具应能满足测量准确度的要求，并在有效的检定周期内，测试前应对其进行校准，见表14-13主要仪器设备规格型号和精度要求。

表14-13　主要仪器设备规格型号和精度

仪器设备	规格型号	精度
钢板尺	50cm、60cm	1mm
钢卷尺	5m、3m	1mm
皮尺	50m	1cm
土壤坚实度仪	1%FS	1%FS
烘干箱		±1%℃
水平尺		
游标卡尺	200mm	0.02mm
电子秤	30kg	10g

（4）作业质量检测方法。

样本的确定：作业地块多于3块时，随机取2块作为样本。作业地块为2块时，均为样本。当作业仅在1块地内时，或仅对1个地块进行检测时，取地块的长和宽的中心线将其划分为4块，随机取对角线上的2块作为样本。

测量点：对于较小的地块，沿对角线（若是不规则地形，取其最大对角线或最大内径）平均取5个点；对于较大地块，至少随机取2块20m×30m的区域每块沿对角线取5点。

测量区：以测量点为中心，沿作业机组前进方向取边长为0.5m正方形为检测区。

植被情况：作业前在灭茬或以耙代耕的地块上进行。沿对角线等距离取5个测点测定，在各测点以1m²方框取样，紧贴地面剪下露出地表的植被称其质量，并随机抽取20株测量其高度，分别计算出平均值。

土壤绝对含水率的检测：在每个检测点选取5个点，每个点层数为0~10cm、10~20cm，称量其烘干前后质量，按式（14-29）计算土壤含水率。

$$b（\%）=\frac{R-T}{T}\times100 \tag{14-29}$$

式中：b—土壤含水率（%）；

R—湿土质量（g）；

T—干土质量（g）。

土壤坚实度：用土壤坚实度仪测定，按土壤含水率选取的各点各层同时测定。

耙深合格率的检测：按规定选取5个测区，每个测区宽度为1个工作幅宽，长度为10m。在每个测区内沿作业方向均布11个测点测定耙深，按式（14-30）计算耙深合格率。

$$B_s（\%）=\frac{n_h}{n}\times100 \tag{14-30}$$

式中：B_s—耙深合格率（%）；

n_h—耙深合格测点数（个）；

n—总测点数（个）。

耙后地表平整度标准差的检测：在规定的每个测区中部沿幅宽方向均布11个测点，以每个测区内最高测点的水平线为基准，测量地表各处高度，按式（14-31）、式（14-32）计算耙后地表平整度标准差，取5个测区的平均值。

$$\overline{Z} = \frac{\sum Z_i}{N} \tag{14-31}$$

$$S_b = \sqrt{\frac{\sum (Z_i - \overline{Z})^2}{N-1}} \tag{14-32}$$

式中：$\overline{Z}$—地表测点高度平均值（cm）；

N—测点数（个）；

S_b—地表平整度标准差（cm）；

Z_i—地表测点高度（cm）。

耙后沟底平整度标准差（耙茬地）检测：在规定的每个测区中部沿幅宽方向均布11个测点，以每个测区内最高测点的水平线为基准，测量沟底各处高度，按式（14-33）、式（14-34）计算耙后沟底平整度标准差，取5个测区的平均值。

$$\overline{H} = \frac{\sum H_i}{m} \tag{14-33}$$

$$S_g = \sqrt{\frac{(H_i - \overline{H})^2}{n-1}} \tag{14-34}$$

式中：$\overline{H}$—沟底测点高度平均值（cm）；

m—测点数（个）；

S_g—沟底平整度标准差（cm）；

H_i—沟底测点高度（cm）。

碎土率的检测：按规定的测区中部取出0.4m×0.4m面积内的耙层土样，以土块的最大长度计算，分别测出大于和小于（含等于）5cm的土样质量及土样总重量，按式（14-35）计算碎土率，取5个测点的平均值。

$$C(\%) = \frac{G_s}{G} \times 100 \tag{14-35}$$

式中：C—碎土率（%）；

G_s—小于（含等于）5cm的土样质量（kg）；

G—土样总质量（kg）。

灭茬率的检测：按规定的测点和方法，测定已耙地未覆盖植被的质量，按式（14-36）计算灭茬率。

$$M_m(\%) = \frac{\rho - \rho_h}{\rho} \times 100 \tag{14-36}$$

式中：M_m—灭茬率（%）；

ρ_h—耙后植被质量平均值（g）；

ρ—耙前植被质量平均值（g）。

（5）作业质量评定项目与评定规则。

作业质量评定项目：圆盘耙作业质量评定项目见表14-14。

表14-14　圆盘耙作业质量评定项目

类	项	项目名称
A	1	耙深稳定性变异系数
	2	碎土率
B	1	耙后地表平整度标准差
	2	耙后沟底平整度标准差
	3	灭茬率

作业质量评定规则：A类应全部合格，B类允许有一项不合格，则评定圆盘耙作业质量为合格。

（六）起垄作业

对于工业大麻（药用）的种植主要以垄作为主，规定垄距130cm，利于农机农艺更好的融合，即利于农业机械更好地服务于工业大麻种植业的发展，进而利于工业大麻产业的发展。大垄整形机一次作业可完成起垄、施肥作业，作业后的地块具有地表平整、垄形标准、土壤结构紧实、保墒、保土的特点。

1. 大垄整形机总体结构

大垄整形机主要由仿形弹簧拉杆、整形器架、整形器体、起垄铧、机架、施肥总成、划行器、地轮总成组成，大垄整形机结构示意图如图14-10所示。使用时将机具与拖拉机悬挂机构挂接，工作时由起垄铧将土壤由垄沟抛到垄顶，再由整形器将垄顶土壤刮平、碾碎、压实，从而规整出标准垄形。该机排肥机构采用地轮传动，动力经传动轴传递到肥箱，带动排肥轴工作，排肥量的多少由排肥轮工作长度和地轮与肥箱间的传动比（链轮的齿数比）决定，通过调节肥箱上的调节手柄控制肥量，也可以通过更换链轮来调整肥量，地轮的高低决定垄形的高矮。

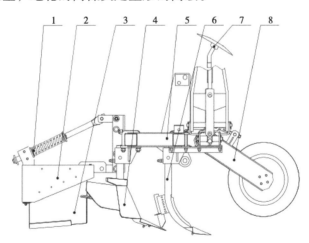

1. 仿形弹簧拉杆；2. 整形器架；3. 整形器体；4. 起垄铧；5. 机架；6. 施肥总成；7. 划行器；8. 地轮总成

图14-10　1LZ-6型大垄整形机结构示意图

2. 主要技术指标

垄距：130cm；

起垄高度：25cm；

垄顶宽：60cm；

施肥部位及深度：压实后垄下6～10cm；

运输离地间隙：≥30cm。

3. 使用与调整

（1）将机架垫起70～80cm，在机架上量出中心，将上悬挂固定到中心位置（出厂时上悬挂已经连接在机架上，位置不一定正确），由机架中心左右各量出50cm，固定下悬挂。

（2）将地轮按中心距离130cm，固定在主梁前侧。

（3）将整形器总成用卡丝固定在主梁后侧，注意整形器半幅垄形的相对。

（4）将副梁固定到整形器支架角钢前方，主梁下方，注意副梁有长、短两种，长副梁上固定4个起垄铧，短副梁固定3个起垄铧。

（5）将起垄铧固定座固定在副梁后侧，固定时使起垄铧与整形器对应，施肥铲固定座连接在副梁前侧，施肥铲在垄中间位置。本机采用垄中间施一行肥，需要施两行肥的可以自行加配施肥装置。

（6）连接肥箱，并分左右固定划印器。

（7）在适当位置固定行走轮支架及机架支撑。

（8）如机架与地面不平行，应调整升降机构左右拉杆和中央拉杆长度使机架保持水平；如机组中心与拖拉机中心不在一条直线上，应调整升降机构下拉杆限位链的长度。

（9）支撑轮不转或打滑，如土壤水分过大，泥草堵塞，应清除泥草，待土壤水分适合再作业；如轴承缺油，应注润滑油；如机架高度过低，应调节支撑轮调整螺杆，使支撑轮着地。

（10）邻接行距过大或过小，拖拉机压印位置不对，应调整划印器长度，以改变拖拉机压印位置。

（11）排肥状况不好，如排肥总成堵塞，应拆下清洗；如排肥管堵塞，应疏通排肥管；如肥箱架空或缺少肥料，应松动或补充肥料；如排肥轮长度不一致，应调整各排肥轮工作长度。

（12）机具在班次工作结束后，应清除各工作部件上的泥土、秸秆等杂物，应对润滑部位注油，拧紧所有松动的螺母，尤其是各个"U"形卡丝上的螺母，检查传动链条的松紧度及磨损情况。

（13）把整形机升起，转动地轮，检查排肥总成的工作情况，消除各种卡滞现象。

（14）运输时，整机应升到最高位置，划印器要竖起，如果是远途运输，应将中央拉杆调到最短，以便得到较高的运输间隙。

（15）作业季节结束后，要进行全面的技术状态检查，更换或修复磨损和变形的零部件，检查各部轴承磨损情况，检查链条的磨损和链轮的转动情况，必要时予以调整或更换。

（16）长期存放应对损坏或不能继续使用的零件进行修理或更换；润滑部位进行清洗，并涂上润滑油；犁铧等与土壤接触的部件，应擦净并涂油，以防锈蚀；把肥箱内的肥料清除干净，并用水清洗擦干；把输肥管卸下冲洗干净后放入肥料箱；放松压力弹簧，使之处于自由状态；应对整机进行彻底的清洗，存放在干燥、防雨的库中，并用支架将机架垫起来，使地轮不再承受负荷。

4. 大垄整形机作业质量

（1）作业条件。大垄整形作业在一般作业条件下，碎土率≥55%，耙茬率≥80%，土壤绝对含水率为10%～25%。

（2）作业质量要求。在满足作业条件下，大垄整形机作业质量指标应符合表14-15的规定。

表14-15 大垄整形机作业质量指标

项目	质量指标
直线度偏差（cm）	±3
邻接行距合格率（%）	≥85
垄向直线度（cm）	≤5.0
垄高合格率（%）	≥85.0
垄顶宽度合格率（%）	≥85.0

（续表）

项目	质量指标
行距一致性合格率（%）	≥85.0
施肥深度（cm）	符合当地农艺要求
总施肥量偏差（%）	≤5
各行施肥量偏差（%）	≤5

（3）检验所需仪器。检测用设备、仪器、仪表和量具应能满足测量准确度的要求，并在有效的检定周期内，测试前应对其进行校准，见表14-16主要仪器设备规格型号和精度要求。

表14-16 主要仪器设备规格型号和精度

仪器设备	规格型号	精度
钢板尺	50cm、60cm	1mm
钢卷尺	5m、3cm	1mm
皮尺	50m	1cm
土壤坚实度仪		1%FS
烘干箱		±1%℃
水平尺		
游标卡尺	200mm	0.02mm
电子秤	30kg	10g

（4）作业质量检测方法。

检测点位置的确定：沿地块长宽方向的中点连"十"字线，将地块划成4块，随机选取对角的2块作为检测样本，采用5点法检查。从4个地角沿着对角线1/8~1/4长度内选出一个比例数后算出距离，确定4个检测点的位置，再加上某一对角线的中点，选点应避开地边和地头，地边按一个作业幅宽，地头按两个机组长度计算。

直线度偏差：在测定的地块内，随机选5垄，避开地边和地头，每垄测50m长，在垄顶中心拉直测绳作为测量基准，每隔10m测量垄顶中心与基准线的距离，求出误差平均值。

垄高合格率、垄顶宽合格率、垄距合格率：在检测区内，对角线上取5点，每点测定5个垄，以符合当地农艺要求的垄高数占总测量数的百分比，作为垄高的合格率；以符合当地农艺要求的垄顶宽数占总测量数的百分比，作为垄顶宽的合格率；以合格垄距数占测量总数的百分比，作为垄距合格率。

邻接行距合格率：在被检查的地块内，按规定抽取5个小区，每个小区宽度为两个工作幅宽，长度为10m，均布50个点，测量耕幅内一个行距及邻接行距，用合格邻接行距点数与测定总点数的比值即为邻接行距合格率。

施肥深度：在施肥位置上方切开土层，以施肥覆土后的地面为测量基准面，测定肥料至基准面的垂直距离。测量5个小区，在每个测量小区内分别测定4点，按式（14-37）计算肥料施肥深度平均值。

$$H = \frac{1}{20}\sum_{i=1}^{20} h_i \qquad (14-37)$$

式中：H—施肥深度（cm）；

h_i—第i次测量时的施肥深度（cm）。

总施肥量偏差：测定时，将大垄整形机架起，使地轮轮缘离开地面，机架应处于水平状态，以相当于作业速度的转速旋转地轮，其回转圈数按相当于行进长度50m折算（取整圈数，对作业的打滑率应予考虑）。分别取不少于6个排肥器排出的肥料（少于6行的机型全测），称其质量，称量精度0.5g，重复5次，按式（14-38）计算平均排量，式（14-39）计算总施肥量偏差。

$$\overline{X} = \frac{\sum X_i}{n} \qquad (14-38)$$

式中：$\overline{X}$—平均排量（g）；

$\quad\quad X_i$—每次排量（g）；

$\quad\quad n$—测定次数。

$$S\,(\%) = \frac{X - \overline{X}}{n} \times 100 \qquad (14-39)$$

式中：S—总施肥量偏差（%）；

$\quad\quad X$—标准施肥量（g）。

各行施肥量偏差：测定方法同上，求其每行的平均排肥量$\overline{X}$后，按式（14-39）计算各行排肥量偏差。

行距一致性合格率、邻接行距合格率：同一耕幅内各行距与规定行距相差不超过±3cm为合格，在两次行程中邻接行距与规定行距相差不超过±6cm为合格，在被检查的地块内，按规定抽取5个小区，每个小区宽度为两个工作幅宽，长度为10m，均布50点，测量播幅内的一个行距及邻接行距，并按式（14-40）、式（14-41）计算行距合格率，求其平均值。

$$H_h\,(\%) = \frac{d_1}{z_1} \times 100 \qquad (14-40)$$

式中：H_h—行距一致性合格率（%）；

$\quad\quad d_1$—合格行距点数（个）；

$\quad\quad z_1$—测定点总数（个）。

$$H_L\,(\%) = \frac{d_2}{z_2} \times 100 \qquad (14-41)$$

式中：H_L—邻接行距合格率（%）；

$\quad\quad d_2$—合格邻接行距点数（个）；

$\quad\quad z_2$—测定点总数（个）。

（5）作业质量评定项目与评定规则。

作业质量评定项目：大垄整形机作业质量评定项目见表14-17。

表14-17　大垄整形机作业质量评定项目

类别	项目名称
A	直线度偏差
	邻接行距合格率
	垄向直线度
	垄高合格率
	垄顶宽合格率
	行距一致性合格率
B	总施肥量偏差
	各行施肥量偏差

作业质量评定规则：被检测项目中A类指标应全部合格，B类允许有一项不合格，判定该作业质量为合格，否则该作业质量判定为不合格。

第二节　播种质量要求

一、播种作业

（一）品种选择

根据气候条件，选择熟期适中、高产、高抗、适应性强、品质好的良种，黑龙江省推荐种植品种为火麻一号、庆麻1号、龙麻3号、汉麻5号等，具体品种特性及适应性参考微信公众号"龙江麻类"。

（二）种子质量

播种用的种子要经过种子清选机筛选，原种纯度要不小于99%，净度不小于96%，种子发芽率要达到85%以上；良种纯度不小于98%，净度不小于96%，发芽率不小于85%，雌雄同株的发芽率不小于84%。

（三）种子处理

选好种子后要在晴朗天气将种子暴晒2～3d，播种前用种子量0.3%的多菌灵均匀拌种，或用种子量1%的35%多福克拌种，也可用80%的炭疽福美拌种，每50kg种子用量是500g。

（四）播种量

工业大麻（纤维）每公顷保苗数280万～350万株，要求每公顷有效播种粒数450万～500万粒，即满足良种要求的情况下每公顷播种量是100～150kg，保证收获期麻茎茎粗在0.5cm左右。

工业大麻（药用）根据品种特性和预期达到的保苗株数确定穴距，每穴播种2粒，一般为130cm垄距，亩保苗株数250～300株。

（五）播种期

当种床土壤温度稳定在8～10℃时开始播种，一般第一积温带播种时间在4月15—25日，第二积温带播种时间在4月20日至5月1日，第三积温带播种时间在4月25日至5月5日，第四积温带播种时间在5月1—10日。墒情适宜的地块要适时早播，干旱地块要抢墒播种，播后要镇压一次，确保一次出全苗。

（六）播种方法

工业大麻（纤维）一般采用机械平播，目前多使用7.5cm行距的谷物播种机播种，一次性完成种肥同播、种肥分下的播种作业。播种深度3～4cm，施肥深度3～4cm，播后及时镇压一次，土壤水分充足或土壤黏重的地块，可在播后1～2d内镇压。黑龙江省个别地区使用国外气力式定量播种机进行播种作业，该播种机能完成播种、施肥、镇压同步作业，同时播种量、播种深度等控制精准，但对整地质量要求高，尤其地表植被残留量大的地块易造成壅堆现象。

工业大麻（药用）一般采用气吸式播种机垄作穴播，可实现种肥同播且分段侧深施肥，土壤含水量少时可深播，但播深不应超过4cm，并及时镇压；土壤水分充足或土壤黏重的地块，可在播后1～2d内镇压。针对工业大麻（药用）的种植特性，可以采用育苗移栽的播种方式进行作业，该播种方式多了种子育苗环节，但节省了镇压作业和出苗后定苗作业，是未来黑龙江省工业大麻（药用）的一种主要播种方式。

二、施肥作业

（一）施肥原则

应根据工业大麻生长需肥规律、土壤养分状况和肥料效应，通过测试，结合目标产量确定相应的施肥量和施肥方法，按照有机与无机相结合，N、P、K和微量元素配合的原则实行平衡施肥。

（二）有机肥料

以施足底肥为主，以腐熟的有机肥料或生物肥料为主，每亩施用腐熟无害优质有机肥2 000kg以上，有机肥撒施，结合整地施入10~15cm土中。

（三）无机肥料

以N肥较多、K肥次之、P肥最少，常规施肥，通常每公顷施磷酸二铵150~200kg、硫酸钾75~150kg，或者施用有效成分含量N 20%~25%、P 8%~10%、K 10%~15%（或比例相近）硫酸钾型复混肥每公顷450kg左右，结合整地或深松进行施肥，施肥深度8~10cm。

三、播种机总体结构

（一）工业大麻（纤维）播种机

工业大麻（纤维）播种机（谷物播种机）主要包括地轮、机架、划行器、肥箱、排肥器、种箱、排种器、脚踏板、覆土器、种肥分施开沟器、除迹器等组成，其结构示意图如图14-11所示。

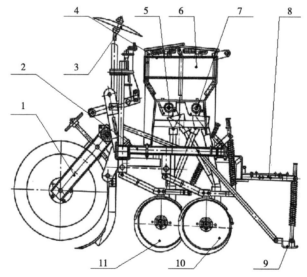

1.地轮；2.机架；3.划行器；4.肥箱；5.排肥器；6.种箱；7.排种器；8.脚踏板；
9.覆土器；10.种肥分施开沟器；11.除迹器

图14-11 工业大麻（纤维）播种机示意图

（二）工业大麻（纤维）定量播种机

工业大麻（纤维）定量播种机主要由平地器、机架、划行器、牵引架、种肥箱、传动部件、播种部件、传动机构、镇压覆土部件等组成，其结构示意图如图14-12所示。

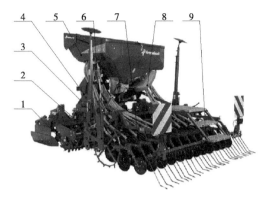

1. 平地器；2. 机架；3. 划行器；4. 牵引架；5. 种肥箱；6. 传动部件；7. 播种部件；8. 传动机构；9. 镇压覆土部件

图14-12　工业大麻（纤维）定量播种机

（三）工业大麻（药用）播种机

工业大麻（药用）播种机主要由施肥总成、机架、肥箱、地轮、播种部件、覆土镇压轮等组成，其结构示意图如图14-13所示。

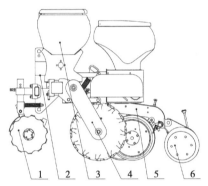

1. 施肥总成；2. 机架；3. 肥箱；4. 地轮；5. 播种部件；6. 覆土镇压轮

14-13　工业大麻（药用）播种机结构示意图

（四）工业大麻（药用）移栽机

工业大麻（药用）移栽机（自走式移栽机）主要由镇压轮、支架、后轮、栽植装置、摆杆、投苗盒、苗台、摆苗盘、机架、座椅、控制器、蓄电池、行走驱动轮、汽油发动机组成，其结构示意图如图14-14所示。

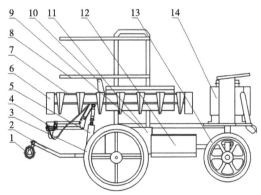

1. 镇压轮；2. 支架；3. 后轮；4. 栽植装置；5. 摆杆；6. 投苗盒；7. 苗台；8. 摆苗盘；9. 机架；
10. 座椅；11. 控制器；12. 蓄电池；13. 行走驱动轮；14. 汽油发动机

图14-14　工业大麻（药用）移栽机示意图

四、主要技术参数

1. 工业大麻（纤维）播种机

作业幅宽：6.3m。

播种深度：3～7cm可调。

行距：7.5～10cm。

施肥深度：3～7cm可调。

作业速度：5～7km/h。

配套动力：210马力以上。

悬挂方式：三点后悬挂。

2. 工业大麻（纤维）定量播种机

配套动力：210马力以上。

播种方式：气力式。

作业速度：7～9km/h。

3. 工业大麻（药用）播种机

种植行数：3行。

行距：130cm。

施肥位置：种下30～60mm、种侧0～80mm。

施肥分段长度：25～35cm。

每穴种子数量：2～4粒。

种植株距：80～120cm。

排种盘直径：200mm。

工作速度：3～5km/h。

4. 工业大麻（药用）移栽机

轮距调节：260cm；

种植行数：2行；

种植行距：130cm；

种植高度：10～25cm；

种植株距：80～120cm；

适用苗：钵苗。

五、使用注意事项

正确使用播种机，不仅可以提高种植产量，也能很好的延长使用寿命，农户在使用播种机时，一定要提前阅读使用方法和使用注意事项，正确使用播种机，达到事半功倍的效果。

（1）播种机与拖拉机挂接后，不得倾斜，工作时机架前后保持水平状态。

（2）播种机在工作前应及时向各注油点注油，保证运转零件充分润滑，丢失或损坏的零件要及时补充、更换，清理播种箱内的杂物和开沟器上的缠草、泥土，确保状态良好。

（3）为保证播种质量，大面积播种前，要试播20m，观察播种机的工作情况，请农技人员、当地农民等检测会诊，确认符合当地的农艺要求后，再进行大面积播种。

（4）播种时经常观察排种器、开沟器、覆盖器以及传动机构的工作情况，如发生堵塞、黏土、缠草、种子覆盖不严，要及时予以排除，但一定要在切断动力之后进行。

（5）首先横播地头，以免将地头轧硬，造成播深太浅。

（6）作业时种箱内的种子不得少于种箱容积的1/5；运输或转移地块时，种箱内不得装有种子，更不能装其他重物。

（7）调整、修理、润滑或清理缠草等工作，必须在停车后进行。

（8）播种机使用后首先应对其进行清洁，清除机具上的泥土、油污以及种箱和肥箱残留物；放松链条、胶带和弹簧等，保持其自然状态，以免变形；更换磨损的开沟器、齿轮、链条等零件；易生锈的零件应当涂上防锈油，将开沟器支离地面，机具停放在干燥通风的库内，塑料和橡胶零件要避免阳光和油污的侵袭，以免加速老化。

（9）气吸式定量播种机在调整粒距前，先进行单粒调整，调整时先使定量播种机与拖拉机挂接并处于正常工作状态，使风机高速运转，用近似于正常播种速度的转数转动地轮，观察吸种盘的吸种情况；松开位于种箱一侧的刮种器固定螺母，调整刮种器，直至每个吸种孔只吸1粒种子为止，然后固定刮种器的螺母，依次逐行调整完毕，调整过程中，宁可少量吸种孔上出现双粒，也不要出现缺粒。

（10）移栽机使用注意事项。移栽前，须对移栽机进行检修，保证移栽机具运转正常，部件紧固；须按使用说明对行距、株距、栽深进行调节，满足生产农艺要求；须对喂（投）苗员进行培训，保证移栽喂苗位置准、效率高、动作连贯熟练；移栽中，及时做好设备保养，尤其是对栽植器部位土壤、漏苗及时清理，保证作业效果；地头转弯时需注意，牵引式移栽机地头转弯、空行转移过程中，为保证喂（投）苗员安全，喂（投）苗员应先下车；移栽完成后，应视土壤墒情及时进行灌溉，提高移栽秧苗成活率；并对移栽机进行清理检查，设备长期停放过程注意防潮，部分移栽机作业部件需拆卸，室内存放。

六、播种机作业质量

（一）工业大麻（纤维）播种机作业质量

1. 播种机作业条件

工业大麻（纤维）播种机的选择目前主要以谷物条播机、进口气吸式定量播种机为主，播种机的性能完全能够满足工业大麻（纤维）播种环节的农艺要求。播种作业在一般作业条件下，按照农时适时播种，土壤绝对含水率为16%~24%。

2. 播种机作业质量要求

工业大麻（纤维）播种机在满足作业条件下，其作业质量指标应符合表14-18的规定。

表14-18　工业大麻（纤维）播种机作业质量指标

项目	质量指标
各行排量一致性变异系数（%）	≤3.9
总排量稳定性变异系数（%）	≤1.3
播种深度合格率（%）	≥75
总播种量偏差率（%）	±2
总施肥量偏差率（%）	±3
单台内行距偏差（cm）	±1
往复邻接行距偏差（cm）	±5
直线度偏差率（%）	≤0.1
覆土率（%）	≥98
段条率（%）	≤2

3. 检验所需仪器

检测用设备、仪器、仪表和量具应能满足测量准确度的要求，并在有效的检定周期内，测试前应对其进行校准，见表14-19主要仪器设备规格型号和精度要求。

表14-19　主要仪器设备规格型号和精度

仪器设备	规格型号	精度
土壤水分测试仪		± 0.3%
钢板尺	60cm	1mm
钢卷尺	5m	1mm
皮尺	50m	1cm
电子秤	30kg	10g
秒表		0.01s
天平	500g	0.5g
天平	200g	0.2g

4. 作业质量检测方法

样本的确定：作业地块多于3块时，随机取2块作为样本。作业地块为2块时，均为样本。当作业仅在1块地内时，或仅对1个地块进行检测时，取地块的长和宽的中心线将其划分为4块，随机取对角线上的2块作为样本。

土壤含水率：在每个检测点选取5个点，每个点层数为0～5（cm）、5～10（cm），用土壤水分测试仪测出每个点各层的含水率。

各行排量一致性变异系数、总排量稳定性变异系数、播种深度合格率：按照《GB/T 9478—2005谷物条播机 试验方法》的规定，进行各行排量一致性测定、总排量稳定性测定和种子覆土深度测定。计算出各行排量一致性变异系数，总排量稳定性变异系数和播种深度合格率。

总播种量偏差率：根据总播种量和与其对应的播种面积，计算实际的每公顷播种量，按式（14-42）计算总播种量偏差率，求5点平均值。

$$P_{zz}（\%）= \frac{Q_{zs} - Q_{zy}}{Q_{zy}} \times 100 \qquad （14\text{-}42）$$

式中：P_{zz}—总播种量偏差率（%）；

　　　　Q_{zs}—实际每公顷播种量（kg/hm²）；

　　　　Q_{zy}—要求每公顷播种量（kg/hm²）。

总施肥量偏差率：根据总施肥量和与其对应的施肥面积，计算实际的每公顷施肥量，按式（14-43）计算总施肥偏差率，求5点平均值。

$$P_{zf}（\%）= \frac{Q_{fs} - Q_{fy}}{Q_{fy}} \times 100 \qquad （14\text{-}43）$$

式中：P_{zf}—总施肥量偏差率（%）；

　　　　Q_{fs}—实际每公顷施肥量（kg/hm²）；

　　　　Q_{fy}—要求每公顷施肥量（kg/hm²）。

单台内行距偏差与往复邻接行距偏差：在地块中随机取5点，每点测出各单台内行距和往复邻接行距，分别求出单台内行距平均值和往复邻接行距平均值。用平均值减去规定行距偏差值，求5点平均值。

直线度偏差率：沿地块对角线随机取5点，每点沿播行测50m长，从两端点播行中心拉直一根测绳，作为测量基准，每隔10m测量基准绳至播行中心的偏差距离，取每点中测得的最大偏差值，求5点平均值为播种的直线度偏差，按式（14-44）计算出直线度偏差率。

$$P_{zx}（\%）=\frac{L_{pc}}{L_{zc}}\times100 \tag{14-44}$$

式中：P_{zx}—直线度偏差率（%）；

　　　L_{pc}—直线度偏差值（m）；

　　　L_{zc}—每点测量长度（m）。

覆土率：沿地块对角线随机取5点，每点取单台播种机的播种行数，播行长度取10m，检测种子未覆土长度，按式（14-45）计算覆土率，求其平均值。

$$P_{ft}（\%）=\frac{L_{zf}-L_{wf}}{L_{zf}}\times100 \tag{14-45}$$

式中：P_{ft}—覆土率（%）；

　　　L_{zf}—测取播行总长度（m）；

　　　L_{wf}—未覆土总长度（m）。

断条率：出苗后，沿地块对角线随机取5点，每点取单台播种机的播种行数，播行长度取10m。播行内连续10cm以上无苗为断条。测量断条长度，按式（14-46）计算断条率，求5点平均值。

$$P_{dt}（\%）=\frac{L_{dt}}{L_{zd}}\times100 \tag{14-46}$$

式中：P_{dt}—断条率（%）；

　　　L_{dt}—断条总长度（m）；

　　　L_{zd}—测取播行总长度（m）。

5. 作业质量评定项目与评定规则

作业质量评定项目：工业大麻（纤维）播种机作业质量评定项目见表14-20。

表14-20　工业大麻（纤维）播种机评定项目

类	项	评定项目
A	1	各行排量一致性变异系数
	2	总排量稳定性变异系数
	3	播种深度合格率
B	1	总播种量偏差率
	2	总施肥量偏差率
	3	单台内行距偏差
	4	往复邻接行距偏差
	5	直线度偏差
	6	覆土率
	7	断条率

作业质量评定规则：A类检查项目不允许有不合格，B类检查项目最多允许有2项不合格。当检测样本中A类检查项目均合格，B类检查项目的不合格数≤2时，其作业质量为合格。

（二）工业大麻（药用）播种机作业质量

1. 作业条件

工业大麻（药用）播种作业一般作业条件是，土壤含水率适宜，清除残茬，垄行距一致。

2. 作业质量要求

工业大麻（药用）播种机在满足上述作业条件的情况下，其作业质量指标应符合表14-21的规定。

表14-21　工业大麻（药用）播种机作业质量指标

项目	质量指标
粒距合格指数（%）	≥85.0
重播指数（%）	≤3.0
漏播指数（%）	≤1.0
合格粒距变异系数（%）	≤20
机械破损率（%）	机械式≤1.5、气力式≤1.0
播种深度合格率（%）	≥85
施肥深度合格率（%）	≤85
种肥距离合格率（%）	≤85
行距一致性合格率（%）	≥90
邻接行距合格率（%）	≥90
播行直线性偏差（cm）	≤6
作业后地表、地头状况	地表平整、镇压连续，地头无漏种、漏肥和堆种、堆肥

注：a.播种深度大于或等于3cm时，误差为±1cm时为合格播种深度。播种深度小于3cm时，误差为±0.5cm时为合格播种深度。

b.同一播幅内各行距与规定行距相差不超过±3cm为合格。

c.两次行程中邻接行距与规定行距相差不超过±6cm为合格。

3. 检验所需仪器

检测用设备、仪器、仪表和量具应能满足测量准确度的要求，并在有效的检定周期内，测试前应对其进行校准，见表14-22主要仪器设备规格型号和精度要求。

表14-22　主要仪器设备规格型号和精度

仪器设备	规格型号	精度
土壤水分速测仪		±0.3%
钢板尺	60cm	1mm
钢卷尺	5m	1mm
皮尺	50m	1cm
盘秤	20kg	50g
土壤坚实度仪		1%FS
天平	500g	0.5g

4. 作业质量检测方法

样本的确定：作业地块多于3块时，随机取2块作为样本。作业地块为2块时，均为样本。当作业仅在1块地内时，或仅对1个地块进行检测时，取地块的长和宽的中心线将其划分为4块，随机取对角线上的2块作为样本。

检测点位置的确定：采用5点法检测，选点应避开地边和地头，地边按一个理论作业幅宽，地头按两个机组长度计算，从样本4个地角沿对角线，在1/8～1/4对角线长的范围内选定一个比例数后，算出距离，确定4个检测点，再加上某一对角线的中点，如图14-15所示。

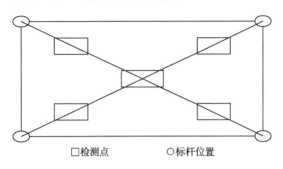

□检测点　　　　○标杆位置

图14-15　检测点位置示意图

土壤含水率：在每个检测点选取5个点，每个点层数为0～5（cm）、5～10（cm），用土壤水分速测仪测出每个点各层的含水率。

残茬高度：在每个检测点任选5个残茬，用50cm钢板尺测量残茬最高点至地面的距离，算出平均值。割茬高度大于25cm时，作业前应将秸秆粉碎，均匀抛撒在地表面。

土壤坚实度：用土壤坚实度仪测定，按土壤含水率选取的各点各层同时测定。

粒距合格指数、重播指数、漏播指数、合格粒距变异系数：在测定地块上，按规定抽取5个小区，每个小区宽度为一个工作幅宽，长度为1m，测定小区内区间数、合格播种数、重播数、漏播指数，并按式（14-47）至式（14-52）计算粒距合格指数、重播指数、漏播指数、合格粒距变异系数。

粒距合格指数：

$$A = \frac{n_1}{N'} \times 100 \tag{14-47}$$

式中：A—粒距合格指数（%）；

　　　n_1—合格播种数（个）；

　　　N'—区间数（个）。

重播指数：

$$D = \frac{n_2}{N'} \times 100 \tag{14-48}$$

式中：D—重播指数（%）；

　　　n_2—重播数（个）；

　　　N'—区间数（个）。

漏播指数：

$$A = \frac{n_0}{N'} \times 100 \tag{14-49}$$

式中：M—漏播指数（%）；

　　　n_0—漏播数（个）；

　　　N'—区间数（个）。

合格粒距变异系数：

$$\overline{X} = \frac{\sum n_i x_i}{n_2'} = \frac{\overline{x}}{x_r} \tag{14-50}$$

式中：x_r—理论粒距（调整粒距）；

$x_i \in 0.5 < x_i \leqslant 1.5$

标准差：

$$\sigma = \sqrt{\frac{\sum n_i x_i^2}{n_2'}} \tag{14-51}$$

变异系数：

$$C = \sigma \times 100 \tag{14-52}$$

式中：σ—标准差；

C—合格粒距变异系数（%）。

种子自然破损率：从待播的种子中取出3份，每份约100g（小粒种子50g），从中拣出破粒、破皮（脱壳）和裂纹的破损种子称出质量，按式（14-53）计算，求出平均值。

$$B_1(\%) = \frac{m_{p1} - m_{q1}}{m_{q1}} \times 100 \tag{14-53}$$

式中：B_1—种子自然破损率（%）；

m_{p1}—样本中破损种子质量（g）；

m_{q1}—样本种子总质量（g）。

种子破损率：测定时按相当于播种行进长度50m折算地轮圈数来旋转地轮，分别接取各排种器的种子，混合后分成3份，每份用四分法分取约100g（小粒种子50g）种子作为样本，称出样本总质量和样本破损种子总质量，按式（14-54）计算，求出平均值。

$$B_2(\%) = \frac{m_{q2} - m_{p2}}{m_{q2}} \times 100 \tag{14-54}$$

式中：B_2—种子破损率（%）；

m_{p2}—样本中破损种子质量（g）；

m_{q2}—样本种子总质量（g）。

种子机械破损率按式（14-55）计算。

$$B = B_2 - B_1 \tag{14-55}$$

播种深度合格率：播种深度大于或等于3cm时，误差为±1cm时，播种深度小于3cm，误差为±0.5cm时为合格播种深度。在作业地块上抽取的5个小区，每个宽度为一个工作幅宽，长为2m，切开播行土层，测量种子上部覆盖土层的厚度，每个小区内每行测5点，按式（14-56）计算各小区播种深度合格率，并计算平均值。

$$H(\%) = \frac{h_1 - h_2}{h_2} \times 100 \tag{14-56}$$

式中：H—播种深度合格率（%）；

h_1—播种深度合格点数（个）；

h_2—测定总点数（个）。

施肥作业质量：测定时按相当于播种行进长度50m折算地轮圈数来旋转地轮，分别接取各排肥器化肥称重，折算成每公顷施肥量，重复3次，同时用烘干法测颗粒状化肥含水率。

总施肥量偏差率：测定时，将播种机架起，使地轮轮缘离开地面，机架应处于水平状态，以相当于作业速度的转速旋转地轮，其回转圈数按相当于行进长度50m折算（取整圈数对作业的打滑率应予考虑）。分别取不少于6个排肥器排出的肥料（少于6行的机型全测），称其质量，称量精度0.5g，重复5次，按式（14-57）计算平均排量，式（14-58）计算总施肥量偏差。

$$\overline{X} = \frac{\sum X_i}{n} \tag{14-57}$$

式中：$\overline{X}$—平均排量（g）；
    X_i—每次排量（g）；
    n—测定次数（次）。

$$S（\%） = \frac{X - \overline{X}}{n} \times 100 \tag{14-58}$$

式中：S—总施肥量偏差（%）；
    X—标准施肥量（g）。

各行施肥量偏差：测定方法同施肥作业质量，求其每行的平均排肥量 $\overline{X}$ 后，按式（14-58）计算各行排肥量偏差。

行距一致性合格率、邻接行距合格率：同一播幅内各行距与规定行距相差不超过±3cm为合格，在两次行程中邻接行距与规定行距相差不超过±6cm为合格，在被检查的地块内，按规定抽取5个小区，每个小区宽度为两个工作幅宽，长度为10m，均布50点，测量播幅内的一个行距及邻接行距，并按式（14-59）、式（14-60）计算行距合格率，求其平均值。

$$H_h（\%） = \frac{d_1}{z_1} \times 100 \tag{14-59}$$

式中：H_h—行距一致性合格率，（%）；
    d_1—合格行距点数（个）；
    z_1—测定点总数（个）。

$$H_L（\%） = \frac{d_2}{z_2} \times 100 \tag{14-60}$$

式中：H_L—邻接行距合格率（%）；
    d_2—合格邻接行距点数（个）；
    z_2—测定点总数（个）。

田间出苗率：在测定的地块上，按规定抽取5个小区，每个小区宽度为一个工作幅宽，长度为1m，测定5个小区苗数，按式（14-61）至式（14-63）计算出苗率，求其平均值。

$$C（\%） = \frac{Q_S}{Q_C \times Y} \times 100 \tag{14-61}$$

式中：C—田间出苗率（%）；
    Q_S—出苗数（株/hm²）；
    Q_C—播种粒数（粒/hm²）；
    Y—种子用价（%）。

$$Q_C = \frac{Q}{q_k} \times 10^3 \qquad\qquad (14-62)$$

式中：Q—播种量（kg/hm²）；

q_k—种子千粒质量（g）。

$$Q_S = \frac{2q_c}{F_k} \times 10^3 \qquad\qquad (14-63)$$

式中：q_c—测定5个小区的苗数（株）；

F_k—播种幅宽（m）。

播种后地表和地头状况：目测和尺量的方法进行，地表有无撒落的种子、化肥，地表平整度，如播种同时镇压，其镇压是否连续。地头宽度不超过机组长度的2倍，地头应平整，无漏播、漏肥和堆种、堆肥现象。在整齐地头每10个行程内测量重（漏）播情况，由检测人员对其状况给出一个综合的评价。

播行直线性偏差：在作业地块内，沿作业方向，自中间向左右均布，选取5个播行，测定播行直线性偏差，以垄形中心线为基准线。每一播行取50m（不足50m，按实际长度），测定播行中心水平方向偏离基准线的最大距离，以5个播行中的最大值为播行直线性偏差。

5. 作业质量评定项目与评定规则

作业质量评定项目：工业大麻（药用）播种机作业质量评定项目见表14-23。

表14-23 工业大麻（药用）播种机作业质量评定项目

分类	项	评定项目名称
A	1	粒距合格指数
	2	合格粒距变异系数
	3	播种深度合格率
B	1	施肥深度合格率
	2	种肥距离合格率
	3	漏播指数
	4	重播指数
C	5	行距—致性合格率
	6	邻接行距合格率
	7	播行直线性偏差
	8	播种后地表状况
	9	播种后地头状况

作业质量评定规则：对检测项目进行逐项考核，A类项目全部合格，B类项目不多于2项不合格，C类项目不多于3项不合格，判定该播种机作业质量为合格，否则为不合格。

（三）工业大麻（药用）移栽作业质量

1. 作业条件

移栽作业一般作业条件是，土质松散，不得有石块等异物；苗单株叶数7～10片，茎高15～20cm，茎秆柔韧性好，叶片在茎秆上分布均匀，无病虫害。

2. 作业质量要求

移栽作业在满足规定作业条件下，其作业质量指标应符合表14-24的规定。

表14-24 工业大麻（药用）移栽机作业质量指标

项目	指标
株距合格率（%）	≥98
立苗率（%）	≥98
伤苗率（%）	≤8
漏栽率（%）	≤1
行距合格率（%）	≥90
栽植深度合格率（%）	≥90
单株施水量（mL）	300~800
保苗率（%）	≥98

3. 检验所需仪器

检测用设备、仪器、仪表和量具应能满足测量准确度的要求，并在有效的检定周期内，测试前应对其进行校准，见表14-25主要仪器设备规格型号和精度要求。

表14-25 主要仪器设备规格型号和精度

仪器设备	规格型号	精度
钢板尺	60cm	1mm
钢卷尺	5m	1mm
皮尺	50m	1cm
盘秤	20kg	50g
量筒	1 000mL	1mL
角度尺		1°

4. 作业质量检测方法

沿地块长度和宽度方向对边的中点连十字线，将地块分成4块，随机选取对角的2块作为检测样本。采取5点法测定，从4个地角沿对角线，在1/8~1/4对角线长的范围内选定一个比例数后，算出距离，确定出4个检测点的位置，再加上对角线的中点，作为一个检测点。

移栽前麻苗状态的检测：从待插麻苗中随机取样5盘，从每盘麻苗中随机取样20株，测定苗高、单株叶数、茎围、茎高、叶长，并测定每盘麻苗的土层厚，计算平均值。

苗床绝对含水率：从待测秧盘中，各取床土不少于20g，按《GB/T 5262—2008农业机械试验条件 测定方法的一般规定》中的7.2.1条测定。

移栽前伤苗率的测定，按《GB/T 6243—2003水稻插秧机 试验方法》中的3.2.1条测定。

伤苗率、漏栽率：按《GB/T 6243—2003水稻插秧机 试验方法》中的3.2.2和3.4.2测定。

株距合格率：在测区内连续测定10个株距，株距［（a）±2］cm为合格，合格株距个数与所测株距总个数的百分数为株距的合格率。

行距合格率：在测区内连续测定10个行距，行距125~135cm为合格，合格行距个数与所测行距总个数的百分数为行距合格率。

栽植深度合格率：选取5个测区，每个测区取20穴，栽植深度［（h）±1］cm为合格，合格穴数占所测总穴数的百分数为栽植深度合格率。

立苗率：在选定的5个测定区内，每个测区连续取10株进行检测，测量苗的直立程度，记录立苗株数、倾斜苗株数和总株数，按式（14-64）计算。

$$C_1（\%）=\frac{\sum Q_2}{\sum Q_2+\sum Q_q}\times100 \qquad （14-64）$$

式中：C_1—立苗率（%）；

$\quad$ Q_2—直立秧苗（个）；

$\quad$ Q_q—倾斜秧苗（个）。

单株施水量：测定前，将水箱加满水。在5个测定区内，每个测区连续施水10株，再将水箱加满水，记录加水量，计算平均值。

保苗率：在测定的地块上，按规定抽取5个小区，每个小区宽度为一个工作幅宽，长度为1m，测定每个小区苗数，按式（14-65）计算。

$$C_2（\%）=\frac{\sum Q_c}{\sum Q_c+\sum Q_s}\times100 \qquad （14-65）$$

式中：C_2—田间保苗率（%）；

$\quad$ Q_c—成活苗数（个）；

$\quad$ Q_s—死亡苗数（个）。

5. 作业质量评定项目与评定规则

作业质量评定项目：喷药机作业质量评定项目见表14-26。

表14-26　喷药机作业质量评定项目

类别	项	判定项目
A	1	漏栽率
	2	株距合格率
	3	保苗率
	4	伤苗率
B	1	立苗率
	2	移栽深度合格率
	3	行距合格率
	4	单株施水量

作业质量评定规则：检测项目中，当A类项目全部合格，B类项目少于等于2项不合格时，作业质量合格；当A类项目出现不合格项或B类项目出现2次以上不合格时，作业质量不合格。

第三节　田间管理质量要求

所谓三分种、七分管、十成收获才保险，工业大麻是生长比较快的作物，苗期茎秆脆嫩、易折断，田间管理要掌握好时机，正常气候条件下，播后苗前要进行封闭除草作业，出苗后要及时进行田间普查，调查病害、虫害、草害及前作危害情况，尤其发现前作除草剂危害要及时喷施叶面肥和细胞分裂素进行调节，根据田间实际情况进行化学防治。雨水少、土壤墒情差的年份或雨水过多、低洼内涝地块苗后要进行除草，工业大麻本身可抑制杂草的产生，如果种植密度适宜，会抑制杂草的生产，虫害若发现不及时或防治不当，会严重影响纤维产量。另外针对工业大麻（药用）的栽培方式，除上述防虫、草、病害外，还要根据植株田间长势喷施叶面肥或追肥，进行铲蹚封垄及定苗和摘心管理。

一、喷药机作业

（一）喷药机总体结构

目前市场上的喷药机多种多样，有无人机喷药机、悬挂式喷药机、自走式喷药机等，以自走式喷药机为例，喷药机包括车轮、发动机、变速箱、方向盘和座椅，工作部件主要由齿轮泵、药罐、连杆、软管支架、液压缸、喷头、软管、绑带、软管支架、管箍组成。药罐置于后方的机架上，药罐一侧安装有齿轮喷，齿轮泵通过三角带和发动机相连，完成齿轮泵动力的输入，连杆与机架销接固定，连杆上方用液压缸与机架连接，通过液压缸完成连杆高度的调节，连杆后方设有软管支架，软管通过管箍固于软管支架上，喷头与软管密封固接，软管通过绑带固设在软管支架上，喷药机结构示意图如图14-16所示，图14-17是图14-16A处局部放大图。

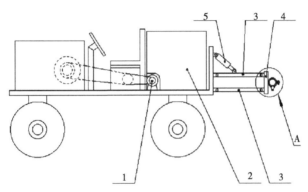

1.齿轮泵；2.药罐；3.连杆；4.软管支架；5.液压缸

图14-16　喷药机结构示意图

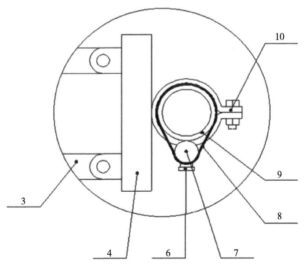

6.喷头；7.软管；8.绑带；9.软管支架；10.管箍

图14-17　喷药机图14-16A处局部放大

（二）主要技术参数

喷杆形式：液压自动折叠，自动升降。

喷杆高度：500～1 400mm。

工作压力：0.2～0.6MPa。

搅拌方式：回水搅拌、喷液搅拌。

作业效率：25～50亩/h。

（三）喷药机使用注意事项

（1）试喷准备，首先检查喷药机及其喷药泵上的压力表是否显示正常，时刻注意喷头的工作情况，调整喷头和喷杆距离地面的高度，一般调节高度为高于作物10～20cm为宜。

（2）试喷作业，在试喷时仔细观察喷头的流量、幅度，并认真记录，根据药桶的容积计算出作业时的行进速度，记录好药箱可喷洒的作业面积，并在正式作业前计算出配制一药箱药液所需的农药量，观察喷杆和喷头的喷出情况，包括雾化情况以及喷洒扇面的大小，最终确定喷头的高度，以确保良好的作业效果。

（3）喷药作业时应注意气候因素和时间因素，应选择在风力较小的天气进行喷药作业，对于喷施除草剂的作业，应在春季播种后和出苗之前进行，最好在即将降雨或刚刚降雨后进行，利于药物渗透入土壤之中，对于田间杀虫药剂的喷洒，应在温度较高的晴天进行，有利于增强药效。

（4）喷洒作业应注重质量，不过量用药，避免行进路线的重复，造成部分区域二次喷药。

（5）喷药时应注意不能对作物造成伤害，应该对准作物来回扫射，确保用药均匀，避免个别作物用药过量。

（6）不同种类的作物应根据作物的高度和病虫害的位置采用不同的喷药方法。

（7）使用完毕后，应及时清理喷药机残留农药，对整个机器进行清洗，以免对喷药机造成腐蚀，对运动部位进行润滑，并存放在通风干燥的位置。

（8）喷药机操作人员应具有安全常识，具备安全操作的能力，喷药前应阅读农药说明书，了解农药的毒性和安全操作方法，必须穿戴防护服及防护口罩等用具，搬运农药时应注意轻拿轻放，避免农药洒落，操作过程中严禁饮食和吸烟，不得在下风位置喷药，避免农药入口危害身体健康，喷药后应在农田做出明显标志，避免人或牲畜进入。

（四）喷药机作业质量

1. 作业条件

喷药机作业一般作业条件是机具的安全性符合《GB 10395.6—1999农林拖拉机和机械　安全技术要求　第6部分：植物保护机械》的规定，性能符合使用说明书的要求，作业人员经过技术培训，具备田间作业的实际操作能力，农药必须有农药登记证、生产许可证和注册商标，有明确的用量、配兑、毒性、生产日期和有效期，环境应无雨、少雾，气温在5～30℃，风速不大于3m/s，低量喷雾和超低量喷雾风速不大于2m/s，超低量喷雾无上升气流。

2. 作业质量要求

喷药机作业在满足规定作业条件下，其作业质量指标应符合表14-27的规定。

表14-27　喷药机作业质量指标

项目		作业质量指标		
		常规量喷雾	低量喷雾	超低量喷雾
药液覆盖率	非内吸性药剂	≥33%	—	—
雾滴沉积密度（cm²）	杀虫剂	—	≥25	≥10
	内吸性杀菌剂	—	≥20	≥10
	非内吸性杀菌剂	—	≥50	≥10
	内吸性除草剂	—	≥30	—
	非内吸性除草剂	—	≥50	—
雾滴分布均匀性变异系数	手动喷雾器	≤30%	≤40%	—
	机动喷雾机	≤50%	≤50%	≤70%
作物机动损伤率		≤1%		

3. 检测用仪器、仪表及用具

检测用设备、仪器、仪表和量具应能满足测量准确度的要求，并在有效的检定周期内，测试前应对其进行校准，见表14-28主要仪器设备规格型号和精度要求。

表14-28　主要仪器设备规格型号和精度

仪器设备	规格型号	精度
放大镜	5～10倍	
卡纸	2cm×5cm的毫米格纸	
卷尺	100m	1cm
容器	5L	
量筒	2 000mL	1mL
量筒	5mL	0.1mL
量筒	100mL	1mL
秒表		0.01s
分光光度计	200～650nm	0.2nm
指示剂	丽春红G	
叶面积仪	1 00mm×155mm	0.01cm²

4. 作业质量检测方法

取样点分布：选取有代表性的3株，在每株树冠上、中、下的每一个等高平面内均布10个点进行观察。采用指数法测定，在喷药后药液干燥前，迅速地在每个取样点选取一片叶子，用分级方法，观察并记录叶片正反两面药液的附着情况。分级标准见《JB/T 9782—1999植保机械　通用试验方法》中的5.3.2a。

每公顷施液量不小于450L的喷雾属于常规量喷雾；每公顷施液量小于450L并大于7.5L的喷雾是低量喷雾；每公顷不大于7.5L的喷雾是超低量喷雾。

药液覆盖率：常规量喷雾在作物叶面上覆盖药液的面积占叶面总面积的百分比为药液覆盖率。按式（14-66）计算药液覆盖率（%）。

$$药液覆盖率（\%）=[（1级叶片数×1）+（2级叶片数×2）+（3级叶片数×3）+$$
$$（4级叶片数×4）]×100÷观察叶片总数×4 \qquad (14-66)$$

雾滴沉积密度：低量喷雾和超低量喷雾沉积在作物单位面积上的雾滴数是雾滴沉积密度。采用卡纸法，在每一个取样点固定一片纸卡，在喷洒的药液中加入丽春红G。喷药后收回纸卡，以5~10倍手持放大镜观察，读取每一个纸卡上的雾滴数量。计算平均每平方厘米的雾滴数。

雾滴分布均匀性：喷洒的雾滴在作业区内表面分布的均匀程度是雾滴分布均匀性，用变异系数表示；在作业区内均匀布点，均匀间隔选取10行，每行均匀分成10段。

常规量喷雾的检测：一般采用比色法，在喷洒液中加入丽春红G进行沉积量测定，每次试验应待药液晾干后再进行植株采样，在每个取样段内的作物冠层顶部随机选取数片叶作为一个试样，试样需编号，每一个试样用定量的清水洗脱叶面上的丽春红G，用分光光度计测定每份洗脱液的透光率，根据丽春红G标样的"浓度—透光率"标准曲线，可以计算出洗脱液中丽春红G的沉积量，再根据丽春红G与所用农药的"沉积当量"关系计算出农药的沉积量，用叶面积仪测出每个试样的叶面积，从而计算出单位面积上药剂的沉积量。也可以用化学分析法或荧光分析法，化学分析法是用分析仪器测得洗脱液中药剂的含量，再根据样品的叶面面积计算出沉积量；荧光分析法是在喷洒液中加入荧光剂，测量出洗脱液中荧光剂的含量。

超低量喷雾的检测：采用纸卡法，在每个取样段内作物冠层顶部固定一片背面编号的纸卡，采用面朝上，在喷洒的药液中加丽春红G，喷药后收回纸卡，以5~10倍手持放大镜观察，读取每片纸卡上的雾滴数，计算纸卡上的雾滴沉积密度。

变异系数的计算：采用平均沉积量或平均雾滴沉积密度计算，按式（14-67）计算。

$$q = \frac{1}{n}\sum_{i=1}^{n} q_i \qquad (14\text{-}67)$$

式中：q—平均沉积量（或平均雾滴沉积密度）（$\mu g/cm^2$或滴/cm^2）；

q_i—各采样点的沉积量（或雾滴沉积密度）（$\mu g/cm^2$或滴/cm^2）；

n—采样点数。

标准差S按式（14-68）计算。

$$S = \sqrt{\frac{\sum_{i=1}^{n}(q_i - q)}{n-1}} = \sqrt{\frac{\sum_{i=1}^{n} q_i^2 - \dfrac{\left(\sum_{i=1}^{n} q_i^2\right)^2}{n}}{n-1}} \qquad (14\text{-}68)$$

变异系数V（%）按式（14-69）计算。

$$V(\%) = \frac{S}{q} \times 100 \qquad (14\text{-}69)$$

作物机械损伤率：机具田间作业对作物机械损伤率的检测方法按《JB/T 9782—1999植保机械通用试验方法》中的5.6的规定执行。

5. 作业质量评定项目与评定规则

作业质量评定项目：喷药机作业质量评定项目见表14-29。

表14-29　喷药机作业质量评定项目

序号	评定项目
1	雾滴分布均匀性
2	雾滴覆盖率
3	雾滴沉积密度
4	作物机械损伤率

注：药液覆盖率为常规喷雾检测项目，雾滴沉积密度为低量喷雾和超低量喷雾的检测项目。

作业质量评定规则：对确定的评定项目进行逐项考核。项目全部合格，则判定喷雾机作业质量为合格，否则为不合格。

二、中耕追肥作业

工业大麻要根据植株田间长势，及时进行田间管理，除防虫、除草外，如果发现脱肥要喷施叶面肥和追肥；工业大麻（药用）是垄作栽培，要根据长势及时进行铲蹚封垄，如发现脱肥则铲蹚封垄的同时要进行追肥作业，追肥一般每亩施 $N：P_2O_5：K_2O=18：12：15$ ，复合肥8~10kg，中耕机就是为此而设计的机型。

1. 中耕机总体结构

中耕机主要由地轮总成、施肥总成、划行器总成、机架总成、仿形轮、肥箱、切茬盘、四杆仿形总成、护苗器、起垄铧、镇压轮总成组成。地轮总成固设在机架总成的前方，轮距与垄距相匹配，施肥总成置于肥箱的正下方，上端与肥箱上的排肥器下方密封连接，下方通过排肥管与施肥开沟装置密封连接，开沟装置设有仿形轮，肥箱螺接在机架总成上方，划行器销接于机架左右两侧，可根据需要使其处于适宜的位置，切茬器位于施肥开沟装置后方，对残茬起到一定的切碎作用，机架后方固设四杆仿形机构起垄铧与四杆仿形机构螺接固定，起垄铧前侧上方安装有护苗器，后方可根据需要设置镇压轮。该机型可以完成起垄、施肥及垄体镇压作业，中耕作业时能一次完成施肥、培土封垄，其结构示意图如图14-18所示。

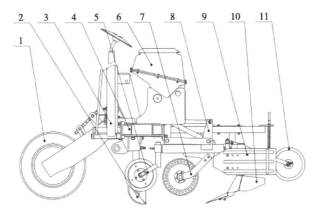

1. 地轮总成；2. 施肥总成；3. 划行器总成；4. 机架总成；5. 仿形轮；6. 肥箱；7. 切茬盘；
8. 四杆仿形总成；9. 护苗器；10. 起垄铧；11. 镇压轮总成

图14-18　中耕机示意图

2. 主要技术参数

垄距：130cm；

施肥位置：苗侧5~7cm；

工作速度：8~10km/h；

培土厚度：3~5cm；

机具形式：三点后悬挂。

3. 使用注意事项

（1）中耕作业时，应根据需要在中耕机上配置不同部件，如锄草铲、培土器、深松铲等。

（2）中耕深浅要一致，要根据垄形走直，不扭摆，蹚头遍地要深蹚浅培土，要蹚到地头。

（3）不压苗、不伤苗。

（4）行间杂草要除净，表土要松碎，不得伤害作物根株。

（5）垄沟和垄帮要有浮土。

（6）机组工作部件入土要边走边下落，机具工作时严禁倒车和急转弯。

（7）工作中部件黏土过多或缠草时，要停车清理。

（8）不许在左右划行器下站人，更不许任意搬动划行器套管，以免伤人。

4. 中耕机作业质量

（1）作业条件。中耕机作业一般作业条件是土壤绝对含水率为15%～25%，土壤硬度0.4～2.0Mpa的中等土壤，颗粒状化肥含水率不大于12%，小结晶状化肥含水率不大于5%，排肥量为150～225kg/hm²。在检测中应考虑土壤类型、湿度、坚实度、杂草情况、地表坡度、工作速度、耕深、护苗带宽度等因素的影响。

（2）作业质量要求。中耕机作业在满足规定的条件下，其作业质量指标应符合表14-30的规定。

表14-30 中耕机作业质量指标

项目	质量指标
耕深合格率（%）	≥95
土壤蓬松度（%）	≤35
碎土率（%）	≥85.0
除草率（%）	≥85
作物损伤率（%）	≤5.0
培土（起垄）行距合格率（%）	≥78.0
培土高度（cm）	符合当地农艺要求
施肥深度（cm）	符合当地农艺要求
施肥均匀度（%）	符合当地农艺要求
垄向直线度（cm）	≤5.0
垄高合格率（%）	≥85.0
垄顶宽度合格率（%）	≥85.0
垄距合格率（%）	≥85.0

（3）检测用仪器设备。检测用仪器、仪表和量具应能满足测量准确度的要求，并在有效的检定周期内，测试前应对其进行校准，见表14-31主要仪器设备规格型号和精度要求。

表14-31 主要仪器设备规格型号和精度

仪器设备	规格型号	精度
钢板尺	50cm、60cm	1mm
钢卷尺	5m、3m	1mm
皮尺	50m	1cm
土壤坚实度仪		1%FS
烘干箱		±1%℃
水平尺		
游标卡尺	200mm	0.02mm
电子秤	30kg	10g

（4）作业质量检测方法。机组作业后，在检测区内从对角线等间距取5点进行检测。选点应避开地边和地头，地边按一个作业幅宽，地头按两个机组长度计算。沿地块长宽方向的中点连十字线，

将地块划成4块，随机选取1块作为检测样本。

耕深合格率：沿机组前进方向每隔2m测定1点，每个行程左、右各测定10点，随机选取5行进行测试，检测点的位置应避开地边和地头选取，以耕后地表为基准，地表与耕层底部间的垂直距离即为耕深。耕深合格率按式（14-70）计算。

$$u（\%）=\frac{q}{s}\times100 \qquad (14-70)$$

式中：u—耕深合格率（％）；

　　　q—耕深测点的合格数量（个）；

　　　s—耕深测点的总数量（个）。

土壤蓬松度、碎土率、除草率、作物损伤率、培土（起垄）行距合格率：按《JB/T 7864—2013中耕追肥机》中的第5.3.3章的规定进行检测。

培土高度：在作业地块内，随机选5点，未耕前在垄沟、垄台做出标记。作业后在原标记处测量培土层的厚度值，用式（14-71）计算平均值为培土高度。

$$G=\frac{1}{5}\sum_{i=1}^{5}g_i \qquad (14-71)$$

式中：G—培土高度（cm）；

　　　g_i—第i次测量时的培土高度（cm）。

施肥深度：在施肥位置上方切开土层，以施肥覆土后的地面为测量基准面，测定肥料至基准面的垂直距离。测量5个小区，在每个测量小区内分别测定4点，按式（14-72）计算肥料施肥深度平均值。

$$H=\frac{1}{20}\sum_{i=1}^{20}h_i \qquad (14-72)$$

式中：H—施肥深度（cm）；

　　　h_i—第i次测量时的施肥深度（cm）。

施肥均匀度：在选取地块内，按中耕机作业行进方向选取长度不小于3m的地段，按10cm划分小段，测定个小段内肥料质量，并记录。

垄向直线度：在测定的地块内，随机选5垄，避开地边和地头，每垄测50m长，在垄顶中心拉直测绳作为测量基准，每隔10m测量垄顶中心与基准线的距离，求出误差平均值。

垄高合格率、垄顶宽合格率、垄距合格率：在检测区内，对角线上取5点，每点测定5个垄，以符合当地农艺要求的垄高数占总测量数的百分比，作为垄高合格率；以符合当地农艺要求的垄顶宽数占总测量数的百分比，作为垄顶宽合格率；以合格垄距数占总测量数的百分比，作为垄距合格率。

（5）作业质量评定项目与评定规则。

作业质量评定项目：按中耕机作业质量的影响程度将不合格项目分为A类、B类。作业质量评定项目见表14-32。

表14-32　中耕机作业质量评定项目

类别	项	项目名称
A	1	耕深合格率
	2	土壤蓬松度
	3	碎土率
	4	除草率

（续表）

类别	项	项目名称
A	5	作物损伤率
	6	培土（起垄）行距合格率
	7	培土高度
	8	施肥深度
	9	施肥均匀度
B	1	垄向直线度
	2	垄高合格率
	3	垄顶宽合格率
	4	垄距合格率

作业质量评定规则：被检测项目中A类指标应全部合格，B类允许有2项不合格，判定为合格。

第四节　收获质量要求

一、工业大麻（纤维）收获作业

工业大麻（纤维）在工艺成熟期后要及时收获，过早或过晚都会严重影响纤维产量和品质。雌雄异株品种工艺成熟期标准为当雄株大多数开花完毕而雌株开始结实，主要特征是田间雄株50%～75%已过花期，花粉大量散落，茎上部叶片呈黄绿色，下部1/3麻叶脱落；雌雄同株品种以花序中部的种子开始成熟，种子外面的苞叶呈褐色枯干，而梢部的种子呈绿色，麻秆基部稍变黄色，下部叶片已经凋落，上部叶片黄绿色。

收获最好采用割晒机收割，割茬高度是10～15cm，收获应控制在10d内收割完毕，茎秆收割后能达到麻铺成趟铺放，铺放整齐，均匀一致，忌根梢搭叠。割后平铺晾晒，雨露沤制，两周后翻麻，再露10～15d，视沤制程度及时打捆收获。

1. 割晒机总体结构

割晒机主要由扶禾器、割刀、机架、悬挂架、拨禾带、分禾器组成。扶禾器置于机架的前下方和割刀的上方，扶禾器上设有拨禾轮和压麻钢条，拨禾轮能将收割的茎秆输送至拨禾带上，并顺至压麻钢条内侧，拨禾带上的拨禾齿能将茎秆输送机器左侧，借助惯性将茎秆铺放与地面上，割刀有定刀与动刀之分，置于机架前下方，拨禾带套接在机架两端的主动和被动轮上，上、下各两条拨禾带，扶禾器固设在机架右端，能有效地将待收割的茎秆与其他茎秆分离，机架后方铰接有悬挂架，该机通过悬挂架与相匹配的动力机械相连，动力通过链条把动力机械的动力和机架上的变速箱相连，完成割刀动力和拨禾带动力的输送，其结构示意如图14-19所示。

2. 主要技术参数

作业速度：8～10km/h。

割净率：≥98%。

割茬高度：≤15cm。

悬挂方式：前悬挂。

割幅：2.5m。

配套动力：≤90马力。

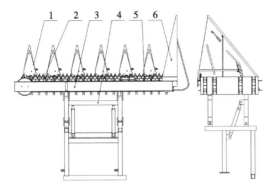

1.扶禾器；2.割刀；3.机架；4.悬挂架；5.拨禾带；6.分禾器

图14-19　割晒机示意图

3.使用注意事项

工业大麻（纤维）收割期短，要求使用者提前做好收割机的检修、保养、调整和试运转工作，以保证收割作业的顺利进行。

（1）切割器的调整。动、定刀之间的间隙前端不得超过0.5mm，后端不得超过1.5mm，压刃器与摩擦片的间隙不超过0.5mm，动、定刀片不得松动，动刀处于两个极端位置时，动刀片与定刀片中心线应重合。

（2）输送带的调整。输送带上下主动轮和上下被动轮应处在同一平面内，其偏差不大于5mm，输送带的紧度，以无明显的自然下垂为宜，拨齿应铆接牢固，不缺少，接头牢固可靠。

（3）各个润滑点加足润滑油。

（4）作业前应空转几分钟，观察各工作部件有无异常。

（5）起步平稳，运输不得高速行驶，避免机架变形，收割时应待各部件运转正常后，再开始收割。

（6）作业中发生堵塞或故障，应停车切断动力后再排除故障。

（7）遇障碍物和需要倒车时，升起割台，减小油门。

（8）收割作业地中横垄沟或坑坎要提前平掉或设置标记，防止损坏割晒机。

（9）工作4h向各摩擦部位加润滑油。

（10）应定期清除机具上的杂草和泥土。

（11）随时检查输送带的张紧度，紧固固定部件。

4.割晒机作业质量

（1）作业条件。工业大麻（纤维）割晒机作业质量指标值是按下列作业条件确定的：土壤类型为壤土、沙土或黏土；对不同土壤类型，割晒机应在土壤适宜作业状态下进行，作物不倒伏，达到工艺成熟期。

（2）作业质量要求。在满足规定作业条件下，工业大麻（纤维）割晒机作业质量指标应符合表14-33的规定。

表14-33　工业大麻（纤维）作业质量指标

项目	质量指标
割茬高度（cm）	10~15
放铺线性偏差（mm）	±75
放铺倾角（°）	≥70
漏割率（%）	≤2
田角余量	作业后田角余量最少，地头、地边处理合理
污染	割晒后的作物和地块中无明显污染

（3）检测用仪器设备。检测用仪器、仪表和量具应能满足测量准确度的要求，并在有效的检定周期内，测试前应对其进行校准，见表14-34主要仪器设备规格型号和精度要求。

表14-34　主要仪器设备规格型号和精度

仪器设备	规格型号	精度
钢板尺	50cm、60cm	1mm
钢卷尺	5m、3m	1mm
皮尺	50m	1cm
水平尺		
天平	500g	0.5g
电子秤	30kg	10g

（4）作业质量检测方法。机组作业后，在作业区内沿机组前进方向等间距取5个测区，每个测区长度应不小于10m进行检测。选点应避开放铺的两端，两端各按两个机组长度计算。

割茬高度：在每个测区内，等间距连续测10株，其平均值为该测区的割茬高度，求5个测区的平均值。

放铺线性偏差：在每个测区内以测区中心线为测量基准，每隔1m测量放铺中心线与测区中心线的距离，按式（14-73）计算。

$$D = \frac{1}{n}\sum_{i=1}^{n} L_i \tag{14-73}$$

式中：D—放铺线性偏差（mm）；

　　　n—测定点数（个）；

　　　L_i—测区内第i点麻铺中心线与测区中心线的距离（mm）。

放铺倾角：在每个测区内以机器前进方向为测量基准，每隔1m测量作物茎秆与机器前进方向的夹角，连续测10点，按式（14-74）计算。

$$\alpha = \frac{1}{n}\sum_{i=1}^{n} \alpha_i \tag{14-74}$$

式中：α—放铺倾角（°）；

　　　n—测定点数（个）；

　　　α_i—测区内第i点麻茎与机器前进方向的夹角（°）。

漏割率：在测区内随即选择长度为1m宽度为一个工作幅宽，测量各测点内漏割的植株数，按式（14-75）计算。

$$S_b（\%） = \frac{N_b}{N_o}\times 100 \tag{14-75}$$

式中：S_b—漏割率（%）；

　　　N_b—测点内漏割植株数（株）；

　　　N_o—测点内总植株数（株）。

花叶损失率：每点处沿割晒机前进方向划取长度为1m（割幅大于2m时，长度为0.5m），宽为该机工作幅宽的取样区域，在取样区内收集所有的花叶，得到全部损失的花叶，称其质量，换算成每平方米花叶质量。根据收获的花叶质量和与其对应的收获面积，计算每平方米花叶收获量，按式（14-76）计算。

$$P_s（\%）=\frac{W_{ss}}{W_{sh}+W_{ss}}\times100 \qquad （14-76）$$

式中：P_s—花叶总损失率（%）；

W_{ss}—每平方米花叶损失量（g/m^2）；

W_{sh}—每平方米花叶收获量（g/m^2）。

田角余量及污染：用目测法观察收获后的样本地块，无漏割，地头、地边处理合理；割晒后的作物和地块中无明显污染。

（5）作业质量评定项目与评定规则。

作业质量评定项目：按照工业大麻（纤维）割晒机的作业质量的影响程度将不合格项分为A类、B类，其作业质量评定项目见表14-35。

表14-35 工业大麻（纤维）割晒机作业质量评定项目

类别	项	项目
A	1	割茬高度
	2	籽粒损失率
	3	漏割率
B	1	放铺倾角
	2	放铺线性偏差
	3	田角余量
	4	污染

作业质量评定规则：被检测项目中A类指标应全部合格，B类允许有两项不合格，判定为合格。

二、工业大麻（药用）收获作业

工业大麻（药用）适时收获，黑龙江省一般收获时期是9月下旬至10月上旬，植株基部叶片变黄尚未完全脱落时适时收获，初霜打过再收获。收货方法一般采用油锯或割灌机将植株齐根割倒，人工捆麻。目前黑龙江省农业机械工程科学研究院绥化农业机械化研究所研制了一种前悬挂式工业大麻（药用）收割机。

1. 收割机总体结构

工业大麻（药用）收割机主要由分禾器、割刀总成、扶禾器、输送链、机架、悬挂架组成。分禾器固设于机架前端左侧，将待收割的麻茎与其他植株分离，割刀总成置于机架前下端，割刀为圆盘式锯片，扶禾器固设于机器前端右侧的传动机构上，对麻株起到一定扶持与分禾作用，输动链将收割的麻株输送至机器右侧并顺放于垄沟内，悬挂架铰接固定于机架后方，动力通过变速箱和传动轴由拖拉机后方经过拖拉机的下侧方传至前方，并与收割机的变速箱连接，完成割刀动力的传输，其结构示意图如图14-20所示。

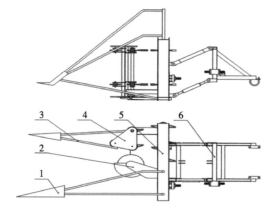

1.分禾器；2.割刀总成；3.扶禾器；4.输送链；5.机架；6.悬挂架

图14-20 工业大麻（药用）收割机结构示意图

2. 主要技术参数

悬挂方式：前悬挂。

配套动力：30～45马力轮式拖拉机。

刀片型式：圆盘式。

刀片直径：40cm。

割刀转速：1 500r/min。

割幅：130cm。

3. 使用注意事项

（1）输送带主动轮和被动轮应处在同一平面内，其偏差不大于5mm，拨齿应铆接牢固，不缺少，接头牢固可靠。

（2）各个润滑点加足润滑油。

（3）作业前应空转几分钟，观察各工作部件有无异常。

（4）起步平稳，运输不得高速行驶，避免机架变形，收割时应待各部件运转正常后，再开始收割。

（5）作业中发生堵塞或故障，应停车切断动力后再排除。

（6）遇障碍物和需要倒车时，升起割台，减小油门。

（7）及时检查并定期向各摩擦部位加润滑油。

（8）应定期清除机具上的杂草和泥土。

4. 收割机作业质量

（1）作业条件。工业大麻（药用）收割机作业质量指标值是按下列作业条件确定的：土壤类型为壤土、沙土或黏土；对不同土壤类型，收割机应在土壤适宜作业状态下进行，作物不倒伏，无雨、风力较小的天气，植株达到工艺成熟期。

（2）作业质量。在满足规定的作业条件下，工业大麻（药用）收割机作业质量指标应符合表14-36的规定。

表14-36 工业大麻（药用）收割机作业质量指标

项目	指标
割茬高度（cm）	5～10
花叶损失率（%）	≤3
漏割率（%）	不允许（目测）
污染	割晒后的作物和地块中无明显污染

（3）检测用仪器设备。检测用仪器、仪表和量具应能满足测量准确度的要求，并在有效的检定周期内，测试前应对其进行校准，表14-37为主要仪器设备规格型号和精度要求。

表14-37　主要仪器设备规格型号和精度

仪器设备	规格型号	精度
钢板尺	50cm、60cm	1mm
钢卷尺	5m、3m	1mm
皮尺	50m	1cm
天平	500g	0.5g

（4）作业质量检测方法。机组作业后，在作业区内沿机组前进方向等间距取5个测区，每个测区长度应不小于10m进行检测。选点应避开放铺的两端，两端各按两个机组长度计算。

割茬高度：在每个测区内，等间距连续测10株，其平均值为该测区的割茬高度，求5个测区的平均值。

漏割率：在测区内目测有无漏割植株。

花叶损失率：在每个测区内，随机选取1株进行检测，检测前清理地表落叶、杂草等残留物，用帆布覆盖地表后进行收割作业，收集接取的落花叶称量其质量，人工收集所收割植株的花叶称其质量，计算花叶损失率，重复5次取平均值。

（5）作业质量评定项目与评定规则。

作业质量评定项目：工业大麻（药用）作业质量评定项目见表14-38。

表14-38　工业大麻（药用）收割机作业质量评定项目

序号	项目名称
1	割茬高度
2	花叶损失率
3	漏割率
4	污染

作业质量评定规则：对确定的项目逐项评定，所有项目符合表14-36的要求，工业大麻（药用）收割机作业质量为合格；否则，判定其作业质量为不合格。

第五节　初加工质量要求

工业大麻（纤维）在工艺成熟期开始收获，茎秆收割后麻铺成趟铺放在田间，均匀一致，采用雨露沤制的方式进行茎秆脱胶，充分利用温度、湿度和光照等自然条件进行雨露脱胶，在微生物发酵过程中翻动1~2次，使麻茎脱胶均匀。一般气温较高、湿度较大的情况下，1~2周可完成发酵；而在气温较低、湿度较小的情况下需要4~5周。例如温度为18℃左右，相对湿度50%~60%，田间铺放20d左右可完成脱胶。

当麻铺下层茎秆长满黑色小斑点，取样测试脱胶效果，检查脱胶适度时，可将麻秆中部弯曲，如果木质部与纤维分离，并且形成弓弦状，表明脱胶适度，或者试扯麻皮，脱胶适度，纤维能够从根部完全撕下来；脱胶不适度，则纤维断裂。当田间有50%以上的麻茎达到了脱胶标准即可将脱胶好的干茎打捆捡拾运至加工场地。麻捆的标准是直径40~50cm，根部整齐，捆系紧，捆系在中间。

干茎加工之前，要经过养生，所谓养生就是干茎的吸湿回潮，即通过堆放让干茎自然吸湿回潮，提高纤维韧性，进而提高干茎的出麻率和纤维品质。一般养生时间不低于20d，最佳回潮率是13%，养生之后的干茎即可通过剥麻机进行初加工作业。

一、剥麻机总体结构

剥麻机生产线（以两节打手剥麻机为例）包括剥麻机组、气力输送系统、电气控制系统3部分。剥麻机组由左向右顺次包括：输送带、薄层机、碎茎机、喂入机、打手Ⅰ、打手Ⅱ（打手Ⅲ、打手Ⅳ）、换向装置、接麻台、脱麻机，上述各设备下端固定且密封设置集杂斗Ⅰ和集杂斗Ⅱ；气力输送系统包括：风送通道Ⅰ、硬杂物沉淀箱Ⅰ、风机Ⅰ、旋风分离器、风送通道Ⅱ、硬杂物沉淀箱Ⅱ、风机Ⅱ、排杂管；电气控制系统包括：薄层机电机、碎茎机电机、打手Ⅰ电机、大带电机、打手Ⅱ电机、风机Ⅰ电机、风机Ⅱ电机、脱麻机电机、配电柜。

剥麻机组的集杂斗Ⅰ（Ⅱ）分别与风送通道Ⅱ（Ⅰ）固定且密封连接。输送带、薄层机、碎茎机、喂入机、打手Ⅰ、换向装置、打手Ⅱ、接麻台顺次固定连接，接麻台可以直接与纤维初加工梳理机连接完成长麻自动化梳理工作。气力输送系统中，风机Ⅰ、排杂管、硬杂物沉淀箱Ⅰ、风送通道Ⅱ顺次固定且密封连接，风机Ⅱ、旋风分离器、硬杂物沉淀箱Ⅱ、风送通道Ⅰ顺次固定且密封连接。

薄层机电机经三角带与薄层机皮带轮连接并为传送带和薄层机提供动力；碎茎机电机经三角带与碎茎机皮带轮连接并为碎茎机和喂入机提供动力；打手Ⅰ电机经三角带与打手Ⅰ皮带轮连接并提供动力；大带电机经三角带与大带皮带轮连接并为换向装置和大带提供动力；打手Ⅱ电机经三角带与打手Ⅱ皮带轮连接并提供动力；风机Ⅰ电机经三角带与风机Ⅰ皮带轮连接并提供动力；风机Ⅱ电机经三角带与风机Ⅱ皮带轮连接并提供动力；脱麻机电机经三角带与脱麻机皮带轮连接并提供动力；通过配电柜完成对各电机的操控。输送带、薄层机、碎茎机、喂入机、打手Ⅰ、换向装置、打手Ⅱ、接麻台下端固定且密封设置的集杂斗Ⅱ，将收集到的杂物（主要为灰尘、麻屑、短麻）经风送通道Ⅰ输送到脱麻机喂入口，杂物中所含的硬杂物沉淀在硬杂物沉淀箱Ⅱ中。脱麻机出口出短麻，脱麻机下端固定设置的集杂斗Ⅰ将收集到的杂物（主要为灰尘和麻屑）经风送通道Ⅱ输送至排杂管排至厂房外指定位置，杂物中所含的硬杂物沉淀在硬杂物沉淀箱Ⅰ中。如图14-21剥麻机生产线结构示意图。

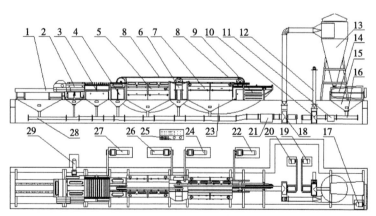

1.输送带；2.薄层机；3.碎茎机；4.喂入机；5.打手Ⅰ；6.换向装置；7.打手Ⅱ；8.大带；9.接麻台；10.风机Ⅱ；11.硬杂物沉淀箱Ⅰ；12.排杂管；13.旋风分离器；14.脱麻机；15.集杂斗Ⅰ；16.风送通道Ⅰ；17.脱麻机电机；18.风机Ⅰ；19.风机电机Ⅱ；20.风机电机Ⅰ；21.硬杂物沉淀箱Ⅱ；22.打手电机Ⅱ；23.集杂斗Ⅱ；24.大带电机；25.配电柜；26.打手电机Ⅰ；27.碎茎机电机；28.风送通道Ⅱ；29.薄层机电机

图14-21　剥麻机（两节打手）生产线示意图

二、主要技术参数

型号：6BYM—750×2 500。

打手辊直径：850mm。

生产率：6 000～7 000kg干茎/班。

配套动力：87.75kW。

持续作业时间：16h（两班）。

三、使用注意事项

（1）开机、停机必须按正确操作程序进行。

（2）开机前需确认机组附近没有无关人员，检查调速旋钮是否处于"〇"位，检查金属捕集器是否清空。

（3）上岗操作人员需穿三紧工作服，戴好劳保器具，禁止长发外露。

（4）非操作人员严禁在有警示标示部位操作，机组运转时，严禁排除涂有红色警告色机构的故障。

（5）设备有异响，旋转部位有异常温升，立即停机。

（6）维修作业后，必须清点备件、工具，严禁遗落在气力输送设施中。

（7）严禁在作业时手工清除缠绕附挂的麻辫。

（8）机组运转中严禁清除紧密、紧实的缠绕、阻塞。

（9）发现机组物料中的火险时，应立刻停车扑救，厂房外监视储屑仓、旋风除尘器排尘口附近火险。

（10）设备运转时，严禁站在机组上进行维修调整作业。

（11）机组各电机、电器、电料等器材，必须选用与原机相同的配件或相同技术规格和安全标准的配件更换，禁止选用假冒伪劣电器电料，各仪表每班作业后随时检查调校，确保示值准确可靠。

（12）每班次检查各紧固有无松动，检查各按钮、调速表是否正常工作，发现异常及时修理。

（13）检查润滑油、润滑脂、各密封部位有无漏油，如有漏油及时修理并补足。

（14）检查风道内有无堵塞现象，如发现及时清除，漏风修补。

（15）检查各部位传动皮带，链条有无过度磨损，如有及时更换。

四、作业质量

（一）作业条件

剥麻机作业质量指标是按下列一般作业条件确定的：干茎回潮率在12%～14%范围内；剥麻机应按使用说明书的要求调整到最佳工作状态，且技术状态良好；试验时应均匀喂入；试验用电源电压偏差为±5%。

（二）作业质量要求

在满足规定的作业条件下，剥麻机的作业质量指标应符合表14-39的规定。

表14-39　剥麻机作业质量指标

项目	质量指标
出麻率（%）	≥80.0
含杂率（%）	≤5.0

（三）检测用仪器设备

检测用设备、仪器、仪表和量具应能满足测量准确度的要求，并在有效的检定周期内，测试前应对其进行校准，主要测量参数和精度见表14-40。

表14-40　主要测量参数和精度

测量参数	规格型号	精度
质量	0～100kg	Ⅲ级
	0～200g	Ⅲ级
长度	0～2m	Ⅰ级
干茎细度	0～200mm	0.02级
环境温度	-29～70℃	±1℃
环境湿度	5%～95%	±5%
电压	0～500V	0.5级

（四）作业质量检测方法

干茎长麻率：在待加工的干茎中，随机抽取3份，测定3次。每份不少于2 500g的样品，用碎茎机、打麻轮、梳麻器等工具进行手工打麻。首先，经碎茎机碎茎，使木质部和韧皮分离，然后用打麻轮对碎茎的干茎先粗略弹打，再将打完头遍的麻3～4把合在一起弹打，最后对打麻不干净的麻把重点弹打，打完后，用针式梳麻器轻轻梳去两端短麻，对获得的长麻进行质量测定，按式（14-77）计算干茎长麻率，然后取平均值。

$$C_y（\%）=\frac{m_2}{m_1}\times100 \qquad （14-77）$$

式中：C_y—干茎长麻率（%）；

　　　m_2—手工加工后获得的长麻质量（g）；

　　　m_1—手工加工样品质量（g）。

出麻率：在待加工的干茎中随机抽取3份，测定3次。每份不少于50kg干茎作为样品，用剥麻机进行加工，接取剥麻机长麻排出口排出的物料并称重，按式（14-78）计算出麻率，然后取平均值。

$$C（\%）=\frac{m_e(1-Z)}{m_z C_y(1-P)}\times100 \qquad （14-78）$$

式中：C—出麻率（%）；

　　　m_e—剥麻机长麻排出口排出的物料质量（g）；

　　　m_z—剥麻机加工样品质量（g）；

　　　Z—含杂率（%）；

　　　C_y—干茎长麻率（%）；

　　　P—干茎含杂率（%）。

干茎含杂率：在待加工的干茎中，随机抽取3份，测定3次。每份为2捆，每捆不少于5 000g的干茎样品。解开麻捆进行粗检，将干茎中的杂质抖落，收集并称重；在粗检后的样品中，随机抽取不少于2 000g样品进行细检，逐一检出剩余杂质并称重，按式（14-79）计算干茎含杂率，然后取平均值。

$$P（\%）=\left[\frac{m_3}{m_4}+\frac{m_5}{m_6}\left(1-\frac{m_3}{m_4}\right)\right]\times100 \tag{14-79}$$

式中：P—干茎含杂率（%）；

　　　m_3—粗检杂质质量（g）；

　　　m_4—粗检样品质量（g）；

　　　m_5—细检杂质质量（g）；

　　　m_6—细检样品质量（g）。

含杂率：在剥麻机长麻排出口排出的物料中，每次随机抽取不少于100g试样进行粗检，在光滑平板上摊平理直，两人各执一端，轻轻抖动，尽量使杂质落下，收集并称重。在粗检后的试样中随机抽取20～30g试样进行细检，对每根纤维逐一用镊子剔除杂质，然后将杂质称重。按式（14-80）计算含杂率，然后取平均值。

$$Z（\%）=\left(\frac{m_7}{m_8}+\frac{m_9}{m_{10}}\right)\left(1-\frac{m_7}{m_8}\right)\times100 \tag{14-80}$$

式中：Z—含杂率（%）；

　　　m_7—粗检杂质质量（g）；

　　　m_8—粗检试样质量（g）；

　　　m_9—细检杂质质量（g）；

　　　m_{10}—细检试样质量（g）。

长麻回潮率：按《GB/T 17345—2008 亚麻打成麻》中A.3.1的规定进行长麻回潮率的测定。

（五）作业质量评定项目与评定规则

作业质量评定项目：剥麻机作业质量评定项目见表14-41。

表14-41　剥麻机作业质量评定项目

序号	项目名称
1	出麻率
2	含杂率

作业质量评定规则：对确定的项目逐项评定，所有项目符合表14-39的要求，判定剥麻机作业质量为合格；否则，判定剥麻机的作业质量为不合格。

根据国发42号文提出的2025年农业机械化发展目标，还存在一些机械化的薄弱环节、薄弱产业和薄弱区域，而工业大麻种植就是机械化薄弱的产业，其中耕整地机械、中耕机械和植保机械利用现有的机具能够满足机械化生产的需要，而种植机械还没有专用的机型，利用现有的谷物播种机和国外进口的气力式定量播种机基本能满足工业大麻（纤维）生产需要；薄弱环节在于工业大麻（药用）播种机械、收获机械、打捆机械等。工业大麻（纤维）机械化收割目前多采用老式割晒机作业，由于大麻植株自身的特性导致收割过程中故障率高、工作效率低、麻铺不整齐等弊端，所以利用现有的割晒机进行收割作业是种植户无奈的选择，其铺放的不整齐直接影响了后续机械化打捆作业和初加工作业；打捆和工业大麻（药用）收叶目前没有实现机械化，采用的是人工作业，极大地限制了工业大麻产业的发展。因此针对上述现象，黑龙江省专门成立了"黑龙江省现代农业技术协同创新推广体系"，其中，黑龙江省农业机械工程科学研究院绥化农业机械化研究所张立明同志入选"麻类（药用）体系机械化协同创新岗"主任专家，曹海峰同志当选"麻类（工业）体系农业机械协同创新岗"主任专家；黑龙江省省属科研院所科研业务费项目，即《工业大麻（纤维）配套机械及关键技术的研究》，其研究内容是工业大麻（纤维）收割机械和播种机械；黑龙江省农业科学院"农业科技创新跨越工程"专项项目《麻类科技创新专项》提供专项资金用于工业大麻（药用）播种机的研制。由此可见，随着黑龙江省工业大麻产业的逐步发展，工业大麻机械化发展的薄弱环节也被各级领导和行业专家高度重视，并切实行动起来，给农机科研单位提供专项资金用于加快薄弱环节的机械化研制，目前的科研成果已经处于国内领先水平。所以，黑龙江省工业大麻产业已经进入发展的快车道。

参考文献

蔡鑫鑫，2020. 工业大麻发展优势及栽培技术[R]. 哈尔滨：黑龙江省农业科学院.

郭丽，2020. 纤维用大麻栽培技术[R]. 哈尔滨：黑龙江省农业科学院.

李社潮，2020. 秸秆打捆机易发生故障应急处理[J]. 农业机械（7）：52-53.

宋先友，2020. 工业大麻（药用）高产栽培技术[R]. 哈尔滨：黑龙江省电视台.

孙宇峰，2020. 黑龙江省2020年汉麻春播生产技术指导[R]. 哈尔滨：黑龙江省电视台.

王永维，何焯亮，王俊，等，2018. 旱地蔬菜钵苗自动移栽机栽植性能试验[J]. 农业工程学报（3）：19-25.

杨楠，胡科全，张印生，2020. 多功能移栽机关键技术装备的研究[J]. 现代化农业（6）：70-71.

张立明，赵文才，王志远，2017. 1ZL-4型大垄密植起垄整形机的研制[J]. 农机使用与维修（4）：3-4.

张树权，2020. 栽培汉麻那些事[R]. 哈尔滨：黑龙江省电视台.

邹继军，张印生，胡科全，等，2020. 多功能移栽机作业质量研判[J]. 现代化农业（2）：64.

NY/T 2905—2016 方草捆打捆机　质量评价技术规范[S]. 北京：中国标准出版社，2016.

NY/T 741—2003 深松、耙茬机械　作业质量[S]. 北京：中国标准出版社，2003.

NY/T 503—2015 中耕作物单粒（精密）播种机　作业质量[S]. 北京：中国标准出版社，2015.

NY/T 997—2006 圆盘耙　作业质量[S]. 北京：中国标准出版社，2006.

NY/T 739—2003 谷物播种机械　作业质量[S]. 北京：中国标准出版社，2003.

NY/T 500—2015 秸秆还田机　作业质量[S]. 北京：中国标准出版社，2015.

NY/T 742—2003 铧式犁　作业质量[S]. 北京：中国标准出版社，2003.

NY/T 1628—2008 玉米免耕播种机　作业质量[S]. 北京：中国标准出版社，2008.

NY/T 985—2019 根茬粉碎还田机　作业质量[S]. 北京：中国标准出版社，2019.

GB/T 37304—2019 亚麻剥麻机　作业质量[S]. 北京：中国标准出版社，2019.

JB/T 9803.2—2013 耕整机　试验方法第2部分：实验方法[S]. 北京：中国标准出版社，2013.

GB 9478—2005 谷物条播机　试验方法[S]. 北京：中国标准出版社，2005.

GB 6973—2005 单粒（精密）播种机试验方法[S]. 北京：中国标准出版社，2005.

第十五章　工业大麻遥感监测

第一节　遥感技术研究概况

遥感（Remote sensing），顾名思义为"遥远的感知"。遥感技术兴起于20世纪60年代后期，并在短短的十几年内就迅速发展成为一门综合性的信息技术。遥感技术以航空摄影技术为基础，随着航天航空、电子、无线电测控、计算机等各项技术的迅猛发展，以及农学、地理学、人文科学、建筑学、地质学、水利科学、气象学、海洋学和土地资源管理学等学科的发展需要，应运而生的一门新兴的综合技术学科。遥感技术极大地扩展了人类的观察视野，使人类能够在地球之外，更加清晰和全面地认识周围的环境。

遥感技术在农业中的应用较早。农业是一个受诸多自然因素影响的行业，长期受到洪涝、干旱、病虫害等自然灾害的影响，这也决定了农业对信息技术的强烈需求。遥感对气象、植被、土壤、生境等农业信息的采集提供了全新的技术支持，为农业生产提供了及时、准确的基础信息，尤其是在农作物播种面积，农作物长势，农作物产量预测，农业灾情预报、监测以及灾后评估等方面，为政府的各项决策起到了重要作用。

一、遥感技术的理论基础

（一）遥感技术的定义

遥感是通过遥感器这类对电磁波敏感的仪器，在远离目标和非接触目标物体条件下探测目标物，获取其反射、辐射或散射的电磁波信息（如电场、磁场、电磁波、地震波等信息），并进行提取、判定、加工处理、分析与应用的一门科学和技术。从广义上讲，即为遥远的感知，泛指一切无接触的远距离探测，包括对电磁场、力场、机械波（声波、地震波）等的探测。自然现象中的遥感有蝙蝠、响尾蛇、人眼、人耳等。从狭义上讲，指应用探测仪器，不与探测目标相接触，从远处把目标的电磁波特性记录下来，通过分析，揭示出物体的特征性质及其变化的综合性探测技术。

（二）遥感技术的基本原理

振动的传播称为波。电磁振动的传播是电磁波。电磁波的波段按波长由短至长可依次分为γ射线、X射线、紫外线、可见光、红外线、微波和无线电波。电磁波的波长越短，它的穿透性就越强。遥感探测所使用的电磁波波段是从紫外线、可见光、红外线到微波的光谱段。太阳作为电磁辐射源，它所发出的光也是一种电磁波。太阳光从宇宙空间到达地球表面须穿过地球的大气层。太阳光在穿过大气层时，会受到大气层对太阳光的吸收和散射影响，使透过大气层的太阳光能量受到衰减。但是大气层对太阳光的吸收和散射影响随太阳光的波长而变化。通常把太阳光透过大气层时透过率较高的光谱段称为大气窗口。大气窗口的光谱段主要有紫外、可见光和近红外波段。

地面上的任何物体（即目标物），如大气、土地、水体、植被和人工构筑物等，在温度高于绝对零度（即0K=−273.15℃）的条件下，它们都具有反射、吸收、透射及辐射电磁波的特性。当太阳光从宇宙空间经大气层照射到地球表面时，地面上的物体就会对由太阳光所构成的电磁波产生反射和吸收。由于每一种物体的物理和化学特性以及入射光的波长不同，所以它们对入射光的反射率也不同。各种物体对入射光反射的规律叫做物体的反射光谱。具体地说，物体都具有不同的吸收、反射、辐射光谱的性能。在同一光谱区各种物体反映的情况不同，同一物体对不同光谱的反映也有明显差别。即使是同一物体，在不同的时间和地点，由于太阳光照射角度不同，它们反射和吸收的光谱也各不相同。遥感技术就是根据这些原理对物体做出判断的。遥感技术通常是使用绿光、红光和红外光3种光谱波段进行探测。绿光段一般用来探测地下水、岩石和土壤的特性；红光段探测植物生长、变化及水污染等；红外光段探测土地、矿产及资源。此外还有微波段，其主要用来探测云层和海底鱼群的游弋。

（三）遥感技术的组成

遥感是一门对地观测综合性技术，它的实现既需要一整套的技术装备，又需要多种学科的参与和配合，因此实施遥感是一项复杂的系统工程。根据遥感的定义，遥感系统主要由以下四大部分组成。

1. 信息源

信息源是遥感需要对其进行探测的目标物。任何目标物都具有反射、吸收、透射及辐射电磁波的特性，当目标物与电磁波发生相互作用时会形成目标物的电磁波特性，这就为遥感探测提供了获取信息的依据。

2. 信息获取

信息获取是指运用遥感技术装备接受、记录目标物电磁波特性的探测过程。信息获取所采用的遥感技术装备主要包括遥感平台和传感器等。其中遥感平台是用来搭载传感器的运载工具，常用的有气球、飞机和人造卫星等；传感器是用来探测目标物电磁波特性的仪器设备，常用的有照相机、多光谱扫描仪、微波辐射计和成像雷达等。

3. 信息处理

信息处理是指运用光学仪器和计算机设备对所获取的遥感信息进行校正、分析和解译处理的技术过程。信息处理的作用是通过对遥感信息的校正、分析和解译处理，掌握或清除遥感原始信息的误差，梳理、归纳出被探测目标物的影像特征，然后依据特征从遥感信息中识别并提取所需的有用信息。

4. 信息应用

信息应用是指专业人员按不同的目的将遥感信息应用于各业务领域的使用过程。信息应用的基本方法是将遥感信息作为地理信息系统的数据源，供人们对其进行查询、统计和分析利用。遥感的应用领域十分广泛，最主要的应用有军事、地质矿产勘探、自然资源调查、地图测绘、环境监测、城市建设和管理等。

（四）遥感平台

遥感平台是遥感过程中承载遥感器的运载工具，它与在地面摄影时安放照相机的三脚架类似，是在空中或空间安放遥感器的装置。主要的遥感平台有高空气球、飞机、火箭、人造卫星和载人宇宙飞船等。遥感器是远距离感测地物环境辐射或反射电磁波的仪器，除可见光摄影机、红外摄影机、紫外摄影机外，还有红外扫描仪、多光谱扫描仪、微波辐射和散射计、侧视雷达、专题成像仪和成像光谱仪等，遥感器正在向多光谱、多极化、微型化和高分辨率的方向发展。遥感器接收到的数字和图像信息，通常采用胶片、图像和数字磁带3种记录方式。其信息通过校正、变换、分解、组合等光学处理或图像数字处理过程，提供给用户分析、判读，或在地理信息系统和专家系统的支持下，制成专题地图或统计图表，为资源勘察、环境监测、国土测绘、军事侦察提供信息服务。我国已成功发射并回收了10多颗遥感卫星和气象卫星，获得了全色相片和红外彩色图像，并建立了卫星遥感地面站和卫星气象中心，开发了图像处理系统和计算机辅助制图系统。从"风云二号"气象卫星获取的红外云图上，我们每天都可以从电视机上观看到气象形势。

（五）遥感分类

为了便于专业人员研究和应用遥感技术，人们从不同的角度对遥感作如下分类。

1. 按搭载传感器的遥感平台分类

（1）地面遥感。即把传感器设置在地面平台上，如车载、船载、手提、固定或活动高架平台等。

（2）航空遥感。即把传感器设置在航空器上，如气球、航模、飞机及其他航空器等。

（3）航天遥感。即把传感器设置在航天器上，如人造卫星、宇宙飞船、空间实验室等。

2. 按遥感探测的工作方式分类

（1）主动式遥感。即由传感器主动地向被探测的目标物发射一定波长的电磁波，然后接收并记录从目标物反射回来的电磁波。

（2）被动式遥感。即传感器不向被探测的目标物发射电磁波，而是直接接收并记录目标物反射太阳辐射或目标物自身发射的电磁波。

3. 按遥感探测的工作波段分类

（1）紫外线遥感。其探测波段为$0.3 \sim 0.38 \mu m$。

（2）可见光遥感。其探测波段为$0.38 \sim 0.76 \mu m$。

（3）红外遥感。其探测波段为$0.76 \sim 14 \mu m$。

（4）微波遥感。其探测波段为$0.001 \sim 1 m$。

（5）多光谱遥感。其探测波段为可见光与红外波段范围。

4. 按应用领域或专题分类

（1）环境遥感。环境遥感是指利用光学的、电子学的和电子光学的遥感仪器从高空或远距离处接收被测物体反射或辐射的电磁波信息，加工处理成为能识别的图像或计算机用的记录磁带，以揭示环境如大气、陆地、海洋等的形状、种类、性质及其变化。

（2）大气遥感。仪器不直接同某处大气接触，在一定距离以外测定某处大气的成分、运动状态和气象要素值的探测方法和技术。气象雷达和气象卫星等都属于大气遥感的范畴。

（3）资源遥感。以地球资源的探测、开发、利用、规划、管理和保护为主要内容的遥感技术及其应用过程。自然资源可通过多平台、多时相、多波段的数据采集，直接表现或隐含于遥感信息之中。故资源遥感包括获取资源与环境数据的过程及对这些数据进行综合研究和系统分析的过程。

（4）海洋遥感。把传感器装载在人造卫星、宇宙飞船、飞机、火箭和气球等工作平台上，对海洋进行远距离非接触观测，取得海洋景观和海洋要素的图像或数据资料。

（5）地质遥感。综合应用现代遥感技术来研究地质规律，进行地质调查和资源勘察的一种方法。它从宏观的角度，着眼于由空中取得的地质信息，即以各种地质体对电磁辐射的反应作为基本依据，结合其他各种地质资料及遥感资料的综合应用，以分析、判断一定地区内的地质构造情况。

（6）农业遥感。指利用遥感技术进行农业资源调查、土地利用现状分析、农业病虫害监测及农作物估产等农业应用的综合技术，它是将遥感技术与农学各学科及其技术结合起来，为农业发展服务的一门综合性很强的技术。主要包括利用遥感技术进行土地资源的调查、土地利用现状的调查与分析、农作物长势的监测与分析、病虫害的预测，以及农作物的估产等，是当前遥感应用的最大用户之一。

（7）林业遥感。以林地的类型、长势及病虫害状况等作为探测目标的遥感技术，或者是应用遥感方法获取林区地面物体信息和应用这些信息为林业科学研究、生产和管理等服务的理论、方法和技术。

5. 按应用空间尺度分类

（1）全球遥感。全面系统地研究全球性资源与环境问题的遥感的统称。

（2）区域遥感。以区域资源开发和环境保护为目的的遥感信息工程，它通常按行政区划（国家、省区等）和自然区划（如河流）或经济区进行。

（3）城市遥感。以城市环境、生态作为主要调查研究对象的遥感工程。

（六）遥感技术的特点

遥感作为一门对地观测综合性技术，它的出现和发展既是人们认识和探索自然界的客观需要，更有其他技术手段与之无法比拟的特点。遥感技术的特点归结起来主要有以下3个方面。

1. 探测范围广、采集数据快

遥感探测能在较短的时间内，从空中乃至宇宙空间对大范围地区进行对地观测，并从中获取有价值的遥感数据。这些数据拓展了人们的视觉空间，为宏观地掌握地面事物的现状情况创造了极为有利的条件，同时也为宏观地研究自然现象和规律提供了宝贵的第一手资料。这种先进的技术手段与传统的手工作业相比是不可替代的。

2. 能动态反映地面事物的变化

遥感探测能周期性、重复地对同一地区进行对地观测，这有助于人们通过所获取的遥感数据，发现并动态地跟踪地球上许多事物的变化。同时，研究自然界的变化规律，尤其是在监视天气状况、自然灾害、环境污染甚至军事目标等方面，遥感的运用就显得格外重要。

3. 获取的数据具有综合性

遥感探测所获取的是同一时段、覆盖大范围地区的遥感数据，这些数据综合地展现了地球上许多自然与人文现象，宏观地反映了地球上各种事物的形态与分布，真实地体现了地质、地貌、土壤、植被、水文、人工构筑物等地物的特征，全面地揭示了地理事物之间的关联性，并且这些数据在时间上具有相同的现势性。

二、遥感的发展历程

遥感是以航空摄影技术为基础，在20世纪60年代初发展起来的一门新兴技术。开始为航空遥感，自1972年美国发射了第一颗陆地卫星后这就标志着航天遥感时代的开始。经过几十年的迅速发展，遥感在地质、地理等领域成为一门实用的、先进的空间探测技术。

（一）遥感发展的不同时期

1. 萌芽时期

（1）无记录地面遥感阶段（1608—1838年）。

1608年，汉斯·李波尔赛（Hans Lippershey）制造了世界第一架望远镜。

1609年，伽利略（Galileo）制作了放大3倍的科学望远镜并首次观测月球。

1794年，气球首次升空侦察，为观测远距离目标开辟了先河，但望远镜观测不能把观测到的事物用图像的方式记录下来。

（2）有记录地面遥感阶段（1839—1857年）。

1839年，达盖尔（Daguarre）发表了他和尼普斯（Niepce）拍摄的照片，第一次成功将拍摄事物记录在胶片上。

1849年，法国人艾米·劳塞达特（Aime Laussedat）制订了摄影测量计划，成为有目的、有记录的地面遥感发展阶段的标志。

2. 初期发展

（1）空中摄影遥感阶段（1858—1956年）。

1858年，用系留气球拍摄了法国巴黎的鸟瞰相片。

1903年，飞机被发明。

1909年，第一张航空相片。

（2）第一次世界大战期间（1914—1918年）。

形成了独立的航空摄影测量学的学科体系。

（3）第二次世界大战期间（1931—1945年）。

彩色摄影、红外摄影、雷达技术、多光谱摄影、扫描技术以及运载工具和判读成图设备。

3. 现代遥感

1957年，苏联发射了人类第一颗人造地球卫星。

20世纪60年代，美国发射了TIROS、ATS、ESSA等气象卫星和载人宇宙飞船。

1972年，发射了地球资源技术卫星ERTS-1（后改名为Landsat 1），其装有MSS传感器，分辨率79m。

1982年，Landsat4发射，装有TM传感器，分辨率提高到30m。

1986年，法国发射SPOT 1，装有PAN和XS传感器，分辨率提高到10m。

1999年，美国发射IKNOS，空间分辨率提高到1m。

4. 中国遥感事业

1950年，组建专业飞行队伍，开展航摄和应用。

1970年4月24日，中国第一颗人造地球卫星"东方红1号"发射成功。

1975年11月26日，发射返回式遥感人造地球卫星，获得了预定的遥感试验资料。

1988年9月7日，中国发射第一颗"风云1号"气象卫星。

1990年10月14日，中国成功发射资源卫星1。

之后中国遥感事业进入快速发展期。

（二）遥感发展的不同阶段

遥感技术至今已经经历了地面遥感、航空遥感和航天遥感3个阶段。广义地讲，遥感技术是从19世纪初期（1839年）出现摄影术开始的。19世纪中叶（1858年），就有人使用气球从空中对地面进行摄影。1903年飞机问世以后，便开始了可称为航空遥感的第一次试验，从空中对地面进行摄影，并将航空影像应用于地形和地图制图等方面，可以说这揭开了当今遥感技术的序幕。

随着无线电电子技术、光学技术和计算机技术的发展，20世纪中期遥感技术有了很大的发展。遥感器从第一代的航空摄影机，第二代的多光谱摄影机、扫描仪，很快发展到第三代固体扫描仪（CCD）；遥感器的运载工具，从收音机很快发展到卫星、宇宙飞船和航天飞机；遥感谱从可见光发展到红外和微波；遥感信息的记录和传输从图像的直接传输发展到非图像的无线电传输；而图像元也从地面80m×80m发展到30m×30m、20m×20m、10m×10m、6m×6m。

在这期间，我国遥感技术的发展也十分迅速，不仅可以直接接收、处理和提供卫星的遥感信息，而且具有航空航天遥感信息采集的能力，能够自行设计制造航空摄影机、全景摄影机、红外线扫描仪、多光谱扫描仪、合成孔径侧视雷达等多种用途的航空航天遥感仪器和用于地物波谱测定的仪器，还进行过多次规模较大的航空遥感试验。

近十几年来，我国还自行设计制造了多种遥感信息处理系统，如假彩色合成仪、密度分割仪、

TJ-82图像计算机处理系统和微机图像处理系统等。

1. 信息获取技术的发展

信息获取技术的发展十分迅速，主要表现在以下3个方面。

（1）各种类型遥感平台和传感器的出现。现已发展起来的遥感平台有地球同步轨道卫星
（3 500km）和太阳同步卫星（600～1 000km）。传感器有框幅式光学仪器、缝隙、全景相机、光机
扫描仪、光电扫描仪、CCD线阵、面阵扫描仪、微波散射计、雷达测高仪、激光扫描仪和合成孔径
雷达等。它们几乎覆盖了可透过大气窗口的所有电磁波段，而且有些遥感平台还可以多角度成像，
如三行CCD阵列可以同时得到3个角度的扫描成像；EOS Terra卫星上的MISR可同时从9个角度对地成
像等。

（2）空间分辨率、光谱分辨率、时间分辨率不断提高。仅从陆地卫星系列来看，20世纪70年
代初美国发射的陆地卫星有4个波段（MSS），其平均光谱分辨率为150nm，空间分辨率为80m，重
复覆盖周期为16～18d；20世纪80年代的TM增加到7个波段，在可见光到近红外范围的平均光谱分
辨率为137nm，空间分辨率增加到30m；2000年后，增强型TM（ETM）出现，其全色波段空间分辨
率可达15m。法国SPOT 4卫星多光谱波段的平均光谱分辨率为87nm，空间分辨率为20m，重复周期
为26d；SPOT 5空间分辨率最高可达2.5m，重复覆盖周期提高到1～5d。1999年发射的中巴地球资
源卫星（CBERS）是我国第一颗资源卫星，最高空间分辨率达19.5m，重复覆盖周期为26d。1990
年发射的美国IKONOS-2卫星可得4个波段4m空间分辨率的多光谱数据和1个波段1m空间分辨率的全
色数据。IKONOS发射后，又出现了空间分辨率更高的OrbView-3（轨道观察3号）和QuickBird（快
鸟），其最高空间分辨率分别达到1m和0.62m。

（3）高光谱遥感技术的兴起。20世纪80年代遥感技术的最大成就之一是高光谱遥感技术的
兴起。第一代航空成像光谱仪以AIS-1和AIS-2为代表，光谱分辨率分别为9.3mm和10.6mm；
1987年，第二代高光谱成像仪问世，即美国宇航局（NASA）研制的航空可见光/红外成像光谱仪
（AVIRIS），其光谱分辨率为10mm；EOSAM-1（Terra）卫星上的MODIS具有36个波段。如今的
卫星高光谱分辨率可达到10nm，波段几百个，如在轨的美国EO-1高光谱遥感卫星上的Hyperion传感
器，具有220个波段，光谱分辨率为10nm。我国"九五"研制的航空成像光谱仪为128个波段。

2. 信息处理技术的发展

遥感信息处理技术最早为光学图像处理，后来发展成为遥感数字图像处理。1963年，加拿大测
量学家Tomlinson博士提出把常规地图变成数学形式的设想，可以看成是数字图像的启蒙。1972年，
随着美国陆地卫星的发射，遥感数字图像处理技术才真正地发展起来。

随着遥感信息获取技术、计算机技术、数学基础科学等的发展，遥感图像处理技术也获得了长足
的进展。主要表现在图像的校正与恢复、图像增强、图像分类、数据的复合与GIS的综合、高光谱图
像分析、生物物理建模及图像传输与压缩等方面。其中，图像的校正与恢复的方法已经比较成熟。图
像增强方面目前已发展了一些软件化的实用处理方法，包括辐射增强、空间域增强、频率域增强、彩
色增强、多光谱增强等。图像分类是遥感图像处理定量化和智能化发展的主要方面，目前比较成熟的
是基于光谱统计分析的分类方法，如监督分类和非监督分类。为了提高基于光谱统计分析的分类精度
和准确性，出现了一些光谱特征分类的辅助处理技术，如上下文分析方法、基于地形信息的计算机分
类处理和辅以纹理特征的光谱特征分类法等。近几年也出现了一些遥感图像计算机分类的新方法，如
神经网络分类器、基于小波分析的遥感图像分类法、基于分形技术的遥感图像分类、模糊聚类法、树
分类器和专家系统方法等。在高光谱遥感信息处理方面，也发展了许多处理方法，如光谱微分技术、
光谱匹配技术、混合光谱分解技术、光谱分类技术和光谱维特征提取方法等。这些方法均已在高光谱
图像处理中得到应用。

三、遥感的发展方向

（一）从遥感影像的普及性来看主要的发展方向

1.携带传感器的微小卫星发射与普及

为协调时间分辨率和空间分辨率这对矛盾，小卫星群计划将成为现代遥感的另一发展趋势。例如用6颗小卫星在2~3d内完成一次对地重复观测，可获得高于1m的高分辨率成像光谱仪数据。除此之外，机载和车载遥感平台，以及超低空无人机载平台等多平台的遥感技术与卫星遥感相结合，将使遥感应用呈现出五彩缤纷的景象。

2.地面高分辨率传感器的使用

商业化的高分辨率卫星是未来发展的趋势，目前已有亚米级的传感器在运行。未来几年内，将有更多的亚米级的传感器上天，满足1∶5 000甚至1∶2 000的制图要求，如美国的OrbView-5、韩国的KOMPSAT-2等。

3.高光谱/超光谱遥感影像的解译

高光谱数据能以足够的光谱分辨率区分出那些具有诊断性光谱特征的地表物质，而这是传统宽波段遥感数据所不能探测的，使得成像光谱仪的波谱分辨率得到不断提高。同时，光谱分辨率也向更小的数量级发展。

（二）从遥感影像处理技术和应用水平来看主要的发展方向

1.多源遥感数据源的应用

信息技术和传感器技术的飞速发展带来了极其丰富的遥感数据源，每天都有数量庞大的不同分辨率的遥感信息被各种传感器接收。这些数据包括了光学、高光谱和雷达影像数据。

2.空间位置定量化和空间地物识别定量化

遥感技术的发展，其最终目标是解决实际应用问题。但是仅靠目视解译和常规的计算机数据统计方法来分析遥感数据，精度提高压力大，应用效率相对低，寻找应用的新突破口也非常困难。尤其在对多时相、多遥感器、多平台、多光谱的波段遥感数据的复合研究中，问题更为突出。其主要原因之一是遥感器在数据获取时，受到诸多因素的影响，如仪器老化、大气影响、双向反射、地形因素及几何配准等，使其获取的遥感信息中带有一定的非目标地物的成像信息，再加上地面同一地物在不同时间内辐射亮度随太阳高度角变化而变化，获得的数据预处理精度达不到定量分析的高度，致使遥感数据定量分析专题应用模型得不到高质量的数据作输入参数而无法推广。GIS的实现和发展及全球变化研究更需要遥感信息的定量化，遥感信息定量化研究在当前遥感发展中具有牵一发而动全局的作用，因而是当前遥感发展的前沿。

3.信息的智能化提取

影像识别和影像知识挖掘的智能化是遥感数据自动处理研究的重大突破。遥感数据处理工具不仅可以自动进行各种定标处理，而且可以自动或半自动提取道路、建筑物等人工建筑。目前的商业化遥感处理软件正朝着这个方向发展，如ERDAS的面向对象的信息提取模块Feature Analyst、ENVI的流程化图像特征提取模块—FX和德国的易康（eCognition）等。

4.遥感应用的网络化

Internet已不仅仅是一种单纯的技术手段，它已演变成为一种经济方式——网络经济。人们的生活也已离不开Internet。大量的应用正由传统的Client/Server（客户机/服务器）方式向Brower/Server（浏览器/服务器）方式转移。Google Earth的出现，使遥感数据的表达和共享产生了一个新的模式。

四、遥感技术在农业上的应用

（一）国内外常见遥感卫星

1957年，苏联第一颗人造地球卫星射入轨道，标志着人类进入了卫星遥感时代。到目前为止，包括我国所发射的人造地球卫星在内，已发射了数千颗卫星，它们被广泛地用于军事、农林、地质、气象等各个方面的观测。最近几年，卫星传感器发展非常迅速，空间分辨率越来越高。常见中等分辨率的卫星有Landsat TM5、Landsat ETM+、Landsat 8、SPOT 4、ASTER；高分辨率卫星有IKONOS、SPOT 5、QuickBird、FORMOSAT Ⅱ、EROS-B、CartoSAT-1（P5）、ALOS、北京一号小卫星、KOMPSAT-2、WorldView-1、WorldView-2、CEOEye-1、RapidEye、Pleiades-1、SPOT 6、Sentinel-1、Sentinel-2、Sentinel-3；中国产卫星数据有资源一号02C、资源三号、高分一号、高分二号、高分三号、高分四号、高分五号、高分六号、高分七号等。具体参数如表15-1。

表15-1　常见卫星一览

卫星	发射时间	国家	波段（μm）	空间分辨率（m）	宽幅/视场（km）	访问周期（d）
Landsat TM5	1984	美国	TM1：0.45~0.52	30	185×185	16
			TM2：0.52~0.60	30		
			TM3：0.63~0.69	30		
			TM4：0.76~0.90	30		
			TM5：1.55~1.75	30		
			TM6：1.04~1.25	120		
			TM7：2.08~2.35	30		
Landsat ETM+	1999	美国	TM1：0.450~0.515	30	185×185	16
			TM2：0.525~0.605	30		
			TM3：0.630~0.690	30		
			TM4：0.750~0.900	30		
			TM5：1.550~1.750	30		
			TM6：1.040~1.250	60		
			TM7：2.090~2.350	30		
			TM8：0.520~0.900	15		
Landsat 8	2013	美国	TM1：0.433~0.453	30	185×185	16
			TM2：0.450~0.515	30		
			TM3：0.525~0.600	30		
			TM4：0.630~0.680	30		
			TM5：0.845~0.885	30		
			TM6：1.560~1.660	30		
			TM7：2.100~2.300	30		
			TM8：0.500~0.680	15		
			TM9：1.360~1.390	30		
			TM10：10.600~11.190	100		
			TM11：11.500~12.510	100		

（续表）

卫星	发射时间	国家	波段（μm）	空间分辨率（m）	宽幅/视场（km）	访问周期（d）
SPOT 4	1998	法国	Pan：0.50~0.73	10	60×60	26
			G：0.50~0.59	20		
			R：0.61~0.68	20		
			NIR：0.78~0.89	20		
			SWIR：1.58~1.78	20		
ASTER	1999	日本	B1：0.52~0.60	15	60×60	15
			B2：0.63~0.69	15		
			B3：0.76~0.86	15		
			B4：1.600~1.700	30		
			B5：2.145~2.185	30		
			B6：2.185~2.225	30		
			B7：2.235~2.285	30		
			B8：2.295~2.365	30		
			B9：2.360~2.430	30		
			B10：8.125~8.475	90		
			B11：8.475~8.825	90		
			B12：8.925~9.275	90		
			B13：10.25~10.95	90		
			B14：10.95~11.65	90		
IKONOS	1999	美国	Pan：0.45~0.90	1	11×11	1.5~2.9
			B：0.45~0.53	4		
			G：0.52~0.61	4		
			R：0.64~0.72	4		
			NIR：0.77~0.88	4		
SPOT 5	2002	法国	Pan：0.49~0.69	2.5	60×60	26
			G：0.49~0.61	10		
			R：0.61~0.68	10		
			NIR：0.78~0.89	10		
			SWIR：1.58~1.78	20		
QuickBird	2001	美国	Pan：0.45~0.90	0.61	16.5×16.5	1~6
			B：0.45~0.52	2.44		
			G：0.52~0.60	2.44		
			R：0.63~0.69	2.44		
			NIR：0.76~0.90	2.44		
FORMOSAT Ⅱ	2004	中国	Pan：0.38~0.78	2	24×24	1
			B：0.45~0.52	8		
			G：0.52~0.60	8		
			R：0.63~0.69	8		
			NIR：0.76~0.90	8		
EROS-B	2006	以色列	Pan：0.49~0.90	0.7	7×7, 7×140	5
CartoSAT-1（P5）	2005	印度	Pan：0.49~0.90	2.5	30×30	5

（续表）

卫星	发射时间	国家	波段（μm）	空间分辨率（m）	宽幅/视场（km）	访问周期（d）
北京一号小卫星	2005	中国	Paw：0.500~0.800	4	24×24 600×600	3~5
			G：0.523~0.605	32		
			R：0.630~0.690	32		
			NIR：0.774~0.900	32		
KOMPSAT-2	2006	韩国	5个波段	1~4	15×15	3
WorldView-1 WorldView-2	2008	美国	9个波段	0.5~2.4	30×30 60×60	1.1~3.7
GEOEye-1	2008	美国	5个波段	0.41~1.65	15×15	2~3
RapidEye	2008	德国	5个波段	0.41~1.65	77×77	每天
Pleiades-1	2009	法国	4个波段	0.5~2	20×20 100×100 20×280	每天
SPOT 6	2012	法国	5个波段	1.5~60	60×60	2~3
Sentinel-1	2018	欧盟	SAS雷达		250	6
Sentinel-2	2018	欧盟	Coastal aerosol：0.443	60	290	10
			B：0.490	10		
			G：0.560	10		
			R：0.665	10		
			RE1：0.705	20		
			RE2：0.740	20		
			RE3：0.783	20		
			NIR1：0.842	10		
			NIR1：0.865	20		
			WV：0.945	60		
			SWIR1：1.375	60		
			SWIR2：1.610	20		
			SWIR3：2.190	20		
Sentinel-3	2018	欧盟	5个系统			3.8
资源一号卫星	2011	中国	5个波段	2.36~10	54，60	3~5
资源三号卫星	2012	中国	7个波段	2.1~6	51，52	3~5
高分一号	2013	中国	5个波段	2~16	60，800	4~41
高分二号	2014	中国	5个波段	0.8~3.2	45	5~69
高分三号	2016	中国	合成孔径雷达卫星	1	5	
高分四号	2015	中国	6个波段	50~400	400	20s
高分五号	2018	中国	330个波段		60	
高分六号	2018	中国	5个波段	2~16	90，800	2
高分七号	2019	中国	5个波段	0.8~3.2	20	

（二）国内外遥感卫星在农业上的应用

1. 国外遥感卫星在农业上的应用

2014年王清梅等以华北落叶松人工林为研究对象，对赛罕乌拉生态系统定位站内华北落叶松人工林生物量及碳储量进行研究。应用Landsat TM影像，提取遥感影像各波段信息及相关的植被指数。将遥感影像的波段信息、相关的植被指数分别与野外实测的样地生物量数据进行一元回归分析，建立一元回归模型，分析比较后得出由波段信息建立的一元回归模型较合理；将提取的波段信息、植被指数分别与野外实测样地生物量数据进行相关分析，然后采用逐步回归的方法进行多元回归分析，建立森林生物量多元遥感回归模型；将选择出的一元回归模型与建立的多元回归模型进行对比分析，最后得到适用于研究区森林生物量研究的最优遥感回归模型，进而得到碳储量遥感模型。潘涛等（2016）以哈尔滨市为例，基于2001年、2004年、2008年和2015年夏季Landsat TM5/OLI 8遥感影像为基础数据源，采用"单窗算法"遥感技术手段定量反演瞬时地表温度格局，并深入分析温度特征，分区差异和重心变化。

王展鹏等（2021）基于气象、土地利用及Landsat TM/ETM+遥感数据，采用Penman Monteith方法，考虑新造林区植被覆盖度，结合GEE云平台和GIS技术，评估2010年和2018年北京平原新造林区造林前后各植被类型的生态需水定额和需水量，并分析平原造林工程对生态需水量的影响。Wang等（2021）以内蒙古东胜区某露天煤矿为例，利用2011—2018年Landsat TM/ETM和OLI影像对该煤矿植被恢复活动进行监测评价。选取生长季植被指数月最大值的平均值作为研究植被和裸土变化的基本指标。生长根归一化植被指数（GRNDVI）和距平法表明，构建的土地类型变化因子可以用于研究整个矿区矿山植被的生长和裸地范围的变化。研究表明，西向开采活动始于2012年，东向原始矿区植被从2013年开始恢复。2015—2016年和2017—2018年的恢复植被面积均大于其他恢复年份。此外，2011—2012年和2017—2018年扩大的裸地面积均大于其他扩张年份。恢复植被生长趋势与自然植被相当相似，为今后此类过程的监测和评价提供了一种很有前景的途径。

吴欢欢等（2021）以天津市海河下游段为研究区，对Landsat 8 OLI遥感影像进行大气校正、辐射定标等预处理，通过实验室理化分析测定水体的总磷、氮氨、总氮浓度及电导率，建立实测水质参数与Landsat 8 OLI遥感影像数据的统计回归模型及神经网络模型，采用决定系数（R^2）、平均绝对误差（MAE）、均方根误差（RMSE）进行精度检验，结果表明，基于神经网络建立的水质参数反演模型精度较高。杨丽萍等（2021）以内蒙古西部额济纳旗东南的居延泽地区为研究区，基于多期Landsat 8遥感影像和野外实测不同深度的土壤水分含量数据，构建了温度植被干旱指数（TVDI）、垂直干旱指数（PDI）、归一化干旱监测指数（NPDI）和土壤湿度监测指数（SMMI）4种干旱指数模型，探讨了上述模型在居延泽地区土壤水分含量反演中的精度与适用性，选取精度较优的TVDI模型反演了研究区2015—2017年的土壤水分含量，并使用随机森林分类法将研究区分为沙地、盐碱地、裸地、植被和滩涂5种地类，探讨了不同地类的土壤水分含量差异。结果表明，4种干旱指数均与土壤水分含量实测值呈负相关；从拟合精度看，4种干旱指数均与表层土壤水分含量具有最高的拟合精度，且随着土层深度的增加，拟合精度逐渐变劣。其中TVDI综合表现最优，尤其在表层，R^2可达到0.76；研究区不同地类的土壤水分含量存在差异，呈现出从沙地、盐碱地、裸地、植被到滩涂依次升高的规律。

夏露等（2008）以SPOT 4/VEGETATION数据为基础，以NDVI变化率和年均NDVI值作为植被覆盖动态变化的指标，分析了1998—2005年黄土高原植被覆盖的时空动态变化特征。结果表明，黄土高原地区植被动态变化显著增强，1998—2001年黄土高原的植被覆盖有所减少，幅度约为10.5%，2001年后，植被活动显著增强，植被覆盖面积呈增加趋势，2004年后稍有回落。植被生长季的延长和生长加速是该区域NDVI值增加的主要原因，黄土高原地区植被增加和减少的区域相互交错，这一特性是农业生产活动、城市建设、政府决策及植被对气候变化的响应等综合因素作用的结果。陈学兄等（2013）以1998年4月至2008年7月的372景逐旬SPOT 4/VEGETATION数据（S10）为主要数据源，利用MVC法、一元线性回归趋势分析法和差值法，分析1998—2007年陕西省年最大化NDVI的变化趋势，并对年最大化NDVI和月最大化NDVI的年际变化规律和陕西省植被覆盖度动态变化及其空间分布规律进行分析。结果表明，1998—2008年，年最大化NDVI整体呈变好的趋势，但是月最大化NDVI的年际变化趋势在不同月份存在很大的差异；年最大化NDVI和月最大化NDVI在每相邻2年间的变化均存在很大差异，植被退化与改善波动出现；1998—2008年陕西各地区植被覆盖度变化是很明显的；一般8—9月植被覆盖度最高。从空间分布上看；陕北北部地区（榆林市的东南部和延安市北部地区）植被覆盖度显著增加；宝鸡市中南部、西安市、商洛和安康部分地区植被改善也较明显。

李霞等（2016）以SPOT 5影像为试验数据，提出一种以土壤指数NDSI和不透水面指数NDISI提取裸土的方法。通过热红外波段的亚像元分解技术，将同期120m分辨率的TM 6波段细化为10m分辨率的地表温度影像，为SPOT 5影像计算NDISI不透水面指数增加了必要的热红外波段。在此基础上，构建双重指数模型，获得10m分辨率的裸土数据。研究表明，双重指数模型可较好地解决裸土提取中建筑用地与裸土相混淆的问题，提取裸土的总精度可达95.4%。通过比较10m的SPOT 5和30m的TM影像的裸土提取结果，发现影像分辨率的提升可使裸土信息提取结果更加准确、精细，为更高分辨率裸土识别制图，提供了一种有效的方法。张雨果等（2016）以燕沟流域为研究区，采用高分辨率的SPOT 5遥感影像数据，基于面向对象分类技术，通过影像分割构建影像对象，在分析影像对象的光谱特征、纹理特征和空间特征的基础上，建立了梯田信息的遥感提取规则，实现了梯田的自动提取。最后用手工勾绘结果对梯田的遥感提取结果进行精度评价，从田块边界的吻合度评价位置精度，并通过比较该结果与人工目视解译结果进行面积精度评价。结果表明，基于面向对象分类的遥感方法可以较好地从原始影像中提取复杂地貌区梯田的位置信息，面积提取正确率达到78.38%，该方法可为黄土高原地区梯田信息遥感提取提供借鉴。

叶强等（2021）以黑龙江省规模化种植的春玉米为研究对象，测定无人机高精度地形与变量测产数据，基于多时期SPOT 6影像提取7种植被指数；采用最小二乘法，构建不同时期植被指数与春玉米实测产量的经验统计模型，确定遥感估产最佳时期和最优植被指数；提取6种地形因子，使用多元逐步回归评价引入地形因子的遥感估产模型，应用空间统计分析探索产量空间分布格局。结果表明，春玉米灌浆期是遥感估产的最佳时期，决定系数R^2达到0.6以上的植被指数共6种，比值植被指数（RVI）为最优植被指数，其余依次为修正比值植被指数（MSR）、无蓝色波段增强型植被指数（EVI2）、归一化植被指数（NDVI）、次生修正土壤调节植被指数（MSAVI2）、绿度归一化植被指数（GNDVI）；最佳估产模型引入地形辅助信息后R^2提升5.6%，达到0.79，均方根误差（RMSE）为347.03kg/hm²；高海拔与高坡度区域产量均值最低为7 502.64kg/hm²，中海拔与低坡度区域产量均值最高为9 157.63kg/hm²。优化后的遥感估产模型可以快速评估作物产量，确定春玉米最佳生长区域，为规模化农业精细管理、土地整治与作物种植结构调整提供科学依据。王雪娜（2021）利用SPOT 6卫星影像数据和随机森林模型对城市土地利用进行精细化分类研究。首先，利用Gram-Schmidt法将SPOT 6卫星影像的1.5m全色数据和6m多光谱数据进行融合，然后采用面向对象软件分类方法进行多尺度分割，通过交互式确定最优分割尺度和分割参数，对分割后的影像对象采用随机森林模型分类进行10类地物分类试验，并与传统的最近邻分类方法对比。结果表明，利用随机森林模型分类方法得到了非常好的分类结果，其分类精度达到87.46%，Kappa系数是0.855，比最近邻分类方法的分类精度和Kappa系数分别提升了7%与0.06。研究结果可为SPOT 6卫星影像数据的未来应用提供借鉴和参考。

刘知等（2017）分别使用多光谱Aster数据和HyMap航空高光谱数据对新疆若羌的研究区进行矿物填图，并通过实地考察与样本光谱检测分析将验证结果与提取结果进行准确度评价。结果表明，两种遥感数据的提取结果吻合度较高，高光谱HyMap数据无论在填图精度还是在准确度方面都远远优于多光谱Aster数据，填图结果可以为新疆若羌的矿产勘探提供数据参考。张翠芬等（2020）以新疆维吾尔自治区与甘肃省交界的北山西段为研究区，开展岩石单元图形指数和光谱指数协同分类方法研究。基于WorldView-2全色图像构建的图形指数，能够量化岩石单元的层理、构造、展布形态和微地貌等特征，包括0°和45°定向滤波图像及灰度共生矩阵计算出的同质性和异质性特征图像、熵特征图像；光谱指数基于WorldView-2多光谱图像和ASTER短波红外波段图像利用比值、和−差方法构建。多源遥感图像构建的光谱指数其光谱波段涵盖可见光—近红外及短波红外，包括RI-ASTER、SI-ASTER、SI-WorldView-2。采用面向对象方法对建立的图谱指数进行多尺度分割，依据不同岩石单元出露规模建立适宜的分割尺度，利用光谱指数自动提取相应岩石信息，实现岩石单元自动分类。结果表明，试验区基于图谱协同方法共划分出17类岩石单元，总体精度达到83.62%，而单独利用WorldView-2和ASTER图像，仅划分出13类和14类岩石单元。提出的图谱协同岩石分类方法可为我国西部高海拔深切割无人区地质调查及找矿工作提供新思路和遥感技术支撑。

贾良良等（2013）应用从高精度卫星影像IKONOS获取的光谱植被指数和单波段光谱反射值与冬小麦拔节期氮素营养状况进行了相关分析，结果发现，高精度IKONOS卫星光谱归一化植被指数、绿植被指数、比值植被指数、优化土壤调节植被指数和单波段光谱反射值红外波段与拔节期小麦叶片叶绿素仪读数、茎基部硝酸盐含量、地上部生物量和地上部吸氮量等都有显著的线性正相关关系，相关系数范围在0.651~0.860。而红光波段、绿光波段则与拔节期小麦氮营养诊断指标呈显著线性负相关关系，相关系数范围在−0.803~−0.574，且上述光谱植被指数和单波段反射值均与小麦拔节期优化施氮量有很好的相关关系，可以应用高精度IKONOS卫星影像结合地面土壤植株测试进行冬小麦拔节期的冠层氮营养诊断和氮肥推荐。陈波等（2017）以川西南攀枝花市的部分山区为试验区，使用IKONOS高分辨率遥感影像，采用面向对象分类方法，在ERDAS9.2、ENVI4.8和eCognition8.0等软件平台支持下，以多尺度分割后的对象为单元，辅以纹理特征、形状因子、地形因子等特征参与分类过程，实现了对试验区土地利用信息的提取。研究表明，基于纹理和地形辅助的面向对象分类方法能对山区土地利用信息进行快速、准确地提取，并在分类精度和分类准确性方面均较传统监督分类方法有较大提升，分类总体精度达到90.57%，较传统监督分类提高17.75%；Kappa系数达到0.889 2，较传统分类提高了0.187 5；各类型土地的分类面积准确率都在90%以上，与实地调研地类面积更为接近。

李镇等（2014）以陕北黄土区吴起县合沟与绥德县桥沟小流域为研究对象，分别利用同时相的三维激光扫描全站仪和QuickBird影像数据源提取切沟形态参数，分析QuickBird影像提取切沟形态参数的精度，探究误差产生原因。研究结果表明，与三维激光扫描全站仪相比，QuickBird影像目视解译合沟和桥沟小流域切沟面积、周长的平均相对误差都在5%左右；沟缘线边界偏差大于0.6m（相当于QuickBird影像的一个像元值）的面积百分比的均值都能控制在4%以内；2个小流域中沟长的平均相对误差分别在2%和5%左右，沟长的平均绝对误差分别在0.5m和0.75m左右；目视解译面积、沟长的平均相对误差、最大相对误差、不同解译人员的最大误差与参数值之间都具有显著地负相关，即切沟越大，误差越小；沟缘线附近的植被类型影响目视解译精度，与灌草植被覆盖的小流域相比，草本覆盖的小流域中切沟参数的解译精度更高。总体上来看，QuickBird影像为小流域尺度上监测切沟发育提供了便捷、可靠的数据源。毛学刚等（2019）以QuickBird遥感影像和Radarsat-2数据为试验数据，选取福建省三明市将乐县将乐国有林场为试验区进行杉木、马尾松和阔叶林面向对象分类。在面向对象分类过程中，采用基于QuickBird多光谱波段分割、基于Radarsat-2数据分割和QuickBird & Radarsat-2协同分割3种分割方案，每种分割方案采用10种尺度（25~250，步长为25），应用QuickBird遥感影像和Radarsat-2数据提取的光谱、地形、高度和强度4方面32个特征指标，进行4种不同特征组合，运用支持向量机分类器进行面向对象林分类型分类，利用混淆矩阵计算的生产者精度、用户精度、总精度和Kappa系数4个指标对分类结果进行精度评价。研究结果表明，所有组合的分类精度（Kappa系数）均随着尺度增大表现出先增加后降低的趋势，且以只使用单一光谱特征的分类精度最低，依次低于光谱+地形两特征和光谱+地形+高度三特征的分类精度，引入强度后的四特征组合分类与三特征组合无明显差异。QuickBird & Radarsat-2协同且在最优尺度参数为100时，结合对象光谱、地形、高度和强度四特征组合进行面向对象林分类型分类精度最高。因此，高空间分辨率遥感影像（QuickBird）与SAR数据（Radarsat-2）协同最优尺度多特征组合进行面向对象林分类型分类优势明显，在光谱和地形特征中引入高度特征可进一步提高分类精度，可提高面向对象分类中的特征选择效率和科学性，能够为其他影像的面向对象分类技术提供较好的参考依据。

郑琪等（2020）基于RapidEye数据开展不同土地利用分类方法研究，并提出优化的分类方法。构建的土地利用分类体系涵盖耕地、水体、建筑区、乔木林、灌木林、矿石堆以及沙石坑。采用面向对象分析技术将研究区分割为3.71万个图斑，分别利用决策树分类法和最邻近分类法提取土地利用类型，结果显示，决策树分类法的总体精度为75%，Kappa系数为0.69，其对水体、耕地、建筑区等光谱特性差异明显的区域具有较高解译精度；最邻近分类法对光谱特征差异不明显的灌木、乔木区域具有较好的分类效果，总体精度为71%，Kappa系数为0.71。基于上述两种方法提出耦合分类法，经检验该方法总体精度可达90%，Kappa系数达0.9，在生态涵养区土地利用分类中具有较好的适用性。利用耦合分类法对2010—2018年土地利用变化情况进行分析，发生较大变化的耕地、建筑区、矿石堆及沙石坑区域均逐渐向林地演变。结果表明，自北京生态涵养区建立以来林地资源保护已初显成效，生态破坏带正逐渐被修复。生态涵养区的建立强化了生态保护和绿色发展向导，对促进京津冀协同可持续发展具有重要意义。

杨维超（2020）以GEOEye-1卫星影像为研究对象，采用基于规则的面向对象分类方法某区域用地信息进行提取。在ENVI的FX模块下，通过反复试验，确定各个区域最优分割与合并尺度，对影像进行多层次分割，通过检测对象的光谱、纹理、形状特征建立提取规则，对用地信息进行提取。研究表明，基于规则的面向对象分类方法分类精度为89.1%，kappa系数0.873，分类精度较高，可为信息提取提供参考。

陈政融等（2015）以甘肃省民勤县石羊河下游的青土湖为研究对象，运用法国Pleiades-1卫星的影像数据，通过面向对象分类方法对沙区的植被信息进行提取分类，对分类结果进行精度评价。结果表明，面向对象分类的方法提取精度达到95%，Kappa系数为0.803 5，分类结果精度较高，有效地避免了基于像素分类方法的噪声和光谱的影响，具有极强的实用性，为高分辨率卫星影像分类提供了新的思路和方法。

吴善玉等（2021）以西班牙萨拉曼卡地区为研究区域，联合Sentinel-1后向散射系数和入射角信息、Sentinel-2光学数据提取的植被指数以及地面实测数据，构建了BP神经网络土壤湿度反演模型，并将该模型应用于试验区土壤湿度反演。结果表明，基于Sentinel-1卫星VV和VH极化雷达后向散射系数、雷达入射角和Sentinel-2植被指数数据构建的BP神经网络土壤湿度反演模型，能够实现对该地区土壤湿度高精度反演；在光学与微波数据联合反演植被覆盖区土壤湿度中，Sentinel-2的NDVI、NDWI1和NDWI2指数都可以用于削弱植被对土壤湿度反演的影响，但基于SWRI1波段的NDWI1能够获得更高精度的土壤湿度反演结果；相比于Sentinel-1 VH极化模式，Sentinel-1 VV极化模式在土壤湿度中表现出更大优势，说明Sentinel-1 VV极化模式更适用于土壤湿度反演。史建康等（2019）利用Sentinel-1A卫星提供的双极化SAR数据和Landsat 8卫星提供的光学遥感数据对海南岛热带天然林进行了分类研究。首先通过分析光学遥感数据的单波段特征、多波段特征、归一化植被指数（NDVI）以及SAR数据的单时相、多时相后向散射特征，选取了适合天然林分类的光学特征和后向散射特征。随后利用选取的光学特征和后向散射特征，采用支持向量机（SVM）分类算法对海南岛的天然林范围进行提取，在此基础上对其内部林型进行分类，将其分为典型热带雨林、热带季雨林、常绿针叶林、落叶阔叶混交林以及海岸林5种森林类型。此外，结合野外实地采集的验证数据以及海南林业调查资料对分类结果进行精度验证和评价，其中利用支持向量机分类精度达到了80%以上，为海南岛热带天然林分类提供了可靠的遥感分类方法，同时对其他地区的热带天然林分类研究具有一定的参考价值。苏伟等（2021）以Sentinel-2A卫星影像为数据源，使用马尔可夫链蒙特卡洛方法（MCMC）对PROSAIL模型进行参数标定，通过加入5%的观测光谱不确定性，获取各参数在不确定性范围内的后验取值概率分布，以优化反演过程中的参数设置，提高叶面积指数（LAI）反演精度。研究结果表明，PROSAIL模型对可见光和近红外波段较为敏感的输入参数有LAI、叶片叶绿素含量及结构系数，将此3个参数作为查找表反演中的可变参数能够有效地进行LAI的反演，反演精度的决定系数达0.7以上；MCMC方法能够对PROSAIL模型进行参数标定，获取研究区内玉米各参数取值分布信息，参数后验分布与实际情况接近，表明利用MCMC方法进行参数标定可行有效；通过参数标定可以有效提高LAI的反演精度，在降低反演偏差和异常值方面尤为明显，参数标定优化后的反演平均偏差由原先的20%降低至8%，同时估算精度由76%提高至90%。研究结果表明，利用MCMC进行PROSAIL模型参数标定，能够提高PROSAIL模型的LAI反演精度，降低反演偏差，为利用PROSAIL辐射传输模型提高作物冠层参数反演精度提供借鉴。陈彦四等（2021）利用2019年4～9月Sentinel-2多时相影像，采用随机森林算法开展了黑河中游玉米种植面积提取研究。基于Sentinel-2多时相影像，直接提取法和两步提取法均可高精度地提取研究区玉米种植面积，特别是两步提取法，玉米分类总体精度可达85.03%，F_1_Score为0.70，Kappa系数为0.83；与单幅影像相比，多时相影像可获取不同作物的物候信息，有效减少作物错分/漏分，提高作物分类精度。对基于高分辨率光学影像结合机器学习方法获取具有高度异质性的作物信息具有重要的参考价值。薛可嘉等（2021）在流域尺度上分别利用Sentinel-3双角度观测热红外和近红外数据反演的地表温度（Land surfacer temperature，LST）和地表组分温度（Land surface component temperatures，LSCT）分别驱动TSEB模型，估算了黑河流域不同土地覆盖类型下的瞬时地表通量，并利用流域内上、中、下游通量塔地面观测数据验证了两种模型估算的地表通量。结果表明，两种模型都在一定程度上高估了净辐射和潜热通量，在植被稀疏的高寒草甸以及河岸林土地覆被类型下，TSEB-PT模型表现更好，随着植被覆盖度的上升，TSEB-2T模型的优势更加明显。研究结果为黑河流域水资源合理利用提供一定的保障以及为水资源管理者提供流域尺度上更加准确的植被水分利用的估计值，并且为后期模型的优化提供了理论基础。

　　2.国内遥感卫星在农业上的应用

　　陈世荣等（2008）以汶川特大地震道路损毁评估工作为例，利用EROS-B、QuickBird、SPOT 5、ALOS、福卫2号、资源2号6种高分辨率卫星遥感影像，对汶川特大地震道路损毁进行评估。结果表明，汶川、北川等6个县道路重度损毁，3个县（市）中度损毁，11个县（区）轻度损毁，在应急期间缺乏地面调查的情况下，可充分利用高分辨率遥感图像，对道路震害损毁进行快速及较为准确的评估。王忠武等（2010）以IKONOS-2多光谱图像、Cartosat-1全色图像和CBERS-02多光谱图像为研究对象，讨论了配准误差对融合（IHS融合和Brovey融合）结果的影响。试验表明，配准误差对融合质量的影响较大，在遥感图像融合处理中，配准误差越小越好；对于保持光谱信息的融合，当配准误差增加时，两种方法产生的光谱变形都迅速增加，此后光谱变形程度随配准误差的变大继续缓慢增强；对于保持空间信息的融合，配准误差的增大，导致两种方法融合结果的清晰度都下降，但下降速度略有不同。

　　杨佩国（2013）以我国自主研发的HJ-1B卫星影像为数据源，利用其热红外影像、基于JM&S普适性单通道算法反演2009年5月20日河北省涿州市和高碑店市的农田地表温度。最后将HJ-1B IRS影像的地表温度反演结果与同时相Landsat TM 5影像的反演结果进行比较分析，分析结果表明，研究所提出的基于HJ-1B卫星热红外影像反演农田地表温度精度可靠，该方法是可行性的。

许勇等（2013）以江苏射阳河口为研究对象，将北京一号遥感影像的波段反射率与可溶性无机氮（DIN）和可溶性无机磷（DIP）浓度作相关性分析。结果表明，北京一号的近红外和红波段与DIN、DIP浓度呈强烈的正相关，说明沉积物的再悬浮作用是该海域营养盐的重要来源；与DIN、DIP浓度相关性高的主要波段组合因子是由近红外波段与绿波段以及红波段与绿波段的比值或差值构成的因子；其相关性高于单波段因子。选择因子F_{10}（3，1）的三次多项式模型作为该海域DIN、DIP浓度定量反演模型。

石涛等（2020）以合肥市为研究范围，根据物候历选择2017年5月下旬和8月上旬的两个时相高分一号（GF-1）影像为研究资料，利用增强型植被指数（EVI）为监测判别指标，并以一季稻成熟期的蓝移现象作为辅助判别条件，构建了种植面积遥感估算模型。结果表明，通过对比验证模型，发现用统计调查数据来验证遥感估算结果的精度为93.2%，用混淆矩阵法来验证的精度和Kappa系数分别为83.7%和0.84。验证精度表明本研究构建的遥感估算模型是合理可行的，为合肥地区一季稻信息提取和估算提供参考。

苟睿坤等（2019）以陕西省黄龙山林区石堡林场的油松人工林为对象，结合国产卫星高分二号（GF-2）的多光谱遥感影像与野外同时段实测样地数据，对其地上生物量进行了估算。提取了5种植被指数和8种纹理信息。基于普通回归、逐步回归、岭回归、拉索回归与主成分回归5种方法在4种纹理窗口（3×3、5×5、7×7和9×9）下建模。使用留一法交叉验证测试了每个模型的估算精度。结果表明，提取的遥感因子之间存在着较为严重的多重共线性关系，大部分遥感因子与油松人工林地上生物量有较为显著的相关性；GF-2数据在石堡林场油松人工林地上生物量的反演中可以实现较高精度，其中估算效果最好的是使用了9×9纹理窗口的主成分回归模型，估算效果最差的是使用了3×3纹理窗口的普通回归模型。利用国产高分辨率卫星影像对油松人工林地上生物量进行反演研究。可以为西北地区林业部门进行森林生物量监测、资源管理与可持续经营提供科学依据。

周帆等（2021）以斯里兰卡2017年5月25日开始的洪灾为研究对象，利用灾中和灾后高分三号（GF-3）和哨兵1号（Sentinel-1）获取的多期数据，采用符合研究区域特征的最优提取方法，提取了多期洪水淹没范围。并利用同时期的光学卫星哨兵2号（Sentinel-2）观测数据、研究区高程数据以及当地官方公布的受灾面积进行了结果验证分析。结果显示Sentinel-1比GF-3噪点更多且误提取了更多山区阴影，因而导致Sentinel提取洪水面积偏大，GF-3提取的洪水面积更接近于官方公布的受淹面积。本研究通过斯里兰卡的GF-3和Sentinel-1应用对比，显示了GF-3在洪涝灾害信息提取中具有较为准确的精度，对GF-3在洪水灾害动态监测的应用精度提供了应用实例。另外一方面，通过GF-3与Sentinel-1协同校正应用，可以得到更多的洪水过程信息，为防灾减灾领域提供可靠的数据支持。

张煜辉（2020）以中国甘肃省张掖地区为例，获取2018年3—10月该地区的晴天GF-4卫星数据、7月30日的哨兵2号卫星数据以及该地区的SRTM DEM数据，探讨基于多源数据的全特征土地分类方法研究。结果表明，全特征的多源数据能够较好地实现土地覆盖分类，本研究区的分类精度达90.22%，并具有较好的可信度。研究提出的多源数据的全特征土地分类方法对后续高分系列卫星的综合应用提供了重要的参考价值。

李根军等（2021）以资源一号02D（ZY1-02D）卫星和高分5号（GF-5）卫星为数据源，结合实地调查成果，开展岩性及矿物信息识别。结果表明，ZY1-02D高光谱数据反射率光谱曲线与地质体光谱曲线形态吻合度高；经过岩矿信息识别，结合研究区地质矿产资料，显示提取的大理岩、二长花岗岩等岩性信息，方解石、白云石等造岩矿物信息以及绿泥石、褐铁矿等蚀变矿物信息与实测成果较为吻合，表明该数据对岩矿信息的识别效果较好，可为高光谱技术在地质矿产领域的业务化应用提供数据保障。

姚保等（2020）以高分六号（GF-6）WFV影像为数据源，针对GF-6卫星相较高分一号（GF-1）

卫星新增的4个谱段，基于随机森林分类算法，采用6种组合方案，对GF-6 WFV数据新增谱段对农作物的识别能力进行了初步研究。结果表明，新增的红边2谱段对农作物分类识别精度的提升最好，总体精度较基准的4个谱段提升8.6%以上。表明该谱段能更好反映作物识别信息，有进一步深入研究的必要。从谱段设置上看，谱段位置的设置比谱段数量的设置更为优先。

万丛等（2021）利用支持向量机和随机森林两种机器学习算法，分析高分七号亚米级光谱特征及其纹理特征对冬小麦的精细化识别能力。结果表明，基于影像光谱特征，SVM分类器取得了最优的分类精度，其中冬小麦识别精度为93.96%，总体精度为91.01%，Kappa系数为0.763 2，面积精度为91.46%。

曾文等（2020）以国产卫星高景一号（SV-1）遥感影像为数据源，提取各波段光谱信息和植被指数作为分类特征，采用特征可分性、重要性及特征间冗余度分别构建了4种特征评价准则，基于支持向量机（SVM）分类器对研究区进行林地信息提取，结合森林资源二类调查结果进行精度验证。结果表明，评价准则中，特征重要性优于可分性，特征可分性受高度相关的特征组合（如OSAVI和NDVI等）的影响会造成分类精度的下降；在特征重要性和可分性的基础上结合特征间冗余度能进一步提高分类精度并有效降低特征维数，特征维数由11维降至8维，特征可分性方法和特征重要性的分类精度分别提高了4.65%和4.58%；根据特征重要性结合冗余度选择RGVI、EVI、B1、B3、B2、DVI、RVI、Brightness 8个特征，建立SVM线性核分类模型可以达到最优分类效果，总体分类精度高达92.49%，Kappa系数为0.908 4。SV-1遥感影像由于其高空间分辨率在林地信息精细提取中具有可行性，通过建立特征评价准则筛选分类特征能进一步挖掘分类器的泛化能力，为及时、准确地获取林地信息提供技术支撑，同时也为同等高分辨率遥感卫星数据处理提供参考。

第二节 遥感影像预处理方法与原理

一、基于像元的分类方法

由于不同类型的地物其物理性质和化学组成各不相同，因此会不同程度的反射、吸收和透射入射辐射，因此可以将各个波段影像中同名点的DN值看作是一个以波段数为维数的随机向量，即光谱特征向量，若n表示波段数，x_j表示地物点在波段j上的亮度值，则该向量可表示为$X=[x_1, x_2\cdots, x_n]^T$。以此为依据构建一个特征空间，那么地面上任一点在影像上成的像在特征空间找到相应点。由于相同地物呈现在遥感数据上会是一群特征较为相似的像素群，所以种类相同的地物像素的特征向量在特征空间中呈现集群状态，而异种地物由于光谱特征及空间特征的不同在特征空间中则会形成不同的集群，而这就是利用影像识别不同物体的依据。遥感图像分类是指利用各种软件平台分析、选择地物在遥感影像上呈现的信息特征，将其划分为各不相干的子区域，并确定各区域对应的类别名称，达到识别地物信息的目的。

近30年以前，基于以统计为基础的研究是遥感数据计算机解译的重要领域，其区分不同类别的依据是单个像元的光谱统计特征，可分为监督分类、非监督分类、决策树分类、人工神经网络分类、支持向量机分类等。

（一）监督分类

监督分类是在已知类别信息的训练场地上选取各类别训练样本，根据一定的规则，将未知像元与样本进行对照，依据判别准则将未知像元划分到光谱特征最相似的类别中去。监督分类的优点：可根据应用目的和区域，有选择地决定分类类别，避免出现一些不必要的类别；可控制训练样本的选择；可通过检查训练样本来决定训练样本是否被精确分类，从而避免分类中的严重重复，避免了非监督分类中对光谱集群组的重新归类。监督分类的缺点：其分类系统的确定、训练样本的选择，均受人为主观因素较强影响，分析者定义的类别也许并不是图像中存在的自然类别，这导致多维数据空间中各类别间并非独一无二，而是重叠的，分析者所选择的训练样本也可能并不代表图像中的真实情形；由于图像中同一类别的光谱差异，如同一森林类，由于森林密度、年龄、阴影等的差异，导致森林类的内部方差大，就造成训练样本并没有很好的代表性；训练样本的选取和评估需花费较多的人力和时间；只能识别训练样本中定义的类别，若某类别由于训练者不知道或者其数量太少未被定义，则监督分类不能识别。

监督分类过程如下：选择特征波段→选择训练样本→构建训练分类器→精度评定。主要算法包括最大似然法、马氏距离法、最小距离法等。

1. 最大似然法

以概率判别函数和贝叶斯判别规则为依据。由于任一地物点在特征空间中都有对应的点，并且同类地物在特征空间中是一个具有某种特征分布的像素群，因此某个特征向量X出现在集群ω_i中的条件概率为$P(\omega_i/X)$，这就是概率判别函数，判别准则是将该特征向量的条件概率P最大值对应的类设置为X的类别，贝叶斯判别规则是错分概率最小的最优准则。该分类应用的前提是依据已知的地面情况确定分类类别及训练样本并统计待分类别的统计特征值，建立分类判别函数，在此基础上将位置像元逐个逐类代入判别准则，判定其类别。陈敬柱（2004）利用PCI软件采用最大似然方法按照先主后次、层次化推进的方法对西藏东部地区分区，然后分别构建各自的分类参数提取该研究区的类别，结果显示，该方法在降低"同质异像"误分的同时还较好的规避了混合像元的不利因素。该方法精度较高，但也存在不足，如人工采集训练样本步骤烦琐，时耗长，以及人为主观因素的影响，使得最终结果因人而异。刘焕军等（2018）以松嫩平原林甸县为研究区，利用裸土时期多时相Landsat 8遥感影像、DEM数据和全国第二次土壤普查数据，从所有单时相遥感影像中提取出多种分类特征，按照分类特征类型进行压缩处理，得到新的多时相分类特征，将不同分类特征进行组合并分别进行最大似然法分类，得到不同分类特征组合下的土壤类型图，通过不同土壤类型图精度来判断各分类特征对制图的影响。研究表明，该方法可以实现土壤制图，使用压缩处理后得到的多时相遥感数据分类特征完成制图的精度更高，总体精度达到91.0%，研究可为土壤精细制图提供依据。曹伟男等（2021）以辽宁省沈阳市苏家屯区以西的新开河村周边为试验基地，利用最佳波段组合指数法（OIF）对所选取的高分二号（GF-2）卫星数据的纹理特征和植被指数以及波段信息进行筛选，选取最佳的波段组合，以增加分类信息、减少数据冗余。最后，针对筛选后的数据，使用最大似然法进行分类，得到农作物的分类结果，分类精度得到了一定程度的提高。

2. 马氏距离法

统计未知向量Y到各类别集群的马氏距离，将该向量划归于与它最近的类别中。其几何意义是在各类别先验概率$P(\omega_i)$和集群体积$|\sum|$都相同的情况下，特征矢量X到ω_i类的重心M_i的加权距离，其权系数一般采用多维方差或协方差。用马氏距离法首先要确定类别及训练样本，然后统计影像的协方差矩阵，并依据训练样本计算各类均值，明确分类半径，最后将未知像元逐次代入计算马氏距离，选择最大值输出类别信息。马氏距离法通过统计两个未知样本集相似度充分体现了类型内部的变化，但同时也在一定程度上放大了变化较小变量的作用。包海青（2013）以某林场为试验区，基于马氏距离分类方法选取待分类别的训练样本，以近红外、红、绿波段的亮度值作为特征向量，将其均值代入马氏距离判别公式、建立判别函数，进行分类，经验证总体分类精度可达67.73%。

3. 最小距离法

计算未知像元与每一个类别训练样本的平均向量的光谱距离，以距离最小的一类作为其类别信息。该方法的优点是只选取一个参数，计算量小，耗时短；协方差矩阵不参与运算，排除了因样本数量较少引起的协方差矩阵计算不准确从而造成的误差。缺点是会将某些未知的不应被分类的像元分类，造成错分。东启亮（2014）以西洞庭湖区作为主要研究区，以Landsat TM和SPOT 5中高分辨率遥感影像为数据源，对所采用的数据源影像进行预处理与最佳波段组合分析，找到适用于Landsat TM与SPOT 5影像湿地分类的最佳波段组合；然后将ICA（独立分量分析）技术引入湿地信息提取，结合自适应最小距离法，对湿地进行分类，并评价分类效果，为湿地遥感研究提供依据，为洞庭湖湿地研究提供科学、准确与合理的方法支持。

（二）非监督分类

非监督分类是在分类过程中根据影像上的光谱统计特征及自然点群的分布情况对不同的地物类别进行划分，没有定义地物种类，类别的定义需要后期的目视判读或野外填图获得。

非监督分类的优点：非监督分类不需要预先对所要分类的区域有广泛的了解和熟悉，而监督分类则需要分析者对所研究区域有很好的了解，从而才能选择训练样本。但是在非监督分类中，分析者仍需要一定的知识来解释非监督分类得到的集群组；非监督分类使人为误差出现的机会减少了。非监督分类时只需要定义几个预先的参数，如集群组的数量、最大最小像元数量等，监督分类中所要求的决策细节在非监督分类中都不需要，因此大大减少了人为的误差。即使分析者对分类图像有很强的看法偏差，也不会对分类结果有很大影响。因此非监督分类产生的类别比监督分类所产生的要更为均质，独特的、覆盖量小的类别均能够被识别，而不会像监督分类那样因分析者的失误导致数据丢失。

非监督分类的缺点：非监督分类产生的光谱集群组并不一定对应于分析者想要的类别，因此分析者面临着如何将它们和想要的类别相匹配的问题，实际上几乎很少有一对一的对应关系；分析者较难对产生的类别进行控制，因此其产生的类别也许并不能让分析者满意；图像中各类别的光谱特征会随时间、地形等变化，不同图像以及不同时段的图像之间的光谱集群组无法保持其连续性，从而使其不同图像之间的对比变得困难。

非监督分类根据所用算法的不同，可以分为K-均值聚类法、ISODATA聚类法、聚类中的相似性度量、模糊聚类算法等。

1. K-均值聚类法

原理是选取多个像元点作为聚类的中心，使每一聚类域中的其他像元点到聚类中心的距离平方和最小，经迭代运算，依次调整各类的聚类中心，到得出最佳分类结果。K-均值聚类算法步骤如下。

（1）根据影像性质及经验适当选择m个初始聚类中心$z_1^{(1)}$，$z_2^{(1)}$，$\cdots$，$z_m^{(1)}$，来作为初始聚类中心。

（2）在第k次迭代，对于所有的$i \neq j$，$i=1$，2，$\cdots$，m，如果$\|X-Z_j^{(k)}\|<\|X-Z_i^{(k)}\|$，则$X \in F_j^{(k)}$，其中$F_j^{(k)}$是以$Z_j^{(k)}$为聚类中心的类，依次将各样本分配到各个聚类域中。

（3）由上一步结果计算新的聚类中心$Z_j(h+1)$，确保聚类域$F_j(k)$中的所有像元点到$Z_j(h+1)$的距离平方和最小。

（4）对于所有的$i=1$，2，$\cdots$，m，若$Z_j^{(h)}=Z_i^{(h+1)}$，那么算法收敛，迭代终止，否则转入（2）继续计算。

聚类中心的数目及其起始位置、模式分布几何性质和样本的输入顺序都会左右K-均值聚类法的运行结果，同时又没有在迭代过程中对类别数量进行调整，因此造成聚类结果因初始分类的差异而不同。张永剑（2020）提出了一种基于粒子群优化K-均值聚类的分割算法，利用粒子群算法的全局搜索能力，优化初始聚类中心的选择，根据得到的聚类中心进行聚类，可以有效改善K-均值聚类算法易受初始化聚类中心影响的问题。试验表明，基于粒子群优化K-均值聚类的分割算法分割准确率较高，分割得到的葡萄轮廓完整，可以有效地将葡萄从复杂背景中识别出来。朱松松（2021）以无人机低空拍摄的棉花播种期图像作为试验数据，分析图像中黑色地膜、土壤以及杂草等图像特点，发现地膜和周围环境颜色差异较明显，采用K-均值聚类的算法分割出地膜区域。针对图像中杂草及阴影等干扰，通过图像去相关拉伸后，运用阈值法删除离群点。结果显示，K-均值聚类对棉田地膜的分割效果优异，识别率为99.13%，满足棉田地膜分割的要求，为棉田残膜的识别以及覆盖度对棉田生产的影响提供方法和参考。

2. ISODATA聚类法

应用分开和合并算法，也称为迭代自组织数据分析算法。ISODATA聚类法和K-均值聚类法有所不同，第一，重新调整各样本的均值是在所有样本都调整完之后；第二，ISODATA聚类法最突出的优点在于可以自动地进行类别的合并与分裂，因此聚类类别更为合理。ISODATA聚类在执行过程中会循环运算，起始集群组是在整景影像的特征空间中随机生成的最大聚类簇数C_{max}。基本的步骤如下。

（1）初始随机的选择最大聚类簇数C_{max}。

（2）统计未知像元到诸聚类中心的距离，将其划分到距离最小的集群中。

（3）重新计算每个集群的均值，按照定义的规则合并或分裂集群组。

（4）重复（2）和（3）步骤，直到达到最大不变像元百分比，或最长运转时间。

黄敏（2004）针对电子商务下企业风险模糊的特点，以企业的项目所包含的子过程作为分类标准，建立了风险的描述模糊机制，并基于模糊ISODATA聚类法，对电子商务环境下的风险进行模糊分类，为风险评价与控制奠定了基础。

3. 聚类中的相似性度量

在聚类的过程中，通常是按照某种相似性准则对样本进行合并或分离的。在统计模式识别中常用的相似性度量有3种。

（1）欧氏距离，见式（15-1）。

$$D =\| X - Z \|=[(X - T)^T (X - Z)]^{\frac{1}{2}} \tag{15-1}$$

式中：X，Z为待比较的两个样本的特征矢量。

（2）马氏距离，见式（15-2）。

$$D = (X - Z)^T \sum^{-1} (X - Z) \tag{15-2}$$

式中：X，Z为待比较的两个样本的特征矢量，$\sum^{-1}$为X，Z的互相关矩阵。

（3）特征矢量X，Z的角度，见式（15-3）。

$$S(X,Z) = \frac{ZX^T}{\| X \| \cdot \| Z \|} \tag{15-3}$$

在多光谱遥感图像分类中，最常用的是各种距离相似性度量。在相似性度量选定以后，必须再定义一个评价聚类结果质量的准则函数。按照定义的准则函数进行样本的聚类分析时，必须保证在分类结果中类内距离最小，且类间距离最大。也就是说，在分类结果中同一类别中的点在特征空间中聚集的比较紧密，而不同类别中的点在特征空间中相距较远。

聚类分析有迭代方法和非迭代方法两种实现途径。迭代方法是首先给定某个初始分类，然后采用迭代算法找出使准则函数取极值的最好聚类结果，因此其聚类分析的过程是动态的。在遥感图像分类中，通常使用这种动态聚类方法。

4. 模糊聚类算法

设有n个样本，记为$U=\{U_i, i=1, 2, \cdots, n\}$，要将它们分成$m$类，这一过程实际上是求一划分矩阵$A=[a_{ij}]$，其中，

$$a_{ij}=\begin{cases} 1 \text{ 表示第}j\text{个样本属于第}i\text{类} \\ \\ 0 \text{ 其他情况} \end{cases}$$

矩阵A被称作样本集U的一个划分。显然，不同的A对应样本集U上不同的划分，将给出不同的分类结果，把对样本集U的所有划分称作U的划分空间，为M，这样聚类过程就是从样本集U的划分空间M中找出最佳划分矩阵的过程。

在实际问题中，确定样本归属的问题存在模糊性，因此分类矩阵最好是一个模糊矩阵，即$A=[a_{ij}]$满足以下条件：

（1）$a_{ij}\in[0, 1]$，它表示样本U_j属于第i类的隶属度。

（2）A中每列元素之和为1，即一个样本对各类的隶属度之和为1。

（3）A中每行元素之和大于0，即表示每类不为空集。

以模糊矩阵A对样本集U进行分类的过程称作软分类。为了得到合理的软分类，定义聚类准则见式（15-4）。

$$J\in(A,V)=\sum_{k-1}^{n}\sum_{l-1}^{m}(a_{jk})^b\cdot\|U_k-V_i\|^2 \tag{15-4}$$

式中：A为软分类矩阵；V表示聚类中心；m为类别数；n为样本数；$\|U_k-U_i\|$表示样本U_j到第i类的聚类中心V_i的距离，b是权系数，b越大，分类越模糊，一般情况下$b\geqslant1$，当$b=1$时就是硬分类。

在聚类准则最优的情况下可以求得软划分矩阵和聚类中心，当$b>1$和$U_k\neq V_i$时，可用式（15-5）、式（15-6）求a_{ij}和V_i。

$$a_{ij}=\frac{1}{\sum_{k-1}^{n}(\frac{\|U_j-V_i\|}{U_j-V_k})\frac{2}{b-1}}, \quad i\leqslant m, j\leqslant n \tag{15-5}$$

$$V_i=\frac{\sum_{k-1}^{n}(a_{ik})^bU_k}{\sum_{k-1}^{n}(a_{ik})^b}, \quad i\leqslant m \tag{15-6}$$

具体计算步骤如下：

①给出初始划分A。

②计算聚类中心V_i（$i=1, 2, \cdots, m$）。

③计算出新的分类矩阵A^*。

④如果$\max\{a_{ij}^*-a_{ij}\}<\delta$，则$A^*$和$V$即为所求，否则转到第二步，继续进行代处理，其中$\delta$是预先给定的阈值。

⑤以模糊矩阵A^*为基础对样本集U中的样本进行分类，方法之一就是将U_j分到A^*的第j列中数值最大的元素所对应的类别中去。

（三）决策树分类

决策树分类方法是数据挖掘与知识归纳式学习的综合应用，在遥感地物分类特征提取等方面取得了非常好的效果。决策树（Decision tree）是通过对训练样本进行归纳学习生成决策树或决策规则，然后使用决策树或决策规则对新数据进行分类的一种数学方法。决策树是一个树型结构，它由一个根结点（Root node）、一系列内部结点（Internal nodes）和叶结点（Leaf nodes）组成，每一结点有一个父结点和多个子结点，结点间通过分支相连。决策树的每个内部结点对应一个非类别属性或属性的集合（也称为测试属性），每条边对应该属性的每个可能值。决策树的叶结点对应一个类别属性值，不同的叶结点可以对应相同的类别属性值。决策树除了以树的形式表示外，还可以表示为一组IF-THEN形式的产生式规则。决策树中每条由根到叶的路径对应着一条规则，规则的条件是这条路径上所有结点属性值的取舍，规则的结论是这条路径上叶结点的类别属性。与决策树相比，规则更简洁，更便于人们理解、使用和修改，可以构成专家系统的基础。因此在实际应用中更多的是使用规则。决策树学习和分类过程如图15-1所示。

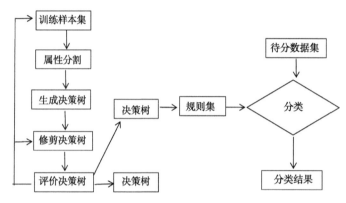

图15-1　决策树学习与分类过程

决策树方法主要分决策树学习和决策树分类两个过程。决策树学习过程是通过对训练样本进行归纳学习（Inductive learning），生成以决策树形式表示的分类规则的机器学习（Machine learning）过程。决策树学习的实质是从一组无次序、无规则的事例中推理出决策树表示形式的分类规则。决策树学习算法的输入是由属性和属性值表示的训练样本集，输出是一棵决策树（也可以扩展为其他的表示形式，如规则集等）。决策树的生成通常采用自顶向下的递归方式，通过某种方法选择最优的属性作为树的结点，在结点上进行属性值的比较，并根据各训练样本对应的不同属性值判断从该结点向下的分支，在每个分支子集中重复建立下层结点和分支，并在一定条件下停止树的生长，在决策树的叶结点得到结论，形成决策树。通过对训练样本进行决策树学习生成决策树，决策树可以根据属性的取值对一个未知样本集进行分类，就是决策树分类。

基于ID3算法发展起来的C4.5/C5.0算法是当今最流行的决策树算法，不仅可以将决策树转换为等价的产生式规则，解决了连续取值的数据的学习问题，而且可以分类多个类别，增加了BOOST技术，可以更快地处理大数据库。C5.0算法要求输入数据的每一个元组由若干个条件属性和一个类别值属性组成，条件属性值可以是离散值或连续值，但类别必须是离散值。

目前，国内主要基于光谱统计特征以及相关的经验知识构建决策树，韩涛（2002）利用归一化植被指数、双差植被指数、比值植被指数等指数阈值构建决策树，对祁连山区的森林植被进行了识别提取。刘勇洪（2005）引入了两种机器学习领域里的分类新技术bagging和boosting，利用MODIS数据对研究区的土地覆盖类型进行了基于决策树的信息提取，得出了在训练样本充足的前提下，决策树分类精度要明显高于传统方法的结论。伴随着中国中高分辨率遥感卫星的成功发射及应用，国内学者对国产卫星数据的应用研究也在不断加深，特别是在分类方法这一领域得到了显著的成绩。马里（2008）基于SPOT 4和Landsat TM5等数据，计算4个重要物候期的NDVI值，研究待分目标物在各波段影像上的光谱和时间特征，以此设定阈值构建决策树，高精度的获取了研究区的各种作物信息。袁林山等（2008）采用江苏省徐州市地区的CBERS卫星遥感数据，选取近红外波段、第一主成分和第二主成分、归一化植被指数NDVI等作为决策树分类的特征依据，进行了研究区的城市土地利用类型划分，经过分析发现相较于传统的分类法，基于光谱统计特征以及相关的经验知识的决策树分类器在城市区域的CBERS数据分类方面效果更好。郭伟（2011）采用多时相的HJ-1A/1B CCD影像并以1：25万的数字高程模型（DEM）作为辅助数据，综合运用种植结构、物候特征、光谱特征及植被指数等信息构建基于决策树的玉米种植面积遥感估算模型，对以乡镇为基本单元的玉米种植面积提取精度可达92.57%。刘晓娜（2013）依据各波段的光谱特征、纹理特征以及不同的指数分别构建了不同生长类型的橡胶林决策树分类模型，分类精度分别达到了75%和90%以上，并得到了橡胶林由中缅边界不断向老挝、缅甸边境地区不断扩张的发展趋势。刘佳等（2015）探索了应用Google Earth影像辅助农作物面积地面样方调查。李峰等（2015）采用环境与灾害监测小卫星（HJ-1）影像数据，基于决策树分类方法提取了山东省冬小麦种植面积和空间分布。张莹莹等（2018）以洪湖为研究对象，采用决策树分类方法，探究水体透明度对水生植被信息提取的影响，结果表明水体透明度对水生植被信息提取的影响不大。

国际上对于决策树分类的研究起步要明显早于国内学者，早在1995年，Yoshikawa Kasanobu采用全自动设计方式构造二叉决策树（Fually automated design method of binary decision tree）进行了土地覆盖分类，并与Bayesian分类方法进行了比较，在分类精度和时耗上该模型都占有明显的优势。Muchoney（2000）采用决策树、神经网络、最大似然法3种分类方法分别利用MODIS数据对研究区的土地类型分类，结果表明决策树分类在消除多余信息的影响方面效果最好，精度最高。McCauley（2004）以美国的蒙哥马利郡地区为例，研究了决策树分类算法在人类居住区的土地利用专题制图方面的应用，研究表明，这种方法在政府对大区域土地利用和规划制图方面具有很大的潜力。2011年Pena-Barragan等（2011）结合基于对象的图像分析技术和决策树技术，提出了一种名为基于对象的农作物识别和制图技术，并应用Aster卫星数据对农作物分类提取。Chaparro-Herrera等（2021）利用水、河流和生物多样性质量指数来评价所研究城市的湿地状况，因单一指标无法提供完整的水体健康评价，利用决策树研究了城市湿地修复的最佳水质参数，以恢复城市湿地的整体健康。

（四）人工神经网络分类

人工神经元网络方法（Artificial neural networks，ANN，简称神经网络法）是利用计算机模拟人类学习的过程，建立输入和输出数据之间联系的程序。这种程序模仿人脑学习的过程，通过重复地输入和输出训练，来增强和修改输入和输出数据之间的联系。其主要部分由处理单元、拓扑结构和咨询学习规则等组成。

每个处理单元是神经网络最基本的操作元素，由多个基本处理单元组合成为层。拓扑结构确立网络的构架并且定义处理单元的相互作用关系。最为典型的神经元网络是三层网络结构，即输入层、输出层和隐含层。输入层的功能是向神经元网络计算机提供信号，通常是把模拟的感觉输入到神经元网络；隐含层是输入与输出层之间的层次，它为神经元网络提供记忆和计算功能；输出层输出神经元网络的计算结果，由输出处理元素实现其功能。学习规则主要确定人工神经元网络如何获取确定认知形式，并以此指导分类的操作和运行。

1. 反向传播法

这是一种常用的多层神经网络的学习算法。该算法通过从输出到输入的逆向误差信息传播对连接权值进行修订以改进分类结果。在网络的训练过程中，前向与后向的传播在不同层次中进行。由几个输入元素组成一个输入矢量，输入层将输入矢量中的每一个元素传输给隐含层中的每一个元素。输出层的每一个单元接收隐含层中各元素所输出的信号，即所对应的类别。每一个输出类别将对照已知的类别，将对比误差反向传回给隐含层中的每个单元以进行修正。这样反复多次进行训练直至所得出的输入类型与真实类型相符并使误差值减至最小为止。

2. 模块化方法

模块化方法是利用在主网络中引入子网络的办法对数据空间进行分级处理。它通过网络提取建立详细的数据模式，由门网络对处理结果进行加权评定以确定最终的网络结构。模块化方法将复杂的网络结构分析过程化为几个相对简单并互相独立的过程。一般的模块化方法由一组局部网络组成，每一个局部网络又可以看作为一个独立的反向传播网络。局部网络间相互竞争，学习所需目标的不同方面。门网络控制各局部网的竞争，有选择地赋给不同的局部网络所需的数据空间。

门网络与局地网络均全部与输入层相连接。与门网络和局地网络相连接的输出单元的数目也是相同的。门网络输出的结果将用于权衡和评估其所对应的局地网络的输出矢量。模块法网络的输出是局部网络输出的加权合成。这种方法的优点在于可以鼓励各局部网络的竞争。门网络通过度量和评判每一个局部网络的输出误差来确定其在总体网络中的权重，以实现最优化组合。

3. 矢量驯化方法

矢量驯化方法是一种最近邻分类的神经网络方法。矢量化网络包括一个输入层、一个Kohonen层和一个输出层。Kohonen网络的训练不同于反向传播，该网络对训练过程所输出的处理单元采取相互竞争、择优选取的原则，一般优胜者所对应的处理单元可继续学习。矢量化法根据每一个处理单元的权重矢量来决定取胜的单元。但有时会出现某一单元过多被采用而抵消其他处理单元作用的情况。另外一个控制机制是，如果取胜的单元没有落在训练矢量中，则由排名下一位的且落在训练矢量域内的处理单元获取优先权。这些控制机制可对类型之间的边界进行调整，以此获得更为接近真实的分类结果。

王任华（2003）应用人工神经网络模型对陆地卫星TM多光谱图像进行了森林植被分类的研究，共选取了8种主要植被类型，重点是研究在不同背景条件下存在同谱异物现象的云杉、油松和落叶松等针叶林树种的分类方法。所采用的网络模型为3层误差后向传播神经网络模型，鉴于贺兰山自然植被垂直带谱明显，利用误差后向传播网络模型的并行分布式结构，研究中引入高程数据作为一个独立波段与3个多光谱波段一起直接进行分类，取得了很好效果。该方法与常规的最大似然法相比，存在同谱异物现象的云杉、油松和落叶松的分类精度平均提高了275个百分点，对存在同物异谱现象的阔叶林的分类精度也有一定程度的提高。刘旭升（2004）应用Landsat 7 ETM+遥感数据和地理辅助数据，用BP神经网络方法对蛮汉山林场森林植被遥感分类进行了研究，并与传统的统计模式识别方法（无监分类、最大似然法）的分类结果进行精度比较分析。结果表明BP神经网络用于森林植被遥感分类，分类结果类型总精度达到了67%，总的数量精度达到了84.65%，Kappa系数为0.6455，分类质量很好。冯恒栋（2009）以我国东北东部典型林区为试验区，以Landsat 5卫星TM多光谱图像为遥感数据，运用BP神经网络和模糊C均值聚类两种新方法对遥感图像进行分类试验，根据分类精度比较两种方法的优劣，并与传统的遥感图像分类方法相比较，对这两种方法在我国东北东部林区的适用性进行评价，取得一些有价值的经验和结论。研究结果表明，BP神经网络分类方法与传统的非监督分类和监督分类方法相比优势明显，无论是总分类精度，还是总Kappa系数，BP神经网络分类方法都优于传统的分类方法。其中BP神经网络分类结果图像Kappa系数比非监督分类方法提高了0.32，比监督分类方法提高了0.15。通过比较不同分类方法的不同植被类型条件Kappa系数发现，利用BP神经网络分类方法同样可以使森林植被不同植被类型的分类精度得到大幅度提高。

（五）支持向量机分类

Vapnik提出的统计学习理论是针对小样本的一种统计学习规律研究理论，其核心思想是通过结构风险最小化准则（Structural risk minimization，SRM）控制学习机器容量进而刻画过度拟合与泛化能力间的关系。支持向量机（Support vector machines，SVM）通过引入结构风险概念和核映射思想，克服了传统方法的大样本要求、维数灾难与局部极小这些问题，在处理非线性问题方面具有很大的优越性。目前，它已经成功应用于遥感数据的土地覆盖/土地利用分类、多时相遥感数据的变化检测、多源遥感数据信息融合等方面。

支持向量机是针对两类分类问题提出的，而在实际应用中多类分类问题更为普遍。如何将支持向量机的优良性能推广到多类分类一直是支持向量机研究中重要内容，其对于类别数目较多的分类问题，目前仍缺乏有效的支持向量机多类分类方法。多类分类是机器学习领域中的重要问题，它的应用在现实生活中非常普遍，多类分类问题是对两类分类问题的推广。目前，支持向量机多类分类的方法主要包括两种：一是将多个分类面的参数求解合并到一个最优化问题中，通过求解该最优化问题实现多类分类；二是将多类分类问题分解成多个两类分类问题，然后再采用某种方法将多个两类分类器的输出组合在一起实现多类分类。任晓惠（2019）以无线传输颈环获得的数据为研究对象，提出了一种基于萤火虫算法优化支持向量机参数的奶牛行为分类方法，该方法利用萤火虫寻优算法优化支持向量机的参数，达到较高的分类精度。

二、面向对象的分类方法

自20世纪80年代以来，国内外高分辨率商业卫星的发射越来越频繁，分辨率也逐步提高，高分辨率遥感卫星影像凭借其自身优势被应用于众多领域。基于像元的影像分类技术已经远远不能跟上当今遥感科学技术发展的步伐。在高分辨率遥感影像中，单个像元所具备的光谱特征很难客观体现地表地物，同时难以表达像元间的拓扑关系。由于基于像元的处理方法只注重光谱特征而忽略了纹理、形状等空间特征以及其他拓扑特征，因此难以将分类精度大幅度提高。同时相对于中高分辨率的影像，由于高分辨率影像对地物具有更为详细的呈现，因此在进行基于像元的方法分类时，分类结果会出现更为严重的"椒盐效应"。传统的遥感信息提取精度较高的方法是目视判读，但需要投入大量的人力和时间，使海量遥感数据的实时处理变得遥不可及。

为了突破传统的分类方法，提高高分辨率遥感影像的分类精度，在传统的影像分类方法基础上，面向对象的分类技术应运而生，其重要的特点是分类的最小单元不再是单个的像素，而是由影像分割后得到的同质影像对象（图斑）。面向对象遥感影像分类的基本原理是依据像元的光谱、纹理、形状等特征，把具有相似特征的像元组成一个影像对象，接着根据每个对象的特征对影像对象再进行分类。其分类的一般步骤是先对预处理后的遥感影像进行分割，得到同质对象，使得分割后的对象满足下一步分类或目标地物提取的要求；再根据遥感分类或目标地物提取的具体要求，检测和提取目标地物的多种特征如光谱、形状纹理、阴影、空间位置、相关布局等，建立分类体系；最后采用模糊分类算法，实现地物类别信息提取的目的。

遥感图像的计算机分类分为硬分类和软分类。硬分类是指遥感图像中某个像元完全属于某一个类别，而软分类是指遥感图像中某个像元依照隶属度属于某几个类别。由于遥感图像中，混合像元现象的普遍存在，直接把混合像元分为某一类是不准确的。尤其是在低分辨率的遥感图像中，由于混合像元的大量存在，导致其硬分类的分类精度较低。而软分类充分考虑混合像元的存在，按照隶属度将像元分几个类别，再参考其他的判断规则来最终确定像元的类别，这样可以有效地提高分类精度。

面向对象分类方法具有两个重要的特征：一是利用对象的多特征，二是可用不同的分割尺度生成不同尺度的影像对象层。此时，所有地物类别并不是在同一尺度的影像中进行提取，而是在其最适宜的尺度层中提取。面向对象方法克服了传统分类方法的两个缺陷，能充分利用遥感影像所蕴含的多种信息，分类结果更合理，也更适合于高分辨率遥感影像的分类。进行高分辨率影像分类时，相对于传统分类方法，面向遥感影像对象分类方法主要有以下优点。

一是面向对象遥感影像分类方法可充分利用遥感影像的多种特征，以更接近人脑解译方式。根据人类认知心理学的研究表明，人类对外部景物的感知是一个统一的整体，包括对场景中每个物体的形状、大小、颜色、距离等性质都按照精确的时空方位等特点被完整地感知。在目视判读遥感影像时，除感受色调、色相的差别外，还通过形状和位置的辨认来获得大量信息。在遥感影像中，任何地物都可以用其特征进行描述，只要提供足够且合适的特征，某一地物就可以和其他类别区别开。因此，模拟人脑的解译方式可将遥感信息的多种特征充分利用起来，是高精度信息提取的重要途径。在高分辨率上，不仅地物的光谱特征更明显，地物类型的结构、形状、纹理和细节等信息也都非常突出。而传统的基于像元的分类方法提取的是像素单元的灰度值，在分类时只能用光谱极值、均值、方差等信息来描述像素的特征，在获得分类结果时利用的信息是十分有限的，而且其处理结果中往往会存在许多的细小斑块，即存在"椒盐效应"。面向对象分类方法充分利用高分辨率影像特征丰富的特点，利用对象的光谱、形状、拓扑等信息，相对于传统基于像元的分类方法，分类特征信息丰富，且更接近人脑的解译方式。

二是面向对象方法更适合处理空间尺度、空间分析等问题。从认识论的角度来看，人类的认识和人们把握事物所进行的思维和推理都是基于概念层次的。因此，从无语义的像元出发进行空间相关的思维和推理活动是不适合的。这让在很多空间分析方法应用中经常出现的空间关系、距离、拓扑连接、方向特征、空间模式、多尺度或区域结构等特征或方法的概念，一直都很难有效地应用到遥感影像的分析中。但随着对高分率应用越来越广泛，将空间分析应用到高分辨率影像中将逐渐成为研究的需要，面向对象分类方法的出现，以及类间关系、拓扑关系等特征的加入，使将空间分析方法应用到高分辨率影像分析中成为可能。

三是面向对象方法属于遥感影像的高层理解。从遥感影像分析理解的三层体系来看，这3个层次的主要差别之一就体现在对影像内容语义层次的描述与理解上。基于像元的遥感影像分析方法基本上还属于影像的底层和中层理解这两个层次。为了实现遥感影像高层理解，就需要提高影像分析处理的语义层次。Blaschke等（2001）指出，遥感影像的分析更应该侧重于对影像语义的分析，对影像语义信息的理解主要应通过对影像中有意义的单元对象及其他们间的相互关系表达来实现。面向对象分类方法从对象的语义出发，是实现遥感高分辨率影像高层理解的重要方法。

四是面向对象方法能根据地物类别的特点提取不同尺度层上的信息。从理论上讲，不同地物目标均有与之相适应的最佳分辨率影像，在此分辨率层次上，影像对该地物类别的概括最为适中，因此对该地物识别率具有最好的效果。传统分类方法由于分类器设计的缺陷，使其只能在同一分辨率层次上对所有影像目标整体解算，这种方法阻碍了目标语义特性的提取。而面向对象的分类方法克服了传统分类的缺陷，可以在单一分辨率的影像基础上，根据像元光谱与空间分布的特征，形成具有不同分辨率的影像目标层次，从而形成具有层次结构的影像资源集合；并从遥感影像中提取所蕴含的影像空间信息，提高了面向对象分类方法的分类精度与可靠性。在高分辨率遥感影像上，不同的地物目标的光谱、空间等特征较中低分辨率遥感影像差异更加明显，从而在遥感影像上形成大小不同、明暗差异的对象。面向对象分类方法可在不同的适宜尺度上提取地类信息，相对于传统分类方法能充分利用影像所蕴含的信息。因此，面向对象的影像分类方法较传统面向像元的影像分类方法更适合于高分辨率影像，同时，就目前高分辨率遥感卫星的发展来看，面向对象分类方法作为一个新的发展方向仍然是一个研究热点。

　　图像分割就是以图像的颜色、灰度、边缘和纹理等特征为依据，把图像分割成各自满足某种相似性准则或具有某种同质特征的连通区域的集合的过程。图像分割是面向对象分类方法中最重要的一步，切割得当既能使后续分类中处理的数据量降低，又保留了大量的图像特征信息，大幅度地提高分类精度。而分割不当则会导致对象较为破碎，延长后续处理时间或者使得对像的同质性降低，致使一个对象含有多种不同地物，并将这种误差传播至分类处理阶段，影响分类精度。当前主流的分割算法主要有基于边缘检测的图像分割算法、基于区域的图像分割算法以及模糊数学分类方法。

　　1. 基于边缘检测的图像分割算法

　　影像边缘是指灰度发生空间突变的像元集合，象征着影像中一个区域的终止和另一个区域的开始，影像中相邻区域交界处像素集合构成了图像的边缘。图像的边缘可分为阶跃状边缘、脉冲状边缘或屋顶状边缘，阶跃状边缘又分为上升阶跃状边缘、下降阶跃状边缘，脉冲状边缘则是脉冲状由上升阶跃和下降阶跃组合而成的。一阶导数和二阶导数是用来描述和检测边缘的主要手段，图15-2分别给出了具有阶跃状、脉冲状和屋顶状边缘的图像的灰度变化以及其一、二阶导数的变化规律。

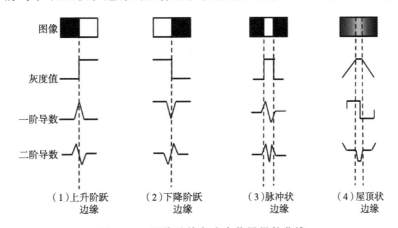

图15-2　图像边缘灰度变化及导数曲线

　　由图15-2（1）和（2）可知，一阶导数曲线在阶跃状边缘曲线的边缘处呈现极值，二阶导数则没有交叉点，因此一阶导数的幅度值或二阶导数的零点可以检测出阶跃状边缘的位置。由图15-2（3）可知一阶导数在脉冲状边缘曲线的中心处无交叉点，二阶导数在边缘处以及中心处均取得极值，因此一阶导数的过零点和二阶导数的幅度值可以检测出脉冲状边缘的位置。由图15-2（4）可知一阶导数曲线在屋顶状边缘曲线的边缘处零交叉，而二阶导数则表现为极值，因此一阶导数可检测出屋顶状边缘位置。如上所述，图像边缘检测可以通过求它们的导数来实现，而导数则可以利用微分算子计算。比较值得注意的是，噪声对一阶微分算子影响较大，因此适用于图像边缘灰度值变化较为明显、噪声较少的情况。而二阶微分算子则可以较好地降低噪声的影响，利用二阶导数的零交叉点过滤掉一阶导数的非局部最大值，避免因为边缘像元过多而导致的边缘线过粗，从而检测出更为精确的边缘线。

　　2. 基于区域的图像分割算法

　　基于区域的图像分割是根据图像在亮度值、纹理、颜色等特征上的某种相似性准则将影像中的每个像元或子区域划分到各个地物或更大的区域中去，分割后形成的各区域需满足以下条件：区域内的像元具有相似性；相邻区域像元有显著差异；区域内是连通的且区域边界清晰。区域分割方法主要有区域生长法、分裂合并法、阈值法以及聚类法，其中较为典型的是区域生长法和分裂合并法。

　　区域生长法的基本思想是将影像中与事先拟定的相似性准则相符合的像元合并成区域。具体操作是先在每个想要的区域找一个像元作为起始点，然后将该像元与周围满足相似性准则的像元合并起来，再以合并后的区域为新的起始点，继续上面的相似性判别与合并，直到没有满足条件的区域为止。在此过程中，如何判别像元是否可以作为起始点、拟定判别和合并周围像元的相似性准则、设定结束合并过程的条件是关键所在，并且这3项均需人工参与，需要长时间的经验积累和反复试验才能获得比较满意的结果，并且结果因人而异，受人的主观性较强。

分裂合并法则与区域生长法完全相反，其基本思想是从整幅影像出发，将影像按异质性条件划分成若干个子区域，若相邻区域满足相似性准则则将执行合并，若某子区域满足分裂条件则划分成更小的区域，直至不能再合并和拆分。设计分裂合并准则是整个分裂合并法的关键，直接影响计算时长、所占空间以及分割效果。

在实际操作过程中，往往很难一次性赋予分割尺度最佳值，需要一次次试验并对分割结果进行分析比较进而获取最佳的分割方案，传统的方法是依靠目视分析、个人经验以及对该试验区的了解程度定性的进行选择，因此存在着很大的主观性，选择的结果会因人而异，导致最终选择的结果可能是一个较优值而不是最佳值。面对该问题，研究人员进行了大量的研究与改进。

何敏（2009）基于"对象内部同质性最大，相邻对象之间异质性最大"这一理论，设计出了一种最优尺度计算模型。于欢等（2010）对影像进行切割，以得到的对象的矢量边与对应真实地物的横、竖两个方向上的长度吻合程度为指标，定义了一种定量确定最优分割尺度的新技术——矢量距离指数法，经试验验证，以此方法选择的最优尺度进行切割很好地规避了过分割与欠分割的现象。同时，国际上很多研究人员也提出了大量最优分割尺度的定量选择方法，但这些方法原理比较复杂，逻辑性较强，难以快速的理解掌握，不利于推广及应用。刘兆祎（2014）在单波段模型计算法基础上，充分利用遥感影像的多波段特征，将各波段按影像分割时所占的权重参与到模型计算中，从而获得了全局最优尺度计算模型。

3. 模糊数学分类方法

模糊集合（Fuzzy sets）理论是由美国加州伯莱分校Zadeh教授于1965年提出的。他开创了模糊数学研究的历史。模糊集理论是对经典集合理论的扩展，主要目的是克服经典集合"非此即彼"的二值逻辑，使集合元素与非集合元素间有一个过渡，令一个元素可以部分隶属于某个集合，而不是完全不属于或完全属于某个集合。模糊集合与经典集合的不同之处在于其明确提出了集合的隶属函数，每个元素是否属于集合或属于集合的隶属程度是通过隶属函数计算得到的。

早期，模糊数学分类在遥感图像处理中应用较少，由于模糊数学分类方法在模式识别中的广泛应用，遥感图像模糊分类的研究也逐渐开始。Bourbakis和Moghaddamzadeh（1997）提出一种基于模糊区域生长的彩色图像分割方法，此方法分割后的图像提取精度比普通区域生长方法分割图像高。Kent和Mardia（1988）利用模糊成员类型（Fuzzy membership model）对Landsat数据进行分类。这些模型只有限地应用了模糊数学的理论，就在一定程度上提高了分类精度，但仍没有完全的把模糊集理论引入整个图像分析过程中。Wang（1990）在研究遥感影像分类方法时，给出了模糊分类方法的详细步骤，其中主要包括地理信息的模糊集表达、模糊参数的估计和光谱空间的模糊划分。在运用黄土丘陵区数字地貌模型对影像的分层分类结果进行修正和细化时，张兵等（1996）引入了模糊数学理论分别建立起地貌、植被和土地利用之间的从属度关系。许磊等（2006）将模糊数学与支持向量（SVM）结合对遥感图像进行分类。利用模糊分类法优点主要是使特征值向模糊值的转化，实际上就是特征标准化过程；提供了明确的、可调整的特征描述；通过模糊运算和层次类型描述能够进行复杂的特征描述。

4. 最邻近分类方法

面向对象的最邻近分类法，它是基于训练样本自动生成多维隶属函数而构成多维特征分类器的，在一个适合的特征空间下可以较方便地对不同类别进行区分。最邻近分类方法类似于传统分类方法中的监督分类，通过选择样本的方法来进行影像分类。原理是通过选择的样本来统计该样本类的特征，以这个特征为中心，以未分类对象中包含且用于分类的特征与样本类特征之"差"为距离，该对象距离哪个样本类最近，就被分到那个类别中。

三、遥感影像数据预处理方法

（一）辐射校正

利用遥感器观测目标物辐射或反射的电磁能量时，从遥感器得到的测量值与目标物的光谱反射率或光谱辐射亮度等物理量是不一致的，遥感器本身的光电系统特征、太阳高度、地形以及大气条件都会引起光谱亮度的失真。为了正确评价地物的反射特征及辐射特征，必须尽量消除这些失真。为准确地表达地物的反射特征以及辐射特征，必须纠正这个偏差，纠正偏差的过程就是辐射校正。地物反射或发射的电磁能量在经过大气层时均与大气层发生相互作用，包括散射、吸收等，不仅会改变光线的传播方向，还会使能量衰减，影响图像的辐射特征，主要表现为大气的衰减作用随波长的不同而不同，故大气对不同波段削减作用不同；另外，传感器、太阳以及同一景影像上不同位置目标物的几何关系不同，使得该影像上的地物辐射能量所穿过的大气路径不同，因此使同一景影像中受大气的影响会因位置不同而有所差别。

完整的辐射校正包括遥感器校正、大气校正和太阳高度与地形校正。图15-3显示了对遥感图像辐射校正的数据流程和基本方法。通常大气校正比较困难，因为大气校正要求获取图像时的大气条件，而这些信息一般都因时因地而异。

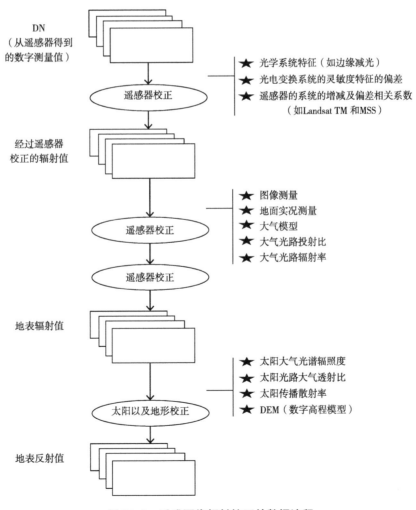

图15-3　遥感图像辐射校正的数据流程

1. 遥感器校准

由遥感器的灵敏度特征引起的畸变主要是由其光学系统或光电变换系统的特征所导致的。如在使用透镜的光学系统中，其摄像面存在着边缘部分比中心部分发暗的现象。如果以光轴到摄像面边缘的视场角为θ，则理想的光学系统中某点的光量与$\cos^n\theta$成正比，利用这一性质可以进行$\cos^n\theta$校准。

光电变换系统的灵敏性特征通常是重复的，其校正一般是通过定期地面测定，再根据测量值进行校准。如陆地卫星4和5系列的遥感器纠正就是通过飞行前实地测量，预先测出了各波段的辐射值（L_b）和记录值（DN_b）之间的校正增量系数和校正偏差量。其纠正的公式为式（15-7）。

$$L^s_b = A \times DN_b + B \qquad (15-7)$$

式中：L^s_b代表纠正的波段辐射值；DN_b代表记录值；A、B为系数。

通常假设校正增量系数和校正偏差值在遥感器使用期内是固定不变的，但事实上它们均会随时间有很小的衰减。

2. 大气校正

大气对光学遥感的影响是很复杂的。学者们尝试着提出了不同的大气校正模型来模拟大气的影响。但是对于任何一幅图像，其对应的大气数据几乎永远是变化的且难以得到，因此应用完整的模型纠正每个像元是不可能的。通常可行的一个方法是从图像本身来估计大气参数，然后以一些实测数据，反复运用大气模拟模型来修正这些参数，以实现对图像数据的校正。任何一种依赖大气物理模型的大气校正方法都需要先进行遥感器的辐射校准。

从最早的陆地卫星图像起，最普遍使用的大气校正方法是假设大气向下的散射率为0，利用式（15-8）来校正，即

$$L_G(x, y) = \left[(L(x, y) - L_p) \right] / T_{vb} \qquad (15-8)$$

式中：$L_G(x, y)$是校正的地物辐射值；$L(x, y)$是经过遥感器校准的辐射值；L_p是需要估计的大气程辐射值；T_{vb}是从大气物理模型中估算的透过率。

在最简单的可见光谱段大气校正中，对L_p的估算往往是假设大气透过率为1，或至少是一个常量。事实上，大气透过率为1的假设是不合理的，因为在可见光波段，大气程辐射是主要的大气影响。最普遍使用的估算L_p的方法是要求在图像上识别一个"黑物体"，假设这个物体的反射率是0，然后在图像上检查其平均的亮度值，这个值就是大气程辐射值。另一种比较复杂的估算L_p的方法是根据测定地物在蓝波段或绿波段的散射值，结合大气模型以及"黑物体"的辐射值来计算的。这个方法的主要缺陷是，黑物体的反射率为0的假设可能会导致产生错误，即使黑物体的实际反射率是0.01或0.02。

还有一种大气校正的方法是通过测定可见光近红外区的气溶胶的密度以及热红外区的水汽浓度，对辐射传输方程式作近似值求解。可是现实中仅从图像数据中正确测定这些值是很困难的。

利用地面实况数据进行大气校正是另一种常用的方法。利用预先设置的反射率已知的标志，或者测出适当的目标物的反射率，把地面实测数据和遥感器输出的图像数据进行比较，来消除大气的影响。但这种方法仅适用于地面实况数据，还需要特定的地区及时间。此外，还有其他的大气校正的方法。例如在同一平台上，除安装获取目标图像的遥感器外，也可安装专门测量大气参数的遥感器，再利用这些数据进行大气校正；还有利用植被指数转换来进行AVHRR的大气校正等。

3. 太阳高度和地形校正

为了获得每个像元真实的光谱反射，经过遥感器和大气校正的图像还需要更多的外部信息来进行太阳高度和地形校正。通常这些外部信息有大气程透过率、太阳直射光辐照度和瞬时入射角。太阳直

射光辐照度在进入大气层以前是一个已知的常量。在理想情况下，大气程透过率应当在获取图像的同时实地测量；但是对于可见光，在不同大气条件下，也可以合理地进行预测。当地形平坦时，瞬时入射角比较容易计算，但是对于倾斜的地形，经过地表散射后反射到遥感器的太阳辐射量就会依倾斜度而变化，因此数字高程模型（DEM）计算每个像元的太阳瞬时入射角来校正其辐射亮度值。

通常在太阳高度和地形校正中，都假设地球表面是一个朗伯反射面。但事实上，这个假设并不成立，最典型的如森林表面，其反射率就不是各向同性，因此需要更复杂的反射模型进行计算。

4.高光谱图像的标准和归一化

由于高光谱图像光谱分辨率高，其狭窄波段一般对应于很窄的大气吸收段或较宽的光谱吸收段的边缘，故每个波段受大气影响的程度和它相邻的波段是不一样的。在不同的操作条件下，整个图像光谱系统中光谱波段会有小的位移。因而，高光谱图像的遥感器校准以及大气光谱传输和吸收特征有别于一般多波段图像，其辐射校正更为复杂，校正计算量更大，需加以特别考虑。一般较实用的方法有5种。

（1）残差图像法。即按一定的规则调节每个像元值，使其在每一个被选定的波段上的值等于整个图幅的最大值，然后对每一个波段减去其归一化后的平均辐射值。

（2）连续值去除法。即先产生一个穿过图像光谱峰值的分段线性或多项式的连续值，然后对每个像元的光谱值除以其对应的连续值。

（3）内部平均相对反射法（IARR）。即对每个像元的光谱值除以整个图像的平均值。

（4）实用线性方法。即线性回归每个波段的记录值和实际测量值，得到一个线性增量系数和偏差值，从而校正其他值。

（5）平场法。即选一块光谱均一的高反射区取其平均值，然后对每一个像元的光谱值除以这个平均值。

以上多数方法都没有使用大气数据和模型，仅对高光谱图像作了归一化处理。表15-2列出了不同归一化技术对遥感辐射中的各种外部影响因素的补偿情况。由表15-2可见，只有残差图像法是真正意义上的辐射校正，再就是实用线性方法。但它们都需要大量野外实地测量。

应当指出的是，从逻辑上讲，精确的遥感图像辐射校正是很难的。因此，辐射校正经常被忽视，或者仅运用一些基于图像本身的技术进行部分校准。庆幸的是，许多遥感应用分析都只需要做相对的辐射校正，而不是绝对的辐射校正。

表15-2　高光谱图像归一化技术对各种影像辐射的物理因素的补偿能力的比较

方法名称	程辐射	地形	太阳辐照	太阳光路大气透射
残差图像法	√	√	√	√
连续值去除法	×	×	√	×
内部平均相对反射法（IARR）	×	×	√	√
实用线性法	×	×	√	√
平场法	√	×	√	√

（二）几何精校正

原始遥感图像中通常包含严重的几何变形。校正的目的是修正原始数据因卫星姿态、高度及地球曲率等原因造成的几何变形，从而修改出一幅符合实际工作需要的新图像。几何变形一般可分为系统性和非系统性两类。系统性几何变形是有规律的并可以预测的，因此可以通过模拟遥感平台和遥感器内部变形的数学公式或模型来预测。图像的几何纠正需要根据图像中几何变形的性质、可用的校正数据、图像的应用目的来确定合适的几何纠正方法。

几何校正所需的基本术语有图像配准、图像纠正、图像地理编码、图像正射投影校正等。图像配准是同一区域里一幅图像对另一幅图像的校准，以使两幅图像中的同名像元配准。图像纠正是借助于一组地面控制点，对一幅图像进行地理坐标的校正，这一过程又被称为地理参数。图像地理编码是指一种特殊的图像纠正方式，它把图像纠正到一种统一标准的坐标系中，以使地理信息系统中来自不同遥感器的图像和地图能方便地进行不同层之间的操作运算和分析。图像正射投影校正是借助于地形高程模型，对图像中每个像元进行地形变形的校正，使图像符合正射投影的要求。

卫星图像的纠正常常是根据卫星轨道公式将卫星的位置、姿态、轨道及扫描特征作物时间函数加以计算，来确定每条扫描线上像元坐标。多数用户得到的便是这种。但是往往由于遥感器的位置及姿态的测量值精度不高，使其校正图像仍存在不小的几何变形。因此进一步的几何纠正需要利用地面控制点和多项式纠正模型。

1. GCP（地面控制点）的选取

这是几何校正中最重要的一步。可以利用地形图（DRG）为参考进行控制选点，也可以在野外利用GPS测量获得，或者从校正好的影像中获取。选取的控制点有以下特征。

（1）GCP在图像上有明显的、清晰的点位标志，如道路交叉点、河流交叉点等。

（2）地面控制点上的地物不随时间而变化，GCP均匀分布在整幅影像内，且要有一定的数量保证，不同纠正模型对控制点个数的需求不相同。

（3）在没有做过地形纠正的图像上选控制点时，应在同一地形高度上进行。

地面控制点应当均匀地分布在整幅图像内，且要有一定的数量保证。地面控制点的数量、分布和精度直接影响结合纠正的效果。控制点的精度和选取的难易程度与图像的质量、地物的特征及图像的空间分辨率密切相关。

2. 建立几何校正模型

地面点确定之后，要在图像与图像或地图上分别读出各个控制点在图像上的像元坐标$(x，y)$及其参考图像或地图上的坐标$(X，Y)$，根据需要选择一个合理的坐标变换函数式（即数据校正模型），然后用公式计算每个地面控制点的均方根误差（RMS），根据公式计算出每个控制点几何校正的精度，计算出累积的总体均方根误差（也叫残余误差）。该误差一般控制在一个像元之内，即$RMS<1$。

图像上的像元坐标一般是其行、列号，也可以是变形的地理坐标。图15-4是遥感图像校正的示意图。图中把原始图像变形看成是某种曲面，输出图像作为规则平面。从理论上讲，任何曲面都能以适当高次的多项式来拟合。

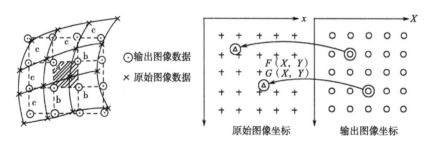

图15-4　遥感图像的几何纠正

下一步是选择合适的坐标变换函数式，建立图像坐标$(x，y)$与其参考坐标$(X，Y)$之间的关系式，通常又称多项式纠正模型。其数学表达见式（15-9）、式（15-10）。

$$x = \sum_{i=0}^{N} \sum_{j=0}^{N-i} a_{ij} \; X^i Y^j \qquad\qquad (15-9)$$

$$y = \sum_{i=0}^{N} \sum_{j=0}^{N-i} b_{ij} \; X^i Y^j \qquad\qquad (15-10)$$

式中：a_{ij}、b_{ij}为多项式系数；N是多项式的次数。N的选取，取决于图像变形的程度、地面控制点的数量和地形位移的大小。对于多数具有中等几何变形的小区域的卫星图像，一次线性多项式就可以纠正几何变形，包括X、Y方向的平移，X、Y方向的比例尺变形、倾斜和旋转，从而取得足够的纠正精度。对变形比较重要的图像或当精度要求较高时，可用二次或三次多项式，见式（15-11）、式（15-12）。

$$x = a_0 + a_1 X + a_2 Y + a_3 X^2 + a_4 XY + a_5 Y^2 + \cdots \qquad\qquad (15-11)$$

$$y = b_0 + b_1 X + b_2 Y + b_3 X^2 + b_4 XY + b_5 Y^2 + \cdots \qquad\qquad (15-12)$$

当多项式的次数（N）选定后，用所选定的控制点坐标，按最小二乘法回归求出多项式系数，然后用式（15-13）计算每个地面控制点的均方根误差（RMS_{error}）。

$$RMS_{error} = \sqrt{(x' - x)^2 + (y' - y)^2} \qquad\qquad (15-13)$$

式中：x、y为地面控制点在原图像中的坐标，x'、y'为对应于相应的多项式计算的控制点坐标。

估计坐标和原坐标之间的差值大小代表了其每个控制点几何纠正的精度。通过计算每个控制点的均方根误差，既可检查有较大误差的地面控制点，又可得到累积的总体均方根误差。

通常用户会指定一个可以接受的最大总均方根误差，如果控制点的实际总均方根误差超过这个值，则需要删除具有最大均方根误差的地面控制点，在必要时，选取新的控制点或调整旧的控制点；改选坐标变换函数式，重新计算多项式系数；重新计算RMS误差。重复以上过程，直至达到所要求的精度为止。多项式纠正模型确定后，对全幅图像的各像元进行坐标变换，重新定位，以达到纠正的目的。

3. 图像重采样

重新定位后的像元在原图像中分布是不均匀的，即输出图像像元点在输入图像中的行列号不是或不全是正数关系。因此需要根据输出图像上的各像元在输入图像中的位置，对原始图像按一定规则重新采样，进行亮度值的插值计算，建立新的图像矩阵。常用的内插方法包括最邻近法、双线性内插法、三次卷积内插法。

（1）最邻近法。如图15-4所示，将原图像中a像元的亮度值赋给输出的图像中带阴影的像元。该方法的优点是输出图像仍然保持原来的像元值，简单、处理速度快。但这种方法最大可产生半个像元的位置偏移，可能造成输出图像中某些地物的不连贯。

（2）双线性内插法。使用相邻4个点的像元值（图15-4中a和b标志的像元），按照其距内插点的距离赋予不同的权重，进行线性内插。该方法具有平均化的滤波效果，边缘受到平滑作用，而产生一个比较连贯的输出图像，其缺点是破坏了原来的像元值，在后来的波谱识别分类分析中，会引起一些问题。

（3）三次卷积内插法。该方法较为复杂，它是使用内插点周围的16个像元值，用三次卷积函数进行内插。这种方法对边缘有所增加，并具有均衡化和清晰化的效果，但是它仍然破坏了原来的像元值，且计算量较大。

重采样是几何校正的重要一步，而且在一些图像处理中也是需要的，比如在对不同时段、不同空间分辨率图像之间，以及与GIS中其他数据进行配准和不同层之间复合。

一般认为最邻近法有利于保持原始图像中的灰级，但对图像中的几何结构损坏较大。后两种方法虽然对像元值有所近似，但也在很大程度上保留了图像原有的几何结构，如道路网、水系、地物边界等。

几何校正也存在如下问题：①对图像亮度值的重新采样，改变了原图像数据，影响到图像分类的结果。②由于像元亮度值是一个综合信息，重采样的地物光谱特征包括各波段的均值、方差、协方差、相关系数等地物之间的对比度等会发生变化。③当采样间隔增大，其分辨率会降低，某些地物信息会随之完全损失。④应用多项式纠正模型无法纠正地形引起的位移。⑤为了得到较小的残余误差，一般需要大量的地面控制点，这需要较多的人工时间选取这些高精度的控制点，对于一些低空间分辨率的图像尤其困难。

另外，对于短周期，较低空间分辨率的卫星数据，如NOAA/AVJRR、MODIS等，往往因分辨率低及部分被云覆盖，使合格的地面控制点选取有相当难度。可以采用数据影像匹配与相关技术法。它分为基于灰度的影像匹配和基于特征的影像匹配两种。前者需先从参考图像中提取目标区作为匹配的模板，再将其在待配准的图像中滑动，通过相似性度量来寻找最佳匹配点；后者是先从两幅图像中提取出灰度变化明显的某些特征作为匹配基元，再在两幅图像对应的特征集中利用特征匹配算法将存在匹配关系的特征对选择出来，对于非特征像素点利用差值等方法做处理，以实现两幅图像间的逐像素的配准。后者较前者匹配计算量小，速度快。

以已有投影的ETM参考影像为基准，直接进行几何精校正，图像如图15-5所示。

控制点数量：均匀查找20～40个控制点。

重采样方法：最近邻域。

校正模型：2次多项式。

像元大小：对应影像的标定空间分辨率，5m、10m、20和30m。

残差：均在1个像元以内。

数据格式：Erdas的.img文件。

采用双标准纬线等面积圆锥投影（Albers投影）。

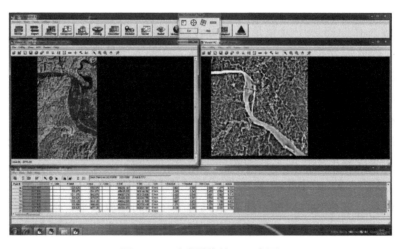

图15-5　遥感影像校正示意图

（三）影像分幅裁剪

遥感图像以景为单位，随着遥感传感器的不同，其空间分辨率也不同。因此，一景遥感数据所对应的地面大小也是不一样的。而研究区的范围或很大，一景遥感影像不能覆盖全面区域或只是一景数据的一部分。在这样的情况下，就需要对遥感影像进行裁剪和拼接，以满足遥感研究和制图的需要。当我们所获取的遥感数据比实际需要的数据范围大的时候，为了节约磁盘空间、减少数据处理时间、方便制图，常常需要对遥感图像进行分幅裁剪（Subset）。在ERDAS IMAGINE中，可以将其分为规则分幅裁剪（Rectangle subset）和不规则分幅裁剪（Polygon subset）两类。

1. 规则分幅裁剪

规则分幅裁剪是指裁剪图像的边界范围是一个矩形，通过左上角和右下角两点的坐标来确定图像裁剪位置以实现裁剪，是一种简单的裁剪。

打开需要裁剪的影像，设置裁剪范围。

（1）在ERDAS图标面板菜单条选择Main｜Start IMAGE Viewer命令，打开Select Viewer Type对话框。或者在ERDAS图标面板工具条选择Viewer图标，打开Select Viewer Type对话框。

（2）选择Classic Viewer按钮，单击OK按钮，打开一个新的Viewer对话框。

（3）在Viewer菜单条选择File｜Open｜Raster Layer菜单，打开Select Layer to Ade对话框。或者在Viewer工具条选择Open Layer按钮，打开Select Laver to Add对话框。

（4）在文件列表中选择C：\Program Files\Leica Geosystems\Geospatial Imaging9.1\examples\dmtm.img，单击OK按钮，在Viewer中显示该数据。

（5）在Viewer菜单条选择Utility｜Inquire Box菜单，打开查询框。或者右击图面，进入Quick Viewer菜单条，选择Inquire Box菜单，打开查询窗口。

（6）在此根据需要输入左上角点和右下角点的坐标，也可以在图幅窗口中直接拖动查询框到需要的范围。

（7）单击Apply按钮。

根据已经设置好的裁剪范围裁剪图像。

（1）在ERDAS图标面板菜单条选择Main｜Data Preparation｜Subset Image命令，打开Subset对话框。或者在ERDAS图标面板工具条选择Data Prep图标｜Subset Image命令，打开Subset对话框。

（2）选择出来图像文件（Input File）为：dmtm.Img。

（3）输出文件名称（Output File）为：dmtm_sub.img。

（4）单击From Inquire Box按钮引入裁剪过程中设置的两个角点坐标，坐标类型（Coordinate Type）为Map。

（5）输出数据类型（Data Type）为Unsigned8b，Continuous。

（6）输出统计忽略零值，选中Ignore Zero In Outputstats复选框。

（7）输出波段（Select Layers）为1：7（表示1，2，3，4，5，6，7这7个波段）。

（8）单击OK按钮（关闭Subet对话框，执行图像裁剪）。

注意：上述的裁剪过程是通过Inquire Box引入已经预先设定好的坐标定义裁剪范围的，也可以直接在Subset对话框中输入左上角点和右下角点确定裁剪范围；另外一种方法是应用感兴趣区域（AOI），具体过程首先是在打开被裁剪图像的窗口中绘制矩形AOI，然后在Subset对话框中选择AOI功能，打开AOI窗口，并选择AOI区域来自图像窗口即可。

2. 不规则分幅裁剪

不规则分幅裁剪的是指裁剪的边界范围是任意多边形，必须通过事先设置的一个完整的闭合多边形区域来进行裁剪。可以是一个手工绘制的ROI多边形，也可以是ENVI支持的矢量文件，这是一种较为复杂的裁剪。

（1）打开要裁剪的图像dmtm.img，在Viewer图标面板菜单条选择AOI｜Tools菜单，打开AOI工具条。

（2）应用AOI工具绘制多边形AOI，将多边形AOI保存在dmtm_aoi.aoi文件中。如果一次绘制多个AOI，需要按住shift键选择绘制的所有AOI，否则默认选择最后一次绘制的AOI。

（3）在ERDAS图标面板菜单条选择Main｜Data Preparation｜Subset Image命令，打开Subset对话框。或者在ERDAS图标面板工具条选择Data Prep图标｜Subset Image命令，打开Subset对话框。

（4）选择出来图像文件（Input File）为C：\Program Files\Leica Geosystems\Geospatial Imaging9.1\examples\dmtm.img。

（5）输出文件名称（Output File）：dmtm_sub_aoi.img，并设置存储路径。

（6）单击AOI，打开Choose AOI对话框。

（7）选择AOI的来源为Viewer（或者为AOI File）。如果是Viewer，要注意如果需要多个AOI，需要在Viewer中按住Shift键选中所需要的AOI；如果是AOI File，则进一步选择（2）中保存的dmtm_aoi.aoi。

（8）输出数据模型（Datat Type）为Unsigned8b，Continuous。

（9）输出统计忽略零值，选中Ignore Zero In Outputstats复选框。

（10）设置输出波段（Select Layer）这里选1：7（表示1，2，3，4，5，6，7这7个波段）。

（11）单击OK按钮，关闭Subset对话框，执行图像裁剪。

（四）影像镶嵌

当研究区超出单幅遥感影像所覆盖的范围时，通常需要将两幅或多幅影像拼接起来形成一幅或一系列覆盖全区的大影像，这个过程就是影像镶嵌。进行影像镶嵌时，先制定一幅参照影像，作为镶嵌过程中对比度匹配以及镶嵌后输出影像的地理投影、像元大小、数据类型的基准；在重复覆盖区，各影像之间应有较高的配准精度，必要时要在影像之间利用控制点进行配准；尽管其像元大小可以不一样，但应包含与参照图同样数量的层数。

为便于影像镶嵌，一般均要保证相邻图幅间有一定的重复覆盖区，由于其获取时间的差异，太阳光强及大气状态的变化，或者遥感器本身的不稳定，它们在不同影像上的对比度及亮度值会有差异，因此有必要对各嵌影像之间在全幅重复覆盖区上进行匹配，以便均衡化镶嵌后输出影像的亮度值和对比度。最常用的影像匹配方法有直方图匹配和彩色亮度匹配两种。

直方图匹配就是建立数学上的检索表，转换一幅图的直方图，使其和另一幅影像的直方图形状相似。彩色亮度匹配是将两幅要匹配的影像从（RGB）彩色空间转换为光强、色相和饱和度（HIS），然后用参考影像的光强替换要匹配影像的光强，再进行由HIS到RGB的彩色空间反变换。

在影像匹配及相互配准后，需要选取合适的方法来决定重复覆盖区上的输出亮度值，常用的方法，包括取覆盖同一区域影像之间的平均值、最小值和最大值，再指定一条切割线，切割线两侧的输出值对应于其邻近影像上的亮度值。然后根据重复覆盖区上像元离两幅邻接影像的距离确定的权重，进行线性插值，如位于重复区中间线上的像元取其平均值。要实现高精度的影像是相当复杂的，它需要在镶嵌的影像间选取控制点进行匹配及配准，这往往需要大量的时间和计算量。随着获取高精度的航空航天遥感影像技术的快速发展，特别是近几年高分辨率的遥感影像的广泛应用，发展影像镶嵌的自动化技术就显得越来越重要。

（五）精度评价

遥感数据是地理信息系统中重要的数据源，随着遥感与地理信息系统的整合，许多遥感数据以及从遥感数据中提取的专题地图数据被用来定量地分析社会及环境问题。地理信息系统用户关心的一个重要问题就是这些遥感数据以及从遥感数据中提取的数据中所包含的错误类别及其精度高低。遥感和地理信息系统中数据获取、处理和分析过程中的各种错误源，其单个或累计效果往往是很难一一追踪的，在遥感过程的各个环节均会产生错误或误差。

图像精度指的是一幅不知道其质量的图像和一幅假设准确的图像之间的吻合度。如果一幅分类图像中的类别和位置都和参考图接近，我们就称这幅分类图像的精度高。精度评价对于遥感分类很重要，因为一幅分类图像的精度直接影响遥感图像的制图，对实际土地、环境管理的报告，以及其他数据分析的有用性和用这些数据进行科学研究的合理性。精度评价必须客观地通过某种方法，定量地将一幅图像和另一幅同一区域的参考图像或其他参考数据进行对比。任何用户都不会在没有足够证据的前提下，接受对一幅遥感成图的科学性、质量与精度的评价。

1. 采样方法

由于遥感观测涉及的空间广大、类型复杂，如何设计既有可靠的统计理论基础，又能在实践中可行的采样方法是进行精度评价的一个关键问题。所以，采样设计应当采用概率采样，以确保样本的代表性和有效性，使样本估计的总体参数建立在可靠的基础之上。精度评价中有不同的采样方法，常用的概率采样方法包括简单随机采样、分层采样、聚点式集群采样以及系统采样。不同的采样方法所采用的参数估计的具体形式和计算公式不同，它们各具有一定的优缺点。具体采用哪种方法，应考虑分类系统和应用目的的影响，依据精度评价的目的而定。

（1）简单随机采样。简单随机采样的最大优点在于其统计和参数估计上的简易性。即在分类图上随机地选择一定数量的像元，然后比较这些像元的类别和其标准类别之间的一致性。应用此设计，所有样本空间中的单元被选中的概率都是相同的。在此基础上所计算出的有关总体参数的估计也是无偏的，但是其对应的时间花费相对较多。如果所研究区域内各种类型分布均匀，且面积差异不大，则简单随机采样应予以优先考虑。相反，如果地域内类型的空间分布不均匀，或出现空间上稀少并集群的类型，简单随机采样就有可能遗漏这些类型，或抽取不到足够数量的样本。

（2）分层采样。当图像中某些类别占的数量很小时，随机采样往往会丢掉这些类别。为了保证每个类别都能在采样中出现，可以分层采样，即分别对每个类别进行随机采样。分层采样往往是为保证在采样空间或类型选取上的均匀性及代表性所采用的方法。分层的依据可因精度评价的目标而异。常用的分层依据有地理区、自然生态区、行政区域或分类后的类别等。在每层内采样的方式可以是简单随机或系统采样。如没有特殊需要，随机采样可取得较好的样本。但在野外调查或采样时有可能遇到一些困难，如是否能到达采样地点等；如在层内采用系统采样往往也可获得区域中具代表性的样本，且较容易进行野外作业。利用分层系统采样时应注意的一个问题是类别在空间分布上的自相关性。因为如果系统采样的样本空间分布正好与某些类别的空间分布具有相关关系，则所抽取样本的独立性便不能得到保证，这将直接影响由样本估计总体参数的可靠性。因此在设计分层系统采样时，应细心考察类别空间分布的自相关性，并在采样设计时予以注意。

（3）聚点或集群采样。聚点采样也是一种经常采用的较为经济的采样方法。聚点采样往往先在样本空间内抽取一定数量的主样本，然后在每一个主样本内再抽取若干个二级样本作为地面实地考察的对象。相对于简单随机采样或系统采样，聚点采样可节省一定的人力、物力资源，如设计合理，也可以取得能够满足需要的总体参数估计。与系统采样类似，聚点采样也可能遇到空间自相关的问题。由于第二级样本的抽取都限定在所选的主样本范围之内，所以处在同一主样本内的二级样本在空间上距离相近。如果类别的空间分布具有明显的自相关性，则某些二级样本可能不具有独立代表性。用于精度评价的像元数量通常难以统一决定，但对每个类别应有一定的数量保证。对于样本的正确描述和评估是保证精度评价质量的关键一环。在对地面单元样本进行野外勘察或航片解译时，事先一定要设定好统一的关于样本描述和评估的步骤方法，对各类别的特征进行定性和定量的描述。

2. 误差矩阵与精度指标

样本是分类精度评价的基本单元，可靠的样本数据将给计算统计量和进行精度评价提供必要的基础资料。在有了良好采样方案和可靠的样本数据的基础上，便可讨论如何进行精度评价中统计量的选择和分析，以最终获取精度评价指标。最常采用的是建立误差矩阵，以此计算各种统计量并进行统计检验，最终给出对于总体的和基于各种地面类型的分类精度值。

（1）误差矩阵。误差矩阵是表示精度评价的一种标准格式。误差矩阵是n行n列的矩阵。

（2）基本的精度指标。主要包括总体分类精度、用户精度、制图精度等。

3. Kappa分析

在对误差矩阵进行分析得到其总体精度、用户精度和制图精度后，往往仍需要一个更客观的指标来评价分类质量，比如两幅图之间的吻合度。利用总体精度、用户精度和制图精度的一个缺点是像元类别的小变动可能导致其百分比变化。运用这些指标的客观性往往依赖于采样样本以及方法。

精度评价是一个复杂的过程，尽管精度评价过程中一些重要的问题已经得到了一致公认，但仍有许多没有解决的问题，比如精度评价中不同采样方法的客观性；是否存在较好的采样方法；如何比较两个从不同采样方法得到的误差矩阵等。

（六）影像融合

随着遥感技术的发展，越来越多的不同类型遥感器被用于对地观测。这些多传感器、多时相、多分辨率、多频段的遥感影像数据，都显示了自身的优势和局限。为了更充分地利用和开发这些数据资源，数字影像融合技术便应运而生，它作为遥感影像分析的一种有效工具，成为遥感研究的前沿并得以迅速发展。

1. 影像数据融合概念

遥感是以不同空间、时间、波谱、辐射分辨率提供电磁波谱不同谱段的数据。由于成像原理不同和技术条件的限制，任何一个单一遥感器的遥感数据都不能全面反映目标对象的特征，也就是都有一定的应用范围和局限性。各类非遥感数据也有它自身的特点和局限性。倘若将多种不同特征的数据结合起来，相互取长补短，便可以发挥各自的优势、弥补各自不足，可以更全面地反映地面目标，提供更强的信息解译能力和更可靠的分析结果。这样不仅扩大了各数据的应用范围，而且提高了分析精度、应用效果和实用价值。

影像融合是一个对多遥感器的影像数据和其他信息的处理过程。它着重把那些空间或时间上冗余或互补的多源数据，按一定的规则或算法进行运算处理，获得比任何单数据更精确、更丰富的信息，生产一副具有新的空间、波谱、时间特征的合成影像。它不仅仅是数据间的简单复合，而是强调信息的优化，以突出有用的专题信息，消除或抑制无关的信息，改善目标识别的影像环境，从而增加解译的可靠性，减少模糊性，改善分类，扩大应用范围和效果。

影像融合可在3个不同的层次上进行，一是像元，二是特征，三是决策层。

（1）基本像元的影像融合。对测量的物理参数的合并，即直接在采集的原始数据层上进行融合。它强调不同影像信息在像元基础上的综合，强调必须进行基本的地理编码，即对栅格数据进行相互间的几何配准，在各像元一一对应的前提下进行影像像元级的合并处理，以改善影像处理的效果，使影像分割、特征提取等工作在更准确的基础上进行，并可能获得更好的影像视觉效果。

这就是说，基于像元的影像融合必须解决以几何纠正为基础的空间匹配问题，包括像元坐标变换、像元重采样、投影变换等。用同一映射方法对待不同类型影像，显然会有误差；而按一定规则对影像像元重新赋值的重采样过程，也会造成采样点地物光谱特征的人为变化，导致后续影像应用分析出现误差，甚至错误。此外，几何纠正需要已知遥感器的观察参数。若考虑高度变化还需用数字高程模型，这对合成孔径成像雷达SAR数据处理尤为重要。而且，它是对每个像元进行运算，涉及的数据处理量大。此外，由于对多种遥感器原始数据所包含的特征难以进行一致性检验，基于像元的影像融合往往具有一定的盲目性。

（2）基于特征的影像融合。它指运用不同的算法，首先对各种数据源进行目标识别的特征提取，如边缘提取、分类等，也就是先从初始影像中提取特征信息——空间结构信息如范围、形状、邻域、纹理等；然后对这些特征信息进行综合分析与融合处理。基于特征的影像融合，强调"特征"之间的对应，并不突出像元的对应，在处理上避免了像元重采样等方面的人为误差。由于它强调对"特征"进行关联处理，把"特征"分类成有意义的组合，所以它对特征属性的判断具有更高的可信度和准确性，围绕辅助决策的针对性更强，结果的应用更有效，且数据处理量大大减少，有利于实时处理。但正因为它不是基于原始影像数据而是特征进行融合，则在特征提取过程中不可避免地会出现信息的部分丢失，并难以提供细微信息。

（3）基于决策层的影像融合。它指在影像理解和影像识别基础上的融合，即经"特征提取"和"特征识别"过程后的融合。它是一种高层次的融合，往往直接面向应用，为决策支持服务。此种融合先经影像数据的特征提取以及一些辅助信息的参与，再对其有价值的复合数据运用判别准则、决策规则加以判断、识别、分类，然后在一个更为抽象的层次上，将这些有价值的信息进行融合，获得综合的决策结果，以提高其识别和解译能力，更好地理解研究目标，更有效地反映地学过程。融合可以在单层次上进行，也可以在多层次上进行，但往往是从低层到高层，逐步抽象的数据处理过程。

2. 影像融合的具体目标

影像融合的具体目标在于提高影像空间分辨率、改善影像几何精度、增强特征显示能力、改善分类精度、提供变化检测能力、替代或修补影像数据的缺陷等。

（1）影像锐化。影像融合作为提高影像空间分辨率的一种手段，常被用于高低空间分辨率影像数据的融合，最典型的应用是高分辨率全色影像与低分辨率多光谱影像数据的融合。它既保留了多光谱影像的较高光谱分辨率，又保留了全色影像的高空间分辨率，以便更详细地显示影像信息，提高影像的空间分辨率和几何精度。如SPOT的"P+XS"产品、ETM的"TM+P"与TM1-5、TM7（可见光—红外30m）的融合，以及合成孔径成像雷达SAR与多光谱数据的融合等。一般说来，它强调了影像的视觉效果，往往忽略了原影像本身频谱信息的失真。

（2）改善配准精度。对于多遥感器影像融合，其必要条件是空间配准。常规的几何纠正是借助于地面控制点（GCP）或特征控制点。但当融合的数据来源于完全不同观测方式的遥感器时，或者多光谱影像被云层覆盖时，控制点对位置的确定是相当困难的，为了确保或改善配准的精度，需要运用一些综合纠正方法。

（3）特征增强。影像融合的特征增强能力是很明显的。它往往能产生单一数据所不具备的或难以显示的特征，并增强影像的语义能力，从而最大限度地提取特征信息。如利用微波与光学遥感系统的不同物理特征和各自的优势进行数据融合，致使各种专题特征得到增强。

（4）改善分类。它指利用多源的、互补的影像数据融合，来改善遥感影像的分类精度。如可见光—红外影像数据主要反映地面目标光谱特征。因大田作物往往具有相似的光谱响应，仅从多光谱数据难以区分；而利用雷达影像数据的地表粗糙度、形状、水分含量等方面的不同表现可以从另一个侧面提高对不同作物类别的识别能力，明显提高分类精度和效果。

（5）多时相影像融合用于变化检测。多时相影像数据融合包括统一遥感器的数据和多遥感器数据。由于目前几乎不可能获得完全同步的多遥感器数据，因此不同遥感器数据融合本身就包含了时间因素。多时相的数据的融合主要用于变化检测，也可以利用其目标波谱特征的时间效应提高对目标的识别能力。由于被融合的数据来源不同、所处的大气条件等的差异，有必要对输入的影像进行大气纠正和辐射纠正等预处理，以便创造可相互兼容的数据集，便于对比分析。多时相影像融合进行编号检测的方法，包括影像相减、比值分析、主成分分析等。

（6）替代或修补影像数据的缺陷。不同的遥感影像数据，由于成像机理、所用波段、影响因素的不同均会出现不同的缺陷，如多光谱影像数据常被云层及云的阴影遮挡，损失部分地面目标的信息；SAR雷达影像数据又因侧视成像和地形影响，造成前视收缩、叠掩、阴影等严重几何变形，这都影响到影像的可读性。为了克服这些影响，往往需要用另一遥感器的影像数据来替代和修补这幅影像损失或有缺陷的信息，实现不同影像数据的融合。

3. 影像融合的关键技术

影像融合涉及各种领域中多方面的内容，如数字信号处理、计算机科学、模式识别、最优化技术、影像处理、人工智能、地学分析等，是一个很复杂的问题。随着影像融合技术的发展，也相应地带来了一系列新问题，如庞大的数据量及数据处理的工作量等。人们不但要逐一从各种遥感器数据中提取感兴趣的信息，还要将多组不同特征的信息进行匹配、比较和分析，以达到研究目的。这就要求研究人员既要能从应用的角度熟悉各种遥感器对地物特性的不同反映，又要具有相当的数据处理能力，能够通过不同的算法从复杂的数据中提取出所需的信息。

（1）数据配准。

①空间配准：各类不同来源的遥感影像数据，因轨道、平台、观测角度、成像机理等的不同，其几何特征相差很大。在影像数据融合前，必须首先进行空间配准，即解决各类遥感影像的几何畸变，实现以几何纠正为基础的空间配准，以达到同一区域不同影像数据地理坐标的统一。它涉及几何纠正模型、重采样方法、投影变换、变形误差分析等问题。

②数据关联：指各类数据变化成统一的数据表达形式，以保证融合数据的一致性，从而较客观地表达同一目标同一现象。

（2）融合模型的建立与优化。

①充分认识研究对象的地学规律和信息特征，如地质找矿——确定与找矿有关的地质体；找地下水——寻找古河道、断层破碎带等赋水条件好的地段，以及充分认识研究对象的地学属性等。

②充分了解每种融合数据的特性及适用性、局限性，通过多源数据的相互补充，以提供更多更好的数据源。

③充分考虑到不同遥感数据的相关性以及数据融合中所引起的噪声误差的增加，确定融合模型以提取有用信息、消除无用信息，实现融合后数据的互补与信息富集。

（3）融合方法的选择。根据融合目的、数据源类型、特点，选择合适的融合方法。影像数据融合的技术方法多种多样，大致可归结为彩色相关技术和数据方法。

4. 影像融合及变换方法

（1）RGB彩色合成。RGB彩色合成会指定3个不同类型的影像，分别赋予RGB三原色进行彩色合成，生成一幅彩色合成影像。它可以通过一般介质如CRT显示器加以显示。彩色合成有利于对多波段影像的解译。首先根据单波段亮度值的变化调整彩色值，确定RGB亮度的数据集，并存于LUT彩用一栏表中，再操作LUT和影像直方图以加强彩色合成的视觉效果。

（2）HIS变换。在计算机定量处理彩色时，通常采用RGB表色系统，但在视觉上定性描述色彩时，采用HIS显色系统更直观些。HIS显色系统采用色调、饱和度、亮度表示颜色。为此，必须选择HIS模型，进行由RGB到HIS彩色空间的变换，进而实现多源遥感数据的融合。主要包括正变换（RGB到HIS）、逆变换（HIS到RGB）、HIS变换下的遥感影像融合。

（3）主成分分析（PCA）。主成分分析对影像编辑、影像数据压缩、影像增强、变化检测、多时相维数和影像融合均是十分有效的方法。在影像数据融合中，PCA常采用两种方法，第一种方法是用一幅高分辨率影像来替代多波段影像的第一主成分PC$_1$；第二种方法是对多波段影像的所有波段进行PCA。前者是通过高分辨率的影像（A）来增加多波段影像的空间分辨率。即先将高分辨率的影像（A）拉伸到PC$_1$的方差和均值，然后将拉伸后的影像（A′）替代多波段影像数据的PC$_1$。由于PC$_1$的方差最大，且包含了所有波段绝大部分信息，因此融合后的影像中既有多光谱信息又具有高分辨率。

第二种方法是对多遥感器影像数据或单遥感器多波段数据的所有波段经PCA后，生成一幅影像文件，以减少数据的冗余度。

（4）相关统计分析。即基于对被融合影像之间波谱特性的相关统计分析，通过对各类型影像数据间的相关性研究，建立线性方程，求解方程并修改系数，运用权重法实现基于像元的影像加权融合。

（5）空间滤波分析。空间滤波分析多用于不同空间分辨率的影像数据融合，可分为高通滤波与低通滤波。"高通滤波"把空间信息加到波谱信息中，是又一种提高多波段数据空间分辨率的方法。即对高空间分辨率影像用一个小的高通滤波器处理，以生成与空间特征信息相关的高频数据，这种数据按像元对像元的方法被加到低分辨率波动中。这种融合影像既有高分辨率数据的空间信息，又有低分辨率数据的高光谱分辨率信息，但此种从高分辨率波段到低分辨率数据的滤波，虽增强了空间细节，却往往限制了重要的结构信息，且波谱特征会被扭曲。对不同空间分辨率影像进行融合前的空间配准时，往往对高分辨率的影像经适当"低通滤波"，平滑掉原影像的细节，使之粗化，再与低分辨率的影像融合。

（6）小波变换。依据像元并通过映射变换的融合方法的局限性在于不同类型影像之间兼容性差，处理数据量剧增，获取同一地区影像的时间不同。由于同一目标在不同遥感器影像数据之间呈非线性关系，显然仅用线性关系来融合不同类型影像数据是不充分的，需要引入非线性理论和模型。小波变换具有变焦性、信息保持性和小波基选择的灵活性等优点。经过小波变换，影像可被分解为一些具有不同空间分辨率、频率特性和方向特性的子信号。它的分频特征，相当于高、低双频滤波器，能够将一个信号分解为低频信息和高频信息，同时又不失原信号所包含的信息。因而可以用于以非线性的对数映射方式融合不同类型的影像数据，使融合后的影像既保留原高分辨率遥感影像的结构信息，又融合多光谱影像丰富的光谱信息，提高影像的解译能力、分类精度。在影像数据融合中，选择不同长度的小波基和算法会影响到影像高、低频部分构成比例的不同，将对融合图像的质量有所影响。小波变换能实现对数据的无损压缩和影像的完全重构，即由小波变换分解的各频带信号，可经过小波反变换重构"原"影像。

5. 融合效果评价

多遥感器影像融合，涉及不同数据源，所以其数据获取方式和影像融合方法不同。因此，对融合结果的评价也是复杂的。目前，一般通过多种统计分析方法来评判融合影像的质量，如用"熵与联合熵"来评定其信息量的大小；用"梯度和平均梯度"来评定融合影像的清晰度；计算影像偏移、逼真度、影像的方差和相关等作为影像质量的数学评判标准等。

（1）基于信息量的评价。影像融合的目的之一是要增加信息量，因此需要对融合后的影像进行信息量大小的评定，是衡量信息丰富程度的一个重要指标，一般可选用对融合前后影像求熵和联合熵的方法，来求算信息量的大小。熵越大，影像所含的信息越丰富，影像质量越好。

（2）基于清晰度的评价。影像的清晰度可采用梯度和平均梯度来衡量。影像清晰度是指影像的边界或影像两侧附近灰度有明显差异，即灰度变化率大，这种变化率的大小可用梯度来表示。它反映影像微小细节反差变化的速率，即影像多维方向上密度变化的速率，表征影像的相对清晰程度。

（3）基于逼真度的评价。逼真度指被评价影像与标准影像的偏离程度。这里指影像的改善程度。计算值越大，表示影像改善越大，融合效果越好。

第三节　工业大麻遥感监测地面调查及数据采集

通过地面调查可按时保质地提供田间实测数据，反馈地面试验结果，与遥感监测结果集成分析后，综合评价各种作物间的长势、土壤墒情、田间农艺参数、农业自然灾害、估产及秸秆焚烧等多种情况，提高遥感监测的准确性、可靠性、及时性和权威性，为指导农业生产和政府宏观决策提供科学依据。通过对基本农田的调查及时掌握基本农田的变化情况，为农业生产提供有利的服务。

一、地面调查的意义

地面调查在遥感影像解译、遥感信息模型构建、遥感定标、辐射传输机理研究中具有以下重要意义。

（一）为遥感影像解译提供支持

通过对地表目标物的实地调查，加强对目标物特征的理解，为遥感影像解译提供参考和依据。在对遥感影像进行分类解译之前，通常需要进行地面实地调查，了解当地作物分布情况、土地覆盖特点，并结合色调、形状、阴影、纹理及影像结构等特征建立遥感解译标准。例如在对某地区被提取的主要作物、水体、道路和居民点4类基本地物要素进行实地调查和影像定性分析、归纳后，总结出这些地物具有的影像特征如下。

1. 主要作物

例如东北地区主要作物有大豆、玉米、水稻，间作少许烤烟及高粱、麻类作物等。大豆普遍呈黄色，色彩鲜艳，纹理细腻，且形状规则，一般呈现块状和条状分布；玉米多以棕褐色、红褐色为主，色彩较暗，纹理细腻，规则，主要是大片分布，或与大豆间种，少数零星分布；水稻多以棕黄色、粉色为主，纹理粗糙，不规则，呈网格状、片状或带状，其主要是大片分布，且多分布在河流附近；烤烟普遍呈紫色，纹理规则，呈块状分布；高粱以棕橘色为主，色彩亮，纹理细腻，规则，主要是条状分布，麻类作物呈黄色，色彩鲜艳，纹理细腻，一般呈现块状或条状分布。

2. 水体

内陆水体由于光线反射角度及水体深度的不同，色调也有所不同，水体大多呈现青蓝色、蓝色和深蓝色。内陆水体还可细分为河流、湖泊和池塘。其中，河流的几何形状为条带状，且有弯曲，湖泊的几何形状为不规则的面状，池塘的几何形状为长方形的面状，分布集中，排列规则。

3. 道路

城市道路一般为水泥路和沥青路。一般水泥路呈灰白色，沥青路呈灰黑色。郊区的公路两旁多设有隔离带或两侧配有绿化带。

4. 居民点

居民点一般纹理粗糙，不规则，且呈零星分布。普遍有草绿色、灰蓝色。这些解译标准的建立为遥感影像目视判别、监督分类选取训练区、确定非监督分类的类别提供依据，并可以用来解译精度的检验。

（二）建立遥感反演模型

遥感通过对目标属性的反演，应用得到最广的模型是经验模型和半经验模型。例如通过遥感信息反演叶面积指数（LAI），可利用与遥感同时期的地面样点的LAI值与遥感信息建立统计模型，再推广到整幅影像上，实现该区域的LAI反演。因此地面调查是遥感定量反演的重要支撑，也是定量反演重要的部分。

（三）对地物电磁波特性及其形成机理进行深入研究

传感器接收到的遥感信息除与大气条件、仪器性能、观测几何等因素有关外，还与地物对电磁波的反射辐射和发射辐射特性有密切的关联，如地物对电磁波的反射辐射或发射辐射与其物理、化学属性密切相关，然而由于影响地物反射辐射和发射辐射信息的因素错综复杂，再加上遥感影像获取的通常为混合像元的信息和人类对地物电磁波特性的产生机理的认识还不够深入。如何定量化描述这些关系，一直是遥感信息提取研究的难点。地面调查等试验采用近地表观测，排除大量的大气干扰并获得更加纯净的像元，为机理研究提供了良好的技术手段。

（四）建立地物光谱数据库

地物光谱数据库主要是指对地面光谱仪采集的地面物体目标的光谱数据以及配套的相关参数数据进行存储、管理显示和检索的数据库系统。数据库的建立，通过大量收集地物波谱和物理属性资料，为建立目标地物光谱诊断模型以及遥感反演地物参数提供试验数据。

地物波谱特性研究可以追溯到20世纪30—40年代，当时苏联对370种地物的可见光光谱进行了测量，1947年出版国际上第一部地物光谱反射特性的专著《自然地物的光谱反射特征》一书中包括植被、土壤、岩矿、水体四大类地物的光谱反射特性，它也成为研制各类专用胶片、发展航空摄影遥感的主要参考书。

20世纪80年代后期，由美国地质调查局（USGS）牵头，十几个国家参与建立了USGS光谱库，对各种主要岩石类型和部分植被类型进行了比较系统的光谱测量，其中包含218种矿物44个样本的近500条特征矿物与典型植被光谱数据。

美国环境保护局和空军部门针对大气污染和空气成分的诊断建立了AFDC/EPA光谱数据库；英国针对海水颜色研究建立了海水光谱数据库，以研究海水光谱分析模型等；中国自然资源航空物探遥感中心建立了"典型岩石矿物波谱数据库"，其中包含我国主要的典型岩石和矿物500余种，并建立了若干岩矿光谱特征分析模型；中国科学院安徽光学精密机械研究所在太湖、巢湖、辽河等内陆污染水体波谱采集的基础上，建立了"水体光谱数据库"。

在主要的遥感影像处理软件中都挂接了国际上比较通用的光谱库，例如ENVI、PCI、ERDAS、ERMAPER等软件都挂接了USGS光谱库，ENVI软件还挂接了喷气推进实验室的JPL标准物质成分波谱库、约翰斯·霍普金斯大学的光谱库和IGCP 264波普库收集的一部分光谱。这些光谱库的挂接为用户进行波谱匹配、特征提取、波谱分析等提供了有力的支持，并在地质、水文、海洋、大气科学研究中发挥了巨大作用。

（五）地物属性信息提取

除辅助航空、航天遥感应用外，地面遥感试验所获取的光谱数据能够直接应用于某些目标物信息的提取。例如在地面地质矿物识别方面，利用矿物特殊的光谱吸收特点，通过对测量光谱进行分析，可以直接实现对地面矿物和矿物集合的识别。这比从野外取回样本做实验室理化分析要更加有效率，并且更加经济实用。在环境监测领域中，通过直接利用光谱数据反演叶绿素、悬浮颗粒物等各种成分的含量，能够迅速快捷地对水质进行监测，这比传统的水体取样后做化学分析要更加简捷、快速，具有更高的时效性。

（六）遥感定标

遥感定标是在遥感信息获取、仪器设计和运行中均要考虑的重要问题。一般而言，仪器在发射前要进行严格的定标，例如NOAA-AVHRR的1、2通道在发射前都进行了定标，也有一些仪器安装了内定标系统。但是由于仪器在空间中的老化、污染和性能变化等问题，还必须进行地面定标和校准。例如在可见光和近红外波段，NOAA-AVHRR仪器的增益平均每年衰减约5%。因此，需要建立地面定标场，选择典型的均匀、稳定目标，用高精度仪器在地面进行同步测量，从而实现对仪器的定标。ERS-1和JERS-1都分别建立了校准试验场，提供绝对校准的星载SAR数据。

除对已发射的遥感传感器进行定标外，地面遥感试验也是研究传感器仪器性能、通道设置等必不可少的基础试验研究。20世纪60年代，美国密执安大学等开始进行大规模的地物波谱特性测量，从遥感器通道设置的合理性和遥感器性能参数等方面对陆地卫星计划的可行性进行研究，使地物波谱测量的波段扩展到中红外甚至微波，并进行了一系列卫星遥感器航空样机的飞行试验。至1971年，美国已建立了289个试验场用于进行遥感器应用评价和辐射校正，其中的白沙导弹靶场直到现在一直是美国和欧空局的重要辐射校正场。

从遥感信息模型的建立到信息的提取，从传感器的研制到定标，都贯穿了地面遥感试验的数据获取和分析。遥感信息模型利用遥感技术，对地理过程和现象进行模拟，研究内容涉及大气圈、水圈、生物圈、岩石圈各个圈层。地面调查数据的应用有如下体现。

1. 解译分区

从背景数据库中提取作业区农业气象、农业区划、农业种植数据，获得对作业区农业生产基本情况的初步了解。此后，依据地面调查时获得的问卷、调查表，可对遥感影像划分解译区。

2. 解译标志

地面调查采集的GPS数据处理完成后按照要求存入背景数据库中。在遥感影像处理平台上将已经划分了解译区的遥感影像再叠绘基于GPS的样点、样线和样方数据，参照典型调查，确立调查地区所有地物解译标志。解译标志一经确立，就可以进行遥感影像的判读。

3. 遥感影像几何纠正

地面调查足迹通常要遍布工作区域的大部分地区。将地面调查时每天的路线轨迹用GPS的航迹点功能记录下来，就成为工作区重要的地理信息数据。通过处理航迹点，在遥感影像处理软件中将遥感影像与航迹点复合，就可以对遥感影像进行第二次几何精纠正。

4. 线状地物实际宽度统计计算

地面调查获得的每一个线状地物宽度测量值，是调查地区线状地物总体中的一个样本，通过对各类样本进行统计计算，获得对调查地区各类线状地物总体的一系列估计值，每类线状地物就有一个估计区间。以一般线状地物实际宽度样本均值为缓冲值，将一般线状地物面状化，从而实现一般线状地物的面积提取。

5. 地物遥感识别准确度估计

地面调查获得的各种地类遥感识别准确度抽样调查GPS样点，记录了采样地类的实际地类属性，在GIS中，将遥感识别准确度抽样调查点叠绘到遥感解译地类分布图上，对照各地类GPS指示属性与解译属性的异同，就可以计算各种地类遥感识别准确度，进而进行参数估计。

6. 样方数据的使用

（1）样条样方。中国科学院的GVG农情采样系统将样条样方作为面积估计的基本抽样单元，用于计算目标作物种植成数。样条样方是整个GVG系统统计计算的基础。

（2）多边形样方。主要应用于定量估计小地物在主体地物面积中的比例，同时可以用来提取地物解译标志。

二、遥感监测地面调查及数据采集内容

为了建立规范统一的数据库，形成实用科学的数据，根据相关科学研究所必需的背景数据进行汇总。同时针对需要实时、实地、长时间系列收集的数据，制定数据野外调查规范，以规范调查样点选择以及仪器的操作，规范野外测量与记录，综合提高调查的数据精度，使调查数据能被有效利用。

（一）地面调查及数据采集内容

1. 地面数据采集内容

（1）基本信息。包括GPS、地理位置行政区定位、作物品种、苗情生育期样方内作物种植结构和病虫害。

（2）长势观测内容。包括苗高、亩株数、密度、盖度、千粒重、鲜物质重、干物质重、LAI等。苗高是取样点内植株的高度数据，在取样点范围内利用卷尺随机抽取5株作物，量取地面到作物冠层高度，不需要将作物的叶子拿直了再量，取几何平均值作为该样点范围内植株高度。鲜物质重是在取样点内选取有代表性的植株，用精度为0.1g的电子天平称取刚采样的植株，并记录鲜物质重。干物质重是将记录鲜物质重的样品烘干，称取干物质重。种植密度是在样点内取田间有代表性的4行×4株（3个行距和3个株距）范围的作物，量取长和宽，再求算行距和株距、求算亩株数和密度。LAI是在样点内定点取有代表性植株，分别测定植株每一叶片的长和宽（一般测有同化能力的绿色叶片），根据不同作物的系数换算得到叶面积指数。

（3）土壤类型信息。土壤饱和持水量、土壤pH值、土壤有机质含量、全氮、全磷、全钾。

（4）土壤水分。规范采集地面土壤水分数据需选择采样点内能代表该点土壤状况的地方（排除个例或湿润或干燥区域），利用土壤湿度仪分别测量0～10cm、10～20cm、20～30cm、30～40cm、40～50cm深度的土壤含水量。

（5）温度参数。包括植被冠层温度和同期地面温度。植被冠层温度指取样点叶面温度数据，在取样点范围内利用红外测温仪随机测量5株作物植被冠层温度，取几何平均值作为该样点范围内叶面温度。同期地面温度是样点内地面温度数据，在取样点范围内利用红外测温仪随机测量5个地面点温度，取几何平均值作为该样点范围内地面温度。

（6）叶绿素。测量主要农作物叶片叶绿素含量。

2. 数据收集内容

（1）问卷调查。根据研究的实际内容，设计农户调查问卷表，并在实际地面调查的过程中，对农户进行调研。

（2）统计数据收集。根据调查地区的选取，跟地方相关部门收取该地方的统计数据。

（二）技术标准

1. 作物长势分级标准

主要农作物长势标准分5个级，分别是一类苗上、一类苗下、二类苗上、二类苗下和三类苗。每个级别长势情况描述分别如下。

（1）一类苗上。植株生长状况好。植株健壮，密度均匀，高度正常，叶色正常，花序发育良好，穗大粒多，结实饱满。没有或仅有轻微的病虫害和气象灾害，对生长几乎不造成影响，产量预计可达丰产年景的水平。

（2）一类苗下。植株生长状况良好。植株健壮，密度均匀，高度正常，叶色正常，花序发育良好，穗大粒多，结实饱满。有轻度的病虫害和气象灾害，对生长有一定的影响，产量介于丰产年景与正常年景之间。

（3）二类苗上。植株生长状况中等。植株密度不太均匀，有少量缺苗断垄现象。生长高度欠整齐，穗子、果实稍小。植株遭受虫害或气象灾害较轻，产量预计可以达到平均产量的水平。

（4）二类苗下。植株生长状况中等。植株密度不均匀，有明显缺苗断垄现象。生长高度明显不整齐，穗子、果实较小。植株遭受中度虫害或气象灾害，产量预计不能达到常年平均产量的水平。

（5）三类苗。植物生长状况不好或较差。植株密度不均匀，植株矮小，高度不整齐。缺苗断垄严重，穗小、粒少，杂草很多，病虫害或气象灾害对作物有明显的危害，预计产量低很多，是减产年景的产量水平。

2. 工业大麻生育期标准

工业大麻生育期标准见表15-3。

表15-3　工业大麻生育期标准

序号	生育时期	记载标准
1	苗期	子叶展开
2	营养生长期	小叶至少展开1cm长。第1对叶是1个嫩叶，第2对叶是3个嫩叶，第3对叶是5个嫩叶，第4对叶是7个嫩叶，依次类推
3	开花结籽期	主茎叶序由对生变为轮生，轮生叶片距离至少0.5cm。雄株：花形成期是第1朵闭合的雄花形成，开花初期是第1朵雄花开花，开花期是50%雄花开花，开花末期是95%雄花开放或萎蔫。雌株：花形成期是第1朵无花柱雌花形成，开花初期是第1朵有花柱雌花形成，开花期是50%雌花苞叶形成，种子成熟初期是第1粒种子变硬，种子成熟期是50%种子变硬，种子成熟末期95%种子变硬或散落。雌雄同株：雌花形成期是第1朵无花柱雌花形成，雌花开花初期是柱头初见，雌花开花期是50%雌花具有苞叶，雄花形成期是第1朵闭合的雄花出现，雄花开花期是大多数雄花开放，种子成熟初期是第1粒种子变硬，种子成熟期是50%种子变硬，种子成熟末期95%种子变硬或散落
4	衰老期	叶片干枯是叶子变干，茎干枯是叶片凋落，茎腐烂是韧皮脱落

3. 农作物种植面积标准

（1）农作物种植面积定义。

①水田：种植水稻、莲藕等水生作物的耕地及水旱轮作地。

②旱田：种植旱作物的耕地、以种菜为主的耕地、轮作的休闲地和轮歇地。

（2）类（Class）。具有共同特性和关系的要素的集合。

（3）层（Layer）。具有相同应用特性的类的集合。

（4）矢量数据（Vector data）。用x，y（或x，y，z）坐标表示地图图形或地理实体的位置和形状的数据。

（5）栅格数据（Raster data）。按照栅格单元的行和列排列的有不同"灰度值"的相片数据。

（6）图形数据（Graphic data）。表示地理物体的位置、形态、大小和分布特征以及几何类型的数据。

（7）属性数据（Attribute data）。描述地理实体质量和数量特征的数据。

（8）标识码（Identification code）。对某一要素个体进行唯一标识的代码。

（9）规定遥感省级农用地分类类型代码。农用地分类类型代码见表15-4。

表15-4　农用地分类类型代码

一级类			二级类		三级类		含义
三大类名称			编号	名称	编号	名称	
农用地							指直接用于农业生产的土地，包括耕地、园地、林地、牧草地及其他农用地
			11	耕地			指种植农作物的土地，包括熟地、新开发复垦整理地、休闲地、轮歇地、草地轮作地；以种植农作物为主，间有零星果树、桑树或其他树木的土地；平均每年能保证收获一季的已垦滩地和海涂

（续表）

一级类	二级类		三级类		含义
三大类名称	编号	名称	编号	名称	
农用地	11	耕地	111	灌溉水田	指有水源保证和灌溉设施，在一般年景能正常灌溉，用于种植水生作物的耕地，包括灌溉的水旱轮作地
			112	望天田	指灌溉设施，主要依靠天然降雨，用于种植水生作物的耕地，包括无灌溉设施的水旱轮作地
			113	水浇地	指水田、菜地以外，有水源保证和灌溉设施，在一般年景能正常灌溉的耕地
			114	旱地	指无灌溉源设施，靠天然降水种植旱作物的耕地，包括没有灌溉设施，仅靠引洪淤灌的耕地
			115	菜地	指常年种植蔬菜为主的耕地，包括大棚用地

（10）数据校正标准。每景图像中选取20～40个控制点，并保持控制点的均匀分布，控制配准精度在1个像元之内。校正模型选用最小二乘法的二次多项式方程，像元重采样采用三次卷积。遥感图像与解译图层均采用正轴等面积双标准纬线割圆锥投影，即Albers投影，投影参数如下。

①坐标系：北京1954年。

②中央经线经度：105°。

③第一标准纬线纬度：25°。

④第二标准纬线纬度：47°。

⑤坐标原点：0°。

⑥东移：0°。

⑦北移：0°。

⑧参考椭球：克拉索夫斯基（Krasovsky）。

（11）目标农作物种植面积提取。

①建立解译标准：根据每景图像的色彩、色调纹理、形状、位置、大小、阴影等因素，结合相应的背景资料和作业人员的经验，建立可靠和完整的解译标志。

②解译类别：包括大豆种植地块、玉米种植地块、水稻种植地块、春小麦种植地块、其他作物种植地块。最终解译类别定义见表15-5。

表15-5　农作物种植面积解译类别定义

地物类型				代码
作物（1）	粮食（11）	谷物（110）	早稻	1100
			一季稻	1101
			晚稻	1102
			冬小麦	1103
			春小麦	1104
			玉米	1105
			谷子、高粱、其他谷物	1107
		豆类（111）	春大豆	1110
			夏大豆	1111
			其他豆类	1112
		薯类（112）	薯类	1120

（续表）

地物类型		代码
作物（1）	花生	1200
	向日葵籽	1201
油料（12）	油菜籽	1202
	芝麻、胡麻籽	1203
棉花（13）	春棉	1300
	夏棉	1301
麻类（14）	麻类	1400
糖料（15）	甘蔗	1500
	甜菜	1501
烟叶（16）	烟叶	1600
药材（17）	药材	1700
蔬菜（18）	蔬菜	1800
其他（19）	其他作物	1901
	温室大棚	1902
休闲耕地（2）	休闲耕地	2000
园地（3）	园地	3000
林地（4）	林地	4000
牧草地（5）	牧草地	5000
居民点及矿工用地（6）	居民点及矿工用地	6000
交通用地（7）	交通用地	7000
水域（8）	鱼塘	8000
	其他水面	8002
未利用耕地（9）	荒草、盐碱地、沼泽	9000
	沙地、裸土地、裸岩、石砾地	9001
	其他	9002

③提取目标作物最小单元：判读时提取目标地物的最小单元为4×4个像元。对于狭长地物的短边宽最小为2个像元，长度大于8个像元。

④解译单元：按照《国家基本比例尺地形图分幅和编号》（GB/T 13989—2012）中对应的1：100000地形图建立标准图幅框；以标准图幅框影像进行图像裁剪，形成解译单元。

⑤解译方法：解译方法分为计算机自动分类和人工目视解译提取目标作物。

（12）监测时间。

每年的7月15日至9月10日为大豆种植面积监测执行期。

每年的7月15日至9月10日为玉米种植面积监测执行期。

每年的6月15日至9月10日为水稻种植面积监测执行期。

每年的5月15日至6月30日为春小麦种植面积监测执行期。

每年的5月25日至7月20日为麻类作物种植面积监测执行期。

（13）文件命名。

①原始遥感数据：

文件名称：<传感器名称><卫星编号>_<pathrow>_yyyymmdd.img。

其中，<传感器名称>采用该传感器国际通用英文缩略字母表示，<卫星编号>采用一位数字表示<pathrow>为数据的轨道编号，yyyymmdd为数据采集时间，例如2011年9月2日CF-1，path123row32，数据命名为GF_1_12332_20110902。

②几何精校正遥感数据：

文件名称：<传感器名称><卫星编号>_<pathrow>_yyyymmdd_albers.img。

其中，albers为固定参数，表示数据的投影方式，例如2011年9月2日GF-1，path-123row-32，精校正后的数据命名为GF-1_12332_20110902_albers。

③分类结果文件：

文件名称：<图幅编码>_大麻面积_yyyymmdd_c。

其中，c为固定参数。目视解译文件需同时提交解译矢量文件。

④几何校正数据文件：

输入文件名称：<传感器名称><卫星编号>_<pathrow>_yyyymmdd_input；参考坐标文件名称：<传感器名称><卫星编号>_<pathrow>-yyyymmdd_ref。其中，input和ref为固定参数。

4. 数据库设计标准

（1）内涵。规定了农业遥感数据库中各类属性元素的定义内容、命名规则及相应参数，规范了相应空间要素的分类代码、数据分层、数据文件命名规则以及数据结构等内容，是省级农业遥感数据库建设时必须遵照的规范文件。

（2）引用标准和规范。以下规范和标准中的条款通过引用成为"遥感监测地面调查及数据采集"标准的条款，但仅针对这些规范和标准的当前版本，不包含它们的升级版或修订版。

①《土地利用动态遥感监测规程》。

②《中华人民共和国行政区划代码》。

③《国家基本比例尺地形图分幅和编号》。

④《全国主要农作物面积遥感解译实施细则》。

⑤《土地利用现状调查技术规程》。

⑥《东北农用地资源监测和评价技术方案》。

三、遥感监测地面调查采集方法

（一）样区布设方法

1. 样区布设方法

样区设计主要包括样区的形状和大小的设计。样区设计应当在满足抽样精度和置信度的条件下，充分考虑野外地面作业测量的时间、田间作物地块空间分布特点等。根据分工及试验需要，在每个试验省选择2~3个样点县，每个县布设不少于10个样区。

在样点县取样区的原则：一是样区是该县主产区，样区面积不小于1km×1km；二是样区尽可能要远离村庄，尽量选择比较平整和规则的耕地；三是样区内作物种植制度比较稳定。在每个样区，需要进行重复试验。因此在样区里需要布设样点，样点才是真实测量的点。

（1）样区采集与数据处理。

①采集人员乘汽车沿行驶路线连续拍摄沿线缓冲区的地物（主要为作物），汽车的速度限制在40km/h以内。

②在拍摄的同时用GPS实时定位。

（2）多边形样区采集方法。多边形样区采集方法主要包括多边形交点和拐点采集方法、穿越法。

（3）数据处理。数据处理指将GPS采集到的地理位置信息数据进行分类、矢量文件生成、坐标系转换投影、拓扑关系建立、文件编辑、遥感图像剪辑、照片编辑、结果文件及其目录生成等处理。数据文件的命名依照规范要求进行。

①航迹点：田间作业每日结束后应将GPS中当日的航迹点下载到计算机中。田间作业全部结束后，将全部航迹点处理成与遥感图像坐标系、投影一致的矢量文件，文件名称按照规范要求定义。

②样点：田间作业结束后，将上述样点和简点一并进行坐标系转换、投影，并保证其与遥感图像坐标系、投影一致。建立点的拓扑关系，最后生成点矢量文件，文件名称按照规范要求定义。

③样线：田间作业结束后，将样线文件进行坐标系转换、投影，保证其与遥感图像坐标系、投影一致。依据田间记录，在GIS软件中，以点文件为背景，新建一层多线段矢量文件，文件名称按照规范要求定义，即与记录表一致。根据田间记录和背景CPS点，以相邻两个GPS点中心为线段端点画线，每个线段代表一种地物，全部线段画成后，建立线拓扑关系，最后生成线矢量文件。

④样区：田间作业结束后，将样区文件进行坐标系转换、投影，保证其与遥感图像等相关文件的坐标系、投影一致。依据田间记录，在GIS软件中，以点文件为背景，新建一层多边形面矢量文件，文件名称按照规范要求定义，即与记录表一致。依据田间记录和背景GPS点、面，以指示同一地物边缘的GPS点为多边形线段节点画线，每个多边形指示一种地物，全部线段画成后，建立多边形拓扑关系，最后生成面矢量文件。

⑤遥感图像与照片编辑：即在遥感图像上叠绘样点、样线、样区。主题要突出、清晰。对单一目标地物图像主题，要有目标地物相对独立的完成边界，对另一个主题要使样线和样方完整、图像清晰。实地照片编辑指对照片进行筛选、按比例缩小。目标图像文件、照片存储格式应为要求的图像格式文件。

⑥文件入库：基于GPS的田间作业数据最终成果文件是田间作业记录内容的规范化、标准化和集成。按照背景空间数据库组织结构设计要求，将所有文件分门别类存放于制定的目录中。

2. 样点布设方法

在每样区（1 000m×1 000m）中选5～8个样点，样点的布设应该均匀分布在样区内，观测的覆盖范围可以是正方形均匀分布，也可以是同心圆方式。在每个观测样点中再选择观测范围9m²左右的具体点进行观测。用GPS在实地精确定位样点以后（以样点中心为GPS记录点），并记录。综合得到40～80个样点。

3. 样本布置原则

在每个样点观测范围内选择一个9m²左右的小区作为观测点，观测点的覆盖范围可以是正方形均匀分布，也可以是同心圆。在此范围内有些参数需要进行重复测量，比如采集作物样本5～9个，测量土壤水等参数的时候选择3个样本，测量温度等需要5个样本。

（二）取样方法

1. 植株取样方法

取田间有代表性的4行×4株（3行距和3个株距）范围的作物，量取长和宽，再求算行距、株距、亩株数和密度等。并在此范围内量取作物株高。量株高的标准为：只量取地面到作物冠层高度的平均，不需要将作物的叶子捋直了再量。

2. 作物样本取样方法

如果是求取作物鲜物质重和干物质重，用剪刀取样完成后，迅速封装，并在实地测量鲜物质重。为了计算叶面积，需要测量小麦播种行距，每一个点记录取样面积（长×宽）。带回实验室烘干以后再称干重。

3. 土壤取样方法

在田间用土钻取有代表性的新鲜土样，第一钻取0～5cm的土壤样，并快速放入取样盒中，然后在第一钻的基础上继续取5～20cm深度的土样，将底部15～20cm的土样快速放入取样盒中，还可以继续取20～30cm深度的土样。一般利用环刀进行取样，这样既能知道重量，也能知道容积。取样的盒可以利用一定体积的铝盒，也可以利用牛皮信封。如果利用牛皮信封，则要求在实地称鲜重。全部取样装入木箱或其他容器，带回室内，进行鲜重测量，并烘干称干重。建议取样多个，同时测量土壤有机质和养分、土壤类型等。

4. 籽粒取样方法

在样点9m²的范围内，选择有代表性的作物植株，该株作物的穗非最长或者最短，籽粒饱满。取该株全部穗，测量株穗数，每穗穗粒数，并求平均，得到平均穗粒数。将该株作物全部籽粒小心剥落，算1 000粒籽粒的重量，也可以用500粒的重量换算。

第四节　工业大麻遥感监测中常见的方法

一、基于植被指数模型监测方法

1. 比值植被指数（RVI）

由于可见光红波段（R）与近红外波段（NIR）对绿色植物的光谱响应十分不同，且具有倒转关系。两者简单的数值比能充分表达两反射率之间的差异。比值植被指数可表达为式（15-14）。

$$RVI = DN_{NIR}/DN_R \text{ 或 } RVI = \rho_{NIR}/\rho_R \tag{15-14}$$

式中：DN为近红外、红外段的计数值（灰度值），ρ为地表反照率。

对于绿色植物叶绿素引起的红光吸收和叶肉组织引起的近红外强反射，使其R值、NIR值有较大的差异，导致RVI值高。而对无植被的地面包括裸土、人工特征物、水体以及枯死或受胁迫植被，因不显示这种特殊的光谱响应，则RVI值低。因此，比值植被指数能增强植被与土壤背景之间的辐射差异。

RVI是绿色植物的一个灵敏的指示参数。研究表明，它与叶面积指数（LAI）、叶片干物质量（LDM）、叶绿素含量相关性高，被广泛用于估算和监测绿色植物生物量。在植被高密度覆盖情况下，它对植被十分敏感，与生物量的相关性最好。但当植被覆盖度小于50%时，它的分辨能力显著下降。此外，RVI对大气状况很敏感，大气效应大大地降低了它对植被检测的灵敏度，尤其是当RVI值高时。因此，最好运用经大气纠正的数据，或将两波段的灰度值（DN）转换成反射率（ρ）后再计算RVI，以消除大气对两波段不同非线性衰减的影响。

2. 归一化植被指数（NDVI）

归一化指数（NDVI）被定义为近红外波段与可见光红波段数值之差和这两个波段数值之和的比值，见式（15-15）。

$$NDVI = (DN_{NIR} - DN_R)/(DN_{NIR} + DN_R) \text{ 或 } NDVI = (\rho_{NIR} - \rho_R)/(\rho_{NIR} + \rho_R) \tag{15-15}$$

NDVI是简单比值RVI经非线性的归一化处理所得。在植被遥感中，NDVI的应用最为广泛。它是植被生长状态及植被覆盖度的最佳指示因子，与植被分布密度呈线性相关。因此又被认为是反映生物量和植被监测的指标。

　　经归一化处理的NDVI，部分消除了太阳高度角、卫星扫描角及大气层辐射的影响，特别适用于全球或各大陆等大尺度的植被动态监测。这是因为，对于陆地表面主要覆盖而言，云、水、雪在可见光波段比近红外波段有较高的反射作用，因而其NDVI值为负值（<0）；岩石、裸土在两波段有相似的反射作用，因ρ的NDVI值近于0；而在有植被覆盖的情况下NDVI为正值（>0），并随着植被覆盖度增大，其NDVI值越大。由此可见，几种典型的地面覆盖类型在大尺度NDVI图像上区分鲜明，植被得到了有效的突出。

　　NDVI的一个缺陷在于，对土壤背景的变化较为敏感。试验证明，当植被覆盖度小于15%时，植被的NDVI值高于裸土的NDVI值，植被可以被检测出来，但因植被覆盖度很低如干旱、半干旱地区，其NDVI很难指示区域的植物生物量，但对观测与照明却反应敏感；当植被覆盖度由25%向80%增加时，其NDVI值随植物生物量的增加呈线性迅速增加；当植被覆盖度大于80%时，其NDVI值增加延缓而呈现饱和状态，对植被检测灵敏度下降。试验表明，作物生长初期NDVI将过高估计植被覆盖度，而在作物生长的结束季节NDVI值偏低。因此，NDVI更适用于植被发育中期或中等覆盖度的植被检测。

　　1998年，Huete等为了修正NDVI对土壤背景的敏感，提出了可适当描述土壤—植被系统的简单模型，即土壤调整后的植被指数（Soil-adjusted vegetation index，SAVI），其表达见式（15-16）。

$$\text{SAVI}=[(DN_{NIR}-DN_R)/(DN_{NIR}+DN_R+L)](1+L) \ \text{或SAVI}=[(\rho_{NIR}-\rho_R)/(\rho_{NIR}+\rho_R+L)](1+L) \quad (15-16)$$

　　式中：L是一个土壤调节系数，它是由实际区域条件所决定的常量，用来减小植被指数对不同土壤反射变化的敏感性。当L为0时，SAVI就是NDVI。对于中等植被盖度区，L一般接近于0.5。因子（$1+L$）主要是用来保证最后的SAVI值与NDVI值一样介于-1和+1之间。

　　在SAVI的基础上，人们又进一步发展了转换型土壤调整指数（TSAVI），见式（15-17）。

$$\text{TSAVI}=[a(NIR-aR-b)]/(R+aNIR-ab) \quad (15-17)$$

　　将土壤背景值的有关参数（a，b）直接参与指数运算。

　　为了减少SAVI中裸土影响，发展了修改型土壤调整植被指数（MSAVI），见式（15-18）。

$$\text{MSAVI}=(2NIR+1)-\sqrt{(2NIR+1)^2-8(NIR-R)}/2 \quad (15-18)$$

　　试验证明，SAVI和TSAVI在描述植被覆盖和土壤背景方面有着较大的优势。由于考虑了（裸土）土壤背景的有关参数，TSAVI比NDVI对低植被覆盖有更好的指示意义，适用于半干旱地区的土地利用制图。

　　此外，针对不同的区域特点和不同的植被类型，人们又发展了不同的归一化植被指数，如用于检验植被不同生长活力的归一化差异绿度指数。

　　用于建立光谱反射率与棉花作物残余物的表面覆盖率关系的归一化差异指数（NDI）见式（15-19）。

$$\text{NDI}=(NIR-MIR)/(NIR+MIR) \quad (15-19)$$

　　3. 垂直植被指数（PVI）

　　垂直植被指数（PVI）是在R、NIR二维数据中对绿度植被指数（GVI）的模拟，两者物理意义相似。在R、NIR的二维坐标系内，土壤的光谱响应表现为一条斜线，即土壤亮度线。土壤在R与NIR波段均显示较高的光谱响应，随着土壤特性的变化，其亮度值沿土壤线上下移动。而植被一般在红波段响应低，而在近红外波段光谱响应高。因此在这二维坐标系内植被多位于土壤线的左上方。

不同植被与土壤亮度线的距离不同。于是1977年Richardson把植物像元到土壤亮度线的垂直距离定义为垂直植被指数（Perpendicular vegetation index，PVI）。

PVI是一种简单的欧几米德（Euclidean）距离见式（15-20）。

$$PVI = \sqrt{(S_R - V_R)^2 + (S_{NIR} - V_{NIR})^2}$$（15-20）

式中：S为土壤反射率；V为植被反射率；R为红波段；NIR为红外波段。

PVI表征着在土壤背景上存在的植被的生物量，距离越大，生物量越大，也可将PVI定量表达为式（15-21）。

$$PVI = (DN_{NIR} - b)\cos\theta - DN_R \sin\theta$$（15-21）

式中：DN_{NIR}、DN_R分别为NIR、R两波段的反射辐射亮度值；b为土壤基线与NIR反射率纵向轴的截距；θ为土壤基线与R光反射率横轴的夹角。

PVI的显著特点是较好地滤除了土壤背景的影响，且对大气效应的敏感程度也小于其植被指数。正因为它减弱和消除了大气、土壤的干扰，所以被广泛应用于作物估产。

从理论上讲，GVI、PVI均不受土壤背景的影响，对植被具有适中的灵敏度，利于提取各种土壤背景下生长的植被专题信息。

二、基于叶面积指数模型监测方法

叶面积指数（LAI）是指每单位土壤表面积的叶面面积比例。它对植物光合作用和能量传输是十分有意义的。

1. 经验方法

经验方法通常利用植被指数与叶面积指数之间存在的相关关系，进行叶面积指数的计算。研究表明，NDVI与LAI相关系数很大，且与LAI呈非线性关系。它们之间的关系可表示为式（15-22）、式（15-23）。

$$NDVI = A\left[1 - B_{exp}^{(-C \times LAI)}\right]$$（15-22）

$$RVI = A'\left[1 - B'_{exp}^{(-C' \times LAI)}\right]$$（15-23）

两者形式相似，数值对应，从这点看，两者基本等价。式中的A、B、C及A'、B'、C'均为经验系数，可通过模拟试验获得。其中，A、A'值是由植物本身的光谱反射确定的，不同叶形、叶倾角及散射系数造成不同的A值及A'值；B、B'值与叶倾角、观测角有关，当叶呈水平状，则线性关系明显；当叶呈非水平状，随着LAI的增大植被指数增大速率较慢，两者呈余弦关系，基本是线性的。C、C'值取决于叶子对辐射的衰减，这种衰减是呈非线性的指数函数变化，见式（15-24）。

$$LAI = K^{-1} \times \ln(1-C)^{-1}$$（15-24）

式中：K为作物群体消光系数，如冬小麦拔节前$K \approx 0.28$，拔节后$K \approx 0.35$；C为作物覆盖度。

2. 物理模型方法

物理模型反演主要是通过优化目标函数（目标函数用以表达模型模拟反射率数据与实际遥感反射率数据的关系）来获取最佳的地表状态参数（包括LAI与其他参数）。物理模型具有较强的外延性，所以全球尺度的地表参数的获得主要基于物理模型的参数反演算法实现。同时为了提高运算速度，研究人员对反演算法也做了大量研究，如由MODIS数据反演生成LAI的产品用到了三维辐射传输模型，并采用查找表法反演；VEGETATION传感器的LAI产品用到了SAIL模型，采用神经网络的方法进行反演。由此可见，物理模型方法中包含了最重要的两部分——前向物理模型和反演方法。下面以SAIL模型和查找表算法为例，对这两部分做以简单介绍。

SAIL模型属于辐射传输类模型，主要研究光在植被中传输的规律。光与植被的相互作用主要包括吸收与散射两个过程。具体的光与植被各组分之间复杂的物理作用过程这里不详细介绍，该模型的输入参数包括光谱参数（叶片透过率与反射率、土壤反射率）、结构参数（LAI、叶子宽度与冠层高度的比值、平均叶倾角）、环境参数（大气能见度）及观测几何参数（太阳天顶角、太阳方位角、观测天顶角和观测方位角）。模型的输出参数为冠层的方向反射率数据。

查找表法是解决传统反演算法需要大量计算时间的问题的方法之一，该方法提前计算出大量的模型参数与冠层反射率之间的对应关系，将计算时间用于反演前而不是反演时，从而提高了反演的速度，由于其适用性而被应用于许多领域。具体来说，对于SAIL模型，反演前通过改变各个输入参数的值，建立不同的输入参数及与冠层反射率对应关系；反演时输入冠层反射率数据，构建合适的代价函数，通过最小化代价函数得到最佳的参数集，从而得到LAI的反演结果。

三、基于叶绿素含量监测方法

叶子生长初期，叶绿素含量与辐射能吸收间几乎直线相关，即叶绿素含量增多，蓝、红波段吸收增强，绿波段反射率降低，近红外反射率增强，植被指数增大；但当叶绿素含量增加到一定程度后，吸收率近于饱和，反射率变化小，植被指数的差异不明显，因而植物在生长旺季较难区分。

不同作物由于植土比的差异，其表达叶绿素含量的光谱模型也不同。图15-6表示了小麦几种植被指数模型与叶绿素含量的时间剖面曲线的关系。

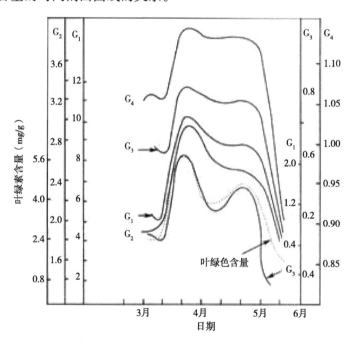

图15-6 小麦光谱组合模型和叶绿素含量的时间剖面曲线

从图15-6中可见，G_4曲线与叶绿素含量相当吻合。试验证明，对小麦而言，G_4的光谱模型表达叶绿素含量最佳。4个绿度模型分别为式（15-25）至式（15-28）。

$$G_1=RVI=NIR/R \tag{15-25}$$

$$G_2 = \sqrt{NIR / R} \tag{15-26}$$

$$G_3 = \sqrt{(NIR - R) / (NIR + R)} \tag{15-27}$$

$$G_4 = \sqrt{(NIR - R) / (NIR + R) + 0.5} \tag{15-28}$$

对大豆而言，因叶子较早封垄，土壤影响较小，则G_3光谱模型反映叶绿素含量最佳。研究还表明，可以根据红边拐点对应的反射光谱值，来估计冠层叶绿素含量（Chlf），叶绿素含量增加，拐点值相应增加。Demarez等（2000）指出，林冠层叶绿素含量Chlf除以红边拐点对应的波长λ_i来确定外，还受叶面积指数（LAI）、观测方向、下垫面反射和冠层结构等因素的影响。若不考虑冠层结构（如成熟林型或杆状林型等），林冠层叶绿素含量（Chlf）的估计误差可达23μg/cm^2。因此，需要充分考虑LAI、视角、下垫面反射、冠层结构等因素，通过BRDF模型求解冠层反射，进行森林叶绿素含量的估计。

四、基于植被净初级生产监测方法

生态系统中的能量流动开始于绿色植物的光合作用，光合作用积累的能量是进入生态系统的初级能量，这种能量的积累过程就是初级生产。初级生产积累能量的速率称为初级生产力，所制造的有机物质称为初级生产量。在初级生产量中，有一部分被植物自己的呼吸所消耗，剩下的部分才以可见有机物质的形式用于植物的生长和生殖，我们称剩下的这部分生产量为净初级生产量（NPP）。NPP通常用每年每平方米所生产的有机物质干重或固定的能量值来表示，此时它们成为净初级生产力。NPP不仅可以反映植物的生长状况，同时也是生物圈碳循环的重要组成部分，在作物估产、森林蓄积量调查、草地产草量估算及生态系统物质循环等方面具有实际意义。

利用遥感手段计算植被净初级生产力的模型有很多，主要有以下几类：第一类是统计型，也称为气候相关模型，以Miami模型、Thornthwaite memorial等模型代表，利用气候因子（气温、降水等）来估算植被净初级生产力，因此大部分统计模型估算的结果是潜在植被生产力；第二类是过程模型，以BIOME-BGC模型和BEPS模型为代表，主要是在参数模型的基础上加上气温、水分、养分等参数来计算植被净初级生产力，这类模型基于机理研究，在大尺度植被净初级生产力研究和全球碳循环研究中得到应用；第三类是光能利用率模型，该类模型中主要由植被吸收的光合有效辐射和光能转化率两个因子来表示植被净初级生产力，最经典的应用遥感数据的光能利用率模型是CASA/GLO-PEM和VPM等模型。

CASA模型计算NPP的算法见式（15-29）。

$$NPP(x, t) = APAR(x, t) \varepsilon(x, t) \tag{15-29}$$

式中：APAR为植被所吸收的光合有效辐射；ε为光能转化率；t为时间；x为空间位置。

1. APAR的确定

植被所吸收的光合有效辐射取决于太阳总辐射和植被对光合有效辐射的吸收比例，用式（15-30）表示。

$$APAR(x, t) = 0.5SOL(x, t) FPAR(x, t) \tag{15-30}$$

式中：SOL(x, t)为t月像元x处的太阳总辐射量（MJ/m^2）；FPAR(x, t)为植被层对入射光合有效辐射的吸收比例；常数0.5表示植被所能利用的太阳有效辐射（波长为0.4~0.7μm）占太阳总辐射的比例。

2. 光能转化率（ε）的确定

模型中认为在理想条件下植被具有最大光能转化率，而在现实条件下光能转化率主要受气温和水分的影响，用式（15-31）表示。

$$\varepsilon(x, t) = T_{\varepsilon 1}(x, t) T_{\varepsilon 2}(x, t) W_{\varepsilon}(x, t) \varepsilon^* \qquad (15-31)$$

式中：$T_{\varepsilon 1}$和$T_{\varepsilon 2}$分别为低温和高温对光能转化率的影响；W_{ε}为水分胁迫影响系数，反映水分条件的影响；ε^*为理想条件下的最大光能转化率。

$T_{\varepsilon 1}$反映在低温和高温时由于植物内在的生化作用对光合作用的限制而降低的净初级生产力，计算公式见式（15-32）。

$$T_{\varepsilon 1}(x) = 0.8 + 0.02 T_{opt}(x) - 0.000\,5 \left[T_{opt}(x) \right]^2 \qquad (15-32)$$

式中：$T_{opt}(x)$为某一区域一年内NDVI值达到最高时月份的平均气温。当某一月平均气温小于等于-10℃时，$T_{\varepsilon 1}$取0。

$T_{\varepsilon 2}$表示环境气温从最适宜气温向高温和低温变化时植物的光能转化率逐渐变小的趋势，计算公式见式（15-33）。

$$T_{\varepsilon 2}(x) = 1.181\,4 / \left(1 + e^{\{0.2 [T_{opt}(x) - 10 - T(x, t)]\}} \right) / \left(1 + e^{\{0.3 [-T_{opt}(x) - 10 + T(x, t)]\}} \right) \qquad (15-33)$$

当某一月平均气温$T(x, t)$比最适宜气温$T_{opt}(x)$高10℃或低13℃时，该月的值等于该月平均气温$T(x, t)$为最适宜气温$T_{opt}(x)$时值的50%。

水分胁迫影响系数（W_{ε}）反映了植物所能利用的有效水分条件对光能转化率的影响。随着环境中有效水分的增加，逐渐增大，其取值范围为0.5～1。

第五节 工业大麻近地遥感监测典型案例分析

一、近地遥感监测常见工具

遥感技术为大范围内对工业大麻种植分布监测提供了有效、可靠手段，具备快速发现和精确定位的优势。地物波谱特征是遥感技术应用的物理基础，对于地物分类、特定目标识别具有指纹效应，是建立地面与空间两种信息之间关系的桥梁。不同地物光谱反射率曲线是地物对电磁波反射或发射差异的集中体现，对地物光谱特征的研究是研究遥感成像机理，选择遥感仪器最佳探测波段、研制遥感仪器，以及遥感图像分析、数字图像处理的最佳波段组合选择、专题信息提取和提高遥感精度等的重要依据。不同植被类型由于组织结构不同、季相不同、生态条件不同而具有不同的冠层光谱特征，这些特征是遥感识别特定植被的基础。

光谱仪是测量发光率、反射率、辐射率和透射率的仪器。它是地面遥感信息采集的基本设备，也是地面调查中运用最广的仪器设备。光谱测试范围可以从紫外线到红外线、短波红外、热红外，甚至是X射线。测试的对象一般包括固体和液体两类，可以是处于自然状态下的物体，也可以是室内处理后的样品。

地面光谱仪的工作原理是由光谱仪通过光导线探头获取目标物的电磁波信息，经过模/数（A/D）转换变成数字信号。操作时，通常可利用便携式计算机控制光谱仪，测量结果可实时显示，结果数据往往需要用仪器自带的软件进行读取和进行格式转换。

目前，国际上常用的光谱仪有很多种品牌，根据波长范围和测试对象的不同又可以分成多种型号。对目标物反射特征的测量主要使用波谱段为350~2 500nm的野外光谱辐射仪，对地物发射辐射特性的测量则主要使用热红外光谱辐射仪，如表15-6所示。

表15-6　便携光谱仪概况

型号	年份	光谱范围（nm）	光谱分辨率（nm）	波段数
Spectro SE 590™	1984	370~1 110	11	252
GER IRISμₘₖIV™	1986	300~3 000	2，4	<1 000
GER SIRIS™	1988	300~3 000	2，4	<1 000
Asd PSI™	1989	350~1 050	3	512
Inter spectronics PIMAII™	1989	1 300~2 500	7~10	600或300
L1-1800PS™	1990	300~1 100	4，6	138，134
SpectraScan FR-650™	1992	380~780	8	128
ASD FieldSpec MV/VNIR™	1994	350~1 050	3	512或1 024
GERI 500™	1994	300~1 100	3	512
ASD FieldSpec-FR™	1994	1 000~2 500	10	750
ASD FieldSpec-FR™	1994	350~2 500	3，10	512或1 024，750
ASD FieldSpec-HandHeld™	1994	325~1 075	3，5	512
GER 2100™	1994	400~2 500	10，24.8	140
GER 2600™	1994	400~2 500	3，24.8	512+128或64
GER 3700™	1994	400~2 500	3，4.8，6.25，8	512+192
S2000™	1999	200~1 100	0.3~10	366
ISI921VF（国产）	2002	380~1 050	4，8	128，256

光谱仪除受到目标物自身光学特性的影响外，还受到大气透过率、水蒸气、风、观测几何的影响。因此在观测之前要分析地物光谱的影响因素和特点，例如分析辐射源、大气条件的稳定性、仪器视场、照明条件、观测目标的空间和时间变化等。

不同品种的野外光谱辐射仪，其操作细节不同，但总的操作流程是相似的，具体如下。

1.详细操作步骤

（1）连接探头手托、主机箱和笔记本电脑。

（2）打开光谱仪（侧面有一黑色内陷按钮，按一下，此时黑色按钮上方有一指示灯变绿，同时可听到机器内风扇的响动，说明机器已经启动。通常野外测试受测试条件的限制对仪器不用预热，如在室内测试用室内光源，应对仪器预热30min以上。对仪器进行校正时，应预热70~90min）。

（3）打开笔记本电脑，打开操作软件（开机过程不可颠倒）。［FR.exe BW（浅色操作系统）用于室外，FR.exe（彩色）用于室内］。

（4）进行数据保存设置。打开菜单栏上Spectrum Save菜单，键入所测光谱数据要保存的路径、文件夹名称（path name默认值C:\FR）和光谱文件名称（base name默认值spectrum）即可。Starting Spectrum Number（d）是设置开始保存光谱文件的"后缀名"（默认从spectrμm.000开始保存）。Number of Files to save（d）是设置每一次保存的光谱条数，默认001，每一次保存1条。Interval between saves是设置仪器自动保存光谱之间的时间间隔。Comment是对当前测试数据的注解说明，可在后处理中输出。通常情况下，后4项可以不设置，但记录员必须记录清楚测试当时的条件。设置完全后按"ok"即可。

（5）进入操作主画面，首先测试员面向太阳方向，用一只手握住测试枪头垂直对准参考板［参考板水平放置，视场角可配置3个（25、3、8），裸露时视场角为25，通常状况测试时用25］距离20～30cm，另一只手操作计算机，先优化（按Opt），即仪器对当时的太阳光照条件、增益和积分时间进行配置，再测量暗电流（按DC）。优化和消除暗电流完成后，即可开始测试［测试项目一般为Raw Dn（digital number）值，相对反射率值（Ref），辐射率值（Rad）。Ref很少测试，通常测试项目为Raw Dn，优化（Opt）结束后即可开始测试，测Rad时优化（Opt），结束后还要对Rad进行优化，即点击Rad图标进行优化］。测试枪头在参考板上方轻微移动（视场范围不可超出参考板范围，参考板表面应比较均匀一致）。计算机屏幕曲线比较平滑稳定时即可保存（按空格键，有两声清脆响声即表示已保存）。先测试参考板2次，每次5条平均。

（6）测量遮阴参考板2次，每次5条平均。遮阴板的目的是遮挡直射光，投射的阴影要保证能覆盖视场范围，但阴影面积是视场范围的2倍左右，以减小对散射光的遮挡。

（7）保持太阳光照条件的一致性。迅速移动测试枪头垂直对准观测目标，探头高度按照观测目标确定（针对作物冠层综合视场的光谱测量，探头高度保持在1～2作物行周期）操作同参考板，测试保存数目，每次5条平均。测量的作物目标如果没封行，应该分别测定冠层、行间和垄间。

（8）测试完目标后，重复测参考板2次（通常一次完整测试包括先测参考板2次，再测目标10次，再测参考板2次）。

（9）记录员要同时填写记录表。记录的内容包括测定的日期、地块编号、观测目标、光谱仪的型号、文件名、观测时间、观测目标描述、天气情况（温度、云量、风速）、相片编号和GPS定点号。

（10）结束当前测量，关闭光谱仪，再关闭笔记本计算机，收起连接线等。拍摄测量目标的数字照片，照片编号与光谱测量文件名对应。用软件ASD ViewSpecPro进行数据后处理。

2. 测量中的注意事项

（1）参考板要保持干净卫生，切记不要把油渍等物弄到参考板的正面。

（2）在测量中，一般在10min左右进行一次参考板测量校正。当光照条件变化大时，参考板测量要加密。

（3）光缆线的探头部分要保护好，不能踩到光缆线，不测量时，探头要盖上保护盖。另外，5°的视角镜也要注意保护。

（4）主机箱部分。测量时，挪动时要注意托住底座。

（5）笔记本电脑与软件。主要保护笔记本电脑，不要在开机状态拔插连接线。软件包中的文件不要随便删除或修改，记录的光谱数据文件存储路径一般不要放在FR目录下。

（6）测量一组目标时，要在同一个优化条件下（保持积分时间一致）。

（7）每组测量3人，分别负责操作主机、笔记本探头、参考板、记录等。

（8）测量者应面向太阳垂直方向（垂直主平面方向），尽量减小测量人员对被测物的影响。同时注意，应该穿深色衣服。

（9）测量时尽量使用DN模式，不要使用Reflectance模式。测量记录人员需要和测量者沟通什么时候测量参考板，什么时候测量地物光谱。

（10）遥感同步观测中（一般都是测量地物和背景混合光谱），探头采用裸露光纤测量参考板、地物和遮蔽的参考板；测量即将结束时，分别测量地物和背景的纯光谱特征曲线，此时宜采用5°视场角的探头测量，同时也要测量参考板和遮蔽的参考板（5°）。测量地物和背景混合光谱时，探头和地面的距离稍远，手臂基本和地表平行测量；测量地物和背景纯光谱时，探头和被测物可以保持更小的距离，以减小误差。

二、近地光谱遥感数据处理方法

由于光谱仪波段间对能量响应上的差异，使光谱曲线总存在一些噪声，为去除包含在信号内的少量噪声，需要对光谱曲线进行平滑处理。可采用移动平均方法进行去噪处理，即选取测定样本某一点前后光谱曲线上一定范围内的光谱反射率值的平均值作为该点的值。平滑处理的范围选取一个样本点前后3个波段的反射率值进行平均，作为该点平滑后的光谱反射率值。在干扰波段去除和平滑处理后，对每种作物不同采样区的光谱反射率值进行平均处理，作为该种作物的光谱反射率特征曲线。

三、工业大麻植物近地光谱仪冠层光谱特征分析

1. 工业大麻植物冠层光谱特征分析

不同地物的光谱反射曲线，是地物对电磁波的反射、吸收和发射特性的集中体现。地物光谱研究是遥感理论研究和应用研究的基础，是连接地表信息与空间遥感信息之间关系的纽带。植被对电磁波的响应是由其化学特征和形态学特征决定的，这种特征与植被的发育、健康状况以及生长条件密切相关。不同植被类型，由于其叶面积大小、叶子色素含量、细胞结构、含水量等参数均不相同，因而其光谱反射曲线必然存在着一定的差异。工业大麻植物冠层光谱特征分析是工业大麻遥感识别的基础，对工业大麻遥感识别进行传感器的设计和遥感数据源的选择具有指导作用（图15-7）。

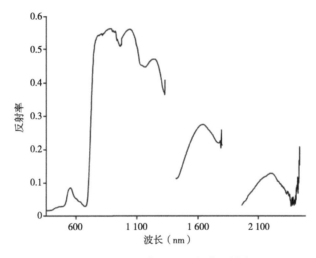

图15-7　工业大麻冠层光谱反射率

在可见光波段，各种色素是支配工业大麻植物光谱响应的主要因素，其中叶绿素所起的作用最为重要。在中心波长分别为450nm（蓝色）和650nm（红色）的两个谱带内，叶绿素吸收大部分的摄入能量，在这两个叶绿素吸收带间，由于吸收作用较小，在540nm（绿色）附近形成一个反射峰（约10%），因此工业大麻植物看起来是绿色的。

在近红外波段，工业大麻植被的光谱特性主要受植物叶子内部构造的控制，光谱特征是高反射率（50%～60%）。在可见光波段与近红外波段之间，即大约760nm附近，反射率急剧上升，形成"红边"现象，这是植物曲线最为明显的特征，是研究的重点光谱区域。许多种类的植物在可见光波段差异小，但近红外波段的反射率差异明显。同时，与单片叶子相比，多片叶子能够在光谱的近红外波段产生更高的反射率，这是因为附加反射率的原因，辐射能量透过最上层的叶子后，被第二层的叶子反射，结果在形式上增强了第一层叶子的反射能量。

在中红外波段，工业大麻植物的光谱响应主要被1 400nm、1 900nm和2 700nm附近水的强烈吸收带所支配，在光谱反射率曲线上表现出强烈的抖动，因此在后续的光谱分析中将这3处的反射率数据

去除，以免影响光谱分析的准确度。2 700nm处的水吸收带是一个主要的吸收带，它表示水分子的基本振动吸收带。1 900nm、1 100nm和960nm处的水吸收带均为倍频和合频带，故强度比水的基本吸收带弱，而且是依次减弱的。1 400nm和1 900nm处的这两个吸收带是影响叶子的中红外波段光谱响应的主要谱带。1 100nm和960nm处的水吸收带对叶子的反射率影响也很大，特别是在多层叶片的情况下。植物对入射阳光中的红外波段能量的吸收程度是叶子中总水分含量的函数，即是叶子水分百分含量和叶子厚度的函数。随着叶子水分减少，植物中红外波段的反射率明显增大。

2. 工业大麻植物遥感识别最佳波段分析

为了区别工业大麻植物与其他周边植物的光谱特征波段，对不同品种的工业大麻光谱反射率曲线可以取平均值，作为工业大麻植物的光谱特征光谱曲线，与其他植物的光谱曲线做差异分析，工业大麻植物与其他植物的光谱差异如图15-8所示。图中无标记实线为工业大麻光谱反射率曲线，其他曲线为相应作物的光谱反射率值与工业大麻光谱反射率值做差得到的光谱差异曲线，这样可以突出工业大麻植物与其他作物差异较大的波段位置。

在可见光波段，工业大麻与向日葵、番茄和苜蓿的光谱差异较小，最大差异出现在530nm附近，与玉米和小麦的光谱差异相似，反射率值高于其他两种作物，且在552nm附近有一个谷值，在这个区间范围内，可以设置以540nm为中心，波段宽度小于30nm的传感器波段对工业大麻进行识别。

在可见光波段向近红外波段过渡的734nm附近，工业大麻与其他作物有最大的差异，形成一个明显的低谷，这个差异可以用以734nm为中心，小于20nm的波段宽度的波段设置进行遥感探测。

在近红外波段，工业大麻植物光谱反射率要高于其他作物，差异明显，尤其是与玉米、小麦和番茄的光谱差异很大，与向日葵光谱差异次之，与苜蓿光谱差异最小，在992nm附近形成最大差异。这个差异可以用以992nm为中心，小于30nm的波段宽度的波段设置进行遥感探测。造成这个差异存在的原因是由于工业大麻植株高，造成光谱在叶片之间的附加反射率增加，因此在近红外波段工业大麻植物表现出较高的反射率，明显高于其他几种作物。

在中红外波段，工业大麻植物光谱反射率仍高于其他作物，并且呈现出3个明显的光谱差异谷值，分别位于1 213nm、1 580nm和2 199nm附近，可以分别以这3个差异位置为中心，波段宽度小于50nm的波段设置进行探测。中红外波段工业大麻存在与其他作物较大的光谱差异的原因是由于在中红外波段植物的光谱反射率随着叶片水分含量的减少而表现出反射率明显增大，工业大麻植物叶片薄，水分含量低，因此在中红外波段，工业大麻植物的光谱反射率高于其他几种植物。

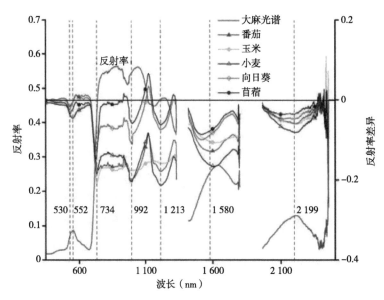

图15-8 不同作物冠层光谱反射率

工业大麻作为绿色植物，具有植物基本的光谱特征。工业大麻具有区别于其他作物的特征光谱，可以利用遥感技术对工业大麻种植进行监测。工业大麻冠层光谱在530nm、552nm、734nm、992nm、1 213nm、1 580nm和2 199nm附近与其他植物有较大差异，并且在734nm附近与其他植物有最大反射率差异，这些波段是工业大麻遥感监测的最佳波段。在不同的波谱位置需要的传感器波段宽度并不相同，以最佳波段为中心，遥感识别工业大麻需要的光谱分辨率在可见光和近红外波段为30nm或更窄，在中红外波段为50nm或更窄。

第六节　工业大麻卫星遥感监测典型分析

一、黑龙江省基于高分辨率遥感影像工业大麻信息提取典型案例分析

截至2019年，全球范围内超过50个国家将医用大麻或CBD合法化，导致工业大麻的种植和提取产业呈暴发趋势。世界上工业大麻适宜的产区分布在北纬45°~55°。我国的云南省是第一个开放工业大麻种植和加工的省份，黑龙江省由于气候和土壤条件十分适宜种植工业大麻，且恰恰位于这个纬度带，现成为继云南省之后我国第二个放开工业大麻种植和加工的省份。2018年黑龙江省出台了《黑龙江省汉麻产业三年专项行动计划（2018—2020）》，将工业大麻产业列为新增长领域的培育对象，重点圈定了绥化市等工业大麻种植优势地区。随着国家的重视，黑龙江省工业大麻产业进入了一个蓬勃发展的阶段，将成为国内甚至全世界最大的工业大麻生产基地之一。

工业大麻的种植需要审批，但相关行业部门缺乏合理化的监管。由于工业大麻的种植效益明显高于玉米、大豆等主要农作物，许多农民开始私自种植，且有些品种所含的致幻成分THC过高，被作为娱乐吸食用品，严重影响了人们的身心健康。为加强和完善监管力度，利用遥感技术手段，基于ZY-3和Landsat 8不同尺度分辨率遥感影像，开展工业大麻的自动信息提取研究，为工业大麻的智能提取和宏观监测提供了信息化支撑。

（一）典型代表区域及数据源

1. 典型代表区域

黑龙江省绥化市青冈县位于黑龙江省中南部，地处松嫩平原，东部通肯河对面为海伦市，北部毗邻黑河市，总土地面积2 686km²。青冈县气候属于中温带大陆性季风气候，年平均气温2.4~2.6℃，年降水量477mm，主要集中在6—8月。青冈县黑土层厚，土质肥沃，主要农作物类型有玉米、大豆，同时种植工业大麻等经济作物，是全国商品粮和工业大麻的种植大县。

2. 数据源

利用ZY-3和Landsat 8作为遥感影像数据源（表15-7），其中ZY-3最高空间分辨率为2m，Landsat 8最高空间分辨率为15m。ZY-3卫星选取3景影像数据，分别是2017年6月5日、6月15日和7月12日；Landsat 8卫星选取3景影像数据，分别是2017年6月5日、6月18日、8月31日。

表15-7　多源遥感影像数据使用波段

卫星/传感器	波段号	光谱范围（μm）	空间分辨率（m）	幅宽（km）	重访周期（d）
ZY-3	蓝（1）	0.45~0.52	2.1	51	5
	绿（2）	0.52~0.59			
	红（3）	0.63~0.69			
	近红（4）	0.77~0.89			

（续表）

卫星/传感器	波段号	光谱范围（μm）	空间分辨率（m）	幅宽（km）	重访周期（d）
	蓝（1）	0.45~0.51	30		
	绿（2）	0.53~0.59	30		
	红（3）	0.64~0.67	30		
Langsat 8	近红（4）	0.85~0.88	30	185	16
	中红1（5）	1.57~1.65	30		
	中红2（6）	2.11~2.29	30		
	全色（7）	0.50~0.68	15		

（二）工业大麻信息提取关键技术

利用eCognition软件，针对工业大麻物候期的不同，基于面向对象分类方法，分别利用不同分辨率遥感影像数据源ZY-3和Landsat 8，结合光谱、纹理、多谱段等特性综合进行工业大麻的提取。其中面向对象分类方法包括多尺度分割和特征选择两个关键步骤。

1. 工业大麻的物候期

青冈县主要农作物（玉米、大豆、水田）播种时间一般为每年的5月中旬，收割时间一般为每年的10月中旬。而工业大麻的播种时间一般为5月初，收割时间一般为8月末。在生育期内工业大麻的NDVI值较其他主要农作物的NDVI值高，而且通过R（NIR）、G（RED）、B（GREEN）波段组合可以发现，工业大麻呈高亮色（图15-9），其颜色和纹理特性可以用波段组合的方式凸显出来。

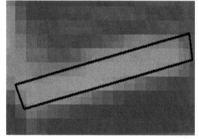

图15-9 大麻解译标志

2. 多尺度分割

多尺度分割主要是将遥感影像数据分割为单独的均质对象，不同数据源的分割参数不同，利用多尺度分割算法，在大量试验的基础上得出基于ZY-3影像的多尺度分割参数为100，基于Landsat 8影像的多尺度分割参数为50。

3. 特征选择

在多尺度分割后，影像被分为一个个均质对象，利用构建的特征规则对均质对象进行分类，基于工业大麻的信息提取主要利用了工业大麻的光谱信息、颜色信息及纹理等特性信息。

（三）黑龙江省青冈县工业大麻提取结果

使用eCognition软件，基于面向对象的分类方法，分别利用ZY-3和Landsat 8遥感影像对青冈县进行工业大麻提取，对于同一轨道同一时间的ZY-3遥感影像进行先拼接后提取，其他单景影像单独提取，最后将各景影像的信息提取结果合并在一起。

对多源遥感影像的信息提取结果进行矢量统计，基于ZY-3遥感影像的工业大麻提取结果为

2 140hm²，基于Landsat 8遥感影像的工业大麻提取结果为2 100hm²。基于不同尺度数据源提取的结果整体空间分布及数量较一致。

通过野外样本实地采集，结合Google Earth等高分辨率遥感影像确定出精度验证样本，共采集工业大麻样本点70个。

基于ZY-3和Landsat 8遥感影像的青冈县工业大麻提取结果，采用混淆矩阵法对其进行精度评价，评价指标采用总体分类精度（Overall accuracy）和Kappa系数。总体分类精度见式（15-34）。

$$\text{Overall accuracy} = \frac{K_1}{K_2} \tag{15-34}$$

式中：K_1为分类后结果中与实际地物相符的像元的个数；K_2为样本的总个数，见式（15-35）、式（15-36）。

$$K_1 = \sum_{i=1}^{n} A[i,i] \tag{15-35}$$

$$K_2 = \sum_{i=1}^{n} \sum_{j=1}^{n} [i,j] \tag{15-36}$$

Kappa系数的计算公式见式（15-37）。

$$\text{Kappa} = \frac{K_1 \times K_2 - \sum_{i=1}^{n}(m_{i+} \times m_{+i})}{K_2 \times K_2 - \sum_{i=1}^{n}(m_{i+} \times m_{+i})} \tag{15-37}$$

式中：m_{i+}和m_{+i}分别表示矩阵的第i行和第i列的总和。

通过计算，基于ZY-3卫星遥感影像的总体精度为92.86%，Kappa系数为0.911 3；基于Landsat 8卫星遥感影像的总体精度为88.57%，Kappa系数为0.853 5。由此可见，基于不同数据源进行工业大麻自动提取总体分布及面积一致，都可以达到很好的效果，可为政府宏观掌握本底数据和及时监管提供技术及决策支撑。

二、内蒙古自治区基于高分辨率遥感影像工业大麻信息提取典型案例分析

（一）典型代表区域及数据源

1. 典型代表区域

内蒙古自治区鄂尔多斯市达拉特旗王爱召镇是典型的黄河冲积平原，是内蒙古自治区呼包鄂经济区地理中心，是典型的温带大陆性气候，日夜温差较大，年平均日照时长约3 000h，年均气温7℃，年均降水量240～360mm，大部分集中在7—9月，9月中旬进入霜期，土地利用类型主要有农田、河流、建筑用地、道路、荒地等。

王爱召镇主要以种植小麦、玉米、大麻、向日葵、马铃薯、西瓜为主，是内蒙古自治区主要的大麻集中种植区，大麻也是当地的主要经济作物。受当地气温条件限制，农作物一年一熟，因此大麻种植以与春小麦套种为主，3—4月播种春小麦，5月在麦田田埂上播种大麻，7月小麦收获，10月初收获大麻，大麻籽为主要收获物，主要流向炒货市场，剩余的大麻秆则用于烧火取暖，整体经济利用率较低。

2. 数据源

高分2号（GF-2）是我国自主研制的首颗空间分辨率优于1m的民用光学遥感卫星，搭载有两台高分辨率1m全色（0.45～0.9μm）、4m多光谱相机（0.45～0.52μm、0.52～0.59μm、0.63～0.69μm、0.77～0.89μm），采用GF-2的4m的多光谱遥感影像，获取时间为2016年8月3日，此时大麻、玉米、向日葵正处于快速生长期，植株茂盛，可将种植区域地面全部覆盖，小麦已经收获，便于套种大麻识别，因此选择该时相的数据有利于大麻监测。于2016年7月中旬和2016年9月下旬进行作物种植状况调查并验证分类结果。

（二）基于像元的工业大麻信息提取关键技术

对所选取的影像进行投影转换等预处理，以减少影像获取过程中形成的各种噪声，同时还需对影像进行辐射校正、正射校正、影像融合、几何精校正和影像裁剪。应用ENVI软件平台支持下的基于像元的决策树分类方法和eCognition软件平台对大麻地块进行了信息提取。

1. 决策树分类特征选择

在遥感影像上，地物的光谱特征不仅仅表现为地物在影像上所呈现出来的亮度值，还包括经过波段运算处理后反映出来的特征值，采用代数运算法构建影像的光谱特征指数模型。

植被对红光以及近红外波段较为敏感，将这两个波段进行运算，可以得到不同的植被指数。利用多种植被指数进行植被识别及植被类型提取，不仅简单易行、运算高效而且节约经济成本。考虑到试验数据获取时相的植被类型和作物生长状况，采用归一化差值植被指数（NDVI）、土壤调节植被指数（SAVI）、比值植被指数（RVI）等植被指数提取内蒙古自治区鄂尔多斯市达拉特旗王爱召镇工业大麻信息。

（1）归一化差值植被指数（NDVI）。在遥感影像信息提取中可用来检测植被生长状态、覆盖度和减弱辐射误差等。主要由近红外波段（NIR）与红光波段（RED）参与运算，见式（15-38）：

$$NDVI = (R_{NIR} - R_{RED}) / (R_{NIR} + R_{RED}) \qquad (15-38)$$

（2）土壤调节植被指数（SAVI）。一般情况下认为NDVI指数的计算需要事先假定计算范围内的土壤性质属于同一种，而近河流区域与远离灌溉水源的农田其植被覆盖的土地类型受土地背景影响严重，不能单一的应用NDVI指数进行识别。因此引入SAVI指数和调节因子（L），消除了土壤背景的干扰，使不同土壤背景中求得的NDVI值没有差别。SAVI指数见式（15-39）。

$$SAVI = (1+L)(\rho_{NIR} - \rho_{RED})(\rho_{NIR} + \rho_{RED} + L) \qquad (15-39)$$

式中引入了土壤调节系数（L），其取值范围为0～1，当L取0代表没有植被覆盖；L取1则表示植被完全覆盖，但只有在被茂盛森林覆盖的区域才会出现，这两种情况均属于理想状况，在实际计算中，采取$L=0.5$。

（3）比值植被指数（RVI）。RVI是植被的灵敏指标，与植被的叶面积指数、叶干生物量以及叶绿素含量关联性较大，可以利用RVI进行作物类型的识别，其运算公式见式（15-40）。

$$RVI = NIR/RED \qquad (15-40)$$

2. 特征变换

特征变换是利用特定的数学公式将原始影像变换成新的特征影像，经主分量变换后生成的新的特征影像信息全部集中于前几个主分量中，在利用多光谱影像进行信息提取时，常常选用第一、二主分量进行信息提取，削减工作量。主分量变换后的各分量信息含量如图15-10和图15-11所示。

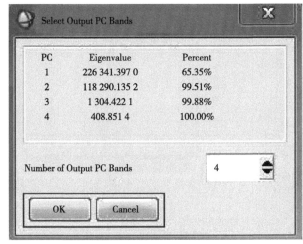

图15-10　各分量信息含量

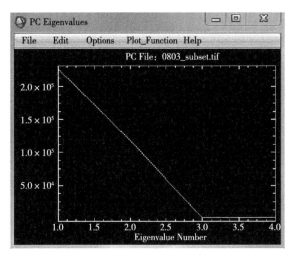

图15-11　特征值输出

3. 基于决策树分类器的工业大麻提取结果

训练样本的选择是遥感影像分类的关键，其质量在很大程度上影响着分类结果的精度，根据野外调查填图的结果在内蒙古自治区鄂尔多斯市达拉特旗王爱召镇影像上均匀选取各样本训练区。训练区各地类样本数及像元数见表15-8。

表15-8　训练区各地物类别样本个数及像元数

地物类别	样本数	样本像元数
人工建筑	15	1 258
河漫滩	10	1 312
工业大麻	28	2 732
玉米	35	3 562
向日葵	18	2 347
南瓜	10	1 208

对选择好的训练样本分别计算其5种特征参数（NDVI、SAVI、PC1、PC2、RVI）的均值和标准差，假设样本值均呈现理想状态下的正态分布，那么通过正态分布的概率密度曲线便能获得各样本的特征值分布信息。各地物样本特征值在各特征空间中的分布曲线如图15-12所示。

（1）建筑用地和道路。NDVI、SAVI和RVI均可以很好地将建筑物、道路与植被区分开，在这3个特征空间中，建筑物与道路的特征值要明显低于植被，可以选取适当的特征空间和阈值对建筑物与道路进行剔除。

（2）河漫滩。内蒙古自治区鄂尔多斯市达拉特旗王爱召镇的河漫滩主要成分为沙石，具有与建筑物相似的光谱特征，通过NDVI、SAVI和RVI等特征将河漫滩进行剔除。

（3）工业大麻提取。经实地调查，内蒙古自治区鄂尔多斯市达拉特旗王爱召镇无大面积片状林地，只有零星分散的树木，将（1）中提取的植被全部看作农作物，分类后处理中将误分为工业大麻类别的树木通过聚类或去除分析进行修正。在PC1特征空间中，南瓜与其他作物具有较大差别，将南瓜从植被中剔除出来，PC1及PC2特征空间中，向日葵与其他两种作物差别较大，可以进行剔除。最后剩余的工业大麻和玉米在RVI特征空间中具有明显差别，可以通过设定合适阈值提取工业大麻地块信息。

基于实地调查信息以及内蒙古自治区鄂尔多斯市达拉特旗王爱召镇内待分目标物的样本特征值的分析，选取合适的阈值构造决策树提取工业大麻地块。具体流程如图15-13所示。

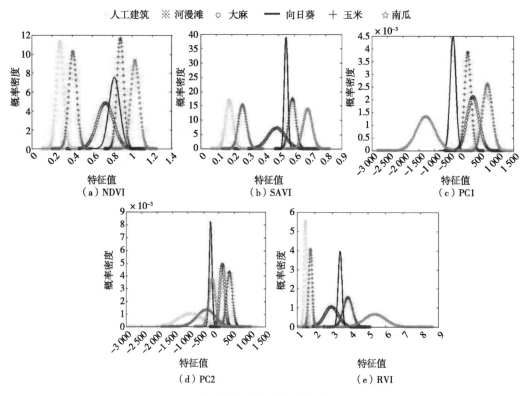

图15-12　各地物样本在特征空间中的分布曲线

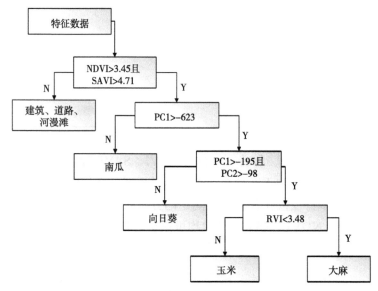

图15-13　决策树提取工业大麻地块信息流程

（三）基于面向对象的工业大麻信息提取关键技术

以德国智能化影像分析软件eCognition为平台，进行面向对象的工业大麻地块信息提取。使用eCogniton Developer模块进行影像分割和分类规则集的构建。通过计算对象的各特征对其类别进行判别，并赋予对象真实的类别信息。

获取工业大麻地块信息时可以忽略非工业大麻地块的类别信息，建立一个如图15-14所示的分类层级结构。

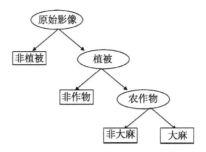

图15-14　分类层次结构

对待提取地物的特征信息进行统计分析比较，选择识别度较高的特征组合，建立模糊规则集进行分类提取。如植被和人工建筑、道路的NDVI值具有明显的区别，可以以此为依据，提取植被。农作物种植范围大，可以利用面积区分作物与树木，各种作物由于种植密度、株高不同具有不同的纹理特征，可以借此区分。根据先验知识以及对影像观察得到的规律，选择合适的特征，并经过多次反复试验确定的工业大麻信息提取特征及规则见表15-9。

表15-9　工业大麻作物地块提取规则

模糊规则	隶属度函数类型
NDVI>0.475 1	模糊大于
面积>300	模糊大于
近红外方差∈[0.000 3，0.000 5]	全范围
绿波段纹理范围∈[0.005，0.00 9]	全范围

（四）精度评价

精度评价。通过参照野外填图结果选取一定数量的样本对两种分类方法的精度进行评定。基于像元的决策树方法和面向对象方法提取的工业大麻地块混淆矩阵如表15-10和表15-11。

表15-10　基于像元的决策树分类方法提取工业大麻地块精度评价混淆矩阵

类别	工业大麻	其他	总数
工业大麻	312	56	368
其他	79	553	632
总数	391	609	—
生产者精度	79.80%	90.80%	—
用户精度	84.78%	87.5%	—
总体精度	—	86.5%	—
Kappa系数	—	0.83	—

表15-11　面向对象分类方法提取工业大麻地块精度评价混淆矩阵

类别	工业大麻	其他	总数
工业大麻	368	37	405
其他	44	551	595
总数	412	588	—
生产者精度	89.32%	93.71%	—
用户精度	90.86%	92.61%	—
总体精度	—	91.9%	—
Kappa系数	—	0.89	—

两种分类方法总体的分类精度都达到了86%以上，其中面向对象的分类方法提取工业大麻地块的精度更是达到了91.9%，属于分类优劣程度中极好的标准，而基于像元的决策树分类方法提取的精度较低，并且不管是用户精度还是生产者精度均较低，存在的错分和漏分率比较高，造成这一结果的主要原因：一是工业大麻作物与玉米作物的光谱特征值非常接近，在提取时必然会造成一定的错分现象。二是由于研究区工业大麻种植为各农户零散种植，因此不同的管理方式会造成不同地块之间、同一地块不同区域的工业大麻长势不同，因此长势较差未将地面完全覆盖的地方会被分类为其他地物，造成漏分。三是工业大麻地块与其他作物地块的交界处，作物交错，易形成混合像元造成错分。面向对象方法提取工业大麻地块总体精度达91.9%，但工业大麻类别的生产者精度较低，主要是由地块大小不一，分割时所选尺度难以满足所有地块的尺度要求，使得分割精度较差，进而影响分割精度。

综上所述，面向对象的分类方法提取的工业大麻地块信息精度无论是在生产者精度、用户精度还是在总体精度上都要高于决策树分类器提取的结果，建议选择面向对象的提取方法作为工业大麻监测的主要方法。

三、安徽省基于国产高分2号影像工业大麻信息提取典型案例分析

（一）典型代表区域及数据源

1. 典型代表区域

安徽省六安市地处北纬30°57′~32°，属湿润季风气候，全市平均海拔约为32m，大部分地区多年平均气温为14.6~15.6℃，无霜期平均为211~228d，平均日照时长为1 960~2 330h，日照百分率在46.0%~52.8%，多年平均降水量为900~1 600mm，集中分布在3—7月（约占年降水量的57%），正是工业大麻生长需水期。六安市早在唐代，即为淮南的主要工业大麻产地，约有1 000年的种植历史，六安工业大麻品质优良，销往数省，故六安享有"麻乡"之称，目前六安市也是我国四大麻产区之一。六安工业大麻又以苏埠工业大麻为代表（裕安区苏埠镇）。苏埠镇地处淠河冲积平原，地势平坦，土壤肥沃，产出的麻皮质量居全国之冠。

2. 数据源

高分2号（GF-2）是我国自主研制的首颗空间分辨率优于1m的民用光学遥感卫星，搭载有两台高分辨率1m全色（0.45~0.9μm）、4m多光谱相机（0.45~0.52μm、0.52~0.59μm、0.63~0.69μm、0.77~0.89μm），采用GF-2的4m的多光谱遥感影像，安徽省六安市裕安区苏埠镇覆盖范围为12km²，获取时间为2015年5月31日。

（二）工业大麻信息提取关键技术

采用基于规则集的面向对象方法进行大麻地块提取，提取方法流程如图15-15所示。

首先要对安徽省六安市裕安区苏埠镇遥感数据进行多尺度分割，基于多尺度分割结果选择提取大麻地块的最优分割尺度。图像分割是高分辨率遥感影像中地物目标特征提取与表达的基础，是面向对象分类过程中的一个关键环节，在面向对象应用中占有重要的地位。现实世界地物目标复杂多变，不同地物类型需要适当的距离和比例尺才能有效完整的呈现，因此应用单一的分割尺度很难实现，要充分描述和表达不同的地物类型需要在不同的尺度下才能进行。多尺度分割算法应运而生，其关键是分割参数的设定，不同的参数设定决定了分割结果的尺度和质量，进一步会直接影响面向对象分类的精度。多尺度分割算法采用的是异质性最小的区域合并算法，其中最下层的合并开始于像元层。先将不同的像元合并为较小的影像对象，然后将较小的对象逐渐合并成为较大的影像对象。

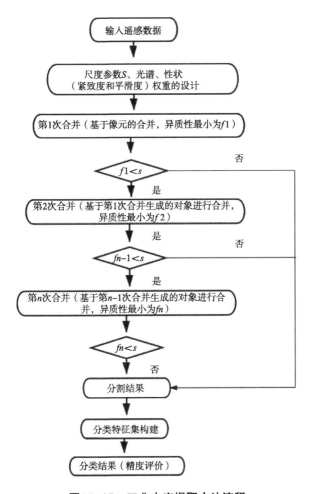

图15-15　工业大麻提取方法流程

其次是分类规则集的构建。不同的地物类型有不同的光谱特征，选取不同地物类型的样本对象生成光谱曲线，分析大麻地块与其他地物类型的异同点，基于光谱分析选择差异较大的波段或指数构建规则集。除此之外，高分辨率遥感影像中存在大量的纹理、结构、形状和上下文信息等特征信息，这些特征信息也可以用于构建规则集实现大麻地块的提取。

最后是精度评价。采用基于像元分类（监督分类）的方法和基于规则集的面向对象分类方法对安徽省六安市裕安区苏埠镇进行大麻地块提取，并对两种方法提取结果进行精度评价和对比分析。

（三）安徽省六安市裕安区工业大麻提取结果

1.最优分割尺度的选择

同质性用来表示最小异质性，同质性由两部分组成，即光谱和形状，两者权重之和为1.0，而形状又由平滑度和紧致度来表示，两者权重之和也为1.0，形状和紧致度权重一旦确定，光谱和平滑度权重就确定下来，而在实际的分割过程中，形状和紧致度的权重通常设置为0.1/0.5，将形状和紧致度权重设置为0.1/0.5。

分割后的效果可分为过分割、欠分割和最佳分割3种情况。利用过分割结果进行后续的分类处理，与基于像素的分类一致，分类精度的理论上限为100%，但过分割使得对象自身的形状特征缺乏实际意义。利用欠分割结果进行分类时，不同的地物类型被分割成一个对象，但一个对象只能赋予一个具体的类别属性，因此欠分割一定会造成错误的分类。因此需要确定最优的分割尺度，最优分割尺度值使分割后的多边形能将这类地物类型的边界显示的十分清楚，既不能太破碎，也不能边界模糊。

遥感数据中的地物特征在一个空间尺度范围内表现为有规律的变化，而一旦越过某一个尺度阈值则会发生根本性的变化，所以最优分割尺度是一个范围值，而不是一个断点值，最优分割尺度参数的选取依赖于影像数据的分辨率和应用目的，理想的分割尺度参数为200。

2. 分类特征的构建

对安徽省六安市裕安区苏埠镇进行目视分析可知，主要土地覆盖类型为建设用地（包括裸地）、植被（水稻、大麻和林地）、水体和滩涂等，通过采样可获取主要土地覆盖类型的地物光谱曲线（图15-16），水稻、大麻和林地从band3到band4有上升的趋势，利用归一化植被指数（NDVI），构建规则集NDVI>0可以将上述3种地物覆盖类型与其他地物区分开。

影像经过分割后形成不同的对象，不同对象中包含的所有像元的标准差反映的是对象内不同像元之间像素值的离散程度，通过样本统计可以获取水稻、大麻和林地3种地物类型对象在4个波段上的标准差均值。分割后大麻对象像元像素值在4个波段上标准差均值要明显小于水稻和林地，因此可以利用对象像元像素值在4个波段上标准差均值构建规则集，在NDVI>0规则集的基础上，将剩余对象像元像素值在4个波段上标准差均值阈值设置为10，小于10的则为大麻地块，从而实现了大麻地块的提取（图15-17）。

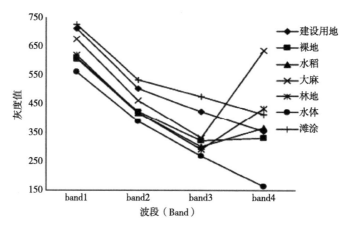

图15-16 安徽省六安市裕安区苏埠镇地物光谱曲线

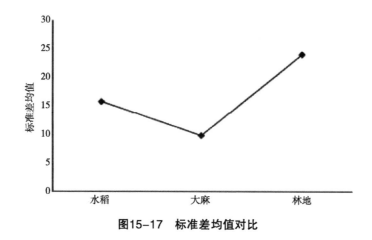

图15-17 标准差均值对比

3. 精度评价

通过基于规则集的面向对象分类方法对安徽省六安市裕安区苏埠镇进行大麻地块提取结果如图15-18（a）所示，支持向量机监督分类方法分类结果如图15-18（b）。

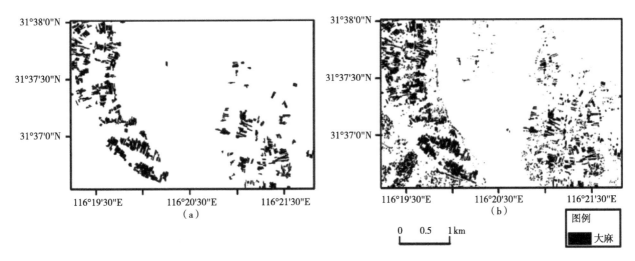

图15-18 不同分类方法分类结果

通过人工目视解译的结果和两种方法得出的结果进行对比，得出两种方法分类精度如表15-12所示。通过精度分析对比可知，基于规则集的面向对象分类方法提取大麻地块的平均精度可达91.09%，而传统的基于像元的SVM方法的平均精度仅有61.13%。通过表15-12分析可知，SVM方法错分误差较高，而造成SVM方法分类精度较低的原因是该方法的分类基本单元是像元，从而造成大量的"椒盐噪声"被错误的分类成大麻地块，进而造成用户精度的下降。而基于规则集的面向对象分类方法不但考虑了不同地物的光谱信息，还考虑到了分割后不同地物对象的内部特征，因此其错分和漏分误差都处于相对较低的水平。

表15-12 精度对比分析

方法	生产者精度（%）	用户精度（%）	错分误差（%）	漏分误差（%）	平均精度（%）
基于规则集面向对象分类	91.34	90.83	9.17	8.66	91.09
SVM	82.78	39.47	60.53	17.22	61.13

针对传统的基于像元的分类方法提取大麻地块结果较为破碎和精度较低的问题，以国产"高分二号"（GF-2）4m的多光谱遥感影像为数据源，使用了基于规则集的面向对象分类方法实现了大麻地块的精确提取。该方法的平均精度达到90%以上，远远高于传统的基于像元的分类提取方法，能够为相关部门摸清大麻种植面积和空间分布情况、监管大麻种植、制定大麻产业政策提供科学参考。

参考文献

白丽，王进，蒋桂英，2006.高光谱分辨率遥感技术在农作物估产中的研究现状与发展趋势[J].现代化农业（1）：30-33.

奥勇，王小峰，2009.遥感原理及遥感图像处理实验教程[M].北京：北京邮电大学出版社.

包海青，安慧君，贺晓辉，等，2013.基于马氏距离的TM数据森林分类方法研究[J].内蒙古农业大学学报，34（2）：61-64.

包塔娜，2011.锡林郭勒盟土地利用动态变化研究[D].呼和浩特：内蒙古师范大学.

蔡斌，陆文杰，郑新江，1995.气象卫星条件植被指数监测土壤状况[J].国土资源遥感，7（4）：20-25.

曹伟男，王文高，王欣，等，2021.基于高分二号卫星数据的农作物分类方法研究[J].测绘与空间地理信息，44（4）：158-161.

陈维英，肖乾广，1994. 距平植被指数在1992年特大干旱监测中的应用[J]. 环境遥感，9（2）：106-112.

陈怀亮，冯定原，邹春辉，1998. 麦田土壤水分NOAA/AVHRR遥感监测方法研究[J]. 遥感技术与应用，13（4）：27-35.

陈仲新，刘海启，周清波，2000. 等全国冬小麦面积变化遥感监测抽样外推方法的研究[J]. 农业工程学报（16）：126-129.

陈书林，贺瑞霞，郭恒亮，2004. 最大似然法在植被信息识别提取中的应用[J]. 水文地质工程地质（2）：94-96.

陈世荣，马海建，范一大，等，2008. 基于高分辨率遥感影像的汶川地震道路损毁评估[J]. 遥感学报（6）：949-955.

陈杰，2010. 高分辨率遥感影像面向对象分类方法研究[D]. 长沙：中南大学.

陈艳丽，莫伟华，莫建飞，等，2011. 基于面向对象分类的南方水稻种植面积提取方法[J]. 遥感技术与应用，26（2）：163-168.

陈学兄，张小军，陈永贵，等，2013. 陕西省1998—2008年植被覆盖度的时空变化研究[J]. 武汉大学学报，38（6）：674-678.

陈政融，刘世增，刘淑娟，等，2015. 基于Pleiades-1高分辨率卫星影像的干旱沙区遥感影像分类——以甘肃民勤青土湖为例[J]. 中国农学通报，31（20）：126-130.

陈会明，2015. 浅谈遥感技术在农业生产中的应用[J]. 安徽农学通报（19）：190-192.

陈波，胡玉福，喻攀，等，2017. 基于纹理和地形辅助的山区土地利用信息提取研究[J]. 地理与地理信息科学，33（1）：1-8.

陈彦四，黄春林，侯金亮，等，2021. 基于多时相Sentinel-2影像的黑河中游玉米种植面积提取研究[J]. 遥感技术与应用，36（2）：324-331.

邓辉，周清波，2004. 土壤水分遥感监测方法进展[J]. 中国农业资源与区划，25（3）：46-49.

邓富亮，杨崇俊，曹春香，2014. 高分辨率影像分割的分形网络演化改进方法[J]. 地球信息科学学报（1）：95-101.

邓海龙，2015. 高分辨率遥感图像面向对象分割与分类方法研究[D]. 武汉：中国地质大学.

丁建丽，张飞，塔西甫拉提·特依拜，2008. 塔里木盆地南缘典型植被光谱特征分析——以新疆于田绿洲为例[J]. 干旱区资源与环境，22（11）：160-166.

东启亮，2014 基于ICA和自适应最小距离分类法的湿地信息提取研究[D]. 长沙：中南林业科技大学.

冯恒栋，2008 基于人工神经网络和模糊分类的森林植被遥感图像分类研究[D]. 长春：东北师范大学.

郭广猛，赵冰茹，2004. 使用MODIS数据监测土壤湿度[J]. 土壤，36（2）：219-221.

郭茜，李国春，2005. 用表观热惯量法计算土壤含水量探讨[J]. 中国农业气象，26（4）：215-219.

郭伟，赵春江，顾晓鹤，等，2011. 乡镇尺度的玉米种植面积遥感监测[J]. 农业工程学报，27（9）：69-74.

顾先冰，司群英，2000. 国内外遥感卫星发展现状[J]. 航天返回与遥感（21）：29-33.

高志勇，张万海，2006. 大麻的生物学特征及应用研究概况[J]. 毛纺科技（6）：37-39.

苟睿坤，陈佳琦，段高辉，等，2019. 基于GF-2的油松人工林地上生物量反演[J]. 应用生态学报，30（12）：4031-4040.

韩涛，2002. 用TM资料对祁连山部分地区进行针叶林、灌木林分类研究[J]. 遥感技术与应用，17（6）：317-321.

韩丽娟，王鹏新，王锦地，等，2005. 植被指数—地表温度构成的特征空间研究[J]. 中国科学，35

（4）：371-377.

黄慧萍，2003. 面向对象影像分析中的尺度问题研究[D]. 北京：中国科学院遥感应用研究所.

黄敏，李凤娥，孙艺红，等，2004. 电子商务环境下基于模糊ISODATA聚类法的企业风险分类[J]. 控制与决策（2）：179-182.

黄妙芬，邢旭峰，刘素红，等，2006. 运用热惯量估算大气下行长波辐射的遥感方法研究[J]. 资源科学，28（3）：37-43.

黄坤，2011. 红壤侵蚀区植被因子提取及小流域水土流失快速监测方法[D]. 福州：福建师范大学.

何俊，葛红，王玉峰，2008. 图像分割算法研究综述[J]. 计算机工程与科学，31（12）：58-61.

何敏，张文君，王卫红，2008. 面向对象的最优分割尺度计算模型[J]. 大地测量与地球动力学，29（1）：106-109.

何锦风，陈天鹏，卢蓉蓉，等，2010. 汉麻籽的综合利用及产业化研究[J]. 中国食品学报，10（3）：98-112.

胡文亮，赵萍，董张玉，2010. 一种改进的遥感影像面向对象最优分割尺度计算模型[J]. 地理与地理信息科学，26（6）：15-18.

贾海峰，刘雪华，2006. 环境遥感原理与应用[M]. 北京：清华大学出版社.

贾良良，李斐，陈新平，等，2013. 应用IKONOS卫星影像监测冬小麦氮营养状况[J]. 中国土壤与肥料（6）：68-71.

刘志明，1992. 利用气象卫星信息遥感土壤水分的探讨[J]. 遥感信息（1）：21-23.

刘培君，张琳，1997. 卫星遥感估测土壤水分的一种方法[J]. 遥感学报，1（2）：135-138.

刘丽，周颖，杨凤，等，1998. 用遥感植被供水指数监测货州干旱[J]. 贵州气象，22（6）：17-21.

刘良云，张兵，郑兰芬，2002. 利用温度和植被指数进行地物分类和土壤水分反演[J]. 红外与毫米波学报，21（4）：269-273.

刘安麟，李星敏，何延波，等，2004. 作物缺水指数法的简化及在干旱遥感监测中的应用[J]. 应用生态学报，15（2）：210-214.

刘旭升，2004. 基于人工神经网络的森林植被遥感分类研究[D]. 北京：北京林业大学.

刘勇洪，牛铮，王长耀，2005. 基于MODIS数据的决策树分类方法研究与应用[J]. 遥感学报，9（4）：405-412.

刘振华，赵英时，2005. 一种改进的遥感热惯量模型初探[J]. 中国科学院研究生学报，22（3）：380-385.

刘祖文，2006. 3S原理与应用[M]. 北京：中国建筑工业出版社.

刘英，2008. 从布衣到至尊——中华麻的历史演变[J]. 青年作家（7）：79-83.

刘庆生，刘高焕，姚玲，等，2009. 现代黄河三角洲植被主要建群种野外光谱特征及TM分类试验[J]. 遥感信息（5）：82-86.

刘晓娜，封志明，姜鲁光，2013. 基于决策树分类的橡胶林地遥感识别[J]. 农业工程学报，29（24）：163-172.

刘兆祎，李鑫慧，沈润平，等，2014. 高分辨率遥感图像分割的最优尺度选择[J]. 计算机工程与应用，50（6）：144-147.

刘佳，王利民，滕飞，等，2015. Google Earth影像辅助的农作物面积地面样方调查[J]. 农业工程学报，31（24）：149-154.

刘翠翠，果实，2018. 黑龙江省汉麻产业情况概述[J]. 经济研究（6）：43-44.

刘知，周萍，王鸿燕，等，2017. 多源遥感数据的蚀变异常信息提取及对比研究[J]. 太原理工大学学报，48（5）：765-771.

刘焕军，杨昊轩，徐梦园，等，2018. 基于裸土期多时相遥感影像特征及最大似然法的土壤分类[J]. 农业工程学报，34（14）：132-139.

李杏朝，1995. 微波遥感监测土壤水分的研究初探[J]. 遥感技术与应用，10（4）：1-8.

李星敏，刘安麟，张树誉，等，2005. 热惯量法在干旱遥感监测中的应用研究[J]. 干旱地区农业研究，23（1）：54-59.

李映雪，朱艳，戴廷波，等，2006. 小麦叶面积指数与冠层反射光谱的定量关系[J]. 应用生态学报，17（8）：143-1447.

李治洪，2005. 地理信息技术基础教程[M]. 北京：高等教育出版社.

李俊山，李旭辉，2007. 数字图像处理[M]. 北京：清华大学出版社.

李琳，谭炳香，冯秀兰，2008. 北京郊区植被覆盖变化动态遥感监测——以怀柔区为例[J]. 农业网络信息（6）：38-41.

李杨，2010. 基于环境卫星数据的水稻面积空间抽样研究[D]. 南京：南京林业大学.

李玲，2010. 遥感数字图像处理[M]. 重庆：重庆大学出版社.

李云梅，王桥，黄家柱，等，2011. 地面遥感实验原理与方法[M]. 北京：科学出版社.

李镇，张岩，杨松，等，2014. QuickBird影像目视解译法提取切沟形态参数的精度分析[J]. 农业工程学报，30（20）：179-186.

李峰，赵红，赵玉金，等，2015. 基于HJ-1ccd影像的冬小麦种植面积提取研究[J]. 山东农业科学，47（5）：109-114.

李霞，徐涵秋，李晶，等，2016. 基于NDSI和NDISI指数的SPOT-5影像裸土信息提取[J]. 地球信息科学学报，18（1）：117-123.

李根军，杨雪松，张兴，等，2021. ZY1-02D高光谱数据在地质矿产调查中的应用与分析[J]. 国土资源遥感，33（2）：134-140.

陆美蓉，2010. 面向对象的高分辨率遥感影像分类及应用研究[D]. 南京：南京林业大学.

罗建松，吴迪，张圣华，2020. 基于多源遥感影像的工业大麻信息提取研究[J]. 测绘与空间地理信息，43（S1）：134-136.

马丽，徐新刚，刘良云，等，2008. 基于多时相NDVI及特征波段的作物分类研究[J]. 遥感技术与应用，23（5）：520-524.

毛学森，张永强，沈彦俊，2002. 水分胁迫对冬小麦植被指数NDVI影响及其动态变化特征[J]. 干旱地区农业研究，20（1）：69-71.

毛学刚，竹亮，刘怡彤，等，2019. 高空间分辨率影像与SAR数据协同特征面向对象林分类型识别[J]. 林业科学，55（9）：92-102.

莫伟华，王阵会，孙涵，等，2006. 基于植被供水指数的农田干旱遥感监测研究[J]. 南京气象学院学报，29（3）：396-401.

倪元敏，巫茜，2013. 基于模糊形态学的图像边缘轮廓提取改进分割算法[J]. 西南师范大学学报，38（12）：95-100.

潘涛，杜国明，张弛，等，2016. 基于Landsat TM的2001～2015年哈尔滨市地表温度变化特征分析[J]. 地理科学，36（11）：1759-1766.

乔平林，张继贤，燕琴，等，2003. 利用TM6进行土壤水分的监测研究[J]. 测绘通报（7）：14-18.

钱巧静，谢瑞，张磊，等，2005. 面向对象的土地覆盖信息提取方法研究[J]. 遥感学报，20（3）：338-342.

钱茹茹，2007. 遥感影像分类方法比较研究[D]. 西安：长安大学.

任建强，陈仲新，唐华俊，等，2011. 基于遥感信息与作物生长模型的区域作物单产模拟[J]. 农业工程学报，27（8）：257-264.

任晓惠，刘刚，张淼，等，2019. 基于支持向量机分类模型的奶牛行为识别方法[J]. 农业机械学报，50（S1）：290-296.

史建康，宫晨，李新武，等，2019. 基于多源遥感数据的海南岛天然林分类数据集[J]. 中国科学数据，4（2）：40-56.

申广荣，田国良，2000. 基于GIS的黄淮海平原旱灾遥感监测研究——作物缺水指数模型的实现[J]. 生态学报，20（2）：224-228.

申广荣，王人潮，2001. 植被光谱遥感数据的研究现状及其展望[J]. 浙江大学学报，27（6）：682-690.

申文明，王文杰，罗海江，等，2007. 基于决策树分类技术的遥感影像分类方法研究[J]. 遥感技术与应用，22（3）：33-338.

苏伟，邬佳昱，王新盛，等，2021. 基于Sentinel-2影像与PROSAIL模型参数标定的玉米冠层LAI反演[J]. 光谱学与光谱分析，41（6）：1891-1897.

石涛，张安伟，杨太明，等，2020. 基于高分卫星的一季稻面积遥感估算[J]. 气象与环境学报，36（2）：92-97.

宋宇彬，张秉权，郝永平，2004. 基于四叉树的图像分割技术[J]. 兵工自动化，23（6）：63-64.

孙家柄，2008. 遥感原理与应用[M]. 武汉：武汉大学出版社：196-216.

孙欢欢，2017. 基于高分辨率遥感影像的大麻作物信息提取方法研究[D]. 武汉：中国地质大学.

田国良，李长乐，杨习荣，等，1990. 黄河流域典型地区遥感动态研究[M]. 北京：科学出版社.

田国良，杨希华，1992. 冬小麦旱情遥感监测模型研究[J]. 环境遥感，7（2）：83-89.

田亦陈，贾坤，吴炳方，等，2010. 大麻植物冠层光谱特征研究[J]. 光谱学与光谱分析（12）：3334-3337.

唐根年，2002. 区域土地利用土地覆被变化动态监测与生态影响评价研究[D]. 杭州：浙江大学.

万丛，孙智虎，梁治华，等，2021. 基于GF-7遥感卫星的冬小麦面积精细化识别[J]. 安徽农业科学，49（12）：244-247.

王秀兰，1999. 包玉海土地利用动态变化研究方法探讨[J]. 地理科学进展（18）：1-8.

王鹏新，李小文，2001. 条件植被温度指数及其在干旱监测中的应用[J]. 武汉大学学报，26（5）：412-418.

王任华，霍宏涛，游先祥，等，2003. 人工神经网络在遥感图像森林植被分类中的应用[J]. 北京林业大学学报（4）：1-5.

王萍，2004. 遥感土地利用土地覆盖变化信息提取的决策树方法[D]. 青岛：山东科技大学.

王玉富，邱财生，郝冬梅，等，2009. 中国大麻生产概况及发展方向探讨[J]. 现代农业科技（23）：84-86.

王桥，魏斌，王昌佐，等，2010. 基于环境一号卫星的生态环境遥感监测[M]. 北京：科学出版社.

王丹，赵源，2010. 倪长健土地资源可持续利用评价研究概述[J]. 安徽农业科学，39（16）：10034-10037.

王伟，黄义德，黄文江，等，2010. 作物生长模型的适用性评价及冬小麦产量预测[J]. 农业工程学报，26（3）：233-236.

王忠武，赵忠明，等，2010. 图像融合中配准误差的影响[J]. 测绘科学，35（2）：96-98.

王清梅，包亮，周梅，等，2014. 华北落叶松人工林生物量及碳储量遥感模型研究[J]. 林业资源管理（4）：52-57.

王展鹏，柯樱海，潘云，等，2021. 北京平原造林工程对生态需水量的影响研究[J]. 地理与地理信息科学（5）：71-88.

王雪娜，2021. 基于SPOT 6卫星影像和随机森林模型的土地利用精细分类研究科技创新与应用[J]. 科技创新与应用，11（17）：19-21.

旺堆，且增旺扎，汪荀，2015. 简述大麻毒品的社会危害及其利用GC/MS检验工业大麻成分的分析技术[J]. 西藏科技（4）：19-20.

温智婕，2008. 图像纹理特征表示方法研究与应用[D]. 大连：大连理工大学.

武佳丽，余涛，顾行发，等，2008. 中国资源卫星现状与应用趋势概述[J]. 遥感信息（6）：96-101.

武晋雯，张玉书，冯锐，等，2009. 辽宁省作物长势遥感评价方法[J]. 安徽农业科学（37）：18104-18107

吴健生，2003. 遥感对地观测技术现状及发展趋势[J]. 地球学报（z1）：319-322.

吴炳方，张峰，刘成林，等，2004. 农作物长势综合遥感监测方法[J]. 遥感学报，8（6）：498-514.

吴全，裴志远，张松龄，等，2010. 中小比例尺土地利用变化遥感调查技术与方法[M]. 北京：中国农业出版社.

吴轲，2010. 遥感技术在土壤调查中的应用[D]. 西安：西安科技大学.

吴慧惠，2012. 面向对象的高分辨率遥感影像森林植被信息提取[D]. 北京：北京林业大学.

吴欢欢，国巧真，臧金龙，等，2021. 基于Landsat 8与实测数据的水质参数反演研究[J]. 遥感技术与应用，36（4）：898-907.

吴善玉，鲍艳松，李叶飞，等，2021. 基于神经网络算法的Sentinel-1和Sentinel-2遥感数据联合反演土壤湿度研究[J]. 大气科学学报，44（4）：636-644.

薛可嘉，何苗，卞尊健，等，2021. Sentinel-3卫星双角度热红外数据的流域尺度地表蒸散发估算与验证[J]. 遥感学报，25（8）：1683-1699.

夏露，刘咏梅，柯长青，等，2008. 基于SPOT 4数据的黄土高原植被动态变化研究[J]. 遥感技术与应用（1）：67-71.

许文波，田亦陈，2005. 作物种植面积遥感提取方法的研究进展[J]. 云南农业大学学报（20）：94-98.

许新征，丁世飞，史忠植，等，2010. 图像分割的新理论和新方法[J]. 电子学报（S1）：76-82.

许勇，成长春，张鹰，等，2013. 基于北京一号影像的射阳河口无机氮磷营养盐监测研究[J]. 海洋与湖沼，44（6）：1486-1492.

徐维新，朱玉蓉，张娟，2005. EOS-MODIS卫星资料在青海省积雪遥感监测业务中的应用[J]. 青海气象（4）：19-21.

徐新刚，李强子，周万村，等，2008. 应用高分辨率遥感影像提取作物种植面积[J]. 遥感技术与应用，23（1）：17-23.

熊轶群，吴健平，2006. 面向对象的城市绿地信息提取方法研究[J]. 华东师范大学学报（4）：84-90.

姚春生，张增祥，汪潇，2004. 使用温度植被干旱指数法（TVDI）反演新疆土壤湿度[J]. 遥感技术与应用，19（6）：473-478.

余涛，1997. 热惯量法在监测土壤表层水分变化中的研究[J]. 遥感学报，1（1）：24-31.

虞献平，贺红仕，1990. 生态与环境遥感研究[M]. 北京：科学出版社.

严泰来，王鹏，2008. 新遥感技术与农业应用[M]. 北京：中国农业大学出版社.

于欢，张树清，孔博，等，2010. 面向对象遥感影像分类的最优分割尺度选择研究[J]. 中国图象图形学报，15（2）：352-360.

袁林山，杜培军，张华鹏，等，2008. 基于决策树的CBERS遥感影像分类及分析评价[J]. 国土资源遥感，76（2）：92-98.

杨丽萍，梁治中，乌日娜，2002. 积雪监测方法的研究[J]. 华北农学报（S3）：106-108.

杨邦杰，2005. 农情遥感监测[M]. 北京：中国农业出版社.

杨鹏，吴文斌，周清波，等，2008基于光谱反射信息的作物单产估测模型研究进展[J]. 农业工程学报（10）：262-268.

杨永红，黄琼，白魏，2000. 正确认识工业大麻，合理使用生物资源[J]. 中国麻业科学，22（1）：39-41.

杨军，董超华，2011. 新一代风云极轨气象卫星业务产品及应用[M]. 北京：科学出版社.

杨佩国，胡俊锋，刘睿，等，2013. HJ-1B卫星热红外遥感影像农田地表温度反演[J]. 测绘科学，38（1）：60-62.

杨辉，田小凡，郗茜，2018. 推进黑龙江省工业大麻产业发展的实现路径研究[J]. 中国麻业科学，40（6）：43-44.

杨维超，2020. 基于规则面向对象的遥感影像分类方法在信息提取中的应用[J]. 世界有色金属，（7）：281-283.

杨丽萍，侯成磊，赵美玲，等，2021. 基于Landsat-8影像的干旱区土壤水分含量反演研究[J]. 土壤通报，52（1）：47-54.

姚保民，王利民，王铎，等，2020. 高分六号卫星WFV新增谱段对农作物识别精度的改善[J]. 卫星应用（12）：31-34.

叶强，杨凤海，刘焕军，等，2021. 引入地形特征的田块尺度玉米遥感估产与空间格局分析[J]. 科学技术与工程，21（24）：10215-10221.

张仁华，1990. 改进的热惯量模式及遥感土壤水分[J]. 地理研究，9（2）：101-112.

张树誉，赵杰明，袁亚社，等，1998. NOAA/AVHRR资料在陕西省干旱动态监测中的应用[J]. 中国农业气象，19（5）：26-29.

张良陪，张立福，2005. 高光谱遥感[M]. 武汉：武汉大学出版社.

张丽，2006. 基于TM_ETM的西安地区叶面积指数时空分异特征分析[D]. 南京：南京师范大学.

张世利，余坤勇，等，2007. 基于ERDAS几何校正及在闽江流域影像处理中应用[J]. 福建林学院学报（10）：45-48.

张仁华，2008. 定量热红外遥感模型及地面试验基础[M]. 北京：科学出版社.

张美香，白亚彬，2014. 基于高分辨率遥感影像的城市规划设计研究[J]. 西部资源（1）：201-202.

张雨果，王飞，孙文义，等，2016. 基于面向对象的SPOT卫星影像梯田信息提取研究[J]. 水土保持研究，23（6）：345-351.

张飞飞，杨光，田亦陈，2016. 基于国产GF-2遥感影像的大麻地块提取方法研究——以安徽省六安市苏埠镇为例[J]. 安徽农业大学学报，43（4）：582-586.

张有智，吴黎，解文欢，等，2017，农作物遥感监测与评价[M]. 哈尔滨：哈尔滨工程大学出版社.

张莹莹，蔡晓斌，宋辛辛，等，2018. 基于决策树的洪湖水生植物遥感信息提取[J]. 湿地科学，16（2）：213-222.

张永剑，任洪娥，2020. 基于PSO优化K均值聚类的葡萄果穗图像分割算法[J]. 智能计算机与应用，10（5）：81-84.

张翠芬，郝利娜，王少军，等，2020. 多源遥感数据图谱协同岩石单元分类方法[J]. 地球科学，45（5）：1844-1854.

张煜辉，2022. 基于多源数据的全特征土地覆盖分类方法研究[J]. 测绘地理信息，47（4）：90-94.

赵英时，2003. 遥感应用分析原理与方法[M]. 北京：科学出版社.

赵萍，冯学智，林广发，2003. SPOT卫星影像居民地信息自动提取的决策树方法研究[J]. 遥感学报，7（4）：309-315.

曾俊杰，王晓明，2014. 一种新颖的基于马氏距离的KNN分类算法[J]. 现代计算机（32）：46-48.

曾文，林辉，李新宇，等，2020. 基于高景一号遥感影像的林地信息提取[J]. 中南林业科技大学学报，40（7）：32-40.

詹志明，秦其明，2006. 基于NIR-Red光谱特征空间的土壤水分监测新方法[J]. 中国科学，36（11）：1020-1026.

周璐璐，2005. 图像的多区域分割研究[D]. 哈尔滨：哈尔滨工程大学.

朱西存，赵庚星，雷彤，2008. 苹果花期冠层反射光谱特征[J]. 农业工程学报，25（12）：180-185.

朱松松，陈志坤，2021. 基于K均值聚类的棉田地膜无人机图像分割[J]. 现代计算机（2）：73-77.

郑琪，邸苏闯，潘兴瑶，等，2020. 基于Rapid Eye数据的北京生态涵养区土地利用分类及变化研究[J]. 遥感技术与应用，35（5）：1118-1126.

周帆，张文君，雷莉萍，等，2021. GF-3与Sentinel-1洪灾淹没信息提取[J]. 地理空间信息，19（6）：17-21.

BARALDI A, PARMIGGIANI F, 1995. An investigation of the textural characteristics associated with gray level cooccurrence matrix statistical parameters[J]. IEEE Transactions on Geoscience and Remote Sensing, 33（2）：293-304.

BOWERS S A, HMNKS R J, 1965. Reflection of radiant energy from soils[J]. Soil Science, 100（2）：130-138.

BLASCHKE T, STROBL J, 2001. What's wrong with pixel? Some recent developments interfacing remote sensing and GIS[J]. Proceeding of GIS-Zeitschrift fur Geoinformation system（1）：12-17.

CARLSON T N, BOLAND F F, 1978. Analysis of urban-rural canopy using a surface heat flux temperature model[J]. Journal of Applied Meteorology, 17：998-1013.

CMRRAN P J, 1979. The use of polarized panchromatic and fals color infrared film in the monitoring of soil surface moisture[J]. Remote Sensing of Environment, 8（3）：249-266.

CARISON T N, 1994. A method to make use of thermal infrared temperature and NDVI measurement to infer surface soil water content and fractional vegetation cover[J]. Remote Sensing Environment（9）：161-173.

CAO Y, CHEN H, OMYANG H, 2006. Landscape ecological classification using vegetation indices based on remote sensing data: a case study of Ejin natural oasis landscape[J]. Journal of Natural Resources, 21（3）：481-488.

CAI G, XUE Y, HU Y, 2007. Soil moisture retrieval from MODIS data in Northern China Plain using thermal inertia model[J]. International Journal of Remote Sensing, 18（16）：3567-3581.

CHAPARRO-HERRERA D, FUENTES-GARCIA R, HERNANDEZ-QUIROZ M, 2021. Comprehensive health evaluation of an urban wetland using quality indices and decision trees[J]. Environmental Monitoring and Assessment, 193（4）：183-195.

DOBSON M C, MLABY F T, 1981. Microwave backscatter dependence on surface roughness, soil moisture, and soil texture[J]. Transactions on Geoscience and Remote Sensing, 219（1）：51-61.

EVERITT J H, ESCOBAR D E, 1989. Msing multispectral video imagery for detecting soil surface condition[J]. Photo Grammetric Engineering and Remote Sensing, 55（4）：467-471.

GOETZ S J, 1997. Multi-sensor analysis of NDVI, surface temperature and biophysical variables at a mixed grassland site[J]. Intemational Joumal of Remote Sensing, 18（1）：71-94.

HENRICKSEN B L, 1986. Reflections on drought[J]. International Journal of Remote Sensing, 7

（11）：1447-1451.

IDSO S B, JACKSON R D, PINTER P J, 1981. Normalizing the stress degree day for environmental variability[J]. Agricultural Meteorology, 24（1）：45-55.

Jackson R D, Ldss B, Reginato R J, 1981. Canopy temperature as a crop water stress indicator[J]. Water Resource Research, 17（4）：1133-1138.

KAHLE A B, 1977. A simple thermal model of the earths surface for geologic mapping by remote sensing[J]. Journal of Geophysical Research, 82：1673-1679.

KOGAN F N, 1995. Application of vegetation index and brightness temperature for drought detection[J]. Advances in Space Research, 15：91-100.

LAMBIN E F, EERLICH D, 1996. The surface temperature-vegetation index for land cover and land cover change analysis[J]. International Journal of Remote Sensing, 17：463-487.

LISITA A, SANO E E, DURIEUX L, 2013. Identifying potential areas of *Cannabis sativa* plantations using object-based image analysis of SPOT-5 satellite data[J]. International Journal of Remote Sensing, 34（15）：5409-5428.

MLABY F T, ASLAM A, DOBSON M C, 1982. Effect of vegetation cover on the radar sensitivit to soil moisture[J]. Transactions on Geoscience and Remote Sensing, 220（4）：476-481.

MORON M S, CLARKE T R, INOME Y, 1994. Estimating crop water deficit using the relation between surface air temperature and sera\vegetation index[J]. Remote Sensing of Environment, 49：246-263.

MUCHONEY D, BORAK J, BORAK H C, 2000. Application of the MODIS global supervised classification to vegetation and land cover mapping of Central America[J]. International Journal of Remote Sensing, 21：1115-1138.

MC CAULEY S, GOETZ S J, 2004. Mapping residential density patterns using multitemporal landsat data and a decision-tree classifier[J]. International Journal of Remote Sensing, 25（6）：1077-1094.

MOLLER M, LYMBURNER L, VOLK M, 2007. The comparison index：a tool for assessing the accuracy of image segmentation[J]. International Journal of Applied Earth Observation and Geo information, 9（3）：311-321.

NEMANI R R, PIERCE L, RMNNING S W, 1993. Developing satellite-derived estimates of surface moisture status[J]. Journal of Applied Meteorology, 32（3）：548-557.

NARAYANAN R M, HORNER J R, ST GERMAIN K M, 1999. Simulation study of a robust algorithm for soil moisture and surface roughness estimation msing L-band radar backascatter[J] Geocarto International, 14（1）：5-13.

NIE S D, ZHANG Y L, CHEN Z X, 2008. Improved genetic fuzzy clustering algorithm and its application in segmentation of MR brain images[J]. Chinese Journal of Biomedical Engineering, 27（6）：860-866

PRICE JOHN C, 1977. Thermal inertia mapping：a new view of the earth [J]. Journal of Geophysical Research, 82（18）：2582-2590.

PRICE JOHN C, 1985. On the analysis of thermal infrared imagery：the limited utility of apparent thermal inertial[J]. Remote Sensing of Environment（18）：59-73.

PRICE JOHN C, 1990. Msing spatial context in satellite data to infer regional scale evapotranspiration[J]. Transactions on Geoscience and Remote Sensing, 28：940-948.

PENA-BARRAGAN J M, MOFFATT K, NGUGI RICHARD E, 2011. Objectbased crop identification using multiple vegetation indices, textural features and crop phenology[J]. Remote Sensing of Environment, 115（6）: 1301-1316.

PIAZZA G A, VIBRANS A C, LIESENBERG V, 2016. Object-oriented and pixel-based classification approaches to classify tropical successional stages using airborne high-spatial resolution images[J]. Giscience & Remote Sensing, 53（2）: 206-226.

ROBINOVE C J, Chavez P S, 1981. Arid land monitoring using landsat albedo difference images[J]. Remote Sensing of Environment, 11（2）: 133-156.

SCHMMGGE T J, Oneill P E, Wang J R, 1986. Passive microwave soil moisture research[J]. Transactions on Geoscience and Remote Sensing, 4（1）: 12-20.

SOBINO J A, KHARRAZ M H, 1999. Combining afternoon and morning NOAA satellites for thermal inertia estimation[J]. Journal of Geophysical Research, 104: 9445-9453.

SANDHOLD I, RASMMSSEN K, ANDERSEN J, 2002. A simple interpretation of the surface temderature-vecetation index space for assessment of surface moisture status[J]. Remote Sensing of Environment, 79: 213-224.

SEGUI PRIETO M, ALLEN A R, 2003. A similarity metric for edge images[J]. IEEE Transactions on Pattern Analysis and Machine Intelligence, 25（10）: 1265-1272.

SHORT RIDGE A, 2007. Practical limits of Moran's autocorrelation index for raster class maps[J]. Computers Environment and Mrban Systems, 31（3）: 362-371.

WATSON K, ROWEN L C, OFFIELD T W, 1971. Application of thermal modeling in the geologic interpretation of IR images[J]. Remote Sensing of Environment, 3: 2017-2041.

WANG W, LIU R Y, GAN F P, et al., 2021. Monitoring and evaluating restoration vegetation status in mine region using remote sensing data: case study in Inner Mongolia, China[J]. Remote Sensing, 4（1）: 1350-1350.

XME Y, CRACKNELL A P, 1995. Advanced thermal inertia modeling[J]. International Journal of Remote Sensing（16）: 431-446.

第十六章　工业大麻检测技术

一、大麻素简介

大麻的化学性质已得到广泛研究，目前在大麻中已鉴定出500余种化合物，在这些成分中最受研究者关注的为大麻素。大麻素作为大麻特有的萜烯酚化合物，这些化合物主要存在于工业大麻雌花序的毛状体产生的树脂分泌物中。

大麻素是在大麻中形成的一组结构类似的化合物，目前已经探明结构和活性的约为70种。在大麻主要的大麻素中，Δ^9-四氢大麻酚（THC）通常被认为是具有精神活性的化合物。在植物组织中，大麻素以酸性（羧化）形式生物合成。目前发现的最常见的酸性大麻素类型为Δ^9-四氢大麻酚酸A（THCA-A）、大麻二酚酸（CBDA）和大麻萜酚酸（CBGA）。Δ^9-四氢大麻酚酸以Δ^9-四氢大麻酚酸A（THCA-A）和Δ^9-四氢大麻酚酸B（THCA-B）两种形式存在。但是，在大麻样品中只能检测到THCA-A的痕迹，因此在大麻植物体内THCA-A是主要的存在形式，在下文中将THCA-A称为THCA。大麻萜酚酸是四氢大麻酚酸、大麻二酚酸和大麻色烯酸（CBCA）的直接前体（图16-1）。在大麻酚酸类物质中的羧基并不稳定，在热或光的影响下很容易以CO_2的形式丢失，从而生成相应的中性大麻素，如四氢大麻酚（THC）、大麻二酚（CBD）和大麻萜酚（CBG）等。这些是在收获的植物材料的加热和干燥过程中，或者在储存期间以及燃烧的过程中形成的。

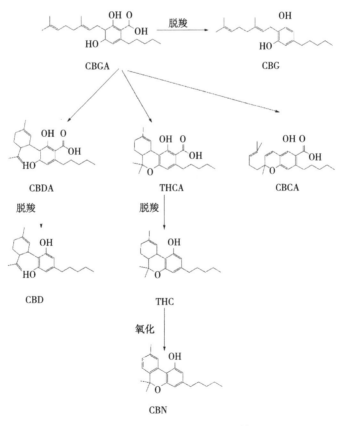

图16-1　工业大麻体内大麻素转化

在工业大麻生长、收获、加工、储存和使用的所有阶段中变化的条件导致了大麻素产生转化，从而产生不同的转化产物。在成熟的大麻植株中最常见的转化产物则是大麻酚（CBN），它是在加热和光照的作用下四氢大麻酚进行氧化转化产生的。THC也可以通过异构化转化为Δ^8-THC，但是Δ^8-THC为一种人工制品，在自然界中并不存在。为了量化新鲜植物材料中曾经存在的"总THC含量"，必须将转化产物的浓度添加到THCA和THC含量中。

（一）四氢大麻酚

四氢大麻酚（THC）天然存在于桑科植物大麻（*Cannabis sativa* L.）的雌花花蕊分泌的树脂中，同时四氢大麻酚也可化学合成制得。含有四氢大麻酚的大麻吸入后会对中枢神经产生作用，可因剂量、给药途径及用药时的特殊环境而有不同。特别与个人特性有很大的关系，表现为既有兴奋又有抑制，吸食后或思潮起伏，精神激动，自觉欣快；或沉湎忧郁，惊惶失措。长期服用精神堕落，严重丧失工作能力。这些作用主要由大麻中所含四氢大麻酚所引起，是被严格管理的物质。历史上大麻曾被用作麻醉剂，其麻醉成分就是四氢大麻酚，后被停止使用。除了上述的一些特性外，四氢大麻酚还具有抗癌、抗菌、抗呕吐、利尿等作用。

（二）大麻二酚

大麻二酚（CBD）是从大麻植物中提取的纯天然成分。大麻二酚分子式为$C_{21}H_{30}O_2$。性状表现为白色至淡黄色树脂或结晶，熔点为$66\sim67℃$，几乎不溶于水，易溶于乙醇、甲醇、乙醚、苯、氯仿等有机溶剂。

大麻二酚具有阻断某些多酚对人体神经系统的不利影响，并且具有阻断乳腺癌转移、治疗癫痫、抗类风湿关节炎、抗失眠等一系列生理活性功能，对治疗多发性硬化症具有良好的效果。

大麻二酚可产生镇痛作用，镇痛的药理机制主要与大麻素受体1（CB1）和大麻素受体2（CB2）有关。CB1受体通过直接抑制中脑导水管周围灰质和延髓吻腹内侧部RVM内的γ-氨基丁酸（GABA）以及脊髓内谷氨酸的释放来达到镇痛效果。CB2受体通过减弱神经生长因子诱发的肥大细胞脱颗粒以及嗜中性粒细胞聚集来抑制过敏性炎症，并由此介导免疫抑制作用，达到消炎止痛的效果，且效果强于人们所熟知和广泛运用的阿司匹林。大麻二酚还具有抗癫痫的作用，人类大脑中的GABA神经递质有镇静效果，抑制大脑中枢的兴奋性。大麻二酚可以帮助控制GABA神经递质的消耗量，抑制大脑兴奋，降低癫痫发作，还可以帮助提高其他抗癫痫药物的疗效。大麻二酚同时还具有抗焦虑的作用，内源性大麻二酚是帮助抑郁症病人降低焦虑情绪的一种重要物质，存在于人体内。大麻二酚能够帮助内源性大麻素维持在一个合理的水平，能够使病人身体处于感觉良好、愉悦的状态，又不会像四氢大麻酚一样使患者成瘾。

（三）大麻酚

大麻酚（CBN）是一种麻醉药，分子式为$C_{21}H_{26}O_2$。它存在于大麻叶中，有止咳、镇痉、止痛、镇静、安眠等活性。

大麻酚是大麻叶所含的大麻酚类化合物的一种，是大麻在储存过程中，其所含的四氢衍生物被空气氧化而产生的。

（四）大麻萜酚

大麻萜酚（CBG）是大麻产生的基础化合物。它对大麻生长有着保护作用，CBG存在大麻花的毛状体中，并触发靶向植物细胞坏死，使大麻叶子得到自然"修剪"，为花体提供更多的生长能量。

在大麻开花期间，CBGA可以通过自身的酶转化为THCA、CBDA和CBCA（脱羧后会分别转换为THC、CBD或CBC），一旦该阶段结束，植物中仅含有微量的CBGA（脱羧可转化成CBG）。50多年前，科学家们就发现了CBG，30年后日本研究人员才发现CBGA是其前体，但迄今为止还缺乏对CBGA的研究报道。

CBG具有以下几种潜在的医疗用途。第一，心血管疾病，CBG可以帮助糖尿病患者对抗一些并发症和心血管疾病等合并症。对CBG的体外研究发现，它可以极大地抑制醛糖还原酶，后者是导致心脏氧化应激的主要原因。合成抑制剂药物对许多患者具有严重的副作用，因此CBG的衍生药物有着较为广阔的应用前景。第二，代谢紊乱，2019年一项研究发现，CBG可能有助于治疗患有代谢紊乱的患者。该研究表明，CBG能够激活过氧化物酶体增殖物激活受体（PPAR），刺激脂质代谢，从而减少过多的脂质积累。当PPAR不能正常运作时，人们会患上糖尿病和高胆固醇或甘油三酯（血脂异常）等疾病。第三，结肠癌，CBG可能对结肠癌患者有很大帮助。研究人员研究了CBG的细胞毒性效应，并发现CBG不仅能够杀死结肠癌细胞，而且还加速了早期癌细胞死亡并阻止了癌细胞周期。研究人员认为CBG不仅可有效抑制靶向结肠癌细胞，还能预防息肉的生长和增殖。

目前很多全球先进的团队正在对CBG进行深入的研究，以发现它如何与人体相互作用。CBG的生产价格非常昂贵，市场价格是CBD的4～5倍。目前CBD价格为每千克4 000～5 000美元，而CBG每千克的价格高达16 000～20 000美元，因此被称为"大麻素中的劳斯莱斯"。

CBG是一种不具有精神活性的大麻素，在大多数大麻植物中都以微量存在，常见植株中含量不到1%，因其广泛的抗菌、抗微生物和抗炎特性而备受关注。尽管CBG尚未像CBD那样成为主流，但这种大麻素可能很快在日常消费品中扮演重要的角色，因为它悄然展示了一系列极具吸引力的药用价值。

CBG和CBD虽然都源于大麻，但它们的化学结构不同，在植物中的浓度不同，而且在医疗用途上也有较大差异。

CBG与CB1和CB2大麻素受体相互作用，可抑制THC的中毒作用，还表现出增加内源性大麻素的能力，有助于调节各种身体功能，包括食欲、睡眠、情绪和免疫系统。CBG也在内源性大麻素系统（ECS）之外起作用，它被证实是5-羟色胺1A受体（5-HTR1A）的激动剂。

对植物材料的原始组成进行分析，对于多种目的来说是必要的，例如表型确定和治疗中所用药用大麻的质量控制。此外，已经反复表明，四氢大麻酚或其他单一大麻素的作用并不等于整个大麻制品的作用，这些制品观察到的某些生物活性可能是由于酸性大麻素引起的。因此必须有一种方法可以对植物材料中的中性和酸性大麻素进行定性和定量测定。

二、国内外工业大麻的法律法规

（一）中国

目前我国只有在云南、黑龙江两省有工业大麻的种植许可，2009年云南省对工业大麻的种植颁布和发行了《云南省工业大麻种植加工许可规定》，该规定首次定义了工业大麻的含义，即工业大麻是指四氢大麻酚含量低于0.3%（干物质重量百分比）的大麻属原植物及其提取产品。四氢大麻酚含量高于0.3%的工业大麻花叶加工提取产品，则适用毒品管制的法律法规。

按照该规定我国最原始的工业大麻的品种就是火麻，火麻中四氢大麻酚的含量较低，其干燥成熟的果实——火麻仁，作为《中国药典》的收载品种，被原国家卫计委列入药食两用的中药名录。2014年、2015年以及2019年广西壮族自治区先后制定了火麻油、火麻仁以及火麻糊等地方标准，并允许以火麻籽为原料，经加工工艺制成的非直接食用的火麻仁添加到食品中。除火麻相关食品标准外，目前我国尚未制定工业大麻食品的相关法律法规和限量标准。

（二）澳大利亚和新西兰

2016年10月30日，澳大利亚《2016麻醉药品修正案》生效。法案将用于药用和相关研究目的的大麻种植合法化，并且用于医疗和科学用途的大麻和大麻产品的种植、生产和制造由新成立的药物管制办公室（ODC）许可。允许企业基于药用目的来申请执照，以种植大麻或生产大麻产品，或进行相关科学研究，许可证申请人必须通过安全测试并满足严格要求才会颁发执照。禁止私人种植商业用途的大麻。截至2017年7月5日，澳大利亚已有12家企业获得了种植或生产药用大麻的许可。各州与领地政府有权决定谁可以使用药用大麻，严格监管，发行3种许可证。第一，医用大麻许可证（用于人类医疗用途的种植）；第二，大麻研究许可证（用于科研目的的种植）；第三，制造许可证（授权生产大麻产品，以及相关活动，即供应、包装、运输、储存、拥有、控制、处置或销毁）。在获得许可证之后，ODC将提供许可证，该许可证指示可以耕种或制造的大麻的类型和数量。

2017年11月，大麻食品在澳大利亚正式合法化，人们可以在超市、零售店购买到各种含有大麻的食品。2018年1月，澳大利亚当局表示放行医用大麻出口。2017年11月12日，澳新食品标准法典对低THC含量大麻籽及相关食品标准进行修订，规定食品标签不得声称或暗示该产品具有精神作用，必须注明相关营养成分或健康声明，标签上允许使用"大麻（Hemp）"一词，不允许使用"大麻（Cannabis）""大麻（Marijuana）"或类似的词语，并且对该类食品中总THC含量进行限定，饮料和油中THC含量分别不高于0.2mg/kg和10mg/kg。

新西兰司法部长安德鲁·利特尔2019年12月3日发布了大麻合法化草案。草案里面提到，新西兰人可以合法持有14g大麻，每人每天允许购买大麻的上限为42卷烟。如果这份草案获得通过，在新西兰消费大麻将不再是非法。利特尔表示，这份草案的意义在于，改禁止为强化管理。大麻合法化后，消费和使用大麻将仅限于个人住宅和有执照的场所，这些场所只允许销售经过认可的大麻制品。此外草案明确规定，不允许在海滩吸食大麻，否则将被处以200新西兰元（约合人民币920元）的罚款。另外，通过网络销售大麻和刊播大麻产品广告都将是非法的。在种植方面，草案允许每人在家种植两株大麻，家庭种植数量不得超过4株，避免商业化种植。对于14g这个数字，利特尔表示这是征集意见后得出的结果，他本人没有吸过大麻，不知道这个数字多还是少。报道称，普通用户吸食大麻的数量差异很大，并且取决于吸食方式。宾夕法尼亚大学的一项药物研究发现，大麻吸食者平均每克大麻可以制作3卷烟，14g就能制作42卷烟。另外，政府还计划设立一个监管机构，管理并控制大麻制品。

（三）美国

根据美国联邦立法，使用、销售、储存THC含量大于0.3%的大麻是非法的，而州立法如阿拉斯加、哥伦比亚等州已将该类大麻合法化。根据"受控物质法"THC含量小于0.3%的工业大麻种植和进口产品必须遵循零容忍政策。2014年"农业法"允许大学和国家级农业部门种植工业大麻来研究其工业潜力。2018年12月20日，美国"农业改革法案"正式成为法律。THC含量低于0.3%的大麻及相关产品，将不是"受控物质法"和联邦法律下的非法物质。美国食品和药物管理局对大麻籽（编号：GRN765）、大麻籽蛋白粉（编号：GRN771）和大麻籽油（编号：GRN778）成分的3种公认的安全通知的评估。低THC含量大麻食品不会使消费者致幻成瘾，可以放心食用。

2019年10月，美国颁布法案明确规定了获得工业大麻种植许可、记录维护、THC水平测试和不符合要求产品的工厂处置方式等各方面要求。此外，该法案还将启动美国国会在2018年农业法案中授权的一项全国大麻种植计划。全美州议会会议说，至少有47个州通过了建立大麻生产计划的法律，南达科他州、爱达荷州和密西西比州除外。

2020年7月，美国国会众议院投票通过《国防授权法》（NDAA）修正案，正式批准美国军人可以合法使用CBD和其他大麻衍生产品，前提是该大麻产品符合联邦、州和地方法律。该法案规定国防部不得禁止武装部队成员拥有、使用和食用合法大麻产品，并允许使用过大麻的武装部队成员重新入伍。

（四）加拿大

根据"工业大麻条例"（1998年），允许种植工业大麻（THC<0.3%），由加拿大卫生部根据"受管制药品及物质法案"和食品和药品法案（Food and Drug Administration，FDA）进行管理。2018年10月17日，加拿大联邦"大麻法"正式生效，使得大麻及其副产品的种植、生产、消费真正合法化。18岁以上成年人最多可拥有30g大麻干燥品。含有大麻或者与大麻一起使用的保健品需要符合"大麻法"和FDA相关质量和安全要求，必要时可以提出健康声明。

加拿大联邦立法在1998年重新引进工业大麻种植。然而在那个时候，商业种植增长相对缓慢。"2018大麻法"（Cannabis Act）通过扩大价值链，为工业大麻产业创造了更多的机会。

加拿大除要求工业大麻种植者每年购买政府认证的种子外，还要求种植者报告工业大麻种植地点的GPS坐标。据业内人士称，加拿大获得许可的种子超过90%是在加拿大生产的，主要是加拿大开发的品种。

2018年，加拿大出口了近5 400t的大麻籽，价值近5 000万美元。加拿大70%以上出口美国，其次是欧盟（EU）成员国和韩国。2017年，加拿大进口了726t大麻籽，价值100万美元，主要来自美国（323t），其次是欧盟国家和中国。加拿大的工业大麻根据2018年10月17日生效的"大麻法"管理。加拿大将"工业大麻"定义为花叶中THC含量小于0.3%的大麻品种。根据新的大麻规定，种植者可以收获工业大麻花、叶和秆出售给许可的大麻加工商。然而，迄今为止，加拿大种植的工业大麻绝大多数是为了大麻籽而种植的。大麻籽被广泛应用于各种食品（大麻仁、大麻休闲食品、大麻油、大麻蛋白、大麻粉等）。工业大麻的种子会继续受到联邦政府的严格管控。种子只能从官方的种子名单中获取。种植者不允许保留大麻种子，每个季节生产者都必须购买政府认证的种子。"大麻法"将"大麻"定义为大麻植物，包括大麻植物的任何部分，包括由这种植物生产的大麻素，无论该部分是否已加工；任何含有或具有此类植物任何部分的物质或物质混合物；任何与此类植物产生或发现的植物大麻素相同的物质，无论该物质是如何获得的。

然而，"大麻"的定义不包括工业大麻的种子；把没有任何叶子、花、种子或枝条的成熟的茎；来自工业大麻中提到的茎的纤维；这种植物的根或根的任何部分。

根据这一定义，大麻植物中的所有大麻素，包括CBD和THC，都受到"大麻法"的管制。因此，在加拿大，任何含有大麻成分的产品，包括CBD产品，只能通过3个渠道获得，零售或在线大麻窗口，个人可从省级授权零售商处购买CBD产品，类似于购买含有THC产品用于娱乐。医疗用途，个人在其医疗保健医生的支持下，可以从联邦许可的大麻销售商处，购买含有CBD的产品用于医疗目的。处方药，根据医生或其他开处方者的处方，个人可以购买经加拿大卫生部批准并带有药品识别号（DIN）的CBD处方药。

目前，加拿大禁止出售含有任何大麻素的天然保健品（NHPs）。进出口的大麻（包括CBD和CBD衍生产品），只能用于医疗或科学目的。加拿大工业大麻（CHTA）和天然产品（CNPA和CHFA）行业，倡导对CBD产品实行不同的监管制度。加拿大卫生部关于大麻保健品潜在市场不需要监管的公开咨询在2019年9月3日结束。

通过加拿大边境运输大麻（包括CBD产品）仍然受到严格管制。以任何形式运输大麻越过边境，包括任何含有THC或CBD的大麻油，如果没有加拿大卫生部门的许可或豁免，这在加拿大仍是一项严重的刑事犯罪，尽管加拿大大麻合法，但仍会遭到逮捕和起诉。

大麻植物中的任何大麻素，包括CBD和THC，都受到"大麻法"及其条例的监管。宠物获取含有大麻成分的产品（包括宠物食品）受到更多限制，因为"获取医疗用途大麻条例（Cannabis for Medical Purposes Regulations）"特别提到的是"人"，不包括动物。

目前，加拿大的兽医还没有合法途径，为动物或公司生产和销售用于宠物的大麻产品或药物。然而，加拿大兽医协会（Canadian Veterinary Medical Association）于2018年1月提交了解决这些问题的提案信。除药品外，也许将来公司还可以生产含有大麻成分的兽药产品（VHP）。

（五）日本

日本对大麻的立法历程是在第二次世界大战败后确定的。1945年以前，大麻被用于传统医药、纸张和布料等产品。大麻在日本的使用最早可以追溯到绳纹时期（公元前10000至公元前300年）。日本大麻博物馆的创始人Junichi Takayasu说，"大麻是史前日本人最重要的物品，他们穿的衣服是用大麻纤维做成的，他们用大麻来做弓弦和钓鱼线"。日本，对大麻的一切行为采取"许可制"，从事任何关于大麻的行为，都必须向所在都道府县的知事申请许可，许可后方可在许可范围内从事相关活动。未经过知事许可，进行大麻栽培或进出口的，处七年以下有期徒刑，如果以大麻产生盈利行为，则判处十年以下有期徒刑。自2016年以来，CBD在日本已经合法化。通常，只要满足以下两个条件，就不会对CBD产品进行管制：一个条件是无THC，另一个条件是证明添加的CBD是从大麻种子或成熟茎中提取的。

（六）其他国家

阿根廷、比利时、哥伦比亚、意大利等国家允许大麻的合法化，目前尚未查找到在食品中THC的限量标准。

英国环境、食品和乡村事务部将大麻定义为非粮食作物，如果获得适当的许可证和THC含量低于0.2%的大麻可以进口用于种植和添加到食品中。

2016年12月21日，智利发布G/SPS/N/CHL/536通报，制定食品用大麻籽THC最大限量标准为10mg/kg。

目前我国尚未制定工业大麻食品中THC、CBD的限量标准，仅有广西食品安全地方标准中火麻仁、火麻油、火麻糊的常见理化标准。与其他国家相比，还需要完善火麻食品中THC、CBD等相关限量标准以及关于火麻食品中THC、CBD等大麻素的检测标准。同时为防范火麻食品的安全隐患问题，快速精确的检测方法会对火麻食品市场监督发挥重要的技术支持作用。

三、提取方式

（一）提取溶剂

溶剂提取是传统的前处理方法之一，溶剂提取即是将试样中的大麻素等化学物质，采用适当的有机溶剂和方法，从试样中分离出来，以供净化后进行测定。提取是工业大麻中大麻素等化学成分分析操作步骤中很关键的第一步。提取效果的关键是溶剂的选择。在选择溶剂时，既要注意溶剂本身的性质，又要考虑到试样的状况、被提取物的特性以及被提取物在试样中的代谢情况等。因此提取溶剂的选择便显得尤为重要。

1. 提取溶剂的极性

在工业大麻的大麻素等天然化学物质分析中，曾经单独使用过正己烷、苯类极性较弱的溶剂。使用这一类溶剂，对提取色素和油脂等较少的样品是有利的，但是，这类溶剂的提取效率低，不能完全提取植物组织中的天然产物及其代谢物。近年来，几乎不再单独采用非极性溶剂了，通常是与极性溶剂混合使用，或者只采用极性溶剂。应用最广泛的溶剂要算丙酮。丙酮能够很好地溶解大多数天然产物。在提取过程中，过滤和浓缩是容易的，使用比较方便。不过，由于大量提取植物组织中的油脂和色素，对下一步的净化带来困难。如果使用乙腈作为提取溶剂，则油脂等的提取较少，就能克服上述的困难。与丙酮比较，乙腈的价格贵一些，且浓缩的时间要长一些。甲醇—正己烷（90+10）的混合提取溶剂，对工业大麻中的大麻素具有高的提取效率，得到相当广泛的应用。

2. 被提取物的特性

提取溶剂的选择是复杂的，往往同时需要考虑几种因素。首先，要考虑被提取物在提取溶剂中的溶解度，以选择与相仿极性的提取溶剂。这样，除要了解溶剂的极性外，还需要了解被提取物的极性和溶解性。

根据相似相溶原理，极性溶剂溶解极性物质，非极性溶剂溶解非极性物质。对极性较弱的天然产物，采用弱极性的溶剂来提取，对极性强的天然产物，则用极性稍强的溶剂来提取。采用石油醚、正己烷一类的溶剂。

3. 试样

除了解被提取物的特性外，还必须考虑试样的特点和状态。首先，将样品分为脂肪性和非脂肪性两大类。脂肪含量大于10%为脂肪性样品，小于10%为非脂肪性样品。脂肪性样品，需提取脂肪，而后测定脂肪中天然产物的含量。非脂肪性的样品，又分为含水样品和干样品两类。前者的水分含量≥75%，后者为干的或低水分含量的样品。含水量≥75%的样品，又根据含糖量的多少而分为含糖量5%以下、含糖量5%～15%和含糖量15%～30%等几种样品。不同性状的试样，必须采用不同的提取溶剂。在谷物、茶叶一类水分含量低的试样中，不同提取溶剂的提取效率的差异表现得最为突出。这些样品，即便只采用极性溶剂也不能完全提取，必须采用含水20%～40%的溶剂，或者是预先向试样中加入等量的水之后，再进行提取。

在选择提取溶剂时，原则上，被提取物是脂溶性的，一般采用提取油脂的溶剂，如石油醚、正己烷、乙醚等溶剂来提取。如果被提取物是水溶性的，也可以采用水来提取，但是过滤困难，因此，通常采用极性溶剂或含水极性溶剂进行提取。对于极易溶于水，且采用极性溶剂提取后复溶和浓缩困难的一类的被提取物，需要向试样中加入等量乃至倍量的无水硫酸钠，一边进行脱水，一边用乙酸乙酯、二氯甲烷、苯等溶剂进行提取。这时，如果不先加入溶剂，一边搅拌一边慢慢加入少量无水硫酸钠的话，试样就会结成大块而固化。对于含水较多的植物性试样，应该采用一种与水能相混溶的极性溶剂，如丙酮、乙腈等进行提取。如果这时所要提取的物质是非极性的，可在加极性溶剂的同时，加大适量的非极性溶剂，以便被提取物进入非极性溶剂。如果试样中含水分量不高，可先加入无水硫酸钠，使水溶性较强的被提取物释放出来，以便提取。对于干的或低水分含量的植物性试样，为了使提取溶剂更容易侵入样品，先加入少量水润湿乃至泡发，而后再用适当提取溶剂进行提取。对于含糖分量高的试样，要加适量的水（甚至搅拌加温等），使其糖分充分溶解，其后再用能与其相混合的溶剂提取。对于含水分又含脂肪的试样，可先用一种与水相混合的溶剂提取，其后再用一种与水不相混合的溶剂进行反提取。

采用单一的纯溶剂作为提取溶剂，经常是不够理想的。天然产物的分析，往往要包括与之性质相近的物质以及物理化学性质不同的物质，为了能同时有效地提取各种有效的天然产物，要在非极性溶剂中，适当地加入少量极性稍大一点的溶剂（如丙酮），组成混合溶剂，采用单一溶剂时，不是结果偏低，就是由于带进太多杂质或者乳化现象严重，处理麻烦而且结果不稳定。

在大麻素等天然产物分析的提取步骤中，经常需要进行二次液液分配的反提取。这是因为有如下两方面的原因：其一，由于采用强极性溶剂提取强极性天然产物时，极性弱的天然产物也会被少量提取出来，这时，可用极性弱的溶剂进行反提取，从而将极性杂质分离出去。其二，如果不进行第二次的反提取，很难选到一个理想的提取溶剂一次就能把所测的天然产物完全地提取出来而又含杂质不太多，同时，又不干扰后面的测定。

（二）索氏提取法

索氏提取法又名连续提取法、索氏抽提法，是从固体物质中萃取化合物的一种方法。索氏提取法是提取天然化学产物的常用方法之一。索氏提取法具有提取效率高、操作简便等优点，但此法的提取时间过长。索氏提取法是利用溶剂回流和虹吸原理，使固体物质每一次都能为纯的溶剂所萃取，所以萃取效率较高。萃取前应先将固体物质研磨细，以增加液体浸溶的面积。然后将固体物质放在滤纸套内，放置于萃取室中。当溶剂加热沸腾后，蒸汽通过导气管上升，被冷凝为液体滴入提取器中。当液面超过虹吸管最高处时，即发生虹吸现象，溶液回流入烧瓶，因此可萃取出溶于溶剂的部分物质。就这样利用溶剂回流和虹吸作用，使固体中的可溶物富集到烧瓶内。

采用索氏提取法时，应该考虑被提取物的热稳定性，该物质在热溶剂中多次回流而不会分解。索氏提取法在提取时，所用的滤纸筒是市售的成品或在实验室自行加工的。索氏提取器及滤纸折叠加工准备好。滤纸筒的高度不应该超过提取器的蒸汽入口处，以免堵住气流而影响回流，同时，也不应该低于回流管的弯曲处，以免回流时带出样品。筒内装的样品不应该超过筒高2/3，并要求在回流前溶剂能全部浸渍试样。纸筒上端薄薄地盖上一层用丙酮处理过的脱脂棉。溶剂回流速度控制在每小时6~12次。特别应该注意的是在使用之前，应该将滤纸筒用极性有机溶剂提取，以消除可能存在的干扰。

索氏提取法中试样粗细度要适宜。试样粉末过粗，不易抽提干净；试样粉末过细，则有可能透过滤纸孔隙随回流溶剂流失，影响测定结果。

（三）匀浆法

匀浆法也是常用的一种提取大麻素等天然化学产物的方法。将试样与提取溶剂一起装入玻璃烧杯中，通过高速旋转的搅、拌、刮进行掺合，使溶剂侵入样品组织，与其中的大麻素等天然化学产物有充分的接触机会，大麻素等天然化学产物被提取出来。该法的提取效率高。在AOAC农药残留量分析法中，对于有机氯农药、部分有机磷农药和一些氨基甲酸酯类农药，不论是哪一类样品几乎都是采用匀浆提取法。匀浆法不像索氏提取法那样对被提取物有温度的限制，适用于各种试样中各种天然化学产物的提取，每次提取时间需3~5min。根据试样和大麻素等天然化学产物的情况，来确定提取的次数。一般为1~2次，多次提取比一次提取的效果好。如果试样经捣碎或匀浆处理后，发生乳化现象或形成胶状而难以过滤时，需要进行离心处理。

匀浆法在操作过程中，需要注意以下几个方面：第一，试样和溶剂的总体积不应该超过玻璃烧杯容积的2/3，以免内容物溅出。第二，匀浆机的旋转速度，一般是先慢后快，注意安全操作。第三，整个操作过程需要在通风良好的橱或罩内进行。第四，匀浆机需装有防爆装置，以免发生意外事故。

（四）振荡法

将装有待检测样品和提取溶剂的具塞容器（如具塞锥形瓶、分液漏斗、具塞不锈钢管和具塞离心管等），放在振荡机上，进行往复式振荡或者涡旋式振荡，使容器内的提取液与待测样品能够充分接触，以深入到样品组织的内部提取待测样品中的天然化学产物，这就是振荡提取法。本方法是国内外最经常使用的天然化学产物提取的方法之一。由于该法具有快速、有效、操作简便，除一个振荡器外，不曾要特殊的仪器，因此，常为一般实验室所采用。对于包括易挥发、易热分解的天然化学产物在内的所有样品，都能采用此法进行提取。为了提高提取效率，可在装有待测样品的容器内增加几颗玻璃珠以加强提取效果。Grussendorf等（1981）在具有紧密盖子的不锈钢容器内加入几颗不锈钢球，置于350r/min的振荡器上，进行振荡提取。这样，在振荡的同时，又起到研磨样品的作用，有利于提取待测样品中的天然化学产物。日本法定的食品分析方法中，几乎都是采用振荡提取法。在美国的检验方法中，除索氏提取法和匀浆提取法外，也常采用振荡提取法。有研究证明，振荡提取法和索氏提取法以及匀浆提取法的提取效率相当。但是振荡提取法的提取时间在10～30min，并应该重复提取2～3次。在操作上匀浆提取法所用的提取溶剂及其后面的过滤、离心以及液—液分配提取等步骤都是一样的。通常来讲，振荡提取法的取样量要较匀浆提取法的要少一些。操作时要注意，试样应该先切碎、捣碎，以利于提取。提取溶剂和试样装入待振荡容器后，先用手振荡数次，然后打开塞子放气，待放气完成后再将塞子塞紧，置于振荡器上开始振荡。否则，振荡时产生的大量气体，可能把容器涨破或冲开塞盖而使样液损失。对于含水量较高的试样，称取适量（5～10g）已均质具有代表性的待测样品，装入容器内，加入适量无水硫酸钠，迅速搅拌，使样品脱水，有利于待提取的天然化学产物进入提取溶剂，而进行振荡提取。

（五）超声波法

超声波是一种高频率的声波，每秒钟振动在20 000次以上。超声波在液体中振动时，产生一种空化作用，可应用于气化、凝集、洗涤、提取等工艺。当发生空化现象时，液体中空气被赶出而形成真空，这是巨大声压对液体作用的结果。可以看到液体表面跳跃着无数的小气泡，这些空化气泡具有巨大的破坏作用，它的粒子运动速率大大加快，产生一种很大的力。超声波提取法就是利用这种能量，采用提取溶剂，将待测样品中的天然化学产物提取出来。有研究者研究了超声波法提取泥土中残留农药，并与振荡提取、匀浆提取进行了比较。所用超声波清洗机的功率为40W、输出频率80～90kHZ，提取两次，每次10min，此法比振荡和匀浆提取的效果差。后来发现，主要是样品中含水量低的缘故。向试样中加入少量水，把泥土浸湿，再用超声波提取，获得与振荡法、匀浆法和索氏提取8h的效果相当甚至更好的结果。用超声波法提取大米、兔肉等一系列试样中的残留农药，均获得满意结果。

应用超声波法提取待测物中的天然化学产物时，要注意选择适当型号的超声波发生器。目前，常以超声波清洗机代替。另外，对于提取时间、试样与提取溶剂的比例、试样与水分的关系等也需要注意。

在超声波清洗槽中，装入一定量的水，将装有被提取溶剂浸后试样的玻璃容器，放入其内，使玻璃容器内的提取溶剂的液面与槽中水面接近齐平。试样容器不能紧贴清洁槽底部，而悬浮在槽内的水中（注意不可用金属夹固定试样容器）。仪器预热后，开动超声波发生器，将频率慢慢地往高的方向调节，至容器内鼓泡最大为止。此时，换能器产生的能量，经水传递，并穿透容器壁，而对试样产生最大作用，即最佳空化作用，使残留农药充分地释放出来，从而达到提取的目的。超声波提取法具有简便、快速、一次可以提取几个样品、适用面也较广等特点，因此，它是一种很有前途的提取方法。

（六）浸渍法

浸渍法是将磨细的试样装入具塞锥形瓶中，加入适当的溶剂，不时振摇，浸泡一定时间甚至过夜，将试样中的大麻素等天然化学产物浸出。直接吸取上清液（必要时还要离心或过滤），然后进行净化。本方法虽然操作简便，但是有较大的局限性。对于分子结合牢固或在所用提取溶剂中溶解度不够大的大麻素等天然化学产物，很难提取完全。

（七）洗脱法

洗脱提取法实际上使用的是一套柱层析装置，也称为柱层析淋洗法。此法不仅可以避免其他提取方法中所能碰到的乳化现象，而且当选好适当的柱层析系统后，在完成提取步骤的同时也完成了净化步骤。然而，适当的层析系统的选择，即淋洗剂的选择、层析载体或吸附剂的选择、层析时间的选择等都是很费时的。像柱层析净化那样，经常需要做许多比较试验，才能最后确定最佳的选择。一旦选择成功，此法则非常方便。

本方法可以分为直接淋洗法和分配柱层析法。直接淋洗法就是采用有机溶剂进行直接淋洗，例如含水量较高的试样与无水硫酸钠一起研磨成粉末后，装入层析柱内（连同所选用的吸附剂一起），用己烷、石油醚或其他混合溶剂，将全部试样浸泡。在层析柱上端装一个盛有机溶剂的分液漏斗，控制溶剂流入速度。打开层析柱活塞，在一定速度下接收洗脱液，然后进行浓缩、净化。分配柱层析法是采用两支层析柱，用一支装有弗罗里硅土和氧化铝的层析柱接收，再用正己烷淋洗第二支层析柱。这样，提取和净化两个步骤可以一次完成。

本方法可以用于试样量少的人参、天麻、白药等一类贵重样品的分析。适用于其他提取方法难以提取而净化要求不太高的、稳定性差的天然化学产物的提取。不过，由于取样的限制，此法的重现性差一些。

（八）其他提取方法

除上述的各种提取方法外，还有顶空取样法和熔化提取法。

1. 顶空取样法

顶空取样法也称之为液上空间气体取样法。该方法是20世纪60年代发展起来的新技术，应用于食品、生物材料中挥发性组分的分析。其原理是将试样中挥发的组分，在气密性好的容器中加温挥发。若某些组分不能挥发，可加入其他化学试剂使其转化为挥发性物质。当挥发性物质达到平衡后，用注射器取上部空间气体，直接进样测定。在天然化学产物分析方面，已用此法分析食品风味等天然化学产物。此法操作简便，不需要净化手续。只要将各种条件，如容积、温度、时间等控制一致，可获得准确、稳定的结果。

2. 熔化提取法

熔化提取法只适用于动物性油或植物性油类的样品。将试样加温使其熔化，而后直接用非极性溶剂溶解提取，提取液经过离心或过滤后，即可进行下一步的净化操作。

（九）提取效果的判断

在实验室里，提取效果的判断，往往通过提取方法的添加回收试验来达到。即固定后面的"净化"和"测定"的分析条件（一般是选择3个比较成熟的"净化"和"测定"的分析条件），而变换前面的"提取"条件，从而比较"提取"的效果。该法比较简单，常用于提取方法对比。但是，用这种方法来判断提取效率的优劣是不准确的。

添加回收试验表明的提取效果，往往比真正的提取率高。这是由于添加了试样中的待测物与实际试样中残留的农药的存在状态不同的缘故。这种方法只能反映外表污染（添加的）待测物的提取情况，而不能充分地反映试样内在的天然化学产物的提取情况。

另外，还有一种完全提取法（索氏提取法）。采用与待测物极性相似的提取溶剂，对试样进行长时间的索氏提取（当然是在这种条件下稳定不分解的待测物）。将所选择的提取方法与索氏提取法对比。如果两种方法的结果相符或接近，则认为所选择的提取方法的提取效果是满意的。也有人在固定后面的"净化"和"测定"条件下，采用同样的提取方法，只是增加提取次数和增大提取溶剂的用量，而后比较分析结果。如果增加提取次数和增大提取溶剂用量的前后的分析结果相符，即多次提取和大剂量提取不使分析结果升高，则可以基本上肯定所选择的提取方法的提取效果是好的。不过，索氏提取法的操作非常繁杂而且要耗费大量的试剂。

要想直接地了解提取效果，只有利用同位素的化学性质一致性的原理，把大麻素等天然化学产物分子中的原子换成带放射性同位素，使农药带上放射性"标记"。即是用放射性同位素的原子合成"标记"待测物（合成法）。或者是用放射性同位素标记的化合物，与被研究待测物进行同位素交换，从而得到带标记的待测物（同位素交换反应）。由于这种带标记的待测物具有放射性，所以可用闪烁计数器测定提取前后的放射性强度，即可获得提取率来判断提取的效果。

四、净化

在分析操作中，所得到的试样提取液内，除待测物外，还含有色素、油脂或其他天然物质。在测定之前，必须要分离除去干扰测定的杂质，这一操作称之为净化。分析试样中，待测物性质的不同，以及采用不同的检测器，对净化的要求也有所不同。例如含磷、含硫的待测物，一般采用火焰光度检测器；含氮的待测物，一般采用氮、磷检测器。采用这两种检测器分析待测物时，可采用简单的净化法，个别杂质少的试样，也可以不净化而直接测定。当分析残留的具有电离效果的天然化学产物时，通常采用电子俘获检测器。由于该检测器中放射源易受污染，所以对净化要求严格。否则，不仅影响测定，而且会缩短检测器的使用寿命。总之，在大麻素等天然化学产物分析中，净化是不可缺少的步骤。净化的方法比较多，现将主要的方法介绍如下。

（一）柱层析法

柱层析法有吸附柱层析法、分配柱层析法和凝胶柱层析法。

吸附柱层析法的原理，就是被测试样各组分在层析柱中吸附剂上被吸附与被解吸的反复过程。在该过程中，向柱中加入的淋洗溶剂，起着解吸附的作用，待测物随着溶剂被淋洗下来，而杂质留在吸附剂上，从而达到分离净化的目的。常用的吸附剂有弗罗里硅土、氧化铝、活性炭、硅胶、氧化镁纤维素等。

分配柱层析法也是在层析柱中进行，但柱内装的是惰性填充物（或称为载体），在它上面牢固地吸附着某一种溶剂。这种溶剂称之为静相溶剂。向柱中加入的淋洗溶剂作为动相溶剂。分配柱层析法是先把静相溶剂涂在载体上，装入柱内，再用动相溶剂淋洗。这时，试样中各组分在两相中分配，经过反复分配，同样可以达到净化目的。常用的溶剂有乙腈、正己烷、石油醚、二甲基甲酰胺、二甲亚砜等。

凝胶柱层析法是将多孔凝胶填入柱内，用溶剂淋洗，利用凝胶的网眼大小来筛分，使分子量大小不同的化合物达到分离的目的。根据这种原理，将要测的农药与干扰物质分离。常用的凝胶是葡聚糖凝胶。葡聚糖是蔗糖经肠膜状明串珠菌产生的右旋糖酐蔗糖酶发酵制成，是脱水葡萄糖的多聚体把葡聚糖与环氧氯丙烷交联，使葡聚糖单体之间互相上下、左右合成立体的网状结构物质。

柱层析法是一种最普遍的净化方法之一，其中吸附柱层析法应用较广。

1. 弗罗里硅土柱层析法

弗罗里硅土是一种合成的硅酸镁，具有很大的表面积，比表面积值达297m²/g。它有不同目数规格和不同活性。因为它是一种合成材料，所以各批次间活性差异很大。目前，国内外广泛用于有机磷、有机氯农药的净化柱。弗罗里硅土应该在600~650℃下活化3h以上，然后放在干燥器中避光保存。用前最好再于130℃下活化过夜，至少加热5h，用玻璃盖瓶后于130℃处保存或者置于玻璃干燥皿内。如在室温下保存2d后，需于130℃重新加热。市售的弗罗里硅土如是活化品，仍须在650℃活化1～3h。弗罗里硅土对于含脂肪量高的试样的净化最为适用。加2%水降活（按重量计）弗罗里硅土，既使用含30%三氯甲烷的己烷液作为淋洗溶剂，可吸附1g油或脂肪。

2. 氧化铝柱层析法

通常，市售的氧化铝有酸性、中性和碱性之分。采用碱性氧化铝净化时，容易在吸附柱中发生缩合、脱水或脱氯化氢等各种反应。因此，对碱不稳定的待测物，要使用中性或酸性氧化铝。中性氧化铝在天然化学产物分析中是一种使用较广泛的吸附剂。市售的中性氧化铝必须经过活化后才能使用。一般于550℃灼烧4h，用前再130℃烘5h，储存于干燥器内备用。中性氧化铝易吸水，活化后在密闭容器内可保持一周，活性有效。过期后，应该重新进行活化。活化时，一定要注意温度不能超过800℃。否则，在高温下，会使中性氧化铝变成碱性氧化铝，易引起待测物的分解。同时，使表面积减小，活性反而会降低。氧化铝的活性比弗罗里硅土要大得多，待测物在柱中不易被淋洗下来，而用强极性溶剂时，农药与杂质同时被淋洗下来。因此，有必要将氧化铝进行降活处理。降活就是在已经活化过的氧化铝中加入3%～15%的水。

3. 活性炭柱层析法

活性炭吸附色素的效果较好。由于它是一种非极性吸附剂，用于非极性的待测物的净化均未获得比氧化铝或弗罗里硅土更好的结果。通常，在有机磷农药残留量分析中用得较多，尤其是色素较多的试样，更为适用。

活性炭的预处理：取活性炭的一定筛目部分，在600℃下加盖灼烧2h，灼烧后用浓盐酸煮沸30min，用水洗至中性，在130℃下烘干后备用。活性炭经过处理之后，可防止不同生产批次制品的活性差异。

活性炭柱层析法的具体操作是：取内径1.6cm柱，内装3g层析用活性炭，上下两端各装2cm高的无水硫酸钠。先用10mL三氯甲烷预淋洗层析柱，待液面下降至顶端无水硫酸钠层时，即将试样浓缩液倒入柱内，继续用三氯甲烷淋洗，收集50mL洗脱液，供气相色谱法测定用。

虽然活性炭对色素的吸附能力很强，但是对脂肪、蜡质的吸附力不强。因此，将活性炭与吸附脂肪、蜡质较好的中性氧化铝或弗罗里硅土混合使用最为理想。

4. 硅胶柱层析法

在硅酸钠（水玻璃）的溶液中，加入盐酸获得一种多聚硅酸凝聚形成的溶胶沉淀。这种沉淀经部分脱水，形成一种无定形的多孔物，称之为硅胶。硅胶的固体骨架表面含有硅醇基。硅醇基中羟基与极性化合物或不饱和化合物形成氢键，使硅酸具有吸附性。硅胶固定骨架中含有硅氧桥（Si-O-Si），此硅氧桥能水解，称为硅胶的溶解度，在pH值＝9以上，溶解度显著提高，所以硅胶柱层析时，不宜用强碱性淋洗液。硅胶的层析性能与无定形多孔物质的固体骨架和坑穴系统有密切关系。硅胶在加热时，坑穴系统会发生变化。因此，在活化过程中，注意温度不能超过200℃。一般在130℃下活化2h后备用。

5. 混合柱净化法

将具有不同吸附性能的不同吸附剂混合装柱，使其在吸附能力方面发挥互相补充的作用。这对净化成分比较复杂的试样，可以得到更好的净化效果。例如将活性炭、氧化镁、氧化铝和弗罗里硅土混合装柱，可以使色素、脂肪、蜡质都得到吸附。在混合柱中，有时需要加入一定比例的硅藻土或助滤剂，可以起到调节淋洗液流速的作用。以下介绍几种常用的混合柱。

（1）活性炭—氧化镁柱。

①吸附剂的处理：活性炭经酸处理。

氧化镁：500g氧化镁加蒸馏水调制成浆状，在水浴上加热30min，抽滤，在105～130℃下烘干后过筛，放入密闭容器内储存备用。

助滤剂：用1：1的盐酸和水调制成浆状，放在水浴上加热，用水洗至中性，再用溶剂洗，其后，于600℃灼烧4h以上备用。

②配制方法：将1份活性炭、2份氧化镁、4份助滤剂配制成混合吸附剂。装柱时，下面先装1g助滤剂Celite 545，摇动均匀后，加入6g混合吸附剂，再轻轻摇动均匀密实，加2cm厚的玻璃棉。先用乙腈—苯（1+1）预淋洗，控制流速约5mL/min，当溶剂层接近吸附剂表面时，加入试样浓缩液，再用上述淋洗剂进行淋洗。收集净化液，浓缩定容，进行测定。

（2）活性炭—纤维素柱。

①吸附剂的处理：将活性炭（DARCO G60）于300℃下加热12h，冷却后，用正己烷浸泡，过滤后，再用正己烷提取一次，在空气下干燥，放入干燥器内保存备用。

②配制方法：取20g处理过的活性炭和64.2g纤维素（也可用助滤剂545代替），充分混匀，其后加入正己烷调成浆状，在匀浆器中搅拌10min，滤去正己烷，在空气下干燥，放入密闭容器中保存。每根柱装入3g混合吸附剂，加入50mL正己烷，待正己烷液面接近吸附剂层表面时，将试样浓缩液加入柱内，先用180mL 1.5%（V/V）乙腈—正己烷淋洗，流速为4~6mL/min，用一只200mL容量瓶接收，至刻度，然后换一只200mL容量瓶，用200mL三氯甲烷淋洗，最后用200mL苯淋洗。

（二）薄层层析法

薄层层析法主要用作定性确证的手段，也有作为净化方法的。基本的操作方法如下。

作为薄层板，采用吸附层厚度0.25~0.5mm、大小20cm×20cm的板。吸附剂采用硅胶是很普遍的，加入类荧光剂的吸附剂使用方便。将试样溶于约0.5mL的溶剂内，从板的下端以上约3cm处，两边的每边留约3cm，以直线状进行点样。用毛细管每次吸取少量试样进行点样，或者采用微量注射器。为了避免点样太宽，每次少量，整个要均匀地进行点样。作为溶解试样的溶剂，为使点样的宽度变窄，最好用正己烷，不过因溶解能力小，因此往往采用丙酮。甲醇难以蒸发、乙醚或苯伴随蒸发而结露，所以不好。两端空的部分的正中间点上一滴标准品。标准品的量为斑点确证所必要的最小限度。所点试样的溶剂干后，用适当的溶剂展开。展开溶剂的选定用通常的定性用薄层层析法进行即可。在展开之前，将溶剂润湿的滤纸靠展开槽的壁戳起来的方法，使槽内被溶剂的蒸气所饱和。展开时的展开槽应该密闭。当展开10~15cm时，风干，用紫外灯或试剂确定标准品斑点的位置，加上标记。使用试剂时，用纸板盖上中心的试样的展开部分，以免浪费试剂，只需要注意标准品，以予喷雾。将标准品斑点所夹部分的硅胶，用微量刮勺刮下，移入具塞锥形瓶内。

（三）凝固法

将10g氯化铵和20mL 85%磷酸溶于水中，配成800mL，作为凝固液。将该溶液作为原液，同时，稀释10倍再使用（也有采用该液4倍浓度的溶液）。用有机溶剂提取农作物等试样，再用其他溶剂提取，减压馏去脱水后得到的试样溶液的溶剂。向残留物中加入5~50mL丙酮和50mL凝固液。或者用极性有机溶剂提取水分多的试样，减压馏去有机溶剂，向其残液中加入1/10量的凝固液和适量的丙酮。放置30min以上时，色素等凝固、沉淀，用敷助滤剂Celite 545的滤纸进行抽滤，采用50mL凝固液和5mL丙酮的混合液洗涤容器和沉淀，过滤，合并滤液。从该滤液中提取待测物的成分。比较易溶于水的待测物用5mL丙酮，而难溶于水的待测物，则稍微增加一些丙酮的使用量。但是当丙酮的使用量在50mL以上时，则净化效果差。因此，很难溶于水的成分或在酸性中不稳定的成分的分析中不能采用。

凝固法操作简便，净化效果良好，应用范围广泛。

（四）液—液分配法

液—液分配的基本原理是，在10组互不相溶的溶剂对中，溶解某一溶质成分，这种溶质以一定的比例分配在溶剂的两相内。通常，把这种溶质在两相溶剂内的分配比称之为分配系数。在同一组溶剂对中，不同溶质成分的分配系数各不相同，同一溶质成分在不同的溶剂对中也有着不同的分配系数。利用溶质和溶剂对之间存在的分配关系，选用适当的溶剂对，通过反复多次分配，便可使不同的物质组分得到分离，从而达到净化的目的。这就是液—液分配法。采用该法进行净化时，一般均可得到较好的回收率。不过，分配的次数必须是多次才能完成。至于分配时溶剂体积及提取次数，需根据P值进行计算。

（五）固相萃取净化

固相萃取（Solid phase extraction，SPE）是从20世纪80年代中期开始发展起来的一项样品前处理技术，由液固萃取和液相色谱技术相结合发展而来，主要用于样品的分离、纯化和富集，主要目的在于降低样品基质干扰，提高检测灵敏度。

SPE技术基于液—固相色谱理论，采用选择性吸附、选择性洗脱的方式对样品进行富集、分离、净化，是一种包括液相和固相的物理萃取过程，也可以将其近似地看作一种简单的色谱过程。

SPE是利用选择性吸附与选择性洗脱的液相色谱法分离原理。较常用的方法是使液体样品溶液通过吸附剂，保留其中被测物质，再选用适当强度溶剂冲去杂质，然后用少量溶剂迅速洗脱被测物质，从而达到快速分离净化与浓缩的目的。也可选择性吸附干扰杂质，而让被测物质流出；或同时吸附杂质和被测物质，再使用合适的溶剂选择性洗脱被测物质。

固相萃取法的萃取剂是固体，其工作原理基于水样中待测组分与共存干扰组分在固相萃取剂上作用力强弱不同，使它们彼此分离。固相萃取剂是含C18或C8、腈基、氨基等基团的特殊填料。操作步骤如下。

（1）填料保留目标化合物。

（2）活化，除去小柱内的杂质并创造一定的溶剂环境。

（3）上样，将样品用一定的溶剂溶解，转移入柱并使组分保留在柱上。

（4）淋洗，最大程度除去干扰物。

（5）洗脱，用小体积的溶剂将被测物质洗脱下来并收集。

（6）填料保留杂质。

固相萃取具有可同时完成样品富集与净化、大大提高检测灵敏度、比液液萃取更快、更节省溶剂、可自动化批量处理、重现性好等优点，但也有使用进口固相萃取小柱成本较高、需要专业人员协助进行方法开发等缺点。

（六）分散固相萃取净化

分散固相萃取法（Dispersive solid phase extraction，DSPE）是美国农业部于2003年起提出使用的一种新的样品前处理技术。

1. 该技术的核心

（1）选择对不同种类的农药都具有良好溶解性能的乙腈（1%甲酸）作为提取剂。

（2）净化吸附剂直接分散于待净化的提取液中，吸附基质中的干扰成分。

2. 该技术的优势

（1）回收率高。

（2）用内标法进行校正，提高了方法的精密度和准确度。

（3）前处理时间短，能在30～40min内完成10～20个预先称重的样品的前处理。

（4）溶剂使用量少，污染少且不使用含氯化物溶剂。

（5）操作简便，无须良好训练和较高技能便可操作。

（6）样品制备过程中使用的装置简单，只需少量玻璃器皿。

（7）在净化过程中有机酸均可除去。

（8）所需空间小，在小型可移动实验室便可工作。

（9）乙腈加到容器后立即密封，减少了危害人体的机会。

（七）前置柱色谱净化法

在色谱柱前设前置柱，前置柱内填入硅烷化石英棉和部分涂渍好的固定液，或者在汽化室的进样管里填入石英棉，目的是在色谱仪上进行简单的净化，使一部分不能汽化的杂质沉积在前置柱和汽化室的进样管的填充剂上，达到分离部分杂质的目的。经过多次进样液后，可以不定时地更换前置柱和清洗汽化室里进样管。该法的优点是操作简便。

（八）其他净化方法

净化还有许多其他的方法。水蒸气蒸馏就是其中之一。喹啉酮和熏蒸剂的分析中采用，但是，该方法不能应用于高温分解的成分。在分析化学性质稳定的有机氯农药时，可用高锰酸钾或过氧化氢进行氧化，或者用硼氢化钠进行还原，除去油脂等的方法也曾采用过。不过，目前使用的大部分农药在化学上是不稳定的，所以应用的例子不太多。

五、检测仪器

（一）薄层色谱法

薄层色谱法（Thin layer chromatography，TLC）虽然主要用于大麻素等天然化学产物的定性分析，但是随着检测技术的不断发展，其也逐渐应用于工业大麻中大麻素等天然化学产物的快速半定量上。Fischedick等（2010）就利用了较为先进的高效薄层色谱（High performance thin layer chromatography，HPTLC）对工业大麻中的四氢大麻酚的含量进行粗定量。薄层色谱具有使用成本低、操作方便等优点，但其也具有灵敏度低、定量不够准确等缺点。

（二）气相色谱法

目前，大部分天然化学产物和农药的定量分析是采用气相色谱法（Gas chromatography，GC）进行的。试样配成溶液，通过试样注入口的隔片注入，于汽化室加热使之汽化。汽化的试样，由具有一定流量流动的氮气或氦气（称为载气）输送，通过分离柱。分离柱中填充着填充剂（相当于柱色谱法的吸附剂）。汽化室、分离柱、检测器分别控制在一定的温度。试样中的各成分通过分离柱的速度取决于各成分的蒸气压或与填充剂的亲和力，所以，各成分在分离柱中依次被分离，从分离柱的末端按先后进入检测器。其含量经检测器变成电信号，由静电计处理，用记录仪记录。这样，被记录的图形是气相色谱图。某成分被注入之后，在达到检测器的时间，称之为保留时间（Retention time，RT）。气相色谱图中，试样中各成分的保留时间的位置，记录着相应成分量的峰。因此，通过将气相色谱图与标准品的色谱图进行比较，来判断试样中的成分是什么物质，可以测量其含量。气相色谱仪是能够一次对试样中成分进行分离、鉴定和定量的使用方便的仪器。

气相色谱仪的检测器具有各种不同灵敏度和选择性的种类，通过灵活应用这些检测器，可以用于各种各样试样的分析。

目前用于工业大麻中的大麻素的分析主要使用配有火焰光度检测器（FID）的检测器进行分析，该检测器能够对工业大麻中的THC、CBD、CBN等进行定量测定。但是由于工业大麻中的大麻素主要以羧酸的形式存在，为了准确分析工业大麻中的酚类物质，必须通过烘干等前处理方法对工业大麻中的酚酸类物质进行脱羧处理，但经研究发现，工业大麻中的酚酸类大麻素在干燥和加热的情况下仅仅是大部分进行脱羧转化，而并非全部转化，因此气相色谱法配火焰光度检测器对工业大麻中的大麻素含量测定具有一定的局限性。

（三）气相色谱串联质谱法

气相色谱—质谱仪，是指将气相色谱仪的高效分离能力与质谱仪独特的选择性、灵敏度、相对分子质量和分子结构鉴定能力相结合的仪器。其原理是多组分混合物经气相色谱气化、分离，各组分按保留时间顺序依次进入质谱仪，各组分的气体分子在离子源中被电离，生成不同质荷比的带正电荷的离子，经加速电场的作用形成离子束，进入质量分析器后按质荷比的大小进行分离，最后由检测器检测离子束流转变成的电信号，并被送入计算机内，这些信号经计算机处理后可以得到色谱图、质谱图及其他多种信息。组分的质量谱图的分子离子峰、同位素峰和特征碎片离子峰与该组分的分子结构有关，通过与标准质量谱图库的对比可对该组分定性并确定其结构。而组分的浓度与其质谱图中基峰的离子流强度成正比，据此可对该组分进行定量分析。

迄今为止气相色谱串联质谱技术是用来分析测定工业大麻中的大麻素等成分的最常用的方法。Ciolino等（2018）开发了气相色谱串联质谱法测定食品中THC、CBD、CBN等11种大麻素含量的测定方法，王占良等（2015）也建立气相色谱串联质谱测定运动营养品种的THC、CBD、CBN 3种大麻素的检测方法。

气相色谱串联质谱的优点是对工业大麻中的酚类物质的定性准确度更高，检出限更低，但是与气相色谱相同，气相色谱串联质谱只能够测定工业大麻中酚类物质而不能测定酚酸类物质，因此需要前处理将工业大麻中的酚酸类物质转化为酚类物质。

（四）高效液相色谱法

高效液相色谱法（High performance liquid chromatography，HPLC），又称"高压液相色谱""高速液相色谱""高分离度液相色谱""近代柱色谱"等。高效液相色谱是色谱法的一个重要分支，以液体为流动相，采用高压输液系统，将具有不同极性的单一溶剂或不同比例的混合溶剂、缓冲液等流动相泵入装有固定相的色谱柱，在柱内各成分被分离后，进入检测器进行检测，从而实现对试样的分析。该方法已成为化学、医学、工业、农学、商检和法检等学科领域中重要的分离分析技术。

高效液相色谱法有"四高一广"的特点。

高压：流动相为液体，流经色谱柱时，受到的阻力较大，为了能迅速通过色谱柱，必须对载液加高压。

高速：分析速度快、载液流速快，较经典液体色谱法速度快得多，通常分析一个样品在15～30min，有些样品甚至在5min内即可完成，一般小于1h。

高效：分离效能高。可选择固定相和流动相以达到最佳分离效果，比工业精馏塔和气相色谱的分离效能高出许多倍。

高灵敏度：紫外检测器可达0.01ng，进样量在微升数量级。

应用范围广：70%以上的有机化合物可用高效液相色谱分析，特别是高沸点、大分子、强极性、热稳定性差化合物的分离分析，显示出优势。

此外高效液相色谱还有色谱柱可反复使用、样品不被破坏、易回收等优点，但也有缺点，与气相色谱相比各有所长，相互补充。高效液相色谱的缺点是有"柱外效应"。在从进样到检测器之间，除柱子外的任何死空间（进样器、柱接头、连接管和检测池等）中，如果流动相的流型有变化，被分离物质的任何扩散和滞留都会显著地导致色谱峰的加宽，柱效率降低。高效液相色谱检测器的灵敏度不及气相色谱。

HPLC的出现不过50多年的时间，但这种分离分析技术的发展十分迅猛，应用十分广泛。其仪器结构和流程多种多样。高效液相色谱仪一般都具备储液器、高压泵、梯度洗脱装置（用双泵）、进样器、色谱柱、检测器、恒温器、记录仪等主要部件。

高效液相色谱更适宜于分离、分析高沸点、热稳定性差、有生理活性及相对分子量比较大的物质，因而广泛应用于核酸、肽类、内酯、稠环芳烃、高聚物、药物、人体代谢产物、表面活性剂、抗氧化剂、杀虫剂、除莠剂等物质的分析。

1. 高压泵

HPLC使用的色谱柱是很细的（1～6mm），所用固定相的粒度也非常小，所以流动相在柱中流动受到的阻力很大，在常压下，流动相流速十分缓慢，柱效低且费时。为了达到快速、高效分离，必须给流动相施加很大的压力，以加快其在柱中的流动速度。为此，须用高压泵进行高压输液。高压、高速是高效液相色谱的特点之一。HPLC使用的高压泵应满足下列条件：一是流量恒定，无脉动，并有较大的调节范围（一般为1～10mL/min）。二是能抗溶剂腐蚀。三是有较高的输液压力，对一般分离，$60 \times 10^5 Pa$的压力就满足了，对高效分离，要求达到（$150～300$）$\times 10^5 Pa$。

2. 梯度洗脱

类似于GC中的程序升温，梯度洗脱已成为现代高效液相色谱中不可缺少的部分。梯度洗脱就是载液中含有两种（或更多）不同极性的溶剂，在分离过程中按一定的程序连续改变载液中溶剂的配比和极性，通过载液中极性的变化来改变被分离组分的分离因素，以提高分离效果。梯度洗脱可以分为如下两种。

（1）低压梯度（也叫外梯度）。在常压下，预先按一定程序将两种或多种不同极性的溶剂混合后，再用一台高压泵输入色谱柱。

（2）高压梯度（也叫内梯度）。利用两台高压输液泵，将两种不同极性的溶剂按设定的比例送入梯度混合室，混合后，进入色谱柱。

3. 进样装置

（1）注射器进样装置。进样所用微量注射器及进样方式与GC法一样。进样压力$150 \times 10^5 Pa$时，必须采用停流进样。

（2）高压定量进样阀。与GC法用的流通法相似，能在高压下进样。

4. 色谱柱

色谱柱是色谱仪最重要的部件。通常用厚壁玻璃管或内壁抛光的不锈钢管制作，对于一些有腐蚀性的样品且要求耐高压时，可用铜管、铝管或聚四氟乙烯管。柱子内径一般为1～6mm。常用的标准柱型是内径为4.6mm或3.9mm，长度为15～30cm的直形不锈钢柱。填料颗粒度5～10μm，柱效以理论塔板数计为7 000～10 000。发展趋势是减小填料粒度和柱径以提高柱效。

5. 检测器

（1）紫外光度检测器，它的作用原理是基于被分析试样组分对特定波长紫外光的选择性吸收，组分浓度与吸光度的关系遵守比尔定律。最常用的检测器，应用最广，对大部分有机化合物有响应。

①优点：

a. 灵敏度高：其最小检测量10ng/mL，故即使对紫外光吸收很弱的物质，也可以检测；

b. 线性范围宽；

c. 流通池可做的很小（1mm×10mm，容积8μL）；

d. 对流动相的流速和温度变化不敏感，可用于梯度洗脱；

e. 波长可选，易于操作：如使用装有流通池的可见紫外分光光度计（可变波长检测器）。

②缺点：对紫外光完全不吸收的试样不能检测；同时溶剂的选择受到限制。

（2）光电二极管阵列检测器。二极管阵列检测器是紫外检测器的重要进展，有1 024个光电二极管阵列，每个光电二极管宽仅50μm，各检测一窄段波长。在检测器中，光源发出的紫外或可见光通过液相色谱流通池，在此流动相中的各个组分进行特征吸收，然后通过狭缝，进入单色其进行分光，最后由光电二极管阵列检测，得到各个组分的吸收信号。经计算机快速处理，得三维立体谱图。

（3）荧光检测器。荧光检测器是一种高灵敏度、高选择性检测器。对多环芳烃、维生素B、黄曲霉素、卟啉类化合物、药物、氨基酸、甾类化合物等有响应。荧光检测器的结构及工作原理和荧光光度计相似。

（4）差示折光检测器。除紫外检测器外应用最多的检测器。差示折光检测器是借连续测定流通池中溶液折射率的方法来测定试样浓度的检测器。溶液的折射率是纯溶剂（流动相）和纯溶质（试样）折射率乘以各物质的浓度之和。因此，溶有试样的流动相和纯流动相之间折射率之差表示试样在流动相中的浓度。

（5）电导检测器。其作用原理是根据物质在某些介质中电离后所产生电导变化来测定电离物质含量。

在利用高效液相色谱对工业大麻中的大麻素进行分析时不涉及将酚酸类物质转化为酚类物质的过程，可以同时测定工业大麻中的酚类和酚酸类物质，而且不进行加热也不会担心在加热过程中酚类物质的挥发。但是由于工业大麻中的大麻素类物质结构很相近，而高效液相色谱不能够将工业大麻中的全部大麻素（含酚类和酚酸类物质）完全分离开，因此造成部分定量不准确。

（五）高效液相色谱串联质谱法

高效液相色谱串联质谱是以液相色谱作为分离系统，质谱为检测系统。样品在质谱部分和流动相分离，被离子化后，经质谱的质量分析器将离子碎片按质量数分开，经检测器得到质谱图。液质联用体现了色谱和质谱优势的互补，将色谱对复杂样品的高分离能力，与质谱具有高选择性、高灵敏度及能够提供相对分子质量与结构信息的优点结合起来，在药物分析、食品分析和环境分析等许多领域得到了广泛的应用。

色谱的优势在于分离，为混合物的分离提供了最有效的选择，但其难以得到物质的结构信息，主要依靠与标准品对比来判断未知物，对无紫外吸收化合物的检测还要通过其他途径进行分析。质谱能够提供物质的结构信息，用样量也非常少，但其分析的样品需要进行纯化，具有一定的纯度之后才可以直接进行分析。

因此，人们期望将色谱与质谱连接起来使用以弥补这两种仪器各自的缺点。

HPLC-MS除可以分析气相色谱—质谱（GC-MS）所不能分析的强极性、难挥发、热不稳定性的化合物外，还具有以下几个方面的优点：一是分析范围广，MS几乎可以检测所有的化合物，比较容易地解决了分析热不稳定化合物的难题。二是分离能力强，即使被分析混合物在色谱上没有完全分离开，但通过MS的特征离子质量色谱图也能分别给出它们各自的色谱图来进行定性定量。三是定性分析结果可靠，可以同时给出每一个组分的分子量和丰富的结构信息。四是检测限低，MS具备高灵敏度，通过选择离子检测（SIM）方式，其检测能力还可以提高一个数量级以上。五是分析时间快，HPLC-MS使用的液相色谱柱为窄径柱，缩短了分析时间，提高了分离效果。六是自动化程度高，HPLC-MS具有高度的自动化。

液质联用（HPLC-MS）又叫液相色谱—质谱联用技术，它以液相色谱作为分离系统，质谱为检测系统。样品在质谱部分和流动相分离，被离子化后，经质谱的质量分析器将离子碎片按质量数分开，经检测器得到质谱图。

高效液相色谱串联质谱在天然产物和药物分析中都有着广泛的应用。利用HPLC-MS分析混合样品，和其他方法相比具有高效快速，灵敏度高，样品只需进行简单预处理或衍生化，尤其适用于含量少、不易分离得到或在分离过程中已丢失的组分。因此，HPLC-MS技术为天然产物研究提供了一个高效、切实可行的分析途径。

在药物分析研究领域中，大部分药物是极性较大的化合物，而在诸多分析仪器中，液相色谱分析范围广，包括不挥发性化合物、极性化合物、热不稳定化合物和大分子化合物（包括蛋白、多肽、多糖、多聚物等）。质谱特异性强，可以提高较多的结构定性信息，而且检测灵敏度很高。液质联用技术能够对准分子、离子进行多级裂解，从而提供化合物的相对分子量以及丰富的碎片信息。在药物研发中的杂质研究和药物动力学研究阶段，通常杂质和药代动力学样品的血药浓度的含量很低，分析难度大且干扰多，液质联用技术由于其选择性强和灵敏度高，可以快速准确地测定药物分析中的痕量物质。

由于气相色谱串联质谱在进行工业大麻中大麻素含量的检测时需要对工业大麻进行加热干燥等前处理，而且对工业大麻中的酚酸类大麻素含量的分析测定不准确，因此，可以通过高效液相色谱串联质谱的技术来同时测定工业大麻中的多种酚类和酚酸类大麻素。因此，高效液相色谱串联质谱技术是今后大麻素检测中应用前景最为广阔的一个检测手段。

（六）核磁共振光谱

由于光谱分析法具有分析频率高、分析准确度高等优点，因此光谱分析被经常用于粗量分析和检测工业大麻花叶中单一大麻素物质。但是光谱分析也有一定的局限性，工业大麻中大麻素的光谱分析精度不够，分析的成分较为单一，比较适合工业大麻育种中的初步筛选工作。

核磁共振光谱（Nuclear magnetic resonance，NMR）是用于测定大麻植物中大麻素的常见方法，NMR是研究原子核对射频辐射（Radio-frequency radiation）的吸收，它是对各种有机和无机物的成分、结构进行定性分析的最强有力的工具之一，有时亦可进行定量分析。核磁共振现象于1946年由爱德华·米尔斯珀塞耳和费利克斯·布洛赫等发现。目前核磁共振迅速发展成为测定有机化合物结构的有力工具。目前核磁共振与其他仪器配合，已鉴定了十几万种化合物。20世纪70年代以来，使用强磁场超导核磁共振仪，大大提高了仪器灵敏度，在生物学领域的应用迅速扩展。脉冲傅里叶变换核磁共振仪使得^{13}C、^{15}N等的核磁共振得到了广泛应用。计算机解谱技术使复杂谱图的分析成为可能。测量固体样品的高分辨技术则是尚待解决的重大课题。

核磁共振技术可以提供分子的化学结构和分子动力学的信息，已成为分子结构解析以及物质理化性质表征的常规技术手段，在物理、化学、生物、医药、食品等领域得到广泛应用，在化学中更是常规分析不可少的手段。

根据量子力学原理，与电子一样，原子核也具有自旋角动量，其自旋角动量的具体数值由原子核的自旋量子数I决定，原子核的自旋量子数I由如下法则确定：一是中子数和质子数均为偶数的原子核，自旋量子数为0。二是中子数加质子数为奇数的原子核，自旋量子数为半整数（如1/2、3/2、5/2）。三是中子数为奇数，质子数为奇数的原子核，自旋量子数为整数（如1、2、3）。

迄今为止，只有自旋量子数等于1/2的原子核，其核磁共振信号才能够被人们利用，经常为人们所利用的原子核有^1H、^{11}B、^{13}C、^{17}O、^{19}F、^{31}P。

由于原子核携带电荷，当原子核自旋时，会产生一个磁矩。这一磁矩的方向与原子核的自旋方向相同，大小与原子核的自旋角动量成正比。将原子核置于外加磁场中，若原子核磁矩与外加磁场方向不同，则原子核磁矩会绕外磁场方向旋转，这一现象类似陀螺在旋转过程中转动轴的摆动，称为进动。进动具有能量也具有一定的频率。进动频率又称Larmor频率：$v=\gamma B/2\pi$。其中γ为磁旋比；B是外加磁场的强度。磁旋比γ是一个基本的核常数。可见，原子核进动的频率由外加磁场的强度和原子核本身的性质决定，也就是说，对于某一特定原子，在已知强度的外加磁场中，其原子核自旋进动的频率是固定不变的。

原子核发生进动的能量与磁场、原子核磁矩以及磁矩与磁场的夹角相关，根据量子力学原理，自旋量子数为I的核在外加磁场中有$2I+1$个不同的取向，原子核磁矩的方向只能在这些磁量子数之间跳跃，而不能平滑的变化，这样就形成了一系列的能级。这些能级的能量为：$E=-\gamma hmB/2\pi$。其中，h是Planck常数（普朗克常数，6.626×10^{-34}）；m是磁量子数，取值范围从$-I$到$+I$，即$m=-I$，$-I+1$，…，$I-1$，I。

当原子核在外加磁场中接受其他来源的能量输入后，就会发生能级跃迁，也就是原子核磁矩与外加磁场的夹角会发生变化。根据选择定则，能级的跃迁只能发生在$\Delta m=\pm1$之间，即在相邻的两个能级间跃迁。这种能级跃迁是获取核磁共振信号的基础。根据量子力学，跃迁所需要的能量变化：$\Delta E=\gamma hB/2\pi$

为了让原子核自旋的进动发生能级跃迁，需要为原子核提供跃迁所需的能量，这一能量通常是通过外加射频场来提供的。当外加射频场的频率与原子核自旋进动的频率相同的时候，即入射光子的频率与Larmor频率γ相符时，射频场的能量才能够有效地被原子核吸收，为能级跃迁提供助力。因此，某种特定的原子核，在给定的外加磁场中，只吸收某一特定频率射频场提供的能量，这样就形成了一个核磁共振信号。

核磁共振谱有高分辨核磁共振谱仪和宽谱线核磁共振谱仪两大类。高分辨核磁共振谱仪只能测液体样品，谱线宽度可小于1Hz，主要用于有机分析。宽谱线核磁共振谱仪可直接测量固体样品，谱线宽度达10Hz，在物理学领域用得较多。高分辨核磁共振谱仪使用普遍，通常所说的核磁共振谱仪即指高分辨谱仪。

按谱仪的工作方式可分连续波核磁共振谱仪（普通谱仪）和傅里叶变换核磁共振谱仪。连续波核磁共振谱仪是改变磁场或频率记谱，按这种方式测谱，对同位素丰度低的核，如C等，必须多次累加才能获得可观察的信号，很费时间。

傅里叶变换核磁共振谱仪，用一定宽度的强而短的射频脉冲辐射样品，样品中所有被观察的核同时被激发，并产生响应函数，它经计算机进行傅里叶变换，仍得到普通的核磁共振谱。傅里叶变换仪每发射脉冲一次即相当于连续波的一次测量，因而测量时间大大缩短。

与高效液相色谱和气相色谱相比，核磁共振对植物材料中的其他物质如叶绿素和脂质敏感性差，并且分析时间相对较短、准确度高、重现性好，但是由于昂贵的仪器成本和需要具有高度专业化的人员，这种技术并没有普遍通用。

（七）傅立叶变换红外光谱

傅立叶变换红外光谱（Fourier transform infrared spectroscopy，FT-IR）是一种将傅立叶变换的数学处理，用计算机技术与红外光谱相结合的分析鉴定方法。主要由光学探测部分和计算机部分组成。当样品放在干涉仪光路中，由于吸收了某些频率的能量，使所得的干涉图强度曲线相应地产生一些变化，通过数学的傅立叶变换技术，可将干涉图上每个频率转变为相应的光强，而得到整个红外光谱图，根据光谱图的不同特征，可检定未知物的功能团、测定化学结构、观察化学反应历程、区别同分异构体、分析物质的纯度等。

主要优点为信号的多路传输，可测量所有频率的全部信息，大大提高了信噪比多波数精确度高，可达$0.01cm^{-1}$；分辨率高，可达$0.1 \sim 0.005cm^{-1}$；输出能量大，光谱范围宽，可测量$10\,000 \sim 10cm^{-1}$的范围。广泛用于化学、物理学、生物学、药学等领域，对环境中有机物的分析，如燃煤的有机物污染等亦有较多应用。红外光谱具有分析时间短、测试方便、重复性好的特点，如果将该技术应用于快速检测食品或者其他基质中大麻素类物质，将会减少检测时间，提高检测效率。

参考文献

郭孟璧，郭鸿彦，许艳萍，等，2009. 工业大麻酚类化合物HPLC分析前处理工艺的研究[J]. 中国麻业科学，31（3）：182-185.

徐炜，杨淑君，朱开才，等，2019. 国内外相关法律法规对工业大麻种植加工相关规定比较[J]. 发展（8）：52.

周莹，陈念念，韩丽，等，2019. 国内外工业大麻食品法律法规及大麻素检测方法研究进展[J]. 食品安全质量检测学报，10（23）：7959-7966.

王丹，赵明，时志春，等，2019. 不同品种工业大麻中大麻二酚含量分析[J]. 齐齐哈尔大学学报（自然科学版），35（4）：49-51，54.

张景，孙武兴，王曙宾，等，2020. 工业大麻提取物中四氢大麻酚定量检测方法研究[J]. 绿色科技（12）：216-218，220.

陈来成，杨占红，何秋星，等，2020. 工业大麻法规现状及其在化妆品中开发应用概况[J]. 日用化学品科学，43（1）：20-24.

第十七章　工业大麻与微生物

第一节　微生物合成大麻素

一、合成生物学与药用天然产物

大多数药用活性成分在原植物中含量很低，且植物生长周期长，受时间、空间、气候等诸多因素的限制，化学合成难度大，副产物多，提取成本高，且产生的废弃物会对生态环境造成不可逆的破坏。因此，传统的天然提取和人工化学合成的方法已经很难满足现代可持续发展的要求，中药合成生物学的产生与发展，将会有效地解决这些矛盾。

1979年，Har Gobind Khorana人工合成了207个碱基对的DNA序列，并因此获得诺贝尔化学奖，合成生物学由此开始。20世纪90年代初，随着测序技术和信息技术的快速发展，对生命科学的研究进入了基因组时代，大量的研究结果为合成生物学的产生奠定了坚实基础。2010年，Venter研究所在*Science*杂志上报道了首例"人造细胞"的诞生，这是世界上第一个由人类制造并能够自我复制的新物种，同年合成生物学被*Science*杂志评为年度十大科学突破之一。2018年，覃重军团队将酿酒酵母16条染色体的全基因组进行修剪和重排，最终获得只有1条染色体的酿酒酵母，这一重大成果使得人类距离实现合成生命的目标更近了一步。现今，合成生物学已在医药、能源、环境等领域取得了举世瞩目的成就。

药用天然产物合成生物学的目的在于将复杂的自然生物代谢系统改造为简单且可控的功能元件，如启动子、终止子、功能蛋白等，然后经计算机辅助设计对其进行模拟预测，从而构建由天然或非天然的功能元件或模块组成的生物系统，来产生药用植物的活性成分。首先根据化学原理和已经分离鉴定的中间产物推测出可能的生物合成途径，必要时可以通过同位素追踪的手段对推测途径进行进一步确认；其次通过转录组分析和生物信息学分析筛选和挖掘特定代谢途径的功能基因并解析其合成途径；然后将合成途径组装成细胞工厂；最后设计并构建细胞工厂。

（一）药用天然产物细胞合成技术策略

药用天然产物细胞合成技术策略，即在解析较为清楚的天然产物代谢途径的基础上，结合底盘细胞自身的代谢途径，对目标代谢途径进行复制或转移；或根据现有目标成分或中间体的化学结构，在底盘细胞中重新集成一条新的代谢途径。无论是原有代谢路径的转移还是新代谢途径的创建，其在工程菌株中的生物合成都不是相互独立的，而是相互交错而成的一个动态平衡的代谢网络，在构建工程菌株的同时，需从整体上对其代谢网络进行优化调控，以期更有利于目标药用活性成分的合成及积累。

1. 代谢途径的重构

天然产物代谢途径在异源底盘细胞中的重构，可以使原本不能产生天然产物的底盘细胞产生甚至高产目的产物，有利于验证各种基因的功能，有助于理解细胞的代谢行为和生命现象。然而，编码整个代谢途径或重组长的DNA片段具有极大难度，科研人员对此做了许多工作。如2009年，Shao等创建了一种新的重组方法——DNA assembler，它通过酿酒酵母中的体内同源重组，在一步组装整个生物途径中用此方法可以快速组装功能性D-木糖利用途径（由3个基因组成的9kb DNA）、功能性玉米黄质生物合成途径（由5个基因组成的5kb DNA）、功能性组合D-木糖利用和玉米黄质生物合成途径（由8个基因组成的19kb DNA），整合到酵母染色体上的效率高达70%。2016年，Jin等发明了一种类似Gibson assembly的无缝克隆方法——DATEL（DNA assembly method using thermostable exonucleases and ligase）。此方法设计具有重叠的5′磷酸化DNA片段并置于一个管中，在变性和退火后，相邻DNA片段突出的重叠端互补并形成发卡结构，剩余的ssDNA被Taq聚合酶完全消化，3′端同理，以此精确连接目的片段。该团队使用此方法在大肠杆菌中快速构建了β-胡萝卜素的合成路径，结合核糖体结合位点（RBS）调控代谢途径中crtE、crtX、crtY、crtI、crtB 5个基因，最终β-胡萝卜素产量为3.57g/L。

2. 基因编辑

天然产物代谢途径是复杂的，如果前体物质能较少流入，甚至不流入目的产物代谢流的竞争支路，可能获得更多的目的产物，CRISPR/Cas9技术的开发利用很好地解决了这一难题。CRISPR/Cas9技术是一种革命性基因编辑技术，其功能强大，可以用来删除、添加、抑制或激活生物体的目标基因，可以广泛用于生物技术。

如表17-1所示，近几年CRISPR技术得到了快速的发展与创新，越来越多的被用于基因编辑。早在1987年，Ishino等首次在大肠杆菌基因组中发现CRISPR和Cas基因，但由于技术的限制，当时并不知道其生物学意义。2015年，Jakociunast等将5个不同的gRNA串联在一起，同时对酵母基因组上bts1、ypl062w、yjl064、rox1、erg9p基因进行编辑，即使没有在甲羟戊酸途径中过表达任何基因，结果与野生型菌株相比，甲羟戊酸浓度增长了41倍，此研究结果说明了这种高度特异性和多重基因编辑方法的可行性。

表17-1 酵母CRISPR基因编辑技术研究进展

CRISPR技术	数量（个）	成功率（%）	Cas9蛋白	周期（d）
CRISPRm	1~3	81~100	否	8~10
HI-CRISPR	3	100	否	10~13
CasEMBLR	1~5	50~100	是	11~13
CRISPR by Mans and Rossum	6	65	是	8~9
CAM	3	64	是	5
CRISPR by Generoso	2	<15	否	2
CRMAGE	3	99.7	是	2
CAGO	2~3	40~100	否	3
CFPO	4	70	否	4
Csy4-based CRISPR	4	96	是	11~13
GTR-CRISPR	8	87	否	6~7
Lightning GTR-CRISPR	4~6	60~96	否	3

2018年，Zhao等开发了一种无须新gRNA质粒的CRISPR/Cas9一步法基因组编辑技术（CAGO）。首先，将一个含有特殊"N20PAM"序列的编辑片段通过同源重组的方式整合到基因组上，再利用CRISPR/Cas9与Red同源重组技术，在插入位点实现基因组内部同源重组，从而实现基因组无痕编辑。该方法可以在无PAM和CRISPR耐受的区域实现非脱靶编辑，编辑过程仅需要合成一个编辑片段，在通用的pCAGO质粒的帮助下便可完成编辑，无须构建gRNA质粒。该方法的构建为合成生物学研究提供了一个简单有效的新技术手段，大大简化了CRISPR/Cas9技术，降低了其使用门槛。

2019年，Zhang等开发了一种称为gRNA-tRNA array for CRISPR/Cas9（GTR-CRISPR）的新技术，即利用tRNA序列将多个gRNA串联起来表达，极大提高在酿酒酵母中的基因编辑数目和效率。

该团队利用此技术，简化酵母脂质代谢网络，仅在10d内就完成了对8个基因删除，提高了游离脂肪酸产量约30倍。这是目前已发表的在酿酒酵母中编辑效率最高、数目最多和速度最快的基因编辑体系。利用该技术，能够快速改造酿酒酵母基因组，提高性状和产量。

3. 底盘细胞构建

中药合成生物学首先是要根据天然产物的合成途径和微生物代谢调控来构建底盘细胞。这个过程常用的微生物有大肠杆菌、酵母、枯草芽孢杆菌等。

（1）构建大肠杆菌底盘细胞。大肠杆菌是最为简单的模式生物，其遗传背景清晰、生长周期短、易于操作，一些DNA重组技术以及分子生物学工具的应用都是先在大肠杆菌中试验，然后推广到其他生物中，其作为生物合成学的底盘菌株有着其他生物无可比拟的优势。2015年，Stephanopoulos课题组将强效抗癌药物紫杉醇合成途径进行重构，并通过优化中间基因的表达以及代谢通量，重构大肠杆菌发酵葡萄糖生产紫杉醇的前体紫杉二烯的能力与改造前相比提高了15 000倍，紫杉二烯产量达到了1g/L的水平。2018年，Wang等构建了一种能定向合成黄芩素或野黄芩素的大肠杆菌，只需提供苯丙氨酸或酪氨酸两种不同的前体，就可以获得这两种黄酮化合物。该团队首先将来自欧芹的4CL、FNS I，红酵母的PAL、矮牵牛的CHS、苜蓿的CHI等酶的6个基因转入酵母中，构建了黄酮的重要中间体芹菜素的代谢通路。然后通过克隆黄芩来源的F6H及拟南芥来源的AtCPR基因，实现了黄芩素和野黄芩素的异源合成。在此基础上，该团队通过过量表达丙二酰辅酶A合成基因acs和脂肪酸合成基因fabF，并引入三叶草根瘤菌来源的丙二酰辅酶A合酶基因matB与丙二酸盐载体蛋白基因matC，最终大肠杆菌可产黄芩素23.6mg/L、野黄芩素106.5mg/L。

（2）构建酵母底盘细胞。大肠杆菌作为底盘细胞生产天然化合物，由于其是原核细胞，不能很好地表达植物或其他真核生物来源的酶，限制了蛋白后期的加工修饰，尤其是细胞色素P450酶。酿酒酵母为安全的模式生物，能够高效表达P450酶，重组酿酒酵母基因，使用酵母发酵生产植物源天然药物已成为微生物发酵法的研究热点。2015年，Stephanopoulos课题组通过尝试不同物种来源的关键基因hmgS和hmgR，对途径中基因表达量进行优化，结合发酵过程优化，青蒿二烯的产量在大肠杆菌中达到27g/L。但青蒿二烯向青蒿酸的这步转化由P450氧化酶CYP71AV1催化，是一步氧化反应。由于P450氧化酶在大肠杆菌中一直都不能高效表达，所以表达CYP71AV1的重组大肠杆菌只能生产1g/L的青蒿酸，即转化率只有4%左右。2006年，Ro等通过对酵母中的MVA途径代谢调控关系的调整、关键基因表达量优化、前体物FPP代谢支路的削弱，结合氧化酶CYP71AV1的表达，成功构建产青蒿酸的酵母菌株，产量达到115mg/L，通过发酵优化，青蒿酸的产量可以进一步提高到2.5g/L。通过进一步的基因挖掘，他们找到了3个由青蒿二烯向青蒿酸转化的基因，即细胞色素b5基因、青蒿醇脱氢酶基因、青蒿醛脱氢酶基因。在合成青蒿二烯酵母菌株中表达这3个基因，同时优化CYP71AV1辅助还原酶CPR1的表达量和发酵过程，青蒿酸产量提高到25g/L。此时酵母作为底盘菌株的优势显而易见。

（3）构建枯草芽孢杆菌底盘细胞。枯草芽孢杆菌作为国内研究最早的微生物之一，具有超强的分泌系统，可以通过特殊的运输机制将其体内表达的蛋白或多糖运输到体外，只需简单处理发酵液就可以收集目的产物，省去了烦琐的破碎细胞过程。Liu等（2018）首次在枯草芽孢杆菌中"从头"设计合成人工启动子文库，对其代谢网络优化，以肌苷生产菌株为出发菌，利用弱启动子弱表达肌苷生产菌株的嘌呤途径必需基因purA，使肌苷产量提高了7倍，且对工程菌的生长无影响；利用强启动子TP2过表达木聚糖酶基因xynA，提高了木聚糖分解和利用能力，在以木聚糖为唯一碳源的培养基中，利用木聚糖产乙偶姻工程菌株表现出更好的生长能力，且乙偶姻产量提高44%。

（二）代谢网络调控

药用植物细胞合成技术即在对药用源植物复杂代谢路径解析较为清楚的基础上，结合底盘细胞自身的代谢途径，对目标代谢途径进行复制或转移；或根据现有目标成分或中间体的化学结构，在底盘细胞中重新集成一条新的代谢途径。无论是原有代谢路径的转移还是新代谢途径的创建，其在工程菌株中的生物合成都不是相互独立的，而是相互交错而成的一个动态平衡的代谢网络，在构建工程菌株的同时，需从整体上对其代谢网络进行优化调控，以期更有利于目标药用成分的合成及积累。

1. 静态调节

核糖体结合位点（RBS位点）是控制翻译起始的关键区域，因此也是调节翻译强度的重要原件。通过寻找或人工设计合适的RBS可以增强蛋白表达，从而提高目的产物。Sun等（2016）使用可产生162.98mg/L色氨酸的谷氨酸棒杆菌ATCC 21850作为代谢工程底盘菌株，将来自紫色杆菌的异源操纵子在具有组成型启动子的ATCC 21850菌株中过量表达，获得532mg/L紫色杆菌素。考虑到紫色杆菌素的毒性，其使用诱导型启动子表达vio操纵子，并发酵获得629mg/L紫色杆菌素。由于vio操纵子的经济编码性质，vio基因的压缩RBS被替换为强表达的谷氨酸棒杆菌，并将扩展表达单元组装成一个合成操纵子。通过该策略，发酵获得了1 116mg/L紫色杆菌素。然后通过优化发酵时间、浓度、培养组成和发酵温度等，最终将紫色杆菌素发酵浓度提升到了5 436mg/L。

2. 动态调节

微生物发酵产生目的产物的过程中往往也会产生许多不必要的副产物，副产物的产生不仅浪费目的产物前体物质，同时也增加了目的产物的提取难度。使用动态调节策略来调控代谢产物浓度和代谢途径通量，从而获得更多的目的产物。将法尼基二磷酸（FPP）响应性启动子转入大肠杆菌中的紫穗槐二烯生物合成途径中，以降低毒性前体FPP的积累。筛选对细胞内FPP水平有响应的内源性大肠杆菌启动子，随后用于实施上游FPP产生途径中8种酶表达的负反馈调节方式，以及对紫穗槐-4, 11-二烯合酶表达的正反馈调节方式，将FPP转化为紫穗槐二烯。与静态调控策略相比，这种动态调控策略使紫穗槐二烯的产量从700mg/L增加到了1.6g/L。2018年，Yan等在大肠杆菌中构建了己二烯二酸（MA）启动子调控系统，在缺乏MA的情况下，两个MA响应转录因子（CatR）形成一个四聚体，然后与26bp的抑制序列（RBS）和14bp的激活序列（ABS）结合使DNA弯曲，并阻断RNA聚合酶Rep激活catBCA启动子，关闭基因catBCA的转录。在MA的存在下，MA引发CatR构象变化，从而减轻DNA弯曲并使RNA聚合酶激活catBCA的转录。然后结合RNAi（RNA interference）技术，形成双功能动态调控代谢网络技术，最终使MA产量达到1.8g/L，远高于动态调控。

3. 混菌发酵

随着合成生物学的发展，人工设计合成代谢途径越来越复杂，使得底盘菌株代谢负荷越来越大，利用两种或多种菌种对这些代谢网络进行分工合作，可以减轻菌株的代谢负荷，完成更复杂的代谢调控，从而提高效率。Liu等（2017）将3种不同的菌进行混合发酵。利用大肠杆菌将葡萄糖转化为乳酸提供碳源和电子，枯草芽孢杆菌生产黄核素，瓦氏菌从中获得能量氧化乙酸为乙酸酯，为大肠杆菌和枯草芽孢杆菌提供碳源。这3种微生物形成了交叉喂养的微生物联合体。在瓦氏菌、枯草杆菌和大肠杆菌的联合作用下，11mmol/L葡萄糖转化为17.7mmol/L乳酸，乳酸产量提高了10倍以上，枯草芽孢杆菌产生28.3mol/L核黄素，提高了1.5倍，通过"分工"生产使乳酸和核黄素的产量达到最高水平。

Zhou等将细胞色素P450紫杉烯5α-羟化酶（5αCYP）及其还原酶（5αCYP-CPR）转入酿酒酵母细胞中表达，用来催化紫杉醇生物合成途径中的第一步氧化反应。接下来，将该菌与产紫杉烯大肠杆菌共同培养，以葡萄糖为唯一碳源，混合培养72h产生了2mg/L含氧紫杉烷。当只培养大肠杆菌或酿酒酵母时，未产生含氧紫杉醇类化合物。然而，由于酵母利用葡萄糖产生的乙醇抑制了大肠杆菌的生长代谢，在酵母存在时大肠杆菌的细胞密度和紫杉烯的浓度显著降低。为了克服这个问题，将碳源换成木糖，然而大肠杆菌代谢木糖产生的乙酸对它自己的生长有抑制作用。另一方面，酵母不能代谢木糖，但可以使用乙酸生长代谢并且不产生乙醇。因此，酿酒酵母只有在大肠杆菌存在下才能在木糖培养基中生长，大肠杆菌的细胞密度和紫杉烯的浓度也没太大波动。然后调节代谢通路和发酵优化，最终含氧紫杉烷的产量达到了33mg/L。合成混菌体系已成为合成生物学的前沿之一，是合成生物学第二次浪潮的重要研究。

（三）药用植物活性成分微生物细胞工厂合成研究进展

药用植物活性成分微生物细胞是通过设计并构建合成药用植物功效成分的细胞工厂来发酵生产植物天然产物（表17-2），如今已有了飞速发展。其中最典型的例子是加州大学伯克利分校Keasling研究团队于2013年构建了一个高效生产青蒿素前体青蒿酸的酿酒酵母人工细胞，其产量高达25g/L，并进一步通过化学半合成转化，实现了青蒿素的全合成。在此工作的启发下，一些中药的功效成分人参皂苷、紫杉醇、丹参酮、大黄素等都陆续实现在微生物系统中合成。如Ajikumar等（2020）通过将上游模块的4个关键酶基因以及下游模块的GGPP合酶基因和紫杉二烯合成酶基因导入大肠杆菌中，并通过进一步优化，紫杉醇二烯合成量最高达1.02g/L，但由于由紫杉烯到紫杉醇的合成过程未完全解析，因此，通过合成微生物细胞工厂生产紫杉醇仍需进一步探索。

表17-2 药用植物活性成分微生物细胞工厂研究进展

化合物类型	代谢产物	底盘细胞	产量
青蒿素	紫穗槐二烯	*S.cerevisiae*	41g/L
	紫穗槐二烯	*E.coli*	27.4g/L
	青蒿酸	*S.cerevisiae*	25g/L
	青蒿二烯	*E.coli*	27g/L
紫杉醇	紫杉烯	*S.cerevisiae*	8.7mg/L
	紫杉二烯	*E.coli*	1g/L
	紫杉醇二烯	*E.coli*	1.02g/L
丹参酮	丹参二烯	*S.cerevisiae*	488mg/L
	丹参素	*E.coli*	7g/L
人参皂苷	达玛烯二醇	*S.cerevisiae*	1 584mg/L
	原人参二醇	*S.cerevisiae*	1 189mg/L
	原人参三醇	*S.cerevisiae*	15.9mg/L
	人参皂苷CK	*S.cerevisiae*	1.4mg/L
	人参皂苷Rh2	*S.cerevisiae*	2.25g/L
	人参皂苷Rg3	*S.cerevisiae*	49.79mg/L
倍半萜	原伊鲁烯	*E.coli*	512.7mg/L
齐墩果烷型三帖	β-香树脂醇	*S.cerevisiae*	157.4mg/L
	甘草次酸	*S.cerevisiae*	18.9mg/L
天然色素	番茄红素	*E.coli*	44.38mg/L
类胡萝卜素	β-胡萝卜素	*S.cerevisiae*	18mg/g DCW
	β-胡萝卜素	*E.coli*	2.1g/L
	虾青素	*S.cerevisiae*	9mg/g DCW
	白藜芦醇	*S.cerevisiae*	391mg/L
生物碱类	牛心果碱	*S.cerevisiae*	164.5mg/L
	文多灵	*S.cerevisiae*	32.4mg/L
	异胡豆苷	*S.cerevisiae*	0.53mg/L
酚类	天麻素	*E.coli*	545mg/L

（续表）

化合物类型	代谢产物	底盘细胞	产量
灯盏花素	黄芩素	*S.cerevisiae*	108mg/L
	芹菜素-7-O-葡糖醛酸苷	*S.cerevisiae*	185mg/L
吲哚衍生物	紫色杆菌素	*C.glutamicum*	5 436mg/L
蒽醌	大黄素	*S.cerevisiae*	661.2mg/L
	内黄素	*S.cerevisiae*	62.7mg/L
黄酮类	黄芩素	*E.coli*	23.6mg/L
	野黄芩素	*E.coli*	106.5mg/L
	柚皮素	*E.coli*	3.5mg/L
己二烯二酸	己二烯二酸	*E.coli*	1.8g/L
大麻素	大麻素	*S.cerevisiae*	1.6mg/L

注：DCW（Dry cell weight）指干细胞重量。

Wang等（2016）在酿酒酵母底盘菌株BY4742中过表达甲羟戊酸（MVA）途径的所有基因，包括上游模块的7个基因 *ERG10*、*ERG13*、*ERG12*、*ERG8*、*ERG19*、*IDI*、*tHMG1* 以及6个下游模块基因 *ERG1*、*ERG20*、*ERG9*、*synPgDDS*、*synPgPPDS*、*synPgCPR1*，同时通过染色体整合增加一个 *synPgPPDS* 的拷贝数，通过条件优化，最终在10L补料分批发酵中人参皂苷Rh2产量为2.25g/L，是现有报道中产量最高的。大麻素是仅存在于大麻中的一类药用活性分子，其生物合成途径在20世纪90年代中期才被基本解析清楚。

Luo等（2019）通过在酵母中引入 *EfmvaE*、*EfmvaS* 基因，同时过表达 *ERG12*、*ERG8*、*ERG19* 和 *IDI1* 以及一个突变的 *ERG20* 基因，实现对酿酒酵母天然的甲羟戊酸途径（Mevalonate pathway）的改造，使其代谢流更多地流向大麻素重要中间体——香叶基焦磷酸（GPP）；随后，该课题组通过引入 *RebktB*、*CnpaaH1*、*Cacrt*、*Tdter* 4个基因，在该菌株中引入了一条新的己酰辅酶A（Hexanoyl-CoA）的代谢途径，GPP合成量达到了1.6mg/L，较原菌株提高了7倍。

Sun等（2019）通过重组不同来源的酶，在酿酒酵母中构建内黄素和大黄素的合成通路，将来源于番茄（*S.lycopersici*）的TE-less NR-PKS（SlACAS）与酿酒酵母中的不同MβL-TE共表达，当与HyTE偶联时，SlACAS产内黄素产率提高了115.6%，为了得到更多的大黄素，将鉴定的与HyDC具有高度同源性的7种脱羧酶分别引入生物合成途径中，挑选出催化活性最高的AfDC，进一步引入双点突变体乙酰辅酶A羧化酶（Acetyl-CoA carboxylase，ACC）1S659A、S1157A以增加蒽醌的前体丙二酰辅酶A的产生。

（四）药用植物活性成分植物细胞工厂合成进展

相较于微生物，植物与天然产物的亲缘关系更加接近，并且自身的催化系统更有利于天然产物相关基因的正确表达，由于植物自身可进行光合作用，有利于降低成本，一些模式植物如烟草、拟南芥、番茄等也都用来构建天然产物底盘细胞（表17-3）。

表17-3 药用植物活性成分植物细胞工厂研究进展

化合物类型	代谢产物	底盘细胞	产量
青蒿素	青蒿素	烟草	6.8μg/g
	青蒿素	苔藓	0.21mg/g
	青蒿素	烟草	0.8mg/g
	青蒿素	烟草	120mg/kg

（续表）

化合物类型	代谢产物	底盘细胞	产量
紫杉醇	紫杉烯	拟南芥	600ng/g
	紫杉二烯	苔藓	5μg/g
黄酮类	黄酮醇	番茄	100mg/g
生物碱	3α（S）-异胡豆苷	烟草	5.3mg/g

1. 以烟草为底盘的植物细胞工厂

2011年Farhi等在pSAT载体上同时整合紫穗槐-4,11-二烯合酶（ADS）、细胞色素P450家族的（CPR）还原酶、CYP71AV1羟化酶以及青蒿醛双键还原酶（DBR2）4个基因，并通过农杆菌转化技术首次实现了青蒿素在烟草中的异源合成。然后过表达甲羟戊酸（MVA）途径限速酶3-羟基-3-甲基戊二酰辅酶A还原酶（tHMG），以增加青蒿素的前体物质，最后运用信号ADS定位到线粒体上的方式，使烟草中青蒿素质量分数达到6.8μg/g。该研究展示了利用烟草等植物底盘进行青蒿素合成的可能。2016年，Fuentes等将青蒿酸的合成途径的完整基因全部整合到烟草叶绿体的基因组中，同时引入一些基因使系统更加稳定，最终获得了120mg（以1kg生物量计）青蒿酸。2016年，Malhotra等把在烟草细胞中合成青蒿素的途径进行模块化，先利用信号肽COX4融合将ADS定位在线粒体中，再通过质体导肽将CYP71AV1、CPR、DBR2定位在叶绿体内，最后在叶绿体中引入酵母的整条MVA途径来增加萜类前体供应，最终获得0.8mg/g的青蒿素。Hallard等（1997）将长春花中的tdc基因转入烟草细胞，并将tdc基因过表达，3α（S）-异胡豆苷的产量分别增加到5.3mg/L。Miettinen等（2014）把长春花马钱子苷途径中的4个酶（8-HGO、IO、7-DLGT、7-DLH）以及TDC与STR酶转入烟草中，在异源植物烟草中重构了整个MVA途径，实现3α（S）-异胡豆苷的合成。

2. 以番茄为底盘的植物细胞工厂

英国植物代谢工程专家Cathie Martin团队于2008年以番茄为底盘，将拟南芥的转录因子AMYB12等在番茄中进行过表达，大幅提高番茄中黄酮醇等物质的含量，干物质质量分数达到100mg/g。Tohge等（2008）在番茄中引入金鱼草来源的转录因子Delila和Rosea1后，检测到花青素和苯丙类黄酮衍生物的含量都有所增加。随后该团队通过在番茄中引入拟南芥来源的黄酮特异性调控因子AtMYB12，检测到黄酮类化合物和对羟基肉桂酸乙酯的质量分数达到了果实干质量的10%。

3. 其他底盘的植物细胞工厂

在紫杉醇的生物合成途径中，牻牛儿基焦磷酸（Geranylgeranyl diphosphate，GGPP）在紫杉烯合酶（TXS）的作用下生成紫杉烯，然后经过大约12步酶促反应最终合成紫杉醇。在拟南芥中表达紫杉（Taxus baccata）的TXS基因，转基因植株虽然可以积累紫杉烯，但同时出现生长迟缓和光合色素含量减少等现象。Oscar等（2010）采用诱导表达系统，用糖皮质激素处理后，紫杉烯含量比组成型表达得到的转基因植株提高30倍，达到了600ng干质量。IR ram等（2017）将ADS、CYP71AV1、ADH1、DBR2和ALDH1 5个基因在苔藓中共表达后，经过进一步的光氧化后，青蒿素产量为0.21mg/g。Anterola等（2009）将红豆杉来源的紫杉二烯合酶转入小立碗藓中并表达，获得了产紫杉二烯5μg/g的转基因植株。

如今运用合成生物学生产药用植物功效成分已取得了一定的发展，但仍有一些问题需要克服：一是天然产物代谢复杂及解析方法技术的不完备限制了代谢途径的解析效率。植物天然产物代谢途径复杂往往呈交叉网络状，牵一发而动全身，甚至受时空影响，大大增加了其解析难度；解析天然代谢途径需要做大量的工作及技术的支持。生物信息学的快速发展为找代谢通路中的相关基因簇做出了巨大贡献，但目前代谢组学和基因组学的发展限制了其功能基因验证的效率。因此，目前首要任务是加快代谢组学和基因组学方法技术的创新，提高鉴定基因簇的效率。二是基因元件数量少、异源表达效率低且模块化与标准化不完善是重构代谢途径的障碍。目前虽然已建立有基因元件库，但其中的基因元件数量和自然中基因元件资源相比仍是冰山一角。植物中的基因元件转入异源微生物中后效率较低，如"万能生物催化剂"细胞色素P450酶（CYPs）。CYPs活性的发挥往往需要细胞色素P450氧化还原酶（CPR）的协助，而大肠杆菌中并没CPR；相对来说酵母表达系统自带CPR，具有一定的优势，但仍需注意CYPs的偏好性，以保证其能高效表达。通过蛋白定向进化、代谢突变、基因编辑等手段对基因元件进行模块化和标准化修改，将基因元件变为可"即插即用"的标准"零件"，有利于代谢通路的简约化设计和工程化构建。三是营养物质在底盘细胞中更多的是流向了初级代谢流，只有很少一部分才流向目的代谢流。如碳流在酵母细胞中主要流向了乙醇合成途径，合成天然产物则希望碳流少流入甚至不流入乙醇合成途径，更多地流入目的代谢流。将底盘细胞基因组简化，将会大大改善这种情况。目前有"自上而下"和"自下而上"两种手段来实现此目的，即在原有的基因组上敲除非必需基因和人工合成基因组来获得最简基因组。但基因组的简化会影响到正常的细胞功能，因此，找到两者的平衡点至关重要。

二、大麻素的生物合成和生物技术生产

基于生物技术的大麻素生产需要一个生物系统，该系统能够提供前体类异戊二烯单元的细胞供应，协调表达编码酶的所有基因，催化所需大麻素的整个生物合成途径，最终通过酶工程来利用特定的启动分子。目前已知的可以获得生物合成基因的植物来源有大麻、达乌尔杜鹃和芸薹属植物。一种合成生物学方法可能包括组合使用编码生物合成酶的基因，这些基因具有独立于植物物种的最佳催化特性。在这些方法中，避免高水平中间产物积累而产生的自身毒性也是一个选择参数。

（一）大麻中大麻素的生物合成途径

大麻中大麻素的生物合成途径最近被阐明。该生物合成途径在不同的细胞类型和细胞器包括腺体细胞的胞浆、质体和细胞外储存腔之间分裂。从胞浆开始，前体分子己酸很可能是通过脂肪酸（如棕榈酸）的氧化裂解而获得的。橄榄烯酸（OA）异戊烯化所用的香叶基二磷酸（GPP）源于甲基赤藓糖醇4-磷酸（MEP）途径，该途径通常在真核细胞（通常是叶绿体）的质体细胞器中运行。最终产物的氧化环化和储存发生在树脂腔中的腺体细胞外。通路中间产物如何在不同的隔室之间运输，仍有待解决。最有可能的是，转运蛋白和囊泡运输在促进中间产物穿过腺细胞和储存腔之间形态学高度专门化的界面中起关键作用。大麻素的生物合成包括聚酮和类异戊二烯代谢的关键步骤的整合。Livingston（2020）观察到毛状体特异性转录体中高表达的去饱和酶、脂氧合酶（LOX）和过氧化氢裂解酶（HPL）的表达。在酰基激活酶1（AAE1）催化下的反应中，己酸转化为活化的硫酯己基辅酶A，在橄榄醇合成酶（OLS）催化的反应中，以丙二酰辅酶A作为C2供体拉长，并被橄榄烯酸环化酶（OAC）环化生成橄榄烯酸（OA）。

己酸在胞浆中产生OA。GPP（C10-异戊二烯）是通过塑性非甲戊酸依赖的类异戊二烯（MEP）途径合成的。大麻酚酸合成酶（CBGAS、CsaPT4）是利用GPP对OA进行预酰化，形成分支点中间体，是第一个真正意义上的大麻素化合物CBGA。CBGA是普通大麻素的直接前体，后者用烷基戊基侧链修饰。CBGAS是一种跨膜芳香族戊基转移酶，携带质体定位信号。它的活性位点是朝向质体膜的内侧还是外侧，尚待确定。黄蛋白Δ^9-四氢大麻酚酸合成酶（THCAS）和大麻酚酸合成酶（CBDA）分别分泌到细胞外空间，并将CBGA转化为Δ^9-THCA和CBDA。这些转化作为氧化环化反应进行，通过还原分子氧（O_2），生成过氧化氢（H_2O_2）作为副产品。大麻酚酸合成酶（CBCAS）的反应机制很可能也依赖于FAD和O_2，尽管最初报道该酶不依赖于黄素辅因子和O_2。当时，CBCA、CBDA和THCA都被认为是不需要辅因子或辅酶的氧化还原酶。随后，CBDA和THCA被定性为严格

依赖于O_2作为电子受体存在的黄素蛋白，如达乌尔红霉素酸合酶（DCAS）。CBCAS与THCAS的高序列相似性（核苷酸水平上为96%）表明，CBCAS是一种依赖于O_2的黄素蛋白，它催化CBGA氧化成CBCA，副产物为H_2O_2。所有这些氧化囊携带一个分泌信号肽，并输出到细胞外树脂空间。THCA和CBDA在树脂空间中具有催化活性，但其活性是否仅限于细胞外空间尚待证实。

Δ^9-THCA、CBDA和CBCA是具有戊基侧链的大麻素酶法生物合成的最终产物。当暴露于高温（吸烟或烘烤时的热解）、辐射或储存过程中自发发生时，化合物会发生脱羧和"自发重排"反应。具有不寻常烷基侧链（C1～C4）的大麻素由相同的酶产生，但来自各自的短链脂肪酰辅酶A和较低亲和力（分别为乙酰辅酶A、丙酰基辅酶A、丁酰基辅酶A或五酰基辅酶A）。

DCA（Daurichromenic acid）中的所有碳原子均来自乙酰辅酶A和法尼酰辅酶A，其中主要中间体为苔色酸（OA）和灰树质酸（GA）。主要是幼叶表面的特殊腺体鳞片是DCA生物合成和储存的地方。鳞片的形态不同于大麻的头状柄毛状体，其特征是由一个扩大的帽状体所界定，帽状体由中央细胞和边缘细胞组成，没有明显的分泌腔。植物大麻素的生物合成在细胞溶胶（聚酮途径）、质体（MEP途径和RdPT1活性）和细胞外DCA和其他疏水性代谢物（如精油）积累的过程中被分开。GA和DCA是植物毒性化合物，在达乌尔茶细胞培养物中诱导细胞死亡。作为DCA生物合成过程中的副产物，H_2O_2也会诱导凋亡相关反应，导致细胞死亡，尽管与GA和DCA相比，浓度增加。为了避免自身毒性和细胞损伤，DCA的积累很可能发生在质外体中。要使DCAS催化反应发生，植物毒性GA必须先从其细胞内合成部位输出，才能发挥有害作用。DCA途径开始于III型聚酮合酶（PKS）orcinol合成酶（ORS）的乙酰辅酶A的链延伸，其中三个单位的丙二酰辅酶A是碳供体。重组和纯化后的口服补液盐的主要产品是奥曲肽，次产品为苔色（OA）、三乙酸内酯、间苯二酚和四乙酸内酯。OSA是后续反应的底物。令人惊讶的是，如抑制剂研究所示，法尼司基辅酶A来自质体MEP途径。异噁唑酮抑制MEP途径导致OSA和DCA降低，而美伐他汀抑制MEP依赖性通路导致其增加，可能是由于MEP途径的代偿性上调。RdPT1与已知的UbiA芳香族PTs具有中等的序列一致性。RdPT1可以使用香叶基辅酶A和香叶基香叶酰辅酶A作为替代的含异戊二烯基的供体，但活性率仅为13%和2.5%法尼司基辅酶A。最后，大麻酚（CBC）支架在黄蛋白DCA合成酶（DCAS）催化的氧化环化反应中形成。DCAS在细胞外分泌并具有酶活性。反应进行时伴随着H_2O_2的释放。汇合蛋白是DCA的脱羧形式，已从达乌尔木属植物中分离出来。它可能是在辐照、加热和储藏过程中自发脱羧而产生的。

（二）大麻素生产的合成生物学方法

如前所述，植物大麻素是萜类化合物，其前体由聚酮和MEP-异戊二烯生物合成途径提供。在异源生产系统中，优化和设计这两种途径以提供足够数量的初始前体是一个明显的挑战。在大麻素的生物合成过程中，这两条途径通过芳香族戊基转移酶的作用而连接起来。芳香族丙烯酰胺转移酶普遍存在于动物、植物、真菌和细菌中，它们的不同反应光谱使芳香代谢物的生产多样化，如植物中的苯丙酸、类黄酮和香豆素。结合不同种类的高等植物、苔类植物和真菌中涉及植物大麻素合成的模块，基于跨物种模块的组合用途，可选择使用基于芳香戊烯酰基转移酶的方法在异源宿主中生产新的天然植物大麻素。同样，如果异二聚反应产生新的催化模式，则特定对芳香戊烯酰基转移酶的共表达可能导致植物大麻素产量增加或产品结构改变。因此，具有不同供体和受体偏好特性的芳香戊烯酰基转移酶的可用性为植物大麻素生产的多样化提供了大量机会。在二萜领域的这种组合方法产生了新的核心结构。与啤酒花植物（*Humulus lupulus*）一样，大麻（*Cannabis sativa*）也在毛状体中表达查尔酮异构酶样蛋白（CHILs）。这些是聚酮结合蛋白，在异源大麻素生产系统中共同表达这些*chil*基因可能有助于提高产量水平。除组合生物化学外，酶混配还可以成功地将非天然前体，如戊酸、庚酸、4-甲基己酸、5-己烯酸和6-庚酸并入所生产的大麻素中。侧链的烯烃或炔基功能化将使发酵后基于点击化学的修饰成为可能，如铜催化的叠氮-炔环加成CBGA和Δ^9-THCA的6-庚酸类似物与叠氮共轭物。植物大麻素的功能可通过其他类型的衍生化进一步多样化。糖基化可用于避免生产宿主中的自身毒性，增加溶解度，并且在治疗背景下改善候选药物的吸收、分布、代谢和排泄（ADME）特性。可以收集区域特异性和亚基特异性糖基转移酶来进行这种修饰反应。使用酰基转移酶或卤化反应衍生化提供了额外的机会。GA卤化不影响DCAS向DCA的转化。卤化天然产物主要存在于海洋资源中，可显示抗菌、抗真菌、抗寄生虫、抗病毒、抗肿瘤、抗炎和抗氧化活性。有了这些选择，合成生物学将对植物大麻素的设计产生重大影响。

（三）异源宿主大麻素的生物技术生产

大麻素可以用生物技术方法生产，使用不同的生产平台，包括植物、真菌和细菌。2019年2月28日，加州大学伯克利分校Keasling课题组罗小舟博士等在*Nature*上发表了题为"Complete biosynthesis of cannabinoids and their unnatural analogues in yeast"的研究论文，以半乳糖为原料，在酿酒酵母中完成了大麻素生物合成途径的异源重构，实现了包括大麻萜酚酸（CBGA）、四氢大麻酚（THCA）、大麻二酚（CBDA）在内的多种主要大麻素及其衍生物的生物全合成。

2019年，Keasling课题组开始生产大麻素的酵母时，首先关注的是橄榄酸的生产（图17-1），橄榄酸是大麻素生物合成途径中的一种初始中间体。两种大麻酶，一种四核苷酸合成酶（*C.sativa* TKS，CsTKS）和一种橄榄酸环化酶（CsOAC），已被报道由己酰辅酶A和丙二酰辅酶A合成橄榄酸。

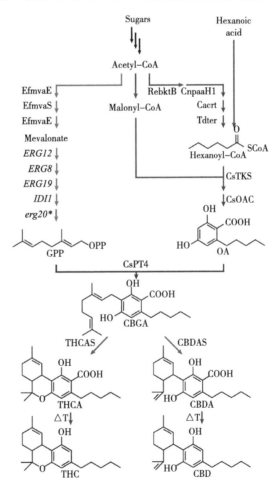

图17-1 酿酒酵母合成大麻素的工程化生物合成途径

该菌株从半乳糖中产生0.2mg/L的橄榄酸（图17-2a），这与酿酒酵母保持细胞内低水平的己酰辅酶A事实一致。为了增加己酰辅酶A的供应，Keasling课题组给yCAN01菌株添加了1mM的己酸，通过内源性酰基激活酶（AAE）可将其转化为己酰辅酶A，发现其生成的橄榄酸增加了6倍（1.3mg/L）。

Keasling课题组还检测到了TKS的一个已知副产品，己酰三乙酸内酯（HTAL）。为了优化己酸向己酰辅酶A的转化，Keasling课题组引入了一种来自大麻的CsAAE1，当注入1mM的己酸后，与yCAN01相比，得到的yCAN02的橄榄酸滴度（3.0mg/L）增加了两倍（图17-3a）。

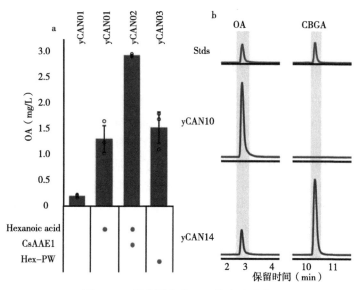

图17-2　橄榄酸和CBGA的产生途径

注：a. 诱导48h后，半乳糖或1mM己酸（hex-PW，hexanoyl CoA途径）在yCAN01、yCAN02和yCAN03菌株中产生橄榄酸（OA）。数据为平均值±标准差；*n* = 3个生物独立样本。b. 饲喂橄榄酸生产CBGA。诱导24h后，对添加1mM橄榄酸的yCAN10和yCAN14培养物进行取样。

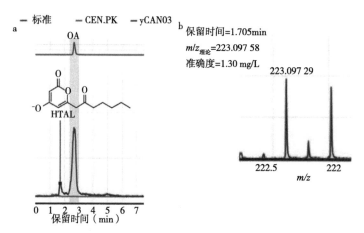

图17-3　yCAN03产生橄榄酸

注：a. yCAN03产生橄榄酸；b. HTAL的质谱。

大麻酚酸（CBGA）是由香叶酰焦磷酸盐（GPP）产生的，是Δ⁹-四氢大麻酚酸（THCA）、大麻酚酸（CBDA）和许多其他大麻素的前体。1999年前，人们在大麻提取物中检测出了GOT的活性，2009年后，一种大麻GOT（CsPT1）获得了专利。为了在体内测试CsPT1，2019年Keasling课题组构建了一个GPP高产菌株（yCAN10），该菌株具有上调的甲羟戊酸路径和一个突变型的内源性法尼基焦磷酸合成酶ERG20（F69W/N127W），它优先产生GPP而不是FPP。然而，在yCAN10中表达CsPT1或它的任何截断时，无法观察到任何GOT活动。Keasling课题组使用BLAST搜索CsPT1、HlPT1L和HlPT2的全长转录组，并在此基础上选择了6种大麻酶（CsPT2～CsPT7）。为了检测6种大麻和2种啤酒花蛋白酶在酵母中的功能表达，Keasling课题组去除了预测的N端质体靶向序列，得到CsPT2-T-CsPT7-T、HlPT1L-T和HlPT2-T。然后将每个GOT候选菌株引入yCAN10中，得到的菌株（yCAN12-yCAN20）在1mM的橄榄酸中培养，用液相色谱—质谱（LC-MS）检测CBGA产量。在9个测试的候选菌株中，只有表达CsPT4-T（yCAN14）的菌株产生可检测量的CBGA（136mg/L，图17-2b）。据预测，CsPT4-T有8个跨膜螺旋，当在酵母中异源表达时，它定位于纯化的微粒体部分（图17-4a）。随后用yCAN14中纯化微粒体部分进行的体外试验证实了GOT活性，并显示米氏常数 K_m（橄榄油酸）=（6.73±0.26）μM（平均值±标准差），以及GPP的非米氏型行为（图17-4b，c）。相似的体外检测结果显示，其他候选的大麻活性较低且非特异性（NphB、HlPT1L-T和HlPT2-T）或没有（CsPT1-t）获得活性（图17-5）。接下来，2019年，Keasling课题组开始通过重组菌株yCAN14的橄榄酸生物合成模块，从更简单的前体如己酸或半乳糖中生产CBGA。在1mM的己酸加入CsTKS、CsOAC和CsAAE1生成yCAN31菌株，生成7.2mg/L CBGA。最后，将己酰辅酶A途径整合到yCAN31中，得到yCAN32菌株，从半乳糖中产生1.4mg/L CBGA。1999年前就发现了将CBGA转化为THCA（THCAS）和CBDA（CBDA25）的合成酶。THCAS已经在体外昆虫细胞和酵母中进行了功能表达和监测分析。然而，到目前为止，在体内从糖中产生THCA、CBDA或其他大麻素途径（CBGA之后）中产生的大麻素还没有被证明。为了完成大麻素的生物合成途径，作者用空泡定位标记替换THCA和CBDA的N端分泌信号肽，使其功能表达，并将得到的序列整合到yCAN31（产生yCAN40和yCAN41）和yCAN32（产生yCAN42和yCAN43）。用1mM己酸培养yCAN40或yCAN41分别产生1.1mg/L THCA或4.3μg/L CBDA，用半乳糖培养yCAN42或yCAN43分别产生2.3mg/L THCA或4.2μg/L CBDA（图17-6a，b）。

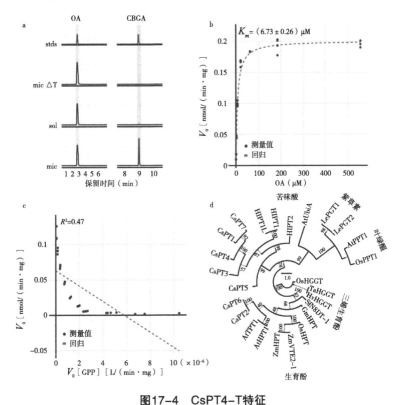

图17-4　CsPT4-T特征

注：a. CsPT4-T定位于纯化的微粒体部分。在30℃下将yCAN14的煮沸微粒体部分（micΔT）、可溶性部分（sol）和微粒体部分（mic）在500μM橄榄油酸和500μM GPP的存在下孵育1h，观察到GOT仅在微粒体部分有活性。b. CsPT4-T橄榄油酸动力学。使用非线性回归拟合不同橄榄烯酸（0.25～0.56mM）和恒定GPP（1.67mM）浓度的Michaelis-Menten动力学模型，结果显示 K_m（橄榄烯酸）=（6.73±0.26）μM（平均值±标准偏差）。c. CsPT4-T GPP动力学。Michaelis-Menten模型的Eadie-Hofstee线性化表明，在不同GPP（0.25～1.67mM）和恒定橄榄油酸（1.67mM）浓度下，CsPT4-T表现出非Michaelis-Menten型行为。d.大麻和相关丙烯酰胺转移酶的系统发育树。

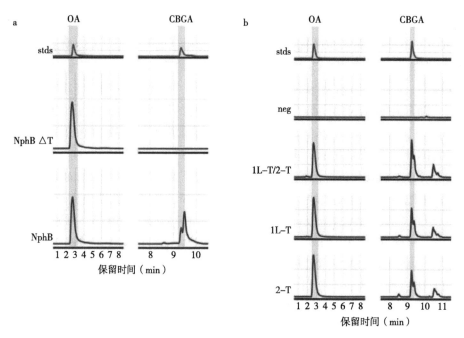

图17-5　NphB和HlPT的体外活性

注：a. 纯化的NphB在室温下与5mM橄榄烯酸和5mM GPP孵育24h，催化GPP和橄榄油酸缩合成CBGA。b. 从yCAN21、yCAN22和yCAN23制备表达HlPT1L-T（1L-T）、HlPT1L-T和HlPT2-T（1L-T/2-T）和HlPT2-T（2-T）的微粒体部分。在30℃下用5mM橄榄油酸和5mM GPP培养24h，可得到CBGA和几种异构体。

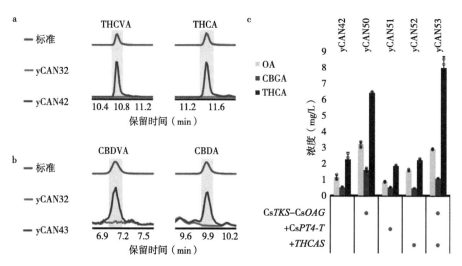

图17-6　THCVA、THCA、CBDVA和CBDA的产生

注：a. yCAN42从半乳糖中产生THCVA和THCA。b. yCAN43从半乳糖中产生CBDVA和CBDA；yCAN32为yCAN42和yCAN43的亲本菌株，为阴性对照；诱导96h后提取样品。c. 额外的途径酶复制品的引入提高了整体产量。数据为平均值±标准差。

除来源于橄榄油酸的大麻素外，大麻还产生源于二氢叶酸的化合物，二氢叶酸是一种橄榄酚酸类似物，其中C3戊基侧链被丙基部分取代，这表明至少一些途径酶的混合作用。yCAN42和yCAN43分别产生1.2mg/L Δ⁹-四氢大麻酚酸（THCVA）和6.0μg/L大麻酚酸（CBDVA）（图17-5）。为了提高半乳糖的滴度并确定通路中的瓶颈，Keasling课题组将CsTKS-CsOAC、CsPT4-T或THCAS单拷贝引入yCAN42（产生yCAN50、yCAN51和yCAN52）。Keasling课题组假设GPP供应充足，因为当生长培养基中添加1mM橄榄油酸时，橄榄油酸有效地转化为CBGA（图17-2b）。当进行分析时，

Keasling课题组观察到CsTKS CsOAC过表达菌株（yCAN50）的中间产物浓度以及THCA和THCVA的浓度与母体菌株（yCAN42）相比增加了3倍（图17-5c）。

相对于亲本株，yCAN51和yCAN52的大麻素产量基本没有变化，说明其途径主要是由丙二酰辅酶A和己酰辅酶A转化为橄榄烯酸。未来还可以通过微调TKS-OAC和THCAS表达，或上调上游前体生产来进一步提高产量。除它们的天然产物外，非天然大麻素类似物也正在被研究其潜在的药用性能。该研究的主要药效物质之一是Δ^9-四氢大麻酚（THC）的C3侧链，因为其长度、大小、结构和化学性质已被证明可以调节大麻素受体（CB1或CB2）的性质，包括结合亲和力、选择性和效力。2019年，Keasling课题组在6-庚酸CBGA（6hCBGA）和6-庚酸THCA（6hTHCA）类似物上用叠氮-PEG3-生物素共轭物进行了铜催化叠氮-炔环加成反应。通过LC-MS对相应产物进行了检测，表明Keasling课题组的工艺可以进一步扩大可触及的化学合成空间，其结果示意了一条生产具有特定C3侧链的大麻素类似物的路线。

第二节 大麻素的抗菌活性与抗菌机制

一、天然生物抗菌剂研究概况

自然界中的有害细菌、真菌和病毒等微生物是诱发人类疾病的主要原因。天然生物抗菌剂来源于自然界，人们通过提取、纯化获得，是最早为人们所利用的抗菌剂。在实际生产中，在生物菌剂中加入保护剂与抑菌剂是提高微生物产品有效活菌、延长保存期的有效手段。抗菌剂按化学结构可分为无机抗菌剂、有机抗菌剂和天然抗菌剂三大类。有机抗菌剂种类很多，主要包括有机酸、酯、醇、酚类物质，目前一般用于加工温度较低的软质聚氯乙烯、聚乙烯等塑料中。它们的特点一般来说都具有一定的挥发性和毒性，甚至有的还存在致癌和坏血的潜在危险性，使用中必须十分注意控制浓度，且多为不稳定的物质，在温度到300℃左右容易蒸发和分解。由于其存在耐热性差、易水解、使用寿命短等问题而无法推广应用。无机抗菌剂具有长效、产生耐药性，易变色，不能稳定地固着在纺织品上，不能很好地满足实际应用的要求等缺点，在应用方面受到一定的限制。天然抗菌剂由于毒性小，应用广泛，是一种绿色的环保产品受到广泛的重视。根据天然抗菌剂来源的不同，又可将其分为植物源抗菌剂、动物源抗菌剂和微生物源抗菌剂。

（一）植物源抗菌剂

目前，植物源抗菌剂是研究最多的一类天然抗菌剂，其利用植物中含有杀菌活性物质的某些部位或提取有效成分制成的杀菌剂，具有高效、低毒或无毒、无污染、选择性高、不易产生抗药性等优点。目前对植物天然抗菌剂的开发还刚刚起步，对其抗菌机理还有待深入的研究，主要可分为以下几类。

1. 抗菌单味中草药

已明确抗菌作用且较常用的抗菌中草药有近百种。特别是丁香、大蒜、三七、千里光、丹参、甘草、防风、金银花、连翘、荆芥、柴胡、桂枝、黄连、黄芩、黄柏、麻黄、薄荷、藿香等都有较深入的研究。研究表明，含有抗菌成分的药用植物资源主要集中在菊科、唇形科、木兰科、马兜铃科、蓼科、木犀科、百合科、葫芦科、莎草科、豆科、十字花科等植物。虽然众多的植物提取物对致病微生物都有抑制作用，但是同一种活性物质对不同病原体的抑制程度不同，同一病原体对不同的提取物敏感性亦存在差异。

2. 抗菌复方中草药

常用的抗菌复方中草药主要有三黄液、连翘甘草汤、松针散、麻黄甘草汤、银翘解毒方、感冒宁、闭瘟方、银翘散、桑菊饮、柴葛解肌汤、清营汤、黄连解毒汤等，对多种感染性疾病均有较好的疗效。

3. 中西联用

中药的直接抑菌作用弱于抗生素，因此将中药与抗生素连用以取得更好的治疗效果。毛理纳等（2006）观察黄连、大黄合用头孢他啶的体内外抗菌作用，发现大黄合用头孢他啶组、黄连合用头孢他啶组、单用头孢他啶组和单用黄连组的受感染小鼠死亡率分别为0、20%、50%、65%。说明黄连或大黄合用头孢他啶可增强大肠埃希菌的抗感染作用。熊南燕等（2007）报道鱼腥草注射液体内外无抗菌活性，却对兔体内的硫酸庆大霉素注射液抗菌活性有明显的增强作用。但是，某些中药注射剂与抗生素配伍静脉滴注可导致药液pH值的改变、浑浊、沉淀、微粒显著增加，药效降低。因此需注意配伍禁忌问题。

4. 植物抗菌剂的主要有效成分

植物是生物活性化合物的天然宝库，其产生的次生代谢产物超过40万种，随着我国天然药物研究的不断深入，越来越多抗菌活性成分被发现。现有的研究结果表明，植物中抗菌有效成分主要包括萜类化合物及其衍生物、生物碱类、甾体、氨基酸、多糖抗菌肽、木脂素、皂苷、新型结构等。李曼玲（1986）报道延胡索酸、琥珀酸、没食子酸、马兜铃酸、白花丹酸、松萝酸等有机酸类为一些药如金银花、诃子、薯草、九里明、肿节风（九节风）等有效成分。另很多学者对其他类型的成分进行过系统研究，但若要系统的研究抗菌中药的机理尚需从药剂及化学结构等方面研究，设法提高血药浓度。

（二）动物源抗菌剂

动物源抗菌剂有氨基酸类、天然肽类、高分子糖类等，资源十分丰富。陈月开等（2001）研究了氨基酸的抗菌活性，发现半胱氨酸对金黄色葡萄球菌具有较强的抑制作用。半胱氨酸有极强的抗氧化作用，因而推断其抑菌作用与抗氧化性有关。天然肽类抗菌剂，目前已成为抗菌剂的研究热点。很早以前人们就知道人奶和牛奶中含有抗菌性物质，如溶菌酶、乳过氧化物酶等。溶菌酶对人体安全无副作用，其作用机制是破坏细菌细胞壁肽聚糖中的β-1,4糖苷键。Yu等（2002）认为来自3种鳞翅目昆虫（*Galleria mellonella*、*Bombyx mori*、*Agrius convolvidi*）幼虫血淋巴的溶菌酶对革兰氏阳性菌具有很强的抗性，对革兰氏阴性菌也有抑制活性。此外，酰胺酶能切断细菌细胞壁肽聚糖中NAM与肽"尾"之间的N-乙酰胞壁酸-L-丙氨酸键；内肽酶能使肽尾及肽"桥"内的肽键断裂；葡聚糖和甘露聚糖酶可分解酵母细胞的细胞壁；壳多糖酶可分解霉菌细胞壁。最常用的天然抗菌剂是壳聚糖，为一种带正电荷的活性物质。壳聚糖抗菌剂具有良好的生物相容性和广谱抗菌性，无毒，对人体免疫抗原小，且具消炎、止痛及促进伤口愈合等功效。壳聚糖相对分子质量越小，脱乙酰度越大，溶解度越大。壳聚糖具有较强的抗菌活性，其对大肠杆菌、枯草杆菌和金黄色葡萄球菌的MIC值达到（250~500）× 10^{-5}。此外，壳聚糖对植物病原菌有抑制作用，如1%壳聚糖对尖镰菌（*Fusarium Solani*）和腐皮镰菌（*Fusarium oxysporum* f.sp. *cepae*）有完全抑制的作用。但是，壳聚糖的抗菌性能受浓度、酸度、相对分子质量、脱乙酰化度的影响，这使其应用范围受到很大限制。天然有机抗菌剂的安全使用性高，对人体无毒、无刺激，但天然有机抗菌剂的耐热性差且药效持续时间短，因此使其应用受到限制。

（三）微生物源抗菌剂

微生物源抗菌剂主要是抗菌微生物来源的物质，其包括某些微生物自身和一些微生物的拮抗性代谢产物。由于不同微生物物质的抗菌谱及抗菌效力不同，导致微生物物质在临床治疗上受到限制。目前，真正广泛用于临床的抗菌微生物制剂主要是天然抗生素。但是，随着耐药性等问题的日益严峻，人类还需发展其他抗感染药物。

1. 抗菌微生物的种类

（1）噬菌体。感染细菌、真菌、放线菌、螺旋体等微生物的病毒。对宿主菌具有高度的专一性，根据其侵染宿主菌后的状态和结果，分毒性噬菌体和前噬菌体两种类型。

（2）益生菌。一类通过改善宿主微生物菌群的平衡而发挥作用的活性微生物。益生菌具有改善菌群结构、抑制病原菌、消除致癌因子、提高机体免疫力、降低胆固醇等重要的生理功效。

2. 微生物拮抗性代谢产物的种类

（1）抗生素。某些微生物代谢过程中产生的一类能抑制或杀死某些其他微生物或肿瘤细胞的物质。天然抗生素大多由放线菌和真菌产生，细菌类有多黏菌素、杆菌肽等。由于抗生素种类繁多、应用广泛，目前使用的多为人工合成和半合成的抗生素。

（2）细菌素。由细菌产生只作用于与产生菌同种或亲缘关系很近的其他菌株的抗菌蛋白质。是一类具有抑菌活性的多肽或多肽与糖和脂的复合物，具有高效、无毒、耐高温、无残留、无抗药性等优点。

（四）抗菌药物的作用机制

1. 植物源抗菌剂抗菌作用机制

植物源抗菌剂可能有多种抗菌机制，这些作用机制主要包括破坏或降解细胞壁、破坏细胞质膜、破坏细胞膜蛋白质结构、使细胞内容物泄漏、使细胞质凝聚、减弱质子运动力。但这几种作用机制并非都是独立的，可能会相互影响，一种机制的反应可能会受另一种反应物或生成物的影响。陈月明等（2010）对止痢草中的主要成分香芹酚和百里香酚的作用机制研究表明，膜穿孔和膜黏合被认为是首要的作用模式。香芹酚和百里香酚的一个重要特点是其具有疏水性，可让细胞膜和线粒体上的磷脂结构分开，破坏细胞结构，增强细胞膜通透性，从而导致细胞内生命物质外泄，损害细菌酶系统，最终导致微生物死亡。此外，香芹酚和百里香酚为天然的酚类物质，能导致细菌细胞壁蛋白的变性，从而改变细菌细胞壁原有的结构和特性，导致细菌死亡。中药复方制剂的抗菌作用不仅是方剂本身有效成分对细菌直接抑制，而且还表现在方剂各单味药多种成分相互作用的综合效应，故对方剂抗菌机制的研究还应包括方剂对细菌所产生的间接作用，最主要的是提高自身免疫功能，通过单核细胞的吞噬、细胞的杀伤以及其他免疫细胞、免疫因子的作用，达到抗菌目的。

2. 动物源抗菌剂抗菌作用机制

大量研究中，以下两种机制是被人们广泛接受的，一是壳聚糖分子中的氨基阳离子带正电，能吸附在细胞表面，一方面可形成一层高分子膜，阻止营养物质向细胞内运输；另一方面使细胞壁和细胞膜上的负电荷分布不均，破坏细胞壁的合成与溶解平衡，溶解细胞壁，从而起到抑菌杀菌作用。二是通过渗透进入细胞内，吸附细胞体内带有阴离子的物质，扰乱细胞正常生理活动，从而杀灭细菌。对革兰氏阳性细菌与革兰氏阴性细菌，壳聚糖的作用机理不同。对革兰氏阳性细菌，壳聚糖主要作用于其细胞表面起作用；革兰氏阴性细菌，小分子的壳聚糖可以进入其细胞内而起作用。研究结果表明，随着脱乙酰度和浓度的提高，壳聚糖的抗菌活性增强。研究认为随着壳聚糖相对分子质量的降低，对大肠杆菌抑制性增强，而对金黄色葡萄球菌的抑制性减弱。

3. 微生物源抗菌剂抗菌作用机制

（1）分泌抗菌素。分泌抗菌素是传统抗生素类抗菌药物作用的机制，一是抑制细菌细胞壁的合成；二是改变胞浆膜的通透性；三是抑制蛋白质的合成；四是影响核酸和叶酸代谢。

（2）竞争营养和生存空间。通过占有生存空间、消耗氧气等方式削弱以至消除同一生存环境中的某些病原物。

（3）诱导寄主产生抗病性。微生物可以诱导寄主产生防御反应或对病原菌直接寄生而抑制病原菌。

（4）对病原菌直接作用。Wilson等发现木霉和酵母能寄生在病原菌上，并分泌一种能破坏真菌细胞壁的酶。

作为一种理想的抗菌剂，应该具有即效、广谱、长效、稳定及安全的抗菌效果。然而，现有的抗菌剂都没有达到理想的要求。现有的各类抗菌剂，都具有特有的抗菌机理，只有在抗菌机理上做出全面、深层次的研究，综合各类抗菌剂的特点，才能进一步改善抗菌剂的有效性。

二、工业大麻的抗菌活性与抗菌机制

（一）大麻素的抗菌活性与生物活性

1. 大麻素的抗菌活性

大麻制剂自古以来就被用作药物。研究表明，它们对细菌和真菌具有抗菌活性，并被发现能有效地对抗人类的一系列传染病，是一种有效的抗生素。许多真菌可以代谢大麻素，这可能反映了为什么大麻素似乎只对少数真菌病原体有效，如仙人掌。它们独特的药理潜力与商业相关。越来越多的国家正在放宽对植物大麻素的立法。因此，围绕合法大麻衍生产品的全球产业正在迅速增长，预计到2027年市场规模将达到570亿美元。

大麻素类大麻提取物对革兰氏阳性菌枯草芽孢杆菌和金黄色葡萄球菌具有抗菌作用，对革兰氏阴性菌大肠杆菌和铜绿假单胞菌具有抗菌作用，但对致病性白念珠菌和黑曲霉没有活性。单独测试时，主要大麻素类化合物CBG、CBD、CBC、Δ^9-THC和CBN对耐甲氧西林金黄色葡萄球菌具有抗菌活性。

Δ^9-THC和CBD对$1 \sim 5\mu g/mL$范围内的革兰氏阳性葡萄球菌和链球菌具有杀菌作用，但对革兰氏阴性菌没有杀菌作用。除Δ^9-THC和CBD外的复合大麻提取物成分，如一些萜类化合物，对革兰氏阴性菌具有杀菌作用。奇丝地花菌的DCA和灰叶酸（GFA）对革兰氏阳性菌也有抗菌作用。这种活性归因于DCA和GFA中存在一个异戊二烯基，因为间苯二酚核心本身没有抗菌活性。有趣的是，异戊二烯基部分与生物活性单萜结构相似。

2. 大麻素的生物活性

（1）中性大麻素。在人类中，大麻素类化合物由于与G蛋白偶联大麻素受体（GPCRs）CB1和CB2、瞬时受体电位（TRP）离子通道和过氧化物酶体增殖物激活受体γ（PPARγ）相互作用而显示出多种生物活性。CB1是中枢神经系统中含量最丰富的GPCR。CB2主要位于免疫系统的细胞和组织中。一些归因于不同的大麻素的医疗特性需要经过彻底的科学研究验证。Δ^9-THC对人体具有多效性作用，包括镇痛反应、放松、烦躁、耐受和依赖性。这反映了Δ^9-THC对CB1激活β-arrestin 2信号传导的激动作用。Δ^9-THC是大麻的主要精神活性成分。屈大麻酚（Marinol®）在芝麻油中含有Δ^9-THC，作为癌症化疗患者的有效止吐药和获得性免疫缺陷综合征（AIDS）患者的食欲兴奋剂销售。慢性给药剂量对体重和食欲有积极影响。Δ^9-THC也用于改善睡眠。Δ^8-THC是Δ^9-THC的一种异构体，在大麻受体上表现出相似的活性。Δ^9-THC可以降低人类的眼压，因此显示出抗青光眼活性。在人类中，

CBD通过对CB1和CB2的高效拮抗作用以及作为μ-阿片受体的变构调节剂，对中枢神经系统和外周区域发挥药理作用。

CBD在10~700mg的剂量下对人体没有毒性作用，并以高度纯化的形式作为Epidiolex®用于与CDKL5缺乏症和若干综合征相关的难治性癫痫患者。CBD还被赋予抗惊厥、抗焦虑、抗精神病药、抗抑郁和抗风湿性关节炎的特性。CBD不具有精神活性，在药物治疗中以推荐的水平给药时具有低至无副作用。给药CBD可减少Δ^9-THC诱发的精神病症状，并减少Δ^9-THC对海马依赖性记忆的负面影响。CBG是一种附加的非精神活性植物大麻素，对CB1和CB2的亲和力较低（比Δ^9-THC低约500倍），但对TRP（Transient receptor potential）超家族，即"瞬间感受器电位"超家族的几个配体门控阳离子通道具有显著的活性。它作为TRPV1（TRP型香草酸1）和TRPA1（TRP型安非林1）的激动剂，并作为TRPM8（TRP型美司他丁8）的强效抑制剂。CBC是非精神药物，不与CB1和CB2相互作用，抑制内大麻素失活并激活TRPA1，从而在试验模型系统中对肠道炎症产生保护作用。在脂多糖诱导的足水肿模型中，CBC导致剂量依赖性抗炎活性。截至2022年，还没有关于CBC的人体研究。

Δ^9-THCV是一种非精神活性CB1中性拮抗剂，有可能对抗肥胖相关的葡萄糖不耐受。Δ^9-THCV和CBD都被认为是治疗肥胖和代谢综合征相关肝脂肪变性的可能的治疗药物。在一项双盲安慰剂对照研究中，Δ^9-THCV显著降低空腹血糖、改善胰腺β细胞功能、脂联素和载脂蛋白A，而血浆高密度脂蛋白未受影响。

（2）大麻素酸。紫花苜蓿产生的大麻素酸包括Δ^9-THCA、CBDA、CBGA和CBCA。这些化合物不显示任何类似大麻的（即精神药物）作用。由于自发脱羧作用，大多数Δ^9-THCA样品含有少量的Δ^9-THC。这种不稳定性阻碍了临床应用。经化学合成，Δ^9-THCA可分为两种亚型，分别命名为Δ^9-THCA-A和Δ^9-THCA-B。紫花苜蓿的生物合成具有区域特异性，只会形成Δ^9-THCA-A。Δ^9-THCA与PPARγ结合的亲和力高于Δ^9-THC，在CB1和CB2表现出较低的亲和力。未加热的紫花苜蓿乙醇提取物的Δ^9-THCA富集部分在用脂多糖刺激后，以剂量依赖的方式抑制U937巨噬细胞和外周血巨噬细胞培养上清中的肿瘤坏死因子α水平。Δ^9-THCA和Δ^9-THC对磷脂酰胆碱特异性磷脂酶C活性也有明显影响，但途径不同。在角叉菜胶诱导的急性炎症小鼠中，CBDA产生剂量依赖性的抗痛觉过敏和抗炎作用。此外，角叉菜胶前60min灌胃给予CBDA或Δ^9-THC可产生抗痛觉过敏作用。CBDA和CBD通过非神经介导的途径（即独立于CB1或CB2结合）诱导豚鼠离体肠段静息组织张力的降低。

（3）双苄基大麻素。半夏草属和一些苔类植物的CBG（双苄基CBG）的双苄基（芳基）类似物含有苯乙基侧链而不是戊基侧链。与CBG相比，双苄基CBG对代谢型CB1和CB2受体的亲和力降低，但对离子型受体TRPV 1-4和TRPA1保持亲和力，对TRPM 8的亲和力增强。这些化合物属于紫穗槐和甘草中分离的紫穗槐素类化合物。紫穗槐素是PPARγ的天然激活剂，具有强大的抗炎作用。

（4）杜鹃花大麻素。来自杜鹃花属植物的预酸化类睾丸激素及其衍生物显示出各种生物活性，尤其是在免疫系统中。这些植物大麻素大多共享一个色烷/色烯支架，分为CBC型或CBL型。它们与抗癌、抗菌、抗炎、抗血栓和抗精神病药物活性有关，对人体的毒性很低。通过对急性感染的H9细胞的监测，达乌尔红霉素酸（DCA）和罗丹奴酸A和B发挥了最有效的抗HIV活性。DCA的半数有效浓度（EC_{50}）为15nM，低于阳性对照药物叠氮胸苷的EC_{50}值（44nM）。花环果酸（CBL型）、花色素酸（CBL型）和大麻酚酸（CBC型）抑制组胺释放，因而具有抗过敏作用。在大多数药理学研究中，对Δ^9-THC和CBD的可能作用和协同作用的关注，导致了临床试验中次要大麻素的代表性不足。由于该植物中大麻素的含量较低，其可能的药理作用不明显，并且为初步试验获取这些物质既困难又昂贵。大麻素的其他植物来源不会在高水平上积累大麻素，通常是濒危物种。这支持了基于生物技术的稀有大麻素生产需求，以了解其对植物大麻素类药物的可能贡献。

（二）大麻纤维的抗菌机制

用乙醚提取液对高温蒸煮前后的大麻纤维进行颜色测试，结果表明大麻原样和处理样都有紫色反应的颜色变化。这说明大麻原样和处理样中都含有四氢大麻酚，在化学试剂的作用下，经过高温蒸煮等工艺处理四氢大麻酚仍存在于大麻纤维中。一种抗菌剂对微生物的作用不是单一的，可能同时存在几个方面作用，也可能作用于一点而产生多方面的影响。大麻纤维同时具有灭杀霉菌类微生物的两个条件，一是大麻纤维中含有大麻酚类抗菌物质可灭杀霉菌类微生物；二是大麻纤维富含氧气可破坏厌氧霉菌生存环境。

1. 大麻酚类物质灭杀霉菌微生物

大麻韧皮约含57%的纤维素、17%的半纤维素、7%的木质素、6%的果胶、2%的脂蜡质等。在这些物质中都含有大麻酚（分子式为$C_{21}H_{26}O_2$），它是人们常说的大麻毒品的有效成分。在已分离出的60余种大麻毒品成分中，最主要且含量较高的是大麻二酚（Cannabidiol，CBD）、次四氢大麻酚（Tetrahydrocannabinol，THC）、次大麻二酚（Cannabidivarin，CBDV）、次四氢大麻酚（Tetrahydrocannabivarin，THCV）、大麻萜酚（Cannabigerol，CBG）、大麻环萜酚（Cannabichromene，CBC）和次大麻萜酚（Cannabigerovarin，CBGV）。大麻酚及其衍生物属于酚类、酮类、醌类等物质。从其分子结构看，非直线、非平面，而是空间立体。在一定的条件下，异构体之间可相互转换。

大麻酚类物质水溶性差，在烧碱存在下，可以转变成钠盐而溶解或部分溶解于水。在大麻脱胶或去除果胶、木质素、脂蜡质等的过程中，相当部分的大麻酚类物质会随之去掉，但仍有微量化学结构稳定的大麻酚类物质即使经染整加工，也会嵌入在纤维素基质中，与大麻纤维素和木质素牢固地结合，甚至在异构体相互转换过程中与纤维素和木质素大分子发生共价键反应。这部分大麻酚类物质是一种非溶出性的、天然的抗菌物质，正是这部分大麻酚类物质在大麻纤维的抗菌中起到了关键作用，这也是大麻粘胶纤维仍有抗菌性的主要原因。大麻酚能破坏霉菌类微生物实体的形成、细胞的透性、有丝分裂、菌丝的生长、孢子萌发，阻碍呼吸作用及细胞膨胀，促进细胞原生质体的解体和细胞壁损坏等。实质上是通过阻碍霉菌代谢作用和生理活动，破坏菌体的结构，最终导致微生物的生长繁殖被抑制，使菌体死亡。而且极其微量大麻酚类物质的存在就足以灭杀霉菌类微生物。

2. 大麻纤维富含氧气灭杀厌氧霉菌

不同于其他纤维中的木质素结构，大麻韧皮中木质素结构是一种网状结构，沿径向形成"纤维束"群体，其横截面是不规则的三角形、多边形和扁圆形等，表面粗糙，有许多裂纹和孔洞，纤维有中腔，中腔体积常占纤维细胞总体积的1/3～1/2，大麻纤维比表面积大，孔洞大，多缝隙，孔隙率高，且与纤维表面纵向分布着许多缝隙和孔洞相连，"纤维束"内部和"纤维束"群体之间也同样分布着许多缝隙和孔洞。大麻纤维特殊的结构使其富含氧气，具有卓越的吸湿性和透气性。这就使在潮湿情况下，生存繁殖的霉菌类代谢作用和生理活动受到抑制，难以生存，有效地抑制微生物的氧化磷酸化，影响有丝分裂，阻碍微生物呼吸。

3. 小结

（1）大麻原麻和蒸煮后的大麻纤维对金黄色葡萄球菌、大肠杆菌、绿脓杆菌和白色念珠菌有较明显的抑制和杀灭作用，对厌氧菌和需氧菌都有抑制和灭杀作用，具有优异的抗菌特性。

（2）大麻纤维中含有的大麻酚、大麻二酚、四氢大麻酚、大麻酚酸、大麻萜酚及其衍生物是一类有效的天然抗菌物质，微量的大麻酚类物质的存在足以灭杀霉菌类微生物。

（3）大麻韧皮中木质素是一种网状结构，纤维表面粗糙，有许多裂纹和孔洞，内部比表面积大，孔洞和缝隙多，纤维内外纵横分布着的许多缝隙和孔洞相连，富含氧气使厌氧菌无法生存。

（4）大麻粘胶纤维有抗菌性是因为大麻酚类及其衍生物残留在粘胶纤维的木质素中或与纤维结合所致。

第三节　工业大麻中微生物的作用

一、植物内生菌

（一）植物内生菌的概念

Carroll（1988）将植物内生菌定义为生活在植物的地上部分、活的组织内并不引起植物明显病害症状的菌，突出强调内生菌与植物的互共生关系。Petrini（1992）将内生菌定义为，包括那些在其生活史中的某一段时期生活在植物组织内，对植物组织没有引起明显病害症状的菌，该定义还包括了那些在其生活史中的某一阶段营表面生的腐生菌，对宿主暂时没有伤害的潜伏性病原菌和菌根菌。在目前的内生菌研究中，学者普遍接受提出的内生菌的概念。内生菌可通过诸如组织学方法从经过严格表面消毒的植物组织中分离或从植物组织内直接扩增出微生物DNA的方法来证明其内生性。内生菌（Endophyte）并非分类学单位，而是一个生态学概念，是植物微生态系统的天然组成部分，其与宿主植物在长期的协同进化过程中形成了一种稳定的互利共生关系。

（二）植物内生菌的多样性

据估计，自然界中真菌大约有150万种，而其中大部分以内生真菌的形式存在。内生真菌的数量不仅巨大而且分布广泛，地球上现存的所有植物都是一种或多种内生真菌的宿主。内生真菌分布于植物体的根、茎、叶、花、果和种子等器官组织的细胞或细胞间隙中。其中，叶鞘和种子中菌丝含量最多，叶片和根中含量极微。另外，宿主植物的多样性也使不同宿主植物所含内生菌的种类、数量及微生态分布类型有所差异，同一宿主植物其不同部位、生理时期和生长阶段，内生菌种类也不同。试验时取样的数量及样本生存环境不同，分离所得到的内生菌的数量也会有很大差异。大量研究表明，植物内生菌的种类、分布、定植都因植物种类不同而异。目前，对单子叶植物中的禾本科植物的内生菌研究较多，双子叶植物的内生菌研究主要集中于菊科、桑科、葫芦科、梧桐科、十字花科、芭蕉科、珙桐科、卫矛科、瑞香科、夹竹桃科等植物。部分裸子植物的内生真菌可以产生抗肿瘤和抗菌的活性物质，目前已有人对松科、红豆杉科、三尖杉科、罗汉松科等植物进行了内生菌的研究。藻类、苔藓和蕨类植物中也发现了内生真菌和/或内生细菌。对同一种植物来说，从中分离到的内生真菌通常为数10种，有的甚至上百种，从不同植物体内分离到内生真菌种类的数量也不相同，有的仅分离出10几种，有的则多达近百种。植物内生真菌主要是由子囊菌及其无性型组成，也包括少数担子菌和接合菌。

（三）植物内生菌的生物学作用

在长期的协同进化过程中，大部分植物内生菌都与植物形成了互惠互利的关系，在从宿主那里获得稳定的生活环境的同时，可增强或赋予宿主抗病、抗干旱、固氮等能力，或通过其代谢产物，或借助于信号传导作用促进植物的生长；有些内生菌还被发现能够产生与宿主相同或相似的活性物质，从而使生存能力更强。另外，内生真菌能够通过分泌他感物质抑制其他植物的生长从而提高宿主植物在群落中的竞争能力。因此，对植物内生菌的研究从20世纪90年代起已逐渐成为微生物学家们关注的热点。

1. 内生真菌促进宿主植物的生长发育

内生真菌在植物组织中进行生长繁殖，内生真菌可合成一些植物生长所需的生长调节物质，如IAA、细胞激动素等植物生长激素；另外，内生真菌可以增强宿主植物对氮、磷和钾等营养元素的吸收，促进宿主植物的生长发育或与病原菌竞争营养和空间，或产生拮抗物质间接地促进植物生长。内生真菌对宿主植物的促进作用表现在种子发芽、幼苗存活、分蘖生长、花序、生物量等很多方面。Clay（1999）发现，内生真菌感染的黑麦草和高羊茅种子，其发芽率均比相应未感染种子高10%左右，且感染和未感染的高羊茅种子中，饱满种子所占比率分别为44%和19%；其后，Clay又对美国路易斯安那州中部的高羊茅草场进行了3年的观察，结果表明感染植株的存活率比未感染植株高，且产生的分蘖、花序和生物量分别比未感染植株高50%、40%和70%。

2. 内生真菌促进宿主植物的抗逆性

内生真菌赋予植物优良生长性状的特点与菌根真菌类似，内生真菌能增强宿主植物抗逆性的特性是引起研究者重视并使之成为新的研究热点的重要原因之一。内生真菌对植物抗逆性的增益作用主要表现在两个方面：第一，非生物胁迫方面。如抗高温、抗旱。研究证明，正常条件下，黑麦草感染内生真菌后，体内保护酶系统如过氧化物酶、超氧化物酶的活性明显高于未感染内生真菌的植株，并认为内生真菌很可能增强了植物的超氧化物酶活性调节能力，从而对植物的抗旱性产生有益影响；另外，有些真菌能分泌糖类物质，或在植物表面形成菌膜，协同抗旱。第二，生物胁迫方面。如阻抑昆虫和食草动物的采食、抵抗病虫害。受内生真菌感染的植物可产生多种生物碱，这些生物碱会导致植物害虫虫体重量下降、幼虫的生长和发育速度变慢、发育历期延长、繁殖能力下降、死亡率上升、吸引害虫天敌和对害虫的驱避作用，提高植物的抗虫能力，是植物病虫害生物防治又一新思路。总体来看，关于内生菌提高宿主植物抗逆性作用机制的研究报道较少。主要原因可能是内生菌与宿主植物的相互关系复杂；另外，内生菌长期生活在宿主植物体内，研究者要建立与内生菌生活相同或相似的环境模型十分困难，直接在植物活体上研究内生菌的作用机理也无法开展。因此，目前关于内生菌增强宿主植物抗逆性作用机制的研究结论多为推论性的或者是间接的。

3. 植物内生菌与生物防治

使用化学杀菌剂是控制农作物病害的有效方法之一，但化学杀菌剂污染环境，诱导病菌抗性增强，破坏生态平衡，它的残毒问题令人担忧。因此，植物病害的生物防治研究越来越受到重视。研究发现植物体内存在大量有益的内生真菌，一些内生真菌可以产生与宿主植物相同或相似的代谢产物；有些内生真菌被证实是一些新型天然产物的潜在来源，这些天然产物在医学、农业和工业方面具有重要价值。内生菌的防治机制主要包括以下几点。

（1）产生抗生素类。

（2）产生水解酶。水解酶与植物抗真菌能力有关，有些水解酶可降解真菌的细胞壁或其他致病因子，如毒素。

（3）产生植物生长调节剂。内生菌可产生植物生长激素类物质，如吲哚、吲哚乙腈。

（4）与病原菌竞争营养物质。内生菌可与病原菌竞争营养。

（5）促进宿主植物生长或增强抵抗力。感染内生菌的植物一般比未感染内生菌的植株生长快速。

（6）诱导植物产生抗性。内生菌可诱导植物产生一种抗性，其不同于传统的系统获得性抗性（Systemic acquired resistance，SAR），命名为诱导系统抗性（Induced systemic resistance，ISR）。ISR表型与病菌诱导的SAR相似，均能诱导植物产生对病菌的广谱抗性。但ISR中包含的抗性机制没有病程相关蛋白产生。目前，对ISR的抗性机制的了解不如SAR的抗性机制清楚，一般认为ISR的抗性与植保素水平的提高和酚类物质积累有关。

（7）产生生物碱。植物内生真菌能够产生多种生物碱，大多数生物碱对食草动物和昆虫具有毒性，一些对植物病害具有防治作用。国内外研究均表明，内生菌对防治植物病害具有潜在的应用和开发价值，但要在农作物生产中应用还存在一些问题，如防治效果不稳定。植物内生菌本身是一个生物活体，田间环境和植物体微生态环境中许多因子都会影响内生菌防病作用的发挥。

4. 植物内生菌的开发应用

内生真菌不仅可作为对环境无公害农药的新微生物来源，而且可产生一些重要的抗人类疾病的药物，具有很大的开发和利用价值。如从短叶红豆杉的韧皮部中分离出一株能产紫杉醇的内生真菌，它是内生真菌研究史上的重要发现，对植物内生真菌的研究产生了巨大的推动作用。紫杉醇是重要的抗肿瘤药物，产紫杉醇内生真菌的发现是解决紫杉醇药源危机新的途径，其也为药用植物资源的合理利用提供了参考。由此，人们认识到具有重要经济价值的植物内生真菌将成为筛选新的生物活性物质的重要来源。自20世纪90年代以来，许多学者从药用植物中分离出能够产生抗癌药物或抗肿瘤物质的内生真菌，例如从桃儿七中分离到产鬼臼毒素类似物的内生真菌，从三尖杉、南方红豆杉和香榧分离的内生真菌具有抗肿瘤活性。

内生真菌已成为国内外研究的热点。但目前，内生菌的真实特性，它们与宿主如何相互作用并影响宿主，仍然是一个充满吸引力和需要积极探索的领域。内生菌如何相互交流并且在宿主里面如何相互分离，如何在宿主间转移等仍然存在争议。总的来说，内生真菌有多方面的应用潜力，是开发潜力巨大的微生物新资源。

二、工业大麻内生菌

有效提高工业大麻的产量以及进一步提高工业大麻的纤维质量对大麻整体产业发展至关重要。内生真菌具有改善宿主植物对营养吸收及利用效率的潜力，利用大麻本身的内生真菌提高大麻产量和麻纤维品质是一条值得尝试的途径。纤维植物中可能存在一些稀有的内生真菌，是产生促进纤维生长的次生代谢产物的潜在来源。一些内生真菌的"侵入"对大麻植株表现出显著的促生作用，这表明，给大麻接种内生真菌，促进生长和提高抗逆性的方法是可以尝试的。然而种植环境的变化以及土壤微生物生态环境中的许多因素都会影响到内生真菌的作用发挥。因此，须深入了解内生真菌与大麻的作用机制，为今后大量推广真菌菌剂，提高大麻产量奠定基础。

第四节　大麻素的抗炎作用与分子机制

一、肠道菌群与内源性大麻系统

（一）内源性大麻素对肠道的作用

植物来源的大麻是治疗胃肠道疾病最古老的药物之一，其主要活性成分是Δ^9-四氢大麻酚（Δ^9-tetrahydrocannabinol，Δ^9-THC），Δ^9-THC主要通过激活大麻素受体（Cannabinoid receptor，CBR）发挥药理作用。CBR主要包括大麻素受体1（Cannabinoid receptor 1，CB1R）和大麻素受体2（Cannabinoid receptor 2，CB2R）。在发现CBR后不久，人们分离出两种内源性大麻素受体配体，即花生四烯酰乙醇胺（Arachidonoyl ethanolamine，AEA）和2-花生四烯酰甘油（2-arachidonoylglycerol，2-AG），两者都是花生四烯酸（Arachidonic acid，AA）的衍生物，均由膜结合脂质前体合成，称为内源性大麻素（Endocannabinoids，EC）。2-AG主要由甘油三酯通过膜相关的Ca^{2+}敏感性二酰基甘油脂肪酶-α（Diacylglycerol lipases-α，DAGL-α）和DAGL-β产生，并在单酯酰甘油脂肪酶（Monoacylglycerol lipase，MAGL）作用下水解为AA和甘油；而AEA是N-花生四烯酸磷脂酰乙醇胺经由磷脂酶D催化合成，可在脂肪酰胺水解酶（Fatty acid amide hydrolase，FAAH）作用下水解为AA和乙醇胺。EC与CBR，以及涉及EC的合成、运输和降解的酶一起构成了ECS。此外，其他的大麻素受体，如过氧化物酶体增殖物激活受体-α（Peroxisome proliferator-activated receptor-α，PPAR-α）、G蛋白偶联受体55（G-protein coupled receptor 55，GPR55）和香草酸瞬时受体亚型1（Transient receptor potential vanilloid 1，TRPV-1），是EC作用的额外参与者。EC在许多生理和病理生理过程中起重要作用，包括调节肠功能、摄食行为、疼痛、肠道炎症、免疫功能和神经保护。

（二）内源性大麻素抗炎作用与分子机制

以往研究证实，星形胶质细胞内谷氨酰胺合成酶（Glutamine synthetase，GS）参与慢性疼痛、神经退行性疾病等多种神经炎性疾病。内源性大麻素2-AG是一种具有神经保护作用和镇痛作用的抗炎介质。

星形胶质细胞参与神经炎症和慢性疼痛的形成和维持，调节其特异性酶GS可以抑制神经炎症和慢性疼痛的形成和维持。内源性大麻素具有抗炎症、神经保护和镇痛作用。通过原代培养星形胶质细胞，观察内源性大麻素2-AG抑制脂多糖（Lipopolysaccharide，LPS）诱导星形胶质细胞炎症，可以探究2-AG对LPS诱导GS表达量变化的抑制效应，以及2-AG对星形胶质细胞发挥抗炎症和神经保护作用的具体分子机制。

1. 星形胶质细胞中谷氨酰胺合成酶在神经系统中的作用

星形胶质细胞（Astrocyte）是神经系统内数量最多的一类细胞，约占所有神经细胞总数的50%，具有调节神经元突触信息传递和抗炎症等功能。传统观点认为在神经系统内，信息的整合与传递是由神经元及其构成的突触结构完成的，星形胶质细胞对神经元网络起到结构支持、营养提供和协助代谢的作用。随着近些年对胶质细胞的大量研究，星形胶质细胞被证实具有保持神经细胞内外离子浓度平衡，调节其周围突触结构中信息传递和保护神经元细胞减少炎性损伤等作用。已有研究证实星形胶质细胞膜上有电压门控通道和神经递质受体，能接受来源于神经元的信息，并通过自身形态结构、代谢水平和功能水平的改变影响神经元突触结构中信息的整合与传递。此外，在中枢神经系统，星形胶质细胞为一种免疫细胞，可以分泌多种细胞因子，如IL1、TNFα、CCL7和MMP2，参与免疫炎症反应。在中枢神经系统发生缺血缺氧、损伤、感染、神经退行性疾病或者神经病理性疼痛引起的中枢敏化等病理条件下，星形胶质细胞可以产生增值活化反应，细胞数目变多，胞体变大以及细胞内胶质纤维酸性蛋白（Glial fibrillary acidic protein，GFAP）表达量增多。这种活化的星形胶质细胞被称为"反应性星形胶质细胞"。GS位于星形胶质细胞胞质内，是星形胶质细胞通过谷氨酸—谷氨酰胺循环（Glutamate-glutamine shuttle）调控神经组织内，尤其是突出间隙谷氨酸浓度的关键性酶，在星形胶质细胞活化的过程中发挥着重要作用。谷氨酸是一种重要的兴奋性神经递质，疼痛感觉的传导依赖于突出间隙内一定浓度的谷氨酸。突出间隙内过高浓度的谷氨酸持续刺激神经元膜上的谷氨酸受体引起钠离子和钙离子通道失调，导致神经元死亡，这一特性被称为谷氨酸的兴奋性神经毒性。当神经组织内发生谷氨酸积聚时，星形胶质细胞可以通过细胞表面的谷氨酸转运体-1（Glutamate transporter-1，GLT-1）和谷氨酸—天冬氨酸转运体（Glutamate-aspartate transporter，GLAST）摄取细胞外过量的谷氨酸进入细胞内与氨结合，经GS催化形成无神经毒性的谷氨酰胺，再释放到细胞外由神经元经A转运系统摄取。在神经元内，谷氨酰胺经谷氨酰胺酶催化分解神经元所需的谷氨酸并储存在囊泡内以备正常功能所需，当突触结构传递神经信号时，突触前神经元将含有谷氨酸的囊泡以胞吐的方式释放到突触间隙，这一过程被称为谷氨酸—谷氨酰胺循环。当神经系统发生病变时，谷氨酸—谷氨酰胺循环的固有平衡被打破，为保护神经元免受损伤，以星形胶质细胞为主的神经胶质细胞发生活化，星形胶质细胞膜上的谷氨酸转运体和胞内GS在量上和功能上发生改变。其中，星形胶质细胞内GS表达量的改变为本研究的主要研究对象，GS表达量调控机制的研究便为本研究的研究目的。

在神经系统内，GS调节神经组织内谷氨酸—谷氨酰胺循环的平衡，是神经系统内神经递质代谢平衡的关键酶，也是调节神经系统能量代谢水平的关键酶。在谷氨酸—谷氨酰胺循环中，谷氨酸可以由谷氨酰胺分解而成，也可以由星形胶质细胞或者神经元内的三羧酸循环（Tricarboxylic acid cycle，TCA）提供。在神经元或者星形胶质细胞中，葡萄糖经三羧酸循环系列反应生成中间产物谷氨酸，在神经元内经三羧酸循环来源的谷氨酸直接进入谷氨酸神经递质池，作为备用神经体以囊泡的形式储存在突出前神经元，维持或者增强神经元之间突触结构的神经信号传递功能。在星形胶质细胞内，经三羧酸循环来源的谷氨酸经谷氨酸—谷氨酰胺循环转移到神经元内，也作为备用神经递质储存在神经元。当星形胶质细胞内GS表达量降低或者酶活性下降，经三羧酸循环来源的谷氨酸在星形胶质细胞内积聚，星形胶质细胞三羧酸循环过程被抑制，细胞代谢水平降低。因此，在星形胶质细胞，GS既是调控神经系统递质平衡的关键酶，也是调节细胞代谢水平的关键酶。除了调节递质代谢和能量代谢，GS也是调节神经系统生长发育关键酶，也是调节神经系统内免疫反应的重要因素。Caldani等（1982）研究发现小鼠嗅球内GS酶活性较大脑其他部位高1倍，出生后，延髓内和嗅球内GS酶活性增强速度快于脑皮质和小脑皮质，因此，研究者认为GS酶活性与脑区发达程度呈正相关，是促进神经组织功能发育的重要因素。Souza等（2016）研究发现随着年龄增长，大鼠大脑皮质内GS酶活性下降。这一结果说明GS酶活性减低可能与年龄相关性神经退行性疾病相关。Zou等（2011）利用小干扰RNA抑制星形胶质细胞内GS的合成，结果显示GS表达量下调可以促进星形胶质细胞的迁移。该现象说明GS与星形胶质细胞的分化相关，与当神经系统损伤时，损伤区域星形胶质细胞内GS表达量下降，细胞脱分化并发生增值和迁移，形成纤维瘢痕。Vos等（2012）研究发现GS是调节星形胶质细胞自噬和凋亡的重要因子，GS表达量的上升可以促进细胞的自噬而GS表达量的下降则促进细胞发生凋亡。以上证据说明GS是神经组织生长发育的重要调节因素，是星形胶质细胞分化成熟的标志物，也是调节免疫反应的重要因素，异常的GS表达量会影响神经组织的功能发育，甚至发生相应的疾病。GS表达量上调与慢性疼痛密切相关。神经炎性（Neuroinflammation）和中枢敏化（Central sensitization）是慢性疼痛形成的重要机制，两者的主要特征是胶质细胞的活化，主要是星形胶质细胞的活化。当外周神经损伤或者发生炎症时，相应中枢的谷氨酸能神经过度兴奋，这种现象被称为中枢敏化。例如在三叉神经损伤模型中，三叉神经运动核内$GS^+/GFAP^+$细胞数目明显增多。同样，在神经病理痛模型中，腰段脊髓背角内$GS^+/GFAP^+$细胞数目也明显增多。GS的特异性抑制剂氨基亚砜蛋氨酸（Methionine sulfoximine，MSO），可以减少$GS^+/GFAP^+$细胞数目，并且升高疼痛模型动物的痛阈值。这些结果说明GS表达量升高参与慢性疼痛形成，抑制GS可以产生镇痛作用。

2. 内源性大麻素2-AG在神经炎性疾病的作用

作为神经兴奋性剂，大麻具有广泛的药用价值，人类服用大麻的历史可以追溯到5 000年前。大麻主要精神活性成分Δ^9-四氢大麻酚具有改变人的感知，使人产生欣快感和幻觉，增强食欲的作用，并且具有减少自发性活动和镇痛等作用。由于具有成瘾性等副作用，大麻的使用受到限制。20世纪90年代，内源性大麻素在哺乳动物体内被发现。内源性大麻素是哺乳动物体内产生的一种内源性脂类介质，现已发现的内源性大麻素有花生四烯酰乙醇胺和2-花生四烯酸甘油两种。在脑组织内，2-AG的浓度是AEA的170倍，因此，较AEA，2-AG被更为广泛的研究。2-AG是一种含有花生四烯酸的单甘脂，在多种哺乳动物的神经组织和细胞中可以被检测到，例如大鼠大脑、垂体前叶、下丘脑、坐骨神经、腰段脊髓、腰段背根神经节和人类垂体等。除了神经组织，大鼠的心脏、肝脏、脾脏、肾脏等脏器组织也可以检测到微量的2-AG。2-AG的合成和分解是一个快速短暂的过程，神经元和星形胶质细胞不能储存2-AG。在神经系统内，2-AG由含有花生四烯酸的膜磷脂经一系列酶催化合成，包括磷脂酰肌醇（Phosphatidylinositol，PI）经磷脂酶C（Phospholipase C）催化分解为甘油二酯（Diacylglycerol，DAG），甘油二酯经二酰基甘油脂肪酶（Diacylglycerol lipase，DAGL）催化分解为2-AG，或者磷脂酰肌醇先经磷脂酶A1催化分解为溶血磷脂酰肌醇（Lysophosphatidylinositol，Lyso PI），再经磷脂酶C催化分解为2-AG。2-AG的降解过程多由单酰甘油脂肪酶（Monoacylglycerol lipase，MAGL）完成的。

神经表面有CB1和CB2两种大麻素受体，可以被2-AG激活。CB1和CB2均为7次跨膜的G蛋白偶联受体（G protein-coupled receptor，GPCR），CB1主要分布在黑质体、苍白球、小脑皮质分子层、海马区、大脑皮层等中枢神经系统，参与认知、记忆和运动的调节。CB2主要分布在免疫系统，如脾脏、扁桃体及淋巴结等，也有文献表明CB2在脑干组织也有分布。当发生病变时，中枢神经会表达一定量的CB2。通过与CB1和CB2发生偶联，2-AG可以激活细胞内Ca^{2+}快速流动通道、内向整流K^+通道、ERK1/2信号通路、p38信号通路、JNK信号通路等信号传递系统，调节细胞的功能。

已有大量文献证实2-AG具有抗炎症、神经保护和镇痛作用。创伤性脑损伤引发有害介质的积累，可能导致继发性损伤。在闭合性颅脑损伤（Closed head injury，CHI）小鼠模型中，内源性2-AG水平显著升高，给予合成的2-AG后，CHI脑水肿明显减少，临床恢复更佳，梗死体积减小，海马细胞死亡减少。同样，用致惊厥剂苦毒宁刺激大鼠大脑，2-AG水平明显升高。显然，2-AG产生并非癫痫形成的原因。相反，神经兴奋时产生的2-AG可以弱化增强的突触传递功能和防止抽搐。这些结果有很重要的意义，因为Sinor等（2000）研究证实2-AG可以抑制缺血缺氧刺激诱导的细胞活性减低。Zhang和Chen等（2011）研究发现在神经炎症中，通过CB1-MAPK-NF-κB/PPAR-γ通路，2-AG可以抑制LPS刺激诱导的环氧合酶-2（Cyclooxygenase-2，COX-2）表达量升高。这些证据表明，2-AG具有神经保护作用。另外，2-AG具有明显的镇痛作用。Desroches等（2008）研究发现MAGL抑制剂可以降低神经病理疼痛反应。MAGL抑制剂可以抑制MAGL的水解酶活性，使2-AG不被MAGL水解，因此MAGL抑制剂可以增加2-AG的浓度。旧的观点认为2-AG发挥镇痛作用是通过CB1受体完成，最近的研究表明2-AG也可以通过CB2产生镇痛作用。如前所述，星形胶质细胞GS具有神经保护作用，也参与疼痛的发生，因此，Desroches等推测2-AG可以调控星形胶质细胞GS的表达。

星形胶质细胞内GS可以催化谷氨酸和氨合成谷氨酰胺，防止过量谷氨酸和氨在神经系统内堆积。因此，GS具有抗谷氨酸神经毒性和氨神经毒性的作用。越来越多文献证实在一些神经系统疾病中，GS的表达量会发生变化，如在神经病理性痛模型中，相应神经组织中GS表达量上升，在神经退行性疾病中，如阿尔兹海默病和帕金森病中，大脑皮层部分区域GS表达量下降。值得注意的是，GS表达量上升和下降的两种情况都可以在一些神经系统疾病中找到，例如肝性脑病、创伤性颅脑损伤和癫痫，并且控制GS表达量可以减轻这些神经系统疾病的症状。与上述证据相一致，王胜红（2018）的研究结果显示星形胶质细胞受到LPS刺激后细胞内GS表达量可以呈双相改变。这些研究表明星形胶质细胞受到外界刺激后，细胞内GS表达量呈现动态式的变化，提高细胞自身对抗外界刺激的能力。Bender等（2016）使用氨刺激星形胶质细胞，发现氨可以使星形胶质细胞内GS表达量升高，并且可以是细胞肿胀，使用MSO可以减轻细胞的肿胀。同样，Mack等（2015）给大鼠静脉注射氨使大鼠大脑皮层星形胶质细胞肿胀肥大，腹腔内注射MSO后，细胞肿胀和肥大可以被减缓。不管是体内试验还是体外试验，星形胶质细胞发生肿胀肥大的原因是GS表达量过高使细胞内过量谷氨酰胺积聚，细胞内液渗透压增高，细胞外液进入细胞内液，给予MSO后，细胞内谷氨酰胺积聚被缓解，细胞肥大得到抑制。也有文献表明给予星形胶质细胞氨后，细胞内GS酶活性降低，使细胞胞外过多的谷氨酸和氨堆积，导致星形胶质细胞发生凋亡。对于同样的刺激因子刺激同一种星形胶质细胞产生不同生物效应的原因，Jayakumar等（2018）认为即使同一刺激因子，不同刺激条件对星形胶质细胞会产生不同的生物学效应。不同的刺激条件使疾病或者细胞受损的严重程度不同，继而细胞对外界伤害性因素的耐受程度不同，因此，同一种疾病会出现不同症状。该研究从初始LPS刺激星形胶质细胞直至星形胶质细胞发生严重活性下降检测细胞内GS的表达水平，GS在短时程表达量升高，在长时程表达量下降。在体内，星形胶质细胞受到外界刺激时，细胞先通过自身调节使GS表达量上升，清除细胞间隙中的神经毒性物质，保护细胞自身和神经元。当刺激超过了一定的阈值，星形胶质细胞会失去代偿能力，自身会发生凋亡。总而言之，星形胶质细胞受到刺激后，细胞内GS发生双相变化，强有力地补充了神经系统疾病的发病机制，为治疗神经系统疾病提供了新的思维。

在星形胶质细胞内存在大量的细胞信号传导通路网络，包括NF-κB信号通路、JAK-STAT信号通路、Ras-PI3K-mTOR信号通路、Wnt信号通路、MAPK信号通路等，其中MAPK信号通路是被研究最为广泛的信号通路，可以被不同的细胞外刺激，如神经递质、细胞因子、细胞应激、细胞黏附及激素等激活的丝氨酸/苏氨酸蛋白激酶。在神经系统，已有大量文献表明MAPK信号通路参与神经生理、病理和药理机制。王胜红（2018）的研究证实了MAPK信号通路参与LPS刺激星形胶质细胞诱导GS蛋白表达双向变化的机制，在短时程的LPS刺激星形胶质细胞的过程中，JNK信号通路和p38信号通路被激活，ERK通路激活不明显，GS表达量上升；在长时程的过程中，JNK信号通路和p38信号通路的激活程度下降，ERK1/2信号通路被强烈地激活，GS表达量下调。当LPS刺激星形胶质细胞时，ERK1/2、p38和JNK信号通路中，JNK信号通路是最快被激活的信号通路，$1\mu g/mL$ LPS刺激星形胶质细胞15min时，细胞内的JNK信号通路已经被激活。除了c-Jun氨基末端激酶（c-Jun N-terminal kinase）这一名称，JNK又被称为应激活化蛋白激酶（Stress-activated protein kinase，SAPK），顾名思义，它在细胞应激中起重要作用。当星形胶质细胞受到外界刺激时，细胞内JNK通路被迅速激活，细胞产生应激反应，对抗外界刺激。Dvoriantchikova等（2009）使用TNF-α刺激星形胶质细胞时发现，5min的TNF-α便可以激活细胞内JNK信号通路，使细胞进入应激状态，对抗TNF-α对细胞的损伤。LPS可以激活星形胶质细胞内JNK信号通路，使细胞内GS表达量上调，SP600125特异性抑制JNK信号通路的激活，也可以使LPS诱导的GS表达量上调得到抑制。该结果说明，JNK信号通路是调控GS表达的上游通路。结合以上证据，可以得出结论，当星形胶质细胞受到应激刺激时，细胞内JNK通路的激活导致GS表达量的上升，使星形胶质细胞对细胞外毒性物质的清除能力增强。当神经组织内发生炎症时，星形胶质细胞受到炎症因子刺激进而发生应激反应，清除神经组织内有害的炎性介质，保护神经元免受炎性损伤。JNK信号通路的激活是快速发生又快速消退的一个过程。在30min时，JNK激活达到峰值随后又逐渐失活于正常水平。因此，激活JNK信号通路产生的细胞应激反应是一个短暂的过程。p38信号通路是继JNK又一被激活的MAPK信号通路，在$1\mu g/mL$ LPS刺激星形胶质细胞30min时，p38信号通路开始被激活，2h时达到峰值，随后又逐渐失活。与JNK通路相似，p38信号通路也是调节GS表达的上游通路，p38的激活可以诱导星形胶质细胞GS表达量的上调，抑制GS的表达则会使GS表达量上调得到抑制。因此在短时程LPS刺激星形胶质细胞中（0~3h），JNK和p38均被大幅度的激活，使细胞GS表达量上调。与JNK和p38不同，ERK1/2信号通路的激活会导致星形胶质细胞内GS表达量的下调。在1h时开始激活ERK1/2信号通路，3h时达到峰值，然后逐渐失活，但是在相当长的一段时间内，ERK1/2信号通路保持在高度激活的状态，p-ERK1/2表达量仍处于相当高的水平。已有文献证实在星形胶质细胞内，各种刺激因子可以激活细胞内ERK1/2信号通路，诱导细胞内合成环氧合酶-2（Cyclooxygenase-2，COX-2），促使细胞发生凋亡。因此，LPS可以激活星形胶质细胞内ERK1/2信号通路，使细胞内GS表达量下调，神经保护作用减弱，使细胞发生凋亡。2-AG是体内含量最多的内源性大麻素，具有明显的神经保护作用和抗炎症作用，不管是神经组织的星形胶质细胞、小胶质细胞还是神经元。另外，2-AG还被证明具有明显的镇痛作用，但是其作用机制尚完全不清楚。如前所述，星形胶质细胞内GS参与多种神经系统疾病和慢性疼痛的发生发展，证实2-AG可以通过调控星形胶质细胞内的GS表达来发挥它的抗炎症作用和镇痛作用。以阿尔兹海默病为例说明，阿尔兹海默病为一种神经退行性疾病，其病理特征为β-淀粉样蛋白在神经细胞内外堆积。已有大量文献证实在阿尔兹海默病病人体内，GS的表达水平和酶活性均发生了下降，另外，使用β-淀粉样蛋白可以使离体的星形胶质细胞内GS酶活性下降。Chen等（2018）研究发现2-AG可以抑制β-淀粉样蛋白诱导的神经元退变和凋亡。结合以上结论，可以得出2-AG可以调控星形胶质细胞内GS的表达量和酶活性来抑制β-淀粉样蛋白诱导的神经细胞退变和凋亡。针对LPS诱导星形胶质细胞内GS表达量呈双相变化，可以得出，在LPS刺激星形胶质细胞的不同时相，通过激活CB1、CB2和调节不同MAPK信号通路，2-AG可以调节GS表达量。在短时程LPS刺激星形胶质细胞中，LPS可以激活细胞内的JNK和p38信号通路，使GS表达量上调，而2-AG可以激活星形胶质细胞表面的CB2，抑制p38激活来抑制LPS诱导的GS表达上调。虽然JNK也是GS上游通路，但是2-AG对JNK通路没有影响。在长时程中，LPS激活细胞内ERK1/2信号通路，使GS表达量上调，2-AG则可以激活CB1和CB2，抑制ERK1/2的激活来翻转LPS诱导的GS表达量下降。另外，在短时程，2-AG也可以激活细胞表面的CB1，使GS表达量下降，但是不是通过抑制p38的激活，其机制尚需进一步研究。通过详细的研究，2-AG可以作为一种新的神经保护剂，2-AG对GS的双向调控这一机制可以应用到治疗神经系统疾病当中去。例如在肝性脑病，大脑组织星形胶质细胞内的GS表达量和酶活性增强，使星形胶质细胞内过量的谷氨酰胺堆积，细胞内液渗透压升高，导致细胞肥大，对于脑组织的表型则为组织水肿。有研究者在肝性脑病动物模型中使用MSO，发现MSO可以缓解胶质细胞肥大和组织水肿，但是使用MSO会产生严重的并发症——癫痫，其原因是MSO使GS完全被抑制，组织内谷氨酸、氨等过量积聚。2-AG对GS可以双向调控，使GS表达量可以维持在相对稳定的水平，不会有GS表达过高或者过低的并发症发生。除了神经保护剂，2-AG还是一种新型的镇痛药，在神经病理痛动物模型中发挥有效的镇痛作用。内源性大麻素不止2-AG一种，还有AEA等，进一步的研究不同内源性大麻素在各系统疾病的应用势在必得。

二、炎症性肠病与大麻素

（一）大麻二酚对IBD的治疗作用

炎症性肠病（Inflammatory bowel disease，IBD）是胃肠道慢性炎症性疾病，包括克罗恩病（Crohn's disease，CD）和溃疡性结肠炎（Ulcerative colitis，UC）。一项关于291例IBD患者使用大麻的调查问卷显示，33%的溃疡性结肠炎患者和50%的克罗恩病患者在使用大麻后，其腹痛和腹泻等症状得到明显改善，由此引发了人们对ECS在IBD中的治疗潜力的探索。研究显示，CB1R或CB2R在人类IBD中具有保护作用。在结肠炎模型中，研究者发现两种CBR以及AEA被上调，而AEA降解酶FAAH的表达降低，这些表达水平的变化表明结肠炎期间CBR信号传导增强。有研究表明，抑制PEA降解可显著改善试验性结肠炎的炎症反应，相应地，口服THC和PEA增加了肠道的抗炎作用。此外，CB2R激动剂可明显减轻结肠炎试验模型中的免疫炎症反应，减少炎性细胞因子的产生；而使用CB2R拮抗剂和CNR1基因敲除小鼠则会产生更严重的三硝基苯磺酸诱导的结肠炎。因此，任一CBR的遗传缺失或药理学拮抗作用均会使小鼠对肠道炎症作用更敏感。Storr等（2014）报道，IBD患者接收大麻治疗后，其腹痛、痉挛、腹泻和关节疼痛症状得到明显改善。总的来讲，ECS影响IBD的确切机制尚未阐明，但从临床前试验收集的证据显示通过CBR信号传导改善IBD似乎非常有希望。

大麻二酚在大麻植株中被提取，后期试验进一步证明它不仅不具有一般大麻素的成瘾性成分，而且还有保护神经、抗痉挛、抗炎、抗焦虑等多种生物活性，此外研究表明大麻二酚在长期服用时具有良好的耐受性且无不良反应。其作用机制是通过一整套内源性大麻素系统ESC来实现的。人体的内源性大麻素系统由内源性大麻素、大麻素受体及负责内源性大麻素合成和降解的酶共同组成。内源性大麻素系统与肠道微生物稳态、胃肠动力、内脏感觉和炎症有着密切关系，后续研究调查了大麻素激动剂和内源性大麻素降解抑制剂对IBD啮齿动物模型的影响，发现了内源性大麻素系统具有潜在治疗IBD的作用。目前已被证实的主要内源性大麻素是花生四烯酰乙醇胺（AEA）和2-花生四烯酸甘油（2-AG），虽然二者的化学性质都是脂质介质，且具有相似的三维结构，但却是通过不同的通路合成及降解的，AEA是由一种磷脂前体酰基磷脂酰乙醇胺通过磷脂酶D催化代谢产生。而2-AG的合成是三酰基甘油通过磷脂酰肌醇特异性磷脂酶C代谢产生，同时二酰甘油脂肪酶激活也能增加2-AG的合成。而它们的降解是由脂肪酸酰胺水解酶（FAAH）和单酰基甘油酯酶（MA-GL）两个特殊的酶来完成的。FAAH是一种属于丝氨酸水解酶家族的膜酶，广泛分布于机体的各个部位，AEA在体内就是被FAAH降解，最后生成花生四烯酸和乙醇胺。FAAH也能够使部分2-AG失活，但是主要降解2-AG的酶是单酰基甘油酯酶，最后转化为花生四烯酸和甘油。当然除了上述两种典型的内源性大麻素还有长链饱和或不饱和脂肪酰胺、酯和醚等如十二碳五烯酸乙醇胺、二十碳五烯酸乙醇胺、O-花生四烯酸乙醇胺、花生四烯酸甘油酯，但人体内还是以AEA和2-AG的含量及生物活性最强，在IBD中AEA及其合成酶减少，2-AG的合成和降解酶表达增加，小鼠试验中发现缺乏脂肪酸酰胺水解酶（FAAH）导致AEA的升高进而出现炎性反应减弱，这表明内源性大麻素系统在生理上参与了免疫系统的抑制并通过这种机制减轻IBD的炎症症状。

（二）大麻二酚治疗IBD的分子机制

大麻二酚及内源性大麻素在体内发挥作用是通过结合并激活G蛋白耦联受体CB1和CB2来实现，CB1和CB2受体属于G蛋白耦联受体超家族下的细胞膜受体，CB1受体主要分布在中枢和外周神经元上，CB2受体主要表达于免疫细胞，特别是中性粒细胞，活化的巨噬细胞，T、B细胞亚群及上皮细胞。当然除经典的CB1/2受体外，近期的研究发现人体还存在有PPAR受体、TPPV1受体和GPR55受体等。PPAR受体是一种非选择性阳离子通道，存在于皮肤、心脏、血管和肺等组织的感觉神经元上。TRPV1受体主要存在于周围神经系统的痛觉神经元中，也存在于包括中枢神经系统在内的许多其他组织中，参与痛触觉的传递和调节。当受体与大麻二酚结合后进而激活下游信号通路，引起蛋白激酶A（PKA）、蛋白激酶C（PKC）、Raf-1、ERK、JNK、p38等分子的改变并与cAMP相结合激活PKA/cAMP通道。也有大麻二酚通过与大麻素受体结合调节丝裂原活化蛋白激酶（MAPKs）家族不同成员的磷酸化水平，包括细胞外信号调节激酶1和2（ERK1/2）、p38MAPK和氨基端激酶等激活MAPK信号通路，进而引起肠黏膜免疫系统产生相应的反应。

大麻二酚在体内和体外主要是通过诱导细胞凋亡、抑制细胞增殖、抑制细胞因子和趋化因子的产生及活化发挥其免疫抑制作用，大麻二酚对B细胞、自然杀伤细胞、单核细胞、中性粒细胞、CD8$^+$ T细胞、CD4$^+$ T细胞及调节性T细胞上均有作用。大麻二酚通过提高Th2抑制Th1来调节免疫反应。通过CD4$^+$ T，CD8$^+$ T细胞群产生活性氧（ROS），激活Caspase-8和Caspase-3蛋白促进T细胞凋亡，抑制其增殖。同时大麻二酚也被证实可以降低B细胞活性，还可以通过抑制细胞内的钙离子稳定降低胸腺细胞扩散。对调节T细胞的影响则是通过增加Foxp^3+Treg细胞的数量来实现，通过增加细胞凋亡水平激活T细胞，诱导Treg细胞抑制细胞因子的产生，最终抑制体内炎性反应。在小鼠试验中可见腹腔巨噬细胞的扩散、吞噬、细胞溶解、细胞因子生成和抗原呈递被抑制，同时也可见树突状细胞被抑制。

细胞因子在维持肠道内稳态中发挥着关键作用，通过协调先天和适应性免疫调节炎症，对宿主的肠道起到防御和愈合的保护作用。肠内细胞因子主要来源于淋巴细胞、单核细胞（包括巨噬细胞和树突状细胞）、多形核细胞、固有淋巴细胞及肠上皮细胞和支持间质细胞。大麻二酚通过抑制外周血和肠道组织中的单核细胞释放IL-1、IL-12、TNF-α和干扰素INF-g等促炎因子，促进Th2相关抑炎因子

IL-4和IL-10的产生。大麻二酚可以调节单核细胞向M1或M2巨噬细胞表型分化，调节细胞因子、趋化因子等免疫介质的产生，抑制树突状细胞的标记物如MHC Ⅱ CD86和CD40的产生。大麻二酚还具有抑制血清免疫球蛋白水平的能力。在小鼠试验中可抑制腹腔巨噬细胞相关细胞因子生成，它们还能在体内和体外抑制自然杀伤细胞的细胞毒性效应因子功能。

参考文献

晁二昆，苏新尧，陈士林，等，2019. 药用植物活性成分的细胞工厂合成研究进展[J]. 中国现代中药，21（11）：1464-1474.

陈士林，2017. 本草基因组学[M]. 北京：科学出版社：228.

陈月开，徐军，曲运波，等，2001. 氨基酸的抑菌作用研究[J]. 中国生化药物杂志，22（1）：129-30.

陈月明，王水明，2010. 植物提取物的抗菌作用[J]. 饲料研究（5）：38-39.

崔广东，2008. 低毒工业大麻叶茎化学成分的分离以及抑菌活性物质的跟踪和筛选[D]. 兰州：兰州理工大学：5.

戴自英，刘裕昆，汪复，1992. 实用抗菌药物学[M]. 上海：上海科学技术出版社.

韩军丽，2007. 植物萜类代谢工程[J]. 生物工程学报，23（4）：561-569.

金蕊，2015. 工业大麻内生真菌的多样性及其对大麻生理及农艺性状的影响[D]. 昆明：云南大学：5.

李建农，包定元，2000. 中药复方抗菌作用的实验研究进展[J]. 四川生理科学杂志，22（4）：27-31.

李建志，杨丽珍，刘文丽，等，2010. 7种中草药抗菌作用实验研究[J]. 黑龙江医药，23（1）：107-108.

李曼玲，1986. 抗菌消炎中药的研究I活性成分有机酸类[J]. 中药通报，11（6）：104.

李文杰，李慧，2006. 中药注射剂与某些抗菌药物不宜配伍应用[J]. 中国药业，15（9）：23.

卢芳国，朱应武，田道法，等，2004. 12个中药复方体外抗菌作用的研究[J]. 湖南中医学院学报，24（4）：9-11.

马振亚，2005. 中药抗病毒抗菌作用研究[M]. 北京：中国医药科技出版社.

毛理纳，罗予，胡新辉，等，2006. 黄连和大黄联合头孢他啶体内外抗菌作用[J]. 中药药理与临床，22（2）：38.

苏学友，李疆，师光禄，等，2008. 核桃青皮提取物对6种植物病原真菌的抑菌活性研究[J]. 北京农学院学报，23（1）：42-44.

孙梦楚，晁二昆，苏新尧，等，2019. 产β-香树脂醇酿酒酵母细胞构建及高密度发酵[J]. 中国中药杂志，44（7）：1341-1349.

万学勤，李万可兰，崔志新，等，2009. 抗菌微生物及拮抗性代谢产物的种类和应用[J]. 中国医药生物技术，4（2）：137-139.

王倩，康振，梁泉峰，等，2011. 合成未来：从大肠杆菌的重构看合成生物学的发展[J]. 生命科学，23（9）：844-848.

王胜红，2018. 内源性大麻素2-AG参与抑制脂多糖诱导的星形胶质细胞炎症反应机制研究[D]. 兰州：兰州大学，5.

吴新安，花日茂，岳永德，等，2002. 植物源抗菌、杀菌活性物质研究进展（综述）[J]. 安徽农业大学学报，29（3）：245-249.

夏金兰，王春，刘新星，等，2004. 抗菌剂及其抗菌机理[J]. 中南大学学报（自然科学版），35（1）：31-38.

肖丽平，李临生，李利东，2002. 抗菌防腐剂（Ⅲ）天然抗菌防腐剂[J]. 日用化学工业，32（2）：

78-81.

熊南燕，王雪铃，曹明耀，等，2007. 鱼腥草注射液对硫酸庆大霉素兔体内抗菌作用的影响[J]. 现代中西医结合杂志，24（16）：3471.

熊燕，陈大明，杨琛，等，2011. 合成生物学发展现状与前景[J]. 生命科学，23（9）：826-837.

徐兰，何清，宗明，等，2005. 马齿苋的抗菌作用研究进展[J]. 检验医学教育，3（1）：34.

杨宝峰，2008. 药理学[M]. 北京：人民卫生出版社.

杨冬芝，刘晓非，2000. 壳聚糖抗菌活性的影响因素[J]. 应用化学，17（6）：598-602.

余小霞，田健，刘晓青，等，2015. 枯草芽孢杆菌表达系统及其启动子研究进展[J]. 生物技术通报，31（2）：35-44.

张昌辉，谢瑜，徐旋，等，2007. 抗菌剂的研究进展[J]. 化工进展，26（9）：1237-1242.

张前军，杨小生，都小江，等，2008. 我国天然抗菌药物研究进展[J]. 中草药，39（2）：304-308.

AJIKUMAR P K, XIAO W H, TYO K E J, et al., 2010. Isoprenoid pathway optimization for taxol precursor overproduction in *Escherichia coli*[J]. Science, 330（6000）：70-74.

ALI E M M, ALMAGBOUL A Z I, KHOGALI S, et al., 2012. Antimicrobial activity of *Cannabis sativa* L. [J]. Chinese Medicine, 3（1）：61-64.

ANTEROLA A, SHANLE E, PERROUD P F, et al., 2009. Production of taxa-4（5），11（12）-diene by transgenic *Physcomitrella patens*[J]. Transgenic Research, 18（4）：655-660.

APEL R A, D'ESPAUX L, WEHRS M, et al., 2017. A Cas9-based toolkit to program gene expression in Saccharomyces cerevisiae[J]. Nucleic Acids Research, 45：496-508.

APPENDINO G, GIBBONS S, GIANA A, et al., 2008. Antibacterial cannabinoids from *Cannabis sativa*: a structure-activity study[J]. Journal of Natural Products, 71（8）：1427-1430.

BAI Y F, YIN H, BI H P, et al., 2016. De novo biosynthesis of gastrodin in *Escherichia coli*[J]. Metabolic Engineering, 35：138-147.

BAKEL H V, STOUT J M, COTE A G, et al., 2011. The draft genome and transcriptome of *Cannabis sativa*[J]. Genome Biology, 12：R102.

BINDER M, Meisenberg G, 1978. Microbial transformation of cannabinoids[J]. Applied Microbiology Biotechnology, 5：37-50.

BOOTH J K, BOHLMANN J, 2019. Terpenes in *Cannabis sativa*-from plant genome to humans[J]. Plant Science, 284：67-72.

CLUNY N L, NAYLOR R J, WHITTLE B A, 2011. The effects of cannabidiolic acid and cannabidiol on contractility of the gastrointestinal tract of *Suncus murinus*[J]. Archives of Pharmacal Research, 34：1509-1517.

CONG L, RAN F A, COX D, 2013. Multiplex genome engineering using CRISPR/Cas systems [J]. Science, 339（6121）：819-823.

COSTA M, DIAS T A, BRITO A, et al., 2016. Biological importance of structurally diversified chromenes[J]. European Journal of Medicinal Chemistry, 123：487-507.

CULLMANN F, BECKER H, 1999. Prenylated bibenzyls from the liverwort *Radula laxiramea*[J]. Zeitschrift Fur Naturforschung Section C, 54：147-150.

DAI Z B, LIU Y, HUANG L Q, et al., 2012. Production of miltiradiene by metabolically engineered *Saccharomyces cerevisiae*[J]. Biotechnology and bioengineering, 109（11）：2845-2853.

DAI Z B, LIU Y, ZHANG X A, et al., 2013. Metabolic engineering of Saccharomyces cerevisiae for production of ginsenosides[J]. Metabolic Engineering, 20（5）: 14-156.

DAI Z B, WANG B B, LIU Y, 2014. Producing aglycons of ginsenosides in bakers yeast[J]. Scientific Reports, 4: 3698.

DAI Z, LIU Y, GUO J, et al., 2015. Yeast synthetic biology for high-value metabolites[J]. FEMS Yeast Research, 15（1）: 1-11.

DANIEL G G, JOHN I G, CAROLE L, et al., 2010. Creation of a bacterial cell controlled by a chemically synthesized genome[J]. Science, 329（5987）: 52-56.

DE MEIJER E P M, HAMMOND K M, 2016. The inheritance of chemical phenotype in *Cannabis sativa* L. （Ⅴ）: regulation of the propyl-/pentyl cannabinoid ratio, completion of a genetic model[J]. Euphytica, 210: 291-307.

DELONG G T, WOLF C E, POKLIS A, et al., 2010. Pharmacological evaluation of the natural constituent of *Cannabis sativa*, cannabichromene and its modulation by Δ^9-tetrahydro-cannabinol[J]. Drug and Alcohol Dependence, 112: 126-133.

DEVINSKY O, VERDUCCI C, THIELE E A, et al., 2018. Open-label use of highly purified CBD （Epidiolex®）in patients with CDKL5 deficiency disorder and Aicardi, Dup15q, and Doose syndromes[J]. Epilepsy Behavior, 86: 131-137.

DICARLO J E, NORVILLE J E, MALI P, et al., 2013. Genome engineering in *Saccharomyces cerevisiae* using CRISPR-Cas systems[J]. Nucleic Acids Research, 41（7）: 4336-4343.

EMANUELSSON O, BRUNAK S, VONHEIJNE G, et al., 2007. Locating proteins in the cell using TargetP, SignalP and related tools[J]. Nature Protocols, 2: 953-971.

EMANUELSSON O, NIELSEN H, VON HEIJNE G, 1999. ChloroP, a neural network-based method for predicting chloroplast transit peptides and their cleavage sites[J]. Protein Science, 8: 978-984.

ENGELS B, DAHM P, JENNEWEIN S, 2008. Metabolic engineering of taxadiene biosynthesis in yeast as a first step towards Taxol（Paclitaxel）production[J]. Metabolic Engineering, 10（4）: 201-206.

ENGLUND A, MORRISON P D, NOTTAGE J, et al., 2013. Cannabidiol inhibits THC-elicited paranoid symptoms and hippo-campal dependent memory impairment[J]. Journal of Psychopharmacology, 27: 19-27.

ENTSARL R, MOHAMED E T B, CHRISTIAN V S, et al., 2003. Chitosanas antimicrobial agent applications and mode of action[J]. Biomacromolecules, 6: 1457-1466.

FARHI M, MARHEVKA E, BEN A J, et al., 2011. Generation of the potent anti-malarial drug artemisinin in tobacco[J]. Nature Biotechnology, 29（12）: 1072-1074.

FEINBERG I, JONES R, CAVNESS C, et al., 1976. Effects of marijuana extract and tetrahydro-cannabinol on electroencephalographic sleep patterns[J]. Clinical Pharmacology Therapeutics, 19: 782-794.

FELLERMEIER M, ZENK M H, 1998. Prenylation of olivetolate by a hemp transferase yields cannabigerolic acid, the precursor of tetrahydrocannabinol[J]. FEBS Letters, 427: 283-285.

FERREIRA R, SKREKAS C, NIELSEN J, et al., 2017. Multiplexed CRISPR/Cas9 genome editing and gene regulation using Csy4 in *Saccharomyces cerevisiae*[J]. ACS Synthetic Biology, 7（1）: 619-620.

FUENTES P, ZHOU F, ERBAN A, et al., 2016. A new synthetic biology approach allows transfer of an entire metabolic pathway from a medicinal plant to a biomass crop[J]. ELife, 5: 13664.

GAGNE S J, STOUT J M, LIU E, et al., 2012. Identification of olivetolic acid cyclase from *Cannabis sativa* reveals a unique catalytic route to plant polyketides[J]. Proceedings of the National Academy of Sciences of the United States of America, 109: 12811-12816.

GASSEL S, BREITENBACH J, SANDMANN G, 2014. Genetic engineering of the complete carotenoid pathway towards enhanced astaxanthin formation in *Xanthophyllomyces dendrorhous* starting from a high-yield mutant[J]. Applied Microbiology Biotechnology, 98（1）: 345-350.

GENEROSO W C, GOTTARDI M, OREB M, et al., 2016. Simplified CRISPR-Cas genome editing for *Saccharomyces cerevisiae*[J]. Journal of Microbiological Methods, 127: 203-205.

GROTENHERMEN F, 2003. Pharmacokinetics and pharmacodynamics of cannabinoids[J]. Clinical Pharmacokinetics, 42: 327-360.

HALLARD D, HEIJDEN R V D, VERPOORTE R, et al., 1997. Suspension cultured transgenic cells of *Nicotiana tabacum* expressing tryptophan decarboxylase and strictosidine synthase cDNAs from *Catharanthus roseus* produce strictosidine upon secologanin feeding[J]. Plant Cell Reports, 17（1）: 50-54.

HAWKINS K, SMOLKE C, 2008. Production of benzylisoquinoline alkaloids in *Saccharomyces cerevisiae*[J]. Nature Chemical Biology, 4（9）: 564-573.

HIPPALGAONKAR K, GUL W, EISOHLY M A, et al., 2011. Enhanced solubility, stability, and transcorneal permeability of δ-8-tetrahydrocannabinol in the presence of cyclodextrins[J]. American Association of Pharmaceutical Scientists Pharmaceutical Science Technology, 12: 723-731.

HIROKO T, CHRISTOPHER J P, DIANA E, et al., 2009. High-level production of amorpha-4, 11-diene, a precursor of the antimalarial agent artemisinin, in *Escherichia coli* [J]. Public Library of Science, 4（2）: e4489.

HUESTIS M A, SOLIMINI R, PICJINI S, et al., 2019. Cannabidiol adverse effects and toxicity[J]. Current Neuropharmacology, 17: 974-989.

IGNEA C, PONTINI M, MAFFEI M E, et al., 2014. Engineering monoterpene production in yeast using a synthetic dominant negative geranyl diphosphate synthase[J]. ACS Synthetic Biology, 3: 298-306.

IKRAM K, BINTI N K, BEYRAGHDAR K A, 2017. Stable production of the antimalarial drug artemisinin in the moss *Physcomitrella patens*[J]. Frontiers Bioengineering Biotechnology, 5: 47.

ISHINO Y, SHINAGAWA H, MAKINO K, et al., 1987. Nucleotide sequence of the iap gene, responsible for alkaline phosphatase isozyme conversion in *Escherichia coli*, and identification of the gene product[J]. Journal of Bacteriology, 169（12）: 5429-5433.

IWATA N, Wang N, Yao X S, et al., 2004. Structures and histamine release inhibitory effects of prenylated orcinol derivatives from *Rhododendron dauricum*[J]. Journal of Natural Products, 67: 1106-1109.

IZZO A A, BORRELLI F, CAPASSO R, et al., 2009. Non-psychotropic plant cannabinoids: new therapeutic opportunities from an ancient herb[J]. Trends in Pharmacological Sciences, 30: 515-527.

IZZO A A, CAPASSO R, AVIELLO G, et al., 2012. Inhibitory effect of cannabichromene, a major non-psychotropic cannabinoid extracted from *Cannabis sativa*, on inflammation-induced hypermotility in mice[J]. Britain Journal of Pharmacology, 166: 1444-1460.

JADOON K A, RATCIFFE S H, BARRETT D A, et al., 2016. Efficacy and safety of cannabidiol and tetrahydrocannabivarin on glycemic and lipid parameters in patients with type 2 diabetes: a randomized, double-blind, placebo-controlled, parallel group pilot study[J]. Diabetes Care, 39: 1777-1786.

JAKOCI NAS T, BONDE I, HERRG RD M, et al., 2015. Multiplex metabolic pathway engineering using CRISPR/Cas9 in *Saccharomyces cerevisiae*[J]. Metabolic Engineering, 28: 213-222.

JIN P, DING W, DU G, et al., 2016. DATEL: A scarless and sequence-independent DNA assembly method using thermostable exonucleases and ligase[J]. ACS Synthetic Biology, 5 (9): 1028-1032.

KENDALL D A, YUDOWSKI G A, 2016. Cannabinoid receptors in the central nervous system: their signaling and roles in disease[J]. Frontiers in Cellular Neuroscience, 10: 294.

KHORANA H G, 1979. Total synthesis of a gene[J]. Science, 203 (4381): 614-625.

KLINGEREN B V, HAM M T, 1976. Antibacterial activity of Δ^9-tetrahydrocannabinol and cannabidiol[J]. Antonie Van Leeuwenhoek, 42: 9-12.

KROGH A, LARSSON B, VON HEIJNE G, et al., 2001. Predicting transmembrane protein topology with a hidden markov model: application to complete genomes[J]. Journal of Molecular Biology, 305 (3): 567-580.

KUZUYAMA T, NOEL J P, RICHARD S B, 2005. Structural basis for the promiscuous biosynthetic prenylation of aromatic natural products[J]. Nature, 435: 983-987.

LAPRAIRIE R B, BAGHER A M, KELLY M E M, et al., 2014. Type 1 cannabinoid receptor ligands display functional selectivity in a cell culture model of striatal medium spiny projection neurons[J]. Journal of Biology Chemistry, 289: 24845-24862.

LAPRAIRIE R B, BAGHER A M, KELLY M E M, et al., 2015. Cannabidiol is a negative allosteric modulator of the cannabinoid CB1 receptor[J]. Britain Journal of Pharmacology, 172: 4790-4805.

LEE K H, 2010. Discovery and development of natural product-derived chemotherapeutic agents based on a medicinal chemistry approach[J]. Journal of Natural Products, 73: 500-516.

LEE Y R, Wang X, 2005. A short synthetic route to biologically active (±)-daurichromenic acid as highly potent anti-HIV agent[J]. Organic Biomolecular Chemistry, 3: 3955-3957.

LI H, BAN Z N, Qin H, et al., 2015. A heteromeric membrane-bound prenyltransferase complex from hop catalyzes three sequential aromatic prenylations in the bitter acid pathway[J]. Plant Physiology, 167: 650-659.

LI Q, FAN F, GAO X, et al., 2017. Balanced activation of Isp G and Isp H to eliminate MEP intermediate accumulation and improve isoprenoids production in *Escherichia coli* [J]. Metabolic Engineering, 44: 13-21.

LIU D, MAO Z, GUO J, et al., 2018. Construction, model-based analysis, and characterization of a promoter library for fine-tuned gene expression in *Bacillus subtilis*[J]. ACS Synthetic Biology, 7 (7): 1785-1797.

LIU X, CHENG J, ZHANG G, et al., 2018. Engineering yeast for the production of breviscapine by genomic analysis and synthetic biology approaches[J]. Nature Communications, 9 (1): 448.

LIU Y, DING M Z, LING W, et al., 2017. A three-species microbial consortium for power generation[J]. Energy Environmental Science, 10 (7): 1600-1609.

LUO X Z, REITER M A, D'ESPAUX L, et al., 2019. Complete biosynthesis of cannabinoids and their unnatural analogues in yeast[J]. Nature, 567（7746）: 123-126.

MALHOTRA K, SUBRAMANIYAN M, RAWAT K, et al., 2016. Compartmentalized metabolic engineering for artemisinin biosynthesis and effective malaria treatment by oral delivery of plant cells[J]. Molecular Plant, 9（11）: 1464-1477.

MANS R, ROSSUM H M, WIJSMAN M, et al., 2015. CRISPR/Cas9: a molecular Swiss army knife for simultaneous introduction of multiple genetic modifications in *Saccharomyces cerevisiae*[J]. FEMS Yeast Research, 15（2）: fov004.

MCPARTLAND J M, DONALD C M, YOUNG M, et al., 2017. Affinity and efficacy studies of tetrahydrocannabinolic acid A at cannabinoid receptor types one and two[J]. Cannabis Cannabinoid Research, 2: 87-95.

MCPARTLAND J, 1984. Pathogenicity of *Phomopsis ganjae* on *Cannabis sativa* and the fungistatic effect of cannabinoids produced by the host[J]. Mycopathologia, 87: 149-153.

MECHOULAM R, PARKER L A, 2013. The endocannabinoid system and the brain[J]. Annual Review Psychology, 64: 21-47.

MECHOULAM R, PARKER L A, GALLILY R, et al., 2002. Cannabidiol: an overview of some pharmacological aspects[J]. Journal of Clinical Pharmacology, 42: 11S-19S.

MECHOULAM R, PETERS M, RODRIGUEZ E M, et al., 2007. Cannabidiol-recent advances[J]. Chemistry Biodiversity, 4: 1678-1692.

MIETTINEN K, DONG L, NAVROT N, et al., 2014. Corrigendum: The seco-iridoid pathway from *Catharanthus roseus*[J]. Nature Communication, 5（4）: 3606-3616.

MORENO-SANZ G, 2016. Can you pass the acid test? Critical review and novel therapeutic perspectives of Δ^9-tetrahydrocannabinolic acid A[J]. Cannabis Cannabinoid Research, 1: 124-130.

MORIMOTO S, KOMATSU K, TAURA F, et al., 1998. Purification and characterization of cannabichromenic acid synthase from *Cannabis sativa*[J]. Phytochemistry, 49: 1525-1529.

NADAL X, RIO C D, CASANO S, et al., 2017. Tetrahydrocannabinolic acid is a potent PPAR γ agonist with neuroprotective activity[J]. Britain Journal of Pharmacology, 174: 4263-4276.

OSCAR B, SUSANNA S G, PHILLIPS M A, et al., 2010. Metabolic engineering of isoprenoid biosynthesis in *Arabidopsis* for the production of taxadiene, the first committed precursor of Taxol[J]. Biotechnology Bioengineering, 88（2）: 168-175.

PADDON C J, WESTFALL P J, PITERA D J, et al., 2013. High-level semi-synthetic production of the potent antimalarial artemisinin[J]. Nature, 496（7446）: 528-532.

PERTWEE R G, THOMAS A, STEVENSON L A, et al., 2009. The psychoactive plant cannabinoid, Δ^9-tetrahydrocannabinol, is antagonized by Δ^8-and Δ^9-tetrahydrocannabivarin in mice *in vivo*[J]. Britain Journal of Pharmacology, 150: 586-594.

Petrocellis L D, LIGRESTI A, MORIELLO A S, et al., 2011. Effects of cannabinoids and cannabinoid-enriched *Cannabis* extracts on TRP channels and endocannabinoid metabolic enzymes[J]. British Journal of Pharmacology, 163: 1479-1494.

POLLASTRO F, SCAFATI O T, ALLARA M, et al., 2011. Bioactive prenylogous cannabinoid from fiber hemp（*Cannabis sativa*）[J]. Journal of Nature Products, 74: 2019-2022.

PRYCE G, RIDDALL D R, SELWOOD D L, et al., 2015. Neuroprotection in experimental autoimmune encephalomyelitis and progressive multiple sclerosis by cannabis-based cannabinoids[J].

Journal of NeuroImmune Pharmacology, 10: 281-292.

QU Y, EASSON M L A, FROESE J, et al., 2015. Completion of the seven-step pathway from tabersonine to the anticancer drug precursor vindoline and its assembly in yeast[J]. Proceedings of the National Academy of Sciences, 112 (19): 6224.

REYES L H, GOMEZ J M, KAO K C, 2014. Improving carotenoidsproduction in yeast via adaptive laboratory evolution[J]. Metabolic Engineering, 21: 26-33.

RO D K, PARADISE E M, OUELLET M, et al., 2006. Production of the antimalarial drug precursor artemisinic acid in engineered yeast[J]. Nature, 440 (7086): 940-943.

ROBERT H D, FUZHONG Z, JORGE A, et al., 2013. Engineering dynamic pathway regulation using stress-response promoters[J]. Nature Biotechnology, 31 (11): 1039-1046.

ROCK E M, LIMEBEER C L, PARKER L A, et al., 2018. Effect of cannabidiolic acid and Δ^9-tetrahydrocannabinol on carra-geenaninduced hyperalgesia and edema in a rodent model of inflammatory pain[J]. Psychopharmacology, 235: 3259-3271.

RONDA C, PEDERSEN L E, SOMMER M O A, et al., 2016. CRMAGE: CRISPR optimized MAGE recombineering[J]. Science Reports, 6 (1): 19452.

RUSSO E B, 2011. Taming THC: potential cannabis synergy and phytocanna-binoid-terpenoid entourage effects[J]. British Journal of Pharmacology, 163: 1344-1364.

RYAN O W, SKERKER J M, MAURER M J, et al., 2014. Selection of chromosomal DNA libraries using a multiplex CRISPR system[J]. E Life, 3: e03703.

SAERENS S M G, DELVAUX F R, VERSTREPEN K J, et al., 2010. Production and biological function of volatile esters in Saccharomyces cerevisiae[J]. Microbial Biotechnology, 3: 165-177.

SHAO Y, LU N, WU Z, et al., 2018. Creating a functional single-chromosome yeast[J]. Nature, 560 (7718): 331-335.

SHAO Z Y, ZHAO H, ZHAO H M, 2008. DNA assembler, an *in vivo* genetic method for rapid construction of biochemical pathways[J]. Nucleic Acids Research, 37 (2): e16.

SILVESTRI C, PARIS D, MARTELLA A, et al., 2015. Two non-psychoactive cannabinoids reduce intracellular lipid levels and inhibit hepatosteatosis[J]. Journal of Hepatology, 62: 1382-1390.

SIRIKANTARAMAS S, MORIMOTO S, SHOYAMA Y, et al., 2004. The gene controlling marijuana psychoactivity: molecular cloning and heterologous expression of Δ^1-tetrahydro-cannabinolic acid synthase from *Cannabis sativa* L. [J]. Journal of Biological Chemistry, 279: 39767-39774.

SIRIKANTARAMAS S, TAURA F, TANAKA Y, et al., 2005. Tetrahydrocannabinolic acid synthase, the enzyme controlling marijuana psychoactivity, is secreted into the storage cavity of the glandular trichomes[J]. Plant and Cell Physiology, 46, 1578-1582.

STEPHANIE B, MARC C, VINCENT C, et al., 2015. De novo production of the plant-derived alkaloid strictosidine in yeast[J]. Proceeding of the National Academy of Sciences, 112 (11): 3205-3210.

STOUT J M, BOUBAKIR Z, AMBROSE S J, et al., 2012. The hexanoyl-CoA precursor for cannabinoid biosynthesis is formed by an acyl-activating enzyme in *Cannabis sativa* trichomes[J]. Plant Journal, 71: 353-365.

SUN H, ZHAO D, XIONG B, et al., 2016. Engineering Corynebacterium glutamicum for violacein hyper production[J]. Microbial Cell Factories, 15 (1): 148.

SUN L, LIU G, LI Y, 2019. Metabolic engineering of *Saccharomyces cerevisiae* for efficient production of endocrocin and emodin[J]. Metabolic Engineering, 54: 212-221.

SWAIN T, 1977. Secondary compounds as protective agents[J]. Annual Review of Plant Physiology, 28: 479-501.

SYDOR T, SCHAFFER S, BOLES E, 2010. Considerable increase in resveratrol production by recombinant industrial yeast strains with use of rich medium[J]. Applied Environmental Microbiology, 76 (10): 3361-3363.

TAURA F, SIRIKANTARAMAS S, SHOYAMA Y, et al., 2007. Cannabidiolic-acid synthase, the chemotype-determining enzyme in the fiber-type *Cannabis sativa*[J]. FEBS Letters, 581: 2929-2934.

TAURA F, LIJIMA M, YAMANAKA E, et al., 2016. A novel class of plant type III polyketide synthase involved in orsellinic acid biosynthesis from Rhododendron dauricum[J]. Frontiers Plant Science, 7: 1452.

TAURA F, MORIMOTO S, SHOYAMA Y, 1996. Purification and characterization of cannabi-diolic-acid synthase from *Cannabis sativa* L. biochemical analysis of a novel enzyme that catalyzes the oxidocyclization of cannabigerolic acid to cannabidiolic acid[J]. Journal of Biological Chemistry, 271: 17411-17416.

TAURA F, MORIMOTO S, SHOYAMA Y, et al., 1995. First direct evidence for the mechanism of Δ^1-tetrahydrocannabinolic acid biosynthesis[J]. Journal of the American Chemical Society, 117: 9766-9767.

TAURA F, TANAKA S, TAGUCHI C, et al., 2009. Characterization of olivetol synthase, a polyketide synthase putatively involved in cannabinoid biosynthetic pathway[J]. FEBS Letters, 583: 2061-2066.

TOHGE T, YANG Z, PETEREK S, et al., 2015. Ectopic expression of snapdragon transcription factors facilitates the identification of genes encoding enzymes of anthocyanin decoration in tomato[J]. The Plant Journal, 83 (4): 686-704.

TOYOTA M, SHIMAMURA T, ISHII H, et al., 2002. New bibenzyl cannabinoid from the New Zealand liverwort *Radula marginata*[J]. Chemical and Pharmaceutical Bulletin, 50: 1390-1392.

TURNER S E, WILLIAMS C M, IVERSEN L, et al., 2017. Molecular pharmacology of phytocannabinoids[J]. Chemistry of Organic Natural, 103: 61-101.

VALLIERE M A, KORMAN T P, WOODALL N B, et al., 2019. A cell-free platform for the prenylation of natural products and application to cannabinoid production[J]. Nature Communication, 10: 565.

VERHOECKX K C M, KORTHOUT H A A J, KREIKAMP A P V, et al., 2006. Unheated *Cannabis sativa* extracts and its major compound THC acid have potential immuno-modulating properties not mediated by CB1 and CB2 receptor coupled pathways[J]. International Immunopharmacology, 6: 656-665.

Walter J M, Chandran S S, Horwitz A A, 2016. CRISPR-cas-assisted multiplexing (CAM): simple same-day multi-locus engineering in yeast[J]. Journal of Cellular Physiology, 231 (12): 2563-2569.

WANG D, DAI Z, ZHANG X, 2016. Production of plant-derived natural products in yeast cells-a review[J]. Acta Microbiologica Sinica, 56 (3): 516-529.

WANG P, WEI Y, FAN Y, et al., 2015. Production of bioactive ginsenosides Rh2 and Rg3 by metabolically engineered yeasts[J]. Metabolic Engineering, 29: 97-105.

WANG Y, LI J H, TIAN C F, 2018. Production of plant-specific flavones baicalein and scutellarein in an engineered *E. coli* from available phenylalanine and tyrosine[J]. Metabolic Engineering, 52: 124-133.

WARGENT E T, ZAIBI M S, SILVESTRI C, et al., 2013. The cannabinoid Δ^9-tetrahydro-cannabivarin (THCV) ameliorates insulin sensitivity in two mouse models of obesity[J]. Nutrition and Diabetes, 3 (5): e68.

WEIDNER C, WOWRO S J, FREIWALD A, et al., 2013. Amorfrutin B is an efficient natural peroxisome proliferator-activated receptor gamma (PPAR γ) agonist with potent glucose-lowering properties[J]. Diabetologia, 56: 1802-1812.

WESTFALL P J, PITERA D J, LENIHAN J R, et al., 2012. Production of amorphadiene in yeast, and its conversion to dihydroartemisinic acid, precursor to the antimalarial agent artemi-sinin[J]. Proceedings of the National Academy of Sciences, 109 (3): 655-656.

WHITAKER W B, JONES J A, BENNETT R K, et al., 2017. Engineering the biological conversion of methanol to specialty chemicals in Escherichia coli[J]. Metabolic Engineering, 39: 49-59.

WILSON L L, WISNIEWSKI M E, DROBY S, et al., 1993. A selection stragety for microbial antagonists to control postharvest diseases of fruits and vegetables[J]. Scientia Horticulturae, 40: 105-112.

XING Y, YUN F, WEI W, et al., 2014. Production of bioactive ginsenoside compound K in metabolically engineered yeast[J]. Cell Research, 24 (6): 770-773.

YANG Y P, LIN Y H, WANG J, et al., 2018. Sensor-regulator and RNAi based bifunctional dynamic control network for engineered microbial synthesis[J]. Nature Communication, 9 (1): 3043.

YAO Y F, WANG C S, QIAO J J, et al., 2013. Metabolic engineering of *Escherichia coli* for production of salvianic acid A via an artificial biosynthetic pathway[J]. Metabolic Engineering, 19: 79-87.

YU K H, KIM K N, LEE J H, et al., 2002. Comparative study on characteristics of lysozymes from the hemolymph of three lepidopteran larvae, *Galleria mellonella*, *Bombyx mori*, *Agrius convolvuli*[J]. Developmental and Comparative Immunology, 26 (8): 707-713.

ZHANG Y, BUTELLI E, ALSEEKH S, et al., 2015. Multi-level engineering facilitates the production of phenylpropanoid compounds in tomato[J]. Nature Communication, 6 (1): 8635.

ZHANG Y, WANG J, WANG Z, et al., 2019. A gRNA-tRNA array for CRISPR-Cas9 based rapid multiplexed genome editing in *Saccharomyces cerevisiae* [J]. Nature Communication, 10 (1): 1053.

ZHAO D, FENG X, ZHU X, et al., 2017. CRISPR/Cas9-assisted gRNA-free one-step genome editing with no sequence limitations and improved targeting efficiency[J]. Scientific Reports, 7 (1): 16624.

ZHAO H M, BAO Z H, XIAO H, 2015. Homology-integrated CRISPR-cas (HI-CRISPR) system for one-step multigene disruption in saccharomyces cerevisiae[J]. ACS Synthetic Biology, 4 (5): 585-594.

ZHAO J, LI Q, SUN T, et al., 2013. Engineering central metabolic modules of *Escherichia coli* for improving β -carotene production[J]. Metabolic Engineering, 17: 42-50.

ZHOU J, YANG L Y, WANG C L, et al., 2017. Enhanced performance of the methylerythritol phosphate pathway by manipulation of redox reactions relevant to IspC, IspG, and IspH[J]. Journal of Biotechnology, 248: 1-8.

ZHOU K, QIAO K, EDGAR S, et al., 2015. Distributing a metabolic pathway among a microbial consortium enhances production of natural products[J]. Nature Biotechnology, 33 (4): 377-383.

ZHOU Y J, GAO W, RONG Q, et al., 2012. Modular pathway engineering of diterpenoid synthases and the mevalonic acid pathway for miltiradiene production[J]. Journal of the American Chemical Society, 134 (6): 3234-3241.

ZHU M, WANG C X, SUN W T, et al., 2018. Boosting 11-oxo- β -amyrin and glycyrrhetinic acid synthesis in Saccharomyces cerevisiae via pairing novel oxidation and reduction system from legume plants[J]. Metabolic Engineering, 45: 43-50.

ZHU X, ZHAO D, QIU H, et al., 2017. The CRISPR/Cas9-facilitated multiplex pathway optimization (CFPO) technique and its application to improve the *Escherichia coli* xylose utilization pathway[J]. Metabolic Engineering, 43: 37-45.

ZIRPEL B, DEGENHARDT F, MARTIN C, et al., 2017. Engineering yeasts as platform organisms for cannabinoid biosynthesis[J]. Journal of Biotechnology, 259: 204-212.

ZIRPEL B, STEHLE F, KAYSER O, 2015. Production of Δ⁹-tetrahydrocannabinolic acid from cannabigerolic acid by whole cells of *Pichia* (*Komagataella*) *pastoris* expressing Δ⁹-tetrahydro-cannabinolic acid synthase from *Cannabis sativa* L. [J]. Biotechnology Letters, 37: 1869-1875.

第十八章 工业大麻产业研发

一、工业大麻产业概况

工业大麻的种植和使用最早起源于中国，是我国传统的天然纤维作物，已有几千年种植和使用的历史，为现代工业提供了可再生、可循环利用的新资源、新材料。据史书记载，工业大麻种植历史已有8 000年，是人类最早用于织物的天然纤维，在中国素有"国纺源头，万年衣祖"之称。"丝绸之路"使其进入了中东、地中海、欧洲，继而走向世界。欧盟等国家根据大麻中致幻成分四氢大麻酚（THC）的含量，结合植物特征与用途，将大麻分为工业大麻、毒品/药用大麻（又称为娱乐大麻）和中间型大麻3种类型。其中工业大麻（THC含量低于0.3%）已经不具备提取毒性成分THC的价值，也不能直接作为毒品吸食，其植株高大、枝杈少、纤维含量高，因此被允许规模化种植和工业化利用。目前，世界工业大麻产业再度兴起，工业大麻全株均可利用，其根、茎、皮、叶、花、果的内含物质非常丰富，广泛应用于纺织、造纸、食用油、功能保健食品、化妆品、医药、生物能源、建材、新生物复合材料等行业，已有超过25 000种产品是基于工业大麻开发的，包括汽车配件、家具、纺织品、食品、饮料、美容产品和建筑原料等。工业大麻正在成为全球的产业热点，已经有30多个国家对其进行了大面积的种植和产业开发，多国政府均积极发布政策推动产业发展。

工业大麻产业涉及范围广泛、规模大且增长迅猛，能够拉动很多相关产业发展，形成一个巨大的新兴产业群，而且其中很多工业项目含有大量的高新技术，有利于经济社会的快速发展。此外，工业大麻是可再生、可循环利用的资源，能够节省其他相关资源，使工业大麻产业做到可持续发展和与其他产业协调发展。纵观工业大麻的相关产业，大麻纤维可制成许多高档纺织品，植株全秆可替代木材造纸、制造建筑材料。大麻的根茎、种子等是上等的无毒涂料、上光剂和润滑油等的原材料。叶、枝梢、果壳又是良好的杀虫防病的土壤肥料。用大麻全秆或秆芯作为制浆造纸、建筑装饰、包装箱板等方面的原料，不但质量好，而且能够部分替代我国紧缺的木材。大麻花可用于装饰也能被制成具有化妆品和药用价值的产品。与其他草本植物相比，大麻根系高度发达，适用于土壤中重金属的植物修复（图18-1）。

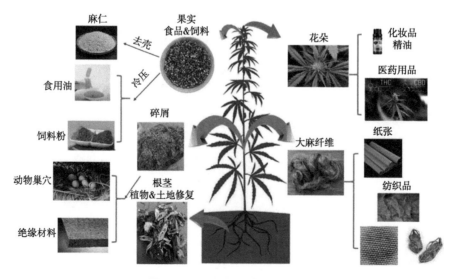

图18-1 工业大麻的广泛用途

在工业加工方面，尽管我国在纤维纺织方面的技术非常成熟，但在有效成分提取、生物复合材料开发方面才刚刚起步。从产业的发展水平、成熟度、产品开发等整体而言，我国尚未达到世界领先技术水平。然而，工业大麻最大的产业研发价值在于大麻植物中含有的560余种化学成分，可区分为大麻素和非大麻素化合物，其药理学活性已受到全球医学及生命科学界的广泛关注，但其药用价值尚未完全开发，并将具有广阔的发展空间，创造巨大的经济效益和社会效益。例如研究发现大麻素中最重要的提取物之一，非精神活性类成分大麻二酚（CBD）具有良好的药物活性。CBD油是从大麻中萃取的天然成分，因其重要及稀缺，在国际市场上价格比黄金还贵。早在2017年，全球范围内就已经出现了工业大麻解禁潮，截至2019年1月，全球有41个国家宣布医用大麻合法，超过50个国家宣布CBD合法。CBD油已经在美国50个州合法使用，并且可以出口到包括中国在内的40个国家。欧美发达国家已经有相关终端产品（药品、保健品、化妆品、营养品、日化用品、普通饮料和功能性饮料等）在市场销售。

工业大麻行业产业链可以分为上游、中游、下游3部分。产业链上游为工业大麻种植业，包括工业大麻育种研发机构与工业大麻的种植商；产业链中游涉及工业大麻加工业，包括花叶加工、麻秆加工、麻籽加工等，其中花叶加工萃取出的CBD极具应用前景；产业链下游是下游产品的研发生产等环节，如纺织品、食品、保健品及药品等。中国工业大麻的种植，目前仅有黑龙江和云南两地具有合法化工业大麻种植资格，拥有工业大麻种植许可的企业达45家。大麻植株根据用途可以分为籽用、纤维用、医用等。籽用品种需要选取具有更高的产量和营养价值的品系；纤维用品种需要选取纤维品质包括长度、韧性等性能更好的品系；医用品种需要选育含有更高水平的某种大麻素的品系。育种环节主要是根据具体的用途，对工业大麻的品种进行定向改良，以提高工业大麻的产量或质量；种植环节通过控制温度、光照等生长环境，来提高植株中有用成分的含量；加工提取环节主要是对大麻植株中的有用部分进行提取加工，包括纤维、大麻素等。在美国，种植者可以从种子公司或者培育院所获得上百个品种的种子，种植过程包括种子选择、育苗、生长、开花、收获和调制六大环节，周期为3~10个月。根据《2019年全球及中国工业大麻市场分析及未来五年市场发展潜力、发展前景分析》记载，工业大麻的应用领域已十分广泛，其中纤维和医疗用途是目前的主要应用方向，并已取得一定成果。工业大麻合理化应用在全世界持续推进，它的应用范围也在不断拓展。坚持可持续发展，构建绿色和谐的生态环境是未来社会发展的重要主题。以种植的工业大麻为原料，生产利国利民的工业大麻下游产品已经拓展至纺织、医疗、食品、保健品、化妆品、建材等10多个领域，顺应了时代的潮流，提供了宝贵的创新途径。

目前，中国已成为全球最大的工业大麻种植国家。据统计，欧洲、中国、韩国和俄罗斯是世界上主要的工业大麻生产地区，中国种植面积最大，占全世界一半左右。同时，工业大麻的单位种植面积也得到了大幅度的提升，这是我国工业大麻种植加工技术改进的重要体现。放眼国外，2017年北美合法工业大麻销售额达92亿美元，在2018年达到122亿美元；2018年美国的工业大麻市场迎来持续的增长，预计到2027年将超过470亿美元。大麻提取物CBD市场规模也将迎来快速增长，据Brightfield Group《2022年国际CBD报告：全球趋势与预测》分析，预计到2027年，国际市场的CBD销售额将超过40亿美元，具有较大的增长潜质。随着全球大麻合法化持续推进，截至2019年，全球范围内超过50个国家将医用大麻或CBD合法化，主要集中于医用和研究领域。根据2014年世界知识产权组织统计，全球606项涉及大麻的专利中，有309项来源于中国企业和个人。Lens专利数据库中检索关于工业大麻的专利共有约1 064项，其中中国地区专利340项，占比达到31.95%，为所有国家最多。但是CBD相关专利中，占比最多的是美国35.79%，中国在CBD的专利中占比约为5.21%。尽管我国的专利在数量上比较多，但是在产业和应用方面尚未处于领先地位。目前我国的大麻专利主要集中在品种培育、栽培技术、纺织、食品和大麻检测技术等方面。

二、工业大麻在医药领域的产业研发

我国自古以来就利用大麻叶、花、麻皮、麻根及麻仁等入药。已有许多古方利用大麻治疗中风、疟疾、风湿等疾病，以及大麻用于外科手术的麻醉用药；大麻花治疗记忆力衰退；大麻茎或茎皮治疗跌打损伤等；大麻种子的药用价值广泛，许多国家使用大麻种子用于制药。古印度医生曾用来治疗黏膜充血、发炎、咳嗽和哮喘等；大麻具有止痛的作用，可以缓解疼痛，可用作慢性风湿病的止痛剂，还可以用于减轻产妇的产前阵痛、缓解妇女经前不良症状及痛经等。火麻仁为2015版《中国药典》第一部收录的中药饮片，是原国家卫生部明确公布的药食同源品种，可润肠通便，常用于血虚津亏、肠燥便秘。工业大麻的叶、花、根也具有止血、散瘀、解毒等功效。

近年来，全球范围内关于大麻的非精神活性类成分CBD的作用机制和新药研发取得了突破性进展。大麻提取物的主要成分是大麻素，大麻素是大麻植株中特有的与大麻素受体（内源性大麻素系统）结合并产生与大麻类似的药理活性的化合物，与其结合的主要受体为大麻素Ⅰ型（CB1）受体和大麻素Ⅱ型（CB2）受体，CB1主要分布于脑组织、脊髓及外周神经系统；CB2主要分布于胸腺、扁桃体等外周免疫系统，在神经胶质细胞中也有表达。天然存在的大麻素包括120余种不同的有机化合物。按结构又可分为至少8个结构类，包括大麻环萜酚（CBC）、大麻环酚（CBL）、大麻二酚（CBD）、大麻萜酚（CBG）、大麻酚（CBN）和四氢大麻酚（THC）等。其中CBD和THC是两种主要的大麻素，它们互为同分异构体，THC是主要的精神活性物质，具有成瘾性，因此临床使用受到严格地限制；而CBD不具有精神活性，属于非致幻成分，具有不可估量的药用价值。

工业大麻的药用价值研究已成为全球医药产业及科学研究学者的研究热点。例如关于大麻素在癫痫中的研究结果显示，大麻素对不同类型的癫痫具有显著的治疗效果，包括显著的抗癫痫与神经保护作用，且无精神活性作用。研究发现，癫痫患者在治疗前给予稳定剂量的CBD两周后进行磁共振（rs-fMRI）检测，发现癫痫发作频率平均下降了71.7%，同时抑郁和疲劳值均有所改善。此外，全球范围内焦虑症发病率逐年升高，且出现年轻化趋势，已成为全球的医学难题。在我国抑郁症患者终生患病率约为7.6%，位于所有精神类疾病首位。目前已有临床前研究表明，CBD可用于治疗焦虑症和抑郁症，CBD全身给药或显微注射到控制恐惧和焦虑情绪的不同脑区，均显示其抗焦虑的作用。给予CBD单一或者辅助治疗后，可以降低社交恐惧症患者的焦虑程度，还可以减轻海洛因依赖患者和帕金森病患者的焦虑程度。

此外，研究发现大麻素在免疫系统疾病中也发挥重要作用。CBD主要通过诱导细胞凋亡、抑制细胞增殖、抑制细胞因子和趋化因子的产生及活化发挥其免疫抑制作用，能够作用于B细胞、NK细胞、单核细胞、中性粒细胞、调节性T细胞等。大麻二酚通过提高辅助型T细胞2（Th2）抑制Th1辅助细胞参与调节免疫反应，通过CD4+、CD8+阳性T细胞群产生活性氧，激活细胞凋亡通路关键蛋白（Caspase-8和Caspase-5）促进T细胞凋亡，并抑制其增殖。有研究证实，CBD可以降低B细胞活性，调节细胞内钙离子稳定。还可通过增加细胞凋亡水平激活T细胞，诱导调节性T细胞（Treg细胞），抑制细胞因子的产生，最终抑制炎性反应。研究者还发现THC能有效地调节免疫细胞功能，有效抑制肝炎，使肝脏转氨酶显著降低，减轻肝组织损伤。在刀豆蛋白A（ConA）诱导的小鼠肝炎模型中，THC治疗通过与免疫细胞上的CB1和CB2受体结合后，诱导效应T细胞凋亡，上调Treg功能，显著抑制ConA诱导的肝炎中的关键炎症细胞因子IL-2、IL-1β以及TNF-α的释放。

同时，研究发现工业大麻和大麻素对消化系统功能具有显著的调节作用，可用于缓解胃肠道症状。大麻素对胃肠道功能、胰腺和肝脏等消化器官的神经肌肉和感觉功能均有影响。大麻素激活大麻素受体CB1和CB2，抑制突触前神经元的递质释放，同时抑制甘油脂肪酶-α，以阻止内源性大麻素的合成。因此，大麻素可以引起剧烈呕吐和周期性呕吐综合征，但也可以用来减轻胃肠道或肝脏的炎症，以及治疗疼痛和运动功能障碍。

目前，大麻素对肿瘤的治疗作用已越来越多地受到研究学者的广泛关注。肿瘤作为世界上发病率和致死率较高的疾病之一，目前对于肿瘤的治疗主要以放疗和化学药物治疗为主。近期有研究表明，在结直肠癌的治疗过程中，大麻素具有作为抗肿瘤药物的潜力，主要通过多种机制诱导细胞凋亡。在动物试验模型中发现，大麻素可以减少肿瘤体积和异常隐窝病灶的形成。此外，在结直肠癌的治疗过程中，发现一种新型合成大麻素CB83和CBD孵育HT-29细胞后过氧化氢酶活性显著降低，并且显著降低细胞中抗坏血酸的含量，同时能有效诱导HT-29细胞凋亡和坏死。因此，利用CB83和CBD对结直肠癌细胞的协同作用进行联合治疗，将可能成为结直肠癌有效治疗的新策略。此外，研究表明大麻类化合物单独或联合使用，可以减少黑色素瘤细胞的生长，促进细胞凋亡和自噬。

睡眠是神经系统的一项重要功能，良好的睡眠有助于维持大脑和身体的动态平衡、能量水平、认知能力和各种生物体的其他关键功能。然而，随着全球经济的高速发展，越来越多的人群承受着来自生活和工作等方面的精神压力，随之引发的睡眠功能障碍已成为全球范围内广泛的社会现象。睡眠功能障碍是几乎所有人类精神疾病的共性症状，未经及时有效的治疗将进一步导致严重精神疾病或心理障碍。关于睡眠质量的长期研究发现，失眠患者给予CBD后，睡眠质量明显有所改善。因此，研究大麻素在睡眠相关神经元和回路中作用的分子机制，将有助于理解大麻素是如何影响睡眠的，同时还将加深我们对睡眠—觉醒状态的基本生物节律的理解。但是对大麻素辅助睡眠是否会诱导患者产生依赖性目前尚未有研究报道。

我国现行法律和政策限制了工业大麻在医药领域的应用，2019年3月6日，国家禁毒委员会办公室发布《关于加强工业大麻管控工作的通知》，通知声明，我国目前从未批准工业大麻用于医用和食品添加，各地要严格遵守规定。然而，我国的新药研发团队及科研工作者们始终进行工业大麻医药价值的研究和开发工作，为未来我国开展工业大麻的药用价值及产业链的开发储备力量，如哈尔滨医科大学、黑龙江省农业科学院、齐齐哈尔大学、哈药集团、成功药业等。哈尔滨医科大学杨宝峰院士的工业大麻研发团队，近10余年来对工业大麻的成分和结构及药效学活性进行了深入研究，证实其多种药用价值，在心血管系统疾病及神经系统疾病领域有望研制出新型高效的治疗药物及辅助治疗药物。该团队研究发现，汉麻茎叶提取物及其中CBD等成分具有抗菌、抗肿瘤、镇痛、抗抑郁、抗癫痫、抗肺动脉高压、抗氧化、抗衰老及抗疲劳等药效。火麻仁为主方的中药组合物及火麻油具有抗高脂血症、降低空腹血糖、抗疲劳及抗氧化的作用。根据火麻仁的功效，将进行合理组方并研发相关保健食品及药品。同时，还将开展全面毒理学研究，评价工业大麻提取物及CBD的安全性；对于汉麻茎叶提取物及其中CBD等成分多种药效的作用机制尚不完全明确，仍需深入探讨。杨宝峰院士团队分别在北京、云南、黑河等地建立了汉麻研究基地，并着手探索汉麻根、茎叶、花、籽及麻皮等各个部位的药物活性成分及有效活性部位，逐个深入开展药效学研究，并指导合作企业专注于工业大麻相关产品的全面研究和开发，产品方向涉及食品、保健品、日化用品和药品等领域的产品研发，并获得丰硕成果。

工业大麻提取物的应用主要集中在CBD的医疗用途，虽然科学研究领域已研究证实CBD具有抗炎、杀菌、镇痛、抗焦虑、抗精神病、抗氧化、改善学习记忆、神经保护和减少肠蠕动等作用，揭示工业大麻在治疗厌食症、艾滋病、癫痫、多发性动脉硬化与帕金森病以及预防心肌梗死、抑制神经胶质瘤细胞转移、抑制性激素分泌等方面具有较大的应用价值，但目前全球范围内以大麻成分为原料的药品还较为稀少，仅在欧美国家有个别产品上市（表18-1）。如英国吉瓦制药公司（GW）开发的以CBD和THC为主要成分（比例为1:1），用于治疗多发性硬化症引起的痉挛药物Sativex已于2005年在加拿大首次上市，后陆续在英国、法国、德国、西班牙、丹麦、意大利、瑞典、瑞士等21个国家上市。2016—2018年Sativex全球销售额分别为730万美元、800万美元和1 050万美元，2018年新增销售收入250万美元，主要来自欧洲、加拿大及以色列市场的增长。尽管目前已上市的工业大麻活性成分的药物仍然较少，但全球处于研发阶段的大麻活性成分药物已有数10种，涉及众多常见和难治性适应症，其中已处于二期或三期临床研究阶段的药物，主要包括吉瓦制药（GW Pharmaceuticals）研发的几种以CBD、CBDV为主要成分的药物，用于治疗结节性硬化症、帕金森病、癫痫、自闭症谱系障碍、新生儿缺氧缺血性脑病、胶质母细胞瘤、精神分裂症；Cannabics Pharmaceuticals研发的Cannabics SR用于改善癌症病人的厌食和恶病质、神经性厌食；Echo Pharmaceuticals研发的以THC为主要成分的Dronabinol用于缓解痴呆、肌张力增高和疼痛；同时RespireRx Pharmaceuticals Inc.研发的THC为主要成分的Dronabinol用于治疗阻塞性睡眠呼吸暂停（OSA）。McMaster大学研发的以CBD油为主要成分的胶囊用于广泛性焦虑障碍、社交焦虑障碍、恐慌症、陌生环境恐怖症；Sunnybrook Health Sciences Centre研发的Nabilone为主要成分的药物用于缓解阿尔茨海默病；Zynerba Pharmaceuticals（ZYNE）研发的以CBD胶为主要成分的透皮凝胶用于改善癫痫、脆性X综合征、骨关节炎等。

表18-1　大麻活性成分药物

药物	成分	适应症	公司	开发阶段
Marinol®胶囊	大麻酚（Dronabinol）	缓解AIDS导致的食欲不振及体重减轻肿瘤化疗引起的恶病质及呕吐	AbbVie	美国上市
Sativex®口腔喷雾剂	THC：CBD=1：1	多发性硬化症引起的强直性痉挛	GW Pharmaceuticals	已在加拿大、英国、法国、德国、西班牙、丹麦、意大利、瑞典、瑞士等21个国家上市
Epidiolex	CBD	儿童罕见癫痫病（Dravet综合症；Lennox-Gastaut综合症）	GW Pharmaceuticals	于2018年6月26日美国FDA批准上市
Cesamet®胶囊	大麻隆	帮助预防或治疗化疗引起的恶心和呕吐	Meda Pharmaceuticals Ltd.	美国上市
Syndros®口服液	THC	艾滋病患者厌食和体重减轻，癌症患者的化疗造成的恶心呕吐	Insys Therapeutics	美国上市，FDA批准的第一个口服THC药物

我国现行政策限制了工业大麻使用。我国对工业大麻监管严格，现行法律和政策允许工业大麻使用的范围是大麻叶提取物等可用于化妆品，大麻仁可作为中药使用，也可用于保健食品。大麻素中目前被证实的具有显著医用价值的是CBD，目前我国还未出台食品中添加CBD的标准，因此CBD还不被允许用于食品和化妆品。从短期来看，CBD提取后将以出口为主。从产业发展的长期趋势看，CBD等提取物的新药研发是产业链的制高点。目前，我国制药企业正逐渐聚焦工业大麻医药产业开发价值，主要的合作方式包括工业大麻种植和加工、与海外大麻企业合作工业大麻育种、萃取、深加工及产业化等。针对大麻活性成分药物的深入研究和开发，为人类健康和疾病防治提供了更多可能性。布局工业大麻需要着眼于医药研发，专业的医疗团队通过临床试验、申请专利等获得创新药品，且市场潜力较大。因此，开发工业大麻的下游产业链中的医药产品，将是工业大麻附加值最大化的有效举措，但由于医用大麻的使用在我国尚未合法化，该规划版块目前仍为空白。

三、工业大麻在食品及保健品领域的产业研发

大麻种子在中国有着悠久的食用历史，中医的"药食同源"学说反映了其食用和药用价值。大麻因其籽粒可食用，曾被列为"五谷"之一，《周礼》中称"麻、麦、稷、黍、豆"为五谷，"麻"即为大麻籽。《本草纲目》中记载，"火麻仁补中益气，久服康健不老"。工业大麻种子营养丰富，含有20%～25%的蛋白质、20%～30%的碳水化合物和10%～15%的可溶性纤维，并且含有丰富的矿物质，特别是磷、钾、镁、钙、铁和锌等元素。大麻种子的开发利用不仅对工业大麻产业发展有着重要

的作用，同时也为人们提供了一种具有丰富营养价值的食物资源。

大麻种子中含丰富的矿物质，特别是磷、铁、镁、钾、锌、钙等，其中铁、锌含量及比例更适合人体需要。大麻种子中还含有维生素C、烟酰胺、维生素B_1、维生素B_2和β-胡萝卜素，其中维生素B_2含量较高。应用大麻仁制作的保健食品含有合理比例的不饱和脂肪酸（Omega-3、Omega-6和Omega-9），有助于改善心脑血管功能、清除体内多余脂肪、清除细胞自由基（延缓衰老）、改善睡眠、预防癌症等。

随着工业大麻食品的合法化、普及化，工业大麻食品的品牌和种类日益增多。工业大麻种子的开发利用主要分为大麻仁食品、大麻仁蛋白、大麻仁保健品，大麻种子油（大麻仁原生油、大麻仁高级食用油）等。

加拿大、欧洲各国的多家公司已经开发出大麻籽油产品，包括食用油、人体护肤用品等。大麻种子富含的干性油脂与其他植物油脂相比，其多不饱和脂肪酸含量高达90%以上，必需脂肪酸含量高于80%。其主要的成分包括亚油酸（Omega-6）和α-亚麻酸（Omega-3），其成分和比例十分接近人体的营养需求，是理想的人体脂肪酸摄入比例，符合当前人们对健康饮食的需求，可以作为一种新型功能性油料资源加以开发利用。因此大麻籽油产品可以成为食品、添加剂、个人护理用品的绝佳选择。大麻籽油在降低胆固醇、抗氧化、清除人体内自由基等方面具有显著的作用，并且是安全无毒的，是一种具有很高利用价值的功能性油脂。大麻种子油作为一种优质的食用油，更受大家的欢迎，每日只需摄取10～20g，即可满足人体对必需脂肪酸的要求。具体而言，大麻种子油可分为大麻仁原生油、大麻仁高级食用油和大麻化妆油。大麻仁原生油是采用低温冷榨技术和高科技提纯的，是精制的营养与保健食品专用油，它最大程度地保留了大麻仁的原生精华及其特有的自然香味，又最大限度地富集了Omega-3和Omega-6等多种人体必需脂肪酸。大麻仁高级食用油是经机械压榨精炼提取的植物油脂。Omega-3、Omega-6以及Omega-9系列脂肪酸总量达到80%以上，其中Omega-3、Omega-6脂肪酸含量的比值为1∶（2.3～2.7），该比值正是人体健康所需要的合理比值，同时也符合联合国粮食及农业组织（FAO）和世界卫生组织（WHO）举办的"关于人类营养中脂肪和脂肪酸"的专家协商会议的专家咨询报告中所指出的多不饱和脂肪酸推荐值范围。

大麻种子是一种十分优质的蛋白质来源。大麻种子蛋白质中含有21种氨基酸，其中包括17种人体所需的氨基酸，且含量较高，组成比值合理、效价均衡，属于"优质完全蛋白"。脱壳大麻籽味道类似于松子，比大豆蛋白味道更好，更易消化，质地和大小类似于芝麻，是几乎任何一顿饭中都很容易添加的食物。脱壳大麻籽主要存在于烘焙食品（面包、椒盐卷饼）、燕麦卷和谷类食品。大麻蛋白是肉类蛋白的一个很好的替代品。此外，大麻种子还含有其他多种天然生物活性成分，是现代纯天然食品中有效成分较多的功能性食品代表。大麻蛋白的65%为麻仁球蛋白、35%为白蛋白。麻仁球蛋白只在大麻种子中存在，具有促进消化的功效。另外，大麻种子蛋白质中不含影响蛋白质吸收的色氨酸抑制因子及寡聚糖。大麻仁蛋白在免疫调节、控制血脂和提高机体耐受力方面有明显辅助功效，其丰富的大麻仁球蛋白与人体内的蛋白很相似，非常适合机体的生理需求，如DNA修复等，且不含植物蛋白常有的致敏因子，容易吸收和转化利用，尤其有助于体弱消瘦人群及病愈群体的营养补充。麻仁蛋白粉可直接作为人体的蛋白质营养补充剂，因其丰富的精氨酸和组氨酸，可作为生长期儿童的营养补充物质。

然而，全球对于CBD作为有效的活性成分能否用于食品添加的问题仍存争议。2018年12月，美国尽管放开了工业大麻种植，但FDA一直声明，CBD不能用于食品或膳食补充剂，因为CBD被列为"药物产品的活性成分"。FDA也同时宣布计划在"不久的将来"审查CBD在食品、药品和化妆品中的使用。欧洲议会呼吁各会员国合作，确保药用大麻只能采用经过临床试验、监管评估和批准的大麻衍生产品。在南美，巴西对用于医疗或科学目的的大麻进口或出口采取许可证制度。在美国加州、华盛顿州等娱乐大麻合法化的州，大麻仁油、大麻仁蛋白和脱壳大麻仁都已通过了美国FDA评价食品添加剂安全性指标（Generally recognized as safe，GRAS）审核，且大麻仁产品在美国进口和销售已经完全合法。加拿大将正式允许大麻食品在市场上流通，允许食品中添加10mg以内的娱乐性的THC和医用的CBD。加拿大有48%的潜在消费者愿意选择大麻食品作为首次尝试，在接受调研的潜在消费者中，20～34岁年龄段约有47%，35～50岁年龄段约有49%，以及55岁以上年龄段约有48%的人会优先选择可食用大麻产品。国外许多国家已经制定了工业大麻食品中THC、CBD的限量标准及相关法律，而我国尚未出台关于工业大麻食品中THC、CBD的限量标准以及检测标准，仅有广西地区制定了火麻食品的地方标准。因此，相关部门急需出台有关工业大麻食品中大麻素类物质检测的行业标准、国家标准以及工业大麻食品中大麻素类物质的限量标准。

国内对大麻籽多样化产品开发尚处于起步阶段，依托国内丰富的大麻品种资源和广阔的消费市场，在工业大麻纤维利用的同时进行大麻种子保健产品开发是产业增效的重要途径，其前景非常广阔。2018年黑龙江省政府将工业大麻产业作为新增长领域的培育对象，并且重点圈定了几个优势地区，大力促进工业大麻种植业的发展，建立全国种植面积大、产量高、品质优的原料产区。随着种植面积的不断扩大，加工和深加工技术水平的不断改进和销售量的增长，工业大麻逐步成为黑龙江省最具发展潜力的新兴经济作物。在产业结构调整背景下，工业大麻产业的发展将具有更大的提升空间。

四、工业大麻日化产品的研发

在《已使用化妆品原料名称目录》（2021版）和《化妆品安全技术规范》（2015版）中已有多项工业大麻来源的化妆品原料。这为大麻花叶提取物和大麻籽油、大麻仁果在化妆品中的应用打开法规之门。据统计显示，2018年全球CBD化妆品市场规模超过5.8亿美元，预计2025年的复合年增长率为31.3%。中国作为全球最大的护肤品市场之一，同时也作为全球工业大麻的主要种植与生产基地，工业大麻在中国的化妆品市场终将掀起热潮。

通过压榨大麻植物的种子加工而得的大麻籽油，在抗氧化、清除自由基等方面具有显著的作用，并且安全无毒，是一种具有很高利用价值的功能性油脂。大麻化妆油是渗透性较强和活性极高的油料，含有多种对人体十分有益的必需脂肪酸及其衍生物，是良好的日化产品原料，具备保湿、滋润、消炎、紫外照射修复等功能，可作为优质的日化基础油。国际知名化妆品牌如雅诗兰黛、科颜氏等已成功将大麻籽油应用于化妆品中。近年来，从工业大麻花叶中提取出的CBD被证实具有抗炎、抗氧化、营养神经和镇痛等功效，而人体皮肤中含有大麻素受体，因此，CBD护肤品也具有舒缓、滋润皮肤和缓解疼痛的作用。此外，CBD化妆品还具有改善皮肤发炎、舒缓皮肤敏感泛红、为皮肤表层建立保护屏障、增强皮肤自我修复力以及治疗粉刺的作用。英国品牌Revolution新推出的一个护肤系列中就含有CBD油。High Beauty、Lord Jones等品牌的化妆品中含有CBD成分。KANA推出CBD睡眠面膜含有CBD和28种活性植物成分，能舒缓泛红受损肌肤。此外，大麻种子含油率高且绿色天然，还可以做工业润滑油、油漆、抛光剂、印刷染料和肥皂等。

五、工业大麻纤维棉纺织品产业的研发

与合成纤维相比，大麻素有"天然纤维之王"之称，工业大麻植株可长到4～5m，茎厚而中空，分枝和叶子很少，纤维含量高，被作为纤维作物种植，是天然纺织品开发的理想原料。大麻纤维在生理、卫生、健康性能以及舒适性和生态性能方面更加优良。大麻茎富含纤维，耐日晒牢度好，耐海水腐蚀性能好，坚牢耐用，因此大麻纺织品特别适宜做防晒服装及各种特殊需要的工作服、太阳伞、露营帐篷、内衬材料。大麻纤维还被用来编织渔网、麻绳及作为造纸原料等。近来，随着意大利市场纺

织品需求的复苏，以经营纯棉及亚麻类织物闻名的意大利纺织品公司开始重新将大麻纤维作为时尚类纺织纤维而大力推广。国外大麻纤维材料的衣物发展方向主要以清爽舒适为主，而原材料方面主要是大麻纤维与棉、粘胶、天丝、竹纤维以及弹力丝等材料的混合使用。我国是大麻纤维的主产国，主要产地分布在北方，其中以河北蔚县大麻、山西潞安大麻、山东莱芜大麻品质最优。随着工业大麻广泛应用，我国很多企业也开始重视工业大麻的种植及研发。而决定大麻纺织品质量的主要因素在于大麻的脱胶技术，现主要使用化学脱胶法和酶制剂脱胶法，因此，为开发高档优质的大麻纺织品，国内外均开始对大麻加工技术进行深入研究。我国大麻纤维产品开发应用方面已基本完成了纤维、纺纱、织布、印染和成衣全部试验流程。采用最新的环保生产技术，大麻纤维可达到2 000～3 500支，完全可以满足纺纱使用。在大麻民品方面，目前已开发的品种有衬衫、西服、休闲服、迷彩服、双面布、高支高密布、时装、床饰、T恤和袜子等20余种，基本覆盖了纺织市场所有品种。

大麻纺织品具有很多优良特质，具有良好的吸湿、散湿、透气性能，消音吸波、耐热性能，耐晒、耐腐蚀、抗静电、防紫外线和抑菌性能。基于这些性能，大麻纤维可以用于室内装修、汽车内部修饰和纺织品制造，能调节空间内部的湿度和温度，营造一个安静的氛围，防止静电对人体的损伤，屏蔽大部分紫外线，抑制纺织品上厌氧细菌、霉菌的生长等。具体而言，首先大麻纤维具有天然抑菌的作用。研究表明，大麻纺织品中的大麻纤维虽然经过脱胶等加工处理，但仍然会留存微量的大麻酚类物质。大麻纤维纺织物中大麻酚类物质对大肠杆菌、金黄葡萄球菌等细菌具有显著的抑制作用。另外，大麻纤维含有10多种对人体有益的微量元素。因此，大麻纤维及其制品的防霉抗菌保健功能良好。同时，大麻还具有生物降解性，大麻的最终产品可以在自然界中因光热和微生物自然降解。大麻纤维是各种纤维中最柔软的一种纤维，其细度与棉质纤维相当，大麻纤维中心细长的空腔与纤维表面纵向分布着的许多裂纹和小孔洞，形成较好的毛细效应，故排汗吸湿、透气性能好，一般含水率可达30%。因此，以大麻纤维制作的衣物触感柔软，具有吸汗耐湿等功能，在冷热不同环境中也能起到一定的调节温度作用。大麻纺织品与棉纺织品相比，可让人体感温度降低5℃左右，这意味着大麻非常适用于开发夏装或床上用品。

由于大麻纤维的特质，现在军事上大麻纤维也有一些应用，包括应急产品、特种军服以及特种军需产品开发。此外，我国已成功研制出一种以大麻秆芯粘胶为基体的新型阻燃纤维，用于特种军需产品。

六、工业大麻在新型烟草中的研究

随着烟草管控和民众健康意识的深化，全球烟草市场规模呈下行趋势，国际烟草巨头销量增长缓慢。当前全球主要烟草市场卷烟销量饱和下行，大麻产品对烟草替代性较强。CBD成分有很多消费形式，可舌下滴服、涂抹、吸入、口服等，其中雾化是让CBD进入血液的更快方式，也是见效更快、利用率更高的方式。研究表明，CBD雾化的利用率达到30%～40%，滴剂为20%～30%，胶质（胶囊）约为5%。口服CBD产品，CBD需要经过消化系统、肝脏，然后才能到血液中，分布时间较长、生物利用度低；通过雾化器吸收CBD则能更快吸收入血液，见效快，生物利用度高。因此，大麻雾化电子烟有望成为高效低毒的新一代替代产品。

大麻雾化笔（Vape pen）在合法地区的大麻药房较为常见，其有效成分多为THC或CBD，携带方便，在欧美市场已替代了一部分尼古丁电子烟或传统卷烟。此外，为了减轻尼古丁成瘾、吸烟带来的危害，越来越多的人开始选择尼古丁含量低甚至零含量的电子烟。更重要的是，越来越多的证据表明，CBD能帮助戒断烟草尼古丁成瘾。伦敦大学学院临床精神药理学科进行了一项关于CBD对烟草成瘾影响的研究，认为CBD是尼古丁成瘾的潜在治疗方案。加热不燃烧烟草是新型烟草领域的代表性产品，烟弹是其关键性环节，将大麻花叶材料应用在加热不燃烧烟草的烟弹有望开创行业发展新方向。同时，添加CBD成分的电子烟油或添加大麻成分的加热不燃烧烟弹均有望成为吸引消费者的新潮流。

七、工业大麻产品在其他领域的应用

工业大麻秸秆经剥制纤维后的麻骨作为优质材料，被广泛应用到工业、农业、军工、建筑材料和日常生活，包括纺织、造纸、新材料等领域。大麻具有纤维长、强度大、吸湿性好、天然环保等特点，另外大麻生育期短，利用大麻代替木材制浆造纸的天然、可再生的造纸技术成了最佳的环保策略之一。麻秆可以通过热解生产甲醇、沼气、燃油和焦炭，用作动力能源，也可以通过微生物发酵生产乙醇。用大麻秆粉碎生产的生物复合材料是一种新型的环保材料，用大麻麻屑的短纤维制造成的复合纤维板具有较强的韧性，是良好的房屋建筑材料。麻秆经高温碳化后，具有吸附功能，能够净化空气、水质，可以作吸附剂、食品防腐剂和高档防毒面具等。大麻秆还可以制作环保型精美工艺品，废弃麻秆制成麻屑；大麻秆芯类似硬木，作为绿色可再生资源，是栽培食用菌的营养基质和动物垫草的上佳原料。

此外，大麻种子营养丰富，易消化，一直以来被广泛用于鸟类、鱼类以及一些反刍动物的饲料。大麻籽壳可以制作活性炭，用于食品脱色、水处理和各种食品制造中催化剂的载体。

八、全球工业大麻市场分析与展望

此前全球对工业大麻的关注多集中于工业大麻茎秆纤维，部分纺织类的上市公司曾推出工业大麻相关的纺织品牌。但是近年来，以CBD为主的工业大麻花叶提取物的功效被发现，CBD被认为具有显著药用价值而引起大消费品品牌的关注，如2018年9月，可口可乐与Aurora Cannabis商谈制造CBD饮料；2018年12月，全球烟草巨头奥驰亚以18亿美元购买工业/医用大麻公司Cronos 45%的股份；2019年3月，美国连锁药店巨头沃尔格林开始在全美约1 500家门店出售CBD产品；2019年5月，奥利奥公司表示，已做好生产添加CBD零食的准备；2019年7月，丝芙兰在171家门店上架Lord Jones品牌含CBD的身体乳产品；科颜氏正在出售一款含工业大麻种子提取油的护肤品。此外，东风股份扎根烟标主业，进军工业大麻优化新型烟草布局，2019年2月19日公司公告称，其参股公司绿馨电子与云南汉素、汉麻集团签订合作协议，通过合资公司旨在探索包括工业大麻花叶基料应用于加热不燃烧固体电子烟类产品在内的相关领域，以优化其在新型烟草制品的布局。

美国等欧美发达国家正相继放开工业大麻相关政策。2018年10月，加拿大的联邦大麻法案正式生效，使得加拿大成为全球第二个全面合法国家；2018年12月，美国总统签署了《农业法案》，将THC含量低于0.3%的工业大麻从"受控物质法"中删除，实现全美范围内工业大麻合法化。2019年内，多个国家通过了工业/医疗大麻相关的政策。

我国也相继出台政策支持产业发展，从2019年初开始，多家上市公司得以通过获得种植、加工许可证等方式参与工业大麻行业。与此同时，云南和黑龙江此前已经通过工业大麻合法的相关政策，2019年政策对于工业大麻产业发展的支持力度进一步加大：2019年5月云南省科学技术厅和云南省财政厅发布《关于发布2020年重点领域科技计划项目申报指南的通知》，工业大麻被列入云南产业重点招商项目。随着对大麻植株和大麻素研究的深化，工业大麻的下游应用范围大幅拓展，医疗、食品饮料、烟草、美妆护肤、新材料、军工等新兴需求将带来工业大麻需求的快速增长。我国作为全球工业大麻种植面积最大和大麻应用最早的国家，在工业大麻变革中也应占领有利地位。但也需认识到，我国工业大麻在研发、育种、种植、提取技术和下游应用等方面仍需优化加强。

参考文献

常丽，李建军，黄思齐，等，2018. 植物大麻活性成分及其药用研究概况[J]. 生命的化学，38（2）：273-280.

陈建华，臧巩固，赵立宁，等，2003. 大麻化学成分研究进展与开发我国大麻资源的探讨[J]. 中国麻业，14（5）：266-271.

陈来成，杨占红，何秋星，等，2020. 工业大麻法规现状及其在化妆品中开发应用概况[J]. 日用化学品科学（1）：20-24.

高山，由瑞华，曲丽君，2005. 有广泛用途和应用前景的大麻纤维[J]. 上海纺织科技（12）：4-5，10.

高志强，马会英，2004. 大麻纤维的性能及其应用研究[J]. 济南纺织化纤科技（2）：27-29.

郭鸿彦，杨明，谢晓慧，等，2002. 云南工业大麻产业化发展前景广阔[J]. 中国麻业，24（4）：46-49.

郭丽，王明泽，王殿奎，等，2014. 工业大麻综合利用研究进展与前景展望[J]. 黑龙江农业科学（8）：132-134.

何锦风，陈天鹏，钱平，等，2008. 大麻籽油的特性及研究进展[J]. 中国粮油学报，23（4）：239-244.

黄华莹，2020. 浅谈工业大麻的应用[J]. 泸天化科技（1）：22-24.

孔剑梅，沈琰，2019. 工业大麻花叶提取大麻二酚工艺技术综述[J]. 云南化工，46（8）：1-4.

刘宇，王晓云，2018. 大麻及甲壳素纤维抗菌针织物性能研究[J]. 针织工业（8）：23-27.

卢继业，张赛，涂悦，等，2020. 大麻素在神经系统疾病中的临床应用研究进展[J]. 中国医药，15（1）：147-150.

卢延旭，董鹏，崔晓光，等，2007. 工业大麻与毒品大麻的区别及其可利用价值[J]. 中国药理学通报（8）：1112-1114.

马兰，龙超海，刘佳杰，等，2017. 国内外工业大麻加工处理机械发展现状[J]. 安徽农业科学，45（19）：205-213.

抹茶，2019. 从欧美火到中国"大麻成分"护肤品是怎么被加入白名单的？[J]. 中国化妆品（3）：104-107.

邱莉，2005. 麻类家用纺织品的开发[J]. 现代纺织技术，13（1）：40-43.

孙小寅，管映亭，温桂清，等，2001. 大麻纤维的性能及其应用研究[J]. 纺织学报，22（4）：3-36.

陶鑫，2019. 工业大麻在美国市场的食品、保健品应用法规浅谈[J]. 食品安全导刊（25）：33-34.

王德珠，陈建，李宏俊，2012. 大麻纤维及其应用[J]. 中国纤检（5）：81-83.

王殿奎，关凤芝，2005. 黑龙江省大麻生产现状及发展对策[J]. 中国麻业，27（2）：98-101.

王权，2007. 趋利避害，发展工业大麻产业[J]. 中国麻业科学（S1）：98-99

王晓芹，2020. 哪些化妆品成分最流行？[J]. 中国化妆品（1）：92-95.

韦凤，涂冬萍，王柳萍，2015. 火麻仁食用开发和药理作用研究进展[J]. 中国老年学杂志，35（12）：3486-3488.

吴军，于海波，2020. 大麻二酚在神经精神疾病中的作用与分子机制研究进展[J]. 药学学报，55（12）：2800-2810.

许瑞超，刘云，张一平，2008. 大麻纤维性能及其纺织品的开发[J]. 纺织服装科技，29（6）：5.

辛荣昆，2014-4-23. 从工业大麻中提取二氢大麻酚（CBD）工艺：CN103739585A[P].

杨村，于宏奇，冯武文，2003. 分子蒸馏技术[M]. 北京：化学工业出版社.

杨红穗，张元明，1999. 大麻纺织应用前景及研究现状[J]. 纺织学报，20（4）：62-64.

杨辉，田小凡，郗茜，2019. 推进黑龙江省工业大麻产业发展的实现路径研究[J]. 中国麻业科学（2）：84-88.

杨阳，张云云，苏文君，等，2012. 工业大麻纤维特性与开发利用[J]. 中国麻业科学，34（5）：237-240.

曾靓，张小丽，张尊月，罗华友，2020. 大麻二酚通过内源性大麻素系统抑制炎症性肠病的炎性反应综述[J]. 重庆医学，49（12）：2018-2022.

张华，张建春，张杰，2011. 汉麻——一种高值特种生物质资源及应用[J]. 高分子通报（8）：1-7.

张晓艳，孙宇峰，韩承伟，等，2019. 我国工业大麻产业发展现状及策略分析[J]. 特种经济动植物，22（8）：26-28.

张云云，苏文君，杨阳，等，2012. 工业大麻种子的营养特性与保健品开发[J]. 作物研究，26（6）：734-736.

张运雄. 国外工业大麻研究与产品开发的新动向[J]. 世界农业（9）：37-40.

赵仕芝，2019. 大麻素在化妆品领域的应用综述[J]. 广东化工，46（18）：94-95，85.

周莹，陈念念，韩丽，等，2019. 国内外工业大麻食品法律法规及大麻素检测方法研究进展[J]. 食品安全质量检测学报，10（23）：7959-7966.

ALVES V L, GONCALVES J L, AGUIAR J, et al., 2020. The synthetic cannabinoids phenomenon：from structure to toxicological properties：a review[J]. Critical Reviews in Toxicology, 50：359-382.

BACHARI A, PIVA T J, SALAMI S A, et al., 2020. Roles of cannabinoids in melanoma：evidence from *in vivo* studies[J]. International Journal of Molecular Sciences, 21（17）：6040.

CERRETANI D, COLLODEL G, BRIZZI A, et al., 2020. Cytotoxic effects of cannabinoids on human HT-29 colorectal adenocarcinoma cells：different mechanisms of THC, CBD, and CB83[J]. International Journal of Molecular Sciences, 21（15）：5533.

FARINON B, MOLINARI R, COSTANTINI L, et al., 2020. The seed of industrial hemp（*Cannabis sativa* L.）：nutritional quality and potential functionality for human health and nutrition[J]. Nutrients, 12（7）：1935.

FRAGUAS-SANCHEZ A I, TORRES-SUAREZ A I, 2018. Medical use of cannabinoids[J]. Drugs, 78：1665-1703.

HEGDE V L, HEGDE S, CRAVATT B F, et al., 2008. Attenuation of experimental autoimmune hepatitis by exogenous and endogenous cannabinoids：involvement of regulatory T cells[J]. Molecular Pharmacology, 74：20-33.

HURD Y L, SPRIGGS S, ALISHAYEV J, et al., 2019. Cannabidiol for the reduction of cue-induced craving and anxiety in drug-abstinent individuals with heroin use disorder：a double-blind randomized placebo-controlled trial[J]. The American Journal of Psychiatry, 176：911-922.

KESNER A J, LOVINGER D M, 2020. Cannabinoids, endocannabinoids and sleep[J]. Frontiers in Molecular Neuroscience, 13：125.

MASELLI D B, CAMILLERI M, 2021. Pharmacology, clinical effects, and therapeutic potential of cannabinoids for gastrointestinal and liver diseases[J]. Clinical gastroenterology and Hepatology, 19（9）：1748-1758.

MORGAN C J, DAS R K, JOYE A, et al., 2013. Cannabidiol reduces cigarette consumption in tobacco smokers：preliminary findings[J]. Addictive Behaviors, 38：2433-2436.

NENERT R, ALLENDORFER J B, BEBIN E M, et al., 2020. Cannabidiol normalizes resting-state functional connectivity in treatment-resistant epilepsy[J]. Epilepsy & Behavior, 112：107297.

NISSEN L, BORDONI A, GIANOTTI A, 2020. Shift of volatile organic compounds（VOCs）in gluten-free hemp-enriched sourdough bread：a metabolomic approach[J]. Nutrients，12（4）：1050.

ORREGO-GONZALEZ E，LONDONO-TOBON L，ARDILA-GONZALEZ J，et al.，2020. Cannabinoid effects on experimental colorectal cancer models reduce aberrant crypt foci（ACF）and tumor volume：a systematic review[J]. Evidence-based Complementary and Alternative Medicine，15：1-13.

PRUD'HOMME M，CATA R，JUTRAS-ASWAD D，2015. Cannabidiol as an intervention for addictive behaviors：a systematic review of the evidence[J]. Substance Abuse：Research and Treatment，9：33-38.

WINSTOCK A R，LYNSKEY M T，MAIER L J，et al.，2021. Perceptions of cannabis health information labels among people who use cannabis in the U. S. and Canada[J]. The International Journal on Drug Policy，91：102789.

WIRTH P W，WATSON E S，ELSOHLY M，et al.，1980. Anti-inflammatory properties of cannabichromene[J]. Life Sciences，26：1991-1995.

附录 I 工业大麻种子 第1部分：品种

(NY/T 3252.1—2018)

1 范围

本部分规定了工业大麻品种的术语和定义、要求、检验规则和判定规则。

本部分适用于对工业大麻种子品种安全性要求的检验。

2 规范性引用文件

下列文件对于本文件的应用是必不可少的。凡是注日期的引用文件，仅注日期的版本适用于本文件。凡是不注日期的引用文件，其最新版本（包括所有的修改单）适用于本文件。

GB/T 6682 分析实验室用水规格和试验方法

3 术语和定义

下列术语和定义适用于本文件。

3.1 大麻 *Cannabis Sativa* L.

大麻科大麻属作物，别名火麻、汉麻、线麻等。

3.2 四氢大麻酚 tetrahydrocannabinol，THC

大麻属植物中所含的可使人产生致幻成瘾的一种酚类化合物，英文名称 tetrahydrocannabinol，简称THC，属于麻醉品和精神药品管制对象之一。

3.3 工业大麻 industrial hemp

植株群体花期顶部叶片及花穗干物质中的四氢大麻酚（THC）含量<0.3%，不能直接作为毒品利用的大麻作物品种类型。

3.4 雌雄异株品种 dioecious variety

雌花着生于雌性植株，雄花着生于雄性植株上的工业大麻品种。

3.5 雌雄同株品种 monoecism variety

品种群体中90%以上的植株是雌花和雄花着生于同一植株上的品种。

3.6 单性别品种 single-sex variety

品种群体中90%以上的植株是单一的雌株或雄株，分为雌性品种和雄性品种。

4 要求

4.1 基本要求

所有类型的工业大麻品种须经过人工选育，有适当的命名，并通过农作物品种审定（鉴定或登记）。

4.2 安全性要求

所有类型的工业大麻品种，植株群体花期顶部叶片及花穗干物质的四氢大麻酚（THC）含量均须小于0.3%。

5 检验规则

5.1 采样

5.1.1 样品采集时期

按照下列要求确定采集时期：

a）雌雄异株、雌雄同株在雌株始果期采样，即在10%雌株顶端叶腋间出现簇生绿色小果时采样；

b）单性别品种的雌性品种工业大麻在盛花末期采样，即在50%的植株顶端叶腋间雌蕊中的柱头萎蔫、呈褐色的时期采样；

c）单性别品种的雄性品种在现蕾期采样，即在50%的植株顶部出现肉眼可见的花蕾、花蕾中尚未形成花粉的时期采样。

5.1.2 采样点及数量

5.1.2.1 采样点

根据同一个检测对象（品种）在同一个区域种植面积的大小，随机确定采样点，设置的采样点数量见表1。

表1 采样点数量

种植面积（S）（hm^2）	$S \leqslant 10$	$10 < S \leqslant 100$	$S > 100$
采样点（个）	3	6	S每增加100hm^2，增加1个采样点

5.1.2.2 采样数量

在每个采样点，按照五点式或对角线式等田间试验用系统抽样方法，采集相近花期的代表性植株60株，每株采集长度约15cm 1个花穗。完成采集后应立即随机分装为2个平行检测样品，每个检测样品30株，制成混合样品。

5.1.3 采样部位

不同品种类型工业大麻的具体采样部位见表2。

表2　采样部位

品种类型	样品采集部位
雌雄异株	雌株主茎或分枝顶部花穗（含叶片）
雌雄同株	植株主茎或分枝顶部花穗（含叶片）
单性别	主导性别植株主茎或分枝顶部花穗（含叶片）

5.1.4　采样包装袋

采样包装袋采用25cm×35cm的尼龙网袋，并应附带记录采样地点、品种名称、采样株数、样品系列编号、采样人、时间等信息的标签。

5.2　样品的保存

采集后的样品于12h内放于干燥间或鼓风干燥箱中35℃干燥至恒重后，去除茎秆和籽实，放入避光包装袋，置于-4℃以下保存。

5.3　THC含量测定（液相色谱法）

5.3.1　原理

样品经正己烷-乙酸乙酯提取、微孔滤膜过滤后，用反相色谱分离，紫外检测器检测，采用外标法定量。

5.3.2　仪器设备

准备符合下列要求的仪器设备：

a）高效液相色谱仪（配有紫外检测器）；

b）分析天平：感量0.1mg；

c）鼓风干燥箱：能够控制温度在（150±1.0）℃；

d）离心机；

e）超声波清洗器；

f）滤膜：0.45μm有机微孔滤膜。

5.3.3　标准物质与试剂

准备符合下列要求的试剂与标准物质：

a）标准物质：Δ^9-四氢大麻酚（THC），1mg/mL；

b）水：GB/T 6682 规定的一级水；

c）乙腈（色谱纯）；

d）甲醇（色谱纯）；

e）乙酸乙酯（分析纯）；

f）正己烷（分析纯）；

g）正己烷-乙酸乙酯溶液（$V:V$）：9:1；

h）磷酸盐缓冲溶液（pH值=4）：称取1.640g磷酸二氢钾（分析纯），用1 000mL重蒸水溶解，用稀磷酸调整至pH值为4，用0.45μm有机微孔滤膜过滤后待用。

5.3.4 分析步骤

5.3.4.1 提取

提取按照下列步骤顺序进行：

a）将样品置于鼓风干燥箱60℃烘至恒重（水分≤10%）后，全部研细（细度≤0.425mm）混匀；平行称取0.200 0g样品3份于试管中，记录称量质量m_i；

b）置于鼓风干燥箱中在（150±1.0）℃温度下加热10min，冷却后加入7~8mL正己烷–乙酸乙酯溶液，超声5min，静置90min，离心，收集上清液至容量瓶中；

c）洗涤残渣，过滤，收集滤液至容量瓶中，定容至10mL，待测。

5.3.4.2 色谱参考条件

使用十八烷基硅烷键合硅胶为填充剂的色谱柱（柱长为25cm，内径为4.6mm，粒径为5.0μm），以乙腈为流动相A，磷酸盐缓冲液（pH值=4）为流动相B，按A∶B=85∶15的比例，流速为1mL/min进行洗脱，柱温为30℃；检测波长为220nm。

5.3.4.3 标准曲线绘制

将Δ^9-四氢大麻酚（1mg/mL）标准物质用甲醇配制成浓度为0.4μg/mL、0.8μg/mL、1.6μg/mL、3.2μg/mL、6.4μg/mL、16μg/mL、40μg/mL的系列对照品溶液，存于棕色容量瓶中，避光，-10℃以下低温保存（此溶液使用期为7d）。在5.3.4.2条件下顺次测定，以浓度为横坐标C、峰面积A为纵坐标，根据试验数据形成的散点图，绘制标准曲线，可得到计算公式$A=aC+b$，记录其中常数a、b。

5.3.4.4 试样测定

将制备好的试液在5.3.4.2条件下测定，以对照品中THC的保留时间判别试样中的THC峰，同时记录下对应的峰面积值A。若提取液浓度过高，则稀释后进样，记录稀释倍数s。

5.3.5 结果计算及表述

试样中的THC含量按式（1）计算，计算结果保留3位有效数字。

$$\omega = \frac{s\left(A_i-b\right)\times 10^{-5}}{am_i}\times 100 \tag{1}$$

式中：ω—试样中的THC含量，单位为百分率（%）；

s—样品溶液的稀释倍数，若无稀释步骤则为1；

A_i—样品溶液中THC的峰面积积分值；

b—标准工作曲线所得公式$A=aC+b$中的b值；

a—标准工作曲线所得公式$A=aC+b$中的a值；

m_i—试样质量，单位为克（g）。

5.3.6 精密度

在重复条件下获得的2次独立测试结果的绝对差值须不大于这2个测定值的算数平均值的10%。

6 判定规则

6.1 四氢大麻酚含量低于0.3%的大麻品种类型为工业大麻品种，等于或大于0.3%则可判定该大麻品种类型不属于工业大麻品种。

6.2 若对首次检测有异议，允许加倍抽样复检，以复检结果为准。

附录 II　工业大麻种子　第2部分：种子质量

（NY/T 3252.2—2018）

1　范围

本部分规定了工业大麻种子的术语和定义，质量要求，检验方法和检验规则包装、标志和储藏。本部分适用于工业大麻种子质量的检验、评判、包装和储藏。

2　规范性引用文件

下列文件对于本文件的应用是必不可少的。凡是注日期的引用文件，仅注日期的版本适用于本文件。凡是不注日期的引用文件，其最新版本（包括所有的修改单）适用于本文件。

GB/T 3543.2　农作物种子检验规程 扦样

GB/T 3543.3　农作物种子检验规程 净度分析

GB/T 3543.4　农作物种子检验规程 发芽试验

GB/T 3543.5　农作物种子检验规程 真实性和品种纯度鉴定

GB/T 3543.6　农作物种子检验规程 水分测定

GB/T 7414　主要农作物种子包装

GB/T 7415　农作物种子贮藏

GB 20464　农作物种子标签通则

NY/T 3252.1　工业大麻种子 第1部分：品种

3　术语和定义

下列术语和定义适用于本文件。

3.1　原种 basic seed

按原种生产技术规程生产的达到原种质量标准的种子。

3.2　大田用种 qualified seed

用原种繁殖的第一代至第三代常规品种或杂交一代，经确认达到规定质量要求的种子。

3.3　常规种 conventional seed

相对于杂交种而言的其他的工业大麻品种的种子。通过杂交、诱变、系统选育等方法育种完成，遗传性状相对纯合稳定、表现一致，种子可重复利用的大麻植株群体的种子。

3.4　杂交种 hybrid seed

两个不同的亲本在严格控制授粉条件下生产的杂交一代大麻植株群体的种子。生产上，工业大麻杂交种品种的种子只能种植杂交一代。

4　质量要求

工业大麻种子的品种应符合NY/T 3252.1的要求，且不应含有检疫性有害植物种子。种子质量应符合表1的要求。

表1　工业大麻种子质量要求　　　　　　　　　　　　　　（单位：%）

作物名称	种子类别		纯度	净度	发芽率	水分
工业大麻	常规种	原种	≥95.0	≥99.0	≥85	≤8.0
		大田用种	≥93.0	≥98.0	≥84	≤8.5
	杂交种	大田用种	≥93.0	≥98.0	≥84	≤8.5
	雌雄同株种	大田用种	≥90.0	≥98.0	≥84	≤8.5

5　检验方法和检验规则

5.1　检验方法

5.1.1　种子批的确定和扦样方法按照GB/T 3543.2的规定执行。

5.1.2　净度分析按照GB/T 3543.3的规定执行。

5.1.3　发芽率的测定按照GB/T 3543.4的规定执行。

5.1.4　真实性和品种纯度的测定按照GB/T 3543.5的规定执行。

5.1.5　水分测定按照GB/T 3543.6的规定执行。

5.2　检验规则

质量判定应符合表1的要求，若其中一项达不到指标的即为不合格种子。

6　包装、标志和储藏

6.1　包装

包装应符合GB/T 7414的要求。

6.2　标志

标志应符合GB 20464的要求。

6.3　储藏

储藏应符合GB/T 7415的要求。

附录Ⅲ 工业大麻种子 第3部分：常规种繁育技术规程

（NY/T 3252.3—2018）

1 范围

本部分对工业大麻常规种种子繁育的术语和定义，基本要求，种子生产，采收、采后处理及档案建立，包装、标签与储藏做出了规定。

本部分适用于工业大麻常规种原种和大田用种种子的繁育与生产。

2 规范性引用文件

下列文件对于本文件的应用是必不可少的。凡是注日期的引用文件，仅注日期的版本适用于本文件。凡是不注日期的引用文件，其最新版本（包括所有的修改单）适用于本文件。

NY/T 3252.1 工业大麻种子 第1部分：品种

NY/T 3252.2 工业大麻种子 第2部分：种子质量

3 术语和定义

下列术语和定义适用于本文件。

3.1 原种 basic seed

用原原种按原种生产技术规程生产的，具有该品种典型性状，遗传性稳定的种子。

3.2 大田用种 qualified seed

用原种繁殖的第一代用于大田生产的工业大麻种子。

4 基本要求

4.1 繁殖原则

工业大麻种子的生产一般宜采取自上而下的三级生产繁殖制，即由原原种生产原种，由原种生产大田用种。也可隔级进行繁殖生产，即由原原种直接生产大田用种。

4.2 品种要求

符合NY/T 3252.1的规定。

4.3 质量要求

符合NY/T 3252.2的规定。

5　种子生产

5.1　隔离

工业大麻种子繁种地应实行严格隔离，地块四周一定范围内，不能出现不属于繁殖对象的大麻属植物。应根据现场周边条件，空间隔离或屏障隔离。

5.1.1　空间隔离

在开阔或空旷地，原种生产隔离距离应不少于12km，大田用种生产隔离距离应不少于10km。

5.1.2　屏障隔离

利用山体、树林、村落等自然屏障进行隔离，原种生产隔离距离应不少于3km，大田用种生产的隔离距离应不少于2km。

5.2　种植地选择

种植地选择应符合下列条件：

a）光照充足、通风良好、排水通畅，保水保肥力强、透气性好；

b）地块前作应为其他作物或同品种、同等级及以上等级的工业大麻。

5.3　栽培管理

5.3.1　整地

在播种前对繁育地进行深耕、细耙、整平。

5.3.2　底肥

应根据土壤肥力状况施肥，中等肥力土壤每667m²施尿素12～14kg、过磷酸钙20～22kg、硫酸钾7～9kg或同等含量的复合肥，有条件的地区每667m²可再增施农家肥800～1 000kg。

5.3.3　播种

5.3.3.1　播种期

2月上旬至6月上旬，根据南北方气候和土壤条件适宜种子萌发时播种。

土壤较为干旱的地区可在雨季来临前2～15d播种，也可透雨后保墒播种。

5.3.3.2　播种方法

采用机械点播或人工塘（穴）播，播种深度3～5cm。

5.3.3.3　种植密度

早熟品种每667m²有效株4 000～6 500株为宜，晚熟品种2 500～3 000株为宜。地块肥力较好时宜取下限，地块肥力一般时宜取上限。

5.4　田间管理

5.4.1　间苗

根据出苗情况，在第3对真叶期进行间苗，采取"拔强去弱留中间"的原则间苗，拔除过强苗、受病虫为害及弱小苗、畸形苗及杂株，每塘（穴）定苗3～4株。对受病虫为害的幼苗及杂株，应集中统一处理。

5.4.2 中耕除草、培土

苗期中耕除草1~2次。结合中耕适当培土，培土高度应高于塘（穴）口平面5~7cm。

5.4.3 追肥

间苗后根据植株长势，每667m²可追施尿素5~6kg，追肥应在土表湿润时或雨前撒施，并应避免撒在叶片上。

5.5 花期管理

在雄株现蕾期，结合去杂去劣剔除部分雄株，使雌雄比例接近3：1。

5.6 去杂去劣

5.6.1 花前去杂

在苗期和快速生长期严格去杂去劣。

5.6.2 花期去杂

雄株散花粉前（现蕾期）再次进行去杂去劣，及时去除杂株，雄株须就地掩埋。应采取措施避免将繁种隔离区外的大麻属植物花粉带入繁种隔离区内。

5.6.3 收获前去杂

收获前，进行田间复检，去除劣、杂雌株。

6 采收、采后处理及档案建立

6.1 采收

在种子苞片黄色，种壳颜色变深，70%的种子成熟时，采收果穗。

6.2 采后处理

采收后及时进行晾晒，天气晴好时晾晒5~7d即可脱粒。在收、运、晒、脱、装的过程中，应固定专人严格把关，各品种单收、单运、单晒、单脱、单存。

6.3 档案建立

记录种子的品种名称、产地环境、生产技术、收获日期、病虫害情况和采收措施等。

7 包装、标签与储藏

7.1 包装、标签

将种子装于麻袋内，挂上标志，标志上应载明：品种名称、产地、收获日期、质量等级、质量负责人签名等信息。

7.2 储藏

原种种子于温度≤10℃、相对湿度≤50%的通风、干燥环境下储藏，保质期36个月；大田用种于低温（≤15℃）、通风、干燥（相对湿度≤60%）环境下储藏，保质期18个月。

附录Ⅳ 籽用工业大麻旱作高产栽培技术规程

（DB 14/T 1343—2017）

1 范围

本标准规定了籽用工业大麻栽培的术语和定义、播前准备、播种、田间管理、病虫害防治、收获和生产记录。

本标准适用于籽用工业大麻的栽培。

2 规范性引用文件

下列文件对于本文件的应用是必不可少的。凡是注日期的引用文件，仅注日期的版本适用于本文件。凡是不注日期的引用文件，其最新版本（包括所有的修改单）适用于本文件。

GB 4285　农药安全使用标准

GB/T 8321　（所有部分）农药合理使用准则

NY/T 496　肥料合理使用准则 通则

3 术语和定义

下列术语和定义用于本文件。

3.1 籽用工业大麻

籽用工业大麻指开花期雌株顶部叶片及花穗的四氢大麻酚（THC）含量<0.3%（干物质百分比）、以产籽为主的大麻品种类型。

4 播前准备

4.1 选地整地

选择地势较平坦的山坡地、丘陵地，前茬作物收获后，及时深耕20cm以上，播前旋耕松土，平整耙碎。

4.2 施足基肥

所用肥料符合NY/T 496的要求，以肥效较长、完全腐熟的有机肥为主，化肥为辅。每667m²施农家肥2 000～3 000kg，高磷复合肥（N：P_2O_5：K_2O=15：15：15）30～40kg。

4.3 品种选择

选用四氢大麻酚含量低于0.3%，适宜当地生态条件种植的籽用工业大麻品种。

5 播种

5.1 播期

无霜期150d以上的地区，6月上中旬播种；无霜期120～150d的地区5月中下旬播种。

5.2 播种方式

条播或撒播，每667m²用种量1～1.5kg。条播为主，播种深度3～4cm，行距60cm，播后用细土覆盖，及时镇压；撒播要均匀，播后浅翻覆土。

6 田间管理

6.1 间苗定苗

苗高5～8cm时间苗，苗高10～15cm时定苗，间苗时要拔除弱苗留壮苗。

6.2 留苗密度

条播行距60cm，株距30～50cm。6月上中旬播种，每667m²留苗3 000株左右；5月中下旬播种，每667m²留苗2 500株。

6.3 中耕除草

苗高10～15cm时，结合定苗进行中耕除草培土。

6.4 及时拔除雄株

在大麻雄花开花授粉完成后及时去除雄株。

7 病虫害防治

7.1 防治原则

贯彻"预防为主，综合防治"的植保方针，坚持以农业防治、物理防治、生物防治为主，化学防治为辅的无害化病虫防治原则。使用的化学药剂应符合GB 4285及GB/T 8321（所有部分）的要求。

7.2 病害防治

大麻霜霉病

防治：发病初期及时喷雾75%百菌清粉剂600倍液或72%霜脲锰锌800倍液；结合增施有机肥，冬前深翻，配方施肥，合理密植等技术措施。

7.3 虫害防治

大麻跳甲

防治：发病初期从麻田四周向中间均匀喷洒甲维盐·氯氰农药1 000倍液一次，隔15d再喷洒一次。结合冬季灭茬，清理田间杂草、实行轮作、推迟播期等技术措施。

8 收获

在雌花花序中部种子成熟时及时收割，阴凉处放一周，再晾晒打籽脱粒、除净杂质、充分干燥至含水量8%以下，入库保存。

9 生产记录

应详细记录播前准备、播种技术、田间管理、病虫草害防治和收获等环节采取的主要措施，建立生产档案，并保留存档。

附录V 植物新品种特异性、一致性和稳定性测试指南 大麻

（NY/T 2569—2014）

1 范围

本标准规定了大麻新品种特异性、一致性和稳定性测试的技术要求和结果判定的一般原则。

本标准适用于大麻（*Cannabis sativa* L.）新品种特异性、一致性和稳定性测试和结果判定。

2 规范性引用文件

下列文件对于本文件的应用是必不可少的。凡是注日期的引用文件，仅注日期的版本适用于本文件。凡是不注日期的引用文件，其最新版本（包括所有的修改单）适用于本文件。

GB/T 3543.3 农作物种子检验规程 净度分析

GB/T 3543.4 农作物种子检验规程 发芽试验

GB/T 3543.6 农作物种子检验规程 水分测定

GB/T 19557.1 植物新品种特异性、一致性和稳定性测试指南 总则

3 术语和定义

GB/T 19557.1界定的以及下列术语和定义适用于本文件。

3.1 群体测量 single measurement of a group of plants or parts of plants

对一批植株或植株的某器官或部位进行测量，获得一个群体记录。

3.2 个体测量 measurement of a number of individual plants or parts of plants

对一批植株或植株的某器官或部位进行逐个测量，获得一组个体记录。

3.3 群体目测 visual assessment by a single observation of a group of plants or parts of plants

对一批植株或植株的某器官或部位进行目测，获得一个群体记录。

3.4 个体目测 visual assessment by observation of individual plants or parts of plants

对一批植株或植株的某器官或部位进行逐个目测，获得一组个体记录。

4 符号

下列符号适用于本文件：

MG：群体测量。

MS：个体测量。

VG：群体目测。

VS：个体目测。

QL：质量性状。

QN：数量性状。

PQ：假质量性状。

（a）~（d）：标注内容在B.2中进行了详细解释。

（+）：标注内容在B.3中进行了详细解释。

表A.1中"S"为南方地区使用的标准品种，"N"为北方地区使用的标准品种；"SN"为南北共用的标准品种。

5　繁殖材料的要求

5.1　繁殖材料以种子或幼苗形式提供。

5.2　提交的种子质量至少为500g。提交的幼苗为50株。

5.3　提交的繁殖材料应外观健康，活力高，无病虫侵害。按GB/T 3543.3、GB/T 3543.4和GB/T3543.6的规定执行，繁殖材料的具体质量要求如下：净度≥96.0%，发芽率≥85%，含水量≤9%。

5.4　提交的繁殖材料一般不进行任何影响品种性状正常表达的处理（如种子包衣处理）。如果已处理，应提供处理的详细说明。

5.5　提交的繁殖材料应符合中国植物检疫的有关规定。

6　测试方法

6.1　测试周期

测试周期至少为2个独立的生长周期。

6.2　测试地点

测试通常在一个地点进行。如果某些性状在该地点不能充分表达，可在其他符合条件的地点对其进行观测。

6.3　田间试验

6.3.1　试验设计

申请品种与近似品种临近种植，对于种子繁殖的品种，种植的植株数量不少于200株，株距10~40cm，行距30~70cm，分两次重复；对于无性繁殖的品种，数量不少于40株。

6.3.2　田间管理

可按当地大田生产管理方式进行。

6.4　性状观测

6.4.1　观测时期

性状观测应按照附录A列出的生育阶段进行。生育阶段描述见表B.1。

6.4.2 观测方法

性状观测应按照附录A规定的观测方法（VG、VS、MG、MS）进行。部分性状观测方法见B.2和B.3。

6.4.3 观测数量

除非另有说明，观测个体性状（VS、MS）植株取样数量不少于20个，在观测植株的器官或部位时，每个植株取样数量应为1个。群体观测性状（VG、MG）应观测整个小区或规定大小的混合样本。

6.5 附加测试

必要时，可选用本文件未列出的性状进行附加测试。

7 特异性、一致性和稳定性结果的判定

7.1 总体原则

特异性、一致性和稳定性的判定按照GB/T 19557.1确定的原则进行。

7.2 特异性的判定

申请品种应明显区别于所有已知品种。在测试中，当申请品种至少在一个性状上与近似品种具有明显且可重现的差异时，即可判定申请品种具备特异性。

7.3 一致性的判定

对于种子繁殖品种的一致性判定，通过与同类型品种的比较来判断申请品种的一致性。即品种的变异程度不能显著超过同类型品种。

评估无性繁殖品种的一致性时，采用1%的群体标准和95%的接受概率。如果一个样本为40株，最多允许有2个异型株。

7.4 稳定性的判定

如果一个品种具备一致性，则可认为该品种具备稳定性。一般不对稳定性进行测试。

必要时，可以种植该品种的下一代种子或下一批无性繁殖材料，与以前提供的繁殖材料相比，若性状表达无明显变化，则可判定该品种具备稳定性。

8 性状表

8.1 概述

基本性状是测试中必须使用的性状，大麻基本性状见附录A。

性状表列出了性状名称、表达类型、表达状态及相应的代码和标准品种、观测时期和方法等内容。

8.2 表达类型

根据性状表达方式，将性状分为质量性状、假质量性状和数量性状3种类型。

8.3 表达状态和相应代码

8.3.1 每个性状划分为一系列表达状态，以便于定义性状和规范描述；每个表达状态赋予一个相应的数字代码，以便于数据记录、处理和品种描述的建立与交流。

8.3.2 对于质量性状和假质量性状，所有的表达状态都应当在测试指南中列出；对于数量性状，为了缩小性状表的长度，偶数代码的表达状态未列出，偶数代码的表达状态以前一个表达状态到后一个表达状态的形式进行描述。

8.4 标准品种

性状表中列出了部分性状有关表达状态可参考的标准品种，以助于确定相关性状的不同表达状态和校正环境因素引起的差异。

9 分组性状

本文件中，品种分组性状如下：

a）植株：心叶花青苷显色强度（表A.1中性状4）。

b）植株：雌雄同株比例（表A.1中性状13）。

c）植株：雌株比例（表A.1中性状14）。

d）植株：雄株比例（表A.1中性状15）。

e）植株：株高（表A.1中性状18）。

10 技术问卷

申请人应按附录C给出的格式填写大麻技术问卷。

附录A
（规范性附录）
大麻性状表

A.1 大麻基本性状

见表A.1。

表A.1 大麻基本性状

序号	性状	观测时期和方法	性状描述	标准品种	代码
1	子叶：形状 QN (+)	0003 VG	窄倒卵圆	固原县，SN	1
			中倒卵圆	齐齐哈尔市，SN	2
			宽倒卵圆	张家口，SN	3
2	子叶：颜色 PQ (+)	0003 VG	黄色		1
			浅绿	墨玉，SN	2
			中绿	2010-1，SN	3
			深绿	云麻4号，SN	4
3	下胚轴：花青苷显色强度 QN (+)	0003 VG	弱	永仁，SN	3
			中	石林县-2，SN	5
			强	墨玉，SN	7
4	植株：心叶花青苷显色强度 QN (+)	1006 VG	无或极弱	石林县-2，SN	1
			弱		3
			中	齐齐哈尔市，SN	5
			强		7
5	叶：大小 QN (a)	2101 2201 2301 VG	小	USO-31，SN	3
			中	2010-1，N（固原县，S）	5
			大	张家口，N（石林县-2，S）	7
6	叶柄：花青苷显色强度 QN (a) (+)	2101 2201 2301 VG	无或极弱	2010-1，SN	1
			弱		2
			中	石林县-2，SN	3
			强	墨玉，SN	4
			极强		5
7	叶：单叶小叶数 QN (a) (+)	2101 2201 2301 MS/VG	少		1
			中	2010-1，SN	2
			多		3
8	花：雄花开花时间 QN	2101 2304 MG	极早		1
			早	USO-31，SN	3
			中	2010-1，SN	5
			晚	张家口，N（石林县-2，S）	7
			极晚		9

（续表）

序号	性状	观测时期和方法	性状描述	标准品种	代码
9	叶：绿色程度 QN (+)	2101 2201 2301 VG	浅 中 深	墨玉，SN 2010-1，SN 盐源，SN	1 2 3
10	叶：中心小叶长度 QN	2101 2201 2301 MS	短 中 长	USO-31，SN 2010-1，N（墨玉县，S） 云麻4号，N（石林县-2，S）	3 5 7
11	叶：中心小叶宽度 QN (a) (+)	2101 2201 2301 MS	窄 中 宽	USO-31，SN 2010-1，N（墨玉县，S） 永仁，N（石林县-2，S）	3 5 7
12	叶柄：长度 QN (a) (+)	2101 2201 2301 MS	短 中 长	USO-31，SN 2010-1，N（云麻4号，S） 石林县-2，SN	1 2 3
13	植株：雌雄同株比例 QN (+)	2102 2202 2302 2304 VS	低 中 高		1 3 5
14	植株：雌株比例 QN (+)	2102 2202 2302 2304 VS	低 中 高		1 3 5
15	植株：雄株比例 QN (+)	2102 2202 2302 2304 VS	低 中 高		1 3 5
16	花序：雄花花青苷显色强度 QN (+)	2102 2304 VS	无或极弱 弱 中 强 极强	USO-31，SN 齐齐哈尔（SN） 墨玉，S 	1 2 3 4 5
17	花序：THC含量 QN (b) (+)	2202 2203 2302 2305 MG	无到极低 中 极高	 USO-31，SN 	1 3 5
18	植株：株高 QN (b)	2202 2302 VG/MG	矮 中 高	USO-31，N（齐齐哈尔市，S） 2010-1，N（固原县，S） 六安寒麻，N（石林县-2，S）	3 5 7

序号	性状	观测时期和方法	性状描述	标准品种	代码
19	茎：颜色 PQ (b) (c) (d) (+)	2202 2302 VG	黄绿 中等绿 深绿 紫色	墨玉县，SN 云麻4号，SN 石林县-2，SN	1 2 3 4
20	茎：节间长度 QN (b) (c) (d)	2202 2302 MS	短 中 长	墨玉，N（齐齐哈尔市，S） 盐源，N（固原县，S） 云麻4号，N（石林县-2，S）	3 5 7
21	茎：沟槽的数量 QN (b) (c) (d) (+)	2202 2302 VG	无或少 中 多	2010-1，SN 墨玉县，SN	1 2 3
22	茎：节数 QN (d)	2202 2302 MS	少 中 多	齐齐哈尔市，SN 互助，N（固原县，S） 石林县-2，SN	1 2 3
23	茎：粗度 QN (b) (c) (d)	2202 2302 MS	细 中 粗	齐齐哈尔市，SN 互助，N（固原县，S） 石林县-2，SN	1 2 3
24	植株：分枝长度 QN (+)	2202 2302 VG	短 中 长	USO-31，SN 2010-1，N（固原县，S） 石林县-2，SN	1 2 3
25	植株：分枝高度 QN (+)	2202 2302 VG	矮 中 高	墨玉 盐源 2010-1，N（石林县-2，S）	1 2 3
26	植株：分枝数 QN (+)	2202 2302 VG	无或极少 少 中 多 极多	2010-1，SN 石林县-2，SN	1 2 3 4 5
27	茎：横切面木髓厚度 QN (b) (d) (+)	2204 2306 VG	无或极薄 中 厚	2010-1，SN	1 2 3

（续表）

序号	性状	观测时期和方法	性状描述	标准品种	代码
28	植株：落粒性 QN (+)	2205 2307 VG	弱	2010-1, N（云麻4号，S）	1
			中		2
			强	USO-31, N（固原县，S）	3
29	种子：千粒重 QN	2205 2307 MG	极低		1
			低	墨玉，SN	2
			中	USO-31，SN	3
			高	张家口，SN	4
			极高		5
30	种子：外种皮颜色 PQ (+)	2205 2307 VG	浅灰	永仁县，SN	1
			中等灰		2
			灰褐	石林县-2，SN	3
			黄褐		4
			褐色	墨玉，SN	5
31	种子：种皮花纹程度 QN (+)	2205 2307 VG	无或极弱	张家口，SN	1
			中	2010-l，SN	2
			强	USO-31，SN	3

附录B
（规范性附录）
大麻性状表的解释

B.1 大麻生育阶段

见表B.1。

B.1.1 大麻的基本生长阶段：表中四个生长阶段代表了植株的整个生长周期，四个数字组成的生育期代码的第一个数字代表大麻的基本生长阶段（表B.1）。

表B.1 大麻的基本生长阶段

第一位代码	定义
0	发芽出苗期
1	营养生长期
2	开花结籽期
3	衰老期

B.1.2 大麻植株的次级生长阶段：四个数字组成的生育期代码的第二个数字代表植株的性别，第三个和第四个数字代表植株的发育时期（表B.2）。

表B.2 大麻植株的次级生长阶段

代码	定义	注释
发芽出苗期		
0000	干种子	
0001	胚根出现	
0002	胚轴出现	
0003	子叶展开	
营养生长期（主茎）。叶片是指小叶至少展开1cm长		
1002	第1对叶	1个嫩叶
1004	第2对叶	3个嫩叶
1006	第3对叶	5个嫩叶
1008	第4对叶	7个嫩叶
1010	第5对叶	
…	…	…
10xx	第11对叶	xx=2（第n对叶）
开花结籽期（主茎包括分枝）		
2000	GV点	主茎叶序由对生变为轮生，轮生叶片距离至少0.5cm
2001	花原基	性别不能区分
…	…	…
雌雄异株植株		
雄株		
2100	花形成期	第一朵闭合的雄花

（续表）

代码	定义	注释
雄株		
2100	花形成期	第一朵闭合的雄花
2101	开花初期	第一朵雄花开花
2102	开花期	50%雄花开放
2103	开花末期	95%雄花开放或萎蔫
...	...	...
雌株		
2200	花形成期	第一朵无花柱雌花
2201	开花初期	第一朵有花柱雌花
2202	开花期	50%雌花苞叶形成
2203	种子成熟初期	第一粒种子变硬
2204	种子成熟期	50%种子变硬
2205	种子成熟末期	95%种子变硬或散落
...	...	...
雌雄同株植株		
2300	雌花形成期	第一朵无花柱雌花
2301	雌花开花初期	柱头初见
2302	雌花开花期	50%雌花具有苞叶
2303	雄花形成期	第一朵闭合的雄花出现
2304	雄花开花期	大多数雄花开放
2305	种子成熟初期	第一粒种子变硬
2306	种子成熟期	50%种子变硬
2307	种子成熟末期	95%种子变硬或散落
衰老期		
3001	叶片干枯	叶片变干
3002	茎干枯	叶片凋落
3003	茎腐烂	韧皮脱落

B.2　涉及多个性状的解释

（a）植株最后一对完全展开的叶。

（b）只观测雌株。

（c）观测部位为植株基部以上的1/3处。

（d）均观测主茎。

B.3　涉及单个性状的解释

性状分级和图中代码见表A.1。

性状1　子叶：形状，见图B.1。

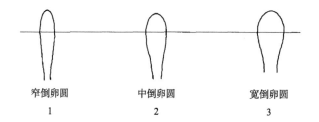

窄倒卵圆　　　　　中倒卵圆　　　　　宽倒卵圆
1　　　　　　　　　2　　　　　　　　　3

图B.1　子叶：形状

性状2　子叶：颜色，见图B.2。

浅绿　　　　　　　中绿　　　　　　　深绿
2　　　　　　　　　3　　　　　　　　　4

图B.2　子叶：颜色

性状3　下胚轴：花青苷显色强度，见图B.3。

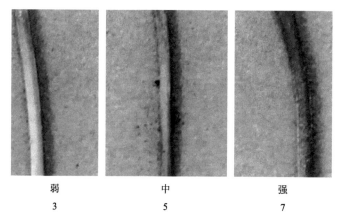

弱　　　　　　　　中　　　　　　　　强
3　　　　　　　　　5　　　　　　　　　7

图B.3　下胚轴：花青苷显色强度

性状4　植株：心叶花青苷显色强度，见图B.4。

无或极弱　　　　　弱　　　　　　　　强
1　　　　　　　　　3　　　　　　　　　7

图B.4　植株：心叶花青苷显色强度

性状6　叶柄：花青苷显色强度，见图B.5。

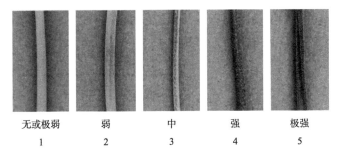

无或极弱	弱	中	强	极强
1	2	3	4	5

图B.5　叶柄：花青苷显色强度

性状7　叶：单叶小叶数，见图B.6。具有7个小叶的为中，小于7个为少，大于7个的为多。

少	中	多
1	2	3

图B.6　叶：单叶小叶数

性状9　叶：绿色程度，见图B.7。

浅	中	深
1	2	3

图B.7　叶：绿色程度

性状11　叶：中心小叶宽度，见图B.8。测量叶片最宽处。

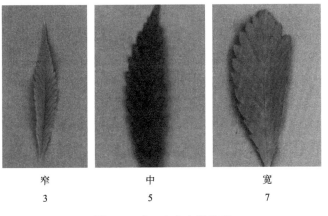

窄	中	宽
3	5	7

图B.8　叶：中心小叶宽度

性状12　叶柄：长度，见图B.9。

叶柄长度

短　　　　　　　中　　　　　　　长
1　　　　　　　2　　　　　　　3

图B.9　叶柄：长度

性状13　植株：雌雄同株比例；性状14　植株：雌株比例；性状15　植株：雄株比例，见表B.3。

表B.3　各类型植株比例分级标准

雌雄同株/雌株/雄株比例	≤5%	6%～35%	36%～65%	66%～95%	≥96%
性状描述	低	低到中	中	中到高	高
代码	1	2	3	4	5

性状16　花序：雄花花青苷显色强度，指雄花外侧中部花青苷显色强度。

性状17　花：THC含量。

THC含量的检测（Cole，2003）

（1）检测样品制备。干燥的样品中去除直径2mm以上的茎和种子，研磨成能够通过1mm筛孔的半细粉末。样品可在25℃以下避光干燥处保存10周。

（2）试剂和提取液。

试剂：Δ9-THC标准品，纯度为色谱级。

角鲨烷，纯度为色谱级，作为内标用于色谱检测。

提取液：每100mL正己烷中含35mg角鲨烷的溶液。

（3）Δ9-THC的提取。称取100mg待测样品粉末，放置于离心管中，并加入5mL含有内标的提取液。置于超声波浴中，放置20min，3 000r/min离心5min，移出含THC的上清液即为提取液。将提取液注入色谱仪进行定量分析。

（4）气相色谱检测。

（a）仪器。

气相色谱仪（配有火焰离子化检测器和分流/不分流进样器）

色谱柱，能够较好地分离大麻酚类化合物，例如长25m，直径为0.22m，玻璃毛细管柱，固定相为5%的非极性苯基-甲基-硅氧烷。

（b）校准范围。在提取液中，Δ9-THC含量在0.04～0.50mg/mL范围内至少3个点。

（c）试验条件。

以下为使用（a）中所述柱子的试验条件：

柱箱温度　　　　　　　　　　260℃

进样口温度　　　　　　　　　300℃

检测器温度　　　　　　　　　300℃

（d）进样体积：1μL。

结果：

THC含量应以每100g干燥至恒重的分析试样中的Δ9-THC的克数决定，精确到2位小数。每100g允许有0.03g的误差。结果以干物质百分含量表示。

尽管不同品种间THC含量存在稳定差异，但THC的绝对含量对环境变化较为敏感，因此，最终检测结果需通过标准品种进行校正。

性状19　茎：颜色，见图B.10。

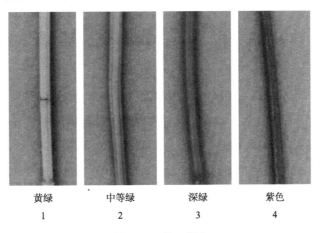

黄绿	中等绿	深绿	紫色
1	2	3	4

图B.10　茎：颜色

性状21　茎：沟槽的数量，见图B.11。

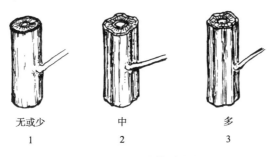

无或少	中	多
1	2	3

图B.11　茎：沟槽的数量

性状24　植株：分枝长度，观测植株中上部最长分枝。

性状25　植株：分枝高度。

性状26　植株：分枝数，见图B.12。分枝高度指子叶节到第一分支的距离。

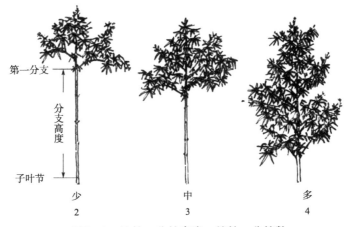

少	中	多
2	3	4

图B.12　植株：分枝高度；植株：分枝数

性状27　茎：横切面木髓厚度，见图B.13。

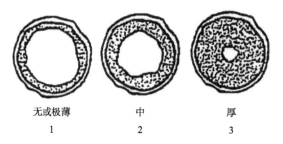

无或极薄　　　　中　　　　厚
1　　　　　　　2　　　　　3

图B.13　茎：横切面木髓厚度

性状28　植株：落粒性。观测方法：观察成熟时种子苞片的开合程度，见表B.4。

表B.4　植株落粒性分级标准

种子苞片的开合程度	≤10%	10%～40%	≥40%
落粒性	弱	中	强
代码	1	2	3

性状30　种子：外种皮颜色，见图B.14。

浅灰　　　中等灰　　　灰褐　　　黄褐　　　褐
1　　　　　2　　　　　3　　　　　4　　　　　5

图B.14　种子：外种皮颜色

性状31　种子：种皮花纹程度，见图B.15。

无或极弱　　　　　中　　　　　　强
1　　　　　　　　2　　　　　　　3

图B.15　种子：种皮花纹程度

附录C
（规范性附录）
大麻技术问卷格式

大麻技术问卷

申请号：
申请日：
（由审批机关填写）

（申请人或代理机构签章）

C.1 品种暂定名称

C.2 植物学分类

拉丁名：_____

中文名：_____

C.3 品种类型

在相符的类型［ ］中打√。

C.3.1 育种方式

C.3.1.1 常规育种。 ［ ］

C.3.1.2 杂交育种。 ［ ］

［请指明所用亲本］

C.3.1.3 其他。 ［ ］

［请提供详细信息］

C.4 申请品种的具有代表性彩色照片

（品种照片粘贴处）

（如果照片较多，可另附页提供）

C.5 其他有助于辨别申请品种的信息

（如品种用途、品质和抗性，请提供详细资料）

C.6 品种种植或测试是否需要特殊条件

在相符的〔 〕中打√。

是〔 〕   否〔 〕

（如果回答是，请提供详细资料）

C.7 品种繁殖材料保存是否需要特殊条件

在相符的〔 〕中打√。

是〔 〕   否〔 〕

（如果回答是，请提供详细资料）

C.8 申请品种需要指出的性状

在表C.1中相符的代码后〔 〕中打√，若有测量值，请填写在表C.1中。

表C.1　申请品种需要指出的性状

序号	性状	性状描述	代码	测量值
		无或极弱	1〔 〕	
		极弱到弱	2〔 〕	
		弱	3〔 〕	
		弱到中	4〔 〕	
1	植株：心叶花青苷显色强度（性状4）	中	5〔 〕	
		中到强	6〔 〕	
		强	7〔 〕	
		强到极强	8〔 〕	
		极强	9〔 〕	

（续表）

序号	性状	性状描述	代码	测量值
2	植株：雌雄同株比例（性状13）	低	1 [　]	
		低到中	2 [　]	
		中	3 [　]	
		中到高	4 [　]	
		高	5 [　]	
3	植株：雌株比例（性状14）	低	1 [　]	
		低到中	2 [　]	
		中	3 [　]	
		中到高	4 [　]	
		高	5 [　]	
4	植株：雄株比例（性状15）	低	1 [　]	
		低到中	2 [　]	
		中	3 [　]	
		中到高	4 [　]	
		高	5 [　]	
5	花序：THC含量（性状17）	无到极低	1 [　]	
		低	2 [　]	
		中	3 [　]	
		高	4 [　]	
		极高	5 [　]	
6	植株：株高（性状18）	极矮	1 [　]	
		极矮到矮	2 [　]	
		矮	3 [　]	
		矮到中	4 [　]	
		中	5 [　]	
		中到高	6 [　]	
		高	7 [　]	
		高到极高	8 [　]	
		极高	9 [　]	
7	植株：分枝数（性状26）	无或极少	1 [　]	
		少	2 [　]	
		中	3 [　]	
		多	4 [　]	
		极多	5 [　]	
8	种子：种皮花纹程度（性状31）	无或极弱	1 [　]	
		中	2 [　]	
		强	3 [　]	

附录VI　黑龙江省汉麻产业三年专项行动计划

（2018—2020年）

为贯彻落实省政府常务会议确定的中观层面中汉麻产业作为新增长领域进行挖掘与培育的工作任务，抓住汉麻市场发展的有利契机，充分发挥我省适宜汉麻种植的气候优势，加快推进我省汉麻产业链集聚和融合发展，特制定本行动计划。

一、工作思路

以习近平新时代中国特色社会主义思想为指导，深入贯彻落实党的十九大精神和习近平总书记系列重要讲话特别是对我省重要讲话精神，按照省第十二次党代会和省委十二届二次全会的要求，以提高发展质量为目标，以推进供给侧结构性改革为主线，坚持市场导向、产业融合、梯次开发、协同创新的原则，突出重点发展地区，引进战略投资者，培育龙头骨干企业和园区，依托科技创新和技术进步突破汉麻产业发展瓶颈约束，协调推进全省汉麻种植、加工、科研等环节，形成良性循环的发展态势。

二、总体目标

依托我省汉麻种植资源和科研技术力量，抓住市场发展机遇，加快挖掘和培育汉麻产业新经济增长点，到2020年，将我省打造成国内甚至全球最大的汉麻产业基地，力争形成省内7万t汉麻麻皮深加工能力、1万t麻籽深加工能力、1万t叶花深加工能力以及30万t秆芯综合利用加工能力，初步形成汉麻种植、纤维加工、籽花叶深度开发、秆芯综合利用的全产业链汉麻种植加工体系。

三、实现路径

以市场为导向，通过建设汉麻种植基地，引进培育壮大加工企业，加快市场开发和科研创新，实现汉麻产业种子培育、种植、加工、营销、科研等环节协调发展，逐步形成我省汉麻综合开发产业链。

——培育优良品种，发展订单农业。针对我省汉麻产业发展对不同类型汉麻品种的需求，收集国内外汉麻种质资源，培育和选择适宜我省气候和土壤环境的汉麻优良品种。根据市场需求，科学规范种植，鼓励发展订单农业，为产业链后续延伸提供优质原料。

——做优做强加工业，开发汉麻全产业链。支持汉麻纤维向精深加工方向延伸，提升我省汉麻纤维加工能力和水平。努力开发汉麻纺织服装、食品、药品、保健品等终端产品，促进汉麻秆芯综合利用，逐步形成汉麻全产业链开发格局。

——做好市场培育，加快科研创新。加大汉麻产业产品的宣传推广力度，为省内企业参展参销提供支持和便利。依托我省在汉麻产业的科研力量，加大在汉麻纤维脱胶、专用机械、食品、药品、保健品等方面的科研力度，促进科研成果转化落地。

四、重点任务

（一）加快种植业发展

充分发挥我省汉麻种植优势和有利条件，借鉴国内外发展经验，抢抓我省推进"农头工尾"和农业种植结构调整、提升农业综合生产能力的有利时机，大力促进汉麻种植业发展，形成全国种植面积最多、产量最大、品质最好的汉麻原料产区。一是突出重点地区。重点突出齐齐哈尔、大庆、黑河、绥化等汉麻种植优势地区，结合实际，因地制宜，采取有效措施，积极推进汉麻种植业发展建设。二是提高种植水平。探索创新发展模式，普及推广优质品种，采用先进适用技术，加强技术服务指导，努力实现规范种植和科学管理，提高汉麻品质和产出，减少种麻风险。三是满足优质品种需求。完善优质品种繁育体系，引导支持科研单位和企业联合建立汉麻优质品种繁育基地，提高汉麻优质品种繁育供给能力，满足大规模种植需要。四是建设优质原料基地。引导支持有条件的地区和企业发展建设汉麻原料基地，增加优质汉麻原料供给能力，鼓励发展订单式种植，夯实我省汉麻产业发展基础。

（二）做优做强加工业

依托我省汉麻资源优势，深度开发"原字号"，抓好"农头工尾"，推动产业链条向下游延伸，建立全产业链加工体系。一是发展产业示范园区。确定示范园区选址和启动示范园区建设，引进国内与汉麻产业相关的龙头企业作为投资主体，运用市场化手段筹措资金，创新园区建设运营模式，建设以国内汉麻龙头企业为核心，相关机构和企业参与，汇集多方面优势资源和服务功能，集纤维加工、秆芯利用、籽花叶深度开发为一体的综合产业园区。二是打通产业链节点。根据我省汉麻产业发展现状，支持地方政府精准招商，引进战略投资者，打通产业链节点，形成全产业链开发模式。三是推进重点项目建设。加快现有汉麻产业项目建设培育，努力吸引更多汉麻产业项目落地建设。重点推进青冈金达麻纺织有限公司汉麻加工系列项目、青冈黑龙江康源生物科技有限公司大麻二酚（CBD）提取项目、大庆市天木工业大麻开发股份有限公司汉麻综合开发项目、林甸县俏牌生物科技公司火麻加工项目、哈尔滨利民汉麻植物科技有限公司大麻二酚（CBD）提取项目等。四是引导企业调整改造。积极引导支持我省亚麻纺织企业在现有基础上通过适当技术改造，从亚麻纺织向汉麻纺织转型，调整产品结构，增加产品品种，促进我省汉麻纺织品产业发展。

（三）加快推进科技创新

深入实施创新驱动战略，发挥科技创新在产业发展中的引领作用，加快重点领域、关键技术和主要产品创新，不断培育产业发展新动能。一是加快培育优质品种。加快培育适合我省种植的纤维用、药用、籽用优质汉麻品种，积极引进国外优质汉麻品种，提高我省汉麻优质品种繁育能力，加大全省汉麻优质品种示范种植和普及推广工作力度，争取在3年内培育9个以上汉麻优良品种。二是改进纤维脱胶技术。淘汰污染大、成本高的传统温水沤麻技术，探索推广成本低、无污染、产量高、品质优的汉麻雨露脱胶技术。三是积极研制农机装备。改变我省汉麻种植加工农机装备落后局面，全面系统研制适合我省汉麻种植加工的系列农机装备，重点研制高效智能化的收割机、割晒机、翻麻机、捆麻机、剥麻机等。四是开发终端产品。努力开发纺织服装、生物制药、绿色食品、保健品等产业领域的高品质、高附加值汉麻终端产品，提高我省中高端产品研发制造能力。

（四）完善产业服务体系

汉麻产业重点发展地区要积极搭建创业孵化、信贷融资、检验检测、信息咨询、技术培训等服务平台，发展小微企业创业示范基地和孵化园，促进配套产业和专业化市场发展建设。大力发展汉麻科研开发、创意设计、品牌营销、商贸展览、人才培养等高端服务业。积极制定汉麻种植规范和纤维质量等级标准等相关行业规范。

（五）实施质量品牌战略

汉麻种植户和生产合作社要努力提高汉麻原料品质。汉麻加工企业要深入开展全面质量管理，提高汉麻产品质量。汉麻种植和加工企业、汉麻产业园区和重点发展地区积极开展品牌创建培育活动，努力培育汉麻自主品牌和区域品牌，大力开展宣传推介，树立良好市场形象，提高全省汉麻产业市场影响力和竞争力。

五、推进措施

（一）加强指导协调

深入进行调研考察，搞好产业规划布局，确定目标任务、发展重点和路径。组建汉麻专家库，从省内外科研院所、大专院校和龙头企业中，选择研究汉麻育种、智能化机械、收割初加工、工艺设计等环节的知名专家学者组成专家库，为汉麻产业发展提供智力支持。成立省及有关市地县汉麻产业组织领导机构，明确工作职责，落实工作任务，建立工作推进和督导机制，形成促进产业发展合力。

（二）建立完善行业组织

广泛吸纳相关企业、协会、科研院所和有关单位，建立完善省汉麻技术创新战略联盟等相关行业组织，搭建供需信息交流共享平台，发挥行业组织在协调行业技术攻关、产业协作配套、对外宣传合作、规范行业行为，反映企业诉求等方面的积极作用。

（三）开展对外交流合作

加大招商引资力度，努力吸引大企业、大财团来我省投资。加强与国家有关部门（包括军队）和国家高值特种生物资源技术创新战略联盟的沟通联系，争取得到更多支持和帮助。积极开展国际经济技术交流合作，引进先进汉麻种植加工技术和多用途开发利用技术。

（四）营造良好发展环境

进一步完善汉麻产业有关法律法规和相关管理制度，为全省汉麻产业发展创造更加宽松的法律环境。提高各市、县政府服务效能，整顿规范市场秩序，维护公平竞争环境，防止无序竞争、低价竞销，依法监管汉麻种植与生产加工，打击使用非法汉麻种子和生产非法汉麻产品。

（五）给予政策资金支持

创新政府资金参与机制，充分发挥已设立各类政府投资基金和产业投资基金作用，吸引社会资本共同设立黑龙江汉麻产业发展基金。在现有框架和资金渠道内，对汉麻种植、汉麻优质品种培育、农机装备研制、高端产品研发及关键技术攻关给予一定的政策资金扶持，对汉麻重点产业项目和产品市场开拓给予政策资金倾斜，减轻汉麻种植及加工企业负担。

附录Ⅶ 黑龙江省禁毒管理条例
（工业大麻部分）

第四章 工业用大麻管理

第二十四条 县级以上人民政府应当对工业用大麻品种选育、种植、销售和加工进行规划引导和监督管理，并加强工业用大麻与毒品大麻的区别等相关知识的宣传教育。

单位选育、引进工业用大麻，应当向省农业行政主管部门申请品种认定。

经认定符合规定的品种可以种植、销售、加工。

第二十五条 单位种植、选育和个人种植工业用大麻，应当在种植后10个工作日内向种植地县级人民政府公安机关备案，提供认定种子或者品种来源凭证，说明种植面积、种植区域、用途等情况。

单位或者个人从事工业用大麻花、叶、籽销售，应当在销售后10个工作日内向售出地县级人民政府公安机关备案，说明销售物来源、销售数量、销往地区、购买人等情况，并提交购买单位的营业执照或者个人身份证件、销售合同复印件等证明材料。

单位或者个人从事工业用大麻花、叶、籽加工，应当在加工后10个工作日内向加工地县级人民政府公安机关备案，说明原料来源、加工数量、加工损耗等情况。

第二十六条 单位或者个人种植、销售、加工工业用大麻，应当建立监督管理制度，加强日常巡查，对干物质重量比四氢大麻酚含量大于工业用大麻认定标准的糠壳、秆皮等花、叶、籽加工后的副产物应当进行无害化处理，不得丢弃、销售，防止其流入非法渠道。

具备检测条件的科研单位和大专院校可以为行政管理机关和工业用大麻种植、加工单位和个人提供四氢大麻酚含量检测技术服务。

工业用大麻丢失的，应当立即向公安机关报告。

附录Ⅷ 云南省工业大麻种植加工许可规定

第一条 为了加强对工业大麻种植和加工的监督管理，根据《云南省禁毒条例》（以下简称《条例》）的授权，结合实际情况，制定本规定。

第二条 本规定所称的工业大麻，是指四氢大麻酚含量低于0.3%（干物质重量百分比）的大麻属原植物及其提取产品。

工业大麻花叶加工提取的四氢大麻酚含量高于0.3%的产品，适用毒品管制的法律、法规。

第三条 在本省行政区域内从事工业大麻种植、加工的单位或者个人，应当依照《条例》和本规定，取得工业大麻种植许可证、工业大麻加工许可证。

有违反禁毒法律、法规行为的单位或者个人，不得从事工业大麻的种植、加工。

第四条 工业大麻种植包括科学研究种植、繁种种植、工业原料种植、园艺种植和民俗自用种植。工业大麻的科学研究种植、繁种种植、工业原料种植依法实行许可制度；工业大麻的园艺种植、民俗自用种植实行备案制度。

工业大麻加工包括花叶加工、麻秆加工、麻籽加工。工业大麻的花叶加工依法实行许可制度。

未经许可任何单位或者个人不得从事工业大麻的科学研究种植、繁种种植、工业原料种植和工业大麻的花叶加工。

民俗自用种植仅适用于少数民族地区或者边远山区的农户自产自用的工业大麻种植。

第五条 县级以上公安机关负责工业大麻种植许可证、工业大麻加工许可证的审批颁发和监督管理工作。

第六条 申请领取工业大麻种植许可证从事科学研究种植的，应当具备下列条件：

（一）有科学研究种植的立项；

（二）有3名以上从事科学研究种植的专业技术人员；

（三）有四氢大麻酚检测设备和检测人员；

（四）有工业大麻种子安全储存设施；

（五）有检测、储存、台账等管理制度。

第七条 申请领取工业大麻种植许可证从事科学研究种植的，应当向省公安机关提交下列材料：

（一）工业大麻种植许可证申请表；

（二）项目主管部门或者上级机关出具的科学研究种植立项批准文件；

（三）营业执照或者单位登记证书；

（四）科学研究种植专业技术人员和检测人员资格证明；

（五）检测设备、储存设施清单及照片；

（六）检测、储存、台账等管理制度文本。

第八条 申请领取工业大麻种植许可证从事繁种种植的，应当具备下列条件：

（一）有经依法登记的工业大麻选育品种；

（二）有不少于100万元的注册资本或者开办资金；

（三）有3名以上从事繁种种植的专业技术人员；

（四）有四氢大麻酚检测设备和检测人员；

（五）有工业大麻种子安全储存设施；

（六）种植地点周边3km以内没有非工业大麻植株；

（七）有检测、储存、台账等管理制度。

第九条　申请领取工业大麻种植许可证从事繁种种植的，应当向省公安机关提交下列材料：

（一）工业大麻种植许可证申请表；

（二）工业大麻品种权登记证书；

（三）营业执照或者单位登记证书；

（四）繁种种植专业技术人员和检测人员资格证明；

（五）检测设备、储存设施清单及照片；

（六）检测、储存、台账等管理制度文本。

第十条　申请领取工业大麻种植许可证从事工业原料种植的，应当具备下列条件：

（一）工业大麻种子由经过许可的繁种种植单位或者个人提供；

（二）种植面积不少于100亩；

（三）种植地点距离旅游景区和高等级公路1km以外；

（四）有台账管理制度。

第十一条　申请领取工业大麻种植许可证从事工业原料种植的，应当向种植地县级公安机关提交下列材料：

（一）工业大麻种植许可证申请表；

（二）营业执照或者单位登记证书；

（三）与经过许可的繁种种植单位或者个人签订的种子供应合同；

（四）种植用地协议或者土地使用证明；

（五）产品种类及产量、销售的年度种植计划；

（六）台账管理制度文本。

第十二条　申请领取工业大麻加工许可证从事工业大麻花叶加工的，应当具备下列条件：

（一）有不少于2 000万元的注册资本或者属于事业单位编制的药品、食品、化工品科研机构；

（二）有原料来源、原料使用、产品种类、产品加工的计划；

（三）有专门的检测设备和储存、加工等设施和场所；

（四）有检测、储存、台账等管理制度。

第十三条　申请领取工业大麻加工许可证的，应当向加工地县级公安机关提交下列材料：

（一）工业大麻加工许可证申请表；

（二）营业执照或者单位登记证书；

（三）检测设备、储存和加工设施清单及照片，加工场所的使用证明材料；

（四）原料来源、原料使用、产品种类、产品加工的计划文本；

（五）检测、储存、台账等管理制度文本。

第十四条　公安机关应当自受理工业大麻种植、加工许可申请之日起15日内做出许可决定。做出准予许可决定的，应当在5日内颁发相应的许可证；做出不予许可决定的，应当书面告知申请人，并说明理由。

工业大麻种植许可证、工业大麻加工许可证上应当注明种植、加工及运输产品的种类、方式等内容。

第十五条　工业大麻种植许可证和工业大麻加工许可证的有效期为2年。有效期满需要延续的，应当在有效期届满30日前向做出许可决定的公安机关提出申请；公安机关应当在有效期届满前做出是否准予延续的决定。

第十六条　从事工业大麻种植的被许可人应当建立种植台账，如实记载下列事项：

（一）种植地点、面积、日期情况；

（二）品种名称、来源、用量情况；

（三）种植产品种类、收获日期及数量情况；

（四）储存、销售、运输情况；

（五）其他重要事项。

从事工业大麻花叶加工的被许可人应当建立加工台账，如实记载下列事项：

（一）加工原料来源和检测报告；

（二）生产品种、数量、工艺、日期；

（三）花叶残留物处理及其责任人员；

（四）产品的运输和销售去向；

（五）其他重要事项。

种植台账、加工台账应当保存3年以上，并接受公安机关的核查。

第十七条　从事工业大麻科学研究种植的被许可人，应当对选育的品种进行安全检测，保证其符合标准，并严防四氢大麻酚高于0.3%的大麻材料流失、扩散；发现流失、扩散的，应当及时报告公安机关。

从事工业大麻繁种种植的被许可人，应当在繁种种植期间进行安全检测，并对符合标准的繁种种子使用专门的识别标志；铲除种植地周边3km以内的非工业大麻植株；无法铲除的，应当及时报告公安机关，由公安机关组织铲除。

从事工业大麻工业原料种植的被许可人，应当及时销毁未被利用的花叶，并按前款规定铲除非工业大麻或者报告公安机关。

从事工业大麻种植的被许可人，不得将工业大麻花叶提供给未取得加工许可的单位或者个人。

从事工业大麻花叶加工的被许可人，应当对花叶原料及其提取物实行专仓储存、专人保管、专账记载，及时销毁加工残留物，防止花叶、残留物流失；发现流失的，应当及时报告公安机关。

第十八条　从事工业大麻科学研究种植的被许可人，应当向做出许可决定的公安机关书面报告立项研究情况。

从事工业大麻花叶加工的被许可人，应当每半年向做出许可决定的公安机关书面报告加工生产、储运管理和技术转让情况。涉及商业秘密的，公安机关应当保密。

第十九条　公安机关应当采取下列措施，对被许可人从事工业大麻种植、加工的活动进行监督检查：

（一）向有关人员调查、了解工业大麻种植、加工情况；

（二）现场检查工业大麻种植、加工、储存场所；

（三）查阅、复制、摘录合同、账簿、台账、出入库凭证、货运单和检测报告等有关材料；

（四）提取和检测有关样品、产品。

公安机关在监督检查时发现违法行为的，可以依法扣押有关材料和物品，临时查封有关场所。

第二十条　从事工业大麻种植、加工的被许可人违反本规定，有下列情形之一的，由公安机关责令限期改正，可以处3 000元以上3万元以下罚款；逾期不改正的，依法暂扣或者吊销其许可证：

（一）未落实各项管理制度的；

（二）未按规定建立和记载台账的；

（三）未铲除种植地周边3km以内非工业大麻植株的；

（四）未报告四氢大麻酚高于0.3%的大麻材料流失、扩散情况的；

（五）未报告种植立项研究情况或者技术转让情况的；

（六）未按规定使用种子的；

（七）未按规定及时销毁未被利用花叶或者花叶加工残留物的；

（八）未按许可证载明的种类、方式运输工业大麻种子、原料麻籽、花叶及其提炼加工产品的；

（九）将工业大麻花叶提供给未取得加工许可证的单位或者个人的；

（十）拒绝接受公安机关监督检查的。

第二十一条　未经许可擅自从事工业大麻种植、加工的，公安机关应当采取措施予以制止，可以处5 000元以上3万元以下罚款；构成犯罪的，依法追究刑事责任。

农户将民俗自用种植的工业大麻销售给他人使用的，由公安机关责令改正，可以处1 000元以下罚款。

第二十二条　从事工业大麻园艺种植或者民俗自用种植的，应当向种植地县级公安机关备案。接受备案的公安机关可以参照第十九条规定进行监督检查。

从事工业大麻园艺种植或者民俗自用种植未按照规定备案的，由公安机关责令改正，可以处500元以下罚款。

第二十三条　本规定自2010年1月1日起施行。

附录IX　关于印发《黑龙江省工业大麻品种认定办法》《黑龙江省工业大麻品种认定标准》的通知

（黑农厅规〔2020〕11号）

各工业大麻品种选育、生产相关单位：

为进一步促进我省工业大麻产业可持续健康发展，维护社会公共安全，规范工业大麻品种试验认定工作，我厅根据《中华人民共和国种子法》《黑龙江省禁毒条例》《黑龙江省实施〈中华人民共和国种子法〉条例》，修订了《黑龙江省工业大麻品种认定办法》和《黑龙江省工业大麻品种认定标准》，现予以公布实施，2018年8月21公布的《黑龙江省工业用大麻品种认定办法》《黑龙江省工业用大麻品种认定标准》同时废止。

黑龙江省工业大麻品种认定办法

第一章　总则

第一条　为促进黑龙江省工业大麻产业可持续健康发展，维护社会公共安全，规范工业大麻品种认定管理工作，根据《中华人民共和国种子法》《黑龙江省禁毒条例》《黑龙江省实施〈中华人民共和国种子法〉条例》，制定本办法。

第二条　在黑龙江省境内的工业大麻品种认定，适用本办法。

第三条　本办法所称的工业大麻，是指植株群体花期顶部叶片及花穗干物质中的四氢大麻酚（THC）含量低于0.3%（干物质重量百分比）且不能直接作为毒品利用的工业大麻品种。

第四条　工业大麻品种在黑龙江省种植、推广前应当认定。省农业农村厅承担全省工业大麻品种认定工作，具体认定业务由省种业技术服务中心负责（以下统称"认定实施机关"）。

第二章　申请和受理

第五条　申请者向工业大麻品种认定实施机关提出申请，并对申请文件和种子样品的合法性、真实性负责，保证可追溯，接受监督检查。申请者应当具备下列条件：

（一）从事工业大麻科研育种的科研院校及具有科研育种能力的种子企业；

（二）有稳定的从事工业大麻科研育种人员；

（三）有固定的科研育种场所。

申请认定的品种应当具备下列条件：

（一）四氢大麻酚（THC）含量<0.3%；

（二）人工选育、引进或发现并经过改良，亲本来源清楚，选育过程翔实；

（三）与黑龙江省农作物品种审定委员会已认定的品种有明显区别，即DNA指纹图谱与现有品种有4个以上位点的差异；

（四）具备特异性、一致性、稳定性；

（五）具有符合《农业植物品种命名规定》的名称；

（六）引进国外品种，需有知识产权授权证明及准予在黑龙江省认定相关合作协议，且通过正规渠道进口种子，符合海关检验检疫要求。

第六条 申请品种认定的，应当向认定实施机关提交以下材料：

（一）申请表。包括作物种类、品种名称、申请者名称、地址、邮政编码、联系人、电话号码、传真、国籍，品种选育的单位（以下简称育种者）等内容；

（二）品种选育报告。包括亲本组合以及杂交种的亲本血缘关系、选育方法、世代和特性描述；品种（含杂交种亲本）特征特性描述、标准图片，建议的推广种植区域和栽培要点；品种主要缺陷及应当注意的问题；

（三）DNA指纹图谱。包括与现有认定品种及在试品种DNA指纹图谱比对、同一参试品种不同试验阶段DNA指纹图谱比对；

（四）科研育种场所、科研育种技术人员等证明材料；

（五）品种和申请材料真实性承诺书；

（六）本办法第五条要求相关佐证材料。

第七条 认定实施机关在收到申请材料15个工作日内做出受理或不予受理的决定，并通知申请者。

第三章 品种试验

第八条 品种试验包括以下内容：

（一）区域试验；

（二）生产试验；

（三）品种特异性、一致性和稳定性测试（以下简称DUS测试）。

品种区域试验、生产试验由认定实施机关牵头组织。DUS测试由申请者委托有能力的测试机构开展。

第九条 区域试验应当对品种丰产性、稳产性、适应性、抗逆性等进行鉴定，每一个品种的区域试验，试验时间不少于两个生产周期，有效试验点不少于5个。

第十条 生产试验在区域试验完成后进行，按照当地主要生产方式，在接近大田生产条件下对品种的丰产性、稳产性、适应性、抗逆性等进一步验证。每个品种生产试验点数量不少于区域试验点，试验时间不少于一个生产周期。

申请者在提交试验用种时需同时提交DNA指纹检测样品，生产试验阶段提交标准样品，纤维用品种提交标准样品0.5kg，籽用品种提交标准样品0.25kg。

第十一条 区域试验和生产试验阶段，四氢大麻酚（THC）含量和纤维用品种品质由认定实施机关统一进行采集和检测，检测费用由申请者承担。粗蛋白、粗脂肪含量由申请者自行采集品种籽实检测。

所有相关检测项目应由具有相应检测资质的检测机构承担，THC检测暂由认定实施机关指定检测机构承担。

第十二条 区域试验、生产试验承担单位应当具备独立法人资格，具有稳定的试验用地、仪器设备和技术人员。

品种试验、测试、鉴定承担单位应当对数据的真实性负责。

第十三条 区域试验、生产试验对照品种应当是生产上推广应用的已认定品种，具备良好的代表性。对照品种由省农作物品种审定委员会工业大麻专业委员会确定，并根据农业生产发展的需要适时更换。

第十四条 认定实施机关应当定期检查试验质量，组织开展品种田间鉴评，并形成鉴评报告，对田间表现出严重缺陷的品种保留现场影像资料，并接受省农作物品种审定委员会工业大麻专业委员会监督。

第十五条　各品种试验承担单位、申请者应当在当年11月底前将数据、汇总结果、检测报告等提交到认定实施机关。

第四章　品种认定

第十六条　省农作物品种审定委员会工业大麻专业委员会及时对申请单位提交的《黑龙江省工业大麻品种认定申报书》进行审查，参会委员须达到委员总数4/5以上。会议采用无记名投票表决，赞成票数达到参会委员总数2/3以上的品种，通过认定初审。

初审通过的品种由省农作物品种审定委员会在15日内将初审意见在省农业农村厅官方网站公示，公示期不少于30日。

公示期满后，省农作物品种审定委员会办公室将初审意见提交品种审定委员会主任委员会审核。主任委员会应当在30日内完成审核，审核同意的，通过认定，由省农作物品种审定委员会颁发认定证书，省农业农村厅发布公告。

第五章　监督管理

第十七条　认定通过的品种，有下列情形之一的，应当撤销认定：

（一）在使用过程中发现有不可克服的缺点的；

（二）种性严重退化的；

（三）未按要求提供品种标准样品的；

（四）法律、法规、规章和有关政策规定禁止种植的。

第十八条　申请者弄虚作假或者在认定过程中有欺骗、贿赂等不正当行为的，3年内不再受理其认定申请。

第十九条　品种试验前，认定实施机关应将试验地点、试验品种等有关信息提交黑龙江省公安厅备案。各试验承担单位应当将试验地点、面积等情况按规定持认定实施机关出具的证明向当地农业农村行政主管部门和公安机关备案。

各试验单位应当加强试验田管理，防止试验材料丢失，若发现试验材料丢失的，应当及时报告当地公安机关。品种试验的副产品按照相关规定在当地公安部门监督下及时进行无害化处理，不得丢弃、销售，防止其流入非法渠道，并保留相关影像资料。

第六章　附则

第二十条　本办法由省农业农村厅负责解释。法律、行政法规和农业农村部、省政府规章对工业大麻品种管理另有规定的，从其规定。

黑龙江省工业大麻品种认定标准

一、质量标准

1. 本标准规定了纤维用大麻、籽用大麻品种认定标准。

2. 纤维用大麻

2.1 四氢大麻酚含量标准：雌花现蕾期，取15株以上植株顶端花序部位10～15cm检测四氢大麻酚（THC）含量，四氢大麻酚（THC）应当<0.3%。

2.2 产量标准：每年有60%以上试验点增产。高产品种：原茎和纤维产量比对照品种增产10%，全麻率与对照品种持平以上。高纤品种：雌雄异株品种的全麻率≥24%，雌雄同株品种全麻率≥26%，原茎产量比对照品种增产≥0%。

2.3 品质标准：麻束断裂比强度≥0.90（cN/dtex），其他性状好于对照品种。

2.4 抗性标准：霜霉病田间自然发病率≤3%，秆腐病田间自然发病率≤3%。

3. 籽用大麻

3.1 四氢大麻酚含量标准：雌花现蕾期，取15株以上植株顶端花序部位10～15cm检测四氢大麻酚（THC）含量，四氢大麻酚（THC）应当<0.3%。

3.2 品质标准：籽实粗脂肪含量≥27%，粗蛋白含量≥25%。

3.3 产量标准：籽实产量比对照品种增产≥5%。

3.4 抗性标准：霜霉病田间自然发病率≤3%，秆腐病田间自然发病率≤3%。

二、调查项目及标准

（一）田间调查项目及标准

1. 播种期：播种当天的日期。

2. 出苗期：全区有50%的子叶出土并展开的日期。

3. 现蕾期：全区植株出现第一朵雌花蕾的株数达50%以上的日期。

4. 开花期：全区有50%的植株开放第一朵雌花的日期。

5. 工艺成熟期：试验区中的雄株花粉散尽，基部叶片开始变黄日期。

6. 种子成熟期：50%种子变硬。

7. 生育日数

7.1 工艺成熟期：自出苗期至工艺成熟期的天数。

7.2 种子成熟期：自出苗期至种子成熟期的天数。

8. 生长势

8.1 苗期调查：分强、中、弱三级或加以"较"字比较。

强—茎叶浓绿色，茎较粗，叶片较宽而厚，植株生长旺盛。

弱—茎叶浅绿色，茎较细，叶片较窄而薄，植株生长不旺盛。

中—介于两者之间。

8.2 快速生长期调查：分繁茂、中等、弱三级或加以"较"字比较。

繁茂—植株生长迅速，健壮，茎叶浓绿色。

弱—植株生长缓慢，茎叶绿色或浅绿色，植株不太健壮。

中—介于两者之间。

9. 抗旱性：分强、中、弱三级。一般在干旱条件下以影响植株正常生育时调查。

强—干旱发生后，植株叶片颜色正常，或有轻度萎蔫卷缩，但晚上或次日早能较快地恢复正常状态。

弱—干旱发生后，植株叶片变黄，生长点萎蔫下垂，叶片明显卷缩，晚上或次日恢复正常状态较慢。

中—介于两者之间。

10. 倒伏：分四级，一般在中到大雨或大风过后调查。

0级—植株直立不倒。

1级—植株倾斜角度在15°以下。

2级—植株倾斜角度在15°～45°。

3级—植株倾斜角度在45°以上。

11. 倒伏恢复程度：一般大风雨过后2～3d内调查恢复情况，分四级。

0级—有90%以上倒伏植株恢复直立。

1级—有90%以上倒伏植株恢复到15°。

2级—有90%以上倒伏植株恢复到15°～45°。

3级—有90%以上倒伏植株恢复到45°以上。

12. 病害：种类有灰霉病、霉斑病、菌核病、根腐病、秆腐病、枯萎病、霜霉病等。为害程度分四级，每区取1行调查死苗数，取平均值。

无—死苗株数占调查株数的5%以下。

轻—死苗株数占调查株数的5～10%。

中—死苗株数占调查株数的11～30%。

重—死苗株数占调查株数的30%以上。

注：该项调查2～3次，每次间隔3～5d，每次把死苗株拔除。

13. 出苗率：每平方米实际出苗数与每平方米有效播种粒数的百分比。即：

出苗率（%）=每平方米实际出苗数/每平方米有效播种粒数×100。

14. 保苗率：收获时的成麻株数与出苗后株数的百分比。即：

保苗率（%）=收获时的成麻株数/出苗株数×100。

注：13、14两项区域试验各调查1行。

15. 落粒性：种子苞片的开裂程度。弱（≤10%）、中（10%～40%）、强（≥40%）。

（二）室内考种项目及标准

1. 株高：自植株子叶痕至顶端的高度，以厘米表示。

2. 工艺长度：自植株子叶痕至第一个分枝基部的距离，以厘米表示。

3. 分枝数：在植株主茎上（顶部）所着生的第一次分枝的个数。

4. 种子色：灰、浅灰、深灰、灰褐、黄褐、褐。

5. 千粒重：随机取1 000粒种子称其重量，以克表示，重复3次，取平均值，但每次重复误差不超过0.2g。

6. 茎粗：测定植株中部的直径（cm）。

7. 原茎产量：每小区实收面积上获得的原茎重量称原茎产量，以千克/公顷表示。

8. 种子产量：每小区实收面积上的种子重量，以千克/公顷表示。

9. 干茎：沤制完成后干茎秆重量，以千克/公顷表示。

10. 干茎制成率（%）$=\dfrac{\text{干茎重量}}{\text{供试原茎重量}} \times 100$

11. 全麻率（%）$=\dfrac{\text{纤维重量}}{\text{干茎重量}} \times 100$

12. 纤维产量：原茎产量×干茎制成率×全麻率。以千克/公顷表示。

附录X 工业大麻中大麻二酚、大麻二酚酸、四氢大麻酚、四氢大麻酚酸的测定操作规程

一、范围

1. 本标准规定了采用高效液相色谱法测定工业大麻花叶、叶片、种子和茎秆等大麻二酚、大麻二酚酸、四氢大麻酚、四氢大麻酚酸含量的方法。

2. 本标准适用于工业大麻花叶、叶片、种子和茎秆等大麻二酚、大麻二酚酸、四氢大麻酚、四氢大麻酚酸含量的测定。

3. 本标准方法工业大麻花叶、叶片、种子和茎秆等大麻二酚、大麻二酚酸、四氢大麻酚、四氢大麻酚酸的检出限均为0.1g/kg。

二、规范性引用文件

下列文件对于本文件的应用是必不可少的。凡是注日期的引用文件，仅注日期的版本适用于本文件。凡是不注日期的引用文件，其最新版本（包括所有的修改单）适用于本文件。

GB/T 603 化学试剂试验方法中所用制剂及制品的制备

GB/T 6682 分析实验室用水规格和试验方法

GB 5009.3 食品中水分的测定。

三、术语和定义

1. 工业大麻：指植株群体花期顶部叶片及花穗干物质中的四氢大麻酚（THC）含量低于0.3%（干物质重量百分比）且不能直接作为毒品利用的工业大麻品种。

2. 花叶：指工业大麻顶部叶片和花穗的混合物。

3. 叶片：指工业大麻在生长过程中的叶子，不含叶柄。

4. 茎秆：指工业大麻植株去除根部、花、叶剩余的部分。

四、方法原理

样品中的大麻二酚、大麻二酚酸、四氢大麻酚、四氢大麻酚酸用甲醇—正己烷溶液提取，高效液相色谱—紫外检测器测定，外标法定量。

五、试剂与材料

除另有说明，所有试剂均为分析纯和符合GB/T 6682中规定的一级水。试验中所用制剂按GB/T 603的规定制备。

甲醇（CH_3OH）、正己烷（C_6H_{14}）、乙腈（C_2H_3N）、甲酸（CH_2O_2）：色谱纯；大麻二酚、大

麻二酚酸、四氢大麻酚、四氢大麻酚酸标准溶液：浓度1.0mg/mL；甲醇—正己烷溶液（90+10）：量取900mL甲醇与100mL正己烷混合；标准储备溶液：分别精密量取1.00mL大麻二酚、大麻二酚酸、四氢大麻酚、四氢大麻酚酸标准溶液于10mL棕色容量瓶中，用甲醇稀释至刻度，分别配制成浓度为0.1mg/mL的标准储备溶液，−18℃以下避光保存。

混合大麻二酚、大麻二酚酸、四氢大麻酚、四氢大麻酚酸标准储备液：分别精密量取0.1mg/mL的大麻二酚、大麻二酚酸、四氢大麻酚、四氢大麻酚酸标准储备溶液1.0mL，于10mL容量瓶中用甲醇稀释至刻度，配制成大麻二酚、大麻二酚酸、四氢大麻酚、四氢大麻酚酸浓度为0.01mg/mL的混合标准工作溶液，−18℃以下避光保存。

六、仪器和设备

液相色谱仪：配有紫外检测器；分析天平：感量±0.01g；离心机：最大转速为4 000r/min；涡旋混合仪：最大转速为15 000r/min；样品瓶：2mL，带聚四氟乙烯旋盖；离心管：50mL；微孔滤膜：0.22μm，有机相滤膜。

七、试样制备

将采集的花叶、叶片、种子、茎秆等样品通风阴干，去除石子、土壤等杂质后置于研磨器中研磨后，过20目筛，制成试样，放入试样瓶中密封，做上标记，并置于−18℃条件下保存，待测。

八、分析步骤

1. 含水量测定

制备好的工业大麻花叶、叶片、种子和茎秆需测定含水量，按照GB 5009.3 测定样品中的含水量，计算试样中干物质的含量。

2. 称样

分别称取粉碎后的工业大麻花叶、叶片、茎秆和种子样品1.00g（精确至0.01g）至50mL离心管中。

3. 大麻二酚、大麻二酚酸、四氢大麻酚、四氢大麻酚酸的提取向离心管中加入20mL甲醇—正己烷溶液（90+10），振荡提取60min，3 500r/min离心3min。

将上清液全部转移至新的50mL离心管中，再次向残渣中加入20mL甲醇—正己烷溶液（90+10），振荡提取60min，3 500r/min离心3min，合并提取液，10 000r/min涡旋混合1min，取2mL混合液经0.22μm有机系滤膜过滤，待测。

4. 液相色谱测定

液相色谱柱：C18（粒径5μm，250mm×4.6mm）或具有同等效果的色谱柱；

柱温：35℃；

流速：1.0mL/min；

进样量：10μL；

流动相：0.1%甲酸水溶液+乙腈（25+75），保持25min；

检测波长：220nm。

上述操作参数是典型的，可根据不同仪器特点对给定的操作参数作适当调整，以期获得最佳效果。

表1　大麻二酚、大麻二酚酸、四氢大麻酚、四氢大麻酚酸保留时间

序号	化合物	化合物英文名称	保留时间（min）
1	大麻二酚	Cannabidiol	9.177
2	大麻二酚酸	Cannabidiolic acid	8.177
3	四氢大麻酚	Δ9-tetrahydrocannabinol	15.341
4	四氢大麻酚酸	Δ9-tetrahydrocannabinolic acid A	19.861

5. 定性测定

在相同试验条件下，待测物在样品中的保留时间与标准工作溶液中的保留时间偏差在 ± 2.5% 之内，则可判断为样品中存在对应的待测物。

6. 定量测定

取混合标准工作液与试样交替进样，采用单点或多点校准，外标法定量。当样品的上机液浓度超过线性范围时，需根据测定浓度，稀释后进行重新测定。大麻二酚酸、大麻二酚、四氢大麻酚、四氢大麻酚酸的液相色谱图参见附录A。

九、结果计算

大麻中大麻二酚酸、大麻二酚、四氢大麻酚、四氢大麻酚酸含量按公式（1）计算：

$$X = \frac{C \times V}{m \times \omega} \tag{1}$$

式中：X—样品中被测组分含量，单位为毫克每克（mg/g）；

　　　C—从标准工作曲线得到的试样溶液中被测组分的浓度，单位为毫克每毫升（mg/mL）；

　　　V—试样溶液定容体积，单位为毫升（mL）；

　　　m—试样的质量，单位为克（g）；

　　　ω—试样的干物质含量（质量分数），%。

平行测定结果用算术平均值表示，计算结果保留小数点后两位有效数字。

大麻花叶中的总大麻二酚含量为大麻二酚酸和大麻二酚含量之和，以大麻二酚计，单位为毫克每毫升（mg/mL）。

$$总大麻二酚含量 = \frac{大麻二酚酸含量 \times 大麻二酚分子量（314）}{大麻二酚酸分子量（358）} + 大麻酚含量$$

大麻花叶中的总四氢大麻酚含量为四氢大麻酚酸和四氢大麻酚含量之和，以四氢大麻酚计，单位为毫克每毫升（mg/mL）。

$$总四氢大麻酚含量 = \frac{四氢大麻酚酸含量 \times 四氢大麻酚分子量（314）}{四氢大麻酚分子量（358）} + 四氢大麻酚含量$$

注：干物质中总四氢大麻酚含量大于等于0.3%时需按照NY/T 3252.1—2018中的方法进行确认。

十、精密度

在重复性条件下获得的两次独立测定结果的绝对差值不得超过算术平均值的10%。

附录A

大麻二酚酸、大麻二酚、四氢大麻酚、四氢大麻酚酸标准样品液相色谱图

大麻二酚酸、大麻二酚、四氢大麻酚、四氢大麻酚酸标准样品液相色谱图见图A.1。

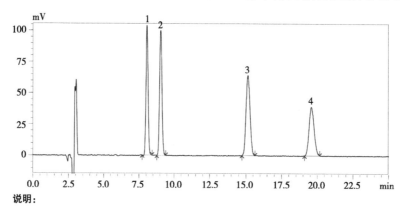

说明：

1——大麻二酚酸（CBDA）

2——大麻二酚（CBD）

3——四氢大麻酚（THC）

4——四氢大麻酚酸（THCA-A）

图A.1　大麻二酚酸、大麻二酚、四氢大麻酚、四氢大麻酚酸标准样品液相色谱